Mathematik leicht gemacht

Mathematik leicht gemacht

von Prof. Dr.-Ing. H. Kreul, K. Kulke, H. Pester, R. Schroedter

mit 457 Bildern und 781 Aufgaben mit Lösungen

3. Auflage

VERLAG HARRI DEUTSCH · THUN UND FRANKFURT/MAIN

Dies ist die inhaltsidentische Sonderausgabe der 6., neubearbeiteten Auflage des Lehrbuches „Moderner Vorkurs der Elementarmathematik"

HERAUSGEBER

H. Birnbaum, Dr.-Ing. H. Götzke, Prof. Dr.-Ing. H. Kreul, Dr.-Ing. W. Leupold, Prof. Dr. P. H. Müller, Dr. F. Müller, Dr. H. Nickel, Prof. Dr. H. Sachs

AUTOREN

Federführung
Prof. Dr.-Ing. Hans Kreul

Autoren

Prof. Dr.-Ing. Hans Kreul
(Abschnitte 1. bis 14., 34.)

Dipl.-Math. Klaus Kulke
(Aufgaben zu den Abschnitten 3. bis 14.)

Dipl.-Ing. Heinz Pester †
(Abschnitte 31. bis 33., Aufgaben zu den Abschnitten 15. bis 33.)

Studienrat Dipl.-Gwl. Rolf Schroedter
(Abschnitte 15. bis 30.)

CIP-Titelaufnahme der Deutschen Bibliothek
Mathematik leicht gemacht / von H. Kreul ... – Sonderausg. d. 6., neubearb. Aufl. d. Lehrbuches „Moderner Vorkurs der Elementarmathematik", 3. Aufl. – Thun ; Frankfurt/Main : Deutsch, 1990
ISBN 3-87144-806-0
NE: Kreul, Hans [Mitverf.]

ISBN 3 87144 806 0

Lizenzausgabe für den Verlag Harri Deutsch · Thun 1990
Printed in the German Democratic Republic
Gesamtherstellung: INTERDRUCK Graphischer Großbetrieb Leipzig

Vorwort

Der Titel dieses Buches mag manchem – insbesondere Schülern – unglaubwürdig erscheinen: *Mathematik leicht gemacht* – das geht doch gar nicht. Mathematik ist für viele ein ungeliebtes Schulfach, damit beschäftigt man sich nur unter einem gewissen Zwang: Die nächste Mathe-Arbeit kommt bestimmt ...
Woran liegt es, daß diese Meinung unter Schülern so verbreitet ist? Nun, auf diese Frage mag es sehr unterschiedliche Antworten geben; ein Grund liegt aber wohl darin, daß in der Mathematik – mehr als in jedem anderen Schulfach – das Neue auf dem gerade Gelernten aufbaut. Wer also einmal den Anschluß verpaßt hat, wird es schwer haben, „mitzukommen" bzw. mit gutem Lernerfolg weiter zu arbeiten. Und schon läßt die Lust an diesem Schulfach nach, die Lücken in Mathematik werden größer usw. Dazu kommt oft die Einschätzung: *Ich bin für Mathematik nicht begabt*; damit ist gleichzeitig eine Entschuldigung für schlechte Noten gegeben.
Diese etwas vereinfacht dargestellte „Spirale abwärts" dürfte im Schüleralltag einigermaßen verbreitet sein. Nun wollen wir nicht den Anspruch erheben, etwa mit einem Buch alle Schüler zu gleichermaßen erfolgreichen Mathematikern ausbilden zu können. Wir möchten aber den Schülern – vor allem aus der Sekundarstufe I – mit diesem Lehrbuch eine Hilfe geben, die sie befähigt, die *Rechentechnik der Elementarmathematik* leicht zu erlernen und sicher zu beherrschen. Wer das Vorurteil „das kann ich sowieso nicht" einen Moment beiseite läßt und beginnt, mit dem Buch zu arbeiten, wird bald feststellen, daß vieles gar nicht so schwierig ist.
Dies ist kein neues Buch – wir müßten sonst mit unseren Prognosen etwas vorsichtiger sein. Es ist inhaltsgleich mit dem seit Jahren mit großem Erfolg verwendeten Lehrbuch *„Moderner Vorkurs der Elementarmathematik"*, das als Vorbereitungsband zur Mathematik für Ingenieure (Lehr- und Übungsbuch Mathematik Bd. 1–4, bzw. Analysis, Algebra und Geometrie) benutzt wird. Wir haben uns durch zahlreiche Hinweise aus Lehrer- und Schülerkreisen zu einer Sonderausgabe unter neuem Titel entschlossen, um diesem Buch auch von der Titelgebung her den erweiterten Benutzerkreis zu erschließen, den es verdient.
Wir wünschen allen Lesern gute Lernerfolge.

Verlag Harri Deutsch

Inhaltsverzeichnis

1. Vorbemerkungen

Seit dem ersten Erscheinen des Buches hat sich der Inhalt der mathematischen Ausbildung an den allgemeinbildenden Schulen sehr wesentlich verändert, was natürlich auch Veränderungen im Anfangsniveau des Mathematikunterrichts an den Fachschulen nach sich zog. Aus diesem Grunde legten die Autoren nunmehr eine Neufassung des Lehrganges der Elementarmathematik vor, in der den neuen, erhöhten Anforderungen an die Studienbewerber Rechnung getragen wird. Dabei wurde der bisherige Aufbau des Buches im wesentlichen beibehalten. Es soll dadurch dem Lernenden die Möglichkeit geboten werden, sich auf diejenigen Komplexe zu konzentrieren, deren Studium für ihn besonders dringlich erscheint, denn die einzelnen Kapitel sind so aufgebaut, daß sie unabhängig voneinander studiert werden können. Die von den Autoren gewählte Anordnung des Lehrstoffes hat den weiteren Vorteil, daß das Buch sehr gut als Unterrichtshilfe in Lehrgängen der Volkshochschulen, betrieblichen Ausbildungsstätten oder ähnlichen Bildungseinrichtungen verwendet werden kann, in denen einzelne Teilgebiete der Mathematik behandelt werden sollen.

Mit der Neubearbeitung wurde ein Buch vorgelegt, in dem die von Lehrenden und Lernenden geschätzten Vorteile der bisherigen Fassungen, die leichtverständliche und anschauliche Darlegung des Lehrstoffes sowie die außerordentlich große Anzahl von Übungsaufgaben unterschiedlichsten Schwierigkeitsgrades für die einzelnen Stoffkomplexe beibehalten wurden, in dem aber auch mehr als bisher Augenmerk auf die sinnvolle und effektive Nutzung vorhandener Rechenhilfsmittel gelegt wurde.

Dabei wird es vielleicht verwundern, daß die ersten Kapitel über das Zahlenrechnen und über die Verwendung von Zahlentabellen nach wie vor erhalten geblieben sind. Dies geschah aus der Überzeugung heraus, daß ein *sicheres Beherrschen der Grundregeln des Zahlenrechnens* sowie eine gute Fähigkeit, überschlagsmäßig die Größenordnung der zu erwartenden Ergebnisse bei komplizierteren Aufgaben abschätzen zu können, eine *Grundvoraussetzung für ein sinnvolles und effektives Nutzen technischer Rechenhilfsmittel* darstellt. Denn auch in der Mathematik gilt wie in jedem anderen Beruf der Grundsatz: Technische Hilfsmittel kann man erst dann effektiv nutzen, wenn man sich bestimmte handwerkliche Grundfertigkeiten erarbeitet hat. Und zu den handwerklichen Grundfertigkeiten der Mathematik gehören ein sicheres Zahlenrechnen sowie gefestigte Kenntnisse der elementaren mathematischen Grundgesetze.

Auf eine systematische Entwicklung der verschiedenen Zahlenbereiche wurde verzichtet, denn die Autoren sehen ihre Aufgabe darin, das „mathematische Handwerkszeug" bereitzustellen, das jeder souverän beherrschen muß, der tiefer in die Mathematik eindringen möchte. Dabei ist es ohne weiteres möglich, den Zahlbegriff als gegeben vorauszusetzen. – Derjenige, der sich für den systematischen Aufbau des Zahlensystems interessiert, sei daher auf die einschlägige Literatur verwiesen.

Der zweite Teil des Buches enthält die **Arithmetik**[1]) und die elementare **Algebra**[2]), wobei sich die Arithmetik mit den Rechengesetzen für bestimmte und allgemeine Zahlen befaßt, während die elementare **Algebra** diejenigen Gesetzmäßigkeiten untersucht, die bei der Lösung von Gleichungen und von Gleichungssystemen auftreten. Im dritten Teil des Buches werden schließlich die Gebiete aus der **Geometrie** dargestellt, auf denen der Mathematikunterricht an den Ingenieur- und Fachschulen aufbaut.

---

[1]) arithmos (griech.) die Zahl

[2]) Das Wort Algebra entstammt dem Arabischen

Wie bereits eingangs erwähnt, wurde der umfangreiche Lehrstoff auf mehrere, voneinander unabhängig zu studierende Teilkomplexe aufgeteilt, wobei die methodischen Gesichtspunkte bei der Behandlung der einzelnen Teilgebiete keineswegs außer acht gelassen wurden. Es wird daher kaum möglich sein, den Lehrstoff im Unterricht in derselben Reihenfolge darzubieten, in der er hier im Lehrbuch angeordnet worden ist. Dies ist aber auch nicht erforderlich, denn das Buch ist dazu vorgesehen, dem Lernenden die Möglichkeit zu bieten, den im Unterricht behandelten Stoff zu wiederholen, zu ergänzen und ihn an Hand zahlreicher Beispiele und Übungsaufgaben einzuprägen und zu festigen.
Für den Lernenden genügt es nicht, sich mehr oder weniger mechanisch eingeprägte mathematische Kenntnisse zu erarbeiten; das *Kennen* muß zum *Können* weiterentwickelt werden. Mathematische Fähigkeiten und Fertigkeiten kann man aber nur dann erwerben, wenn man die formalen Rechengesetze der elementaren Mathematik sicher beherrscht und sie auch sinnvoll und folgerichtig bei der Lösung von Aufgaben *anzuwenden* weiß. Aus diesem Grunde ist es erforderlich, die zahlreichen im Buche vorgerechneten Beispiele sorgfältig durchzuarbeiten und erst dann zum nächsten Beispiel überzugehen, wenn jeder Schritt der Rechnung erfaßt ist und der gesamte, dem Problem zugrunde liegende Gedankengang überblickt wird.
Außer den durchgerechneten Beispielen enthält jeder Abschnitt eine große Anzahl von Übungsaufgaben, die es dem Lernenden ermöglichen sollen, seine Kenntnisse zu festigen und durch intensives Üben sichere Fertigkeiten in der Anwendung der einzelnen Rechengesetze und -verfahren zu erlangen. Es ist jedem Lernenden anzuraten, wenn auch nicht alle, so doch möglichst viele dieser Aufgaben selbständig durchzurechnen.
Die Lösungen aller Aufgaben sind am Ende des Buches zusammengestellt. Man versuche jedoch, alle Aufgaben ohne Kenntnis dieser Lösungen zu rechnen und das gefundene Ergebnis erst nach Beendigung der Rechnung mit der im Buche stehenden Lösung zu vergleichen. Sollte das selbst erarbeitete Ergebnis ungenau oder gar falsch sein, so sind die Bemühungen so lange fortzusetzen, bis der Grund für die Ungenauigkeit bzw. der Fehler gefunden ist. Nur derjenige wird seine Sicherheit im Anwenden der verschiedenen Rechengesetze erfolgreich überprüfen können, der die Aufgaben in dieser Weise löst. Durch die hinten angegebenen Lösungen sollte man sich keinesfalls dazu verleiten lassen, die eigene Rechnung so „hinzubiegen", daß man auf die gewünschte Lösung kommt. Dieses Verfahren schadet mehr, als es nützt, denn in diesem Falle hat man meist nur die Lösung im Auge, auf die man unbedingt kommen will. Man rechnet dann gedankenlos darauf zu, ohne sich dabei zu überlegen, *warum* man die einzelnen Rechenschritte unternimmt.
Geringfügige Abweichungen der selbst erzielten Ergebnisse von den Werten, die im Anhang angegeben sind, sind durchaus möglich. Sie sind durch die unterschiedliche Handhabung der verschiedenartigsten Rechengeräte erklärlich. Sollten jedoch wesentliche Abweichungen vom im Lösungsteil angegebenen Ergebnis auftreten, so muß der eingeschlagene Lösungsweg noch einmal genau durchdacht und kontrolliert werden.
Schließlich lasse man sich durch falsche Ergebnisse keinesfalls entmutigen! Aus jedem Fehler, den man macht, kann man neue und wichtige Erkenntnisse für seine weitere Arbeit gewinnen.

Es sollen auch noch einige Bemerkungen über das Durchführen von Zahlenrechnungen gemacht werden. Das Ziel einer jeden Zahlenrechnung besteht darin, aus gegebenen Zahlenwerten mit Hilfe bestimmter mathematischer Beziehungen einen neuen Zahlenwert zu ermitteln, der frei von Rechenfehlern ist. Fehlerfreies Rechnen aber verlangt einmal die Kenntnis der bei der jeweiligen Aufgabe anzuwendenden mathematischen Zusammenhänge und zum anderen auch eine gewisse Gewandtheit im Anwenden der richtigen Rechenregeln. Grundvoraussetzung ist jedoch eine *peinliche Ordnung,* die schon damit anfängt, daß man die gegebenen Zahlenwerte richtig aufschreibt und die nötigen

Nebenrechnungen genauso sauber und übersichtlich anfertigt wie die eigentliche Rechnung. Dabei sollten die Nebenrechnungen nie auf irgendwelchen Schmierzetteln niedergeschrieben werden, sondern man sollte sie mit genau derselben Präzision ausführen wie die Hauptrechnung und sie auch mit in das eventuell vorhandene Rechenschema einordnen.

Um sich gegen Rechenfehler zu schützen, kann man verschiedene Wege einschlagen. Gegen grobe Fehler, z. B. falsche Kommastellung, schützt eine überschlägliche Rechnung, die man bei keiner Aufgabe unterlassen sollte. In manchen Fällen lassen sich Rechenfehler auch dadurch ausschalten, daß man die Rechnung noch einmal wiederholt. Dabei ist es jedoch ratsam, die beiden Rechnungen mindestens in ihrer Anordnung verschieden voneinander zu gestalten. Besser ist es, wenn man die Kontrollrechnung mit einem anderen Rechenverfahren durchzuführen versucht als die erste Rechnung.

Wer dieses Buch in der angeführten Weise bewußt und gründlich *durcharbeitet,* der wird bald feststellen können, daß es gar nicht so schwierig ist, Mathematik zu erlernen, wie es häufig hingestellt wird. Es wird sich zeigen, daß der Erfolg bei fleißiger Arbeit und bei fortwährendem Üben nicht ausbleiben wird. Ein gediegenes Können in der elementaren Mathematik wird aber nicht nur das Studium der höheren Mathematik, sondern auch das Studium fast aller anderen Unterrichtsfächer, vor allem der technischen Wissenschaften, günstig beeinflussen.

Die Autoren dieses Buches sind Herrn Dr. Steffen Koch zu großem Dank verpflichtet. Er hat das Manuskript sehr gewissenhaft und kritisch durchgesehen. Viele seiner zahlreichen, wertvollen Hinweise und Ratschläge sind in die Endfassung des Buches eingearbeitet worden. – Der Dank gilt nicht zuletzt auch den Mitarbeitern des Verlages, die trotz mancher Schwierigkeiten einen wesentlichen Anteil am Gelingen dieses Werkes haben.

Schließlich sei den Autoren noch eine ganz persönliche Bitte an die Benutzer dieses Buches gestattet. Wenn man als Lehrer vor einer Klasse steht, dann merkt man im allgemeinen sofort, ob der dargebotene Lehrstoff beim Schüler „ankommt" oder nicht, und man kann sich im weiteren Verlauf des Unterrichts an die jeweilige Hörerschaft anpassen. Der Autor eines Buches dagegen hat in dem Augenblick, in dem er sein Manuskript schreibt, keinen unmittelbaren Kontakt zum Leser. Er ist sich aber dessen bewußt, daß es kein vollkommenes Buch geben kann, das die Ansprüche aller Leser völlig befriedigt. Außerdem läßt es sich in der mathematischen Literatur auch bei sorgfältigster Bearbeitung kaum vermeiden, daß sich – meist an den unglücklichsten Stellen – Druckfehler einschleichen, die dem Leser dann unnötiges Kopfzerbrechen bereiten. Wenn Sie Verbesserungsvorschläge haben, wenn Sie Druckfehler entdecken, so teilen Sie uns diese bitte mit! Der Verlag und die Autoren sind für jede Zuschrift dankbar, die dazu beiträgt, das Buch weiter zu verbessern.

Das Rechnen mit Zahlen

2. Der Zahlbegriff

2.1. Die natürlichen Zahlen

Der Zahlbegriff entwickelte sich aus zwei verschiedenen elementaren Bedürfnissen der Menschen heraus.
Zum einen hatten die Menschen sehr frühzeitig das Bestreben, *gleichartige* Gegenstände oder Dinge, später auch Begriffe *abzählen* zu können. So könnte beispielsweise die Bestandsaufnahme bei einem vorgeschichtlichen Volksstamm wie folgt aussehen:

dreiundzwanzig Männer, *achtzehn* Frauen, *sechsundfünfzig* Kinder, *neun* Hütten und *einhundertzweiundsechzig* Schafe ...

Sieht man von der Natur der so gezählten Lebewesen und Gegenstände ab, so handelt es sich um die Zahlen aus der Folge

eins, zwei, drei, vier, fünf, sechs, ...,

die wir als **natürliche Zahlen** bezeichnen wollen.
Der zweite Gesichtspunkt, der zu demselben Zahlbegriff führt, ist der, daß man schon sehr zeitig das Bedürfnis hatte, innerhalb einer bestimmten Gruppierung eine „Rangordnung" der einzelnen Glieder dieser Gruppe einzuführen. So besaß z. B. das *erste* Kind einer Familie weit größere Rechte als das *zweite* Kind, und dieses wiederum war dem *dritten* Kind bevorrechtigt.
Die natürlichen Zahlen treten demzufolge in zwei Erscheinungsformen auf:

Werden sie benutzt, um die *Anzahl* der Elemente einer Menge anzugeben, so nennt man sie **Kardinalzahlen;** benutzt man sie dagegen, um die *Rangordnung* eines bestimmten Elements einer gewissen Menge anzugeben, so nennt man sie **Ordinalzahlen.**

Zur Darstellung der natürlichen Zahlen verwendete man in den verschiedenen Zeitepochen und in den verschiedenen Kulturkreisen die unterschiedlichsten Symbole. Es sei hier nur an die uns noch einigermaßen geläufige Darstellung beispielsweise der Jahreszahl 1648 mit Hilfe der „römischen Zahlen" erinnert:

$$1648 = \text{MDCXLVIII}.$$

Heutzutage benutzt man nur noch zehn **Zahlsymbole,** die *arabischen Ziffern* 0, 1, 2, ..., 9, mit deren Hilfe sich *alle* natürlichen Zahlen darstellen lassen:

$$1, 2, 3, 4, 5, 6, 7, 8, 9, 10, 11, 12, 13, \ldots .$$

(Auf die Grundlage dieser Art der Zahlendarstellung wird in 2.2. näher eingegangen.)

Aus der oben angegebenen Aufeinanderfolge der natürlichen Zahlen ist zu erkennen, daß man jeweils eine neue Zahl erhält, indem man zur vorangehenden Zahl die Einheit 1 hinzufügt. Damit hat jede natürliche Zahl einen *Nachfolger,* und die Folge der natürlichen Zahlen ist nach oben unbeschränkt.

Es gibt keine größte natürliche Zahl.

Außer der ersten besitzt auch jede natürliche Zahl einen Vorgänger.
Ob man die Zahl *Null* mit zu den natürlichen Zahlen rechnen soll oder nicht, kann beliebig festgelegt werden.[1])
Die natürlichen Zahlen lassen sich durch Punkte auf einem Strahl *veranschaulichen.* Dazu trägt man vom Anfangspunkt A eines Strahles aus auf diesem wiederholt eine Strecke von beliebig gewählter konstanter Länge ab und ordnet den entstehenden Teilpunkten der Reihe nach die Zahlen 1, 2, 3, ... zu (Bild 1).

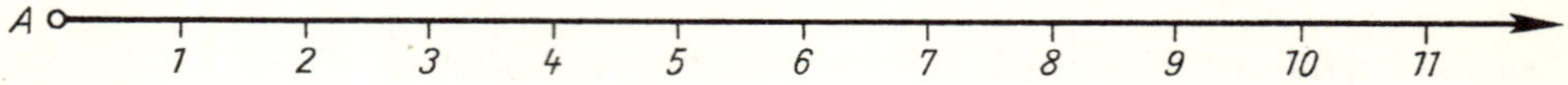

Bild 1

Diese Darstellung wird **Zahlenstrahl** genannt. Da sich dieser Zahlenstrahl in Richtung des Pfeiles unbegrenzt weit fortsetzen läßt, erkennt man auch hier erneut, daß es keine größte natürliche Zahl geben kann.
Abschließend sei noch darauf hingewiesen, daß in den Anwendungen der Mathematik Zahlen sehr häufig in Verbindung mit physikalischen Einheiten oder anderen Begriffen verwendet werden. In diesem Falle spricht man dann von einer **Größe.**

BEISPIELE

1. *Beispiele für natürliche Zahlen:* 1, 306, 1 072 536 *usw.*
2. *Beispiele für Größen:* 3 kg, 200 kHz, 95 km/h *usw.*
3. *Die natürliche Zahl* 724 *ist der Nachfolger von* 723.
4. *Ist a eine natürliche Zahl, so lautet ihr Nachfolger* $a + 1$; *ihr Vorgänger ist die Zahl* $a - 1$.

2.2. Das dekadische Positionssystem

Da es unendlich viele natürliche Zahlen gibt, ist es verständlich, daß nicht jede natürliche Zahl ein eigenes Zahlsymbol, d.h. eine eigene Ziffer haben kann. Aus diesem Grunde werden in dem bei uns gebräuchlichen Zahlensystem jeweils 10 Einheiten zu einer höheren Einheit zusammengefaßt:

10 Einer (E) = 1 Zehner (Z)
10 Zehner (Z) = 1 Hunderter (H)
10 Hunderter (H) = 1 Tausender (T)
10 Tausender (T) = 1 Zehntausender (ZT) usw.

Es werden jedoch für diese übergeordneten Einheiten keine neuen Symbole eingeführt (wie im römischen Zahlensystem), sondern man kennzeichnet diese übergeordneten Einheiten durch ihre Stellung innerhalb des gesamten Zahlzeichens. In der Zahl 3 333 haben zwar alle Ziffern den gleichen *Ziffernwert* drei, sie stehen aber an verschiedenen Stellen des Zahlzeichens und haben damit verschiedene *Stellenwerte.*

---

[1]) Im allgemeinen wird die Null zur Folge der natürlichen Zahlen hinzugerechnet. In einigen Fällen weicht man jedoch aus Zweckmäßigkeitsgründen davon ab; z.B. bei der Numerierung der Glieder einer Folge und bei der Behandlung der Potenzgesetze.

Der niedrigste Stellenwert, die Einerstelle, steht am weitesten rechts, und der Stellenwert einer jeden Ziffer innerhalb einer Zahl ist stets das Zehnfache des Stellenwertes der rechts von ihr stehenden Ziffer. Damit ist das Zahlzeichen 3 333 nichts anderes als eine abgekürzte Schreibweise für

3 Tausender + 3 Hunderter + 3 Zehner + 3 Einer,

oder kürzer

3 T + 3 H + 3 Z + 3 E.

Beachtet man noch, daß sich die Zahlen 100, 1 000, usw. als Potenzen der Grundzahl 10 schreiben lassen:

$$100 = 10^2, \quad 1\,000 = 10^3, \quad 10\,000 = 10^4 \ldots,$$

und legt man schließlich noch fest, daß

$$10 = 10^1 \quad \text{und} \quad 1 = 10^0$$

sein soll, so ist

$$3\,333 = 3 \cdot 10^3 + 3 \cdot 10^2 + 3 \cdot 10^1 + 3 \cdot 10^0.$$

Entsprechend ist

$$70\,264 = 7 \cdot 10^4 + 0 \cdot 10^3 + 2 \cdot 10^2 + 6 \cdot 10^1 + 4 \cdot 10^0.$$

Aus dem letzten Beispiel ist ersichtlich, daß für diese Art der Zahlendarstellung die Ziffer *Null*[1]) unbedingt erforderlich ist, denn sie steht als Zeichen für eine an der jeweiligen Stelle fehlende Potenz von 10.
Zusammenfassend läßt sich also feststellen, daß jeder Ziffer innerhalb einer Zahl eine Zehnerpotenz als Stellenwert zugeordnet ist.
Daraus erklärt sich auch die Bezeichnung für dieses Zahlensystem: Es wird **dekadisches**[2]) **Positionssystem**[3]) oder *dekadisches Stellenwertsystem* oder auch kurz *Dezimalzahlsystem*[4]) genannt.
Die Einheit 1 der natürlichen Zahlen läßt sich aber auch noch in kleinere Einheiten unterteilen:

1 Einer = 10 Zehntel		1 Zehntel $= 10^{-1}$
1 Zehntel = 10 Hundertstel		1 Hundertstel $= 10^{-2}$
1 Hundertstel = 10 Tausendstel		1 Tausendstel $= 10^{-3}$ ...,

wobei sich diese Feineinteilung beliebig weit vorantreiben läßt. Auf diese Weise entstehen die **Dezimalbrüche**, bei denen die Bruchteile der Einheit von den ganzen Anteilen durch ein Komma abgetrennt werden. So bedeutet z. B. die Zahl 502,307:

5 Hunderter + kein Zehner + 2 Einer + 3 Zehntel + kein Hundertstel + 7 Tausendstel

oder kurz

$$502{,}307 = 5 \cdot 10^2 + 0 \cdot 10^1 + 2 \cdot 10^0 + 3 \cdot 10^{-1} + 0 \cdot 10^{-2} + 7 \cdot 10^{-3}.$$

Es gibt unendlich viele Dezimalbrüche, die zwischen zwei beliebigen benachbarten natürlichen Zahlen untergebracht werden können.
Abschließend sei darauf hingewiesen, daß das römische Zahlensystem kein Stellenwertsystem ist. (Es ist nur ein sogenanntes *„Additionssystem“*, in dem die den in einer bestimmten Reihenfolge stehenden Symbolen entsprechenden Zahlen einfach addiert werden müssen. So ist z. B. MDCCCLXXI = 1 000 + 500 + 100 + 100 + 100 + 50 + 10 + 10 + 1 = 1 871.) Bemerkenswert ist vielleicht, daß derartige Additionssysteme kein Symbol für die Zahl Null benötigen.

---

[1]) nullum (lat.) nichts

[2]) deka (griech.) zehn

[3]) Position (lat.) Stellung

[4]) decem (lat.) zehn

2.3. Das duale[1]) Positionssystem

So, wie sich jede natürliche Zahl als Summe von Vielfachen von Zehnerpotenzen darstellen läßt, so kann man auch jede natürliche Zahl als Summe von *Zweierpotenzen* darstellen. Legt man fest, daß

$$2^1 = 2 \quad \text{und} \quad 2^0 = 1$$

sein soll, und beachtet man ferner, daß

$$2^2 = 4, \quad 2^3 = 8, \quad 2^4 = 16, \quad 2^5 = 32, \quad 2^6 = 64, \ldots$$

ist, so läßt sich beispielsweise die Zahl 100 zerlegen in

$$100 = 1 \cdot 2^6 + 1 \cdot 2^5 + 0 \cdot 2^4 + 0 \cdot 2^3 + 1 \cdot 2^2 + 0 \cdot 2^1 + 0 \cdot 2^0.$$

Man erkennt aus diesem Beispiel, daß bei dieser Darstellungsweise einer natürlichen Zahl mit Hilfe von Zweierpotenzen keine weiteren Ziffern als die beiden Ziffern 0 und 1 erforderlich sind. Um Verwechslungen mit dem Dezimalzahlsystem zu vermeiden, schreibt man in diesem System die Ziffer Eins mit Hilfe des Zeichens „L" anstelle des Zeichens „1", das im Dezimalzahlsystem gebräuchlich ist.
Damit kann die Dezimalzahl 100 wie folgt geschrieben werden:

$$100 = \text{LL00L00}.$$ [2])

Da in dieser Art der Zahlendarstellung der Stellenwert einer jeden Ziffer jeweils eine Potenz von Zwei ist, wird dieses Zahlensystem als **duales Positionssystem** oder kurz als *Dualzahlsystem* bezeichnet.
An Stelle des Wortes Dualzahlsystem findet man in der Literatur sehr häufig auch den Begriff *Binärsystem*. Auch von Binärzahlen, Binärzeichen und Binärstellen ist dann die Rede. Diese Bezeichnungen stammen aus dem Englischen und lassen sich auf *binary digit*[3]) zurückführen.
Das Dualzahlsystem hat mit der Entwicklung der modernen Rechentechnik und der elektronischen Datenverarbeitung sehr an Bedeutung gewonnen. Es gibt nämlich elektronische Bauelemente, die es gestatten, innerhalb von Bruchteilen von Milli-, ja sogar von Mikrosekunden den Stromfluß in einer elektrischen Leitung zu sperren bzw. freizugeben. Ordnet man nun dem Zustand „Strom fließt" die Dualzahl „L" und dem Zustand „Strom fließt nicht" die Dualzahl „0" zu, so kann man dadurch die beiden Ziffern des Dualzahlsystems elektronisch realisieren.
Da nun darüber hinaus mit den Zahlen des Dualzahlsystems in der gleichen Weise gerechnet werden kann wie mit den Zahlen des Dezimalzahlsystems (hierauf soll jedoch im Rahmen dieses Buches nicht näher eingegangen werden), bilden die oben erwähnten Bauelemente die Grundbausteine für die schnell rechnenden modernen Rechenautomaten und elektronischen Datenverarbeitungsanlagen.
Wegen der Bedeutung der Dualzahlen für die moderne Rechentechnik und für die EDV sollen einige Beispiele für die Umwandlung von Dezimalzahlen in Dualzahlen und umgekehrt angegeben werden.

---

[1]) duo (lat.) zwei

[2]) Häufig wird die duale Null zum Unterschied zur dezimalen Null auch in der Form Ø geschrieben, so daß dann die Dezimalzahl 100 als Dualzahl das Aussehen LLØØLØØ hätte.

[3]) binary (engl.) aus zwei bestehend; digit (engl.) Ziffer

BEISPIELE

1. *Die folgende Tabelle enthält eine Gegenüberstellung der ersten zwanzig Dezimal- und Dualzahlen:*

dezimal	dual	dezimal	dual	dezimal	dual	dezimal	dual
1	L	6	LL0	11	L0LL	16	L0000
2	L0	7	LLL	12	LL00	17	L000L
3	LL	8	L000	13	LL0L	18	L00L0
4	L00	9	L00L	14	LLL0	19	L00LL
5	L0L	10	L0L0	15	LLLL	20	L0L00

2. *Die Dezimalzahl* 73 *ist in eine Dualzahl umzuwandeln.*
Lösung: Man versucht, die 73 in eine Summe von Potenzen der Zahl 2 zu zerlegen:

$$\begin{aligned}73 &= 1\cdot 64 + 0\cdot 32 + 0\cdot 16 + 1\cdot 8 + 0\cdot 4 + 0\cdot 2 + 1\cdot 1\\ &= \mathbf{1}\cdot 2^6 + \mathbf{0}\cdot 2^5 + \mathbf{0}\cdot 2^4 + \mathbf{1}\cdot 2^3 + \mathbf{0}\cdot 2^2 + \mathbf{0}\cdot 2^1 + \mathbf{1}\cdot 2^0.\end{aligned}$$

Daraus ergibt sich die gesuchte Darstellung

73 = L00L00L

3. *Die Dezimalzahl* 1972 *ist in eine Dualzahl umzuwandeln.*
Lösung: Man könnte wie im ersten Beispiel versuchen, die Zahl 1972 in eine Summe von Potenzen von 2 zu zerlegen. Bei großen Dezimalzahlen ist dieses Verfahren aber recht umständlich, da man sämtliche Zweierpotenzen im Kopfe behalten müßte. Aus diesem Grunde soll hier ein *Algorithmus*[1]) vorgeführt werden, der es gestattet, auf sehr einfache Weise eine beliebige ganze Dezimalzahl in die entsprechende Dualzahl umzuwandeln: Man dividiert die umzuwandelnde Dezimalzahl durch zwei und schreibt den entstehenden Quotienten einschließlich des auftretenden Restes auf. Diese Division wiederholt man dann mit den immer wieder neu entstehenden Quotienten so lange, bis als letzter Quotient eine 1 auftritt. Dann braucht man nur noch diese letzte 1 sowie alle Reste (vom letzten bis zum ersten) der Reihe nach hintereinander zu schreiben, wobei man natürlich an Stelle der Einsen jeweils das Zeichen „L" setzt. Die so entstehende Dualzahl ist dann das gewünschte Ergebnis.
Im gegebenen Falle verläuft die Rechnung wie folgt:

1972 : 2 = 986 Rest (0)
↓
986 : 2 = 493 Rest (0)
↓
493 : 2 = 246 Rest (1)
↓
246 : 2 = 123 Rest (0)
↓
123 : 2 = 61 Rest (1)
↓
61 : 2 = 30 Rest (1)
↓
30 : 2 = 15 Rest (0)
↓

[1]) Algorithmus (aus dem Arabischen): Rechenvorschrift

15 : 2 = 7 Rest (1)

↓

7 : 2 = 3 Rest (1)

↓

3 : 2 = (1) Rest (1)

Die durch Klammern eingerahmten Reste brauchen nun nur noch von unten nach oben in der angegebenen Reihenfolge hintereinander aufgeschrieben zu werden. Man erhält

1 972 = LLLL0LL0L00

Auf den Beweis für die Richtigkeit dieser Rechenvorschrift soll hier verzichtet werden.

4. *Die Dualzahl* L0LL0 *ist in eine Dezimalzahl umzuwandeln.*
Lösung: Da das Dualsystem ein Positionssystem mit der Basis 2 ist, stellt L0LL0 nur eine Kurzschreibweise für

$$1 \cdot 2^4 + 0 \cdot 2^3 + 1 \cdot 2^2 + 1 \cdot 2^1 + 0 \cdot 2^0$$

dar. (Beachten Sie, daß die am weitesten rechts stehende Ziffer den Stellenwert 2^0 hat!) Es ist also

$$\text{L0LL0} = 1 \cdot 16 + 0 \cdot 8 + 1 \cdot 4 + 1 \cdot 2 + 0 \cdot 1$$
$$\text{L0LL0} = 22$$

5. *Die Dualzahl* LL0L,0LL *ist in eine Dualzahl umzuwandeln.*
Lösung: An diesem Beispiel ist neu, daß in der Dualzahl ein Komma auftritt. Es gelten hier jedoch die gleichen Gesetzmäßigkeiten, die wir bereits beim Dezimalsystem kennengelernt haben, nur daß hier alles auf die Grundzahl 2 statt auf 10 bezogen wird. Die letzte Stelle vor dem Komma ist die Einerstelle, sie hat also den Stellenwert 2^0. Nach rechts zu hat jede Stelle einen Stellenwert, der nur noch halb so groß ist wie der Stellenwert der vorangehenden Stelle. Es ist also

$$\text{LL0L,0LL} = 1 \cdot 2^3 + 1 \cdot 2^2 + 0 \cdot 2^1 + 1 \cdot 2^0 + 0 \cdot 2^{-1} + 1 \cdot 2^{-2} + 1 \cdot 2^{-3}$$
$$= 1 \cdot 8 + 1 \cdot 4 + 0 \cdot 2 + 1 \cdot 1 + 0 \cdot 0{,}5 + 1 \cdot 0{,}25 + 1 \cdot 0{,}125$$
$$\text{LL0L,0LL} = 13{,}375$$

Es sei darauf hingewiesen, daß an Stelle der beiden Zahlen 10 und 2 auch jede beliebige andere natürliche Zahl außer 1 als Grundzahl für ein Positionssystem geeignet ist. Rudimente derartiger Zahlensysteme finden wir heute noch in zahlreichen gebräuchlichen Maßeinheiten. So läßt sich die Einteilung des Tages in zweimal 12 Stunden und die Einteilung des Jahres in 12 Monate auf ein Zahlensystem mit der Basis 12 zurückführen. Hingegen liegt der Einteilung der Stunde in 60 Minuten, der Minute in 60 Sekunden, der Einteilung eines Winkelgrades in 60 Winkelminuten usw. ein Zahlensystem mit der Basis 60 zugrunde.
Allgemein kann festgestellt werden, daß die Verwendung von wenigen Symbolen zwangsläufig den Nachteil mit sich bringt, daß lange „Zahlenungeheuer“ entstehen. Ein typisches Beispiel hierfür sind die Zahlen des Dualzahlsystems. Will man dagegen kurze Schreibweisen für die Zahlen erreichen, so muß man mehr verschiedene Grundsymbole (Ziffern) verwenden. Der Leser überlege sich selbst, warum das so sein muß, und welche Vor- und Nachteile sich daraus für die verschiedenen Zahlensysteme ergeben.

2.4. Konstanten und Variablen[1])

Die in der Mathematik aufgestellten Gesetzmäßigkeiten gelten nicht nur für bestimmte einzelne Zahlen, sondern sie sind ganz allgemein gültig.
So weiß z.B. jeder, der die Anfangsgründe der Mathematik kennengelernt hat, daß bei der Additionsaufgabe

$$3+8$$

dasselbe Ergebnis entsteht wie bei der Aufgabe

$$8+3.$$

Für diesen speziellen Fall läßt sich also sagen, daß

$$3+8=8+3$$

gilt.
An Stelle der beiden Zahlen 3 und 8 könnte in dieser Gleichung aber auch jede beliebige andere Zahl stehen. So ist beispielsweise auch

$$2{,}56+7{,}02=7{,}02+2{,}56$$

oder

$$392{,}46+1\,763{,}409=1\,763{,}409+392{,}46$$

usw.
Man gelangt auf diese Weise schließlich zu dem aus der Arithmetik bekannten Satz:

> Es ist gleichgültig, in welcher Reihenfolge man zwei Zahlen addiert. Die Summe ist in jedem Falle die gleiche.

Um diesen Satz nun in kürzerer Form und dennoch für jeden verständlich darstellen zu können, verwendet man in der Mathematik allgemeine Zahlensymbole, etwa die beiden Buchstaben *a* und *b*, und formuliert die oben angegebene Gesetzmäßigkeit wie folgt:
Für alle *a* und *b* gilt

$$a+b=b+a.$$

In diese letzte Gleichung darf man für *a* und *b* ganz beliebige Zahlen einsetzen; stets ist dann die Aussage dieses Satzes richtig.
Statt *a* und *b* hätte man in dieser Gleichung ohne weiteres auch irgendwelche andere Zeichen verwenden können, beispielsweise ⊙, △, ▷ oder ◇ usw. So könnte die erwähnte Gleichung

$$a+b=b+a$$

auch in der Form

geschrieben werden. Allerdings verwendet man derartige Phantasiegebilde seltener für die Formulierung mathematischer Tatbestände, da sie einerseits beim Schreiben mehr Zeit erfordern und zum anderen auch schlecht sprechbar sind.
Derartige allgemeine Zahlensymbole, bei denen noch offengelassen ist, welche spezielle

[1]) constans (lat.) feststehend, variamen (lat.) Veränderung

Zahl man für sie im jeweiligen Falle verwenden kann, wollen wir in Zukunft **Variablen** nennen. Dagegen wollen wir die eindeutig bestimmten Zahlen wie

$$1; \quad 392{,}47; \quad \pi; \quad 0{,}001 \quad \text{usw.}$$

als **Konstanten** bezeichnen.

Beim Arbeiten mit Variablen ist es wichtig, daß *innerhalb derselben Aufgabe einem bestimmten Symbol auch immer wieder nur ein und derselbe Zahlenwert zuzuordnen* ist. Wenn man sich also entschlossen hat, in einer Aufgabe für das darin auftretende Symbol δ den Wert $\delta = 2{,}15$ einzusetzen, so muß man innerhalb dieser Aufgabe überall dort, wo die Variable δ auftritt, immer wieder denselben Wert 2,15 einsetzen und nicht irgendwann einmal zu einem anderen Wert übergehen. – Aus diesem Grunde dürfen auch in Formeln für verschiedene Größen niemals die gleichen Variablen verwendet werden.

AUFGABEN

1. Die folgenden Dezimalzahlen sind in Dualzahlen umzuwandeln:

a) 1	b) 2	c) 3	d) 4
e) 5	f) 6	g) 7	h) 8
i) 9	k) 10	l) 314	m) 128
n) 1000	o) 500	p) 250	q) 125
r) 13	s) 26	t) 52	u) 104

2. Die folgenden Dualzahlen sind in Dezimalzahlen umzuwandeln:

a) LLLL	b) L0L	c) LL00L
d) 0,L	e) 0,0L	f) 0,00L
g) LLL,LL	h) L,LLLL	i) L0,L00L
k) L00L,0LL	l) LL00LL,L0L	m) LLL,0L0L
n) L0L0L0L0L0L	o) L0000000000	p) LL00LL00LL

3. Prüfen Sie durch Übergang zu den entsprechenden Dezimalzahlen nach, ob die nachfolgend angegebenen Grundaufgaben der Addition und der Multiplikation (Kleines Einmaleins) für das Dualsystem richtig sind:

a) $0 + 0 = 0$
$0 + L = L$
$L + 0 = L$
$L + L = L0$

b) $0 \cdot 0 = 0$
$0 \cdot L = 0$
$L \cdot 0 = 0$
$L \cdot L = L$

3. Zur Technik des Zahlenrechnens

3.1. Bezeichnungen

Am Beispiel der drei Variablen *a, b* und *c* sollen zunächst die wichtigsten Bezeichnungen zusammengestellt werden, die in den folgenden Abschnitten immer wieder auftreten werden:

Grundrechenart	Schreibweise der Aufgabe	*a*	Sprechweise für das Rechensymbol	*b*	*c*
Addition	$a + b = c$	*Summand*	*plus*	*Summand*	*Summe*

Grundrechenart	Schreibweise der Aufgabe	a	Sprechweise für das Rechensymbol	b	c
Subtraktion	$a - b = c$	*Minuend*	*minus*	*Subtrahend*	*Differenz*
Multiplikation	$a \cdot b = c$	*Faktor*	*mal*	*Faktor*	*Produkt*
Division	$a : b = c$	*Dividend*	*durch*	*Divisor*	*Quotient*
	$\frac{a}{b} = c$	*Zähler*	*durch*	*Nenner*	*Bruch*

Ein Produkt aus lauter gleichen Faktoren wird **Potenz** genannt. Man verwendet folgende Schreibweise:

$a \cdot a = a^2$ (gelesen: „*a* hoch zwei“ oder „*a*-Quadrat“)

$a \cdot a \cdot a = a^3$ (gelesen: „*a* hoch drei“)

$a \cdot a \cdot a \cdot a = a^4$ (gelesen: „*a* hoch vier“)

$\vdots$ $\vdots$

$\underbrace{a \cdot a \cdot a \cdot \ldots \cdot a}_{n \text{ Faktoren}} = a^n$ (gelesen: „*a* hoch *n*“).

3.2. Teilbarkeit von Zahlen

Bei den in diesem Abschnitt dargestellten Eigenschaften von Zahlen handelt es sich nur um die Eigenschaften natürlicher Zahlen.

3.2.1. Teiler einer Zahl

Definition:

Läßt sich eine natürliche Zahl *b ohne Rest* durch eine natürliche Zahl *a* teilen, so wird der Divisor *a* **Teiler** der Zahl *b* genannt. – Entsprechend nennt man die natürliche Zahl *b* ein **Vielfaches** von *a*.

BEISPIEL 1

Die Zahl 165 *hat die Teiler* 1, 3, 5, 11, 33, 55 und 165, *denn sie läßt sich durch jede der angegebenen Zahlen ohne Rest teilen.*
Entsprechend ist 165 *ein Vielfaches von* 1, 3, 5, 11, 33, 55 *und* 165.

Für die Feststellung, daß eine Zahl *a* Teiler von *b* ist, verwendet man das mathematische Zeichen

$$a \mid b,$$

gelesen: „*a* teilt *b*“ oder „*a* ist Teiler von *b*“ oder „*a* ist in *b* enthalten“ oder genauer „*a* ist in *b* als Faktor enthalten“. – Aus Beispiel 1 könnte man also u. a. herausgreifen: $3 \mid 165$ oder $55 \mid 165$ usw.

Aus der oben angeführten Definition des Teilers einer Zahl ergeben sich die folgenden drei

Sonderfälle: $a \mid a$, $a \mid 0$ und $1 \mid a$,

d. h.: 1. Jede natürliche Zahl ist Teiler von sich selbst.
2. Jede natürliche Zahl ist Teiler der Zahl Null.
3. Jede natürliche Zahl hat den Teiler Eins.

Schließlich sei noch auf die folgende Eigenschaft des Teilers einer Zahl hingewiesen:

Wenn $a \mid b$ und $b \mid c$, dann gilt auch $a \mid c$.

BEISPIEL 2

Es gilt $3 \mid 15$ *und* $15 \mid 75$. *Also muß auch* $3 \mid 75$ *gelten, was ohne Schwierigkeiten nachzuprüfen ist.*

Alle natürlichen Zahlen, die den Teiler 2 haben, bezeichnet man als *gerade Zahlen.* Alle übrigen natürlichen Zahlen heißen *ungerade Zahlen.*

3.2.2. Primzahlen

Wie aus 3.2.1. hervorgeht, hat jede natürliche Zahl mindestens zwei Teiler, nämlich die Zahl selbst sowie die Zahl 1. Diese beiden Teiler einer natürlichen Zahl werden *unechte Teiler* genannt. Hat eine Zahl außer diesen beiden unechten Teilern noch weitere Teiler, so werden diese *echte Teiler* der Zahl genannt. So hat beispielsweise die Zahl 165 (vgl. Beispiel 1 aus 3.2.1.) die unechten Teiler 1 und 165 sowie die echten Teiler 3, 5, 11, 15, 33 und 55.

Eine natürliche Zahl, die *keine echten Teiler* hat, wird **Primzahl** genannt.

Eine Primzahl ist demnach nur durch 1 und durch sich selbst teilbar.
Die Zahl 1 wird nicht mit zu den Primzahlen gerechnet, so daß die ersten Primzahlen lauten:

$$2, 3, 5, 7, 11, 13, 17, 19, 23, 29, 31, 37, 41, \ldots$$

Alle Zahlen, die echte Teiler haben, also keine Primzahlen sind, werden *zusammengesetzte Zahlen* genannt. Es sind also

$$4, 6, 8, 9, 10, 12, 14, 15, 16, 18, 20, 21, 22, \ldots$$

die ersten zusammengesetzten Zahlen.
Für die zusammengesetzten Zahlen gilt der folgende Satz:

Sieht man von der Reihenfolge der Faktoren ab, so läßt sich jede zusammengesetzte Zahl *eindeutig* in ein Produkt von Primzahlen zerlegen.

Die einzelnen Faktoren einer solchen Zerlegung werden *Primfaktoren* genannt.

BEISPIEL 1

$165 = 3 \cdot 5 \cdot 11$
3, 5 *und* 11 *sind die Primfaktoren;* $3 \cdot 5 \cdot 11$ *das Primzahlenprodukt;* $165 = 3 \cdot 5 \cdot 11$ *die Zerlegung der Zahl* 165.

Wenn eine Zahl in ihre Primfaktoren zerlegt werden soll, empfiehlt es sich, *systematisch* vorzugehen und die Zahl der Reihe nach auf ihre Teilbarkeit durch die Primzahlen 2, 3, 5, 7 usw. zu untersuchen. Dabei ist zu beachten, daß eine Primzahl auch mehrfach als Faktor in der Zerlegung auftreten kann. – Schließlich braucht man bei der Zerlegung nur diejenigen Primzahlen zu berücksichtigen, deren Quadrat kleiner oder höchstens gleich der gegebenen Zahl ist. Im Beispiel 1 braucht man also nur die Primzahlen bis zur 11 zu untersuchen, denn 13^2 ist bereits größer als die gegebene Zahl 165.

BEISPIEL 2

Die Zahl 326 928 ist in ihre Primfaktoren zu zerlegen.

Lösung:
$$\begin{aligned}326\,928 &= 2\cdot 163\,464\\ &= 2\cdot 2\cdot 81\,732\\ &= 2\cdot 2\cdot 2\cdot 40\,866\\ &= 2\cdot 2\cdot 2\cdot 2\cdot 20\,433\\ &= 2\cdot 2\cdot 2\cdot 2\cdot 3\cdot 6\,811\\ &= 2\cdot 2\cdot 2\cdot 2\cdot 3\cdot 7\cdot 973\\ &= 2\cdot 2\cdot 2\cdot 2\cdot 3\cdot 7\cdot 7\cdot 139 \quad \text{(139 ist Primzahl)}\\ 326\,928 &= 2^4\cdot 3\cdot 7^2\cdot 139\end{aligned}$$

3.2.3. Teilbarkeitsregeln

Bei vielen Aufgaben, insbesondere aus der Bruchrechnung, ist es erforderlich, zu untersuchen, ob eine gegebene Zahl durch eine andere teilbar ist. Hierbei ist es dann vorteilhaft, wenn man die folgenden *Teilbarkeitsregeln* kennt:

Eine Zahl ist genau dann durch 2 teilbar, wenn ihre *letzte Ziffer durch 2 teilbar* ist.[1])

Eine Zahl ist genau dann durch 3 teilbar, wenn ihre *Quersumme durch 3 teilbar* ist.

Anmerkung: Die Quersumme einer Zahl ist die Summe der Ziffern, aus der die Zahl zusammengesetzt ist. So ist z. B. die Quersumme der Zahl 326 928 (vgl. Beispiel 2 aus 3.2.2.):

$$3+2+6+9+2+8=30.$$

Da die Quersumme 30 durch 3 teilbar ist, muß auch die gegebene Zahl 326 928 durch 3 teilbar sein.

Bei der Bildung der Quersumme kann man überdies noch von vornherein alle durch 3 teilbaren Ziffern streichen und nur aus dem verbleibenden Rest die Quersumme bilden; in unserem Falle also

$$2+2+8=12.$$

Ist die Quersumme dieses Restes durch 3 teilbar, so muß auch die gesamte Zahl durch 3 teilbar sein.

Eine Zahl ist genau dann durch 4 teilbar, wenn *die aus ihren letzten beiden Ziffern gebildete Zahl durch 4 teilbar* ist.

Eine Zahl ist genau dann durch 5 teilbar, wenn ihre *letzte Ziffer eine 5 oder eine* 0 ist.

Eine Zahl ist genau dann durch 6 teilbar, wenn sie *gerade* ist und wenn sich ihre *Quersumme durch 3 teilen* läßt.

Anmerkung: Hier können bei der Quersummenbildung ähnlich wie bei der Dreierprobe von vornherein alle Sechsen gestrichen werden.

Eine Zahl ist genau dann durch 8 teilbar, wenn *die aus ihren letzten drei Ziffern gebildete Zahl durch 8 teilbar* ist.

[1]) Über die Bedeutung des Ausdruckes „genau dann …, wenn …“ siehe 4.3.5.

Eine Zahl ist genau dann durch 9 teilbar, wenn ihre *Quersumme durch 9 teilbar* ist.

Anmerkung: Hier dürfen bei der Quersummenbildung sämtliche in der Zahl auftretenden Neunen vernachlässigt werden.

Eine Zahl ist genau dann durch 10 teilbar, wenn sie *mit einer Null endet.*

Um die Teilbarkeit einer Zahl durch 7, 11 oder 13 festzustellen, kann man wie folgt vorgehen:

Man teilt die Zahl zunächst von rechts her in Dreiergruppen ein und bildet dann abwechselnd die Differenz bzw. die Summe aus den entstehenden dreistelligen Zahlen. Ist das Ergebnis dieser Rechnung dann durch 7, 11 oder 13 teilbar, dann ist es auch die ursprünglich gegebene Zahl.

BEISPIEL

Die Zahl 92 235 728 886 soll auf ihre Teilbarkeit durch 7 untersucht werden.

Lösung: Die Einteilung in Dreiergruppen ist bereits aus der obigen Darstellung der Zahl ersichtlich. Man bildet nun

$$92 - 235 + 728 - 886 = -301.$$

Das Ergebnis -301 dieser Rechnung ist durch 7 teilbar, denn es ist $7 \cdot 43 = 301$. Mithin ist auch die gegebene Zahl 92 235 728 886 durch 7 teilbar. Der Leser prüfe dies selbst nach.
Hingegen ist -301 nicht durch 13 teilbar. Damit ist auch die gegebene Zahl nicht durch 13 teilbar.

3.2.4. Der größte gemeinsame Teiler

Zwei oder mehrere natürliche Zahlen können *gemeinsame Teiler* haben oder nicht. So haben die beiden Zahlen

$$21 = 3 \cdot 7 \quad \text{und} \quad 65 = 5 \cdot 13$$

keine gemeinsamen Teiler. Sie sind **teilerfremd** zueinander.
Dagegen haben die Zahlen

$$360 = 2^3 \cdot 3^2 \cdot 5 \quad \text{und} \quad 945 = 3^3 \cdot 5 \cdot 7$$

die gemeinsamen Teiler 3, 5, 9, 15 und 45. Von diesen fünf gemeinsamen Teilern ist 45 der größte. Die Zahl 45 heißt daher der **größte gemeinsame Teiler** der Zahlen 360 und 945.

Der größte gemeinsame Teiler mehrerer natürlicher Zahlen ist das Produkt der höchsten Potenzen der Primfaktoren, die in *jeder* dieser Zahlen gleichzeitig enthalten sind.

BEISPIEL 1

Wie lautet der größte gemeinsame Teiler der Zahlen 120, 252, 300, 672 *und* 29 400?

Lösung: Man benutzt vorteilhaft folgende übersichtliche Anordnung:

$$\begin{array}{rl}
120 = & 2 \cdot 2 \cdot 2 \quad\quad\quad \cdot 3 \quad \cdot 5 \\
252 = & 2 \cdot 2 \quad\quad\quad\quad\;\; \cdot 3 \cdot 3 \quad\quad \cdot 7 \\
300 = & 2 \cdot 2 \quad\quad\quad\quad\;\; \cdot 3 \quad \cdot 5 \cdot 5 \\
672 = & 2 \cdot 2 \cdot 2 \cdot 2 \cdot 2 \cdot 3 \quad\quad\quad\quad \cdot 7 \\
29\,400 = & 2 \cdot 2 \cdot 2 \quad\quad\quad \cdot 3 \quad \cdot 5 \cdot 5 \cdot 7 \cdot 7 \\
\hline
\text{g.g.T.} = & 2 \cdot 2 \quad\quad\quad\quad\;\; \cdot 3 = 12
\end{array}$$

Der größte gemeinsame Teiler wird in der Bruchrechnung *beim Kürzen von Brüchen* benötigt.

Schreibt man zwei oder mehrere natürliche Zahlen, z. B. 360 und 945, als Produkt mit je 2 Faktoren, bei denen der eine Faktor der größte gemeinsame Teiler aller Zahlen ist, so müssen die Ergänzungsfaktoren teilerfremd zueinander sein.

BEISPIEL 2

Der größte gemeinsame Teiler der beiden Zahlen 360 *und* 945 *ist* 45 *(siehe S. 26!). Die in den Zerlegungen* $360 = 8 \cdot 45$ *und* $945 = 21 \cdot 45$ *auftretenden Ergänzungsfaktoren* 8 *und* 21 *sind teilerfremde Zahlen.*

Ein einfaches Verfahren zur Bestimmung des größten gemeinsamen Teilers zweier Zahlen stellt der **Euklidische Algorithmus**[1]) dar: Man dividiert die größere der beiden Zahlen durch die kleinere. Aus dem Divisor und dem Rest dieser ersten Divisionsaufgabe bildet man einen zweiten Quotienten; aus dem Divisor und dem Rest der zweiten Division einen dritten Quotienten usw. Dieses Verfahren setzt man so lange fort, bis die Division aufgeht. Der Divisor des zuletzt gebildeten Quotienten ist dann der größte gemeinsame Teiler der beiden Zahlen.

BEISPIEL 3

Mit Hilfe des Euklid*ischen Algorithmus ist der größte gemeinsame Teiler der beiden Zahlen* 360 *und* 945 *zu ermitteln.*

Lösung: Man dividiert

$$945 : 360 = 2 \text{ Rest } 225.$$

Aus dem Divisor 360 und dem Rest 225 bildet man den Quotienten

$$360 : 225 = 1 \text{ Rest } 135,$$

dann $225 : 135 = 1 \text{ Rest } 90,$

hieraus $135 : 90 = 1 \text{ Rest } 45$

und schließlich

$$90 : 45 = 2.$$

Diese Division hat keinen Rest mehr. Der Divisor 45 des letzten Quotienten ist der größte gemeinsame Teiler der beiden Zahlen 360 und 945.

BEISPIEL 4

Desgl. für die beiden Zahlen 81 *und* 98.

Lösung:

$$98 : 81 = 1 \text{ Rest } 17,$$
$$81 : 17 = 4 \text{ Rest } 13,$$
$$17 : 13 = 1 \text{ Rest } 4,$$
$$13 : 4 = 3 \text{ Rest } 1,$$
$$4 : 1 = 4.$$

Da der Divisor der letzten Divisionsaufgabe die Zahl 1 ist, sind die beiden Zahlen 81 und 98 teilerfremd.

Für das praktische Rechnen ist es günstig, wenn man weiß, daß es für die Ermittlung des größten gemeinsamen Teilers genügt, eine der beiden gegebenen Zahlen mit der Differenz der beiden Zahlen zu vergleichen. So würde es im Beispiel 4 ausreichen, den größten gemeinsamen Teiler von 81 und 17 (17 ist die Differenz aus 98 und 81) zu bestimmen. Da 17 eine Primzahl ist, ist offensichtlich, daß 81 und 98 teilerfremd sein müssen.

---

[1]) Euklid (−365? bis −300?), griechischer Mathematiker; Algorithmus = Rechenvorschrift, die bei folgerichtiger Anwendung zum gewünschten Ergebnis führt.

3.2.5. Das kleinste gemeinsame Vielfache

Von einer Zahl lassen sich durch Multiplikation mit den natürlichen Zahlen 1, 2, 3, ... beliebig viele Vielfache bilden.

BEISPIEL 1

Vielfache von 3:	3	6	9	**12**	15	18	21	**24**	27	30	...
Vielfache von 4:		4	8	**12**		16	20	**24**		28	...

Sind zwei oder mehrere Zahlen gegeben, so haben diese *gemeinsame Vielfache*. So erkennt man beispielsweise aus Beispiel 1, daß 12, 24, 36, 48, ... gemeinsame Vielfache der beiden Zahlen 3 und 4 sind. Unter diesen gemeinsamen Vielfachen existiert ein **kleinstes gemeinsames Vielfaches**. Im Beispiel 1 ist die Zahl 12 das kleinste gemeinsame Vielfache der beiden Zahlen 3 und 4.
Ein Vielfaches mehrerer Zahlen muß durch jede dieser Zahlen teilbar sein. Es muß daher jeden Primfaktor mindestens so oft enthalten, wie er am häufigsten in einer der gegebenen Zahlen auftritt.

Das kleinste gemeinsame Vielfache mehrerer Zahlen ist die kleinste Zahl, die durch alle gegebenen Zahlen teilbar ist.

Man bestimmt das kleinste gemeinsame Vielfache wieder am besten durch Zerlegung der gegebenen Zahlen in ihre Primfaktoren.

BEISPIEL 2

Es ist das kleinste gemeinsame Vielfache der Zahlen 36, 48, 60 *und* 210 *zu bestimmen.*

Lösung:

$$\begin{aligned} 36 &= 2\cdot 2 \qquad\qquad \cdot 3\cdot 3 \\ 48 &= 2\cdot 2\cdot 2\cdot 2\cdot 3 \\ 60 &= 2\cdot 2 \qquad\qquad \cdot 3 \quad \cdot 5 \\ 210 &= 2 \qquad\qquad\quad\;\; \cdot 3 \quad \cdot 5\cdot 7 \end{aligned}$$

$$\text{k. g. V.} = 2\cdot 2\cdot 2\cdot 2\cdot 3\cdot 3\cdot 5\cdot 7 = 5\,040.$$

Das kleinste gemeinsame Vielfache wird bei der *Bestimmung des Hauptnenners* mehrerer Brüche benötigt.

Es gibt kein größtes gemeinsames Vielfaches zweier Zahlen, da sich die Folge der gemeinsamen Vielfachen zweier Zahlen nach oben hin unbegrenzt weit fortsetzen läßt.

3.3. Gewöhnliche Brüche

3.3.1. Begriffserklärungen

Unter einem **gewöhnlichen Bruch** oder einer **gebrochenen Zahl** versteht man einen Ausdruck der Form $\frac{a}{b}$, worin a und b ganze Zahlen sind und $b \neq 0$ ist.[1]

Die über dem Bruchstrich stehende Zahl heißt der **Zähler** des Bruches, während die darunter stehende Zahl der **Nenner** des Bruches genannt wird.
Brüche, deren Zähler 1 ist, heißen *Stammbrüche*. Demnach sind $\frac{1}{2}, \frac{1}{3}, \frac{1}{4}, \frac{1}{5}, \ldots$ Stammbrüche.

[1]) Das Zeichen $\neq$ wird gelesen „ungleich“ oder „verschieden von“.

Jede *ganze Zahl* kann als *Bruch mit dem Nenner* 1 geschrieben werden: $25 = \frac{25}{1}$, $173 = \frac{173}{1}$.

Jeder *Bruch kann als Divisionsaufgabe*, umgekehrt kann auch jede *Divisionsaufgabe als Bruch aufgefaßt werden*. Dabei entspricht der Zähler des Bruches dem Dividenden, der Nenner des Bruches dem Divisor der Divisionsaufgabe.

BEISPIEL 1

a) $\frac{5}{7} = 5:7$ b) $2:3 = \frac{2}{3}$.

Man unterscheidet **echte** und **unechte Brüche**. Bei einem echten Bruch ist der Zähler *kleiner* als der Nenner. Der Wert des Bruches ist demzufolge kleiner als 1.

BEISPIEL 2

$\frac{1}{2}, \frac{3}{5}, \frac{5}{9}$ *usw. sind echte Brüche.*

Ist der Zähler eines Bruches *nicht kleiner* als der Nenner, so liegt ein *unechter Bruch* vor. Der Wert eines unechten Bruches ist also größer oder mindestens gleich eins.

BEISPIEL 3

$\frac{2}{1}, \frac{5}{3}, \frac{9}{5}, \frac{23}{23}$ *usw. sind unechte Brüche.*

Eine **„gemischte Zahl“** ist die Summe aus einer ganzen Zahl und einem echten Bruch. Dabei darf das Pluszeichen zwischen der ganzen Zahl und dem Bruch weggelassen werden.

BEISPIEL 4

$3 + \frac{4}{7} = 3\frac{4}{7}$. *Es ist zu beachten, daß* $3 \cdot \frac{4}{7} \neq 3\frac{4}{7}$.

Jeder unechte Bruch läßt sich in eine gemischte Zahl verwandeln, indem man die dem Bruch entsprechende Divisionsaufgabe durchführt.

BEISPIEL 5

$\frac{11}{5} = 11:5 = 2$ *Rest* 1. *Demnach ist* $\frac{11}{5} = 2\frac{1}{5}$.

Die Umwandlung einer gemischten Zahl in einen unechten Bruch wird erst in 3.3.3. behandelt.
Die Brüche liegen auf dem Zahlenstrahl zwischen den ganzen Zahlen.

3.3.2. Erweitern und Kürzen von Brüchen

Ein Bruch wird **erweitert**, indem Zähler und Nenner mit derselben Zahl, der *Erweiterungszahl*, multipliziert werden. Ein Bruch wird **gekürzt**, indem Zähler und Nenner durch dieselbe Zahl, die *Kürzungszahl*, dividiert werden. *Beim Erweitern bzw. beim Kürzen ändert sich die Form, nicht aber der Wert eines Bruches.*

BEISPIELE

1. $\frac{3}{8}=\frac{3\cdot 5}{8\cdot 5}=\frac{15}{40}$. *Der Bruch* $\frac{3}{8}$ *wurde „mit 5 erweitert".*

2. $\frac{15}{40}=\frac{15:5}{40:5}=\frac{3}{8}$. *Der Bruch* $\frac{15}{40}$ *wurde „mit 5 gekürzt".*

Das Erweitern von Brüchen wird benötigt, wenn mehrere Brüche mit verschiedenen Nennern auf einen gemeinsamen Nenner, den **Hauptnenner**, gebracht werden sollen.

Der Hauptnenner mehrerer Brüche ist das kleinste gemeinsame Vielfache aller Einzelnenner.

BEISPIEL 3

Die Brüche $\frac{3}{8}, \frac{5}{24}, \frac{13}{72}, \frac{17}{108}$ *und* $\frac{49}{120}$ *sollen auf einen gemeinsamen Nenner gebracht werden.*

Lösung: Bestimmung des Hauptnenners durch Faktorenzerlegung der Einzelnenner:

$8=2^3$	$3^3\cdot 5=135$
$24=2^3\cdot 3$	$3^2\cdot 5=45$
$72=2^3\cdot 3^2$	$3\cdot 5=15$
$108=2^2\cdot 3^3$	$2\cdot 5=10$
$120=2^3\cdot 3\cdot 5$	$3^2=9$
$\mathrm{HN}=2^3\cdot 3^3\cdot 5=1080$	

Anmerkung: Hinter jeder Faktorenzerlegung sind nach der Bestimmung des Hauptnenners gleich die Erweiterungsfaktoren für jeden Bruch notiert worden. Diese Erweiterungsfaktoren erhält man, wenn man die Ergänzungsfaktoren zum Hauptnenner miteinander multipliziert. Es ergeben sich somit folgende Brüche:

$$\frac{3}{8}=\frac{3\cdot 135}{8\cdot 135}=\frac{405}{1080} \qquad \frac{5}{24}=\frac{5\cdot 45}{24\cdot 45}=\frac{225}{1080}$$

$$\frac{13}{72}=\frac{13\cdot 15}{72\cdot 15}=\frac{195}{1080} \qquad \frac{17}{108}=\frac{17\cdot 10}{108\cdot 10}=\frac{170}{1080} \qquad \frac{49}{120}=\frac{49\cdot 9}{120\cdot 9}=\frac{441}{1080}$$

Das Kürzen von Brüchen ist insofern bedeutungsvoll, als es große Zahlen in Zähler und Nenner in kleinere verwandelt, so daß dadurch das Rechnen erleichtert wird. Es gilt als Grundsatz bei vielen Aufgaben mit gewöhnlichen Brüchen:

Erst kürzen, dann rechnen!

Die größte Zahl, mit der ein Bruch gekürzt werden kann, muß alle in Zähler und Nenner gemeinsam enthaltenen Teiler als Faktor enthalten.

Die größte Kürzungszahl für einen Bruch ist demnach der größte gemeinsame Teiler von Zähler und Nenner.

BEISPIEL 4

Der Bruch $\frac{405}{1080}$ *ist durch Kürzen zu vereinfachen.*

Lösung: Es ist $405=3^4\cdot 5$ und $1080=2^3\cdot 3^3\cdot 5$. Der größte gemeinsame Teiler von 405 und 1080 ist demnach $3^3\cdot 5=135$; folglich ist

$$\frac{405}{1080}=\frac{405:135}{1080:135}=\frac{3}{8}.$$

3.3.3. Addition und Subtraktion gewöhnlicher Brüche

Haben mehrere Brüche gleiche Nenner, so heißen sie **gleichnamig**; haben sie verschiedene Nenner, so werden sie **ungleichnamig** genannt. Ungleichnamige Brüche lassen sich gleichnamig machen, indem sie durch Erweitern auf den *Hauptnenner* gebracht werden.

Für die Addition und Subtraktion gewöhnlicher Brüche gilt folgender *Satz*:

> Gleichnamige Brüche werden addiert (subtrahiert), indem man ihre Zähler addiert (subtrahiert) und den Nenner beibehält.
> Ungleichnamige Brüche sind vor dem Addieren (Subtrahieren) gleichnamig zu machen. Der Hauptnenner ist das kleinste gemeinsame Vielfache aller Einzelnenner.

BEISPIELE

1. $\frac{7}{24}+\frac{5}{24}=\frac{7+5}{24}=\frac{12}{24}=\frac{1}{2}$

2. $\frac{7}{24}-\frac{5}{24}=\frac{7-5}{24}=\frac{2}{24}=\frac{1}{12}$

3. $\frac{2}{3}-\frac{1}{4}=\frac{2\cdot 4}{3\cdot 4}-\frac{1\cdot 3}{4\cdot 3}=\frac{8-3}{12}=\frac{5}{12}$

4. $\frac{3}{4}-\frac{5}{6}+\frac{2}{9}-\frac{7}{12}+\frac{23}{48}=?$

Lösung: Bestimmung des Hauptnenners und der Erweiterungsfaktoren (vgl. 3.3.2., Beispiel 3).

$4 = 2^2$	$2^2\cdot 3^2 = 36$
$6 = 2\cdot 3$	$2^3\cdot 3 = 24$
$9 = 3^2$	$2^4 = 16$
$12 = 2^2\cdot 3$	$2^2\cdot 3 = 12$
$48 = 2^4\cdot 3$	$3 = 3$

$\mathrm{HN} = 2^4\cdot 3^2 = 144$

Damit wird

$$\frac{3}{4}-\frac{5}{6}+\frac{2}{9}-\frac{7}{12}+\frac{23}{48}=\frac{3\cdot 36-5\cdot 24+2\cdot 16-7\cdot 12+23\cdot 3}{144}$$

$$=\frac{108-120+32-84+69}{144}=\frac{5}{144}$$

Beachtet man, daß sich jede ganze Zahl auch als Bruch mit dem Nenner 1 schreiben läßt, so kann man jede gemischte Zahl in einen unechten Bruch verwandeln oder, wie der Fachausdruck lautet, *„einrichten"*.

BEISPIEL 5

$$3\frac{7}{9}=3+\frac{7}{9}=\frac{3\cdot 9+7}{9}=\frac{34}{9}$$

Bei gemischten Zahlen ist es vorteilhaft, wenn man die ganzen Zahlen und die Brüche getrennt addiert bzw. subtrahiert.

BEISPIELE

6. $5\frac{7}{8}+3\frac{2}{5}=5+3+\frac{7}{8}+\frac{2}{5}=8+\frac{35+16}{40}=8+\frac{51}{40}=9\frac{11}{40}$

7. $5\frac{7}{8} - 3\frac{2}{5} = 5 - 3 + \frac{7}{8} - \frac{2}{5} = 2 + \frac{35-16}{40} = 2 + \frac{19}{40} = 2\frac{19}{40}$

3.3.4. Multiplikation von Brüchen

Da sich jede ganze Zahl als Bruch mit dem Nenner 1 schreiben und jede gemischte Zahl sich in einen unechten Bruch verwandeln läßt, genügt es, die folgende *Multiplikationsregel für gewöhnliche Brüche* zu kennen:

> Brüche werden miteinander multipliziert, indem man das Produkt der Zähler durch das Produkt der Nenner dividiert.

Man spart unter Umständen erheblichen Aufwand an Rechenarbeit ein, wenn man grundsätzlich jede Möglichkeit zu kürzen vor dem Multiplizieren ausnutzt.

BEISPIELE

1. $\frac{13}{14}\cdot\frac{35}{52} = \frac{\overset{1}{\cancel{13}}\cdot\overset{5}{\cancel{35}}}{\underset{2}{\cancel{14}}\cdot\underset{4}{\cancel{52}}} = \frac{1\cdot 5}{2\cdot 4} = \frac{5}{8}$

2. $25\cdot\frac{4}{9} = \frac{25\cdot 4}{1\cdot 9} = \frac{100}{9} = 11\frac{1}{9}$

3. $5\frac{1}{3}\cdot\frac{9}{16} = \frac{\cancel{16}\cdot\overset{3}{\cancel{9}}}{\cancel{3}\cdot\cancel{16}} = \frac{1\cdot 3}{1\cdot 1} = 3$

4. $2\frac{7}{9}\cdot 1\frac{1}{5} = \frac{\overset{5}{\cancel{25}}\cdot\overset{2}{\cancel{6}}}{\underset{3}{\cancel{9}}\cdot\cancel{5}} = \frac{5\cdot 2}{3\cdot 1} = \frac{10}{3} = 3\frac{1}{3}$

3.3.5. Der Kehrwert eines Bruches

> Den **Kehrwert (reziproken Wert)** eines Bruches erhält man, indem man Zähler und Nenner des Bruches miteinander vertauscht.

Bruch und Kehrwert des Bruches sind im allgemeinen *verschieden* voneinander.

BEISPIELE

1. *Der Kehrwert von* $\frac{2}{7}$ *ist* $\frac{7}{2}$.
2. *Der Kehrwert von* $\frac{1}{9}$ *ist* $\frac{9}{1} = 9$.
3. *Der Kehrwert von* 5 *ist* $\frac{1}{5}$.
4. *Der Kehrwert von* $2\frac{3}{7}$ *ist* $\frac{7}{17}$.

Das Produkt aus einer Zahl und ihrem Kehrwert ist stets 1.

BEISPIEL 5

Der Kehrwert von $\frac{2}{5}$ *ist* $\frac{5}{2}$. *Das Produkt der beiden Zahlen ist* $\frac{2}{5} \cdot \frac{5}{2} = 1$.

Der Kehrwert vom Kehrwert einer Zahl ist wieder die ursprüngliche Zahl.

BEISPIEL 6

Der Kehrwert von $\frac{2}{5}$ *ist* $\frac{5}{2}$. *Der Kehrwert hiervon ist wieder die ursprüngliche Zahl* $\frac{2}{5}$.

Man beachte, daß der Kehrwert einer Summe nicht einfach dadurch gebildet werden darf, indem man die Summe der Kehrwerte der einzelnen Summanden berechnet. Es muß immer zuerst die Summe der Brüche berechnet werden, erst dann darf die Kehrwertbildung erfolgen.

BEISPIEL 7

Es ist der Kehrwert der Summe $\frac{2}{3} + \frac{1}{4} - \frac{5}{6}$ *zu bilden.*

Lösung: Es ist $\frac{2}{3} + \frac{1}{4} - \frac{5}{6} = \frac{8+3-10}{12} = \frac{1}{12}$. Folglich ist der Kehrwert der gegebenen Summe die Zahl 12.

Die Rechnung $\frac{3}{2} + \frac{4}{1} - \frac{6}{5} = \frac{43}{10}$ hätte zu einem falschen Ergebnis geführt.

3.3.6. Division von Brüchen

Für die *Division von Brüchen* gilt die *Regel*:

▌ Man dividiert durch einen Bruch, indem man mit seinem Kehrwert multipliziert.

BEISPIELE

1. $7 : \frac{1}{3} = 7 \cdot \frac{3}{1} = 21$
2. $\frac{2}{5} : \frac{6}{7} = \frac{2}{5} \cdot \frac{7}{6} = \frac{7}{15}$
3. $3\frac{3}{4} : 5 = \frac{15}{4} \cdot \frac{1}{5} = \frac{3}{4}$
4. $7\frac{7}{8} : 5\frac{5}{9} = \frac{63}{8} \cdot \frac{9}{50} = \frac{567}{400} = 1\frac{167}{400}$

3.3.7. Doppelbrüche

Doppelbrüche sind Brüche, deren Zähler bzw. Nenner wiederum Brüche sind, z. B.:

1. $\dfrac{\frac{5}{3}}{\frac{2}{5}}$, 2. $\dfrac{\frac{5}{3}}{2}$, 3. $\dfrac{5}{\frac{3}{2}}$.

Treten Doppelbrüche auf, so vereinfacht man sie, indem man die dem Doppelbruch entsprechende Divisionsaufgabe löst.

BEISPIELE

1. $\dfrac{\frac{5}{3}}{\frac{2}{5}} = \dfrac{5}{3} : \dfrac{2}{5} = \dfrac{25}{6} = 4\dfrac{1}{6}$, 2. $\dfrac{\frac{5}{3}}{2} = \dfrac{5}{3} : 2 = \dfrac{5}{6}$, 3. $\dfrac{5}{\frac{3}{2}} = 5 : \dfrac{3}{2} = \dfrac{10}{3} = 3\dfrac{1}{3}$.

Beim Rechnen mit Doppelbrüchen ist darauf zu achten, welcher der Hauptbruchstrich ist, denn wie die Beispiele 2 und 3 zeigen, besitzen $\dfrac{\frac{5}{3}}{2}$ und $\dfrac{5}{\frac{3}{2}}$ völlig verschiedene Werte.

Die Kennzeichnung des Hauptbruchstriches kann auf folgende drei Arten geschehen:

a) Man verlängert den Hauptbruchstrich; z. B. $\dfrac{5}{\frac{2}{3}}$;

b) man verstärkt den Hauptbruchstrich; z. B. $\dfrac{5}{\frac{2}{3}}$ oder

c) man schreibt nicht-gebrochene Zahlen größer; z. B. $\dfrac{5}{\frac{2}{3}}$.

Auf alle Fälle sollte man stets darauf achten, daß der *Hauptbruchstrich* immer *in Höhe des Gleichheitszeichens* steht.
Bei komplizierteren Doppelbrüchen empfiehlt es sich, zunächst Zähler und Nenner für sich zu vereinfachen und dann erst zu dividieren.

BEISPIELE

4. $\dfrac{\frac{3}{2}+\frac{2}{3}}{\frac{3}{2}-\frac{2}{3}} = \dfrac{\frac{13}{6}}{\frac{5}{6}} = \dfrac{13}{6} : \dfrac{5}{6} = \dfrac{13}{5} = 2\dfrac{3}{5}$

5. $\dfrac{\frac{4}{9}+\frac{2}{3}-\frac{3}{4}+\frac{1}{6}}{\frac{17}{24}+\frac{3}{8}-\frac{5}{6}} = \dfrac{\frac{16+24-27+6}{36}}{\frac{17+9-20}{24}} = \dfrac{19}{36} : \dfrac{6}{24} = \dfrac{19}{9} = 2\dfrac{1}{9}$

6. $\dfrac{1}{1+\dfrac{1}{2+\frac{3}{4}}} = \dfrac{1}{1+\dfrac{1}{\frac{11}{4}}} = \dfrac{1}{1+\frac{4}{11}} = \dfrac{1}{\frac{15}{11}} = \dfrac{11}{15}$

3.4. Dezimalbrüche

3.4.1. Begriffserklärungen

Endliche Dezimalbrüche sind Brüche, deren Nenner Potenzen von 10 sind.

BEISPIEL 1

a) $\frac{3}{10}$, b) $\frac{7}{100}$, c) $\frac{7\,043}{1\,000\,000}$ *usw. sind endliche Dezimalbrüche.*

Sie werden jedoch selten in der im Beispiel 1 angeführten Form geschrieben, sondern meistens in der *Dezimalschreibweise* mit Hilfe eines *Kommas*. Dabei hat nach 2.2. jede Stelle vor und hinter dem Komma einen ganz bestimmten *Stellenwert*.

BEISPIEL 2

a) $\frac{3}{10} = 0{,}3$ b) $\frac{7}{100} = 0{,}07$ c) $\frac{7\,043}{1\,000\,000} = 0{,}007\,043$

Daraus erkennt man folgende *Regel für die Schreibweise von Dezimalbrüchen*:

Bei einem endlichen Dezimalbruch wird nur der Zähler hingeschrieben, während der Nenner durch die Kommastellung gekennzeichnet wird. Dabei werden vom Zähler so viele Stellen von rechts her durch das Komma abgetrennt, wie der Nenner Nullen hat.

Der Wert eines Dezimalbruches ändert sich nicht, wenn Nullen als letzte Stellen hinter dem Komma hinzugefügt bzw. weggestrichen werden, da dies nur ein Erweitern bzw. Kürzen mit einer Potenz von 10 bedeutet.

BEISPIEL 3

a) $0{,}67 = 0{,}670\,00$ $\left(\textit{erweitert mit } 1\,000\text{:} \quad \frac{67}{100} = \frac{67\,000}{100\,000}\right)$

b) $0{,}050 = 0{,}05$ $\left(\textit{gekürzt mit } 10\text{:} \quad \frac{50}{1\,000} = \frac{5}{100}\right)$

Neben den endlichen Dezimalbrüchen gibt es auch *unendliche Dezimalbrüche*. Diese können *reinperiodisch, gemischtperiodisch* und *nichtperiodisch* sein.

BEISPIEL 4

a) $\frac{1}{3} = 0{,}333\ldots$ *und* $\frac{1}{999} = 0{,}001\,001\,001\ldots$ *sind reinperiodische unendliche Dezimalbrüche.*

b) $\frac{7}{12} = 0{,}583\,33\ldots$ *ist ein gemischtperiodischer unendlicher Dezimalbruch.*

c) $\pi = 3{,}141\,59\ldots$ *ist ein nichtperiodischer unendlicher Dezimalbruch.*

3.4.2. Addition und Subtraktion von Dezimalbrüchen

Dezimalbrüche können wie ganze Zahlen addiert bzw. subtrahiert werden, wenn man sie so untereinanderschreibt, daß Komma unter Komma steht.

BEISPIEL 1

a) $35{,}067\,4 + 2{,}573\,2 = \begin{array}{r} 35{,}067\,4 \\ +\ \underline{2{,}573\,2} \\ \underline{\underline{37{,}640\,6}} \end{array}$

b) $35{,}067\,4 - 2{,}573\,2 = \begin{array}{r} 35{,}067\,4 \\ -\ \underline{2{,}573\,2} \\ \underline{\underline{32{,}494\,2}} \end{array}$

Haben die einzelnen Zahlen verschiedene Stellen hinter dem Komma, so können die am Ende fehlenden Stellen durch Nullen aufgefüllt werden.

BEISPIEL 2

0,54 + 0,0873 + 13,060 52 + 253,870 3

Lösung: Entweder

```
  0,540 00
  0,087 30
 13,060 52
253,870 30
----------
267,558 12
```

oder einfacher

```
  0,54
  0,087 3
 13,060 52
253,870 3
----------
267,558 12
```

3.4.3. Multiplikation von Dezimalbrüchen

Dezimalbrüche werden zunächst ohne Rücksicht auf die Kommastellung multipliziert. Erst im Ergebnis teilt man dann von rechts her so viele Stellen durch das Komma ab, wie sämtliche Faktoren zusammen Stellen hinter dem Komma haben. Sollten dabei vorn Stellen fehlen, so sind diese durch Nullen aufzufüllen.

BEISPIEL 1

a) $0{,}37 \cdot 563{,}62 = ?$

Lösung:

```
56362 · 37
----------
169086
 394534
-------
2085394
```

$0{,}37 \cdot 563{,}62 = 208{,}5394$

b) $0{,}027 \cdot 0{,}014 = ?$ $\quad 27 \cdot 14 = 378$

$0{,}027 \cdot 0{,}014 = 0{,}000\,378$

c) $0{,}02^3 = ?$ $\quad 2^3 = 8$

$0{,}02^3 = 0{,}000\,008$

Der Wert eines Produkts von Dezimalzahlen ändert sich nicht, wenn man in einem Faktor das Komma genau so viele Stellen nach rechts rückt, wie man es in einem anderen Faktor nach links verschiebt.

BEISPIEL 2

Es ist $47{,}2 \cdot 0{,}08 = 4{,}72 \cdot 0{,}8 = 0{,}472 \cdot 8$ *usw.*

3.4.4. Division von Dezimalbrüchen

Die Division von Dezimalbrüchen durch eine ganze Zahl wird zunächst so durchgeführt wie die Division zweier ganzer Zahlen. Wird bei der Division im Dividenden das Komma überschritten, so ist im Quotienten ein Komma zu setzen.

BEISPIEL 1

a)

```
1 057,602 : 13 = 81,354
  17
   46
    70
     52
      –
```

b)

```
0,070812 : 84 = 0,000 843
  00708
     361
      252
        –
```

Ist durch einen Dezimalbruch zu dividieren, so erweitert man Dividend und Divisor derart, daß der Divisor eine ganze Zahl wird.

BEISPIEL 2

a) $2{,}601 : 0{,}17 = 260{,}1 : 17 = 15{,}3$
b) $0{,}003\,511\,2 : 0{,}042 = 3{,}511\,2 : 42 = 0{,}083\,6$

Beim Rechnen mit Dezimalbrüchen entstehen – insbesondere bei der Multiplikation und bei der Division – häufig sehr viele Stellen nach dem Komma. Man sollte es sich zur Gewohnheit machen, nie mehr Stellen zu berechnen, als dies nach der Aufgabenstellung erforderlich ist. (Bei technischen Berechnungen reichen häufig einige wenige Dezimalstellen völlig aus.)

3.4.5. Umwandlung gewöhnlicher Brüche in Dezimalbrüche und umgekehrt

Ein gewöhnlicher Bruch wird in einen Dezimalbruch umgewandelt, indem man die dem Bruch entsprechende Divisionsaufgabe löst.

BEISPIEL 1

a) $\frac{3}{4} = 3 : 4 = 0{,}75$ b) $\frac{5}{160} = 5 : 160 = 0{,}031\,25$

Geht die Division nicht auf, so kehrt von einer gewissen Stelle an eine Ziffer bzw. eine Ziffernfolge immer wieder. Diese sich wiederholende Ziffer bzw. die kleinste immer wiederkehrende Ziffernfolge wird **Periode** des Dezimalbruches genannt.
Die Periode eines Dezimalbruches wird durch Überstreichen der sich wiederholenden Ziffer bzw. Zifferngruppe gekennzeichnet; der Bruch wird nach der ersten Periode abgebrochen.
Beginnt die Periode unmittelbar hinter dem Komma, so heißt der Bruch *reinperiodisch*.

BEISPIEL 2

a) $\frac{1}{3} = 1 : 3 = 0{,}333\ldots = 0{,}\overline{3}$
b) $\frac{2}{999} = 2 : 999 = 0{,}002\,002\ldots = 0{,}\overline{002}$
$0{,}\overline{3}$ *und* $0{,}\overline{002}$ *sind reinperiodische Dezimalbrüche.*

Gehen der Periode eines Dezimalbruches noch andere Ziffern voraus, so heißt der Dezimalbruch *gemischtperiodisch*.

BEISPIEL 3

a) $\frac{7}{12} = 7 : 12 = 0{,}583\,33\ldots = 0{,}58\overline{3}$
b) $\frac{3}{14} = 3 : 14 = 0{,}214\,285\,714\,285\,714\ldots = 0{,}2\overline{142\,857}$
$0{,}58\overline{3}$ *und* $0{,}2\overline{142\,857}$ *sind gemischtperiodische Dezimalbrüche.*

Jeder nichtperiodische endliche Dezimalbruch läßt sich ohne weiteres in einen gewöhnlichen Bruch verwandeln.

BEISPIEL 4

a) $0{,}003 = \frac{3}{1\,000}$ b) $8{,}75 = \frac{875}{100} = \frac{35}{4}$ (Kürzen!)

Ein reinperiodischer Dezimalbruch wird in einen gewöhnlichen Bruch verwandelt, indem man die Periode als Zähler und als Nenner so viele Neunen schreibt, wie die Periode Stellen hat.

BEISPIEL 5

$$0{,}\overline{927} = \frac{927}{999} = \frac{103}{111}$$

Begründung: Das 1 000fache von $0{,}\overline{927}$ ist $927{,}\overline{927}$.
Das 1fache von $0{,}\overline{927}$ ist $0{,}\overline{927}$.

Durch Subtraktion fallen alle Stellen der Periode fort.
Das 999fache von $0{,}\overline{927}$ ist 927.

Folglich ist $$0{,}\overline{927} = \frac{927}{999} = \frac{103}{111},$$

wie es behauptet worden war.

Bei gemischtperiodischen Dezimalbrüchen geht man wie folgt vor:

BEISPIEL 6

$0{,}43\overline{52}$ *soll in einen gewöhnlichen Bruch verwandelt werden.*

Lösung: Das 10 000fache von $0{,}43\overline{52}$ ist $4\,352{,}\overline{52}$.
Das 100fache von $0{,}43\overline{52}$ ist $43{,}\overline{52}$.

Durch Subtraktion fallen alle Stellen der Periode fort:
Das 9 900fache von $0{,}43\overline{52}$ ist 4 309.

Damit ist $$0{,}43\overline{52} = \frac{4\,309}{9\,900}.$$

3.4.6. Das Runden von Dezimalbrüchen

Da die Zahlen in der Praxis meist nur bis zu einer bestimmten Stellenzahl benötigt werden, werden sie, falls sie mehr Stellen als erforderlich haben, den jeweiligen Genauigkeitsansprüchen entsprechend gerundet. Dies geschieht nach den folgenden **Rundungsregeln**, die durch Standard für verbindlich erklärt worden sind:

1. Die letzten, nicht benötigten Ziffern eines Dezimalbruches werden weggelassen, wenn die erste der weggestrichenen Ziffern eine 0, 1, 2, 3 oder 4 ist. (Der Bruch wird *abgerundet.*) Ist die erste der weggestrichenen Ziffern eine 5, 6, 7, 8 oder 9, so wird die letzte stehenbleibende Ziffer um 1 erhöht. (Der Bruch wird *aufgerundet.*)
2. Die Rundung auf eine bestimmte Stellenzahl ist nach Möglichkeit *direkt* und *nicht schrittweise* durchzuführen.
3. Wenn die Ergebnisse vorhergegangener Rundungen berücksichtigt werden sollen und die erste der weggelassenen Ziffern eine 5 ist, dann wird wie folgt verfahren:

- Die letzte stehenbleibende Ziffer *bleibt erhalten*, wenn die 5 *durch Rundung nach oben* entstanden ist;
- die letzte stehenbleibende Ziffer wird *um 1 erhöht*, wenn die 5 *durch Rundung nach unten* entstanden ist.

Gerundete Werte werden durch das Zeichen ≈ gekennzeichnet, das „angenähert gleich" oder „rund" gelesen wird. Wenn keine Mißverständnisse auftreten können, darf statt ≈ auch das Gleichheitszeichen verwendet werden.

BEISPIELE

1. 3,141 59 ≈ 3,142 2,750 03 ≈ 2,8 (Regel 1)
2. *Entstand* 0,126 5 *aus* 0,126 48, *so ist* 0,126 5 ≈ 0,126. *Entstand* 0,126 5 *dagegen durch Abrunden aus* 0,126 54, *so wird* 0,126 5 ≈ 0,127. *Ferner ist* $\frac{1}{8} = 0{,}125 \approx 0{,}13$ *und* $\frac{3}{4} = 0{,}75 \approx 0{,}8$.
3. 5,274 9 auf zwei Stellen nach dem Komma gerundet ergibt 5,27. Hingegen würde die nicht empfohlene „schrittweise" Rundung 5,274 9 ≈ 5,275 ≈ 5,28 ergeben.

Diese Rundungsregeln wurden „für alle Zweige der Wissenschaft und Technik ..., jedoch nicht für das Geldwesen ..." zum Standard erklärt.

BEISPIEL 4

0,425 75 *auf die erste Stelle hinter dem Komma gerundet gibt* 0,4; *auf die zweite Stelle gerundet erhält man* 0,43; *auf die dritte Stelle:* 0,426 *und auf die vierte Stelle:* 0,425 8.

Die durch das Runden entstehende *Ungenauigkeit* kann damit *nie größer* werden *als* 5 *Einheiten des Stellenwertes der ersten weggelassenen Ziffer*.
Aus diesem Grunde darf eine beim Runden als letzte Ziffer entstehende Null nie weggelassen werden, da durch ihr ausdrückliches Mitschreiben angedeutet wird, daß die Dezimalzahl bis zu dieser Stelle genau ist und daß die durch das Runden entstandene Ungenauigkeit 5 Stellen der nächsten Dezimalstelle nicht übersteigt.

BEISPIEL 5

Die Zahl 0,143 *kann durch Runden aus den Zahlen von* 0,142 5 *bis* 0,143 4 *entstanden sein;* 0,143 0 *aus den Zahlen von* 0,142 95 bis 0,143 04.

Umgekehrt dürfen bei Dezimalbrüchen, die gerundet worden sind, keine Nullen mehr angehängt werden, da diese eine nicht vorhandene Genauigkeit vortäuschen würden.

BEISPIELE

6.

0,249 903 *auf* 5 *Stellen hinter dem Komma gerundet:* 0,249 90
0,249 903 *auf* 4 *Stellen hinter dem Komma gerundet:* 0,249 9
0,249 903 *auf* 3 *Stellen hinter dem Komma gerundet:* 0,250
0,249 903 *auf* 2 *Stellen hinter dem Komma gerundet:* 0,25
0,249 903 *auf* 1 *Stelle hinter dem Komma gerundet:* 0,2

Anmerkung: Beim Runden auf eine bestimmte Stellenzahl ist stets von der gegebenen Zahl auszugehen, nicht etwa von einem bereits gerundeten Wert.

7. *Die Zahl* 57 465 *ergibt auf Zehner gerundet* $5{,}746 \cdot 10^4$, *auf Hunderter genau* $5{,}75 \cdot 10^4$, *auf Tausender genau* $5{,}7 \cdot 10^4$ *und auf Zehntausender genau* $6 \cdot 10^4$.

Zuweilen werden die Fehlergrenzen bei gerundeten Zahlen mit angegeben. So würde man bei den Zahlen aus Beispiel 5 wie folgt schreiben: $0{,}143 \pm 0{,}0005$ bzw. $0{,}1430 \pm 0{,}00005$.

3.5. Potenzen und Wurzeln

3.5.1. Quadrate und Kuben

Für das *Produkt mehrerer gleicher Faktoren* schreibt man zur Abkürzung eine **Potenz**.

BEISPIELE

1. $26 \cdot 26 \cdot 26 \cdot = 26^3$ (*gelesen*: 26 *hoch* 3)
2. $8{,}3 \cdot 8{,}3 \cdot 8{,}3 \cdot 8{,}3 \cdot 8{,}3 = 8{,}3^5$ (*gelesen*: 8,3 *hoch* 5)

Die Potenzen, die bei Zahlenrechnungen am häufigsten auftreten, sind die zweiten und die dritten Potenzen. Man nennt sie auch *Quadrate* (oder *Quadratzahlen*) und *Kuben* (oder *Kubikzahlen*).
Die Bezeichnung Quadratzahl bzw. Kubikzahl für a^2 bzw. a^3 kommt daher, weil die Zahl a^2 den Flächeninhalt eines Quadrates mit der Seitenlänge a und die Zahl a^3 das Volumen eines Würfels (lat. cubus) mit der Kantenlänge a angibt.
Die Zahl, deren Potenz berechnet werden soll, heißt *Grundzahl*.
Für die Potenzen von Dezimalzahlen gelten einfache **Kommaregeln**.

Es ist
$$121^2 = 14\,641$$
$$12{,}1^2 = 146{,}41$$
$$1{,}21^2 = 1{,}4641$$
$$0{,}121^2 = 0{,}014\,641 \quad \text{usw.}$$

Es ist zu erkennen, daß sich bei gleichbleibender Ziffernfolge in der Grundzahl die Ziffernfolge des Quadrates nicht ändert, sondern daß nur das Komma jeweils an eine andere Stelle tritt. Man erkennt als *Kommaregel für Quadratzahlen*:

> Wird in der Grundzahl das Komma um 1, 2, 3, ... Stellen nach links (rechts) gerückt, so ist das Komma im zugehörigen Quadrat um 2, 4, 6, ... Stellen nach links (rechts) zu verschieben.

Entsprechend erkennt man aus
$$121^3 = 1\,771\,561$$
$$12{,}1^3 = 1\,771{,}561$$
$$1{,}21^3 = 1{,}771\,561$$
$$0{,}121^3 = 0{,}001\,771\,561 \quad \text{usw.}$$

die *Kommaregel für Kubikzahlen*:

> Wird in der Grundzahl das Komma um 1, 2, 3, ... Stellen nach links (rechts) gerückt, so ist das Komma in der zugehörigen Kubikzahl um 3, 6, 9, ... Stellen nach links (rechts) zu verschieben.

3.5.2. Quadrat- und Kubikwurzeln[1])

Die *Quadratwurzel* aus einer Zahl a (geschrieben: $\sqrt{a}$) ist diejenige Zahl, die a ergibt, wenn man sie quadriert.
Es ist also

$$\sqrt{a} = b, \quad \text{wenn} \quad b^2 = a.$$

Die *Kubikwurzel* aus einer Zahl a (geschrieben: $\sqrt[3]{a}$; gelesen: Kubikwurzel aus a bzw. dritte Wurzel aus a) ist diejenige Zahl, die a ergibt, wenn man sie in die dritte Potenz erhebt:

$$\sqrt[3]{a} = c, \quad \text{wenn} \quad c^3 = a.$$

Die Zahl a, aus der die Wurzel zu ziehen ist, heißt *Radikand*[2]). Die Rechenoperation, einen *Wurzelwert* zu bestimmen, wird *Radizieren* oder *Wurzelziehen* genannt.

BEISPIEL 1

a) *Es ist* $\sqrt[2]{64} = 8$, *weil* $8^2 = 64$.

b) *Es ist* $\sqrt[3]{64} = 4$, *weil* $4^3 = 64$.

Da Radizieren und Potenzieren eng miteinander verwandt sind, gelten für die Wurzeln ähnliche **Kommaregeln** wie für die Potenzen.

> Wird im Radikanden einer Quadratwurzel das Komma um 2, 4, 6, ... Stellen nach rechts (links) verschoben, so ist das Komma im zugehörigen Wurzelwert um 1, 2, 3, ... Stellen nach rechts (links) zu rücken.

BEISPIEL 2

$\sqrt{0{,}072\,9} = 0{,}27$ $\quad\sqrt{7{,}29} = 2{,}7$ $\quad\sqrt{729} = 27$ $\quad\sqrt{72\,900} = 270$

dagegen ist

$\sqrt{0{,}729} \approx 0{,}853\,8$ $\quad\sqrt{72{,}9} \approx 8{,}538$ $\quad\sqrt{7\,290} \approx 85{,}38$

Entsprechend gilt:

> Wird im Radikanden einer Kubikwurzel das Komma um 3, 6, 9, ... Stellen nach rechts (links) verschoben, so ist das Komma im zugehörigen Wurzelwert um 1, 2, 3, ... Stellen nach rechts (links) zu rücken.

BEISPIEL 3

$\sqrt[3]{0{,}729} = 0{,}9$ $\quad\sqrt[3]{729} = 9$ $\quad\sqrt[3]{729\,000} = 90$ $\quad\sqrt[3]{729\,000\,000} = 900$

dagegen ist

$\sqrt[3]{0{,}072\,9} \approx 0{,}417\,8$ $\quad\sqrt[3]{72{,}9} \approx 4{,}178$ $\quad\sqrt[3]{72\,900} \approx 41{,}78$ $\quad\sqrt[3]{72\,900\,000} \approx 417{,}8$

und

$\sqrt[3]{0{,}007\,29} \approx 0{,}193\,9$ $\quad\sqrt[3]{7{,}29} \approx 1{,}939$ $\quad\sqrt[3]{7\,290} \approx 19{,}39$ $\quad\sqrt[3]{7\,290\,000} \approx 193{,}9$

---

[1]) Die hier gemachten Festsetzungen über die Quadrat- und die Kubikwurzeln gelten nur für solche Zahlen a, b und c, die $\geqq 0$ sind. (Vgl. hierzu Abschnitt 8.1.!)

[2]) radix (lat.) die Wurzel

3.6. Das Arbeiten mit Zahlentabellen

3.6.1. Bedeutung der Zahlentabellen

Wir leben in einer sehr schnellebigen Zeit, in der es darauf ankommt, jede Minute zu nutzen und die Arbeitsproduktivität so weit wie möglich zu steigern. In der Industrie geschieht dies durch die Anwendung moderner Produktionsverfahren und den Einsatz hochproduktiver Maschinen und Aggregate.
Aber auch der geistige Arbeiter kann seine Tätigkeit rationalisieren, und zwar dadurch, daß er die ihm zur Verfügung stehenden Hilfsmittel konsequent nutzt.
Ein solches Hilfsmittel zur Steigerung der Arbeitsproduktivität beim Zahlenrechnen ist jedes Tabellenwerk (auch Tabelle oder Tafel genannt). Dadurch, daß in Tabellen die Ergebnisse häufig wiederkehrender Rechnungen übersichtlich zusammengefaßt sind, ersparen sie dem Rechner, der sicher mit ihnen umzugehen weiß, langwierige Rechenarbeit.
Voraussetzung für ein erfolgreiches und zeitsparendes Arbeiten mit einer Zahlentabelle ist jedoch, daß man mit dem verwendeten Tafelwerk auf das engste vertraut ist und daß man es versteht, *alle* Vorteile der vorhandenen Tafel auszunutzen. Es ist daher jedem, der eine neue Tabelle erwirbt, dringend zu empfehlen, *vor deren Gebrauch* sorgfältig die Erläuterungen zu studieren, die den meisten Tafeln beigegeben sind. Aus ihnen ist zu erkennen, welche Zahlenwerte aus den einzelnen Tafeln entnommen werden können und in welcher Weise man dabei am vorteilhaftesten vorgeht.
Die folgenden Betrachtungen beziehen sich zwar auf die Ermittlung von Zahlenwerten aus Tabellenbüchern, die sich mit Hilfe eines Taschenrechners meist viel schneller und zudem noch genauer bestimmen lassen. Da es aber in der Technik sehr viele Tabellenwerke mit Zahlenwerten gibt, die sich nicht so ohne weiteres mit einem Taschenrechner bestimmen lassen, bilden die folgenden Bemerkungen eine gute Möglichkeit, sich an die Arbeit mit derartigen Tabellenbüchern zu gewöhnen.
Da es auf dem Büchermarkt eine Vielzahl von Tabellenwerken gibt, sollen die folgenden Betrachtungen nur einige allgemeingültige Gesichtspunkte herausstellen, die bei der Arbeit mit *jeder* Tabelle berücksichtigt werden können. Es soll insbesondere herausgearbeitet werden, daß die meisten Tabellen viel universeller verwendet werden können als dies die Benutzer meist annehmen. Dabei werden sich die Beispiele auf eine Tafel beziehen, aus der nachfolgend ein kleiner Ausschnitt herausgegriffen wurde.

Tafel 1. Potenzen, Wurzeln, Kehrwerte, Kreisumfänge und -inhalte (455...465)

n	n^2	n^3	$\sqrt{n}$	$\sqrt[3]{n}$	$\frac{1\,000}{n}$	πn	$\frac{\pi n^2}{4}$
455	207 025	94 196 375	21,330 7	7,691 4	2,197 80	1 429,4	162 597
456	207 936	94 818 816	21,354 2	7,697 0	2,192 98	1 432,6	163 313
457	208 849	95 443 993	21,377 6	7,702 6	2,188 18	1 435,7	164 030
458	209 764	96 071 912	21,400 9	7,708 2	2,183 41	1 438,8	164 748
459	210 681	96 702 579	21,424 3	7,713 8	2,178 65	1 442,0	165 468
460	211 600	97 336 000	21,447 6	7,719 4	2,173 91	1 445,1	166 190
461	212 521	97 972 181	21,470 9	7,725 0	2,169 20	1 448,3	166 914
462	213 444	98 611 128	21,494 2	7,730 6	2,164 50	1 451,4	167 639
463	214 369	99 252 847	21,517 4	7,736 2	2,159 83	1 454,6	168 365
464	215 296	99 897 344	21,540 7	7,741 8	2,155 17	1 457,7	169 093
465	216 225	100 544 626	21,563 9	7,747 3	2,150 54	1 460,8	169 823

3.6.2. Aufsuchen von Quadratzahlen

Um das Quadrat einer Zahl zu bestimmen, kann man – unter Beachtung der entsprechenden Kommaregeln – von der Spalte n zur Spalte n^2 übergehen. Weniger bekannt ist es, daß man Quadratzahlen auch dann erhält, wenn man von der Spalte $\sqrt{n}$ zur Spalte n übergeht.

BEISPIELE

1. $4{,}56^2 = 20{,}793\,6$ (*Übergang von n nach n^2 unter Beachtung der Kommaregel für Quadrate.*)
2. $213{,}3^2 \approx 45\,500$ (*Übergang von $\sqrt{n}$ nach n.*)

3.6.3. Aufsuchen von Quadratwurzeln

Zur Bestimmung der Quadratwurzeln kann man von der Spalte n zur Spalte $\sqrt{n}$, aber auch von der Spalte n^2 zur Spalte n übergehen.

BEISPIELE

1. $\sqrt{4{,}56} \approx 2{,}135\,42$ (*Übergang von n zu $\sqrt{n}$.*)
2. $\sqrt{2\,106{,}81} = 45{,}9$ (*Übergang von n^2 zu n.*)

3.6.4. Aufsuchen von Kubikzahlen

Die Kuben findet man durch Übergang von n zu n^3 bzw. von $\sqrt[3]{n}$ zu n.

BEISPIELE

1. $45{,}8^3 = 96\,071{,}912$ (*Übergang von n zu n^3.*)
2. $0{,}770\,3^3 \approx 0{,}457$ (*Übergang von $\sqrt[3]{n}$ zu n.*)

3.6.5. Aufsuchen von Kubikwurzeln

Die Kubikwurzeln bestimmt man, indem man entweder von n zu $\sqrt[3]{n}$ oder von n^3 zu n übergeht.

BEISPIELE

1. $\sqrt[3]{459\,000} \approx 77{,}138$ (*Übergang von n zu $\sqrt[3]{n}$.*)
2. $\sqrt[3]{94{,}2} \approx 4{,}55$ (*Übergang von n^3 zu n.*)

3.6.6. Aufsuchen der Kehrwerte

Der Kehrwert von n ist $\frac{1}{n}$. Da dies aber für sehr große Werte von n eine sehr kleine Zahl ist, wurden in der Tabelle die Werte $\frac{1\,000}{n}$ angegeben.

BEISPIELE

1. $\dfrac{1000}{457} \approx 2{,}188\,18$ *(Übergang von n zu* $\dfrac{1000}{n}$.*)*

   aber: $\dfrac{1}{457} \approx 0{,}002\,188\,18$ *(Kommaverschiebung beachten!)*

2. $\dfrac{1}{2{,}197\,8} \approx 0{,}455$ *(Übergang von* $\dfrac{1000}{n}$ *zu n.)*

3.6.7. Weitere Anwendungsmöglichkeiten der Tabelle

Aus der Vielzahl der Anwendungsmöglichkeiten seien noch einige Beispiele herausgegriffen.
Geht man von einer Zahl x aus der Spalte für $\sqrt{n}$ zur Spalte $\sqrt[3]{n}$ über, so erhält man $\sqrt[3]{x^2}$.

BEISPIEL 1

$\sqrt[3]{21{,}4^2} \approx 7{,}71$

Lösung: Geht man von der Zahl 21,4 in der Spalte für $\sqrt{n}$ aus, so steht unter n der Wert $21{,}4^2$ und unter $\sqrt[3]{n}$ dann der gesuchte Wert $\sqrt[3]{21{,}4^2} \approx 7{,}71$.

Geht man von einer Zahl x aus der Spalte für $\sqrt[3]{n}$ zur Spalte $\sqrt{n}$ über, so erhält man $\sqrt{x^3}$. (Begründung?)

BEISPIEL 2

$\sqrt{7{,}698^3} \approx 21{,}35$

Beim Übergang von einer Zahl x aus der Spalte πn zur Spalte n ergibt sich der Wert $\dfrac{x}{\pi}$. (Begründung?)

BEISPIEL 3

Es ist $\dfrac{14{,}42}{\pi} \approx 4{,}59$. *Daraus folgt durch Übergang zu anderen Spalten u. a. weiter:*

$$\left(\frac{14{,}42}{\pi}\right)^2 \approx 21{,}07 \qquad \left(\frac{14{,}42}{\pi}\right)^3 \approx 96{,}70 \qquad \sqrt{\frac{14{,}42}{\pi}} \approx 2{,}14 \qquad \sqrt[3]{\frac{1{,}442}{\pi}} \approx 0{,}77$$

Beim Übergang von einer Spalte in die Spalten der Quadrat- oder der Kubikwurzeln ist Vorsicht geboten, da hier die Kommastellungen genauestens zu beachten sind.
Man mache sich für das Tafelrechnen wie für jedes andere Rechnen den *Grundsatz* zu eigen:

> Bevor eine Aufgabe gelöst wird, ist der ungefähre Wert des Ergebnisses durch eine *Überschlagsrechnung* festzustellen.

Dadurch werden grobe Fehler auf alle Fälle vermieden.
Die nachfolgende Zusammenstellung soll einen Überblick darüber vermitteln, welche mannigfaltigen Möglichkeiten es bei der gegebenen Tafel 1 gibt, verschiedene Funktionswerte aufzusuchen, wenn man imstande ist, diese Tafel nicht nur „von außen nach innen“, sondern auch „von innen nach außen“ zu lesen.

n	n^2	n^3	$\sqrt{n}$	$\sqrt[3]{n}$	$\frac{1000}{n}$	πn	$\frac{\pi n^2}{4}$
a	a^2	a^3	$\sqrt{a}$	$\sqrt[3]{a}$	$\frac{1000}{a}$	πa	$\frac{\pi a^2}{4}$
$\sqrt{b}$	b	$\sqrt{b^3}$	$\sqrt[4]{b}$	$\sqrt[6]{b}$	$\frac{1000}{\sqrt{b}}$	$\pi \sqrt{b}$	$\frac{\pi b}{4}$
$\sqrt[3]{c}$	$\sqrt[3]{c^2}$	c	$\sqrt[6]{c}$	$\sqrt[9]{c}$	$\frac{1000}{\sqrt[3]{c}}$	$\pi \sqrt[3]{c}$	$\frac{\pi \sqrt[3]{c^2}}{4}$
d^2	d^4	d^6	d	$\sqrt[3]{d^2}$	$\frac{1000}{d^2}$	πd^2	$\frac{\pi d^4}{4}$
e^3	e^6	e^9	$\sqrt{e^3}$	e	$\frac{1000}{e^3}$	πe^3	$\frac{\pi e^6}{4}$
$\frac{1000}{f}$	$\left(\frac{1000}{f}\right)^2$	$\left(\frac{1000}{f}\right)^3$	$\sqrt{\frac{1000}{f}}$	$\sqrt[3]{\frac{1000}{f}}$	f	$\frac{1000\pi}{f}$	$\frac{\pi}{4}\left(\frac{1000}{f}\right)^2$
$\frac{g}{\pi}$	$\left(\frac{g}{\pi}\right)^2$	$\left(\frac{g}{\pi}\right)^3$	$\sqrt{\frac{g}{\pi}}$	$\sqrt[3]{\frac{g}{\pi}}$	$\frac{1000 \cdot \pi}{g}$	g	$\frac{g^2}{4\pi}$
$2\sqrt{\frac{h}{\pi}}$	$\frac{4h}{\pi}$	$8\sqrt{\frac{h^3}{\pi^3}}$	$\sqrt[4]{\frac{4h}{\pi}}$	$\sqrt[6]{\frac{4h}{\pi}}$	$\frac{500\sqrt{\pi}}{\sqrt{h}}$	$2\sqrt{\pi h}$	h

Aus dieser Zusammenstellung erkennt man beispielsweise, daß man in einer Zeile nebeneinander die Werte

$$e^3, e^6, e^9, \sqrt{e^3}, e, \frac{1000}{e^3}, \pi e^3 \quad \text{und} \quad \frac{\pi e^6}{4}$$

findet, wenn man von einem Zahlenwert e ausgeht, der in der Spalte für $\sqrt[3]{n}$ steht. In ähnlicher Weise sind auch die übrigen Zeilen dieser Zusammenstellung zu deuten.

3.6.8. Interpolation

Die vorliegende Tabelle gestattet es zunächst nur, die Quadrate, Kuben, Quadratwurzeln usw. von Zahlen mit drei geltenden Ziffern zu entnehmen. Durch das Verfahren der **linearen Interpolation** ist es jedoch auch möglich, den Gültigkeitsbereich der Tabellen auf vierziffrige Zahlen zu erweitern. Das Verfahren der linearen Interpolation soll an Beispielen ausführlich dargestellt werden.

BEISPIELE

1. *Es soll* $\sqrt[3]{456{,}3}$ *ermittelt werden.*

   Lösung: Der Radikand liegt zwischen den beiden Zahlen 456 und 457. Daher muß auch $\sqrt[3]{456{,}3}$ zwischen $\sqrt[3]{456{,}0}$ und $\sqrt[3]{457{,}0}$, d. h. zwischen den beiden in der Tafel stehenden Werten 7,697 0 und 7,702 6 liegen.

Während der Radikand von 456,0 bis 457,0 um 10 Einheiten der letzten Stelle anwächst, wachsen die zugehörigen Wurzelwerte von 7,6970 bis 7,7026 an, d.h. um 56 Einheiten der letzten Stelle. Verteilt man diese 56 Einheiten bei den Wurzelwerten *gleichmäßig* auf die 10 Einheiten bei den Radikanden (*daher „lineare" Interpolation*), so kommen auf 1 Einheit Zuwachs bei den Radikanden 5,6 Einheiten Zunahme bei den Wurzelwerten. Der gegebene Radikand 456,3 unterscheidet sich vom Radikanden 456,0 um 3 Einheiten in der letzten Stelle. Auf diese 3 Einheiten Zuwachs beim Radikanden kommen dann $3 \cdot 5{,}6 = 16{,}8 \approx 17$ Einheiten Zuwachs bei den Wurzelwerten. Es ergibt sich demnach $\sqrt[3]{456{,}3} \approx 7{,}6970 + 0{,}0017 = 7{,}6987$.

2. *Durch lineare Interpolation soll* $45{,}87^2$ *aus der Tabelle ermittelt werden.*

Lösung: Laut Tabelle ist

$$45{,}80^2 = 2\,097{,}64 \quad \text{und} \quad 45{,}90^2 = 2\,106{,}81$$

Die Grundzahlen 45,80 und 45,90 unterscheiden sich um 10 Einheiten der letzten Stelle voneinander, die Potenzwerte 2097,64 und 2106,81 um 917 Einheiten der letzten Stelle.
Auf 10 Einheiten bei den Grundzahlen kommen 917 Einheiten bei den Potenzen; auf 1 Einheit bei den Grundzahlen demnach 91,7 Einheiten bei den Potenzen und auf 7 Einheiten bei den Grundzahlen $7 \cdot 91{,}7 = 641{,}9 \approx 642$ Einheiten bei den Potenzen. Es ist demnach

$$\begin{array}{r} 45{,}87^2 = 2\,097{,}64 \\ + \quad 6{,}42 \\ \hline 45{,}87^2 \approx 2\,104{,}06 \end{array}$$

Es sei darauf hingewiesen, daß das Verfahren der linearen Interpolation nicht sorglos angewendet werden darf. Es führt nur dort zu brauchbaren Näherungswerten, wo die in der Tabelle stehenden Quadrate, Kuben, Wurzeln usw. im Rahmen der Tabellengenauigkeit annähernd gleichmäßig zunehmen.

BEISPIEL 3

Wie groß ist n, wenn $\sqrt[3]{n} = 7{,}7100$ *ist?*

Lösung: In der Tabelle findet man als „Nachbarwerte" zu 7,7100 die Zahlen 7,7082 und 7,7138. Die zugehörigen Radikanden sind 458,0 und 459,0. Zwischen diesen beiden Werten muß der gesuchte Radikand liegen.
7,7082 und 7,7138 unterscheiden sich um 56 Einheiten der letzten Stelle, die zugehörigen Radikanden um 10 Einheiten. Demnach kommen auf 56 Einheiten bei den Wurzeln 10 Einheiten bei den Radikanden, auf 1 Einheit bei den Wurzeln $\frac{10}{56}$ Einheiten bei den Radikanden. – Schließlich kommen auf 18 Einheiten Unterschied bei den Wurzelwerten (das ist der Unterschied zwischen dem gegebenen Wurzelwert und dem nächst kleineren in der Tafel stehenden Wert) $18 \cdot \frac{10}{56} \approx 3$ Einheiten Unterschied bei den Radikanden. Folglich ist $n \approx 458{,}3$.

Es gibt Beziehungen, nach denen man die Interpolation rein formelmäßig durchführen kann. Wenn man aber die der Interpolation zugrunde liegenden Gedankengänge verstanden hat, wird man durch eigenes Nachdenken genau so schnell und überdies sicherer zum Ziel gelangen als bei der gedankenlosen Anwendung irgendwelcher Rezepte.

3.7. Das Arbeiten mit elektronischen Taschenrechnern

3.7.1. Bedeutung der elektronischen Taschenrechner

Das Bestreben des Menschen, das Zahlenrechnen geeigneten Geräten oder Maschinen zu übertragen, geht bis in die Zeit zurück, in der man zu rechnen begann. Verwendete man ursprünglich *Zählsteine* und *Zählstäbchen*, so benutzte man später Schnuren, in die je nach der darzustellenden Zahl unterschiedlich viele und verschiedenartig geformte Knoten gebunden wurden. Die Römer verwendeten *Rechenbretter* mit auflegbaren Rechenstei-

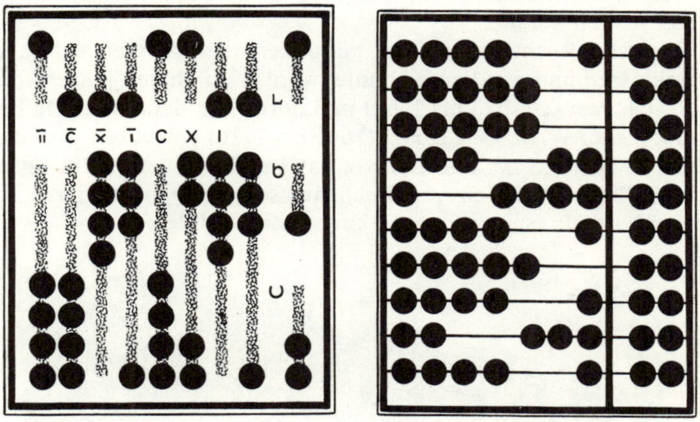

Bild 2: Rechenbrett und römischer Handabakus

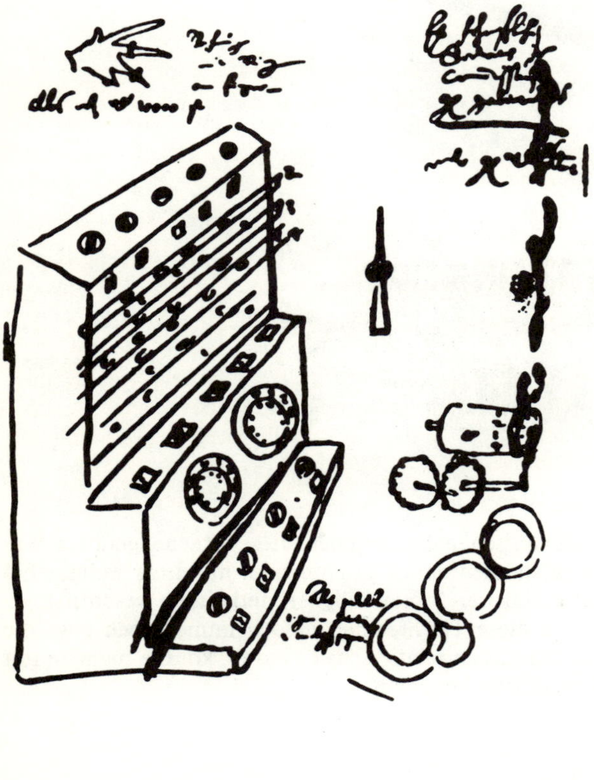

Bild 3: Konstruktionszeichnung von SCHICKARD für eine Rechenmaschine

nen, aus denen sich der *Abakus* entwickelte, dessen Grundform bis heute in den Rechengeräten erhalten geblieben ist, die unsere Kinder als Spielzeug verwenden und die in den Kaufhäusern Asiens und der Sowjetunion von den Verkäuferinnen mit einer außerordentlichen Geschicklichkeit benutzt werden. Die Entwicklung von Rechengeräten, mit denen man auch kompliziertere Rechenoperationen durchführen konnte, begann dann erst im 17. Jahrhundert. So entwarf der Tübinger Mathematiker WILHELM SCHICKARD 1623 eine Rechenmaschine, mit deren Hilfe er astronomische Berechnungen für KEPLER durchführen wollte. Ob mit dieser Maschine tatsächlich gerechnet worden ist, läßt sich heute leider nicht mehr feststellen. Sie wurde in diesem Jahrhundert an Hand der Konstruktionszeichnungen SCHICKARDS nachgebaut, wobei die Funktionsfähigkeit der Maschine nachgewiesen werden konnte.
Die ersten Rechenmaschinen, mit denen man addieren, subtrahieren und dann auch multiplizieren und dividieren konnte, wurden durch den jungen französischen Mathematiker BLAISE PASCAL (1623 bis 1662) und durch den deutschen Mathematiker und Philosophen GOTTFRIED WILHELM LEIBNIZ (1646 bis 1716) entwickelt. Auf den Grundprinzipien dieser Geräte von PASCAL und LEIBNIZ basierend, wurden bis in unsere Zeit hinein die unterschiedlichsten Typen von Rechenmaschinen gebaut, deren Antrieb ursprünglich über Handkurbeln, später über Elektromotoren erfolgte.

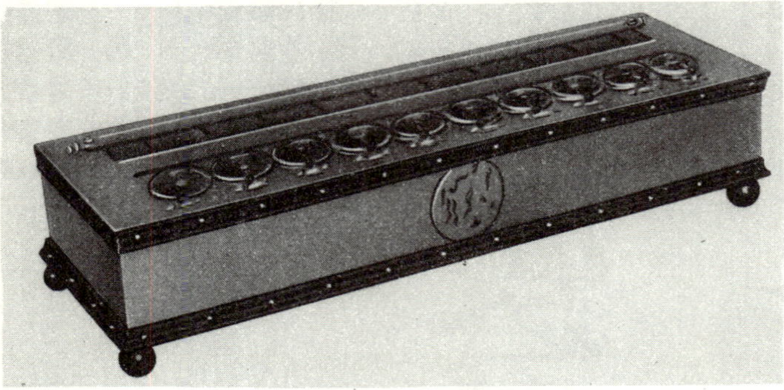

Bild 4: Rechenmaschine von PASCAL

Bild 5: Rechenmaschine von LEIBNIZ

Vor etwa 30 Jahren wurden die mechanischen Baugruppen dieser Rechengeräte durch *elektronische Schaltungen* ersetzt, es entstanden damit Tischrechner mit einer weitaus höheren Rechengeschwindigkeit, einer geringeren Störanfälligkeit und einem wesentlich geringeren Geräuschpegel als früher. Da diese Tischrechner jedoch immer noch etwa die Größe einer Schreibmaschine hatten und auch relativ schwer waren, konnte man sie nur ortsgebunden im Büro oder am Schreibtisch benutzen.

Mit dem Aufkommen der elektronischen Industrie wurden dann jedoch sehr bald *Großrechenanlagen* entwickelt, die in der Lage sind, komplizierte mathematische Berechnungen in sehr kurzer Zeit und mit einer hohen Genauigkeit und Zuverlässigkeit auf Grund eines vom Menschen eingegebenen Programms völlig selbständig auszuführen. Auf Grund des großen räumlichen Umfanges und der hohen Investitionskosten konnten derartige Großrechner jedoch zunächst nur von wichtigen wissenschaftlichen Institutionen bzw. Großbetrieben installiert werden.
Die immer weiter voranschreitende Miniaturisierung der elektronischen Schaltkreise bis hin zum heutigen hochintegrierten Schaltkreis führte dazu, daß man Geräte entwickeln konnte, die wichtige Eigenschaften dieser Großrechner besitzen, und die man überdies in der Aktentasche oder der Rocktasche unterbringen kann. Es entstanden die unterschiedlichsten Typen von *elektronischen Taschenrechnern*, die einen spürbaren Wandel in den Gepflogenheiten des Zahlenrechnens herbeiführten. Innerhalb kürzester Zeit wurde der *Rechenstab*, der bis dahin als das wichtigste Arbeitsmittel des Konstrukteurs und des Ingenieurs angesehen wurde, vom elektronischen Taschenrechner abgelöst.
Die in diesem Buch gegebenen Hinweise zum Arbeiten mit dem elektronischen Taschenrechner sollen dazu dienen, die überaus vielfältigen Möglichkeiten dieser Rechengeräte voll auszunutzen, sie sollen dazu beitragen, daß die Taschenrechner sinnvoll, effektiv und rationell bei der Bearbeitung mathematischer Probleme eingesetzt werden können.

3.7.2. Aufbau elektronischer Taschenrechner

Innerhalb der wenigen Jahre, die es die elektronischen Taschenrechner gibt, sind die unterschiedlichsten Ausführungen mit verschiedenartigem Leistungsvermögen, z. T. spezialisiert für ganz bestimmte Anwendungszwecke, entwickelt worden. So gibt es beispielsweise Rechner für den Schul- und den Hausgebrauch, Rechner für den Techniker, für den Kaufmann, für den Ökonomen, für statistische Berechnungen sowie sogenannte „wissenschaftliche Rechner“ u.a.m.
Der Aufbau aller dieser hier genannten Rechnerarten läßt sich auf einen der folgenden Grundtypen zurückführen:

- gewöhnliche Taschenrechner für die vier Grundrechenarten mit einigen einfachen Funktionen und ggf. mit einem Speicher,
- Taschenrechner mit zahlreichen unterschiedlichen Funktionen sowie mit einem oder mehreren Speichern,
- programmierbare Taschenrechner.

Auf programmierbare Taschenrechner wird in diesem Buche nicht eingegangen, da diese nur dann sinnvoll eingesetzt werden können, wenn umfangreiche und komplizierte mathematische Berechnungen, die immer wiederkehren, durchgeführt werden müssen. Für diese Rechner sei auf die zahlreich vorhandene zugehörige Spezialliteratur verwiesen.

Die Handhabung eines Taschenrechners ist in starkem Maße abhängig von der sogenannten *„Rechnerlogik“*. Unter diesem Begriff faßt man die Art und Weise der Ein- und Ausgabe der Daten und deren Verarbeitung bei den jeweiligen Rechenoperationen zusammen.
Man unterscheidet dabei im wesentlichen

- Rechner mit algebraischer Logik ohne Hierarchie,
- Rechner mit algebraischer Logik ohne Hierarchie, jedoch mit Klammerstruktur,
- Rechner mit algebraischer Logik und mit Hierarchie sowie
- Rechner mit Umgekehrter Polnischer Notation.

Es ist einem Taschenrechner in der Regel nicht ohne weiteres äußerlich anzusehen, welche Rechnerlogik er besitzt.
Bei den Rechnern mit algebraischer Logik *ohne Hierarchie* wird durch die Rechenoperationen [+], [−], [×] und [÷] jeweils das *zuletzt* in der Anzeige ersichtliche Resultat mit dem nachfolgenden Eingabewert verknüpft, so daß beispielsweise die Tastenfolge

[4] [×] [7] [+] [6] [×] [5] [=]

der Reihe nach die folgenden Rechenoperationen auslöst:

1. Durch das Drücken der Tasten [4], [×] und [7] wird die Multiplikation $4 \cdot 7$ vorbereitet.
2. Wird nun die [+]-Taste gedrückt, so wird dieses Produkt gebildet, und es erscheint im Display (in der Anzeige) der Wert 28.
3. Mit dem Eintasten von [6] wird der nächste Summand eingegeben.
4. Wird nun die [×]-Taste gedrückt, so wird die Addition von $4 \cdot 7 + 6 = 34$ durchgeführt.
5. Durch das Drücken der Taste [5] wird nun die letzte Zahl eingegeben.
6. Sie wird durch den Druck auf die [=]-Taste mit dem zuletzt ermittelten Wert 34 multipliziert, so daß als Gesamtergebnis der Rechnung der Wert 170 entsteht und im Display angezeigt wird.

Die oben angegebene Tastenfolge entspricht also mathematisch dem Ausdruck

$$(4 \cdot 7 + 6) \cdot 5 = 170,$$

und nicht, wie vielleicht erwartet worden wäre, dem Ausdruck

$$4 \cdot 7 + 6 \cdot 5 = 28 + 30 = 58.$$

Ein Rechner mit algebraischer Logik und *mit Hierarchie* hätte bei der oben angegebenen Tastenfolge dieses Ergebnis 58 geliefert. Rechner mit algebraischer Logik und Hierarchie berücksichtigen nämlich die bekannte Vorrangregel:

> Operationen der zweiten Stufe (Multiplikationen und Divisionen) werden vor denen der ersten Stufe (Additionen und Subtraktionen) ausgeführt.

Da bei den unterschiedlichen Rechnertypen bei gleicher Tastenfolge Ergebnisse entstehen, die sich sehr wesentlich voneinander unterscheiden, ist es dringend anzuraten, sich bei Inbetriebnahme eines neuen Rechners eingehend darüber zu informieren, welche Rechnerlogik ihm zugrunde liegt. Auskunft darüber kann man sich aus der beigefügten Beschreibung oder aber durch einfache Testrechnungen holen.
In den Bildern 6 und 7 sind ein einfacher sowie ein komfortablerer Taschenrechner dargestellt. Der einfache Taschenrechner könnte ein Rechner mit algebraischer Logik ohne Hierarchie sein. Der im Bild 7 dargestellte Rechner besitzt sicherlich eine algebraische Logik ohne Hierarchie, jedoch besitzt er Klammerstruktur, was aus den beiden Tasten rechts oben im Tastenfeld hervorgeht. (Bei Rechnern mit Hierarchie sind Klammertasten nicht sehr sinnvoll. Warum?)
Rechner mit der sogenannten Umgekehrten Polnischen Notation sind äußerlich sofort daran erkennbar, daß sie keine [=]-Taste besitzen, sondern daß an deren Stelle eine Taste mit der Bezeichnung [ENTER] oder [↑] auftritt. Auf die Besonderheiten der Rechner mit Umgekehrter Polnischer Notation wird in 3.7.5. näher eingegangen.

Aus den Bildern 6 und 7 erkennt man als *Hauptbestandteile* eines elektronischen Taschenrechners

- das Gehäuse,
- die Zahlenanzeige (auch Display genannt), meist in Form einer Flüssigkeitskristall-Anzeige,
- den Ein- und Ausschalter,
- einen Schalter zur Einstellung und Wahl des zu verwendenden Winkelmaßes (bei komfortableren Rechnern) sowie das
- Tastenfeld.

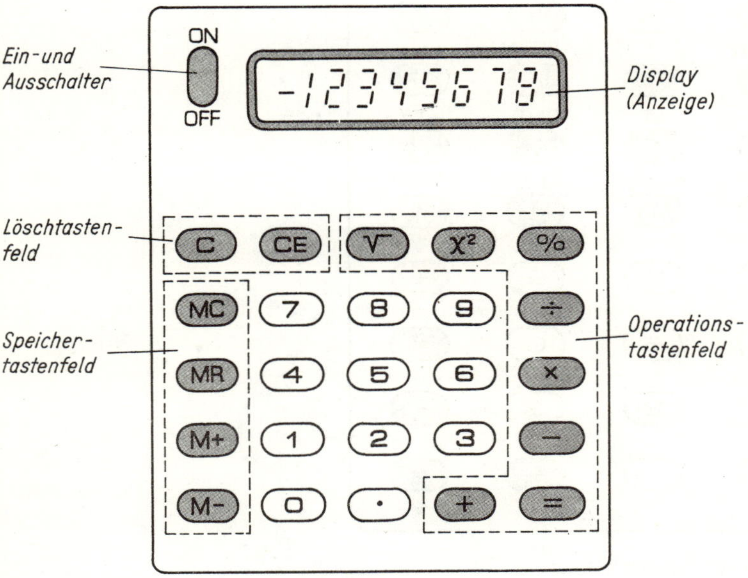

Bild 6: Einfacher elektronischer Taschenrechner

Äußerlich nicht sichtbar sind diejenigen Baugruppen, die die Funktionsfähigkeit des Rechners eigentlich erst gewährleisten. Dies sind

- die umfangreichen Rechenschaltungen,
- die Rechenregister,
- die Speicher und
- die Stromversorgung, die durch hochleistungsfähige Batterien mit langer Lebensdauer garantiert wird.

Im Tastenfeld muß man unterscheiden zwischen den Tasten für die Eingabe von Zahlenwerten (*Zahlentasten*) und den Tasten, durch die unterschiedlichste spezielle Operationen wie Rechenoperationen, Löschen oder Belegen von Speichern, Löschen von Eingabewerten, Vorzeichenwechsel, Berechnen bestimmter mathematischer Funktionen ausgelöst werden. Die zuletzt genannten Tasten werden meist *Operationstasten* genannt.

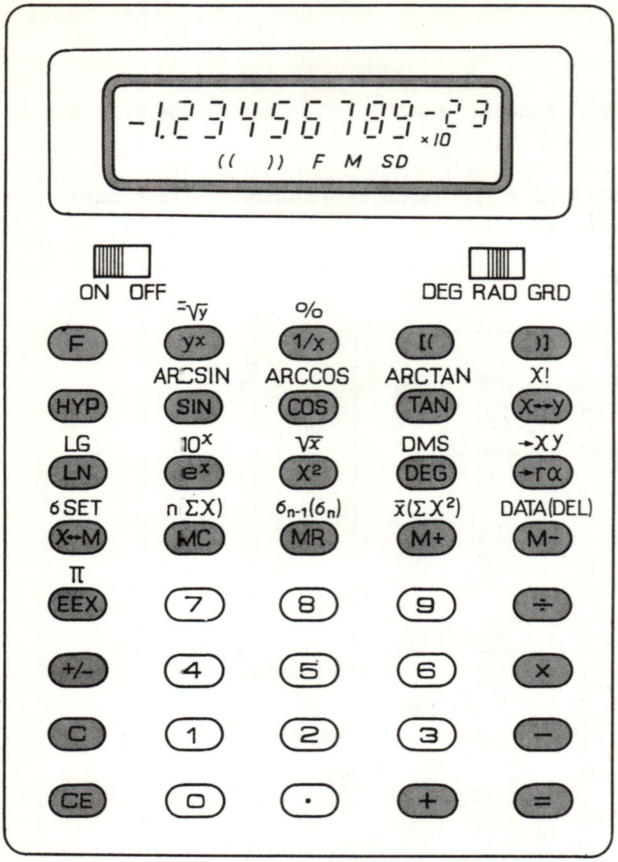

Bild 7: Wissenschaftlicher Taschenrechner

3.7.3. Wirkungsweise elektronischer Taschenrechner

3.7.3.1. Funktionsgruppen

Da der elektronische Taschenrechner ein Arbeitsmittel darstellen soll, mit dessen Hilfe sich der Mensch umfangreichere Zahlenrechnungen erheblich erleichtern möchte, müssen in diesem Gerät all diejenigen Vorgänge ablaufen, die der Mensch ausführen müßte, wenn er seine Rechnung wie früher nur mit Bleistift und Papier erledigen wollte.
Im Bild 8 sind die wesentlichsten Funktionsgruppen eines Taschenrechners dargestellt, die zusammenwirken, wenn mit seiner Hilfe eine Rechenaufgabe gelöst werden soll.
Das Zusammenspiel dieser Funktionsgruppen soll am Beispiel der Berechnung des Ausdrucks

$$A = \sqrt{2{,}75 \cdot 7{,}83 + 5{,}34 \cdot 16{,}09}$$

in einer etwas vereinfachten Weise verdeutlicht werden.

So wie der ohne Rechenhilfsmittel arbeitende Mensch zunächst die beiden Faktoren 2,75 und 7,83 niederschreiben müßte, um sie nach den Rechenregeln für Dezimalzahlen miteinander multiplizieren zu können, damit er den ersten Summanden des Radikanden erhält, muß man diese Faktoren natürlich auch dem Taschenrechner mitteilen. Dies geschieht über die *Eingabetastatur.* Man gibt zunächst den ersten Faktor ziffernweise über die *Zahlentastatur* ein. Damit wird diese Zahl im sogenannten *X-Register „gespeichert“.* Gleichzeitig kann man sie zur Kontrolle, ob man sie richtig „eingegeben“ hat, in der *Zahlenanzeige,* dem *Display,* ablesen. Da als erstes eine Multiplikation ausgeführt werden soll, drückt man nun auf die [×]-Taste. Dadurch wird der erste Faktor automatisch aus dem X-Register in ein zweites *Rechenregister,* das *Y-Register* übertragen. Nun kann der zweite Faktor ziffernweise eingegeben werden. Er wird wiederum im X-Register gespeichert, womit der vorhergehende Inhalt dieses Registers verlorengeht. (Das ist aber nicht weiter schlimm, weil ja der erste Faktor nach der Betätigung der [×]-Taste vorsorglicherweise bereits in das Y-Register gebracht worden ist.) Nunmehr stehen die beiden Faktoren 2,75 und 7,83 in den beiden Rechenregistern, dem X- und dem Y-Register, zur Verfügung, und es wurde dem Rechner auch bereits mitgeteilt, was mit diesen beiden Zahlen geschehen soll. Durch einen Druck auf die [=]-Taste wird nunmehr die Multiplikation

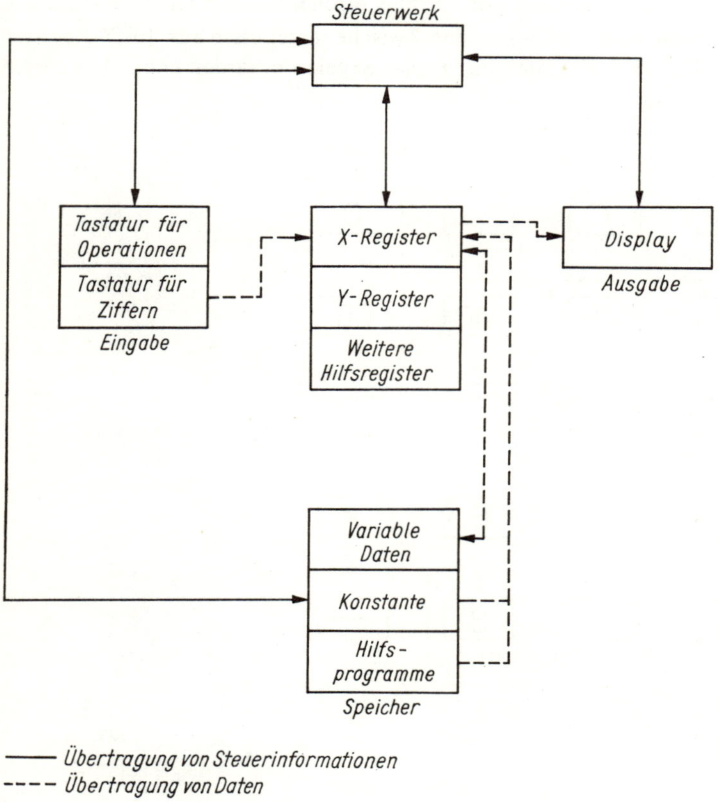

Bild 8: Grundstruktur eines elektronischen Taschenrechners

ausgelöst. Das Ergebnis dieser Multiplikation wird im X-Register gespeichert und erscheint gleichzeitig als Zwischenergebnis im Display: 21,5325.
Dieses Zwischenergebnis müßte man nun eigentlich erst einmal notieren, damit man es wieder zur Verfügung hat, nachdem das zweite Produkt berechnet worden ist. Dieses Aufschreiben von später wieder benötigten Zwischenergebnissen ist bei Taschenrechnern nicht erforderlich, denn sie besitzen *Speicher*, in denen solche Zwischenresultate beliebig lange aufbewahrt werden können. Um die noch im Display stehende Zahl 21,5325 „speichern" zu können, genügt es, kurz auf die [M]-Taste zu drücken. Damit wird die Zahl 21,5325 in den Speicher gebracht.
In der gleichen Weise kann jetzt das zweite Produkt 5,34 · 16,09 ermittelt werden: ziffernweise Eingabe von 5,34, Betätigen der [×]-Taste, ziffernweise Eingabe von 16,09 und schließlich ein Druck auf die [=]-Taste. Nach diesen wenigen Eingabeoperationen über die Tastatur steht im X-Register und gleichzeitig im Display das Zwischenergebnis der zweiten Multiplikation: 85,9206.
Zu dieser Zahl muß nun das erste Produkt addiert werden. Aus diesem Grund drückt man zunächst auf die [+]-Taste, um die Addition vorzubereiten. Damit wird die im X-Register stehende Zahl 85,9206 in das Y-Register gebracht. Das im Speicher befindliche erste Produkt 21,5325 kann durch einen Druck auf die [MR]-Taste in das X-Register zurückgerufen werden (womit es auch gleichzeitig wieder im Display erscheint), und ein Druck auf die [=]-Taste löst schließlich die Addition der beiden Zwischenergebnisse aus. Im X-Register steht nunmehr die Zahl 107,4531, die auch im Display abgelesen werden kann. Aus dieser

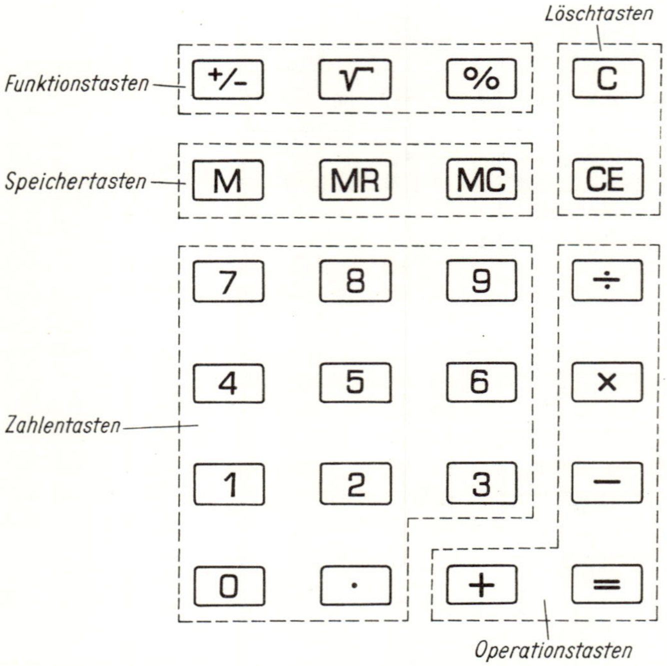

Bild 9: Tastenfeld eines einfachen Taschenrechners

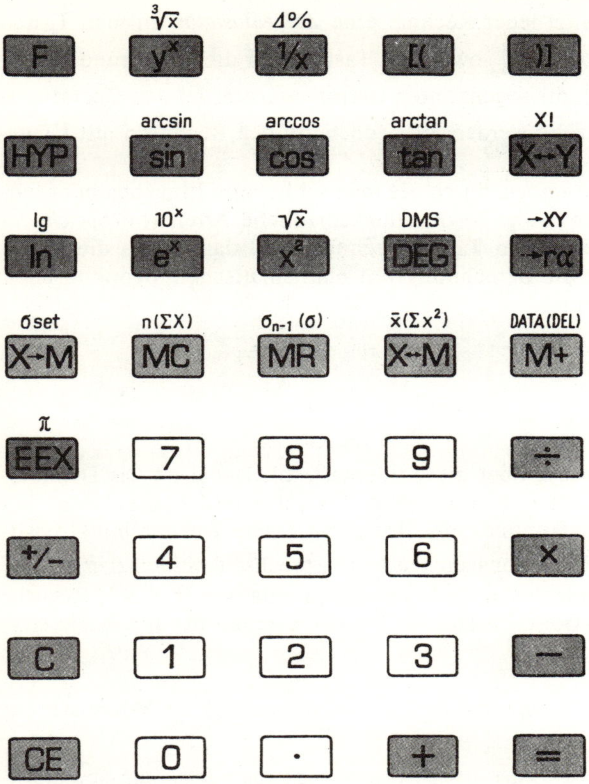

Bild 10: Tastenfeld eines Taschenrechners mit mehrfacher Tastenbelegung

Zahl muß nun noch die Quadratwurzel gezogen werden. Ein Druck auf die [√]-Taste genügt, und es erscheint im Display das Ergebnis unserer Rechenaufgabe: 10,365958.
Die in dieser einfachen Aufgabe vorkommenden Multiplikationen, die Addition sowie das Radizieren wurden dabei durch das im Rechner vorhandene *Rechenwerk* veranlaßt und ausgeführt, wobei im Falle des Radizierens noch zusätzlich ein im *Speicher für Hilfsprogramme* vorprogrammiertes Verfahren zum Ziehen der Quadratwurzel verwendet werden mußte.
Alle erforderlichen Zahleneingaben und Rechenoperationen müssen bei einem nichtprogrammierbaren Taschenrechner in der richtigen Reihenfolge durch Tastendrucke vom Menschen ausgelöst werden. Ein im Rechner vorhandenes *Steuerwerk* sorgt jedoch dafür, daß die gewünschten Operationen ordnungsgemäß und zuverlässig ausgeführt werden.
Zum genaueren Verständnis der wichtigsten Abläufe in einem elektronischen Taschenrechner soll auf einige von ihnen etwas genauer eingegangen werden. Es ist wichtig, daß man über diese Abläufe Bescheid weiß, denn nur dann kann man mit seinem Taschenrechner richtig und effektiv arbeiten.

3.7.3.2. Tastenfeld

In den Bildern 9 und 10 sind die Tastenfelder eines einfachen sowie eines komfortableren Taschenrechners dargestellt. Man erkennt innerhalb dieser Tastenfelder mehrere unter-

schiedliche Tastengruppen. So besitzt jeder Rechner eine *Zahlentastatur* mit den Tasten [0] bis [9] sowie eine Taste [.] bzw. [,] sowie eine Tastatur für die vier Grundrechenoperationen [+], [−], [×] und [÷], die sogenannten *Operationstasten*. Zu den Operationstasten kann auch die [=]-Taste gezählt werden, die jedoch auf den Rechnern mit Umgekehrter Polnischer Notation fehlt.
Ferner gibt es eine Anzahl von *Löschtasten*, durch die man fehlerhafte Eingaben oder fehlerhafte Ergebnisse wieder „löschen“ kann sowie unterschiedliche Arten von *Speichertasten*. Je nach dem Komfort des jeweiligen Taschenrechners sind dann noch die unterschiedlichsten Funktionstasten für die Berechnung von mathematischen, ökonomischen oder anderen Funktionen vorhanden.

3.7.3.3. Zahleneingabe

Die Zahleneingabe erfolgt ziffernweise über die Zahlentastatur. Dabei ist das Dezimalkomma an der entsprechenden Stelle mit einzugeben. (Es sei darauf hingewiesen, daß viele Rechner an Stelle des Dezimalkommas eine Taste mit einem Dezimalpunkt besitzen, der keinesfalls mit dem Multiplikationszeichen [×] verwechselt werden darf.)
Jede Zahl, die in einen Rechner eingetastet wird, kommt automatisch in das X-Register und erscheint gleichzeitig zur Kontrolle im Display. Es gilt nämlich für alle Rechnertypen:

> Im Display ist stets diejenige Zahl ablesbar, die sich im Augenblick im X-Register befindet.

Man sollte es sich fest angewöhnen, nach jeder Zahleneingabe noch einen Blick auf die Zahlenanzeige zu werfen, um zu kontrollieren, ob man die gewünschte Zahl auch richtig eingetastet hat.
Eine Zahleneingabe wird abgeschlossen, sobald eine Operations-, eine Speicher-, eine Lösch- oder eine Funktionstaste betätigt wird.

BEISPIEL

Die Tastenfolge

[1] [2] [.] [4] [5] [+] [6] [7] [.] [8] [9] [√] [=]

entspricht der Aufgabe

$$12{,}45 + \sqrt{67{,}89} =$$

Die Eingabe der Zahl 12,45 wird abgeschlossen durch den Druck auf die [+]-Taste, die Eingabe von 67,89 wird durch den Druck auf die [√]-Taste beendet. Nachdem die [=]-Taste gedrückt wurde, erscheint im Display das Ergebnis der Aufgabe: 20,689538.

Auf eine zweite Art der Zahleneingabe wird in 3.7.3.10. hingewiesen.
Bei zahlreichen Rechnertypen sind aus dem Display neben der zuletzt im X-Register befindlichen Zahl auch noch weitere Zusatzinformationen erkennbar. Bild 11a zeigt eine Zahlenanzeige, die keine weiteren Zusatzinformationen enthält. Das im Bild 11b am linken Rand der Zahlenanzeige erscheinende M deutet darauf hin, daß der Speicher des Rechners gegenwärtig mit einer Zahl besetzt ist. Im Bild 11c weist das Klam-

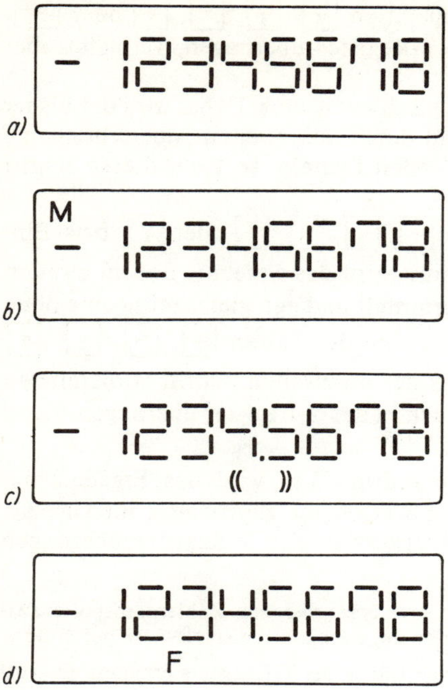

Bild 11: Display-Anzeige
a) bei normalem Rechenbetrieb
b) bei besetztem Speicher
c) nach vorherigem Setzen von Klammern
d) beim Anruf einer „Zweitfunktion" bei Rechnern mit mehrfacher Tastenbelegung

mernpaar am unteren Rand des Displays darauf hin, daß während der Rechnung Klammern gesetzt worden sind, die noch nicht abgeschlossen wurden. Schließlich zeigt das F am unteren Rand des Bildes 11d darauf hin, daß die [F]-Taste gedrückt worden ist. (Über die Bedeutung der [F]-Taste vgl. 3.7.3.6.)

3.7.3.4. Zweistellige Rechenoperationen

Unter zweistelligen Rechenoperationen sollen solche verstanden werden, bei denen *zwei Operanden* durch ein *Operationszeichen* zu einem neuen Zahlenwert, dem Ergebnis der Rechenoperation, verknüpft werden.
So gehören

die Addition, die Subtraktion,
die Multiplikation, die Division und
das Potenzieren

zu den zweistelligen Rechenoperationen.
In den Taschenrechnern mit *algebraischer Logik ohne Hierarchie* laufen die zweistelligen Rechenoperationen *nicht* in der Weise ab, wie man es vom Mathematikunterricht her gewöhnt ist. Aus diesem Grunde sollen die Zahlenübertragungen zwischen den beiden Rechenregistern im folgenden genauer beschrieben werden.
Zweistellige Rechenoperationen laufen bei Rechnern mit algebraischer Logik ohne Hierarchie wie folgt ab:

1. Schritt: Eingabe des ersten Operanden über die Zahlentastatur. Er wird im X-Register gespeichert und erscheint zur Kontrolle im Display.

2. Schritt: Eintasten der auszuführenden Rechenoperation [+], [−], [×], [÷] oder [Y^X]. Der erste Operand wird dabei in das Y-Register übertragen, verbleibt aber gleichzeitig auch noch im X-Register.

3. Schritt: Eingabe des zweiten Operanden über die Zahlentastatur. Dabei wird der bisher im X-Register verbliebene erste Operand durch den zweiten „überschrieben". (Stimmt der zweite Operand mit dem ersten überein, so kann dieser Schritt entfallen.)

4. Schritt: Eintasten einer neuen Rechenoperation [+], [−], [×], [÷] oder [Y^X] bzw. Eintasten des Gleichheitszeichens [=]. Damit wird das Ergebnis der im zweiten Schritt vorbereiteten Rechenoperation ermittelt und ggf. gleichzeitig eine neue Rechenoperation vorbereitet. Wird dabei eine der Tasten [+], [−], [×], [÷] oder [Y^X] betätigt, so wird das Ergebnis der im zweiten Schritt vorbereiteten Rechenoperation sowohl in das X- als auch in das Y-Register übertragen. Es ist damit auch im Display ablesbar.

Wurde hingegen zuletzt die [=]-Taste gedrückt, so wird das Ergebnis der Rechnung im X-Register gespeichert und erscheint gleichzeitig im Display, während der bisherige Inhalt des X-Registers in das Y-Register übertragen wird.

Anmerkung: Es gibt Rechnermodelle, bei denen die hier beschriebenen Zahlentransporte zwischen den beiden Rechenregistern in anderer Weise verlaufen. So bleibt beispielsweise bei einigen Rechnern nach dem Betätigen der [=]-Taste der bisherige Inhalt des Y-Registers erhalten. Es wird daher empfohlen, sich beim Erwerb eines neuen Taschenrechners genau Klarheit darüber zu verschaffen, welche Vorgänge sich bei den einzelnen Rechenoperationen im jeweiligen Rechner abspielen. An Hand einfacher Rechenaufgaben ist dies durchaus möglich.

BEISPIEL 1

Die durch die Tastenfolge

[2] [.] [7] [×] [5] [.] [9] [+] [4] [.] [2] [÷] [3] [.] [6] [=]

innerhalb und zwischen den einzelnen Rechenregistern ausgelösten Zahlenverschiebungen sind im Bild 12 ausführlich dargestellt worden.

Man beachte, daß bei jedem Druck auf eine der Operationstasten für zweistellige Rechenoperationen diejenige Rechenoperation ausgeführt wird, die *vorher* eingetastet worden ist. An dieser Rechenoperation sind die beiden Operanden beteiligt, die sich gerade im X- und im Y-Register befinden.
Es ist daher wünschenswert, daß man stets den Überblick darüber besitzt, welche Zahlen sich in den beiden Rechenregistern befinden.
Viele Rechner besitzen eine sogenannte *Konstantenautomatik*, die bewirkt, daß die zuletzt eingetastete zweistellige Rechenoperation mit dem letzten bzw. vorletzten Operanden mehrfach wiederholt werden kann, indem nur die [=]-Taste entsprechend oft betätigt wird. Bei den meisten Rechnern „merkt" sich das Rechenwerk bei Multiplikationen den ersten Faktor so lange, bis wieder eine neue, vollständige Rechenoperation eingetastet wird. Bei den übrigen Rechenoperationen wird hingegen meist der zweite Operand konstant gehalten. Es wird jedoch auch hier empfohlen, sich durch einfache Testbeispiele davon überzeugen, ob das hier Gesagte für den eigenen Taschenrechner ebenfalls zutrifft.

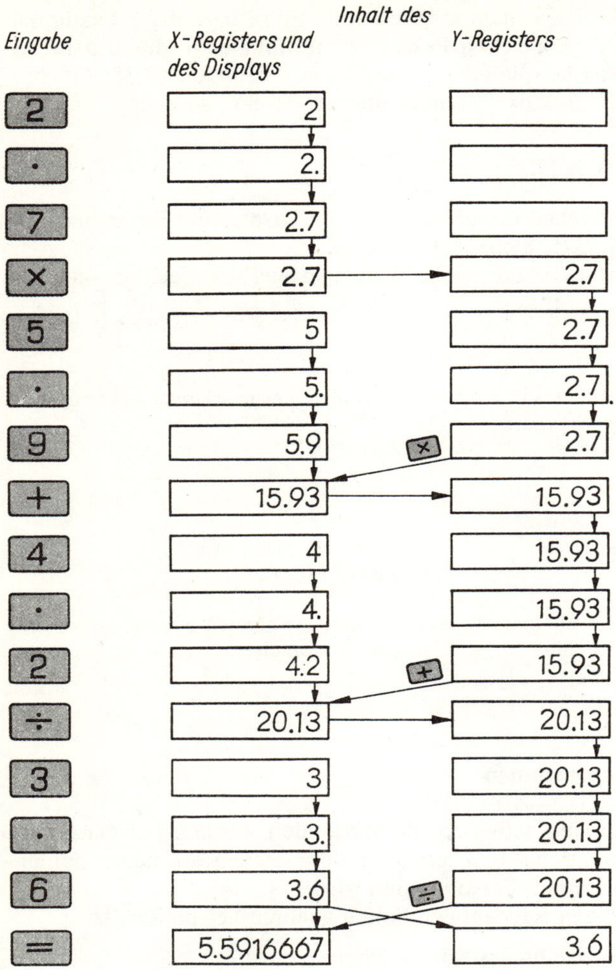

Bild 12: Registeroperationen bei Taschenrechnern mit algebraischer Logik ohne Hierarchie

BEISPIEL 2

Die Tastenfolge

[7] [+] [4] [=] [=] [=] [=] …

liefert der Reihe nach auf Grund der Konstantenautomatik die Ergebnisse 11, 15, 19, 23 …
Entsprechend entstehen bei der Tastenfolge

[8] [−] [3] [=] [=] [=] [=] …

die Ergebnisse 5, 2, −1, −4 … und bei

[5] [1] [2] [÷] [2] [=] [=] [=] [=] …

die Resultate 256, 128, 64, 32 …
Hingegen erhält man bei der Tastenfolge

[7] [×] [3] [=] [=] [=] [=]

die Resultate 21, 147, 1 029, 7 203 …

In Erweiterung des eben Gesagten ist es auch möglich, mit Hilfe der Konstantenautomatik unterschiedliche Zahlen mit dem gleichen Faktor zu multiplizieren, durch den gleichen Nenner zu teilen usw. Sollen beispielsweise die Zahlen 0,72, 4,35, 12,35, 36,48 ... der Reihe nach mit dem gleichen Faktor 7,25 multipliziert werden, so genügt es, diese Aufgaben wie folgt einzutasten:

7,25 [×] 0,72 [=], 4,35 [=], 12,35 [=], 36,48 [=], ...

Nach den jeweiligen Gleichheitszeichen erscheinen dann im Display der Reihe nach die gewünschten Ergebnisse 5,22, 31,5375, 89,5375, 264,48, ...
Die Konstantenautomatik gestattet es, zahlreiche Aufgaben aus der Technik oder der Ökonomie besonders rationell zu lösen.

BEISPIEL 3

Bei einer physikalischen Versuchsreihe soll die Dichte mehrerer Versuchskörper bestimmt werden, die alle das gleiche Volumen besitzen.
Wegen

$$m = V \cdot \varrho$$

ergibt sich die Dichte ϱ aus dem Quotienten

$$\varrho = \frac{m}{V}.$$

Da alle Versuchskörper das gleiche Volumen V, aber verschiedene Massen $m_1, m_2, \ldots$ besitzen sollen, erhält man die jeweiligen Dichten $\varrho_1, \varrho_2, \ldots$ aus der Tastenfolge

[m_1] [÷] [V] [=], [m_2] [=], [m_3] [=], usw.

3.7.3.5. Einstellige Rechenoperationen

Unter einstelligen Rechenoperationen sollen solche verstanden werden, bei denen aus einem Operanden durch ein Operations- bzw. ein Funktionszeichen ein neuer Zahlenwert, das Ergebnis der Rechenoperation, hervorgerufen wird.
Zu den bisher bekannten einstelligen Rechenoperationen gehören beispielsweise

das Quadrieren und das Quadratwurzelziehen.

Es gibt jedoch eine große Anzahl weiterer einstelliger Rechenoperationen, die für mathematische Berechnungen sehr wichtig sind, und für die auf komfortableren Taschenrechnern Sondertasten vorgesehen wurden, die die Berechnung der gewünschten Funktionswerte auslösen (vgl. Bild 10).
Für die Ausführung einer einstelligen Rechenoperation mit Hilfe eines Taschenrechners gilt die folgende Regel:

> Wird eine zu einer einstelligen Rechenoperation gehörende Taste betätigt, so ermittelt der Rechner den zugehörigen Funktionswert aus dem im X-Register befindlichen Zahlenwert. Der Inhalt des Y-Registers bleibt dabei unverändert.

Daraus folgt:

> Will man das Ergebnis einer einstelligen Rechenoperation mit Hilfe eines Taschenrechners ermitteln, so muß man entgegen der in der Mathematik gebräuchlichen Schreib- und Sprechweise *zuerst das Argument* der Funktion eingeben und darf *erst da-*

nach die entsprechende *Funktionstaste* drücken. Ein Betätigen der [=]-Taste ist nicht erforderlich, da die Berechnung des Funktionswertes sofort nach dem Drücken der Funktionstaste ausgelöst wird.

BEISPIEL 1

a) Den Wert von $\sqrt{7}$ kann man nach der Tastenfolge [7] [√] im Display ablesen.
b) Das Quadrat von 34,5 erhält man, wenn man die Tastenfolge [3] [4] [.] [5] [X²] wählt.
c) Die Tastenfolge [2] [3] [√] liefert als Ergebnis den Wert $\sqrt{23} = 4{,}7958315$.
d) Mit [2] [.] [7] [X²] erhält man $2{,}7^2 = 7{,}29$.

Bei der Berechnung zusammengesetzter Ausdrücke muß man sehr genau darauf achtgeben, an welcher Stelle die Ermittlung einer einstelligen Rechenoperation ausgelöst werden muß.

BEISPIEL 2

Die beiden Tastenfolgen

a) [4] [.] [7] [+] [3] [.] [2] [√] [=] und
b) [4] [.] [7] [+] [3] [.] [2] [=] [√]

liefern unterschiedliche Ergebnisse.
Während im Fall a) die Berechnung der Quadratwurzel bereits ausgelöst wird, bevor die Addition erfolgt, wird im Fall b) zuerst addiert, und danach erst wird die Quadratwurzel gezogen. Es entstehen auf diese Weise die beiden Ergebnisse

a) $4{,}7 + \sqrt{3{,}2} = 4{,}7 + 1{,}7888544 = 6{,}4888544$ und

b) $\sqrt{4{,}7 + 3{,}2} = \sqrt{7{,}9} = 2{,}8106939$.

Die ausführlichen Zahlenbewegungen zwischen den beiden Rechenregistern sind für diese beiden Aufgaben in den Bildern 13 und 14 dargestellt.

Zu den einstelligen Rechenoperationen gehört auch die Funktion *Vorzeichenwechsel*, mit deren Hilfe das Vorzeichen der im X-Register befindlichen Zahl gewechselt werden kann.

BEISPIELE

3. Soll beispielsweise die Zahl -3 eingegeben werden, so führt die Tastenfolge [−] [3] nicht zum Ziel, da der Rechner beim Eintasten des Minuszeichens eine vollständige Subtraktionsaufgabe erwartet. In diesem Falle kann man die Taste für den Vorzeichenwechsel benutzen und [3] [+/−] eingeben. Nach dieser Tastenfolge steht im X-Register der gewünschte Wert -3.
4. Soll die Differenz $a - b$ berechnet werden und steht, da diese Differenz im Zusammenhang mit einer umfangreicheren Aufgabe ermittelt werden muß, a zur Zeit im X-Register und b im Y-Register, so würde der Druck auf die [=]-Taste die Differenz $b - a$ hervorrufen. Man kommt ohne umfangreiche neue Rechnungen sofort auf den gewünschten Wert, wenn man anschließend nur noch die [+/−]-Taste betätigt.

Es sei noch eine Bemerkung zur Eingabe negativer Zahlen angefügt, da dieses Problem vor allem dem Anfänger häufig Schwierigkeiten bereitet.
Es wurde bereits darauf hingewiesen, daß man sich beim Arbeiten mit einem Taschenrechner eine neue Denk- und Sprechweise angewöhnen muß, wenn man mit einstelligen Operationen arbeitet, daß man nämlich *erst die Zahl* eingeben muß, mit der die Operation ausgeführt werden soll, um *dann erst die entsprechende Operationstaste* zu drücken. Man

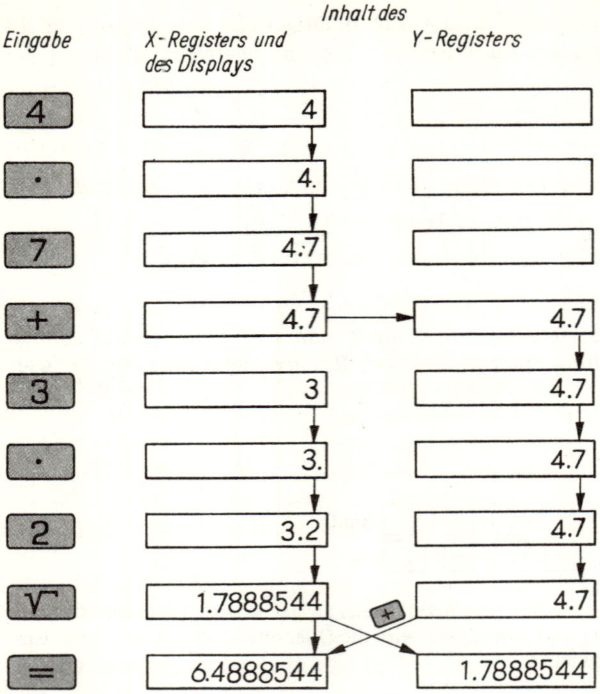

Bild 13: Registeroperationen bei der Ausführung zwei- und einstelliger Rechenoperationen

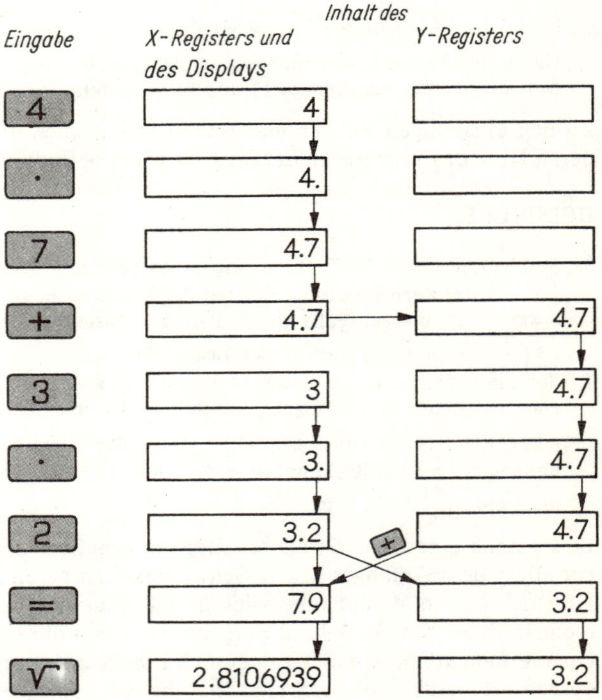

Bild 14: Registeroperationen bei der Ausführung zwei- und einstelliger Rechenoperationen

muß also [7] [√] eintasten, wenn man „Wurzel aus 7" berechnen will, oder [3] [+/-], wenn die Zahl „Minus 3" eingegeben werden soll.
Wenn nun ein Taschenrechner keine Taste [+/-] für die Vorzeichenumkehr besitzt, das ist vor allem bei einfachen Rechnertypen der Fall, dann muß man sich bei der Eingabe negativer Zahlen anderweitig behelfen. Soll beispielsweise die Zahl -3 eingegeben werden, so kann man die Tastenfolge [0] [−] [3] wählen, denn die Differenz $0 - 3$ ergibt ja die gewünschte Zahl -3.

3.7.3.6. Mehrfachbelegung von Funktionstasten

Komfortable Rechner zeichnen sich dadurch aus, daß sie die Berechnung möglichst vieler mathematischer oder ökonomischer Funktionen gestatten, indem man nur auf die der gewünschten Funktion zugeordnete Funktionstaste drückt. Wenn nun aber ein Taschenrechner mit immer verschiedenartigeren Funktionen ausgestattet werden soll, so bedeutete dies, daß mit jeder neuen Funktion auch eine neue Funktionstaste hinzugefügt werden müßte. Damit würde der Rechner durch die Vielzahl der Tasten sehr unübersichtlich werden, seine Handhabung immer schwieriger und die Gefahr einer fehlerhaften Eingabe dadurch, daß man auf eine falsche Funktionstaste drückt, würde immer größer.
Aus diesem Grunde ist man dazu übergegangen, bei komfortableren Rechnern die einzelnen Tasten mit mehreren Funktionen zu belegen. Meist sind es zwei unterschiedliche Funktionen, die jeder Taste zugeordnet sind, bei manchen Rechnern sind es sogar deren drei. Dabei ist die eine Funktion, die der Taste zugeordnet ist, auf der Taste selbst angegeben, während die andere meist über der Taste abgelesen werden kann. (Sofern noch eine dritte Funktion vorgesehen ist, so steht diese unter der Taste.) Das Tastenfeld eines Rechners mit mehrfach belegten Funktionstasten ist im Bild 10 dargestellt.
Soll nun bei einem solchen Rechner mit mehrfach belegten Tasten diejenige Funktion ausgelöst werden, die auf der Taste steht, so genügt es, diese Taste zu betätigen. Soll hingegen die Funktion berechnet werden, die über der Taste eingeprägt ist, so ist zunächst die [F]-Taste zu drücken, bevor die entsprechende Taste des Tastenfeldes betätigt werden kann. Die [F]-Taste ist im Bild 10 links oben zu erkennen. Bei manchen Rechnern ist diese [F]-Taste als [2nd]-Taste gekennzeichnet.
Entsprechend gibt es bei den Rechnern mit Dreifachbelegung der Tasten noch eine weitere „Umschalttaste", die [G]-Taste (manchmal auch als [3rd]-Taste bezeichnet), die vor dem Druck auf die jeweilige Funktionstaste betätigt werden muß, wenn die unterhalb der Taste stehende Funktion berechnet werden soll.

BEISPIELE

1. Soll mit Hilfe des im Bild 10 dargestellten Rechners der Wert $2{,}75^2$ berechnet werden, so ist die Tastenfolge [2] [.] [7] [5] [X^2] zu wählen.
   Soll dagegen $\sqrt{2{,}75}$ ermittelt werden, so muß die Tastenfolge [2] [.] [7] [5] [F] [√] gedrückt werden.
2. Bei dem im Bild 10 dargestellten Rechner liefert die Tastenfolge [2] [Y^X] [5] [=] den Wert $2^5 = 32$. Die Tastenfolge [2] [F] [$\sqrt[3]{X}$] liefert den Wert $\sqrt[3]{2} = 1{,}2599$.

3.7.3.7. Löschoperationen

Das Arbeiten mit einem elektronischen Taschenrechner erfordert eine weitaus höhere Konzentration und Gewissenhaftigkeit als das Rechnen mit Bleistift und Papier. Diese Behauptung mag zunächst paradox erscheinen, da uns der Taschenrechner ja die vielen Einzelschritte, die beim Addieren, Multiplizieren, Dividieren usw. mehrstelliger Dezimalzahlen ausgeführt werden müssen, abnimmt und diese Teilschritte überdies noch mit einer außerordentlich großen Geschwindigkeit und mit einer hohen Genauigkeit ausführt.
Die erwähnte hohe Konzentration und Gewissenhaftigkeit beim Arbeiten mit Taschenrechnern ist deshalb nötig, weil im Gegensatz zum Arbeiten mit Bleistift und Papier diejenigen Zahlen und Zwischenergebnisse, die bereits einige Schritte zurückliegen, nicht mehr zurückrufbar sind. Auf dem Papier stehen die Zwischenergebnisse noch irgendwo (und bei guter Rechenorganisation kann man sie jederzeit wieder schnell auffinden), im Taschenrechner dagegen sind diejenigen Zahlen, die mehr als zwei Schritte zurückliegen, aus dem Gedächtnis des Rechners gelöscht (sofern sie nicht in einem Speicher zwischengespeichert worden sind) und damit unwiederbringlich verloren! Man kann sehr leicht seine eigene Konzentrationsfähigkeit überprüfen, indem man versucht, eine Folge von 100 willkürlich gewählten, mehrstelligen Zahlen mit Hilfe eines Taschenrechners zu addieren. Dabei wird man sehr bald feststellen, daß man nicht mehr genau weiß, ob die nächste Zahl bereits eingegeben worden ist oder nicht, oder ob man bereits auf die [+]-Taste gedrückt hat oder nicht. Daher sollte man sich beim Arbeiten mit einem Taschenrechner stets darüber im klaren sein:

> Ein Taschenrechner ist kein Spielzeug!
> Die Arbeit mit ihm erfordert ein hohes Maß an Aufmerksamkeit, Ordnung, Gewissenhaftigkeit und Konzentration!

Dennoch ist es auch bei der gewissenhaftesten Arbeit nicht unausbleiblich, daß man Fehler macht, daß man z. B. eine Zahl falsch eintippt, daß man statt des [+]-Zeichens die benachbarte [=]-Taste drückt u.a.m.
Um derartige Fehler korrigieren zu können und nicht die ganze Rechnung von vorn beginnen zu müssen, sind auf jedem Taschenrechner sogenannte *Löschtasten* vorhanden.
Die [CE]-Taste bewirkt, daß die letzte Eingabe, sei es eine Zahleneingabe oder die Eingabe einer durchzuführenden Operation, gelöscht wird. Beim Druck auf die [CE]-Taste wird also der Inhalt des X-Registers gelöscht, wenn zuletzt eine Zahl eingegeben wurde. Damit erscheint dann auch im Display eine Null. – Wurde dagegen zuletzt eine Operation eingetippt, so wird diese Eingabe rückgängig gemacht, und es kann danach die richtige Taste gedrückt werden. Der Inhalt des Y-Registers bleibt jedoch erhalten.
Hingegen wird durch einen Druck auf die [C]-Taste sowohl der Inhalt des X-Registers als auch der Inhalt des Y-Registers gelöscht. Demzufolge ist damit die ganze zuletzt durchgeführte Rechnung gelöscht.
Bei manchen Rechnertypen gibt es keine gesonderte [CE]-Taste. In diesen Fällen ist dann die Arbeitsweise der Taste [C] so organisiert, daß bei einem einmaligen Druck auf die [C]-Taste nur der Inhalt des X-Registers und des Displays gelöscht bzw. die zuletzt eingegebene Operation rückgängig gemacht wird (also die Funktion der [CE]-Taste ausgeübt wird), und daß die gesamte Rechnung gelöscht wird, wenn man mehrmals auf die [C]-Taste drückt.

Das Vorhandensein der Löschtasten sollte jedoch keinesfalls zu einer leichtfertigen Arbeitsweise verführen, indem man denkt, man könne ja jeden Fehler sofort durch einen Druck auf die [C]*- oder auf die* [CE] *-Taste wieder rückgängig machen. Es ist stets besser, die Anzahl der gemachten Fehler auf ein Minimum zu reduzieren, indem man konzentriert arbeitet und jede Zahlen- oder Operationseingabe sofort auf ihre Richtigkeit hin kontrolliert, als wenn man ständig die laufende Rechnung korrigieren und damit unterbrechen muß.*

3.7.3.8. Speicheroperationen

Die Speicher stellen ein sehr wesentliches Funktionsglied eines elektronischen Taschenrechners dar. Mit Hilfe der Speicher können Zwischenergebnisse, die erst zu einem späteren Zeitpunkt der Rechnung wieder benötigt werden, „gemerkt" werden.
Einfache Taschenrechner besitzen meist nur einen Speicher, bei komfortableren Rechnern ist häufig eine größere Anzahl von Speichern vorhanden. Es ist jedoch gleichgültig, ob nur ein oder ob mehrere Speicher vorhanden sind, das Speicherprinzip ist bei allen Rechnern das gleiche.
Durch einen Druck auf die [M]- bzw. auf die [STO]-Taste eines Rechners wird bewirkt, daß der Inhalt des X-Registers in den Speicher übertragen wird und daß er dort solange verbleibt, bis eine neue Zahl in den Speicher übertragen oder bis der Speicherinhalt „gelöscht" wird. Der Inhalt des X-Registers wird bei der Betätigung der [M]- bzw. der [STO]-Taste nicht verändert, er bleibt erhalten.
Wird der Inhalt des Speichers zu einem späteren Zeitpunkt der Rechnung wieder benötigt, so genügt es, auf die [MR]- bzw. auf die [RCL]-Taste zu drücken. Dadurch wird der Speicherinhalt in das X-Register übertragen. Der bisherige Inhalt des X-Registers geht dabei natürlich verloren. Der Inhalt des Speichers bleibt jedoch erhalten.
Soll der Speicherinhalt gelöscht werden, so braucht man nur auf die [MC]-Taste zu drükken.
Manche Rechner besitzen auch sogenannte „rechnende Speicher". Sie sind gekennzeichnet durch Tasten mit den Aufschriften [M+], [M−], [M×] bzw. [M÷] (vgl. Bild 10).
Die Wirkung dieser Tasten unterscheidet sich von der der [M]-Taste wie folgt:
Drückt man beispielsweise auf die [M+]-Taste, so wird der Inhalt des X-Registers zu dem bereits im Speicher befindlichen Zahlenwert addiert. Bei der Betätigung der [M−]-Taste wird der Inhalt des X-Registers von dem im Speicher befindlichen Zahlenwert subtrahiert. Die sich dabei ergebenden Werte verbleiben dann im Speicher. Der Inhalt des X-Registers bleibt dabei unverändert. – Entsprechend wird durch die Betätigung der [M×]-Taste bzw. der [M÷]-Taste der Inhalt des Speichers mit dem im X-Register stehenden Zahlenwert multipliziert bzw. durch ihn dividiert. Auch hier verbleibt dann der entstehende neue Zahlenwert im Speicher, während sich der Inhalt des X-Registers nicht verändert.
Soll also bei einem Rechner, der nur [M+]- bzw. [M−]-Tasten besitzt (vgl. Bild 10), ein Zahlenwert aus dem X-Register in den Speicher übertragen werden, so ist es notwendig, daß dieser Speicher vorher gelöscht wird, indem man auf die [MC]-Taste drückt. Erst dann darf die [M+]-Taste betätigt werden. – Das vorherige Löschen des Speichers ist bei einem Rechner mit einer [M]-Taste nicht erforderlich, da bei dieser Art von Speichero pe-

rationen der bisherige Speicherinhalt einfach durch den Inhalt des X-Registers „überschrieben“ wird.
Auch bei Taschenrechnern mit mehreren Speichern ist eine Besonderheit zu beachten. Auf diesen Rechnern ist die Speicheroperation meist nicht durch eine Taste [M], sondern durch eine Taste [STO] gekennzeichnet. Da mehrere Speicher vorhanden sind, müssen sie voneinander unterscheidbar sein, und jeder einzelne Speicher muß auch einzeln ansprechbar sein. Aus diesem Grunde werden diese Speicher durchnumeriert, und man spricht dann vom Speicher 1, Speicher 2, ... Will man nun den Inhalt des X-Registers im Speicher 5 unterbringen, so muß die Tastenfolge [STO] [5] gedrückt werden. Entsprechend bewirkt die Tastenfolge [STO] [0], daß die im Display ablesbare Zahl und damit der Inhalt des X-Registers im Speicher mit der Nummer 0 untergebracht wird. Die Löschtasten sind bei Rechnern mit mehreren Speichern meist mit [CLR] gekennzeichnet, so daß die Tastenfolge [CLR] [3] bewirkt, daß der Inhalt des Speichers 3 gelöscht wird.
Schließlich sei noch auf eine sehr vorteilhafte Anwendungsmöglichkeit der Speicher hingewiesen, die bei vielen Rechnungen außer acht gelassen wird: Tritt beispielsweise in einer umfangreicheren Berechnung fünfmal oder öfter die gleiche Zahl, z.B. 9,806 65, auf, so müßte man fünfmal oder öfter die gleiche Tastenfolge [9] [.] [8] [0] [6] [6] [5] eintippen. Daß bei diesen 35 oder mehr Einzeleingaben auch Eingabefehler auftreten können, ist durchaus denkbar. Wesentlich günstiger kommt man zum Ziel, wenn man zu Beginn der Berechnung mit Hilfe der Tastenfolge [9] [.] [8] [0] [6] [6] [5] [M] die Zahl 9,806 65 im Speicher unterbringt und sie dann, wenn sie im Verlaufe der Rechnung benötigt wird, durch den Druck auf die [MR]-Taste in das X-Register zurückruft. Statt 35 Einzeleingaben werden in diesem Falle dann nur noch 13 benötigt. Damit ist die Wahrscheinlichkeit, daß man einen Fehler macht, geringer geworden, und man spart überdies auch noch Zeit.

3.7.3.9. Registeraustausch

Bei manchen Berechnungen tritt der Fall ein, daß man die Zahl, die im X-Register steht, im Y-Register brauchen würde, während die im Y-Register stehende Zahl im X-Register sein müßte. In solchen Fällen kann man sich mit der [X↔Y]-Taste behelfen, die auf manchen Rechnern vorhanden ist.
Mit Hilfe dieser Taste wird nämlich der Inhalt des X-Registers in das Y-Register und der Inhalt des Y-Registers in das X-Register übertragen. Es erfolgt also ein Austausch der beiden Registerinhalte.
In analoger Weise bewirkt die Taste [X↔M], daß die Inhalte des Speichers und des X-Registers ausgetauscht werden.

BEISPIEL

Soll die Differenz $a - b$ berechnet werden, und ergab es sich aus dem bisherigen Rechenverlauf, daß es einfacher wäre, die Differenz $b - a$ zu ermitteln (vielleicht steht vom letzten Rechenschritt her die Zahl b noch im X-Register, so daß nur noch die Tastenfolge [−] [a] nachzuholen wäre), so kann man diese Tastenfolge ruhig wählen. Man braucht anschließend nur noch [X↔Y] [=] zu drücken, womit das gewünschte Ergebnis erzielt wird.
(Vgl. hierzu auch Beispiel 4 in 3.7.3.5.)

3.7.3.10. Zahlendarstellung

Jeder Taschenrechner besitzt eine für seinen Typ charakteristische Anzahl von Ziffernstellen in der Anzeige. Bei den meisten Rechnern sind es acht Stellen, es gibt aber auch Rechner, in deren Displays 10 oder auch 13 Stellen abgelesen werden können.
Diese beschränkte Anzahl von Stellen, die im Display angezeigt werden können, bringt es mit sich, daß die Größe der Zahlen, die der Rechner verarbeiten kann, sowohl nach oben als auch nach unten begrenzt ist. So kann bei einem Rechner mit achtstelliger Anzeige keine größere Zahl als 99 999 999 und (mit Ausnahme der Null) keine kleinere Zahl als 0,000 0001 verarbeitet werden.
Damit ist ein Zahlenbereich gegeben, der für viele Aufgaben völlig ausreicht. Es gibt jedoch auch eine ganze Reihe von Problemen, für die dieser Zahlenbereich noch nicht ausreicht, bei denen sich also größere Werte als 99 999 999 oder kleinere Werte als 0,000 0001 ergeben. Für solche Aufgabenstellungen, die vor allem bei physikalischen oder technischen Problemen auftreten, würde demzufolge der Taschenrechner nicht mehr einsetzbar sein, oder man müßte durch Maßstabsveränderungen die Aufgabe so variieren, daß sie mit der verfügbaren Stellenzahl doch noch lösbar wird. – Treten nun im Verlaufe einer Rechnung Zwischenergebnisse auf, bei denen die vorhandene Stellenanzahl im Rechenwerk und im Display nicht ausreicht, um diese Ergebnisse aufnehmen zu können, dann gehen die meisten Rechner automatisch zu einer zweiten Darstellungsform für Zahlen über, zur sogenannten

Gleitkommadarstellung der Zahlen.

Natürlich muß dann auch bei Zahlen, die eingegeben werden sollen und die den normalen Zahlenbereich über- oder unterschreiten, von vornherein zu dieser Gleitkommadarstellung übergegangen werden.
Bei der *Gleitkommadarstellung einer Zahl* schreibt man die Zahl z in der Form

$$z = m \cdot 10^n,$$

wobei

m die *Mantisse* und
n der *Exponent* der Gleitkommadarstellung der Zahl z

genannt werden.
Bei achtstelligen Rechnern besitzt meist auch die Mantisse acht Stellen, während für den Exponenten normalerweise zwei Stellen vorgesehen sind.
Im Display erscheint eine Gleitkommazahl jedoch in einer etwas vereinfachten Form: Es wird nur die Mantisse angegeben und nur der Exponent, wobei dieser Exponent etwas von der Mantisse abgesetzt und manchmal auch etwas kleiner als diese erscheint. (Bei einigen Rechnern erscheint dann auch noch zusätzlich das Symbol X10 rechts unterhalb der Mantisse.)

BEISPIELE

1.

Zahl in normaler Darstellung	Zahl in Gleitkommadarstellung	Zahlenanzeige im Display
12345678910	$1{,}2345678910 \cdot 10^{10}$	$1.2345679\ ^{10}$
$-0{,}000000000025$	$2{,}5 \cdot 10^{-11}$	-2.5000000^{-11}
$3 \cdot 10^{-72}$	$3{,}0 \cdot 10^{-72}$	3.0000000^{-72}

2. Zahlenanzeige im Display	Gleitkommadarstellung der Zahl	herkömmliche Darstellung der Zahl
$1.3579246\ ^{04}$	$1{,}3579246 \cdot 10^4$	13 579,246
-1.0000000^{-99}	-10^{-99}	−0,00...01 (98 Nullen nach dem Komma)
$-7.2350869\ ^{00}$	$-7{,}2350869 \cdot 10^0$	−7,2350869
5.8257041^{-03}	$5{,}8257041 \cdot 10^{-3}$	0,0058257041

Wenn eine Zahl als Gleitkommazahl eingegeben werden soll, dann muß man zunächst die Mantisse und das Vorzeichen der Zahl wie gewohnt eingeben. Daraufhin muß die [EEX]-Taste gedrückt werden, woran sich die Eingabe des Exponenten anschließt.

BEISPIEL 3

einzugebende Zahl	Tastenfolge
$2{,}718 \cdot 10^6$	[2] [.] [7] [1] [8] [EEX] [6]
$-24{,}3 \cdot 10^{12}$	[2] [4] [.] [3] [+/−] [EEX] [1] [2]
$5{,}96 \cdot 10^{-93}$	[5] [.] [9] [6] [EEX] [9] [3] [+/−]
$-354 \cdot 10^{-8}$	[3] [5] [4] [+/−] [EEX] [8] [+/−]

Zur Durchführung und Auswertung von Rechnungen, die mit einem Taschenrechner abgearbeitet werden, sei noch ein wichtiger Hinweis gestattet. Jeder Taschenrechner rechnet alle Aufgaben mit der Genauigkeit, die ihm durch die Stellenzahl seines Rechenwerkes erlaubt ist. So werden beispielsweise bei einem Taschenrechner, dessen Rechenwerk 10 Stellen besitzt, alle Zwischenergebnisse bis auf 10 Ziffern genau errechnet und entsprechend auch mit dieser Genauigkeit im Display angezeigt. Es ist jedoch nicht immer sinnvoll, alle Stellen des Ergebnisses zu verwenden. Will man beispielsweise ermitteln, wieviel 625 g einer Ware kosten, deren Kilopreis 1,37 Mark beträgt, so liefert der Taschenrechner zur zugehörigen Multiplikationsaufgabe $0{,}625 \cdot 1{,}37$ das Ergebnis 0,85625. Hier sind fünf Stellen nach dem Komma natürlich unsinnig, und man müßte das Ergebnis nachträglich auf zwei Stellen nach dem Komma runden: 625 g der Ware kosten 0,86 Mark.

Bei der Benutzung von Taschenrechnern ist es also wichtig, sich bei jeder Rechnung genau zu überlegen, wie viele der angezeigten Stellen des Ergebnisses für die Aufgabenstellung sinnvoll sind.

Einige Taschenrechnertypen besitzen Sondertasten, mit deren Hilfe man von vornherein festlegen kann, bis zu welcher Stelle nach dem Komma die Ergebnisse angezeigt werden sollen. Diese Rechner führen jedoch alle Rechnungen ebenfalls mit der vollen in ihrem Rechenwerk zur Verfügung stehenden Stellenzahl durch und *runden dann nur die Ausgabewerte*.

3.7.4. Rechnen mit elektronischen Taschenrechnern

Aus den bisherigen Bemerkungen ist hervorgegangen, daß die elektronischen Taschenrechner Arbeitsmittel sind, mit deren Hilfe man sich langwierige und komplizierte Rechnungen wesentlich erleichtern kann. Sie führen darüber hinaus die gewünschten Rechnungen sehr schnell und mit einer großen Genauigkeit und Zuverlässigkeit aus. Beim Gebrauch eines solchen leistungsfähigen Arbeitsmittels sollte man sich aber stets darüber im klaren sein, daß diese Rechner nur genau das ausführen, was der Mensch von ihnen verlangt, was er ihnen eingibt. Jede fehlerhafte Eingabe, sei es eine fehlerhafte Zahl oder eine falsche Rechenoperation, führt zu falschen Ergebnissen! Daher seien einige Grundsätze genannt, die man bei der Arbeit mit dem Taschenrechner (wie eigentlich bei jeder anderen Arbeit auch) beherzigen sollte:

1. Die Arbeit mit einem elektronischen Taschenrechner erfordert größte Sorgfalt, hohe Konzentration und große Zuverlässigkeit.
2. Störungen von außen (Unterhaltungen, Fernsehen, Radio, Telefon) sollten weitestgehend ausgeschaltet werden.
3. Man sollte nie planlos drauflosrechnen, sondern sich den gesamten Rechengang genau überlegen, bevor man zum Taschenrechner greift. Eine bestimmte Systematik in der Arbeit zahlt sich immer aus!
4. Man sollte sich nie darauf verlassen, daß der Rechner schon richtig rechnen wird und man damit ein richtiges Ergebnis der Rechnung erhält. Die meisten Fehler macht der Mensch, der den Rechner bedient. Aus diesem Grunde sollte man ständig den Rechengang, die Zwischenergebnisse und die Eingabewerte auf ihre Richtigkeit hin überprüfen.
5. Wenn man seinen Taschenrechner sicher beherrschen und effektiv nutzen will, muß man einen ständigen Überblick über den aktuellen Inhalt der einzelnen Rechenregister besitzen.

Nach diesen gewiß nicht populären Forderungen an den Taschenrechner-Nutzer soll an einigen Beispielen gezeigt werden, wie man Aufgaben planmäßig und sicher mit Hilfe eines Taschenrechners bearbeiten kann. Bei diesen Beispielen sei stets ein einfacher *Taschenrechner mit algebraischer Logik ohne Klammern* vorausgesetzt (wenn es in der Aufgabe nicht anders formuliert wurde), wie er beispielsweise im Bild 6 dargestellt ist.
Die einzelnen Rechnungen werden jeweils tabellarisch veranschaulicht. Es wird jedoch dringend empfohlen, jedes Beispiel mit dem eigenen Rechner nachzuvollziehen.

BEISPIELE

1. Berechne $2{,}368 \cdot \sqrt{0{,}836}$!
   Lösung:

Eingabe	Display-Anzeige	Bemerkung
2,368	2.368	
[×]	2.368	Vorbereitung der Multiplikation
0,836	0.836	
[√]	0.9143304	Die Wurzel aus 0,836 wurde ermittelt.
[=]	2.1651343	

Ergebnis: $2{,}368 \cdot \sqrt{0{,}836} = 2{,}165\,134\,3$
Kontrollfrage: Wie müßte die Eingabe erfolgen, wenn $\sqrt{2{,}368 \cdot 0{,}836}$ berechnet werden sollte?

2. Die Berechnung des Ausdrucks $3{,}746 \cdot 2{,}318 + 4{,}073 \cdot 5{,}219$ soll für mehrere unterschiedliche Rechnertypen vorgeführt werden.

a) Rechner mit algebraischer Logik ohne Hierarchie mit einem [M]-Speicher.

Eingabe	Display-Anzeige	Bemerkungen
3,746	3.746	
[×]	3.746	Multiplikation wird vorbereitet.
2,318	2.318	
[=]	8.683228	Multiplikation wurde ausgeführt.
[M]	^{M}8.683228	Speichern des ersten Produkts
4,073	^{M}4.073	
[×]	^{M}4.073	Zweite Multiplikation wird vorbereitet.
5,219	^{M}5.219	
[=]	^{M}21.256987	Multiplikation wurde ausgeführt.
[+]	^{M}21.256987	Addition wird vorbereitet.
[MR]	^{M}8.683228	Rückruf des ersten Produkts aus dem Speicher
[=]	^{M}29.940215	Addition wurde ausgeführt.

Ergebnis: $3{,}746 \cdot 2{,}318 + 4{,}073 \cdot 5{,}219 = 29{,}940\,215$

b) Rechner mit algebraischer Logik ohne Hierarchie mit einem [M+]-Speicher.

Eingabe	Display-Anzeige	Bemerkungen
3,746	3.746	
[×]	3.746	
2,318	2.318	
[=]	8.683228	
[MC]	8.683228	Löschen des rechnenden Speichers
[M+]	^{M}8.683228	Speichern des ersten Produkts
4,073	^{M}4.073	
[×]	^{M}4.073	
5,219	^{M}5.219	
[=]	^{M}21.256987	
[M+]	^{M}21.256987	Das zweite Produkt wird in den rechnenden Speicher gebracht und dort zu dem bereits gespeicherten ersten Produkt addiert.
[MR]	^{M}29.940215	Rückruf des Speicherinhalts

c) Rechner mit algebraischer Logik ohne Hierarchie mit Klammerstruktur

Eingabe	Display-Anzeige	Bemerkungen
3,746	3.746	
[×]	3.746	Vorbereitung der Multiplikation
2,318	2.318	

Eingabe	Display-Anzeige	Bemerkungen
[+]	8.683228	Ausführung der Multiplikation, Vorbereitung der Addition
[(]	0 ( )	Einklammern des zweiten Produkts
4,073	4.073 ( )	
[×]	4.073 ( )	Vorbereitung der zweiten Multiplikation
5,219	5.219 ( )	
[)]	21.256987	Ausführung der Multiplikation
[=]	29.940215	Ausführung der im dritten Schritt vorbereiteten Addition

d) Rechner mit algebraischer Logik mit Hierarchie

Eingabe	Display-Anzeige	Bemerkungen
3,746	3.746	
[×]	3.746	
2,318	2.318	
[+]	8.683228	
4,073	4.073	
[×]	4.073	Erstes Teilprodukt wird in einem Hilfsspeicher gespeichert.
5,219	5.219	
[=]	29.940215	Ausführung der Multiplikation und der Addition

3. Der Ausdruck $\left(\frac{7{,}63 \cdot \sqrt{3{,}49} + \sqrt{5{,}26 \cdot 2{,}81}}{5{,}73 \cdot 4{,}08^2}\right)^2$ soll berechnet werden.

Als Taschenrechner soll ein Rechner mit algebraischer Logik ohne Hierarchie, wie er im Bild 9 dargestellt ist, zur Verfügung stehen.

Lösung:

Zunächst sei der Lösungsweg skizziert. Zuerst wird das erste Produkt des Zählers berechnet und gespeichert. Dann kann das zweite Produkt im Zähler berechnet und zu dem im Speicher befindlichen ersten Produkt addiert werden. Die Division des Zählers durch den Nenner erfolgt in Form von drei einzelnen Divisionen. Schließlich kann das Quadrat durch Multiplikation des Bruches mit sich selbst ermittelt werden.

Eingabe	Display-Anzeige	Bemerkungen
7,63	7.63	
[×]	7.63	
3,49	3.49	
[√]	1.8681542	$\sqrt{3{,}49} = 1{,}8681542$
[=]	14.254016	$PR1 = 7{,}63 \cdot \sqrt{3{,}49}$
[M]	^{M}14.254016	Speichern von PR1
5,26	^{M}5.26	

Eingabe	Display-Anzeige	Bemerkungen
[×]	M5.26	
2,81	M2.81	
[=]	M14.7806	5,26·2,81
[√]	M3.8445546	$PR2 = \sqrt{5{,}26 \cdot 2{,}81}$
[+]	M3.8445546	Vorbereitung der Addition
[MR]	M14.254016	Rückruf von PR1 aus dem Speicher
[÷]	M18.098571	Z = PR1 + PR2
5,73	M5.73	
[÷]	M3.1585638	Z/5,73
4,08	M4.08	
[=]	M0.7741578	Z/(5,73 · 4,08)
[=]	M0.1897446	$Z/(5{,}73 \cdot 4{,}08^2) = B$
[×]	M0.1897446	B
[=]	M0.0360030	B^2

Ergebnis: Der gegebene Ausdruck hat den Wert 0,036 003 0.

4. In diesem Beispiel soll gezeigt werden, wie mit Hilfe einfacher *Algorithmen* kompliziertere Funktionswerte berechnet werden können.

   Das Symbol [ZAHL] soll die ziffernweise Eingabe einer beliebigen positiven Zahl darstellen. Dann liefert die Tastenfolge

   [1] → [M] → [ZAHL] → [÷] → [MR] → [+] → [MR]

   ↑ (zurück zu [M])

   [=] ← [2] ← [÷] ←

   jeweils nach dem Eintasten des Gleichheitszeichens immer besser werdende Näherungswerte für $\sqrt{\text{ZAHL}}$.

   Wählt man beispielsweise ZAHL = 2, so erhält man nach dem Eintasten von = der Reihe nach die Werte 1,5, 1,4166667, 1,4142157, 1,4142136 und dann wiederholt sich dieser letzte Wert immer wieder. Das bedeutet, daß nach diesen vier Schritten die Quadratwurzel aus 2 mit siebenstelliger Genauigkeit ermittelt worden ist.

   Anmerkung: Hat der Rechner an Stelle der [M]-Taste eine [M+]-Taste, so ist in dem oben angegebenen Algorithmus das Symbol [M] durch die Tastenfolge [MC] → [M+] zu ersetzen.

Bei Taschenrechnern mit einer größeren Anzahl von mathematischen und anderen Funktionen sind für jede dieser Funktionen Tastenfolgen vorprogrammiert, die auf ähnlichen Algorithmen beruhen. Beim Druck auf die Funktionstaste läuft dann der entsprechende Algorithmus vollkommen *automatisch* ab, ohne daß der Nutzer des Taschenrechners die zugehörigen Tastenfolgen immer wieder neu eingeben muß.
Den Ablauf dieser Rechnungen steuert das im Rechner befindliche Steuerwerk. Die aufeinander abgestimmte Reihenfolge der beim Ablauf eines solchen Algorithmus durchzuführenden Einzeloperationen ist in dem Hilfsspeicher für fest verdrahtete Programme gespeichert. (Vgl. hierzu nochmals 3.7.3.1. und Bild 8.)

3.7.5. Besonderheiten der Taschenrechner mit Umgekehrter Polnischer Notation

3.7.5.1. Funktionsprinzipien

Die Taschenrechner mit Umgekehrter Polnischer Notation beruhen auf einer neuen Art der Schreibweise für mathematische Ausdrücke, die von dem polnischen Mathematiker LUKASIEWICZ eingeführt worden ist. Diese neuartige Schreibweise besitzt gegenüber der herkömmlichen Notation mathematischer Ausdrücke einige wesentliche Vorteile, die sich vor allem beim Arbeiten mit elektronischen Rechnern bemerkbar machen.

Aus der Mathematik sind wir es gewöhnt, daß das *Operationszeichen*, durch das zwei Zahlen a und b zu einem neuen Wert miteinander verknüpft werden sollen, *zwischen diese beiden Operanden* geschrieben wird. So schreiben wir beispielsweise

$$a + b$$

um anzudeuten, daß aus den beiden Operanden a und b die Summe gebildet werden soll. Solange nur zwei Operanden miteinander zu einem neuen Wert verknüpft werden sollen, bereitet diese Schreibweise keinerlei Schwierigkeiten. Problematisch wird die Sache jedoch, sobald mehrere Operanden vorhanden sind. So ist beispielsweise bei dem Ausdruck

$$a + b \cdot c$$

nicht von vornherein klar, ob zuerst die Summe $a + b$ berechnet und diese mit dem Faktor c multipliziert werden soll, oder ob erst b mit c zu multiplizieren ist, um dann erst die Summe aus a und dem entstandenen Produkt $b \cdot c$ zu bilden.

Um in solchen mehrdeutigen Fällen Klarheit zu schaffen, wurden in der Mathematik die bekannten *Vorrangregeln* formuliert, die besagen:

> Die Rechenoperationen der dritten Stufe (Potenzieren und Radizieren) werden vorrangig vor denen der zweiten Stufe (Multiplikation und Division) ausgeführt und diese wiederum vorrangig vor denen der ersten Stufe (Addition und Subtraktion).
> Soll von dieser Reihenfolge abgewichen werden, so sind die vorrangig auszuführenden Rechenarten durch Klammern zusammenzufassen.

Durch diese Festlegung ist nunmehr bei dem Ausdruck $a + b \cdot c$ klar, daß zuerst das Produkt $b \cdot c$ und dann erst die Summe $a + b \cdot c$ berechnet werden muß. Wollte man hingegen erst die Summe $a + b$ und dann das Produkt aus dieser Summe und dem Faktor c bilden, dann müßte man $(a + b) \cdot c$ schreiben.

Diese Vorrangregeln bereiten beim Arbeiten mit elektronischen Rechnern häufig insofern Schwierigkeiten, daß vor allem bei umfangreicheren Aufgaben zahlreiche Zwischenergebnisse gespeichert werden müßten. Oftmals reichen dann die vorhandenen Speicher für diese Zwischenergebnisse nicht aus, und überdies kann man leicht den Überblick darüber verlieren, welchen Wert man in welchem Speicher untergebracht hat. (Voraussetzung dafür ist natürlich ein Rechner mit mehreren Speichern.)

Bei der *Umgekehrten Polnischen Notation* umgeht man diese Schwierigkeiten, indem man festlegt, daß

> *zuerst* die an einer Rechenoperation beteiligten *Operanden* notiert werden, und daß *danach erst* aufgeschrieben wird, *was mit diesen Operanden getan werden soll.*

So würde beispielsweise die Notation $a\ b\ +$ bedeuten, daß die beiden Operanden a und b durch die Rechenoperation $+$ zu einem neuen Wert verknüpft werden sollen, daß also die Summe aus a und b gebildet werden soll. Entsprechend würde $a\ b\ c\ +\ \times$ heißen, daß die Operanden a, b und c wie folgt miteinander verknüpft werden sollen: Zuerst soll die Summe aus den beiden zuletzt eingegebenen Zahlen b und c gebildet werden, und der dabei entstehende Wert ist dann mit a zu multiplizieren. In der herkömmlichen Schreibweise würde die Folge $a\ b\ c\ +\ \times$ also dem Ausdruck $(b + c) \cdot a$ entsprechen.

BEISPIELE

Man überzeuge sich davon, daß die jeweils in einer Zeile stehenden Ausdrücke die gleichen Rechenoperationen symbolisieren:

herkömmliche mathematische Schreibweise	Schreibweise in Umgekehrter Polnischer Notation
$a \cdot b - c$	$a\ \ b\ \ \times\ \ c\ \ -$
$a + b \cdot c$	$a\ \ b\ \ c\ \ \times\ \ +$
$a \cdot (b + c)$	$a\ \ b\ \ c\ \ +\ \ \times$
$(a + b)\,(c + d)$	$a\ \ b\ \ +\ \ c\ \ d\ \ +\ \ \times$
$x + \sqrt{y - z}$	$x\ \ y\ \ z\ \ -\ \ \sqrt{\ }\ \ +$

3.7.5.2. Registeroperationen bei Rechnern mit Umgekehrter Polnischer Notation

Der Ablauf von Rechnungen bei Rechnern mit Umgekehrter Polnischer Notation läßt sich wie folgt kurz beschreiben:

1. Jeder Rechner mit Umgekehrter Polnischer Notation besitzt mehrere (meist 3 bzw. 4) sogenannte *Stack-Register*, die wir der Reihe nach als X-, Y-, Z- und T-Register bezeichnen wollen.
2. Die *Eingabe* einer Zahl erfolgt stets in das *X-Register*.
3. Werden mehrere Zahlen unmittelbar nacheinander eingegeben, so rücken die bisherigen Registerinhalte jeweils um *eine Stufe nach oben*, d. h., der bisherige Inhalt des X-Registers wandert in das Y-Register, dessen bisheriger Inhalt in das Z-Register usw. Der bisherige Inhalt des letzten (also des T-Registers) geht bei einer neuen Zahleneingabe verloren.
4. Wird eine *einstellige Rechenoperation* ausgeführt, so ist daran der Inhalt des *X-Registers* beteiligt. Das Ergebnis der einstelligen Rechenoperation befindet sich nach deren Ausführung im X-Register.
5. Bei *zweistelligen Rechenoperationen* werden die jeweiligen Operanden dem *Y- und dem X-Register* entnommen. Das *Ergebnis* der Rechenoperation wird *im X-Register* gespeichert. Die Inhalte der höheren Register rücken dabei jeweils um eine Stufe nach unten (d. h., der Inhalt des Z-Registers geht in das Y-Register und der des T-Registers in das Z-Register über).

   Das Verhalten des T-Registerinhalts ist dabei von Rechnertyp zu Rechnertyp verschieden. Bei manchen Rechnern entsteht bei diesen Abwärtsbewegungen der Registerinhalte im T-Register der Wert Null, bei anderen bleibt der bisherige Inhalt jedoch erhalten. Man konsultiere dazu die Beschreibung des jeweiligen Rechners!

Vergleicht man die Beschreibung von Rechenabläufen in Rechnern mit Umgekehrter Polnischer Notation mit den Bemerkungen über die neuartige Notation mathematischer Ausdrücke, so wird man bemerkenswerte Ähnlichkeiten feststellen.

Da sich alle Rechenoperationen entweder nur im X-Register (einstellige Operationen) oder nur im X- und im Y-Register (zweistellige Operationen) abspielen und die Ergebnisse aller Operationen im X-Register gespeichert werden und damit auch im Display ablesbar sind, benötigen Rechner mit Umgekehrter Polnischer Notation *keine Ergebnistaste* [=].

Dafür kommt es aber sehr häufig vor, daß zwei oder mehr Zahlen unmittelbar nacheinander einzugeben sind. Da nun aber jede Zahl ziffernweise einzutasten ist, muß eine Mög-

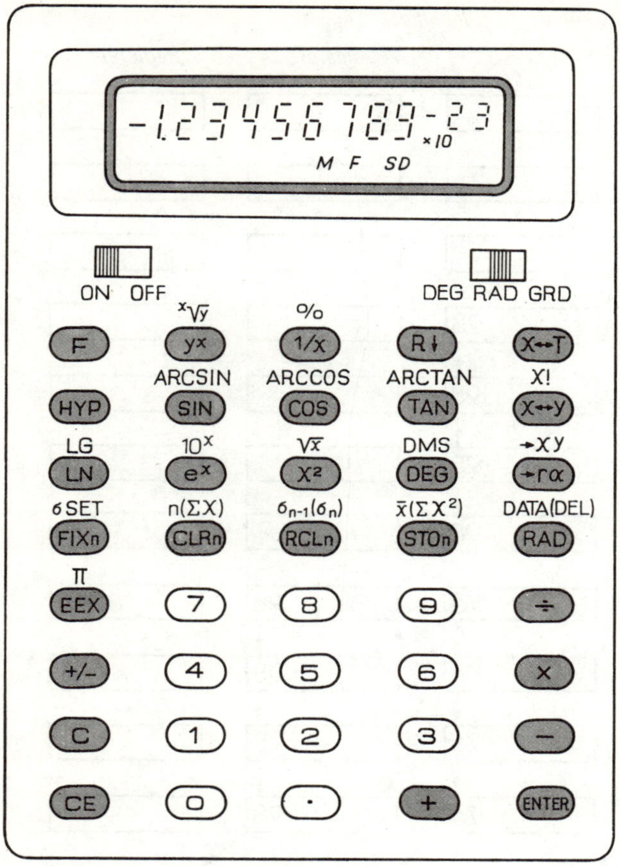

Bild 15: Taschenrechner mit Umgekehrter Polnischer Notation

lichkeit geschaffen werden, durch die man dem Rechner mitteilen kann, wann die eine Zahleneingabe abgeschlossen ist und die nächste beginnt. Dies geschieht durch die sogenannte ENTER-Taste, die mit

ENTER oder ENTER ↑ oder ↑

gekennzeichnet ist (vgl. Bild 15).
(Das Vorhandensein einer ENTER-Taste ist ein untrügliches Kennzeichen der Taschenrechner mit Umgekehrter Polnischer Notation.)
Für die Zahleneingabe bei Taschenrechnern mit Umgekehrter Polnischer Notation gilt die folgende

Regel:

> Die Eingabe einer Zahl wird abgeschlossen, wenn nach dem Eintasten der letzten Ziffer eine der folgenden Tasten gedrückt wird:
> - die ENTER-Taste,
> - eine beliebige Operationstaste oder Funktionstaste,
> - eine Speicher- oder
> - eine Löschtaste.

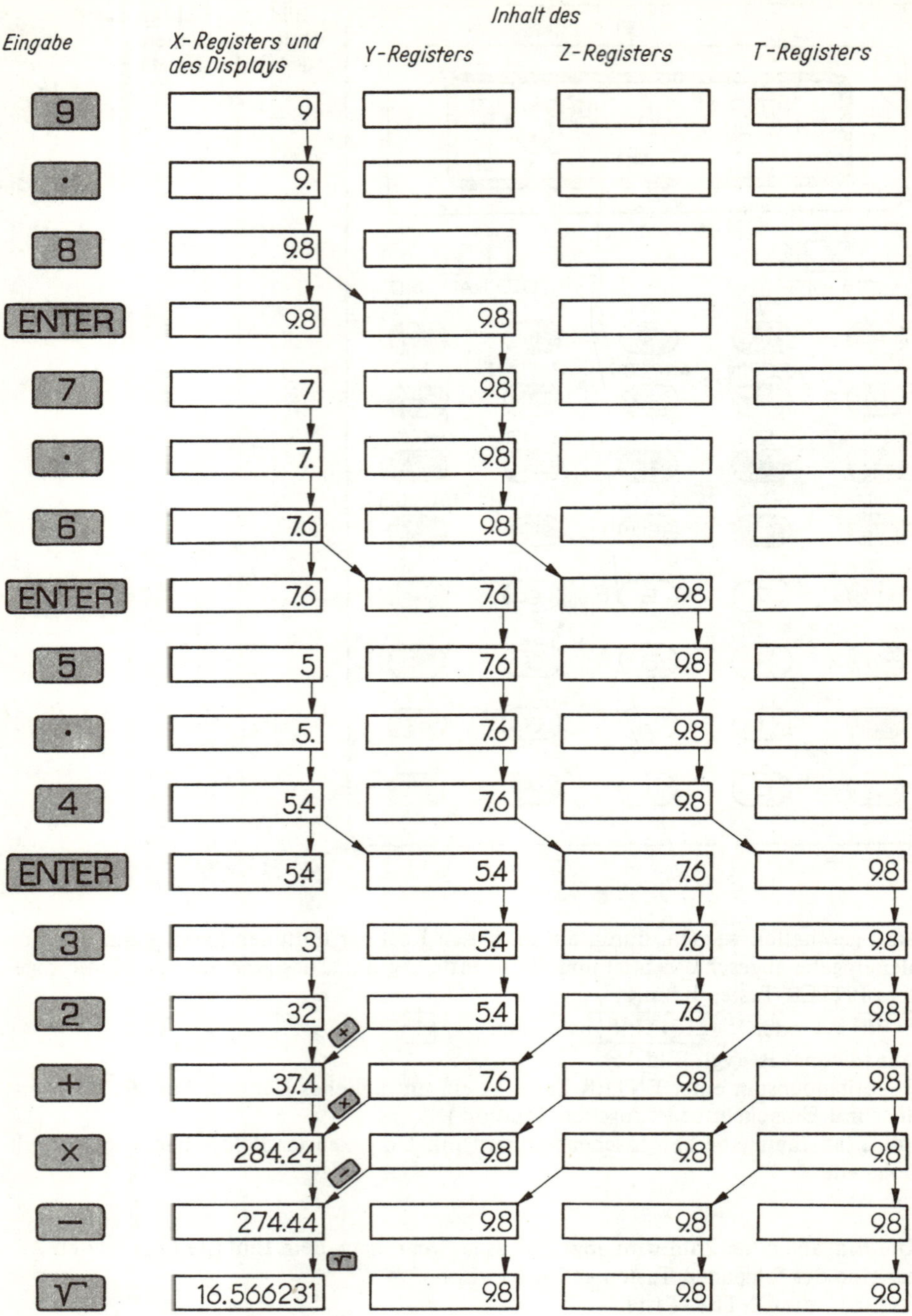

Bild 16: Registeroperationen bei Taschenrechnern mit Umgekehrter Polnischer Notation

Im Bild 16 sind die Zahlenbewegungen zwischen den einzelnen Rechenregistern eines Rechners mit Umgekehrter Polnischer Notation an einem einfachen Beispiel anschaulich dargestellt.
In diesem Buch können naturgemäß nur die wichtigsten Eigenschaften der einzelnen Taschenrechnerarten dargestellt werden. Wer sich für die vielfältigen weiteren Anwendungsmöglichkeiten seines Rechners interessiert, der sei auf die vorhandene Spezialliteratur verwiesen.

3.7.5.3. Rechnen mit Taschenrechnern mit Umgekehrter Polnischer Notation

Im folgenden soll der Rechenweg für die Beispiele aus 3.7.4. auch für Taschenrechner mit Umgekehrter Polnischer Notation vorgeführt werden.

BEISPIELE

1. Berechne $2{,}368 \cdot \sqrt{0{,}836}$!
   Lösung:

	Inhalt des		
Eingabe	X-Registers	Y-Registers	Z-Registers
2,368	2.368		
[ENTER]	2.368	2.368	
0,836	0.836	0.836	
[√]	0.9143304	0.836	
[×]	2.1651343		

2. Berechne $3{,}746 \cdot 2{,}318 + 4{,}073 \cdot 5{,}219$!
   Lösung:

	Inhalt des		
Eingabe	X-Registers	Y-Registers	Z-Registers
3,746	3.746		
[ENTER]	3.746	3.746	
2,318	2.318	3.746	
[×]	8.683228		
4,073	4.073	8.683228	
[ENTER]	4.073	4.073	8.683228
5,219	5.219	4.073	8.683228
[×]	21.256987	8.683228	
[+]	29.940215		

Man beachte, daß bei dieser Aufgabe beim Arbeiten mit einem Taschenrechner mit Umgekehrter Polnischer Notation kein Zwischenspeichern von Teilergebnissen erforderlich ist.

3. Der Ausdruck $\left(\frac{7{,}63 \cdot \sqrt{3{,}49} + \sqrt{5{,}26 \cdot 2{,}81}}{5{,}73 \cdot 4{,}08^2}\right)^2$ soll berechnet werden.

Lösung:

	Inhalt des			
Eingabe	X-Registers	Y-Registers	Z-Registers	T-Registers
7,63	7.63			
ENTER	7.63	7.63		
3,49	3.49	7.63		
√	1.8681542	7.63		
×	14.254016			
5,26	5.26	14.254016		
ENTER	5.26	5.26	14.254016	
2,81	2.81	5.26	14.254016	
×	14.7806	14.254016		
√	3.8445546	14.254016		
+	18.098571			
4,08	4.08	18.098571		
ENTER	4.08	4.08	18.098571	
ENTER	4.08	4.08	4.08	18.098571
5,73	5.73	4.08	4.08	18.098571
×	23.3784	4.08	18.098571	
×	95.383872	18.098571		
÷	0.1897446			
X²	0.0360030			

Erläuterungen zum Ablauf der Rechnung:

Zeilen 1 bis 3: Die beiden Faktoren 7,63 und 3,49 werden im X- und im Y-Register bereitgestellt.

Zeile 4: Die Quadratwurzel aus 3,49 wird bestimmt.

Zeile 5: Das erste Teilprodukt des Zählers wird ermittelt.

Zeilen 6 bis 8: Im X- und Y-Register werden die nächsten beiden Zahlen 5,26 und 2,81 bereitgestellt. Dabei rückt das erste Teilprodukt des Zählers bis ins Z-Register vor.

Zeile 9: Multiplikation von 5,26 und 2,81.

Zeile 10: Die Wurzel aus diesem Produkt wird gezogen. Bei diesen beiden Operationen ist das erste Teilprodukt des Zählers wieder in das Y-Register zurückgekommen. Daher kann in

Zeile 11 die Summe aus den beiden Teilprodukten gebildet werden.
Die Berechnung des Bruches erfolgt in einer anderen Weise als in 3.7.4. Es wird zunächst der Nenner berechnet.

Zeilen 12 bis 15: Es werden die beiden Faktoren 4,08 und 5,73 bereitgestellt, wobei durch das zweimalige Betätigen der ENTER-Taste der Wert 4,08 sowohl in das Y- als auch in das Z-Register kommt. Bei diesen Operationen gelangt der Wert des Zählers bis in das T-Register.

Zeilen 16 und 17: Es wird der Wert des Nenners $5{,}73 \cdot 4{,}08^2$ ermittelt. Er steht im X-Register. Bei diesen Multiplikationen ist der Wert des Zählers aus dem T-Register bis in das Y-Register heruntergekommen, so daß durch die in

Zeile 18 erfolgende Division der Wert des Bruches ermittelt wird. Mit Hilfe der [X^2]-Taste wird schließlich in Zeile 19 der Wert des gegebenen Ausdrucks endgültig ermittelt.

Falls keine [X^2]-Taste vorhanden ist, hätte die Tastenfolge [ENTER] [×] zum gleichen Ergebnis geführt.

4. Am Beispiel der schrittweisen Berechnung einer Quadratwurzel (vgl. 3.7.4., Beispiel 4) soll gezeigt werden, wie vorgegangen werden kann, wenn *mehrere Speicher* zur Verfügung stehen. Dabei soll der Wert ZAHL im Speicher 0 und der Näherungswert für $\sqrt{\text{ZAHL}}$ im Speicher 1 untergebracht werden. Der Ablauf der Rechnung (einschl. Speichern der Anfangswerte) ist dann wie folgt:

↓

[ZAHL] → [STO] → [0] → [1] → [STO] → [1]

→ [RCL] → [0] → [ENTER] → [RCL] → [1]

→ [÷] → [ENTER] → [RCL] → [1] → [+] → [ENTER]

→ [2] → [÷]

↑

An dieser Stelle steht dann der nächst bessere Näherungswert für $\sqrt{\text{ZAHL}}$ im Display.

Es wird dringend empfohlen, die Registerbelegungen, die dieser Tastenfolge entsprechen, selbst einmal aufzustellen.

AUFGABEN

4. Zerlege in Primfaktoren

a) 41 548 b) 115 797 c) 63 342 d) 98 260 e) 694512
f) 48 357 g) 144 875 h) 55 832 i) 5 986 890 k) 453 277

5. Bestimme den größten gemeinsamen Teiler von

a) 27, 39, 57, 66, 72 und 87
b) 504, 12 780, 3 132 und 180
c) 1 512, 2 772, 630, 4 662 und 65 520
d) 364, 1 365, 91, 18 018 und 3 822
e) 30 030, 1 232, 565, 440 und 6 641

6. Bestimme den größten gemeinsamen Teiler mit Hilfe des EUKLIDischen Algorithmus von

a) 375 und 825 b) 748 und 484 c) 1 871 und 391
d) 16 384 und 486 e) 92 778 und 1 034 f) 848 und 318
g) 1 001 und 858 h) 19 778 und 48 763 i) 434 146 und 119 102
k) 66 417 und 91 962

7. Bestimme das kleinste gemeinsame Vielfache von

a) 2, 3, 4, 5, 6, 10 und 12 b) 15, 42, 60 und 105 c) 210, 378, 315 und 90
d) 37, 61, 71 und 74 e) 48, 126, 273, 156, 56, 189 und 546
f) 81, 225, 135, 125, 675 und 6 g) 77, 97, 221, 143, 119, 539 und 2 431
h) 19 683, 729 und 6 561 i) 83, 483 und 967
k) 64, 96, 243, 1 296, 24, 81, 3 888 und 384

8. Verwandle die unechten Brüche in gemischte Zahlen:

a) $\frac{13}{6}$	b) $\frac{27}{4}$	c) $\frac{28}{15}$	d) $\frac{348}{87}$	e) $\frac{61}{19}$
f) $\frac{97}{35}$	g) $\frac{199}{61}$	h) $\frac{865}{123}$	i) $\frac{503}{84}$	k) $\frac{223}{37}$
l) $\frac{502}{317}$	m) $\frac{729}{115}$	n) $\frac{814}{99}$	o) $\frac{964}{109}$	p) $\frac{987}{467}$

9. Verwandle die gemischten Zahlen in unechte Brüche:

a) $3\frac{4}{11}$	b) $13\frac{2}{15}$	c) $27\frac{5}{21}$	d) $38\frac{15}{41}$	e) $74\frac{74}{95}$
f) $5\frac{2}{3}$	g) $12\frac{17}{23}$	h) $24\frac{1}{8}$	i) $41\frac{42}{43}$	k) $83\frac{5}{7}$
l) $6\frac{7}{8}$	m) $17\frac{1}{11}$	n) $21\frac{9}{16}$	o) $52\frac{26}{31}$	p) $99\frac{1}{2}$

10....14. Erweitere die folgenden Brüche zeilenweise mit 2, 3, 5, 7, 11, 17 und 48:

	a)	b)	c)	d)	e)
10.	$\frac{1}{2}$	$\frac{5}{13}$	$\frac{14}{17}$	$\frac{23}{24}$	$\frac{31}{35}$
11.	$\frac{3}{4}$	$\frac{4}{17}$	$\frac{11}{25}$	$\frac{17}{40}$	$\frac{44}{57}$
12.	$\frac{2}{5}$	$\frac{6}{19}$	$\frac{15}{38}$	$\frac{12}{35}$	$\frac{51}{60}$
13.	$\frac{6}{7}$	$\frac{8}{15}$	$\frac{17}{29}$	$\frac{42}{65}$	$\frac{72}{83}$
14.	$\frac{2}{9}$	$\frac{7}{18}$	$\frac{18}{37}$	$\frac{20}{71}$	$\frac{93}{97}$

15. Kürze folgende Brüche:

a) $\frac{8}{16}$	b) $\frac{240}{304}$	c) $\frac{1\,260}{3\,024}$	d) $\frac{13\,838}{25\,058}$	e) $\frac{6}{24}$
f) $\frac{189}{252}$	g) $\frac{1\,232}{2\,310}$	h) $\frac{8\,232}{27\,783}$	i) $\frac{15}{21}$	k) $\frac{103}{570}$
l) $\frac{2\,352}{1\,960}$	m) $\frac{18\,900}{33\,075}$	n) $\frac{30}{54}$	o) $\frac{111}{185}$	p) $\frac{2\,074}{8\,633}$
q) $\frac{64\,680}{485\,100}$	r) $\frac{51}{68}$	s) $\frac{126}{288}$	t) $\frac{1\,771}{2\,618}$	u) $\frac{6\,006}{14\,014}$

16. Desgl.

a) $\frac{34}{41}$	b) $\frac{146}{438}$	c) $\frac{3\,318}{3\,738}$	d) $\frac{16\,384}{262\,144}$	e) $\frac{12}{27}$
f) $\frac{112}{210}$	g) $\frac{3\,705}{3\,835}$	h) $\frac{53\,475}{58\,725}$	i) $\frac{13}{65}$	k) $\frac{390}{420}$
l) $\frac{1\,197}{1\,767}$	m) $\frac{24\,576}{178\,625}$	n) $\frac{28}{21}$	o) $\frac{270}{504}$	p) $\frac{3\,692}{8\,094}$
q) $\frac{126\,672}{188\,384}$	r) $\frac{65}{78}$	s) $\frac{144}{720}$	t) $\frac{6\,402}{9\,894}$	u) $\frac{189\,210}{329\,616}$

17. Bestimme für folgende Gruppen von Nennern den Hauptnenner:

a) 3, 5, 8, 16, 30 b) 12, 16, 24, 32, 48 c) 48, 60, 144, 180, 240
d) 45, 76, 160, 225, 285, 300 e) 6, 20, 63, 84, 90, 105, 126
f) 68, 72, 88, 102, 132, 187 g) 21, 27, 69, 161, 483
h) 2, 8, 64, 512 i) 15, 18, 30, 62, 90, 186 k) 35, 77, 85, 385, 935

18. Addiere folgende Brüche:[1])

a) $\frac{1}{2}+\frac{2}{3}-\frac{3}{4}-\frac{1}{6}$ b) $\frac{7}{6}-\frac{2}{5}-\frac{5}{12}+\frac{1}{3}$

c) $\frac{5}{9}-\frac{3}{4}+\frac{1}{3}+\frac{5}{6}-\frac{7}{8}+\frac{5}{12}$ d) $\frac{2}{3}-\frac{3}{7}-\frac{1}{4}-\frac{7}{9}+\frac{5}{6}$

e) $\frac{7}{8}-\frac{5}{12}+\frac{17}{24}-\frac{1}{16}-\frac{2}{3}$ f) $\frac{11}{12}-\frac{5}{56}+\frac{25}{42}+\frac{79}{84}-\frac{19}{21}$

g) $\frac{12}{13}+\frac{3}{5}+\frac{7}{16}-\frac{25}{26}-\frac{17}{20}$ h) $\frac{1}{5}+\frac{1}{7}+\frac{1}{11}+\frac{1}{13}$

i) $\frac{14}{27}+\frac{5}{18}+\frac{7}{9}+\frac{5}{6}-\frac{1}{3}-\frac{71}{81}-\frac{41}{54}$ k) $\frac{37}{252}+\frac{17}{120}+\frac{45}{616}-\frac{35}{264}-\frac{34}{315}$

19. Berechne

a) $116\frac{70}{117}+23\frac{25}{78}$ b) $19\frac{5}{6}-10\frac{5}{8}+2\frac{1}{2}$

c) $5\frac{1}{3}-6\frac{3}{4}+7\frac{1}{2}+\frac{4}{5}-9\frac{5}{8}+2\frac{11}{12}$ d) $15\frac{18}{35}+23\frac{1}{70}+31\frac{19}{20}+42\frac{23}{28}$

e) $461\frac{29}{30}+141\frac{31}{45}+703\frac{17}{72}+355\frac{19}{40}+298\frac{53}{60}$

f) $2\frac{17}{24}+5\frac{7}{12}+1\frac{41}{72}+\frac{23}{40}+9\frac{5}{9}+5\frac{61}{120}$

g) $83\frac{17}{30}+68\frac{17}{18}-47\frac{11}{14}-75\frac{4}{15}+34\frac{3}{10}-66\frac{10}{63}+2\frac{2}{5}$

h) $46\frac{51}{55}+71\frac{41}{110}+12\frac{25}{132}+1\frac{19}{220}+63\frac{23}{60}+27\frac{19}{20}$

i) $38\frac{23}{30}+72\frac{2}{5}+91\frac{7}{15}-243\frac{5}{6}+18\frac{3}{10}+25\frac{7}{10}$

k) $19\frac{4}{13}-54\frac{5}{18}-1\frac{11}{12}+36\frac{14}{39}+15\frac{5}{6}-2\frac{19}{72}-\frac{7}{24}$

20. Berechne

a) $\frac{3}{4}\cdot 12$ b) $\frac{7}{8}\cdot 8$ c) $6\cdot\frac{11}{12}$ d) $5\cdot\frac{2}{7}$ e) $16\cdot\frac{13}{24}$

f) $\frac{14}{25}\cdot 15$ g) $93\cdot\frac{53}{62}$ h) $\frac{5}{68}\cdot 51$ i) $42\cdot\frac{1}{70}$ k) $174\cdot\frac{13}{29}$

---

[1]) Wenn es nicht ausdrücklich anders gefordert wird, sollten die folgenden Aufgaben zunächst ohne Zuhilfenahme eines Taschenrechners gelöst werden. Eine sich daran anschließende Kontrollrechnung mit einem Taschenrechner kann jedoch durchaus empfohlen werden.

21. Desgl.

a) $\frac{5}{8}\cdot\frac{9}{10}$ b) $\frac{16}{35}\cdot\frac{7}{4}$ c) $\frac{11}{21}\cdot\frac{4}{3}$ d) $\frac{25}{6}\cdot\frac{18}{5}$ e) $\frac{32}{63}\cdot\frac{77}{80}$

f) $\frac{143}{150}\cdot\frac{75}{99}$ g) $\frac{91}{102}\cdot\frac{119}{117}$ h) $\frac{64}{27}\cdot\frac{81}{128}$ i) $\frac{399}{520}\cdot\frac{286}{285}$ k) $\frac{335}{116}\cdot\frac{464}{201}$

22. Desgl.

a) $5\frac{2}{7}\cdot 4$ b) $3\cdot 7\frac{2}{3}$ c) $13\frac{1}{18}\cdot 6$ d) $10\frac{19}{24}\cdot 30$ e) $87\cdot 21\frac{21}{58}$

f) $5\frac{2}{3}\cdot 6\frac{1}{2}$ g) $7\frac{7}{8}\cdot 3\frac{5}{9}$ h) $2\frac{8}{45}\cdot 2\frac{41}{42}$ i) $4\frac{69}{94}\cdot 2\frac{10}{89}$ k) $1\frac{37}{96}\cdot 1\frac{127}{336}$

23. Berechne

a) $\frac{3}{8}\cdot\frac{5}{14}\cdot\frac{2}{3}\cdot\frac{7}{15}$ b) $\frac{7}{18}\cdot\frac{11}{17}\cdot\frac{9}{21}\cdot\frac{34}{44}$ c) $5\cdot\frac{18}{29}\cdot\frac{37}{25}\cdot\frac{58}{111}$

d) $\frac{75}{98}\cdot 12\cdot\frac{77}{45}\cdot\frac{28}{55}$ e) $\frac{1}{6}\cdot\frac{5}{9}\cdot\frac{7}{8}\cdot\frac{11}{13}$ f) $\frac{15}{34}\cdot\frac{16}{23}\cdot 19\cdot\frac{51}{32}$

g) $\frac{425}{252}\cdot\frac{110}{221}\cdot\frac{182}{165}$ h) $\frac{2\,244}{3\,185}\cdot 207\cdot\frac{280}{5\,643}\cdot\frac{1\,729}{25\,024}$

i) $\frac{664}{7\,663}\cdot\frac{623}{2\,241}\cdot 158\cdot\frac{873}{4\,984}$ k) $\frac{1\,024}{14\,175}\cdot\frac{25\,725}{36\,608}\cdot\frac{297}{8\,036}\cdot 533$

24. Desgl.

a) $2\frac{2}{3}\cdot\frac{5}{8}\cdot 4\frac{3}{5}$ b) $4\frac{2}{5}\cdot 1\frac{1}{4}\cdot 1\frac{5}{11}$ c) $3\cdot 7\frac{1}{14}\cdot 6\frac{8}{15}\cdot\frac{5}{18}$

d) $5\frac{9}{25}\cdot 1\frac{44}{51}\cdot 5\frac{5}{67}\cdot\frac{1}{38}$ e) $11\frac{3}{7}\cdot 3\frac{1}{8}\cdot 4\frac{4}{5}\cdot 2\frac{5}{8}$ f) $\frac{255}{256}\cdot 3\frac{9}{25}\cdot\frac{52}{81}\cdot 1\frac{79}{221}$

g) $4\frac{1}{124}\cdot 3\frac{119}{123}\cdot 1\frac{188}{427}\cdot\frac{341}{568}$ h) $4\frac{12}{77}\cdot 10\frac{45}{56}\cdot\frac{7}{25}\cdot 10\frac{1}{44}$

i) $3\frac{6}{175}\cdot 5\frac{83}{297}\cdot 19\frac{497}{1\,152}\cdot 2\frac{110}{413}$ k) $2\frac{179}{455}\cdot\frac{169}{385}\cdot 2\frac{13}{165}\cdot\frac{125}{273}$

25. Bestimme den Kehrwert von

a) 8 b) $\frac{3}{5}$ c) $\frac{1}{2}$ d) 2 e) $\frac{1}{10}$

f) 1 g) $\frac{3}{11}$ h) $\frac{4}{17}$ i) $\frac{1}{13}$ k) $\frac{7}{19}$

26. Desgl.

a) $3\frac{1}{3}$ b) $4\frac{4}{9}$ c) $13\frac{1}{2}$ d) $40\frac{17}{20}$ e) $28\frac{11}{25}$

f) $6\frac{42}{71}$ g) $9\frac{1}{30}$ h) $54\frac{3}{5}$ i) $36\frac{19}{49}$ k) $5\frac{130}{217}$

27. Desgl.

a) $\frac{1}{2}+\frac{1}{3}$ b) $\frac{1}{2}-\frac{2}{3}+\frac{3}{4}$ c) $1-\frac{5}{6}$ d) $7\frac{8}{9}-3\frac{5}{6}$

e) $14\frac{5}{12}-14\frac{3}{8}$ f) $13\frac{5}{9}-\frac{13}{18}-7\frac{26}{27}$ g) $18-5\frac{11}{13}+\frac{4}{5}$ h) $\frac{3}{5}-\frac{5}{7}+\frac{7}{9}$

i) $\frac{1}{8}+\frac{1}{6}-\frac{1}{4}$ k) $5\frac{2}{21}-\frac{1}{35}-2\frac{7}{30}$

28. Berechne

a) $\frac{8}{13}:4$ b) $\frac{4}{9}:2$ c) $\frac{4}{5}:5$ d) $\frac{42}{43}:6$ e) $\frac{15}{16}:25$

f) $\frac{8}{9}:16$ g) $\frac{46}{71}:69$ h) $\frac{70}{73}:14$ i) $\frac{94}{99}:141$ k) $\frac{255}{728}:102$

29. Desgl.

a) $1\frac{1}{2}:3$ b) $5\frac{5}{7}:5$ c) $17\frac{1}{4}:46$ d) $4\frac{8}{9}:8$ e) $7\frac{1}{8}:19$

f) $320\frac{1}{4}:42$ g) $922\frac{1}{2}:35$ h) $28\frac{6}{11}:4$ i) $10\frac{1}{26}:58$ k) $17\frac{11}{29}:63$

30. Berechne

a) $\frac{8}{11}:\frac{2}{11}$ b) $\frac{32}{52}:\frac{12}{52}$ c) $\frac{15}{17}:\frac{15}{21}$ d) $\frac{21}{65}:\frac{42}{91}$

e) $\frac{42}{91}:\frac{21}{65}$ f) $\frac{37}{75}:\frac{69}{94}$ g) $\frac{216}{539}:\frac{135}{308}$ h) $\frac{114}{287}:\frac{418}{2\,583}$

i) $\frac{1\,088}{1\,863}:\frac{272}{5\,589}$ k) $\frac{795}{25\,232}:\frac{3\,975}{6\,308}$

31. Desgl.

a) $5\frac{4}{9}:\frac{7}{9}$ b) $3\frac{1}{4}:\frac{5}{8}$ c) $1\frac{9}{25}:\frac{9}{25}$ d) $\frac{9}{25}:1\frac{9}{25}$

e) $4\frac{6}{7}:\frac{17}{35}$ f) $13\frac{1}{81}:\frac{47}{63}$ g) $1\frac{47}{72}:\frac{85}{96}$ h) $2\frac{310}{637}:\frac{264}{455}$

i) $3\frac{31}{1\,323}:\frac{400}{3\,087}$ k) $2\frac{3\,959}{6\,424}:\frac{1\,029}{4\,664}$

32. Desgl.

a) $13\frac{1}{2}:4\frac{1}{2}$ b) $23\frac{3}{4}:7\frac{1}{8}$ c) $12\frac{16}{17}:3\frac{4}{17}$ d) $2\frac{9}{14}:13\frac{3}{14}$

e) $11\frac{13}{25}:6\frac{6}{35}$ f) $3\frac{47}{126}:26\frac{13}{42}$ g) $66\frac{25}{36}:12\frac{26}{55}$ h) $2\frac{23}{176}:2\frac{11}{32}$

i) $207\frac{27}{184}:55\frac{55}{69}$ k) $1\,217\frac{209}{216}:37\frac{103}{120}$

33. Vereinfache

a) $\dfrac{\frac{6}{7}}{\frac{2}{3}}$ b) $\dfrac{\frac{7}{11}}{\frac{11}{7}}$ c) $\dfrac{\frac{5}{6}}{\frac{1}{12}}$ d) $\dfrac{\frac{1}{12}}{\frac{5}{6}}$ e) $\dfrac{\frac{17}{28}}{\frac{5}{63}}$

f) $\dfrac{\frac{25}{36}}{\frac{15}{16}}$ g) $\dfrac{\frac{21}{26}}{\frac{35}{78}}$ h) $\dfrac{\frac{91}{360}}{\frac{13}{3\,240}}$ i) $\dfrac{\frac{28}{65}}{\frac{15}{46}}$ k) $\dfrac{\frac{742}{3\,015}}{\frac{2\,968}{24\,321}}$

34. Desgl.

a) $\dfrac{7}{\dfrac{3}{2}}$ b) $\dfrac{15}{\dfrac{1}{3}}$ c) $\dfrac{\dfrac{1}{5}}{8}$ d) $\dfrac{1}{\dfrac{5}{8}}$ e) $\dfrac{\dfrac{28}{45}}{63}$

f) $\dfrac{28}{\dfrac{45}{63}}$ g) $\dfrac{\dfrac{84}{95}}{70}$ h) $\dfrac{\dfrac{76}{91}}{19}$ i) $\dfrac{360}{\dfrac{252}{425}}$ k) $\dfrac{\dfrac{729}{730}}{2\,187}$

35. Desgl.

a) $\dfrac{4\frac{1}{2}}{4\frac{3}{4}}$ b) $\dfrac{6\frac{5}{12}}{3\frac{1}{18}}$ c) $\dfrac{5\frac{5}{14}}{2\frac{6}{7}}$ d) $\dfrac{1\frac{7}{9}}{1\frac{5}{27}}$ e) $\dfrac{2\frac{10}{27}}{5\frac{31}{45}}$

f) $\dfrac{22\frac{13}{36}}{2\frac{67}{84}}$ g) $\dfrac{70\frac{7}{22}}{35\frac{20}{31}}$ h) $\dfrac{17\frac{31}{47}}{2\frac{50}{141}}$ i) $\dfrac{1\frac{151}{644}}{14\frac{131}{161}}$ k) $\dfrac{98\frac{43}{304}}{1\frac{539}{1\,216}}$

36. Vereinfache

a) $\dfrac{\frac{2}{5}+3\frac{1}{4}}{9\frac{1}{2}-4\frac{2}{3}}$ b) $\dfrac{11\frac{1}{3}-7\frac{7}{12}}{\left(\frac{7}{16}-\frac{17}{48}\right)\cdot 15}$ c) $\dfrac{\dfrac{5\frac{2}{7}-3\frac{1}{2}}{2\frac{9}{14}}}{\dfrac{4\frac{3}{8}}{2\frac{1}{4}}+\dfrac{10}{37}}$

d) $\dfrac{\dfrac{4\frac{3}{8}}{6\frac{5}{12}}}{\dfrac{\frac{1}{3}+\frac{19}{33}}{2}}$ e) $\dfrac{1\frac{5}{12}\cdot 10\frac{1}{2}+42\frac{3}{8}:6}{66\frac{1}{4}:3\frac{3}{4}-3\frac{17}{20}\cdot 1\frac{1}{14}}$ f) $\dfrac{\dfrac{15\frac{1}{2}-11\frac{1}{6}}{12\frac{2}{3}-11\frac{5}{12}}}{\dfrac{19\frac{4}{9}:5\frac{5}{9}}{\frac{1}{4}+\frac{7}{8}:6\frac{1}{2}}}$

g) $\dfrac{3\frac{3}{8}\cdot 1\frac{31}{45}\cdot 7\frac{1}{7}}{\dfrac{3\frac{13}{69}\cdot 3\frac{1}{15}}{3\frac{7}{27}}}$ h) $\dfrac{\dfrac{2\frac{7}{24}}{2\frac{1}{16}}+8\dfrac{64}{117}\cdot\dfrac{13}{80}}{\dfrac{1}{5}+\dfrac{5\frac{19}{25}}{12\frac{12}{35}}}$

37. Vereinfache folgende Kettenbrüche

a) $\dfrac{1}{1+\dfrac{1}{2+\dfrac{1}{3+\dfrac{1}{4}}}}$ b) $\dfrac{1}{3+\dfrac{1}{3+\dfrac{1}{3+\dfrac{1}{3}}}}$ c) $\dfrac{1}{2+\dfrac{1}{3+\dfrac{1}{4+\dfrac{1}{5}}}}$

d) $\dfrac{1}{3+\dfrac{1}{6-\dfrac{9}{2}}}$ e) $\dfrac{1}{2+\dfrac{3}{4+\dfrac{5}{6+\dfrac{1}{7}}}}$ f) $\dfrac{5}{5-\dfrac{1}{5-\dfrac{5}{6}}}$

38. Die folgenden Brüche sind als Dezimalbrüche (Kommaschreibweise) zu schreiben:

a) $\frac{3}{10}$ b) $\frac{7\,004}{100}$ c) $\frac{12}{10\,000}$ d) $\frac{35\,728}{100\,000}$

e) $\frac{102}{1\,000\,000}$ f) $\frac{7}{10}+\frac{5}{100}$ g) $\frac{9}{10}+\frac{34}{10\,000}+\frac{83}{1\,000\,000}+\frac{1}{100}$

h) $\frac{31}{100}+\frac{918}{1\,000}$ i) $\frac{90\,705}{100\,000}+\frac{80\,004}{1\,000\,000}+\frac{600\,301}{1\,000\,000\,000}+\frac{2}{1\,000\,000\,000}$

k) $\frac{6\,004}{10\,000}+\frac{973}{1\,000}+\frac{7}{10}+\frac{85}{10\,000}+\frac{604}{1\,000}$

39. Man addiere α) zeilenweise, β) spaltenweise; man addiere und subtrahiere abwechselnd γ) zeilenweise, δ) spaltenweise

	i)	k)	l)	m)	n)
a)	67,372	214,288 53	0,327	137,450 69	471,6
b)	0,9254	0,072 73	0,02	0,8	0,000 407
c)	81,3	13,47	0,000 81	72	4,169 19
d)	6,75	1,010 1	0,010 1	4,307	748,637 663
e)	122	64,043 08	0,2	0,000 9	526,087 89
f)	0,0072	5	0,058 3	16,04	223
g)	988,618 9	317,2	0,117 09	681,876	83
h)	17,040 5	4,000 81	0,266 7	87,525 4	111,219 01

40. Berechne

a) 33,42 kg + 5,063 kg + 742 g + 113,8 kg + 75 g + 146,9 kg

b) 17,42 km + 57 m + 417 cm − 0,93 km − 306,17 m + 21,026 4 km − 38,79 m − 3 261 cm

c) 94,208 4 m^2 − 4 715 cm^2 + 2,087 74 km^2 − 39,008 5 m^2 + 52 716 cm^2 − 0,978 km^2
in kg, km und km^2!

41. Berechne

a) 47,39 · 10 b) 64,32 · 100 c) 83,04 · 1 000 d) 0,475 · 10

e) 0,001 01 · 100 f) 0,044 18 · 10 000 g) 4,025 3 · 1 000 000 h) 0,070 4 · 100

i) 7,72 · 1 000 k) 0,000 004 02 · 1 000 000

42. Desgl.

a) 71,6 · 4 b) 724,26 · 30 c) 0,628 · 5 d) 1,466 9 · 70

e) 0,007 08 · 9 f) 0,771 52 · 400 g) 15,27 · 24 h) 267,9 · 630

i) 54,073 · 204 k) 0,035 09 · 8 300

43. Desgl.

a) 7,64 · 3,2 b) 24,903 · 14,3 c) 491,6 · 0,1 d) 6,46 · 0,9

e) 835,62 · 0,67 f) 0,750 4 · 0,429 g) 55 427,3 · 0,005 1 h) 0,027 · 0,005 63

i) 0,005 9 · 2 207,6 k) 100,97 · 0,074

44. Desgl.

a) 17,6 : 2 b) 54,81 : 7 c) 386,722 : 14 d) 23,609 5 : 23
e) 49,704 : 57 f) 0,357 808 : 88 g) 67,302 : 90 h) 1,034 : 752
i) 2 821,8 : 600 k) 4,660 149 : 4 332

45. Desgl.

a) 4,2 : 0,3 b) 18,9 : 0,7 c) 14,26 : 0,02 d) 4,88 : 0,08
e) 9,18 : 0,27 f) 0,037 7 : 0,002 9 g) 463,2 : 0,1 h) 44,64 : 2,79
i) 134,68 : 19,24 k) 0,546 1 : 0,001

46. Desgl.

a) 173,664 : 64,32 b) 121,233 : 24,15 c) 33,258 : 72,3 d) 30,7254 : 18,735
e) 0,004 189 : 0,005 9 f) 59,672 16 : 0,091 2 g) 1,836 : 0,004 25 h) 0,032 5 : 0,008 125
i) 48,112 : 0,916 44 k) 63,4 : 0,032

47. Folgende gewöhnliche Brüche sind in Dezimalbrüche umzuwandeln:

a) $\frac{3}{4}$ b) $\frac{7}{8}$ c) $\frac{2}{5}$ d) $\frac{7}{20}$ e) $\frac{13}{25}$
f) $\frac{11}{16}$ g) $\frac{37}{64}$ h) $\frac{29}{32}$ i) $\frac{71}{125}$ k) $\frac{23}{256}$

48. Desgl.

a) $\frac{19}{16}$ b) $\frac{1\,027}{125}$ c) $\frac{1\,099}{80}$ d) $\frac{27\,431}{500}$ e) $\frac{5\,037}{128}$
f) $\frac{9\,365}{40}$ g) $\frac{16\,548}{3\,125}$ h) $\frac{17\,618}{250}$ i) $\frac{2\,559}{512}$ k) $\frac{97\,619}{1\,250}$

49. Desgl.

a) $\frac{4}{9}$ b) $\frac{2}{3}$ c) $\frac{1}{11}$ d) $\frac{51}{99}$ e) $\frac{8}{11}$
f) $\frac{1}{7}$ g) $\frac{9}{13}$ h) $\frac{21}{37}$ i) $\frac{71}{271}$ k) $\frac{19}{303}$

50. Desgl.

a) $\frac{1}{6}$ b) $\frac{5}{18}$ c) $\frac{51}{275}$ d) $\frac{35}{36}$ e) $\frac{311}{404}$
f) $\frac{79}{205}$ g) $\frac{19}{54}$ h) $\frac{15}{52}$ i) $\frac{341}{425}$ k) $\frac{425}{808}$

51. Folgende Dezimalbrüche sind in gewöhnliche Brüche umzuwandeln:

a) 0,16 b) 0,625 c) 7,82 d) 0,588 e) 0,419 2
f) 23,237 5 g) 0,062 5 h) 0,626 72 i) 115,656 25 k) 0,523 437 5

52. Desgl.

a) $0{,}\overline{8}$ b) $0{,}\overline{27}$ c) $0{,}\overline{03}$ d) $0{,}\overline{59}$ e) $0{,}\overline{273}$
f) $0{,}\overline{90}$ g) $0{,}\overline{234}$ h) $0{,}\overline{037}$ i) $0{,}\overline{2211}$ k) $0{,}\overline{5437}$

53. Desgl.

a) $0{,}3\overline{7}$ b) $0{,}02\overline{3}$ c) $0{,}55\overline{61}$ d) $0{,}2\overline{407}$ e) $0{,}2708\overline{3}$
f) $0{,}631\overline{35}$ g) $0{,}8\overline{783}$ h) $0{,}97\overline{65853}$ i) $0{,}310\overline{6435}$ k) $0{,}7\overline{307692}$

54. Durch Rundung welcher Zahlen können die folgenden Zahlen entstanden sein?

a) 0,84 b) 7,127 c) 113,081 d) 64,0 e) 7 163,29
f) 614,300 g) 0,500 1 h) 347,2 i) 0,010 000 k) 1,0

55. Auf die 4., 3., 2., 1. Stelle hinter dem Komma sind zu runden:

a) 0,750 283 b) 0,070 605 c) 0,646 27 d) 0,287 86 e) 3,008 72
f) 17,989 89 g) 5,094 95 h) 9,822 57 i) 7,299 96 k) 3,456 78

56. Die folgenden Zahlen sind auf Zehner, Hunderter und Zehntausender zu runden:

a) 26 461 b) 874 478 c) 6 899,7 d) 7 402 976 e) 86 004

57. Welche Genauigkeit ergibt sich aus folgenden Zahlenangaben:

a) 0,070 0 km b) 0,30 N c) 4,200 kg d) 163,08 s e) 4 168,0 V
f) 394,60 m g) 0,10 m h) 714,200 kg i) 4 713,00 t k) 93,200 0 MHz

58. Man berechne die Produkte der Aufgabe 43, indem man vor der Multiplikation jeden Faktor auf zwei Stellen hinter dem Komma rundet, und vergleiche die Ergebnisse mit denen, die durch nachträgliche Rundung der Ergebnisse der ursprünglichen Aufgaben entstehen. Welche Abweichungen treten auf?

59. Man berechne bis auf die angegebenen Stellen genau:

a) $0{,}3938 \cdot 5{,}348$ (3 Stellen) b) $3677{,}02 : 4{,}07$ (1 Stelle)

c) $5{,}97604 : 0{,}0236$ (1 Stelle) d) $\dfrac{7825 \cdot 0{,}735}{16{,}187}$ (2 Stellen)

e) $\dfrac{90807{,}2}{312{,}4 \cdot 17{,}6}$ (2 Stellen) f) $\dfrac{12{,}034 \cdot 1{,}473}{42{,}34}$ (4 Stellen)

g) $\dfrac{556{,}5 \cdot 2{,}6016}{7{,}588 \cdot 101{,}76}$ (3 Stellen) h) $\dfrac{16\frac{5}{8} \cdot 15\frac{13}{21} \cdot 0{,}15}{15{,}2}$ (4 Stellen)

i) $(345{,}7 - 6{,}225 \cdot 0{,}73) : 7{,}285$ (2 Stellen)

k) $(17{,}35 : 37 + 18{,}53 : 43) \cdot 35$ (3 Stellen)

60. Welche Fehlerschranken ergeben sich, wenn man die folgenden periodischen Dezimalbrüche jeweils nach der zweiten Periode abbricht und rundet:

a) $0{,}\overline{4}$ b) $0{,}\overline{07}$ c) $0{,}\overline{643}$ d) $0{,}\overline{7529}$ e) $0{,}63\overline{7}$
f) $0{,}137\overline{23}$ g) $0{,}\overline{899}$ h) $0{,}4\overline{5}$ i) $0{,}71\overline{54}$ k) $0{,}032\overline{9731}$

61. Man bestimme mit Hilfe einer Zahlentabelle und kontrolliere mit dem Taschenrechner:

a) 617^2 b) $6{,}17^2$ c) 6170^2 d) $0{,}617^2$ e) $0{,}00617^2$

62. Desgl.

a) 372^3 b) $3{,}72^3$ c) 3720^3 d) $0{,}372^3$ e) $0{,}0372^3$

63. Desgl.

a) $\sqrt{590}$ b) $\sqrt{59}$ c) $\sqrt{5{,}9}$ d) $\sqrt{0{,}059}$ e) $\sqrt{590000}$
f) $\sqrt{0{,}000059}$ g) $\sqrt{59000}$ h) $\sqrt{0{,}0059}$ i) $\sqrt{5900}$ k) $\sqrt{0{,}0000059}$

64. Desgl.

a) $\sqrt[3]{700}$ b) $\sqrt[3]{0{,}7}$ c) $\sqrt[3]{70000}$ d) $\sqrt[3]{0{,}007}$ e) $\sqrt[3]{70}$
f) $\sqrt[3]{7}$ g) $\sqrt[3]{0{,}00007}$ h) $\sqrt[3]{700000000}$ i) $\sqrt[3]{7000}$ k) $\sqrt[3]{0{,}0007}$

65. Desgl.

a) $1\,150^2$ b) $0{,}087\,9^2$ c) $64{,}6^2$ d) $7\,600^2$ e) $0{,}313^2$
f) $0{,}000\,502^2$ g) $4{,}93^2$ h) $25\,400^2$ i) $0{,}000\,067^2$ k) $0{,}009\,71^2$

66. Desgl.

a) $5\,600^3$ b) $0{,}070\,2^3$ c) $8{,}69^3$ d) $0{,}798^3$ e) $35{,}2^3$
f) $4\,370^3$ g) $0{,}009\,2^3$ h) $0{,}000\,117^3$ i) $62\,700^3$ k) $0{,}259^3$

67. Desgl.

a) $\sqrt{8{,}74}$ b) $\sqrt{0{,}042\,1}$ c) $\sqrt{0{,}005\,9}$ d) $\sqrt{6\,700}$ e) $\sqrt{0{,}270}$
f) $\sqrt{7{,}38}$ g) $\sqrt{450\,000}$ h) $\sqrt{0{,}033\,80}$ i) $\sqrt{90\,700}$ k) $\sqrt{0{,}000\,841}$

68. Desgl.

a) $\sqrt[3]{0{,}07}$ b) $\sqrt[3]{6\,000}$ c) $\sqrt[3]{0{,}534}$ d) $\sqrt[3]{0{,}065}$ e) $\sqrt[3]{0{,}000\,261}$
f) $\sqrt[3]{779\,000}$ g) $\sqrt[3]{27\,000}$ h) $\sqrt[3]{0{,}931}$ i) $\sqrt[3]{0{,}004}$ k) $\sqrt[3]{0{,}000\,000\,376}$

69. Mit Hilfe der Zahlentabelle bestimme man die Kehrwerte von

a) 2,56 b) 63,4 c) 0,047 8 d) 0,509 e) 0,000 826
f) 361 g) 5 140 h) 0,009 09 i) 17,8 k) 0,727

70. Mit Hilfe der Zahlentafel sind folgende Quadratwurzeln zu bestimmen:

a) $\sqrt{49{,}61}$ b) $\sqrt{187{,}3}$ c) $\sqrt{0{,}006\,782}$ d) $\sqrt{0{,}000\,678\,4}$ e) $\sqrt{44\,353}$
f) $\sqrt{9\,812}$ g) $\sqrt{5{,}427}$ h) $\sqrt{0{,}074\,42}$ i) $\sqrt{913{,}9}$ k) $\sqrt{0{,}000\,038\,81}$

Stellen im Radikanden, die über die Tafelgenauigkeit hinausgehen, sind vor dem Aufsuchen des Wurzelwertes zu runden.

71. Zu folgenden Quadratwurzelwerten ist der Radikand gesucht:

a) 8,080 8 b) 0,266 33 c) 41,738 d) 0,011 388 e) 3,142 46
f) 13,685 8 g) 0,007 918 3 h) 0,299 583 i) 2,520 53 k) 0,077 061

72. Zu folgenden Radikanden ist mit Hilfe der Zahlentafeln die dritte Wurzel zu ermitteln:

a) 65,3 b) 5 710 c) 0,467 8 d) 7,31 e) 932,6
f) 0,016 73 g) 63 918 h) 0,000 347 2 i) 8,796 k) 0,000 041 38

73. Zu folgenden Kubikwurzelwerten ist der Radikand gesucht (Tabellenwerte):

a) 3,484 b) 0,771 66 c) 0,009 893 5 d) 14,874 e) 0,056 785
f) 0,437 6 g) 8,238 7 h) 625,39 i) 0,070 4 k) 0,002 888

74. Die folgenden Aufgaben sollen mit Hilfe eines Taschenrechners gelöst werden:

a) $2{,}6^2$ b) $19{,}7^2$ c) $0{,}628^2$ d) 323^2 e) $0{,}014\,65^2$
f) $8{,}06^2$ g) $0{,}413^2$ h) $21{,}5^2$ i) π^2 k) $10{,}05^2$

75. Desgl.

a) $3{,}6^3$ b) $0{,}704^3$ c) $12{,}725^3$ d) π^3 e) $0{,}094\,4^3$
f) $2{,}04^3$ g) $0{,}312^3$ h) $0{,}060\,4^3$ i) $100{,}6^3$ k) $0{,}008\,12^3$

76. Desgl.

a) $\sqrt{54}$ b) $\sqrt{8{,}32}$ c) $\sqrt{0{,}832}$ d) $\sqrt{60\,500}$ e) $\sqrt{0{,}013}$
f) $\sqrt{0{,}000\,243}$ g) $\sqrt{4\,060}$ h) $\sqrt{18{,}3}$ i) $\sqrt{0{,}006\,81}$ k) $\sqrt{775}$

77. Desgl.

a) $\sqrt[3]{54}$ b) $\sqrt[3]{8{,}45}$ c) $\sqrt[3]{0{,}766}$ d) $\sqrt[3]{0{,}014\,2}$ e) $\sqrt[3]{695}$
f) $\sqrt[3]{0{,}004\,45}$ g) $\sqrt[3]{820\,000\,000}$ h) $\sqrt[3]{5\,350\,000}$ i) $\sqrt[3]{0{,}805}$ k) $\sqrt[3]{0{,}000\,038\,5}$

78. Mit Hilfe eines Taschenrechners ermittle man die Kehrwerte von

a) 3,24 b) 43,2 c) 0,73 d) π e) 102,6
f) 0,0173 g) $\sqrt{18,2}$ h) 0,001695 i) $\sqrt[3]{0,285}$ k) $12,9^3$

79. Mit Hilfe eines Taschenrechners berechne man:

a) $1,24 \cdot 6,35$ b) $2,02 \cdot 0,442$ c) $54,6 \cdot 103,5$ d) $0,0292 \cdot \pi$
e) $14,45 \cdot 0,000716$ f) $0,243 \cdot 474$ g) $0,08275 \cdot 0,0773$ h) $33,9 \cdot 0,00095$
i) $0,409 \cdot 0,6575$ k) $72,4 \cdot 81,2$

80. Desgl.

a) $5,3 : 2,7$ b) $0,903 : 0,46$ c) $31,2 : 0,663$ d) $0,0905 : 2,32$
e) $24,7 : \pi$ f) $0,4275 : 0,000262$ g) $0,0713 : 9,08$ h) $\pi : 180$
i) $1,142 : 94,8$ k) $0,0098 : 1,04$

81. Desgl.

a) $203 \cdot 10,45 \cdot 0,0433$ b) $0,147 \cdot 22,1 \cdot 0,0359$ c) $11,3 \cdot 0,726 \cdot 5,28$
d) $511 \cdot 0,0845 \cdot 1,93$ e) $0,274 \cdot 0,6425 \cdot 0,971$ f) $0,0529 \cdot 14,24 \cdot 272$
g) $0,1262 \cdot 0,1378 \cdot 0,2262$ h) $\sqrt{423,9} \cdot 0,777 \cdot 0,692$ i) $0,538 \cdot \sqrt[3]{0,284} \cdot \pi$
k) $0,0416 \cdot 3080 \cdot \sqrt{0,0769}$

82. Desgl.

a) $\dfrac{3,71 \cdot 0,0525}{0,202}$ b) $\dfrac{27,3}{614 \cdot 0,744}$

c) $\dfrac{0,472 \cdot 14,15}{587,5 \cdot 0,000314}$ d) $\dfrac{793 \cdot 8,55 \cdot 0,0171}{0,213 \cdot 59,2}$

e) $\dfrac{1,414 \cdot 27,6}{39,7 \cdot 0,445 \cdot 102,5 \cdot 71,4}$ f) $\dfrac{\sqrt{0,495} \cdot 173,4 \cdot 0,0207}{0,936 \cdot \sqrt[3]{24,6} \cdot 606 \cdot 0,1235}$

g) $7,26^2 + 12,42^2 - 2 \cdot 7,26 \cdot 12,42 \cdot 0,788$

h) $\dfrac{\sqrt{24,3^2 - 9,85^2}}{9,85}$ i) $\sqrt{\dfrac{2,16 \cdot 0,0575}{31,2 \cdot 707,5}}$ k) $\sqrt{\dfrac{\sqrt{167,3} \cdot 0,0288}{13,6^2 - 8,04^2}}$

Arithmetik

4. Die Rolle der Sprache in der Mathematik

4.1. Allgemeine Bemerkungen

Von den verschiedenartigen Funktionen, die die Sprache für den Menschen ausübt, seien hier nur zwei besonders hervorgehoben:

Sie ist – gleichgültig, ob in Form des gesprochenen oder in Form des geschriebenen Wortes – ein *Kommunikationsmittel*, das dem Menschen die Möglichkeit gibt, mit seinem Mitmenschen in Verbindung zu treten, ihm von bestimmten Erscheinungen oder Dingen seines Lebenskreises Mitteilung zu machen usw.

Sie ist aber auch das *„materielle Gewand des Gedankens“*[1]), d. h., durch die Sprache wird der Mensch in die Lage versetzt, seine ureigensten Gedankengänge in die materielle Wirklichkeit zu übersetzen.

Bei einer *idealen* Sprache müßte jedes verwendete Zeichen, jede Zeichenreihe, jedes Wort eine ganz bestimmte, *genau festgelegte Bedeutung* haben, wenn verhindert werden soll, daß bei der Benutzung dieser Sprache Mißverständnisse auftreten können. Daß dem aber nicht so ist, läßt sich an zahllosen Beispielen aus der Umgangssprache belegen. So ruft das Wort „Leiter“ bei verschiedenen Menschen die unterschiedlichsten Assoziationen hervor. Der Handwerker wird sofort an ein Gerät denken, das es ihm ermöglicht, in die Höhe zu steigen; der Elektriker wird an Stoffe denken, die die Elektrizität besonders gut oder vielleicht auch extrem schlecht weiterleiten; ein verantwortlicher Mitarbeiter eines Betriebes wird an seinen Vorgesetzten denken.

Für die Nutzung einer Sprache in einer Wissenschaft muß gewährleistet sein, daß derartige Mehrdeutigkeiten oder gar Mißverständnisse möglichst weitgehend ausgeschaltet werden. Dies ist aber nur dadurch möglich, daß die *für bestimmte Sachverhalte verwendeten Worte oder Redewendungen eindeutig festgelegt werden und daß sich jeder, der diese Worte oder Redewendungen benutzt, fest an die einmal getroffenen Vereinbarungen hält und keine individuellen Deutungen zuläßt.*

Aus diesem Grunde sollen im folgenden einige Formulierungen angeführt und erläutert werden, die für den Mathematiker eine ganz bestimmte Bedeutung haben.

4.2. Aussagen und Aussageformen

Unter einer **Aussage** versteht man die gedankliche Widerspiegelung eines Sachverhaltes der objektiven Realität.

---

[1]) Georg Klaus: Die Macht des Wortes

Diese gedankliche Widerspiegelung von Sachverhalten der objektiven Realität kann in den verschiedensten Formen erfolgen. *Aussagen* können in *Form von gesprochenen oder geschriebenen Sätzen,* in Form von *mathematischen oder technischen Formeln oder in anderer Gestalt* auftreten.
Charakteristisch für Aussagen ist, daß sie einen bestimmten *Wahrheitswert* haben. Spiegelt eine Aussage die Wirklichkeit richtig wider, so wird sie *wahr* genannt, andernfalls *falsch.*

Eine Aussage ist entweder wahr, oder sie ist falsch.

BEISPIELE

1. *„Die Rose ist weiß" ist eine Aussage.*
„Die weiße Rose" ist keine Aussage.
Dieser Satz stellt zwar ein nach den geltenden Regeln der deutschen Sprache ordnungsgemäß formuliertes Gebilde dar, kann aber nicht als Aussage in dem hier gemeinten Sinne angesehen werden, da nicht entschieden werden kann, ob dieser Satz wahr oder falsch ist.
„$A = \frac{1}{2} \cdot g \cdot h$ ist der Flächeninhalt eines Dreiecks mit der Grundlinie g und der Höhe h" ist eine Aussage.
„125 ist eine Quadratzahl" ist eine Aussage.
„Die Stadt Berlin" ist keine Aussage.
„Berlin ist eine Stadt" ist eine Aussage.
2. *Die Aussage „125 ist eine Quadratzahl" hat den Wahrheitswert falsch.*
Die Aussage „Berlin ist eine Stadt" hat den Wahrheitswert wahr.
Die Aussage „25 > 36" ist falsch.
Die Aussage „Die Mathematik ist eine schöne Wissenschaft" ist wahr.

Eine **Aussageform** ist dadurch charakterisiert, daß in ihr mindestens eine **Variable** vorkommt, über die noch nicht verfügt worden ist.

So stellt z. B. die Gleichung

$$x^2 - 6x + 8 = 0$$

eine Aussageform dar. Dabei ist x die in dieser Aussageform auftretende Variable. Belegt man diese Variable mit dem Wert $x = 1$, so geht die gegebene Aussageform über in eine Aussage.

$$1 - 6 + 8 = 0.$$

Der Wahrheitswert dieser Aussage ist „falsch". – Belegt man dagegen die Variable x mit dem Wert $x = 2$, so geht die Aussageform über in die wahre Aussage

$$4 - 12 + 8 = 0.$$

Es gibt noch einen weiteren Wert, für den die Aussageform in eine wahre Aussage übergeht, nämlich $x = 4$ (bitte nachprüfen!). Jede andere zahlenmäßige Belegung der Variablen x führt bei der angeführten Aussageform zu einer falschen Aussage.
Aus diesem ersten Beispiel kann man folgendes erkennen:

Eine Aussageform ist von vornherein weder wahr noch falsch. Belegt man jedoch in ihr alle auftretenden Variablen mit bestimmten Konstanten, so entsteht aus der Aussageform eine Aussage, die entweder wahr oder falsch ist.

BEISPIELE

3. *„X ist der Dichter des Trauerspiels ‚Egmont'."*
Dieser Satz ist eine Aussageform. Ersetzt man X durch Goethe, so entsteht daraus eine wahre Aussage.

Würde man X durch Schiller oder durch Beethoven oder durch die Zahl 13 *ersetzen, so entstünden lauter falsche Aussagen.*

4. $(a+b)^2 = a^2 + 2ab + b^2$ *ist eine Aussageform, die für jede beliebige Belegung der beiden Variablen durch Zahlen eine wahre Aussage liefert. (Vgl. Abschnitt* 6.2.4.)
5. *Die Aussageform* $2 \mid n$ *wird durch* $n = 12$ *zu einer wahren, dagegen durch* $n = 15$ *zu einer falschen Aussage gemacht.*
6. *Mit* $u = 3$ *und* $v = 15$ *wird aus der Aussageform* $u < v$ *eine wahre Aussage. Dagegen liefert die Belegung* $u = 17$ *und* $v = 12$ *aus der gleichen Aussageform eine falsche Aussage.*

4.3. Verknüpfung von Aussagen

4.3.1. Einführendes Beispiel

Wenn man gewisse Aussagen näher untersucht, so kann man feststellen, daß sie aus zwei oder mehreren einfacheren Aussagen zusammengesetzt sind. Dabei treten immer wieder ganz bestimmte Bindewörter bzw. Wortverbindungen zur Verknüpfung dieser einfacheren Aussagen zu einer komplizierteren Aussage auf. Verspricht beispielsweise ein Vater auf einer Wanderung seinem Sprößling, um ihn aufzumuntern: „Bei der nächsten Rast kaufe ich dir eine Bockwurst und eine Portion Schlagsahne", so ist diese Aussage zusammengesetzt aus den beiden einfacheren Aussagen: „Ich kaufe dir eine Bockwurst" und „Ich kaufe dir eine Portion Schlagsahne". Die Verknüpfung dieser beiden Aussagen geschieht hier durch das Wörtchen „**und**". Der Sprößling wird dieser Verknüpfung der beiden Aussagen sicher nur dann den Wahrheitswert „wahr" beimessen, wenn beide Teilaussagen den Wahrheitswert „wahr" haben, d.h., wenn er sowohl eine Bockwurst als auch eine Portion Schlagsahne erhält. (Inwieweit sich diese Kombination auf seinen Verdauungsapparat auswirken wird, soll hier nicht zur Debatte stehen.) Würde der Vater dem Sohn nur eine Bockwurst bzw. nur eine Portion Sahne kaufen wollen, weil er sich in der Zwischenzeit der eventuellen Folgen seines Versprechens bewußt geworden ist, so darf der Sohn mit Recht am Wahrheitswert der Aussage seines Vaters zweifeln.
Hätte der Vater dagegen die gleichen Grundaussagen durch das Wörtchen „**oder**" miteinander verbunden, indem er versprach: „Bei der nächsten Rast kaufe ich dir eine Bockwurst oder eine Portion Schlagsahne", so wäre diese Aussage schon dann wahr, wenn der Sohn nur eine Bockwurst bekäme. Sie wäre aber auch dann wahr, wenn der Vater stattdessen eine Portion Schlagsahne kaufen würde. Und schließlich würde diese Aussage selbst dann den Wahrheitswert „wahr" zugebilligt bekommen, wenn der Vater sowohl die Bockwurst als auch die Portion Schlagsahne spendieren würde.
Der Wahrheitswert einer Verknüpfung von zwei Aussagen fällt also ganz verschieden aus, wenn man die beiden Aussagen durch das Wörtchen „und" bzw. durch das Wörtchen „oder" miteinander zu einer neuen Aussage verbindet.

4.3.2. „... und ..." (Konjunktion)

Sofern es sich im folgenden um allgemeine Betrachtungen handelt, sollen zur Abkürzung der Schreibweise für Aussagen die Symbole $p, q, r, \ldots$ verwendet werden. Zwei Aussagen p und q können durch das Bindewort „**und**" zu einer Aussage r verknüpft werden:

$$r = p \text{ und } q.$$

Für das Wort „und" verwendet man dabei häufig das Zeichen $\wedge$, so daß die Aussagenverbindung „$r = p$ und q" auch in der Form

$$r = p \wedge q$$

geschrieben werden kann.
Wann ist es nun sinnvoll, einer Aussagenverbindung $r = p \wedge q$ den Wahrheitswert „wahr" zuzuordnen? Es soll dazu ein einfaches Beispiel betrachtet werden.
Die Aussage

r: „Die Zahl 18 ist eine gerade Zahl und ist durch 3 teilbar"

setzt sich zusammen aus den beiden Aussagen

p: „Die Zahl 18 ist eine gerade Zahl" und
q: „Die Zahl 18 ist durch 3 teilbar".

Zweifellos muß die Gesamtaussage *r* als wahr anerkannt werden, denn die beiden Teilaussagen *p* und *q* sind beide wahr. Würde man im obigen Beispiel jeweils nur die Zahl 18 durch die Zahl 17 ersetzen, so daß

r: „Die Zahl 17 ist eine gerade Zahl und ist durch 3 teilbar",
p: „Die Zahl 17 ist eine gerade Zahl" und
q: „Die Zahl 17 ist durch 3 teilbar"

lauten, so sind alle drei Aussagen falsch.
Für den Fall, daß man für 18 die Zahl 16 einsetzt (der Leser bilde selbst die drei entstehenden Aussagen *r, p* und *q*!), wird die Aussage *p* wahr, jedoch die Aussage *q* falsch. Die Aussagenverbindung *r* müßte auch in diesem Falle als falsch bezeichnet werden.
Schließlich sei noch der Fall betrachtet, daß man an Stelle der 18 die Zahl 15 einsetzt. (Auch hier bilde der Leser die drei entstehenden Aussagen selbst!) – Jetzt ist zwar die Aussage *q* wahr, jedoch *p* falsch. Die Aussagenverbindung

r: „Die Zahl 15 ist eine gerade Zahl und ist durch 3 teilbar"

ist ebenfalls falsch.
Verallgemeinernd läßt sich sagen:

Eine durch „und" gebildete Aussagenverbindung $p \wedge q$ hat genau dann den Wahrheitswert *wahr,* wenn *sowohl* die Aussage *p als auch* die Aussage *q wahr* ist. Ist auch *nur eine* davon *falsch oder* sind *beide falsch,* dann ist auch die Aussagenverbindung $p \wedge q$ *falsch.*

In der Logik wird eine durch „und" gebildete Verknüpfung zweier (oder auch mehrerer) Aussagen eine *Konjunktion* genannt.

BEISPIEL

Die Regel für die Teilbarkeit einer Zahl z durch 6 läßt sich mit Hilfe der kennengelernten Symbolik kurz wie folgt formulieren:

$6 \mid z$, *wenn* $2 \mid z \wedge 3 \mid z$,
denn weder $2 \mid z$ *allein noch* $3 \mid z$ *allein reichen aus, um zu gewährleisten, daß* $6 \mid z$. *Nur in dem Falle, daß sowohl* $2 \mid z$ *und auch* $3 \mid z$ *erfüllt sind, gilt auch* $6 \mid z$.

4.3.3. „... oder ..." (Disjunktion bzw. Alternative)

Sehr häufig werden zwei Aussagen *p* und *q* mit Hilfe des Wortes **„oder"** zu einer neuen Aussage verknüpft:

$$r = p \text{ oder } q.$$

Verwendet man für „oder" das Zeichen $\vee$, so läßt sich die Aussagenverbindung r = p oder q auch in der Form

$$r = p \vee q$$

schreiben.
In welchem Sinne das Wort „oder" verwendet werden soll, möge das folgende Beispiel zeigen. Die Aussage

r: „Ich fahre morgen nach Dresden oder nach Meißen"

setzt sich zusammen aus den beiden Aussagen

p: „Ich fahre morgen nach Dresden" und
q: „Ich fahre morgen nach Meißen", wobei

$$r = p \vee q.$$

Wenn ich nun morgen nach Dresden fahre (p ist wahr), aber nicht nach Meißen (q ist falsch), so wird man die Aussagenverbindung r dennoch als wahr bezeichnen müssen. Genauso verhält es sich, wenn ich morgen zwar nicht nach Dresden (p ist falsch), jedoch nach Meißen (q ist wahr) fahre. Auch in diesem Falle wird man r als wahr anerkennen. Fahre ich schließlich am morgigen Tage sowohl nach Dresden (p ist wahr) als auch nach Meißen (q ist wahr), so liegt kein Grund vor, die Aussagenverbindung $r = p \vee q$ als falsch bezeichnen zu müssen. Die Aussage r ist also auch in diesem Falle wahr. Wenn ich allerdings morgen weder nach Dresden (p ist falsch) noch nach Meißen (q ist falsch) fahre, dann ist auch die Aussage r falsch.
Dies läßt sich verallgemeinern zu dem Satz:

> Eine durch „oder" gebildete Aussagenverbindung $p \vee q$ hat dann den Wahrheitswert „wahr", wenn wenigstens eine der Aussagen p bzw. q wahr ist. (Es können auch beide wahr sein.) – Sind jedoch beide Aussagen p und *q falsch, so ist auch die Aussagenverbindung* $p \vee q$ falsch.

In der Logik wird eine durch „oder" gebildete Verknüpfung zweier (oder auch mehrerer) Aussagen eine *Disjunktion*[1]) genannt.
Der Unterschied zwischen „und" und „oder" soll noch an einem weiteren Beispiel erläutert werden.
Verspricht ein Vater seinem Kinde, mit ihm spazieren zu gehen, „wenn Sonntag ist *oder* wenn die Sonne scheint", so dürfte es diesem Vater wahrscheinlich schwerfallen, sein Versprechen immer einzuhalten. Er müßte nämlich dann jeden Tag mit seinem Kinde spazierengehen, wenn schönes Wetter ist, gleichgültig, ob es sich um einen Sonn- oder um einen Wochentag handelt. Er müßte darüber hinaus aber auch an jedem Sonntag hinaus an die frische Luft, selbst wenn es draußen stürmen oder schneien sollte. Hätte der Vater dagegen vorsichtiger formuliert: „... wenn Sonntag ist *und* wenn die Sonne scheint", so wird die Anzahl der durchzuführenden Spaziergänge maximal 52 betragen, denn es dürfte innerhalb eines Jahres wohl kaum vorkommen, daß an allen Sonntagen sonniges Wetter ist.
Schließlich sei noch vermerkt, daß das Wörtchen „oder" im deutschen Sprachgebrauch in zwei verschiedenen Versionen verwendet wird. Das „oder", das wir in der Logik durch das Zeichen $\vee$ kennzeichnen, ist das sogenannte

„einschließende oder",

[1]) In der Literatur findet man an Stelle von „Disjunktion" häufig auch die Bezeichnung „Alternative".

das wir wie folgt definiert haben:

Die Aussagenverbindung $p \vee q$ ist dann wahr, wenn

p wahr und q falsch oder wenn
p falsch und q wahr oder wenn
p wahr und q wahr

ist. – Sie ist nur dann falsch, wenn sowohl p als auch q falsch ist.
In diesem Sinne ist in dem Satz: „Ich sehe mir ‚Effi Briest' im Theater oder im Fernsehen an" das einschließende „oder" verwendet, denn derjenige, der diesen Satz formuliert, läßt (bewußt oder unbewußt) offen, ob er sich ‚Effi Briest'

a) im Theater und nicht im Fernsehen,
b) im Fernsehen und nicht im Theater oder
c) sowohl im Theater als auch im Fernsehen

ansehen will.
Wenn durch den obigen Satz die unter c) angegebene Möglichkeit ausgeschlossen werden soll, sollte man eindeutiger formulieren: „Ich sehe mir ‚Effi Briest' *entweder* im Theater *oder* im Fernsehen an". Diese Aussagenverbindung

„entweder p oder q"

bezeichnet man als das

„ausschließende oder".

Sie ist nur dann wahr, wenn entweder

p wahr und q falsch, oder wenn
p falsch und q wahr

ist. Sie ist falsch, wenn entweder p und q beide wahr oder wenn p und q beide falsch sind. – Leider wird diese Trennung zwischen dem „einschließenden oder" und dem „ausschließenden oder" in der Umgangssprache nicht immer konsequent durchgeführt, was zur Folge hat, daß Mißverständnisse auftreten können.
Aus diesem Grunde sei an dieser Stelle noch einmal darauf hingewiesen, daß man nicht nur in der Mathematik, sondern auch im täglichen Leben immer wieder mit Aussagenverbindungen konfrontiert wird. Allerdings wird dabei leider sehr häufig gegen die exakten Definitionen der Aussagenverbindungen verstoßen. Man denke dabei nur an Verbotstafeln wie

„Rauchen und Umgang mit offenem Licht ist verboten!"

oder

„Der Verzehr von Bockwurst und Speiseeis im Straßenbahnwagen ist verboten!"

Gemeint ist im zweiten Beispiel wohl, daß man es nicht gern sieht, wenn jemand mit einer fetttriefenden Bockwurst oder mit einem Eis am Stiel die dichtgefüllte Straßenbahn besteigen will.
Man sollte sich also auch außerhalb der Mathematik stets um eine exakte und unmißverständliche Ausdrucksweise bemühen.

4.3.4. „Wenn ..., so ...“ (Implikation)

Es ist ein Wesensmerkmal der Mathematik, daß in ihr immer wieder aus bestimmten Voraussetzungen ganz bestimmte Schlußfolgerungen gezogen werden. Dies geschieht sehr häufig mit Hilfe der Wortverbindungen

„wenn ..., so ...“ oder **„wenn ..., dann ...“**
oder **„aus ... folgt ...“.**

Alle diese Redewendungen werden in einem festen Sinne benutzt:

„*Wenn* die genannte Voraussetzung erfüllt ist, *so* trifft auch die angegebene Schlußfolgerung zu.“

Bezeichnet man die Voraussetzung in einer derartigen Aussagenverbindung mit p und die Schlußfolgerung mit q, so kann man mit Hilfe des Symbols $\Rightarrow$ die Aussagenverbindung „wenn p, so q“ auch kurz in der Form

$$p \Rightarrow q$$

(gelesen: „aus p folgt q“ oder „wenn p, so q“ oder „wenn p, dann q“)

schreiben. Man nennt eine solche Aussagenverbindung auch eine *Implikation.*
Die Bedeutung einer Verbindung „wenn ..., so ...“, soll an folgendem Beispiel erläutert werden: Bekanntlich gilt

Wenn die Zahl z durch 10 teilbar ist, so ist sie auch durch 5 teilbar.

Die Bedingung lautet hier

p: „z ist durch 10 teilbar“ und die Folgerung
q: „z ist durch 5 teilbar“.

Wenn nun eine Zahl z tatsächlich durch 10 teilbar ist (p wahr), so ist sie auf alle Fälle auch durch 5 teilbar (q wahr), und damit ist dann auch die gesamte Aussagenverbindung $p \Rightarrow q$ wahr. Es gibt jedoch auch Fälle, in denen die Voraussetzung p nicht erfüllt zu sein braucht, in denen aber dennoch die Schlußfolgerung zutrifft. So ist z. B. die Zahl $z = 25$ nicht durch 10 teilbar, jedoch durch 5 läßt sie sich teilen. Lediglich der Fall, daß bei erfüllter Voraussetzung die Schlußfolgerung *nicht* eintrifft, *ist nicht möglich.*

Die Aussagenverbindung $p \Rightarrow q$ gibt eine Bedingung p an, bei deren Erfüllung die Folgerung q unter allen Umständen zutrifft. Sie läßt jedoch noch völlig offen, daß es auch noch andere Fälle geben kann, in denen die Folgerung q zutrifft, ohne daß die in der Verbindung angeführte Bedingung p erfüllt sein muß.

BEISPIELE

1. *Das eingangs erwähnte Beispiel „Wenn eine Zahl z durch 10 teilbar ist, so ist sie auch durch 5 teilbar“ läßt sich auch in der Kurzform*

   $$10|z \Rightarrow 5|z$$

   schreiben.

2. $x = 5 \Rightarrow x^2 = 25.$

   Hier ist $x = 5$ nicht die einzige Möglichkeit dafür, daß $x^2 = 25$ wird, denn auch $x = -5$ liefert $x^2 = 25$.

3. *Auch die Aussagenverbindung „Wenn du Fieber hast, so gehörst du ins Bett!“ fällt unter die in diesem Abschnitt betrachtete Kategorie. Sie läßt doch auch ohne weiteres zu, daß man sich auch ohne Fieber zu haben ins Bett legen kann.*

4.3.5. „Genau wenn ..., so ...“ (Äquivalenz)

Es gibt nun auch zahlreiche Fälle, in denen sich aus einer Voraussetzung p eine ganz bestimmte Schlußfolgerung q ergibt, wobei aber diese Schlußfolgerung q einzig und allein nur dann auftritt, wenn die genannte Bedingung p erfüllt ist.
Hierzu gehört z. B. die Regel für die Teilbarkeit einer Zahl z durch 2, die man wie folgt formulieren könnte:

Wenn eine Zahl z gerade ist, so ist sie durch 2 teilbar.

Da wir nach 3.2.1. diejenigen Zahlen, die den Teiler 2 haben, gerade Zahlen genannt haben, muß also jede gerade Zahl durch 2 teilbar sein. Bei der erfüllten Voraussetzung

p: „*z* ist eine gerade Zahl“

ist also auf alle Fälle die genannte Schlußfolgerung

q: „*z* ist durch 2 teilbar“

richtig.
Wenn wir aber nach Gegenbeispielen suchen, also nach Zahlen, die durch 2 teilbar sind, ohne daß die angegebene Bedingung „*z* ist eine gerade Zahl“ erfüllt ist, so wird dieses Suchen vergeblich sein.
Durch die Voraussetzung

p: „*z* ist eine gerade Zahl“

werden demnach *genau dieselben* Zahlen erfaßt wie durch die Aussage

q: „*z* ist durch 2 teilbar“

Die beiden Aussagen p und q sind also in diesem Falle völlig gleichwertig; man sagt, sie seien *äquivalent,* und man schreibt daher eine derartige Aussagenverbindung in der Form

$$p \Leftrightarrow q.$$

Während bei der Aussagenverbindung $p \Rightarrow q$ die Schlußfolgerung nur in der Richtung gezogen werden darf, in die die Pfeilspitze zeigt, deutet der Doppelpfeil bei der Aussagenverbindung $p \Leftrightarrow q$ an, daß hier Voraussetzung und Schlußfolgerung miteinander vertauscht werden dürfen.

Das Ausgangsbeispiel dieses Abschnittes kann also in der hier eingeführten Kurzschreibweise wie folgt geschrieben werden:

$$z \text{ gerade} \Leftrightarrow 2 \mid z.$$

Die Äquivalenz $p \Leftrightarrow q$ ist eine Aussagenverbindung, die genau dann wahr ist, wenn die Bedingung p und die Folgerung q denselben Wahrheitswert haben.

Als Sprechweisen für die Aussagenverbindung $p \Leftrightarrow q$ verwendet man

„genau wenn *p*, so *q*“ oder
„dann und nur dann, wenn *p*, so *q*“ oder
„aus *p* folgt *q* und umgekehrt“.

BEISPIEL

Die beiden Aussagen

p: „Ein Viereck ist ein Quadrat“

und q: „Das Viereck hat vier rechte Innenwinkel“

lassen sich nur durch

$$p \Rightarrow q$$

zu einer Aussagenverbindung zusammenfassen. Denn wenn ein Viereck ein Quadrat ist, dann hat es auf alle Fälle vier rechte Innenwinkel. Umgekehrt darf man aber aus der Tatsache, daß ein Viereck vier rechte Innenwinkel hat, nicht ohne weiteres schließen, daß es sich um ein Quadrat handeln muß, denn jedes Rechteck, bei dem die aufeinander senkrecht stehenden Seiten verschieden lang sind, hat vier rechte Winkel, ist aber kein Quadrat.
Durch die Aussage q werden also im gewählten Beispiel **viel mehr** *Vierecke erfaßt als durch die Aussage p.*

Geht man dagegen aus von den beiden Aussagen

p: „Ein Viereck ist ein Quadrat"
und q: „Ein Viereck hat vier rechte Innenwinkel **und** *vier gleiche Seiten",*

so lassen sich diese beiden Aussagen durch

$$p \Leftrightarrow q$$

zusammenfassen. Denn wenn ein Viereck ein Quadrat ist, dann hat es auf alle Fälle vier rechte Innenwinkel und vier gleiche Seiten. Hat aber umgekehrt ein Viereck vier rechte Innenwinkel und vier gleich lange Seiten, so ist es auch ein Quadrat.
In diesem zweiten Falle werden also durch die Aussage p genau dieselben Vierecke erfaßt wie durch die Aussage q. Die Aussagen p und q sind demnach äquivalent.

Die *Äquivalenz* von Aussagen ist eine der wichtigsten Aussagenverbindungen in der Mathematik. Sie erlaubt es, komplizierte mathematische Aufgabenstellungen auf äquivalente einfachere Probleme zurückzuführen, diese einfacheren Probleme dann zu lösen und aus der Lösung der einfacheren Aufgabe auf die Lösung der ursprünglichen komplizierten Aufgabenstellung zurückzuschließen. Hiervon wird auch in diesem Buche noch häufig Gebrauch gemacht werden.
Abschließend sei noch darauf aufmerksam gemacht, daß viele mathematische Sätze die hier angeführten Aussagenverbindungen nicht allein in dieser reinen Form enthalten, sondern daß in ihnen auch Kombinationen von Aussagenverbindungen auftreten. Als Beispiel hierfür sei die Regel für die Teilbarkeit einer Zahl z durch 6 angeführt (vgl. 3.2.3.):

Die Zahl z ist genau dann durch 6 teilbar, wenn sie durch 2 und durch 3 teilbar ist.
Dieser Satz enthält drei Einzelaussagen:

$p: 6 \mid z \quad q: 2 \mid z$ und $r: 3 \mid z$

Die Gesamtaussage lautet: Die Aussage p tritt *genau dann* auf, wenn *q und r* erfüllt sind. Sie läßt sich damit wie folgt in kurzer Form schreiben:

$$(q \wedge r) \Leftrightarrow p.$$

In ähnlicher Weise lassen sich die drei Aussagen

$p: 5 \mid 590$,
q: „Die erste Ziffer der Zahl 590 ist eine 5" und
r: „Die letzte Ziffer der Zahl 590 ist eine 0"

zusammenfassen zu

$$(q \vee r) \Leftrightarrow p.$$

Es wird dem Leser empfohlen, die bisher kennengelernten Regeln und Sätze daraufhin zu untersuchen, welche logischen Aussagenverbindungen in ihnen enthalten sind.
Bei all den letzten Betrachtungen haben wir vorausgesetzt, daß eine Aussage entweder

wahr oder falsch ist. Eine dritte Möglichkeit für den Wahrheitswert einer Aussage haben wir ausgeschlossen, was den realen Verhältnissen ja auch ohne weiteres entspricht. Die hier durchgeführten Betrachtungen bilden daher einen Teil der sogenannten *zweiwertigen Logik.*

Nun ist offensichtlich, daß zwischen der zweiwertigen Logik und dem Dualzahlsystem sehr enge Beziehungen bestehen müssen. Die zweiwertige Logik hat zwei verschiedene Wahrheitswerte:

wahr und falsch,

das Dualzahlsystem hat zwei verschiedene Ziffern:

L und 0.

Es ist in der modernen Rechentechnik üblich,

dem Wahrheitswert „wahr" die Dualzahl „L" und
dem Wahrheitswert „falsch" die Dualzahl „0"

zuzuordnen. Auf diese Weise wird es möglich, Probleme der Logik in das Gebiet der Dualzahlen zu übertragen. Und da wir in 2.3. gesehen haben, daß die elektronischen Rechenautomaten mit Dualzahlen arbeiten, ist es nunmehr möglich, von derartigen Rechenautomaten auch logische Entscheidungen selbständig fällen zu lassen.

Wer mehr über diese Problematik erfahren möchte, sei auf die einschlägige Literatur verwiesen.

AUFGABE

83. Es ist zu untersuchen, welche Aussagenverbindungen aus den im folgenden angegebenen Einzelaussagen gebildet werden können:

a) p: $x = y$ q: $x^2 = y^2$
b) p: $9 \mid u$ q: $3 \mid u$
c) p: „Die Sonne scheint" q: „Es ist hell"
d) p: „Ich kaufe ein Auto" q: „Ich gewinne in der Lotterie"
e) p: $5x = 600$ q: $x = 120$
f) p: $a = c$ q: $b = d$ r: $a + b = c + d$
g) p: $a = c$ q: $b = c$ r: $a = b$
h) p: Die Leistungen in Mathematik sind ungenügend.
q: Die Leistungen in Physik sind ungenügend.
r: Die Versetzung ist gefährdet.
i) p: $a = 2$ q: $b = 8$ r: $a \cdot b = 16$
k) p: $a = 0$ q: $b = 0$ r: $a \cdot b = 0$

5. Grundbegriffe der Mengenlehre

5.1. Der Begriff der Menge

Bei wissenschaftlichen Untersuchungen betrachtet man sehr häufig mehrere voneinander wohl zu unterscheidende Objekte unter einem einheitlichen Gesichtswinkel, während man alle anderen Objekte, die sich in die gewählte Betrachtungsweise nicht einordnen lassen, von vornherein außer acht läßt. Man trifft also eine Auswahl aus einer Vielzahl von Dingen, um die Untersuchungen an dieser Auswahl zielgerichteter vornehmen zu können.

Auch für die Mathematik ist diese Art des Herangehens an theoretische Fragestellungen sehr von Nutzen. Hier bezeichnet man die Gesamtheit aller derjenigen Objekte, die man für die jeweilige Fragestellung zu einem neuen Ganzen zusammenfaßt, als eine **Menge.**

Unter einer **Menge** versteht man eine Zusammenfassung von einzelnen wohlunterschiedenen Objekten zu einer Gesamtheit.
Die einzelnen Objekte, aus denen sich die Menge zusammensetzt, werden **Elemente** der Menge genannt.

Als Variable für Mengen sollen künftig große lateinische Buchstaben verwendet werden, während die Elemente einer Menge durch kleine lateinische Buchstaben gekennzeichnet werden.

BEISPIELE

1. *Die Gesamtheit aller auf der Erde lebenden Menschen bildet eine Menge in dem oben angeführten Sinne, denn man kann von jedem auf der Erde existierenden Lebewesen feststellen, ob es ein Mensch ist (und damit zur Menge hinzugehört, also ein Element dieser Menge ist) oder nicht.*
2. *Innerhalb der Menge aller Menschen gibt es natürlich wiederum sehr viele kleinere Mengen. So bilden beispielsweise die vier Autoren dieses Buches ebenfalls eine Menge. Die Herren Kreul, Kulke, Pester und Schroedter sind die Elemente der in diesem Beispiel betrachteten Menge. Dagegen gehört ein sicher existierender Herr Schmidt nicht zu dieser Menge.*
3. *Die Gesamtheit aller natürlichen Zahlen bildet ebenfalls eine Menge, die wir mit N bezeichnen wollen. Aus dieser Menge seien wahllos die Elemente* 27, 1 265, 3 000 000 *herausgegriffen. Dagegen gehört die Zahl* 3,141 59 *nicht zur Menge N.*
4. *Die in der Umgangssprache verwendete Formulierung: „Eine Menge Wasser" hat nichts mit dem hier angeführten Mengenbegriff zu tun, denn bei der „Menge Wasser" kann man die einzelnen Elemente, die diese „Menge" bilden, nicht voneinander unterscheiden und von anderen Elementen, die nicht zur „Menge" gehören sollen, abgrenzen.*
5. *Dagegen ist durch den Satz: „In der gestrigen Versammlung war eine Menge Leute anwesend" der Begriff Menge ohne weiteres in Einklang mit der oben angegebenen Erklärung zu bringen, denn es läßt sich doch ohne weiteres von jedem einzelnen Menschen entscheiden, ob er an der gestrigen Versammlung teilgenommen hat oder nicht, d. h., ob er zur Menge gehört oder nicht. Jeder Teilnehmer an der Versammlung ist dann ein Element der in diesem Beispiel genannten Menge; alle Leute, die nicht an der Versammlung teilgenommen haben, gehören nicht zu den Elementen der Menge.*

Ist M eine Menge und x ein Element, das dieser Menge angehört, so schreibt man

$x \in M$ (gelesen: x ist Element von M)

oder

$M \ni x$ (gelesen: die Menge M enthält das Element x).

Gehört dagegen ein Element y der Menge M nicht an, so schreibt man

$y \notin M$ (gelesen: y ist nicht Element von M)

bzw.

$M \not\ni y$ (gelesen: M enthält das Element y nicht).

BEISPIELE

6. *Bezeichnet man die im Beispiel 2 angegebene Menge der Autoren dieses Buches mit A, so gilt*

   Kreul $\in A$, *Kulke* $\in A$, *Pester* $\in A$, *Schroedter* $\in A$, *jedoch Schmidt* $\notin A$.

7. *Beispiel 3 läßt sich mit der eingeführten Symbolik kürzer schreiben:*

   $27 \in N$, $1\,265 \in N$, $3\,000\,000 \in N$, $3{,}141\,59 \notin N$.

8. *Bezeichnet man die Menge aller Quadratzahlen mit Q, so gilt u. a.*

$$1 \in Q, \quad 144 \in Q, \quad 23 \notin Q, \quad 4096 \in Q \quad \text{usw.}$$

5.2. Die Angabe von Mengen

Wir werden künftig sehr viele verschiedene Mengen betrachten müssen. Dazu ist es aber erforderlich, daß der Autor in die Lage versetzt wird, seinem Leser mitzuteilen, von welcher speziellen Menge er im einzelnen Falle gerade spricht, damit auch der Leser entscheiden kann, welche Objekte Elemente der Menge sind und welche Objekte der Menge nicht angehören.
Dies kann wie in den ersten beiden Beispielen dadurch geschehen, daß man die Menge möglichst eindeutig durch einen Satz, oder – falls erforderlich – durch eine Folge von Sätzen *beschreibt.*
Hat eine Menge nur wenige Elemente, so kann man diese Elemente natürlich auch einzeln anführen. Man setzt dazu die einzelnen Elemente hintereinander in eine geschweifte Klammer. So wird z. B. durch

$$M = \{1; 2; 3\}$$

eine Menge M definiert, deren Elemente die drei natürlichen Zahlen 1, 2 und 3 sind. Für diese Menge gilt also u. a.

$$1 \in M, \quad 2 \in M, \quad 3 \in M, \quad 4 \notin M, \quad 27 \notin M \quad \text{usw.}$$

Dieses Verfahren zur Angabe einer Menge ist jedoch nicht mehr verwendbar, wenn die Menge sehr viele oder gar unendlich viele Elemente hat. In einzelnen Fällen wird man dann durch die Angabe einiger aufeinanderfolgender Elemente der Menge die Gesetzmäßigkeiten erkennen können, die der jeweiligen Mengenbildung zugrunde liegen. So wird man beispielsweise in

$$Q_1 = \{1; 4; 9; 16; 25; \ldots; 10\,000\}$$

die Menge aller Quadratzahlen von 1 bis einschließlich 10 000 erkennen, während

$$Q_2 = \{1; 4; 9; 16; 25; \ldots\}$$

die Menge *aller* Quadratzahlen erfaßt. Während $4096 \in Q_1$ und $4096 \in Q_2$, gilt $1\,000\,000 \in Q_2$, jedoch $1\,000\,000 \notin Q_1$.
Es sei jedoch angemerkt, daß diese Art der Beschreibung einer Menge nicht völlig eindeutig ist. So könnte beispielsweise $T = \{1; 2; 3; 4; 5; \ldots; 60\}$ die Menge der natürlichen Zahlen von 1 bis 60 sein; könnte es aber nicht etwa auch die Menge der Teiler von 60 sein?
Daraus geht hervor, daß man eine Menge nur dann durch ihre Anfangs- und Endglieder darstellen sollte, wenn aus dem Zusammenhang der Aufgabenstellung eindeutig hervorgeht, wie die durch Punkte angedeutete Folge von Elementen lauten muß. Eine weitere Möglichkeit, Mengen darzustellen, besteht darin, daß man einen Grundbereich nennt, dem die Elemente der Menge angehören sollen, und daß man eine Aussageform hinzufügt, auf Grund deren die Elemente der Menge aus dem angegebenen Grundbereich auszuwählen sind.
So wird z. B. durch

$$x \in M \Leftrightarrow x \in N \wedge 3 \mid x$$ [1])

[1]) Unter N soll künftig stets die Menge der natürlichen Zahlen verstanden werden.

eine Menge M angegeben, deren Elemente x die Eigenschaft haben, daß sie natürliche Zahlen sind ($x \in N$) und daß sie gleichzeitig durch 3 teilbar sind ($3 \mid x$). Die Menge M besteht also aus sämtlichen durch 3 teilbaren natürlichen Zahlen und könnte auch in der Form

$$M = \{3; 6; 9; 12; 15; \ldots\}$$

angegeben werden.
In ähnlicher Weise ließe sich auch die Menge $M = \{1; 2; 3\}$ in der Form

$$x \in M \Leftrightarrow x \in N \wedge 0 < x < 4$$

schreiben.
Schließlich findet man oft auch noch eine weitere Schreibweise, in der in einer geschweiften Klammer die die Menge kennzeichnende gemeinsame Eigenschaft der Elemente aufgeschrieben ist. Dies geschieht in folgender Form:

$$M = \{x \mid x \in N \wedge 0 < x < 4\}$$

gelesen: „M ist die Menge aller x mit der Eigenschaft, daß $x \in N$ und $0 < x < 4$ ist" oder kürzer „M ist die Menge aller x mit $x \in N$ und $0 < x < 4$".

Es ist offensichtlich, daß es sich in diesem Falle wiederum um die bereits bekannte Menge $M = \{1; 2; 3\}$ handelt.
Als weiteres Beispiel dieser Art der Mengenbeschreibung sei die Menge

$$M = \{x \mid x^2 = 6{,}25\}$$

genannt. Diese Menge besteht aus denjenigen Elementen x, für die $x^2 = 6{,}25$ gilt. Sie hat demnach zwei Elemente, nämlich $x_1 = 2{,}5$ sowie $x_2 = -2{,}5$.
Betrachtet man dagegen die Menge

$$M_1 = \{x \mid x \in N \wedge x^2 = 6{,}25\},$$

so stellt man fest, daß diese Menge M_1 überhaupt kein Element hat, denn es gibt keine natürliche Zahl x, deren Quadrat gleich 6,25 ist. In einem solchen Falle spricht man von einer *leeren Menge*.

BEISPIELE

1. *Die Menge G aller geraden Zahlen läßt sich in folgenden verschiedenen Schreibweisen angeben:*
   a) *G ist die Menge aller geraden Zahlen*
   b) $G = \{2; 4; 6; 8; \ldots\}$
   c) $x \in G \Leftrightarrow x \in N \wedge 2 \mid x$
   d) $G = \{x \mid x \in N \wedge 2 \mid x\}$.
   Anmerkung: In der letzten Schreibweise ist die Bedeutung der beiden Zeichen | zu beachten. Im ersten Falle hat das Zeichen | die Bedeutung „mit der Eigenschaft" und im zweiten Falle die Bedeutung „ist Teiler von".
2. *Die durch $L = \{x \mid 3x + 6 = 0\}$ gegebene Menge hat das einzige Element $x = -2$.*
   Dagegen hat die durch $L_1 = \{x \mid x \in N \wedge 3x + 6 = 0\}$ gegebene Menge überhaupt kein Element. L_1 ist eine „leere Menge".
3. *Durch $Q = \{y \mid x \in N \wedge y = x^2\}$ wird die Menge aller Quadratzahlen definiert. Sie kann auch in der Form $Q = \{1; 4; 9; 16; \ldots\}$ geschrieben werden.*
4. *Die Menge $S = \{x \mid x \in N \wedge x \neq 5\}$ enthält alle natürlichen Zahlen mit Ausnahme der Zahl $x = 5$.*
5. *Die Menge $T = \{x \mid x \in N \wedge x \leqq 5\}$ enthält genau die gleichen Elemente wie die Menge $T_1 = \{0; 1; 2; 3; 4; 5\}$.*

Bei den bisherigen Beispielen traten bereits Fälle auf, in denen die Elemente einer Menge durch eine bestimmte Bildungsvorschrift gegeben wurden, wobei es sich jedoch bei der näheren Untersuchung herausstellte, daß es gar kein Element geben kann, das allen Bedingungen dieser Bildungsvorschrift genügen kann. Wir bezeichneten eine solche Menge als eine leere Menge.

Eine **leere Menge** hat kein Element.
Als Symbol für eine leere Menge verwendet man das Zeichen $\emptyset$ bzw. $\{\}$.

Als weiteres Beispiel für eine leere Menge sei die Menge

$$F = \{x \mid x + 5 = x\}$$

genannt. Da es keine Zahl gibt, für die $x + 5 = x$ ist, hat die Menge F kein Element. Es gilt demnach

$$F = \emptyset .$$

Auch die Menge der auf der Venus lebenden Menschen ist – dem derzeitigen Stande der Wissenschaft entsprechend – eine leere Menge.

5.3. Mengenrelationen

5.3.1. Teilmenge

Betrachtet man die beiden Mengen

$$M_1 = \{2; 4; 6; 8; 10; 12; 14; 16\}$$

und

$$M_2 = \{2; 4; 8; 16\},$$

so erkennt man, daß jedes Element der Menge M_2 auch in der Menge M_1 enthalten ist, daß es aber andererseits in M_1 auch Elemente gibt, die in M_2 nicht auftreten. Man bezeichnet in diesem Falle M_2 als eine *echte Teilmenge* von M_1.

Eine Menge M_2 wird genau dann **Teilmenge** einer Menge M_1 genannt, wenn jedes Element von M_2 auch Element von M_1 ist.

Man schreibt dafür

$$M_2 \subset M_1$$

und liest dies

„M_2 ist Teilmenge von M_1“ oder „M_2 ist enthalten in M_1“.

Umgekehrt kann man natürlich auch schreiben

$$M_1 \supset M_2,$$

was dann in der Form

„M_1 ist **Obermenge** von M_2“ oder „M_1 umfaßt M_2“

gelesen wird.

M_2 wird genau dann **echte Teilmenge** von M_1 genannt, wenn jedes Element von M_2 auch in M_1 enthalten ist und wenn darüber hinaus M_1 mindestens noch ein weiteres Element enthält, das nicht auch in M_2 auftritt.

BEISPIELE

1. *Q sei die Menge der Quadratzahlen und V die Menge der vierten Potenzen aller natürlichen Zahlen. Dann ist $V \subset Q$, und zwar ist in diesem Falle V eine echte Teilmenge von Q.*
2. *Die Menge aller Quadrate ist eine echte Teilmenge der Menge aller Rechtecke.*

5.3.2. Gleichheit zweier Mengen

Z sei die Menge aller durch 2 teilbaren Zahlen und G die Menge aller geraden Zahlen. Dann gilt offensichtlich

$$Z \subset G,$$

denn jede durch 2 teilbare Zahl ist in der Menge der geraden Zahlen enthalten. Umgekehrt gilt aber auch

$$G \subset Z,$$

da jede gerade Zahl auch in der Menge der durch 2 teilbaren Zahlen enthalten ist. Das bedeutet aber, daß die beiden Mengen Z und G genau die gleichen Elemente enthalten müssen.
Es liegt auf der Hand, daß man die beiden Mengen G und Z als gleich bezeichnen kann:

$$G = Z.$$

Zwei Mengen M_1 und M_2 heißen genau dann gleich, wenn beide Mengen genau die gleichen Elemente haben.

In Kurzform läßt sich dieser Satz auch wie folgt schreiben:

$$\boxed{M_1 = M_2 \Leftrightarrow M_1 \subset M_2 \wedge M_2 \subset M_1}. \tag{1}$$

BEISPIELE

1. $A = \{e; m; i; l\}$ $\quad B = \{l; e; i; m\}$

   A und B enthalten genau die gleichen Elemente. Also gilt $A = B$.
2. *M sei die Menge aller natürlichen Zahlen, die mit einer 5 oder mit einer 0 enden. P sei gegeben durch*

   $$n \in P \Leftrightarrow n \in N \wedge 5 \mid n.$$

   Auch hier gilt $M = P$, wie der Leser leicht selbst nachprüfen kann.
3. *Es sei $R = \{x \mid x + x = x\}$. Ferner sei $S = \{x \mid x + 5 = x\}$. Die Menge R hat nur das eine endliche Element $x = 0$, d. h., es gilt*

   $$R = \{0\}.$$

   Die zweite Menge wurde bereits in 5.2. als Beispiel für eine leere Menge genannt. Es gilt also

   $$S = \emptyset.$$

   Daraus folgt aber, daß

   $$R \neq S$$

   ist.

   Anmerkung: Die Menge $R = \{0\}$ hat ein Element, und zwar die Zahl Null. Hingegen hat die Menge $S = \emptyset$ überhaupt kein Element. Folglich können R und S keinesfalls gleich sein.

5.4. Mengenoperationen

5.4.1. Vereinigung von Mengen

Viele Gesetzmäßigkeiten der Mengenlehre lassen sich einfacher erfassen, wenn man versucht, sich eine Menge auf irgendeine Weise zu *veranschaulichen,* bzw. wenn man sich unter einer Menge immer eine ganz bestimmte konkrete Menge vorstellt, z. B. die Menge N der natürlichen Zahlen. Sehr oft benutzt man als Veranschaulichung einer Menge M die Menge aller derjenigen Punkte, die die von einer beliebigen Kurve K umschlossene Fläche bilden (Bild 17). So werden beispielsweise durch Bild 18 a zwei Mengen M und N veranschaulicht, bei denen gewisse Elemente sowohl in M als auch in N auftreten. Es handelt sich dabei um diejenigen Elemente, die durch die Punkte der in Bild 18 a schraffiert gezeichneten Fläche dargestellt werden. Dagegen erkennt man sofort, daß die beiden Mengen M' und N' in Bild 18 b keine gemeinsamen Elemente haben.
Gegeben seien zwei Mengen M_1 und M_2. Dann kann man sämtliche Elemente dieser beiden Mengen zu einer neuen Menge zusammenfassen, die wir als **Vereinigungsmenge** der beiden Mengen M_1 und M_2 bezeichnen wollen. Für die Vereinigungsmenge M der beiden Mengen M_1 und M_2 führen wir ein neues Symbol ein:

$$M = M_1 \cup M_2 \qquad \text{(gelesen: } M \text{ gleich } M_1 \text{ vereinigt mit } M_2\text{).}$$

In Bild 19 ist eine solche Vereinigung zweier Mengen veranschaulicht. Die Vereinigungsmenge $M_1 \cup M_2$ enthält genau diejenigen Elemente, die M_1 oder M_2 angehören. Entspre-

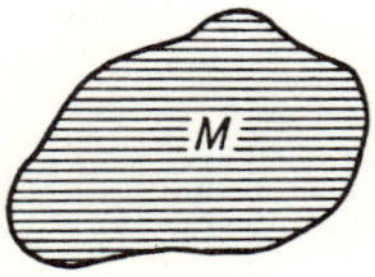

Bild 17

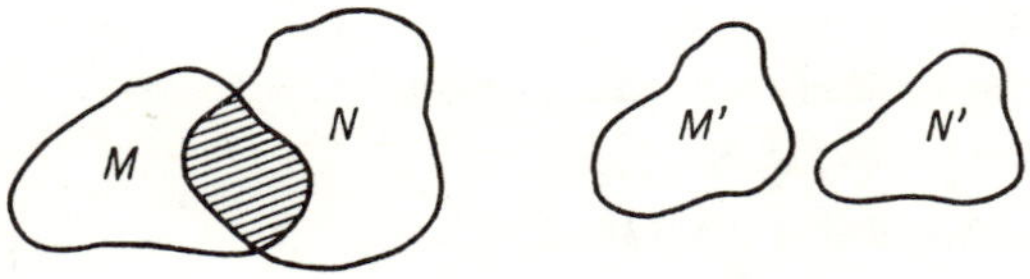

Bild 18

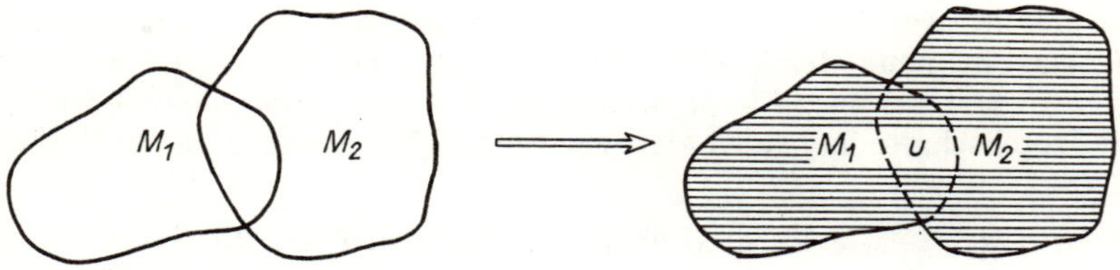

Bild 19

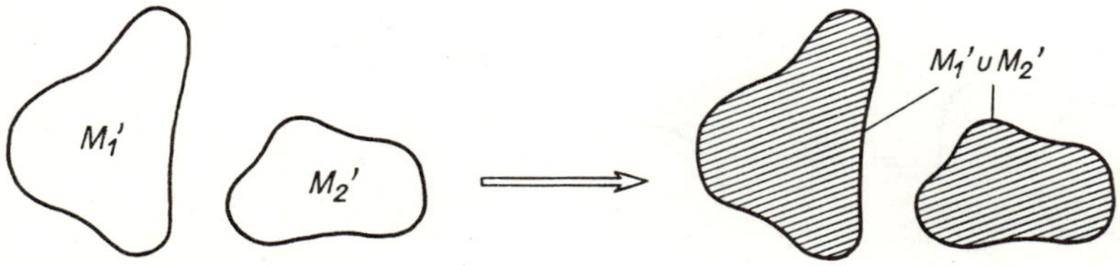

Bild 20

chend gehören zur Menge $M_1' \cup M_2'$ alle Punkte der beiden in Bild 20 schraffiert gezeichneten Teilgebiete.
Wir kommen damit zu folgender Definition der **Vereinigung *M* zweier Mengen** M_1 und M_2:

Zur Vereinigung M zweier Mengen M_1 und M_2 gehören genau diejenigen Elemente, die in wenigstens einer der beiden gegebenen Mengen M_1 oder M_2 liegen.

Oder

$$\boxed{x \in M_1 \cup M_2 \Leftrightarrow x \in M_1 \vee x \in M_2}. \qquad (2)$$

Man beachte die Ähnlichkeit der beiden in der Kurzschreibweise (2) auftretenden Zeichen $\cup$ („vereinigt mit") und $\vee$ („oder")!

BEISPIELE

1. $A = \{l; e; i; m\}, B = \{t; o; p; f\} \Rightarrow A \cup B = \{l; e; i; m; t; o; p; f\}$
2. *Es sei G die Menge aller geraden Zahlen und U die Menge aller ungeraden Zahlen. Dann ist* $G \cup U = N$.
3. $P = \{1; 2; 3; 4; 5\}, Q = \{3; 4; 5; 6; 7; 8\} \Rightarrow P \cup Q = \{1; 2; 3; 4; 5; 6; 7; 8\}$
4. *Die Menge E bestehe aus dem Vater (V) und der Mutter (M) einer Familie:*
   $$E = \{V; M\}.$$
   Die Menge K bestehe aus dem Sohn (S) und der Tochter (T) derselben Familie:
   $$K = \{S; T\}.$$
   Dann kann man für die Menge aller Familienmitglieder F schreiben:
   $$F = E \cup K = \{V; M; S; T\}.$$
5. *Es ist leicht einzusehen, daß* $M \cup \emptyset = M$ *gilt.*

5.4.2. Durchschnitt von Mengen

Gegeben seien wiederum zwei Mengen M_1 und M_2. Dann läßt sich aus den Elementen dieser beiden Mengen eine neue Menge M bilden, indem man nur diejenigen Elemente als zu M gehörig betrachtet, die *sowohl* in M_1 *als auch* in M_2 liegen. Diese neue Menge M wollen wir als den **Durchschnitt** der beiden Mengen M_1 und M_2 bezeichnen und dafür das Symbol

$$M = M_1 \cap M_2 \qquad \text{(gelesen: } M \text{ gleich } M_1 \text{ geschnitten mit } M_2\text{)}$$

einführen.
In Bild 21 ist der Durchschnitt zweier Mengen M_1 und M_2 dargestellt. Zur Durchschnittsmenge $M = M_1 \cap M_2$ gehören genau diejenigen Elemente, die beiden Mengen M_1 und M_2

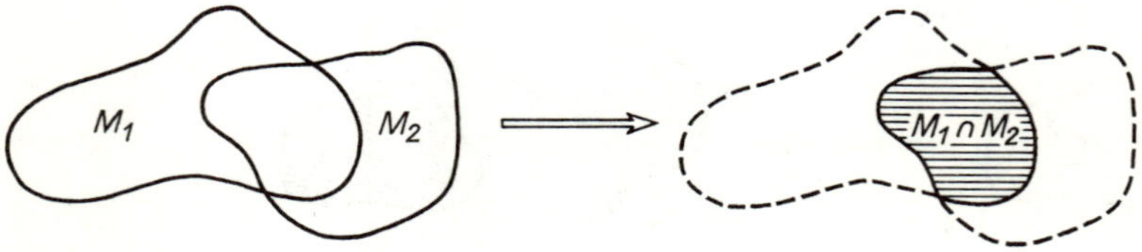

Bild 21

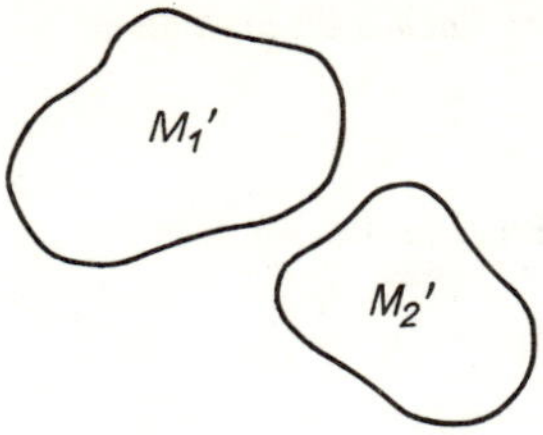

Bild 22

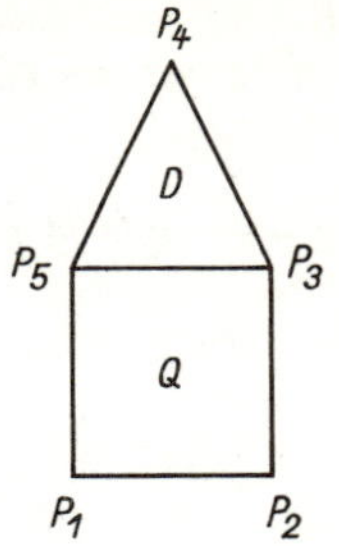

Bild 23

zugleich angehören. – Für die in Bild 22 dargestellten Mengen M_1' und M_2' gilt dagegen

$$M_1' \cap M_2' = \emptyset,$$

denn es gibt kein Element, das sowohl M_1' als auch M_2' angehört. Wir kommen damit zu folgender Definition des **Durchschnitts *M* zweier Mengen** M_1 und M_2:

> Zum Durchschnitt M zweier Mengen M_1 und M_2 gehören genau diejenigen Elemente, die sowohl in M_1 als auch in M_2 liegen.

Oder

$$\boxed{x \in M_1 \cap M_2 \Leftrightarrow x \in M_1 \wedge x \in M_2}. \qquad (3)$$

Man beachte auch hier wiederum, daß sich die beiden Zeichen $\cap$ („geschnitten mit") und $\wedge$ („und") entsprechen.

BEISPIELE

1. $A = \{l; e; i; m\}$, $B = \{t; o; p; f\} \Rightarrow A \cap B = \emptyset$, *denn A und B haben keine gemeinsamen Elemente.*
2. *Aus dem gleichen Grund gilt für die beiden Mengen G und U aus* 5.4.1., *Beispiel* 2: $G \cap U = \emptyset$.
3. *Dagegen gilt für die beiden Mengen P und Q aus Beispiel* 3, 5.4.1.:

   $$P \cap Q = \{3; 4; 5\},$$

   denn diese drei Elemente treten sowohl in P als auch in Q auf.
4. *In Bild 23 ist ein Fünfeck* $P_1P_2P_3P_4P_5$ *dargestellt, das aus einem Quadrat* $P_1P_2P_3P_5$ *und einem aufgesetzten Dreieck* $P_3P_4P_5$ *besteht. Bezeichnet man mit Q die Menge aller Punkte des Quadrates einschließlich der Punkte der Begrenzungsgeraden und mit D die Menge aller Punkte des Dreiecks, ebenfalls einschließlich der Punkte der Begrenzungsgeraden, so ist* $Q \cap D$ *die Menge der Punkte der Geraden* P_5P_3. *– Bezeichnet man dagegen mit Q' die Menge der „inneren Punkte" des Quadrates (das sind alle Punkte des Quadrates mit Ausnahme der Punkte der Begrenzungslinien) und mit D' die Menge der „inneren Punkte" des Dreiecks, so gilt* $Q' \cap D' = \emptyset$.
5. *Es sei*

   $$x \in M_1 \Leftrightarrow x \in N \wedge 3 \mid x$$

   und

   $$x \in M_2 \Leftrightarrow x \in N \wedge \text{[illegible]} .$$

   Durch M_1 *sind also diejenigen Zahlen erfaßt, die durch* 3 *teilbar sind:* $M_1 = \{0; 3; 6; 9; 12; 15; \ldots\}$, *während* M_2 *die Menge aller durch* 4 *teilbaren Zahlen enthält:* $M_2 = \{0; 4; 8; 12; 16; 20; \ldots\}$.
   Durch $M_1 \cup M_2$ *werden dann alle diejenigen Zahlen erfaßt, die sich durch* 3 *oder durch* 4 *teilen lassen:*

   $$M_1 \cup M_2 = \{0; 3; 4; 6; 8; 9; 12; 15; 16; 18; 20; \ldots\}.$$

während der Durchschnitt $M_1 \cap M_2$ genau diejenigen Zahlen enthält, die sowohl durch 3 als auch durch 4 teilbar sind, d. h. alle durch 12 teilbaren Zahlen:

$$M_1 \cap M_2 = \{0; 12; 24; 36; \ldots\}$$

In der Darstellungsweise, in der die Aufgabe gestellt wurde, könnte man das Ergebnis also wie folgt formulieren:

$$x \in M_1 \cup M_2 \Leftrightarrow x \in N \wedge (3 \mid x \vee 4 \mid x)$$

und

$$x \in M_1 \cap M_2 \Leftrightarrow x \in N \wedge (3 \mid x \wedge 4 \mid x)$$

bzw. im letzten Falle kürzer

$$x \in M_1 \cap M_2 \Leftrightarrow x \in N \wedge 12 \mid x.$$

6. $M \cap \emptyset = \emptyset$.

Im Beispiel 1 und 2 sowie im zweiten Teil des Beispiels 4 dieses Abschnittes wurden Mengen vorgeführt, die keine gemeinsamen Elemente haben. Solche Mengen nennt man **elementfremde** oder **disjunkte Mengen.**

Für zwei disjunkte Mengen gilt stets $M_1 \cap M_2 = \emptyset$.

5.4.3. Differenz zweier Mengen

Es seien erneut zwei beliebige Mengen M_1 und M_2 gegeben. Dann läßt sich aus diesen beiden Mengen auch eine neue Menge M dadurch bilden, daß man von der Menge M_1 alle diejenigen Elemente wegnimmt, die auch in M_2 enthalten sind. Die so entstehende Restmenge M wird **Differenz** der beiden Mengen M_1 und M_2 genannt, und man schreibt dafür

$$M = M_1 \setminus M_2 \qquad \text{(gelesen: } M \text{ gleich Differenz von } M_1 \text{ und } M_2\text{)}.$$

In Bild 24 ist die Differenzmenge $M_1 \setminus M_2$ zweier Mengen M_1 und M_2 dargestellt. Es ist offensichtlich, daß die Differenzmenge $M_1 \setminus M_2$ zweier disjunkter Mengen (Bild 25) wieder die erste Menge M_1 ergibt.

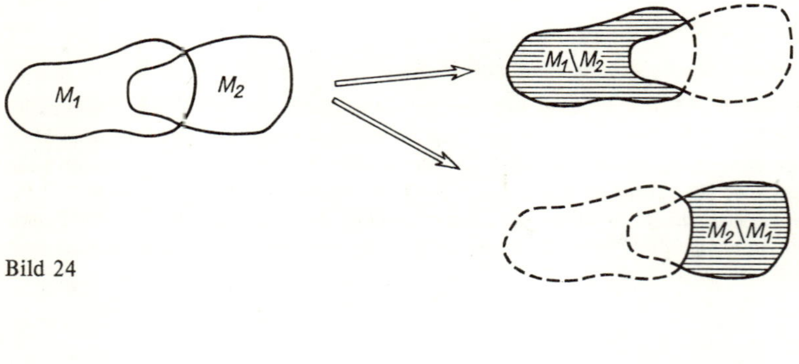

Bild 24

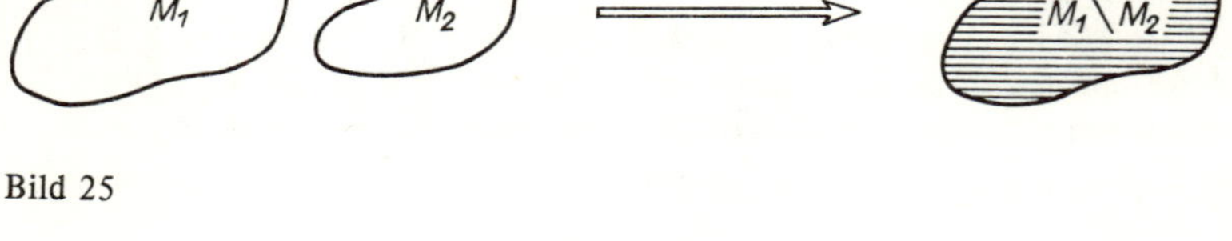

Bild 25

Die **Differenzmenge** M zweier Mengen M_1 und M_2 läßt sich damit wie folgt definieren:

Zur Differenzmenge M zweier Mengen M_1 und M_2 gehören genau diejenigen Elemente von M_1, die nicht gleichzeitig auch in M_2 enthalten sind.

Oder

$$\boxed{x \in M_1 \setminus M_2 \Leftrightarrow x \in M_1 \wedge x \notin M_2} \tag{4}$$

Man mache sich an Hand einiger Punktmengen klar, daß für die Vereinigung und für den Durchschnitt zweier Mengen M_1 und M_2 stets gilt

$$M_1 \cup M_2 = M_2 \cup M_1 \quad \text{bzw.} \quad M_1 \cap M_2 = M_2 \cap M_1,$$

daß jedoch für die Differenzmengen im allgemeinen

$$M_1 \setminus M_2 \neq M_2 \setminus M_1$$

ist.

BEISPIELE

1. $A = \{0; 1; 2; 3; 4; 5\}$, $B = \{4; 5; 6; 7; 8\} \Rightarrow A \setminus B = \{0; 1; 2; 3\}$

   dagegen $B \setminus A = \{6; 7; 8\}$.

2. *Bezeichnen wir mit N wie üblich die Menge aller natürlichen Zahlen, mit G die Menge aller geraden Zahlen und mit U die Menge aller ungeraden Zahlen, so gilt*

   $$N \setminus G = U, \quad N \setminus U = G, \quad G \setminus N = \emptyset, \quad U \setminus N = \emptyset.$$

3. $M_1 = \{x \mid x \in N \wedge 3 \mid x\}$, $M_2 = \{x \mid x \in N \wedge 4 \mid x\}$.
   (Vgl. Beispiel 5 aus 5.4.2.!)

   Dann ist $M_1 \setminus M_2$ die Menge derjenigen Zahlen, die durch 3, aber nicht gleichzeitig durch 4 teilbar sind:

   $$M_1 \setminus M_2 = \{3; 6; 9; 15; 18; 21; 27; 30; 33; 39; \ldots\},$$

   dagegen ist $M_2 \setminus M_1$ die Menge aller durch 4 teilbaren Zahlen, die jedoch nicht gleichzeitig durch 3 teilbar sind:

   $$M_2 \setminus M_1 = \{4; 8; 16; 20; 28; 32; 40; 44; 52; \ldots\}.$$

4. *Es seien Q, D, Q' und D' die durch Aufgabe 4 aus 5.4.2. definierten Punktmengen. Dann ist*

   $Q \setminus D$ *die Menge aller Punkte des Quadrates mit Ausnahme der Punkte, die die obere Begrenzungsgerade P_3P_5 bilden;*

   $Q \setminus D'$ *die Menge aller Punkte des Quadrates einschließlich der Punkte der vier Begrenzungsgeraden;*

   $D \setminus Q$ *die Menge aller Punkte des Dreiecks mit Ausnahme der unteren Begrenzungsgeraden P_3P_5;*

   $D \setminus Q'$ *die Menge aller Punkte des Dreiecks einschließlich der Punkte der drei Begrenzungsgeraden.*

5. $M \setminus \emptyset = M$.

Übersicht über die wichtigsten Mengenrelationen und -operationen

Bezeichnung	Teilmenge	Gleichheit zweier Mengen	Vereinigungsmenge	Durchschnittsmenge	Differenzmenge
Symbolik	$A \subset B$	$A = B$	$A \cup B$	$A \cap B$	$A \setminus B$
Definition	$x \in A \Rightarrow x \in B$	$x \in A \Leftrightarrow x \in B$	$x \in A \cup B \Leftrightarrow x \in A \vee x \in B$	$x \in A \cap B \Leftrightarrow x \in A \wedge x \in B$	$x \in A \setminus B \Leftrightarrow x \in A \wedge x \notin B$
Erfaßt werden alle Elemente, die …			… *entweder* in A *oder* in B *oder* in beiden Mengen liegen.	… *sowohl* in A *als auch* in B liegen.	… *zwar* in A *aber nicht* in B liegen.

AUFGABEN

84. Wie heißen die Elemente der nachfolgend angegebenen Mengen?

a) $x \in M \Leftrightarrow x \in N \wedge 2 < x \leqq 7$

b) $z \in Z \Leftrightarrow z = 2^n \wedge n \in N \setminus \{0\}$

c) $b \in B \Leftrightarrow b = \dfrac{1}{n} \wedge n \in \{1; 2; 3; \ldots; 10\}$

d) $x \in M \Leftrightarrow x \in N \wedge 4 \mid x \wedge 5 \mid x$

e) $x \in M \Leftrightarrow x \in N \wedge 4 \mid x \vee 5 \mid x$

f) $K = \{y \mid y = x^3 \wedge x \in N\}$

g) $A = \{m \mid m = 3n + 2 \wedge n \in N\}$

h) $R = \left\{k \mid k = \dfrac{r+1}{r+2} \wedge r \in N\right\}$

i) $L = \{x \mid x < 5 \wedge x > 6\}$

k) $L_1 = \{x \mid x > 5 \wedge x < 6\}$

85. Es ist zu untersuchen, ob zwischen den in den einzelnen Aufgaben genannten Mengen die Relationen $\subset$ oder $=$ bestehen.

a) $A = \{0; 1; 2\}$, $B = \{0; 1; 2; 3; 4\}$

b) $M_1 = \{s; a; h; n; e\}$, $M_2 = \{h; a; n; s; e\}$

c) Q = Menge aller Quadrate, R = Menge aller Vierecke mit vier rechten Winkeln

d) $S = \{1; 3; 5\}$, $T = \{2; 4; 6\}$

e) $G = \{x \mid 2x \wedge x \in N\}$, $H = \{x \mid x \in N \wedge 2 \mid x\}$

f) $x \in A \Leftrightarrow x \in N \wedge 7 \mid x$
$x \in B \Leftrightarrow x \in N \wedge 5 \mid x$

g) T = Menge der Tage des Jahres 1972, S = Menge der Sonntage des Jahres 1972

h) N = Menge der natürlichen Zahlen, P = Menge der Primzahlen

i) $A = \{x \mid x \in N \wedge 5 \leqq x \leqq 6\}$, $B = \{5; 6\}$

k) $C = \{x \mid x \in N \wedge 5 < x < 6\}$, $D = \emptyset$

l) $E = \{x \mid x \in N \wedge 5 \leqq x < 6\}$, $F = \{6\}$

m) G = Menge der in einem Hause lebenden Familien
H = Menge der in demselben Hause lebenden Menschen

n) A = Menge aller Dreiecke
B = Menge aller gleichseitigen Dreiecke
C = Menge aller gleichschenkligen Dreiecke

86. Gegeben seien die beiden Mengen

$P = \{1; 2; 3; \ldots; 10\}$ und $Q = \{5; 6; 7; \ldots; 15\}$

Bestimmen Sie die Elemente der Mengen

a) $P \cup Q$ b) $P \cap Q$ c) $P \setminus Q$ d) $Q \setminus P$.

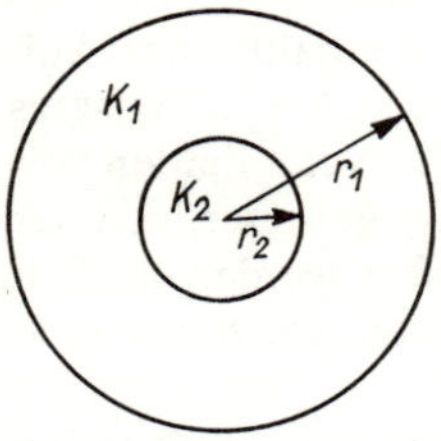

Bild 26

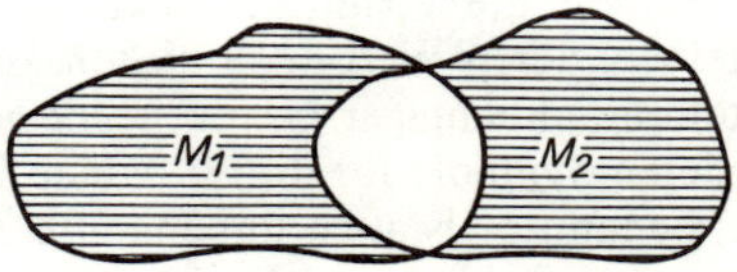

Bild 27

87. Durch zwei konzentrische Kreise mit den beiden Radien r_1 und r_2 seien die beiden Punktmengen K_1 und K_2 bestimmt (Bild 26). Welche Punktmengen werden dargestellt durch

a) $K_1 \cup K_2$ b) $K_1 \cap K_2$ c) $K_1 \setminus K_2$ d) $K_2 \setminus K_1$,

wenn vorausgesetzt wird, daß $r_1 > r_2$ ist.

88. Wie lauten die Antworten a) bis d) in Aufgabe 87, wenn $r_1 = r_2$ ist?

89. Bestimmen Sie

a) $A \cup A$ b) $A \cap A$ c) $A \setminus A$ d) $A \cup \emptyset$

e) $A \cap \emptyset$ f) $A \setminus \emptyset$ g) $\emptyset \setminus A$.

90. Wie läßt sich die in Bild 27 schraffierte Fläche mit Hilfe von Mengenoperationen aus M_1 und M_2 zusammensetzen?

91. Es sei $A \subset B$. Wie lassen sich unter dieser Voraussetzung

a) $A \cup B$ b) $A \cap B$ c) $A \setminus B$ d) $B \setminus A$

vereinfachen?

92. Welche Schlußfolgerungen lassen sich ziehen, wenn

a) $M_1 \cup M_2 = M_2$ b) $M_1 \cap M_2 = M_1$ c) $M_1 \setminus M_2 = M_1$

d) $M_1 \setminus M_2 = \emptyset$ e) $M_1 \cap M_2 = \emptyset$ f) $M_1 \cup M_2 = \emptyset$

gilt?

93. g_1 und g_2 seien die Punktmengen, die durch zwei sich schneidende Geraden in einer Ebene bestimmt werden. Welche geometrische Bedeutung hat dann $g_1 \cap g_2$?

94. Durch E_1 und E_2 seien die Punkte von zwei nicht parallelen Ebenen im Raume gegeben. Welche geometrische Bedeutung hat $E_1 \cap E_2$?
Was ergibt sich für $E_1 \cap E_2$, wenn die beiden Ebenen parallel zueinander liegen?

95. An Hand zweier Punktmengen für die Mengen A und B sind die beiden Ausdrücke

a) $A \cap (A \cup B)$ und b) $A \cup (A \cap B)$

so weit wie möglich zu vereinfachen.

6. Das Rechnen mit Variablen

6.1. Die vier Grundrechenarten

6.1.1. Einfache Rechenoperationen mit Variablen

Wie wir bereits gesehen haben, verwendet man für *allgemeingültige* Aussagen oder Rechenvorschriften **Variablen.** Dabei bevorzugt man für Zahlen, die innerhalb einer Aufgabe einen *konstanten* Wert beibehalten sollen, die ersten Buchstaben *a, b, c, ...* unseres Alphabets, während die letzten Buchstaben ..., *u, v, w, x, y, z* meist für solche Zahlen vorbehalten bleiben, deren Wert noch *nicht bekannt* ist bzw. die innerhalb gewisser, von der Aufgabenstellung abhängiger Grenzen *mit beliebigen Zahlenwerten belegt* werden dürfen. Die verwendeten Symbole für die Variablen können im folgenden sowohl ganze als auch gebrochene, benannte als auch unbenannte Zahlen bedeuten.
Gebilde, in denen Zahlen und Variablen durch Rechenzeichen miteinander verbunden sind, wollen wir künftig **Terme** nennen.
So ist beispielsweise der Ausdruck $(a + b)^2$ ein Term. Auch

$$\frac{x-2y}{x-2y}, \quad 5u, \quad (a-2b)^{3c} \quad \text{usw.}$$

sind Beispiele für Terme.
Soll an Hand einer allgemeingültigen Rechenvorschrift ein Einzelfall berechnet werden, so sind in dem entsprechenden Term für die darin auftretenden Variablen die für den jeweiligen Einzelfall vorgesehenen speziellen Zahlenwerte **einzusetzen.** Man sagt dazu auch: Die Variablen sind mit bestimmten Zahlenwerten zu **belegen.** Dabei ist zu beachten, daß *innerhalb einer Aufgabenstellung ein und derselben Variablen auch immer nur ein und derselbe spezielle Zahlenwert* entsprechen darf.
Ferner gilt die Regel, daß die *Rechenoperationen der dritten Stufe* (Potenzieren und Radizieren) *denen der zweiten Stufe* (Multiplizieren und Dividieren) *und diese wiederum denen der ersten Stufe* (Addieren und Subtrahieren) **übergeordnet** sind, das bedeutet, daß diese Operationen vorrangig auszuführen sind. Soll von dieser Regel abgewichen werden, so ist dies im jeweiligen Term durch eine **Klammer** zu kennzeichnen.

BEISPIEL 1

Welchen speziellen Zahlenwert nehmen die folgenden Terme für $a = 5$, $b = 2$, $c = 4$ und $m = 3$ an:

a) $a + b \cdot a - b$ b) $(a + b) \cdot a - b$ c) $a + b \cdot (a - b)$

d) $(a + b) \cdot (a - b)$ e) $\frac{a}{c} + b \cdot a - b$ f) $\frac{a+b}{c} \cdot a - b$

g) $\frac{a+b}{c} \cdot (a - b)$ h) $\frac{a \cdot b^m}{c}$ i) $\frac{(a \cdot b)^m}{c}$ k) $\left(\frac{a \cdot b}{c}\right)^m$

Lösung:

a) $a + b \cdot a - b = 5 + 2 \cdot 5 - 2 = 5 + 10 - 2 = 13$

b) $(a + b) \cdot a - b = (5 + 2) \cdot 5 - 2 = 7 \cdot 5 - 2 = 35 - 2 = 33$

c) $a + b \cdot (a - b) = 5 + 2 \cdot (5 - 2) = 5 + 2 \cdot 3 = 5 + 6 = 11$

d) $(a + b)(a - b) = (5 + 2)(5 - 2) = 7 \cdot 3 = 21$

e) $\frac{a}{c} + b \cdot a - b = \frac{5}{4} + 2 \cdot 5 - 2 = 1{,}25 + 10 - 2 = 9{,}25$

f) $\frac{a + b}{c} \cdot a - b = \frac{5 + 2}{4} \cdot 5 - 2 = \frac{7}{4} \cdot 5 - 2 = \frac{35}{4} - 2 = 6{,}75$

g) $\frac{a + b}{c} \cdot (a - b) = \frac{5 + 2}{4} \cdot (5 - 2) = \frac{7}{4} \cdot 3 = \frac{21}{4} = 5{,}25$

h) $\frac{a \cdot b^m}{c} = \frac{5 \cdot 2^3}{4} = \frac{5 \cdot 8}{4} = 10$

i) $\frac{(a \cdot b)^m}{c} = \frac{(5 \cdot 2)^3}{4} = \frac{10^3}{4} = \frac{1\,000}{4} = 250$

k) $\left(\frac{a \cdot b}{c}\right)^m = \left(\frac{5 \cdot 2}{4}\right)^3 = 2{,}5^3 = 15{,}625$

Wenn zum Ausdruck gebracht werden soll, daß unter einer Variablen eine *ganze Zahl* verstanden werden soll, so verwendet man meistens den Buchstaben n bzw. die griechischen Buchstaben ν (sprich „nü“) bzw. λ (sprich „lambda“).
Ist n eine beliebige ganze Zahl, so lautet die vorhergehende Zahl $n - 1$ (die um 1 kleinere Zahl), während die auf n folgende Zahl $n + 1$ (die um 1 größere Zahl) ist.
$n - 1$ wird der *Vorgänger,* $n + 1$ der *Nachfolger* der Zahl n genannt.
Das Doppelte einer ganzen Zahl n, also die Zahl $2n$, ist stets eine *gerade Zahl.*
Vermindert bzw. vermehrt man eine gerade Zahl um 1, so ergibt sich stets eine *ungerade Zahl.* Folglich sind $2n + 1$ bzw. $2n - 1$ stets *ungerade* Zahlen.

BEISPIEL 2

Ist m irgendeine Zahl, so bedeutet

$m + 5$	*die um 5 größere Zahl als m,*
$m - 3$	*die um 3 kleinere Zahl als m,*
$4m$	*das Vierfache von m,*
$\frac{m}{7}$	*den siebenten Teil von m,*
m^3	*die dritte Potenz von m,*
$\sqrt[4]{m}$	*die vierte Wurzel aus m usw.*

Häufig werden *gleichartige* Größen durch ein und dieselbe Variable gekennzeichnet, wobei durch *Indizes*[1]) angedeutet wird, daß diese Symbole verschiedene Zahlenwerte haben können.

[1]) index (lat.) Anzeiger; Mehrzahl: Indizes

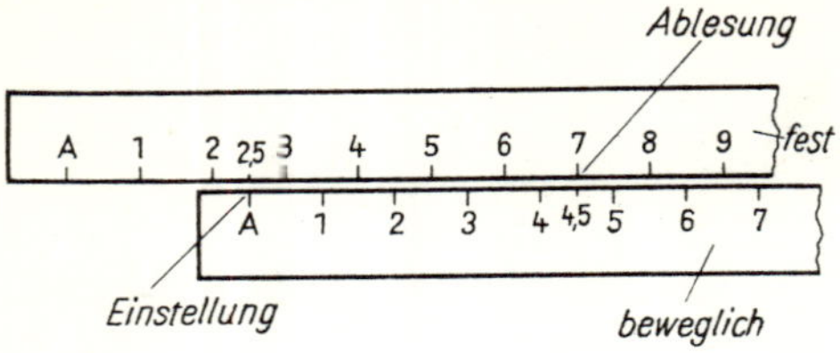

Bild 28

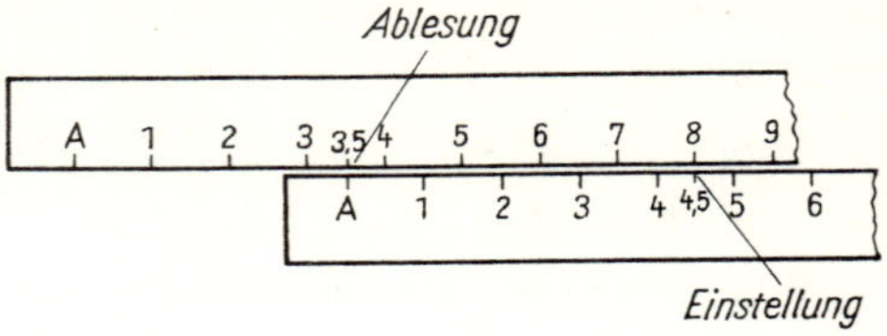

Bild 29

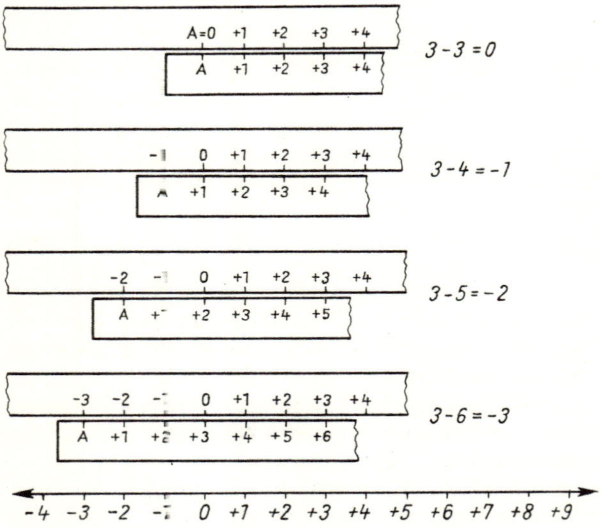

Bild 30

BEISPIEL 3

Werden vier Widerstände R_1, R_2, R_3 und R_4 hintereinandergeschaltet, so berechnet sich der Gesamtwiderstand R_H aus

$$R_H = R_1 + R_2 + R_3 + R_4.$$

Schaltet man sie dagegen parallel zueinander, so gilt für den Gesamtwiderstand R_P die Beziehung

$$\frac{1}{R_P} = \frac{1}{R_1} + \frac{1}{R_2} + \frac{1}{R_3} + \frac{1}{R_4}.$$

6.1.2. Die negativen Zahlen

Die *Addition* zweier Zahlen kann man mit Hilfe eines festen und eines beweglichen Zahlenstrahles sehr anschaulich darstellen, wenn man nach folgender *Vorschrift* verfährt:

Sollen die beiden Zahlen a und b addiert werden, so bringt man den Anfangspunkt A des beweglichen Zahlenstrahles unter die Zahl a des festen Zahlenstrahles. Die Summe $a + b$ wird dann über die Zahl b des beweglichen Strahles auf dem festen Zahlenstrahl abgelesen.

In Bild 28 ist die Aufgabe 2,5 + 4,5 = 7 auf diese Weise gelöst worden. Es ist ohne weiteres einzusehen, daß die Zahl 7 auf unzählig viele Arten auch aus anderen Zahlenpaaren erzeugt werden kann, so z. B. aus 6 + 1 oder 7 + 0 oder 3,71 + 3,29 usw.
Ferner ist zu erkennen, daß sich mit den Zahlen, die uns bis jetzt zur Verfügung stehen, *jede* Additionsaufgabe lösen läßt.
In ähnlicher Weise läßt sich auch die *Subtraktion* veranschaulichen. Man geht hier wie folgt vor:

> Ist die Differenz $a - b$ zu bilden, so stellt man mit Hilfe des beweglichen Zahlenstrahles den Subtrahenden b unter dem Minuenden a auf den festen Zahlenstrahl ein. Die Differenz $a - b$ wird dann über dem Anfangspunkt A des beweglichen Zahlenstrahls auf dem festen Zahlenstrahl abgelesen.

Bild 29 stellt die Lösung der Aufgabe 8 − 4,5 = 3,5 dar. Auch hier kann man leicht einsehen, daß sich die Zahl 3,5 ebenfalls auf unzählig viele Arten auch aus anderen Zahlenpaaren erzeugen läßt, z. B. aus 7,6 − 4,1 oder 3,5 − 0 oder 12,25 − 8,75 usw.
Es ist leicht einzusehen, daß sich *nicht mehr* jede Subtraktionsaufgabe mit den bis jetzt verfügbaren Zahlen lösen läßt. Die Subtraktion läßt sich durchführen, solange der Subtrahend kleiner ist als der Minuend, denn in diesem Falle liegt der Anfangspunkt A des beweglichen Zahlenstrahles stets unter einer bestimmten Zahl des festen Strahles. Ist jedoch der Subtrahend gleich dem Minuenden oder gar größer als dieser, so liegt der Anfangspunkt des beweglichen Strahles unter dem Anfangspunkt des festen Strahles bzw. links davon.
Um nun auch derartige Aufgaben noch lösen zu können, erweitert man den Zahlenstrahl nach links über den Anfangspunkt A hinaus und bezeichnet die bei den Subtraktionsaufgaben $3-3$, $3-4$, $3-5$, $3-6$ usw. entstehenden Endpunkte mit 0, −1, −2, −3 usw. (Bild 30). So entsteht die **Zahlengerade.** Auf ihr sind die bisher bekannten Zahlen, die **positiven Zahlen** (und zwar die *positiven ganzen Zahlen* und die *positiven Brüche*), vom Nullpunkt aus nach rechts abgetragen, während die neu eingeführten Zahlen, die **Null** und die **negativen Zahlen** (die sich ebenfalls untergliedern in *negative ganze Zahlen* und *negative Brüche*), vom Nullpunkt aus nach links abgetragen werden.

Diese Darstellung der positiven und der negativen Zahlen ist jedem vom Thermometer her bereits bekannt.

Um die positiven von den negativen Zahlen unterscheiden zu können, versieht man sie mit einem **Vorzeichen**, und zwar schreibt man vor die *positiven* Zahlen ein *Pluszeichen,* während die *negativen* Zahlen mit einem *Minuszeichen* versehen werden.

Wenn Irrtümer ausgeschlossen sind, darf das Pluszeichen vor einer positiven Zahl weggelassen werden: $+3 = 3$. Dagegen muß das Minuszeichen vor einer negativen Zahl stets mitgeschrieben werden.

Von zwei Zahlen liegt die größere von beiden auf dem Zahlenstrahl stets rechts von der kleineren.

Es ist also $-3 > -7$[1], $0 > -1$, $+2 > -3$;

dagegen $+3 < +7$, $0 < +1$, $-2 < +3$.

Unter dem **Betrag** einer Zahl versteht man den Wert dieser Zahl ohne Rücksicht auf deren Vorzeichen. Der Betrag einer Zahl wird gekennzeichnet durch senkrechte Striche vor und hinter der Zahl.

---

[1]) Das Zeichen > wird gelesen „größer als"; entsprechend bedeutet das Zeichen < „kleiner als". Das Zeichen ≧ wird gelesen „größer oder gleich"; entsprechend bedeutet ≦ „kleiner oder gleich".

So ist z. B.:

$$|-3| = |+3| = 3$$

Die allgemeine Definition für den **Betrag einer Zahl** lautet

$$|a| = \begin{cases} +a, & \text{wenn} \quad a > 0 \\ 0, & \text{wenn} \quad a = 0 \\ -a, & \text{wenn} \quad a < 0 \end{cases} \tag{5}$$

Es ist demnach

$$|-8| + |+3| - |-2| = 8 + 3 - 2 = 9$$

Der Betrag $|a|$ einer Zahl a kann geometrisch gedeutet werden als *Abstand dieser Zahl vom Nullpunkt der Zahlengeraden.*

Zwei Zahlen mit gleichem Betrag, aber verschiedenen Vorzeichen werden *entgegengesetzte Zahlen* genannt. So sind z. B. $+3$ und -3 oder $-0{,}27$ und $+0{,}27$ entgegengesetzte Zahlen.

Aus dem bisher Gesagten geht hervor, daß die beiden Zeichen + (plus) und − (minus) mit zwei verschiedenen Bedeutungen verwendet werden. Sie werden einmal verwendet als **Rechenzeichen** oder **Operationszeichen** und *geben* dabei *an,* welche *Rechenoperation* (Addition bzw. Subtraktion) *durchgeführt werden soll.*

BEISPIEL 1

In der Aufgabe $8 + 5$ *ist das Zeichen* + *ein Operationszeichen. Es ist die Kurzform der Aufforderung: Addiere* 5 *zu* 8! *Entsprechend ist in* $8 - 5$ *das Zeichen* − *ebenfalls ein Operationszeichen, das die Aufforderung enthält: Subtrahiere* 5 *von* 8.

Zum anderen werden dieselben Zeichen auch als **Vorzeichen** der Zahlen verwendet. In dieser Eigenschaft *geben* sie *an, ob die Zahl positiv oder negativ ist.*

Operations- und Vorzeichen müssen stets deutlich voneinander unterschieden werden. Sind Verwechslungen möglich, so schließt man das Vorzeichen und die zugehörige Zahl in Klammern ein.

BEISPIEL 2

Operationszeichen

↙ ↘

$(+7) + (-2) - (+4)$

↖ ↑ ↗

Vorzeichen

Die Aufgabe bedeutet: Addiere zur Zahl $+7$ *die Zahl* -2 *und subtrahiere davon die Zahl* $+4$.

6.1.3. Addition und Subtraktion

Die Addition und die Subtraktion gehören zu den *Rechenoperationen erster Stufe.*
Für die Addition gilt das **Kommutativgesetz**[1] **(Vertauschungsgesetz)**:

> In jeder Additionsaufgabe dürfen die Summanden vertauscht werden. In jedem Falle erhält man die gleiche Summe.

[1]) commutare (lat.) vertauschen

$$\boxed{a + b = b + a} \tag{6}$$

Die Addition positiver und negativer Zahlen geschieht nach folgender *Festsetzung*:

Zahlen mit gleichen Vorzeichen werden addiert, indem man ihre Beträge addiert und der Summe das gemeinsame Vorzeichen der Summanden gibt. Sollen Zahlen mit ungleichen Vorzeichen addiert werden, so subtrahiert man den kleineren Betrag vom größeren und gibt der Differenz das Vorzeichen der Zahl mit dem größeren Betrag.

Demnach gilt für $a, b \geqq 0$:

$$(+a) + (+b) = +(a + b),$$

$$(-a) + (-b) = -(a + b),$$

$$(+a) + (-b) = +(a - b), \quad \text{wenn} \quad a \geqq b,$$

$$(-a) + (+b) = -(a - b), \quad \text{wenn} \quad a \geqq b.$$

BEISPIEL 1

a) $(+3) + (+5) = +(3 + 5) = +8$

b) $(-3) + (-5) = -(3 + 5) = -8$

c) $(+3) + (-5) = -(5 - 3) = -2$

d) $(-3) + (+5) = +(5 - 3) = +2$

Der Leser bestätige die Ergebnisse aus Beispiel 1 mit Hilfe zweier gegeneinander verschiebbarer Zahlengeraden. (Vgl. 6.1.2.)

Aus der Regel für die Addition zweier Zahlen geht hervor, daß die *Summe zweier entgegengesetzter Zahlen Null* ist:

$$(+a) + (-a) = 0$$

Die *Subtraktion ist die Umkehrung der Addition*; d. h., die Additionsaufgabe

$$a + b = c$$

sagt dasselbe aus wie die beiden Subtraktionsaufgaben

$$c - a = b \quad \text{oder} \quad c - b = a$$

Aus diesem Zusammenhang zwischen Addition und Subtraktion folgt, daß

$$a + b - b = a \quad \text{und} \quad a - b + b = a$$

ist. Addition und Subtraktion, mit denselben Zahlen nacheinander ausgeführt, heben sich also gegenseitig auf, d. h.,

Addition und Subtraktion sind entgegengesetzte Rechenarten.

Diese Eigenschaft wird bei der Probe für Subtraktionsaufgaben benutzt.

Wie man mit Hilfe der in 6.1.2. beschriebenen gegeneinander verschiebbaren Zahlengeraden nachprüfen kann, ist

$$(+8) - (+5) = (+3),$$

$$(+8) - (-5) = (+13),$$

$$(-8) - (+5) = (-13)$$

und $(-8)-(-5)=(-3)$

Diesen vier Subtraktionsaufgaben lassen sich vier Additionsaufgaben mit den Zahlen (+8) bzw. (−8) und (+5) bzw. (−5) gegenüberstellen, die die *gleichen Ergebnisse* wie oben haben:

$(+8)-(+5)=(+3)$, entspricht $(+8)+(-5)=(+3)$,

$(+8)-(-5)=(+13)$, entspricht $(+8)+(+5)=(+13)$,

$(-8)-(+5)=(-13)$ entspricht $(-8)+(-5)=(-13)$

und $(-8)-(-5)=(-3)$ entspricht $(-8)+(+5)=(-3)$

Daraus erkennt man: Eine positive oder negative Zahl kann auch dadurch subtrahiert werden, daß man die ihr entgegengesetzte Zahl addiert.
Diese Erkenntnis läßt sich verallgemeinern zu folgender *Regel für die Subtraktion* positiver und negativer Zahlen:

Eine Zahl kann man subtrahieren, indem man die ihr entgegengesetzte Zahl addiert.

Die beiden Regeln für die Addition und Subtraktion lassen sich auch anwenden, wenn mehr als zwei Glieder zu addieren bzw. zu subtrahieren sind.

Da sich jede Subtraktion auf eine Addition der entgegengesetzten Zahl zurückführen läßt, werden Terme, in denen die einzelnen Glieder nur durch *Additions- bzw. Subtraktionszeichen* miteinander verbunden sind, **algebraische Summen** genannt.

BEISPIEL 2

$(+3)+(-4)-(-2)-(+1)$ *ist eine algebraische Summe. Zu ihrer Berechnung beseitigt man zunächst die Subtraktionszeichen und faßt dann zusammen:*

$$(+3)+(-4)-(-2)-(+1)=(+3)+(-4)+(+2)+(-1)=3-4+2-1=0$$

Auf diese Weise läßt sich jede algebraische Summe von bestimmten Zahlen ermitteln.
Enthält eine algebraische Summe benannte Zahlen, so lassen sich nur die *Maßzahlen gleichartiger Größen* zusammenfassen. (Gegebenenfalls sind vorher die Einheiten umzuformen.)

BEISPIEL 3

a) 3,6 m/s + 6,5 m/s = 10,1 m/s

b) $0{,}5\ \text{m}^2 - 1\,350\ \text{cm}^2 = 5\,000\ \text{cm}^2 - 1\,350\ \text{cm}^2 = 3\,650\ \text{cm}^2$

Beim Rechnen mit Variablen unterscheidet man *gleichartige* und *ungleichartige* Glieder. So sind die beiden Glieder $4a$ und $7a$ gleichartig, da sie dieselbe Variable a enthalten. Sie unterscheiden sich nur in der *Vorzahl* (auch *Zahlenfaktor* oder *Koeffizient*) der Variablen voneinander. Dagegen sind $3a$ und $3b$ bzw. $5xy^2$ und $5x^2y$ ungleichartige Glieder.

Es gilt die *Regel*:

In algebraischen Summen lassen sich stets nur gleichartige Glieder durch Addition und Subtraktion zusammenfassen. Dabei werden nur die Koeffizienten der Glieder addiert bzw. subtrahiert.

Ungleichartige Glieder lassen sich nur dann zusammenfassen, wenn für die einzelnen Variablen bestimmte Zahlenwerte vorgeschrieben sind (vgl. 6.1.1., Beispiel 1).

Sind in einer Aufgabe mehrere Additionen und Subtraktionen auszuführen, so darf die Reihenfolge der Rechenoperationen nach dem Kommutativgesetz vertauscht werden.

BEISPIEL 4

$$3a + 2b - 4c + 2a - 7b + 2c - a + b - 5c$$
$$= 3a + 2a - a + 2b - 7b + b - 4c + 2c - 5c = 4a - 4b - 7c$$

Zu beachten ist, daß das Kommutativgesetz für die Subtraktion *nicht* gilt. So ist z. B. $8 - 3 = 5$, während $3 - 8 = -5$ ist. Es gilt vielmehr

$$\boxed{a - b = -(b - a)} \qquad (7)$$

6.1.4. Multiplikation

Soll eine Zahl a b-mal als Summand gesetzt werden, so schreibt man hierfür auch kurz ein **Produkt**

$$\boxed{\underbrace{a + a + a + \ldots + a}_{b \text{ Summanden } a} = a \cdot b} \qquad (8)$$

Nach dieser Erklärung der Multiplikation zweier Zahlen muß zunächst vorausgesetzt werden, daß $b \in N$. Diese Einschränkung kann jedoch später ohne weiteres fallen gelassen werden.
Auch für die Multiplikation gilt das **Kommutativgesetz:**

$$\boxed{a \cdot b = b \cdot a}, \qquad (9)$$

d. h.:

Die Faktoren eines Produkts dürfen miteinander vertauscht werden.

Sind mehr als zwei Faktoren miteinander zu multiplizieren, so dürfen sie nach dem **Assoziativgesetz**[1]) **der Multiplikation** in beliebiger Reihenfolge zu Teilprodukten zusammengefaßt werden:

$$\boxed{a \cdot b \cdot c = (a \cdot b) \cdot c = a \cdot (b \cdot c) = (a \cdot c) \cdot b} \qquad (10)$$

BEISPIEL 1

$$3z \cdot 5x \cdot 4y = 3 \cdot 5 \cdot 4 \cdot z \cdot x \cdot y = 60 \cdot x \cdot y \cdot z$$

(Es ist üblich, die allgemeinen Zahlensymbole im Ergebnis alphabetisch anzuordnen.)

Zwischen allgemeinen Zahlenfaktoren sowie zwischen allgemeinen Zahlensymbolen und bestimmten Zahlen darf das Multiplikationszeichen · weggelassen werden, so daß das Ergebnis aus Beispiel 1 auch in der Form $60 \cdot xyz$ oder $60xyz$ geschrieben werden kann. Mehrere gleiche Faktoren dürfen als *Potenz* geschrieben werden.

BEISPIEL 2

$$2a \cdot 3b \cdot 6a \cdot 5b \cdot 4a \cdot c = 2 \cdot 3 \cdot 6 \cdot 5 \cdot 4 \cdot a \cdot a \cdot a \cdot b \cdot b \cdot c = 720a^3b^2c$$

---

[1]) Assoziation (lat.) Verbindung

Auf Grund der Definition (8) für das Produkt ist

$$\boxed{a \cdot 0 = 0 \cdot a = 0} \tag{11}$$

Ein Produkt ist dann gleich Null, wenn einer seiner Faktoren Null ist.

Es gilt aber auch die Umkehrung dieses Satzes, die in der Gleichungslehre eine besondere Rolle spielt:

Wenn ein Produkt Null sein soll, dann muß mindestens einer der Faktoren Null sein.

Damit lassen sich diese beiden Sätze wie folgt in Form einer Äquivalenz zusammenfassen:

$$\boxed{a \cdot b = 0 \Leftrightarrow a = 0 \vee b = 0} \tag{12}$$

Sind a und b beliebige, aber positive Zahlen, so gelten folgende *Vorzeichenregeln für die Multiplikation*:

$$(+a) \cdot (+b) = +a \cdot b \qquad (+a) \cdot (-b) = -a \cdot b$$
$$(-a) \cdot (+b) = -a \cdot b \qquad (-a) \cdot (-b) = +a \cdot b$$

Man multipliziert zwei Zahlen, indem man das Produkt ihrer Beträge bildet. Das Produkt ist positiv, wenn beide Faktoren gleiche Vorzeichen besitzen; andernfalls ist es negativ.

Die ersten beiden Regeln lassen sich dadurch leicht nachprüfen, daß man die Multiplikationsaufgabe in die entsprechende Addition umformt. Die Vorzeichen in den beiden anderen Fällen wurden so festgelegt, daß alle bisher aufgestellten Rechengesetze auch weiterhin gültig bleiben.

Das Vorzeichen eines Produkts aus mehreren Faktoren ist davon abhängig, wie viele negative Faktoren darin auftreten.

Ist die Anzahl der negativen Faktoren in einem Produkt *gerade*, so ist das Produkt *positiv*; ist sie *ungerade*, so ist das Produkt *negativ.*

Es ist stets ratsam, zunächst das Vorzeichen eines Produkts zu bestimmen und danach erst die reine Zahlenrechnung durchzuführen.

BEISPIELE

3. $(-2a)(+3b)(+4a)(-5b)(-3a) = -2 \cdot 3 \cdot 4 \cdot 5 \cdot 3 \cdot a \cdot a \cdot a \cdot b \cdot b = -360a^3b^2$
4. $(-0{,}5x)(-3y)(-0{,}25z)(-6u) = +2{,}25uxyz = 2{,}25uxyz$
5. $(-2u)(+3v) + (-5u)(-4v) = (-6uv) + (+20uv) = +14uv = 14uv$
   (Erst die Produkte berechnen, dann addieren!)
6. $(-2u)(+3v) - (-5u)(-4v) = (-6uv) - (+20uv) = -26uv$

6.1.5. Division

Die Division ist die Umkehrung der Multiplikation.
Die Multiplikationsaufgabe $a \cdot b = c$ sagt demnach dasselbe aus wie die beiden Divisionsaufgaben $c : b = a$ oder $c : a = b$. Da die Faktoren eines Produkts vertauschbar sind, besitzt die Multiplikation nur *eine* Umkehrung.

Aus dem Zusammenhang zwischen Multiplikation und Division folgt, daß

$$(a \cdot b) : b = a \quad \text{und} \quad (a : b) \cdot b = a$$

gilt, d. h., daß sich Multiplikation und Division, mit denselben Zahlen ausgeführt, gegeneinander aufheben. (Anwendung bei der Probe für eine Divisionsaufgabe!)

Multiplikation und Division sind entgegengesetzte Rechenarten.

Aus den entsprechenden Vorzeichenregeln für die Multiplikation erhält man die Regeln für die Division:

$$(+a) : (+b) = +a : b \qquad (+a) : (-b) = -a : b$$

$$(-a) : (+b) = -a : b \qquad (-a) : (-b) = +a : b$$

Man dividiert zwei Zahlen durcheinander, indem man den Quotienten ihrer Beträge bildet. Der Quotient ist positiv, wenn Dividend und Divisor gleiche Vorzeichen besitzen; andernfalls ist er negativ.

Bei der Division nimmt die Zahl *Null* eine Sonderstellung ein. Es ist

$$0 : a = 0 \quad \text{für} \quad a \neq 0,$$

weil $0 \cdot a = 0$ ist.
Dagegen ist die Aufgabe $a : 0$ *nicht lösbar*, weil es keine Zahl gibt, die mit Null multipliziert den Wert a ergibt.
Schließlich hat die Aufgabe $0 : 0$ *kein bestimmtes Ergebnis*; denn *jede* Zahl ergibt, wenn man sie mit Null multipliziert, den Wert Null.
Aus all dem folgt:

Die Division durch Null ist sinnlos und darf nicht ausgeführt werden.

Da beim Rechnen mit der Null häufig Fehler gemacht werden, seien die wichtigsten Regeln für die vier Grundrechenarten noch einmal kurz zusammengefaßt:

Addition:	$a + 0 = a$		$0 + a = a$		
Subtraktion:	$a - 0 = a$		$0 - a = -a$		
Multiplikation:	$a \cdot 0 = 0$		$0 \cdot a = 0$		
	Aus $a \cdot b = 0$	folgt	$a = 0$		
		oder	$b = 0$		
		oder	$a = 0$	und	$b = 0$
Division:	$0 : a = 0$	wenn	$a \neq 0$		
	$a : 0$	ist nicht erlaubt			
	$0 : 0$	ist unbestimmt			

BEISPIELE

1. $(+36xy) : (-8y) = -4{,}5x$ — Probe: $(-4{,}5x)(-8y) = +36xy$
2. $(-45u^3) : (-25u^2) = +1{,}8u$ — Probe: $(+1{,}8u)(-25u^2) = -45u^3$
3. a) $(+36z) : (+1) = +36z$ — b) $(+36z) : (-1) = -36z$
   c) $(-36z) : (+1) = -36z$ — d) $(-36z) : (-1) = +36z$
4. a) $(+37{,}25s) : (+37{,}25s) = +1$ — b) $(-37{,}25s) : (+37{,}25s) = -1$
   c) $(+37{,}25s) : (-37{,}25s) = -1$ — d) $(-37{,}25s) : (-37{,}25s) = +1$

5. $48u^2v^2 : [(-4u)(+3v)] - 4u \cdot [(-8uv) : (-2u)] = (+48u^2v^2) : (-12uv) - 4u \cdot (+4v)$
$= -4uv - 16uv = -20uv$

Man beachte die Reihenfolge der einzelnen Rechenoperationen!

6.1.6. Die rationalen Zahlen

Geht man von den **natürlichen Zahlen** 1, 2, 3, ... aus, so läßt sich innerhalb dieses Zahlenbereiches jede Additions- und auch jede Multiplikationsaufgabe lösen. Die Addition bzw. die Multiplikation zweier natürlicher Zahlen ergibt stets wieder eine natürliche Zahl.
Es ist jedoch schon nicht mehr möglich, *jede* Subtraktionsaufgabe innerhalb des Bereiches der natürlichen Zahlen zu lösen. Um jede Subtraktionsaufgabe lösen zu können (z.B. 3 − 5), muß man einen umfassenderen Zahlbegriff verwenden, nämlich den der **ganzen Zahlen.** Der Zahlbereich der ganzen Zahlen umfaßt die positiven und die negativen ganzen Zahlen sowie die Zahl Null.
Der Bereich der ganzen Zahlen ist aber immer noch nicht umfassend genug, um beispielsweise auch *jede* Divisionsaufgabe lösen zu können. So besitzt z. B. die Aufgabe (+ 3) : (− 5) keine Lösung innerhalb des Bereiches der ganzen Zahlen. Damit nun auch *jede* Divisionsaufgabe gelöst werden kann, muß man erneut zu einem umfassenderen Zahlbegriff übergehen, nämlich zum **Bereich der rationalen[1]) Zahlen.**

Jede Zahl, die sich als Quotient zweier ganzer (positiver oder negativer) Zahlen darstellen läßt, heißt eine rationale Zahl.

Die rationalen Zahlen umfassen demnach alle positiven und negativen ganzen und gebrochenen Zahlen sowie die Zahl Null.
Künftig soll die Menge der ganzen Zahlen stets mit G, die Menge der rationalen Zahlen stets mit K bezeichnet werden.

6.2. Das Rechnen mit algebraischen Summen

6.2.1. Die Bedeutung der Klammern

Durch die Vorschrift, daß die Rechenarten der höheren Stufe vor den Rechenarten der niedrigeren Stufe durchzuführen sind, ist für jede Aufgabe eine eindeutige Aufeinanderfolge der Rechnungen festgelegt. So ist z.B. in $2 + 3 \cdot 4$ zunächst das Produkt $3 \cdot 4$ zu bestimmen und dann dazu die Zahl 2 zu addieren:

$$2 + 3 \cdot 4 = 2 + 12 = 14$$

Sollen dagegen zuerst die beiden Zahlen 2 und 3 addiert und deren Summe mit 4 multipliziert werden, so muß dies dadurch gekennzeichnet werden, daß man die Summe in eine *Klammer* einschließt:

$$(2 + 3) \cdot 4 = 5 \cdot 4 = 20$$

Der Wert einer Klammer ist demnach stets *zuerst* auszurechnen. Beim Rechnen mit bestimmten Zahlen bereiten die Klammern keine Schwierigkeiten, da sich der Inhalt der

[1]) ratio (lat.) Verstand, Verhältnis

Klammern zahlenmäßig ermitteln läßt. Treten dagegen in den Klammern Variablen auf, so läßt sich der Inhalt der Klammer häufig nicht ohne weiteres zusammenfassen, da in ihr meist verschiedenartige Glieder auftreten. In solchen Fällen benötigt man die Regeln für das Rechnen mit Klammerausdrücken.

6.2.2. Auflösen und Setzen additiver und subtraktiver Klammern

Soll die Summe 5 + 7 zur Zahl 8 addiert werden, so schreibt man

$$8 + (5 + 7) = 8 + 12 = 20$$

Das gleiche Resultat ergibt sich, wenn man die beiden Summanden 5 und 7 einzeln addiert:

$$8 + 5 + 7 = 20$$

Es ist demnach

$$8 + (5 + 7) = 8 + 5 + 7,$$

oder allgemein

$$\boxed{a + (b + c) = a + b + c} \tag{13a}$$

In ähnlicher Weise überzeugt man sich von der Richtigkeit der Beziehungen

$$a + (b - c) = a + b - c \tag{13b}$$

$$a - (b + c) = a - b - c, \tag{13c}$$

$$a - (b - c) = a - b + c \tag{13d}$$

in Worten:

Klammern, vor denen ein Pluszeichen steht, können ohne weiteres weggelassen werden. Klammern, vor denen ein Minuszeichen steht, dürfen nur dann weggelassen werden, wenn gleichzeitig die Zeichen innerhalb der Klammer umgekehrt werden.

Diese Rechenregel gilt auch für drei- und mehrgliedrige Klammerausdrücke.

Steht vor dem ersten Glied in einer Klammer kein Vorzeichen, so ist an dieser Stelle stets ein Pluszeichen zu denken. Pluszeichen dürfen am Anfang einer algebraischen Summe weggelassen werden; Minuszeichen müssen dagegen immer geschrieben werden.

BEISPIELE

1. $3a + (4b - 2c) = 3a + 4b - 2c$
2. $(2x + 3y) + (2x - 3y) = 2x + 3y + 2x - 3y = 4x$
3. $(0{,}5u - 0{,}3v) - (0{,}2u + 0{,}1v) = 0{,}5u - 0{,}3v - 0{,}2u - 0{,}1v = 0{,}3u - 0{,}4v$
4. $(16r + 21s) - (15r - 12s) = 16r + 21s - 15r + 12s = r + 33s$

Bei verschiedenen Aufgaben kann es vorkommen, daß innerhalb einer Klammer noch weitere Klammern auftreten. Zur besseren Übersicht verwendet man dann verschiedene Klammerformen (runde, eckige, geschweifte usw.). Es ist ratsam, die Klammern stets *von innen nach außen* aufzulösen.

BEISPIELE

5. $3a + [4b - (2a + 3b)] = 3a + [4b - 2a - 3b]$ *zusammenfassen!*

$$= 3a + [b - 2a] = 3a + b - 2a = a + b$$

6. $(5x + 3y) - \{(2x - 3y) - [(3x - 2y) - (2x - 5y)]\}$
$= 5x + 3y - \{2x - 3y - [3x - 2y - 2x + 5y]\}$
$= 5x + 3y - \{2x - 3y - [x + 3y]\}$
$= 5x + 3y - \{2x - 3y - x - 3y\} = 5x + 3y - \{x - 6y\}$
$= 4x + 9y$

Die *Umkehrung der Regel für das Auflösen von Klammern* lautet:

Die Glieder einer algebraischen Summe dürfen in eine Klammer eingeschlossen werden, wenn vor diese Klammer ein Pluszeichen geschrieben wird. Wird dagegen vor die eingeführte Klammer ein Minuszeichen gesetzt, so sind die Rechenzeichen der eingeklammerten Glieder umzukehren.

Es ist demnach

$$a + b + c = a + (b + c)$$

$$a + b - c = a + (b - c)$$

$$a - b + c = a - (b - c)$$

$$a - b - c = a - (b + c)$$

BEISPIEL 7

$3u - 2v + w - 2u - 4v - 3w + 5u - 3v + 6w - u + 5v - 2w$
$= (3u - 2u + 5u - u) - (2v + 4v + 3v - 5v) + (w - 3w + 6w - 2w)$
$= 5u - 4v + 2w$

6.2.3. Multiplikation von Klammerausdrücken

Für die Multiplikation einer algebraischen Summe mit einer Zahl gilt das **Verteilungs- oder Distributivgesetz:**

$$\boxed{a \cdot (b \pm c) = a \cdot b \pm a \cdot c} \qquad (14)$$

Eine algebraische Summe kann man mit einer Zahl multiplizieren, indem man die einzelnen Glieder der Summe mit dieser Zahl multipliziert. Die Vorzeichen ergeben sich dabei aus den Vorzeichenregeln für die Multiplikation.

In Bild 31 ist das Distributivgesetz für den Fall $a \cdot (b + c)$ veranschaulicht für den Fall, daß a, b und c positive Zahlen sind. Das Umformen eines Terms der Form $a \cdot (b \pm c)$ in eine algebraische Summe nennt man *Ausmultiplizieren.*
Das Distributivgesetz gilt entsprechend, wenn die algebraische Summe aus mehr als zwei Gliedern besteht.

BEISPIELE

1. $258 \cdot 37 = (200 + 50 + 8) \cdot 37 = 200 \cdot 37 + 50 \cdot 37 + 8 \cdot 37 = 7\,400 + 1\,850 + 296 = 9\,546$

   (Rechenvorteile beim Kopfrechnen)

2. $98 \cdot 27 = (100 - 2) \cdot 27 = 100 \cdot 27 - 2 \cdot 27 = 2\,700 - 54 = 2\,646$

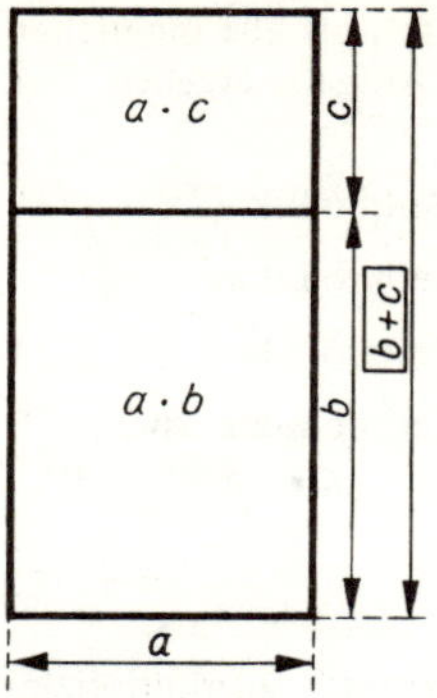

Bild 31

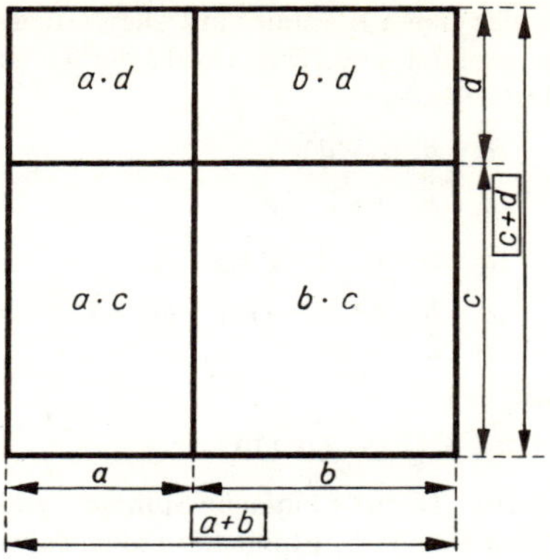

Bild 32

3. $(6m + 8n - 3p) \cdot 2{,}5q = 15mq + 20nq - 7{,}5pq$
4. $2(x - y) + 3(x + y) - 4(y - x) - 5(y + x)$
$= 2x - 2y + 3x + 3y - 4y + 4x - 5y - 5x = 4x - 8y$

Nach dem Distributivgesetz ist

$$(a + b) \cdot m = a \cdot m + b \cdot m$$

Setzt man hierin auf beiden Seiten $m = c + d$, so ergibt sich

$$(a + b)(c + d) = a(c + d) + b(c + d),$$

woraus nach weiterem Ausmultiplizieren der rechten Seite

$$\boxed{(a + b)(c + d) = ac + ad + bc + bd} \qquad (15a)$$

folgt.
Entsprechend erhält man

$$(a + b)(c - d) = ac - ad + bc - bd \qquad (15b)$$
$$(a - b)(c + d) = ac + ad - bc - bd \qquad (15c)$$
$$(a - b)(c - d) = ac - ad - bc + bd \qquad (15d)$$

Zwei algebraische Summen kann man miteinander multiplizieren, indem man jedes Glied der einen Summe mit jedem Glied der anderen Summe multipliziert und die sich ergebenden Teilprodukte addiert.

Eine geometrische Veranschaulichung der Formel (15a) für positive Zahlen a, b, c und d liefert das Bild 32. In ähnlicher Weise lassen sich auch die übrigen drei Formeln darstellen.
Der Satz für die Multiplikation algebraischer Summen gilt auch dann, wenn die Summen aus mehr als zwei Gliedern bestehen.
Sind mehr als zwei Summen miteinander zu multiplizieren, so bildet man nach dem Assoziativgesetz zunächst das Produkt zweier Summen, multipliziert diese mit der dritten usw.

Um beim Ausmultiplizieren alle Glieder zu erfassen, ist es ratsam, zunächst das erste Glied der ersten Klammer der Reihe nach mit allen Gliedern der zweiten Klammer zu multiplizieren, dann das zweite Glied der ersten Klammer mit allen Gliedern der zweiten Klammer usw., bis alle möglichen Teilprodukte gebildet sind. Die Anzahl der Teilprodukte, die sich bei einer Aufgabe ergeben, läßt sich leicht feststellen:

$(a+b)(c+d)$	ergibt	$2 \cdot 2 = 4$ Teilprodukte,
$(a+b)(c+d-e)$	ergibt	$2 \cdot 3 = 6$ Teilprodukte,
$(a+b-c)(d-e+f)$	ergibt	$3 \cdot 3 = 9$ Teilprodukte,
$(a+b)(c+d-e)(f-g+h)$	ergibt	$2 \cdot 3 \cdot 3 = 18$ Teilprodukte usw.

BEISPIELE

5. $(12+3)(14-6) = 15 \cdot 8 = 120$

Anmerkung: Derartig einfache Summen wird man zweckmäßig *nicht* gliedweise ausmultiplizieren, sondern *vor* der Multiplikation *zusammenfassen*.

6. $(2a+3)(3a-2) = 6a^2 - 4a + 9a - 6 = 6a^2 + 5a - 6$

7. $(3x - 2y + 5z)(2x - 4y - 3z)$

$$\begin{array}{l} 6x^2 - 12xy - 9xz \\ \quad - 4xy \quad + 8y^2 + 6yz \\ \qquad + 10xz \quad - 20yz - 15z^2 \\ \hline 6x^2 - 16xy + xz + 8y^2 - 14yz - 15z^2 \end{array}$$

Man beachte die übersichtliche Anordnung der Rechnung!

8. $(3u - 2v)(6u + 3v)(2v - 5u)$
$= (18u^2 + 9uv - 12uv - 6v^2)(2v - 5u)$ *zusammenfassen*!
$= (18u^2 - 3uv - 6v^2)(2v - 5u)$
$= 36u^2v - 90u^3 - 6uv^2 + 15u^2v - 12v^3 + 30uv^2$
$= -90u^3 + 51u^2v + 24uv^2 - 12v^3$

9. $(2r - 3s)(4r - 2s) - (3r - 4s)(s + 3r)$
$= 8r^2 - 16rs + 6s^2 - (9r^2 - 9rs - 4s^2)$

Anmerkung: Reihenfolge der Rechenoperationen beachten! Da vor dem zweiten Produkt ein Minuszeichen steht, wird der beim Ausmultiplizieren entstehende Ausdruck zunächst in Klammern eingeschlossen. Die weitere Vereinfachung ergibt dann:

$$= 10s^2 - 7rs - r^2$$

10. $(u + v) \cdot [u^2 - (3u - v)(2u + 3v) - (3u + v)(3u - 2v) + v^2]$
$= (u + v) \cdot [u^2 - (6u^2 + 7uv - 3v^2) - (9u^2 - 3uv - 2v^2) + v^2]$
$= (u + v) \cdot [6v^2 - 4uv - 14u^2]$
$= 6v^3 + 2uv^2 - 18u^2v - 14u^3$

6.2.4. Binomische Formeln

Unter einem **Binom**[1]) versteht man eine zweigliedrige algebraische Summe, also z. B. $a + b$ oder $a - b$ oder $2x - 3y$ usw.
Bei den Potenzen der Binome treten Gesetzmäßigkeiten auf, die es gestatten, die Potenzwerte ohne große Rechnung niederschreiben zu können.
Schreibt man

$$(a + b)^2 = (a + b)(a + b),$$

[1]) bi (lat.) doppelt; nomos (griech.) Gesetz, Gefüge, Glied

so erhält man, indem man die rechte Seite ausmultipliziert, die Formel

$$\boxed{(a+b)^2 = a^2 + 2ab + b^2} \qquad (16a)$$

Entsprechend ergibt sich

$$\boxed{(a-b)^2 = a^2 - 2ab + b^2} \qquad (16b)$$

Diese beiden Beziehungen werden *erste und zweite binomische Formel* genannt.
Das Quadrat eines Binoms setzt sich demnach zusammen aus der Summe der Quadrate der beiden Einzelglieder sowie aus dem doppelten Produkt dieser Glieder.
Multipliziert man die Summe $a + b$ mit der Differenz $a - b$ zweier Zahlen a und b, so erhält man die *dritte binomische Formel*

$$\boxed{(a+b)(a-b) = a^2 - b^2} \qquad (16c)$$

BEISPIELE

1. $(2x+3y)^2 = (2x)^2 + 2\cdot 2x\cdot 3y + (3y)^2 = 4x^2 + 12xy + 9y^2$
2. $(u-4v)^2 = u^2 - 2\cdot u\cdot 4v + (4v)^2 = u^2 - 8uv + 16v^2$

   Anmerkung: Nach einigem Üben muß man in der Lage sein, das Ergebnis sofort angeben zu können, ohne dabei die hier noch angeführte Zwischenrechnung hinschreiben zu müssen.
3. $(4a+5b)(4a-5b) = (4a)^2 - (5b)^2 = 16a^2 - 25b^2$
4. $\left(\frac{1}{3}u + 9v\right)^2 - \left(\frac{1}{3}u - 9v\right)^2 - \left(\frac{1}{3}u + 9v\right)\cdot\left(\frac{1}{3}u - 9v\right)$

   $= \frac{1}{9}u^2 + 6uv + 81v^2 - \left(\frac{1}{9}u^2 - 6uv + 81v^2\right) - \left(\frac{1}{9}u^2 - 81v^2\right)$

   $= 81v^2 + 12uv - \frac{1}{9}u^2$

Die binomischen Formeln können auch oft bei gewöhnlichen Zahlenrechnungen vorteilhaft angewendet werden.

BEISPIELE

5. $47^2 = (40+7)^2 = 1\,600 + 560 + 49 = 2\,209$
6. $2{,}3\cdot 3{,}7 = (3-0{,}7)(3+0{,}7) = 9 - 0{,}49 = 8{,}51$

Stehen in der Grundzahl mehr als zwei Glieder, so wird auch das Quadrat eine entsprechend mehrgliedrige Summe. So ist z.B.

$$(a-b+c-d)^2 = a^2 + b^2 + c^2 + d^2 - 2ab + 2ac - 2ad - 2bc + 2bd - 2cd$$

Das Quadrat einer algebraischen Summe setzt sich demnach zusammen aus der Summe der Quadrate sämtlicher Einzelglieder sowie aus allen möglichen doppelten Produkten, wobei sich die Vorzeichen der doppelten Produkte aus den Vorzeichen der daran beteiligten Glieder ergeben.
Für die dritte Potenz von $(a + b)$ erhält man

$$\begin{aligned}(a+b)^3 &= (a+b)(a+b)(a+b) = (a+b)^2(a+b)\\ &= (a^2 + 2ab + b^2)(a+b)\end{aligned}$$

$$(a+b)^3 = a^3 + 3a^2b + 3ab^2 + b^3$$

In ähnlicher Weise ergibt sich

$$(a-b)^3 = a^3 - 3a^2b + 3ab^2 - b^3$$

Diese beiden Formeln unterscheiden sich nur in den Vorzeichen der Glieder mit ungeraden Potenzen von b, so daß beide Formeln wie folgt zusammengefaßt werden können:

$$\boxed{(a \pm b)^3 = a^3 \pm 3a^2b + 3ab^2 \pm b^3} \tag{17}$$

Es sei an dieser Stelle besonders auf den Unterschied zwischen $(a \pm b)^2$ und $a^2 \pm b^2$ sowie zwischen $(a \pm b)^3$ und $a^3 \pm b^3$ hingewiesen.
Während $(a+b)^2 = (a+b)(a+b) = a^2 + 2ab + b^2$ ist, läßt sich $a^2 + b^2$ *nicht* in Faktoren zerlegen.
Ferner ist

$(a-b)^2 = a^2 - 2ab + b^2$, dagegen $a^2 - b^2 = (a+b)(a-b)$;

$(a+b)^3 = a^3 + 3a^2b + 3ab^2 + b^3$, dagegen $a^3 + b^3 = (a+b)(a^2 - ab + b^2)$;

$(a-b)^3 = a^3 - 3a^2b + 3ab^2 - b^3$, dagegen $a^3 - b^3 = (a-b)(a^2 + ab + b^2)$

Die Richtigkeit der drei rechts angegebenen Formeln läßt sich leicht durch Ausmultiplizieren nachprüfen.

6.2.5. Division von Klammerausdrücken

Statt eine algebraische Summe durch eine Zahl zu dividieren, kann man auch jedes Glied der Summe durch diese Zahl teilen. Dabei ist die Vorzeichenregel für die Division zu beachten.

Es ist also unter der Voraussetzung, daß $n \neq 0$ ist:

$$\boxed{(a + b - c) : n = a : n + b : n - c : n} \tag{18}$$

Probe: $(a : n + b : n - c : n) \cdot n = (a : n) \cdot n + (b : n) \cdot n - (c : n) \cdot n = a + b - c$

BEISPIELE

1. $(45a - 54b) : 9 = 45a : 9 - 54b : 9 = 5a - 6b$
   Probe: $(5a - 6b) \cdot 9 = 45a - 54b$
2. $(3x^2 - 6xy + 9xz) : (-3x) = -x + 2y - 3z$ *(Probe!)*

Sind mehrgliedrige Terme durcheinander zu dividieren, so benutzt man vorteilhaft das Verfahren der **Partialdivision.**
Es handelt sich dabei um das gleiche Verfahren, das bereits von der Division gewöhnlicher Zahlen her bekannt ist.
Man ordnet zunächst Dividend und Divisor nach gleichen Gesichtspunkten, wobei man die einzelnen Glieder zumeist in alphabetischer Reihenfolge und außerdem nach fallenden Potenzen anordnet. Dann dividiert man das erste Glied des Dividenden durch das erste Glied des Divisors. Der entstehende Quotient wird dann mit dem ganzen Divisor multipliziert und dieses Produkt vom Dividenden subtrahiert. Mit dem Rest wird dann in derselben Weise weitergerechnet, bis entweder die Division aufgeht oder ein nicht mehr teilbarer Rest übrigbleibt. Während der Durchführung der Division darf man dabei keinesfalls vom ersten Glied des Divisors auf ein anderes Glied des Divisors überwechseln.

BEISPIELE

3. $(x^3 + x^2y - 3xy^2 + y^3) : (x - y) = x^2 + 2xy - y^2$

$$\begin{array}{l}
\underline{-(x^3 - x^2y)} \\
\quad 2x^2y - 3xy^2 \\
\quad \underline{-(2x^2y - 2xy^2)} \\
\qquad -xy^2 + y^3 \\
\qquad \underline{-(-xy^2 + y^3)} \\
\qquad -
\end{array}$$

Probe: $(x^2 + 2xy - y^2)(x - y) = x^3 + x^2y - 3xy^2 + y^3$

4. $(49a^2 - 25x^2 - 9b^2 - 30bx) : (5x + 7a + 3b)$ *ordnen!*

$$\begin{array}{l}
= (49a^2 - 9b^2 - 30bx - 25x^2) : (7a + 3b + 5x) = 7a - 3b - 5x \\
\underline{-(49a^2 \qquad\qquad\qquad\qquad + 21ab + 35ax)} \\
\quad -9b^2 - 30bx - 25x^2 - 21ab - 35ax \qquad \textit{ordnen!} \\
\quad -21ab - 35ax - 9b^2 - 30bx - 25x^2 \\
\quad \underline{-(-21ab \qquad - 9b^2 - 15bx)} \\
\qquad -35ax \qquad - 15bx - 25x^2 \\
\qquad \underline{-(-35ax \qquad - 15bx - 25x^2)} \\
\qquad\qquad -
\end{array}$$

Probe: $(7a - 3b - 5x)(7a + 3b + 5x) = 49a^2 - 9b^2 - 30bx - 25x^2$

5. $(u^3 - v^3) : (u - v) = u^2 + uv + v^2$

$$\begin{array}{l}
\underline{-(u^3 \qquad - u^2v)} \\
\quad -v^3 + u^2v \qquad \textit{ordnen!} \\
\quad +u^2v - v^3 \\
\quad \underline{-(+u^2v - uv^2)} \\
\qquad -v^3 + uv^2 \qquad \textit{ordnen!} \\
\qquad +uv^2 - v^3 \\
\qquad \underline{-(+uv^2 - v^3)} \\
\qquad -
\end{array}$$

Probe: $(u^2 + uv + v^2)(u - v) = u^3 - v^3$

Anmerkung: Vergleiche dieses Ergebnis mit der letzten Formel der Gegenüberstellung am Ende von 6.2.4.!

6. $(x^3 - 4x^2 + 6x - 5):(x - 2) = x^2 - 2x + 2$ Rest -1

$$\begin{array}{l}
\underline{-(x^3 - 2x^2)} \\
\quad -2x^2 + 6x \\
\quad \underline{-(-2x^2 + 4x)} \\
\qquad +2x - 5 \\
\qquad \underline{-(+2x - 4)} \\
\qquad\qquad -1
\end{array}$$

Anmerkung: Wenn die Division wie hier nicht aufgeht, schreibt man das Ergebnis entweder in der oben angegebenen Form $x^2 - 2x + 2$ Rest -1 oder ähnlich wie bei den nicht aufgehenden Divisionsaufgaben mit gewöhnlichen Zahlen in der Form

$$x^2 - 2x + 2 + \frac{-1}{x-2} = x^2 - 2x + 2 - \frac{1}{x-2}$$

Probe: $\left(x^2 - 2x + 2 - \frac{1}{x-2}\right) \cdot (x-2) = (x^2 - 2x + 2)(x-2) - \frac{1}{x-2} \cdot (x-2)$
$= x^3 - 4x^2 + 6x - 4 - 1 = x^3 - 4x^2 + 6x - 5$

Am folgenden Beispiel soll gezeigt werden, daß äußerlich ganz verschieden aussehende Ergebnisse entstehen können, je nachdem, nach welchen Gesichtspunkten man die Ausgangsterme geordnet hat.

BEISPIEL 7

$(x^3 + x^2y + 2xy^2 + y^3) : (x + y) = ?$

1. Lösung: Ordnet man nach fallenden Potenzen von x, so erhält man

$$
\begin{array}{l}
(x^3 + x^2y + 2xy^2 + y^3) : (x + y) = x^2 + 2y^2 - \dfrac{y^3}{x+y} \\
\underline{-(x^3 + x^2y)} \\
\qquad\qquad 2xy^2 + y^3 \\
\qquad\qquad \underline{-(2xy^2 + 2y^3)} \\
\qquad\qquad\qquad -y^3
\end{array}
$$

2. Lösung: Ordnet man dagegen nach fallenden Potenzen von y, so ergibt sich

$$
\begin{array}{l}
(y^3 + 2xy^2 + x^2y + x^3) : (y + x) = y^2 + xy + \dfrac{x^3}{x+y} \\
\underline{-(y^3 + xy^2)} \\
\qquad\qquad xy^2 + x^2y \\
\qquad\qquad \underline{-(xy^2 + x^2y)} \\
\qquad\qquad\qquad +x^3
\end{array}
$$

Die *Probe* (Multiplikation des Quotienten mit dem Divisor muß den Dividenden ergeben) sei dem Leser überlassen. Sie zeigt, daß die beiden Ergebnisse richtig sind, obwohl sie äußerlich ganz verschieden aussehen.

An das hier angeführte Beispiel möge man denken, wenn man die selbst ermittelten Ergebnisse von Übungsaufgaben mit den am Ende des Buches angegebenen Lösungen vergleicht. *Es ist ohne weiteres möglich, daß das eigene Ergebnis sich zunächst einmal äußerlich von dem im Lösungsteil des Buches stehenden Resultat unterscheidet. Dies trifft vor allem bei Aufgaben zu, bei denen es verschiedene Lösungswege gibt. Bevor nun der Leser an seinen eigenen Fähigkeiten zu zweifeln beginnt, sollte er sich durch eine Proberechnung davon überzeugen, ob sein Ergebnis nicht vielleicht doch richtig ist. Ein solches kritisches Herangehen an die eigene Arbeit wird auch tiefere Einsichten in die Zusammenhänge der Mathematik mit sich bringen.*

6.2.6. Ausklammern gemeinsamer Faktoren

Faktoren, die in allen Gliedern einer algebraischen Summe enthalten sind, lassen sich **ausklammern:**

$$an + bn - cn = n \cdot (a + b - c).$$

Das Ausklammern ist die Umkehrung des Ausmultiplizierens. (Verwendung bei der Probe!)
Da beim Ausklammern eines gemeinsamen Faktors eine algebraische Summe in ein Produkt umgewandelt wird, nennt man diesen Vorgang auch *Produktzerlegung* oder *Faktorenzerlegung.*

BEISPIEL 1

$(24x^2 - 36xy + 12xz) = 12x \cdot (2x - 3y + z)$

Probe durch Ausmultiplizieren des Ergebnisses!

Gegebenenfalls läßt sich das Ausklammern mehrfach nacheinander wiederholen, wenn man geeignete Summanden zusammenfaßt.

BEISPIELE

2. $u^2 + 3u - uv - 3v = u\,(u + 3) - v\,(u + 3) = (u + 3)\,(u - v)$ *(Probe!)*
3. $6ab - 3b - 2a + 1 = 3b\,(2a - 1) - 1 \cdot (2a - 1) = (2a - 1)\,(3b - 1)$ *(Probe!)*
4. $\frac{1}{3}gh^3 + \frac{1}{3}g^3h = \frac{1}{3}gh \cdot (h^2 + g^2)$ *(Probe!)*
5. $4m\,(3a - 2b) + 8n\,(2b - 3a) = 4m\,(3a - 2b) - 8n\,(3a - 2b)$
   $= 4 \cdot (3a - 2b)\,(m - 2n)$ *(Probe!)*
6. $64\,Q^2 - 36R^2 = (8\,Q + 6R)\,(8\,Q - 6R)$ *(Probe!)*
   (Anwendung der dritten binomischen Formel.)
7. $16p^2 + 40pq + 25q^2 - r^2 + 6rs - 9s^2$
   $= (16p^2 + 40pq + 25q^2) - (r^2 - 6rs + 9s^2)$
   $= (4p + 5q)^2 - (r - 3s)^2$ *(Binomische Formeln!)*
   $= [(4p + 5q) + (r - 3s)] \cdot [(4p + 5q) - (r - 3s)]$
   $= (4p + 5q + r - 3s)\,(4p + 5q - r + 3s)$ *(Probe!)*

6.2.7. Bruchrechnung

6.2.7.1. Erweitern und Kürzen

Die Rechenregeln, die in 3.3. für das Rechnen mit gewöhnlichen Brüchen angegeben wurden, gelten auch dann, wenn in den Brüchen Variablen auftreten.

Es ist für b, m und $n \neq 0$

$$\boxed{\frac{a}{b} = \frac{a \cdot m}{b \cdot m} = \frac{a : n}{b : n}} \tag{19}$$

BEISPIELE

1. *Der Bruch* $\frac{x + y}{x - y}$ *ist mit* $x + y$ *zu erweitern.*[1])

   Lösung:

   $$\frac{x + y}{x - y} = \frac{(x + y)\,(x + y)}{(x - y)\,(x + y)} = \frac{(x + y)^2}{x^2 - y^2}.$$

2. *Der Bruch* $\frac{0{,}25xy - 0{,}5z}{0{,}125xy + z}$ *ist mit* $8z$ *zu erweitern.*

---

[1]) Der Leser möge bei den folgenden Beispielen und Übungen überlegen, welche Werte für die auftretenden Variablen nicht statthaft sind.

Lösung:

$$\frac{0{,}25xy - 0{,}5z}{0{,}125xy + z} = \frac{(0{,}25xy - 0{,}5z) \cdot 8z}{(0{,}125xy + z) \cdot 8z} = \frac{2xyz - 4z^2}{xyz + 8z^2}$$

3. *Es ist* $\frac{-a}{b} = \frac{a}{-b} = -\frac{a}{b}$. *(Erweitert mit bzw. gekürzt durch −1.)*

4. *Die Brüche*

a) $\frac{0{,}2uv^2}{0{,}6u^2v}$ b) $\frac{m^2 - n^2}{(m-n)^2}$ c) $\frac{6ax - 9ay}{3by - 2bx}$ d) $\frac{9a^2 - 24ab + 16b^2}{16b^2 - 9a^2}$

sind zu kürzen.

Lösungen:

a) $\frac{0{,}2uv^2}{0{,}6u^2v} = \frac{v}{3u}$ b) $\frac{m^2 - n^2}{(m-n)^2} = \frac{(m+n)(m-n)}{(m-n)^2} = \frac{m+n}{m-n}$

c) $\frac{6ax - 9ay}{3by - 2bx} = \frac{3a(2x - 3y)}{b(3y - 2x)} = \frac{3a(2x - 3y)}{-b(2x - 3y)} = \frac{3a}{-b} = -\frac{3a}{b}$

d) $\frac{9a^2 - 24ab + 16b^2}{16b^2 - 9a^2} = \frac{(3a - 4b)^2}{(4b + 3a)(4b - 3a)} = \frac{(4b - 3a)^2}{(4b + 3a)(4b - 3a)} = \frac{4b - 3a}{4b + 3a}$

Keine Summanden „kürzen", sondern in Faktoren zerlegen!

5. *Die Brüche* $\frac{r - s}{r \cdot s}$, $\frac{p + q}{p - q}$, $\frac{25a - 36b}{5a - 6b}$, $\frac{x^2 - y^2}{x^2 + y^2}$

lassen sich ***nicht*** *kürzen, da Zähler und Nenner* ***keine gemeinsamen Faktoren*** *enthalten.*

6.2.7.2. Addition und Subtraktion von Brüchen

Für gleichnamige Brüche gilt

$$\boxed{\frac{a}{n} + \frac{b}{n} - \frac{c}{n} = \frac{a + b - c}{n}} \quad \text{wobei } n \neq 0. \qquad (20)$$

Ungleichnamige Brüche müssen vor dem Addieren (Subtrahieren) gleichnamig gemacht werden. Die Bestimmung des Hauptnenners geschieht dabei in der gleichen Weise wie beim Rechnen mit bestimmten Zahlen:

| Der Hauptnenner ist das kleinste gemeinsame Vielfache der Einzelnenner.

Die auf einem Bruchstrich stehenden Glieder einer Summe gehören genauso zusammen, als wären sie durch eine Klammer eingeschlossen.

BEISPIELE

1. $\frac{a^2}{xy} - \frac{2ab}{xy} + \frac{b^2}{xy} = \frac{a^2 - 2ab + b^2}{xy} = \frac{(a - b)^2}{xy}$

2. $\frac{8u - 3v}{u^2 - v^2} - \frac{4u - 7v}{u^2 - v^2} = \frac{8u - 3v - (4u - 7v)}{u^2 - v^2}$ *(Klammer beachten!)*

$$= \frac{4u + 4v}{u^2 - v^2} = \frac{4 \cdot (u + v)}{(u + v) \cdot (u - v)} = \frac{4}{u - v}$$

3. $\dfrac{9a+8b-3c}{2ab}+\dfrac{3b-4a-12c}{3ac}-\dfrac{27c-7a-8b}{6bc}=?$

Lösung: Hauptnenner: $6abc$
Erweiterungsfaktoren: $3c$, $2b$ und a.

$$=\frac{(9a+8b-3c)\cdot 3c+(3b-4a-12c)\cdot 2b-(27c-7a-8b)\cdot a}{6abc}$$
$$=\frac{27ac+24bc-9c^2+6b^2-8ab-24bc-27ac+7a^2+8ab}{6abc}$$
$$=\frac{7a^2+6b^2-9c^2}{6abc}$$

4. $\dfrac{2c-5b}{6ab-10b^2}-\dfrac{5\cdot(2c-3a)}{18a^2-30ab}=?$

Lösung: Hauptnenner (HN) und Erweiterungsfaktoren:

$$\begin{array}{r|l} 6ab-10b^2=2b\,(3a-5b) & 3a \\ 18a^2-30ab=6a\,(3a-5b) & b \\ \hline \end{array}$$
$$\mathrm{HN}=6ab\,(3a-5b)$$

$$\frac{2c-5b}{6ab-10b^2}-\frac{5\cdot(2c-3a)}{18a^2-30ab}=\frac{(2c-5b)\cdot 3a-5\cdot(2c-3a)\cdot b}{6ab\,(3a-5b)}$$
$$=\frac{6ac-15ab-10bc+15ab}{6ab\,(3a-5b)}$$
$$=\frac{6ac-10bc}{6ab\,(3a-5b)}=\frac{2c\,(3a-5b)}{6ab\,(3a-5b)}=\frac{c}{3ab}$$

Anmerkung: Es ist ratsam, die Faktoren im Nenner erst dann auszumultiplizieren, wenn feststeht, daß nicht mehr gekürzt werden kann.

5. $\dfrac{3m}{9m^2-24mn+16n^2}-\dfrac{3m}{9m^2-16n^2}+\dfrac{1}{3m+4n}=?$

Lösung: Hauptnenner:

$$\begin{array}{r|l} 9m^2-24mn+16n^2=(3m-4n)^2 & 3m+4n \\ 9m^2-16n^2=(3m+4n)\,(3m-4n) & 3m-4n \\ 3m+4n=3m+4n & (3m-4n)^2 \\ \hline \end{array}$$
$$\mathrm{HN}=(3m-4n)^2\cdot(3m+4n)$$

$$\frac{3m}{9m^2-24mn+16n^2}-\frac{3m}{9m^2-16n^2}+\frac{1}{3m+4n}$$
$$=\frac{3m\,(3m+4n)-3m\,(3m-4n)+(3m-4n)^2}{(3m-4n)^2\,(3m+4n)}=\frac{9m^2+16n^2}{(3m-4n)^2\,(3m+4n)}$$

6. $\dfrac{3}{x+4}-\dfrac{4}{x+3}+\dfrac{5}{x-1}-3=?$

Lösung: Hauptnenner: $(x+4)\,(x+3)\,(x-1)$
Erweiterungsfaktoren:

$$(x+3)\,(x-1)=x^2+2x-3$$
$$(x+4)\,(x-1)=x^2+3x-4$$
$$(x+4)\,(x+3)=x^2+7x+12$$
$$(x+4)\,(x+3)\,(x-1)=x^3+6x^2+5x-12$$

$$\frac{3}{x+4}-\frac{4}{x+3}+\frac{5}{x-1}-3$$

$$= \frac{3(x^2+2x-3)-4(x^2+3x-4)+5(x^2+7x+12)-3(x^3+6x^2+5x-12)}{(x+4)(x+3)(x-1)}$$

$$= \frac{103+14x-14x^2-3x^3}{(x+4)(x+3)(x-1)}$$

7. $\frac{a}{a-b} - \frac{b}{b-a} = ?$

Lösung: Wegen

$$-\frac{b}{b-a} = \frac{b}{-(b-a)} = \frac{b}{a-b}$$

(vgl. Beispiel 3 des Abschnittes 6.2.7.1.) ergibt sich

$$\frac{a}{a-b} - \frac{b}{b-a} = \frac{a}{a-b} + \frac{b}{a-b} = \frac{a+b}{a-b}.$$

6.2.7.3. Multiplikation und Division von Brüchen

Für die Multiplikation und Division von Brüchen gilt:

$$\boxed{\frac{a}{b} \cdot \frac{c}{d} = \frac{a \cdot c}{b \cdot d}} \quad \text{und} \quad \boxed{\frac{a}{b} : \frac{c}{d} = \frac{a \cdot d}{b \cdot c}}. \qquad (21a, b)$$

Da sich jede ganze Zahl als Bruch mit dem Nenner 1 schreiben läßt, sind hierin auch die Regeln für die Multiplikation und Division eines Bruches mit einer ganzen Zahl enthalten.

Bei der Multiplikation und Division von Brüchen ist es nicht empfehlenswert, die entstehenden Zähler und Nenner sofort auszumultiplizieren. Es ist ratsamer, gemeinsame Faktoren auszuklammern, da man dann besser übersehen kann, ob sich etwas kürzen läßt. (Vgl. hierzu besonders das folgende Beispiel 5.)

BEISPIELE

1. $\left(-\frac{u}{v}\right)\left(\frac{uw^2}{v}\right)\left(-\frac{v}{uw}\right) = +\frac{u \cdot uw^2 \cdot v}{v \cdot v \cdot uw} = \frac{uw}{v}$

2. $\left(\frac{x}{y} - \frac{y}{x}\right)\left(\frac{1}{x} - \frac{1}{y}\right) = \frac{x}{xy} - \frac{x}{y^2} - \frac{y}{x^2} + \frac{y}{xy} = \frac{1}{y} - \frac{x}{y^2} - \frac{y}{x^2} + \frac{1}{x}$

   anderer Lösungsweg:

   $\left(\frac{x}{y} - \frac{y}{x}\right)\left(\frac{1}{x} - \frac{1}{y}\right) = \frac{x^2-y^2}{xy} \cdot \frac{y-x}{xy} = \frac{x^2y - x^3 - y^3 + xy^2}{x^2y^2}$

   Der Leser überzeuge sich, daß die beiden Ergebnisse übereinstimmen.

3. $m : \frac{m}{n} = \frac{m}{1} : \frac{m}{n} = \frac{m \cdot n}{1 \cdot m} = n$

4. $\frac{m}{n} : m = \frac{m \cdot 1}{n \cdot m} = \frac{1}{n}$

5. $\frac{6x^2+18y}{2xy-10} \cdot \frac{5x^2y-25x}{3y-6x} : \frac{5x^2+15y}{4xy-8x^2} = \frac{6(x^2+3y) \cdot 5x(xy-5) \cdot 4x(y-2x)}{2(xy-5) \cdot 3(y-2x) \cdot 5(x^2+3y)} = 4x^2$

6.2.7.4. Doppelbrüche

Doppelbrüche lassen sich stets auf einfache Brüche zurückführen.

BEISPIELE

1. $$\frac{\frac{a}{b}}{\frac{c}{d}} = \frac{a}{b} : \frac{c}{d} = \frac{ad}{bc}$$

2. $$\frac{\frac{x}{y} - \frac{y}{x}}{\frac{x}{y} + \frac{y}{x}} = \frac{\frac{x^2 - y^2}{xy}}{\frac{x^2 + y^2}{xy}} = \frac{x^2 - y^2}{xy} : \frac{x^2 + y^2}{xy} = \frac{x^2 - y^2}{x^2 + y^2}$$

3. $$\frac{\frac{u+v}{u-v} - \frac{u-v}{u+v}}{\frac{u+v}{u-v} - \frac{u^2+v^2}{u^2-v^2}} = \frac{\frac{(u+v)^2 - (u-v)^2}{(u+v)(u-v)}}{\frac{(u+v)^2 - (u^2+v^2)}{(u+v)(u-v)}} = \frac{4uv}{u^2 - v^2} : \frac{2uv}{u^2 - v^2} = 2$$

4. $$1 - \frac{1}{1 - \frac{a}{a-b}} = 1 - \frac{1}{\frac{a-b-a}{a-b}} = 1 - \frac{a-b}{-b} = 1 + \frac{a-b}{b} = \frac{b+a-b}{b} = \frac{a}{b}$$

5. *Für den Gesamtwiderstand R zweier parallelgeschalteter Einzelwiderstände R_1 und R_2 gilt die Beziehung*

$$\frac{1}{R} = \frac{1}{R_1} + \frac{1}{R_2}.$$

Man berechne R.

Lösung: R ist der Kehrwert von $\frac{1}{R}$. Es ist demnach

$$R = \frac{1}{\frac{1}{R_1} + \frac{1}{R_2}} = \frac{1}{\frac{R_2 + R_1}{R_1 \cdot R_2}}$$

$$R = \frac{R_1 \cdot R_2}{R_1 + R_2}.$$

AUFGABEN

96. Unter welchen Bedingungen ergeben sich für die folgenden Terme α) gerade und β) ungerade Zahlen?

a) $3n$ b) $n - 1$ c) $2n + 5$ d) $7n - 3$ e) $4n + 6$

97. Man berechne die Terme

a) $(a - b) \cdot c$ b) $a - b \cdot c$ c) $\frac{a-b}{c}$ d) $a - \frac{b}{c}$

e) $\frac{a}{c} - b$ f) $(a : c - b) \cdot d$ g) $(a - b \cdot c) : d$ h) $a : d - b \cdot c$

i) $a : d - b \cdot c : d$ k) $(2a - b)(3c + d)$,

wenn folgende bestimmte Zahlenwerte gegeben sind:

α) $a = 7$;	$b = 5$;	$c = 3$;	$d = 2$
β) $a = 2$;	$b = 9$;	$c = 6$;	$d = 7$
γ) $a = -14$;	$b = 11$;	$c = -5$;	$d = 9$
δ) $a = -21$;	$b = -5$;	$c = -6$;	$d = -10$
ε) $a = 5{,}5$;	$b = -\frac{2}{3}$;	$c = 2\frac{5}{6}$;	$d = 0{,}25$

98. Welches der drei Zeichen >, < oder = kann zwischen die folgenden Zahlen gesetzt werden:

a) -13 und $+13$ b) $+\ 5$ und -12 c) $|+5|$ und $|-12|$
d) $-\ 3$ und -1 e) -16 und $+2$ f) $|-16|$ und $|+2|$
g) $+21$ und $+35$ h) -11 und -27 i) $+7$ und -7
k) $|+7|$ und $|-7|$

99. Berechne

a) $(+35)+(+15)$ b) $(+35)+(-15)$ c) $(+35)-(+15)$
d) $(+35)-(-15)$ e) $(-35)+(+15)$ f) $(-35)+(-15)$
g) $(-35)-(+15)$ h) $(-35)-(-15)$

100. Bilde entsprechende Kombinationen wie in Aufgabe 99 mit den folgenden Zahlen:

α) 6 und 7 β) 11 und 22 γ) 46 und 14 δ) 16 und 16

101. Berechne

a) $(-3)+(+2)-(+5)-(-11)+(-6)$
b) $(-4)+|-3|-|-5|+(-8)-(-12)+|-4|$
c) $418-(69-83)+(116-327)$
d) $(+89{,}7)-(-24{,}3)+(37{,}2-52{,}6)-(+44{,}1)$
e) $|+4|+|-19|-|-31|+|-10|-|+2|$
f) $\left(+\frac{2}{3}\right)-\left(-4\frac{1}{2}\right)-\left(+\frac{9}{4}\right)+\left(-2\frac{2}{3}\right)+\left(5\frac{1}{6}\right)$
g) $172{,}6-(+37{,}2)+|-89{,}7|+(-54{,}4)-|-91{,}9|$
h) $(+4)+|-4|-|+4|-(-4)-(+4)-|-4|+(-4)+|+4|$
i) $(16-108)-(73-147)-(89+13)+(186-41)$
k) $\left(3\frac{1}{8}-7\frac{1}{3}\right)+\left|4\frac{1}{3}-5\frac{3}{4}\right|-\left(\frac{55}{12}-2\frac{5}{6}\right)-\left|7\frac{1}{2}-13\frac{7}{8}\right|$

102. Berechne

a) $|x|-2=0$ b) $|x-7|=3$ c) $|3x+1|-10=0$
d) $|2x+3|+8=0$ e) $|x-3|+|2x+1|=13$
f) $|x|+|x-1|=2$
g) $|3-a|+|b-2|-|a-b|$ für α) $a=1,\ b=3$
β) $a=6,\ b=1$
h) $|3u-2v|-6$ für α) $u=5,\ v=8$
β) $u=2,\ v=-4$

i) $|a^2 - b^2| + |a - b|$ für α) $a = 2, \quad b = 3$
β) $a = 0, \quad b = -5$

k) $c = 3a - b$ für α) $|\alpha| = 2; \quad |\beta| = 6$
β) $|\alpha| = 4; \quad |\beta| = 7$

103. Desgl.

a) $17a - 23b + 35c - 9a - 41c + 30b$

b) $37m - 15l - 64n + 13l + 100n - 38m$

c) $81y - 59x + 15z + 99x - 75z - 31y$

d) $5p - 3q - 7r + 9q + 13s - 17t - 3p + 19r - 6s$

e) $34u - 69w + 51v + 27w - 16u - 22v - 18u$

f) $3{,}13a - 7{,}25b + 9{,}08c - 2{,}02b - 6{,}52a + 4{,}02c$

g) $\frac{2}{3}d + \frac{1}{5}e - \frac{4}{7}f - \frac{1}{3} + \frac{1}{2}f - \frac{5}{6}e - \frac{4}{9}d$

h) $1\,081{,}27x - 495{,}3 + 726{,}88y - 693{,}04z - 375{,}42y + 484{,}14z - 92{,}3x$

i) $4\frac{1}{5}R_1 - 9\frac{2}{7}R_2 + 21\frac{1}{2}R_4 - 15R_3 + 5\frac{2}{3}R_2 - 19\frac{3}{4}R_4 + 12\frac{5}{6}R_1 + 3\frac{13}{21}R_2$

k) $17\frac{2}{5}u - 69{,}258 + 31\frac{3}{4}v - 44{,}327w + 12{,}6u + 59\frac{5}{16}w + 24\frac{1}{8} - 87{,}63v$

104. Desgl.

a) $4a \cdot 2c \cdot 5b \cdot 3c \cdot 2a$

b) $x \cdot 3y \cdot 2z \cdot 5xz \cdot 3xy$

c) $2rt \cdot 5ts \cdot 7rs \cdot 6t \cdot 3$

d) $\frac{2}{3}u \cdot \frac{1}{4}vw \cdot \frac{3}{8}w \cdot 6v \cdot \frac{7}{9}uv \cdot \frac{3}{14}v$

e) $0{,}4pq \cdot 2{,}72q \cdot 0{,}625s \cdot 1{,}6pt \cdot 2{,}5rs \cdot 6{,}25$

f) $(+2rx) \cdot (-6sy) \cdot +3tz)$

g) $\left(-\frac{1}{2}ab\right)\left(+\frac{8}{3}bc\right)\left(-\frac{3}{4}ac\right)$

h) $(+3x)(-2y) - (-5x)(-4y) + (-y)(+6x) - (+4x)(-9y)$

i) $(-3u)(6vw) + (+2u)(-3w)(-v) - (+4uvw)(-5) + (-vw) \cdot 8u$

k) $2s \cdot \left(-\frac{2}{3}at\right) \cdot \left(+8\frac{1}{5}b\right) - \frac{2}{3}b \cdot \left(-3\frac{1}{8}as\right)\left(+\frac{11}{5}t\right) + \frac{5}{16}t\left(+\frac{17}{81}a\right)\left(-\frac{0}{15}bs\right)$

105. Berechne

a) $(+132x):(-11)$

b) $(+15ab):(-3b)$

c) $(96uv):(-12u)$

d) $(+3r):(-3r)$

e) $(-102y^2):(17y)$

f) $(-7a^2b):(-21ab^2)$

g) $(-56u^2vw):(72uv^2w)$

h) $\left(+\frac{3}{7}x\right):(-x)$

i) $32{,}66ab:(-7{,}1rs)$

k) $\left(-\frac{21}{25}xy^2z^3\right):\left(-\frac{14}{15}x^2yz^2\right)$

106. Desgl.

a) $\frac{+48x}{6}$

b) $\frac{-133u}{19}$

c) $\frac{403}{-31c}$

d) $\frac{-209xz}{-38yz}$

e) $-\dfrac{-6{,}29ax}{4{,}81abx}$ f) $+\dfrac{+rstx}{-stx}$ g) $-\dfrac{-0{,}4a^2b}{-1{,}2ab}$ h) $-\dfrac{\frac{3}{4}ab^2x}{-\frac{5}{8}a^2bx}$

i) $-\dfrac{8{,}69xy}{79xy}$ k) $+\dfrac{-5ast}{+9stx}$

107. Berechne

a) $34a^3b^2:[(+2a)(-b)] - 54a^4b^3:[(-a^2)(9b^2)]$

b) $u^2v^3w:[(-uv^2)(+uw)] + (-u^3v^3w^2):[(+u^2vw)(-uvw)]$

c) $(-17{,}49x^2yz):[(+1{,}1x)(-5{,}3y)] + [13{,}34x^4y^2z^2:(-2{,}9x^2y^2)]:(+2{,}3xz)$

d) $[(-63rs^2t):(+3r^2s^3t^2)]\cdot(-2rs) - (+29rs^2t):[(+7r^3s^3t^4):(-14r^2st^2)]$

e) $[(-a^2b):(+5a^3b^2)]\cdot 7ab - 14a^3b^2:[(-3ab)\cdot(7a^2b)]$

108. Vereinfache

a) $(x-6y)-(4x-9y)$

b) $(3q-5r)-(4q+8r)+(2q+6r)-(q-9r)$

c) $(5n-7p-8m)-(2p-m-3n)+(9m-8n+7p)$

d) $3{,}5r-7{,}2s-(5{,}4r+3{,}6s)+(2{,}7r+11{,}8s)$

e) $\left(\frac{2}{3}u-\frac{3}{4}v-\frac{1}{2}w\right)+\left(\frac{1}{2}u+\frac{2}{3}v+\frac{1}{4}w\right)-\left(\frac{1}{6}u-\frac{1}{12}v+\frac{3}{4}w\right)$

f) $6x-[2y-\{4z+(3x-2y)+2x\}-5z]$

g) $2\frac{1}{2}a-\left(0{,}75b-\frac{1}{3}c\right)+\left[\frac{4}{5}a-\left(0{,}6b+\frac{1}{6}c\right)\right]$

h) $(3u-v)-\{[3v-(2u-v)]-[(5u+4v)+w]\}$

i) $5x-7y-\{3z+3y+[-4x+11z-(10y-z)-(-3x+8z)]\}$

k) $(5\mathrm{a}+3\mathrm{b})+[(12\mathrm{a}-6\mathrm{b})-\{(10\mathrm{a}-2\mathrm{b})-(3\mathrm{a}-4\mathrm{b})\}-5\mathrm{b}]$

109. Desgl.

a) $15a-\{13b+[9c+15d-(14a+36d)]\}+14b-29c$

b) $200m-\{30n+75p+(15n-90m)+[7p+n-(3p+2q)-47q]+15n\}+25p$

c) $45d-\{38c+[50k-(29l+12d)]-65c\}-\{77d-[53d+16l-(124k+98l)]-51c+k\}-43c+87k$

d) $26\frac{5}{6}x^2yz-\left\{37\frac{7}{9}xy^2z-75\frac{4}{5}x^2y^2z+\left[27\frac{3}{4}xy^2z+46\frac{7}{8}x^2yz\right.\right.$
$\left.\left.-\left(69\frac{5}{12}x^2y^2z+28\frac{17}{24}x^2y^2z-45\frac{9}{16}x^2yz\right)-68\frac{3}{4}x^2y^2z\right.\right.$
$\left.\left.-99\frac{2}{3}x^2yz+78\frac{1}{2}xy^2z\right]-15x^2yz\right\}-107x^2y^2z$

e) $4a^2b-(2ab^2-4ab+4a-5b-4)+(-4a^2b+ab^2-2ab+3a-3b-3)$
$-(-a-ab^2-2ab+2b+1)$

f) $17+5-\left\{18-\left[9-\left(3+2\frac{1}{2}\right)-17\right]+25\right\}$

g) $18a^2-\{24a^2+[-36b^2-(-18a^2+4b^2)+48b^2]-20a^2\}$

h) $\frac{3}{4}-\left\{\frac{1}{6}-\left[\frac{1}{4}-\left(\frac{1}{2}-\frac{1}{3}\right)+\frac{1}{5}\right]+\frac{13}{15}\right\}$

i) $(9{,}7x - 5{,}08y) - \left\{13{,}642x + 18{,}612y - \left(39{,}7y - 12\frac{5}{6}x\right)\right.$
$\left. - \left[3\frac{5}{9}x - \left(7{,}39y + 16\frac{9}{22}x\right)\right] - 14{,}8x\right\}$

k) $49\frac{5}{22}a^2bc^2 - \left\{60{,}07a^2bc^2 + \left[103{,}372a^2bc - 0{,}46a^2bc^2\right.\right.$
$\left.\left. + \left(13\frac{4}{5}a^3bc + 45{,}062a^2b^2c\right)\right]\right\} - 18\frac{2}{3}a^3bc - \left(16\frac{5}{6}a^2bc + a^2b^2c\right)$

110. Die letzten beiden Glieder sind in eine Klammer, vor der ein Pluszeichen stehen soll, einzuschließen:

a) $x + a - b$ b) $u - v + w$ c) $\frac{q}{2} - \frac{2}{3}v + \frac{1}{4}s$

d) $1 + a - b + c$ e) $2x - 3y + 4z - 5$

111. Die letzten beiden Glieder sind in eine Klammer, vor der ein Minuszeichen stehen soll, einzuschließen:

a) $x - 2y + 4z$ b) $\frac{1}{4}e + \frac{2}{7}f - \frac{3}{8}g$ c) $0{,}25q - 0{,}49r - 0{,}52s + 2{,}12t$

d) $37{,}2a - 42{,}5b + 41{,}6c - 0{,}62d$ e) $\frac{3}{5}u - \frac{7}{9}v - \frac{9}{11}w - \frac{5}{7}x$

112. Die letzten drei Glieder sind in eine Klammer, vor der das Vorzeichen des drittletzten Gliedes stehen soll, einzuschließen:

a) $a - 3b + 2c - 4d$ b) $x - 0{,}2y + 0{,}3y - 4{,}2z + 6{,}3u$

c) $3p - 6q - 2r - 4s + 5t$ d) $\frac{1}{3}u - \frac{2}{5}v + \frac{4}{7}w - \frac{5}{9}x - \frac{2}{3}y + \frac{1}{4}z$

e) $0{,}3k + 3{,}2l - 4{,}5m - 2{,}7n - 1{,}6p$

113. Berechne

a) $3 \cdot (5r - 2s + t)$ b) $(x - 2y - 6z) \cdot (-4a)$

c) $\left(\frac{2}{3}u - \frac{4}{5}v + \frac{1}{2}w\right)\left(-\frac{3}{4}v\right)$ d) $-5{,}2 \cdot (3{,}1a - 2{,}3b + 4{,}7c - 7{,}6d)$

e) $\left(\frac{a}{x} - \frac{3b}{x^2} + c\right) \cdot x^3$ f) $\frac{9p^2}{20uv}\left(\frac{5u^2}{3p^2} + \frac{7v^2}{3p} - \frac{10u^2v}{9p^2}\right)$

g) $3(x + y + z) - 5(x + y - z) - 2(y - x - z)$

h) $2(4b - a) - 6(2a - b) - 7(-2a + 2b)$

i) $\left(3\frac{1}{2}a^4 - 2\frac{1}{4}a^3 + 1\frac{3}{8}a^2 - \frac{3}{4}a + 4\frac{1}{4}\right) \cdot \left(-1\frac{3}{5}a\right)$

k) $2[18 - 3(7w - 5)] - 3[5w + 2(9 - 4w)] + 4[2w - 5(2w - 3)]$

114. Desgl.

a) $5x(4x^2 - 3x)$ b) $(7t - 16)(-9t)$ c) $gh(4r + 3i)$

d) $\left(\frac{2}{3}k - \frac{1}{5}l\right)(-15kl)$ e) $(0{,}7a + 3{,}4b)\,0{,}3c$ f) $\left(\frac{4a}{5u} - \frac{3}{4}\frac{b}{v} + \frac{2}{7w}c\right)\left(-\frac{10}{7}uvw\right)$

g) $(5b^2)\left(3 - \frac{4}{b} + \frac{7}{b^2}\right)$ h) $-\frac{2}{3}xy\left(-\frac{6}{5}z + 9\right)$ i) $5\frac{2}{7}a\left(3\frac{2}{3}b - \frac{4}{5}c\right)$

k) $\left(\frac{2{,}7b}{ac} - \frac{0{,}8}{a}\frac{c}{b}\right) \cdot 3{,}1\frac{a}{bc}$

115. Desgl.

a) $a(2b-c)+3b(2a+c)-5c(2a-b)$

b) $4x(3y-2z)-7y(x-8z)-2z(28y-4x)$

c) $5\frac{3}{4}r\left(4\frac{1}{2}s-2t\right)-7\frac{1}{2}s\left(1\frac{3}{4}r+2\frac{1}{2}t\right)-6\frac{1}{4}t\,(-2r-3s)$

d) $x(2-7x)+4x(3x+2)-5x(3x-1)+(2x-3)\,5x$

e) $0{,}4a(0{,}16b-0{,}61c)-0{,}72b(0{,}91a+0{,}43c)+0{,}81c(0{,}33b+0{,}29a)$

f) $\frac{4}{3}u\left(\frac{1}{2}v-\frac{2}{3}w\right)-\frac{5}{6}v\left(\frac{3}{5}u+\frac{3}{10}w\right)+\frac{4}{9}w\left(\frac{1}{2}u+\frac{9}{16}v\right)$

g) $6x(l-2m+3n)-8x(3l+m-2n)-9x(-2l+3m+n)$

h) $\frac{5a}{6x^2}\left(\frac{3x}{4a^2}-\frac{7x^2}{15a}\right)+\frac{3a}{8x^2}\left(\frac{16x}{3a^2}-\frac{4x^2}{5a}\right)+\frac{5a}{2x^2}\left(\frac{7x^2}{45a}-\frac{3x}{12a^2}\right)$

i) $2x[5y(3-8z)-(4z+7)y+2y(22z-4)]$

k) $\frac{2}{3}a\left[\frac{1}{4}b\left(\frac{2}{5}c-\frac{1}{8}\right)-\frac{3}{2}b\left(\frac{2}{7}+\frac{1}{3}c\right)\right]-\frac{3}{4}b\left[\frac{2}{3}a\left(\frac{2}{15}c-\frac{49}{24}\right)-\frac{4}{3}a\left(\frac{1}{3}c+\frac{2}{7}\right)\right]$

116. Desgl.

a) $(2x+3y)\,(5x+2y)$

b) $(5a+7b)\,(3a-4b)$

c) $(2m-n)\,(9m+4n)$

d) $(9u-2z)\,(7u-3z)$

e) $(11v+9w)\,(11v-9w)$

f) $(-13x-11y)\,(9x-14y)$

g) $\left(\frac{3}{4}a+\frac{2}{3}b\right)\left(-\frac{4}{5}a-\frac{9}{8}b\right)$

h) $(0{,}7u-0{,}3v)\,(-0{,}3v+0{,}7u)$

i) $\left(2\frac{1}{2}a-1\frac{1}{3}b\right)\left(2\frac{2}{3}m+5\frac{1}{4}n\right)$

k) $(2ax+3by)\left(\frac{1}{2}a-\frac{2}{3}b\right)$

117. Desgl.

a) $(x+y-z)\,(x-y-z)$

b) $(2a+3b+4c)\,(a-2b-3c)$

c) $(13u-27v-18w)\,(5v-9u-6w)$

d) $\left(\frac{1}{2}p-\frac{2}{3}q+\frac{1}{4}r\right)\left(\frac{1}{2}p+\frac{2}{3}q-\frac{1}{4}r\right)$

e) $(-0{,}3k-0{,}7l-2{,}1m)\,(1{,}4m+0{,}6l-0{,}5k)$

f) $(2x-1)\,(3x+5)\,(x+1)$

g) $(3u+5)\,(2u-3)\,(u-1)$

h) $(3x+2y)\,(4x-3y)\,(5x-7y)$

i) $(4a-2b)\,(5a-3b)\,(6a+4b)$

k) $(k-2l)\,(3m-n)\,(2p+3q)$

118. Desgl.

a) $(a+b)\,(2a-3b)-(3a+2b)\,(a-b)$

b) $5m(3m^2-4m)\,(7m^3-2m^2+5m+1)$

c) $(x+y)\cdot[(x+y)\,(x-2y)-(x+2y)\,(x-y)]$

d) $\{(u-v)\cdot[(2u-3v)\,(3u-2v)-(2u+3v)\,(3u+2v)]+u^3-v^3]\cdot(u+v)$

e) $(k+9)\,(k+7)-(k+4)^2-(k+1)\,(k-1)+(k-2)^2$

119. Berechne

a) $(u-v)^2$

b) $(m+1)^2$

c) $(1+x)\,(1-x)$

d) $(1-y)^2$

e) $(2a-b)^2$

f) $(x+3y)^2$

g) $(3p-2q)^2$

h) $\left(\frac{2}{3}m+\frac{1}{4}n\right)^2$

i) $(3{,}1s - 5{,}7t)(3{,}1s + 5{,}7t)$

k) $(-0{,}7u + 1{,}2v)^2$

120. Desgl.

a) $(-1 + x)^2 - (1 - x)^2$

b) $\left(3a - \frac{1}{2}b\right)^2 - \left(3a + \frac{1}{2}b\right)^2$

c) $(4x^2 + 3y^2)(4x^2 - 3y^2)$

d) $(-5x - 3y)^2 + (-5x + 3y)^2$

e) $(3x^2 - 1)^2 + (2 - 5x)^2$

f) $(5 - 9a^3)(5 + 9a^3)$

g) $(1{,}3m - 1{,}7n)^2 - (0{,}9n + 1{,}9m)^2$

h) $\left(\frac{7}{9}u - \frac{4}{7}v\right)^2 - \left(\frac{7}{9}u + \frac{4}{7}v\right)\left(\frac{7}{9}u - \frac{4}{7}v\right)$

i) $(4m + 3n)^2 - (2m - 4n)(2m + 4n) - (3m - 5n)^2 - 3m^2$

k) $(3k + 4l)^2 - (2l - 5k)^2 + (4k - 3l)(3l + 4k) - 2l^2$

121. Desgl.

a) $(x + y - z)^2$

b) $(u - v + w)^2$

c) $(2a - 3b - 4c)^2$

d) $(k + l + m + n)^2$

e) $\left(2p - \frac{1}{2}q + \frac{3}{4}r - s\right)^2$

122. Prüfe nach, ob die folgenden Terme vollständige Quadrate sind.

a) $x^2 - 6x + 8$

b) $a^2 + 14a + 49$

c) $y^2 + 12y - 36$

d) $b^2 + 1 - 2b$

e) $z^2 - \frac{8}{3}z + \frac{16}{9}$

f) $c^2 + 34c + 279$

g) $u^2 - 9u + \frac{81}{4}$

h) $\frac{1}{3}v + v^2 + \frac{1}{9}$

i) $w + \frac{1}{4} + w^2$

k) $t^2 + \frac{9}{64} - \frac{3}{4}t$

123. Verwandle die folgenden Terme in vollständige Quadrate

a) $x^2 - 8x + 16$

b) $y^2 + 12y + 36$

c) $z^2 + 25 - 10z$

d) $a^2 - 18a + 81$

e) $12b + 4b^2 + 9$

f) $\frac{9}{49} + c^2 - \frac{6}{7}c$

g) $64 - 16u + u^2$

h) $-v^2 + 28v - 196$

i) $-\frac{4}{3}w + \frac{4}{9} + w^2$

k) $-120t - 48t^2 - 75$

124. Ergänze die folgenden Terme zu vollständigen Quadraten

a) $x^2 + 6x$

b) $y^2 + 121$

c) $z^2 - \frac{10}{7}z$

d) $9a^2 + 64$

e) $16b^2 - 120b$

f) $25c^2 + 2c$

g) $324u^2 + 81$

h) $v^2 + 7$

i) $9w^2 - 480w$

k) $\frac{16}{49}t^2 - \frac{16}{21}t$

125. Berechne unter Verwendung der binomischen Formeln

a) 41^2

b) 87^2

c) $38 \cdot 42$

d) $69^2 - 31^2$

e) $383 \cdot 417$

f) 1010^2

g) $145^2 - 55^2$

h) $304 \cdot 296$

i) 997^2

k) $675^2 - 25^2$

126. Berechne

a) $(2x+3y)^3$ b) $(2a-1)^3$ c) $(-4u-5v)^3$ d) $\left(-2+\frac{1}{2}y\right)^3$

e) $(9a^2+6ab+4b^2)(3a-2b)$

127. Berechne

a) $(a+b)^2$ b) a^2+b^2 c) $(a-b)^2$ d) a^2-b^2

e) $(a+b)^3$ f) a^3+b^3 g) $(a-b)^3$ h) a^3-b^3

für folgende Zahlenwerte

α) $a=5;\quad b=3$ β) $a=2;\quad b=7$ γ) $a=8;\quad b=-6$

δ) $a=-4;\quad b=9$ ε) $a=10;\quad b=10$ ξ) $a=10{,}1;\quad b=9{,}9$

128. Berechne

a) $(21x-14y):7$ b) $(10a-2ab+16ac):2a$

c) $(12uvw-2uvz+6uvwz):9uv$ d) $(15kmq+6lnpq-kn):3knq$

e) $(-64x^6y+18x^5y^2-36x^4y^3+10x^3y^4-2x^2y^5):\left(-\frac{2}{3}x^2y\right)$

f) $(20a^2+15ab-35ac):5a$

g) $\left(\frac{5}{6}xyv-\frac{5}{3}y^2v+\frac{5}{2}yzv-\frac{10}{3}yuv\right):\frac{5}{6}yv$

h) $\left(\frac{14}{45}rstux-\frac{7}{30}rt^2ux-\frac{14}{15}rtu^2x+\frac{7}{45}st^2ux+\frac{2}{15}stu^2x-\frac{7}{60}t^2u^2x\right):\frac{14}{15}tux$

i) $(6{,}24l^2mn-8{,}84l^2n^2+11{,}44lmn^2):2{,}6ln$

k) $(0{,}704x^3y^2z^2-1{,}056x^2y^3z^2+1{,}408x^2y^2z^3):3{,}2xyz$

129. Desgl.[1])

a) $(2{,}7x-2{,}7y):(x-y)$ b) $(28m+21n):(4m+3n)$

c) $(38u^2-57uv):(2u-3v)$ d) $(27a^4b+36a^2b^4):\left(\frac{1}{2}a^2+\frac{2}{3}b^3\right)$

e) $(a^2+2ab+b^2):(a+b)$ f) $(9x^2+6x+1):(3x+1)$

g) $(u^2-10u+25):(u-5)$ h) $(x^2-y^2):(x-y)$

i) $(196m^2-169):(14m-13)$ k) $(x^3+y^3):(x+y)$

130. Desgl.

a) $(3x^2+5xy+2y^2):(x+y)$ b) $(21a^3-34a^2b+25b^3):(7a+5b)$

c) $(9x^3-7xy^2+3y^3):(3x-2y)$ d) $(23s+24s^3+58s^2-15):(5+4s)$

e) $(10a^2b^3-4ab^4-7a^3b^2+2a^5-4a^4b+b^5):(a^2+b^2-2ab)$

f) $\left(a^2-\frac{1}{2}ab-\frac{1}{9}b^2\right):\left(2a+\frac{1}{3}b\right)$

g) $(375a^3+1\,536b^3):(25a^2-40ab+64b^2)$

h) $(41u^5-10u^4v+51u^3v^2-21u^2v^3+20uv^4):(u^2-uv+v^2)$

---

[1]) Man beachte bei den folgenden Aufgaben den Hinweis, der nach Beispiel 7 in 6.2.5. gegeben wurde.

i) $(144x^4 - 81y^2):(36x^2 + 27y)$

k) $(104p^5q^4 - 59p^3q^6 + 60p^7q^2 - 99p^6q^3 + 18p^4q^5 + 18p^2q^7):(5p^3 - 7p^2q + 9pq^2)$

131. Desgl.

a) $(12x^3 - 17x^2 + 2x + 3):(3x + 1)$ b) $(a^3 - b^3):(a - b)$

c) $(4u^2 - 16w^2 + 9v^2 - 12uv):(2u + 4w - 3v)$

d) $(x^3 + y^3):(x + y)$

e) $(33a^2 - 7b^2 - 15x^2 + 22bx - 74ab + 82ax):(3a - 7b + 8x)$

f) $(y^5 + 1):(y + 1)$

g) $(0{,}64a^8 + 0{,}42a^2 - 0{,}49 - 0{,}09a^4):(0{,}8a^4 - 0{,}7 + 0{,}3a^2)$

h) $(24l^2 + 17mn - 6m^2 + 37ln - 5n^2 - 7lm):(3l - 2m + 5n)$

i) $\left(\frac{4}{9}x^4 + \frac{9}{25}x^2 - \frac{25}{36} - \frac{4}{5}x^3\right):\left(\frac{2}{3}x^2 - \frac{3}{5}x - \frac{5}{6}\right)$

k) $(2a^3 - 7a^2b + 10a^2c + ab^2 - 23abc + 19ac^2 + 10b^3 - 3b^2c - 32bc^2 + 21c^3):(a - 2b + 3c)$

132. Bei den folgenden Ausdrücken sind gemeinsame Faktoren auszuklammern:

a) $ab + ac - b - c$ b) $15rs - 1 - 5r + 3s$

c) $p_0 - p_0 \cdot \alpha \cdot t$ d) $a^2b^2 - x^2y^2$

e) $9x^3 - 15x^2z + 6xz^2 - 6x^2y + 10xyz - 4yz^2$

f) $100x^4 - y^6$ g) $4p^2 + 20pq + 25q^2 - 16r^2$

h) $9x^2 - 6xy + y^2 - 16u^2 + 8u - 1$

i) $3ax - 3bx - 2ay + 2by + 4ax - 4bx + 7ay - 7by$

k) $18r^3 - 45rs + 14r^2s - 35s^2$

133. Zerlege in Faktoren:

a) $x^2 - 3x$ b) $18a^2bc - 27ab^2c$ c) $2u(5v - w) + 6(w - 5v)$

d) $2y^3 - 6y^2 + 18y$ e) $5x(3y - 2z) + 30z - 45y$

f) $10abc - 2a + 20bc - 4$

g) $abc - b^2c + abd + bc^2 - acd - b^2d - ac^2 + bcd$

h) $4x^2 - 9a^2 - 6ab - b^2$ i) $\frac{8}{81}lm^2 - \frac{4}{9}lmn + \frac{8}{27}lmp - \frac{4}{3}lnp$

k) $28a^3 + 12a^2b - 7ab^2 - 3b^3$

134. Zerlege unter Verwendung der binomischen Formeln in Faktoren:

a) $a^2 - 1$ b) $4b^2 - 9$ c) $2r^3 - 4r$ d) $5a^2 + 8b^2$

e) $1 - 18x^2$ f) $c^3 + 2c^2 + c$ g) $4b - 12b^2 + 9b^3$

h) $63x^4 - 35x^2$ i) $\frac{4}{9}v^2z - \frac{2}{3}vwz + \frac{1}{4}w^2z$

k) $18abs^2v - 36abs^2w + 24abstw - 12abstv - 4abt^2w + 2abt^2v$

135. Die folgenden Brüche sind soweit wie möglich zu kürzen:

a) $\frac{ab - b}{ab + b}$ b) $\frac{ax - ay}{5x - 5y}$ c) $\frac{a^2b - ab^2}{a^2c - ac^2}$ d) $\frac{3a - 6b}{8b - 4a}$

e) $\frac{4x-4}{9-9x}$ f) $\frac{a^2-b^2}{a^2-ab}$ g) $\frac{(u-v)^2}{u^2-v^2}$ h) $\frac{m^4-n^4}{m^2+n^2}$

i) $\frac{k^2+k}{k^2-1}$ k) $\frac{u-v}{v-u}$

136. Desgl.

a) $\frac{16-49m^2}{16-28m}$ b) $\frac{x^2-4y^2}{x^2-4xy+4y^2}$ c) $\frac{a^2+4a+4}{a+2}$

d) $\frac{10ax+15bx-10ay-15by}{8ax-8ay+12by-12bx}$ e) $\frac{a-bc}{a\cdot bc}$

f) $\frac{mt+ms-nt-ns}{mt-ms-nt+ns}$ g) $\frac{9a^2+6a+1}{1+3a}$ h) $\frac{5t-2s}{4s^2-20st+25t^2}$

i) $\frac{uv\cdot xy}{ux+vy}$ k) $\frac{52mx-117nx+63ny-28my}{13x-7y}$

137. Man bringe den Bruch $\frac{1}{a}$ auf die Nenner

a) a^2 b) ab c) b d) a^2b e) $3a$ f) $ax-2ay$

138. Man bringe den Bruch $\frac{1}{x-y}$ auf die Nenner

a) $y-x$ b) $x^2-2xy+y^2$ c) x^2-y^2

d) $x\cdot y$ e) x^3-y^3 f) $ax-x+y-ay$

139. Man bringe den Bruch $\frac{m-1}{m+1}$ auf die Nenner

a) $m-1$ b) m^2+m c) m^2+2m+1

d) m^2-1 e) m^3+1 f) m^2-2m-3

140. Man bringe den Bruch $\frac{2s-t}{4s-7t}$ auf die Nenner

a) $21t-12s$ b) $5s-8t$ c) $49t^2-16s^2$

d) $16s^2-56st+49t^2$ e) $343t^3-64s^3$ f) $12as-21at-4bs-7bt$

141. Berechne

a) $\frac{3a-b}{2}-\frac{3a+b}{2}$ b) $\frac{a+b}{2}+\frac{a-b}{2}$

c) $\frac{(a+b)^2}{4}-\frac{(a-b)^2}{4}$ d) $\frac{u+3}{3}+\frac{u+4}{3}-\frac{2u-5}{3}$

e) $\frac{15a+11b}{48}-\frac{6a-13b}{48}+\frac{7a-24b}{48}$ f) $\frac{x-2y}{2}+\frac{x+3y}{3}$

g) $\frac{4u-5v+7w}{3}-\frac{3u-7v+6w}{4}-\frac{u-v-5w}{6}$

h) $\frac{x-2}{6}-\frac{3(x-1)}{8}-\frac{2(3x-4)}{9}+\frac{5(2x-1)}{12}+\frac{x-9}{18}$

i) $\frac{9a+8b-3c}{2ab}+\frac{3b-4a-12c}{3ac}-\frac{27c-7a-8b}{6bc}$

k) $\frac{u^3+3u}{18}-\frac{8u-15}{30}+\frac{3u^2+7u-12}{72}+\frac{7u+5-2u^2}{40}$

142. Desgl.

a) $\frac{2x+1}{x} - \frac{x+1}{x}$

b) $\frac{(5a-2b)^2}{12} - \frac{(5a+2b)^2}{12} + \frac{(5a-2b)(5a+2b)}{12}$

c) $\frac{7x-8y+9z}{24} - \frac{9x+8y+12z}{32} + \frac{16y+3z}{48}$

d) $\frac{(a+b)^2}{4} - \frac{(a-b)^2}{6} + \frac{(a+3b)^2}{9} - \frac{(4a-b)^2}{24}$

e) $\frac{a}{4} - \frac{4a-3b}{3} + b - \frac{a-5b}{6}$

f) $\frac{9x+7}{12x^2} - \frac{5x-3x^2-4}{8x^3} + \frac{9x^3-5x^2+2x-8}{108x^4}$

g) $\frac{2(x-1)}{3} - \frac{3(x-2)}{4} + \frac{4(x-3)}{5} - \frac{5(x-4)}{6} - \frac{3(6-x)}{10}$

h) $\frac{5a-2x}{10ax} - \frac{3b-4x}{12bx} + \frac{4a^2-5b}{20a^2b} - \frac{a^2-x}{4a^2x} - \frac{a-b}{5ab} + \frac{2}{3b}$

i) $\frac{a(3x^2-2b)}{12bx^2} - \frac{b(5x^2-3a)}{15ax^2} + \frac{5a-6b}{30x^2} - \frac{a}{4b} + \frac{b}{3a}$

k) $\frac{(3b-2c)a}{6bc} - \frac{b(4a-5c)}{10ac} + \frac{8a^2+3b^2}{6ab} - \frac{5a-4b}{10c}$

143. Desgl.

a) $1 + \frac{1}{x+y}$ b) $1 - \frac{u}{u+v}$ c) $\frac{2a}{3b-c} - \frac{5}{3}$ d) $\frac{x}{x-y} - 1$

e) $\frac{m}{n-m} + 1$ f) $\frac{2}{5} - \frac{4r}{10r+7s}$ g) $\frac{a}{a+b} + \frac{b}{a-b}$ h) $\frac{1}{u-v} - \frac{1}{u+v}$

i) $\frac{ax}{x+y} - a$ k) $\frac{1}{a-3} + a - 3$

144. Desgl.

a) $\frac{2a}{3x} - \frac{2a}{3x-2y}$ b) $\frac{u}{v} + \frac{u+v}{u-v} - \frac{v}{u}$

c) $\frac{3}{a-2} - \frac{8}{3a}$ d) $\frac{a}{2a-b} + \frac{b}{2b-4a}$

e) $\frac{m^2}{m+n} - \frac{n^2-mn}{m-n}$ f) $\frac{x+1}{x+3} - \frac{x+2}{x+1} + \frac{x+3}{x+2}$

g) $\frac{5}{x-a} - \frac{4}{x-2a} - \frac{3}{x-3a}$

h) $\frac{1}{t-1} - \frac{8}{1+t} + \frac{5t-11}{t^2-1} - \frac{4}{1-t}$

i) $\frac{8x}{4x^2-12xy+9y^2} - \frac{6y}{4x^2-9y^2} + \frac{1}{2x+3y}$

k) $\frac{2}{1-5k} - \frac{3k}{25k^2-1} - 2 + \frac{3k}{25k^2-10k+1}$

145. Desgl.

a) $\dfrac{5}{a+b} - \dfrac{4}{a-b} + \dfrac{9b-a}{a^2-b^2}$

b) $\dfrac{x+y}{x-y} + \dfrac{x-y}{x+y} - 2\dfrac{x^2+y^2}{x^2-y^2}$

c) $\dfrac{u+1}{u-1} - \dfrac{u+2}{u-2} + \dfrac{u-1}{u+1} - \dfrac{u-2}{u+2}$

d) $\dfrac{2a-3b}{5a+b} - 2 - \dfrac{7a-4b}{5a+2b}$

e) $\dfrac{ax-by}{2x^2y-2xy^2} - \dfrac{ax+by}{2x^2y+2xy^2}$

f) $\dfrac{2a+3}{2a-2} - \dfrac{3a-2}{3a+3} - \dfrac{5}{6a^2-6}$

g) $\dfrac{1}{a^2+2ab+b^2} + \dfrac{1}{a^2-b^2} - \dfrac{1}{a^2} - \dfrac{b^2}{a^4-a^2b^2}$

h) $\dfrac{q+1}{q^2-q} - \dfrac{q-1}{q^2+q} + \dfrac{1}{q} - \dfrac{4}{q^2-1}$

i) $\dfrac{5}{x-1} - \dfrac{2}{x-2} - \dfrac{3}{x-3}$

k) $\dfrac{x-2}{x-3} - \dfrac{x-1}{x-2}$

146. Berechne

a) $3x \cdot \dfrac{7a}{12bx}$

b) $\dfrac{uw}{16v} \cdot 4vw$

c) $\dfrac{7rs}{9ab^2c} \cdot 3a^2b^2c$

d) $\dfrac{8uv}{17x^2y^3z} \cdot 51xy^2z^2$

e) $(2a-b)\left(\dfrac{1}{2a} + \dfrac{1}{b}\right)$

f) $\left(\dfrac{x}{3y} + \dfrac{3y}{x}\right) \cdot 3xy$

g) $\left(\dfrac{x}{4} - \dfrac{y}{5}\right)\left(\dfrac{4}{x} + \dfrac{5}{y}\right)$

h) $\left(\dfrac{2z}{3xy} + \dfrac{5x}{6yz} - \dfrac{6y}{7xz}\right) \cdot 42xyz$

i) $\left(a - \dfrac{2}{a}\right)\left(2a + \dfrac{3}{a}\right)\left(3a - \dfrac{4}{a}\right)$

k) $\dfrac{5m^2n+7n}{3m-2n} \cdot \dfrac{4n^2-9m^2}{15n^2m+10n^3}$

147. Berechne

a) $\dfrac{56abx}{39cdy} : \dfrac{7b}{13y}$

b) $\dfrac{u-v}{12u} : \dfrac{v-u}{24v}$

c) $\dfrac{3(1-2a)}{c(b-1)} : \dfrac{4(2a-1)}{(1+b)c}$

d) $\left(\dfrac{x^2-10x+25}{3a-1} - \dfrac{x-5}{9a^2-1}\right) : \dfrac{x^2-25}{1-3a}$

e) $\left(\dfrac{3uvw}{2abc} - \dfrac{4u}{5a} - \dfrac{3v}{4b}\right) : \dfrac{-9uv}{10ab}$

f) $\left(\dfrac{x^2}{2y} - \dfrac{y^2}{2x}\right) : \left(\dfrac{2}{x} - \dfrac{2}{y}\right)$

g) $\dfrac{9ab-3b^2}{4ab-3a} \cdot \dfrac{4a^2+10ab}{18a-6b} : \dfrac{4ab+10b^2}{8ab-6a}$

h) $\dfrac{36x^6-48x^5+16x^4}{3(3x-2)^3} : \dfrac{24x^7+8x^6}{81x^4-36x^2}$

i) $\dfrac{8a+6}{5ab-a^2} \cdot \dfrac{25ab-5a^2}{6ab} : \dfrac{20ab+15b}{9a^3b^2}$

k) $\dfrac{2(7u-v)^3}{84au-105u^2-12av+15uv} : \left(\dfrac{28u^2-4uv}{48a^2u^2-75u^4} : \dfrac{2a^2}{49u^2-v^2}\right)$

148. Vereinfache folgende Doppelbrüche:

a) $\dfrac{\dfrac{2}{a}+\dfrac{a}{2}}{\dfrac{2}{a}-\dfrac{a}{2}}$ b) $\dfrac{\dfrac{x-1}{x}-\dfrac{x}{x+1}}{\dfrac{x}{1-x}+\dfrac{x+1}{x}}$ c) $\dfrac{m-\dfrac{1}{m}}{1+\dfrac{1}{m}}$

d) $\dfrac{\dfrac{u-v}{u+v}-\dfrac{u+v}{u-v}}{1+\dfrac{v^2}{u^2-v^2}}$ e) $\dfrac{1-\dfrac{6}{x}+\dfrac{9}{x^2}}{\dfrac{9}{x^2}-1}$ f) $\dfrac{\dfrac{1}{x+1}+\dfrac{1}{1-x}}{\dfrac{1}{1+x}+\dfrac{1}{x-1}}$

g) $\dfrac{\dfrac{9}{4a^2}-25}{\dfrac{15}{a}+25+\dfrac{9}{4a^2}}$ h) $\dfrac{\dfrac{a}{x}-\dfrac{x}{a}}{\dfrac{a}{x}+\dfrac{x}{a}-2}$ i) $\dfrac{\dfrac{r^2+s}{s}-\dfrac{r+s^2}{r}}{\dfrac{r^2+rs+s^2}{rs}}$

k) $\dfrac{\dfrac{4}{a^2}+\dfrac{4}{ab}+\dfrac{1}{b^2}}{\dfrac{1}{2b}+\dfrac{1}{a}}+\dfrac{\dfrac{4}{a^2}-\dfrac{4}{ab}+\dfrac{1}{b^2}}{\dfrac{1}{a}-\dfrac{1}{2b}}$

149. Desgl.

a) $\dfrac{\dfrac{a}{b}+1}{\dfrac{b}{a}+1}$ b) $\dfrac{u}{1-\dfrac{1}{u}}-\dfrac{1}{u-1}$ c) $\dfrac{\dfrac{x}{x+y}+\dfrac{y}{x-y}}{\dfrac{x}{x-y}-\dfrac{y}{x+y}}$

d) $\dfrac{\dfrac{m}{n}-\dfrac{m-n}{m+n}}{1+\dfrac{m}{n}\cdot\dfrac{m-n}{m+n}}$ e) $\dfrac{\dfrac{bh}{2}\cdot\dfrac{2h}{3}+\dfrac{ah}{2}\cdot\dfrac{2h}{3}}{\dfrac{(a+b)\cdot h}{2}}$ f) $1-\dfrac{x}{1-\dfrac{x}{x+1}}$

g) $\dfrac{a}{a-\dfrac{4}{a-\dfrac{3a}{3-a}}}$ h) $3x+\dfrac{56}{7+\dfrac{21x}{8-3x}}$

i) $\dfrac{1}{x+\dfrac{1}{2x-\dfrac{2x^2}{1+x}}}$ k) $1-\dfrac{a}{1-\dfrac{1}{1+a}}$

7. Potenzrechnung

7.1. Begriffserklärungen

Durch die Addition gleicher Summanden wurde eine neue Rechenart definiert: die Multiplikation.

$$\underbrace{a+a+a+\ \ldots\ +a}_{n \text{ Summanden}} = n\cdot a$$

Multipliziert man mehrere gleiche Faktoren miteinander, so hat man auch hierbei das Bedürfnis, eine Abkürzung einzuführen. Man definiert daher eine weitere neue Rechenart, die **Potenzrechnung**.

Unter der Potenz a^n versteht man das Produkt von n gleichen Faktoren a.

$$\boxed{\underbrace{a \cdot a \cdot a \cdot \ldots \cdot a}_{n \text{ Faktoren } a} = a^n = b}, \quad \text{wobei} \quad n \in N \tag{22}$$

Man nennt hierbei

a die **Grundzahl** oder die **Basis,**
n die **Hochzahl** oder den **Exponenten** und
b die **Potenz** oder den **Potenzwert.**

Der Rechenvorgang wird **Potenzieren** genannt. Die Potenzrechnung gehört zu den *Rechenarten dritter Stufe*. Die *Grundzahl a* darf *jeden beliebigen Wert* annehmen. Dagegen muß die *Hochzahl n* auf Grund der Definition (22) der Potenz zunächst immer eine *natürliche Zahl* >1 sein. Um jedoch alle natürlichen Zahlen als Hochzahlen verwenden zu können, führt man eine *Erweiterung des Potenzbegriffes* durch, indem man *festsetzt*, daß

$$\boxed{a^1 = a} \tag{23}$$

sein soll. Es wird sich beim Rechnen mit Potenzen erweisen, daß diese Erweiterung des Potenzbegriffes sinnvoll ist.
Für alle zulässigen Werte der Hochzahl n gilt

$$\boxed{0^n = 0} \quad \text{und} \quad \boxed{1^n = 1} \tag{24 a, b}$$

Für die Potenzen negativer Grundzahlen gelten folgende *Regeln*:

Alle geraden Potenzen von negativen Zahlen sind positiv; alle ungeraden Potenzen negativer Zahlen sind negativ.

Es ist also

$$\boxed{(-a)^{2n} = +a^{2n}} \quad \text{und} \quad \boxed{(-a)^{2n+1} = -a^{2n+1}}, \tag{25 a, b}$$

denn bei der Berechnung von $(-a)^{2n}$ wird eine gerade Anzahl negativer Faktoren miteinander multipliziert, so daß ein positives Ergebnis entsteht, während bei $(-a)^{2n+1}$ eine ungerade Anzahl negativer Faktoren zu multiplizieren ist, woraus sich ein negativer Wert ergibt.

Man beachte den Unterschied zwischen $(-a)^n$ und $-a^n$! Bei $(-a)^n$ ist die negative Zahl $-a$ in die n-te Potenz zu erheben, während bei $-a^n$ zunächst die Zahl a mit n potenziert und dann das gefundene Ergebnis mit einem negativen Vorzeichen versehen werden soll. (Die höhere Rechenoperation geht der niedrigeren voran!)

Aus (25 a, b) folgt für $a = 1$

$$\boxed{(-1)^{2n} = +1} \quad \text{und} \quad \boxed{(-1)^{2n+1} = -1}, \tag{26 a, b}$$

d. h., die Potenzen von -1 ergeben $+1$, wenn die Hochzahl gerade ist, sie ergeben dagegen -1, wenn die Hochzahl ungerade ist.

Während bei der Addition die Summanden und bei der Multiplikation die Faktoren vertauscht werden konnten, gilt hier der Satz:

Grund- und Hochzahl einer Potenz sind im allgemeinen nicht miteinander vertauschbar:

$$a^n \neq n^a \qquad (27)$$

Für die Potenzrechnung gilt demnach *nicht* das Kommutativgesetz.

BEISPIELE

1. *Es ist* $3^4 = 3 \cdot 3 \cdot 3 \cdot 3 = 81$, *dagegen* $4^3 = 4 \cdot 4 \cdot 4 = 64$
2. *Es ist* $(-2)^8 = +256$, *dagegen* $-2^8 = -256$
3. *Es ist* $(-2)^5 = -32$ *und auch* $-2^5 = -32$
4. $(+3)^5 + (-5)^3 = (+243) + (-125) = 118$
5. *Die Abhängigkeit des Potenzwertes b von der Grundzahl a wird für eine ungerade Hochzahl n durch folgende Übersicht veranschaulicht:*

Es ist	$5^3 = 125,$	*allgemein: für*	$a > 1$	*ist*	$b > a;$
	$1^3 = 1$		$a = 1$		$b = a;$
	$0{,}5^3 = 0{,}125$		$0 < a < 1$		$b < a;$
	$0^3 = 0$		$a = 0$		$b = a;$
	$(-0{,}5)^3 = -0{,}125$		$-1 < a < 0$		$b > a;$
	$(-1)^3 = -1$		$a = -1$		$b = a;$
	$(-5)^3 = -125$		$a < -1$		$b < a$

Der Leser stelle sich selbst eine ähnliche Übersicht für eine gerade Hochzahl auf.

7.2. Potenzgesetze

7.2.1. Addition und Subtraktion von Potenzen

Da sich nur *gleichartige* Glieder durch Addition (Subtraktion) zusammenfassen lassen, gilt die *Regel*

Potenzen lassen sich nur dann addieren (subtrahieren), wenn sie sowohl in ihren Grundzahlen als auch in ihren Hochzahlen übereinstimmen.

Allgemeine Ausdrücke wie $a^m \pm a^n$ *oder* $a^m \pm b^m$, *die entweder nur in ihren Grundzahlen oder nur in ihren Hochzahlen übereinstimmen, lassen sich demnach nicht weiter vereinfachen, es sei denn, es sind für die darin auftretenden Variablen bestimmte Zahlenwerte vorgeschrieben.*

BEISPIELE

1. $9a^3 + 5b^3 - 2a^3 - 4b^3 + 7a^3 - 3b^3 = 14a^3 - 2b^3 = 2(7a^3 - b^3)$
2. $\frac{2}{3}u^7 - \frac{3}{4}u^7 = -\frac{u^7}{12}$
3. $5^4 - 5^2 = 625 - 25 = 600$
4. $3^4 + 2^4 = 81 + 16 = 97$; *dagegen ist* $(3 + 2)^4 = 5^4 = 625$
5. $ax^m + bx^m - cx^m = (a + b - c) \cdot x^m$
6. $q^{10} - (-q)^{10} + (-r)^5 + r^5 = q^{10} - (+q^{10}) + (-r^5) + r^5 = q^{10} - q^{10} - r^5 + r^5 = 0$

7.2.2. Multiplikation von Potenzen mit gleichen Hochzahlen

Es ist $$a^n \cdot b^n = \underbrace{(a \cdot a \cdot a \cdot \ldots \cdot a)}_{n \text{ Faktoren } a} \cdot \underbrace{(b \cdot b \cdot b \cdot \ldots \cdot b)}_{n \text{ Faktoren } b}$$

Nach dem Assoziativgesetz der Multiplikation dürfen rechts die Faktoren wie folgt umgestellt werden:

$$a^n \cdot b^n = \underbrace{(a \cdot b)\,(a \cdot b)\,(a \cdot b)\, \cdot \ldots \cdot (a \cdot b)}_{n \text{ Faktoren } a \cdot b}$$

Daraus folgt

$$\boxed{a^n \cdot b^n = (a \cdot b)^n} \tag{28}$$

Potenzen mit gleichen Hochzahlen können dadurch multipliziert werden, daß man das Produkt der Grundzahlen mit der Hochzahl potenziert.

Umgekehrt gilt auch:

Ein Produkt kann man potenzieren, indem man jeden Faktor einzeln potenziert und die entstehenden Potenzen multipliziert.

BEISPIELE

1. $0{,}125^9 \cdot 8^9 = (0{,}125 \cdot 8)^9 = 1^9 = 1$ (*Rechenvorteil!*)
2. $(a-b)^3 \cdot (a+b)^3 = [(a-b)\,(a+b)]^3 = (a^2-b^2)^3$
3. $(-2x)^5 \cdot (-3y)^5 = [(-2x)\,(-3y)]^5 = (6xy)^5 = 7\,776x^5y^5$
4. *Man beachte die Reihenfolge der Rechenoperationen:*

   Es ist $-(5a^2) = -5a^2$,

   dagegen $-(5a)^2 = -5^2 \cdot a^2 = -25a^2$,

   dagegen $(-5a)^2 = +25a^2$

7.2.3. Division von Potenzen mit gleichen Hochzahlen

Es sei $b \neq 0$. Dann ist

$$\frac{a^n}{b^n} = \frac{a \cdot a \cdot a \cdot \ldots \cdot a}{b \cdot b \cdot b \cdot \ldots \cdot b},$$

wobei im Zähler und im Nenner gleich viele Faktoren stehen. Nach den Regeln der Bruchrechnung kann der rechte Ausdruck in Einzelbrüche zerlegt werden:

$$\frac{a^n}{b^n} = \underbrace{\frac{a}{b} \cdot \frac{a}{b} \cdot \frac{a}{b} \cdot \ldots \cdot \frac{a}{b}}_{n \text{ Faktoren } \frac{a}{b}}$$

Es ist demnach

$$\boxed{\frac{a^n}{b^n} = \left(\frac{a}{b}\right)^n \quad \text{für} \quad b \neq 0} \qquad (29)$$

Potenzen mit gleichen Hochzahlen können durcheinander dividiert werden, indem man den Quotienten der Grundzahlen mit der gemeinsamen Hochzahl potenziert.

Umgekehrt gilt auch:

Einen Bruch kann man potenzieren, indem man Zähler und Nenner für sich potenziert und die entstehenden Potenzen durcheinander dividiert.

BEISPIELE

1. $\left(4\frac{2}{3}\right)^3 : \left(\frac{7}{9}\right)^3 = \left(\frac{14}{3} : \frac{7}{9}\right)^3 = 6^3 = 216$

2. $\frac{24^5}{16^3} = ?$

   Lösung: Da verschiedene Hochzahlen vorhanden sind, darf vor dem Potenzieren nicht gekürzt werden; die höhere Rechenart hat den Vorzug. Es kann wie folgt vereinfacht werden:

   $$\frac{24^5}{16^3} = \frac{24^2 \cdot 24^3}{16^3} = 24^2 \cdot \left(\frac{24}{16}\right)^3 = 24^2 \cdot \left(\frac{3}{2}\right)^3 = \frac{576 \cdot 27}{8} = 72 \cdot 27 = 1944$$

3. *Man beachte den Unterschied zwischen* $\frac{a^n}{b}$ *und* $\left(\frac{a}{b}\right)^n$*! (Reihenfolge der Rechenoperationen beachten!)*

4. $$\left(\frac{5u-2v}{4}\right)^3 : \left(\frac{25u^2-4v^2}{8}\right)^3 = \left(\frac{5u-2v}{4} : \frac{25u^2-4v^2}{8}\right)^3 = \left(\frac{(5u-2v)\cdot 8}{4\cdot(5u-2v)\cdot(5u+2v)}\right)^3$$
   $$= \left(\frac{2}{5u+2v}\right)^3 = \frac{8}{(5u+2v)^3}$$

7.2.4. Multiplikation von Potenzen mit gleichen Grundzahlen

Es ist $$a^m \cdot a^n = \underbrace{(a \cdot a \cdot a \cdot \ldots \cdot a)}_{m \text{ Faktoren } a} \cdot \underbrace{(a \cdot a \cdot a \cdot a \cdot \ldots \cdot a)}_{n \text{ Faktoren } a} = \underbrace{a \cdot a \cdot a \cdot \ldots \cdot a}_{(m+n) \text{ Faktoren } a}$$

Daraus folgt

$$\boxed{a^m \cdot a^n = a^{m+n}} \qquad (30)$$

Potenzen mit gleichen Grundzahlen können dadurch multipliziert werden, daß man die gemeinsame Grundzahl mit der Summe der Hochzahlen potenziert.

Umgekehrt gilt auch:

Jede Potenz läßt sich in ein Produkt von Potenzen mit der gleichen Grundzahl aufspalten.

BEISPIELE

1. $5u^2 \cdot 2u^4 \cdot 4u^6 = 40u^{12}$
2. $0{,}15a^5x^n \cdot 0{,}8a^{4n}b^mx^2 \cdot 2a^4b^2x^5 = 0{,}15 \cdot 0{,}8 \cdot 2 \cdot a^{5+4n+4} \cdot b^{m+2}x^{n+2+5} = 0{,}24a^{4n+9}b^{m+2}x^{n+7}$
3. $(x-y)^{5-n} \cdot (x-y)^{5+n} = (x-y)^{10}$
4. v^9 *kann zerlegt werden in* $v \cdot v^8$ *oder* $v^2 \cdot v^7$ *oder* $v^3 \cdot v^6$ *oder* $v^2 \cdot v^3 \cdot v^4$ *usw.*
5. $y^{u+v+w} = y^u \cdot y^v \cdot y^w$
6. $5r^3 - 7r^5 + 2r^6 = r^3(5 - 7r^2 + 2r^3)$
7. $s^{n+1} - s^{n-1} = s^{n-1} \cdot (s^2 - 1)$

7.2.5. Potenzieren einer Potenz

Aus dem Multiplikationsgesetz für Potenzen mit gleichen Grundzahlen folgt für die Potenz $(a^m)^n$

$$(a^m)^n = \underbrace{(a^m)\,(a^m)\,(a^m) \cdot \ldots \cdot (a^m)}_{n \text{ Faktoren}} = a^{\overbrace{m+m+m+\ldots+m}^{}}_{\;n \text{ Summanden}}$$

Es ist demnach

$$\boxed{(a^m)^n = a^{m \cdot n}} \qquad (31)$$

Eine Potenz kann man potenzieren, indem man die Grundzahl mit dem Produkt der Hochzahlen potenziert.

Daraus folgt auch, daß man jede Potenz, deren Hochzahl sich in Faktoren zerlegen läßt, durch mehrmaliges Potenzieren berechnen kann.

Wendet man (31) auf die Potenz $(a^n)^m$ an, so erhält man

$$(a^n)^m = a^{n \cdot m} = a^{m \cdot n}$$

Durch Vergleich mit (31) folgt daraus

$$\boxed{(a^m)^n = (a^n)^m = a^{m \cdot n}} \qquad (32)$$

Beim Potenzieren einer Potenz dürfen die Hochzahlen miteinander vertauscht werden.

BEISPIELE

1. $(-3s^2)^3 = -3^3 \cdot s^6 = -27s^6$
2. $(a^5)^7 \cdot (a^3)^4 = a^{35} \cdot a^{12} = a^{47}$
3. $2^{12} = (2^4)^3 = 16^3 = 4\,096$
4. $(-a)^{10} - (-a^5)^2 + [(-a)^2]^5 - [(-a)^5]^2 = a^{10} - (+a^{10}) + (+a^{10}) - (+a^{10}) = 0$

Schließlich unterscheide man $(a^m)^n$ von $a^{(m^n)}$, wobei im zweiten Falle die Klammer nicht gesetzt zu werden braucht.

BEISPIEL 5

Es ist $(3^2)^4 = 9^4 = 6\,561$;

dagegen $3^{(2^4)} = 3^{2^4} = 3^{16} = 43\,046\,721$

7.2.6. Division von Potenzen mit gleichen Grundzahlen

Es sei a $\neq$ 0. Dann ist

$$\frac{a^m}{a^n} = \frac{a \cdot a \cdot a \cdot a \cdot \ldots \cdot a}{a \cdot a \cdot a \cdot \ldots \cdot a} \quad \begin{matrix}(m \text{ Faktoren})\\(n \text{ Faktoren})\end{matrix}$$

Hier sind drei Fälle zu unterscheiden:

1. Fall: $m > n$.

Im Zähler stehen mehr Faktoren als im Nenner. Folglich können sämtliche n Faktoren des Nenners gegen n Faktoren des Zählers gekürzt werden, wodurch im Zähler noch $m - n$ Faktoren übrigbleiben:

$$\boxed{\frac{a^m}{a^n} = a^{m-n} \quad \text{für} \quad m > n} \tag{33 a}$$

2. Fall: $m = n$.

Im Zähler stehen genauso viele Faktoren wie im Nenner. Folglich lassen sich alle Faktoren des Zählers gegen alle Faktoren des Nenners kürzen, und es verbleibt:

$$\boxed{\frac{a^m}{a^n} = 1 \quad \text{für} \quad m = n} \tag{33 b}$$

3. Fall: $m < n$.

Im Nenner stehen mehr Faktoren als im Zähler. Folglich lassen sich alle m Faktoren des Zählers gegen m Faktoren des Nenners kürzen, so daß im Nenner noch $n - m$ Faktoren übrigbleiben:

$$\boxed{\frac{a^m}{a^n} = \frac{1}{a^{n-m}} \quad \text{für} \quad m < n} \tag{33 c}$$

BEISPIELE

1. $(-v)^{11} : (-v)^5 = (-v)^{11-5} = (-v)^6 = v^6$
2. a) $a^{m+2} : a^{m-2} = a^{(m+2)-(m-2)} = a^4$ (*Hinweis*: *Es ist* $m + 2 > m - 2$.)

   b) $a^{m-2} : a^{m+2} = \frac{1}{a^{(m+2)-(m-2)}} = \frac{1}{a^4}$ (*Es ist* $m - 2 < m + 2$*!*)
3. $x^{3a-2b} : x^{2a-3b} = x^{(3a-2b)-(2a-3b)} = x^{a+b}$
4. $\frac{(9xy^3)^3}{(12x^2y)^4} : \frac{(6x^5y^3)^3}{(8x^4y)^5} = \frac{(3^2)^3x^3y^9 \cdot (2^3)^5x^{20}y^5}{(2^2)^4 \cdot 3^4x^8y^4 \cdot 2^3 \cdot 3^3x^{15}y^9} = \frac{3^6 \cdot 2^{15}x^{23}y^{14}}{3^7 \cdot 2^{11}x^{23}y^{13}} = \frac{2^4y}{3} = \frac{16y}{3}$

5. $\frac{4}{r^{12}} - \frac{12}{r^6 s^4} + \frac{9}{s^8} = ?$

Lösung: Hauptnenner: $r^{12}s^8$. Damit wird

$$\frac{4}{r^{12}} - \frac{12}{r^6 s^4} + \frac{9}{s^8} = \frac{4s^8 - 12r^6s^4 + 9r^{12}}{r^{12}s^8} = \frac{(2s^4 - 3r^6)^2}{r^{12}s^8} = \left(\frac{2s^4 - 3r^6}{r^6 s^4}\right)^2$$

6. $\frac{x^7}{(x+y)^7} - \frac{2x^6}{(x+y)^6} + \frac{x^5}{(x+y)^5} - \frac{x^5y^2}{(x+y)^7} = ?$

Lösung: Hauptnenner: $(x+y)^7$.

$$= \frac{x^7 - 2x^6(x+y) + x^5(x+y)^2 - x^5y^2}{(x+y)^7} = \frac{x^7 - 2x^7 - 2x^6y + x^7 + 2x^6y + x^5y^2 - x^5y^2}{(x+y)^7} = 0$$

7. $\frac{1}{q^{n-3}} - \frac{q^2-1}{q^{n+1}} - \frac{q^2-1}{q^{n-1}} = ?$

Lösung: Hauptnenner: q^{n+1} ($n+1$ ist der größte der drei Exponenten $n+1$, $n-1$ und $n-3$)

Erweiterungsfaktoren: q^4, 1 und q^2. Damit wird

$$\frac{1}{q^{n-3}} - \frac{q^2-1}{q^{n+1}} - \frac{q^2-1}{q^{n-1}} = \frac{q^4 - (q^2-1) - (q^2-1)q^2}{q^{n+1}} = \frac{1}{q^{n+1}}$$

7.2.7. Überblick über die Potenzgesetze für Potenzen mit gleichen Grundzahlen

Betrachtet man die Potenzgesetze für das Multiplizieren (30), Dividieren (33) und Potenzieren (31) von Potenzen mit gleichen Grundzahlen (wobei für das Divisionsgesetz hier zunächst nur der Fall $m > n$ ins Auge gefaßt werden soll), so stellt man fest, daß durch diese Gesetze die Multiplikation zweier Potenzen übergeführt wird in die Addition der Hochzahlen, die Division in die Subtraktion der Hochzahlen und das Potenzieren in die Multiplikation zweier Hochzahlen. *Die Rechengesetze für Potenzen mit gleichen Grundzahlen führen also das Rechnen mit Potenzen auf die Rechnungsart der nächstniedrigeren Stufe mit den jeweiligen Hochzahlen zurück.*

Damit ist auch erklärlich, daß es für die Addition und Subtraktion von Potenzen keine vereinfachenden Potenzgesetze gibt.

7.3. Erste Erweiterung des Potenzbegriffes

7.3.1. Potenzen mit ganzzahligen negativen Hochzahlen

Die ursprüngliche Definition des Potenzbegriffes (vgl. 7.1.) läßt nur die natürlichen Zahlen als Hochzahlen zu. Die Folge davon ist, daß man bei der Division von Potenzen mit gleichen Grundzahlen (vgl. 7.2.6.) die drei Fälle $m > n$, $m = n$ und $m < n$ voneinander unterscheiden muß.

Will man erreichen, daß *für alle Divisionen das gleiche Divisionsgesetz* gilt:

Potenzen mit gleichen Grundzahlen können dividiert werden, indem man die Grundzahlen mit der Differenz aus der Hochzahl des Dividenden (Zählers) und der des Divisors (Nenners) potenziert

$$\boxed{a^m : a^n = a^{m-n} \quad \text{für alle } m \text{ und } n}, \tag{33}$$

so ergeben sich im Falle $m < n$ *negative Hochzahlen* und im Falle $m = n$ die *Hochzahl Null.* Man ist daher gezwungen, den Potenzbegriff zu *erweitern.*

Rechnet man $a^4 : a^7$ nach der bisherigen Divisionsregel (33 c), so ergibt sich

$$a^4 : a^7 = \frac{1}{a^3}$$

Rechnet man dieselbe Aufgabe dagegen nach der erweiterten Divisionsregel (33), so erhält man

$$a^4 : a^7 = a^{4-7} = a^{-3}$$

Aus dem Vergleich der beiden Ergebnisse erkennt man, daß es sinnvoll ist,

$$a^{-3} = \frac{1}{a^3}$$

zu definieren.

Allgemein kommt man auf ähnliche Weise zur *Definition*

$$\boxed{a^{-n} = \frac{1}{a^n} \quad \text{für alle } a \neq 0} \tag{34}$$

Die Potenz mit negativer Hochzahl ist nur eine andere Schreibweise für den Kehrwert der Potenz mit positiver Hochzahl.

Die Bedingung $a \neq 0$ ist notwendig, da nicht durch Null dividiert werden darf.

BEISPIELE

1. $2^{-7} = \frac{1}{2^7} = \frac{1}{128}$
2. $(-3)^{-3} = \frac{1}{(-3)^3} = \frac{1}{-27} = -\frac{1}{27}$
3. $10^{-5} = \frac{1}{10^5} = \frac{1}{100\,000} = 0{,}000\,01$
4. $5 \cdot 10^{-5} = 5 \cdot \frac{1}{10^5} = 5 \cdot 0{,}000\,01 = 0{,}000\,05$
5. $\frac{1}{x^{-n}} = \frac{1}{\frac{1}{x^n}} = x^n$
6. *Die Brüche* $\frac{1}{10}, \frac{1}{a}, \frac{1}{b^2}, \frac{1}{r^x}, \frac{a}{b^n}$ *können ohne Bruchstrich mit Hilfe von negativen Exponenten wie folgt geschrieben werden:* 10^{-1}, a^{-1}, b^{-2}, r^{-x}, $a \cdot b^{-n}$.

7.3.2. Die Hochzahlen Null und Eins

Wendet man die Verallgemeinerung (33) der Divisionsregel auch auf den Fall gleicher Hochzahlen an, so erhält man

$$a^m : a^m = a^{m-m} = a^0$$

Vergleicht man dieses Ergebnis mit (33 b):

$$a^m : a^m = 1,$$

so gelangt man zu der weiteren *Festsetzung*

$$\boxed{a^0 = 1 \quad \text{für alle } a \neq 0} \tag{35}$$

Die nullte Potenz jeder (von Null verschiedenen) Zahl hat den Wert Eins.

In 7.1. (Formel (23)) wurde schließlich noch

$$a^1 = a$$

definiert. Man überzeuge sich selbst von der Zweckmäßigkeit dieser Festsetzung.

7.3.3. Das Rechnen mit Potenzen mit negativen Hochzahlen

Die in 7.3.1. und 7.3.2. eingeführten Erweiterungen des Potenzbegriffes können natürlich nur dann sinnvoll sein, wenn man beim Rechnen mit Potenzen mit negativen Hochzahlen *die bisher geltenden Rechengesetze* anwenden kann, ohne dabei auf Widersprüche zu stoßen.

Daß dies der Fall ist, soll an einigen Beispielen gezeigt werden. Nach den Potenzgesetzen ist

$$a^{-m} \cdot a^{-n} = a^{(-m)+(-n)} = a^{-m-n} = a^{-(m+n)}$$

Beseitigt man dagegen die negativen Hochzahlen, so ergibt sich

$$a^{-m} \cdot a^{-n} = \frac{1}{a^m} \cdot \frac{1}{a^n} = \frac{1}{a^m \cdot a^n} = \frac{1}{a^{m+n}}$$

Die beiden Ergebnisse stimmen überein.

In ähnlicher Weise ergibt sich für $(a^{-m})^n$ nach den Potenzgesetzen a^{-mn}, während man nach Beseitigung der negativen Hochzahlen $(a^{-m})^n = \left(\frac{1}{a^m}\right)^n = \frac{1}{(a^m)^n} = \frac{1}{a^{m \cdot n}}$ erhält. Auch hier stimmen beide Ergebnisse überein.

Man überzeuge sich selbst davon, daß auch die übrigen Potenzgesetze für Potenzen mit negativen Hochzahlen Gültigkeit haben. Es gilt somit der *Satz:*

Für Potenzen mit negativen Hochzahlen gelten die gleichen Rechengesetze wie für die Potenzen mit positiven Hochzahlen.

Insbesondere ist, wenn a und $b \neq 0$ sowie $n \in G$,

$$\left(\frac{a}{b}\right)^{-n} = \frac{1}{\left(\frac{a}{b}\right)^n} = \frac{1}{\frac{a^n}{b^n}} = \frac{b^n}{a^n},$$

woraus

$$\boxed{\left(\frac{a}{b}\right)^{-n} = \left(\frac{b}{a}\right)^n} \tag{36}$$

folgt.

Statt einen Bruch mit einer negativen Hochzahl zu potenzieren, kann man auch den Kehrwert des Bruches mit der entsprechenden positiven Hochzahl potenzieren.

BEISPIELE

1. $(xy)^{-2} : (xy)^{-5} = (xy)^{(-2)-(-5)} = (xy)^3$

2. *Im Ausdruck* $\frac{a^{-3}b^3c^4}{x^2y^{-5}}$ *sind die negativen Hochzahlen zu beseitigen.*

   Lösung:
$$\frac{a^{-3}b^3c^4}{x^2y^{-5}} = \frac{\frac{1}{a^3}\cdot b^3c^4}{x^2\cdot\frac{1}{y^5}} = \frac{b^3c^4y^5}{x^2a^3}$$

   Faktoren, die mit negativem Exponenten im Zähler (Nenner) eines Bruches stehen, können demzufolge mit dem entsprechenden positiven Exponenten in den Nenner (Zähler) gebracht werden.

3. *Im Bruch* $\frac{x^{-2}+y^{-2}}{x^{-2}-y^{-2}}$ *sind die negativen Hochzahlen zu beseitigen.*

   Lösung:
$$\frac{x^{-2}+y^{-2}}{x^{-2}-y^{-2}} = \frac{\frac{1}{x^2}+\frac{1}{y^2}}{\frac{1}{x^2}-\frac{1}{y^2}} = \frac{\frac{y^2+x^2}{x^2\cdot y^2}}{\frac{y^2-x^2}{x^2\cdot y^2}} = \frac{y^2+x^2}{y^2-x^2}$$

4. $[(3x-4y)^{-3}]^0 = 1$

5. $\frac{24a^3b^{-5}}{7c^3} : \frac{8b^{-4}c^{-4}}{21a^{-3}b^{-5}}$ *soll so umgeformt werden, daß im Ergebnis keine Brüche auftreten.*

   Lösung:
$$\frac{24a^3b^{-5}}{7c^3} : \frac{8b^{-4}c^{-4}}{21a^{-3}b^{-5}} = \frac{24a^3}{7c^3b^5} : \frac{8a^3b^5}{21b^4c^4} = \frac{9c}{b^6} = 9b^{-6}c$$

7.4. Anwendungen der Potenzen

7.4.1. Schreibweise rationaler Zahlen mit Hilfe von Zehnerpotenzen

Sehr große und sehr kleine Zahlen lassen sich mit Hilfe der Potenzschreibweise als Zehnerpotenzen recht übersichtlich darstellen. So ist z. B.

$0{,}000\,01 = 10^{-5}$	$100\,000 = 10^5$
$0{,}000\,1 = 10^{-4}$	$10\,000 = 10^4$
$0{,}001 = 10^{-3}$	$1\,000 = 10^3$
$0{,}01 = 10^{-2}$	$100 = 10^2$
$0{,}1 = 10^{-1}$	$10 = 10^1$

$$1 = 10^0$$

Allgemein gilt:

Ist n eine positive ganze Zahl, so ist 10^n diejenige Zahl, die aus einer Eins und n nachfolgenden Nullen besteht. Dagegen ist 10^{-n} derjenige echte Dezimalbruch, bei dem in der n-ten Stelle nach dem Komma als erste von Null verschiedene Ziffer eine Eins folgt.

Auch alle anderen Zahlen lassen sich mit Hilfe von Zehnerpotenzen darstellen. So ist beispielsweise

$$300\,000 = 3 \cdot 100\,000 = 3 \cdot 10^5$$

und $$0{,}000\,125 = 125 \cdot 10^{-6} = 1{,}25 \cdot 10^{-4}$$

Man richtet es bei dieser Darstellungsweise der Zahlen mit Hilfe von Zehnerpotenzen meist so ein, daß der auftretende Faktor vor der Zehnerpotenz eine Zahl zwischen 1 und 10 ist.

BEISPIELE

1. *Die Lichtgeschwindigkeit beträgt* $c = 3 \cdot 10^{10}$ cm/s. (*Ausführlich geschrieben würde diese Zahl* 30 000 000 000 cm/s *lauten.*)
2. *Die* Avogadro*sche Zahl gibt an, daß in einem Mol eines Stoffes etwa* $6{,}02 \cdot 10^{23}$ *Moleküle enthalten sind, das sind* 602 000 000 000 000 000 000 000 *Moleküle.*
3. *Der Elastizitätsmodul des Eisens beträgt* $21{,}1 \cdot 10^{10}$ N/m², *das sind* 211 000 000 000 N/m².
4. *Der Durchmesser eines Atomkernes beträgt rund* 10^{-12} cm, *das sind* 0,000 000 000 001 cm.
5. *Die Masse eines Protons beträgt* $1{,}637 \cdot 10^{-24}$ g, *das sind* 0,000 000 000 000 000 000 000 001 637 g.

Diese wenigen Beispiele dürften die Schreibweise großer und kleiner Zahlen mit Hilfe von Zehnerpotenzen hinreichend rechtfertigen.

7.4.2. Schreibweise von Maßeinheiten

Bei Maßeinheiten verwendet man häufig Potenzen mit negativen Hochzahlen, um Brüche zu vermeiden.

BEISPIELE

1. *Einheit der Geschwindigkeit:* $\mathrm{m \cdot s^{-1}}$
   Einheit der Beschleunigung: $\mathrm{m \cdot s^{-2}}$
   Einheit der Dichte: $\mathrm{g \cdot cm^{-3}}$
   Einheit des Heizwertes: $\mathrm{J \cdot kg^{-1}}$
2. 1 nm (*gelesen: Nanometer*) $= 10^{-9}\,\mathrm{m} = 10^{-6}\,\mathrm{mm}$
   1 pF (*gelesen: Pikofarad*) $= 10^{-12}\,\mathrm{F}$
   1 µN $= 10^{-6}\,\mathrm{N}$

7.5. Potenzen von Binomen

In 6.2.4. wurden die Formeln

$$(a \pm b)^2 = a^2 \pm 2ab + b^2$$

und $$(a \pm b)^3 = a^3 \pm 3a^2b + 3ab^2 \pm b^3$$

für die Quadrate und Kuben von Binomen hergeleitet.
Für die vierten Potenzen von $a + b$ bzw. $a - b$ erhält man

$$(a + b)^4 = (a + b)^2 \cdot (a + b)^2$$
$$= (a^2 + 2ab + b^2)\,(a^2 + 2ab + b^2)$$
$$(a + b)^4 = a^4 + 4a^3b + 6a^2b^2 + 4ab^3 + b^4,$$

und entsprechend

$$(a-b)^4 = a^4 - 4a^3b + 6a^2b^2 - 4ab^3 + b^4$$

Es ist somit

$$\begin{aligned}
(a \pm b)^0 &= 1\\
(a \pm b)^1 &= a \pm b\\
(a \pm b)^2 &= a^2 \pm 2ab + b^2\\
(a \pm b)^3 &= a^3 \pm 3a^2b + 3ab^2 \pm b^3\\
(a \pm b)^4 &= a^4 \pm 4a^3b + 6a^2b^2 \pm 4ab^3 + b^4 \quad \text{usw.}
\end{aligned}$$

Vergleicht man die rechten Seiten dieser Zusammenstellung miteinander, so kann man folgende Gesetzmäßigkeiten feststellen:

1. *Die Anzahl der Glieder ist stets um* 1 *größer als die Hochzahl des Binoms.*
2. *Jede Entwicklung beginnt mit einer Potenz von a und endet mit einer Potenz von b, deren Hochzahl mit der Hochzahl des Binoms übereinstimmt.*
3. *Während die Hochzahlen von a von Glied zu Glied jeweils um* 1 *abnehmen, wachsen die Hochzahlen von b in gleichem Maße an.*
4. *In jedem Glied einer Entwicklung ist die Summe der Hochzahlen von a und b gleich der Hochzahl des Binoms.*
5. *Zu jedem Glied jeder Entwicklung gehört ein bestimmter Zahlenfaktor, ein sogenannter* **Binomialkoeffizient**.
6. *Die Binomialkoeffizienten sind innerhalb einer Entwicklung symmetrisch angeordnet; der erste und der letzte Koeffizient ist stets* 1, *der zweite bzw. der vorletzte Koeffizient stimmt mit der Hochzahl des Binoms überein.*
7. *Bei* $(a+b)^n$ *treten nur positive Glieder auf* (warum?), *während bei* $(a-b)^n$ *die Vorzeichen von Glied zu Glied wechseln. Das Vorzeichen des ersten Gliedes ist stets positiv.*

Zur Ermittlung der *Binomialkoeffizienten* dient folgende Zahlenanordnung, die nach dem französischen Mathematiker BLAISE PASCAL (1623 bis 1662) PASCAL*sches Dreieck* genannt wird:

$n = 0$	1
$n = 1$	1 1
$n = 2$	1 2 1
$n = 3$	1 3 3 1
$n = 4$	1 4 6 4 1
$n = 5$	1 5 10 10 5 1
$n = 6$	1 6 15 20 15 6 1
$n = 7$	1 7 21 35 35 21 7 1
$n = 8$	1 8 28 56 70 56 28 8 1
$n = 9$	1 9 36 84 126 126 84 36 9 1
$n = 10$	1 10 45 120 210 252 210 120 45 10 1

usw.

Das PASCALsche Dreieck ist symmetrisch aufgebaut. Jede Zeile beginnt und endet mit einer 1. Jede Zahl der Anordnung ist gleich der Summe der beiden schräg darüberstehenden Zahlen.

(In der obigen Anordnung ist dies an einigen Stellen durch Klammern angedeutet: Die beiden nebeneinanderstehenden Zahlen 1 und 1 ergeben als Summe die darunterstehende Zahl 2; entsprechend ist z. B. $1 + 2 = 3$; $2 + 1 = 3$; $21 + 35 = 56$; $56 + 28 = 84$; $84 + 36 = 120$ usw.)

Mit Hilfe der erwähnten Gesetzmäßigkeiten ist es möglich, Potenzen beliebiger Binome ohne langwieriges Ausmultiplizieren zu ermitteln.
Eine ausführliche Begründung für die Allgemeingültigkeit der festgestellten Gesetzmäßigkeiten bei der Bildung der Potenzen von Polynomen kann nicht gegeben werden. Sie führt weit über den Rahmen dieses Buches hinaus.

BEISPIELE

1. $(r-s)^6 = r^6 - 6r^5s + 15r^4s^2 - 20r^3s^3 + 15r^2s^4 - 6rs^5 + s^6$
2. $(2a-3b)^4 = (2a)^4 - 4\cdot(2a)^3\cdot 3b + 6\cdot(2a)^2\cdot(3b)^2 - 4\cdot 2a\cdot(3b)^3 + (3b)^4$
   $= 16a^4 - 96a^3b + 216a^2b^2 - 216ab^3 + 81b^4$

In $(a + b)^n$ dürfen die beiden Zahlen a und b ohne weiteres miteinander vertauscht werden:

$$(a+b)^n = (b+a)^n$$

Vertauscht man dagegen in $(a - b)^n$ die beiden Zahlen a und b miteinander, so ist zu beachten, daß sich bei ungeraden Hochzahlen das Vorzeichen ändert, denn es ist

$$(a-b)^n = [(-1)\cdot(b-a)]^n$$

$$\boxed{(a-b)^n = (-1)^n\cdot(b-a)^n} \qquad (37)$$

BEISPIELE

3. *Es ist* $(a-b)^2 = (b-a)^2$; *dagegen ist* $(a-b)^3 = -(b-a)^3$
4. $\dfrac{(x-y)^3}{(y-x)^2} = \dfrac{(x-y)^3}{(x-y)^2} = x-y$
5. $\dfrac{(2x-4y)^3}{(2y-x)^4} = \dfrac{[2\cdot(x-2y)]^3}{(x-2y)^4} = \dfrac{2^3(x-2y)^3}{(x-2y)^4} = \dfrac{8}{x-2y}$
6. $\dfrac{(8u+8v)^2\,(3u-3v)^3}{(24u^2-24v^2)^2} = \dfrac{8^2\cdot(u+v)^2\cdot 3^3\cdot(u-v)^3}{24^2\cdot(u+v)^2\,(u-v)^2} = 3(u-v)$

AUFGABEN

150. Die Übereinstimmung der folgenden Ausdrücke ist zu überprüfen:

a) $(-3)^4 \stackrel{?}{=} +81$ b) $(-2)^7 \stackrel{?}{=} 128$ c) $(-5)^3 \stackrel{?}{=} -3^5$

d) $(-2)^4 \stackrel{?}{=} +4^2$ e) $3^7 \stackrel{?}{=} 7^3$ f) $(-12)^{11} \stackrel{?}{=} -12^{11}$

g) $(x-1)^{14} \stackrel{?}{=} (1-x)^{14}$ h) $(-4)^3 \stackrel{?}{=} (+3)^4$ i) $2^4 \stackrel{?}{=} 4^2$

k) $(-5)^9\cdot(-9)^5 \stackrel{?}{=} 5^9\cdot 9^5$

151. Folgende Potenzwerte sind zu berechnen:

a) $\left(\frac{1}{3}\right)^4$ b) $0{,}01^7$ c) $0{,}0004^2$ d) $6{,}3^2$ e) $26 + 3{,}7^2$

f) $3 + 2 \cdot 7^2$ g) $(3 + 2) \cdot 7^2$ h) $3 + (2 \cdot 7)^2$ i) $(3 + 2 \cdot 7)^2$ k) $(-a)^{2k-5}$

152. Die Übereinstimmung der folgenden Ausdrücke ist zu überprüfen:

a) $2^2 + 3^2 \stackrel{?}{=} 5^2$ b) $3^2 + 4^2 \stackrel{?}{=} 5^2$ c) $6^2 - 3^2 \stackrel{?}{=} 3^2$

d) $6^3 - 5^3 - 4^3 \stackrel{?}{=} 3^3$ e) $11^3 + 12^3 + 13^3 + 14^3 \stackrel{?}{=} 20^3$

153. Berechne

a) $5^2 + 7^2$ b) $(5 + 7)^2$ c) $14^2 - 3^2$ d) $(14 - 3)^2$

e) $(-9)^2 + (+6)^2$ f) $(-9 + 6)^2$ g) $5^3 - 3^3 - 2^3$ h) $(5 - 3 - 2)^3$

i) $(-2)^3 + (-5)^3 + (-7)^3$ k) $[(-2) + (-5) + (-7)]^3$

154. Folgende Terme sind zusammenzufassen:

a) $7a^3 - 2a^3 + 4a^3 + 11a^3 - 15a^3$ b) $4u^7 - 11u^7 - 14u^7 + 6u^7$

c) $21x^2 - 16y^2 - 37x^2 + 9y^2$ d) $\frac{2}{3}uv^2 - \frac{8}{11}u^2v + \frac{5}{6}uv^2 + \frac{1}{2}u^2v$

e) $7\frac{1}{2}ay^3 + 6\frac{2}{3}ay^3 - 5\frac{1}{6}ay^3 + 2\frac{5}{12}ay^3 - 4\frac{1}{3}by$

f) $2ax^8 - 3b^2x^8 + 7c^3x^8 - 5d^4x^8$

g) $\frac{1}{2}a^5b - \frac{5}{7}a^4b^3 + \frac{3}{8}a^3b^3 - 2a^2b^4 + \frac{1}{6}ab^5 - 14b^6 + 2a$

h) $14\frac{5}{9}u^3v^2 - 27\frac{4}{5}u^2v^3 - 9\frac{2}{3}u^3v^2 + 17{,}2u^2v^3$

i) $211a^3 - 89b^3 + 75c^3 - 62d^3$ k) $14x^7 - 9x^6 + 12x^5 - 5x^4$

155. Berechne

a) $x^n \cdot x^4$ b) $a^n \cdot a$ c) $u^{2n} \cdot u^3$ d) $b^n \cdot b^{2n} \cdot b^2$ e) $p^m \cdot p^{m-1}$

f) $y^{n-3} \cdot y^{n+4}$ g) $z^{5-n} \cdot z^{n-4}$ h) $m^9 \cdot m^7$ i) $m^{9n} \cdot m^7$ k) $t^n \cdot t^7 \cdot t^{2-n}$

156. Desgl.

a) $4x^2y^3 \cdot \frac{1}{2}x^3y^2 \cdot 0{,}5x^3y^3$ b) $\frac{5}{9}a^3b^2x \cdot \frac{6}{7}a^2by^3 \cdot \frac{4}{5}a^nb^2x^m \cdot y^n$

c) $x^{3n-2} \cdot 2x^{m-4n+7} \cdot 5x^{2n+m}$ d) $\frac{5}{6}m^xn^2t^5 \cdot \frac{7}{8}mn^yt^3 \cdot \frac{6}{7}m^3nt^z$

e) $ab^{m-2n} \cdot a^2b^{3-m} \cdot 4a^3b^{2-3n+5m}$ f) $3x^2(y-z)^3 \cdot 5^2x^7(y-z)^4 \cdot 2^3x^3(z-y)^6$

g) $(-a)^7 \cdot (-a)^{2n} \cdot (-a)^{4-n}$ h) $\frac{2}{3}(-x)^6 \cdot \frac{5}{8}(-x)^{10} \cdot \frac{3}{4}x^9 \cdot \frac{4}{5}x^{13}$

i) $(7a^4 - 3a^3 + 5a^2)(3a^3 - 2a^2 + 1)$

k) $(5x^{n-1} - 3x^{2n+1}y^{n+2} + 4x^{3n-2}y^{2n-1})(3x^{n+1} - x^{n-3}y^{2n+3})$

157. Die folgenden Potenzen sind als Produkte zu schreiben:

a) a^{m+n} b) a^{28} c) b^{2x+1} d) c^{a+b} e) $x^{a+2b+3c}$

f) 3^5 g) 12^4 h) $(a-b)^{1+n}$ i) $3x^{m+2}$ k) $(-a)^{2n+1}$

158. Berechne

a) $16^3 \cdot 25^3$ b) $\left(3\frac{1}{3}\right)^5 \cdot \left(\frac{3}{5}\right)^5$ c) $0{,}92^4 : 0{,}23^4$

d) $0{,}375^4 \cdot \left(\frac{8}{3}\right)^4$ e) $\left(16\frac{1}{5}\right)^3 \cdot \left(2\frac{2}{9}\right)^3 : 6^3$ f) $\left[\left(3\frac{3}{7}\right)^4 : \left(\frac{16}{5}\right)^4\right] \cdot \left(4\frac{2}{3}\right)^4$

g) $\frac{15^3 \cdot 28^3 \cdot 35^3}{147^3}$ h) $(-a)^4 \cdot (-a^4)$ i) $\left(\frac{3}{4}\right)^7 \cdot \left(\frac{4}{5}\right)^7 \cdot \left(\frac{5}{3}\right)^8$ k) $177^4 : 59^4$

159. Desgl.

a) $\frac{8a^3x^2}{18a^2x^3}$ b) $\frac{210bx^2y^5}{7y^2bx}$ c) $\frac{24r^5s^7t}{54t^4r^6s}$ d) $\frac{1\,540u^7v^5w^6}{858u^3v^8w^4}$

e) $\frac{357l^3(m^2 - n^2)\,n^2}{273m^2(m + n)\,l^4}$ f) $\frac{57(a + b)^2\,(d - c)^2}{119(c - d)^3\,(b + a)}$ g) $\frac{15x^3yz^2}{9xy^2z}$ h) $\frac{7rs^2t^3}{196r^2s^3t^4}$

i) $\frac{42a^3b^2}{63bc^2}$ k) $\frac{156xy^3z^2}{12y^2z}$

160. Desgl.

a) $\frac{(6abx)^3 \cdot (10aby)^4}{(4ab)^4 \cdot (3ax)^3 \cdot (25by)^2}$ b) $\frac{(3ab)^2 \cdot (4ac)^3 \cdot (5bc)^4}{(25abc)^2 \cdot (6abc)^3}$

c) $\left(\frac{u^3v^5}{x^4y^6}\right)^9 \cdot \left(\frac{u^2v^3}{x^3y^5}\right)^9 : \left(\frac{x^4y^7}{u^6y^{10}}\right)^9$ d) $\left(\frac{a - x}{x - y}\right)^3 \cdot \left(\frac{x^2 - y^2}{b^2 - x^2}\right)^2 : \left(\frac{x - a}{x - b}\right)^3$

e) $\left(\frac{(m + n)^{3x - 4}}{m^{x - 1}n} : \frac{n^{2x - 5}}{m^{4x - 3}(m + n)^{3 - 2x}}\right) \cdot \frac{m^{4 - 3x}n^{3x - 6}}{(m + n)^{x - 2}}$

f) $\left(\frac{3b^3y}{2ax^2}\right)^3 \cdot \left(\frac{5x^2y^2}{3a^2b^2}\right)^3 : \left(\frac{5b^2y^6}{4a^4}\right)^2$ g) $\frac{1 - r^2}{r^8} + \frac{1 + r}{r^6} - \frac{2r^3}{r^5}$

h) $\frac{3^4 \cdot a^{7 - x} \cdot b^{3n} \cdot 24^5}{5^3 \cdot a^{2 - 3x} \cdot 2^{10} \cdot b^{2n + 1} \cdot 6^5}$ i) $\frac{18}{(a - 3)^9} + \frac{2a}{(a - 3)^8} - \frac{1}{(a - 3)^7}$

k) $\frac{a}{x^{n + 1}} + \frac{b}{x^{n - 1}} + \frac{c}{x^2} - \frac{d}{x^{n - 4}} + \frac{e}{x} - f$

161. Desgl.

a) $\frac{3 - a}{a^{m - 4}} + \frac{a^6 - a^5 + 2a^3 - 1}{a^{m + 1}} - \frac{2a^2 + 1}{a^{m - 2}}$ b) $\left(\frac{x^7y^3}{z^5}\right)^4 : \left(\frac{x^4y^2}{z^3}\right)^7$

c) $\frac{(135ux^3)^4}{(27x^4y^3)^3} : \frac{(70v^3y^8)^5}{(28u^5v^2)^3}$ d) $\frac{1}{x^3} - \frac{x^2 - 1}{x^5}$

e) $\frac{(21r^4s^3t)^3}{(6r^4s^5t)^3} : \frac{(7r^3s^2t^2)^5}{(14r^5s^6t^4)^2}$ f) $\frac{x^4}{(1 - x)^4} + \frac{2x^5 - x^4}{(1 - x)^5} + \frac{x^6 - x^5 + x^4}{(1 - x)^6}$

g) $\left[\left(\frac{6a^2x^3}{5y^4}\right)^4 : \left(\frac{4x^2}{15ay^3}\right)^5\right] : \left(\frac{27a^6x}{8y}\right)^2$ h) $\frac{v^x \cdot (uv)^{x + y} \cdot w^z}{(uw)^{x + z} \cdot [(uv)^x]^2}$

i) $\left(\frac{a^2 \cdot b^{n + 1}}{27c^{1 - 2n}}\right)^3 : \left(\frac{a^3 \cdot b^{2 - n}}{45c^{3 - 2n}}\right)^2$ k) $-\left(\frac{6u^2v^5}{25x^4y^9}\right)^5 : \frac{\left(-\frac{27x^4y}{50u^2v^{11}}\right)^3}{\left(\frac{15v^9x^8y}{4u^4}\right)^4}$

162. Desgl.

a) $(9a^4 - 58a^2b^2 + 49b^4) : (3a^2 - 4ab - 7b^2)$ b) $(y^{3n} + z^{3n}) : (y^n + z^n)$

c) $(a^{n+4} - a^n) : (a^3 + a)$

d) $(x^9 - 3x^6y^3 + 3x^3y^6 - y^9) : (x^4 - x^3y - xy^3 + y^4)$

e) $(p^{q+2} - p^{q+1} + p^q - p^{q-1} + p^{q-2})\,(p^{8-q} + p^{7-q})$

163. Berechne folgende Potenzen:

a) $(2^3)^2$ b) $2^{(3^2)}$ c) $(-b^5)^4$ d) $(x^3)^n$

e) $(-y^4)^3$ f) $(b^{2m})^6$ g) $(b^6)^{2m}$ h) $(x^{m+1})^2$

i) $[(-y)^{2n-1}]^{2n+1}$ k) $(z^{a+2b})^{2a-b}$

164. Desgl.

a) $(a^2b^3)^4$ b) $(x^4y)^7$ c) $(u^xv^3)^3$ d) $(2m^2n^3)^5$

e) $(-3x^2y^nz^{m-1})^3$ f) $\left(\frac{-3a^3}{5b^5}\right)^4$ g) $\left(\frac{m^5n^2}{x^7y^6}\right)^8$ h) $\frac{(u^3v^5)^4}{(uv)^{12}}$

i) $\frac{(-6a^3b^4)^3}{(-4a^4b^2)^5}$ k) $\frac{(xy)^{22}}{(x^7)^3 \cdot (y^5)^4}$

165. Bei den folgenden Ausdrücken sind die negativen Hochzahlen zu beseitigen:

a) 2^{-3} b) 3^{-2} c) $0{,}2^{-4}$ d) $2 \cdot 5^{-2}$ e) $5 \cdot 2^{-5}$

f) $(-4)^{-3}$ g) -4^{-3} h) $(-4)^{-4}$ i) -4^{-4} k) $0{,}1^{-1}$

166. Desgl.

a) $\left(\frac{1}{4}\right)^{-3}$ b) $\left(-\frac{1}{3}\right)^{-4}$ c) $\left(\frac{5}{8}\right)^{-1}$ d) $\left(\frac{8}{5}\right)^{-1}$ e) $\left(-2\frac{1}{3}\right)^{-3}$

f) $\left(7\frac{5}{6}\right)^{-2}$ g) $\left(247\frac{17}{34}\right)^{-0}$ h) $\left(\frac{4}{7}\right)^{-3}$ i) $\frac{4^{-3}}{7}$ k) $\left(\frac{a}{x}\right)^{-m}$

167. Bei den folgenden Ausdrücken sind die Brüche zu beseitigen (Umformung in Potenzen mit negativen Hochzahlen):

a) $\frac{1}{3}$ b) $\frac{1}{a^3}$ c) $\frac{5}{7}$ d) $\frac{c}{ab}$ e) $\frac{1}{a-b}$

f) $\frac{x+y}{x-y}$ g) $\frac{3}{x^2} - \frac{2}{x} + 1$ h) $\frac{u^3}{v^5}$ i) $\frac{1}{\frac{n}{a^{-2}}}$ k) $\frac{\frac{m}{n}}{\frac{x^2-1}{y^3+2}}$

168. Die folgenden Terme sind so zu schreiben, daß nur negative Hochzahlen auftreten:

a) $\frac{1}{5}$ b) 5 c) m^4 d) $\frac{a^3}{b^2}$ e) $\frac{3}{x^2}$

f) $\frac{m}{n^x}$ g) $\left(\frac{m}{n}\right)^x$ h) $\frac{m^x}{n}$ i) $\frac{1}{mn^x}$ k) $\frac{1}{(mn)^x}$

169. Schreibe als Bruch:

a) x^{m-1} b) $3a^{2m-5}$ c) b^{2-m} d) $a^{n-2}b^{-2n}$

e) $a^{-x} \cdot (bc)^{3-x} \cdot d^{x-2}$ f) $(a-b)^{m-n}$

g) $x^{-3m} + x^{-2m} + x^{-m+1}$ h) $2a^{-4n} + 5a^{2-m} - 3a^{m-n}$

i) $(2a)^{-4n} + (5a)^{-1+m} - (3a)^{n-m}$ k) $x^{-2} + y^{-2}$

170. Forme so um, daß keine negativen Hochzahlen mehr auftreten:

a) $3a^{-3} \cdot 5a^{7} \cdot 2a^{-2}$

b) $\frac{5}{8} a^2 b^{-3} c \cdot \frac{9}{25} a^{-3} b^{-1} c^6 \cdot \frac{20}{21} a^4 b^2 c^{-7}$

c) $35x^6 y^{-6} z^2 : 14x^{-3} y^{-3} z^4$

d) $\dfrac{\frac{2}{5} m^{x-1} n^{x+2} t^4}{\frac{4}{15} m^{1-x} n^{2x+5} t^4}$

e) $\dfrac{3a^{-2} b^{-4}}{4x^{-2} y^{-5}} \cdot \dfrac{6a^3 x^{-1}}{5b^{-3} y^2}$

f) $\dfrac{12m^3 n^{-2}}{25a^{-7} b^2} \cdot \dfrac{15m^{-4} b^2}{16a^5 n}$

g) $\dfrac{a^{-4} b^5 c^{-2}}{x^{-1} y^{-2} z^{-3}} : \dfrac{x^2 y^3 z^4}{a^4 b^{-4} c^4}$

h) $\dfrac{m^{2x-1} n^{3-x}}{s^{m+1} t^{3m}} : \dfrac{m^{3-x} n^{-x+3}}{s^{1-2m} t^2}$

i) $\left(\dfrac{x^{-4} y^{-3}}{a^{-1} b^3}\right)^2 \cdot \left(\dfrac{b^{-2} y^{-3}}{x^{-1} a^2}\right)^{-3}$

k) $\left(\dfrac{v^{-4} x^{+2}}{u^{-6} y^{-4}}\right)^4 : \left(\dfrac{x^{-1} y^{-2}}{u^4 v^{-3}}\right)^{-6}$

171. Desgl.

a) $(x^{-2})^3$ b) $(2x^2)^{-3}$ c) $(-5x^{-3})^{-2}$ d) $[(23x^{-3})^8]^0$

e) $[a \cdot (b^{-2})^3]^{-4}$ f) $(-2^{-3})^4$ g) $(-2^{-3})^{-4}$ h) $(-2^{-4})^{-3}$

i) $\left[\left(\dfrac{1}{r^{-2}}\right)^{-3}\right]^{-2}$ k) $\left[\left(\dfrac{x^{-3} y^{-2}}{z^{-4}}\right)^5\right]^{-3}$

172. Berechne

a) $(6x^{-5} y^{-2} - 2x^{-4} y^{-3} + 7x^{-3} y^{-4}) \cdot 5x^{-1} y^{-3}$

b) $\left(\frac{2}{3} a^{n-2} b^{3-n} - \frac{5}{6} a^{2n} b^{-2n} + \frac{4}{9} a^{1-n} b^{n+3}\right) \cdot \frac{9}{20} a^{-n} b^{2n}$

c) $(3x^{-3} + 2x^{-4} - x^{-5}) : x^{-6}$

d) $(8m^{-7} n^2 - 15m^{-6} n + 7m^{-5} - 2m^{-4} n^{-1}) : 12m^{-4} n^{-3}$

e) $(5y^{2n-1} - 3y^{-n+2} + 6y^{-4n-5}) : 15y^{-n+1}$

173. Entwickle folgende Binome:

a) $(x + y)^7$ b) $(x - 1)^8$ c) $\left(2a - \frac{1}{2}\right)^4$

d) $(3x - 2y)^5$ e) $\left(1 - \frac{1}{2} b\right)^6$

174. Vereinfache

a) $\dfrac{(9a + 3b)^2}{9b^2 - 81a^2}$ b) $\dfrac{(qx - pqy)^5}{(x - py)^3}$ c) $\dfrac{(6u + 3v)^2 (12u - 6v)^3}{(24u^2 - 6v^2)^2}$

d) $\dfrac{(ax + ay)^n}{(abx - aby)^{n-1}}$ e) $\dfrac{(au + av)^m \cdot (bu - bv)^n}{(cu^2 - cv^2)^{m+n}}$

175. Desgl.

a) $(a - x)^3 + (x - a)^3$ b) $(a - x)^3 - (x - a)^3$

c) $(a - x)^3 \cdot (x - a)^3 \cdot (a - x)^6$ d) $(a + x)^5 \cdot (x + a)^5$

e) $\dfrac{u - v}{(s - r)^2} : \dfrac{u^2 - v^2}{r - s}$ f) $2(x - y)^{n-3} \cdot \frac{1}{3} a \cdot (x - y)^{n+1} \cdot 1\frac{1}{2} (y - x)^2$

g) $1\frac{2}{3}(p-q)^x \cdot 4\frac{1}{2}(q-p)^2 \cdot 4\frac{4}{5}(p-q)^{x-2}$

h) $5(a-b)^{2k-2} \cdot 1\frac{4}{5}(b-a)^{7-2k} \cdot \frac{2}{3}(b-a)^{2k-5}$

i) $(15a-27b)^6 + (27b-15a)^6$

k) $(200x-600y)^5 + (600y-200x)^5$

8. Wurzelrechnung

8.1. Radizieren als erste Umkehrung des Potenzierens

Für die beiden direkten Rechenarten erster und zweiter Stufe, die Addition und die Multiplikation, gilt das *Kommutativgesetz*

$$a + b = b + a \quad \text{und} \quad a \cdot b = b \cdot a$$

Aus diesem Grunde hat jede dieser beiden Rechenarten *nur eine* Umkehrung. Die Umkehrung der Addition ist die Subtraktion, die Umkehrung der Multiplikation ist die Division.
Das Kommutativgesetz gilt aber nicht für die Potenzrechnung, die direkte Rechenart dritter Stufe, denn es ist

$$a^n \neq n^a$$

Aus diesem Grunde muß die Potenzrechnung *zwei Umkehrungen* haben.
Ist aus der Potenzgleichung

$$a^n = b$$

bei bekanntem $n \in N \setminus \{0\}$ und $b \geqq 0$ die Grundzahl a zu bestimmen, so nennt man die zugehörige Rechenart **Wurzelrechnung** oder **Radizieren**[1]) und schreibt

$$\boxed{a = \sqrt[n]{b}} \qquad \text{mit } a \text{ und } b \geqq 0 \quad \text{sowie} \quad n \in N \setminus \{0\} \tag{38}$$

(gelesen: a ist die n-te Wurzel aus b).
Für nicht negative Werte von a und b drücken demnach die beiden Gleichungen

$$a^n = b \quad \text{und} \quad a = \sqrt[n]{b}$$

denselben Sachverhalt aus; sie sind nur nach verschiedenen Zahlen aufgelöst.
Es gilt somit folgende **Definition der Wurzel:**

> Die n-te Wurzel aus $b \geqq 0$ ist diejenige *nicht negative* Zahl a, deren n-te Potenz b ergibt.

In $a = \sqrt[n]{b}$ nennt man

b den **Radikanden**,
n den **Wurzelexponenten** und
a die **Wurzel** oder den **Wurzelwert**.

[1]) radix (lat.) die Wurzel

Die hier verwendete Definition des Wurzelbegriffes erlaubt es nicht, Wurzeln aus negativen Zahlen zu ziehen, denn es wird in (38) gefordert, daß $b \geqq 0$ sein soll. Desgleichen gibt es auch keine negativen Wurzelwerte, da verlangt wird, daß man unter der n-ten Wurzel aus b diejenige *nicht negative* Zahl a verstehen soll, deren n-te Potenz b ergibt.

Die Beschränkung auf positive Wurzelwerte wurde eingeführt, um das Wurzelsymbol zu einem eindeutigen Rechenzeichen zu machen. Würde man nämlich diese Einschränkung nicht einführen, so könnte man beispielsweise dem Zeichen $\sqrt[2]{4}$ zwei Werte zuschreiben, nämlich $+2$ und -2, denn es ist sowohl $(+2)^2 = 4$ als auch $(-2)^2 = 4$. Für Aufgaben der Art $\sqrt[2]{4} + \sqrt[2]{9} - \sqrt[2]{16} = ?$ würde es dann eine ganze Reihe verschiedener Lösungsmöglichkeiten geben.
Dagegen hat die vorliegende Aufgabe auf Grund der Beschränkung auf positive Wurzelwerte die eindeutige Lösung

$$\sqrt[2]{4} + \sqrt[2]{9} - \sqrt[2]{16} = 2 + 3 - 4 = 1$$

Eine Begründung dafür, daß man auch als Radikanden nur positive Zahlen bzw. die Zahl Null zuläßt, wird in 8.4.5. gegeben.

Aus der Definition der Wurzel folgt für $b \geqq 0$

$$\boxed{\left(\sqrt[n]{b}\right)^n = \sqrt[n]{b^n} = b}, \qquad (39)$$

wobei man im Falle $\left(\sqrt[n]{b}\right)^n$ die Klammern auch weglassen darf.
Bei nicht negativem Radikanden heben sich demnach Potenzieren und Radizieren mit dem gleichen Exponenten gegenseitig auf, d. h.,

das Radizieren ist die erste Umkehrung des Potenzierens.

Hiervon wird bei der Probe für die Richtigkeit einer Aufgabe der Wurzelrechnung Gebrauch gemacht.

Die zweite Umkehrung der Potenzrechnung, die Logarithmenrechnung, wird im Abschnitt 9. behandelt.

BEISPIELE

1. $\sqrt[2]{0{,}0121} = 0{,}11$; *denn es ist* $0{,}11^2 = 0{,}0121$.

   $\sqrt[3]{-125}$ *gibt es nicht; denn der Radikand darf laut Definition nicht negativ sein.*

   $\sqrt[4]{256} = 4$; *denn es ist* $4^4 = 256$.

2. *Für* $a \geqq 0$ *gilt*

   $\sqrt[3]{a^{3n}} = a^n$; *denn es ist* $(a^n)^3 = a^{3n}$.

   $\sqrt[n]{a^{3n}} = a^3$; *denn es ist* $(a^3)^n = a^{3n}$.

3. *Die Gleichung* $\sqrt[2]{a^2} = a$ *ist nur für* $a \geqq 0$ *richtig, weil nur positive Radikanden zugelassen sind. Dagegen gilt die Gleichung* $\sqrt[2]{a^2} = |a|$ *für* $-\infty < a < +\infty$. *Auf der rechten Seite dieser Gleichung ist der Betrag von a zu schreiben, da als Wurzelwerte nur nichtnegative Zahlen in Frage kommen, a aber in diesem Falle ohne weiteres negativ sein darf.*

Als Verallgemeinerung des Beispiels 3 kann man schreiben

$$\boxed{\begin{array}{ll} \text{Für } a \geqq 0 \text{ gilt} & \sqrt[2n]{a}^{\,2n} = \sqrt[2n]{a^{2n}} = a \\ \text{Für } -\infty < a < \infty \text{ gilt} & \sqrt[2n]{a^{2n}} = |a| \end{array}} \quad (n \in N \setminus \{0\}) \qquad (40)$$

Man darf also nicht leichtfertig gleiche Wurzel- oder Potenzexponenten gegeneinander „kürzen“!
Bei der zweiten Wurzel läßt man gewöhnlich den Wurzelexponenten 2 weg:

$$\sqrt[2]{A} = \sqrt{A}$$

Man nennt die zweite Wurzel auch *Quadratwurzel*, da sie die Länge der Quadratseite bei gegebenem Flächeninhalt A angibt.
Entsprechend liefert die dritte Wurzel, die *Kubikwurzel* $\sqrt[3]{V}$, die Kantenlänge desjenigen Würfels, dessen Volumen V beträgt.

Sonderfälle:

1. Es ist stets

$$\boxed{\sqrt[n]{1} = 1}, \tag{41}$$

denn es gilt für alle n: $1^n = 1$.

2. Für alle $n \in N \setminus \{0\}$ gilt

$$\boxed{\sqrt[n]{0} = 0}, \tag{42}$$

denn unter der genannten Voraussetzung ist $0^n = 0$.

3. Ferner ist für $b \geqq 0$

$$\boxed{\sqrt[1]{b} = b}, \tag{43}$$

denn es ist $b^1 = b$.

Das Zeichen $\sqrt[1]{}$ wird i. allg. nicht geschrieben. Bei $\sqrt[2]{}$ darf dagegen nur der Wurzelexponent 2 weggelassen werden.

8.2. Rationale und irrationale Zahlen

In 6.1.6. wurde gezeigt, daß es sich erforderlich macht, immer umfassendere Zahlbegriffe zu verwenden, wenn man *jede* Aufgabe lösen will.
Ausgehend vom *Bereich der natürlichen Zahlen*, in dem sich jede Additions-, Multiplikations- und Potenzrechnungsaufgabe uneingeschränkt lösen läßt, mußte man zum *Bereich der ganzen Zahlen* übergehen, wenn man *jede* Subtraktionsaufgabe lösen wollte.
Um *jede* Divisionsaufgabe durchführen zu können, muß man zum *Bereich der rationalen Zahlen* übergehen.

Jede rationale Zahl läßt sich stets als endliche oder als unendliche periodische Dezimalzahl schreiben.

Jeder rationalen Zahl entspricht genau ein Punkt auf der Zahlengeraden. Man sagt: Die rationalen Zahlen liegen auf der Zahlengeraden „in sich dicht“; d.h., zwischen zwei rationalen Zahlen, und mögen sie noch so dicht beieinanderliegen, gibt es stets mindestens noch eine weitere rationale Zahl. $\Big($So liegt z.B. zwischen den beiden rationalen Zahlen a und b als weitere rationale Zahl u.a. die Zahl $\frac{a+b}{2}$.$\Big)$

Man könnte nun annehmen, daß mit den rationalen Zahlen bereits alle Zahlen erfaßt sein müßten. Dies ist aber nicht der Fall, denn es lassen sich nicht alle Aufgaben der Wurzelrechnung im Bereich der rationalen Zahlen lösen. So läßt sich zeigen, daß beispielsweise schon $\sqrt{2}$ keine rationale Zahl sein kann.

Wäre nämlich $\sqrt{2}$ eine rationale Zahl, so müßte man sie als Quotient zweier ganzer Zahlen

$$\sqrt{2} = \frac{a}{b}$$

schreiben können, wobei a und b teilerfremd und $\neq 1$ vorauszusetzen sind. Dann ist

$$a = \sqrt{2} \cdot b,$$

woraus

$$(*) \qquad a^2 = 2b^2$$

folgt. Das bedeutet aber, daß a^2 eine gerade Zahl sein muß. Da jedoch das Quadrat einer geraden Zahl stets gerade, das Quadrat einer ungeraden Zahl stets ungerade ist, so folgt daraus, daß auch a gerade sein muß, d.h., die Zahl a muß sich als Produkt aus der Zahl 2 und einer anderen Zahl a_1 darstellen lassen:

$$a = 2 \cdot a_1.$$

Setzt man dies in (*) ein, so ergibt sich

$$4a_1^2 = 2b^2$$

oder

$$b^2 = 2a_1^2$$

Dies würde jedoch bedeuten, daß b^2 und damit auch b gerade sein müssen. Es würde also nicht nur a, sondern auch b den Faktor 2 enthalten. Dies widerspricht unseren oben gemachten Voraussetzungen über a und b, die teilerfremd sein sollten. Daraus folgt, daß sich $\sqrt{2}$ nicht als Quotient zweier ganzer Zahlen darstellen läßt und somit auch keine rationale Zahl sein kann.

Man nennt $\sqrt{2}$ eine **Irrationalzahl**, und man definiert ganz allgemein:

> Alle Zahlen, die sich nicht als Quotienten zweier ganzer Zahlen schreiben lassen, werden irrationale Zahlen genannt.

Zu den irrationalen Zahlen gehören neben $\sqrt{2}$ alle „nicht aufgehenden" Wurzeln, wie z.B. $\sqrt{3}$, $\sqrt{5}$, $\sqrt{6}$, $\sqrt[3]{2}$, $\sqrt[3]{3}$, $\sqrt[3]{4}$ usw. sowie solche Zahlen wie π und andere mehr.
Der Wert einer Irrationalzahl läßt sich nur angenähert als Dezimalzahl angeben, d.h., er läßt sich beliebig eng zwischen zwei rationale Zahlen einschließen. So ist z.B.

$1 < \sqrt{2} < 2,$	denn	$1^2 = 1$	$2^2 = 4$
$1{,}4 < \sqrt{2} < 1{,}5,$	denn	$1{,}4^2 = 1{,}96$	$1{,}5^2 = 2{,}25$
$1{,}41 < \sqrt{2} < 1{,}42,$	denn	$1{,}41^2 = 1{,}9881$	$1{,}42^2 = 2{,}0164$
$1{,}414 < \sqrt{2} < 1{,}415,$	denn	$1{,}414^2 = 1{,}999396$	$1{,}415^2 = 2{,}002225$
$1{,}4142 < \sqrt{2} < 1{,}4143$	denn	$1{,}4142^2 = 1{,}99996164$	$1{,}4143^2 = 2{,}00024449$

usw.
In der höheren Mathematik wird bewiesen, daß sich alle irrationalen Zahlen als *unendliche nichtperiodische Dezimalbrüche* darstellen lassen.
Für das praktische Rechnen werden *Näherungswerte* verwendet:

$$\sqrt{2} = 1{,}4142 \qquad \text{oder} \qquad \sqrt{3} = 1{,}7321 \quad \text{usw.}$$

Erst wenn man alle rationalen und irrationalen Zahlen auf der Zahlengeraden untergebracht hat, entspricht *jedem Punkt* der Zahlengeraden auch *genau eine Zahl*.
Die Gesamtheit der rationalen und der irrationalen Zahlen wird die **Menge der reellen Zahlen** genannt. Wir werden die Menge der reellen Zahlen künftig immer mit R bezeichnen.
Mit den bereits eingeführten Bezeichnungen für die verschiedenen Zahlenbereiche:

N: Menge der natürlichen Zahlen,
G: Menge der ganzen Zahlen,
K: Menge der rationalen Zahlen und
R: Menge der reellen Zahlen

läßt sich nunmehr feststellen, daß

$$\boxed{N \subset G \subset K \subset R} \tag{44}$$

gilt.
Einen umfassenderen Zahlenbereich als den der reellen Zahlen werden wir in diesem Buche nicht behandeln.

8.3. Wurzeln als Potenzen mit gebrochenen Exponenten

(Zweite Erweiterung des Potenzbegriffes)

In 7.3. wurde der Potenzbegriff, der ursprünglich nur Sinn hatte, wenn die Hochzahl eine natürliche Zahl >1 war, dadurch erweitert, daß auch Potenzen mit negativen Hochzahlen sowie Potenzen mit den Hochzahlen Null bzw. Eins definiert wurden. Es zeigte sich, daß die bisher geltenden Potenzgesetze auch für den erweiterten Potenzbegriff angewendet werden durften.
Es soll nun untersucht werden, ob es sinnvoll ist, auch mit **Potenzen mit gebrochenen Hochzahlen** zu rechnen. Solche Potenzen wären beispielsweise $3^{\frac{1}{2}}, 4^{\frac{3}{4}}, 36^{0,5}, a^{\frac{m}{n}}, 5^{-\frac{2}{7}}$ usw.
Wenn diese vorläufig noch recht undurchsichtigen Potenzen einen Sinn haben sollen, dann müssen auch für sie die Potenzgesetze gelten. Es muß also beispielsweise

$$\left(3^{\frac{1}{2}}\right)^2 = 3^{\frac{1}{2}\cdot 2} = 3^1 = 3$$

sein.
Nun ist aber andererseits auch

$$\sqrt{3}^{\,2} = 3,$$

so daß es naheliegt,

$$3^{\frac{1}{2}} = \sqrt{3}$$

zu setzen.

In ähnlicher Weise führt der Vergleich von $\left(27^{\frac{3}{4}}\right)^4 = 27^{\frac{3}{4}\cdot 4} = 27^3$ und $(\sqrt[4]{27^3})^4 = 27^3$ auf die Beziehung

$$27^{\frac{3}{4}} = \sqrt[4]{27^3}$$

Verallgemeinert man diese beiden Beispiele, so kommt man zu einer *zweiten Erweiterung des Potenzbegriffes*, indem man für $a \geqq 0$ *definiert*:

$$a^{\frac{m}{n}} = \sqrt[n]{a^m} \qquad (45)$$

Potenzen mit gebrochenen Hochzahlen sind Wurzeln.
Dabei stimmt der Zähler der Hochzahl mit der Hochzahl des Radikanden, der Nenner der Hochzahl mit dem Wurzelexponenten überein.
Umgekehrt läßt sich auch jede Wurzel als Potenz mit einem gebrochenen Exponenten schreiben.

Es läßt sich zeigen, daß alle Potenzgesetze auch für diesen erweiterten Potenzbegriff gültig bleiben, so daß die durch die Definition (45) getroffene Erweiterung des Potenzbegriffs sinnvoll ist.

BEISPIELE

1. *Verwandlung von Potenzen mit gebrochenen Hochzahlen in Wurzelausdrücke:*

a) $5^{\frac{2}{3}} = \sqrt[3]{5^2} = \sqrt[3]{25}$ b) $16^{\frac{1}{4}} = \sqrt[4]{16} = 2$ c) $243^{0,2} = 243^{\frac{1}{5}} = \sqrt[5]{243} = 3$

d) $q^{-\frac{1}{2}} = \frac{1}{q^{\frac{1}{2}}} = \frac{1}{\sqrt[2]{q}}$ e) $x^{-0,75} = \frac{1}{x^{\frac{3}{4}}} = \frac{1}{\sqrt[4]{x^3}}$ f) $u^{5,9} = u^5 \cdot u^{0,9} = u^5 \cdot \sqrt[10]{u^9}$

2. *Verwandlung von Wurzeln in Potenzen mit gebrochenen Hochzahlen:*

a) $\sqrt[5]{x^2} = x^{\frac{2}{5}}$ b) $\sqrt[5]{x}^{\,2} = \left(x^{\frac{1}{5}}\right)^2 = x^{\frac{2}{5}}$ c) $\frac{1}{\sqrt[3]{u^4}} = u^{-\frac{4}{3}}$

d) $\frac{1}{\sqrt[n]{z^m}} = z^{-\frac{m}{n}}$ e) $\sqrt{a^2 + b^2} = (a^2 + b^2)^{\frac{1}{2}}$

Da jede irrationale Zahl beliebig genau durch eine rationale Zahl angenähert werden kann, lassen sich auch Potenzen wie $a^{\sqrt{2}}$ oder $x^{-\pi}$ usw. mit jeder gewünschten Genauigkeit berechnen.

Am Taschenrechner ist hierfür die Taste [Y^X] vorgesehen. Sie gehört zu den zweistelligen Operationstasten.

BEISPIELE

3. Die Potenz $4{,}5^7$ kann mit Hilfe der Tastenfolge [4] [.] [5] [Y^X] [7] [=] ermittelt werden.
   Ergebnis: 37 366,94

4. Es ist $\sqrt[3]{5}^{\sqrt{2}}$ zu berechnen.

   Lösung:

Eingabe	Anzeige im Display	Bemerkung
5	5	
[Y^X]	5	
3	3	
[1/X]	0.333 333 33	1/3
[=]	1.709 976	$5^{1/3} = \sqrt[3]{5}$
[Y^X]	1.709 976	
2	2	
[√]	1.414 213 6	$\sqrt{2}$
[=]	2.134 59	$\sqrt[3]{5}^{\sqrt{2}}$

Ergebnis: $\sqrt[3]{5}^{\sqrt{2}} = 2{,}134\,59$.

Anmerkung: Bei den meisten Rechnern kann bei dieser Art von Aufgaben auf die Eingabe der [=] -Taste nach [1/X] verzichtet werden.

8.4. Wurzelgesetze

8.4.1. Addition und Subtraktion von Wurzeln

Für die Wurzelrechnung sind *keine neuen Rechengesetze* erforderlich, weil sich jede Wurzel als Potenz mit einer gebrochenen Hochzahl schreiben läßt. *Jede Aufgabe der Wurzelrechnung läßt sich mit Hilfe der Potenzgesetze lösen.*

Da sich jedoch viele Aufgaben der Wurzelrechnung in der Wurzelschreibweise bequemer darstellen lassen als durch Potenzen mit gebrochenen Hochzahlen, wird im folgenden auch die Wurzelschreibweise der einzelnen Rechengesetze angegeben.

Gemäß 7.2.1. gilt für Wurzeln:

> Wurzeln lassen sich nur dann addieren bzw. subtrahieren, wenn sie sowohl in ihren Radikanden als auch in ihren Wurzelexponenten übereinstimmen.

Terme wie z.B. $\sqrt[n]{a} \pm \sqrt[n]{b}$ oder $\sqrt{a^2 \pm b^2}$ und andere mehr lassen sich demnach *nicht* weiter vereinfachen, es sei denn, daß für die Variablen a und b bestimmte Zahlenwerte gegeben sind.

BEISPIELE

1. $5 \cdot \sqrt[6]{d} + 8 \cdot \sqrt[6]{d} - 11 \cdot \sqrt[6]{d} = 2 \cdot \sqrt[6]{d}$
2. $4 \cdot \sqrt[4]{x} + 2 \cdot \sqrt[3]{x} - 3 \cdot \sqrt[4]{x} - \sqrt[3]{x} = \sqrt[4]{x} + \sqrt[3]{x}$
3. $a \cdot \sqrt[p]{q} - b \cdot \sqrt[p]{q} + c \cdot \sqrt[p]{q} = (a - b + c) \cdot \sqrt[p]{q}$
4. *Beachte, daß im allgemeinen* $\sqrt{a^2 \pm b^2} \neq a \pm b$ *und* $\sqrt[n]{a} \pm \sqrt[n]{b} \neq \sqrt[n]{a \pm b}$.
   Für welche Werte von a und b gilt das Gleichheitszeichen?

5. $\sqrt[3]{3^3+4^3+5^3} = \sqrt[3]{27+64+125} = \sqrt[3]{216} = 6$

6. $\sqrt{81} - \sqrt[4]{81} = 9 - 3 = 6$

8.4.2. Multiplikation von Wurzeln mit gleichen Wurzelexponenten

Nach den Potenzgesetzen gilt für a und $b \geqq 0$

$$a^{\frac{1}{n}} \cdot b^{\frac{1}{n}} = (a \cdot b)^{\frac{1}{n}}$$

In Wurzelschreibweise lautet dieses Gesetz

$$\boxed{\sqrt[n]{a} \cdot \sqrt[n]{b} = \sqrt[n]{a \cdot b}} \qquad (46)$$

Wurzeln mit gleichen Wurzelexponenten können dadurch multipliziert werden, daß man das Produkt der Radikanden mit dem gemeinsamen Wurzelexponenten radiziert.

Es gilt auch die *Umkehrung dieses Satzes*:

Die Wurzel aus einem Produkt läßt sich auch dadurch ziehen, daß man die Wurzel aus jedem Faktor zieht und die entstehenden Wurzelwerte miteinander multipliziert.

BEISPIELE

1. $\sqrt{6} \cdot \sqrt{8} \cdot \sqrt{3} = \sqrt{6 \cdot 8 \cdot 3} = \sqrt{144} = 12$

2. $\sqrt[3]{6 \cdot \sqrt{3} + 9} \cdot \sqrt[3]{6 \cdot \sqrt{3} - 9} = \sqrt[3]{(6 \cdot \sqrt{3} + 9)(6 \cdot \sqrt{3} - 9)} = \sqrt[3]{(6 \cdot \sqrt{3})^2 - 9^2} = \sqrt[3]{36 \cdot 3 - 81}$
$= \sqrt[3]{27} = 3$

3. $(\sqrt{a} - \sqrt{b})^2 = (\sqrt{a})^2 - 2 \cdot \sqrt{a} \cdot \sqrt{b} + (\sqrt{b})^2 = a - 2 \cdot \sqrt{ab} + b$

4. $(\sqrt{u} + \sqrt{v})(\sqrt{u} - \sqrt{v}) = u - v$

5. $3 \cdot \sqrt{125} - 2 \cdot \sqrt{20} - 3 \cdot \sqrt{180} + 6 \cdot \sqrt{45} = ?$

   Lösung: In jedem Radikanden ist eine Quadratzahl als Faktor enthalten. Dadurch lassen sich die Wurzeln wie folgt vereinfachen:

   $= 3 \cdot \sqrt{25 \cdot 5} - 2 \cdot \sqrt{4 \cdot 5} - 3 \cdot \sqrt{36 \cdot 5} + 6 \cdot \sqrt{9 \cdot 5}$
   $= 3 \cdot 5 \cdot \sqrt{5} - 2 \cdot 2 \cdot \sqrt{5} - 3 \cdot 6 \cdot \sqrt{5} + 6 \cdot 3 \cdot \sqrt{5} = 11 \cdot \sqrt{5} \approx 24{,}5978$

6. $(\sqrt[3]{a^2} - \sqrt[3]{b})(\sqrt[3]{a} + \sqrt[3]{b^2}) = \sqrt[3]{a^3} + \sqrt[3]{a^2b^2} - \sqrt[3]{ab} - \sqrt[3]{b^3} = a + \sqrt[3]{(ab)^2} - \sqrt[3]{ab} - b$

7. $\sqrt[n]{a^{n-2}} \cdot \sqrt[n]{a^{n+3}} = \sqrt[n]{a^{n-2} \cdot a^{n+3}} = \sqrt[n]{a^{2n+1}} = \sqrt[n]{a^{2n} \cdot a} = a^2 \cdot \sqrt[n]{a}$

8. *Ist ein Faktor mit unter ein Wurzelzeichen zu bringen, so rechnet man wie im folgenden Beispiel:*

   $$x \cdot \sqrt{1 - \frac{y^2}{x^2}} = \sqrt{x^2} \cdot \sqrt{1 - \frac{y^2}{x^2}} = \sqrt{x^2\left(1 - \frac{y^2}{x^2}\right)} = \sqrt{x^2 - y^2}$$

9. *Unter dem geometrischen Mittel der n Zahlen* $a_1, a_2, a_3, \ldots a_n$ *versteht man den Ausdruck*

   $m = \sqrt[n]{a_1 \cdot a_2 \cdot a_3 \cdot \ldots \cdot a_n}$.

   So ist das geometrische Mittel der Zahlen 6 *und* 24 *die Zahl* $\sqrt{6 \cdot 24} = \sqrt{144} = 12$; *das geometrische Mittel von* 12, 45 *und* 50 *die Zahl* $\sqrt[3]{12 \cdot 45 \cdot 50} = \sqrt[3]{2^2 \cdot 3 \cdot 3^2 \cdot 5 \cdot 5^2 \cdot 2} = \sqrt[3]{(2 \cdot 3 \cdot 5)^3} = 30$.

8.4.3. Division von Wurzeln mit gleichen Wurzelexponenten

In ähnlicher Weise wie bei der Multiplikation von Wurzeln mit gleichen Wurzelexponenten läßt sich herleiten, daß für $a \geqq 0$ und $b > 0$

$$\boxed{\frac{\sqrt[n]{a}}{\sqrt[n]{b}} = \sqrt[n]{\frac{a}{b}}} \qquad (47)$$

ist.

> Wurzeln mit gleichen Wurzelexponenten können durcheinander dividiert werden, indem man den Quotienten der Radikanden mit dem gemeinsamen Wurzelexponenten radiziert.

Oder umgekehrt:

> Einen Bruch kann man radizieren, indem man Zähler und Nenner für sich radiziert und die entstehenden Wurzelwerte durcheinander dividiert.

BEISPIELE

1. $\sqrt{72} : \sqrt{8} = \sqrt{72:8} = \sqrt{9} = 3$
2. $\sqrt[3]{81a^5b^7} : \sqrt[3]{3ab} = \sqrt[3]{(81a^5b^7):(3ab)} = \sqrt[3]{27a^4b^6} = 3ab^2 \cdot \sqrt[3]{a}$
3. $\sqrt{0{,}84} = \sqrt{\frac{84}{100}} = \frac{\sqrt{84}}{10} \approx \frac{9{,}1652}{10} = 0{,}91652$
4. $\sqrt[3]{0{,}21} = \sqrt[3]{\frac{210}{1000}} = \frac{\sqrt[3]{210}}{10} \approx \frac{5{,}9439}{10} = 0{,}59439$

   Anmerkung: Die Beispiele 3 und 4 zeigen, wie man Wurzeln, deren Wurzelwerte nicht in der Tabelle stehen, durch geeignetes Umformen doch noch aus der Tabelle entnehmen kann. (Vgl. hierzu auch 3.6.!)

5. $$\begin{array}{l}
(u \cdot \sqrt{u} + v \cdot \sqrt{v}) : (\sqrt{u} + \sqrt{v}) = u - \sqrt{uv} + v \\
\underline{-(u \cdot \sqrt{u} + u \cdot \sqrt{v})} \\
\qquad -u \cdot \sqrt{v} + v \cdot \sqrt{v} \\
\qquad \underline{-(-u \cdot \sqrt{v} - v \cdot \sqrt{u})} \\
\qquad\qquad +v \cdot \sqrt{u} + v \cdot \sqrt{v} \\
\qquad\qquad \underline{-(+v \cdot \sqrt{u} + v \cdot \sqrt{v})} \\
\qquad\qquad\qquad - \; - \; -
\end{array}$$

8.4.4. Rationalmachen des Nenners

Um einen Näherungswert für den Bruch $\frac{1}{\sqrt{2}}$ zu erhalten, müßte man die Zahl 1 durch den Näherungswert 1,41421 dividieren. Man gelangt jedoch wesentlich schneller zum Ziel, wenn man den Nenner so erweitert, daß man nur noch durch eine ganze Zahl zu dividieren braucht:

$$\frac{1}{\sqrt{2}} = \frac{1 \cdot \sqrt{2}}{\sqrt{2} \cdot \sqrt{2}} = \frac{\sqrt{2}}{2} = \frac{1}{2} \cdot \sqrt{2} \approx \frac{1}{2} \cdot 1{,}414\,21 = 0{,}707\,11$$

Man nennt dieses Verfahren **Rationalmachen des Nenners.**
Steht im Nenner eines Bruches eine n-te Wurzel, so läßt sich dadurch eine Vereinfachung erreichen, daß man den Bruch so erweitert, daß der Radikand im Nenner die n-te Potenz einer Zahl wird. Daraus läßt sich dann die Wurzel ohne weiteres ziehen.

Ganz allgemein ist für das Zahlenrechnen eine irrationale Zahl im Zähler eines Bruches weniger unbequem als eine irrationale Zahl im Nenner. Man wird daher stets versuchen, den Nenner rational zu machen.

BEISPIELE

1. $\frac{6}{\sqrt{3}} = \frac{6 \cdot \sqrt{3}}{\sqrt{3} \cdot \sqrt{3}} = \frac{6}{3} \cdot \sqrt{3} = 2 \cdot \sqrt{3}$

2. $\frac{5}{3 \cdot \sqrt{15}} = \frac{5 \cdot \sqrt{15}}{3 \cdot \sqrt{15} \cdot \sqrt{15}} = \frac{5 \cdot \sqrt{15}}{3 \cdot 15} = \frac{1}{9} \cdot \sqrt{15}$

3. $\frac{2}{\sqrt[3]{9}} = \frac{2 \cdot \sqrt[3]{3}}{\sqrt[3]{9} \cdot \sqrt[3]{3}} = \frac{2}{3} \cdot \sqrt[3]{3}$

4. $\frac{a}{\sqrt{a}} = \frac{a \cdot \sqrt{a}}{\sqrt{a} \cdot \sqrt{a}} = \frac{a \cdot \sqrt{a}}{a} = \sqrt{a}$

5. $\frac{x}{\sqrt[7]{x^3}} = \frac{x \cdot \sqrt[7]{x^4}}{\sqrt[7]{x^3} \cdot \sqrt[7]{x^4}} = \frac{x \cdot \sqrt[7]{x^4}}{x} = \sqrt[7]{x^4}$

Das Rationalmachen des Nenners ist vor allem dann vorteilhaft, wenn man nur mit Tabellen und ohne technische Rechenhilfsmittel (z.B. Taschenrechner) arbeiten muß. So ist es beispielsweise beim Beispiel 1 wesentlich einfacher, wenn man nur $2 \cdot \sqrt{3} = 2 \times 1{,}732\,050\,8 = 3{,}464\,101\,6$ zu berechnen braucht, als wenn man die Divisionsaufgabe $6 : 1{,}732\,050\,8$ lösen müßte. Darüber hinaus erhält man ein genaueres Resultat.
Steht im Nenner eine Summe, in der Quadratwurzeln auftreten, so läßt sich der Nenner mit Hilfe der dritten binomischen Formel

$$(a + b)(a - b) = a^2 - b^2$$

rational machen.

BEISPIELE

6. $\frac{2 \cdot \sqrt{3}}{\sqrt{5} - \sqrt{3}} = \frac{2 \cdot \sqrt{3} \cdot (\sqrt{5} + \sqrt{3})}{(\sqrt{5} - \sqrt{3})(\sqrt{5} + \sqrt{3})} = \frac{2 \cdot \sqrt{3} \cdot (\sqrt{5} + \sqrt{3})}{2} = \sqrt{15} + 3$

7. $\frac{\sqrt{3}}{2 \cdot \sqrt{5} - \sqrt{3}} = \frac{\sqrt{3} \cdot (2 \cdot \sqrt{5} + \sqrt{3})}{(2 \cdot \sqrt{5} - \sqrt{3})(2 \cdot \sqrt{5} + \sqrt{3})} = \frac{2 \cdot \sqrt{15} + 3}{20 - 3} = \frac{2 \cdot \sqrt{15} + 3}{17}$

8. $\frac{a}{a - \sqrt{b}} = \frac{a(a + \sqrt{b})}{(a - \sqrt{b}) \cdot (a + \sqrt{b})} = \frac{a(a + \sqrt{b})}{a^2 - b}$

9. $\frac{\sqrt{6} - \sqrt{2}}{\sqrt{2} + \sqrt{6} - \sqrt{10}} = \frac{(\sqrt{6} - \sqrt{2})(\sqrt{2} + \sqrt{6} + \sqrt{10})}{[(\sqrt{2} + \sqrt{6}) - \sqrt{10}] \cdot [(\sqrt{2} + \sqrt{6}) + \sqrt{10}]}$

$$= \frac{\sqrt{12} + \sqrt{36} + \sqrt{60} - \sqrt{4} - \sqrt{12} - \sqrt{20}}{2 + 2 \cdot \sqrt{12} + 6 - 10} = \frac{6 + 2 \cdot \sqrt{15} - 2 - 2 \cdot \sqrt{5}}{4 \cdot \sqrt{3} - 2} = \frac{(2 + \sqrt{15} - \sqrt{5}) \cdot 2}{4 \cdot \sqrt{3} - 2}$$

$$= \frac{(2 + \sqrt{15} - \sqrt{5})(2 \cdot \sqrt{3} + 1)}{(2 \cdot \sqrt{3} - 1)(2 \cdot \sqrt{3} + 1)} = \frac{4 \cdot \sqrt{3} + 2 + 2 \cdot \sqrt{45} + \sqrt{15} - 2 \cdot \sqrt{15} - \sqrt{5}}{4 \cdot 3 - 1}$$

$$= \frac{4 \cdot \sqrt{3} + 2 + 6 \cdot \sqrt{5} + \sqrt{15} - 2 \cdot \sqrt{15} - \sqrt{5}}{11} = \frac{2 + 4 \cdot \sqrt{3} + 5 \cdot \sqrt{5} - \sqrt{15}}{11}$$

8.4.5. Radizieren von Potenzen

Nach Formel (32) ist für $a \geqq 0$

$$(a^m)^{\frac{1}{n}} = \left(a^{\frac{1}{n}}\right)^m$$

Demnach ist auch für $a \geqq 0$

$$\boxed{\sqrt[n]{a^m} = \sqrt[n]{a}^{\,m}} \qquad (48)$$

Es ist gleichgültig, ob man eine nicht negative Zahl zuerst potenziert und dann radiziert oder ob man in der umgekehrten Reihenfolge vorgeht.

Bei der Anwendung dieses Gesetzes kommt es auf die gegebenen Zahlenwerte an, in welcher Reihenfolge man am besten rechnet.

BEISPIELE

1. $\sqrt[5]{243^3} = \sqrt[5]{243}^{\,3} = 3^3 = 27$
2. $\sqrt{(9x^2 - 12xy + 4y^2)^5} = \sqrt{(3x - 2y)^2}^{\,5} = |3x - 2y|^5$

   Anmerkung: Der Radikand $(3x - 2y)^2$ der zweiten Wurzel ist als Quadrat auf alle Fälle positiv, so daß die Wurzel ohne weiteres gezogen werden darf. Da aber der Ausdruck $3x - 2y$ sowohl positiv als auch negativ sein kann, ist der Wurzelwert der Quadratwurzel in Absolutstriche zu setzen. (Vgl. hierzu auch Formel (40) in 8.1.!)
3. $\sqrt[3]{5}^{\,2}$ *läßt sich als Quadrat einer vielstelligen Dezimalzahl nur sehr unbequem ermitteln. Beachtet man dagegen* (48), *so wird die Rechnung sehr einfach:*

   $\sqrt[3]{5}^{\,2} = \sqrt[3]{5^2} = \sqrt[3]{25} \approx 2{,}9240$ (lt. Tabelle).

Für $a \geqq 0$ folgt schließlich aus der Potenzschreibweise

$$a^{\frac{km}{kn}} = a^{\frac{m}{n}}$$

die Beziehung

$$\boxed{\sqrt[kn]{a^{km}} = \sqrt[n]{a^m}} \qquad (49)$$

Wurzel- und Potenzexponent dürfen mit der gleichen Zahl multipliziert bzw. durch die gleiche Zahl dividiert werden.

Man nennt diesen Vorgang in Analogie zur Bruchrechnung Erweitern bzw. Kürzen von Wurzeln.

BEISPIELE

4. $\sqrt[4]{25} = \sqrt[4]{5^2} = \sqrt{5} \approx 2{,}2361$

5. $\sqrt[9]{\dfrac{8a^6b^{12}}{27c^3d^{15}}} = \sqrt[9]{\left(\dfrac{2a^2b^4}{3cd^5}\right)^3} = \sqrt[3]{\dfrac{2a^2b^4}{3cd^5}} = \dfrac{b}{d} \cdot \sqrt[3]{\dfrac{2a^2b}{3cd^2}}$

6. $\sqrt[4]{u^3}$ *ist als zwölfte Wurzel zu schreiben.*

   Lösung: $\sqrt[4]{u^3} = \sqrt[12]{u^9}$

An dieser Stelle soll noch eine Begründung dafür gegeben werden, warum bei der Definition des Wurzelbegriffes die Einschränkung auf nicht negative Radikanden gemacht wurde.
Würde man nämlich diese Einschränkung fallenlassen, so könnte man beispielsweise als Wert von $\sqrt[3]{-64}$ die Zahl -4 angeben, denn es ist $(-4)^3 = -64$. Damit wäre dann auch die folgende, offensichtlich zu falschen Ergebnissen führende Rechnung möglich:

$$
\begin{aligned}
-4 &\overset{?}{=} \sqrt[3]{(-4)^3} && \text{(lt. falscher Definition der Wurzel)}\\
&\overset{?}{=} \sqrt[3]{-64}\\
&\overset{?}{=} \sqrt[6]{(-64)^2} && \text{(Erweitern der Wurzel mit 2)}\\
&\overset{?}{=} \sqrt[6]{64^2} && [\text{weil } (-64)^2 = 64^2]\\
&\overset{?}{=} \sqrt[3]{64} && \text{(Kürzen der Wurzel mit 2)}\\
-4 &\neq +4
\end{aligned}
$$

Derartige Trugschlüsse können nicht auftreten, wenn man sich konsequent an die Bedingung hält, daß nur dann radiziert werden darf, wenn der *Radikand positiv oder gleich Null* ist.

8.4.6. Radizieren von Wurzeln

Aus $\left(a^{\frac{1}{n}}\right)^{\frac{1}{m}} = \left(a^{\frac{1}{m}}\right)^{\frac{1}{n}} = a^{\frac{1}{mn}}$ mit $a \geqq 0$

folgt $\boxed{\sqrt[m]{\sqrt[n]{a}} = \sqrt[n]{\sqrt[m]{a}} = \sqrt[mn]{a}}$ (50)

> Beim Radizieren einer Wurzel darf die Reihenfolge, in der radiziert werden soll, vertauscht werden.
> Jede mehrfache Wurzel kann auch als eine einfache Wurzel geschrieben werden mit einem Wurzelexponenten, der gleich dem Produkt der gegebenen Wurzelexponenten ist.

BEISPIELE

1. $\sqrt[3]{\sqrt{27}} = \sqrt{\sqrt[3]{27}} = \sqrt{3} \approx 1{,}7321$

2. $\sqrt[6]{9} = \sqrt[3]{\sqrt{9}} = \sqrt[3]{3} \approx 1{,}4422$

3. $\sqrt[4]{\sqrt[7]{u^3}} = \sqrt[28]{u^3}$

4. $\sqrt[3]{3 \cdot \sqrt{3 \cdot \sqrt[3]{3}}} = \sqrt[3]{3 \cdot \sqrt{\sqrt[3]{3^3 \cdot 3}}} = \sqrt[3]{3 \cdot \sqrt[6]{3^4}} = \sqrt[3]{3 \cdot \sqrt[3]{3^2}} = \sqrt[3]{\sqrt[3]{3^3 \cdot 3^2}} = \sqrt[9]{3^5}$

8.4.7. Wurzeln mit verschiedenen Wurzelexponenten

Beim Rechnen mit Wurzeln mit verschiedenen Wurzelexponenten ist es meistens am vorteilhaftesten, wenn man die Wurzeln als Potenzen mit gebrochenen Exponenten schreibt und dann die Potenzgesetze anwendet.

BEISPIELE

1. $\sqrt[n]{a^x} \cdot \sqrt[m]{a^y} = a^{\frac{x}{n}} \cdot a^{\frac{y}{m}} = a^{\frac{x}{n}+\frac{y}{m}} = a^{\frac{mx+ny}{mn}} = \sqrt[mn]{a^{mx+ny}}$

2. $\sqrt[3]{3 \cdot \sqrt{3 \cdot \sqrt[3]{3}}} = \left\{3 \cdot \left[3 \cdot 3^{\frac{1}{3}}\right]^{\frac{1}{2}}\right\}^{\frac{1}{3}} = \left\{3 \cdot \left[3^{\frac{4}{3}}\right]^{\frac{1}{2}}\right\}^{\frac{1}{3}} = \left\{3 \cdot 3^{\frac{2}{3}}\right\}^{\frac{1}{3}} = \left\{3^{\frac{5}{3}}\right\}^{\frac{1}{3}} = 3^{\frac{5}{9}} = \sqrt[9]{3^5}$

   Vgl. Abschnitt 8.4.6., *Aufg.* 4!

3. $\left(4 \cdot \sqrt{xy} + \sqrt[3]{xy^2} + 3 \cdot \sqrt[4]{xy^3}\right)\left(\sqrt[12]{xy^4} - 2 \cdot \sqrt{xy}\right)$

   $= \left(4x^{\frac{1}{2}}y^{\frac{1}{2}} + x^{\frac{1}{3}}y^{\frac{2}{3}} + 3x^{\frac{1}{4}}y^{\frac{3}{4}}\right) \cdot \left(x^{\frac{1}{12}}y^{\frac{1}{3}} - 2x^{\frac{1}{2}}y^{\frac{1}{2}}\right)$

   $= 4x^{\frac{7}{12}}y^{\frac{5}{6}} - 8xy + x^{\frac{5}{12}}y - 2x^{\frac{5}{6}}y^{\frac{7}{6}} + 3x^{\frac{1}{3}}y^{\frac{13}{12}} - 6x^{\frac{3}{4}}y^{\frac{5}{4}}$

   $= 4 \cdot \sqrt[12]{x^7y^{10}} - 8xy + y \cdot \sqrt[12]{x^5} - 2y \cdot \sqrt[6]{x^5y} + 3y \cdot \sqrt[12]{x^4y} - 6y\sqrt[4]{x^3y}$

8.4.8. Rückblick auf die Wurzelgesetze

Da jede Wurzel als Potenz mit einer gebrochenen Hochzahl geschrieben werden kann, ließen sich sämtliche Wurzelgesetze aus den ihnen entsprechenden Potenzgesetzen gewinnen. Um mit Wurzeln rechnen zu können, würde es daher genügen, wenn man die Potenzgesetze genau kennt.
Man verwendet jedoch beim Rechnen mit Wurzeln sowohl die Schreibweise als Potenz mit gebrochener Hochzahl als auch die Wurzelform, wobei es ganz von der Aufgabe und von den gegebenen Zahlenwerten sowie von den Rechengewohnheiten des Bearbeiters der Aufgabe abhängt, welche der beiden Darstellungsformen für zweckmäßig erachtet wird.
Wer Aufgaben der Wurzelrechnung schnell und sicher lösen will, der muß mit der einen Schreibweise genau so sicher umzugehen wissen wie mit der anderen. Es wird daher empfohlen, beim Üben eine Anzahl der Aufgaben sowohl mit Hilfe der Wurzelschreibweise als auch mit Hilfe der Potenzschreibweise zu lösen und die gefundenen Ergebnisse auf ihre Übereinstimmung hin zu überprüfen.

AUFGABEN

176. Es ist anzugeben, für welche x-Werte die folgenden Wurzeln existieren:

a) $\sqrt{x}$ b) $\sqrt{x^3}$ c) $\sqrt{x}^3$ d) $\sqrt[3]{x}$

e) $\sqrt[3]{x^2}$ f) $\sqrt[3]{x}^2$ g) $\sqrt{1-x}$ h) $\sqrt[3]{(x-y)^2}$

i) $\sqrt[3]{x-y}^2$ k) $\sqrt{a^2-x^2}$

177. Es ist nachzuprüfen, ob die folgenden Wurzelwerte richtig sind. Dabei soll kein Taschenrechner benutzt werden.

a) $\sqrt{50\,176} \stackrel{?}{=} +224$ b) $\sqrt{0{,}121} \stackrel{?}{=} +0{,}11$ c) $\sqrt[3]{0{,}001} \stackrel{?}{=} +0{,}1$

d) $\sqrt[4]{20\,736} \stackrel{?}{=} +12$ e) $\sqrt[6]{-4\,096} \stackrel{?}{=} +4$ f) $\sqrt[8]{6\,562} \stackrel{?}{=} +3$

g) $\sqrt{(a+b)^4} \stackrel{?}{=} +(a+b)^2$ h) $\sqrt{66{,}2596} \stackrel{?}{=} +8{,}14$ i) $\sqrt[3]{132\,651} \stackrel{?}{=} \pm 51$

k) $\sqrt[3]{-0{,}08} \stackrel{?}{=} -0{,}2$

178. Desgl.

a) $\sqrt[5]{-161\,051} \stackrel{?}{=} -11$ b) $\sqrt[7]{-78\,125} \stackrel{?}{=} +5$ c) $\sqrt[x]{a^{3x}} \stackrel{?}{=} a^3$

d) $\sqrt{a^2-b^2} \stackrel{?}{=} a-b$ e) $\sqrt{220\,900} \stackrel{?}{=} +470$ f) $\sqrt{9+16} \stackrel{?}{=} 3+4=7$

g) $\sqrt[3]{65} \stackrel{?}{=} -0{,}402\,07$ h) $\sqrt[4]{0{,}001\,6x^{12}} \stackrel{?}{=} +0{,}2x^3$

i) $\sqrt{100-36} \stackrel{?}{=} +(10-6) = +4$ k) $\sqrt[3]{x^3+y^3} \stackrel{?}{=} +(x+y)$

179. Die folgenden Wurzeln sind soweit wie möglich zu vereinfachen:

a) $\sqrt{64}$ b) $\sqrt[7]{-1}$ c) $\sqrt[3]{64}$ d) $\sqrt[3]{27^3}$ e) $\sqrt[6]{64}$

f) $\sqrt{(uv)^2}$ g) $\sqrt[4]{a+b}^{\,4}$ h) $\sqrt[3]{125x^6}$ i) $\sqrt{1-x^2}$ k) $\sqrt[3]{(8a^3b^6)^2}$

180. Desgl.

a) $\sqrt[4]{a^4b^{12}c^8}$ b) $\sqrt{(1-x)^2}$ c) $\sqrt[3]{(u-8)^3}$ d) $\sqrt[4]{16a^4b^8c^{13}}$

e) $(7\cdot\sqrt{a-b})^2 + (5\cdot\sqrt{b-c})^2 + (4\cdot\sqrt{c-a})^2 - (3\cdot\sqrt{b-c})^2$

f) $5\cdot\sqrt{36} - 8\cdot\sqrt[3]{64} + 7\cdot\sqrt{121} - 9\cdot\sqrt{64}$

g) $5\cdot\sqrt[4]{16} - 10\cdot\sqrt[4]{81} - 9\cdot\sqrt[3]{64} + 8\cdot\sqrt[5]{243}$

h) $(2\cdot\sqrt{10})^2 - (10\cdot\sqrt{2})^2 + (4\cdot\sqrt{10})^2$

i) $\sqrt[3]{\frac{1}{8}} + \sqrt{+\frac{1}{4}} - \sqrt[4]{\frac{1}{256}} + \sqrt[3]{\frac{1}{64}} + \sqrt[10]{+1}$

181. Folgende Wurzeln sind als Potenzen mit gebrochenen Hochzahlen zu schreiben:

a) $\sqrt[3]{5}$ b) $\sqrt{2}$ c) $\sqrt[4]{7}$ d) $\sqrt[5]{a}$ e) $\sqrt[9]{x}$

f) $\sqrt[4]{b^3}$ g) $\sqrt[7]{x^4}$ h) $\sqrt[4]{x^7}$ i) $\sqrt{a+b}$ k) $\sqrt[3]{x^3-y^3}$

182. Desgl.

a) $\sqrt[3]{p^9}$ b) $\sqrt[15]{u^{20}}$ c) $\sqrt[4]{(x+y)^3}$ d) $m\cdot\sqrt[k]{p^2}$

e) $\sqrt[n-1]{x^{n+1}}$ f) $\sqrt[a-2]{(m-3n)^{3a-6}}$ g) $\sqrt[4]{m^2+n^2}$ h) $6\cdot\sqrt[3]{4a^2b^3c^4}$

i) $\sqrt[5]{p^2(q-r)^4}$ k) $\sqrt[6]{x^5y^6z^8u^{12}v^{14}w^{15}}$

183. Desgl.

a) $\frac{1}{\sqrt{a}}$ b) $\sqrt[3]{\frac{1}{x}}$ c) $\frac{1}{\sqrt[4]{y^3}}$ d) $\frac{1}{\sqrt{x-y}}$ e) $\frac{1}{\sqrt[3]{(1-x)^2}}$

f) $\sqrt{\frac{a}{b}}$ g) $\sqrt[5]{\frac{x^2}{y^3}}$ h) $\frac{a^m}{\sqrt[n]{b^x}}$ i) $\frac{\sqrt[4]{u^5}}{\sqrt[5]{v^4}}$ k) $\frac{3}{\sqrt{x}\cdot\sqrt[3]{y^2}}$

184. Die folgenden Potenzen mit gebrochenen Hochzahlen sollen als Wurzeln geschrieben werden:

a) $4^{\frac{1}{3}}$ b) $x^{\frac{2}{5}}$ c) $a^{-\frac{1}{2}}$ d) $b\cdot c^{-\frac{2}{7}}$ e) $(bc)^{-\frac{2}{7}}$

f) $y^{-\frac{2}{3}}$ g) $z^{3\frac{1}{2}}$ h) $(m-n)^{-\frac{1}{x}}$ i) $a^{-0{,}5}$ k) $a\cdot b^{2{,}6}$

185. Desgl.

a) $a^{\frac{5}{6}}$ b) $b^{-\frac{4}{7}}$ c) $c^{\frac{11}{8}}$ d) $d^{-2\frac{2}{3}}$ e) $e^{0,64}$

f) $x^{2,5}$ g) $y^{-2,1}$ h) $z^{1,4}$ i) $u^{-0,75}$ k) $v^{-0,4\pi}$

186. Berechne die folgenden Zahlenwerte:

a) $2^{0,5}$ b) $16^{0,75}$ c) $\left(\frac{1}{4}\right)^{-0,5}$ d) $0,343^{\frac{1}{3}}$ e) $256^{0,125}$

f) $1024^{-0,1}$ g) $1296^{-0,25}$ h) $274,625^{\frac{2}{3}}$ i) $7,84^{2,5}$ k) $0,561001^{1,5}$

187. Vereinfache ohne Taschenrechner:

a) $7\cdot\sqrt{2} - 13\cdot\sqrt{2} + \sqrt{2} + 12\cdot\sqrt{2}$ b) $\frac{2}{3}\cdot\sqrt[4]{a} - \frac{5}{6}\cdot\sqrt[4]{a} + \frac{1}{2}\cdot\sqrt[4]{a} - \frac{7}{12}\sqrt[4]{a}$

c) $0,7\cdot\sqrt[5]{5b} + 3,1\cdot\sqrt[5]{5b} - 0,4\cdot\sqrt[5]{5b} + 6,2\cdot\sqrt[5]{ab} - 2,3\cdot\sqrt[5]{5b}$

d) $4\cdot\sqrt[3]{2} - 5\cdot\sqrt{3} + 2\cdot\sqrt[3]{2} + \sqrt[3]{8} + 4\cdot\sqrt{3} - 3\cdot\sqrt[3]{2} - \sqrt[3]{+8}$

e) $3\cdot\sqrt{5} + \sqrt{9} - 2\cdot\sqrt{7} + 2\cdot\sqrt{5} - 3 - 4\cdot\sqrt{5} + 2\cdot\sqrt{7}$

f) $\sqrt[3]{a} - \sqrt{a}$ g) $\sqrt[3]{a^3 - b^3}$ h) $\sqrt{\frac{64}{225} + 1}$

i) $\sqrt[3]{12^3 - 10^3 - 8^3}$ k) $\sqrt[7]{x^2} + 2a\cdot\sqrt[7]{x^2} - 4b\cdot\sqrt[7]{x^2} + c\cdot\sqrt[7]{x^2}$

188. Desgl.

a) $\sqrt{3}\cdot\sqrt{12}$ b) $\sqrt[3]{48}\cdot\sqrt[3]{36}$ c) $\sqrt{15}\cdot\sqrt{125}$

d) $\sqrt[3]{3}\cdot\sqrt[3]{18}$ e) $\sqrt{14}\cdot\sqrt{35}$ f) $\sqrt{x}\cdot\sqrt{2x}$

g) $\sqrt[3]{4a^2b}\cdot\sqrt[3]{18a^2b^2}\cdot\sqrt[3]{3a}$ h) $\sqrt{8yz}\cdot\sqrt{6xy}\cdot\sqrt{3x}$

i) $\sqrt[4]{96uv^2w}\cdot\sqrt[4]{576u^3vw^2}\cdot\sqrt[4]{12v^2w}$ k) $\sqrt[7]{a^{n+2}}\cdot\sqrt[7]{a^{n+5}}$

189. Desgl.

a) $3\cdot\sqrt{125} - 2\cdot\sqrt{20} - 3\cdot\sqrt{180} + 6\cdot\sqrt{45}$

b) $\sqrt{720} - 2\cdot\sqrt{242} + \sqrt{8} - 3\cdot\sqrt{320} + 5\cdot\sqrt{72} + 3\cdot\sqrt{162} - 4\cdot\sqrt{605}$

c) $(6\cdot\sqrt{2} - 2\cdot\sqrt{18} + 5\cdot\sqrt{50} - 2\cdot\sqrt{98})\cdot 2\cdot\sqrt{2}$

d) $(\sqrt{2} + 3\cdot\sqrt{3})(3\sqrt{2} + 4\cdot\sqrt{3})$ e) $(\sqrt{a} + \sqrt{b})(\sqrt{a} - \sqrt{b})$

f) $(2\sqrt{2} - 3\sqrt{3} + 5\sqrt{6})\cdot 3\sqrt{6}$ g) $(3\sqrt{6} - 2\sqrt{5})^2$

h) $\sqrt{2 + \sqrt{3}}\cdot\sqrt{2 - \sqrt{3}}$ i) $\sqrt[3]{2} + \sqrt[3]{16} - \sqrt[3]{54} + \sqrt[3]{250} - \sqrt[3]{686}$

k) $15\cdot\sqrt[3]{1029} - 8\sqrt{147} - 11\cdot\sqrt[3]{648} + 5\sqrt{363} + 4\cdot\sqrt[3]{192} - 2\sqrt{1875}$

190. Berechne ohne Taschenrechner:

a) $(\sqrt{5} + \sqrt{3})^2 + (\sqrt{5} - \sqrt{3})^2$ b) $\left(\sqrt{9 + 4\sqrt{2}} + \sqrt{9 - 4\sqrt{2}}\right)^2$

c) $\sqrt[4]{\sqrt{23} + \sqrt{7}}\cdot\sqrt[4]{\sqrt{23} - \sqrt{7}} + \sqrt[6]{5\sqrt{2} + 7}\cdot\sqrt[6]{5\sqrt{2} - 7}$

d) $\left(\sqrt{2} - \sqrt{3} + \sqrt{8} + \sqrt{18} + 3\sqrt{\frac{1}{2}} - \sqrt{0,5}\right)\cdot\sqrt{2}$

e) $\sqrt{4a^2 - 4b^2} + \sqrt{(a+b)^2} - 5\sqrt{(a+b)(a-b)} + \sqrt{9(a^2-b^2)} - \sqrt{(a-b)^2}$

f) $\sqrt[3]{9+\sqrt{17}} \cdot \sqrt[3]{9-\sqrt{17}}$ g) $(2+\sqrt{3})^2 - (2-\sqrt{3})^2$

h) $(\sqrt[3]{9} + \sqrt[3]{6} + \sqrt[3]{4})(\sqrt[3]{3} - \sqrt[3]{2})$ i) $(\sqrt[5]{16} - 2\cdot\sqrt[5]{8})(2\cdot\sqrt[5]{2} - 3\cdot\sqrt[5]{4})$

k) $(\sqrt{7} + \sqrt{11} + \sqrt{13})(\sqrt{7} + \sqrt{11} - \sqrt{13})(\sqrt{7} - \sqrt{11} + \sqrt{13})(\sqrt{11} + \sqrt{13} - \sqrt{7})$

191. Bei den folgenden Aufgaben ist der vor der Wurzel stehende Faktor mit unter die Wurzel zu bringen:

a) $x\cdot\sqrt{y}$ b) $4\cdot\sqrt{3}$ c) $3a\cdot\sqrt[3]{x}$ d) $xy\cdot\sqrt{z}$ e) $2m\cdot\sqrt[4]{m}$

f) $x\cdot\sqrt{\frac{1}{x}}$ g) $\frac{2}{y}\cdot\sqrt[3]{5y}$ h) $(\sqrt{3}+\sqrt{2})\cdot\sqrt{\sqrt{3}-\sqrt{2}}$

i) $(\sqrt{11}+\sqrt{2})\cdot\sqrt{\sqrt{11}-2\cdot\sqrt{2}}$ k) $\frac{u+v}{u}\cdot\sqrt[3]{\frac{u^4-u^3v}{u^2+2uv+v^2}}$

192. Berechne ohne Taschenrechner:

a) $\sqrt{147}:\sqrt{3}$ b) $\sqrt{272}:\sqrt{17}$ c) $\sqrt{90}:\sqrt{18}$ d) $\sqrt{120}:\sqrt{5}$

e) $\sqrt{\frac{5}{8}}:\sqrt{\frac{5}{32}}$ f) $\sqrt{17\frac{1}{3}}:\sqrt{4\frac{1}{3}}$ g) $\sqrt[3]{1\frac{1}{8}}:\sqrt[3]{2\frac{2}{3}}$ h) $\sqrt[3]{x^8}:\sqrt[3]{x^5}$

i) $\sqrt[5]{a^{n+5}}:\sqrt[5]{a^{n-5}}$ k) $9\sqrt{\frac{1}{45}}:\frac{3}{2}\sqrt{2\frac{2}{3}}$

193. Desgl.

a) $(10\sqrt{48} - 6\sqrt{27} + 4\sqrt{12}):\sqrt{3}$ b) $(15\sqrt{50} + 5\sqrt{200} - 3\sqrt{450}):\sqrt{10}$

c) $\left(\frac{1}{2}\sqrt{\frac{1}{2}} - \frac{3}{2}\sqrt{\frac{1}{3}} + \frac{4}{5}\sqrt{\frac{3}{5}}\right):\frac{8}{15}\sqrt{\frac{1}{8}}$

d) $\left(\frac{1}{2}\sqrt[3]{9} - 2\sqrt[3]{3} + 3\sqrt[3]{\frac{1}{3}}\right):2\sqrt[3]{\frac{1}{3}}$

e) $(\sqrt{x^3y} + \sqrt{xy^3}):\sqrt{xy}$ f) $(\sqrt{ab} + a\sqrt{b} + b\sqrt{a}):\sqrt{a}$

g) $(\sqrt{a^5b^3} - \sqrt{a^3b^5}):\sqrt{a^2b^3}$ h) $(xy^2 - y):\sqrt{y}$

i) $\left(\frac{3x}{2}\sqrt{\frac{x}{y}} - 0{,}4\sqrt{\frac{3}{xy}} + \frac{1}{3}\sqrt{\frac{xy}{2}}\right):\frac{4}{15}\sqrt{\frac{3y}{2x}}$

k) $\left(\frac{a}{2}\sqrt[3]{a^2b} + \frac{b}{3a^2}\sqrt[3]{\frac{15a}{b^2}} - \frac{4a}{5b}\sqrt[3]{\frac{b}{2a^2}}\right):\frac{2a^3}{15b^2}\sqrt[3]{\frac{5a^2}{2b}}$

194. Berechne

a) $\frac{\sqrt[3]{210a^5b}\cdot\sqrt[3]{450a^2b^7}\cdot\sqrt[3]{24ab}}{\sqrt[3]{84a^2b^6}}$ b) $\frac{\sqrt[4]{144u^2v}\cdot\sqrt[4]{8u}\cdot\sqrt[4]{450v^3}}{\sqrt[4]{18uv}\cdot\sqrt[4]{30u^3v}\cdot\sqrt[4]{60u^3v^2}}$

c) $\frac{\sqrt{a+x}}{\sqrt{a^4-x^4}}\cdot\sqrt{a^2+x^2}$ d) $\frac{\sqrt[n]{a^{2n-3}}\cdot(\sqrt[n]{a})^{n+7}}{\sqrt[n]{a^4}}$

e) $(m-n):(\sqrt{m}-\sqrt{n})$ f) $(4-a):(2+\sqrt{a})$

g) $(\sqrt[3]{36x^2} - \sqrt[3]{9y^2}):(\sqrt[3]{6x} - \sqrt[3]{3y})$

h) $(a+b):\left(\sqrt[3]{a}+\sqrt[3]{b}\right)$ i) $(4m-7n):\left(\sqrt[3]{4m}-\sqrt[3]{7n}\right)$

k) $\left(12x^2-9x\sqrt{xy}+20y\sqrt{xy}-8x\sqrt{y}+6y\sqrt{x}-15y^2\right):\left(4\sqrt{x}-3\sqrt{y}\right)$

195. Bei den folgenden Brüchen ist der Nenner rational zu machen:

a) $\dfrac{7}{3\sqrt{7}}$ b) $\dfrac{2}{\sqrt{2}}$ c) $\dfrac{5}{\sqrt{12}}$ d) $\dfrac{1}{\sqrt{3}}$ e) $\dfrac{1}{\sqrt{5}}$

f) $\dfrac{15}{\sqrt{15}}$ g) $\sqrt{\dfrac{1}{6}}$ h) $\sqrt{\dfrac{3}{5}}$ i) $20\cdot\sqrt{\dfrac{2}{5}}$ k) $\dfrac{5}{6}\cdot\sqrt{\dfrac{6}{5}}$

196. Desgl.

a) $\dfrac{1}{\sqrt{x}}$ b) $\dfrac{a}{\sqrt[4]{a^3}}$ c) $\dfrac{3x^2}{\sqrt[7]{x^2}}$ d) $\dfrac{4m^3}{\sqrt[5]{m^2}}$

e) $\dfrac{1}{\sqrt[n]{y^{n-4}}}$ f) $\dfrac{4+2\sqrt{3}}{\sqrt{2}}$ g) $\dfrac{8-12\sqrt[3]{5}}{\sqrt[3]{4}}$

h) $\dfrac{1-\sqrt[4]{2}}{\sqrt[4]{3}}$ i) $\dfrac{4a^2-25b^2}{\sqrt{2a+5b}}$ k) $\dfrac{7m-3n}{\sqrt{7m+3n}}$

197. Desgl.

a) $\dfrac{1}{\sqrt{3}+2}$ b) $\dfrac{1}{\sqrt{7}-\sqrt{6}}$ c) $\dfrac{9}{2\sqrt{3}-3}$ d) $\dfrac{12}{7-3\sqrt{5}}$

e) $\dfrac{6}{\sqrt{5}+\sqrt{8}}$ f) $\dfrac{14}{\sqrt{10}-\sqrt{3}}$ g) $\dfrac{\sqrt{5}+\sqrt{3}}{\sqrt{5}-\sqrt{3}}$

h) $\dfrac{7\sqrt{2}+2\sqrt{15}}{7\sqrt{3}+3\sqrt{10}}$ i) $\dfrac{4\sqrt{14}-7\sqrt{3}}{4\sqrt{6}-3\sqrt{7}}$ k) $\dfrac{\sqrt{5+2\sqrt{6}}}{\sqrt{5-2\sqrt{6}}}$

198. Desgl.

a) $\dfrac{\sqrt{\dfrac{2}{5}}+\dfrac{2}{5}\sqrt{3}}{3\sqrt{5}+5\sqrt{1\dfrac{1}{2}}}$ b) $\dfrac{\sqrt{2}+\sqrt{\dfrac{2}{3}}}{\sqrt{3}-\sqrt{\dfrac{2}{3}}}$ c) $\dfrac{x}{\sqrt{x+y}-\sqrt{y}}$

d) $\dfrac{4+2\sqrt{10}}{\sqrt{2}+\sqrt{3}\quad\sqrt{5}}$ e) $\dfrac{1-\sqrt{2}+\sqrt{3}}{1+\sqrt{2}-\sqrt{3}}$ f) $\dfrac{1}{\sqrt{2}+\sqrt{3}-\sqrt{8}}$

g) $\dfrac{2}{\sqrt{3}-\sqrt{5}+\sqrt{12}}$ h) $\dfrac{1}{\sqrt{10}-\sqrt{15}+\sqrt{14}-\sqrt{21}}$

i) $\dfrac{1}{2+\sqrt{2}+\sqrt{3}+\sqrt{6}}$ k) $\dfrac{2+\sqrt{6}}{2\sqrt{2}+2\sqrt{3}-\sqrt{6}-2}$

199. Berechne

a) $\left(\sqrt{5}\right)^2$ b) $\left(\sqrt[6]{a^2}\right)^3$ c) $\left(\sqrt[3]{b}\right)^2$ d) $\left(\sqrt[3]{y}\right)^6$ e) $\sqrt[4]{x^2y^3}^{\,3}$

f) $\sqrt[7]{m^2ny^3}^{\,-1}$ g) $\sqrt[6]{a^4b^3c^2}^{\,2}$ h) $\sqrt[4]{x}^{\,-4}$ i) $\sqrt[12]{r^4s^5t^8}^{\,3}$ k) $\sqrt{abc}^{\,-4}$

200. Der Wurzelexponent ist soweit wie möglich zu erniedrigen:

a) $\sqrt[4]{16}$ b) $\sqrt[6]{16}$ c) $\sqrt[8]{16}$ d) $\sqrt[12]{81}$ e) $\sqrt[10]{64}$

f) $\sqrt[4]{25}$ g) $\sqrt[6]{729}$ h) $\sqrt[8]{1\,296}$ i) $\sqrt[16]{6\,561}$ k) $\sqrt[18]{15\,625}$

201. Desgl.

a) $\sqrt[8]{256^3}$ b) $\sqrt[6]{4\,096^5}$ c) $\sqrt[3]{216^2}$ d) $\sqrt{100^3}$ e) $\sqrt[6]{49^3}$

f) $\sqrt[6]{125^2}$ g) $\sqrt[8]{1{,}44^4}$ h) $\sqrt[4]{0{,}01^8}$ i) $\sqrt[14]{128^3}$ k) $\sqrt[20]{59\,049^7}$

202. Desgl.

a) $\sqrt[6]{a^4}$ b) $\sqrt[15]{x^{20}}$ c) $\sqrt[2n]{a^{3n}}$ d) $\sqrt[4]{25x^2y^6}$

e) $\sqrt[8]{16m^{12}n^4}$ f) $\sqrt[21]{p^{21k}q^{7n}}$ g) $\sqrt[3n]{v^n}$ h) $\sqrt[m+2]{u^{5m+10}}$

i) $\sqrt[p]{u^{kp-p}v^{kp+p}}$ k) $\sqrt[12]{64a^{24}b^{18}c^{15}d^{12}e^{10}x^9y^8z^6u^4v^3w^2}$

203. Erweitere den Wurzelexponenten auf die Zahl, die neben der Aufgabe in Klammern steht:

a) $\sqrt{u}$ (6) b) $\sqrt[3]{v^2}$ (12) c) $\sqrt[4]{x^3y}$ (8) d) $\sqrt[7]{a^5b^2c^6}$ (21)

e) $\sqrt[5]{a+b}$ (20) f) $\sqrt[3]{k^2}$ (4) g) $\sqrt[6]{a^2b^3-c}$ (18)

h) $\sqrt{x-y}$ (4) i) $\sqrt[4]{mn^3}$ (13) k) $\sqrt[9]{a^2-b^2}$ (18)

204. Beseitige die Doppelwurzeln:

a) $\sqrt{\sqrt[5]{x^4}}$ b) $\sqrt[4]{\sqrt[3]{16}}$ c) $\sqrt[5]{\sqrt[3]{32}}$ d) $\sqrt[x]{\sqrt[3]{a^x}}$

e) $\sqrt[3]{\sqrt[5]{u^3-3u^2v+3uv^2-v^3}}$ f) $\sqrt[5]{\sqrt[3]{p^{10}q^5}}$ g) $\sqrt[6]{\sqrt[3]{m^2n^6}}$

h) $\sqrt[3]{\sqrt[b]{a^6b^3c^9}}$ i) $\sqrt[3]{\dfrac{a}{\sqrt{a}}}$ k) $\sqrt[5]{\sqrt[3]{x^5y^{10}z^{15}}}$

205. Berechne

a) $\sqrt[16]{6\,561}$ b) $\sqrt[18]{262\,144}$ c) $\sqrt[4]{1\,296}$

d) $\sqrt{\dfrac{a}{b}\cdot\sqrt{\dfrac{b}{a}\cdot\sqrt{\dfrac{a}{b}}}}$ e) $\sqrt{\dfrac{x}{y}\cdot\sqrt{\dfrac{x}{y}\cdot\sqrt[3]{\dfrac{y^3}{x}}}}$ f) $\sqrt[3]{\dfrac{u}{v}\cdot\sqrt{\dfrac{v^2}{u}\cdot\sqrt{\dfrac{1}{u^2}}}}$

g) $\sqrt[3]{m^2\sqrt{m\sqrt[5]{m^8\sqrt[4]{m^3}}}}$ h) $\sqrt[4]{a\cdot\sqrt[3]{a^2\cdot\sqrt{a}}} : \sqrt{a\cdot\sqrt[8]{a^5\cdot\sqrt[3]{a}}}$

i) $\sqrt[3]{\sqrt[6]{u}}\cdot\sqrt[9]{\sqrt{u^4}}\cdot\sqrt[18]{u^7}\cdot\sqrt[9]{u^3}$ k) $\dfrac{\sqrt[6]{x^5\cdot\sqrt[3]{x^2}}}{\sqrt[3]{x^2\cdot\sqrt[6]{x^4}}} : \dfrac{\sqrt{x^3\cdot\sqrt[9]{x^7}}}{\sqrt[9]{x^7\cdot\sqrt{x}}}$

206. Desgl.

a) $\sqrt{2}\cdot\sqrt[4]{4}$ b) $\sqrt[3]{5}\cdot\sqrt{2}$ c) $\sqrt[4]{2}\cdot\sqrt[3]{3}$ d) $\sqrt{\dfrac{2}{3}}\cdot\sqrt[3]{\dfrac{3}{2}}$ e) $\sqrt[3]{\dfrac{1}{2}}\cdot\sqrt[4]{\dfrac{4}{5}}\cdot\sqrt[6]{5}$

f) $\sqrt[5]{16}:\sqrt{2}$ g) $\sqrt{3}:\sqrt[3]{2}$ h) $\sqrt[6]{32}:\sqrt[3]{2}$ i) $\sqrt[5]{6}:\sqrt[6]{5}$ k) $\sqrt[7]{\dfrac{64}{15}}:\sqrt[4]{\dfrac{8}{5}}$

207. Desgl.

a) $\sqrt[4]{x^3}\cdot\sqrt[5]{x}$ b) $\sqrt[5]{u^2v}\cdot\sqrt[3]{uv^4}\cdot\sqrt[10]{uv^2}$ c) $\sqrt[3]{m^2}\cdot\sqrt{m^2n^3}\cdot\sqrt[4]{n^9}$

d) $\dfrac{\sqrt[4]{2}\cdot\sqrt{3}\cdot\sqrt[6]{2}}{\sqrt{2}\cdot\sqrt[4]{3}}$ e) $(3\sqrt{10}-2\cdot\sqrt[3]{4}+\sqrt[4]{25})\cdot\sqrt[4]{2}$ f) $(\sqrt{2}+\sqrt[3]{3})(\sqrt[3]{2}-\sqrt{3})$

g) $(4\sqrt{8}+6\cdot\sqrt[3]{2}):\sqrt{2}$ h) $(2\sqrt{12}+4\cdot\sqrt[3]{4}-6\cdot\sqrt[4]{32}):2\cdot\sqrt[4]{2}$

i) $\dfrac{\sqrt[3]{16}\cdot\sqrt[4]{8}}{\sqrt[12]{2}}$ k) $(\sqrt{2}-1)\cdot\sqrt[3]{5\sqrt{2}+7}$

l) $\dfrac{a-b}{\sqrt{a}-\sqrt{b}}-\dfrac{a-b}{\sqrt{a}+\sqrt{b}}$ m) $\dfrac{100}{10-\sqrt{99}}$ n) $(0{,}5x^{0,5}-0{,}5x^{-0,5})^2$

o) $\dfrac{2+\sqrt{3}}{1+\sqrt{3}}-\sqrt{3}$

9. Logarithmenrechnung

9.1. Logarithmieren als zweite Umkehrung des Potenzierens

9.1.1. Begriffserklärungen

Ist aus der Potenzgleichung

$$a^n = b$$

bei bekannter Grundzahl a und bekanntem Potenzwert b die Hochzahl n zu bestimmen, so nennt man die zugehörige Rechenart **Logarithmenrechnung**[1]) oder **Logarithmieren** und schreibt

$$\boxed{n = \log_a b}\;^{2)} \qquad (51)$$

(gelesen: n ist der Logarithmus von b zur Basis a).
Folgerung:

| Der Logarithmus ist ein Exponent.

In $n = \log_a b$ nennt man

a die **Grundzahl** oder die **Basis** des Logarithmus,
b den **Numerus**[3]) und
n den **Logarithmus**.

Das Zeichen log ist das *Rechensymbol*, das angibt, welche Rechenart ausgeführt werden soll. Es ist beispielsweise vergleichbar mit dem Wurzelzeichen der Wurzelrechnung. Mit diesen neuen Begriffen kann die **Definition des Logarithmus** genauer formuliert werden:

| Der Logarithmus einer Zahl b zur Basis a ist derjenige Exponent, mit dem die Basis a zu potenzieren ist, wenn man den Numerus b erhalten will.

---

[1]) logos (griech.) Vernunft, richtige Beziehung; arithmos (griech.) Zahl. Der Logarithmus ist demnach die Zahl, die zwischen Basis und Potenzwert die richtige Beziehung herstellt.

[2]) In der älteren Literatur findet man für den Logarithmus von b zur Basis a meist das Zeichen ${}^a\log b$. Inzwischen wurde die den internationalen Gepflogenheiten entsprechende Schreibweise $\log_a b$ für verbindlich erklärt.

[3]) Eigentlich: „numerus logarithmandus“ (lat.), die zu logarithmierende Zahl

Die beiden Gleichungen

$$a^n = b \qquad \text{und} \qquad n = \log_a b$$

drücken demnach denselben Sachverhalt aus; sie sind nur nach verschiedenen Zahlen aufgelöst.
Aus diesem Zusammenhang zwischen Potenz- und Logarithmenrechnung folgen die beiden wichtigen Beziehungen

$$\boxed{a^{\log_a b} = \log_a (a^b) = b} \tag{52}$$

Logarithmieren und Potenzieren mit den gleichen Grundzahlen heben sich gegenseitig auf, d. h.,

das Logarithmieren ist die zweite Umkehrung des Potenzierens.

Hiervon wird Gebrauch gemacht, wenn die Richtigkeit eines ermittelten Logarithmus überprüft werden soll.

BEISPIELE

1. $\log_5 625 = 4$, *denn* $5^4 = 625$.

2. $\log_8 0{,}5 = -\frac{1}{3}$, *denn* $8^{-\frac{1}{3}} = \frac{1}{8^{\frac{1}{3}}} = \frac{1}{\sqrt[3]{8}} = \frac{1}{2} = 0{,}5$.

3. $\log_{0,2} 5 = -1$, *denn* $0{,}2^{-1} = \frac{1}{0{,}2} = 5$.

4. $\log_{100} 10 = \frac{1}{2}$, *denn* $100^{\frac{1}{2}} = \sqrt{100} = 10$.

5. $\log_k (k^2) = 2$, *denn* $k^2 = k^2$.

6. $\log_{\frac{1}{k}} (k^2) = -2$, *denn* $\left(\frac{1}{k}\right)^{-2} = k^2$.

Sonderfälle:

Aus $a^1 = a$ folgt

$$\boxed{\log_a a = 1} \tag{53}$$

Der Logarithmus der Basis ist stets Eins.

Die Logarithmen, die wir bis jetzt in den Beispielen 1 bis 6 kennenlernten, ließen sich alle dadurch ermitteln, daß der entsprechende Zusammenhang mit einer Potenzgleichung hergestellt wurde. Dieses Vorgehen führt jedoch nur in den seltensten Fällen zum Ziel. Allgemeingültige Verfahren zum Berechnen von Logarithmen werden in diesem Buche nicht behandelt, da hierfür tiefere mathematische Kenntnisse erforderlich sind. Es soll hier nur auf folgendes hingewiesen werden:

Logarithmen sind im allgemeinen *irrationale Zahlen*, die sich jedoch mit jeder gewünschten Genauigkeit durch Dezimalbrüche annähern lassen.

Am folgenden Beispiel soll noch einmal der Begriff des Logarithmus erläutert und der Zusammenhang zwischen den drei Rechenarten dritter Stufe dargestellt werden:

Es ist

$$5^3 = 125$$

eine Aufgabe der *Potenzrechnung.* Sie läßt sich als Aufgabe der *Wurzelrechnung* in der Form

$$\sqrt[3]{125} = 5$$

und als Aufgabe der *Logarithmenrechnung* in der Form

$$\log_5 125 = 3$$

schreiben.

Zusammenfassung

Zwischen den drei Grundrechenarten dritter Stufe besteht der folgende Zusammenhang:

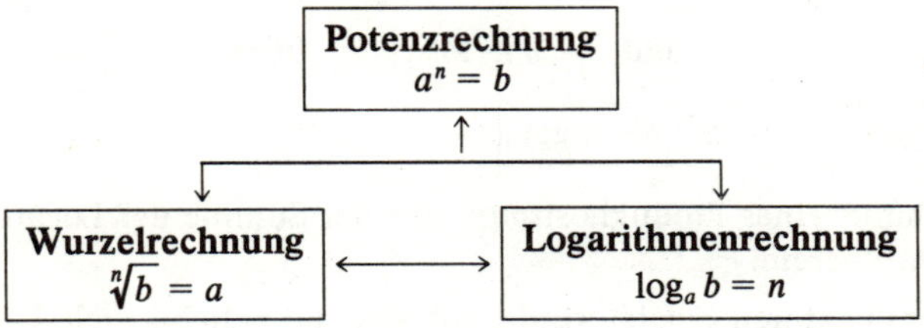

Dabei sind in den genannten Gleichungen die Gültigkeitsbereiche für *a, b* und *n* zu beachten.

Aus $a^0 = 1$ folgt

$$\boxed{\log_a 1 = 0} \tag{54}$$

Der Logarithmus von Eins ist bei jeder Basis gleich Null.

Da es im Endlichen keine Hochzahl *n* gibt, für die $a^n = 0$ ist, ist $\log_a 0$ *nicht erklärt.* Als *Basis* für einen Logarithmus ist *jede von Null und Eins verschiedene positive Zahl* geeignet. Da alle Potenzen von positiven Zahlen wiederum positiv sind, gibt es keine Logarithmen von negativen Zahlen.

Der Numerus eines Logarithmus muß stets eine von Null verschiedene positive Zahl sein.

Es gibt jedoch Logarithmen, die negative Werte besitzen, wie die Beispiele 2, 3 und 6 zeigen.
Daraus folgt:

In

$$\log_a b = n$$

darf die *Basis a* jeden beliebigen positiven Wert außer $a = 0$ und $a = 1$ annehmen. Für den *Numerus b* gilt die Einschränkung

$$0 < b < \infty$$

Hingegen kann der *Logarithmus n* jeden beliebigen reellen Wert annehmen:

$$-\infty < n < \infty$$

9.1.2. Logarithmengesetze

Es seien x und y zwei beliebige positive Zahlen. Dann lassen sich zu einer gegebenen Grundzahl a stets zwei Hochzahlen u und v so finden, daß

$$x = a^u \qquad \text{und} \qquad y = a^v$$

wird, woraus

$$u = \log_a x \qquad \text{und} \qquad v = \log_a y$$

folgt.
Es ist dann

$$x \cdot y = a^u \cdot a^v = a^{u+v}$$

Löst man diese Gleichung nach der Hochzahl $u + v$ auf, so erhält man

$$\log_a(x \cdot y) = u + v,$$

woraus wegen $u = \log_a x$ und $v = \log_a y$ folgt

$$\boxed{\log_a(x \cdot y) = \log_a x + \log_a y} \tag{55}$$

Der Logarithmus eines Produkts stimmt mit der Summe der Logarithmen der einzelnen Faktoren überein.

Was hier für zwei Faktoren gezeigt wurde, läßt sich auf beliebig viele Faktoren erweitern:

$$\boxed{\begin{aligned}\log_a(x_1 \cdot x_2 \cdot x_3 \cdot \ldots \cdot x_n) = \log_a x_1 + \log_a x_2 + \log_a x_3 \\ + \ldots + \log_a x_n\end{aligned}} \tag{56}$$

Bildet man statt des Produktes $x \cdot y$ den Quotienten $\frac{x}{y}$, so erhält man nach einer ähnlichen Rechnung wie oben

$$\boxed{\log_a \frac{x}{y} = \log_a x - \log_a y} \tag{57}$$

Der Logarithmus eines Bruches stimmt mit der Differenz der Logarithmen des Zählers und des Nenners überein.

Setzt man in (56) $x_1 = x_2 = x_3 = \ldots = x_n = x$, so ergibt sich

$$\log_a(x^n) = \underbrace{\log_a x + \log_a x + \log_a x + \ldots + \log_a x}_{n \text{ Summanden}}$$

$$\boxed{\log_a(x^n) = n \cdot \log_a x} \tag{58}$$

Um den Logarithmus einer Potenz zu bestimmen, kann man den Logarithmus der Grundzahl mit der Hochzahl multiplizieren.

Wegen $\sqrt[n]{x} = x^{\frac{1}{n}}$ folgt daraus schließlich für den Logarithmus einer Wurzel:

$$\boxed{\log_a \sqrt[n]{x} = \frac{1}{n} \cdot \log_a x} \tag{59}$$

Um den Logarithmus einer Wurzel zu bestimmen, kann man den Logarithmus des Radikanden durch den Wurzelexponenten teilen.

BEISPIELE

1. *Mit Hilfe der Logarithmen* $\log_2 4 = 2$, $\log_2 16 = 4$ *und* $\log_2 64 = 6$ *soll für jedes Logarithmengesetz ein Beispiel gebildet werden.*

   a) $\log_2(4 \cdot 16) = \log_2 4 + \log_2 16 = 2 + 4 = 6 = \log_2 64$

   b) $\log_2(64:2) = \log_2 64 - \log_2 2 = 6 - 1 = 5 = \log_2 32$

   c) $\log_2(4^3) \quad = 3 \cdot \log_2 4 = 3 \cdot 2 = 6 = \log_2 64$

   d) $\log_2 \sqrt{16} \quad = \frac{1}{2} \cdot \log_2 16 = \frac{1}{2} \cdot 4 = 2 = \log_2 4$

2. $\log_a(xy^2z^5) = \log_a x + \log_a(y^2) + \log_a(z^5)$ [*nach* (56)]
   $= \log_a x + 2 \cdot \log_a y + 5 \cdot \log_a z$ [*nach* (58)]

3. $\log_p \frac{p^2q^3}{rs^4} = \log_p(p^2q^3) - \log_p(rs^4)$ [*nach* (57)]
   $= 2 \cdot \log_p p + 3 \cdot \log_p q - (\log_p r + 4 \cdot \log_p s)$ [*nach* (56) und (58)]
   Wegen $\log_p p = 1$ *folgt daraus schließlich:*
   $= 2 + 3 \cdot \log_p q - \log_p r - 4 \cdot \log_p s$

4. $\log_c \frac{1}{k} = \log_c 1 - \log_c k = -\log_c k$ (*denn* $\log_c 1 = 0$)

5. $\log_r \sqrt[3]{\frac{a^2b \cdot \sqrt{c}}{d^3 \cdot \sqrt[4]{e^3}}} = \frac{1}{3} \cdot \left(2 \cdot \log_r a + \log_r b + \frac{1}{2} \cdot \log_r c - 3 \cdot \log_r d - \frac{3}{4} \cdot \log_r e\right)$

6. $\log_a x + \log_a y - \log_a z$ *läßt sich zusammenfassen zu* $\log_a \frac{xy}{z}$

7. $s \cdot \log_x a + \frac{1}{3} \cdot \log_x b - r \cdot \log_x c - \frac{3}{2} \cdot \log_x d = \log_x \frac{a^s \cdot \sqrt[3]{b}}{c^r \cdot \sqrt{d^3}}$

8. $\log_a(x^2 + y^2)$ *läßt sich nicht in einzelne Logarithmen aufspalten, da es kein Logarithmengesetz für den Logarithmus einer Summe gibt.*

9. $\log_a x + \log_b x$ *kann zunächst nicht zusammengefaßt werden, da sich die beiden Logarithmen auf verschiedene Basen beziehen.*

9.2. Die dekadischen Logarithmen

9.2.1. Begriffserklärungen

Die Gesamtheit aller Logarithmen zur Basis a nennt man das *Logarithmensystem zur Basis a.* Als Basis für ein Logarithmensystem ist jede Zahl $a > 0$ außer $a = 1$ geeignet. Für logarithmische Berechnungen eignet sich vor allem das **dekadische Logarithmensystem** (auch *dekadische, Zehner- oder* BRIGGS*sche Logarithmen* genannt), dessen Basis die Zahl 10 ist.
Für die dekadischen Logarithmen schreibt man statt $\log_{10} x$ kurz $\lg x$:

$$\boxed{\log_{10} x = \lg x} \qquad (60)$$

Es ist dann

$\lg 1 = \lg 10^0 = 0$		denn $10^0 = 1$	
$\lg 10 = \lg 10^1 = 1$		$\lg 0{,}1 = \lg (10^{-1}) = -1$	
$\lg 100 = \lg 10^2 = 2$		$\lg 0{,}01 = \lg (10^{-2}) = -2$	
$\lg 1\,000 = \lg 10^3 = 3$		$\lg 0{,}001 = \lg (10^{-3}) = -3$	
$\lg 10\,000 = \lg 10^4 = 4$	usw.	$\lg 0{,}000\,1 = \lg (10^{-4}) = -4$	usw.

Aus dieser kurzen Zusammenstellung spezieller Logarithmen erkennt man:

> Die dekadischen Logarithmen der Zehnerpotenzen sind ganze Zahlen. Die dekadischen Logarithmen der Zahlen zwischen 1 und 10 liegen zwischen Null und Eins. Die dekadischen Logarithmen der echten Dezimalbrüche sind negativ. Die dekadischen Logarithmen der in der obigen Zusammenstellung nicht aufgeführten Numeri zwischen 0,000 1 und 10 000 müssen zwischen den Werten −4 und +4 liegen.

Die meisten dekadischen Logarithmen sind *irrationale Zahlen*, die man im allgemeinen als gerundete Dezimalzahlen schreibt.
Die besondere Bedeutung der dekadischen Logarithmen beruht auf folgenden Eigenschaften:
Kennt man die Logarithmen der Zahlen von 1 bis 10, so lassen sich daraus die Logarithmen aller anderen Zahlen leicht ermitteln. So folgt beispielsweise aus

$$\sqrt[3]{10} = 10^{\frac{1}{3}} \approx 10^{0{,}333\,33} \approx 2{,}154\,4,$$

daß

$$\lg 2{,}154\,4 = 0{,}333\,33$$

ist.
Nach den Logarithmengesetzen ergibt sich daraus

$$\lg 21{,}544 = \lg (10 \cdot 2{,}154\,4) = \lg 10 + \lg 2{,}154\,4 = 1 + 0{,}333\,33 = 1{,}333\,33$$

$$\lg 215{,}44 = \lg (100 \cdot 2{,}154\,4) = \lg 100 + \lg 2{,}154\,4 = 2 + 0{,}333\,33 = 2{,}333\,33$$

$$\lg 2\,154{,}4 = \lg (1\,000 \cdot 2{,}154\,4) = \lg 1\,000 + \lg 2{,}154\,4 = 3 + 0{,}333\,33 = 3{,}333\,33 \quad \text{usw.}$$

Entsprechend erhält man

$$\lg 0{,}215\,44 = \lg \frac{2{,}154\,4}{10} = \lg 2{,}154\,4 - \lg 10 = 0{,}333\,33 - 1$$

$$\lg 0{,}021\,544 = \lg \frac{2{,}154\,4}{100} = \lg 2{,}154\,4 - \lg 100 = 0{,}333\,33 - 2$$

$$\lg 0{,}002\,154\,4 = \lg \frac{2{,}154\,4}{1\,000} = \lg 2{,}154\,4 - \lg 1\,000 = 0{,}333\,33 - 3 \quad \text{usw.}$$

In den letzten drei Beispielen hätte man die Differenzen 0,333 33 − 1, 0,333 33 − 2 und 0,333 33 − 3 noch umrechnen können in −0,666 67, −1,666 67 und −2,666 67. Das wäre jedoch sehr unvorteilhaft, denn es ist aus den angeführten Beispielen zu erkennen, daß für die gleiche Ziffernfolge 2–1–5–4–4 im Numerus unabhängig von der Kommastellung immer wieder die Ziffernfolge 3–3–3–3–3 im Logarithmus erscheint.
Von dieser Eigenschaft der dekadischen Logarithmen macht man bei der Gestaltung von Zahlentafeln zur Ermittlung dekadischer Logarithmen Gebrauch.

Es läßt sich allgemein zeigen, daß der dekadische Logarithmus folgende Eigenschaften besitzt:

1. *Jeder dekadische Logarithmus besteht aus zwei Teilen: einer positiven oder negativen ganzen Zahl, der* **Kennziffer,** *sowie einem aus einer Irrationalzahl durch Runden entstandenen echten Dezimalbruch, der* **Mantisse**[1]).
2. *Numeri mit der gleichen Ziffernfolge haben unabhängig von der Kommastellung dieselbe Mantisse.*
3. *Ist der Numerus* $\geqq 1$, *so ist die zugehörige Kennziffer eine positive ganze Zahl oder Null.*
4. *Ist der Numerus ein echter Dezimalbruch, so ist die zugehörige Kennziffer eine negative ganze Zahl.*

Für die *Bestimmung der Kennziffer* gilt folgende einfache *Regel:*

> Die Kennziffer eines dekadischen Logarithmus stimmt mit der Hochzahl des Stellenwertes der ersten von Null verschiedenen Ziffer des Numerus überein.

BEISPIELE

1. lg 7 259 *hat die Kennziffer* 3, *da die erste geltende Ziffer, die* 7, *den Stellenwert* 10^3 *hat.*
   ($7\,259 = 7 \cdot 10^3 + 2 \cdot 10^2 + 5 \cdot 10^1 + 9 \cdot 10^0$)
2. lg 46 203 705 *hat die Kennziffer* 7, *da die* 4 *den Stellenwert* 10^7 *hat.*
3. lg 0,024 315 *hat die Kennziffer* -2, *da die erste von Null verschiedene Ziffer, die* 2, *den Stellenwert* 10^{-2} *hat.*
4. lg 0,000 007 251 *hat die Kennziffer* -6,
   lg 7 352 026 869 *hat die Kennziffer* 9,
   lg 2,000 004 061 *hat die Kennziffer* 0.

9.2.2. Die Logarithmentafel

9.2.2.1. Die Einrichtung der Logarithmentafel

Da sich die Kennziffern der dekadischen Logarithmen leicht ermitteln lassen, enthalten die „Logarithmentafeln" im allgemeinen keine Logarithmen, sondern nur die Mantissen.
Obwohl heutzutage mit dem elektronischen Taschenrechner ein Hilfsmittel zur Verfügung steht, mit dessen Hilfe die Logarithmen beliebiger Numeri schnell, genau und sicher bestimmt werden können, soll hier das Aufsuchen von Logarithmen aus Tafelwerken etwas eingehender behandelt werden, da das Arbeiten mit Zahlentafeln genau so beherrscht werden muß wie der Umgang mit elektronischen Rechengeräten.
Den folgenden Beispielen wurde das Tafelwerk *„Fünfstellige Logarithmen und andere mathematische Tafeln"*, bearbeitet von Dr. Fritz Müller, zugrunde gelegt.[2])
Die fünfstelligen Tafeln enthalten die Mantissen aller vierziffrigen Numeri auf fünf Stellen genau. Die ersten drei Ziffern des Numerus findet man in der äußersten linken und der äußersten rechten Spalte, während die vierte Ziffer des Numerus in der obersten bzw. untersten Zeile jeder Seite aufzusuchen ist. Von der Mantisse sind im allgemeinen nur die letzten drei Ziffern aufgeführt. Da die ersten beiden Ziffern der Mantisse für mehrere Zeilen gleich lauten, sind sie der besseren Übersicht wegen nur einmal am Anfang der Zeile gedruckt, in der sie erstmalig auftreten.

---

[1]) mantissa (lat.) das Bleibende
[2]) Für vierstellige Tafeln gelten die nachfolgend gemachten Bemerkungen sinngemäß.

Ein Stern (*) vor den letzten drei Ziffern einer Mantisse deutet darauf hin, daß als erste und zweite Ziffer der Mantisse nicht mehr diejenigen Ziffern niederzuschreiben sind, die noch für den Anfang der Zeile galten, sondern bereits die beiden Ziffern, die am Anfang der nächsten Zeile stehen.

BEISPIELE

1.

Ziffernfolge des Numerus	*Mantisse*
5–9–3–7	77 357
1–0–0–8	00 346
4–3–0–2	63 367
5–0–1–1	69 992
5–0–1–2	70 001
6–1–6–6	79 000

2.

Mantisse	*Ziffernfolge des Numerus*
84 466	6–9–9–3
93 435	8–5–9–7
46 240	2–9–0–0
64 777	4–4–4–4
56 003	3–6–3–1
35 005	2–2–3–9

(*In den letzten Beispielen jeder Aufgabe sind die Sterne vor den Mantissen zu beachten!*)

Es sei noch auf die *Tafel der natürlichen Werte und der Logarithmen häufig gebrauchter Zahlen* hingewiesen, mit deren Hilfe sich manche Rechnung abkürzen läßt.

9.2.2.2. Das Aufsuchen der Logarithmen

Wenn der Logarithmus einer Zahl bestimmt werden soll, schreibt man zweckmäßigerweise *erst die Kennziffer* nieder und setzt dann die Ziffernfolge der dem Numerus entsprechenden Mantisse dazu.

BEISPIELE

1. $\lg 27{,}35 = ?$ *Kennziffer:* 1 *Mantisse:* 43 696
   $\lg 27{,}35 = 1{,}436\,96$
2. $\lg 0{,}5847 = ?$ *Kennziffer:* -1 *Mantisse:* 76 693
   $\lg 0{,}5847 = 0{,}766\,93 - 1$
3. $\lg 7\,945\,000 = 6{,}900\,09$ (*Stern beachten!*)
4. $\lg 65\,170 = 4{,}814\,05$
5. $\lg 0{,}000\,012 = 0{,}079\,18 - 5$
6. $\lg 1{,}446 = 0{,}160\,17$
7. $\lg 0{,}001\,518 = 0{,}181\,27 - 3$

9.2.2.3. Das Aufsuchen des Numerus

Wenn zu einem gegebenen Logarithmus der zugehörige Numerus bestimmt werden soll, ermittelt man aus der Mantisse zunächst die *Ziffernfolge des Numerus* und legt dann die Kommastellung mit Hilfe der Kennziffer fest.

BEISPIELE

1. *Welchen Wert hat x, wenn* $\lg x = 3{,}196\,45$ *ist?*

Lösung: Zur Mantisse 19645 gehört die Ziffernfolge 1–5–7–2 für den Numerus. Die Kennziffer ist 3, folglich ist $x = 1572$.

2. *Desgl. für* $\lg x = 0{,}64028 - 4$.

Lösung: Zur Mantisse 64028 gehört die Ziffernfolge 4–3–6–8 für den Numerus (Stern beachten!). Die Kennziffer ist −4, folglich ist $x = 0{,}0004368$.

3. $\lg x = 5{,}80003$ $x = 631000$
4. $\lg x = 0{,}81003$ $x = 6{,}457$ (*Stern beachten!*)
5. $\lg x = 0{,}99078 - 1$ $x = 0{,}9790$
6. $\lg x = 25{,}89020$ $x = 7{,}766 \cdot 10^{25}$
7. $\lg x = 0{,}70001 - 12$ $x = 5{,}012 \cdot 10^{-12}$

9.2.2.4. Interpolation

Die fünfstelligen Logarithmentafeln sind so fein unterteilt, daß auch die *Logarithmen von fünfziffrigen Numeri* mit guter Genauigkeit *durch lineare Interpolation* gefunden werden können.
Besitzt jedoch ein Numerus mehr als fünf geltende Ziffern, so ist er *vor* der Bestimmung des Logarithmus *auf fünf geltende Ziffern zu runden.*
Das Verfahren der linearen Interpolation, das bereits in 3.6.8. erwähnt wurde, soll an einigen Beispielen vorgeführt werden.

BEISPIEL 1

$\lg 356{,}27 = ?$
Lösung: Die Kennziffer ist 2.
In der Logarithmentafel findet man als Nachbarwerte
$\lg 356{,}20 = 2{,}55169$ und $\lg 356{,}30 = 2{,}55182$.

Die „Tafeldifferenz" (Mantissendifferenz) ist demnach $D = 13$ Einheiten der letzten Stelle. Die zugehörigen Numeri wachsen von 356,20 auf 356,30 um 10 Einheiten der letzten Stelle an. Auf 10 Numerus-Einheiten kommen demnach 13 Mantissen-Einheiten;
auf 1 Numerus-Einheit kommen demnach 1,3 Mantissen-Einheiten;
auf 7 Numerus-Einheiten kommen demnach $7 \cdot 1{,}3 = 9{,}1 \approx 9$ Mantissen-Einheiten.
(7 Numerus-Einheiten deshalb, weil sich der gegebene Numerus 356,27 um 7 Einheiten vom in der Tabelle stehenden Numerus 356,20 unterscheidet.) Es ist somit

$$\begin{aligned} \lg 356{,}27 &= 2{,}55169 \\ &+ \underline{\qquad\quad 9} \\ \lg 356{,}27 &= 2{,}55178. \end{aligned}$$

Ist D die Tafeldifferenz (Mantissendifferenz), d der gesuchte Mantissenzuwachs und n die fünfte Ziffer des Numerus, so erhält man nach einer entsprechenden Überlegung die Proportion

$$d : D = n : 10,$$

aus der sich

$$d = \frac{D}{10} \cdot n$$

ergibt.
Diese Umrechnung kann man sich jedoch ersparen, indem man die *„Proportionaltäfelchen"* benutzt, die am Rande jeder Seite stehen. In diesen Proportionaltafeln sind für die auf

der betreffenden Seite auftretenden Tafeldifferenzen für alle n von 1 bis 9 die zugehörigen d-Werte ausgerechnet. So steht z. B. in der Proportionaltafel für $D = 13$ neben der 7 der im Beispiel 1 berechnete Wert 9,1.
In vielen Fällen, vor allem beim Gebrauch vierstelliger Tafeln, läßt sich die Interpolation ohne Schwierigkeiten im Kopfe ausführen. Man sollte dies fleißig üben, um eine ausreichende Sicherheit zu erlangen.

BEISPIEL 2

lg 0,309 028 914 = ?

Lösung: Der Numerus wird zunächst auf fünf geltende Ziffern gerundet:

$$\lg 0{,}309\,028\,914 \approx \lg 0{,}309\,03$$

Kennziffer: −1

Benachbarte Logarithmen:

$$\lg 0{,}309\,00 = 0{,}489\,96 - 1$$
$$\lg 0{,}309\,10 = 0{,}490\,10 - 1$$

Tafeldifferenz $D = 14$

Aus der Proportionaltafel für $D = 14$ entnimmt man den zur fünften Ziffer $n = 3$ gehörenden Mantissenzuwachs $d = 4{,}2 \approx 4$, so daß

$$\lg 0{,}309\,03 = 0{,}489\,96 - 1$$
$$+ \quad 4$$
$$\lg 0{,}309\,03 = 0{,}490\,00 - 1$$

wird.

Die umgekehrte Aufgabe, zu einem gegebenen Logarithmus den zugehörigen Numerus auf fünf Ziffern genau zu bestimmen, löst man entsprechend.

BEISPIELE

3. *Welchen Wert hat x, wenn* $\lg x = 3{,}815\,00$?

Lösung: In der Tabelle findet man die der gegebenen Mantisse 81 500 benachbarten Werte 81 498 und 81 505, zu denen folgende Ziffernfolgen für die Numeri gehören: 6–5–3–1–0 und 6–5–3–2–0

Tafeldifferenz: $D = 7$ (Differenz zwischen 81 498 und 81 505)

Mantissenzuwachs: $d = 2$ (Differenz zwischen 81 498 und 81 500)

In der Proportionaltafel für $D = 7$ findet man links neben dem dem Mantissenzuwachs $d = 2$ am nächsten liegenden Wert 2,1 die fünfte Ziffer $n = 3$ des Numerus. Somit ist die zur Mantisse 81 500 gehörende Ziffernfolge für den Numerus 6–5–3–1–3.

Festlegung des Kommas (Kennziffer ist 3) ergibt

$$x = 6\,531{,}3.$$

Der Leser bestimme x zur Übung auch ohne Benutzung der Proportionaltafeln!

4. *Man bestimme x aus* $\lg x = 0{,}400\,00 - 8$!

Lösung: Benachbarte Werte sind:

Mantisse: 39 985 Numerus: 2–5–1–1–0
40 002 2–5–1–2–0

Tafeldifferenz: $D = 17$ (Differenz zwischen 39 985 und 40 002).

Mantissendifferenz: $d = 15$ (Differenz zwischen 39 985 und 40 000).

Daraus folgt $n = 9$. (Die 15 liegt näher an 15,3 als an 13,6).

$$x = 2{,}511\,9 \cdot 10^{-8}$$

9.3. Bestimmung von Logarithmen mit dem Taschenrechner

9.3.1. Bestimmung von Logarithmen

Steht einem ein elektronischer Taschenrechner mit mehreren mathematischen Funktionen zur Verfügung, so wird die Ermittlung von Logarithmen bzw. von Numeri völlig problemlos.
Soll der dekadische Logarithmus lg x einer beliebigen positiven Zahl x ermittelt werden, so gibt man zunächst den Numerus x ein und drückt danach auf die [lg]-Taste. Es erscheint danach im Display der gesuchte Wert lg x. (Bei Rechnern mit Doppelbelegung von Tasten muß gegebenenfalls vor der [lg]-Taste noch die [F]-Taste gedrückt werden.)
Man beachte aber dabei, daß auf diesen Rechnern auch noch eine [ln]-Taste vorhanden ist, mit deren Hilfe der sogenannte natürliche Logarithmus einer Zahl ermittelt werden kann.

BEISPIELE

1. lg 945,31 = ?
Lösung:
Die Tastenfolge [9] [4] [5] [.] [3] [1] [lg] liefert unmittelbar den gesuchten Wert lg 945,31 = 2,975 574 2. Man vergleiche dieses Ergebnis mit dem zugehörigen Tabellenwert!

2. lg 0,000 18 = ?
Lösung:
Bei der Bestimmung der Logarithmen von Zahlen, die kleiner sind als 1, braucht man nicht wie beim Arbeiten mit Zahlentabellen zuerst Betrachtungen über die Kennziffer anzustellen. Man gibt den Numerus ziffernweise ein [0] [.] [0] [0] [0] [1] [8] [lg] und erhält sofort lg 0,000 18 = −3,744 727 5.
Man überzeuge sich, daß dieses Ergebnis mit dem aus der fünfstelligen Tabelle ermittelten Wert 0,255 27 − 4 übereinstimmt.

9.3.2. Bestimmung von Numeri

Beachtet man, daß Logarithmieren und Potenzieren entgegengesetzte Rechenarten sind, und daß speziell $\lg a = b$ dasselbe aussagt wie $10^b = a$, so wird man sofort einsehen, daß der Numerus zu einem gegebenen Logarithmus mit Hilfe der auf vielen Rechnern vorhandenen [10^X]-Taste ermittelt werden kann. Ist eine solche [10^X]-Taste nicht vorhanden, so führt die Tastenfolge [1] [0] [Y^X] [*Zahl*] [=] zum Ziel, wobei durch [*Zahl*] die ziffernweise Eingabe des Logarithmenwertes angedeutet sein soll.

BEISPIELE

1. Bestimme x aus lg x = 2,73!
Lösung:
Die Tastenfolge [2] [.] [7] [3] [10^X] liefert unmittelbar den gewünschten Wert x = 537,031 79.
Auch die Tastenfolge [1] [0] [Y^X] [2] [.] [7] [3] [=] liefert den gleichen Wert.

2. Bestimme x aus lg x = −0,9!

Lösung:
Die Tastenfolge [0] [.] [9] [+/−] [10^x] bzw. [1] [0] [Y^x] [0] [.] [9] [+/−] [=] liefert $x = 0{,}125\,892\,5$. Man bestimme zum Vergleich dazu den Numerus aus der Aufgabe $\lg x = -0{,}9 = 0{,}100\,00 - 1$.

9.3.3. Bemerkungen zum logarithmischen Rechnen

Zu der Zeit, als noch keine leistungsfähigen Rechengeräte zur Verfügung standen, stellte die Logarithmenrechnung ein wichtiges Mittel zur Berechnung komplizierterer mathematischer Ausdrücke dar, kann man doch mit Hilfe der Logarithmengesetze Multiplikationsaufgaben dadurch lösen, daß man die Logarithmen der Faktoren addiert und zum Schluß den zugehörigen Numerus aus der Tabelle aufsucht, der mit dem Ergebnis der Multiplikationsaufgabe übereinstimmen muß. Entsprechend kann man Wurzeln oder Potenzen berechnen, indem man zunächst den Logarithmus des Radikanden durch den Wurzelexponenten dividiert oder mit dem Potenzexponenten multipliziert und danach wiederum zum zugehörigen Numerus übergeht. Es kann also mit Hilfe der Logarithmenrechnung *jede Rechenart auf die nächst niedrigere zurückgeführt* werden, womit natürlich wesentliche *Vereinfachungen der Zahlenrechnungen* verbunden sind.
Mit dem ständig steigenden Einsatz von elektronischen Taschenrechnern gerät diese Art der Berechnung komplizierter Ausdrücke immer mehr in Vergessenheit. Es soll daher in diesem Buche auch nicht mehr ausführlich darauf eingegangen werden.
Die Logarithmen spielen jedoch bei vielen theoretischen und praktischen Untersuchungen von naturwissenschaftlichen und technischen Problemen eine große Rolle. Aus diesem Grunde ist es unbedingt notwendig, daß man fundierte Kenntnisse über die Eigenschaften der Logarithmen sowie über die Gesetze für das Rechnen mit Logarithmen besitzt. In der höheren Mathematik kommt man ohne diese Kenntnisse nicht aus.

9.4. Ausblick auf andere Logarithmensysteme

Alle bisherigen Aufgaben wurden mit Logarithmen zur Basis 10, den dekadischen Logarithmen, gelöst. Dieses Logarithmensystem ist für das praktische Zahlenrechnen deshalb besonders geeignet, weil man für alle Zahlen mit der gleichen Ziffernfolge – unabhängig von der Kommastellung – denselben Zahlenwert aus der Logarithmentafel entnehmen kann und man dazu dann nur noch die zugehörige Kennziffer festlegen muß.
Logarithmensysteme mit einer von 10 verschiedenen Basis besitzen diese vorteilhafte Eigenschaft nicht.
Es sei aber darauf hingewiesen, daß sich jede positive Zahl $\neq 1$ als Basis für ein Logarithmensystem eignet, mit dem man dann nach den gleichen Logarithmengesetzen rechnen kann. Es ist nur zu beachten, daß innerhalb einer Rechnung nicht mit Logarithmen aus verschiedenen Logarithmensystemen gerechnet werden darf. Auf die Zusammenhänge zwischen den verschiedenen Logarithmensystemen soll im Rahmen dieses Buches nicht eingegangen werden.
Die beiden Logarithmensysteme, die neben dem dekadischen Logarithmensystem für die Anwendungen eine besondere Rolle spielen, sollen jedoch nicht unerwähnt bleiben. Es handelt sich in dem einen Fall um das *binäre Logarithmensystem,* das die Basis 2 hat und in der Informationstheorie auftritt. Für die binären Logarithmen wurde eine besondere Schreibweise eingeführt. Man schreibt

$$\log_2 x = \operatorname{lb} x.$$

Bei Aufgaben aus den Naturwissenschaften tritt das sogenannte *natürliche Logarithmensystem* immer wieder auf. Die Basis dieses natürlichen Logarithmensystems ist eine Zahl, die mit e bezeichnet wird:

$$e = 2{,}718\,281\,828\ldots$$

Auch für die natürlichen Logarithmen gibt es eine besondere Schreibweise:

$$\log_e x = \ln x$$

Auf das Rechnen mit binären bzw. natürlichen Logarithmen soll jedoch im Rahmen dieses Buches nicht eingegangen werden. Es soll lediglich darauf verwiesen werden, daß sich die binären bzw. die natürlichen Logarithmen durch Multiplikation mit einem bestimmten Umrechnungsfaktor aus den dekadischen Logarithmen berechnen lassen.
Die Zahlenwerte der natürlichen Logarithmen lassen sich auf dem Taschenrechner mit Hilfe der [ln]-Taste (vgl. auch 9.3.1.), die zugehörigen Numeri mit Hilfe der [e^x]-Taste ermitteln.

BEISPIEL

Den natürlichen Logarithmus von 25 erhält man mit Hilfe der Tastenfolge [2] [5] [ln] zu $\ln 25 = 3.218\,875\,8$.
Ist der Numerus x gesucht, dessen natürlicher Logarithmus den Wert $\ln x = 1$ besitzt, so führt die Tastenfolge [1] [e^x] zum Ziel. Man erhält $x = 2.718\,281\,8$.
(Anmerkung: Damit ist übrigens der oben angegebene Zahlenwert für die Zahl e bestätigt worden.)

Abschließend sollen noch einmal die wichtigsten Zusammenhänge zwischen Potenz-, Wurzel- und Logarithmenrechnung zusammengestellt werden:

$a^n = b$	$\Leftrightarrow$	$a = \sqrt[n]{b}$	$\Leftrightarrow$	$n = \log_a n$
$\sqrt[n]{a} = b$	$\Leftrightarrow$	$a = b^n$	$\Leftrightarrow$	$\frac{1}{n} = \log_a b$
$\log_b a = c$	$\Leftrightarrow$	$a = b^c$	$\Leftrightarrow$	$b = \sqrt[c]{a}$
$\sqrt[n]{a} = a^{\frac{1}{n}}$		$\frac{1}{a^n} = a^{-n}$		
$a^1 = a$		$a^0 = 1$		$10^n = x \Leftrightarrow n = \lg x$
$1^n = 1$		$0^n = 0$		$e^n = x \Leftrightarrow n = \ln x$
$\sqrt[n]{1} = 1$		$\sqrt[n]{0} = 0$		
$\log_a 1 = 0$		$\log_a 0$ existiert nicht		
$\lg 10 = 1$		$\ln e = 1$		$\log_a a = 1$
$\lg 10^x = x$		$\ln e^x = x$		$\log_a (a^x) = x$
$10^{\lg x} = x$		$e^{\ln x} = x$		$a^{\log_a x} = x$

AUFGABEN

208. Die folgenden Potenzgleichungen sind in Logarithmengleichungen umzuwandeln:

a) $2^4 = 16$ b) $\left(\frac{1}{2}\right)^3 = \frac{1}{8}$ c) $0{,}2^{-2} = 25$ d) $(-5)^2 = 25$

e) $6^{-2} = \frac{1}{36}$ f) $a^{-7} = x$ g) $8^3 = 512$ h) $x^0 = 1$

i) $0{,}01^4 = 0{,}000\,000\,01$ k) $(-3)^{-x} = -y$

209. Es ist nachzuprüfen, ob die folgenden Logarithmen stimmen:

a) $\log_4 64 \overset{?}{=} 3$ b) $\log_{10} 100 \overset{?}{=} 2$ c) $\log_{50} 50 \overset{?}{=} 1$ d) $\log_{0,5} 0{,}25 \overset{?}{=} 2$

e) $\log_{0,2} 5 \overset{?}{=} 1$ f) $\log_{0,5} 8 \overset{?}{=} -4$ g) $\log_{10} 0{,}000\,000\,1 \overset{?}{=} -7$

h) $\log_{\frac{1}{k}} k^2 \overset{?}{=} -2$ i) $\log_{625} 5 \overset{?}{=} 0{,}25$ k) $\log_2 0{,}707\,1 \overset{?}{=} -\frac{1}{2}$

210. Die folgenden Gleichungen sind in Logarithmengleichungen umzuwandeln:

a) $\sqrt{64} = 8$ b) $\sqrt[5]{243} = 3$ c) $\sqrt[3]{0{,}001} = 0{,}1$ d) $\sqrt[8]{390\,625} = 5$

e) $\sqrt[p]{k} = q$ f) $\sqrt[3]{a^2} = b$

g) $\sqrt[4]{\frac{1}{x}} = y$ h) $\sqrt[n]{p^q} = r$ i) $\sqrt[k]{\frac{1}{m}} = n$ k) $\sqrt[r]{\frac{1}{s^3}} = t$

211. Bestimme den Wert folgender Logarithmen:

a) $\log_3 81$ b) $\log_{0,5} \frac{1}{64}$ c) $\log_{10} 0{,}000\,1$ d) $\log_{0,07} 0{,}004\,9$ e) $\log_9 6\,561$

f) $\log_6 6$ g) $\log_4 \frac{1}{4}$ h) $\log_4 0{,}062\,5$ i) $\log_a \frac{1}{a}$ k) $\log_q \frac{1}{q^n}$

212. Desgl.

a) $\log_4 2$ b) $\log_{81} 3$ c) $\log_{64} 0{,}5$ d) $\log_{100} 0{,}1$ e) $\log_{729} 1$

f) $\log_5 0{,}008$ g) $\log_9 (-81)$ h) $\log_{27} 3$ i) $\log_{70} 8{,}366\,6$

k) $\log_{3,42} \frac{1}{40{,}001\,688}$

213. Bestimme x aus folgenden Gleichungen:

a) $\log_2 x = 5$ b) $\log_6 x = 6$ c) $\log_{64} x = \frac{1}{3}$ d) $\log_x 25 = 2$

e) $\log_x 0{,}5 = -1$ f) $\log_3 x = -2$ g) $\log_{\frac{1}{2}} x = -10$ h) $\log_{\frac{1}{9}} x = -0{,}5$

i) $\log_x 0{,}000\,001 = -6$ k) $\log_x a = 1$

214. Desgl.

a) $\log_9 x = 1$ b) $\log_{0,3} x = 4$ c) $\log_{2401} x = -\frac{1}{4}$ d) $\log_x 2\,197 = 3$

e) $\log_x \frac{1}{a} = -1$ f) $\log_m m^3 = x$ g) $x = \log_r \sqrt[n]{r}$ h) $\log_2 x = 4$

i) $\log_x 243 = 5$ k) $x = \log_c \frac{1}{c} + \log_{\frac{1}{c}} c$

215. Desgl.

a) $x = \log_p \frac{1}{p^4}$ b) $\log_4 x = 0{,}5$ c) $\log_x 4\,096 = 6$

d) $x = \log_a \frac{1}{\sqrt[n]{a^m}}$ e) $\log_3 x = -1$ f) $\log_{64} x = -\frac{1}{3}$

g) $\log_x 19\,683 = 9$ h) $x = \log_k \frac{1}{k^n}$ i) $\log_x 1 = 0$

k) $x = \log_5 0{,}001\,6$

216. Für die Basis 2 sind die Logarithmen folgender Zahlen zu bestimmen:

a) 16 b) 64 c) 2 d) 0,5 e) $\frac{1}{32}$

f) 1,414 2 g) 0,25 h) -32 i) 1 024 k) 1,259 9

217. Für die Basis 0,5 sind die Logarithmen folgender Zahlen zu bestimmen:

a) 1 b) $\sqrt{2}$ c) 2 d) $\sqrt[5]{2^7}$ e) 16

f) 0,125 g) $\sqrt{2^{10}}$ h) 256 i) 0,5 k) 0,7071

218. Folgende Ausdrücke sind soweit wie möglich aufzuspalten:

a) $\log_a \frac{x^2\sqrt{y}}{z^3\cdot\sqrt[4]{u}}$ b) $\log_m \frac{3u^2}{4\sqrt{v}}$ c) $\log_p \sqrt{\frac{4a^3\cdot\sqrt{p}}{b^5q^7}}$

d) $\log_{10} \frac{x^2-y^2}{x^2+y^2}$ e) $\log_q (x+y)$ f) $\log_x \frac{5}{x^2\cdot y^3}$

g) $\log_y \frac{a\cdot\sqrt{b}}{c^2}$ h) $\log_r \left(x\cdot\sqrt[8]{x+y}\right)$ i) $\log_5 (3a)^5$

k) $\log_y \frac{1}{\sqrt[4]{x^5y^3}}$

219. Zu einem einzigen Logarithmus ist zusammenzufassen:

a) $\log_k a + \log_k b - \log_k c - \log_k d$ b) $2\cdot\log_a x + 3\cdot\log_a y - \log_a u - 4\cdot\log_a v$

c) $\frac{1}{2}\cdot\log_x u + \frac{1}{3}\cdot\log_x v$ d) $\frac{1}{2}\cdot\left(\log_x u + \frac{1}{3}\cdot\log_x v\right)$

e) $\frac{1}{3}\cdot\log_m a - \frac{1}{4}\cdot\log_m b + \frac{2}{3}\cdot\log_m c - \frac{3}{4}\cdot\log_m d$

f) $p\cdot\log_a q - q\cdot\log_a p$ g) $-k\cdot\log_s x - \frac{1}{k}\cdot\log_s y$

h) $n\cdot\log_r a + (n-1)\cdot\log_r b + (n-2)\cdot\log_r c$

i) $\frac{p}{q}\cdot\log_z r - \frac{q}{p}\cdot\log_z s$ k) $\frac{b}{a}\cdot\log_d c + \frac{b}{c}\cdot\log_d a - \frac{c}{a}\cdot\log_d b - 3$

220. Mit Hilfe von lg 4,036 = 0,60595 sind folgende Logarithmen zu ermitteln:

a) lg 403,6 b) lg 403600 c) lg 0,4036 d) lg 4036

e) lg 0,004036 f) lg 40,36 g) lg $0{,}04036^2$ h) lg $\sqrt{40360}$

i) lg $0{,}0004036^3$ k) lg $\sqrt[3]{4{,}036}$

221. Welche Kennziffern gehören zu den Logarithmen folgender Zahlen:

a) 72,5 b) 0,000004 c) 1,00000063 d) 37120,6

e) 200,75 f) 0,001000000084 g) 0,04736 h) 18003259

i) 9 k) 0,000100054

222. Welche Stellenzahl hat der Numerus, wenn die Kennziffer des dekadischen Logarithmus folgenden Wert hat:

a) 4 b) 0 c) 17 d) 2 e) -1

f) -3 g) 1 h) n i) -2 k) $-k$

223. Bestimme folgende Logarithmen:

Ermittle die Logarithmen dabei zuerst mit Hilfe einer Zahlentabelle und vergleiche den gefundenen Wert mit der Zahl, die der Taschenrechner liefert.

a) lg 60,05 b) lg 947000 c) lg 120400000 d) lg 725,6

e) lg 9 333   f) lg 7,766   g) lg 45 720   h) lg 10,01
i) lg 0,223 9   k) lg 0,005 784

224. Desgl.
a) lg 0,001 234   b) lg $(2{,}345 \cdot 10^{-8})$ c) lg 0,999 9   d) lg 0,008 319
e) lg 0,000 045 700   f) lg 23   g) lg 1,2   h) lg 0,005
i) lg 0,070 09   k) lg 0,000 000 000 000 000 000 000 004 579

225. Desgl.
a) lg 1 955   b) lg 0,245 6   c) lg 91 200   d) lg 735 400
e) lg $(4 \cdot 10^{-6})$ f) lg 0,000 000 087   g) lg 17,18   h) lg 229,8
i) lg 8,319   k) lg 0,093 33

226. Bestimme die Numeri zu folgenden Logarithmen:
a) 4,912 86   b) 0,620 66   c) 2,517 46   d) 0,999 78 − 4
e) 0,909 56 − 7   f) 12,660 01   g) 0,000 43 − 5   h) 0,600 65 − 1
i) 3,921 01   k) 0,688 33 − 2

Vergleiche auch hier die Werte, die aus der Zahlentafel bestimmt wurden, mit denen, die der Taschenrechner liefert!

227. Desgl.
a) 0,446 54 − 3   b) 1,813 58   c) 0,724 77 − 10   d) 0,593 73 − 8
e) 18,000 00   f) 0,010 30 − 8   g) 0,200 03 − 2   h) 7,777 79
i) 0,999 91 − 1   k) 2,262 69

228. Desgl.
a) 0,922 10   b) 0,333 04 − 2   c) 0,964 59 − 4   d) 5,693 99
e) 3,760 35   f) 0,555 58 − 7   g) 1,939 82   h) 0,492 48 − 5
i) 0,010 72 − 10   k) 0,999 61 − 1

229. Bestimme folgende Logarithmen (Berücksichtigung der letzten Stelle durch Interpolation):
Man vergleiche zur Kontrolle die aus der Zahlentafel entnommenen Werte mit den Taschenrechner-Ergebnissen.
a) lg 13 574   b) lg 648,72   c) lg 9 746 500   d) lg 72 547
e) lg 813 070   f) lg 60,002   g) lg 851 174   h) lg 4,004 7
i) lg 61 659 000   k) lg 72,448

230. Desgl.
a) lg 0,003 289 4   b) lg 0,072 648   c) lg $(2{,}630\,4 \cdot 10^{-6})$ d) lg 0,120 06
e) lg 853,08   f) lg 630,02   g) lg 0,579 268 431   h) lg 12 884
i) lg 0,000 007 465 2   k) lg 0,000 001 584 927 403

231. Bestimme die Numeri folgender Logarithmen:
Die aus der Zahlentafel ermittelten Ergebnisse sind mit den Taschenrechner-Werten zu vergleichen.
a) 3,813 75   b) 5,937 80   c) 1,969 99   d) 0,500 00   e) 2,750 00
f) 0,910 10 − 3   g) 4,802 25   h) 0,790 04   i) 0,362 50 − 2   k) 0,150 00

232. Desgl.

a) 0,100 00 b) 4,476 48 c) 0,666 67 d) 1,715 95 e) 3,819 50

f) 0,010 00 − 4 g) 0,579 73 − 4 h) 0,250 00 i) 0,999 99 − 1 k) 0,333 33 − 3

233. Bestimme x aus:[1])

a) $x = 10^{1,549}$ b) $x = 10^{\lg 3,696}$ c) $10^x = 227,3$

d) $x = 10^{\lg 0,2913}$ e) $10^x = 0,843\,92$ f) $x = 10^{0,7532}$

g) $x = 10^{2 \cdot \lg 13}$ h) $10^x = -3,925$ i) $x = 10^{2,031}$

k) $10^{-\lg 4} = x$

234. Bestimme x aus:[1])

a) $x = 100^{0,4733}$ b) $10^{2x} = 471,67$ c) $x = 10\,000^{\lg 3}$

d) $10^{-x} = 5\,921,7$ e) $x = \sqrt{10^{5,96}}$ f) $x = 10^{-\lg 74,6}$

g) $1\,000^{-x} = -28,63$ h) $x = 10^{-0,0898}$ i) $\sqrt{10^x} = 65,793$

k) $x = 10^{0,5 \cdot \lg 38,44}$

235. Bestimme x aus:[1])

a) $x = 10^{-2,18}$ b) $x = 100^{\frac{1}{2} \lg 53,29}$ c) $100^{-x} = 0,077\,425$

d) $x = 1\,000^{-0,190\,73}$ e) $\sqrt[3]{10^x} = 12\,346$ f) $x = \sqrt{10}^{\lg 1\,024}$

g) $x = \sqrt{10}^{-2,218\,38}$ h) $\sqrt[7]{10^x} = 0,000\,005\,590\,9$

i) $x = \sqrt[3]{10}^{-\lg 125}$ k) $x = \sqrt[3]{10}^{4,913\,37}$

236. Mit dem Taschenrechner berechne man

a) $463,27 \cdot 12,753$ b) $0,1746 \cdot 0,563 \cdot 0,003\,87$ c) $28,64 \cdot 0,0253 \cdot 0,187$

d) $933,28 \cdot 0,003\,69 \cdot 0,027\,58 \cdot 0,186\,24 \cdot 35,271 \cdot 285,09$

e) $638,45 \cdot 2\,946,4 \cdot 12,402 \cdot 0,000\,36 \cdot 0,752\,43$

f) $1\,765 \cdot 698,23 \cdot 3,4165 \cdot 0,941\,24 \cdot 0,006\,144\,7$

g) $0,2468 \cdot 13,579 \cdot 0,8423 \cdot 0,000\,965\,43$

h) $0,003\,56 \cdot 0,000\,7214 \cdot 98,325 \cdot 124,25$

237. Desgl.

a) $\dfrac{1\,247,4}{936,26}$ b) $\dfrac{1,6745}{82\,946}$ c) $\dfrac{357,24}{0,005\,367}$

d) $\dfrac{0,004\,670}{0,000\,579}$ e) $\dfrac{0,000\,013\,050}{0,007\,004}$ f) $\dfrac{1}{0,008\,23}$

g) $\dfrac{0,002\,746 \cdot 0,000\,3914 \cdot 0,9375 \cdot 0,000\,075\,26}{0,000\,7483 \cdot 0,001\,846 \cdot 0,002\,549 \cdot 0,019\,57}$ h) $\dfrac{36,72 \cdot 1\,746 \cdot 0,836}{0,2548 \cdot 100,35 \cdot 8,004}$

i) $\dfrac{1\,745 \cdot 9\,472 \cdot 24,73 \cdot 1\,408 \cdot 3\,724}{9\,752 \cdot 3\,784 \cdot 2,467 \cdot 358,2 \cdot 973,5}$ k) $\dfrac{3,0006 \cdot 0,007\,2003 \cdot 26,007}{34,06 \cdot 29,031}$

238. Desgl.

a) $0,000\,3862^3$ b) $1,256^{10}$ c) $0,8947^{21}$ d) $1,0001^{10\,000}$

---

[1]) Auch hier sollten alle Tafelwerte mit den jeweiligen Taschenrechner-Werten verglichen werden.

e) $\left(\dfrac{0{,}003\,752 \cdot 738{,}1 \cdot 0{,}467\,3}{31{,}25 \cdot 0{,}008\,124 \cdot 0{,}036\,25}\right)^2$ f) $\left(\dfrac{376{,}8 \cdot 4\,903 \cdot 8\,006 \cdot 0{,}364\,5}{20{,}48 \cdot 45\,004 \cdot 60\,325 \cdot 0{,}004\,12}\right)^4$

g) $\left(\dfrac{7{,}25 \cdot 3{,}126 \cdot 0{,}172}{0{,}063 \cdot 34{,}62 \cdot 5{,}12}\right)^8$ h) $\left(\dfrac{7{,}285 \cdot 24{,}036}{3{,}628}\right)^2$

i) $\left(\dfrac{0{,}0837}{0{,}043\,2 \cdot 6{,}513}\right)^4$ k) $\left(\dfrac{0{,}432\,5 \cdot 7{,}316}{24{,}51 \cdot 0{,}986\,3}\right)^5$

239. Desgl.

a) $\sqrt[3]{186{,}43}$ b) $\sqrt[4]{1\,957{,}8}$ c) $\sqrt[12]{2}$ d) $\sqrt[6]{12{,}645}$

e) $\sqrt{0{,}000\,826}$ f) $\sqrt[3]{0{,}000\,009\,723}$ g) $\sqrt[5]{0{,}000\,001\,642}$ h) $\sqrt{0{,}000\,000\,197\,423}$

i) $\sqrt[10]{0{,}1}$ k) $\sqrt[6]{0{,}000\,5}$

240. Desgl.

a) $\sqrt[4]{42{,}6 \cdot 97{,}3 \cdot 62{,}1 \cdot 50{,}08}$ b) $\sqrt[3]{\dfrac{17{,}42 \cdot 9{,}235 \cdot 482{,}3}{0{,}003\,16 \cdot 0{,}000\,100\,4}}$

c) $\sqrt[7]{\left(\dfrac{0{,}382 \cdot 6{,}415 \cdot 106{,}4 \cdot 0{,}810\,2}{0{,}008\,573 \cdot 19{,}37 \cdot 72{,}08 \cdot 4{,}03}\right)^4}$ d) $\sqrt[12]{\left(\dfrac{403{,}2 \cdot 186{,}37 \cdot 92{,}14 \cdot 0{,}624\,5}{641{,}8 \cdot 203{,}5 \cdot 1\,592 \cdot 0{,}005\,2}\right)^5}$

e) $\sqrt[7]{\left(\dfrac{1{,}293 \cdot 0{,}760\,2 \cdot 0{,}003\,49}{36{,}07 \cdot 8{,}603 \cdot 0{,}010\,07}\right)^3}$ f) $\sqrt[3]{\dfrac{1}{79{,}25}}$

g) $\sqrt[4]{\dfrac{1}{0{,}007\,36^3}}$ h) $\sqrt{\dfrac{62{,}36 \cdot 0{,}725}{1\,986 \cdot 432{,}3}}$

i) $\sqrt[8]{\left(\dfrac{1\,926 \cdot 63{,}24 \cdot 0{,}820\,4}{615 \cdot 8{,}925 \cdot 0{,}001\,24}\right)^5}$ k) $\sqrt[10]{\left(\dfrac{0{,}608 \cdot 0{,}300\,7 \cdot 0{,}012\,64 \cdot 0{,}007\,3}{14{,}86 \cdot 9{,}072 \cdot 0{,}800\,1 \cdot 0{,}006\,009}\right)^3}$

241. Desgl.

a) $\left(\dfrac{184{,}2}{275{,}9}\right)^{0{,}736}$ b) $\left(\pi \cdot \dfrac{0{,}726\,3}{0{,}062\,5}\right)^{1{,}2}$ c) $\left(\dfrac{0{,}124 \cdot 0{,}873}{0{,}075 \cdot 0{,}436}\right)^{0{,}841}$ d) $\left(\dfrac{12{,}53}{84{,}06}\right)^{0{,}448}$

e) $\left(\dfrac{0{,}001\,206}{0{,}079\,24}\right)^{4{,}128}$ f) $0{,}007\,2^{-0{,}631}$ g) $\left(\dfrac{3{,}716 \cdot 1{,}419}{6{,}028 \cdot 2{,}513}\right)^{0{,}41}$ h) $\left(\dfrac{271{,}26}{398{,}04}\right)^{0{,}837\,2}$

242. Desgl.

a) $\sqrt[3]{\dfrac{62{,}05^2 \cdot \sqrt[3]{0{,}031\,4} \cdot 120{,}04^3}{147{,}2^3 \cdot 40{,}57^4 \cdot \sqrt{25{,}64}}}$

b) $\left(\dfrac{23{,}5^3 \cdot 17{,}24^2}{79{,}8^2 \cdot 8{,}07^3}\right)^2$

c) $\left(\dfrac{\sqrt{1{,}076} \cdot \sqrt[3]{0{,}034}}{\sqrt[4]{0{,}680\,7} \cdot \sqrt[5]{0{,}000\,82}}\right)^3$

d) $\sqrt[4]{\dfrac{0{,}067\,01 \cdot 6{,}304^3}{12{,}635^2 \cdot 1{,}006^4}}$

e) $\sqrt[5]{\left(\dfrac{31{,}06^2 \cdot 753{,}4^3 \cdot \sqrt[6]{7\,905} \cdot \sqrt[3]{0{,}016\,2}}{9{,}658^3 \cdot \sqrt[5]{972{,}3} \cdot \sqrt[4]{0{,}002\,024} \cdot 86{,}03^4}\right)^4}$

243. Desgl.

a) $$\frac{\sqrt[3]{102{,}4} - \sqrt{10{,}24}}{1{,}024^4}$$

b) $$\sqrt[3]{\left(\frac{0{,}074^2 \cdot 6{,}285^3}{0{,}602^3 \cdot \sqrt{596{,}2}} + \frac{1{,}001^5 \cdot 0{,}007\,2^2}{0{,}095^4 \cdot \sqrt[3]{3{,}001}}\right)^2}$$

c) $$\left(\frac{7{,}125^2 \cdot \sqrt[3]{0{,}012}}{2{,}416^3 \cdot \sqrt{0{,}65}} + \sqrt{\frac{36{,}52^3 \cdot 4{,}619^2}{109{,}4^2 \cdot 45{,}07^3}}\right)^4$$

d) $$\sqrt[3]{\frac{4{,}36^2 \cdot 72{,}53^3}{\sqrt[3]{75{,}6} \cdot 604^2}} + \sqrt{\frac{0{,}076^3 \cdot \sqrt[4]{0{,}001\,29}}{0{,}002\,4^2 \cdot \sqrt[3]{0{,}042\,6}}}$$

e) $$\sqrt[3]{\left(\frac{26{,}48^3 \cdot \sqrt{7{,}82{,}4} \cdot 0{,}184\,5^4}{8{,}47^4 \cdot \sqrt[3]{1\,574} \cdot 0{,}075\,6^2}\right)^3 + \left(\frac{176{,}4^2 \cdot \sqrt[3]{67{,}23} \cdot 24{,}75^4}{25{,}76^3 \cdot \sqrt{30{,}27} \cdot 603{,}2^2}\right)^2}$$

Algebra

10. Lineare Gleichungen und Ungleichungen mit einer Variablen

10.1. Vorbemerkungen

Betrachtet man die vier Terme

$$T_1 = 1 - x^2, \qquad T_2 = \sqrt{1 - x^2},$$

$$T_3 = \frac{1}{1 - x^2} \text{ und } T_4 = \frac{1}{\sqrt{1 - x^2}},$$

so werden einem beim oberflächlichen Hinsehen keine allzu großen Unterschiede auffallen. Jeder dieser vier Terme ist ein arithmetischer Ausdruck, in dem das Quadrat einer *Variablen* x und einer *Konstante* 1 auftritt.
Bei genauerer Untersuchung dieser Terme stellt man jedoch fest, daß in T_1 die Variable x mit jedem beliebigen Wert aus der Menge der reellen Zahlen belegt werden darf:

$$x \in R$$

Im zweiten Term dagegen muß beachtet werden, daß der Radikand einer Wurzel nicht negativ werden darf. Für die Belegung der Variablen x im Falle T_2 gilt demnach die Einschränkung

$$-1 \leqq x \leqq +1$$

Da nicht durch Null dividiert werden darf, sind für T_3 nur solche Werte von x zugelassen, für die gilt

$$x \in R \setminus \{-1;\ +1\},$$

und schließlich überzeuge sich der Leser selbst davon, daß x im Falle T_4 nur mit solchen Werten belegt werden darf, für die

$$-1 < x < +1$$

gilt.
Da derartige Überlegungen in den folgenden Kapiteln immer wieder auftreten werden, wollen wir einige Bezeichnungen einführen, die wir künftig stets konsequent verwenden wollen, wo dies möglich und sinnvoll ist.

Definition:

Tritt in einem Term T eine Variable auf, so versteht man unter dem **Definitionsbereich** des Terms T die Menge all derjenigen Zahlenwerte, die für die Variable eingesetzt werden dürfen.

In der Regel wird der Definitionsbereich eines Terms T *alle* Zahlen einer bestimmten Teilmenge der Menge der reellen Zahlen umfassen. So darf z.B. für x in T_1 *jede* beliebige reelle Zahl eingesetzt werden; in T_2 darf *jede* beliebige reelle Zahl eingesetzt werden, sofern sie nur die Bedingung $-1 \leqq x \leqq +1$ erfüllt, usw.
Es gibt aber auch Probleme, bei denen der Definitionsbereich eines Terms, bedingt durch die Aufgabenstellung, noch weiter eingeschränkt wird. Sollen beispielsweise durch einen Term T_5 alle ungeraden natürlichen Zahlen zwischen 0 und 10 erfaßt werden, so kann man T_5 in der Form

$$T_5 = 2x - 1$$

schreiben. Der Definitionsbereich dieses Termes ist dann in Abhängigkeit von der Aufgabenstellung die Zahlenmenge

$$D = \{1;\ 2;\ 3;\ 4;\ 5\}$$

Für den weitaus häufigeren Fall, daß *alle* Zahlen eines bestimmten Zahlenbereiches zum Definitionsbereich eines Terms gehören, soll ebenfalls eine neue Bezeichnung eingeführt werden:

Definition:

Sind a und b zwei reelle Zahlen mit $a < b$, so bildet die Menge aller reellen Zahlen x, für die gilt

$$a \leqq x \leqq b,$$

das *beiderseits abgeschlossene* **Intervall** $[a;\ b]$.

Anstelle von $a \leqq x \leqq b$ darf also in Zukunft auch die den gleichen Sachverhalt ausdrükkende Schreibweise $x \in [a;\ b]$ verwendet werden.[1])
Da jede reelle Zahl als Punkt auf der Zahlengeraden dargestellt werden kann, werden die beiden das Intervall $[a;\ b]$ begrenzenden Zahlen a und b häufig auch als *Endpunkte des Intervalls* bezeichnet.
Gehören beide Endpunkte bzw. nur einer der beiden Endpunkte nicht mehr mit zum Intervall, so spricht man von einem *beiderseitig offenen* bzw. von einem *einseitig offenen* Intervall.
Man verwendet folgende Schreibweisen:

$a \leqq x \leqq b$	sagt dasselbe aus wie	$x \in [a;\ b]$,
$a \leqq x < b$	sagt dasselbe aus wie	$x \in [a;\ b)$,
$a < x \leqq b$	sagt dasselbe aus wie	$x \in (a;\ b]$,
$a < x < b$	sagt dasselbe aus wie	$x \in (a;\ b)$.

Häufig benutzt man die Intervallschreibweise auch dann, wenn sich ein Intervall auf beiden Seiten bzw. nur auf einer Seite bis ins Unendliche erstreckt. So sind beispielsweise die drei Schreibweisen

$$-\infty < x < +\infty, \quad x \in R \quad \text{und} \quad x \in (-\infty;\ +\infty)$$

vollkommen äquivalent. Entsprechend kann man die Menge aller negativen reellen Zahlen wie folgt mit Hilfe der Intervallschreibweise darstellen: $I = (-\infty;\ 0)$.
Dort, wo Unendlich als Grenze eines Intervalls auftritt, kann das Intervall natürlich nur offen sein, denn die Grenze „unendlich“ dieses Intervalls kann nie erreicht werden. Da-

[1]) In der Literatur findet man anstelle der Schreibweise $[a;b]$ häufig auch $\langle a;b\rangle$.

mit lassen sich nunmehr die vier Definitionsbereiche der eingangs erwähnten Terme T_1 bis T_4 auch wie folgt schreiben:

$$D_1 = (-\infty;\ +\infty), \qquad D_2 = [-1;\ +1],$$
$$D_3 = (-\infty;\ +\infty) \setminus \{-1;\ +1\} \text{ und } D_4 = (-1;\ +1).$$

Man beachte in Zukunft streng die verschiedenen hier verwendeten Klammertypen:

$(a;\ b)$ ist das beiderseitig offene Intervall $a < x < b$;
$(a;\ b]$ ist das linksseitig offene (bzw. rechtsseitig abgeschlossene) Intervall $a < x \leqq b$;
$[a;\ b)$ ist das rechtsseitig offene (bzw. linksseitig abgeschlossene) Intervall $a \leqq x < b$;
$[a;\ b]$ ist das beiderseitig abgeschlossene Intervall $a \leqq x \leqq b$ und
$\{a;\ b\}$ ist die Menge, die aus den beiden Elementen a und b besteht.

BEISPIELE

1. $25 < x \leqq 30$ ist gleichbedeutend mit $x \in (25;\ 30]$,
   $-5 < u < +2$ ist gleichbedeutend mit $u \in (-5;\ +2)$,
   $0 \leqq k < 0{,}5$ ist gleichbedeutend mit $k \in [0;\ 0{,}5)$,
   $p \in [-5;\ +5)$ ist gleichbedeutend mit $-5 \leqq p < +5$,
   $q \in [-a;\ +a]$ ist gleichbedeutend mit $-a \leqq q \leqq +a$.

2. Es ist zu untersuchen, ob die Zahlen 1; π; $\frac{1}{\pi}$ und 4 zu den folgenden Intervallen gehören:

   a) $I_1 = (1;\ 4]$ b) $I_2 = [0;\ 1]$ und c) $I_3 = [3;\ \infty)$

   Lösung:

   a) $1 \notin I_1$, denn I_1 ist ein linksseitig offenes Intervall.
   $\pi \in I_1$.
   $\frac{1}{\pi} \notin I_1$, denn $\frac{1}{\pi}$ liegt unterhalb des linken Randpunktes 1 des Intervalls I_1.
   $4 \in I_1$, denn I_1 ist ein rechtsseitig bei 4 abgeschlossenes Intervall.

   b) $1 \in I_2$, $\pi \notin I_2$, $\frac{1}{\pi} \in I_2$, $4 \notin I_2$.

   c) $1 \notin I_3$, $\pi \in I_3$, $\frac{1}{\pi} \notin I_3$, $4 \in I_3$.

3. Für $I_1 = [1;\ 6]$ und $I_2 = (5;\ 7)$ ist zu bilden

   a) $I_1 \cup I_2$, b) $I_1 \cap I_2$, c) $I_1 \setminus I_2$ und d) $I_2 \setminus I_1$.

   Lösungen:

   a) $I_1 \cup I_2 = [1;\ 7)$.
   b) $I_1 \cap I_2 = (5;\ 6]$.
   Zu beachten ist der linke Randpunkt von I_2. Da er I_2 nicht angehört, darf er auch nicht dem Durchschnitt von I_1 und I_2 angehören.

   c) $I_1 \setminus I_2 = [1;\ 5]$
   Man beachte wiederum den linken Endpunkt von I_2. Da er I_2 nicht angehört, braucht er bei der Differenzbildung auch nicht mit von I_1 weggenommen zu werden. Er verbleibt also in der Differenzmenge.

   d) $I_2 \setminus I_1 = (6;\ 7)$
   Da der Endpunkt 6 der Menge I_1 angehört, muß er bei der Differenzbildung mit weggenommen werden. Es verbleibt demnach nur das offene Intervall $(6;\ 7)$.

   Die hier ermittelten Mengen sind in Bild 33 anschaulich dargestellt.

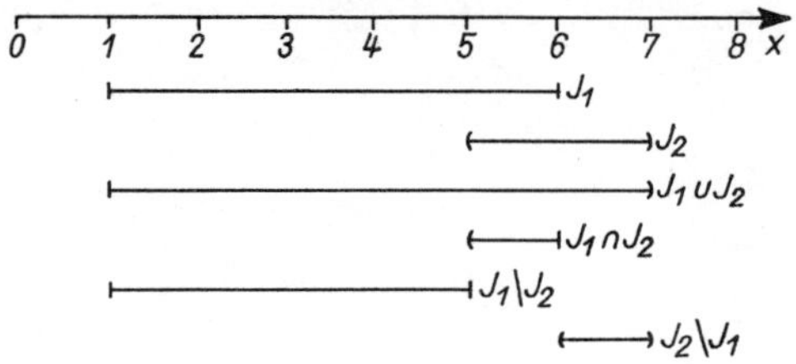

Bild 33

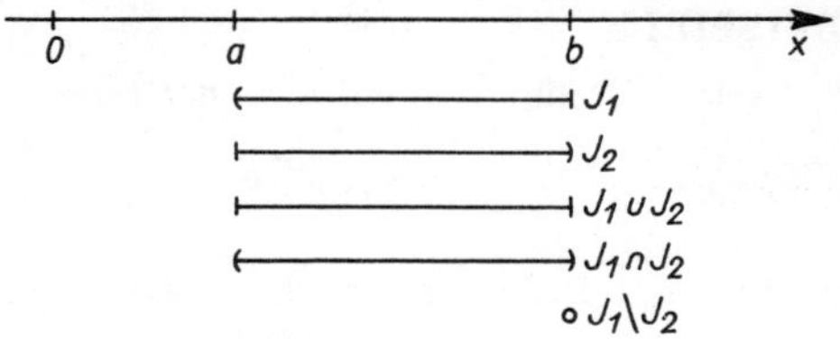

Bild 34

4. Für $I_1 = (a;\, b]$ und $I_2 = [a;\, b)$ ist zu ermitteln:

   a) $I_1 \cup I_2$, b) $I_1 \cap I_2$,
   c) $I_1 \setminus I_2$, d) $I_2 \setminus I_1$.

   Lösung: (vgl. Bild 34)

   a) $I_1 \cup I_2 = [a;\, b]$ b) $I_1 \cap I_2 = (a;\, b)$
   c) $I_1 \setminus I_2 = \{b\}$ d) $I_2 \setminus I_1 = \{a\}$

Die bisher betrachteten Terme hatten einen verhältnismäßig einfachen Aufbau. Dadurch ließ sich ihr Definitionsbereich auch ohne Schwierigkeiten bestimmen.
Vielfach lassen sich kompliziertere Terme in einfache zerlegen. So kann man sich den Term

$$T = (2x - 3) \cdot \sqrt{16 - x^4} - \frac{5}{x - 1}$$

aufgebaut denken aus den Termen

$$T_1 = 2x - 3,$$

$$T_2 = \sqrt{16 - x^4} \quad \text{und} \quad T_3 = \frac{5}{x - 1},$$

und zwar in der Form

$$T = T_1 \cdot T_2 - T_3$$

Es ist ohne weiteres einzusehen, daß zum Definitionsbereich des zusammengesetzten Terms T nur diejenigen x-Werte gehören können, die sowohl zum Definitionsbereich von T_1 als auch zum Definitionsbereich von T_2 als auch zum Definitionsbereich von T_3 gehören. – Verallgemeinert man diese Erkenntnis, so erhält man den Satz:

Der Definitionsbereich eines zusammengesetzten Terms stimmt mit dem *Durchschnitt* der Definitionsbereiche der am Aufbau des zusammengesetzten Terms beteiligten Einzelterme überein.

So ist in dem letzten Beispiel

der Definitionsbereich von $T_1 = 2x - 3$: $D_1 = (-\infty;\, +\infty)$,

der Definitionsbereich von $T_2 = \sqrt{16 - x^4}$: $D_2 = [-2;\, +2]$

und der Definitionsbereich von $T_3 = \frac{5}{x - 1}$: $D_3 = (-\infty;\, +\infty) \setminus \{1\}$.

Daraus folgt für den Definitionsbereich des Terms T:

$$D = D_1 \cap D_2 \cap D_3 = [-2;\, +2] \setminus \{1\}$$

BEISPIELE

5. Welchen Definitionsbereich hat der Term

$$T = \frac{1}{x+5} - \frac{1}{x-5} + 2 \cdot \sqrt{x+9}\,?$$

Lösung: Definitionsbereich von $T_1 = \frac{1}{x+5}$: $D_1 = R \setminus \{-5\}$,

Definitionsbereich von $T_2 = \frac{1}{x-5}$: $D_2 = R \setminus \{+5\}$,

Definitionsbereich von $T_3 = 2 \cdot \sqrt{x+9}$: $D_3 = [-9;\ +\infty)$

Damit ist der Definitionsbereich von T:

$$D = D_1 \cap D_2 \cap D_3 = [-9;\ +\infty) \setminus \{-5;\ +5\}$$

6. Welchen Definitionsbereich hat $T = \sqrt{x-5} + \sqrt{5-x}$?

Lösung: $T_1 = \sqrt{x-5} \Rightarrow D_1 = [5;\ +\infty)$

$T_2 = \sqrt{5-x} \Rightarrow D_2 = (-\infty;\ 5]$

Damit erhält man für den Definitionsbereich von T

$$D = D_1 \cap D_2 = \{5\}$$

Das bedeutet, daß es nur die einzige Zahl $x = 5$ gibt, für die der Term T sinnvoll ist.

7. Welchen Definitionsbereich hat $T = \sqrt{x-5} + \frac{1}{\sqrt{5-x}}$?

Lösung: $T_1 = \sqrt{x-5} \Rightarrow D_1 = [5;\ +\infty)$

$T_2 = \frac{1}{\sqrt{5-x}} \Rightarrow D_2 = (-\infty;\ 5)$

Der Definitionsbereich von T ist demnach

$$D = D_1 \cap D_2 = [5;\ +\infty) \cap (-\infty;\ 5) = \{\}$$ [1]),

d. h., für D erhält man die leere Menge.
Das bedeutet, daß es keinen reellen Wert für x gibt, für den der gegebene Term T sinnvoll ist.

10.2. Begriffserklärungen

In 6.1.1. wurden Gebilde, in denen Zahlen und Variable durch mathematische Operationszeichen miteinander verbunden sind, als *Terme* definiert. In diesem Sinne sind beispielsweise

$$a + b \qquad \text{oder} \qquad \ln(x-5) \qquad \text{oder} \qquad (ax+b)^{\sqrt{cx}}$$

Terme.
Wir wollen nunmehr den Begriff des Terms dadurch erweitern, daß auch solche mathematische Ausdrücke als Terme bezeichnet werden dürfen, die nur Konstanten enthalten. Mit dieser Festlegung gehören dann auch u. a.

$$7 - 2 \qquad \text{oder} \qquad 45{,}309 \qquad \text{oder} \qquad 0$$

zu den Termen.

---

[1]) Für die leere Menge ist neben dem Zeichen $\emptyset$ auch noch die Schreibweise { } üblich.

Schließlich sei noch darauf hingewiesen, daß jede mathematische Verknüpfung mehrerer Terme wieder einen Term ergibt. Sind also z.B. T_1, T_2 und T_3 drei Terme, so gehören dann auch

$$T_4 = a \cdot T_1 \pm b \cdot T_2 \pm c \cdot T_3 \quad \text{oder}$$

$$T_5 = T_1 \cdot T_2 - T_3^3 \quad \text{oder} \quad T_6 = T_1 \cdot \sqrt[k]{\frac{T_2}{T_3}}$$

usw. zu den Termen. Dabei ist allerdings bei T_6 zu beachten, daß T_3 innerhalb des Definitionsbereiches stets von Null verschieden ist und der Quotient $T_2 : T_3$ nicht negativ sein darf.

Werden zwei Terme T_1 und T_2 durch ein Gleichheitszeichen miteinander verbunden, so entsteht eine **Gleichung.**

Das Gleichheitszeichen trennt dabei die *linke* von der *rechten Seite der Gleichung.* Die allgemeinste Form, in der eine Gleichung dargestellt werden kann, ist also

$$\boxed{T_1 = T_2} \tag{61}$$

Im Sinne der eben getroffenen Festlegung sind

$$10 - 5 = 2 + 3 \qquad 2 + 6 = 5 - 1$$

$$a + b = b + a \qquad (a - b)^2 = a^2 - b^2$$

$$2x - 3 = 1 \qquad x^2 - 6x + 27 = 0$$

Gleichungen.

Bei näherer Betrachtung dieser Beispiele wird man feststellen, daß sich darunter Beispiele befinden, deren Gleichheitsaussage offensichtlich wahr ist, aber auch solche, deren Gleichheitsaussage falsch ist. Schließlich sind auch solche Gleichungen darunter, die Variablen enthalten, und bei denen man den Wahrheitswert der Gleichheitsaussage erst dann feststellen kann, wenn man diese Variablen mit bestimmten Zahlen belegt.

Gleichungen sind also Aussagen bzw. Aussageformen, die mit Hilfe der Gleichheitsrelation gebildet werden.

BEISPIELE

1. Die Gleichung $10 - 5 = 2 + 3$ stellt eine wahre Aussage dar. Hingegen liefert die Gleichung $2 + 6 = 5 - 1$ eine falsche Aussage.
2. Die Gleichung $a + b = b + a$ liefert für jede Belegung von a und b eine wahre Aussage. Dagegen liefert die Gleichung $(a - b)^2 = a^2 - b^2$ nur dann eine wahre Aussage, wenn $a = b$ ist, oder wenn a beliebig gewählt und $b = 0$ gesetzt ist. In allen anderen Fällen liefert $(a - b)^2 = a^2 - b^2$ eine falsche Aussage.
3. Die Gleichung $2x - 3 = 1$ ist eine Aussageform, die bei der Belegung von x mit $x = 2$ zu einer wahren Aussage wird. Jede andere Belegung von x liefert eine falsche Aussage.
4. Wie Sie später selbst nachprüfen können werden, gibt es keine reelle Zahl x, die die Gleichung $x^2 - 6x + 27 = 0$ zu einer wahren Aussage macht. Es handelt sich in diesem Falle um eine für uns unerfüllbare Gleichung.

Von besonderem Interesse für die weiteren Betrachtungen sind diejenigen Gleichungen, in denen Variable auftreten. (Vgl. Beispiel 2 bis 4!) – Die in derartigen Gleichungen auftretenden Variablen können innerhalb eines bestimmten Zahlenbereiches mit beliebigen Zahlen belegt werden. Es entstehen dann entweder wahre oder falsche Aussagen.

Der Zahlenbereich, aus dem die Zahlen für die Belegung der Variablen einer Gleichung ausgewählt werden dürfen, wird Definitionsbereich der Gleichung genannt.

Als Definitionsbereich einer Gleichung wählt man meist den umfassendsten Zahlenbereich, aus dem die Zahlen für die Belegung der in der Gleichung auftretenden Variablen in Frage kommen. In manchen Fällen wird man jedoch diesen Zahlenbereich auf Grund der Aufgabenstellung einschränken müssen.

BEISPIELE

5. Bei den Gleichungen $2x - 3 = 1$ und $x^2 - 6x + 27 = 0$ kann jedes x aus $(-\infty; +\infty)$ für die Belegung von x ausgewählt werden. Die Definitionsbereiche D_1 und D_2 beider Gleichungen stimmen also überein:

$$D_1 = D_2 = (-\infty; +\infty)$$

6. Der Definitionsbereich der Gleichung $\sqrt{x} + \sqrt{5-x} = 0$ ist $D = [0; 5]$, denn nur für die Zahlen dieses Intervalls sind die beiden am Aufbau der Gleichung beteiligten Terme gleichzeitig definiert.

7. Der Definitionsbereich der Gleichung $\frac{1}{x-1} - \frac{1}{x+1} = 5$ ist $D = R \setminus \{-1; +1\}$.

8. Soll die Aufgabe gelöst werden, diejenige natürliche Zahl zu bestimmen, deren Quadrat halb so groß ist wie deren vierte Potenz, so erhält man die Gleichung $x^2 = \frac{1}{2} \cdot x^4$. – Der größte Zahlenbereich, für den beide Seiten dieser Gleichung sinnvolle Werte ergeben, wäre der Bereich R der reellen Zahlen. Die Aufgabenstellung schränkt jedoch diesen Bereich ein auf den Bereich N der natürlichen Zahlen. Der Definitionsbereich für diese Gleichung ist also $D = N$.

Wie die letzten Beispiele zeigen, ist eine Gleichung erst dann vollständig gegeben, wenn man ihren Definitionsbereich kennt. Es soll hier vereinbart werden, daß für Gleichungen, deren Definitionsbereich nicht explizit genannt wird, derjenige umfassendste Zahlenbereich als Definitionsbereich zu wählen ist, für den *alle* in der Gleichung auftretenden Terme definiert sind. – Soll der Definitionsbereich bewußt eingeschränkt werden, so ist dies besonders anzugeben.

Wir haben bei der Betrachtung der ersten Beispiele für Gleichungen mit Variablen gesehen, daß es Belegungen für die auftretenden Variablen geben kann, die die Gleichung zu einer wahren Aussage machen. Man sagt dann, daß die Gleichung durch die betreffende Belegung *erfüllt* wird. Die Belegung selbst wird eine **Lösung** der Gleichung genannt.

Jede Belegung der Variablen einer Gleichung, die dem Definitionsbereich der Gleichung angehört und die diese Gleichung zu einer *wahren* Aussage macht, wird Lösung der Gleichung genannt.

Die Menge aller möglichen Lösungen einer Gleichung wollen wir in Zukunft als **Lösungsmenge** der Gleichung bezeichnen.

BEISPIELE

9. $x = 2$ ist eine Lösung der Gleichung $2x - 3 = 1$, denn $2 \cdot 2 - 3 = 1$ ist wahr. – Wie wir später sehen werden, ist $x = 2$ die einzig mögliche Lösung der gegebenen Gleichung. Demzufolge ist die Lösungsmenge für $2x - 3 = 1$:

$$L = \{2\}$$

10. $u = 2$ und $u = 5$ sind zwei Lösungen der Gleichung $u^2 - 7u + 10 = 0$, denn beide Werte gehören dem Definitionsbereich $D = (-\infty; +\infty)$ der Gleichung an, und es ist sowohl $2^2 - 7 \cdot 2 + 10 = 0$ als auch $5^2 - 7 \cdot 5 + 10 = 0$ eine wahre Aussage. Die Lösungsmenge der Gleichung $u^2 - 7u + 10 = 0$ ist demnach $L = \{2; 5\}$.

11. Ist für die Gleichung $x^2 = \frac{1}{2} \cdot x^4$ als Definitionsbereich der Bereich R der reellen Zahlen zugelassen, so hat diese Gleichung die drei Lösungen $x = 0$, $x = -\sqrt{2}$ und $x = +\sqrt{2}$, denn wie man leicht nachprüfen kann, gehören alle drei genannten Zahlen dem Definitionsbereich R an und erfüllen auch die Gleichung.
Wird jedoch der Definitionsbereich dieser Gleichung wie im Beispiel 8 auf den Bereich N der natürlichen Zahlen eingeschränkt, so hat diese Gleichung nur noch eine Lösung, nämlich $x = 0$.
Für $D = R$ ist also $L = \{-\sqrt{2}; 0; +\sqrt{2}\}$, dagegen ist für $D = N$ nur $L = \{0\}$.

In manchen Fällen kann man aus der Ermittlung des Definitionsbereiches einer Gleichung schon gewisse Rückschlüsse auf die Lösungsmenge der Gleichung ziehen. Dies soll an zwei weiteren Beispielen gezeigt werden:

BEISPIELE

12. Die Gleichung $\sqrt{x-5} + \sqrt{5-x} = 0$ hat den Definitionsbereich $D = \{5\}$. (Vgl. Beispiel 6 aus 10.1.!). – Wenn die Gleichung eine Lösung hat, dann kann es nur $x = 5$ sein, denn $x = 5$ ist der einzige Wert, für den beide Wurzeln gleichzeitig existieren. Setzt man $x = 5$ in die gegebene Gleichung ein, so erhält man die wahre Aussage $0 + 0 = 0$; folglich ist $x = 5$ tatsächlich die Lösung.
13. Die Gleichung $\sqrt{x-5} + \frac{1}{\sqrt{5-x}} = 25$ (vgl. Beispiel 7 aus 10.1.!) hat als Definitionsbereich die leere Menge. Folglich kann es auch keinen Wert x geben, der die Gleichung erfüllt. Die gegebene Gleichung ist demnach unerfüllbar.

    Anmerkung: Hätte man versucht, die beiden Gleichungen aus Beispiel 12 und 13 mit den Hilfsmitteln zu lösen, die wir in späteren Abschnitten kennenlernen werden, so hätte sich ein wesentlich höherer Rechenaufwand ergeben als hier. Die beiden Beispiele verdeutlichen, wie richtig der folgende Satz ist:

    Erst überlegen, dann rechnen!

Schließlich sei noch auf folgenden Sonderfall hingewiesen:

Gleichungen, die für *jede* Belegung der Variablen wahre Aussagen ergeben, werden **Identitäten** genannt.

BEISPIEL

14. Die Gleichung $(a+b)^2 = a^2 + 2ab + b^2$ ist für *jede* Belegung von a und b richtig. Es handelt sich also um eine Identität.

Die hier für Gleichungen sehr ausführlich erläuterten Grundbegriffe lassen sich ohne Schwierigkeiten auch auf Ungleichungen erweitern.

Werden zwei Terme T_1 und T_2 durch eines der folgenden Relationszeichen „$<$", „$\leqq$", „$\geqq$", „$>$" oder „$\neq$" miteinander verbunden, so entsteht eine **Ungleichung.**

Ungleichungen sind also Aussagen oder Aussageformen, die mit Hilfe einer der angegebenen Relationen gebildet werden. Eine Ungleichung, die nur Konstanten enthält, ist entweder eine wahre oder eine falsche Aussage. Enthält die Ungleichung auch Variable, so wird sie erst dann zu einer wahren oder falschen Aussage, wenn man die Variablen mit bestimmten Zahlen belegt.
Genau so, wie man bei Gleichungen einen Definitionsbereich festlegen kann, kann man das auch bei Ungleichungen tun.

Jede Belegung der Variablen einer Ungleichung, die dem Definitionsbereich der Ungleichung angehört und die die Ungleichung zu einer *wahren* Aussage macht, heißt **Lösung** der Ungleichung. Die Gesamtheit aller möglichen Lösungen einer Ungleichung wird **Lösungsmenge** der Ungleichung genannt.

BEISPIELE

15. Die Ungleichung $5 \geqq 3$ stellt eine wahre Aussage dar. Hingegen ist die Ungleichung $-20 > -5$ eine falsche Aussage.
16. Für die Ungleichung $2x - 3 \geqq 1$ liefert die Belegung $x = 15$ bzw. die Belegung $x = 2$ jeweils eine wahre Aussage. Dagegen wird die Ungleichung $2x - 3 \geqq 1$ für $x = 0$ zu einer falschen Aussage. Der Definitionsbereich der Ungleichung ist $D = (-\infty;\ +\infty)$. Als Lösungsmenge erhält man alle Zahlen des Intervalles $L = [2;\ +\infty)$.

10.3. Umformung von Gleichungen

10.3.1. Äquivalente Umformung von Gleichungen

Wenn eine Gleichung mit Variablen vorliegt, so besteht die Aufgabe in den meisten Fällen darin, die „Gleichung zu lösen", d.h. solche Werte für die Belegung der Variablen zu ermitteln, die die Gleichung zu einer wahren Aussage machen und die gleichzeitig dem Definitionsbereich der Gleichung angehören. Dazu wird die gegebene Gleichung schrittweise in immer einfacher werdende Gleichungen umgeformt, bis man schließlich die Lösungsmenge leicht ablesen kann.
Dabei ist natürlich wesentlich, daß sich bei diesen Umformungen weder die Lösungsmenge noch der Definitionsbereich der Gleichung ändert.

Zwei Gleichungen bzw. zwei Ungleichungen, die in ihren Definitionsbereichen übereinstimmen und die gleiche Lösungsmenge haben, heißen einander **äquivalent.**

Den Übergang von einer Gleichung zu einer dazu äquivalenten Gleichung nennt man eine *äquivalente Umformung.*
Für die äquivalente Umformung von Gleichungen gelten die folgenden vier wichtigen Regeln:

Regel 1:

Vertauscht man in einer Gleichung die beiden Seiten miteinander, so ist die neue Gleichung der alten äquivalent.

$$\boxed{T_1 = T_2 \iff T_2 = T_1} \tag{62}$$

Der Inhalt dieser Regel ist ohne weiteres verständlich, so daß er nicht durch ein Beispiel belegt zu werden braucht.

Regel 2:

Addiert bzw. subtrahiert man auf beiden Seiten einer Gleichung einen Term T_3, dessen Definitionsbereich nicht kleiner ist als der Definitionsbereich der gegebenen Gleichung, so ist die neue Gleichung der ursprünglichen äquivalent.

$$\boxed{T_1 = T_2 \iff T_1 \pm T_3 = T_2 \pm T_3} \tag{63}$$

Die Gleichung

$$3x - 5 = 2x - 3$$

hat den Definitionsbereich $D = (-\infty; +\infty)$ und die einzige Lösung $x = 2$. Daß $x = 2$ eine Lösung der Gleichung ist, davon überzeugt man sich durch die „*Probe*“, indem man diesen Wert in die Gleichung einsetzt und feststellt, ob sich eine wahre Aussage ergibt:

$$3 \cdot 2 - 5 = 2 \cdot 2 - 3$$

Die Aussage ist wahr. – Daß $x = 2$ die einzige Lösung der Gleichung ist, muß zunächst vom Leser als gegeben hingenommen werden.
Addiert man nun zu beiden Seiten dieser Gleichung den Term $T_3 = 5 - 2x$, so entsteht als neue Gleichung

$$3x - 5 + (5 - 2x) = 2x - 3 + (5 - 2x)$$

Diese Gleichung hat offensichtlich den gleichen Definitionsbereich wie die ursprüngliche Gleichung und liefert, wenn man auf beiden Seiten vereinfacht, sofort die bereits bekannte Lösung

$$x = 2$$

Würde man hingegen auf beiden Seiten den Term $T_4 = \sqrt{1 - x}$ addieren, so wäre die neu entstehende Gleichung

$$3x - 5 + \sqrt{1 - x} = 2x - 3 + \sqrt{1 - x}$$

der ursprünglichen *nicht mehr äquivalent*, denn der Definitionsbereich der neuen Gleichung ist durch die Hinzunahme von T_4 eingeschränkt worden auf $D_1 = (-\infty; +1]$, und die bisherige Lösung der Gleichung gehört diesem verkleinerten Definitionsbereich gar nicht mehr an: $2 \notin D_1$.

Regel 3:

Multipliziert man eine Gleichung auf beiden Seiten mit derselben von Null verschiedenen Zahl, so ist die neue Gleichung der alten äquivalent.

$$\boxed{T_1 = T_2 \;\Leftrightarrow\; a \cdot T_1 = a \cdot T_2 \quad \text{für} \quad a \neq 0} \tag{64}$$

Multipliziert man beispielsweise jede Seite der Gleichung

$$3x - 5 = 2x - 3$$

mit dem Faktor (-4), so ergibt sich die neue Gleichung

$$-12x + 20 = -8x + 12,$$

die, wie man sich überzeugen möge, wiederum den Definitionsbereich $D = (-\infty; +\infty)$ und die Lösung $x = 2$ hat.
Die Bedingung, daß der Faktor, mit dem beide Seiten der Gleichung multipliziert werden, von Null verschieden sein muß, ist notwendig, denn die Gleichung

$$0 \cdot T_1 = 0 \cdot T_2$$

ist offensichtlich durch jede beliebige Belegung der Variablen erfüllt.

Regel 4:

Dividiert man beide Seiten einer Gleichung durch dieselbe von Null verschiedene Zahl, so ist die neue Gleichung der alten äquivalent.

$$T_1 = T_2 \quad \Leftrightarrow \quad \frac{T_1}{a} = \frac{T_2}{a} \qquad \text{für} \quad a \neq 0 \tag{65}$$

Die aus $3x - 5 = 2x - 3$ durch Division beider Seiten mit 10 entstehende neue Gleichung

$$0{,}3 \cdot x - 0{,}5 = 0{,}2 \cdot x - 0{,}3$$

hat wie die Ausgangsgleichung den Definitionsbereich $D = (-\infty; +\infty)$ sowie die Lösung $x = 2$. Sie ist also der Ausgangsgleichung äquivalent.

10.3.2. Nichtäquivalente Umformung von Gleichungen

Die vier in 10.3.1. genannten Regeln zur äquivalenten Umformung von Gleichungen reichen nicht in jedem Falle aus, um eine komplizierte Gleichung so weit zu vereinfachen, daß man ihre Lösungsmenge ohne Schwierigkeiten ermitteln kann. Man muß daher in manchen Fällen zu Umformungen greifen, bei denen die neu entstehende Gleichung der ursprünglichen *nicht mehr äquivalent* ist. Hierfür seien einige markante Beispiele angegeben.

Multipliziert man beide Seiten einer Gleichung mit einem Term, der die Variable enthält, so können zur Lösungsmenge der ursprünglichen Gleichung weitere Lösungen hinzukommen, die bisher nicht vorhanden waren.

BEISPIEL 1

Die Gleichung $3x - 5 = 2x - 3$ ist bereits aus dem letzten Abschnitt bekannt. Multipliziert man beide Seiten dieser Gleichung mit dem Term $T = x - 1$, der denselben Definitionsbereich hat wie die Ausgangsgleichung, so erhält man

$$(x - 1)(3x - 5) = (x - 1)(2x - 3),$$

oder, wenn man die Klammern ausmultipliziert,

$$3x^2 - 8x + 5 = 2x^2 - 5x + 3$$

Man überzeuge sich, daß diese neue Gleichung neben der bisherigen Lösung $x = 2$ nunmehr auch den Wert $x = 1$ als Lösung hat.

Probe für $x = 2$: $3 \cdot 4 - 8 \cdot 2 + 5 = 2 \cdot 4 - 5 \cdot 2 + 3$
$1 = 1$ Probe stimmt.

Probe für $x = 1$: $3 \cdot 1 - 8 \cdot 1 + 5 = 2 \cdot 1 - 5 \cdot 1 + 3$
$0 = 0$ Probe stimmt ebenfalls.

Der Wert $x = 1$ ist demnach als neue Lösung durch die Umformung hinzugekommen. Dieser Wert erfüllt aber nicht die ursprüngliche Gleichung, denn

$$3 \cdot 1 - 5 \neq 2 \cdot 1 - 3$$

Aus diesem ersten Beispiel müssen wir bereits eine wichtige Schlußfolgerung für das Lösen von Gleichungen ziehen, die wir künftig immer konsequent beachten müssen:

Da sich bei der Umformung von Gleichungen selbst bei fehlerlosem Rechnen Werte als „Lösungen" einschleichen können, die die Ausgangsgleichung gar nicht erfüllen, ist es stets unbedingt erforderlich, daß man zu jeder Lösung einer Gleichung die **Probe** macht.

Solche Lösungen, die durch den Rechengang zur eigentlichen Lösungsmenge hinzukommen, wollen wir in Zukunft *Scheinlösungen* nennen.
Für die *Probe* ist es wichtig, daß man sie *stets an der Ausgangsgleichung* durchführt, denn die folgende Gleichung kann ja unter Umständen bereits durch einen Rechenfehler verfälscht sein oder durch eine nichtäquivalente Umformung zusätzliche Scheinlösungen enthalten.
Ähnlich wie bei der Multiplikation beider Seiten einer Gleichung mit einem Term ist auch bei der Division durch einen Term äußerste Vorsicht geboten:

Dividiert man beide Seiten einer Gleichung durch einen Term, der die Variable enthält, so können Lösungen der ursprünglichen Gleichung aus der Lösungsmenge verschwinden.

BEISPIEL 2

Wie man sich leicht überzeugen kann, hat die Gleichung

$$3x^2 - 5x = 2x^2 - 3x$$

die beiden Lösungen $x_1 = 2$ und $x_2 = 0$.
Dividiert man diese Gleichung durch den die Variable x enthaltenden Term $T = x$, so entsteht als neue Gleichung

$$3x - 5 = 2x - 3$$

Diese Gleichung hat jedoch nur noch, wie wir bereits wissen, die einzige Lösung $x_1 = 2$. Die Lösung $x_2 = 0$ ist demnach durch die erfolgte Division der ursprünglichen Gleichung durch x verschwunden.

Quadriert man beide Seiten einer Gleichung, so können zur Lösungsmenge der ursprünglichen Gleichung weitere Lösungen hinzukommen, die bisher nicht vorhanden waren.

BEISPIEL 3

Die Gleichung

$$\sqrt{x - 1} = -2$$

kann offensichtlich keine Lösung haben, da lt. Definition der Wurzel (vgl. 8.1.!) der Wurzelwert nicht negativ sein darf. Die Lösungsmenge der gegebenen Gleichung ist also die leere Menge: $L = \{ \ \}$.
Quadriert man beide Seiten dieser Gleichung, so erhält man

$$x - 1 = 4$$

Diese Gleichung ist der ursprünglichen Gleichung *nicht* äquivalent, denn erstens hat sie eine Lösung $x = 5$, die nicht Lösung der Ausgangsgleichung ist, und zweitens stimmt ihr Definitionsbereich $D_1 = (-\infty; +\infty)$ nicht mit dem Definitionsbereich $D = [1; \infty)$ der ursprünglichen Gleichung überein.

Ähnlich wie bei der Multiplikation mit einem Term, der die Variable enthält, ist also auch beim Quadrieren Vorsicht geboten. Es können plötzlich Scheinlösungen auftauchen, die die ursprüngliche Gleichung gar nicht erfüllen.

Auch das Radizieren beider Seiten einer Gleichung ist im allgemeinen eine nichtäquivalente Umformung.

BEISPIEL 4

Die Gleichung

$$x - 3 = 25$$

hat den Definitionsbereich $D = (-\infty; +\infty)$ sowie die Lösung $x = 28$.

Zieht man auf beiden Seiten der Gleichung die Quadratwurzel, so erhält man eine neue Gleichung:

$$\sqrt{x-3} = 5,$$

die zwar noch dieselbe Lösung $x = 28$ hat wie die Ausgangsgleichung, deren Definitionsbereich jedoch nur noch $D_1 = [3; +\infty)$ ist. Da die beiden Gleichungen nicht in ihren Definitionsbereichen übereinstimmen, sind sie auch nicht äquivalent.

10.4. Numerische Lösung von linearen Gleichungen mit einer Variablen

10.4.1. Begriff der linearen Gleichung mit einer Variablen

Unter einer linearen Gleichung mit einer Variablen versteht man eine Gleichung, die sich in ihrer allgemeinsten Form wie folgt schreiben läßt:

$$\boxed{A \cdot x + B = 0 \qquad \text{mit} \qquad A \neq 0} \tag{66}$$

Sie enthält die Variable x *nur in der ersten*, keinesfalls in einer höheren Potenz. Aus diesem Grunde werden lineare Gleichungen häufig auch als **Gleichungen ersten Grades** bezeichnet.

Das Glied Ax, das die Variable enthält, wird das *lineare Glied* der Gleichung genannt, während das von x freie Glied B das *Absolutglied* der Gleichung heißt.

Sofern der Definitionsbereich einer linearen Gleichung durch die Aufgabenstellung keiner besonderen Einschränkung unterworfen ist, erstreckt er sich über die Menge aller reellen Zahlen:

$$D = R = (-\infty; +\infty)$$

Da die linearen Gleichungen nur in den seltensten Fällen unmittelbar in der allgemeinen Form $Ax + B = 0$ gegeben sind, führt man die gegebene Gleichung mit Hilfe der Sätze aus 10.3. auf immer einfachere Gleichungen mit derselben Lösung zurück, bis man schließlich auf die leicht zu lösende Form $Ax + B = 0$ kommt.

10.4.2. Gleichungen einfachster Form

Enthält eine lineare Gleichung mit einer Variablen auf beiden Seiten sowohl lineare als auch absolute Glieder, so wird die Gleichung zunächst *geordnet*, indem man durch geeignete Additionen und Subtraktionen gleicher Terme dafür sorgt, daß die Glieder mit der Variablen allein auf der einen Seite, die absoluten Glieder allein auf der anderen Seite der Gleichung stehen. Schließlich wird der nach dem Zusammenfassen bei der Variablen verbleibende Zahlenfaktor durch Division beseitigt. Der Rechenvorgang, bei dem die Glieder, die die Variable enthalten, auf eine Seite der Gleichung gebracht werden, wird auch *Isolieren der Variablen* genannt.

BEISPIEL 1

$8x + 2 = 24 - 3x$ *mit* $x \in R$

Lösung: Ordnen der Gleichung durch beiderseitige Addition von $3x - 2$:

$$8x + 2 + 3x - 2 = 24 - 3x + 3x - 2$$

Zusammenfassen: $11x = 22$

Division durch 11: $x = 2$

Probe: $8 \cdot 2 + 2 \mid 24 - 3 \cdot 2$

$16 + 2 \mid 24 - 6$

$18 = 18$

Die Gleichung ist richtig gelöst.

Die Rechnung sollte beim Lösen einer Gleichung stets so angeordnet werden, daß Gleichheitszeichen unter Gleichheitszeichen steht. Dadurch wird die Rechnung übersichtlicher.

Auf die Notwendigkeit der Probe für die Richtigkeit der gefundenen Lösung wurde bereits hingewiesen. (Vgl. 10.3.2., nach Beispiel 1!) Es empfiehlt sich, bei der Probe jede Seite der Gleichung für sich zu vereinfachen, und zwar so lange, bis die Übereinstimmung beider Seiten erkennbar ist. Keinesfalls sollte man bei der Probe dieselben äquivalenten bzw. nichtäquivalenten Umformungen durchführen, die man beim Lösen der Gleichung vorgenommen hat.

Da ferner zu Beginn der Proberechnung wohl in den seltensten Fällen sofort festgestellt werden kann, ob beide Seiten übereinstimmen, wurde an Stelle des Gleichheitszeichens ein senkrechter Strich eingezeichnet, der so lange fortgesetzt wird, bis beide Seiten der Proberechnung offensichtlich gleich oder voneinander verschieden sind.

BEISPIELE

2. $ax + b = bx + a$ *mit* $x \in R$ *und* $a \neq b$

Lösung: Ordnen (beiderseitige Subtraktion des Terms $b + x$): $ax - bx = a - b$

x ausklammern: $x \cdot (a - b) = a - b$

Division durch $(a - b)$: $x = \frac{a - b}{a - b}$

$x = 1$

Probe: $a \cdot 1 + b \mid b \cdot 1 + a$

$a + b = b + a$

Die Gleichung ist richtig gelöst.

3. *Die Gleichung $ax + b = bx + a$ ist nach a aufzulösen.*

Lösung: Ordnen (Glieder mit der Variablen a auf die linke Seite):

$$ax - a = bx - b$$

a ausklammern: $a \cdot (x - 1) = b \cdot (x - 1)$

Division durch $x - 1$: $a = b$

Probe: $bx + b = bx + b$ Probe stimmt.

4. *Die Gleichung*

$s - 6a - 7as + 1 = 7b - 7a - 8as + bs - 6b$

ist nach s aufzulösen.

Lösung: Ordnen: (Glieder mit der Variablen s auf die linke Seite):

$$s - 7as + 8as - bs = 7b - 7a - 6b + 6a - 1$$

Zusammenfassen: $s + as - bs = b - a - 1$

s ausklammern: $s(1 + a - b) = b - a - 1$

Division: $s = \dfrac{b-a-1}{1+a-b} = \dfrac{(-1)\cdot(1+a-b)}{1+a-b}$

$s = -1$

Probe: $-1 - 6a + 7a + 1 \mid 7b - 7a + 8a - b - 6b$

$a = a$ Probe stimmt.

10.4.3. Gleichungen mit Klammerausdrücken

Bevor geordnet werden kann, sind die Klammern aufzulösen.

BEISPIELE

1. $x - (7x - 69) = 2x - (x - 8) - (6x + 50)$

   Lösung: Klammern auflösen: $x - 7x + 69 = 2x - x + 8 - 6x - 50$
   Ordnen: $x - 7x - 2x + x + 6x = 8 - 50 - 69$
   Zusammenfassen: $-x = -111$
   Division durch -1: $x = 111$

   Probe: $111 - (777 - 69) \mid 222 - (111 - 8) - (666 + 50)$
   $111 - 708 \mid 222 - 103 - 716$
   $-597 = -597$

2. $2\cdot\{4\cdot[6\cdot(7x - 8) - 5] - 3\} - 1 = 241$

   Lösung: Innere Klammer auflösen; beiderseits 1 addieren:
   $2\cdot\{4\cdot[42x - 48 - 5] - 3\} = 242$
   Innere Klammer zusammenfassen; Division durch 2:
   $4\cdot[42x - 53] - 3 = 121$
   Beiderseits 3 addieren: $4\cdot(42x - 53) = 124$
   Division durch 4: $42x - 53 = 31$
   Beiderseits 53 addieren: $42x = 84$
   Division durch 42: $x = 2$

   Probe: $2\cdot\{4\cdot[6\cdot\underbrace{(7\cdot 2 - 8)} - 5] - 3\} - 1 \mid 241$
   $2\cdot\{4\cdot\underbrace{[6\cdot 6 - 5]} - 3\} - 1 \mid 241$
   $2\cdot\underbrace{\{4\cdot 31 - 3\}} - 1 \mid 241$
   $2\cdot 121 - 1 \mid 241$
   $241 = 241$

3. $(a - x)(x - b) = (ab - x)(x - 1)$

   Lösung: Klammern ausmultiplizieren:

   $$ax - \cancel{ab} - \cancel{x^2} + bx = abx - \cancel{ab} - \cancel{x^2} + x$$

   Ordnen: $ax + bx - abx - x = 0$
   Ausklammern: $x(a + b - ab - 1) = 0$
   $x = 0$

   [Bei der Lösung wurde Formel (12) angewendet.]

   Probe: $(a - 0)(0 - b) \mid (ab - 0)(0 - 1)$
   $a\cdot(-b) \mid ab\cdot(-1)$
   $-ab = -ab$ Probe stimmt.

10.4.4. Bruchgleichungen

Bei Bruchgleichungen lassen sich die Brüche sofort beseitigen, wenn man beide Seiten der Gleichung mit dem Hauptnenner multipliziert.

BEISPIELE

1. $\frac{2x+9}{4} - \frac{12x-3}{44} = \frac{4x+4}{5} - \frac{5x-4}{55}$

Lösung: Hauptnenner: 220. Multiplikation der Gleichung mit 220 ergibt:

$$55(2x+9) - 5(12x-3) = 44(4x+4) - 4(5x-4)$$

Beseitigung der Klammern:

$$110x + 495 - 60x + 15 = 176x + 176 - 20x + 16$$

Ordnen: $110x - 60x - 176x + 20x = 176 + 16 - 495 - 15$

Zusammenfassen: $-106x = -318$

Division durch -106: $x = 3$

Probe:

$$\frac{15}{4} - \frac{33}{44} \;\Big|\; \frac{16}{5} - \frac{11}{55}$$

$$\frac{15}{4} - \frac{3}{4} \;\Big|\; \frac{16}{5} - \frac{1}{5}$$

$$3 = 3$$

Probe stimmt.

2. $\frac{3}{1-x} - \frac{2}{1+x} = \frac{31}{1-x^2}$

Lösung: Der Definitionsbereich der Gleichung ist $D = R \setminus \{-1; +1\}$.
Multiplikation mit dem Hauptnenner $(1+x)(1-x)$:

$$3(1+x) - 2(1-x) = 31$$

Der Definitionsbereich ist nunmehr $D_1 = R$.

$$3 + 3x - 2 + 2x = 31$$

$$5x = 30$$

$$x = 6$$

Probe:

$$\frac{3}{-5} - \frac{2}{7} \;\Big|\; \frac{31}{-35}$$

$$\frac{-21}{35} - \frac{10}{35} \;\Big|\; -\frac{31}{35}$$

$$-\frac{31}{35} = -\frac{31}{35}$$

Probe stimmt.

3. $\frac{b+x}{a^2+2ab+b^2} + \frac{2x}{a} = \frac{x-b}{a^2-b^2} + \frac{x+b}{a+b} + \frac{x-b}{a-b}$ mit $a \neq b$, $a \neq -b$ und $a \neq 0$.

Lösung: Hauptnenner:

$$(a+b)^2 \cdot (a-b) \cdot a$$

Multiplikation mit dem Hauptnenner:

$$(b+x)\cdot a \cdot (a-b) + 2x(a+b)^2(a-b) = \begin{cases}(x-b)\cdot a \cdot (a+b) + (x+b)\cdot a \\ \times (a-b)\cdot(a+b) + (x-b)\cdot(a+b)^2 \cdot a\end{cases}$$

Ausmultiplizieren:

$$\left.\begin{matrix} a^2b + a^2x - ab^2 - abx + 2a^3x \\ + 2a^2bx - 2ab^2x - 2b^3x \end{matrix}\right\} = \begin{cases} a^2x + abx - a^2b - ab^2 + a^3x - ab^2x + a^3b - ab^3 \\ + a^3x + 2a^2bx + ab^2x - a^3b - 2a^2b^2 - ab^3 \end{cases}$$

Zusammenfassen und ordnen:

$$2a^2b + 2a^2b^2 + 2ab^3 = 2abx + 2ab^2x + 2b^3x$$

Ausklammern: $2ab(a + ab + b^2) = 2bx(a + ab + b^2)$

Division durch $2b(a + ab + b^2)$: $x = a$

Probe: $\frac{b+a}{(a+b)^2} + \frac{2a}{a} \;\Big|\; \frac{a-b}{a^2-b^2} + \frac{a+b}{a+b} + \frac{a-b}{a-b}$

$$\frac{1}{a+b} + 2 = \frac{1}{a+b} + 1 + 1$$ Probe stimmt.

10.4.5. Wurzelgleichungen

Wurzelgleichungen sind dadurch gekennzeichnet, daß in ihnen die Variable im Radikanden einer oder mehrerer Wurzeln auftritt.
Um die Glieder, die die Variable enthalten, zusammenfassen zu können, müssen die Wurzeln beseitigt werden. Dies geschieht dadurch, daß beide Seiten der Gleichung (eventuell mehrmals) mit der gleichen Hochzahl potenziert werden, wobei durch geeignetes Umstellen der Gleichung die Anzahl der Wurzeln schrittweise vermindert werden sollte.

BEISPIELE

1. $\sqrt{2x+5} - 5 = 0$

Lösung: Wenn man beide Seiten der Gleichung sofort quadriert, erhält man:

$$(\sqrt{2x+5} - 5)^2 = 0$$

$$2x + 5 - 10 \cdot \sqrt{2x+5} + 25 = 0$$ (Binomische Formel beachten!)

Durch das doppelte Produkt tritt die Wurzel, die beseitigt werden sollte, auch noch nach dem Quadrieren auf.
Stellt man jedoch *vor* dem Quadrieren die Gleichung so um, daß die Wurzel zunächst *allein* auf einer Seite der Gleichung bleibt, so ergibt sich

$\sqrt{2x+5} = 5$ $\quad D = [-2,5; \infty)$

Quadrieren: $2x + 5 = 25$ $\quad D_1 = (-\infty; \infty)$

Auflösen nach x: $x = 10$

Probe: $\sqrt{2 \cdot 10 + 5} - 5 \;|\; 0$

$\sqrt{25} - 5 \;|\; 0$

$5 - 5 = 0$ Probe stimmt.

2. $\sqrt{2x+5} + 5 = 0$

Lösung: Isolieren der Wurzel: $\sqrt{2x+5} = -5$ $\quad D = [-2,5; \infty)$

Quadrieren: $2x + 5 = 25$ $\quad D_1 = (-\infty; \infty)$

Auflösen nach x: $[x = 10]$

Probe: $\sqrt{25} + 5 \;|\; 0$

$5 + 5 \neq 0$

Die Probe stimmt nicht; $x = 10$ ist demnach eine *Scheinlösung*.

Aus diesem Grunde wurde oben das Ergebnis $x = 10$ in Klammern eingeschlossen.

Diese Erkenntnis, daß die gegebene Gleichung keine Lösung hat, hätte man auch ohne Rechnung voraussagen können. (Vgl. hierzu 10.3.2., Beispiel 3; dort liegen genau die gleichen Verhältnisse vor wie hier.)

Es gilt also auch beim Lösen von Gleichungen der Grundsatz:

Erst überlegen, dann rechnen!

Er kann einem unter Umständen eine langwierige Rechnung ersparen.

BEISPIELE

3. $9 \cdot \sqrt{5x+1} = 20 + 4 \cdot \sqrt{5x+1}$ $\quad D = [-0{,}2; \infty)$

Lösung: Zusammenfassen der gleichen Wurzelglieder: $5 \cdot \sqrt{5x+1} = 20$
Division durch 5: $\sqrt{5x+1} = 4$
Quadrieren: $5x + 1 = 16$
Auflösen nach x: $x = 3$

Probe: $9 \cdot \sqrt{16} \mid 20 + 4 \cdot \sqrt{16}$
$9 \cdot 4 \mid 20 + 4 \cdot 4$
$36 = 20 + 16$

Die Probe stimmt. $x = 3$ ist demnach eine Lösung der Ausgangsgleichung.

4. $9 \cdot \sqrt{x-21} + 7 \cdot \sqrt{x+11} = 0$ $\quad D = [21; \infty)$

Lösung: Man bringt auf jede Seite der Gleichung eine Wurzel und quadriert dann:

$$9 \cdot \sqrt{x-21} = -7 \cdot \sqrt{x+11}$$
$$81 \cdot (x-21) = 49 \cdot (x+11)$$
$$[x = 70]$$

Probe: $9 \cdot \sqrt{49} + 7 \cdot \sqrt{81} \mid 0$
$9 \cdot 7 + 7 \cdot 9 \neq 0$

$x = 70$ ist demnach wiederum eine Scheinlösung der Gleichung, weswegen sie oben bereits eingeklammert wurde. Der Leser überlege sich selbst, warum diese Gleichung keine Lösung haben kann! Er versuche danach, die ganz ähnlich aufgebaute Gleichung

$$9 \cdot \sqrt{x-21} - 7 \cdot \sqrt{x+11} = 0$$

zu lösen.

5. $\sqrt{9x-17} - 3 \cdot \sqrt{x-4} = 1$ $\quad D = [4; \infty)$.

Lösung: Man verteilt die Wurzeln gleichmäßig auf beide Seiten der Gleichung (warum?):

$$\sqrt{9x-17} = 1 + 3 \cdot \sqrt{x-4}$$

und quadriert dann (Binomische Formel beachten!):

$$9x - 17 = 1 + 6 \cdot \sqrt{x-4} + 9(x-4).$$

Damit durch das erneute Quadrieren auch die letzte Wurzel wegfällt, muß sie vorher isoliert werden:

$18 = 6 \cdot \sqrt{x-4}$
Kürzen: $3 = \sqrt{x-4}$
Quadrieren: $9 = x - 4$
$x = 13$

Probe: $\sqrt{117-17} - 3 \cdot \sqrt{13-4} \mid 1$
$\sqrt{100} - 3 \cdot \sqrt{9} \mid 1$
$10 - 9 = 1$

$x = 13$ ist Lösung der Gleichung.

6. $\sqrt{x-2} + \sqrt{x+5} - \sqrt{x-7} - \sqrt{x+14} = 0$ $\quad D = [7; \infty)$.

Lösung: Gleichmäßige Verteilung der Wurzeln auf beide Seiten:

$$\sqrt{x-2} + \sqrt{x+5} = \sqrt{x-7} + \sqrt{x+14}$$

Quadrieren: $x - 2 + 2 \cdot \sqrt{(x-2)(x+5)} + x + 5 = x - 7 + 2 \cdot \sqrt{(x-7)(x+14)} + x + 14$

Ordnen: $2 \cdot \sqrt{x^2 + 3x - 10} - 4 = 2 \cdot \sqrt{x^2 + 7x - 98}$

Kürzen: $\sqrt{x^2 + 3x - 10} - 2 = \sqrt{x^2 + 7x - 98}$

Quadrieren: $x^2 + 3x - 10 - 4 \cdot \sqrt{x^2 + 3x - 10} + 4 = x^2 + 7x - 98$

Ordnen: $92 - 4x = 4 \cdot \sqrt{x^2 + 3x - 10}$

Kürzen: $23 - x = \sqrt{x^2 + 3x - 10}$

Quadrieren: $529 - 46x + x^2 = x^2 + 3x - 10$

$x = 11$

Probe: $\sqrt{9} + \sqrt{16} - \sqrt{4} - \sqrt{25} \mid 0$

$3 + 4 - 2 - 5 = 0$ $\qquad x = 11$ ist Lösung.

7. $b \cdot \sqrt[5]{\frac{x}{a} - b} = a \cdot \sqrt[5]{a - \frac{x}{b}}$

Lösung: Damit die Wurzeln wegfallen, wird die Gleichung beiderseits in die fünfte Potenz erhoben:

$$b^5 \cdot \left(\frac{x}{a} - b\right) = a^5 \cdot \left(a - \frac{x}{b}\right)$$

$$\frac{b^5 x}{a} - b^6 = a^6 - \frac{a^5 x}{b}$$

Multiplikation mit dem Hauptnenner ab:

$$b^6 x - ab^7 = a^7 b - a^6 x$$

Ordnen: $a^6 x + b^6 x = a^7 b + ab^7$

Ausklammern: $x \cdot (a^6 + b^6) = ab(a^6 + b^6)$

$x = ab$

Probe: $b \cdot \sqrt[5]{b - b} \mid a \cdot \sqrt[5]{a - a}$

$0 = 0$ $\qquad x = ab$ ist Lösung.

10.4.6. Gleichungen mit eingeschränktem Definitionsbereich

Soll eine Gleichung gelöst werden, deren Definitionsbereich von der Aufgabenstellung her eingeschränkt worden ist, so beachtet man zunächst diese Einschränkung nicht und löst die Gleichung für den größtmöglichen Definitionsbereich. Erst am Ende der Rechnung prüft man dann nach, ob die Lösung auch dem gewünschten Definitionsbereich angehört.

BEISPIEL

Welche ganze Zahl erfüllt die Gleichung $3x - 5 = 2$?

Lösung: Der Definitionsbereich dieser Gleichung ist auf Grund der Aufgabenstellung die Menge der ganzen Zahlen:

$$D = G$$

Man verzichtet zunächst auf diese Einschränkung und löst die Gleichung für den größtmöglichen Definitionsbereich

$$D_1 = R$$

Man erhält als Lösung für $D_1 = R$

$$x = \frac{7}{3}$$

Da $\frac{7}{3} \notin G$, hat die gegebene Aufgabe *keine Lösung*.

10.4.7. Das Umstellen von Formeln

Kennt man von einem Stromkreis die Spannung U und den Widerstand R, so kann mit Hilfe des Ohmschen Gesetzes

(a) $$U = R \cdot I$$

die Stromstärke I bestimmt werden. Dazu muß die Formel (a) *nach I „umgestellt"* werden:

(b) $$I = \frac{U}{R}$$

Entsprechend würde man bei bekanntem U und I den unbekannten Widerstand R zu

(c) $$R = \frac{U}{I}$$

ermitteln können.
Das *„Formelumstellen"* ist mithin nichts anderes, als eine gegebene Gleichung (die Formel) nach einer unbekannten Größe aufzulösen.

BEISPIELE

1. *Die Formel $Vp = V_0 p_0(1 + \alpha t)$ ist nach α umzustellen.*
Lösung: $V_0 p_0(1 + \alpha t) = Vp$
Ausmultiplizieren: $V_0 p_0 + V_0 p_0 \alpha t = Vp$
Ordnen: $V_0 p_0 \alpha t = Vp - V_0 p_0$
Auflösen nach α: $\alpha = \dfrac{Vp - V_0 p_0}{V_0 p_0 t}$

2. *Die Formel $I = \dfrac{nU}{nR_i + R_a}$ ist nach n umzustellen.*
Lösung: $I = \dfrac{nU}{nR_i + R_a}$
Nenner beseitigen: $I(nR_i + R_a) = nU$
Ausmultiplizieren: $InR_i + IR_a = nU$
Ordnen: $IR_a = nU - nIR_i$
n ausklammern: $IR_a = n(U - IR_i)$
Auflösen nach n: $n = \dfrac{IR_a}{U - IR_i}$

3. *Die Formel $v = \sqrt{2g(h_1 - h_2)}$ ist nach h_2 aufzulösen.*
Lösung: $v = \sqrt{2g(h_1 - h_2)}$
Quadrieren: $v^2 = 2gh_1 - 2gh_2$
Ordnen: $2gh_2 = 2gh_1 - v^2$
Auflösen nach h_2: $h_2 = \dfrac{2gh_1 - v^2}{2g}$

10.4.8. Anwendungen

Viele Anwendungsaufgaben lassen sich mit Hilfe von Gleichungen lösen. Zur Lösung einer Anwendungsaufgabe (Textgleichung) empfiehlt es sich, folgenden Weg einzuschlagen:

a) Feststellung, welche Größe gesucht ist; Anfertigung einer Skizze (wenn möglich);
b) wenn möglich: Überschlag, in welcher Größenordnung das gesuchte Ergebnis sein muß;
c) Festlegung einer Benennung für die gesuchte Größe;
d) Umformulierung der in der Aufgabenstellung gemachten Angaben über die Beziehungen zwischen den bekannten und den unbekannten Größen in die Sprache der Mathematik, d. h. Aufstellung einer mathematischen Gleichung;
e) Lösung der aufgestellten Gleichung (dabei werden häufig die auftretenden Maßeinheiten, die vorher in Übereinstimmung zu bringen sind, weggelassen, d. h., es wird nur mit reinen Zahlenwerten gerechnet);
f) Zusammenfassen des gefundenen Ergebnisses in einem Antwortsatz und
g) Überprüfen der Lösung an Hand der Aufgabenstellung.

Allgemeingültige Regeln für das Aufstellen des Lösungssatzes lassen sich nicht angeben. Eine Sicherheit im Ansetzen der Gleichungen läßt sich nur durch gründliches Üben erreichen.

BEISPIELE

1. *Die Summe dreier Zahlen, von denen die folgende jeweils um 3 größer ist als die vorhergehende, ist 63. Wie heißen die drei Zahlen?*

   Lösung: Die erste der drei Zahlen sei x. Da die beiden anderen jeweils um 3 größer sein sollen, muß die zweite $x + 3$ und die dritte $x + 6$ sein. – Die Summe der drei Zahlen soll 63 ergeben, folglich ergibt sich die Gleichung

   $$x + (x + 3) + (x + 6) = 63,$$

   woraus $x = 18$ folgt.

   Die drei gesuchten Zahlen sind demnach 18, 21 und 24.

   Probe: Jede folgende Zahl ist um 3 größer als die vorhergehende, die Summe der drei Zahlen ist $18 + 21 + 24 = 63$. Die in der Aufgabenstellung genannten Bedingungen sind demnach alle erfüllt.

2. *Unter drei Personen A, B und C sollen 1 000 Mark so verteilt werden, daß A doppelt soviel wie B und B dreimal so viel wie C erhält. Wieviel erhält jede Person?*

   Lösung: C erhält x Mark. Dann erhält B $3x$ Mark (dreimal soviel wie C) und A $2 \cdot 3x = 6x$ Mark (doppelt so viel wie B).
   Die drei Anteile müssen zusammen 1 000 Mark ergeben:

   $$6x + 3x + x = 1\,000$$
   $$x = 100$$

   Ergebnis: C erhält 100 Mark, B 300 Mark und A 600 Mark.

   Die Probe, ob das gefundene Ergebnis mit den Forderungen der Aufgabe übereinstimmt, sei dem Leser überlassen.

3. *Eine Legierung aus Silber und Zinn habe eine Dichte* $\varrho = 9\ \text{kg/dm}^3$. *Wieviel Silber und wieviel Zinn sind in* 10 kg *dieser Legierung enthalten?* ($\varrho_{Ag} = 10{,}2\ \text{kg/dm}^3$; $\varrho_{Sn} = 7{,}3\ \text{kg/dm}^3$)

   Lösung: Die Legierung enthält x kg Silber, damit verbleiben dann für das Zinn $(10 - x)$ kg.

   x kg Silber haben das Volumen $V_{Ag} = \dfrac{x\ \text{kg}}{\varrho_{Ag}}$

(10 − x) kg Zinn haben das Volumen $V_{Sn} = \frac{(10-x)\,\text{kg}}{\varrho_{Sn}}$

10 kg der Legierung haben das Volumen $V = \frac{10\,\text{kg}}{\varrho}$

Das Volumen des Silbers und das des Zinns ergeben zusammen das Volumen der Legierung. Also muß gelten

$$\frac{x\,\text{kg}}{\varrho_{Ag}} + \frac{(10-x)\,\text{kg}}{\varrho_{Sn}} = \frac{10\,\text{kg}}{\varrho}$$

Mit den gegebenen Zahlenwerten erhält man

$$\frac{x}{10{,}2} + \frac{10-x}{7{,}3} = \frac{10}{9},$$

woraus $x = 6{,}644$ folgt.

Ergebnis: Die Legierung enthält 6,644 kg Silber und 3,356 kg Zinn. Probe!

4. *Ein Wasserbehälter kann durch drei Röhren gefüllt werden, und zwar durch die erste allein in 3, durch die zweite allein in 4 und durch die dritte allein in 6 Stunden. In welcher Zeit wird der Behälter gefüllt, wenn alle drei Röhren gleichzeitig laufen?*

Lösung: Wenn alle drei Röhren gleichzeitig laufen, dauert die Füllung x Stunden.

Die erste Röhre füllt in 1 Stunde $\frac{1}{3}$ des Behälters, denn sie benötigt 3 Stunden, um ihn ganz zu füllen;

die zweite Röhre füllt in 1 Stunde $\frac{1}{4}$ des Behälters und

die dritte Röhre füllt in 1 Stunde $\frac{1}{6}$ des Behälters.

Laufen alle drei Röhren gemeinsam, so füllen sie in 1 Stunde $\frac{1}{x}$ des Behälters. Da die Summe der Teilfüllungen von A, B und C innerhalb einer Stunde mit der Gesamtfüllung während der gleichen Zeit übereinstimmen muß, ergibt sich die Gleichung

$$\frac{1}{3} + \frac{1}{4} + \frac{1}{6} = \frac{1}{x},$$

woraus $x = \frac{4}{3}$ folgt.

Ergebnis: Wenn alle drei Röhren gemeinsam laufen, dann ist der Behälter in $\frac{4}{3}$ Stunden (= 1 Stunde, 20 Minuten) gefüllt. Probe!

5. *Um 7 Uhr fährt ein LKW mit einer Durchschnittsgeschwindigkeit* $v_1 = 40$ km/h *nach dem* $e = 225$ km *entfernten Ort B ab. Ihm fährt von B aus um 8.30 Uhr ein PKW mit einer Durchschnittsgeschwindigkeit* $v_2 = 70$ km/h *entgegen. Wann und wo begegnen sich die beiden Fahrzeuge?*

Lösung: Die Fahrzeuge begegnen sich nach einer gewissen Zeit t nach Abfahrt des LKW. In dieser Zeit t legt der LKW eine Strecke

$$s_1 = v_1 \cdot t$$

zurück. – Der PKW fährt $1\frac{1}{2}$ Stunden später ab als der LKW, also ist er bis zur Begegnung nur $t - 1{,}5$ Stunden unterwegs. Während dieser Zeit legt er die Strecke

$$s_2 = v_2 \cdot (t - 1{,}5\ \text{h})$$

zurück. Da die beiden Fahrzeuge einander entgegenfahren, muß die Summe der Teilstrecken $s_1 + s_2$ gleich der Entfernung e der beiden Orte A und B sein, also

$$s_1 + s_2 = e$$

oder $v_1 \cdot t + v_2 \cdot (t - 1{,}5\,\text{h}) = e$

Mit den gegebenen Zahlenwerten ergibt sich daraus

$$40\,\frac{\text{km}}{\text{h}} \cdot t + 70\,\frac{\text{km}}{\text{h}} \cdot (t - 1{,}5\,\text{h}) = 225\,\text{km},$$

woraus

$$t = 3\,\text{h}$$

folgt.

Ergebnis: Die beiden Fahrzeuge treffen sich 3 Stunden nach der Abfahrt des LKW, also um 10.00 Uhr. Der Treffpunkt liegt 120 km von A entfernt. Probe!

6. *In einem Stromkreis mit* 24 V *Spannung hat ein Zweig AB einen Widerstand* $R_1 = 6\,\Omega$. *Schaltet man zwischen A und B einen weiteren Widerstand* $R_2 = 2\,\Omega$ *parallel, so steigt die Stromstärke auf* 4 A *an. Wie groß ist der Widerstand des Stromkreises ohne den des Zweiges AB?*

Lösung: Nach dem Ohmschen Gesetz ist

$$U = R \cdot I$$

Dabei setzt sich der Widerstand R zusammen aus dem Widerstand R_p der Parallelschaltung von R_1 und R_2 sowie aus dem noch unbekannten Widerstand R_3 des restlichen Stromkreises. Der Widerstand R_p der Parallelschaltung ergibt sich aus

$$\frac{1}{R_p} = \frac{1}{R_1} + \frac{1}{R_2} = \frac{1}{6\,\Omega} + \frac{1}{2\,\Omega} = \frac{2}{3} \cdot \frac{1}{\Omega}$$

zu

$$R_p = \frac{3}{2}\,\Omega.$$

Der Gesamtwiderstand des Stromkreises ist demnach

$$R = R_p + R_3 = \frac{3}{2}\,\Omega + R_3.$$

Setzt man diesen Widerstand für R in das Ohmsche Gesetz ein, so ergibt sich mit $U = 24$ V und $I = 4$ A die Gleichung

$$24\,\text{V} = \left(\frac{3}{2}\,\Omega + R_3\right) \cdot 4\,\text{A},$$

aus der sich

$$R_3 = \frac{9}{2}\,\Omega = 4{,}5\,\Omega$$

ergibt.

Ergebnis: Der gesuchte Widerstand beträgt 4,5 Ω. Probe!

10.4.9. Schlußbemerkungen

In 10.4.1. wurde festgestellt, daß sich jede lineare Gleichung in der Form

$$Ax + B = 0$$

darstellen läßt und daß der zugehörige umfassendste Definitionsbereich die Menge der reellen Zahlen R ist.

Jede derartige Gleichung läßt sich durch eine äquivalente Umformung nach x auflösen:

$$x = -\frac{B}{A}$$

Da es keine weitere Möglichkeit gibt, zu einem anderen Wert von x zu kommen, der die Gleichung ebenfalls erfüllt, können wir den folgenden Satz formulieren:

Jede lineare Gleichung der Form $Ax + B = 0$ mit $A \neq 0$ hat innerhalb des Definitionsbereiches $D = (-\infty; +\infty)$ genau eine Lösung.

10.5. Das Rechnen mit Ungleichungen

In diesem Abschnitt sollen nur solche Ungleichungen untersucht werden, in denen zwei Terme T_1 und T_2 durch eines der folgenden vier Zeichen miteinander verglichen werden: „$<$", „$\leqq$", „$\geqq$" oder „$>$". Dabei wollen wir uns zunächst nur auf Ungleichungen mit Zahlen beschränken und erst gegen Schluß des Abschnittes kurz auch auf Ungleichungen mit Variablen eingehen.
Beim Rechnen mit Ungleichungen gibt es wesentlich mehr zu beachten als beim Rechnen mit Gleichungen.
Es gelten die folgenden Regeln:

Regel 1:

Werden beide Seiten einer Ungleichung miteinander vertauscht, so ist das Ungleichheitszeichen umzukehren.

$$\boxed{a < b \;\Leftrightarrow\; b > a}^{1)} \qquad (67)$$

Diese Regel ist ohne weiteres einzusehen.

BEISPIEL 1

Es ist $-5 < +3$ *und* $+3 > -5$.

Regel 2:

Addiert bzw. subtrahiert man auf beiden Seiten einer Ungleichung die gleiche Zahl, so muß das Ungleichheitszeichen beibehalten werden.

$$\boxed{a < b \;\Leftrightarrow\; a \pm c < b \pm c} \qquad (68)$$

BEISPIEL 2

Es ist $5 > -12$.

Addiert man auf beiden Seiten der Ungleichung die Zahl 27, so entsteht die neue Ungleichung

$$32 > 15;$$

das Ungleichheitszeichen $>$ gilt genau so wie in der Ausgangsungleichung. Subtrahiert man die Zahl 27, so darf das Ungleichheitszeichen ebenfalls nicht geändert werden:

$$-22 > -39.$$

Regel 3:

Das Ungleichheitszeichen bleibt erhalten, wenn man beide Seiten einer Ungleichung mit der gleichen *positiven* Zahl multipliziert bzw. durch die gleiche *positive* Zahl divi-

---

[1]) In den zusammenfassenden Formeln wird jeweils das Zeichen „$<$" verwendet. Die Formeln bleiben auch dann richtig, wenn dieses Zeichen durch „$\leqq$", „$\geqq$" oder „$>$" ersetzt wird.

diert. Multipliziert (bzw. dividiert) man dagegen mit einer *negativen* Zahl, so ist das Ungleichheitszeichen umzukehren.

$$\begin{array}{|l|}\hline \text{Für } c>0 \text{ gilt} \\ \quad a<b \;\Leftrightarrow\; a\cdot c<b\cdot c \\ \text{Für } c<0 \text{ gilt} \\ \quad a<b \;\Leftrightarrow\; a\cdot c>b\cdot c \\ \hline \end{array} \tag{69}$$

Und wie muß Regel 3 lauten, wenn $c = 0$ ist?

BEISPIEL 3

Es ist	$-6 < +4$.
Multiplikation mit $+2$:	$-12 < +8$; das Ungleichheitszeichen bleibt erhalten.
Division durch 2:	$-3 < +2$; das Ungleichheitszeichen bleibt erhalten.
Multiplikation mit (-2):	$+12 > -8$; das Ungleichheitszeichen ändert sich.
Division durch (-2):	$+3 > -2$; das Ungleichheitszeichen ändert sich.

Regel 4:

Haben beide Seiten einer Ungleichung dasselbe Vorzeichen, so ist das Ungleichheitszeichen umzukehren, wenn man beiderseits den Kehrwert bildet. Haben beide Seiten der Ungleichung verschiedene Vorzeichen, so bleibt das Ungleichheitszeichen bei der Kehrwertbildung erhalten.

$$\begin{array}{|l|}\hline \text{Für } a\cdot b>0^{1)} \text{ gilt} \\ \quad a<b \;\Leftrightarrow\; \dfrac{1}{a}>\dfrac{1}{b} \\ \text{Für } a\cdot b<0^{1)} \text{ gilt} \\ \quad a<b \;\Leftrightarrow\; \dfrac{1}{a}<\dfrac{1}{b} \\ \hline \end{array} \tag{70}$$

BEISPIEL 4

a) Beide Seiten der Ungleichung haben dasselbe Vorzeichen:

Es ist $3 < 6$, aber $\frac{1}{3} > \frac{1}{6}$;

es ist $-3 > -6$, aber $-\frac{1}{3} < -\frac{1}{6}$.

b) Beide Seiten der Ungleichung haben verschiedene Vorzeichen:

Es ist $-3 < 6$ und $-\frac{1}{3} < \frac{1}{6}$;

es ist $3 > -6$ und $\frac{1}{3} > -\frac{1}{6}$.

[1]) Haben die beiden Zahlen a und b gleiche Vorzeichen, so ist $a \cdot b > 0$; haben sie verschiedene Vorzeichen, so ist $a \cdot b < 0$.

Regel 5:

Zwei Ungleichungen mit gleichartigen Ungleichheitszeichen dürfen addiert, jedoch nicht subtrahiert werden.

$$\boxed{a < b \wedge c < d \;\Rightarrow\; a + c < b + d} \tag{71}$$

BEISPIEL 5

Es ist $-2 < +3$ und $-8 < -2$

Addiert man jeweils beide Seiten dieser Ungleichungen, so ergibt sich

$$(-2) + (-8) \mid (+3) + (-2)$$
$$-10 < +1$$

Das Ungleichheitszeichen bleibt also erhalten.
Würde man dagegen die beiden Ungleichungen voneinander subtrahieren, so ergäbe sich links $(-2) - (-8) = +6$ und rechts $3 - (-2) = 5$. Es ist jedoch $6 > 5$. Das Ungleichheitszeichen hat sich also in diesem Falle geändert.

Die hier angeführten fünf Regeln für das Rechnen mit Ungleichungen sind vor allem dann bedeutungsvoll, wenn man Ungleichungen lösen will, in denen Terme auftreten, die variable Größen enthalten.

BEISPIELE

6. Für welche Werte von x gilt die Ungleichung

$$5x - 2 \geqq 2x + 10?$$

Lösung: Um die Variable x zu isolieren, subtrahiert man zunächst auf beiden Seiten der Ungleichung den Term $2x - 2$ (Regel 2):

$$5x - 2 - (2x - 2) \geqq 2x + 10 - (2x - 2)$$
$$3x \geqq 12$$

Die Division durch $+3$ (Regel 3) ergibt schließlich

$$x \geqq 4$$

Die gegebene Ungleichung ist demnach für alle x erfüllt, für die gilt: $x \geqq 4$.
Dieses Ergebnis läßt sich auch wie folgt formulieren: Die Ungleichung ist für alle $x \in [4; \infty)$ erfüllt; oder: Die Lösungsmenge der Ungleichung ist $L = [4; \infty)$.
Der Leser führe selbst die Probe durch, indem er sich an mindestens einem Zahlenwert aus dem Intervall $[4; \infty)$ davon überzeugt, daß die Ungleichung erfüllt ist, und an mindestens einem Zahlenwert, der diesem Intervall nicht angehört, daß dieser Wert die Ungleichung nicht erfüllt.

7. Für welche Werte von x gilt die Ungleichung

$$\frac{1}{x-5} < 2?$$

Lösung: Der Definitionsbereich dieser Ungleichung ist $D = R \setminus \{5\}$.
Um den Nenner des linken Bruches zu beseitigen, muß die Ungleichung mit $x - 5$ multipliziert werden. Dabei ist aber Vorsicht geboten, da der Term $x - 5$ sowohl positiv als auch negativ sein kann (s. Regel 3!).
Der Term $x - 5$ ist positiv für $x \in (5; \infty)$ und negativ für $x \in (-\infty; 5)$. Aus diesem Grunde muß die weitere Behandlung der Ungleichung in zwei Fälle aufgeteilt werden.
Fall 1: $x \in (5; \infty)$.

Da in diesem Intervall der Nenner $x - 5$ positiv ist, bleibt das Ungleichheitszeichen bei der Multiplikation mit $x - 5$ erhalten.

$1 < 2 \cdot (x-5)$
$1 < 2x - 10$
$11 < 2x$ (Regel 2)
$2x > 11$ (Regel 1)
$x > 5{,}5$ (Regel 3)

Die Ungleichung ist demnach für alle Werte des Intervalls $(5; \infty)$ erfüllt, für die gilt $x > 5{,}5$. Damit ist eine erste Teilmenge der Lösungsmenge der Ungleichung ermittelt:

$$L_1 = (5{,}5; \infty).$$

Fall 2: $x \in (-\infty; +5)$.

Für alle x aus diesem Intervall ist der Term $x - 5$ negativ. Bei Multiplikation beider Seiten der Ungleichung mit $x - 5$ geht die gegebene Ungleichung nach Regel 3 über in

$1 > 2 \cdot (x-5)$ (Ungleichheitszeichen beachten!)
$1 > 2x - 10$
$11 > 2x$
$2x < 11$
$x < 5{,}5$

Dieses Ergebnis besagt, daß alle x-Werte des Intervalls $(-\infty; +5)$, die die Bedingung $x < 5{,}5$ erfüllen, zur Lösungsmenge der Ungleichung gehören. Da nun aber alle $x \in (-\infty; 5)$ die genannte Bedingung erfüllen, ist das gesamte Intervall $(-\infty; 5)$ eine zweite Teilmenge der Lösungsmenge der gegebenen Ungleichung:

$$L_2 = (-\infty; 5).$$

Die Gesamtlösungsmenge der Ungleichung setzt sich aus den beiden Teillösungsmengen zusammen. Es ist also

$$L = L_1 \cup L_2 = (-\infty; 5) \cup (5{,}5; \infty),$$

wofür man auch wesentlich kürzer

$$L = R \setminus [5; 5{,}5]$$

schreiben kann.
Die gegebene Ungleichung ist also für alle reellen Werte von x mit Ausnahme der Werte des abgeschlossenen Intervalls $[5; 5{,}5]$ erfüllt.

8. Die Ungleichung $\frac{1}{x-2} < \frac{2}{x+2}$ ist zu lösen.

Lösung: Der Definitionsbereich der Ungleichung ist $D = R \setminus \{-2; 2\}$. Um die Brüche beseitigen zu können, muß die Ungleichung mit dem Hauptnenner HN $= (x-2)(x+2)$ multipliziert werden. Dabei ist aber zu beachten, daß dieser Hauptnenner sowohl positiv als auch negativ sein kann. Für $x < -2$ sind beide Faktoren des Hauptnenners negativ, der Hauptnenner selbst also positiv. Für $-2 < x < +2$ ist der erste Faktor des Hauptnenners noch negativ, der zweite dagegen bereits positiv; der Hauptnenner selbst ist also in diesem Intervall negativ. Schließlich sind für $x > 2$ beide Faktoren und damit auch der Hauptnenner positiv.
Es sind also die folgenden beiden Fälle zu unterscheiden:
Fall 1: $x \in (-\infty; -2) \cup (+2; \infty)$; hier ist HN > 0 und
Fall 2: $x \in (-2; +2)$; hier ist HN < 0.

Die Ungleichung wird für beide Fälle getrennt berechnet.
Fall 1: $x \in (-\infty; -2) \cup (+2; \infty)$.
Da der Hauptnenner in diesem Intervall positiv ist, geht die gegebene Ungleichung nach Multiplikation mit $(x-2)(x+2)$ über in

$x + 2 < 2x - 4$
$6 < x$
$x > 6$

Damit ist eine erste Teilmenge der Lösungsmenge gefunden:

$$L_1 = (6; \infty)$$

Fall 2: $x \in (-2; +2)$.
Da der Hauptnenner in diesem Intervall negativ ist, geht die Ungleichung über in

$$\begin{aligned} x + 2 &> 2x - 4 \\ 6 &> x \\ x &< 6 \end{aligned}$$

Dieses Ergebnis bedeutet nun aber nicht etwa, daß die gegebene Ungleichung für *alle* reellen x-Werte mit $x < 6$ erfüllt ist, denn unsere Rechnung gilt ja nur für das Intervall $(-2; +2)$. Da aber alle x-Werte des Intervalls $(-2; +2)$ die Bedingung $x < 6$ erfüllen, gehört diese gesamte Teilmenge der reellen Zahlen ebenfalls der Lösungsmenge der Ungleichung an:

$$L_2 = (-2; +2)$$

Die gesamte Lösungsmenge der Ungleichung setzt sich demnach wie folgt zusammen:

$$L = L_1 \cup L_2$$
$$L = (-2; +2) \cup (6; \infty)$$

10.6. Gleichungen und Ungleichungen mit Beträgen

In 6.1.2. wurde der Betrag einer Zahl a definiert. Der Begriff des Betrages läßt sich natürlich auch ohne weiteres auf Terme mit Variablen übertragen. Man muß dabei allerdings jeweils angeben können, für welche Belegungen der Variablen der innerhalb der Betragsstriche stehende Term positiv bzw. negativ ist.

BEISPIEL 1

Der Ausdruck $|3x - 9|$ kann ohne Betragsstriche wie folgt geschrieben werden:

$$|3x - 9| = \begin{cases} 3x - 9 & \text{für } x \in (3; \infty) \\ 0 & \text{für } x = 3 \\ -(3x - 9) & \text{für } x \in (-\infty; 3), \end{cases}$$

denn für alle x-Werte mit $x > 3$ ist der innerhalb der Betragsstriche stehende Term von vornherein positiv, also können in diesem Falle die Betragsstriche ohne weiteres weggelassen werden. Ist dagegen $x < 3$, so steht innerhalb der Betragsstriche etwas Negatives; den Betrag einer negativen Zahl aber erhält man, indem man vor diese negative Zahl ein Minuszeichen setzt (vgl. 6.1.2.).

Treten in Gleichungen bzw. Ungleichungen die Beträge von Termen mit Variablen auf, so sind die Betragsstriche in der Weise zu beseitigen, wie dies im Beispiel 1 vorgeführt worden ist. Damit lassen sich die Gleichungen bzw. Ungleichungen mit Beträgen auf Gleichungen bzw. Ungleichungen der Art zurückführen, wie sie bereits in den letzten Abschnitten ausführlich behandelt worden sind.

BEISPIELE

2. Welche Werte von x erfüllen die Gleichung $|x - 3| = 5$?
Lösung: Bei dieser einfachen Aufgabe kann man auch ohne systematisches Lösungsverfahren feststellen, daß $x = 8$ und $x = -2$ die gegebene Gleichung erfüllen. (Der Leser führe die Probe selbst durch!)
Da das für Gleichungen mit Beträgen angewendete Lösungsverfahren jedoch bei solchen einfachen Gleichungen besonders durchsichtig ist und ohne Schwierigkeiten auf kompliziertere Gleichungen übertragen werden kann, soll die Aufgabe nun auch ausführlich gelöst werden.

Für den in der Gleichung auftretenden Betrag gilt

$$|x-3| = \begin{cases} x-3 & \text{für } x \in (3;\infty) \\ 0 & \text{für } x = 3 \\ -(x-3) & \text{für } x \in (-\infty;3) \end{cases}$$

Um die Betragsstriche beseitigen zu können, muß die Lösung der Gleichung in den beiden Intervallen $I_1 = (-\infty;3)$ und $I_2 = (3;\infty)$ getrennt vorgenommen werden.

Fall 1: $x \in (-\infty;3)$.
Hier ist $|x-3| = -(x-3)$; also geht die gegebene Gleichung über in

$$-(x-3) = 5,$$

woraus

$$x = -2$$

folgt. Diese Lösung $x = -2$ gehört dem Intervall an, für das die Rechnung durchgeführt wurde; folglich gehört $x = -2$ auch zur Lösungsmenge der Gleichung.

Fall 2: $x \in (3;+\infty)$.
Nunmehr gilt $|x-3| = x-3$. Man erhält demnach

$$x-3 = 5$$
$$x = 8$$

Da dieser Wert zu dem Intervall gehört, für das diese zweite Rechnung durchgeführt wurde, haben wir eine zweite Lösung der gegebenen Gleichung gefunden.

Der Fall $x = 3$ ist undiskutabel.
Die Lösungsmenge der Gleichung $|x-3| = 5$ ist also

$$L = \{-2;8\}.$$

3. Welche Werte von x erfüllen die Gleichung

$$|2x-8| = |x-7|?$$

Lösung: Zunächst untersuchen wir die beiden in der Gleichung auftretenden Beträge:

$$|2x-8| = \begin{cases} 2x-8 & \text{für } x \in (4;\infty) \\ 0 & \text{für } x = 4 \\ -(2x-8) & \text{für } x \in (-\infty;4) \end{cases}$$

$$|x-7| = \begin{cases} x-7 & \text{für } x \in (7;\infty) \\ 0 & \text{für } x = 7 \\ -(x-7) & \text{für } x \in (-\infty;7) \end{cases}$$

Hieraus ist zu erkennen, daß die Lösung der Gleichung für die folgenden drei Teilintervalle getrennt erfolgen muß:
für $I_1 = (-\infty;4)$, für $I_2 = (4;7)$ und für $I_3 = (7;\infty)$.

Fall 1: $x \in I_1$.

Hier kann die gegebene Gleichung ersetzt werden durch

$$-(2x-8) = -(x-7)$$
$$2x-8 = x-7$$
$$x = 1$$

Da $x = 1 \in I_1$, ist damit eine erste Lösung der Gleichung gefunden.

Fall 2: $x \in I_2$.

Nunmehr gilt

$$2x-8 = -(x-7)$$
$$3x = 15$$
$$x = 5$$

Da $x = 5 \in I_2$, ist eine weitere Lösung der Gleichung ermittelt.

Fall 3: $x \in I_3$.

Hier kann die Gleichung ersetzt werden durch

$$2x - 8 = x - 7$$
$$x = 1$$

$x = 1$ gehört dem Intervall I_3, für das die Rechnung hier durchgeführt wurde, nicht an; also liefert diese Rechnung keinen weiteren Beitrag zur Lösungsmenge der Gleichung.
Die gegebene Gleichung hat damit die Lösungsmenge

$$L = \{1;\ 5\}$$

4. Für welche Werte von x gilt die Ungleichung

$|3x - 6| \leqq x + 2$?

Lösung: Der in der Ungleichung auftretende Betrag kann ersetzt werden durch

$$|3x - 6| = \begin{cases} 3x - 6 & \text{für } x \in (2;\ \infty) \\ 0 & \text{für } x = 2 \\ -(3x - 6) & \text{für } x \in (-\infty;\ 2) \end{cases}$$

Damit ist die Aufteilung der Lösung der Ungleichung in zwei getrennt zu behandelnde Fälle erforderlich.

Fall 1: $x \in (-\infty;\ 2)$.

Hier gilt:

$$\begin{aligned} -(3x - 6) &\leqq x + 2 \\ -3x + 6 &\leqq x + 2 \\ -4x &\leqq -4 \\ x &\geqq 1 \end{aligned}$$

Da diese Rechnung auf das Intervall $(-\infty;\ 2)$ beschränkt ist, gilt die gegebene Ungleichung zunächst nur für das Intervall

$$L_1 = [1;\ 2)$$

Fall 2: $x \in (2;\ \infty)$.

In diesem Falle geht die Ungleichung über in

$$\begin{aligned} 3x - 6 &\leqq x + 2 \\ 2x &\leqq 8 \\ x &\leqq 4 \end{aligned}$$

Damit haben wir ein weiteres Intervall gefunden, in dem die Ungleichung gültig ist:

$$L_2 = (2;\ 4]$$

Schließlich muß noch der Wert $x = 2$ untersucht werden. Für $x = 2$ ist die Ungleichung ebenfalls erfüllt, denn es gilt

$$|3 \cdot 2 - 6| \leqq 2 + 2;$$

also gehört auch $x = 2$ der Lösungsmenge der Ungleichung an. Die gesamte Lösungsmenge der Ungleichung setzt sich demnach zusammen aus

$$L = L_1 \cup L_2 \cup \{2\} = [1;\ 2) \cup (2;\ 4] \cup \{2\}$$
$$L = [1;\ 4]$$

AUFGABEN

244. a) $x + 17 = 21$ b) $64 + x = 89$ c) $x + 35 = 17$

d) $14 + 2x = 11 - 7x$ e) $5 - x = 2$ f) $4x - 13 = 3x$

g) $\frac{2}{3}x + 5 = \frac{3}{4}x - 6$ h) $ax + b = c - dx$ i) $\frac{5}{7}x + 4\frac{1}{9} = \frac{37}{9}$

k) $9ax - 5a = 6ax + 7a$

245. a) $13 - (5x + 2) + (x - 7) = 8x - 20$

b) $5(2u - 3) + (4 - u)3 - 2(u + 7) = (2u - 4) + 2(6 - u)$

c) $2[18 - 3(7x - 5)] = 3[5x + 2(9 - 4x)]$

d) $51a - 2\{3x + 5[2a - 3(2x - 7a) + 4x\} - 3(5x - 2a) - 2(3x + a)\} = 72a - 3x$

e) $0{,}3(4 - 5x) - 0{,}5(6 - 7x) + 0{,}7(8 - 9x) = 1{,}1 - 4x$

f) $3(5y - 7a) + 5(3b - 7y) = 7(5b - 3a)$

g) $a - (a + b)x = (b - a)x - (c + bx)$

h) $9[3x - 2(4x + 3) + 7] - 2[5(x + 9) - 6x + 1] = (5 - 8x)3 + 2x$

i) $17(2 - 3t) - 8(1 - 7t) = 5(t + 12)$

k) $7(2z - 1) - 6(11 - z) = 3(z + 4)$

246. a) $(x - 5)(x - 7) = (x + 4)(x - 9) - 13$

b) $(3x - 2)(x + 7) - (4x - 1)(1 + x) = (x - 2)(5 - x)$

c) $(x + 4b)(x + 3a + 6b) - 3b(x + 10b) = (x + 6b)(3a + x - 5b) + 4b(a + x + 3b)$

d) $(x - a)^2 + (x - b)^2 - (x - a)(x - b) = x^2 + a^2 + b^2$

e) $(4t + 3)^2 + (7t - 3)^2 = (8t - 7)^2 + (t + 7)^2$

f) $(a + x)(b - x) = (a - x)(b + x)$

g) $5u(x + 2v) - 4v(2x - 3u) - 3u(2x - u) + 4v(3x - 10u - 10v) = -64v^2$

h) $(3y - 10)(10 + 3y) - (2y + 3)^2 = 5y^2 - 157$

i) $(1{,}2x + 0{,}56)(0{,}6x - 0{,}22) = (0{,}9x + 0{,}92)(0{,}8x - 0{,}46)$

k) $(3z - 5a)(8z - a) - (4z - 3a)(5z - 7a) - (2z - 5a)(2z + a) = 5a^2$

247. a) $\frac{x + 1}{15} + \frac{2x - 10}{5} = 3 - \frac{3x - 16}{3}$ b) $1 - \frac{3}{5}(2x + 11) = \frac{4x - 3}{20} - \frac{1}{12}(4x - 5)$

c) $\frac{5x - 6}{10} - \frac{9 - 10x}{14} = \frac{3x - 4}{5} - \frac{3 - 4x}{7}$ d) $\frac{7x - 2}{3} - \frac{4}{5}(x + 3) + 6 = \frac{3(x + 2)}{2}$

e) $\frac{ax - b^2}{b} + \frac{bx - a^2}{a} = \frac{a - ab}{b} + \frac{b - ab}{a}$ f) $\frac{a}{x} + b = \frac{b}{x} + a$

g) $\frac{10 + x}{24x} - \frac{x + 4}{12x} = 1 - \frac{x + 3}{8x}$ h) $\frac{7}{2x} - \frac{8}{3x} + \frac{9}{4x} - \frac{1}{3} = \frac{31 - 7x}{6x}$

i) $\frac{3a - 5b}{15ab} + \frac{a + 7x}{12ax} + \frac{5b + 4x}{20bx} + \frac{3}{4a} + \frac{3}{5b} - \frac{4}{3a} = 0$ k) $\frac{1 + x}{1 - x} = \frac{a}{b}$

248. a) $\frac{x + 4}{7x + 1} = \frac{x + 6}{7x + 6}$ b) $\frac{a - bx}{ax + b} = \frac{a}{b}$

c) $\frac{5x - 1}{2x - 1} - \frac{5x + 2}{4x - 2} - \frac{4x + 1}{6x - 3} + \frac{7x - 2}{8x - 4} = 1$ d) $\frac{5x + 3}{7x - 9} - \frac{4x + 9}{9 - 7x} = 2$

e) $\frac{7x-1}{x-2}-\frac{5x-3}{3x-6}+\frac{8x-5}{5x-10}-\frac{9x-7}{7x-14}=0$

f) $\frac{x+3}{x+1}-\frac{2x+5}{x+2}-\frac{x-5}{3x+3}+\frac{4x-3}{3x+6}=0$

g) $\frac{ax}{a+b}+\frac{bx}{a-b}=a^2+b^2$

h) $\frac{2x+1}{x-1}+\frac{2x+4}{1-x}+\frac{2x-9}{x^2-1}=\frac{4-8x}{1-x^2}$

i) $\frac{1}{8-4x}-\frac{1}{8}-\frac{x+5}{16-4x^2}+\frac{x}{16+8x}=0$

k) $\frac{3x-5}{x+2}+\frac{7x-10}{x+1}+\frac{x+99}{x^2+3x+2}=10$

249. Stelle die Formeln um:

a) $p(1+q)=m$ nach q

b) $l_t=l_0(1+\alpha t)$ nach α

c) $Q=mc(t_1-t_2)$ nach t_2

d) $g=a+(n-1)d$ nach n

e) $s=\frac{g}{2}(2t-1)$ nach t

f) $\frac{1+m}{1-m}=\frac{a}{b}$ nach m

g) $\frac{r+f}{r_1+a+f}=\frac{r}{r_1}$ nach f

h) $\frac{y-y_1}{y_2-y_1}=\frac{x-x_1}{x_2-x_1}$ nach y

i) $r^2=s^2+(r-p)^2)$ nach r

k) $\frac{a-b(a-c)}{a+d}=1$ nach a

250. a) $\sqrt{x}=13$

b) $3\sqrt{4x}-7=0$

c) $\frac{4}{5}\sqrt{2x+1}+\frac{1}{5}=1$

d) $4\sqrt[3]{6x-1}+5=0$

e) $\sqrt[3]{x-2}=a+2$

f) $\sqrt[4]{7x+4}+3=0$

g) $\sqrt{19+\sqrt{3x+15}}=5$

h) $6\sqrt{4-x}-9=7+2\sqrt{4-x}$

i) $\sqrt{85-4\sqrt{19x+5}}=3\sqrt{5}$

k) $5\sqrt{2x+7}=\sqrt{50x+175}$

251. a) $4\sqrt{x+3}-3\sqrt{x+10}=0$

b) $\sqrt{x-1}+\sqrt{x+8}=9$

c) $\sqrt{x+7}-\sqrt{x-5}-2=0$

d) $\sqrt{x-3}-1=\sqrt{x-10}$

e) $\sqrt{4x+5}+2\sqrt{x-3}=17$

f) $\sqrt{x+5}+\sqrt{x}-\sqrt{4x+9}=0$

g) $3\sqrt{x+2}-2\sqrt{x-13}=5\sqrt{x-10}$

h) $\sqrt{x+2}-\sqrt{x-9}=\sqrt{x-18}-\sqrt{x-25}$

i) $\sqrt{5x+1+2\sqrt{6x-5}}-\sqrt{6x-5}-1=0$

k) $\frac{1}{4}\sqrt{3x-5}+\sqrt{5x+2-3\sqrt{3x-5}}=6$

252. a) Welche Zahl muß man zu 87,3 addieren, damit man 102,4 erhält?

b) Welche Zahl muß man von $53\frac{2}{3}$ subtrahieren, damit man $17\frac{1}{6}$ erhält?

c) Welche Zahl muß man um $\frac{7}{27}$ vermindern, damit man $\frac{5}{6}$ erhält?

d) Welche Zahl muß mit 9,7 multipliziert werden, damit man 652,325 erhält?

e) Mit welcher Zahl muß man $5\frac{1}{3}$ multiplizieren, damit man $\frac{1}{2}$ erhält?

253. a) Die vierfache Summe des Doppelten und des Dreifachen einer Zahl ist gleich der Differenz des Siebenfachen dieser Zahl und 39. Wie heißt die Zahl?

b) Welche Zahl ergibt versechsfacht $2\frac{3}{4}$ mehr, als wenn man sie halbiert?

c) Die Faktoren der Produkte $236{,}6 \cdot 72{,}38$ und $137{,}9 \cdot 111{,}86$ sollen alle so um den gleichen Betrag vermindert werden, daß die neuen Produkte gleich sind.

d) Hängt man an eine bestimmte Zahl eine 5 an, subtrahiert dann 9, hängt danach eine 3 an, addiert dazu 37 und dividiert die ganze bis jetzt erhaltene Zahl durch 52, so erhält man 1 weniger als das Doppelte der ursprünglichen Zahl. Wie heißt diese Zahl?

e) Multipliziert man eine Zahl mit 7, addiert eine 9 und hängt an diese Summe eine Null an, subtrahiert dann 17, hängt an das Ergebnis noch eine Null an, subtrahiert davon 30 und dividiert diese Differenz durch 7, so erhält man 200. Wie heißt die Zahl?

f) Die erste Ziffer einer vierstelligen Zahl ist 5. Streicht man sie links weg und setzt sie rechts an, so verringert sich der Wert der Zahl um 4410. Wie heißt die Zahl?

254. a) Eine Gruppe hat sich verpflichtet, in einem Jahr eine Anzahl Stunden für freiwillige Arbeit zu leisten. Wenn jedes Mitglied 30 Stunden arbeitet, so wird die Verpflichtung mit 70 Stunden übererfüllt; hat jedes Mitglied aber nur 25 Stunden geleistet, so fehlen noch 25 Stunden zur Erfüllung der Verpflichtung. Wieviel Mitglieder hat die Gruppe und zu wieviel Arbeitsstunden hat sie sich verpflichtet?

b) Aus einem Motorradtank, von dessen Inhalt $\frac{1}{5}$ verbraucht war, wurden noch 2,4 l Benzin abgelassen. Im Tank blieb ein Rest von $\frac{2}{3}$ des gesamten Inhaltes. Wieviel Liter Benzin enthielt der Tank?

c) In einem Stromkreis fließt bei einer Spannung von 120 V ein Strom von 6 A. Welcher Widerstand muß zugeschaltet werden, damit der Strom auf 2,4 A sinkt?

d) Wieviel Kilogramm Kupfer ($\varrho_{Cu} = 9\ \mathrm{kg \cdot dm^{-3}}$) und Zink ($\varrho_{Zn} = 7\ \mathrm{kg \cdot dm^{-3}}$) benötigt man zu einer Messinglegierung von 2 kg mit einer Dichte $\varrho = 8{,}5\ \mathrm{kg \cdot dm^{-3}}$?

e) Ein Facharbeiter benötigt zur Endmontage einer Apparatur $5\frac{1}{2}$ Tage, ein anderer für die gleiche Arbeit 7 Tage. Wieviel Tage brauchen beide zusammen, wenn der erste Arbeiter erst 2 Tage später als der zweite mitarbeitet?

f) Welchen Strom verbraucht eine 75-W-Glühlampe bei einer Spannung von 220 V?

g) Zum Entleeren eines Beckens benötigt eine Pumpe 4 h 30 min, eine andere 6 h 45 min. In welcher Zeit ist das Becken leer, wenn beide Pumpen gleichzeitig arbeiten?

h) Der zwischen den einzelnen Eisenbahnschienen vorhandene Schienenstoß verursacht ein im fahrenden Zug wahrnehmbares taktmäßiges Aufschlagen der Räder. Wie groß ist die Geschwindigkeit eines Zuges in $\mathrm{km \cdot h^{-1}}$, wenn die Strecke 30-m-Schienen hat und 35 Stöße in 30 s gezählt wurden?

i) Ein Radrennfahrer habe eine durchschnittliche Geschwindigkeit von $42\ \mathrm{km \cdot h^{-1}}$. Sein Verfolger, der im Zeitfahren 1 min später gestartet ist, hat ihn nach 28 min eingeholt. Berechne die durchschnittliche Geschwindigkeit des Verfolgers!

k) Wieviel Liter 20prozentigen und 78prozentigen Alkohol braucht man zur Herstellung von 5 l 35prozentigem Alkohol?

255. Für welche Werte von x gelten die Ungleichungen:

a) $4x < 3$

b) $3x - 5 > 4$

c) $\frac{2}{3} - \frac{1}{2}x < \frac{1}{3}x - \frac{1}{2}$

d) $4x + 1 > 5x + 3$

e) $6(5x - 7) > 18x - 42$

f) $\frac{4}{3}x - 18\frac{13}{15} < \frac{2}{5}x + 6\frac{1}{3}$

g) $\frac{2x-1}{3} < \frac{x+6}{2}$ h) $2 + \frac{3(x+1)}{8} < 3 - \frac{x-1}{4}$

256. a) $2x + 3 < 9$ b) $5x - 8 > 2$ c) $3x + 13 < 4$ d) $3 - 7x \leqq 5$

e) $\frac{4}{3}x - \frac{2}{7} < \frac{3}{5}$ f) $\frac{1}{3} - \frac{4}{5}x < \frac{5}{6}$ g) $1 - \frac{3}{4}x \geqq -\frac{1}{2}$

257. a) $9x - 8 - 3(x-2) > 2(x+3)$ b) $\frac{1}{x-1} < \frac{2}{x+1}$

c) $2a(x-1) - 3(a+5x) < 4x(3a-5)$ d) $\frac{3x-5}{x-1} - \frac{2x-5}{x-2} > 1$

e) $\frac{x^2+17}{x^2-1} \leqq \frac{x-2}{x+1} - \frac{5}{x-1}$ f) $\frac{x+a}{x-a} + \frac{x+b}{x-b} \geqq 2$

g) $\frac{a}{x} + b < \frac{b}{x} + a$ h) $\frac{10+x}{24x} - \frac{x+4}{12x} \leqq 1 - \frac{x+3}{8x}$

i) $|2x-1| \geqq |x-1|$ k) $\left|\frac{3}{2}x + \frac{3}{4}\right| \geqq |x-2|$

11. Proportionen

11.1. Begriffserklärungen

Um zwei Größen a und b miteinander vergleichen zu können, bildet man häufig deren Quotienten $a:b$ $\left(\text{oder in anderer Schreibweise: } \frac{a}{b}\right)$ und nennt diese Quotienten das **Verhältnis *a* zu *b*.**
Die beiden Größen a und b heißen die *Glieder* des Verhältnisses.
Sind a und b in gleichen Maßeinheiten angegeben, so ist das Verhältnis $a:b$ eine unbenannte Zahl.

Da jedes Verhältnis durch einen Bruch dargestellt wird, gelten für die Verhältnisse die gleichen Rechenregeln wie für die Brüche.

So dürfen z.B. die Glieder eines Verhältnisses mit derselben Zahl multipliziert bzw. dividiert werden, ohne daß sich dadurch der Wert des Verhältnisses ändert. (Beispiel: $6:8 = 12:16 = 3:4$ usw.) Es ist jedoch üblich, Verhältnisse durch möglichst *kleine ganze Zahlen* auszudrücken.

BEISPIEL 1

Die Geschwindigkeit eines Erdsatelliten betrug etwa 8 000 m/s, *während die eines Düsenflugzeugs etwa* 900 km/h *erreicht. In welchem Verhältnis stehen die beiden Geschwindigkeiten zueinander?*

Lösung: Um die beiden Geschwindigkeiten miteinander vergleichen zu können, werden sie zunächst auf gleiche Maßeinheiten gebracht.

Es sind $900\ \text{km/h} = \dfrac{900\,\frac{\text{km}}{\text{h}} \cdot 1\,000\,\frac{\text{m}}{\text{km}}}{3\,600\,\frac{\text{s}}{\text{h}}} = 250\,\frac{\text{m}}{\text{s}}$

Das Verhältnis der beiden Geschwindigkeiten ist damit

$$v_E : v_D = 8\,000 : 250$$

(gelesen: v_E verhält sich zu v_D wie 8 000 : 250).
Kürzt man dieses Verhältnis mit 250, um auf möglichst kleine ganze Zahlen zu kommen, so ergibt sich

$$v_E : v_D = 32 : 1$$

Der Satellit war demnach 32mal so schnell wie die Düsenmaschine.

Werden zwei *gleiche Verhältnisse* zu einer Gleichung zusammengefaßt, so entsteht eine **Verhältnisgleichung** oder **Proportion**[1]). So läßt sich z. B. aus den beiden gleichen Verhältnissen 1 : 32 und 250 : 8 000 aus Beispiel 1 die Proportion

$$1 : 32 = 250 : 8\,000$$

(gelesen: 1 zu 32 wie 250 zu 8 000) aufstellen.
In allgemeiner Form schreibt man eine Proportion

$$\boxed{a : b = c : d} \quad \text{oder} \quad \boxed{\frac{a}{b} = \frac{c}{d}} \qquad (72)$$

Dabei werden die einzelnen Glieder nach ihrer Anordnung innerhalb der Proportion wie folgt benannt:

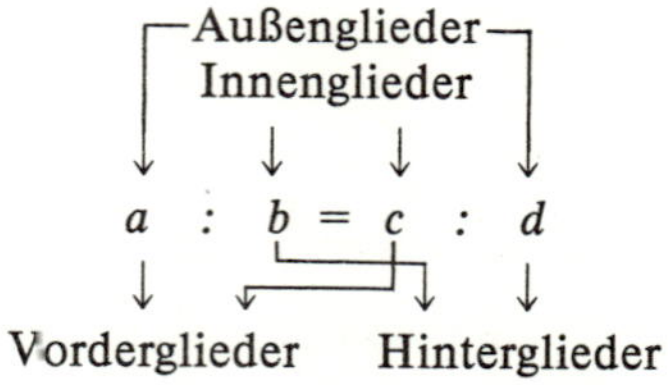

11.2. Rechengesetze für Proportionen

Da jede Proportion eine Gleichung zwischen zwei Verhältnissen ist, lassen sich alle Proportionen nach den Gesetzen der Gleichungslehre umformen, ohne daß dabei die Gleichheit der beiden Seiten verlorengeht.

Multipliziert man die Proportion $\frac{a}{b} = \frac{c}{d}$ mit dem Hauptnenner *bd*, so tritt an die Stelle der Proportion (72) deren **Produktgleichung** $a \cdot d = b \cdot c$.

In jeder Proportion ist das Produkt der Innenglieder gleich dem Produkt der Außenglieder.

$$\boxed{a : b = c : d \;\Rightarrow\; a \cdot d = b \cdot c} \qquad (73)$$

In Formel (73) wurde der Pfeil nur in einer Richtung gezeichnet. Der Grund hierfür ist darin zu suchen, daß aus der Proportion $a : b = c : d$ zwar stets die Produktgleichung $ad = bc$ folgt, daß aber umgekehrt aus der Produktgleichung $ad = bc$ nicht unbedingt die Proportion $a:b = c:d$ folgen muß. Es wäre beispielsweise auch die Proportion $a:c = b:d$ möglich.

Mit Hilfe der Produktgleichung läßt sich die Richtigkeit einer Proportion nachprüfen.

[1]) proportio (lat.) Gleichmaß, Ebenmaß

BEISPIEL 1

Zur Proportion 1:32 = 250:8 000 (vgl. 11.1.) *gehört die Produktgleichung*

$1 \cdot 8\,000 = 250 \cdot 32$

$8\,000 = 8\,000.$

Da die Produktgleichung stimmt, muß auch die Proportion richtig sein und umgekehrt.

Aus jeder Proportion lassen sich stets neue Proportionen herleiten, die einander äquivalent sind. Es gilt nämlich der *Satz:*

In jeder Proportion darf man

a) die Seiten miteinander,
b) die Innenglieder untereinander,
c) die Außenglieder untereinander,
d) die Innenglieder gegen die Außenglieder vertauschen.

Aus der Proportion $a:b = c:d$ folgt also durch Vertauschung der Innenglieder: $a:c = b:d$; durch Vertauschung der Außenglieder: $d:b = c:a$ und durch Vertauschung der Innenglieder gegen die Außenglieder: $b:a = d:c$.
Da alle diese Proportionen dieselbe Produktgleichung $ad = bc$ haben, sind sie einander gleichwertig.

Daß die beiden Seiten einer Proportion miteinander vertauscht werden dürfen, bedarf keiner weiteren Erläuterung.

Schließlich bestätigt man noch durch die Bildung der Produktgleichung, daß mit der Proportion

$$a:b = c:d$$
auch
$$\frac{a+b}{b} = \frac{c+d}{d}; \quad \frac{a-b}{b} = \frac{c-d}{d}; \quad \frac{a+b}{a-b} = \frac{c+d}{c-d} \tag{74}$$

gelten.

Die hier angeführten Formeln (74) heißen die *Gesetze der korrespondierenden[1]) Addition und Subtraktion.*

BEISPIELE

2. *Für die Papierformate gelten folgende Standards:*[2])

Klasse	*Reihe* A	*Reihe* B	*Reihe* C	*Reihe* D
0	841 · 1 189	1 000 · 1 414	917 · 1 297	771 · 1 090
1	594 · 841	707 · 1 000	648 · 917	545 · 771
2	420 · 594	500 · 707	458 · 648	385 · 545
3	297 · 420	353 · 500	324 · 458	272 · 385
4	210 · 297	250 · 353	229 · 324	192 · 272
5	148 · 210	176 · 250	162 · 229	136 · 192

[1]) correspondere (lat.) entsprechen

[2]) Von diesen Formaten werden für Briefhüllen vornehmlich die Formate der Reihe C und für Briefbögen die der Reihe A verwendet.

6	105 · 148	125 · 176	114 · 162	96 · 136
7	74 · 105	88 · 125	81 · 114	68 · 96
8	52 · 74	62 · 88	57 · 81	48 · 68

Für alle diese Papierformate gilt für die Breite b und Höhe h das Verhältnis $b : h \approx 1 : \sqrt{2}$.

3. *Aus der Produktgleichung* $3 \cdot 8 = 4 \cdot 6$ *lassen sich u. a. folgende Proportionen bilden:*

$3:4 = 6:8 \qquad 3:6 = 4:8$

$8:4 = 6:3 \qquad 8:6 = 4:3 \qquad$ *usw.*

4. *Die Proportion* $\frac{2u + 3v}{2u - 3v} = \frac{3m + 4n}{3m - 4n}$ *läßt sich mit Hilfe des Gesetzes der korrespondierenden Addition und Subtraktion wie folgt vereinfachen:*

$$\frac{2u + 3v}{2u - 3v} = \frac{3m + 4n}{3m - 4n}$$

$$\frac{(2u + 3v) + (2u - 3v)}{(2u + 3v) - (2u - 3v)} = \frac{(3m + 4n) + (3m - 4n)}{(3m + 4n) - (3m - 4n)}$$

$$\frac{4u}{6v} = \frac{6m}{8n}$$

$$\frac{2u}{3v} = \frac{3m}{4n} \qquad \textit{(Probe!)}$$

11.3. Fortlaufende Proportionen

Mehrere *gleiche* Verhältnisse, z. B. 2:3, 4:6, 6:9, 8:12 usw., können in einer **fortlaufenden Proportion** zusammengefaßt werden:

$$2:3 = 4:6 = 6:9 = 8:12 \quad \text{oder} \quad \frac{2}{3} = \frac{4}{6} = \frac{6}{9} = \frac{8}{12}$$

Jede fortlaufende Proportion läßt sich in eine Anzahl einfacher Proportionen aufspalten, indem man jeweils zwei Verhältnisse aus der fortlaufenden Proportion herausgreift und diese einander gleichsetzt. So lassen sich aus der obigen fortlaufenden Proportion u. a. folgende einfache Proportionen bilden:

$2:3 = 4:6 \qquad 2:3 = 6:9 \qquad 2:3 = 8:12 \qquad 4:6 = 6:9$

$4:6 = 8:12 \qquad 6:9 = 8:12$

Für fortlaufende Proportionen hat sich noch eine andere Schreibweise eingebürgert, und zwar schreibt man die obige fortlaufende Proportion auch in der Form

$$2:4:6:8 = 3:6:9:12$$

Dabei werden auf der einen Seite die Vorderglieder, auf der anderen Seite die Hinterglieder der Proportionen in der ursprünglichen Reihenfolge niedergeschrieben. Es ist zu beachten, daß diese letzte Form *eine auf einer Übereinkunft beruhende vereinfachende Schreibweise* der fortlaufenden Proportion ist und daß diese Schreibweise nicht etwa bedeutet, 2 durch 4 zu dividieren, den Quotienten dann durch 6 usw.

BEISPIELE

1. *Die beiden Proportionen* $a:b = 4:5$ *und* $b:c = 5:6$ *kann man zu der fortlaufenden Proportion*

$a:b:c = 4:5:6$

zusammenfassen.

2. *Aus der fortlaufenden Proportion* $x:y:z = 3:5:7$ *lassen sich u.a. folgende einfache Proportionen bilden:*

   $x:y = 3:5 \qquad x:z = 3:7 \qquad y:z = 5:7$

3. *Um die Proportionen* $u:v = 2:3$, $v:w = 5:6$ *und* $w:x = 8:11$ *als fortlaufende Proportion schreiben zu können, müssen die rechten Seiten der einzelnen Proportionen erst so erweitert werden, daß sie sich aneinander anschließen:*

$u:v = 10:15$		$u:v = 40:60$
$v:w = 15:18$	$v:w = 60:72$	$v:w = 60:72$
	$w:x = 72:99$	$w:x = 72:99$

   $u:v:w:x = 40:60:72:99$

11.4. Direkte Proportionalität

Fährt ein PKW mit der konstanten Geschwindigkeit von 100 km/h auf der Autobahn entlang, so besteht zwischen dem zurückgelegten Weg s und der Zeit t ein Zusammenhang, der in der folgenden Tafel zusammengestellt worden ist.

Tafel 2

t in s	1	2	3	4	5	6	7	8	9	10
s in m	27,78	55,55	83,33	111,11	138,89	166,67	194,44	222,22	250,00	277,78

Zwei zusammengehörige Werte von t und s stehen hier immer *im gleichen Verhältnis zueinander:*

$$27{,}78\ \text{m} : 1\ \text{s} = 55{,}55\ \text{m} : 2\ \text{s} = 83{,}33\ \text{m} : 3\ \text{s} = \ldots$$

Allgemein gilt im vorliegenden Falle

$$s:t = c = 27{,}78\,\frac{\text{m}}{\text{s}}$$

Man sagt: Bei konstanter Geschwindigkeit ist der zurückgelegte Weg s **direkt proportional** zur Fahrzeit t.

Besteht zwischen zwei Größen ein sachlicher Zusammenhang, so spricht man dann von direkter Proportionalität, wenn sich das Verhältnis von jeweils zwei zueinandergehörenden Werten nicht ändert.

Die direkte Proportionalität zweier Größen wird durch das Zeichen ~ (lies: proportional) ausgedrückt.
Im einführenden Beispiel ist $s \sim t$, da für zwei beliebige zusammengehörige Werte von s und t immer gilt

$$s:t = c \qquad \text{oder} \qquad s = c \cdot t$$

Der Faktor c heißt **Proportionalitätsfaktor.** $\left(\text{Im Beispiel ist der Proportionalitätsfaktor } c \text{ die Geschwindigkeit } v = 27{,}78\,\frac{\text{m}}{\text{s}}.\right)$

Mit $s = c \cdot t$ gilt für zwei zusammengehörige Wertpaare $(s_1; t_1)$ und $(s_2; t_2)$ auch $s_1 = c \cdot t_1$

und $s_2 = c \cdot t_2$, woraus durch Division der beiden Gleichungen

$$s_1 : s_2 = t_1 : t_2$$

folgt. Die direkte Proportionalität der beiden Größen s und t läßt sich demnach auch in dieser Form ausdrücken.
Das einfachste Kennzeichen der direkten Proportionalität ist, daß sich die eine Größe verdoppelt, verdreifacht, ..., wenn man die andere Größe verdoppelt, verdreifacht, ...

BEISPIELE

für direkte Proportionalität:

1. *Der Bruttoarbeitslohn L ist direkt proportional der Anzahl n der Arbeitsstunden. Der Proportionalitätsfaktor c ist dabei der Stundenlohn in* Mark/h: $L = c \cdot n$.
2. *Die Ausdehnung einer Feder Δs ist der Belastungszunahme ΔF direkt proportional:*

   $$\Delta s = c \cdot \Delta F \quad \text{(Hookesches Gesetz)}$$

   Anmerkung: Der Proportionalitätsfaktor c ist hierbei in gewissen Grenzen abhängig vom Material und von den Abmessungen der Feder.
3. *Die Saatgutmenge M_s ist direkt proportional der Größe F des zu bestellenden Feldes: $M_s = c \cdot F$. Proportionalitätsfaktor c: benötigte Saatgutmenge.*
4. *Der Fahrpreis K bei der Eisenbahn ist direkt proportional der Fahrstrecke: $K = c \cdot s$, wobei $c = 0{,}08 \frac{\text{Mark}}{\text{km}}$ (bei Benutzung der zweiten Klasse Personenzug) ist.*
5. *Die Masse m eines homogenen Körpers ist direkt proportional seinem Volumen: $m = \varrho \cdot V$, wobei der Proportionalitätsfaktor ϱ die Dichte ist.*

Direkte Proportionalitäten lassen sich sehr leicht auswerten, wenn ein Taschenrechner mit Konstantenautomatik zur Verfügung steht. (Vgl. Abschnitt 3.7.3.3.)
Sollen beispielsweise die in Tafel 2 für s berechneten Werte der Reihe nach ermittelt werden, so braucht man nicht jede Multiplikation mit dem Proportionalitätsfaktor $c = 27{,}78$ m/s vollständig einzugeben:

$$27{,}78 \cdot 1 = \ldots, \quad 27{,}78 \cdot 2 = \ldots, \quad 27{,}78 \cdot 3 = \ldots \text{ usw.,}$$

sondern es genügt die Tastenfolge

[2] [7] [,] [7] [8] [×] [1] [=] [2] [=] [3] [=] ...

bei der jeweils nach der Betätigung der =-Taste die gewünschten Ergebnisse 27,78, 55,55, 83,33, ... im Display erscheinen.

11.5. Umgekehrte Proportionalität

In der folgenden Tafel sind die Zeiten t in s zusammengestellt, die man benötigt, um eine Strecke $s = 100$ m bei bestimmten Geschwindigkeiten zu durchfahren.

Tafel 3

v in km/h	10	20	30	40	50	60	70	80	90	100	110	120
t in s	36,0	18,0	12,0	9,0	7,2	6,0	5,1	4,5	4,0	3,6	3,3	3,0

Da hier die t-Werte mit wachsender Geschwindigkeit v immer kleiner werden, kann keine direkte Proportionalität vorliegen.

Dagegen ist in jedem Falle das *Produkt* aus je zwei zusammengehörenden v- und t-Werten *konstant:*

$$10\frac{\text{km}}{\text{h}}\cdot 36{,}0\text{ s} = 20\frac{\text{km}}{\text{h}}\cdot 18{,}0\text{ s} = 30\frac{\text{km}}{\text{h}}\cdot 12{,}0\text{ s} = 40\frac{\text{km}}{\text{h}}\cdot 9{,}0\text{ s} = \ldots$$

Es gilt demnach allgemein

$$v\cdot t = c$$

Man sagt: Die Fahrzeit t, die für eine bestimmte Strecke s benötigt wird, ist **umgekehrt proportional** der Geschwindigkeit v, und schreibt dafür

$$t \sim \frac{1}{v}$$

Besteht zwischen zwei Größen ein sachlicher Zusammenhang, so spricht man dann von umgekehrter (oder indirekter) Proportionalität, wenn das Produkt von jeweils zwei zueinander gehörenden Werten sich nicht ändert.

Sind $(t_1; v_1)$ und $(t_2; v_2)$ zwei zueinander gehörende Wertepaare der obigen Bewegung, so gilt

$$v_1\cdot t_1 = c \quad \text{und} \quad v_2\cdot t_2 = c,$$

woraus durch Gleichsetzen

$$v_1\cdot t_1 = v_2\cdot t_2$$

folgt. Demnach läßt sich die umgekehrte Proportionalität im obigen Beispiel auch wie folgt schreiben:

$$v_1 : v_2 = t_2 : t_1$$

Das einfachste Kennzeichen der umgekehrten Proportionalität ist, daß sich die eine Größe verdoppelt, verdreifacht usw., wenn man von der anderen Größe die Hälfte, ein Drittel usw. nimmt.

BEISPIELE

für die umgekehrte Proportionalität:

1. *Die Zeit T, die für die Fertigstellung einer bestimmten Arbeit benötigt wird, ist (innerhalb bestimmter Grenzen) umgekehrt proportional der Anzahl n der Arbeitskräfte:* $T \sim \frac{1}{n}$ *oder* $T\cdot n = \text{const.}$
2. *Bei konstanter Spannung U ist die Stromstärke I dem Widerstand R umgekehrt proportional:* $I\cdot R = U = \text{const.}$ (OHMsches Gesetz).
3. *Bei konstanter Temperatur ist das Volumen V eines eingeschlossenen Gases dem Druck p umgekehrt proportional:* $V\cdot p = \text{const.}$

11.6. Proportionen als Gleichungen

Sind drei Glieder einer Proportion bekannt, so kann man die Proportion als Gleichung für das fehlende vierte Glied auffassen. Dabei kann die unbekannte Größe auch an mehreren Stellen der Proportion auftreten.

BEISPIELE

1. *Bestimme x aus* $3 : x = 5 : 8$.

Lösung: Produktgleichung $5x = 24$

$$x = 4{,}8 \qquad \textit{Probe!}$$

2. *Bestimme u aus* $(u+5):u = 3:2$.

Lösung: Auch hier führt der Weg über die Produktgleichung zum Ziel. Eleganter ist jedoch die Anwendung des Gesetzes der korrespondierenden Addition und Subtraktion:

$$\frac{u+5}{u} = \frac{3}{2}$$

$$\frac{u+5-u}{u} = \frac{3-2}{2}$$

$$\frac{5}{u} = \frac{1}{2}$$

$$u = 10 \qquad \textit{Probe!}$$

Proportionen, bei denen die Innenglieder gleich sind, heißen *stetige Proportionen.* Das gemeinsame Innenglied wird *mittlere Proportionale* genannt.

BEISPIEL 3

Wie lautet die mittlere Proportionale m der beiden Zahlen a und b?

Lösung: Die mittlere Proportionale m ist definiert durch die Proportion

$$a:m = m:b,$$

aus der

$$m^2 = ab$$

$$m = \sqrt{ab}$$

folgt.

Die mittlere Proportionale zweier Zahlen a und b wird auch *geometrisches Mittel* dieser beiden Zahlen genannt.

Die Feststellung, daß zwischen verschiedenen Größen einer Aufgabe direkte bzw. umgekehrte Proportionalität herrscht, kann die Lösung der Aufgabe wesentlich erleichtern.

BEISPIELE

4. *Welche Masse hat* 1 km *eines Drahtes von* 120 mm² *Querschnitt, wenn* 300 m *eines Drahtes aus dem gleichen Material, jedoch mit* 50 mm² *Querschnitt, die Masse* 30,2 kg *haben?*

Lösung: Überschlag: Da der Draht, dessen Masse gesucht ist, ungefähr die dreifache Länge und den doppelten Querschnitt des Vergleichsdrahtes hat, muß etwa die sechsfache Masse herauskommen, also rund 200 kg.

300 m Draht von 50 mm² Querschnitt haben 30,2 kg Masse.

1 m Draht von 50 mm² Querschnitt hat $\frac{30{,}2}{300}$ kg Masse.

(Direkte Proportionalität zwischen Länge und Masse bei gleichbleibendem Querschnitt.)

1 m Draht von 1 mm² Querschnitt hat $\frac{30{,}2}{300 \cdot 50}$ kg Masse.

(Direkte Proportionalität zwischen Querschnitt und Masse bei gleichbleibender Länge.)

1 m Draht von 120 mm² Querschnitt hat $\frac{30{,}2 \cdot 120}{300 \cdot 50}$ kg Masse.

1 km Draht von 120 mm² Querschnitt hat $\frac{30{,}2 \cdot 120 \cdot 1\,000}{300 \cdot 50}$ kg Masse:

$$m = \frac{30{,}2 \cdot 120 \cdot 1\,000}{300 \cdot 50}\ \text{kg} = 241{,}6\ \text{kg}$$

Die Masse von 1 km Draht mit dem Querschnitt 120 mm² beträgt also 241,6 kg.
Bei einiger Übung läßt sich der Lösungsansatz für derartige Aufgaben sofort in der endgültigen Form

$$m = \frac{30{,}2\ \text{kg} \cdot 120\ \text{mm}^2 \cdot 1\,000\ \text{m}}{300\ \text{m} \cdot 50\ \text{mm}^2}$$

niederschreiben.

Die sich daran anschließende Zahlenrechnung mit dem Taschenrechner dürfte dann keinerlei Schwierigkeiten mehr bereiten.

5. *Ein Riementrieb hat zwei Riemenscheiben mit den Durchmessern d_1 und d_2, von denen die eine Scheibe die Umdrehungszahl n_1 besitzt. Wie groß ist die Umdrehungszahl n_2 der zweiten Scheibe? Welche Beziehung besteht zwischen den Umdrehungszahlen und den Durchmessern der Scheiben?*

Beispiel: $d_1 = 120\,\text{cm}$, $d_2 = 50\ \text{cm}$, $n_1 = 150\ \text{min}^{-1}$

Lösung: Der Umfang des ersten Rades ist $u_1 = \pi \cdot d_1$. Da dieses Rad die Umdrehungszahl n_1 besitzt, hat es eine Umfangsgeschwindigkeit $v_1 = \pi \cdot d_1 \cdot n_1$. Entsprechend erhält man für die Umfangsgeschwindigkeit des zweiten Rades $v_2 = \pi \cdot d_2 \cdot n_2$.
Da beide Riemenscheiben durch den Treibriemen miteinander verbunden sind, müssen beide Umfangsgeschwindigkeiten gleich sein:

$$v_1 = v_2$$

$$\pi \cdot d_1 \cdot n_1 = \pi \cdot d_2 \cdot n_2$$

Dieses Ergebnis läßt sich auch in Form einer Proportion schreiben:

$$n_1 : n_2 = d_2 : d_1,$$

d. h., *die Umdrehungszahlen sind umgekehrt proportional zu den Durchmessern der Riemenscheiben.*
Aus dieser Proportion läßt sich die noch unbekannte Umdrehungszahl der zweiten Scheibe ermitteln:

$$n_2 = \frac{d_1}{d_2} \cdot n_1 .$$

Mit den gegebenen Werten ergibt sich eine Umdrehungszahl

$$n_2 = \frac{120\ \text{cm}}{50\ \text{cm}} \cdot 150\ \text{min}^{-1} = 360\ \text{min}^{-1}$$

6. *Bei einem Zahnradgetriebe greifen zwei Räder mit den Radien r_1 und r_2 ineinander, von denen das erste z_1, das zweite z_2 Zähne hat. Welche Beziehung läßt sich zwischen den vier Größen r_1, r_2, z_1 und z_2 aufstellen?*

Lösung: Die Umfänge der beiden Zahnräder sind

$$u_1 = 2\pi r_1 \quad \text{und} \quad u_2 = 2\pi r_2$$

Teilt man jeden Umfang durch die zugehörige Zähnezahl, so erhält man die Teilkreisteilungen t_1 und t_2 der beiden Zahnräder:

$$t_1 = \frac{2\pi r_1}{z_1} \quad \text{und} \quad t_2 = \frac{2\pi r_2}{z_2}$$

Bei ineinandergreifenden Zahnrädern müssen die Teilungen gleich sein (warum?); folglich gilt

$$\frac{2\pi r_1}{z_1} = \frac{2\pi r_2}{z_2},$$

woraus $r_1 : r_2 = z_1 : z_2$

folgt, d. h.:

bei ineinandergreifenden Zahnrädern sind die Zähnezahlen direkt proportional zu den Radien.

Ähnlich wie im Beispiel 5 läßt sich nachweisen, daß zwischen den Radien (und damit auch den Zähnezahlen) und den Drehzahlen umgekehrte Proportionalität herrscht:

$$r_1 : r_2 = n_2 : n_1 \quad \text{und} \quad z_1 : z_2 = n_2 : n_1.$$

11.7. Prozentrechnung[1])

11.7.1. Grundbegriffe

Erklärung:

Ein Prozent (1%) einer Größe G ist der hundertste Teil von G. p Prozent (p%) einer Größe G sind p Hundertstel von G.

Die Größe G wird dabei als **Grundwert** bezeichnet. Der **Prozentwert** P ist ein Teil des Grundwertes. Der **Prozentsatz** p gibt an, wieviel Hundertstel des Grundwertes dem Prozentwert entsprechen. Aus der Erklärung des Prozentsatzes folgt *die für die gesamte Prozentrechnung grundlegende Proportion*

$$\boxed{p : 100 = P : G} \tag{75}$$

Mit Hilfe dieser Proportion lassen sich alle Prozentrechnungsaufgaben lösen.

11.7.2. Berechnung des Prozentsatzes

BEISPIELE

1. *Wieviel Prozent von 1 250 sind 148?*

Lösung: Überschlag mit gerundeten Größen:

$$150 : 1\,200 \approx 0{,}12; \quad \text{also muß } p \approx 12 \text{ sein.}$$

Genauer Wert von p:

$$p : 100 = P : G$$

$$p = \frac{100 \cdot P}{G} = \frac{100 \cdot 148}{1\,250}$$

$$p = 11{,}84 \qquad \text{(Vgl. Überschlag!)}$$

148 sind demnach 11,84% von 1 250.

2. *Während von* 1 200 *Werkstücken, die der Arbeiter A anfertigte,* 36 *als Ausschuß gewertet wurden, galten von* 1 400 *Werkstücken, die der Arbeiter B anfertigte,* 49 *als Ausschuß. Welche Leistung ist die bessere?*

Lösung: Um die beiden Leistungen miteinander vergleichen zu können, berechnet man, wieviel Prozent Ausschuß jeder der beiden Arbeiter fabriziert hat:

[1]) pro centum (lat.) für (vom) Hundert

$p_A:100 = 36:1\,200$ $\qquad$ $p_B:100 = 49:1\,400$

$$p_A = \frac{3\,600}{1\,200} = 3 \qquad p_B = \frac{4\,900}{1\,400} = 3{,}5$$

Die Leistung des Arbeiters *A* ist die bessere, denn er fertigt nur 3% Ausschuß, während *B* 3,5% Ausschuß fabriziert.

Mit dem Taschenrechner können Prozentsätze auf die folgende einfache Weise ermittelt werden:

1. Eingabe des Prozentwertes,
2. Betätigung der [÷]-Taste,
3. Eingabe des Grundwertes,
4. Betätigung der [%]-Taste.

Nach dieser Tastenfolge erscheint der gesuchte Prozentsatz im Display des Rechners.

[Prozent-wert] [÷] [Grund-wert] [%]

11.7.3. Berechnung des Prozentwertes

BEISPIELE

1. *Wieviel sind 4% von 7 248 Mark?*

   Lösung: $P: 7\,248 = 4:100$

   $$P = \frac{4 \cdot 7\,248}{100} = 289{,}92.$$

   4% von 7 248 Mark sind demnach 289,92 Mark.

2. *Rohbaumwolle wird in Ballen zu etwa* 180 kg *geliefert. Wieviel* kg *Garn kann man aus einem solchen Ballen produzieren, wenn mit 6% Abfall gerechnet werden muß?*

   Lösung: Da mit 6% Abfall zu rechnen ist, verbleiben für das Garn noch 94% von den 180 kg eines Ballens.

   $$94:100 = P: 180$$

   $$P = \frac{94 \cdot 180}{100} = 169{,}2$$

   Aus dem Ballen können mithin 169,2 kg Garn gesponnen werden.

Für bestimmte Prozentsätze lassen sich die zugehörigen Prozentwerte sofort angeben:

100% ≙ Grundwert
50% ≙ Hälfte des Grundwertes
25% ist ein Viertel des Grundwertes
20% ist ein Fünftel des Grundwertes
10% ist ein Zehntel des Grundwertes
5% ist ein Zwanzigstel des Grundwertes
33,3% ist ein Drittel des Grundwertes
12,5% ist ein Achtel des Grundwertes.

Die Ermittlung des Prozentwertes kann mit Hilfe des Taschenrechners mit der Tastenfolge

[Grund-wert] [×] [Prozent-satz] [%]

erfolgen.

11.7.4. Berechnung des Grundwertes

BEISPIELE

1. *Im Jahre 1957 studierten an Hochschulen und Universitäten* 20 550 *Studentinnen. Das sind* 31% *aller Studierenden. Wie groß war die Anzahl aller Studierenden in diesem Jahre?*

   Lösung: Überschlag durch gerundete Werte: 31% entspricht rund einem Drittel; also müßten etwa 60 000 Studierende an den Hochschulen und Universitäten immatrikuliert gewesen sein.

   Rechnung: $31 : 100 = 20\,550 : G$

   $$G = \frac{20\,550 \cdot 100}{31} = 66\,300$$

   Im Jahre 1957 waren demnach 66 300 Studierende an den Hochschulen und Universitäten immatrikuliert.

2. *In einer Produktionsplanung wird einem Industriewerk die Auflage erteilt, im Jahr* 108 000 *Stück einer Ware herzustellen. Das bedeutet eine Steigerung um* 181% *gegenüber der Jahresproduktion des Vorjahres. Wieviel Stück wurden demnach im Vorjahre hergestellt?*

   Lösung: Da es sich um eine Erhöhung der Produktion *um* 181% handelt, entspricht die mit 108 000 angegebene Stückzahl 281% der Jahresproduktion des Vorjahres, das ist rund das Dreifache. Demnach müssen im Vorjahre etwa 35 000 Stück hergestellt worden sein.

   Rechnung: $p : 100 = P : G$

   $$G = \frac{100 \cdot P}{p} = \frac{100 \cdot 108\,000}{281} = 38\,434$$

   Ergebnis: Im Vorjahre wurden rund 38 400 Stück produziert.

3. *Die Verpackung einer Warensendung wird mit* 12% *der Bruttomasse veranschlagt. Wie groß ist die Bruttomasse, wenn die Nettomasse* 66 kg *beträgt?*

   Lösung: Der Überschlag sei dem Leser überlassen.
   Da von der Gesamtmasse 12% für die Verpackung abgehen, verbleiben für die Nettomasse noch 88% des Grundwertes; folglich gilt

   $$p : 100 = P : G$$

   $$G = \frac{100 \cdot P}{p} = \frac{100 \cdot 66}{88} = 75$$

   Die Bruttomasse beträgt demnach 75 kg.

Für die Berechnung von Grundwerten mit Hilfe des Taschenrechners verwende man die Tastenfolge

[Prozent-wert] [÷] [Prozent-satz] [%]

11.7.5. Promillerechnung

Erklärung:

Ein Promille (1‰) einer Größe G ist der tausendste Teil von G. p^* Promille einer Größe G sind p^* Tausendstel von G.

Auf Grund dieser Erklärung gilt für die Promillerechnung eine ganz ähnliche *grundlegende Proportion* wie bei der Prozentrechnung, und zwar ist

$$\boxed{p^*:1\,000 = P:G} \qquad (76)$$

Die Promillerechnung wird meist da angewandt, wo es sich um sehr kleine Prozentsätze handelt. Jeder Prozentsatz kann in Promille umgerechnet werden und umgekehrt:

$$1\,\% = 10\,‰ \qquad 1\,‰ = 0{,}1\,\%$$

BEISPIEL

Bei einer zwei Stunden nach einem Verkehrsunfall durchgeführten Blutprobe wurden bei einem Kraftfahrer in* 120 g *Blut* 95 mg *Alkohol festgestellt. Welche Alkoholkonzentration lag zur Zeit des Unfalls vor, wenn der Körper je Stunde* 0,12 ‰ *Alkohol ausscheidet?

Lösung: $p^*:1\,000 = 0{,}095\text{ g} : 120\text{ g}$

$p^* = 0{,}79$

Zur Zeit der Untersuchung betrug die Alkoholkonzentration demnach 0,79 ‰. Hinzu kommen weitere 0,24 ‰, die in der Zeit zwischen Unfall und Untersuchung bereits ausgeschieden worden sind, so daß der Fahrer zur Zeit des Unfalls mit 1,03 ‰ unter erheblicher Alkoholeinwirkung stand.

Zum Abschluß der Betrachtungen über die Prozentrechnung soll noch eine Bemerkung über den Wert bzw. Unwert von Prozentangaben gemacht werden.
Prozentangaben werden sehr häufig dazu verwendet, Vergleiche anzustellen und aus diesen Vergleichen dann Rückschlüsse auf die vorliegenden Verhältnisse zu ziehen. Für solche Vergleiche ist die Prozentangabe allein oft nicht sehr aussagefähig. Es kommt darauf an, den Zusammenhang zu sehen und auch das Verfahren zu kennen, durch das die Prozentzahl gewonnen wurde.
So sagt z. B. die Angabe, daß in einem Land die Autoproduktion um 100% gegenüber dem Vorjahr gestiegen sei, nicht viel aus. Im Extremfall könnte das heißen, daß in diesem Jahr zwei Autos gebaut wurden, während im Vorjahr nur ein Auto hergestellt wurde. Ein Produktionswachstum von 1% kann jedoch sehr viel sein, wenn in diesem Land bereits 1 Million Autos produziert wurden. Auch bei Meinungsumfragen kommt es darauf an, die Auswahlkriterien und Fragen zu beachten, die zu den angegebenen Prozentzahlen geführt haben. Entgegen einem weitverbreiteten Irrtum kommt es allerdings bei Stichprobenbefragungen nicht auf den Auswahlsatz $\frac{n}{N}$ an (wobei n Stichprobenumfang und N Umfang der Grundgesamtheit ist). Für die Güte einer Stichprobe ist vielmehr ihre Größe n von ausschlaggebender Bedeutung. Eine Stichprobe $n = 300$ liefert Informationen spezifischer Güte, ganz unabhängig davon, ob diese Versuchspersonen einer Grundgesamtheit von $N = 8\,000$ oder $N = 100\,000$ oder sogar $N = 20\,000\,000$ entstammen.

11.8. Zinsrechnung

Zinsen sind ein prozentualer Anteil, den die Sparkassen jedem Sparguthaben nach einer gewissen Zeit gutschreiben. Der Prozentsatz p, der bei der Berechnung der Zinsen Z angewendet wird, heißt **Zinsfuß.** Die Sparsumme, die verzinst wird, heißt **Grundbetrag** G.
Da die Zinsrechnung im Prinzip eine Aufgabe der Prozentrechnung ist, werden die *Jahreszinsen* wie in 11.7.1. aus der grundlegenden Proportion

$$\boxed{p:100 = Z:G} \qquad (77)$$

ermittelt.

Zinsen für Bruchteile eines Jahres werden als entsprechende Bruchteile der Jahreszinsen berechnet, wobei unabhängig von der wirklichen Länge des Monats 1 Monat = 30 Tage und 1 Jahr = 360 Tage zu setzen sind.
Die Zinsen für mehrere Jahre werden aus den Zinsen für ein Jahr durch Multiplikation mit der Anzahl t der Jahre ermittelt, so daß die Zinsen Z bei einem bestimmten Prozentsatz (Zinsfuß) p proportional zum Grundbetrag G und zur Anzahl t der Jahre sind:

$$\boxed{Z = \frac{G \cdot p \cdot t}{100}} \tag{78}$$

Dabei ist nicht berücksichtigt, daß die nach Ablauf eines Jahres gutgeschriebenen Zinsen ebenfalls wieder verzinst werden. Die dadurch entstehenden tatsächlichen Zinsbeträge können hier nicht berechnet werden. Dies ist eine Aufgabe der Zinseszinsrechnung.

BEISPIELE

1. *Wieviel betragen die jährlichen Zinsen für* 1 500 Mark *bei* 3 % *Verzinsung?*

   Lösung: $p : 100 = Z : G$

   $$Z = \frac{p \cdot G}{100} = \frac{3 \cdot 1\,500\ \text{Mark}}{100} = 45\ \text{Mark}$$

   1 500 Mark bringen bei 3 % Verzinsung im Jahr 45 Mark Zinsen.

2. *Ein Darlehen von* 8 000 Mark *wurde nach* 80 *Tagen zurückgezahlt. Wieviel Zinsen sind zu zahlen, wenn es mit* 5 % *verzinst wurde?*
   Lösung: Für die Jahreszinsen ergibt sich

   $$5 : 100 = Z : 8\,000\ \text{Mark}$$
   $$Z = 400\ \text{Mark}$$

   Die Jahreszinsen betragen 400,– M. Da das Darlehen nur 80 Tage in Anspruch genommen wurde, sind nur $\frac{80}{360}$ dieses Betrages zu zahlen; das sind 88,89 M.

3. *Zu welchem Zinsfuß wurde ein Darlehen von* 3 600 Mark *verzinst, wenn nach* 8 *Monaten* 3 720 Mark *zurückzuzahlen waren?*
   Lösung: Da es sich bei den 120 Mark Zinsen nicht um Jahreszinsen handelt, empfiehlt es sich, von der Zinsformel (78) auszugehen, wobei die Zeit t in Jahren einzusetzen ist:

   $$Z = \frac{G \cdot p \cdot t}{100}$$

   $$p = \frac{100 \cdot Z}{G \cdot t} = \frac{100 \cdot 120}{3\,600 \cdot \frac{8}{12}} = 5$$

   Das Darlehen wurde mit 5 % verzinst.

4. *Wie lange wurde ein Darlehen von* 7 500 Mark *mit* 4 % *verzinst, wenn* 7 625 Mark *zu zahlen waren?*
   Lösung: Aus der Zinsformel (78) folgt

   $$t = \frac{100 \cdot Z}{G \cdot p} = \frac{100 \cdot 125}{7\,500 \cdot 4} \qquad \text{(Bruch kürzen!)}$$

   $$t = \frac{5}{12}$$

   Das Darlehen wurde 5 Monate ausgeliehen.

AUFGABEN

258. Gib folgende Verhältnisse in kleinsten ganzen unbenannten Zahlen an:

a) 54 : 81 b) 57 : 38 c) 1196 l : 299 l d) 3,36 m : 1,4 m

e) 10 min 38 s : 11 min 7 s f) $\frac{2}{3} : \frac{4}{5}$ g) $8\frac{1}{4} : 5\frac{1}{2}$

h) 4,13 $\mathrm{m\,s^{-1}}$: 4,72 $\mathrm{m\,s^{-1}}$ i) 3,87 hl : 473 l k) 2,64 kg : 2970 g

259. Bilde aus jeder der folgenden Gleichungen 8 Proportionen:

a) $2 \cdot 9 = 6 \cdot 3$ b) $3 \cdot 81 = 9 \cdot 27$

c) $3a = 5b$ d) $0{,}3x = 0{,}7y$

e) $12m \cdot 7n = 21m \cdot 4n$ f) $ab = xy$

g) $v_1 \sqrt{h_2} = v_2 \sqrt{h_1}$ h) $(a+b)(a-b) = a^2 - b^2$

i) $I_1 R_1 = I_2 R_2$ k) $s_1 t_2^2 = s_2 t_1^2$

260. Vereinfache folgende Proportionen durch Kürzen:

a) $v_1 : v_2 = 32 : 48$ b) $l_1 : l_2 =$ 2,66 km : 1520 m

c) $i_1 : i_2 =$ 102 mA : 0,255 A d) $r_1 : r_2 =$ 3806 mm : 311,4 cm

e) $n_1 : n_2 = 693 : 847$ f) $t_1 : t_2 =$ 22,2 s : 59,2 s

g) $R_1 : R_2 =$ 0,4 MΩ : 76 kΩ h) $A_1 : A_2 =$ 4032 ha : 59,92 $\mathrm{km^2}$

i) $m_1 : m_2 =$ 4,41 dt : 63 kg k) $U_1 : U_2 =$ 220 V : 220 kV

261. Prüfe die Richtigkeit der folgenden Proportionen nach:

a) $8 : 15 = 48 : 90$ b) $23 : 16 = 254 : 176$

c) $33{,}8 : 11{,}7 = 5{,}2 : 1{,}8$ d) $\frac{4}{7} : \frac{3}{8} = 32 : 21$

e) $15{,}8 : 4{,}9 = 0{,}79 : 0{,}24$ f) $555{,}6 : 231{,}5 = 93{,}73 : 36{,}05$

g) $\frac{208}{7} : 32 = 34 : \frac{221}{7}$ h) $\frac{25}{3} : 5 = 5 : 3$

i) $657{,}4 : 207{,}6 = 12{,}291 : 4{,}338$ k) $\frac{88}{7} : 8 = 8 : \frac{56}{11}$

262. Berechne die 4. Proportionale:

a) $9 : 8 = 27 : x$ b) $36 : 5x = 9 : 35$

c) $0{,}8x : 4{,}9 = 7{,}2 : 3{,}5$ d) $92{,}4 : 13{,}2 = 0{,}75x : 4{,}5$

e) $\frac{5a^2b^2}{2c^2d^2} : \frac{10ab}{c} = \frac{4a}{7cd} : \frac{x}{14}$ f) $\frac{3}{4}a^2 : x = \frac{5b}{6a} : \frac{2b^2}{3}$

g) $\frac{12u^2}{7vw} : \frac{9uw}{14v^3} = \frac{2v}{3u^3w^2} : \frac{x}{u^2}$ h) $\frac{27m^2}{10n^2} : \frac{3x}{m} = \frac{18m^4}{5n^4} : \frac{2m^2}{n}$

i) $12{,}25 : x = x : 4$ k) $\frac{2{,}5a^2}{3b} : x = x : \frac{5b^5}{6a^4}$

263. Berechne x unter Verwendung der korrespondierenden Addition und Subtraktion:

a) $24 : x = 17 : (x-5)$ b) $(15+x) : 8 = x : 5$

c) $(x-27) : 2 = x : 5$ d) $(13+x) : (13-x) = 5 : 3$

e) $(24-x) : 48 = x : 24$ f) $12 : x = 18 : (x+4)$

g) $(15 + x) : (15 - x) = 3 : 2$
h) $(26 - x) : 5 = (26 + x) : 8$
i) $(3x + 4) : (3x - 4) = 2 : 1$
k) $(2x - 7) : 13 = (2x + 7) : 26$

264. Wieviel Prozent von

a) 120 sind 30?
b) 6 400 Mark sind 704 Mark?
c) 70 t sind 6,3 t?
d) 37,5 kg sind 1 500 g?
e) 5 kΩ sind 400 Ω?
f) 3 A sind 72 mA?
g) 220 kV sind 176 V?
h) 580 m sind 6,50 m?
i) 930 hl sind 6 000 l?
k) 495 °C sind 14,3 °C?

265. a) Von 29 Studierenden einer Fachschulklasse stammen 19 von Arbeitern und Bauern, 6 von Angestellten und 4 von Selbständigen. Wie ist die prozentuale Verteilung?

b) Zwei Arbeiter erhalten je 688,– Mark Bruttolohn. Als Lohnsteuer werden dem älteren, der verheiratet ist und zwei Kinder hat, 67,40 Mark, dem jüngeren, der ledig ist, 115,10 Mark abgezogen. Bestimme den Prozentsatz der Lohnsteuer für beide Arbeiter!

c) Wieviel Prozent Alkohol hat eine Mischung von 165 cm^3 Alkohol und 782 cm^3 Wasser?

d) Wieviel Prozent Kristallwasser enthält kristalline Pottasche, wenn 39,120 g einen Glührückstand von 31,044 g ergeben?

e) Eine Kohle enthält 9,75 % Feuchtigkeit. Wie groß ist der Aschegehalt der Kohle, bezogen auf die Trockensubstanz, wenn 53,4 mg feuchter Kohle einen Veraschungsrückstand von 2,95 mg ergeben?

f) Bestimme die prozentuale Zusammensetzung des Kohlendioxids CO_2 (rel. Atommasse von C: 12,01; von O: 16).

g) Welche Konzentration erhält man, wenn man 7 kg 60prozentige und 33 kg 10prozentige Salzsäure mischt?

266. Bestimmung des Prozentwertes. Berechne:

a) 53 % von 678 Mark
b) 122 % von 1 456 kg
c) 11,5 % von 34 200 t
d) 41,4 % von 6 362 ha
e) 26,4 % von 374 m
f) 17,75 % von 484 Stück
g) 8,7 % von 912 Mark
h) 2,4 % von 57,2 hl
i) 0,3 % von 156 MW
k) 181 % von 873 000

267. a) Eine Prüfungsarbeit werde bei richtiger Lösung mit 60 Punkten bewertet. Die Noten werden nach folgender Skale festgelegt:

0.. 39,9 % der Gesamtpunktzahl: Note 5
40.. 54,9 % der Gesamtpunktzahl: Note 4
55.. 74,9 % der Gesamtpunktzahl: Note 3
75.. 93,9 % der Gesamtpunktzahl: Note 2
94.. 100 % der Gesamtpunktzahl: Note 1

Berechne die zugehörige Punkteskale (gerundet)!

b) Drei landwirtschaftliche Betriebe haben sich zu einer Produktionsgemeinschaft mit 4 163 ha Gesamtfläche zusammengeschlossen; davon sind 47 % Ackerland, 28 % Wiesen und Weiden, 19 % Wald, der Rest Wege, Baugelände und Sumpf. Wie groß sind die einzelnen Anteile?

c) Vier Siemens-Martin-Öfen benötigen eine tägliche Erzmenge von 9 200 t, woraus 20 % Roheisen gewonnen wird. Wie groß wird die tägliche Produktionsleistung, wenn noch zwei weitere Öfen in Betrieb genommen werden?

268. Berechne den Grundwert:

a) 885 Stück	≙ 121 %	b) 140,42 Mark	≙ 17 %
c) 690 m	≙ 149 %	d) 8 117,5 kg	≙ 324,7 %
e) 294,528 ha	≙ 38,4 %	f) 169,6 Mark	≙ 212 %
g) 226,8 MW	≙ 189 %	h) 75,69 g	≙ 87 %
i) 183 642 Einwohner	≙ 254 %	k) 58,11 hl	≙ 103,4 %

269. Berechne die Zinsen von:

a) 763 500 Mark zu 4,5 % in 1 Jahr
b) 8 953,50 Mark zu 12 % in 1 Jahr
c) 56,80 Mark zu 4,2 % in $\frac{3}{4}$ Jahr
d) 7 165,50 Mark zu $7\frac{1}{3}$ % in $2\frac{1}{5}$ Jahr
e) 69 547 Mark zu 14 % in 4 Monaten
f) 80 Mark zu 5 % in 6 Monaten
g) 250 Mark zu 4 % in 2 Monaten 12 Tagen
h) 240 Mark zu 2,5 % in 1 Monat 18 Tagen
i) 16 200 Mark zu 3,5 % in 2 Jahren 3 Monaten 22 Tagen
k) 24 Mark zu 5 % in 3 Jahren 6 Monaten

12. Lineare Gleichungssysteme

12.1. Lineare Gleichungssysteme mit zwei Variablen

12.1.1. Begriffserklärungen

Eine *lineare Gleichung mit zwei Variablen* läßt sich stets in der Form

$$\boxed{ax + by = c} \tag{79}$$

schreiben. Dabei bedeuten a, b und c *beliebige, aber feste Zahlen*, während x und y die beiden *Variablen* darstellen, für die innerhalb eines bestimmten Definitionsbereiches beliebige Werte eingesetzt werden dürfen. Da die Gleichung linear sein soll, dürfen die beiden Variablen x und y nur in der ersten Potenz auftreten.
Der *Definitionsbereich* einer Gleichung mit mehreren Variablen ist für die in der Gleichung auftretenden Variablen jeweils getrennt festzulegen. Im allgemeinen – sofern durch die Aufgabenstellung keine ausdrücklich geforderten Einschränkungen auftreten – ist der Definitionsbereich für eine lineare Gleichung mit zwei Variablen der Bereich

$$D = \begin{cases} x \in (-\infty;\ +\infty) \\ y \in (-\infty;\ +\infty). \end{cases}$$

Wird aus diesem Definitionsbereich ein beliebiges Zahlenpaar $x; y$ ausgewählt und in die gegebene Gleichung (79) eingesetzt, so entsteht entweder eine wahre oder eine falsche Aussage.

> Ein Zahlenpaar $x; y$, das die lineare Gleichung $ax + by = c$ zu einer wahren Aussage macht, heißt **Lösung** dieser Gleichung.

BEISPIEL

Die Gleichung $3x + y = 15$ hat u.a. die folgenden Lösungen:

$x = 0;$	$y = 15$	$x = 2;$	$y = 9$	$x = 4;$	$y = 3$
$x = 5;$	$y = 0$	$x = -5;$	$y = 30$		
$x = 100;$	$y = -285$	$x = -22{,}5;$	$y = 82{,}5$		

und noch viele andere mehr, denn alle angeführten Wertepaare x; y erfüllen die gegebene Gleichung.
Dagegen ist das Wertepaar $x = 20$; $y = 10$ keine Lösung der gegebenen Gleichung, denn es macht die Gleichung $3 \cdot 20 + 10 = 15$ zu einer falschen Aussage.

Aus diesem einführenden Beispiel ist bereits zu erkennen, daß *eine* Gleichung mit zwei Variablen im allgemeinen *unendlich viele Lösungen* hat, denn es läßt sich stets bei ganz beliebiger Wahl einer der beiden Variablen die andere so bestimmen, daß die gegebene Gleichung erfüllt wird.
Wählt man beispielsweise $x = 3$, so erhält man mit

$$3 \cdot 3 + y = 15$$

eine Gleichung mit der einzigen Variablen y, die sich leicht lösen läßt:

$$y = 6$$

Das Wertepaar $x = 3$; $y = 6$ ist demzufolge ebenfalls eine Lösung der Gleichung $3x + y = 15$.
Setzt man allgemeiner $x = t$, wobei t ein beliebiger, dem Definitionsbereich der Gleichung angehörender Wert sein darf, so erhält man

$$3 \cdot t + y = 15,$$

woraus $$y = 15 - 3 \cdot t$$

folgt. Das Wertepaar

$$x = t; \quad y = 15 - 3 \cdot t \qquad (t \text{ beliebig})$$

liefert alle möglichen Lösungen der Gleichung.
Um zwei Variable *eindeutig* bestimmen zu können, reicht eine einzige Gleichung nicht aus. Besteht nun beispielsweise neben der Gleichung $3x + y = 15$ noch die zweite Gleichung

$$5x - 6y = 2, \qquad x \in R, \quad y \in R,$$

so gibt es auch für die zweite Gleichung unendlich viele Lösungen, von denen einige in der nachfolgenden Wertetabelle zusammengestellt sind:

x	0	1	2	3	4	5	6
y	$-\frac{1}{3}$	$\frac{1}{2}$	$\frac{4}{3}$	$\frac{13}{6}$	3	$\frac{23}{6}$	$\frac{14}{3}$

usw.

Die Lösungen dieser zweiten Gleichung sind im allgemeinen von denen der ersten Gleichung verschieden bis auf *ein* einziges *Wertepaar*, nämlich $x = 4$; $y = 3$, das *beide Gleichungen gleichzeitig* erfüllt.
Dieses Wertepaar heißt **Lösung des linearen Gleichungssystems mit zwei Variablen**

$$\left| \begin{array}{l} 3x + y = 15 \\ 5x - 6y = 2 \end{array} \right|$$

Die beiden senkrechten Striche, in die das Gleichungssystem eingeschlossen wurde, sollen andeuten, daß diese beiden Gleichungen als zusammengehörig betrachtet werden sollen und daß die gemeinsame Lösung dieser beiden Gleichungen zu bestimmen ist.

Aus diesen Überlegungen geht hervor, daß *zur eindeutigen Bestimmung zweier Unbekannter* stets *zwei Gleichungen* erforderlich sind, die zu einem *Gleichungssystem zusammengefaßt* werden.

Sind mehr als zwei Gleichungen mit zwei Variablen gegeben, so wird es von Fall zu Fall verschieden sein, ob sich ein Wertepaar x; y ermitteln läßt, das alle Gleichungen gleichzeitig erfüllt, oder nicht. – Die Frage, wann ein solches Gleichungssystem mit mehr als zwei Gleichungen lösbar ist, soll erst zu einem späteren Zeitpunkt behandelt werden.

Wir wollen uns vorerst nur der Frage zuwenden, wie man ein System von zwei linearen Gleichungen mit zwei Variablen behandeln muß, um die Lösung dieses Systems zu finden.

12.1.2. Numerische Lösungsverfahren für lineare Gleichungssysteme mit zwei Variablen

12.1.2.1. Das Einsetzverfahren

Jedes numerische Verfahren zur Lösung eines Systems von zwei linearen Gleichungen mit zwei Variablen der Form

$$\boxed{\left| \begin{array}{l} a_1x + b_1y = c_1 \\ a_2x + b_2y = c_2 \end{array} \right|} \quad (80)$$

läuft darauf hinaus, eine der beiden Variablen zu beseitigen (zu *eliminieren*), so daß aus den zwei Gleichungen mit zwei Variablen nur noch eine Gleichung mit einer Variablen hergestellt wird, die sich dann nach den bekannten Verfahren lösen läßt.

Beim *Einsetzverfahren* wird eine der beiden Gleichungen nach einer Variablen aufgelöst. Der entstehende Ausdruck ist dann an Stelle dieser Variablen in die andere Gleichung einzusetzen. Dadurch entsteht eine neue Gleichung, die nur noch eine Variable enthält.

BEISPIEL

Das Gleichungssystem

$$\left| \begin{array}{l} 3x + y = 15 \\ 5x - 6y = 2 \end{array} \right| \qquad x \in R; \quad y \in R$$

ist mit Hilfe des Einsetzverfahrens zu lösen.

Lösung: Man löst hier vorteilhaft die erste Gleichung nach y auf:

(a) $y = 15 - 3x$

und setzt diesen Wert in die zweite Gleichung ein:

$$5x - 6 \cdot (15 - 3x) = 2$$

Daraus folgt $x = 4$

Den zugehörigen Wert der anderen Variablen erhält man, indem man den gefundenen Wert $x = 4$ in eine der beiden gegebenen Gleichungen oder zweckmäßiger in (a) einsetzt:

$$y = 15 - 3 \cdot 4$$
$$y = 3$$

Probe: $3 \cdot 4 + 3 \mid 15 \qquad 5 \cdot 4 - 6 \cdot 3 \mid 2$
$12 + 3 = 15 \qquad 20 - 18 = 2$

Das Zahlenpaar $x = 4$; $y = 3$ erfüllt beide Gleichungen. Demnach ist $x = 4$; $y = 3$ die Lösung des Gleichungssystems.

Bei einem Gleichungssystem mit mehreren Variablen ist die Probe stets an *allen* Ausgangsgleichungen durchzuführen. (Warum?)
Das Einsetzverfahren eignet sich vor allem dann, wenn sich *eine der beiden Gleichungen auf einfache Weise nach einer Variablen auflösen* läßt.
Das Einsetzverfahren wird gelegentlich auch *Substitutionsverfahren*[1]) genannt.

12.1.2.2. Das Gleichsetzverfahren

Das *Gleichsetzverfahren* ist eine Abart des Einsetzverfahrens. Man löst *beide* Gleichungen nach *derselben* Variablen auf und setzt die so entstehenden Ausdrücke einander gleich.

BEISPIEL

Das Gleichungssystem

$$\left| \begin{array}{l} 3x + y = 15 \\ 5x - 6y = 2 \end{array} \right| \qquad x \in R; \quad y \in R$$

ist nach dem Gleichsetzverfahren zu lösen.

Lösung: Auflösen der ersten Gleichung nach y: $y = 15 - 3x$;
Auflösen der zweiten Gleichung nach y: $y = \frac{5}{6}x - \frac{1}{3}$

Die beiden Ausdrücke für y müssen miteinander übereinstimmen:

$$15 - 3x = \frac{5}{6}x - \frac{1}{3}$$
$$x = 4$$

Die zweite Variable ermittelt man am besten aus einer der beiden nach y umgestellten Gleichungen:

$$y = 15 - 3 \cdot 4$$
$$y = 3$$

Probe siehe Beispiel aus 12.1.2.1.

Das Gleichsetzverfahren eignet sich vor allem dann, wenn sich *beide Gleichungen möglichst einfach nach ein und derselben Variablen auflösen* lassen.

12.1.2.3. Das Additionsverfahren

Beim *Additionsverfahren* multipliziert man die beiden Gleichungen mit geeigneten Faktoren, so daß eine der beiden Variablen herausfällt, wenn man die neuen Gleichungen addiert.

---

[1]) substituere (lat.) einsetzen

BEISPIEL

Das Gleichungssystem

$$\left| \begin{array}{l} 3x + y = 15 \\ 5x - 6y = 2 \end{array} \right| \qquad x \in R; \quad y \in R$$

ist mit Hilfe des Additionsverfahrens zu lösen.

Lösung: Multipliziert man die erste Gleichung mit 6, so werden die Koeffizienten von y in beiden Gleichungen entgegengesetzt gleich. Es entsteht so das neue Gleichungssystem

$$\left| \begin{array}{r} 18x + 6y = 90 \\ 5x - 6y = 2 \end{array} \right|$$

Addiert man die Seiten der beiden Gleichungen, so ergibt sich

$$\begin{aligned} 23x &= 92 \\ x &= 4 \end{aligned}$$

Mit $x = 4$ erhält man schließlich y aus einer der beiden Ausgangsgleichungen.

Das Additionsverfahren eignet sich besonders dann, wenn eine der beiden Variablen in beiden Gleichungen bereits den gleichen Koeffizienten besitzt, oder wenn es sich durch eine einfache Multiplikation einrichten läßt, daß *eine Variable in beiden Gleichungen den gleichen Koeffizienten* erhält.

12.1.2.4. Bemerkungen zu den drei Lösungsverfahren

Bei jedem Lösungsverfahren wurde angegeben, welche Gleichungssysteme sich damit vorteilhaft lösen lassen. Ein allgemeingültiges „Rezept", in welchem Falle dieses oder jenes Lösungsverfahren am günstigsten anzuwenden ist, kann nicht gegeben werden.
Nur wer eine große Anzahl von Aufgaben systematisch durchgerechnet hat, wird auf Grund seiner Erfahrungen bei einem gegebenen Gleichungssystem sehr schnell den dafür am besten geeigneten Lösungsweg finden. Grundsätzlich sei jedoch betont, daß jedes der drei Verfahren zum Ziele führt.

12.1.3. Die Lösbarkeit von linearen Gleichungssystemen mit zwei Variablen

Soll ein lineares Gleichungssystem mit zwei Variablen gelöst werden, so können drei Fälle auftreten.

1. Fall:

$$\left| \begin{array}{l} 2x + 3y = 12 \\ 2x - 3y = 0 \end{array} \right|$$

Das Gleichungssystem ist *eindeutig lösbar* und hat die Lösung

$$x = 3; \qquad y = 2.$$

2. Fall:

$$\left| \begin{array}{l} 2x + 3y = 12 \\ 4x + 6y = 24 \end{array} \right|$$

Dieses Gleichungssystem besteht nur formal aus zwei Gleichungen, denn die *zweite Gleichung sagt dasselbe aus wie die erste.* (Sie geht aus der ersten durch Multiplikation beider Seiten mit 2 hervor.)
Man nennt zwei derartige Gleichungen **linear abhängig** voneinander.
Da in diesem Falle im Grunde genommen nur *eine* Gleichung mit zwei Variablen vorhan-

den ist, muß das Gleichungssystem *unendlich viele Lösungen* haben, so u. a.

$$x = 3; \quad y = 2 \qquad x = 0; \quad y = 4 \qquad x = 6; \quad y = 0$$

usw.

Der Versuch, ein lineares Gleichungssystem mit zwei voneinander abhängigen Gleichungen mit Hilfe eines der drei Lösungsverfahren zu lösen, führt immer auf eine identische Gleichung, in der die Unbekannten nicht mehr auftreten. So führt z. B. das Additionsverfahren (Multiplikation der ersten Gleichung mit -2) auf die Identität

$$0 = 0.$$

3. Fall:

$$\left| \begin{aligned} 2x + 3y &= 12 \\ 4x + 6y &= 30 \end{aligned} \right|$$

In diesem Falle sind zwar zwei voneinander unabhängige Gleichungen gegeben, die beiden *Gleichungen widersprechen* jedoch *einander.* Während nämlich nach der ersten Gleichung $2x + 3y = 12$ sein soll, müßte nach der zweiten Gleichung $2x + 3y = 15$ sein. Das ist aber nicht möglich.
Ein derartiges Gleichungssystem, bei dem die beiden Gleichungen einander widersprechen, kann *keine Lösung* haben.

Der Versuch, ein solches Gleichungssystem zu lösen, führt stets auf einen Widerspruch. So liefert z. B. das Additionsverfahren (erste Gleichung mit -2 multipliziert) den Widerspruch

$$0 = 6.$$

Sind *mehr als zwei Gleichungen mit zwei Variablen* gegeben, so empfiehlt es sich, zunächst zwei von diesen Gleichungen zu einem Teilsystem zusammenzufassen und dessen Lösung zu ermitteln. Danach muß allerdings noch untersucht werden, ob die gefundene Lösung des Teilsystems auch *alle* restlichen Gleichungen des ursprünglichen Systems erfüllt. Ist dies der Fall, dann ist die ermittelte Lösung des Teilsystems auch Lösung des Gesamtsystems. Erfüllt die Lösung des Teilsystems jedoch nur eine oder mehrere Gleichungen des Gesamtsystems nicht, so hat das Gesamtsystem keine Lösung.

Damit gilt:

Eine lineare Gleichung mit zwei Variablen hat unendlich viele Lösungen.
Ein System von zwei linearen Gleichungen mit zwei Variablen hat im allgemeinen eine eindeutige Lösung. Sind die beiden Gleichungen des Systems linear abhängig voneinander, dann existieren unendlich viele Lösungen. Widersprechen die beiden Gleichungen einander, dann gibt es keine Lösung.
Ein System von mehr als zwei linearen Gleichungen mit zwei Variablen hat nur dann eine Lösung, wenn die Lösung eines beliebig herausgegriffenen, aus zwei Gleichungen bestehenden Teilsystems sämtliche übrigen Gleichungen des Gesamtsystems erfüllt.

BEISPIELE

1. Das Gleichungssystem mit zwei Variablen

$$\left| \begin{aligned} 2x + 3y &= 12 \\ 2x - 3y &= 0 \\ 6x + 6y &= 30 \\ 5x - 2y &= 11 \end{aligned} \right|$$

soll gelöst werden.

Lösung: Aus dem gegebenen Gesamtsystem werden zunächst zwei beliebige Gleichungen zu einem Teilsystem zusammengefaßt.

Wir wählen die ersten beiden Gleichungen aus:

$$\left| \begin{array}{l} 2x + 3y = 12 \\ 2x - 3y = \ \ 0 \end{array} \right|$$

Die Lösung dieses Teilsystems ist (vgl. 12.1.3., Fall 1)

$$x = 3; \qquad y = 2$$

Setzt man die gefundenen Werte in die übrigen beiden Gleichungen ein, so erhält man

$$6 \cdot 3 + 6 \cdot 2 = 30 \quad \text{(wahre Aussage)} \quad \text{und}$$
$$5 \cdot 3 - 2 \cdot 2 = 11 \quad \text{(wahre Aussage).}$$

Die Lösung des Teilsystems erfüllt demnach *alle* Gleichungen des gegebenen Systems; folglich ist $x = 3$; $y = 2$ die Lösung des Gesamtsystems.

2. Das Gleichungssystem mit zwei Variablen

$$\left| \begin{array}{r} 2x + 3y = 12 \\ 2x - 3y = 0 \\ x + y = 5 \\ x - y = 0 \end{array} \right|$$

soll gelöst werden.

Lösung: Als Teilsystem greifen wir wieder die ersten beiden Gleichungen heraus; es hat die Lösung

$$x = 3; \qquad y = 2$$

Dieses Zahlenpaar erfüllt auch die dritte Gleichung:

$$3 + 2 = 5,$$

jedoch nicht die vierte, denn

$$3 - 2 = 0$$

ist eine falsche Aussage.
Da die gefundene Lösung des Teilsystems *nicht alle* Gleichungen des Gesamtsystems erfüllt, hat das gegebene Gleichungssystem *keine* Lösung.

12.1.4. Schwierigere Gleichungssysteme

Ist ein Gleichungssystem mit zwei Variablen nicht von vornherein in der *„Normalform"*

$$\left| \begin{array}{l} a_1x + b_1y = c_1 \\ a_2x + b_2y = c_2 \end{array} \right|$$

gegeben, so bringt man es meist zunächst auf diese Form und löst es dann mit einem der drei Lösungsverfahren.

BEISPIELE

1. $$\left| \begin{array}{l} (x + 2)(y - 1) = (x + 5)(y - 2) \\ (x - 4)(y + 7) = (x - 3)(y + 4) \end{array} \right|$$

Lösung: Durch Ausmultiplizieren und Ordnen wird zunächst die Normalform hergestellt:

$$\left| \begin{array}{r} x - 3y = -8 \\ 3x - y = 16 \end{array} \right|,$$

woraus

$$x = 7 \qquad y = 5$$

folgt.

Probe: $9 \cdot 4 \mid 12 \cdot 3 \quad 3 \cdot 12 \mid 4 \cdot 9$
$36 = 36 \quad 36 = 36$ Beide Proben stimmen.

2. $$\left| \begin{array}{l} 5(x-2) - 3(y-1) = 0 \\ 2(x-2) + 7(y-1) = 0 \end{array} \right|$$

Lösung: Durch Ausmultiplizieren könnte man das Gleichungssystem zunächst wieder auf die Normalform bringen. Da aber die Variablen in beiden Gleichungen in denselben Verbindungen $x - 2$ bzw. $y - 1$ auftreten, kann man auch sofort das Additionsverfahren anwenden und dadurch eine Variable eliminieren:

$$\left| \begin{array}{l} 5(x-2) - 3(y-1) = 0 \\ 2(x-2) + 7(y-1) = 0 \end{array} \right| \begin{array}{l} \cdot 7 \\ \cdot 3 \end{array}$$

$$\left| \begin{array}{l} 35(x-2) - 21(y-1) = 0 \\ 6(x-2) + 21(y-1) = 0 \end{array} \right| \begin{array}{l} + \\ + \end{array}$$

$$41(x-2) = 0$$

$$x - 2 = 0$$ [vgl. Formel (12) in 6.1.4.]

$$x = 2$$

y wird am besten aus einer der Ausgangsgleichungen berechnet:

$$\begin{aligned} 5(2-2) - 3(y-1) &= 0 \\ -3(y-1) &= 0 \\ y - 1 &= 0 \\ y &= 1 \end{aligned}$$

Probe!

3. $(u + v) : (u + 1) : (9 - v) = 3 : 2 : 1$

Lösung: Zerlegung der fortlaufenden Proportion in zwei Einzelproportionen:

$$\left| \begin{array}{l} (u+v) : (u+1) = 3 : 2 \\ (u+1) : (9-v) = 2 : 1 \end{array} \right|$$

Produktgleichungen:

$$\left| \begin{array}{l} 2(u+v) = 3(u+1) \\ u + 1 = 2(9-v) \end{array} \right|$$

Ausmultiplizieren und ordnen:

$$\left| \begin{array}{r} -u + 2v = 3 \\ u + 2v = 17 \end{array} \right|$$

Addition: $4v = 20$

$$v = 5 \qquad u = 7$$

Probe: $12 : 8 : 4 = 3 : 2 : 1$ Probe stimmt.

4. $$\left| \begin{array}{l} ax + by = a^2 + 2ab - b^2 \\ bx - ay = b^2 + 2ab - a^2 \end{array} \right| \begin{array}{l} \cdot a \\ \cdot b \end{array}$$

Lösung: Additionsverfahren (die Erweiterungsfaktoren stehen bereits neben dem Gleichungssystem):

$$\left| \begin{array}{l} a^2x + aby = a^3 + 2a^2b - ab^2 \\ b^2x - aby = b^3 + 2ab^2 - a^2b \end{array} \right|$$

$$a^2x + b^2x = a^3 + a^2b + ab^2 + b^3$$
$$x(a^2 + b^2) = a^3 + a^2b + ab^2 + b^3$$
$$x = \frac{a^3 + a^2b + ab^2 + b^3}{a^2 + b^2}$$

Durch partielle Division läßt sich dieses Ergebnis noch weiter vereinfachen zu

$$x = a + b$$

Setzt man diesen Wert für x in die erste Gleichung ein, so ergibt sich

$$a^2 + ab + by = a^2 + 2ab - b^2$$
$$by = ab - b^2 = b(a - b)$$
$$y = a - b$$

Probe:

$a(a + b) + b(a - b)$	$a^2 + 2ab - b^2$	$b(a + b) - a(a - b)$	$b^2 + 2ab - a^2$
$a^2 + ab + ab - b^2$	$a^2 + 2ab - b^2$	$ab + b^2 - a^2 + ab$	$b^2 + 2ab - a^2$

$$a^2 + 2ab - b^2 = a^2 + 2ab - b^2 \qquad b^2 + 2ab - a^2 = b^2 + 2ab - a^2$$

Die Probe stimmt.

5. $$\left| \begin{array}{l} \frac{m}{x+m} + \frac{n}{y+n} = 1 \\ \frac{n}{x+m} - \frac{m}{y+n} = 2 \end{array} \right| \qquad x \in R \setminus \{-m\}; \qquad y \in R \setminus \{-n\}$$

Lösung: In diesem Beispiel würde die Multiplikation mit dem Hauptnenner auf sehr umständliche Gleichungen führen. Da die Variablen hier wieder nur in ganz bestimmten Verbindungen, nämlich $\frac{1}{x+m}$ und $\frac{1}{y+n}$, auftreten, kann sofort das Additionsverfahren angewendet werden (vgl. Beispiel 2!).

$$\left| \begin{array}{l} \frac{m}{x+m} + \frac{n}{y+n} = 1 \\ \frac{n}{x+m} - \frac{m}{y+n} = 2 \end{array} \right| \begin{array}{l} \cdot m \\ \cdot n \end{array}$$

$$\left| \begin{array}{l} \frac{m^2}{x+m} + \frac{mn}{y+n} = m \\ \frac{n^2}{x+m} - \frac{mn}{y+n} = 2n \end{array} \right| \begin{array}{l} + \\ + \end{array}$$

$$\frac{m^2 + n^2}{x + m} = m + 2n$$
$$x + m = \frac{m^2 + n^2}{m + 2n}$$
$$x = \frac{m^2 + n^2}{m + 2n} - m = \frac{m^2 + n^2 - m^2 - 2mn}{m + 2n}$$
$$x = \frac{n(n - 2m)}{m + 2n}$$

Statt y dadurch zu berechnen, daß man den gefundenen Wert für x in eine der beiden Ausgangsgleichungen einsetzt, wird es einfacher, wenn man das Additionsverfahren ein zweites Mal anwendet, um x zu eliminieren (Multiplikation der ersten Gleichung mit n, der zweiten Gleichung mit $-m$):

$$\left|\begin{array}{l} \dfrac{mn}{x+m}+\dfrac{n^2}{y+n}=n \\ -\dfrac{mn}{x+m}+\dfrac{m^2}{y+n}=-2m \end{array}\right| \begin{array}{l} + \\ + \end{array}$$

$$\frac{m^2+n^2}{y+n}=n-2m$$

$$y+n=\frac{m^2+n^2}{n-2m}$$

$$y=\frac{m^2+n^2}{n-2m}-n=\frac{m^2+n^2-n^2+2mn}{n-2m}$$

$$y=\frac{m(m+2n)}{n-2m}$$

Probe für die erste Gleichung:

$$\frac{m}{\dfrac{n(n-2m)}{m+2n}+m}+\frac{n}{\dfrac{m(m+2n)}{n-2m}+n} \quad \Bigg| \quad 1$$

$$\frac{m(m+2n)}{n(n-2m)+m(m+2n)}+\frac{n(n-2m)}{m(m+2n)+n(n-2m)} \quad \Bigg| \quad 1$$

$$\frac{m^2+2mn}{m^2+n^2}+\frac{n^2-2mn}{m^2+n^2} \quad \Bigg| \quad 1$$

$$\frac{m^2+n^2}{m^2+n^2}=1$$

Die Probe für die zweite Gleichung sei dem Leser überlassen.

6. *Vergrößert man die Spannung in einem Stromkreis um* 5 V *und vermindert man den Widerstand um* 2 Ω, *so wird die Stromstärke* 4,5 A. *Vermindert man dagegen die Spannung um* 4 V *bei gleichzeitiger Vergrößerung des Widerstandes um* 6 Ω, *so sinkt die Stromstärke auf* 2 A *ab. Wie groß sind die ursprüngliche Stromstärke, die Spannung und der Widerstand?*

Lösung: Die ursprünglichen Größen von Spannung und Widerstand seien U und R. Dann folgt aus dem Aufgabentext auf Grund des OHMschen Gesetzes:

$$U-5\,\mathrm{V}=(R-2\,\Omega)\cdot 4{,}5\,\mathrm{A}$$

und $$U-4\,\mathrm{V}=(R+6\,\Omega)\cdot 2\,\mathrm{A}$$

Die Auflösung dieses Gleichungssystems liefert

$$U=40\,\mathrm{V} \quad \text{und} \quad R=12\,\Omega$$

Folglich betrug die ursprüngliche Spannung im Stromkreis $U=40$ V, der ursprüngliche Widerstand $R=12\,\Omega$ und die ursprüngliche Stromstärke $I=\dfrac{U}{R}=3{,}33$ A.

7. *Es stehen zwei Sorten Alkohol zur Verfügung:* 72*prozentiger und* 96*prozentiger. Wieviel muß man von jeder Sorte nehmen, wenn man* 50 l 80*prozentigen Alkohol benötigt?*

Lösung: Man muß x l des 72prozentigen und y l des 96prozentigen Alkohols nehmen. Da 50 l benötigt werden, muß

$$x+y=50$$

sein.

Da 1 l des 72prozentigen Alkohols 0,72 l reinen Alkohol enthält, enthalten x l des 72prozentigen Alkohols $0{,}72 \cdot x$ l reinen Alkohol. Entsprechend sind in y l des 96prozentigen Alkohols $0{,}96 \cdot y$ l und in 50 l des 80prozentigen Alkohols $0{,}80 \cdot 50$ l reiner Alkohol enthalten. Der Vergleich der vorhandenen Mengen an reinem Alkohol ergibt

$$0{,}72 \cdot x + 0{,}96 \cdot y = 0{,}80 \cdot 50.$$

Aus den beiden so gefundenen Gleichungen

$$\left| \begin{array}{l} 0{,}72 \cdot x + 0{,}96 \cdot y = 0{,}80 \cdot 50 \\ \qquad x + \qquad y = 50 \end{array} \right|$$

folgt $x = 33\frac{1}{3}$ und $y = 16\frac{2}{3}$

Es müssen demnach $33\frac{1}{3}$ l des 72prozentigen und $16\frac{2}{3}$ l des 96prozentigen Alkohols gemischt werden, wenn man 50 l 80prozentigen Alkohol benötigt.

8. *Eine Platte aus Messingblech hat die Masse* 9,405 kg *und die Abmessungen* 500 × 500 × 4,4 (*Maße in* mm). *Wieviel Kupfer und wieviel Zink sind in der Legierung enthalten?*
($\varrho_{Cu} = 8{,}9\ \text{kg} \cdot \text{dm}^{-3}$; $\varrho_{Zn} = 7{,}14\ \text{kg} \cdot \text{dm}^{-3}$)

Lösung: Die Platte enthält x kg Cu und y kg Zn. Beide Massen ergeben zusammen die Masse der Platte:

$$x\,\text{kg} + y\,\text{kg} = 9{,}405\ \text{kg}$$

x kg Cu besitzen ein Volumen

$$V_{Cu} = \frac{m_{Cu}}{\varrho_{Cu}} = \frac{x\,\text{kg}}{8{,}9\ \text{kg/dm}^3} = \frac{x}{8{,}9}\ \text{dm}^3,$$

y kg Zn besitzen ein Volumen

$$V_{Zn} = \frac{m_{Zn}}{\varrho_{Zn}} = \frac{y\,\text{kg}}{7{,}14\ \text{kg/dm}^3} = \frac{y}{7{,}14}\ \text{dm}^3$$

Die beiden Volumen ergeben zusammen das Volumen der Platte

$$V_{Cu} + V_{Zn} = V_{\text{Platte}} = 5 \cdot 5 \cdot 0{,}044\ \text{dm}^3,$$

also $$\frac{x}{8{,}9}\ \text{dm}^3 + \frac{y}{7{,}14}\ \text{dm}^3 = 1{,}1\ \text{dm}^3$$

Aus dem Gleichungssystem

$$\left| \begin{array}{l} x + y \qquad = 9{,}405 \\ \dfrac{x}{8{,}9} + \dfrac{y}{7{,}14} = 1{,}1 \end{array} \right|$$

ergibt sich

$$x = 7{,}843 \quad \text{und} \quad y = 1{,}562$$

Die Legierung enthält also 7,843 kg Cu und 1,562 kg Zn.

12.2. Lineare Gleichungssysteme mit drei und mehr Variablen

12.2.1. Begriffserklärungen

Eine **lineare Gleichung mit *n* Variablen** läßt sich stets in der Form

$$\boxed{a_{11}x_1 + a_{12}x_2 + a_{13}x_3 + \ldots + a_{1n}x_n = b_1} \qquad (81)$$

schreiben, wobei die Koeffizienten $a_{11}, a_{12}, \ldots, a_{1n}$ und b_1 beliebige, aber feste Zahlen bedeuten. Für die Variablen $x_1, x_2, \ldots, x_n$ dürfen innerhalb eines bestimmten Definitionsbereiches beliebige Werte eingesetzt werden. Dadurch wird dann aus der Gleichung eine wahre bzw. eine falsche Aussage.

Eine Wertezusammenstellung (auch Werte-*n*-tupel genannt) $x_1, x_2, \ldots, x_n$, die die lineare Gleichung (81) zu einer wahren Aussage macht, heißt eine **Lösung** dieser Gleichung.

Wie bei den Gleichungen mit zwei Variablen muß der *Definitionsbereich* für die in der Gleichung auftretenden Variablen einzeln festgelegt werden. Im allgemeinen erstreckt sich der Definitionsbereich für die Variablen jeweils über die Menge der reellen Zahlen, sofern durch die Aufgabenstellung kein anderweitiger Definitionsbereich festgelegt ist.
Sind mehrere, beispielsweise *m* Gleichungen mit *n* Variablen gegeben, so nennt man die Gesamtheit dieser Gleichungen

$$\begin{array}{|l|}\hline a_{11}x_1 + a_{12}x_2 + a_{13}x_3 + \ldots + a_{1n}x_n = b_1 \\ a_{21}x_1 + a_{22}x_2 + a_{23}x_3 + \ldots + a_{2n}x_n = b_2 \\ a_{31}x_1 + a_{32}x_2 + a_{33}x_3 + \ldots + a_{3n}x_n = b_3 \\ \vdots \qquad\qquad\qquad\qquad \vdots \qquad\qquad \vdots \\ a_{m1}x_1 + a_{m2}x_2 + a_{m3}x_3 + \ldots + a_{mn}x_n = b_m \\ \hline \end{array} \qquad (82)$$

ein **System von *m* linearen Gleichungen mit *n* Variablen.**

Jede Wertezusammenstellung $x_1, x_2, \ldots, x_n$, die *alle m* Gleichungen des linearen Gleichungssystems (82) mit *n* Variablen erfüllt, heißt eine Lösung dieses Gleichungssystems.

Was in 12.1.3. über die Lösbarkeit eines linearen Gleichungssystems mit zwei Variablen gesagt wurde, läßt sich sinngemäß auch auf Systeme mit mehr als zwei Variablen erweitern:

Zur eindeutigen Bestimmung der *n* Variablen $x_1, x_2, \ldots, x_n$ eines linearen Gleichungssystems sind genau *n* linear unabhängige Gleichungen erforderlich, die einander nicht widersprechen. Sind weniger als *n* linear unabhängige und einander nicht widersprechende Gleichungen vorhanden, dann gibt es unendlich viele Lösungen des Gleichungssystems.
Ein System von mehr als *n* linearen Gleichungen mit *n* Variablen hat nur dann eine Lösung, wenn die Lösung eines beliebig herausgegriffenen, aus *n* Gleichungen bestehenden Teilsystems auch sämtliche übrigen Gleichungen des Systems erfüllt.
Bei einander widersprechenden Gleichungen gibt es keine Lösung.

Anmerkung: Auf die Frage, wann *m* lineare Gleichungen linear unabhängig bzw. linear abhängig voneinander sind, soll in diesem Buch nicht eingegangen werden.

12.2.2. Lösungsverfahren für lineare Gleichungssysteme mit drei und mehr Variablen

Das Grundprinzip für die Lösung eines linearen Gleichungssystems mit n Variablen ist genau das gleiche wie das für lineare Gleichungssysteme mit zwei Variablen. Man eliminiert aus den m ursprünglich vorhandenen Gleichungen zunächst eine Variable und verschafft sich auf diese Weise $m - 1$ Gleichungen mit $n - 1$ Variablen. Aus diesen eliminiert man erneut eine der verbliebenen Variablen, so daß ein neues Gleichungssystem von $m - 2$ Gleichungen mit $n - 2$ Variablen entsteht. Dieses Verfahren wird so lange fortgesetzt, bis zum Schluß nur noch eine einzige Gleichung übrigbleibt. Diese Gleichung wird gelöst, und mit Hilfe der gefundenen Lösung werden dann die übrigen Variablen schrittweise aus den während des Eliminationsprozesses entstandenen Gleichungen bestimmt.

BEISPIELE

1.
$$\left| \begin{array}{l} 4x + y - 2z = 0 \\ 3x + 2y + 3z = 16 \\ 5x - y + 3z = 12 \end{array} \right| \qquad x \in R; \qquad y \in R; \qquad z \in R$$

Lösung: Zur Elimination eignet sich in diesem Gleichungssystem besonders die Variable y. Addiert man nämlich die erste und die dritte Gleichung, so ergibt sich

$$9x + z = 12.$$

Multipliziert man die dritte Gleichung mit 2 und addiert dazu dann die zweite Gleichung, so erhält man

$$13x + 9z = 40.$$

Um die langatmige Beschreibung des Rechenganges zu vermeiden, notiert man die Erweiterungsfaktoren der einzelnen Gleichungen am Rande des Gleichungssystems, so daß die Rechnung wie folgt aussieht:

$$\left| \begin{array}{l} 4x + y - 2z = 0 \\ 3x + 2y + 3z = 16 \\ 5x - y + 3z = 12 \end{array} \right| \begin{array}{c} +1 \\ \\ +1 \end{array} \left| \begin{array}{c} \\ +1 \\ +2 \end{array} \right.$$

$$\left| \begin{array}{l} 9x \quad + z = 12 \\ 13x \quad + 9z = 40 \end{array} \right| \begin{array}{c} +9 \\ -1 \end{array} \Bigg|$$

$$68x = 68$$
$$x = 1$$

Mit diesem Wert $x = 1$ bestimmt man nun die Variable z aus einer der beiden Gleichungen des Gleichungssystems mit zwei Variablen:

$$9 \cdot 1 + z = 12$$
$$z = 3$$

Schließlich erhält man die letzte Variable y aus einer der gegebenen Gleichungen des Gleichungssystems mit drei Variablen:

$$4 \cdot 1 + y - 2 \cdot 3 = 0$$
$$y = 2$$

Die Probe ist an sämtlichen Ausgangsgleichungen durchzuführen:

$$4 + 2 - 6 = 0 \qquad 3 + 4 + 9 = 16 \qquad 5 - 2 + 9 = 12$$

Alle drei Proben stimmen.

2. $$\left| \begin{array}{l} x - 2y + 3z = 8 \\ x - y \quad\quad = 2 \\ x \quad\quad - z = 4 \end{array} \right|$$

L ö s u n g: Mit Hilfe der zweiten und dritten Gleichung lassen sich hier sowohl y als auch z allein durch x ausdrücken:

(a) $y = x - 2$

(b) $z = x - 4$

Setzt man dies in die erste Gleichung ein, so ergibt sich eine Gleichung mit der einen Variablen x:

$$x - 2(x - 2) + 3(x - 4) = 8,$$

woraus $x = 8$

folgt.
Aus (a) und (b) erhält man mit diesem Wert

$y = 6$ und $z = 4$ P r o b e!

3. *Ein Junge bekommt von seinem Vater folgenden Auftrag: „Hier gebe ich dir genau 2,– Mark. Gehe nun zur Post und kaufe dort 10 Briefmarken ein, und zwar solche zu 1,– Mark, zu 0,20 Mark und zu 0,10 Mark. Von jeder Sorte sollst du mindestens eine Marke bringen, und das Geld soll vollständig verbraucht werden."*
Welches Markensortiment muß der Junge kaufen, wenn er dem etwas rätselhaften Wunsch seines Vaters nachkommen will?

L ö s u n g: Der Junge möge x Briefmarken zu 1,– Mark, y Briefmarken zu 0,20 Mark und z Briefmarken zu 0,10 Mark kaufen. Da er 10 Briefmarken nach Hause bringen soll, muß

$$x + y + z = 10$$

sein. Weil ferner die mitgegebenen 2,– Mark völlig aufgebraucht werden sollen, muß

$$1 \cdot x + 0{,}2 \cdot y + 0{,}1 \cdot z = 2$$

oder, mit 10 erweitert,

$$10x + 2y + z = 20$$

gelten.
Weitere mathematische Beziehungen zwischen den drei Variablen, x, y und z lassen sich auf Grund der Aufgabenstellung nicht finden. Wir erhalten somit ein lineares Gleichungssystem von 2 Gleichungen mit 3 Variablen:

$$\left| \begin{array}{r} 10x + 2y + z = 20 \\ x + y + z = 10 \end{array} \right| \qquad \text{(I)}$$

Durch die Aufgabenstellung ist auch der Definitionsbereich dieses Gleichungssystems sehr stark eingeschränkt. Es haben nämlich nur solche x-, y- und z-Werte Sinn, für die gilt

$x \in \{1, 2, 3, \ldots, 8\}$; $y \in \{1, 2, 3, \ldots, 8\}$ und $z \in \{1, 2, 3, \ldots, 8\}$

Zur Lösung des Gleichungssystems (I) subtrahiert man am besten die zweite Gleichung von der ersten. Man erhält

$$9x + y = 10,$$

woraus $y = 10 - 9x$

folgt.

Hieraus ist ohne weiteres zu erkennen, daß nur $x = 1$ einen sinnvollen Wert ergibt, denn für jeden anderen x-Wert aus dem Definitionsbereich wird y negativ und gehört somit dem Definitionsbereich nicht an.

Mit dem als allein richtig erkannten Wert $x = 1$ wird

$$y = 10 - 9 \cdot 1 = 1 \qquad \text{und} \qquad z = 10 - x - y = 10 - 1 - 1 = 8$$

Wenn der Junge den Auftrag seines Vaters erfüllen will, muß er 1 Marke zu 1,– Mark, 1 Marke zu 0,20 Mark und 8 Marken zu 0,10 Mark einkaufen.

Anmerkung: Würde man als Definitionsbereich des Gleichungssystems

$$x \in R, \qquad y \in R \qquad \text{und} \qquad z \in R$$

zulassen, so hätte diese Aufgabe unendlich viele Lösungen. – Infolge der durch die Aufgabenstellung hervorgerufenen Einschränkung des Definitionsbereiches hat die Aufgabe eine einzige, eindeutige Lösung erhalten.

4. *Drei Arbeiter A, B und C haben eine Arbeit auszuführen. Arbeiten A und B gemeinsam, so dauert die Arbeit 12 Tage; A und C benötigen zusammen 15 Tage, und bei B und C würde es 20 Tage dauern, bis die Arbeit fertig ist. Wie lange würde jeder Arbeiter brauchen, wenn er die Arbeit allein ausführen müßte? Wie lange würde es dauern, wenn alle drei gemeinsam arbeiteten?*

Lösung: A benötigt x Tage, B y Tage und C z Tage zur Bewältigung der Arbeit. Dann schafft A an einem Tage $\frac{1}{x}$, B an einem Tage $\frac{1}{y}$ und C an einem Tage $\frac{1}{z}$ der Arbeit.

Da A und B zusammen 12 Tage brauchen, schaffen sie zusammen an einem Tage $\frac{1}{12}$ der Arbeit.
Folglich gilt

$$\frac{1}{x} + \frac{1}{y} \qquad = \frac{1}{12}$$

Entsprechend erhält man

$$\frac{1}{x} \qquad + \frac{1}{z} = \frac{1}{15}$$

und

$$\frac{1}{y} + \frac{1}{z} = \frac{1}{20}$$

Löst man dieses Gleichungssystem mit Hilfe des Additionsverfahrens zunächst nach $\frac{1}{x}$, $\frac{1}{y}$ und $\frac{1}{z}$ auf, so ergibt sich

$$\frac{1}{x} = \frac{1}{20} \qquad \frac{1}{y} = \frac{1}{30} \qquad \frac{1}{z} = \frac{1}{60},$$

woraus $x = 20$ $\qquad y = 30$ $\qquad z = 60$

folgt.
Demnach würde A allein 20 Tage, B allein 30 Tage und C allein 60 Tage zur Bewältigung der Arbeit benötigen.
Arbeiten sie alle drei gemeinsam, so schaffen sie an einem Tage

$$\frac{1}{20} + \frac{1}{30} + \frac{1}{60} = \frac{1}{10}$$

der Arbeit. Folglich würden sie 10 Tage benötigen, wenn sie gemeinsam arbeiteten.

5.
$$\left|\begin{array}{l} 3x_1 - 2x_2 + 4x_3 - 4x_4 + 3x_5 = 5 \\ 4x_1 + 2x_2 - 3x_3 - 2x_4 + x_5 = -3 \\ 2x_1 + 3x_2 + x_3 + 4x_4 - 4x_5 = 4 \\ x_1 - 5x_2 + 2x_3 - 6x_4 + 4x_5 = -1 \\ 5x_1 + x_2 + 3x_3 + 5x_5 = 10 \end{array}\right| \begin{array}{c} +1 \\ \\ +1 \\ \\ \\ \end{array} \left| \begin{array}{c} +1 \\ +1 \\ \\ -1 \\ \\ \end{array} \right| \begin{array}{c} +1 \\ -2 \\ \\ \\ \\ \end{array}$$

Lösung: Da die letzte Gleichung die Variable x_4 nicht enthält, kann diese Gleichung in ein neues Gleichungssystem mit vier Variablen übernommen werden. Es sind dazu noch drei weitere Gleichungen ohne x_4 aufzustellen. (Die Erweiterungsfaktoren hierfür wurden bereits am Rande des Gleichungssystems notiert.)

Es entsteht:

$$
\begin{array}{ll|rcl|c|c|c}
(a) & & 5x_1 + x_2 + 3x_3 + 5x_5 &=& 10 & & & +1 \\
(b) & & 5x_1 + x_2 + 5x_3 - x_5 &=& 9 & & +1 & +5 \\
(c) & & 6x_1 + 5x_2 - x_3 &=& 3 & +1 & & \\
(d) & & -5x_1 - 6x_2 + 10x_3 + x_5 &=& 11 & & +1 &
\end{array}
$$

Elimination von x_5 (warum?):

$$
\begin{array}{ll|rcl|c|c}
(c) & & 6x_1 + 5x_2 - x_3 &=& 3 & & -5 \\
(e) & & -5x_2 + 15x_3 &=& 20 & :5 & \\
(f) & & 30x_1 + 6x_2 + 28x_3 &=& 55 & & +1
\end{array}
$$

Elimination von x_1:

$$
\begin{array}{ll|rcl|c}
(g) & & -x_2 + 3x_3 &=& 4 & +11 \\
(h) & & -19x_2 + 33x_3 &=& 40 & -1
\end{array}
$$

Elimination von x_3:

$$8x_2 = 4$$

$$x_2 = \frac{1}{2}$$

x_3 aus (g):

$$-\frac{1}{2} + 3x_3 = 4$$

$$x_3 = \frac{3}{2}$$

x_1 aus (c):

$$6x_1 + 5 \cdot \frac{1}{2} - \frac{3}{2} = 3$$

$$x_1 = \frac{1}{3}$$

x_5 aus (b):

$$5 \cdot \frac{1}{3} + \frac{1}{2} + 5 \cdot \frac{3}{2} - x_5 = 9$$

$$x_5 = \frac{2}{3}$$

x_4 aus der zweiten Gleichung des Gleichungssystems:

$$4 \cdot \frac{1}{3} + 2 \cdot \frac{1}{2} - 3 \cdot \frac{3}{2} - 2x_4 + \frac{2}{3} = -3$$

$$x_4 = \frac{3}{4}$$

Die Lösung des Gleichungssystems lautet demnach

$$x_1 = \frac{1}{3}, \quad x_2 = \frac{1}{2}, \quad x_3 = \frac{3}{2}, \quad x_4 = \frac{3}{4}, \quad x_5 = \frac{2}{3} \qquad \text{Probe!}$$

6. $$\left|\begin{array}{r} x+y+z=6 \\ x-y+z=2 \\ x+y-z=0 \\ -x+y+z=8 \end{array}\right|$$

Lösung: Da in diesem Gleichungssystem mehr Gleichungen vorhanden sind als Variable auftreten, greifen wir zunächst ein Teilsystem von drei Gleichungen mit drei Variablen heraus und lösen dieses Teilsystem. Wir wählen dazu die ersten drei Gleichungen

$$\left|\begin{array}{r} x+y+z=6 \\ x-y+z=2 \\ x+y-z=0 \end{array}\right|$$

Addiert man hierin die letzten beiden Gleichungen, so erhält man

$$\begin{aligned} 2x &= 2 \\ x &= 1 \end{aligned}$$

Mit $x = 1$ gehen die ersten beiden Gleichungen über in

$$\left|\begin{array}{r} y+z=5 \\ -y+z=1 \end{array}\right|,$$

woraus man ohne Schwierigkeiten

$$y=2 \quad \text{und} \quad z=3$$

ermittelt.

Die Lösung des gewählten Teilsystems lautet demnach

$$x=1, \quad y=2, \quad z=3$$

Nun muß allerdings noch überprüft werden, ob dies auch eine Lösung der bisher noch nicht beachteten vierten Gleichung ist. Setzt man die gefundenen Werte in diese vierte Gleichung ein, so erhält man mit

$$-1+2+3=8$$

eine falsche Aussage. Die Lösung des Teilsystems erfüllt demnach zwar die ersten drei Gleichungen des Gesamtsystems, jedoch nicht die vierte.

Das gegebene Gleichungssystem hat folglich *keine* Lösung.

7. $$\left|\begin{array}{r} 3x+2y-z=20 \\ 2x+3y+z=40 \\ x+4y+3z=80 \end{array}\right|$$

Lösung: Zunächst wird z eliminiert:

$$\left|\begin{array}{r} 3x+2y-z=20 \\ 2x+3y+z=40 \\ x+4y+3z=80 \end{array}\right| \begin{array}{r} +1 \\ +1 \\ \end{array} \left| \begin{array}{r} \\ +3 \\ -1 \end{array}\right.$$

Man erhält

$$\left|\begin{array}{l} 5x+5y = 60 \\ 5x+5y = 40 \end{array}\right|$$

Dieses Gleichungssystem enthält einen *Widerspruch*, denn $5x + 5y$ kann auf der einen Seite nicht gleich 60 und andererseits nicht gleichzeitig gleich 40 sein.

(Anmerkung: Wem das nicht einleuchtet, der subtrahiere die beiden Gleichungen des letzten Systems voneinander; er erhält die falsche Aussage

$$0 = 20.)$$

Das gegebene Gleichungssystem hat demnach *keine* Lösung.

8. $\left| \begin{array}{l} 5x + 2y - z = 20 \\ 3x - 4y + z = 40 \end{array} \right|$

Lösung: In diesem Gleichungssystem sind nur zwei Gleichungen mit drei Variablen gegeben. Man kann demnach über eine Variable vollkommen frei verfügen.
Setzen wir daher

$$z = t \quad (t \text{ beliebig}),$$

so entsteht ein System von zwei Gleichungen mit zwei Variablen

$$\left| \begin{array}{l} 5x + 2y = 20 + t \\ 3x - 4y = 40 - t \end{array} \right|,$$

das mit Hilfe der bekannten Verfahren gelöst werden kann.

$$\left| \begin{array}{l} 5x + 2y = 20 + t \\ 3x - 4y = 40 - t \end{array} \right| \begin{array}{l} +2 \\ +1 \end{array} \left| \begin{array}{l} +3 \\ -5 \end{array} \right.$$

$$13x \quad = 80 + t$$

$$x = \frac{80 + t}{13}$$

$$26y = -140 + 8t \mid :2$$

$$13y = 4t - 70$$

$$y = \frac{4t - 70}{13}$$

Damit lautet die Lösung dieses Gleichungssystems

$$x = \frac{80 + t}{13}, \qquad y = \frac{4t - 70}{13}, \qquad z = t,$$

wobei t ein vollkommen beliebiger Wert sein darf. Das Gleichungssystem hat also unendlich viele Lösungen. So erhält man beispielsweise für $t = 0$

$$x = \frac{80}{13}, \qquad y = \frac{70}{13}, \qquad z = 0$$

Der Leser prüfe nach, daß diese Wertezusammenstellung die beiden gegebenen Gleichungen erfüllt.
Entsprechend erhält man für $t = 11$ die Lösung

$$x = 7, \qquad y = -2, \qquad z = 11 \qquad \text{(Probe!)}$$

Es wird empfohlen, sich aus der oben angegebenen allgemeinen Lösung

$$x = \frac{80 + t}{13}, \qquad y = \frac{4t - 70}{13}, \qquad z = t$$

weitere spezielle Lösungen zu verschaffen und am Gleichungssystem nachzuprüfen, daß *jede* dieser Lösungen das Gleichungssystem erfüllt.

AUFGABEN

Löse die folgenden Gleichungssysteme mit allen drei Lösungsverfahren und entscheide, welches das günstigste ist.

270. a) $\left| \begin{array}{l} 3x + y = 14 \\ 2x - y = \ \ 1 \end{array} \right|$ b) $\left| \begin{array}{l} 2x + 3y = -14 \\ \ \ x + 2y = -\ \ 8 \end{array} \right|$ c) $\left| \begin{array}{l} 9x - 8y = 14 \\ 5x - 4y = 10 \end{array} \right|$

d) $\left| \begin{array}{l} 5x + 8y = 28 \\ \dfrac{3x}{4y} = \dfrac{2}{3} \end{array} \right|$ e) $\left| \begin{array}{l} 6x - 5y = 1 \\ 9x - 7y = 8 \end{array} \right|$ f) $\left| \begin{array}{l} 3x + y = -5 \\ 2y + x = 5 \end{array} \right|$

g) $\left| \begin{array}{l} 2{,}4x - 4{,}5y = 1{,}5 \\ 10{,}5y - 3{,}6x = 1{,}5 \end{array} \right|$ h) $\left| \begin{array}{l} 3x - \quad y = 8 \\ 0{,}4x + 0{,}06y = 3 \end{array} \right|$ i) $\left| \begin{array}{l} \frac{x}{2} + \frac{y}{6} = 2\frac{5}{6} \\ \frac{x}{3} + \frac{y}{4} = 3 \end{array} \right|$

271. a) $\left| \begin{array}{l} ax + y = 2a + b \\ ax - y = -b \end{array} \right|$ b) $\left| \begin{array}{l} 0{,}6x + 3{,}5y = 22{,}3 \\ 1{,}4y - 0{,}9x = 1{,}15 \end{array} \right|$ c) $\left| \begin{array}{l} 28x - 57y = \ \ 55 \\ 49x + \ \ 4y = 200 \end{array} \right|$

d) $\left| \begin{array}{l} 15x + 23y + 10 = 0 \\ 9x + 12y + \ \ 6 = 0 \end{array} \right|$ e) $\left| \begin{array}{l} 15x - 10y = 25 \\ 10x + 15y = 60 \end{array} \right|$ f) $\left| \begin{array}{l} 21x - 9y + \ \ 3 = 0 \\ 4x - 5y + 17 = 0 \end{array} \right|$

g) $\left| \begin{array}{l} x = 3y - 2 \\ x = 5y - 12 \end{array} \right|$ h) $\left| \begin{array}{l} 0{,}80x - 0{,}25y = 0{,}60 \\ 0{,}64x + 1{,}25y = 6{,}28 \end{array} \right|$ i) $\left| \begin{array}{l} \frac{x}{3} + \frac{y}{8} = 9 \\ \frac{x}{9} - \frac{y}{10} = -\frac{2}{5} \end{array} \right|$

272. a) $\left| \begin{array}{l} 10x - \ \ 9y = 12 \\ 25x - 12y = 51 \end{array} \right|$ b) $\left| \begin{array}{l} 4x - y = 1 \\ 12x = 3(y + 1) \end{array} \right|$ c) $\left| \begin{array}{l} x + 3y = 20 \\ x - 5y = 12 \end{array} \right|$

d) $\left| \begin{array}{l} 1{,}2x + 3{,}5y = 0{,}827 \\ 2{,}8x + 1{,}5y = 1{,}063 \end{array} \right|$ e) $\left| \begin{array}{l} x + 2y = 6(x - 3y) \\ 7(x - 3y) = \frac{x}{4} + 6 \end{array} \right|$ f) $\left| \begin{array}{l} 8x + 5y = 63 \\ 7x - 5y = 27 \end{array} \right|$

g) $\left| \begin{array}{l} 10(3x + 5) = 2(16 - 3y) \\ 6(1 - 7x) = 5(4y - 10) \end{array} \right|$ h) $\left| \begin{array}{l} \frac{1}{2}x + \frac{1}{3}y = \ \ 7 \\ 2x + 3y = 43 \end{array} \right|$ i) $\left| \begin{array}{l} \frac{x}{2} + \frac{y}{2} = \ \ 4 \\ 3(x + y) = 10 \end{array} \right|$

273. a) $\left| \begin{array}{l} \frac{5}{2x} - \frac{2}{3y} = \frac{1}{2} \\ \frac{7}{2x} + \frac{5}{3y} = 2 \end{array} \right|$ b) $\left| \begin{array}{l} \frac{5x}{6} + \frac{7y}{4} = 12 \\ \frac{2}{3}x + \frac{5}{4}y = \ \ 9 \end{array} \right|$

c) $\left| \begin{array}{l} \frac{7}{x} - \frac{3}{y} = 4 \\ \frac{5}{x} - \frac{2}{y} = 3 \end{array} \right|$ d) $\left| \begin{array}{l} \frac{x - 1}{x + 15} = \frac{y - 6}{y + 2} \\ \frac{x - 3}{x} = \frac{y - 4}{y - 1} \end{array} \right|$

e) $\left| \begin{array}{l} 15x - (7y + x) = 7 \\ 13x - 2(7y - x) = 1 \end{array} \right|$ f) $\left| \begin{array}{l} bx + ay = a + b \\ b^2x - a^2y = 0 \end{array} \right|$

g) $\left| \begin{array}{l} x + 3y = a^2 + 3ab + b^2 \\ 3x - y = a^2 - ab + b^2 \end{array} \right|$ h) $\left| \begin{array}{l} (a - b)x + (a + b)y = 2a \\ (a - b)x - (a + b)y = 2b \end{array} \right|$

274. a) $\left| \begin{array}{l} \frac{2x + 1}{x - 4} - \frac{y + 2}{y - 1} = 1 \\ \frac{3x - 1}{x - 3} - \frac{2y + 8}{y + 1} = 1 \end{array} \right|$ b) $\left| \begin{array}{l} \frac{x}{a + b} - \frac{y}{a - b} = a - b \\ \frac{x}{a} + \frac{y}{b} = 2a \end{array} \right|$

c) $\left| \begin{array}{l} (3x + 4) : (3y + 5) = 2 \\ (4x + 3) : (3y + 2) = 3 \end{array} \right|$

d) $\left| \begin{array}{l} (2x - \ \ 7)(3y - 16) = 2(3x - 13)(y - 5) \\ (3x - 17)(4y - 17) = (4x - 29)(3y - 8) \end{array} \right|$

e) $(3x-7):(y+7):(x-y)=5:3:1$

f) $\left|\begin{array}{l} \dfrac{x}{2a-b}-\dfrac{y}{2a+b}=\dfrac{8ab}{4a^2-b^2} \\ \dfrac{x}{2a-b}+\dfrac{y}{2a+b}=\dfrac{8a^2+2b^2}{4a^2-b^2} \end{array}\right|$

g) $\left|\begin{array}{l} \dfrac{x+y+1}{x-y+1}=\dfrac{a+1}{a-1} \\ \dfrac{x+y+1}{x-y-1}=\dfrac{1+b}{1-b} \end{array}\right|$

275. a) $\left|\begin{array}{r} 4x-6y+5z=27 \\ 2x+3y-10z=-69 \\ 10x+9y+15z=210 \end{array}\right|$

b) $\left|\begin{array}{l} 2x+y-3z=9 \\ 3x+2y-z=24 \\ 4x-3y+3z=1 \end{array}\right|$

c) $\left|\begin{array}{l} 6x+10y-15z=73 \\ 9x-15y+20z=32 \\ 8x+25y-35z=129 \end{array}\right|$

d) $\left|\begin{array}{l} 4x-7y=4 \\ 5y-3z=26 \\ 2z+x=4 \end{array}\right|$

e) $\left|\begin{array}{l} 0{,}4x+0{,}3y-0{,}2z=4 \\ 0{,}6x-0{,}5y+0{,}3z=5 \\ 0{,}3x+0{,}2y+0{,}5z=22 \end{array}\right|$

f) $\left|\begin{array}{l} 2x-y=4 \\ 3x-z=6 \\ 2y-z=10 \end{array}\right|$

g) $\left|\begin{array}{l} \dfrac{x}{2}+\dfrac{y}{3}+\dfrac{z}{4}=36\dfrac{1}{2} \\ \dfrac{x}{3}+\dfrac{y}{4}+\dfrac{z}{5}=27 \\ \dfrac{x}{5}+\dfrac{y}{6}+\dfrac{z}{7}=18 \end{array}\right|$

h) $\left|\begin{array}{l} \dfrac{x+3}{y+z}=2 \\ \dfrac{y+3}{x+z}=1 \\ \dfrac{x+3}{x+y}=\dfrac{1}{2} \end{array}\right|$

276. a) $\left|\begin{array}{l} ax+by-cz=b-c \\ cx-ay-bz=-a-b \\ bx-cy+az=a-c \end{array}\right|$

b) $\left|\begin{array}{l} x-y+z=2 \\ ax+by=2a \\ (a-b)x+(a+b)y=(a+b)z \end{array}\right|$

c) $\left|\begin{array}{l} \dfrac{1}{x}+\dfrac{2}{y}+\dfrac{3}{z}=\dfrac{5}{12} \\ \dfrac{2}{x}-\dfrac{1}{y}-\dfrac{4}{z}=\dfrac{5}{6} \\ \dfrac{3}{x}+\dfrac{5}{y}-\dfrac{2}{z}=2\dfrac{3}{4} \end{array}\right|$

d) $\left|\begin{array}{l} \dfrac{1}{x}+\dfrac{1}{y}=a \\ \dfrac{1}{x}+\dfrac{1}{z}=b \\ \dfrac{1}{y}+\dfrac{1}{z}=c \end{array}\right|$

e) $\left|\begin{array}{l} \dfrac{12}{2x+3y}-\dfrac{7{,}5}{3x+4z}=1 \\ \dfrac{30}{3x+4z}+\dfrac{37}{5y+9z}=3 \\ \dfrac{222}{5y+9z}-\dfrac{8}{2x+3y}=5 \end{array}\right|$

f) $\left|\begin{array}{l} \dfrac{6}{x+y}+\dfrac{5}{y+3z}=2 \\ \dfrac{15}{x+y}-\dfrac{4}{x-2z}=\dfrac{1}{2} \\ \dfrac{10}{y+3z}-\dfrac{7}{x-2z}=-\dfrac{3}{2} \end{array}\right|$

g) $\left|\begin{array}{l} x+y+z=3a^2+b^2 \\ \dfrac{x}{a+b}+\dfrac{y}{a-b}=2a \\ \dfrac{x+z}{x-z}=\dfrac{a}{b} \end{array}\right|$

h) $\left|\begin{array}{l} \dfrac{1}{x}-\dfrac{1}{y}-\dfrac{4}{z}=-5 \\ \dfrac{2}{x}+\dfrac{2}{y}-\dfrac{12}{z}=18 \\ \dfrac{1}{z}-\dfrac{3}{x}+\dfrac{2}{y}=-4 \end{array}\right|$

277. a) $\begin{vmatrix} 2x + 3y - 2z + 3u = 16 \\ 3x + 3y - 2z - 3u = 19 \\ 3x - 3y + 3z - 2u = 0 \\ 2x + 2y - 3z - 2u = 11 \end{vmatrix}$

b) $\begin{vmatrix} x + 2y = 5 \\ y + 2z = 8 \\ z + 2u = 11 \\ u + 2x = 6 \end{vmatrix}$

c) $\begin{vmatrix} x + y + z + u + v = 15 \\ 4y + 6z + 9u = 71 \\ 2x + 7z + 11v = 7 \\ 5y + 8z + 12v = 21 \\ 3x + 10u + 13v = 9 \end{vmatrix}$

d) $\begin{vmatrix} 3x - 5z = a + 5b \\ 2y - x = 4a - 2b \\ 2z - 3u = 2a - 8b \\ 3v + 2y = 3a + 7b \\ u + 2v = 8b - 2a \end{vmatrix}$

e) $\begin{vmatrix} x_1 + 2x_2 + 4x_3 + 8x_4 + 16x_5 = 57 \\ x_1 + 3x_2 + 9x_3 + 27x_4 + 81x_5 = 179 \\ x_1 + 4x_2 + 16x_3 + 64x_4 + 256x_5 = 453 \\ x_1 + 5x_2 + 25x_3 + 125x_4 + 625x_5 = 975 \\ x_1 + 6x_2 + 36x_3 + 216x_4 + 1\,296x_5 = 1\,865 \end{vmatrix}$

f) $\begin{vmatrix} x + y + z + u + v + w = 31 \\ x + y + z + u - v - w = 3 \\ x + y - z - u + v + w = 21 \\ -x - y - z + u + v + w = 1 \\ x - y + z - u + v - w = 5 \\ x - y + z + u - v + w = -3 \end{vmatrix}$

g) $\begin{vmatrix} x - y = 3 \\ y - z = 2 \\ z - u = 1 \\ u - v = 0 \\ v + x = 20 \end{vmatrix}$

h) $\begin{vmatrix} x + y + z + u = 60 \\ x + 2y + 3z + 4u = 100 \\ x + 3y + 6z + 10u = 150 \\ x + 4y + 10z + 20u = 210 \end{vmatrix}$

i) $\begin{vmatrix} x + y + 2z = 19 \\ y + z + 2u = 15 \\ z + u + 2v = 11 \\ u + v + 2w = 7 \\ v + w + 2x = 15 \\ w + x + 2y = 17 \end{vmatrix}$

278. a) Die Summe zweier Zahlen beträgt 518, ihre Differenz 204. Wie heißen die beiden Zahlen?

b) Die Summe zweier Zahlen, die sich wie 3:11 verhalten, ergibt 238. Wie heißen die Zahlen?

c) Addiert man zur ersten von zwei gesuchten Zahlen 3, so verhält sich diese Summe zur zweiten Zahl wie 5:7. Addiert man zur zweiten gesuchten Zahl 9, so verhält sich diese Summe zur ersten Zahl wie 2:1. Wie heißen die beiden Zahlen?

d) Ein Bruch erhält den Wert $\frac{8}{9}$, wenn man Zähler und Nenner um 1 vergrößert; er nimmt den Wert $\frac{7}{8}$ an, wenn man Zähler und Nenner um 1 vermindert. Wie heißt der Bruch?

279. a) In einem Rechteck ist die eine Seite 3 cm kürzer als die andere. Der Umfang beträgt 38 cm. Wie lang sind die beiden Seiten?

b) An einem zweiarmigen Hebel hängen zwei Körper, die zusammen 50 kg wiegen. Die Hebelarme verhalten sich wie 2:3. Wie schwer ist jeder einzelne Körper?

c) Verlängert man eine Seite eines Rechtecks um 3 cm und verkürzt die andere um 1 cm, so erhält man ein Quadrat. Der Umfang des Quadrates ist 4 cm größer als der des Rechtecks. Wie lang sind die Seiten des Rechtecks?

280. a) Ein Vater sagt zu seinem Sohn: „In 4 Jahren werde ich dreimal so alt sein wie du, und vor 4 Jahren war ich fünfmal so alt wie du.“ Wie alt sind Vater und Sohn?

b) Ein Wasserbehälter faßt 1 000 m^3 Wasser. Er wird durch zwei Röhren gefüllt. Laufen beide Röhren gleichzeitig, so wird der Behälter in 20 min gefüllt. Läuft die eine nur 10 min, so muß die andere insgesamt 35 min laufen, damit der Behälter vollständig gefüllt wird. Wieviel Kubikmeter je Minute Wasser liefert jede Röhre?

c) Erhöht man die Anzahl der Elemente einer Batterie von 4 auf 7, so steigt in einem Stromkreis der Strom von 3 A auf 4 A an, während der Gesamtwiderstand um 0,5 Ω zunimmt. Berechne die Spannung eines Elements und den Widerstand des ursprünglichen Kreises.

d) In einem Stromkreis steigt bei Verminderung des Widerstandes um 4 Ω der Strom auf 9 A an. Beim Zuschalten von 3 Ω sinkt der Strom auf 2 A ab. Berechne Spannung und Widerstand des Kreises.

281. a) Man zerlege 217 so in eine Summe zweier Zahlen, daß der 6. Teil der einen Zahl um 19 kleiner ist als der dritte Teil der anderen Zahl.
Wie heißen die beiden Zahlen?

b) Eine Seite eines Dreiecks wird durch die Höhe in Abschnitte von 9 cm und 30 cm Länge geteilt. Die Differenz der beiden anderen Seiten beträgt 9 cm.
Wie lang sind diese Seiten?

c) Wie lang sind die Seiten eines Dreiecks, wenn die Summen je zweier Seiten 40 cm, 63 cm und 71 cm ergeben?

282. a) Addiert man von drei Zahlen die Summe je zweier zur doppelten dritten Zahl, so erhält man die Summen 245; 170; 161.
Wie heißen die Zahlen?

b) Die Summe zweier Seiten eines Dreiecks beträgt 40 cm. Die Projektionen dieser Seiten auf die dritte Seite sind 12 cm und 8 cm lang.
Wie groß sind die Dreiecksseiten?

c) Zwei LKW unterschiedlicher Größe sollen eine Zuckerrübenmenge in 10 Tagen in eine Zuckerfabrik transportieren. Da nach 6 Tagen der eine LKW wegen Getriebeschaden ausfiel, mußte der andere noch 8 Tage allein fahren, bis die gesamte Ernte abtransportiert war.
In wieviel Tagen hätte jeder LKW die Zuckerrüben allein zur Fabrik gefahren?

d) Mischt man x cm^3 einer Flüssigkeit (Dichte 1,2 g/cm^3) mit y cm^3 derselben Flüssigkeit stärkerer Konzentration (Dichte 1,7 g/cm^3), so ist die Dichte der Mischung 1,6 g/cm^3. Nähme man von der ersten Flüssigkeit 7 cm^3 mehr und von der zweiten 8 cm^3 weniger, so wäre die Dichte dieser Mischung 1,5 g/cm^3.
Wieviel Kubikzentimeter jeder Sorte sind in jeder Mischung?

283. a) Verlängert man eine Seite eines Rechtecks um 2 cm und verkürzt die andere um 3 cm, so erhält man ein Quadrat, dessen Umfang 6 cm größer ist als der des Rechtecks.
Wie groß sind die Seiten des Rechtecks?

b) Eine Badewanne von 120 l Inhalt kann durch eine Warm- und eine Kaltwasserleitung gefüllt werden. Läuft das Wasser 3 min aus der Kalt- und 2 min aus der Warmwasserleitung, so sind 76 l eingeflossen. Hat man die Kaltwasserleitung nur 1 min und die Warmwasserleitung 4 min geöffnet, so sind 72 l eingeflossen.
Wieviel Wasser liefert jede Leitung in der Minute?
In welcher Zeit füllen sie gemeinsam die Badewanne?

c) Drei Behälter haben ein gemeinsames Fassungsvermögen von 640 l. Der größte Behälter kann mit dem Inhalt des ersten und $\frac{3}{5}$ des zweiten Behälters oder mit dem Inhalt des zweiten und 70 % des ersten Behälters gefüllt werden.
Welches Fassungsvermögen haben die einzelnen Behälter?

13. Quadratische Gleichungen

13.1. Begriffserklärungen

Gleichungen, in denen die Variable in der zweiten, jedoch in keiner höheren als der zweiten Potenz auftritt, werden **quadratische Gleichungen** oder auch *algebraische Gleichungen zweiten Grades* genannt.
Die *allgemeine Form* einer quadratischen Gleichung ist

$$\boxed{Ax^2 + Bx + C = 0} \tag{83}$$

Dabei nennt man

Ax^2 das **quadratische Glied,**
Bx das **lineare Glied** und
C das **Absolutglied** der Gleichung.

A, B und C sind dabei beliebige, aber feste Zahlen, wobei jedoch $A \neq 0$ vorausgesetzt werden muß (warum?).
Für die Variable x ist, sofern durch die Aufgabenstellung nichts anderes festgelegt wird, jeder Wert aus der Menge der reellen Zahlen in die Gleichung einsetzbar. Der **Definitionsbereich** der quadratischen Gleichungen ist demzufolge im allgemeinen

$$D = R$$

Setzt man einen beliebigen Wert $x \in D$ in die quadratische Gleichung ein, so erhält man eine wahre oder eine falsche Aussage.

Jeder Wert x, der dem Definitionsbereich der Gleichung angehört und der die quadratische Gleichung $Ax^2 + Bx + C = 0$ zu einer wahren Aussage macht, heißt eine **Lösung** oder auch eine **Wurzel** dieser Gleichung.

BEISPIELE

1. Gegeben sei die quadratische Gleichung

$$10x^2 - 7x - 45 = 0$$

mit dem Definitionsbereich

$$D = R$$

Da $x = 2{,}5$ die Gleichung zu einer wahren Aussage macht:

$$62{,}5 - 17{,}5 - 45 = 0,$$

und da überdies $2{,}5 \in R$, *ist* $x = 2{,}5$ eine Lösung der gegebenen Gleichung. Auch $x = -1{,}8$ ist eine Lösung der Gleichung. Dagegen ist $x = 5$ *keine* Lösung; $x = 5$ gehört zwar dem Definitionsbereich der Gleichung an, macht aber die Gleichung nicht zu einer wahren Aussage.

2. Gegeben sei die quadratische Gleichung

$$x^2 + 3x - 10 = 0;$$

ihr Definitionsbereich sei die Menge der natürlichen Zahlen: $D = N$.

In diesem Falle ist $x = 2$ eine Lösung dieser Gleichung, denn $x = 2$ macht die Gleichung zu einer wahren Aussage

$$4 + 6 - 10 = 0$$

und $2 \in D$.

Dagegen ist $x = -5$ *keine* Lösung der Gleichung. $x = -5$ macht zwar die gegebene Gleichung zu einer wahren Aussage:

$$25 - 15 - 10 = 0;$$

jedoch ist $-5 \notin D$.
Auch $x = 100$ ist keine Lösung der Gleichung; 100 gehört zwar dem Definitionsbereich an, macht aber die Gleichung nicht zu einer wahren Aussage.

Da für eine quadratische Gleichung in der Form (83) stets $A = 0$ vorausgesetzt werden muß, kann diese Gleichung durch A dividiert werden:

$$x^2 + \frac{B}{A} \cdot x + \frac{C}{A} = 0$$

Setzt man hierin zur Abkürzung $\frac{B}{A} = p$ und $\frac{C}{A} = q$, so erhält man die sogenannte **Normalform der quadratischen Gleichung**

$$\boxed{x^2 + px + q = 0} \tag{84}$$

Zur Lösung von quadratischen Gleichungen geht man in den meisten Fällen von der Normalform aus.

13.2. Numerische Lösungsverfahren für quadratische Gleichungen

13.2.1. Die reinquadratische Gleichung

Hat eine quadratische Gleichung kein lineares Glied, so nennt man sie eine *reinquadratische Gleichung*. Eine reinquadratische Gleichung läßt sich demnach stets in der Form

$$\boxed{Ax^2 + C = 0} \tag{85}$$

schreiben.
Gilt für eine solche reinquadratische Gleichung

$$\boxed{A \cdot C \leqq 0}, \tag{85a}$$

dann läßt sich die Gleichung durch einfaches Radizieren leicht lösen.

BEISPIEL 1

$4x^2 - 25 = 0; \qquad x \in R.$

Lösung: Ordnen: $4x^2 = 25$

$$x^2 = \frac{25}{4}$$

Auf beiden Seiten dieser Gleichung stehen positive Zahlen. Es darf daher beiderseits die Quadratwurzel gezogen werden:

$$\sqrt{x^2} = \sqrt{\frac{25}{4}} = \frac{5}{2}$$

Unter Beachtung des Beispiels 3 aus 8.1. folgt hieraus

$$|x| = \frac{5}{2}$$

Nach der Definition (5) des Betrages einer Zahl gilt dann

$$\text{für } x > 0: \qquad +x = \frac{5}{2}$$

$$\text{und} \qquad \text{für } x < 0: \qquad -x = \frac{5}{2},$$

d. h., die Gleichung $4x^2 - 25 = 0$ hat zwei Lösungen, die wir mit x_1 und x_2 bezeichnen wollen:

$$x_1 = +\frac{5}{2} \qquad \text{und} \qquad x_2 = -\frac{5}{2}$$

Probe:

für x_1: $4 \cdot \left(\frac{5}{2}\right)^2 - 25 \mid 0$; $4 \cdot \frac{25}{4} - 25 \mid 0$; $25 - 25 = 0$

für x_2: $4 \cdot \left(-\frac{5}{2}\right)^2 - 25 \mid 0$; $4 \cdot \frac{25}{4} - 25 \mid 0$; $25 - 25 = 0$

Beide Ergebnisse erfüllen die gegebene Gleichung, also ist sowohl $x_1 = \frac{5}{2}$ als auch $x_2 = -\frac{5}{2}$ eine Lösung der Gleichung.

Die Lösungsmenge der quadratischen Gleichung $4x^2 - 25 = 0$ ist demnach

$$L = \left\{ -\frac{5}{2}; \ +\frac{5}{2} \right\}$$

Die Lösungsmenge einer quadratischen Gleichung besteht im allgemeinen aus *zwei* Elementen. Beide Elemente der Lösungsmenge sind mathematisch vollkommen gleichberechtigt, denn jedes dieser Elemente macht die Gleichung zu einer wahren Aussage.
Bei Anwendungsaufgaben kann es jedoch vorkommen, daß einer der beiden gefundenen Lösungen kein praktischer Wert zukommt.

BEISPIEL 2

$x^2 + 16 = 0; \qquad x \in R$

Lösung: Bei dieser Gleichung ist die in (85a) gestellte Forderung $A \cdot C \leqq 0$ nicht erfüllt, denn $1 \cdot 16 > 0$.
Versucht man, die Gleichung ähnlich wie im Beispiel 1 zu lösen, so erhält man zunächst

$$x^2 = -16$$

Im Bereich der reellen Zahlen gibt es jedoch keine Zahl x, deren Quadrat einen negativen Wert hat. Die gestellte Aufgabe ist also im gegebenen Definitionsbereich *nicht lösbar.* Die Lösungsmenge der Aufgabe ist die leere Menge

$$L = \{ \ \}$$

Allgemein gilt:

Die reinquadratische Gleichung der Form $Ax^2 + C = 0$ mit $A \cdot C \leqq 0$ hat zwei Lösungen:

$$x_1 = +\sqrt{-\frac{C}{A}} \qquad \text{und} \qquad x^2 = -\sqrt{-\frac{C}{A}}$$

Die beiden Lösungen unterscheiden sich nur durch das Vorzeichen voneinander.

BEISPIEL 3

$(2x-3)^2 = 49; \qquad x \in R$

Lösung: Die Gleichung ist *nicht* reinquadratisch, da beim Ausmultiplizieren der linken Seite ein lineares Glied auftritt. Trotzdem läßt sie sich auf die gleiche Weise lösen wie eine reinquadratische Gleichung. (Es wäre sogar verfehlt, die linke Seite erst auszumultiplizieren!) Auf beiden Seiten der Gleichung stehen positive Zahlen. Folglich darf beiderseits radiziert werden. Man erhält (vgl. Beispiel 1!)

$$|2x-3| = 7,$$

wobei die innerhalb der Absolutstriche stehende Zahl $2x-3$ sowohl positiv als auch negativ sein kann.

Man erhält für

	$2x-3>0$	für	$2x-3<0$
	$+(2x-3)=7$		$-(2x-3)=7$
woraus	$x_1 = 5$	und	$x_2 = -2$

folgt.

Probe:

für x_1 $\quad (10-3)^2 \mid 49$ $\qquad$ für x_2: $\quad (-4-3)^2 \mid 49$

$\qquad 7^2 = 49 \qquad\qquad (-7)^2 = 49$

Beide Lösungen sind richtig.
Die Lösungsmenge der Gleichung ist demnach $L = \{-2;\ 5\}$.

13.2.2. Die gemischtquadratische Gleichung ohne Absolutglied

Quadratische Gleichungen, in denen neben dem quadratischen Glied auch ein lineares Glied auftritt, heißen **gemischtquadratische Gleichungen**.
Der Fall, daß eine gemischtquadratische Gleichung *kein Absolutglied* enthält, läßt sich besonders einfach behandeln.

BEISPIEL

$Ax^2 + Bx = 0; \qquad x \in R.$

Lösung: Links kann x ausgeklammert werden:

$$x(Ax+B) = 0$$

Da ein Produkt nur dann Null werden kann, wenn einer der beiden Faktoren Null ist (vgl. Formel (12)!), so ergeben sich daraus zwei Teillösungen:

$$x = 0 \qquad \text{oder} \qquad Ax + B = 0,$$

woraus die beiden Lösungen

$$x_1 = 0 \qquad \text{und} \qquad x_2 = -\frac{B}{A} \qquad \text{bzw.} \qquad L = \left\{0;\ -\frac{B}{A}\right\}$$

folgen. Probe!

Es ist hier zu beachten, daß Gleichungen, die kein Absolutglied haben, nicht durch die Variable dividiert werden dürfen (vgl. 6.1.5. und 10.3.2.), da durch diesen unzulässigen Schritt die eine Lösung $x_1 = 0$ verlorengehen würde.

Somit gilt:

> Jede gemischtquadratische Gleichung ohne Absolutglied hat stets zwei Lösungen, von denen eine Null ist.

13.2.3. Die Normalform $x^2 + px + q = 0$ der quadratischen Gleichung

13.2.3.1. Die quadratische Ergänzung

Ein dreigliedriger Term der Form

$$x^2 \pm 2ax + a^2$$

wird ein *vollständiges Quadrat* genannt, da er nach den binomischen Formeln auch wie folgt geschrieben werden kann:

$$x^2 \pm 2ax + a^2 = (x \pm a)^2$$

Jede zweigliedrige algebraische Summe der Form $x^2 \pm 2ax$ läßt sich durch Hinzufügen eines geeigneten Gliedes, der *quadratischen Ergänzung*, in ein vollständiges Quadrat überführen.

BEISPIELE

1. *Die quadratische Ergänzung zu* $x^2 - 12x$ *ist die Zahl* 6^2. *Das vollständige Quadrat lautet dann* $x^2 - 12x + 6^2 = (x - 6)^2$.
2. *In der folgenden Aufstellung sind zu einigen Termen die zugehörigen quadratischen Ergänzungen und die vollständigen Quadrate angegeben:*

Ausdruck	Quadratische Ergänzung	Vollständiges Quadrat
$u^2 - 7u$	$\left(\frac{7}{2}\right)^2$	$u^2 - 7u + \left(\frac{7}{2}\right)^2 = \left(u - \frac{7}{2}\right)^2$
$m^2 - \frac{3}{2}mn$	$\left(\frac{3}{4}n\right)^2$	$m^2 - \frac{3}{2}mn + \left(\frac{3}{4}n\right)^2 = \left(m - \frac{3}{4}n\right)^2$
$x^2 + px$	$\left(\frac{p}{2}\right)^2$	$x^2 + px + \left(\frac{p}{2}\right)^2 = \left(x + \frac{p}{2}\right)^2$

13.2.3.2. Die Lösungsformel für gemischtquadratische Gleichungen

Die Lösung einer gemischtquadratischen Gleichung soll an einem Beispiel vorgeführt werden.

BEISPIEL 1

$x^2 - 5x + 6 = 0; \quad x \in R$

Lösung: Man bringt das Absolutglied auf die rechte Seite

$$x^2 - 5x = -6$$

und fügt auf beiden Seiten die quadratische Ergänzung des links stehenden Terms hinzu:

$$x^2 - 5x + \left(\frac{5}{2}\right)^2 = -6 + \left(\frac{5}{2}\right)^2$$

$$\left(x - \frac{5}{2}\right)^2 = \frac{1}{4}$$

Zieht man beiderseits die Quadratwurzel (man beachte dabei wiederum 8.1., Beispiel 3!), so ergibt sich

$$\left|x - \frac{5}{2}\right| = \frac{1}{2}$$

Hieraus folgt für

$x - \frac{5}{2} > 0$:

$$+\left(x - \frac{5}{2}\right) = \frac{1}{2}$$

$$x_1 = \frac{1}{2} + \frac{5}{2}$$

$$x_1 = 3$$

und für

$x - \frac{5}{2} < 0$:

$$-\left(x - \frac{5}{2}\right) = \frac{1}{2}$$

$$-x_2 = \frac{1}{2} - \frac{5}{2}$$

$$x_2 = 2$$

Probe

für x_1: $3^2 - 5 \cdot 3 + 6 \mid 0$
$9 - 15 + 6 = 0$

für x_2: $2^2 - 5 \cdot 2 + 6 \mid 0$
$4 - 10 + 6 = 0$

Beide Ergebnisse stimmen. Die Lösungsmenge ist also $L = \{2;\ 3\}$.

Der hier beschrittene Weg kann bei der Lösung *jeder* gemischtquadratischen Gleichung eingeschlagen werden. Löst man beispielsweise in ähnlicher Weise die gemischtquadratische Gleichung

$$x^2 + px + q = 0,$$

so erhält man

$$x^2 + px = -q$$

$$x^2 + px + \left(\frac{p}{2}\right)^2 = -q + \left(\frac{p}{2}\right)^2$$

$$\left(x + \frac{p}{2}\right)^2 = \left(\frac{p}{2}\right)^2 - q$$

$$\left|x + \frac{p}{2}\right| = \sqrt{\left(\frac{p}{2}\right)^2 - q}$$

$x + \frac{p}{2} > 0$: $\quad +\left(x + \frac{p}{2}\right) = \sqrt{\left(\frac{p}{2}\right)^2 - q}$

$$x_1 = -\frac{p}{2} + \sqrt{\left(\frac{p}{2}\right)^2 - q}$$

$x + \frac{p}{2} < 0$: $\quad -\left(x + \frac{p}{2}\right) = \sqrt{\left(\frac{p}{2}\right)^2 - q}$

$$x_2 = -\frac{p}{2} - \sqrt{\left(\frac{p}{2}\right)^2 - q}$$

Dieses Ergebnis kann als *Lösungsformel* für jede quadratische Gleichung, die in der Normalform gegeben ist, verwendet werden.

Die Lösungen x_1 und x_2 der in der Normalform gegebenen quadratischen Gleichung $x_2 + px + q = 0$ lauten

$$x_1 = -\frac{p}{2} + \sqrt{\left(\frac{p}{2}\right)^2 - q} \quad \text{und} \quad x_2 = -\frac{p}{2} - \sqrt{\left(\frac{p}{2}\right)^2 - q} \tag{86}$$

Zuweilen schreibt man diese Lösungsformel auch in der Form

$$x_{1,2} = -\frac{p}{2} \pm \sqrt{\left(\frac{p}{2}\right)^2 - q} \tag{86a}$$

BEISPIELE

Es wird dem Leser empfohlen, die folgenden Beispiele, die mit Hilfe der Lösungsformel gelöst werden, zur Übung auch auf dem umständlicheren Weg über die quadratische Ergänzung zu lösen.

2. $x^2 + 8x + 12 = 0; \qquad x \in R.$

   Lösung: In diesem Beispiel ist $p = 8$ und $q = 12$. Die Anwendung der Lösungsformel ergibt:

   $$x_{1,2} = -4 \pm \sqrt{(-4)^2 - 12} = -4 \pm 2$$

   $$x_1 = -6 \qquad x_2 = -2 \qquad \text{Probe!}$$

3. $x^2 - 0{,}7x - 4{,}5 = 0; \qquad x \in R.$

   Lösung: $p = -0{,}7 \qquad q = -4{,}5$

   $$x_{1,2} = +0{,}35 \pm \sqrt{0{,}35^2 + 4{,}5} = 0{,}35 \pm \sqrt{0{,}1225 + 4{,}5}$$

   $$= 0{,}35 \pm 2{,}15$$

   $$x_1 = 2{,}5 \qquad x_2 = -1{,}8 \qquad \text{Probe!}$$

4. $x^2 - 2ax + a^2 - b^2 = 0 \quad \textit{mit } b \geqq 0 \quad \text{und} \quad x \in R.$

   Lösung: $x_{1,2} = +a \pm \sqrt{a^2 - (a^2 - b^2)} = a \pm \sqrt{b^2}$

   $$x_{1,2} = a \pm b$$

   $$x_1 = a + b \qquad x_2 = a - b \qquad \text{Probe!}$$

5. $x^2 - 14x + 49 = 0; \qquad x \in R.$

   Lösung: $x_{1,2} = 7 \pm \sqrt{7^2 - 49} = 7 \pm 0$

   $$x_1 = x_2 = 7 \qquad \text{Probe!}$$

Im Beispiel 5 haben beide Lösungen der quadratischen Gleichung denselben Wert. Man spricht in einem solchen Falle von einer *Doppellösung* bzw. einer *Doppelwurzel* der Gleichung.

BEISPIELE

6. $x^2 - 6x + 4 = 0; \qquad x \in R.$

   Lösung: $x_{1,2} = 3 \pm \sqrt{3^2 - 4} = 3 \pm \sqrt{5}$

   $$x_1 = 3 + \sqrt{5} \approx 5{,}2361 \qquad x_2 = 3 - \sqrt{5} \approx 0{,}7639$$

Probe: Es wäre verfehlt, die Probe für diese Gleichung mit den beiden Näherungswerten 5,2361 bzw. 0,7639 durchzuführen, da der dabei entstehende Arbeitsaufwand wesentlich größer ist als der, der beim Rechnen mit den genauen Werten entsteht.

Probe für x_1:

$$(3+\sqrt{5})^2 - 6\cdot(3+\sqrt{5}) + 4 \quad \Big| \; 0$$
$$9 + 6\cdot\sqrt{5} + 5 - 18 - 6\cdot\sqrt{5} + 4 \quad \Big| \; 0$$
$$0 = 0$$

Die Probe für x_2 sei dem Leser überlassen.
Beide Ergebnisse stimmen.

7. *Für welche Werte von x gilt* $x^2 - 6x - 40 < 0$ *und* $x \in R$.

Lösung: Man löst die Ungleichung am besten mit Hilfe der quadratischen Ergänzung, wobei die Regeln für das Rechnen mit Ungleichungen zu beachten sind.

$$x^2 - 6x - 40 < 0$$
$$x^2 - 6x < 40$$
$$x^2 - 6x + 3^2 < 40 + 3^2 = 49$$
$$(x-3)^2 < 49$$

Diese Ungleichung ist erfüllt für

$$|x - 3| < 7,$$

d. h., es muß

$$+(x-3) < 7 \qquad \text{oder} \qquad -(x-3) < 7$$

sein. Daraus folgt, daß

$$x < 10 \qquad \text{und} \qquad x > -4$$

sein muß.
Die Ungleichung $x^2 - 6x - 40 < 0$ ist demnach erfüllt für alle $x \in (-4;\ +10)$.

Probe!

8. *Die Summe der Quadrate zweier aufeinanderfolgender natürlicher Zahlen ist 25. Wie heißen die beiden Zahlen?*

Lösung: Die beiden Zahlen seien x und y. Durch die Aufgabenstellung ist der Definitionsbereich eingeschränkt auf

$$D: \begin{cases} x \in N \\ y \in N \end{cases}$$

Da es sich um zwei aufeinanderfolgende Zahlen handeln soll, muß

$$y = x + 1$$

sein, und da die Summe der Quadrate 25 sein soll, muß

$$x^2 + y^2 = 25$$

gelten.
Damit haben wir ein System von zwei Gleichungen mit zwei Variablen

$$\left| \begin{aligned} y &= x + 1 \\ x^2 + y^2 &= 25 \end{aligned} \right|$$

zu lösen. Es eignet sich das Einsetzverfahren. Man erhält

$$x^2 + (x+1)^2 = 25$$

$$2x^2 + 2x - 24 = 0$$

$$x^2 + x - 12 = 0$$

$$x_1 = 3 \qquad x_2 = -4$$

Die Lösung x_2 entfällt, da sie nicht dem Definitionsbereich des Gleichungssystems angehört. Aus $x_1 = 3$ erhält man schließlich $y = 4$.
Die beiden gesuchten Zahlen sind also 3 und 4.

Probe!

13.2.3.3. Die Lösung der allgemeinen Form der quadratischen Gleichung

Da in der allgemeinen Form $Ax^2 + Bx + C = 0$ der quadratischen Gleichung $A \neq 0$ vorausgesetzt werden muß, kann jede in der allgemeinen Form gegebene quadratische Gleichung durch A dividiert und somit *auf die Normalform zurückgeführt* werden.

BEISPIELE

1. $120x^2 - 949x + 1\,173 = 0; \qquad x \in R.$

   Lösung: Division durch 120:

   $$x^2 - \frac{949}{120}x + \frac{1\,173}{120} = 0$$

   Anwendung der Lösungsformel:

   $$x_{1,2} = +\frac{949}{240} \pm \sqrt{\left(\frac{949}{240}\right)^2 - \frac{1\,173}{120}}$$

   $$= \frac{949}{240} \pm \sqrt{\frac{900\,601 - 1\,173 \cdot 2 \cdot 240}{240^2}}$$

   $$= \frac{949}{240} \pm \sqrt{\frac{337\,561}{240^2}} = \frac{949}{240} \pm \frac{581}{240}$$

   $$x_1 = \frac{1\,530}{240} \qquad x_2 = \frac{368}{240}$$

   $$x_1 = \frac{51}{8} \qquad x_2 = \frac{23}{15}$$ Probe!

Bei derartigen Aufgaben lohnt sich natürlich der Einsatz eines elektronischen Taschenrechners. Dabei ist ein planmäßiges Vorgehen zur Lösung der Gleichung unumgänglich, da man sonst sehr schnell den Überblick über den vorgesehenen Lösungsweg verlieren kann.

Folgender Rechenweg kann empfohlen werden:

Eingabe	Anzeige im Display	Bemerkung
949	949	
÷	949	
240	240	
=	3.9541667	$-p/2$

Eingabe	Anzeige im Display	Bemerkung
M	3.9541667	Speichern von $-p/2$
1173	1173	
÷	1173	
120	120	
=	9.775	
+/-	−9.775	$-q$
+	−9.775	
MR	3.9541667	Rückruf von $-p/2$ aus dem Speicher
X^2	15.635434	$(p/2)^2$
=	5.860434	$\left(\frac{p}{2}\right)^2 - q$
√	2.4208333	$\sqrt{\left(\frac{p}{2}\right)^2 - q}$
+	2.4208333	
MR	3.9541667	Rückruf von $-p/2$ aus dem Speicher
=	6.357	$-\frac{p}{2} + \sqrt{\ldots} = x_1$
−	6.357	
MR	3.9541667	
=	2.4208333	$\sqrt{\ldots}$
=	−1.5333333	$\sqrt{\ldots} + \frac{p}{2}$
+/-	1.5333333	$-\frac{p}{2} - \sqrt{\ldots} = x_2$

2. $\frac{a}{x} - b = \frac{a}{b} - x$ mit $x \in R\backslash\{0\}$ und $0 < b^2 \leqq a$.

Lösung: Multiplikation der Gleichung mit dem Hauptnenner bx:

$$ab - b^2x = ax - bx^2$$

Ordnen: $bx^2 - (a + b^2)x + ab = 0$

Division durch b:

$$x^2 - \frac{a + b^2}{b} \cdot x + a = 0$$

$$x_{1,2} = \frac{a + b^2}{2b} \pm \sqrt{\left(\frac{a + b^2}{2b}\right)^2 - a}$$

$$= \frac{a+b^2}{2b} \pm \sqrt{\frac{a^2+2ab^2+b^4-4ab^2}{4b^2}}$$

$$= \frac{a+b^2}{2b} \pm \sqrt{\frac{a^2-2ab^2+b^4}{4b^2}}$$

$$= \frac{a+b^2}{2b} \pm \sqrt{\left(\frac{a-b^2}{2b}\right)^2} = \frac{a+b^2}{2b} \pm \frac{a-b^2}{2b}$$

$$x_1 = \frac{a}{b} \qquad x_2 = b \qquad \text{Probe!}$$

13.3. Beziehungen zwischen den Koeffizienten und den Lösungen einer quadratischen Gleichung

13.3.1. Die Diskriminante

Die bisherigen Beispiele haben gezeigt, daß die quadratischen Gleichungen im allgemeinen *zwei Lösungen* haben.
Maßgebend für die Art der Lösungen der quadratischen Gleichung

$$x^2 + px + q = 0$$

ist der in der Lösungsformel (86) auftretende Radikand

$$\left(\frac{p}{2}\right)^2 - q,$$

der **Diskriminante**[1]) der quadratischen Gleichung genannt wird.
Es ist leicht einzusehen, daß folgende Fälle auftreten können:

1. Fall: $\left(\frac{p}{2}\right)^2 - q > 0.$ Die quadratische Gleichung hat *zwei* voneinander verschiedene *Lösungen.*

2. Fall: $\left(\frac{p}{2}\right)^2 - q = 0.$ Beide Lösungen haben denselben Wert. Man sagt, die Gleichung hat *eine Doppelwurzel.*

3. Fall: $\left(\frac{p}{2}\right)^2 - q < 0.$ Da es im Bereich der reellen Zahlen nicht möglich ist, Quadratwurzeln aus negativen Zahlen zu ziehen, kann die quadratische Gleichung in diesem Falle zunächst nicht gelöst werden.

13.3.2. Der Wurzelsatz von VIETA[2])

Addiert man die beiden Lösungen

$$x_1 = -\frac{p}{2} + \sqrt{\left(\frac{p}{2}\right)^2 - q} \quad \text{und} \quad x_2 = -\frac{p}{2} - \sqrt{\left(\frac{p}{2}\right)^2 - q}$$

[1]) discriminare (lat.) unterscheiden

[2]) FRANCOIS VIETA (1540 bis 1603); franz. Mathematiker

der quadratischen Gleichung

$$x^2 + px + q = 0$$

so erhält man

$$x_1 + x_2 = -p$$

Multipliziert man die beiden Lösungen miteinander, so ergibt sich

$$x_1 \cdot x_2 = \left(-\frac{p}{2} + \sqrt{\left(\frac{p}{2}\right)^2 - q}\right) \cdot \left(-\frac{p}{2} - \sqrt{\left(\frac{p}{2}\right)^2 - q}\right)$$

$$= \left(\frac{p}{2}\right)^2 - \left[\left(\frac{p}{2}\right)^2 - q\right]$$

$$x_1 \cdot x_2 = q.$$

Ergebnis: Sind x_1 und x_2 die Lösungen der quadratischen Gleichung $x^2 + px + q = 0$, so gelten die Beziehungen

$$\boxed{x_1 + x_2 = -p \quad \text{und} \quad x_1 \cdot x_2 = q} \qquad (87)$$

In Worten:

Die Summe der Lösungen einer quadratischen Gleichung stimmt bis auf das Vorzeichen mit dem Koeffizienten des linearen Gliedes überein. Das Produkt der Lösungen ist gleich dem absoluten Gliede.

Diese Eigenschaft der Lösungen einer quadratischen Gleichung wird **Wurzelsatz von Vieta** genannt
Der Wurzelsatz von Vieta eignet sich besonders für die Probe bei quadratischen Gleichungen sowie für das Erraten der Lösungen einer quadratischen Gleichung mit ganzzahligen Koeffizienten.

BEISPIELE

1. *Die Gleichung* $x^2 - 11x + 24 = 0$ *hat die beiden Lösungen* $x_1 = 3$ *und* $x_2 = 8$. *Diese beiden Lösungen kann man leicht durch Raten finden, wenn man das Absolutglied 24 so in zwei Faktoren aufspaltet, daß deren Summe den entgegengesetzten Wert des Koeffizienten* -11 *des Lineargliedes ergibt:* $x_1 \cdot x_2 = 3 \cdot 8 = 24$, $x_1 + x_2 = 3 + 8 = +11$.

2. *Von der quadratischen Gleichung* $x^2 + 15x - 250 = 0$ *läßt sich die eine Lösung* $x_1 = 10$ *auch ohne Rechnung durch systematisches Probieren leicht ermitteln. Nach dem Wurzelsatz von Vieta muß dann die andere Lösung* $x_2 = -25$ *sein, denn* $x_1 \cdot x_2 = 10 \cdot (-25) = -250$ *und* $x_1 + x_2 = -15$ *(der Koeffizient des linearen Gliedes der Gleichung ist* $+15$*).*

3. *Die Gleichung* $x^2 - 8x - 316 = 0$ *hat die beiden Lösungen* $x_1 = 4 + 2 \cdot \sqrt{83}$ *und* $x_2 = 4 - 2 \cdot \sqrt{83}$.

   Die Probe mit Hilfe des Wurzelsatzes von Vieta liefert: $x_1 + x_2 = (4 + 2 \cdot \sqrt{83}) + (4 - 2 \cdot \sqrt{83}) = +8$; *Übereinstimmung mit dem entgegengesetzten Wert des Koeffizienten des Lineargliedes ist vorhanden.*

   $x_1 \cdot x_2 = (4 + 2 \cdot \sqrt{83})(4 - 2 \cdot \sqrt{83}) = 16 - 4 \cdot 83 = 16 - 332 = -316$; *Übereinstimmung mit dem Absolutglied.*

   Die beiden Werte $x_1 = 4 + 2 \cdot \sqrt{83}$ und $x_2 = 4 - 2 \cdot \sqrt{83}$ *sind demnach Lösungen der gegebenen Gleichung.*

   Diese Art der Probe bei einer quadratischen Gleichung ist wesentlich rationeller als das Einsetzen der beiden gefundenen Lösungswerte in die Ausgangsgleichung.

4. *Die Gleichung $x^2 - 8x + 16 = 0$ hat die Doppellösung $x_1 = x_2 = 4$.*
Hier ist $x_1 + x_2 = +8$ (in der Gleichung steht -8), $x_1 \cdot x_2 = 16$ (Absolutglied).
Damit ist die Richtigkeit des Ergebnisses $x_1 = x_2 = 4$ gesichert.

13.3.3. Produktform quadratischer Terme

Sind x_1 und x_2 die beiden Lösungen der quadratischen Gleichung

$$x^2 + px + q = 0,$$

so gilt nach dem Wurzelsatz von VIETA

$$p = -(x_1 + x_2)$$

und $$q = x_1 \cdot x_2$$

Setzt man diese Werte für p und q in die quadratische Gleichung ein, so ergibt sich

$$x^2 - (x_1 + x_2)\,x + x_1x_2 = 0$$
$$x^2 - x_1x - x_2x + x_1x_2 = 0$$
$$x(x - x_1) - x_2(x - x_1) = 0$$
$$(x - x_1) \cdot (x - x_2) = 0$$

Ergebnis:

Hat die quadratische Gleichung

$$x^2 + px + q = 0$$

die beiden Lösungen x_1 und x_2, so läßt sich deren linke Seite als Produkt der beiden Linearfaktoren $x - x_1$ und $x - x_2$ darstellen:

$$\boxed{x^2 + px + q = (x - x_1)\,(x - x_2) = 0} \qquad (88)$$

Folgerung:

Ist x_1 eine Lösung der quadratischen Gleichung

$$x^2 + px + q = 0,$$

so läßt sich der quadratische Term

$$x^2 + px + q$$

ohne Rest durch $x - x_1$ dividieren:

$$(x^2 + px + q) : (x - x_1) = x - x_2$$

Diese beiden Sätze werden vor allem bei der Faktorenzerlegung quadratischer Terme und in der Theorie der Gleichungen höheren Grades benötigt.

BEISPIELE

1. *Der Term $x^2 - 5x - 6$ ist in Linearfaktoren zu zerlegen.*

Lösung: Die quadratische Gleichung $x^2 - 5x - 6 = 0$ hat die beiden Lösungen $x_1 = -1$ und $x_2 = 6$. Folglich ist

$$x^2 - 5x - 6 = [x - (-1)] \cdot [x - 6]$$
$$x^2 - 5x - 6 = (x + 1)\,(x - 6) \qquad \text{Nachprüfen!}$$

2. *Der Term $16u^2 + 56u + 49$ ist in Linearfaktoren zu zerlegen.*

Lösung: $16u^2 + 56u + 49 = 16\left(u^2 + \frac{7}{2}u + \frac{49}{16}\right)$

Die quadratische Gleichung

$$u^2 + \frac{7}{2}u + \frac{49}{16} = 0$$

hat die Doppellösung

$$u_1 = u_2 = -\frac{7}{4}$$

Folglich ist

$$u^2 + \frac{7}{2}u + \frac{49}{16} = \left[u - \left(-\frac{7}{4}\right)\right] \cdot \left[u - \left(-\frac{7}{4}\right)\right] = \left(u + \frac{7}{4}\right)^2$$

$$u^2 + \frac{7}{2}u + \frac{49}{16} = \frac{(4u+7)^2}{16}$$

Daraus folgt

$$16u^2 + 56u + 49 = (4u + 7)^2 \qquad \text{Nachprüfen!}$$

3. *Der Term $abx^2 - (a^2 + b^2)x + ab$ soll in Linearfaktoren zerlegt werden.* $(a, b \neq 0)$

Lösung: Es ist

$$abx^2 - (a^2 + b^2)x + ab = ab \cdot \left(x^2 - \frac{a^2 + b^2}{ab} \cdot x + 1\right)$$

Die quadratische Gleichung

$$x^2 - \frac{a^2 + b^2}{ab} \cdot x + 1 = 0$$

hat die Lösungen

$$x_1 = \frac{a}{b} \quad \text{und} \quad x_2 = \frac{b}{a},$$

so daß

$$x^2 - \frac{a^2 + b^2}{ab} \cdot x + 1 = \left(x - \frac{a}{b}\right)\left(x - \frac{b}{a}\right)$$

ist. Daraus folgt

$$abx^2 - (a^2 + b^2)x + ab = ab\left(x - \frac{a}{b}\right)\left(x - \frac{b}{a}\right)$$

$$= b \cdot \left(x - \frac{a}{b}\right) \cdot a \cdot \left(x - \frac{b}{a}\right)$$

$$abx^2 - (a^2 + b^2)x + ab = (bx - a)(ax - b) \qquad \text{Nachprüfen!}$$

AUFGABEN

284. a) $x^2 - 876{,}16 = 0$
b) $9x^2 - 16 = 0$
c) $3 - 4x^2 = 5 - 6x^2$
d) $ax^2 + 5x^2 = 2x^2 - bx^2$
e) $49x^2 + 16 = 0$
f) $(7x - 2)(7x + 2) = 60$
g) $9(x^2 + 7) = 7(x^2 + 9)$
h) $\sqrt{x + 15} - \sqrt{5x - 77} = \frac{16}{\sqrt{x + 15}}$

285. a) $\frac{7x+5}{7+5x} = \frac{9x-8}{9-8x}$ b) $\frac{x^2-5x+11}{x^2-7x+83} = \frac{5}{7}$

c) $\sqrt{x+4} - \sqrt{x-4} = \frac{x+1}{\sqrt{x+4}}$ d) $\sqrt{5+x} - \sqrt{25-3x} = 2\sqrt{5-x}$

e) $\sqrt{a+x} + \sqrt{a-x} = 2\sqrt{a}$ f) $\sqrt{a+x} + \sqrt{a-x} = \sqrt{2a}$

g) $\frac{x+1}{x-1} + \frac{x-1}{x+1} = 3\frac{1}{3}$ h) $(x-3)^2 = 16$ i) $(x-a)^2 = b^2$

286. a) $7x^2 + 3x = 0$ b) $ux^2 - vx = 0$

c) $13x = 8x^2$ d) $3(x+2)^2 = 5x^2 + 12$

e) $(a+x)(a-x) = a^2 - bx$ f) $7x^2 - \frac{5}{3}x = 0$

g) $\frac{a}{b}x^2 + \frac{b}{a}x = 0$ h) $x^2 + 2px = 0$

287. Bilde die quadratische Ergänzung und schreibe als vollständiges Quadrat:

a) $x^2 - 4x$ b) $x^2 + \frac{2}{7}x$ c) $a^2 - \frac{4}{3}a$ d) $m^2 - 0{,}6m$

e) $x^2 + 15x$ f) $b^2 - 5bc$ g) $p^2q^2 - 8pqr$ h) $4x^2 + 12x$

i) $c^2 + 6{,}7cd$ k) $9a^2 - 24ab$

288. Löse mit Hilfe der quadratischen Ergänzung:

a) $x^2 + 6x - 55 = 0$ b) $x^2 - 4x - 21 = 0$

c) $x^2 - 3{,}6x + 1{,}28 = 0$ d) $x^2 + 1{,}8x + 0{,}81 = 0$

e) $\frac{3}{8}x^2 - \frac{9}{20}x + \frac{2}{15} = 0$ f) $14 = 9x^2 - 15x$

g) $30x^2 - 41x = -13$ h) $x^2 - \frac{1}{5}x = 2{,}55$

289. Löse mit Hilfe der Lösungsformel:

a) $x^2 - 6x + 5 = 0$ b) $x^2 + 5x - 14 = 0$

c) $x^2 + 4x - 5 = 0$ d) $x^2 - 1 = 0$

e) $x^2 - 4x - 5 = 0$

290. a) $2x^2 - 19x + 9 = 0$ b) $16x^2 + 120x + 221 = 0$

c) $5x^2 + 87x - 506 = 0$ d) $24x^2 + 11x - 105 = 0$

e) $5x^2 + 34x + 55{,}35 = 0$ f) $16x^2 - 97x + 85 = 0$

g) $2x^2 - 6bx + 5cx - 15bc = 0$ h) $12x^2 - x - 6 = 0$

i) $5x^2 - 27ax + 10a^2 = 0$ k) $17x^2 - 152x + 336 = 0$

291. a) $0{,}3x^2 - 3x + 6 = 0$ b) $\frac{4}{3}x^2 - 8x + 11 = 0$

c) $3x^2 - 10bx + 3b^2 = 0$ d) $\frac{1}{2}x^2 - \frac{5}{2}x - 1 = 0$

e) $2{,}5x^2 - 46x + 192{,}5 = 0$ f) $\frac{1}{3}x^2 + 3x + \frac{19}{3} = 0$

g) $\sqrt{15}\,x^2 - 5\sqrt{3}\,x + 3\sqrt{5}\,x - 15 = 0$ h) $\frac{4}{3}\sqrt{5}\,x^2 + \frac{4}{3}\sqrt{5}\,x = 5x + 5$

292. a) $(x-4)^2 + (x-7)^2 = 29$

b) $(x+4)^2 - (x-5)^2 - (x-1)^2 = 14x - 1$

c) $2(x-3)^2 - 3(x-5)^2 - 4(x-7)^2 - (3x-5) = 0$

d) $x^2 - 2bx - a^2 + b^2 = 0$

e) $x^2 - 4ax - 4bx + 3a^2 + 10ab + 3b^2 = 0$

f) $\left(\frac{1}{2}x-2\right)^2+(x-4)^2-\left(\frac{3}{5}x+1\right)^2+4\left(\frac{1}{5}x-1\right)^2=0$

g) $\frac{1}{a}x^2-\frac{\sqrt{a}}{a}x+x-\sqrt{a}=0$

293. a) $\frac{5x-1}{6x-9}-\frac{9x-4}{8x+12}-\frac{3x+8}{4x^2-9}=\frac{1}{2}$
b) $\frac{2x+1}{x-1}-\frac{3x-4}{x+1}=\frac{3x+3}{x^2-1}$
c) $1+\frac{8}{x-4}-\frac{16}{x^2-16}=0$
d) $\frac{5}{6x}-\frac{2x-3}{6x-4}-\frac{3x^2-1}{9x^2-6x}=\frac{1}{6}$
e) $\frac{2x-1}{x+3}-\frac{1-x}{x}-\frac{3(x-2)}{x-1}=0$
f) $\frac{2x-1}{x+3}-\frac{11}{8x}-\frac{3x-12}{4x+12}=1$
g) $\frac{x-8a}{8x-48a}-\frac{2ax+5a^2}{x^2-36a^2}+\frac{72a+13x}{24x+144a}=\frac{5}{12}$
h) $\frac{x-2a}{2x-8a}=\frac{x}{x-6a}$
i) $\frac{x-3}{2x+7}-\frac{3x+1}{x-5}=0$

294. a) $1-\frac{8}{x-4}=\frac{5}{3-x}-\frac{8-x}{x+2}$
b) $\frac{x+1}{4x}-\frac{5x-1}{2x-4}=\frac{8-x}{3x^2-6x}-\frac{x-5}{x-2}$
c) $\frac{2}{x^2-4}-\frac{1}{x^2-2x}+\frac{x-4}{x^2+2x}=0$
d) $\frac{1}{x-6}+\frac{1}{x-4}=\frac{1}{x+2}+\frac{1}{x-7}$
e) $\frac{8a^2}{x^2-a^2}+\frac{2a}{x+a}=-\frac{x}{a-x}$
f) $\frac{x}{a}-\frac{1}{bx-ax}+\frac{b}{a^2x-abx}=\frac{2}{a-b}$
g) $a^2-\frac{a^2-b^2}{2x-x^2}=\frac{b^2(x+2)}{x-2}$
h) $\frac{1}{a-c}+\frac{1}{cx^2-ax}=\frac{d-dx}{a^2-acx-ac+c^2x}$

295. a) $4x-7-2\sqrt{8x+1}=2x-9$
b) $\sqrt{3x+1}-\sqrt{2x-7}=2$
c) $3\sqrt{x+5}-2\sqrt{x+12}=1$
d) $\sqrt{5x-4}=1+\sqrt{3x+1}$
e) $\sqrt{2x-1+\sqrt{8x+9}}=4$
f) $\sqrt{20x-1}=\sqrt{4x+3}+\sqrt{8x-2}$
g) $\sqrt{2x+2}-\sqrt{x-1}-\sqrt{21-x}=0$
h) $\sqrt{35x+3}-\sqrt{7x-9}=\sqrt{14x+6}$
i) $\sqrt{8x+1}-\sqrt{3x-5}-\sqrt{4x-3}=0$
k) $\sqrt{5x+a}-\sqrt{2x+2a}=\sqrt{x-3a}$

296. Löse mit Hilfe des VIETAschen Wurzelsatzes:

a) $x^2-4x-21=0$
b) $x^2-7x-8=0$
c) $x^2-6x+9=0$
d) $x^2+x-72=0$
e) $x^2+9x+14=0$
f) $x^2+9x-112=0$
g) $3x^2+6x+3=0$
h) $x^2-34x+288=0$
i) $4x^2+40x+96=0$
k) $x^2-(a-b)x-ab=0$

297. Prüfe die Lösungen der folgenden quadratischen Gleichungen mit Hilfe des VIETAschen Wurzelsatzes auf ihre Richtigkeit:

a) $x^2+13x-30=0$	$x_1=2$	$x_2=-15$
b) $x^2-29x-210=0$	$x_1=-6$	$x_2=35$
c) $-x^2+10x-21=0$	$x_1=-3$	$x_2=-7$
d) $x^2-4x+1=0$	$x_1=2+\sqrt{3}$	$x_2=2-\sqrt{3}$
e) $5x^2-25x+24=0$	$x_1=1$	$x_2=24$
f) $12x^2+19x-18=0$	$x_1=\frac{2}{3}$	$x_2=-2\frac{1}{4}$
g) $x^2-6x+3=0$	$x_1=3+\sqrt{7}$	$x_2=3-\sqrt{7}$
h) $-0{,}5x^2-3{,}45x+11{,}16=0$	$x_1=1{,}8$	$x_2=6{,}2$

298. Gib die quadratischen Gleichungen an, die die folgenden Lösungen besitzen:

a) $x_1 = 2$ $\quad x_2 = 5$ b) $x_1 = -3$ $\quad x_2 = 7$
c) $x_1 = -14$ $\quad x_2 = -11$ d) $x_1 = -129$ $\quad x_2 = 3$
e) $x_1 = 4\frac{1}{3}$ $\quad x_2 = -\frac{5}{6}$ f) $x_1 = 7 + \sqrt{2}$ $\quad x_2 = 7 - \sqrt{2}$
g) $x_1 = -7{,}2$ $\quad x_2 = 0{,}8$ h) $x_1 = 2a$ $\quad x_2 = -\frac{1}{3}a$

299. Zerlege die folgenden quadratischen Ausdrücke in Linearfaktoren:

a) $x^2 - 11x + 24$ b) $2x^2 + 4x - 70$
c) $x^2 + x - 12$ d) $6x^2 + x - 40$
e) $\sqrt{2}\,x^2 - 4x - 30\sqrt{2}$ f) $25x^2 - 378x + 45$
g) $bx^2 + (1 - ab)x - a$ h) $15x^2 + 17xy - 18y^2$
i) $x^2 + ax + bx - 2a^2 - 2b^2 + 5ab$
k) $120x^2 - 100ux + 6\sqrt{3}\,vx - 120u^2 + 199\sqrt{3}\,uv - 216v^2$

300. a) $x^2 - 4 < 0$ b) $9x^2 - 25 < 0$ c) $7x^2 + 10 < 0$
d) $x^2 - 7x + 10 < 0$ e) $x^2 + 10x < -21$ f) $x^2 < 11x + 12$
g) $x^2 - 8x + 8 > 1$ h) $4 + x^2 > 5$
i) $2x^2 + 18x + 21 > x^2 + 5x - 9$ k) $6x^2 + 11x < -7$

14. Funktionen

14.1. Begriffsbestimmungen

14.1.1. Der Begriff der Abbildung

Zu den fundamentalen Begriffen der Mathematik gehören die beiden Begriffe „Abbildung“ und „Funktion“, die im folgenden zunächst an einigen Beispielen erläutert und danach exakt definiert werden sollen.

BEISPIELE

1. Betrachten wir die Häuser eines beliebigen Ortes sowie die Einwohner dieser Ortschaft. Dann ist doch jedes Haus die Wohnstätte für ganz bestimmte Bewohner des Ortes. Man kann diese Feststellung auch so formulieren, daß man sagt: Jedem Hause sind ganz bestimmte Einwohner des Ortes „zugeordnet“, die ihre Wohnung in diesem Hause haben.
Auf diese Weise besteht ein Zusammenhang zwischen den Häusern und den Einwohnern des Ortes: Es läßt sich für jedes Haus angeben, welcher Einwohner darin wohnt und welcher nicht.

2. Betrachten wir die Familiennamen der Schüler einer Klasse. Dann gehört zu jedem Familiennamen ein ganz bestimmter Schüler, ja es kann sogar vorkommen, daß mehrere Schüler ein und denselben Familiennamen haben. – Auch hier treten ähnliche Verhältnisse wie im ersten Beispiel auf: Jedem Familiennamen sind ganz bestimmte Schüler „zugeordnet“.

3. Betrachten wir die polizeilichen Kennzeichen aller zugelassenen Kraftfahrzeuge. Hier ist jedem polizeilichen Kennzeichen ein ganz bestimmtes Kraftfahrzeug zugeordnet. Für die Verkehrspolizei ist die Angabe der Kraftfahrzeugnummer genau so viel wert wie eine bis ins kleinste Detail gehende Beschreibung eines bestimmten Kraftfahrzeuges. Sie kann das entsprechende Fahrzeug schon allein auf Grund des polizeilichen Kennzeichens identifizieren.

4. Betrachten wir die Menge Q aller Quadratzahlen:

$$Q = \{0; 1; 4; 9; 16; 25; \ldots\}.$$

Dann gibt es aus der Menge G der ganzen Zahlen

$$G = \{\ldots -3; -2; -1; 0; 1; 2; 3; \ldots\}$$

jeweils zwei Zahlen, deren Quadrate jeweils mit einer Zahl aus der Menge Q übereinstimmen. So sind beispielsweise der Zahl $9 \in Q$ die beiden Zahlen $-3 \in G$ sowie $3 \in G$ durch die genannte Forderung zugeordnet.

5. Betrachten wir zwei Geraden g_1 und g_2 sowie zwei außerhalb dieser Geraden liegende Punkte P_1 und P_2 (Bild 35). Zieht man durch die beiden Punkte P_1 und P_2 jeweils eine Gerade, die g_1 in einem Punkte A schneiden möge, so schneiden diese beiden zusätzlich eingezeichneten Geraden die Gerade g_2 in zwei weiteren Punkten: in A' und A''. Auf diese Weise werden also dem Punkte $A \in g_1$ durch die genannte Vorschrift die beiden Punkte $A' \in g_2$ sowie $A'' \in g_2$ zugeordnet. – In Bild 35 sind diese Verhältnisse noch für zwei weitere Punkte eingezeichnet worden: Dem Punkte $B \in g_1$ sind die beiden Punkte $B' \in g_2$ und $B'' \in g_2$ sowie dem Punkte $C \in g_1$ die Punkte $C' \in g_2$ und $C'' \in g_2$ zugeordnet.

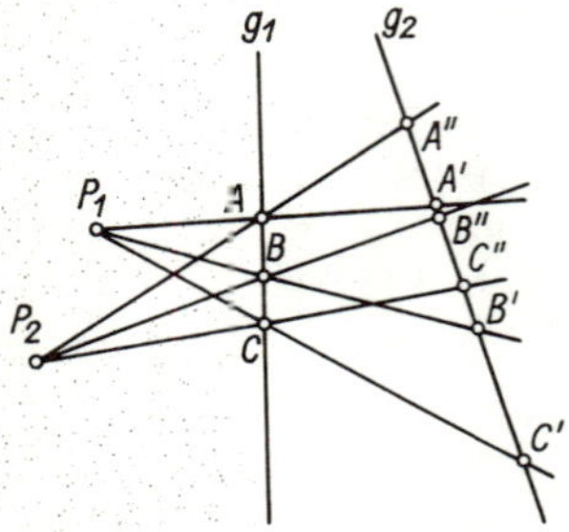

Bild 35

Bei allen hier angeführten Beispielen treten gewisse Gemeinsamkeiten auf.
Zunächst haben wir es in jedem Beispiel mit zwei Mengen zu tun. Im Beispiel 1 sind es die Menge der Häuser einerseits und die Menge der Bewohner des Ortes andererseits. Im Beispiel 2 können wir die Menge der Familiennamen sowie die Menge der Schüler der Klasse anführen; im dritten Beispiel handelt es sich um die Menge der polizeilichen Kennzeichen sowie um die Menge der Kraftfahrzeuge; im Beispiel 4 sind es die beiden Mengen Q und G und schließlich im Beispiel 5 die Punktmengen der Geraden g_1 und g_2.
Ferner fällt auf, daß in jedem Beispiel den Elementen der zuerst genannten Menge durch eine bestimmte Vorschrift jeweils bestimmte Elemente der zweiten Menge zugeordnet werden, wobei es ohne weiteres vorkommen kann, daß ein Element der ersten Menge auch mehrere „Partner" aus der zweiten Menge haben darf (Beispiel 1, 2, 4 und 5). Es werden also in gewisser Weise jeweils „Paare" gebildet, wobei der eine Partner aus der einen, der andere Partner aus der anderen Menge entnommen wird.
Verallgemeinert man diese Beispiele, so kommt man auf den Begriff der **Abbildung**, der wie folgt definiert ist:

Eine **Abbildung ist eine Menge geordneter Paare** $(x; y)$.[1]) Dabei werden den Elementen x aus einer Menge X auf eine bestimmte Weise Elemente y aus einer Menge Y zugeordnet. Die Menge X heißt dabei **Definitionsbereich**, die Menge Y **Wertebereich** der Abbildung.[2])

[1]) Die Schreibweise $(x; y)$ tritt nunmehr in zwei verschiedenen Varianten auf: einmal als Schreibweise für ein beiderseits offenes Intervall, zum anderen als Schreibweise für ein geordnetes Paar. Es ist jedoch aus dem Zusammenhang der Aufgabe stets ersichtlich, welche von beiden Bedeutungen gemeint ist.

[2]) Statt Definitionsbereich findet man auch häufig die Bezeichnung „Urbildbereich", statt Wertebereich die Bezeichnung „Bildbereich".

Unter einem *geordneten Paar* verstehen wir dabei stets die Angabe je eines Elements aus dem Definitionsbereich und des zugeordneten Elements aus dem Wertebereich, wobei das Element aus dem Definitionsbereich immer an erster Stelle geschrieben wird.

BEISPIELE

6. Im Beispiel 4 handelt es sich offensichtlich um eine Abbildung in dem oben definierten Sinne, denn es sind den Elementen der Menge Q jeweils zwei Elemente der Menge G zugeordnet. Die dort angeführte Abbildung ist demnach die Menge der Wertepaare

$$A_4 = \{(0; 0); (1; -1); (1; 1); (4; -2); (4; 2); (9; -3); (9; 3); \;\ldots\}$$

7. Die im Beispiel 5 genannte Abbildung umfaßt die Menge der folgenden Wertepaare:

$$A_5 = \{(A; A'); (A; A''); (B; B'); (B; B''); (C; C'); (C; C''); \ldots\}$$

8. Die Menge der geordneten Paare

$$A_8 = \left\{(1; 1); \left(2; \frac{1}{2}\right); \left(3; \frac{1}{3}\right); \left(4; \frac{1}{4}\right); \left(5; \frac{1}{5}\right); \ldots\right\}$$

ist eine Abbildung, bei der jeder natürlichen Zahl mit Ausnahme der Null ihr Kehrwert zugeordnet wird.
Der Definitionsbereich dieser Abbildung ist

$$D = N,$$

der Wertebereich der Abbildung ist die Menge S der Stammbrüche

$$W = S$$

Als Wertebereich könnte man hier auch das Intervall $(0; 1]$ angeben, denn es ist in der Definition der Abbildung nicht gefordert, daß *jeder* Wert des Wertebereiches erfaßt sein muß.

9. Bei der Menge der geordneten Paare

$$A_9 = \{(1; 0); (2; 0); (2; 1); (3; 0); (3; 1); (3; 2); (4; 0); (4; 1); (4; 2); (4; 3); (5; 0); (5; 1); (5; 2); \ldots\}$$

handelt es sich um eine Abbildung, bei der jeder natürlichen Zahl der Reihe nach alle natürlichen Zahlen zugeordnet werden, die kleiner sind als die Ausgangszahl.
Definitions- und Wertebereich dieser Abbildung stimmen hier überein

$$D = W = N$$

Zusammenfassung:

Bei einer Abbildung handelt es sich um eine Menge von geordneten Paaren $(x; y)$, von denen der erste Partner des Paars dem Definitionsbereich, der zweite Partner dem Wertebereich der Abbildung entnommen ist. Es kann bei einer Abbildung ohne weiteres vorkommen, daß einem Element des Definitionsbereichs mehrere verschiedene Elemente des Wertebereichs zugeordnet werden.

14.1.2. Der Begriff der Funktion

Von besonderer Bedeutung für die Mathematik sind diejenigen Abbildungen, bei denen den Elementen x des Definitionsbereiches X jeweils nur *genau ein* Element y des Wertebereiches Y zugeordnet wird. Solche eindeutige Abbildungen werden **Funktionen** genannt.

Eine **Funktion ist eine Menge geordneter Paare** $(x; y)$. Dabei wird jedem Element x aus einer Menge X *genau ein* Element y aus einer Menge Y zugeordnet.
Die Elemente $x \in X$ heißen **Argumente** oder **unabhängige Variable**, die Elemente $y \in Y$ heißen **Funktionswerte** oder **abhängige Variable** der Funktion.
Die Menge X aller Argumente bildet den **Definitionsbereich**, die Menge Y aller Funktionswerte bildet den **Wertebereich** der Funktion.

Bei der Angabe eines geordneten Paares aus einer Funktion steht also an erster Stelle immer das Argument und an zweiter Stelle der diesem Argument zugeordnete Funktionswert.
Während also bei einer Abbildung innerhalb der Menge der dort gebildeten geordneten Paare ein Vorderglied mehrfach auftreten durfte (Beispiele 1, 2, 4, 5, 6, 7 und 9 aus 14.1.1.), darf bei einer Funktion jedem Argument nur *ein einziger* Funktionswert zugeordnet sein. Das bedeutet, daß bei einer Funktion innerhalb der Menge der geordneten Paare jedes Vorderglied (Argument) *nur einmal* auftreten darf. In diesem Sinne handelt es sich demnach bei den Beispielen 3 und 8 aus 14.1.1. bereits um Funktionen.
Der Begriff der Funktion läßt sich unter Verwendung des Abbildungsbegriffes ganz kurz wie folgt definieren:

Eine Funktion ist eine eindeutige Abbildung.

Funktionen werden häufig durch kleine oder große lateinische oder griechische Buchstaben gekennzeichnet, wobei man besonders die Symbole

$$f,\ g,\ h,\ F,\ \varphi,\ \psi \text{ und } \Phi$$

bevorzugt.
Wenn man eine bestimmte Funktion mathematisch exakt formulieren will, so ist dazu eine sehr umständliche Schreibweise erforderlich. Wollte man z.B. eine Funktion f angeben, die die Eigenschaft besitzt, daß durch sie jedem $x \in R$ sein Quadrat zugeordnet werden soll, so müßte man diesen Sachverhalt als Menge aller geordneten Paare $(x; y)$ schreiben, bei denen $x \in R$, $y \in R$ und $y = x^2$ gelten soll. Dies würde wie folgt aussehen:

$$f = \{(x; y) \mid y = x^2 \wedge x \in R \wedge y \in R\}$$

Wir wollen diese umständliche Schreibweise in Zukunft meist durch die einfachere Schreibweise

$$f\colon \quad y = x^2$$

ersetzen, wobei wir, wenn dies aus der Aufgabenstellung wie hier schon klar hervorgeht, auf die Angabe des Definitionsbereiches und des Wertebereiches verzichten wollen. Wir sollten uns jedoch stets darüber klar sein, daß es sich bei dieser Kurzform

$$f\colon \quad y = x^2$$

um die Menge aller geordneten Paare $(x; y)$ handelt, bei denen jedem Element x eindeutig ein anderes Element y zugeordnet ist, das die Eigenschaft $y = x^2$ hat.
Will man eine allgemeine Zuordnungsvorschrift andeuten, so schreibt man gewöhnlich

$$f\colon \quad y = f(x) \qquad \text{oder} \qquad f\colon \quad y = y(x)$$

oder in ähnlicher Weise und liest dies: „Die Funktion f mit der Gleichung y gleich f von x (bzw. y gleich y von x)" oder noch kürzer: „Die Funktion y gleich f von x".

BEISPIEL

1. *Bei der Registrierung jedes polizeilich zugelassenen Kraftfahrzeuges durch ein polizeiliches Kennzeichen handelt es sich um eine Funktion, denn zu jedem Kennzeichen gehört genau ein Kraftfahrzeug (Beispiel 3 aus 14.1.1.).*

2. *Bei der Menge der geordneten Paare aus Beispiel 8, 14.1.1. handelt es sich ebenfalls um eine Funktion: Jeder natürlichen Zahl ist genau ein Stammbruch zugeordnet. In ausführlicher Schreibweise müßte diese Funktion wie folgt angegeben werden:*

$$f = \left\{(n; s) \mid s = \frac{1}{n} \wedge n \in N \setminus \{0\} \wedge s \in (0; 1]\right\},$$

bzw. in Kurzform:

$$f\colon \quad s = \frac{1}{n} \quad \textit{mit} \quad n \in N \setminus \{0\}$$

(Hier ist die Angabe des Definitionsbereiches erforderlich, da ja beispielsweise auch $R \setminus \{0\}$ in Frage kommen könnte.)

3. *Die Funktion*

$$L = \{(x; y) \mid y = \lg x \wedge x \in (0; \infty) \wedge y \in R\}$$

stellt die Menge der geordneten Paare $(x; y)$ dar, bei denen jedem positiven Argumentwert x dessen dekadischer Logarithmus zugeordnet ist.
Eine kürzere Schreibweise wäre

$$L\colon \quad y = \lg x \quad \textit{mit} \quad x \in (0; \infty)$$

4. *Ordnet man, wie dies in der Schaltalgebra üblich ist, dem Wahrheitswert „wahr" die Dualzahl* L *und dem Wahrheitswert „falsch" die Dualzahl* 0 *zu:*

„wahr" → L *„falsch"* → 0,

so handelt es sich bei der Menge der entstehenden geordneten Paare

$$S = \{(\textit{wahr}; \mathrm{L}); \quad (\textit{falsch}; 0)\}$$

um eine Funktion.
Der Definitionsbereich dieser Funktion ist die Menge $D = \{\textit{wahr}; \textit{falsch}\}$, der Wertebereich die Menge $W = \{0; \mathrm{L}\}$.

Zusammenfassung:

Eine Funktion ist eine Menge von geordneten Paaren $(x; y)$, von denen der erste Partner, das Argument x, dem Definitionsbereich X und der zweite Partner, der Funktionswert y, dem Wertebereich Y entnommen ist. Bei einer Funktion dürfen einem Argument x niemals mehrere Funktionswerte y zugeordnet werden. Eine Funktion ist eine *eindeutige* Abbildung.

14.2. Arten der Darstellung von Funktionen

14.2.1. Darstellung einer Funktion durch die Angabe der geordneten Paare

Da unter einer Funktion die Menge von geordneten Paaren $(x; y)$ verstanden wird, würde es genügen, alle diese geordneten Paare der Reihe nach aufzuzählen, wenn man eine bestimmte Funktion erklären möchte. Dies wird allerdings nicht immer möglich und auch nicht immer zu empfehlen sein, denn es gibt Funktionen, bei denen die Menge der Wertepaare aus sehr vielen bzw. unendlich vielen Elementen besteht.
Es sollen dennoch zwei Beispiele für diese Darstellungsart angegeben werden.

BEISPIELE

1. Die Menge von geordneten Paaren

$$f = \{(1;\ 732);\ (2;\ 527);\ (3;\ -126);\ (4;\ 3{,}141\,59)\}$$

ist eine Funktion. – Der Leser ermittle selbst den Definitions- und den Wertebereich von f. Dagegen ist

$$g = \{(1;\ 0);\ (2;\ 1);\ (3;\ 0);\ (2;\ 0);\ (1;\ 1)\}$$

keine Funktion, denn hier sind den beiden Argumentwerten 1 und 2 jeweils zwei verschiedene Funktionswerte zugeordnet. Es gibt das Wertepaar (1; 0) und (1; 1) sowie (2; 1) und (2; 0). Die Menge g kann nur als Abbildung bezeichnet werden.

2. Eine Schallplattenfirma hat aus Anlaß des Beethovenjahres eine Gesamtaufnahme der Oper FIDELIO herausgebracht. Die Rollenbesetzung ist wie folgt:

DON FERNANDO	Martti Talvela
DON PIZARRO	Theo Adam
FLORESTAN	James King
LEONORE	Gwyneth Jones
ROCCO	Franz Crass
MARZELLINE	Edith Mathis
JAQUINO	Peter Schreier
ERSTER GEFANGENER	Eberhard Büchner
ZWEITER GEFANGENER	Günther Leib
GESAMTLEITUNG	Dr. Karl Böhm

Auch hier handelt es sich um eine Menge geordneter Paare (auch wenn diese Menge nicht in der gewohnten Paarschreibweise angegeben ist), bei denen jeder Person der Handlung ein ganz bestimmter, hervorragender Künstler zugeordnet ist.
Wir können diese Rollenbesetzung also im Sinne der Mathematik ohne weiteres als eine Funktion auffassen. Der Definitionsbereich dieser Funktion besteht aus den verschiedenen zu besetzenden Rollen, während der Wertebereich aus den für diese Rollen gewonnenen Künstlern besteht.

14.2.2. Darstellung einer Funktion durch eine Wertetabelle

Durch die in 14.2.1. angeführte Darstellungsmöglichkeit für eine Funktion durch Angabe sämtlicher geordneter Paare kommt zwar die fundamentale Eigenschaft einer Funktion als eine Menge geordneter Paare am deutlichsten zum Ausdruck, jedoch ist diese Art der Darstellung in vielen Fällen recht umständlich und auch recht unübersichtlich.
Die Darstellung gewinnt schon dadurch an Übersichtlichkeit, daß man die geordneten Paare nicht mehr einzeln in der Form $(x; y)$ schreibt, sondern daß man sie in einer Tabelle anordnet, in der in der einen Spalte die Argumentwerte und in der anderen Spalte die Funktionswerte aufgeschrieben werden. Derartige Tabellen werden *Wertetabellen* genannt.
Die Darstellung von Funktionen in Form von Wertetabellen ist Ihnen bereits von früher her bekannt. So sind die Tabellen der Quadratzahlen, Kubikzahlen, Quadratwurzeln usw. (vgl. 3.6.) nichts anderes als Wertetabellen für die Funktionen mit den Gleichungen

$$y = x^2, \qquad y = x^3, \qquad y = \sqrt{x} \qquad \text{usw.}$$

Die Vorteile der Wertetabellen sind bereits von 3.6. her bekannt. Hier soll lediglich auf einen Nachteil der Wertetabellen hingewiesen werden: Hat der Definitionsbereich einer Funktion sehr viele oder gar unendlich viele Elemente, so kann man mit Hilfe einer Wertetabelle stets nur eine gewisse Teilmenge der Funktion erfassen.

Da im weiteren Verlauf der Behandlung von Funktionen des öfteren auf Wertetabellen zurückgegriffen werden wird, soll hier auf einführende Beispiele verzichtet werden.

14.2.3. Darstellung einer Funktion durch Graphen

Ein sehr anschauliches Verfahren, die gegenseitige Zuordnung von Funktionswerten zum jeweiligen Argument darzustellen, besteht darin, daß man die Elemente des Definitions- und des Wertebereiches symbolisch aufzeichnet und die Zuordnung der Funktionswerte zu den Argumenten durch Pfeile andeutet. In den Bildern 36 und 37 sind zwei Funktionen auf diese Weise dargestellt worden. Die Bilder dürften ohne weiteren Kommentar verständlich sein.

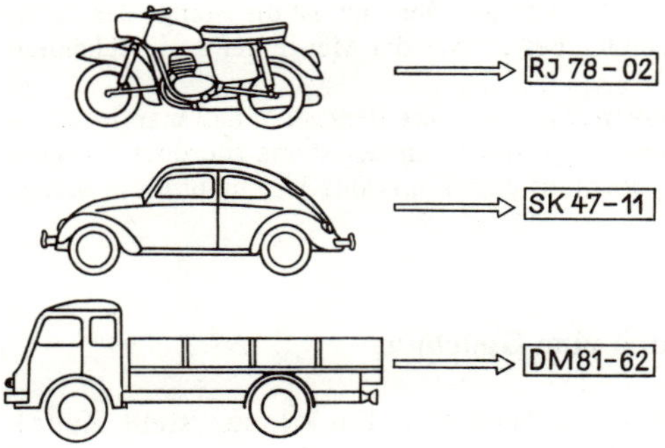

Bild 36

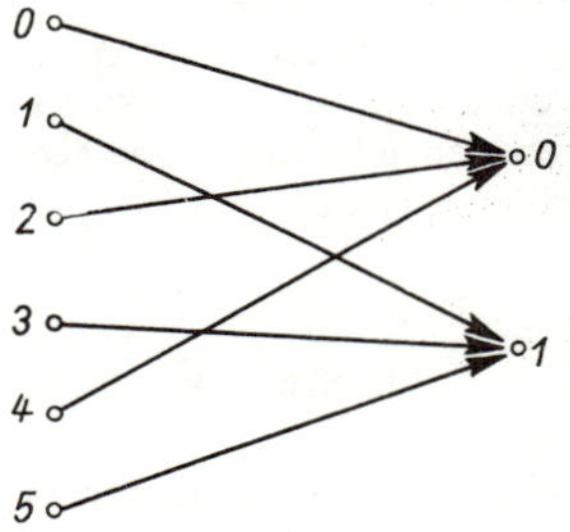

Bild 37

Es ist klar, daß diese Art der Darstellung einer Funktion nur dann sinnvoll ist, wenn es auf große Anschaulichkeit ankommt und wenn Definitions- und Wertebereich nur wenig Elemente haben.

14.2.4. Darstellung einer Funktion durch wörtliche Formulierung der Zuordnungsvorschrift

Es gibt Funktionen, die sich nur unter großen Schwierigkeiten durch eine der bisher genannten Arten der Darstellung angeben lassen. In derartigen Fällen kann man sich durch eine ausführliche und genaue Beschreibung der Zuordnungsweise zwischen Argument und Funktionswert helfen.

BEISPIELE

1. Eine Funktion f soll dadurch gegeben sein, daß jeder natürlichen Zahl die Anzahl der Primzahlen zugeordnet wird, die kleiner sind als die gegebene Zahl.
   Definitions- und Wertebereich dieser Funktion sind gleich, und zwar ist

   $$D = W = N.$$

   Eine tabellarische Darstellung der Funktion wäre in jedem Falle unvollständig, und vor allem unterliegen die Funktionswerte keiner leicht überschaubaren Gesetzmäßigkeit, wie der Anfang der Wertetabelle deutlich erkennen läßt.

n	1	2	3	4	5	6	7	8	9	...
$f(n)$	0	0	1	2	2	3	3	4	4	...

2. Die Funktion f sei dadurch gegeben, daß man jedem am 30.06.1984 um 0.00 Uhr auf der Erde lebenden Menschen sein auf volle Jahre abgerundetes Lebensalter zuordnet. Der Definitionsbereich dieser Funktion ist die Menge M aller am 30.06.1984 um 0.00 Uhr auf der Erde lebenden Menschen; der Wertebereich A ist die Menge aller Jahresangaben zwischen 0 Jahre bis zur Angabe des menschlichen Höchstalters, das nach Berichten wohl etwa bei 175 Jahren liegen soll.
Frage an den Leser: Wenn man die Zuordnungsbeziehung umkehrt, dergestalt, daß man jedem in vollen Jahren gerechneten Lebensalter die Menschen zuordnet, die dieses Lebensalter erreicht haben, ist das dann auch eine Funktion?

3. Jeder natürlichen Zahl des Dezimalsystems soll die entsprechende Zahl des Dualsystems zugeordnet werden. Auf Grund dieser Zuordnungsvorschrift erhält man die Menge der geordneten Paare

$M = \{(0; 0); (1; L); (2; L0); (3; LL); (4; L00); (5; L0L); \ldots\}$.

Diese Menge geordneter Paare ist eine Funktion. Ihr Definitionsbereich ist die Menge der natürlichen Zahlen des Dezimalsystems, der Wertebereich besteht aus der Menge der entsprechenden Zahlen des Dualsystems.
Frage an den Leser: Wenn man die Zuordnungsvorschrift umkehrt, dergestalt, daß man jeder natürlichen Zahl des Dualsystems die entsprechende Zahl des Dezimalsystems zuordnet, ist dann die entstehende Menge von geordneten Paaren ebenfalls eine Funktion? Wie heißt diese Menge geordneter Paare?

14.2.5. Darstellung einer Funktion durch eine Gleichung

Der weitaus größte Teil der in der Mathematik betrachteten Funktionen stellt Zuordnungsprobleme zwischen zwei Zahlenmengen dar, wobei sich die Zuordnungsvorschrift in den meisten Fällen durch Gleichungen oder Ungleichungen zwischen den in den Funktionen auftretenden Variablen darstellen läßt.

BEISPIELE

1. In jedem größeren Tafelwerk sind in Form einer Tabelle geordnete Paare zusammengestellt, in denen jeder natürlichen Zahl x aus dem Bereich $1 \leqq x \leqq 1000$ a) die zugehörige Quadratzahl, b) die zugehörige Kubikzahl, c) die zugehörige Quadratwurzel u.a.m. zugeordnet ist. Die hier genannten Funktionen lassen sich in ausführlicher Weise durch folgende mathematische Gleichungen darstellen:

a) $Q = \{(x; y) \mid y = x^2 \wedge x \in N \cap [1; 1000]\}$,
b) $K = \{(x; y) \mid y = x^3 \wedge x \in N \cap [1; 1000]\}$ und
c) $W = \{(x; y) \mid y = \sqrt{x} \wedge x \in N \cap [1; 1000]\}$

Im allgemeinen Sprachgebrauch spricht man allerdings nur von den Funktionen

a) Q: $y = x^2$,
b) K: $y = x^3$ und
c) W: $y = \sqrt{x}$

2. Die Funktion f mit der Gleichung

$$f\colon \quad u = v^2 - 3v + 5$$

und dem Definitionsbereich $D = \{-2; -1; 0; 1; 2\}$ besteht aus der folgenden Menge geordneter Paare:

$$f = \{(-2; 15); (-1; 9); (0; 5); (1; 3); (2; 3)\}$$

Den genauen Wertebereich einer derartigen, in Form einer Gleichung festgelegten Funktion von vornherein angeben zu können ist nur in den seltensten Fällen möglich. Man kann sich in einem solchen Falle mit einer allgemeinen Festlegung behelfen, indem man hier beispielsweise festlegt, daß $u \in N$ sein soll.

3. Die Funktion

$$f\colon\quad y = \begin{cases} +1 & \text{für} \quad x \in (0;\, \infty) \\ 0 & \text{für} \quad x = 0 \\ -1 & \text{für} \quad x \in (-\infty;\, 0) \end{cases}$$

legt für alle positiven x-Werte als Funktionswert die Zahl $+1$ fest, ordnet allen negativen Argumenten x den Funktionswert -1 zu und liefert schließlich für das Argument $x = 0$ den zugehörigen Funktionswert $y = 0$.
Diese Funktion wird in der höheren Mathematik als „Signum-Funktion“[1]) bezeichnet und hat auch ein eigenständiges Symbol, nämlich

$$f\colon\quad y = \operatorname{sgn} x$$

(Gelesen: „Signum von x“)

Wie das letzte Beispiel zeigt, muß bei einer durch eine Gleichung gegebenen Funktion diese Gleichung nicht unbedingt durchgängig durch den gesamten Definitionsbereich hindurch gelten. Es kann ohne weiteres sein, daß für verschiedene Teilbereiche des Definitionsbereiches verschiedene Gleichungen gelten.
Der Leser überzeuge sich selbst davon, daß

$$b = \begin{cases} a & \text{für} \quad a \in (0;\, \infty) \\ 0 & \text{für} \quad a = 0 \\ -a & \text{für} \quad a \in (-\infty;\, 0) \end{cases} \qquad \text{und} \qquad b = |a| \quad \text{für} \quad a \in R$$

zwei verschiedene Darstellungsweisen für ein und dieselbe Funktion sind.

14.2.6. Darstellung einer Funktion durch eine Kurve

14.2.6.1. Das rechtwinklige Koordinatensystem

Um einzelne Zahlen anschaulich darstellen zu können, hatten wir in früheren Abschnitten zunächst den Zahlenstrahl und später die Zahlengerade eingeführt. Wir hatten dabei festgestellt, daß jeder Zahl genau ein Punkt auf der Zahlengeraden entspricht und daß umgekehrt auch jeder Punkt der Zahlengeraden als eine ganz bestimmte Zahl gedeutet werden kann. Auf diese Weise gelang es uns, mathematische Zusammenhänge zwischen einzelnen Zahlen auch optisch sichtbar an der Zahlengeraden zu verdeutlichen.
Nun wäre es sehr vorteilhaft, wenn man auch geordnete Paare, wie sie im letzten Abschnitt vorwiegend behandelt werden, visuell darstellen könnte. Dies könnte uns dazu verhelfen, kompliziertere Zusammenhänge zwischen Funktionen auf eine anschauliche Weise zu klären.
Um ein Zahlenpaar anschaulich darstellen zu können, reicht natürlich die Zahlengerade nicht mehr aus. Man bedient sich dazu eines **rechtwinkligen Koordinatensystems**[2]), bei dem sich zwei senkrecht aufeinander stehende Zahlengeraden in einem gemeinsamen Nullpunkt schneiden. Die waagerecht liegende Achse wird **Abszissenachse**[3]), oder häufig auch *x-Achse*, die dazu senkrechte Achse wird **Ordinatenachse**[4]), auch *y-Achse*, genannt.

---

[1]) signum (lat.) das Zeichen

[1]) coordinare (lat.) gegenseitig zuordnen

[2]) abscindere (lat.) abschneiden; Abszisse: Abschnitt

[3]) ordinare (lat.) zuordnen; Ordinate: zugeordneter Abschnitt

Es ist üblich, die *positive Zählrichtung* auf der Abszissenachse (x-Achse) *nach rechts*, auf der Ordinatenachse (y-Achse) *nach oben* anzutragen.
Durch das Achsenkreuz wird die Ebene in vier Felder, die vier **Quadranten**, aufgeteilt, die im Bild 38 mit I, II, III und IV gekennzeichnet worden sind. Die Zählrichtung der vier Quadranten erfolgt stets im entgegengesetzten Uhrzeigersinne, d.h. im *mathematisch positiven Sinne.*
Wenn es die Aufgabenstellung zuläßt, werden die Einheiten auf den beiden Achsen im gleichen Maßstabe abgetragen. Wir werden jedoch auch Beispiele kennenlernen, wo es erforderlich wird, auf den beiden Achsen verschiedene Maßstäbe zu verwenden.
In ähnlicher Weise, wie wir einer Zahl auf der Zahlengeraden eindeutig einen ganz bestimmten Punkt zuordneten, wollen wir nun vorgehen, wenn wir einem geordneten Paar $(x; y)$ im rechtwinkligen Koordinatensystem einen Punkt zuordnen wollen:

Dem geordneten Paar $(x; y)$ wird derjenige Punkt des rechtwinkligen Koordinatensystems zugeordnet, den man erhält, wenn man zunächst auf der Abszissenachse um x Schritte vorangeht und dann von der erreichten Stelle aus um y Schritte in Richtung parallel zur Ordinatenachse weiterschreitet.

Auf Grund dieser Vorschrift wird jedem geordneten Paar $(x; y)$ genau ein Punkt des rechtwinkligen Koordinatensystems zugeordnet, den wir mit $P(x; y)$ bezeichnen wollen. Der Abstand x des Punktes $P(x; y)$ von der Ordinatenachse wird die **Abszisse** x, der Abstand y des Punktes von der Abszissenachse wird die **Ordinate** y des Punktes genannt. – Die beiden Angaben x und y, die die Lage eines Punktes $P(x; y)$ im Koordinatensystem eindeutig charakterisieren, werden die **Koordinaten des Punktes** P genannt.
Ähnlich wie bei den geordneten Paaren $(x; y)$ ist auch bei der Angabe der Koordinaten eines Punktes $P(x; y)$ genau auf die Reihenfolge zu achten: an erster Stelle steht die Abszisse, an zweiter Stelle die Ordinate.

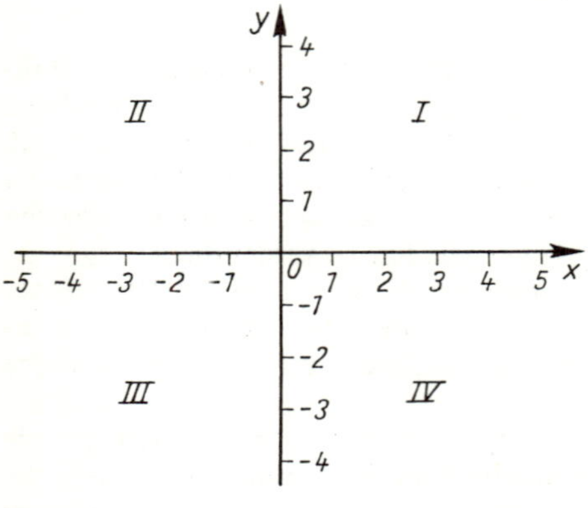

Bild 38

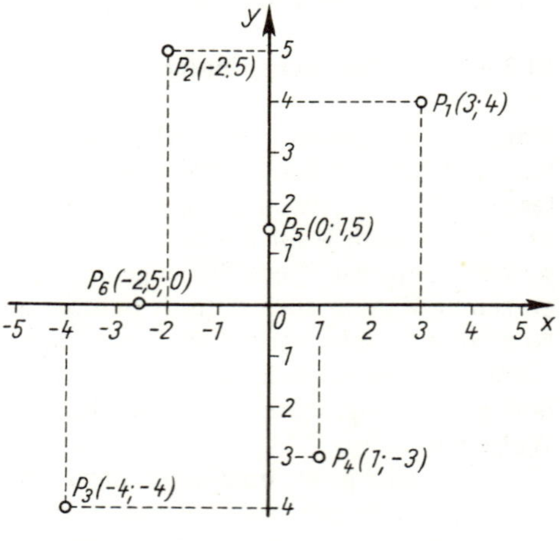

Bild 39

In welchem der vier Quadranten des Koordinatensystems ein Punkt liegt, ist aus den Vorzeichen von Abszisse und Ordinate des Punktes zu erkennen. In Bild 39 sind die Punkte $P_1(3; 4)$, $P_2(-2; 5)$, $P_3(-4; -4)$, $P_4(1; -3)$, $P_5(0; 1{,}5)$ und $P_6(-2{,}5; 0)$ eingetragen. Diese 6 Punkte des Koordinatensystems veranschaulichen die sechs geordneten Paare $(3; 4)$, $(-2; 5)$, $(-4; -4)$, $(1; -3)$, $(0; 1{,}5)$ und $(-2{,}5; 0)$.

Aus der Vorschrift, nach der jedem geordneten Paar $(x; y)$ genau ein Punkt $P(x; y)$ des Koordinatensystems zugeordnet wird, läßt sich folgendes erkennen.

Jedes geordnete Paar $(x; y)$ hat genau einen Bildpunkt $P(x; y)$ im rechtwinkligen Koordinatensystem. Umgekehrt gehört zu jedem Punkt $P(x; y)$ des rechtwinkligen Koordinatensystems genau ein geordnetes Paar $(x; y)$.

$$\boxed{(x; y) \Leftrightarrow P(x; y)} \qquad (89)$$

Damit wird es uns künftig möglich sein, Aussagen, die wir für Funktionen (also für Mengen geordneter Paare) als richtig erkannt haben, auch auf Punktmengen zu übertragen und umgekehrt.
Das rechtwinklige Koordinatensystem wird nach dem französischen Mathematiker und Philosophen RENÉ DESCARTES (latinisierte Form: CARTESIUS; 1596 bis 1650) häufig auch *kartesisches Koordinatensystem* genannt.

Schließlich sei darauf hingewiesen, daß es außer dem rechtwinkligen Koordinatensystem auch noch zahlreiche andere Formen von Koordinatensystemen gibt, auf die im Rahmen dieses Buches jedoch nicht eingegangen werden soll.

14.2.6.2. Darstellung von Funktionen durch Kurven

Eine in ein rechtwinkliges Koordinatensystem eingezeichnete Kurve stellt eine Punktmenge dar. Da wir nun im letzten Abschnitt festgestellt haben, daß jeder Punkt des rechtwinkligen Koordinatensystems einem geordneten Paare gleichwertig ist, läßt sich demnach jede Kurve auch als eine Menge geordneter Paare deuten.
Welche Eigenschaften muß nun eine Kurve haben, wenn sie eine Funktion darstellen soll? Diese Frage ist sofort beantwortet, wenn wir uns an die Definition der Funktion erinnern: Jedem Argumentwert x darf nur genau ein Funktionswert y zugeordnet sein. Für die Kurve bedeutet dies, daß über jeder Stelle x des Definitionsbereiches der Funktion stets nur genau ein einziger Kurvenpunkt liegen darf.
In Bild 40 sind drei verschiedene Kurven dargestellt. Dabei ist die Kurve in Bild 40a das Bild einer Funktion, denn über jedem Punkt der x-Achse liegt jeweils nur genau ein Kurvenpunkt. (In Bild 40a wurde der Punkt $P_1(x_1; y_1)$ besonders hervorgehoben.) – Dagegen kann die Kurve in Bild 40b keine Funktion darstellen, denn es gibt beispielsweise für die

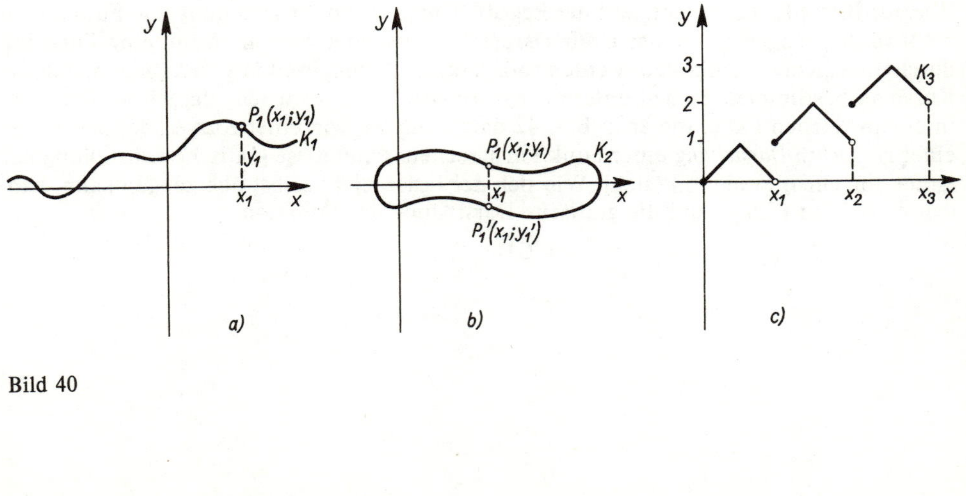

Bild 40

Abszisse x_1 zwei verschiedene Kurvenpunkte, nämlich P_1 $(x_1; y_1)$ und $P_1'(x_1; y_1')$. Das bedeutet, daß bei dieser Darstellung dem Argument x_1 zwei verschiedene Funktionswerte zugeordnet sind: y_1 und y_1'. Das gleiche gilt für jedes andere Argument aus dem Definitionsbereich der Funktion. – Die Kurve in Bild 40b ist damit nicht die grafische Darstellung einer Funktion, sondern die grafische Darstellung einer Abbildung.
In Bild 40c dagegen handelt es sich wieder um die Darstellung einer Funktion, wenn vereinbart wird, daß die durch offene Kreise dargestellten Punkte an den Stellen x_1, x_2, und x_3 nicht mit zum Kurvenzug gehören, die ausgemalten Kreise dagegen der Kurve angehören sollen.
Auch die Kurve in Bild 41 stellt eine Funktion dar, und zwar handelt es sich hier um die Funktion

$$f\colon\quad y = x^2 - 6x + 8$$

Aus Bild 41 ist ersichtlich, wie man aus der Kurve die zur Funktion gehörenden geordneten Paare ermitteln kann. Aus der unendlich großen Puntkmenge der Kurve sind die Punkte $P_1(1; 3)$, $P_2(1{,}5; 1{,}25)$, $P_3(2; 0)$, $P_4(3; -1)$, $P_5(4; 0)$ und $P_6(5; 3)$ herausgegriffen worden. Die diesen Punkten entsprechenden geordneten Paare (1; 3), (1,5; 1,25), (2; 0), (3; −1), (4; 0) und (5; 3) sind Elemente der oben angegebenen Funktion f.

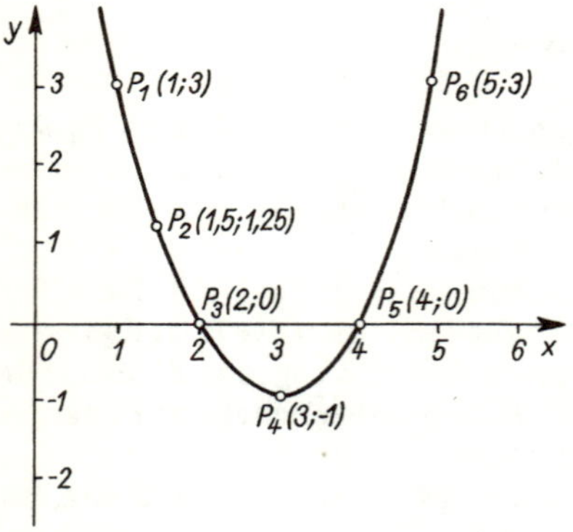

Bild 41

Bild 42

Wie aus Bild 40c hervorgeht, darf der Begriff „Kurve“ für die Darstellung von Funktionen nicht in dem engen Sinne der Umfangssprache verwendet werden. Wenn eine Funktion durch eine „Kurve“ dargestellt werden soll, so kann es ohne weiteres vorkommen, daß die Kurve an bestimmten Stellen unterbrochen ist bzw. Sprünge macht. Ja, wir wollen sogar in einem solchen Falle, wie er in Bild 42 dargestellt ist, von einer Kurve oder besser von einer *grafischen Darstellung* einer Funktion sprechen, wenn diese grafische Darstellung aus lauter einzelnen Punkten besteht. Wie sich der Leser leicht selbst überzeugen kann, handelt es sich im Bild 42 um die grafische Darstellung der Funktion

$$f = \{(x; y) \mid y = |x| \wedge x \in G\}$$

14.2.6.3. Grafische Darstellung von Funktionen, die nicht von vornherein als Kurven gegeben sind

Um eine durch eine Gleichung gegebene Funktion zeichnen zu können, ist es oft zunächst erforderlich, eine Wertetabelle für diese Funktion aufzustellen. Allerdings läßt sich durch eine derartige Wertetabelle, und damit auch durch den Kurvenverlauf, selten die gesamte Funktion erfassen. In den meisten Fällen kann man nur einen *Ausschnitt aus dem Gesamtkurvenverlauf* herausgreifen.

BEISPIELE

1. Die Funktion f: $y = 2x + 3$ soll grafisch dargestellt werden.

Lösung: Zur Aufstellung der Wertetabelle wählt man für die unabhängige Variable x eine Anzahl von Werten aus und errechnet mit Hilfe der Gleichung $y = 2x + 3$ die zugehörigen y-Werte. Da x vollkommen willkürlich gewählt werden darf, verwendet man für die Wertetabelle solche x-Werte, bei denen möglichst wenig Rechenarbeit bei der Berechnung von y erforderlich ist.

x	-4	-3	-2	-1	0	$+1$	$+2$	$+3$	$+4$	$+5$
y	-5	-3	-1	$+1$	$+3$	$+5$	$+7$	$+9$	$+11$	$+13$

Die geordneten Paare $(x; y)$ der Wertetabelle werden als Punkte in das Koordinatensystem übertragen (Bild 43). Man erhält so einzelne Punkte der Kurve $y = 2x + 3$.[1])
Durch fortgesetzte Verfeinerung der Einteilung der Wertetabelle würden die entstehenden Punkte der Kurve im Koordinatensystem immer enger aneinanderrücken. Alle diese Punkte liegen auf einer Geraden. Daher ist die im Bild 43 dargestellte Gerade das Bild der Funktion

$$f: \quad y = 2x + 3.$$

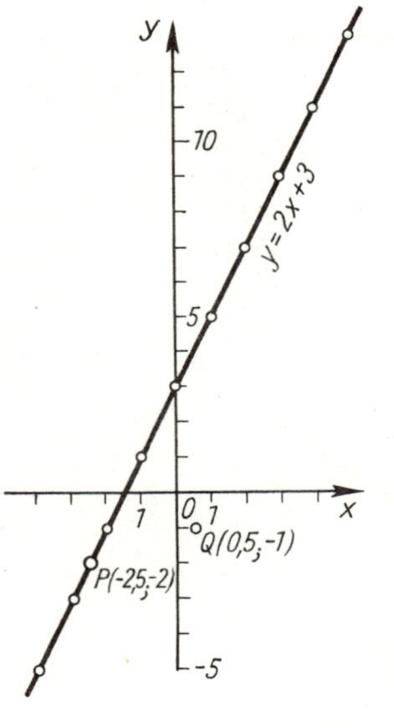

Bild 43

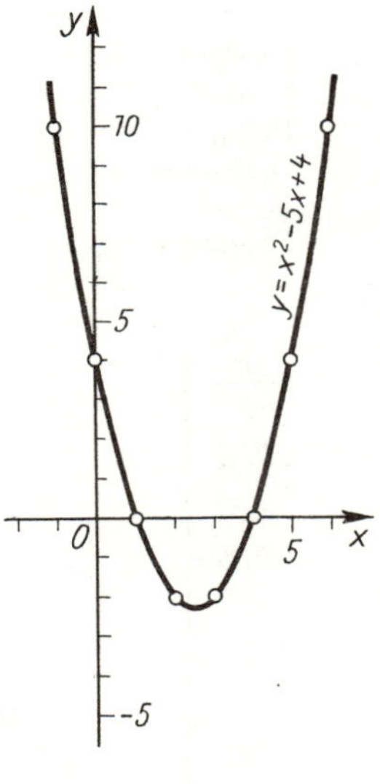

Bild 44

2. Die Funktion f: $y = x^2 - 5x + 4$ ist grafisch darzustellen.

Lösung: Zunächst wird eine Wertetabelle für ganzzahlige x-Werte aufgestellt (Tabelle a).

[1]) Für solche Formulierungen, wie sie in den letzten Beispielen immer wieder auftraten, wie z. B. „das Bild der Funktion f: $y = x^2 - 5x + 4$“, wollen wir künftig auch kurz sagen: „die Kurve $y = x^2 - 5x + 4$“.

Tabelle a

x	−1	0	+1	+2	+3	+4	+5	+6
y	+10	+4	0	−2	−2	0	+4	+10

Es zeigt sich, daß die so entstehenden Punkte nicht mehr in einer geraden Linie liegen. Daher wäre es verfehlt, die gefundenen Punkte durch Streckenzüge miteinander zu verbinden. Eine Verfeinerung der Wertetabelle (Tabelle b) zeigt nämlich, daß die Punkte sich in einer gekrümmten Linie aneinanderfügen (Bild 44). Das Bild der Funktion f: $y = x^2 - 5x + 4$ ist die im Bild 44 dargestellte Parabel.

Tabelle b

x	2,0	2,1	2,2	2,3	2,4	2,5	2,6	2,7	2,8	2,9	3,0
y	−2,00	−2,09	−2,16	−2,21	−2,24	−2,25	−2,24	−2,21	−2,16	−2,09	−2,00

In der Physik, Technik und Ökonomie gibt es zahllose Beispiele dafür, daß zwischen verschiedenen Größen formelmäßig erfaßbare oder durch Versuche feststellbare Zuordnungen bestehen. Auch hierfür sollen einige Beispiele angegeben werden.

BEISPIELE

3. *Bei einem Turbinenversuch, durch den der Dampfverbrauch* $\dot{m}$ *in* kg/h *in Abhängigkeit von der Nutzleistung* P *in* kW *des mit der Turbine gekoppelten Wechselstromgenerators ermittelt werden sollte, ergaben sich folgende Meßwerte:*

Tafel 4

Belastung	Nutzleistung P in kW	Dampfverbrauch $\dot{m}$ in kg/h
Leerlauf	0	920
Viertellast	250	1 880
Halblast	500	2 890
Dreiviertellast	750	3 770
Vollast	1 000	4 540
Überbelastung	1 200	5 240

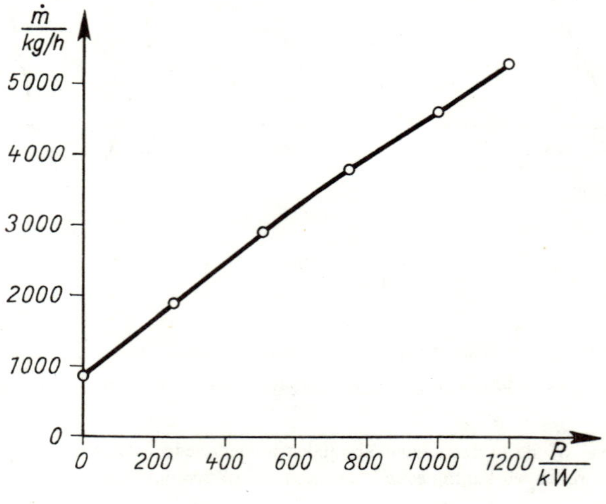

Bild 45

Lösung: Aus der Zusammenstellung in Tafel 4 ist ersichtlich, daß jeder erzielten Nutzleistung P ein ganz bestimmter Dampfverbrauch $\dot{m}$ zugeordnet ist. Um sich ein anschauliches Bild dieser Zuordnung zu verschaffen, trägt man die geordneten Paare $(P; \dot{m})$ als Punkte in ein P-$\dot{m}$-Koordinatensystem ein (Bild 45).
Der Definitionsbereich der durch Tafel 4 gegebenen Funktion ist das Intervall $I_D = [0; 1\,200]$, der Wertebereich das Intervall $I_W = [920; 5\,240]$.
Der zur Verfügung stehende Platz wird gut ausgenutzt, wenn man auf den Koordinatenachsen folgende Maßstäbe verwendet:

Abszissenachse (P-Achse): 1 cm ≙ 200 kW,

Ordinatenachse ($\dot{m}$-Achse): 1 cm ≙ 1 000 kg/h.

Da sich natürlich außer den durch die Messung erfaßten Werten auch jede andere Nutzleistung zwischen 0 und 1 200 kW erreichen läßt, verbindet man die eingezeichneten Punkte durch Streckenzüge. – Dabei ist jedoch zu bedenken, daß diese Streckenzüge nur eine mehr oder weniger gute *Annäherung* an die tatsächlichen Verhältnisse darstellen können, denn schon allein die Meßpunkte sind, bedingt durch unvermeidbare Meßungenauigkeiten, mit gewissen Fehlern behaftet.
Der geübte Betrachter derartiger Kurven wird aus dieser Darstellung leicht erkennen, daß der Dampfverbrauch in gleichem Maße ansteigt, wie die Nutzleistung der Turbine erhöht wird, daß der Dampfverbrauch linear von der Nutzleistung abhängig ist. Die geringfügigen Abweichungen vom geradlinigen Verlauf der Meßkurve sind durch Meßungenauigkeiten zu erklären.

4. Für die Überweisung von Geldsendungen mit Hilfe von Postanweisungen werden folgende Gebühren erhoben:

Tafel 5

Überweisungsbetrag	Gebühr
bis 10,– Mark	–,20 Mark
bis 25,– Mark	–,30 Mark
bis 100,– Mark	–,40 Mark
bis 250,– Mark	–,60 Mark
bis 500,– Mark	–,80 Mark
bis 750,– Mark	1,– Mark
bis 1 000,– Mark	1,20 Mark

Höchstbetrag: 1 000,– Mark

Handelt es sich bei dieser Tafel um die Darstellung einer Funktion? Definitions- und Wertebereich sind zu bestimmen, eine grafische Darstellung ist anzufertigen.

Lösung: Es handelt sich bei dieser Tafel der Überweisungsgebühren um eine Funktion, denn jedem Überweisungsbetrag ist eindeutig ein Portobetrag zugeordnet. Auch an den Übergangsstellen von einem Portobetrag zum anderen ist die Sache eindeutig: So sind laut Tafel für einen Überweisungsbetrag von 250,– Mark –,60 Mark an Gebühren zu zahlen und für 250,01 Mark bereits –,80 Mark.
Die Angabe von Definitions- und Wertebereich dieser Funktion bereitet Schwierigkeiten, wenn man in die entsprechenden Mengen keine unnötigen Elemente hineinnehmen will. Es würde beispielsweise ausreichen, wenn man

$$D = (0; 1\,000] \quad \text{und} \quad W = [0{,}20; 1{,}20]$$

angeben würde. Diese Angaben würden jedoch beispielsweise einen Überweisungsbetrag von 273,182 54 Mark zulassen, den es jedoch in unserer Währung nicht gibt. Um solche Fälle auszuschalten, empfiehlt es sich im gegebenen Beispiel, sich nicht auf die Währungseinheit Mark zu beziehen, sondern auf die kleinere Währungseinheit Pfennige. Dann können Definitions- und Wertebereich exakt und ohne überflüssige Elemente angegeben werden durch

$$D = N \cap (0; 100\,000]; \quad W = \{20, 30, 40, 60, 80, 100, 120\}$$

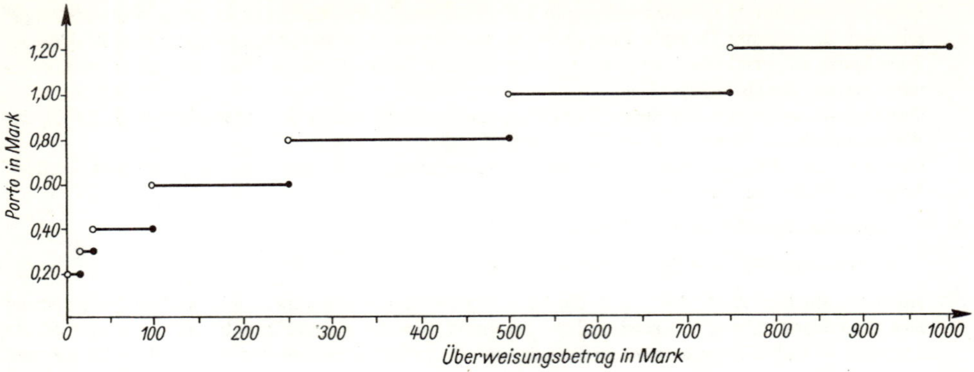

Bild 46

Es wird dem Leser empfohlen, die zugehörige Zeichnung selbst anzufertigen und dabei folgende Maßstäbe zu verwenden:

Abszissenachse: 1 cm ≙ 50,– Mark,
Ordinatenachse: 1 cm ≙ 0,20 Mark

Bild 46 gibt die entstehende Darstellung im Maßstab 1:2 wieder. Wir finden hier ein Problem des täglichen Lebens, das bei der grafischen Darstellung keinen in sich geschlossenen Kurvenzug liefert, sondern eine Kurve, die an verschiedenen Stellen „Sprünge" macht. Und wenn wir die „Kurve" noch genauer zeichnen wollten, so dürften wir in den einzelnen Abschnitten nicht einmal eine durchgehende Gerade zeichnen, sondern wir müßten diese Gerade aus sehr vielen, sehr eng beieinanderliegenden Punkten zusammensetzen.

14.2.6.4. Zusammenhänge zwischen der Gleichung und der Kurve einer Funktion

Betrachten wir die Menge aller überhaupt möglichen geordneten Paare $(x;\, y)$ und bezeichnen wir diese Menge mit

$$M = \{(x;\, y)\},$$

so stellen wir fest, daß diese Menge M unendlich viele Elemente $(x;\, y)$ hat.
Ist nun eine Funktion f durch eine Gleichung

$$f = \{(x;\, y) \mid y = f(x)\}$$

gegeben, so ist die durch diese Gleichung festgelegte Menge von geordneten Paaren eine Teilmenge von M:

$$f \subset M$$

Nun wissen wir, daß jedes geordnete Paar $(x;\, y)$ als Punkt $P(x;\, y)$ im x,y-Koordinatensystem dargestellt werden kann. Demzufolge können wir für die Menge aller Punkte der x,y-Ebene ganz entsprechend feststellen:
Die Menge

$$M_1 = \{P(x;\, y)\}$$

aller Punkte der x,y-Ebene hat unendlich viele Elemente $P(x;\, y)$. Ist eine Funktion f durch eine Kurve K gegeben, so ist die durch diese Kurve K bestimmte Punktmenge eine Teilmenge von M_1

$$K \subset M_1$$

Aus der Art, wie man zu einer durch eine Gleichung gegebenen Funktion die zugehörige Kurve zeichnen kann bzw. wie man aus einer Kurve die zur Funktion zugehörige Menge von Wertepaaren ermitteln kann, können wir den folgenden Zusammenhang zwischen Gleichung und Kurve einer Funktion erkennen:

Genau dann, wenn ein geordnetes Paar $(x; y)$ mit $x \in D$ und $y \in W$ die Gleichung einer Funktion erfüllt, dann gehört der Punkt $P(x; y)$ zu der Kurve, die die gleiche Funktion grafisch darstellt.

Oder kurz:

$$\left.\begin{array}{l}\text{Das geordnete Paar } (x; y)\\ \text{erfüllt die Gleichung}\\ \text{der Funktion } f\end{array}\right\} \Leftrightarrow \left\{\begin{array}{l}\textit{Der Punkt } P(x; y)\\ \text{liegt auf der Kurve}\\ \text{der Funktion } f\end{array}\right. \qquad (90)$$

Dieser Zusammenhang ist für die gesamte höhere Mathematik von größter Bedeutung.

BEISPIELE

1. Wenn man nachprüfen will, ob der Punkt $P(-2{,}5; -2)$ auf der Geraden $y = 2x + 3$ (vgl. Beispiel 1 aus 14.2.6.3. sowie Bild 43) liegt, so gibt es hierfür zwei Möglichkeiten:

   a) Man zeichnet die Gerade mit der Gleichung $y = 2x + 3$ und stellt fest, ob diese Gerade durch den gegebenen Punkt hindurchgeht. Bild 43 zeigt, daß dies der Fall ist. – Dieses Verfahren wird aber in solchen Fällen eine sehr unsichere Entscheidung liefern, wenn der gegebene Punkt nur ganz knapp neben der Geraden liegt.

   b) Man betrachtet an Stelle der Geraden $y = 2x + 3$ die Funktion f: $y = 2x + 3$ und an Stelle des Punktes $P(-2{,}5; -2)$ das geordnete Paar $(-2{,}5; -2)$. Da dieses geordnete Paar die Gleichung der Funktion f erfüllt:

   $$-2 = 2 \cdot (-2{,}5) + 3,$$

   gehört es der Funktion f an. Nach (90) muß dann aber auch der Punkt $P(-2{,}5; -2)$ auf der Geraden liegen.

   Das Verfahren b) ist auf alle Fälle sicherer als das Verfahren a). Warum?

2. Um festzustellen, ob die Kurve $y = 0{,}5x - 2{,}5$ durch die Punkte $P\,(3; -1)$, $Q\,(-5; -4)$ und $R\,(-1; -3)$ hindurchgeht, ist es, wie Beispiel 1 zeigt, nicht unbedingt notwendig, die Kurve zu zeichnen. Durch Einsetzen der Koordinaten der drei Punkte P, Q und R in die Gleichung der Funktion

   $$f\colon \quad y = 0{,}5x - 2{,}5$$

   ergibt sich

für $P(3; -1)$:	$-1 = 0{,}5 \cdot 3 - 2{,}5,$	wahr;
für $Q(-5; -4)$:	$-4 = 0{,}5 \cdot (-5) - 2{,}5,$	falsch;
für $R(-1; -3)$:	$-3 = 0{,}5 \cdot (-1) - 2{,}5,$	wahr.

   Da die Koordinaten von P und R die Gleichung der Funktion f erfüllen, liegen die beiden Punkte P und R auf der zur Funktion f gehörenden Kurve. Die Koordinaten von Q erfüllen die Gleichung der Funktion f nicht; folglich kann der Punkt Q nicht auf der Kurve liegen.

3. *Für welches Argument x nimmt die Funktion f: $y = x^2 - 5x + 10$ den Funktionswert $y = 4$ an?*

Lösung: Es gibt zunächst unendlich viele geordnete Paare, die den Funktionswert 4 haben. Sie haben alle die Form $(x; 4)$, wobei über die darin auftretende Variable x völlig frei verfügt werden kann. Die Aufgabe besteht nun darin, diese Variable x so zu bestimmen, daß das geordnete Paar $(x; 4)$ ein Element der Funktion wird. Dies ist dann der Fall, wenn $(x; 4)$ die gegebene Gleichung der Funktion erfüllt:

$$4 = x^2 - 5x + 10$$

Daraus folgt:

$$x_1 = 2 \quad \text{und} \quad x_2 = 3$$

Dieses Ergebnis soll nun auf drei verschiedene Arten gedeutet werden, wobei alle drei folgenden Formulierungen vollkommen gleichwertig sind:

a) Die Funktion $f\colon\ y = x^2 - 5x + 10$ nimmt sowohl für das Argument $x = 2$ als auch für das Argument $x = 3$ den Funktionswert $y = 4$ an.

b) Die beiden geordneten Paare (2; 4) und (3; 4) sind Elemente der Funktion

$$f\colon\quad y = x^2 - 5x + 10.$$

c) Die beiden Punkte P_1 (2; 4) und P_2 (3; 4) liegen auf der Kurve $y = x^2 - 5x + 10$.

14.2.6.5. Schnittpunkt zweier Kurven

Es hat zunächst den Anschein, als ob man die Aufgabe, den Schnittpunkt zweier Kurven zu ermitteln, nur geometrisch lösen könne, indem man die beiden Kurven zeichnet und dann die Punkte aufsucht, in denen sie sich schneiden.
Beachtet man jedoch den Zusammenhang zwischen Kurve und Gleichung einer Funktion, so läßt sich die gestellte Aufgabe in vielen Fällen mit einem wesentlich geringeren Aufwand, aber gleichzeitig mit einem genaueren Ergebnis lösen. Voraussetzung hierfür ist jedoch, daß man die Gleichungen der Kurven kennt.
Der Schnittpunkt $S(x_S; y_S)$ zweier Kurven K_1 und K_2 liegt auf jeder der beiden Kurven. Folglich muß das geordnete Paar $(x_S; y_S)$ auch jede der beiden zu K_1 und K_2 gehörenden Gleichungen erfüllen. Auf diese Weise ergibt sich ein Gleichungssystem für die beiden gesuchten Variablen x_S und y_S, aus dem sie rechnerisch ermittelt werden können.

BEISPIELE

1. Wo schneiden sich die beiden Geraden

$$g_1\colon\ y = 2x + 3 \quad \text{und} \quad g_2\colon\ y = -0{,}5x + 0{,}5?$$

Lösung: Der Schnittpunkt der beiden Geraden g_1 und g_2 sei $S(x_S; y_S)$:

$$S \in g_1 \cap g_2$$

Da $S \in g_1$, muß

$$y_S = 2x_S + 3$$

gelten. Da ferner auch $S \in g_2$, muß daneben

$$y_S = -0{,}5x_S + 0{,}5$$

sein.

Aus dem Gleichungssystem

$$\left| \begin{array}{l} y_S = 2x_S + 3 \\ y_S = -0{,}5x_S + 0{,}5 \end{array} \right|$$

folgt

$$x_S = -1 \quad \text{und} \quad y_S = 1$$

Die beiden Geraden schneiden sich demnach im Punkte $S\ (-1;\ 1)$. Dem Leser wird empfohlen, die beiden Geraden selbst zu zeichnen und das gewonnene Ergebnis dadurch nachzuprüfen (vgl. Bild 47).

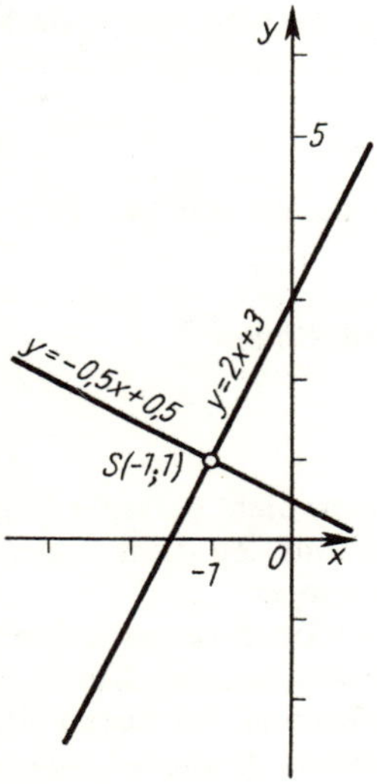

Bild 47

2. Man bestimme den Schnittpunkt der beiden Kurven

   K_1: $y = x^2 - 3x + 5$ und K_2: $y = x - 3$

   Lösung: Der Schnittpunkt der beiden Kurven sei $S(x_S; y_S)$.
   Wegen $S \in K_1$ muß gelten

   $$y_S = x_S^2 - 3x_S + 5,$$

   und wegen $S \in K_2$

   $$y_S = x_S - 3$$

   Das entstehende Gleichungssystem

   $$\left| \begin{array}{l} y_S = x_S^2 - 3x_S + 5 \\ y_S = x_S - 3 \end{array} \right|$$

   wird am besten mit Hilfe des Einsetzverfahrens gelöst:

   $$x_S^2 - 3x_S + 5 = x_S - 3$$
   $$x_S^2 - 4x_S + 8 = 0$$
   $$x_{S1,2} = 2 \pm \sqrt{-4}$$

   Das Gleichungssystem besitzt also keine reelle Lösung. Das bedeutet, daß es keine Abszisse x_S für den Schnittpunkt der beiden Kurven und damit auch keinen Schnittpunkt selbst gibt.[1])

3. Wo schneidet die Kurve K: $y = x^2 - 5x + 4$ die x-Achse und wo die y-Achse?

[1]) Bei derartigen Berechnungen ist es üblich, die Indizes bei x_S, y_S usw. fortzulassen. Dies soll bei den folgenden Aufgaben auch stets getan werden; man mache sich jedoch bei jeder Aufgabe immer wieder die Zusammenhänge klar, anstatt nach bestimmten „Rezepten“ vorzugehen.

Lösung: Alle Punkte der x-Achse haben die Ordinate $y = 0$. Wird demnach der Schnittpunkt einer Kurve mit der x-Achse gesucht, so braucht in der Gleichung der Kurve nur $y = 0$ gesetzt zu werden:

$$0 = x^2 - 5x + 4$$
$$x_1 = 1, \quad x_2 = 4$$

Die Kurve K schneidet also die x-Achse in den beiden Punkten S_1 (1; 0) und S_2 (4; 0).
Alle Punkte der y-Achse haben die Abszisse $x = 0$. Soll also der Schnittpunkt einer Kurve mit der y-Achse bestimmt werden, so braucht man in der Gleichung der Kurve nur $x = 0$ zu setzen:

$$y = 0^2 - 5 \cdot 0 + 4$$
$$y = 4$$

Die Kurve K schneidet also die y-Achse im Punkt S_3 (0; 4). (Vgl. Bild 44!)

14.3. Einige besondere Eigenschaften von Funktionen

14.3.1. Monotonie

Es gibt einige Verhaltensweisen von Funktionen, die zwar nicht bei jeder Funktion auftreten, jedoch für manche Funktionen charakteristisch sind. Zu diesen speziellen Eigenschaften von Funktionen gehört der Begriff der **Monotonie.**
Bei den bisher behandelten Beispielen haben wir Funktionen kennengelernt, deren Kurven beständig anstiegen (Bilder 43, 45, 46 usw.), Funktionen, deren Kurven beständig abfielen (die Gerade $y = -0{,}5x + 0{,}5$ in Bild 47), sowie Kurven, bei denen sich Abschnitte des Steigens mit Abschnitten des Abfallens abwechselten (Bilder 44, 40a, 40c usw.). – Wenn nun eine Kurve einer Funktion beispielsweise in einem Intervall beständig ansteigt, so bedeutet dies, daß für wachsende Argumentwerte x auch die zugeordneten Funktionswerte y größer werden.

Eine Funktion $f\colon y = f(x)$ heißt in einem Intervall J **monoton steigend,** wenn für beliebige $x_1 \in J$ und $x_2 \in J$ gilt

$$x_1 < x_2 \Rightarrow f(x_1) \leqq f(x_2)$$

Sie heißt **monoton fallend,** wenn unter den gleichen Bedingungen gilt

$$x_1 < x_2 \Rightarrow f(x_1) \geqq f(x_2)$$

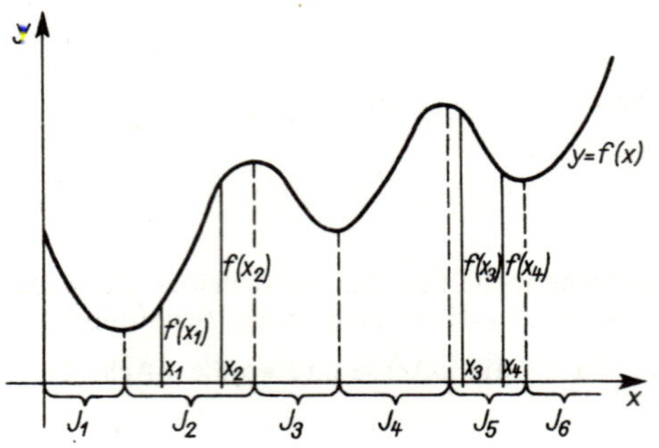

Bild 48

In Bild 48 ist eine Funktion dargestellt, in der Intervalle des monotonen Steigens und Intervalle des monotonen Fallens einander abwechseln. In den Intervallen J_1, J_3 und J_5 fällt die Funktion $f\colon y = f(x)$ monoton, während sie in den Intervallen J_2, J_4 und J_6 monoton steigt. Dies ist an zwei Stellen besonders hervorgehoben. Die beiden Punkte x_1 und x_2 liegen im Intervall J_2. Für die zugehörigen Funktionswerte gilt $f(x_1) < f(x_2)$. Diese Beziehung würde auch für jede beliebige andere Lage von x_1 und x_2 innerhalb von J_2 gelten, sofern nur $x_1 < x_2$ gewählt wird. – Damit ist die Funktion $f\colon y = f(x)$ im gesamten Intervall J_2 monoton steigend.
Entsprechend liegen die beiden Punkte x_3 und x_4 im Intervall J_5, und es gilt für sie $x_3 < x_4$, jedoch $f(x_3) > f(x_4)$.

14.3.2. Stetigkeit

Der Begriff der Stetigkeit einer Funktion kann im Rahmen dieses Buches nicht mathematisch exakt definiert werden. Er soll hier nur geometrisch-anschaulich plausibel gemacht werden.

Die meisten bisher behandelten Funktionen hatten Kurven, bei denen die Punktmenge der Kurve „in sich dicht" war, d. h., bei denen sich ein Kurvenpunkt unmittelbar an den anderen anschloß, ohne daß dabei irgendwo eine Lücke oder ein Sprung in der Kurve entstand. Wir haben aber auch Beispiele kennengelernt, bei denen bei allmählicher Vergrößerung des Argumentwertes x der zugeordnete y-Wert plötzlich „einen Sprung machte" und eine Anzahl dazwischenliegender y-Werte übersprang. Das Beispiel 5 aus 14.2.6.3. mit Bild 46 ist hierfür ein charakteristisches Beispiel. – Schließlich gibt es auch Funktionen, die an bestimmten Stellen überhaupt nicht definiert sind. So ist z. B. die Funktion f: $y = \frac{x-1}{x-1}$ an der Stelle $x = 1$ nicht definiert, denn an dieser Stelle entsteht der unbestimmte Ausdruck 0:0. Diese Beispiele führen zu der folgenden, anschaulich-erklärenden Definition des Begriffes der **Stetigkeit:**

> Eine Funktion f heißt in einem Intervall J *stetig*, wenn sich bei der fortwährenden Änderung der Argumentwerte x innerhalb des Intervalls J ohne Auslassung irgendwelcher Zwischenwerte auch die Funktionswerte y ohne Auslassung von Zwischenwerten ändern oder unter Umständen auch ständig gleich bleiben.
> Eine Funktion f heißt an einer Stelle x_1 *unstetig*,
>
> a) wenn sie an dieser Stelle nicht definiert ist oder
>
> b) wenn sich der Funktionswert y an dieser Stelle unter Auslassung von Zwischenwerten sprunghaft ändert.

Die in Bild 46 dargestellte Funktion ist demnach an den Stellen $x_1 = 10$, $x_2 = 25$, $x_3 = 100$, $x_4 = 250$, $x_5 = 500$, $x_6 = 750$ unstetig. In den dazwischenliegenden Intervallen ist sie überall stetig. – Die in Bild 42 dargestellte Funktion ist überall unstetig, denn sie besteht aus lauter einzelnen isolierten Punkten. Die in Bild 40c dargestellte Funktion ist in den Intervallen $[0; x_1)$, $[x_1; x_2)$ und $[x_2; x_3)$ stetig; sie ist in den Punkten x_1, x_2 und x_3 unstetig. In den Intervallen $(-\infty; 0)$ und $[x_3; \infty)$ ist sie ebenfalls unstetig, da sie dort nicht definiert ist.

14.3.3. Gerade Funktionen

Bei zahlreichen Funktionen treten gewisse Symmetrieeigenschaften auf. So erhält man beispielsweise bei der Funktion

$$f\colon \quad y = x^2$$

für den Argumentwert $x = +4$ denselben Funktionswert $y = 16$ wie für den Argumentwert $x = -4$. Was hier für $x = +4$ bzw. $x = -4$ gesagt wurde, gilt bei dieser Funktion ganz allgemein: Unterscheiden sich zwei Argumente nur in ihrem Vorzeichen, so sind die zugeordneten Funktionswerte gleich. Funktionen, die diese Eigenschaft haben, nennt man **gerade Funktionen.**

Die Funktion $f\colon \quad y = f(x)$ heißt eine gerade Funktion, wenn mit jedem Argument $x \in D$ stets auch $-x \in D$ ist, und wenn *für alle* x gilt

$$\boxed{f(x) = f(-x)} \tag{91}$$

Die hier genannte Bedingung für gerade Funktionen ist in Bild 49 veranschaulicht und läßt gewisse Rückschlüsse auf die Kurven gerader Funktionen zu. Zunächst liegen die beiden Abszissen x und $-x$ im Koordinatensystem gleich weit vom Koordinatenursprung 0 entfernt. Wenn nun für diese beiden x-Werte die Funktionswerte gleich sein sollen, so bedeutet dies für die zugehörigen Kurvenpunkte, daß sie symmetrisch zur y-Achse liegen müssen. Und da diese Eigenschaft für alle $x \in D$ zutreffen soll, so muß die gesamte Kurve symmetrisch zur y-Achse liegen.

Die Kurve einer geraden Funktion ist stets symmetrisch zur y-Achse.

Als weiteres Beispiel für eine gerade Funktion kann die Funktion

$$f\colon \quad y = |x|$$

genannt werden, die für $x \in G$ bereits in Bild 42 dargestellt worden ist.

14.3.4. Ungerade Funktionen

Betrachten wir an Stelle der in 14.3.3. behandelten Funktion $f\colon \quad y = x^2$ die Funktion $\varphi\colon \quad y = x^3$, so treten auch bei dieser Funktion Symmetrieeigenschaften auf, die jedoch ganz anderer Art sind als die oben beschriebenen.

So erhält man z. B. bei der Funktion

$$\varphi\colon y = x^3$$

für den Argumentwert $x = +4$ den zugeordneten Funktionswert $y = +64$, hingegen ist dem Argument $x = -4$ der Funktionswert $y = -64$ zugeordnet. Entsprechende Verhältnisse liegen für alle Argumentwerte dieser Funktion vor: Unterscheiden sich zwei Argumente der Funktion φ nur in ihrem Vorzeichen, so sind die beiden zugeordneten Funktionswerte zwar zahlenmäßig gleich, sie besitzen jedoch verschiedene Vorzeichen. Funktionen, die diese Eigenschaft haben, nennt man **ungerade Funktionen.**

Die Funktion $f\colon y = f(x)$ heißt eine ungerade Funktion, wenn mit jedem $x \in D$ stets auch $-x \in D$ ist, und wenn *für alle* x gilt

$$\boxed{f(x) = -f(-x)} \tag{92}$$

Die Bedingung (92) für ungerade Funktionen ist in Bild 50 veranschaulicht. Aus diesem Bild ist zu erkennen:

Die Kurve einer ungeraden Funktion ist stets zentralsymmetrisch zum Koordinatenursprung.

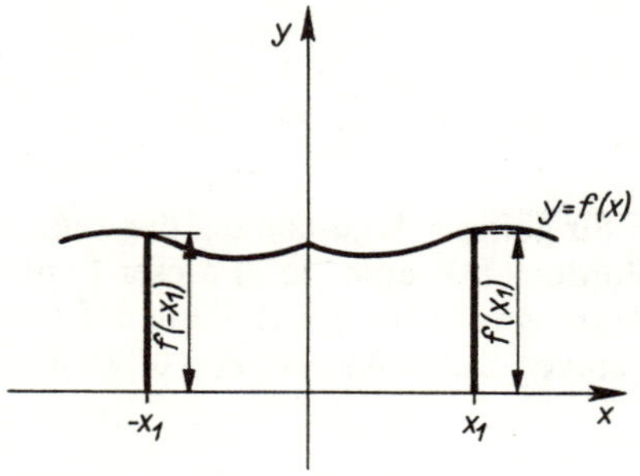

Bild 49

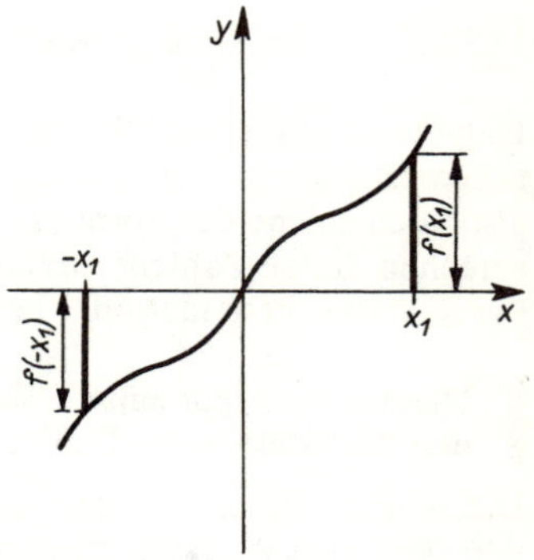

Bild 50

BEISPIELE

1. Die Funktion $f(x) = \dfrac{x^2 - 1}{x^2 + 1}$ ist eine gerade Funktion. Ersetzt man nämlich in der Gleichung der Funktion das Argument x durch den entgegengesetzten Wert $-x$, so erhält man

$$f(-x) = \frac{(-x)^2 - 1}{(-x)^2 + 1} = \frac{x^2 - 1}{x^2 + 1} = f(x)$$

$$f(-x) = f(x)$$

Die Bedingung, die für gerade Funktionen gestellt worden ist, ist hier also erfüllt. Demnach ist, wie behauptet, $f(x)$ eine gerade Funktion.

2. Es soll untersucht werden, ob die Funktion

$$f\colon\quad y = f(x) = 3x \cdot (x^2 - 5)$$

gerade oder ungerade ist.

Lösung: Um festzustellen, ob es sich um eine gerade oder um eine ungerade Funktion handelt, braucht man nur in der Gleichung der Funktion das Argument x durch den entgegengesetzten Wert $-x$ zu ersetzen. Man erhält

$$f(-x) = 3 \cdot (-x) \cdot [(-x)^2 - 5] = -3x \cdot (x^2 - 5)$$
$$f(-x) = -f(x)$$

Die letzte Beziehung ist nach (92) das Kennzeichen einer ungeraden Funktion.

Ergebnis: Die gegebene Funktion f ist eine ungerade Funktion.

3. Es ist zu untersuchen, ob die Funktion

$$g : y = g(x) = x^2 - 2x + 3$$

gerade oder ungerade ist.

Lösung: Es ist

$$g(-x) = (-x)^2 - 2 \cdot (-x) + 3$$
$$g(-x) = x^2 + 2x + 3$$

In diesem Falle ist weder $g(-x) = g(x)$ noch $g(-x) = -g(x)$. Die gegebene Funktion ist also weder gerade noch ungerade.

Für die genauere Untersuchung einer Funktion ist es von Vorteil, wenn man weiß, daß die Funktion gerade bzw. ungerade ist. Dann kann man aus der Kenntnis der Eigenschaften der Funktion im Teilintervall $J = [0;\ \infty)$ sofort auf die Eigenschaften der Funktion im gesamten Intervall $R = (-\infty;\ \infty)$ schließen.

14.3.5. Nullstellen von Funktionen

Es gibt sehr viele Funktionen, bei denen für gewisse Argumente x der zugeordnete Funktionswert y gleich Null ist. Unter den geordneten Paaren $(x;\ y)$ dieser Funktionen treten also auch solche der Form $(x;\ 0)$ auf. Bei der grafischen Darstellung der Funktionen entsprechen diesen Zahlenpaaren $(x;\ 0)$ diejenigen Kurvenpunkte $P(x;\ 0)$, in denen die Kurve die x-Achse schneidet oder berührt.

Diejenigen Argumente x, für die der zugeordnete Funktionswert y gleich Null ist, werden **Nullstellen** der Funktion genannt.

Die sehr häufig auftretende Aufgabe, die Nullstellen einer Funktion $f: y = f(x)$ zu ermitteln, löst man dadurch, daß man $y = 0$ setzt. Aus der entstehenden Gleichung

$$f(x) = 0$$

erhält man die Nullstellen der Funktion f.
Im Beispiel 3 in 14.2.6.5. wurde bereits eine derartige Nullstellenbestimmung durchgeführt. Die dort ermittelten Werte $x_1 = 1$ und $x_2 = 4$ sind die Nullstellen der Funktion

$$f: \quad y = x^2 - 5x + 4$$

BEISPIELE

1. *Welche Nullstellen hat die Funktion* $f: y = \dfrac{x^2-1}{x^2+1}$?

   Lösung: Da für eine Nullstelle $y = 0$ gelten muß, erhalten wir die Gleichung

$$0 = \frac{x^2-1}{x^2+1}$$
$$0 = x^2 - 1$$
$$x_1 = -1 \qquad x_2 = +1$$

   Die Funktion f hat demnach die beiden Nullstellen $x_1 = -1$ und $x_2 = +1$; d. h., die Kurve der Funktion f schneidet die x-Achse in den beiden Punkten $P_1(-1;\ 0)$ und $P_2(+1;\ 0)$.

2. *Man bestimme die Nullstellen der Funktion* $g: y = \dfrac{1}{1+x^2}$.

   Lösung: Da der Bruch $y = \dfrac{1}{1+x^2}$ nicht Null werden kann, hat die Funktion g keine Nullstelle.
   Für die Kurve der Funktion g bedeutet dies, daß sie die x-Achse nirgends schneidet.

14.4. Die lineare Funktion

14.4.1. Vorbemerkungen

In den einführenden Abschnitten über Funktionen ist zur Festigung des Funktionsbegriffes immer wieder ausdrücklich darauf hingewiesen worden, daß unter einer Funktion eine Menge geordneter Paare zu verstehen ist. Daher verwendeten wir bisher immer wieder die Schreibweisen

$$f = \{(x; y) \mid y = f(x) \wedge x \in D \wedge y \in W\}$$

oder $f\colon \quad y = f(x)$

die zwar exakt, aber etwas umständlich sind.
Nachdem der Funktionsbegriff nunmehr soweit gefestigt sein müßte, daß er zum anwendungsbereiten Wissen jedes Lesers gehört, wollen wir vereinbaren, zu einer kürzeren, wenn auch weniger exakten Formulierungsart überzugehen.
Anstelle von „Die Funktion $f: y = f(x)$“ wollen wir künftig nur noch kurz von der „Funktion $y = f(x)$“ sprechen, und statt „Die Kurve der Funktion f mit der Gleichung $y = f(x)$“ wollen wir „Die Kurve $y = f(x)$“ sagen.
Wir müssen uns jedoch bemühen, uns trotz dieser abgekürzten Formulierungen stets über den Charakter der jeweiligen Funktion Klarheit zu verschaffen.

14.4.2. Begriffserklärungen

Funktionen, in deren Gleichungen die beiden Variablen x und y *in keiner höheren als der ersten Potenz* auftreten, werden **Funktionen ersten Grades** genannt.
So sind z.B.

$$y = 2x + 3; \quad y = -0{,}5x + 0{,}5; \quad y = 0{,}314x + 7{,}268$$

und $3x - 4y + 5 = 0$

Funktionen ersten Grades.

Die **allgemeine Form einer Funktion ersten Grades** ist

$$\boxed{Ax + By + C = 0} \qquad (93)$$

Definitions- und Wertebereich stimmen bei den linearen Funktionen überein:

$$D = W = R$$

Wie wir noch sehen werden, gilt für alle Funktionen ersten Grades der Satz:

▌ Das Bild jeder Funktion ersten Grades ist eine Gerade.

Aus diesem Grunde werden die Funktionen ersten Grades auch **lineare Funktionen** genannt.
Jede lineare Funktion, die in der allgemeinen Form (93) gegeben ist:

$$Ax + By + C = 0,$$

läßt sich, sofern nur $B \neq 0$ ist, nach y auflösen. Man erhält

$$y = -\frac{A}{B}x - \frac{C}{B}$$

Setzt man hierin noch

$$-\frac{A}{B} = m \quad \text{und} \quad -\frac{C}{B} = b,$$

so erhält man die Form

$$\boxed{y = mx + b} \tag{94}$$

Diese Form der linearen Funktion wird als **Normalform** bezeichnet.
Da eine lineare Funktion stets durch eine Gerade dargestellt wird, genügen zwei die Funktionsgleichung erfüllende geordnete Paare $(x_1; y_1)$ und $(x_2; y_2)$, um die zu dieser linearen Funktion gehörende Gerade zeichnen zu können.[1])

Aus dem gleichen Grunde ist auch jede lineare Funktion in ihrem gesamten Definitionsbereich stetig und in ihrem gesamten Definitionsbereich entweder monoton steigend oder monoton fallend.

14.4.3. Die Funktion $y = mx$

Im Bild 51 sind die Funktionen

$$y = \frac{1}{4}x, \qquad y = \frac{1}{2}x,$$
$$y = \frac{3}{4}x, \qquad y = x,$$
$$y = 2x, \qquad y = 4x,$$
$$y = -4x, \qquad y = -2x,$$
$$y = -x, \qquad y = -\frac{3}{4}x,$$
$$y = -\frac{1}{2}x \quad \text{und} \quad y = -\frac{1}{4}x$$

dargestellt.

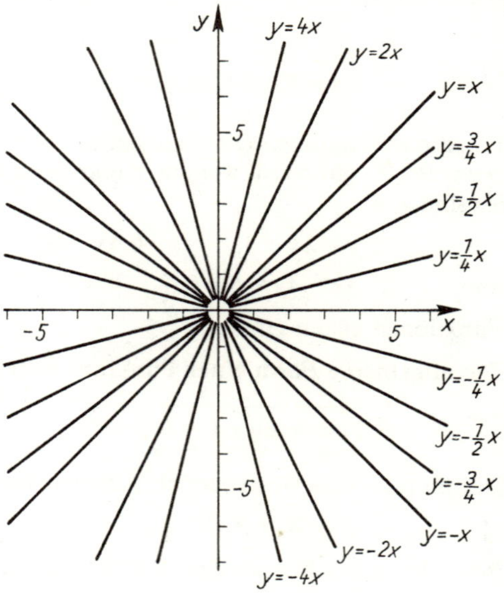

Bild 51

Der Leser prüfe die einzelnen Geraden nach, indem er jeweils zwei Punkte jeder Geraden berechnet.

Alle Geraden gehen *durch den Nullpunkt* des Koordinatensystems hindurch.

Für positive Werte von m steigt die Gerade (Blickrichtung in positiver Richtung der x-Achse); für negative m fällt die Gerade.

---

[1]) Dabei sollte man die beiden Punkte P_1 und P_2 stets so wählen, daß sie möglichst weit auseinander liegen.

Je größer m ist, um so steiler verläuft die Gerade.

Aus diesen Gründen nennt man m den **Anstieg** der Geraden.

Aus den beiden Wertetabellen für die Funktionen $y = 2x$ und $y = mx$

x	-4	-3	-2	-1	0	1	2	3	4
$y = 2x$	-8	-6	-4	-2	0	2	4	6	8
$y = mx$	$-4m$	$-3m$	$-2m$	$-m$	0	m	$2m$	$3m$	$4m$

erkennt man, daß sich y jeweils um 2 bzw. um m ändert, wenn man x um 1 vergrößert.

Damit gilt:

Die Funktion $y = mx$ wird dargestellt durch eine Gerade durch den Nullpunkt des Koordinatensystems, die den Anstieg m hat. Der Anstieg m ist dabei der Wert, um den sich y ändert, wenn x um eine Einheit vergrößert wird.

Eine weitere anschauliche Erklärung des Anstiegs m einer Geraden ergibt sich aus der folgenden Überlegung: Betrachtet man einen beliebigen vom Koordinatenursprung verschiedenen Punkt $P(x; y)$ der Geraden $y = mx$, dann folgt aus Bild 52

$$\tan \alpha = \frac{y}{x},$$

und wegen $y = mx$

$$\tan \alpha = \frac{mx}{x}$$

$$\tan \alpha = m$$

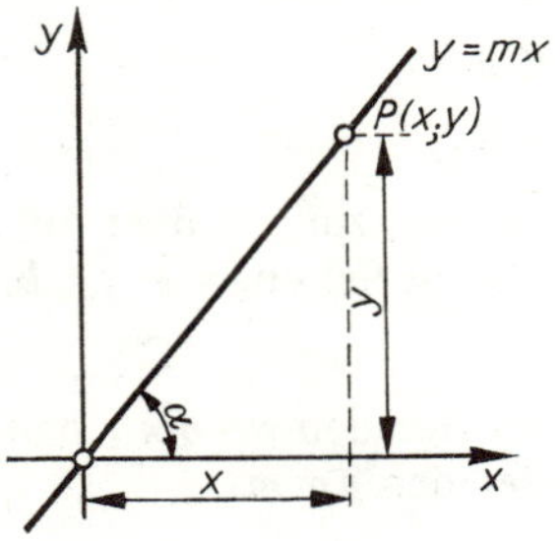

Bild 52

Demnach gilt:

Der Anstieg m einer Geraden $y = mx$ stimmt mit dem Tangens des Winkels α überein, den die Gerade mit der positiven Richtung der x-Achse bildet.

$$\boxed{\tan \alpha = m} \tag{95}$$

14.4.4. Die Funktion $y = mx + b$

Gegeben seien die beiden Geraden

$$g\colon\ y = mx \quad \text{und} \quad g'\colon\ y = mx + b$$

Es soll untersucht werden, welchen Einfluß das Absolutglied b auf die Lage der Geraden g' hat.

Dazu greifen wir auf beiden Geraden jeweils einen Punkt heraus; auf der Geraden g den Punkt $P(x; y)$ und auf der Geraden g' den Punkt $P'(x; y')$. Beide Punkte besitzen die gleiche Abszisse (Bild 53).

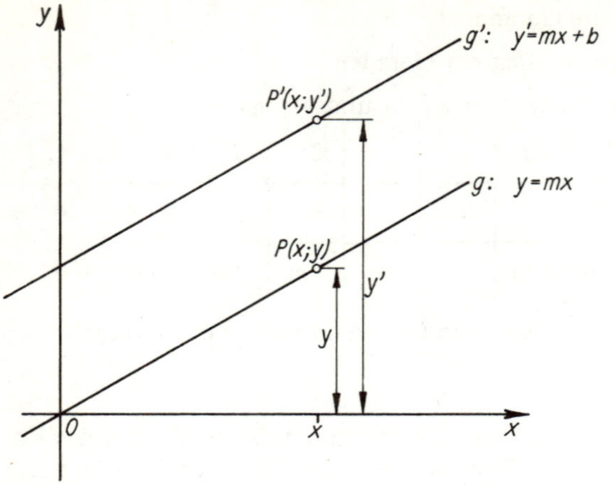

Bild 53

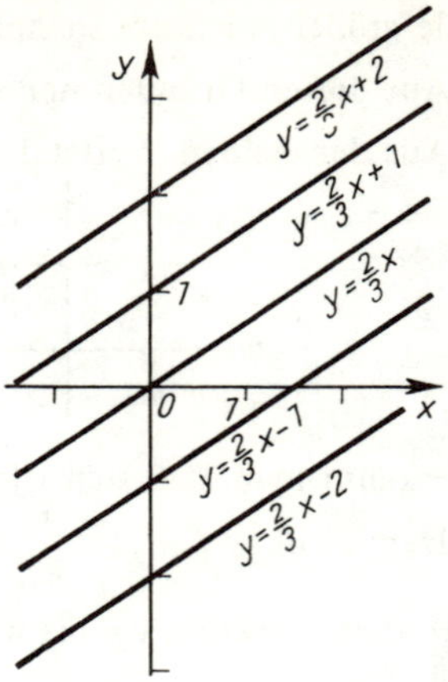

Bild 54

Da $P(x; y) \in g$, gilt $y = mx$.

Da $P'(x; y') \in g'$, gilt $y' = mx + b$.

Subtrahiert man die erste Gleichung von der zweiten, so erhält man

$$y' - y = b$$

oder $$y' = y + b$$

Da wir keinerlei Voraussetzungen über die Abszisse x der beiden Punkte P und P' gemacht haben, muß die Beziehung $y' = y + b$ für alle Punkte der beiden Geraden g und g' gelten:

Die Ordinaten der Geraden $y = mx + b$ unterscheiden sich nur um den Wert b von den Ordinaten der Geraden $y = mx$.

Das bedeutet aber, daß die Gerade $y = mx + b$ aus der Geraden $y = mx$ durch *Parallelverschiebung* um b Einheiten in Richtung der y-Achse hervorgeht.

In Bild 54 sind die Funktionen

$$y = \frac{2}{3}x - 2, \qquad y = \frac{2}{3}x - 1,$$

$$y = \frac{2}{3}x, \qquad y = \frac{2}{3}x + 1 \text{ und } y = \frac{2}{3}x + 2$$

dargestellt.

Alle Geraden verlaufen *parallel* zur Geraden $y = \frac{2}{3}x$.

Die Absolutglieder der Funktionen stimmen mit der Ordinate des Punktes überein, in dem die Gerade die y-Achse schneidet.

Allgemein gilt:

Die Funktion $y = mx + b$ wird dargestellt durch eine Gerade mit dem Anstieg m, die die y-Achse im Punkte $P(0; b)$ schneidet.

14.4.5. Grafische Darstellung einer linearen Funktion

Um eine lineare Funktion $y = mx + b$ grafisch darzustellen, ist keine Wertetabelle mehr erforderlich. Da man weiß, daß jede lineare Funktion eine Gerade ergibt, genügt es, zwei Punkte dieser Geraden auf möglichst einfache Weise zu bestimmen. Der erste dieser beiden Punkte ist der Schnittpunkt der Geraden mit der y-Achse, den man aus dem Absolutglied b der Funktionsgleichung ablesen kann. Einen zweiten Punkt erhält man, indem man vom Schnittpunkt $P(0;\, b)$ mit der y-Achse um eine Einheit in Richtung der positiven x-Achse und von da aus um m Einheiten parallel zur Richtung der y-Achse weitergeht (dabei ist das Vorzeichen von m zu beachten) bis zum Punkte Q (Bild 55). Die Verbindungsgerade PQ ist dann das gesuchte Bild der Funktion $y = mx + b$.
In Bild 56 sind die beiden Funktionen $y = 2x + 3$ und $y = -0{,}75x - 1{,}25$ auf diese Weise gezeichnet worden.

14.4.6. Grafische Lösung von linearen Gleichungen sowie von linearen Gleichungssystemen mit zwei Variablen

Mit Hilfe der grafischen Darstellung linearer Funktionen können lineare Gleichungen sowie lineare Gleichungssysteme mit zwei Variablen grafisch gelöst werden.

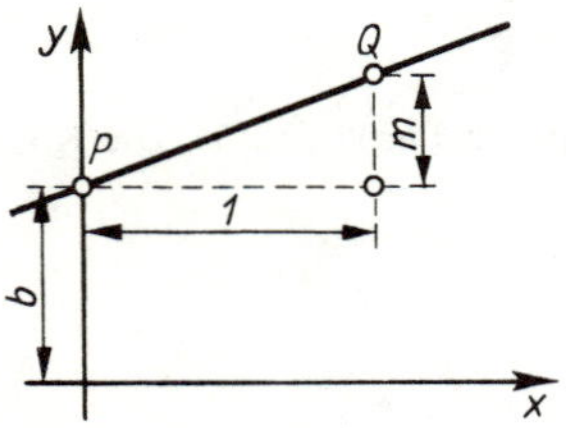

Bild 55

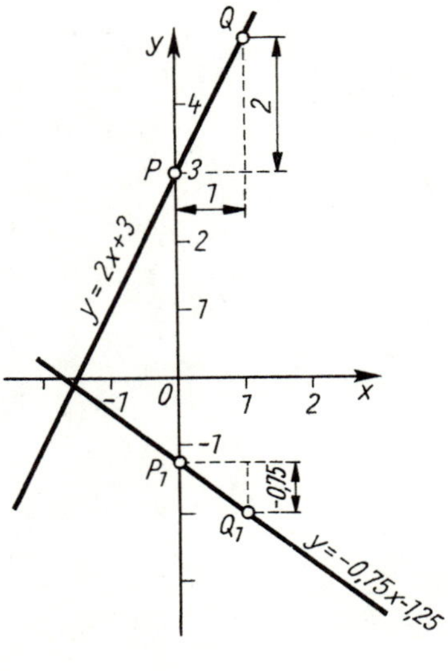

Bild 56

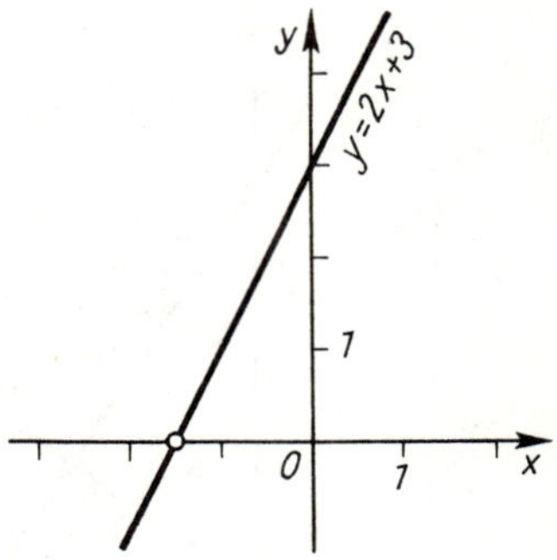

Bild 57

BEISPIEL 1

Die Gleichung $2x + 3 = 0$ *ist grafisch zu lösen.*

Lösung: An Stelle der *Gleichung* $2x + 3 = 0$ betrachtet man die *Funktionsgleichung* $y = 2x + 3$. Die zugehörige Gerade schneidet die x-Achse im Punkt mit der Abszisse $x = -1{,}5$ (Bild 57). Dieser Wert ist die Lösung der gegebenen Gleichung, denn für $x = -1{,}5$ nimmt die Funktion $y = 2x + 3$ den Wert $y = 0$ an, wie es die Gleichung verlangt.

Die Lösung einer Gleichung mit einer Variablen stimmt mit der Nullstelle der zugehörigen Funktion überein.

Für die Lösung einer linearen Gleichung mit einer Variablen bringt dieses grafische Verfahren keinerlei Vorteile. Es gewinnt jedoch an Bedeutung bei Gleichungen höheren Grades, bei denen man in vielen Fällen erst durch grafische Verfahren zur Lösung gelangt.

BEISPIEL 2

Das Gleichungssystem $\left| \begin{array}{l} 3x + 2y = 12 \\ 2x - 3y = -5 \end{array} \right|$ *ist grafisch zu lösen.*

Lösung: An Stelle der beiden Gleichungen

$$3x + 2y = 12 \quad \text{und} \quad 2x - 3y = -5$$

betrachten wir die beiden Funktionen

$$3x + 2y = 12 \quad \text{und} \quad 2x - 3y = -5$$

und zeichnen die zugehörigen Geraden

$$g_1: \quad y = -\frac{3}{2}x + 6 \quad \text{und} \quad g_2: \quad y = \frac{2}{3}x + \frac{5}{3}$$

(Bild 58). Als Schnittpunkt von g_1 und g_2 findet man den Punkt $S(2;3)$. Die Koordinaten von S

$$x_S = 2 \quad \text{und} \quad y_S = 3$$

sind die Lösungen des gegebenen Gleichungssystems.

Begründung:

$$S \in g_1 \Rightarrow 3x_S + 2y_S = 12;$$
$$S \in g_2 \Rightarrow 2x_S - 3y_S = -5$$

Damit erfüllen x_S und y_S beide Ausgangsgleichungen, und somit sind sie die Lösung des Gleichungssystems.

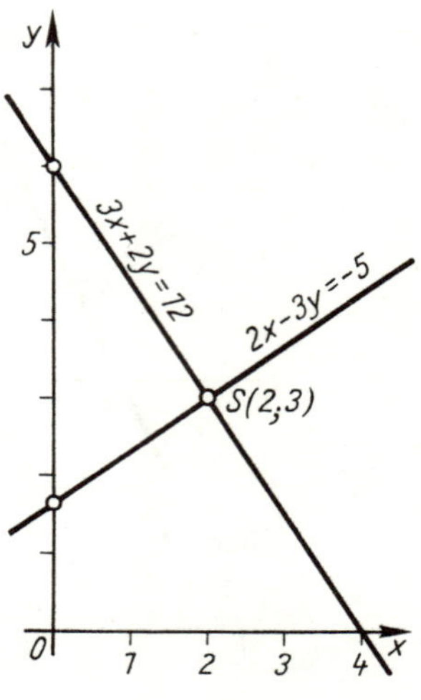

Bild 58

Das hier angewandte Lösungsverfahren läßt sich ohne weiteres auch auf Gleichungssysteme mit zwei Variablen anwenden, auch wenn die Gleichungen nicht linear sind. Für Gleichungssysteme mit mehr als zwei Variablen ist es *nicht* verwendbar.

14.5. Die quadratische Funktion

14.5.1. Begriffserklärungen

Eine Funktion der Form

$$\boxed{y = Ax^2 + Bx + C} \tag{96}$$

bei der A, B und C beliebige konstante Werte bedeuten ($A \neq 0$), wird eine **quadratische Funktion** genannt. Wie bei den quadratischen Gleichungen heißen

Ax^2 *quadratisches Glied,*
Bx *lineares Glied* und
C *Absolutglied*

der Funktion.

Die zu einer quadratischen Funktion gehörende Kurve ist eine **quadratische Parabel** (auch Parabel zweiter Ordnung genannt).

Der Definitionsbereich einer quadratischen Funktion ist die Menge R der reellen Zahlen

$$D = R$$

Der zugehörige Wertebereich kann nicht allgemein angegeben werden. Er ist abhängig von den Zahlenwerten der in der Gleichung der Funktion auftretenden Konstanten A, B und C.

14.5.2. Die quadratische Funktion $y = x^2$

Die quadratische Funktion $y = x^2$ ist eine *gerade* Funktion, denn mit $f(x) = x^2$ gilt auch $f(-x) = (-x)^2 = x^2$, also ist

$$f(-x) = f(x)$$

Daraus folgt, daß die zu $y = x^2$ gehörende Kurve symmetrisch zur y-Achse verlaufen muß. Der Definitionsbereich der Funktion ist $D = R$, und für den Wertebereich erhält man, da x^2 nie negativ werden kann,

$$W = [0;\ \infty)$$

Der tiefste Punkt der Kurve liegt mithin im Koordinatenursprung. Für *positive* x-Werte gilt stets

$$x_1 < x_2 \Rightarrow x_1^2 < x_2^2$$

Dagegen gilt für *negative* x

$$x_1 < x_2 \Rightarrow x_1^2 > x_2^2$$

Daraus folgt, daß die Kurve $y = x^2$ im Intervall $(-\infty;\ 0]$ *monoton fallend* und im Intervall $[0;\ \infty)$ *monoton steigend* ist. Darüber hinaus ist die Funktion innerhalb des gesamten Definitionsbereiches *stetig.*

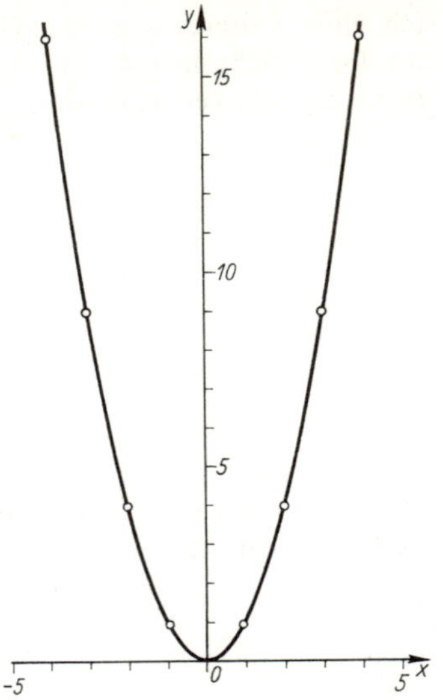

Bild 59

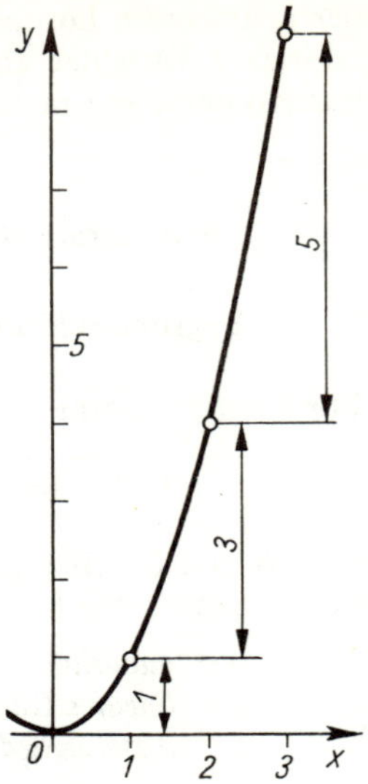

Bild 60

Die Kurve $y = x^2$ ist in Bild 59 dargestellt. Sie ist eine nach oben geöffnete Parabel. Ihre größte Krümmung hat diese Parabel im Koordinatenursprung, man nennt daher diesen Punkt den *Scheitel* der Parabel.
Die Kurve $y = x^2$ wird auch *quadratische Normalparabel* genannt.

Man kann eine quadratische Normalparabel auf eine sehr einfache Weise zeichnen, wenn man folgenden Hinweis beachtet: Vergrößert man x, vom Scheitelpunkt ausgehend, jeweils um eine volle Einheit, dann nehmen die zugehörigen y-Werte der Reihe nach zunächst um eine, dann um drei, um fünf, um sieben, ... Einheiten zu. Dadurch erhält man eine Reihe von Punkten der Parabel, die sich dann leicht mit Hilfe eines Kurvenlineals verbinden lassen (vgl. Bild 60).[1]

14.5.3. Die quadratische Funktion $y = x^2 + q$

Die Funktionsgleichung der Parabel $y = x^2 + q$ unterscheidet sich von der der Normalparabel $y = x^2$ durch das Absolutglied q.
Jeder y-Wert der Parabel $y = x^2 + q$ ist demnach um q größer (wenn $q > 0$) bzw. um $|q|$ kleiner (wenn $q < 0$) als der zur gleichen Abszisse gehörende y-Wert der Normalparabel. Daraus folgt, daß das Absolutglied q lediglich eine *Verschiebung* der Normalparabel *in Richtung der y-Achse* bewirkt, so daß der Scheitel der Parabel $y = x^2 + q$ im Punkte $S(0; q)$ liegt.
Diese Verschiebung der Normalparabel in Richtung der y-Achse wird in Bild 61 an den Parabeln

$$y = x^2, \quad y = x^2 + 3 \quad \text{und} \quad y = x^2 - 2$$

veranschaulicht.

---
[1]) Dem Leser wird dringend empfohlen, für alle Funktionen, deren Wertetabellen im Buche nicht aufgeführt sind, die fehlenden Wertetafeln selbst aufzustellen und die gefundenen Werte mit den Kurvenpunkten zu vergleichen.

Auch die Funktion $y = x^2 + q$ ist eine *gerade* Funktion. (Der Leser prüfe dies selbst nach!) Ferner gelten die Bemerkungen aus 14.5.2. über Monotonie und Stetigkeit der Funktion $y = x^2$ auch für die Funktion $y = x^2 + q$. Lediglich der Wertebereich ist ein anderer geworden:

$$W = [q; \infty).$$

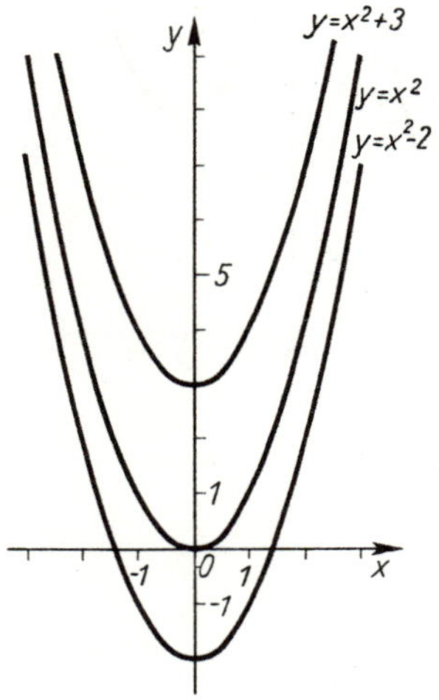

Bild 61

14.5.4. Die quadratische Funktion $y = x^2 + px + q$

Dadurch, daß in der Gleichung der Funktion

$$y = x^2 + px + q$$

auch ein lineares Glied auftritt, ist diese Funktion *weder gerade noch ungerade.* (Vgl. hierzu auch Beispiel 3 aus 14.3.4.!) Es ist also zu erwarten, daß die Kurve $y = x^2 + px + q$ zwar wieder eine Parabel sein wird, daß diese Parabel nunmehr aber im Vergleich zur Normalparabel $y = x^2$ nicht nur in Richtung der y-Achse verschoben sein wird, sondern auch in Richtung der x-Achse.

In Bild 62 sind die drei Parabeln

$$y = x^2, \quad y = (x-2)^2 \quad \text{und} \quad y = (x-2)^2 + 4$$

nebeneinander dargestellt.
Die drei Kurven sind einander trotz der verschiedenartigen Funktionsgleichungen kongruent, d. h., sie besitzen alle die gleiche Gestalt. Alle drei Kurven sind *Normalparabeln;* sie unterscheiden sich voneinander lediglich durch ihre Lage im Koordinatensystem.
Die Parabel $y = x^2$ hat ihren Scheitel im Koordinatenursprung. Die Parabel $y = (x-2)^2$ hat ihren Scheitel im Punkte $S(2; 0)$; sie ist im Vergleich zur Parabel $y = x^2$ lediglich in Richtung der x-Achse verschoben. Der Scheitel der Parabel $y = (x-2)^2 + 4$ liegt im Punkte $S(2; 4)$; die Parabel ist im Vergleich zur Parabel $y = x^2$ sowohl in x-Richtung als auch in y-Richtung verschoben.

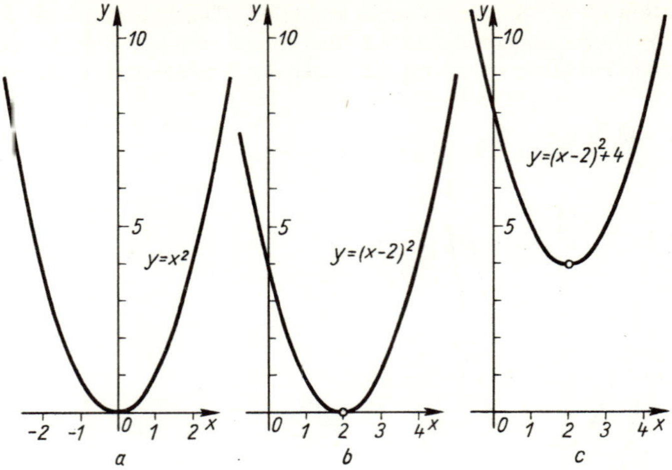

Bild 62

Allgemein gilt:

> Die zur quadratischen Funktion
>
> $$y = (x - x_S)^2 + y_S$$
>
> gehörende Kurve ist eine quadratische Normalparabel, deren Scheitel im Punkte $S(x_S; y_S)$ liegt und deren Symmetrieachse parallel zur y-Achse verläuft.

Der Definitionsbereich der Funktion $D = R$, ihr Wertebereich $W = [y_S; \infty)$. Die Funktion ist im gesamten Definitionsbereich stetig, sie ist monoton fallend für $x \in (-\infty; x_S]$ und monoton steigend für $x \in [x_S; \infty)$.
Durch eine geeignete Umformung (quadratische Ergänzung) läßt sich jede quadratische Funktion der Form

$$y = x^2 + px + q$$

auf die obige Form

$$y = (x - x_S)^2 + y_S$$

bringen, so daß auch jede Funktion $y = x^2 + px + q$ durch eine quadratische Normalparabel dargestellt wird.

BEISPIELE

1. *Die Funktion*

$$y = x^2 - 4x + 5$$

ist zu zeichnen.

Lösung: Umformung der Funktionsgleichung mit Hilfe der quadratischen Ergänzung:

$$y = x^2 - 4x + 4 + 1$$

$$y = (x - 2)^2 + 1$$

Daraus liest man ab:

$$x_S = 2; \quad y_S = 1$$

Die Parabel hat demnach ihren Scheitelpunkt im Punkt S (2; 1). Sie ist in Bild 63 dargestellt.

2. *Die Funktion*

$$y = x^2 + 5x - 1$$

ist zu zeichnen.

Lösung: Es ist

$$y = x^2 + 5x - 1 = x^2 + 5x + 2{,}5^2 - 7{,}25$$

$$y = (x + 2{,}5)^2 - 7{,}25$$

Scheitelpunktskoordinaten: $S(-2{,}5;\ -7{,}25)$
Die Parabel ist ebenfalls in Bild 63 dargestellt.

14.5.5. Grafische Lösung quadratischer Gleichungen

Zur grafischen Lösung quadratischer Gleichungen gibt es zwei Verfahren, die am Beispiel der Gleichung

$$x^2 + x - 2 = 0$$

vorgeführt werden sollen.

1. Verfahren: An Stelle der *Gleichung* $x^2 + x - 2 = 0$ betrachtet man die *Funktion*

$$y = x^2 + x - 2$$

und bestimmt zeichnerisch deren Nullstellen (vgl. in 14.4.6. Beispiel 1!):

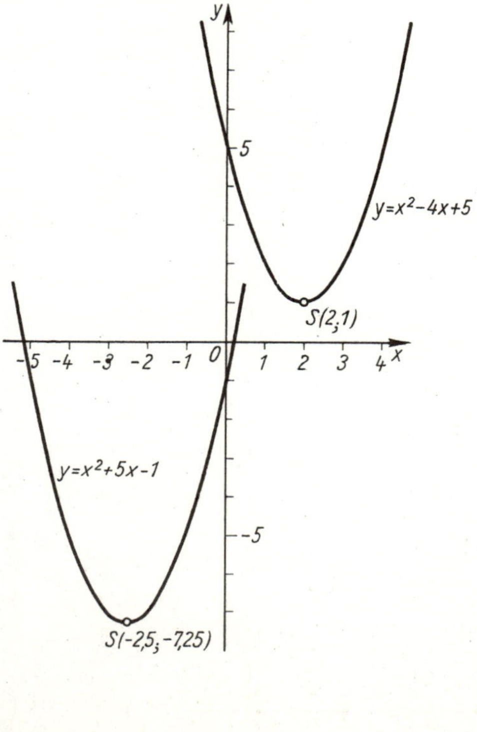

Bild 63

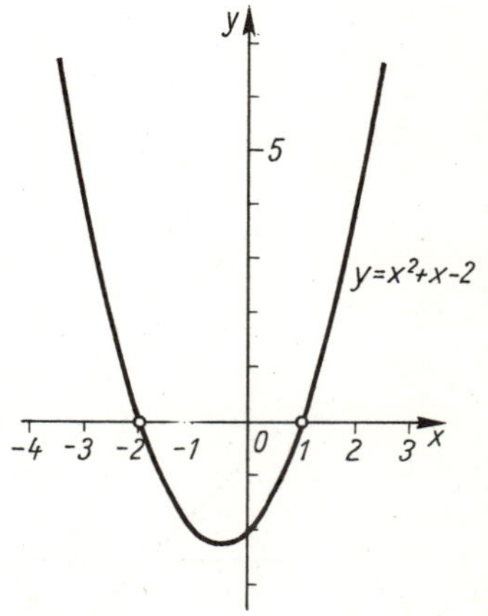

Bild 64

Der Scheitelpunkt der Parabel $y = x^2 + x - 2$ liegt im Punkte $S(-0{,}5;\ -2{,}25)$. Aus der Kurve liest man die Nullstellen

$$x_1 = -2 \quad \text{und} \quad x_2 = +1$$

ab (Bild 64).

Dieses Verfahren ist wegen der umfangreichen Rechenarbeit bei der Bestimmung des Scheitelpunktes nicht sehr vorteilhaft.

2. Verfahren Man bringt in der quadratischen Gleichung das quadratische Glied allein auf eine Seite

$$x^2 = -x + 2$$

und betrachtet an Stelle dieser Gleichung $x^2 + x - 2 = 0$ die *beiden Funktionen*

$$y_1 = x^2 \quad \text{und} \quad y_2 = -x + 2$$

Die zu diesen beiden Funktionen gehörenden Kurven lassen sich leicht zeichnen. (Es ist günstig, wenn man sich für derartige Aufgaben eine Schablone für die Normalparabel $y = x^2$ anfertigt.) Die Maßzahlen der Abszissen der Schnittpunkte beider Kurven (Bild 65) sind die Lösungen der gegebenen Gleichung.
In den Schnittpunkten stimmen nämlich die y-Werte der beiden Funktionen überein, so daß aus

$$y_1 = y_2$$

die Beziehung $\quad x^2 = -x + 2$

oder $\quad x^2 + x - 2 = 0$

folgt, was ja nach der Aufgabenstellung gefordert war.

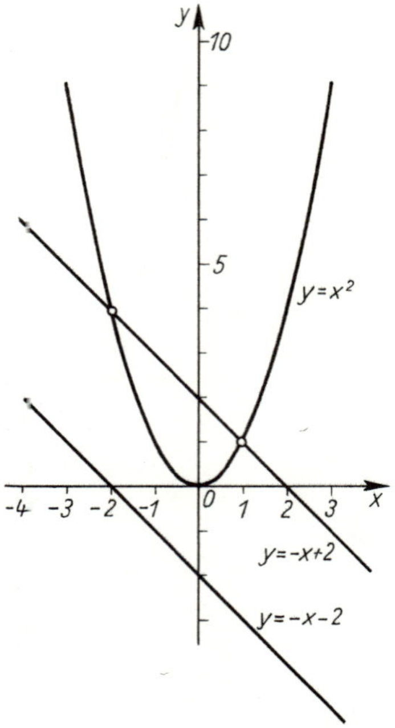

Bild 65

Quadratische Gleichungen, die rechnerisch im Bereich der reellen Zahlen nicht gelöst werden können, lassen sich natürlich auch grafisch nicht lösen.
So ist z. B. die Gleichung

$$x^2 + x + 2 = 0$$

für $x \in R$ nicht lösbar.
Bei der grafischen Lösung der Gleichung mit Hilfe des zweiten Verfahrens wären die Schnittpunkte der Normalparabel $y = x^2$ mit der Geraden $y = -x - 2$ zu ermitteln. Diese Gerade läuft jedoch links unten an der Normalparabel vorbei (Bild 65).

14.5.6. Die allgemeine quadratische Funktion $y = Ax^2 + Bx + C$

Steht bei dem quadratischen Glied einer quadratischen Funktion ein von Null und Eins verschiedener Faktor *A*, so tritt eine *Formänderung* der Parabel auf. Dies soll an den Beispielen

$$y = x^2 \qquad y = 2x^2 \qquad y = \frac{1}{2}x^2$$

$$y = -x^2 \qquad y = -2x^2 \qquad y = -\frac{1}{2}x^2$$

gezeigt werden (Bilder 66 und 67).

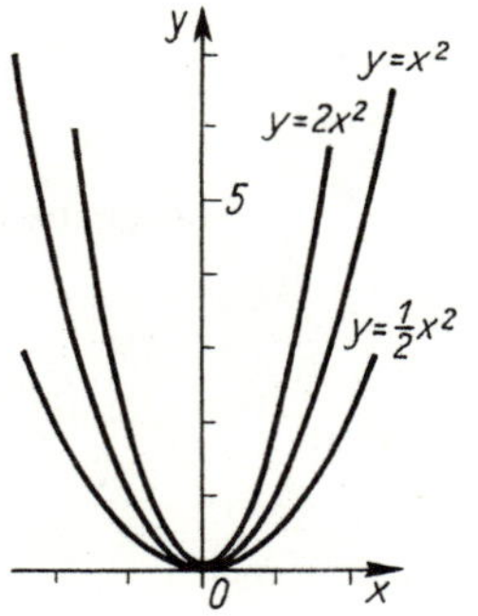

Bild 66

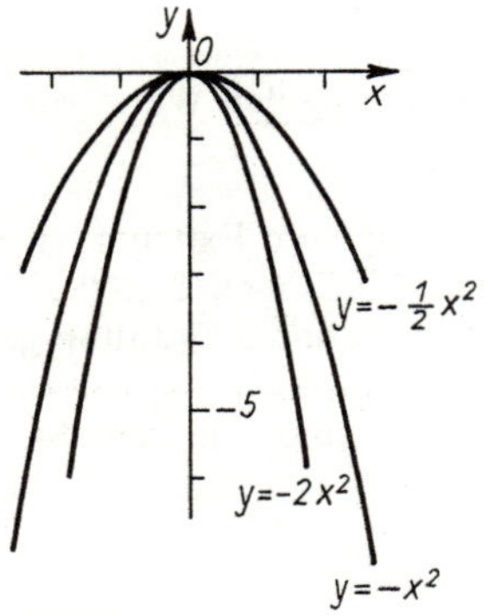

Bild 67

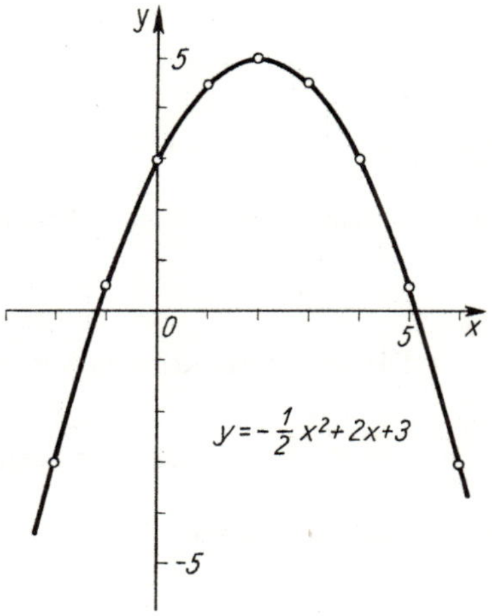

Bild 68

Die Parabeln $y = Ax^2$ sind im Vergleich zur Normalparabel $y = x^2$ gestreckt bzw. gestaucht, je nachdem, ob $|A| > 1$ oder ob $0 < |A| < 1$ ist.

Ist A *positiv*, so ist die zugehörige Parabel *nach oben* geöffnet. Bei *negativem A* ist sie *nach unten* offen. Die Symmetrieachse ist in jedem Falle die y-Achse.

Die zur allgemeinen quadratischen Funktion

$$y = Ax^2 + Bx + C$$

gehörende Kurve ist zur Parabel $y = Ax^2$ kongruent. Durch das lineare Glied Bx und das Absolutglied C tritt lediglich eine Verschiebung der Parabel ein.

BEISPIEL

Die Funktion $y = -\frac{1}{2}x^2 + 2x + 3$ *ist grafisch darzustellen.*

Lösung: Wertetabelle:

x	−4	−3	−2	−1	0	+1	+2	+3	+4	+5	+6	+7	+8
y	−13	−7,5	−3	+0,5	+3	+4,5	+5	+4,5	+3	+0,5	−3	−7,5	−13

Es entsteht eine nach unten geöffnete, gestauchte Parabel, die der Parabel $y = \frac{1}{2}x^2$ kongruent ist (Bild 68).

Der Scheitel dieser Parabel läßt sich nach einer einfachen Umrechnung unmittelbar aus der Gleichung der Funktion ablesen:

$$y = -\frac{1}{2}x^2 + 2x + 3$$

$$= -\frac{1}{2}(x^2 - 4x + 4) + 5 \qquad \text{(quadratische Ergänzung)}$$

$$y = -\frac{1}{2}(x - 2)^2 + 5$$

Hieraus liest man die Scheitelpunktskoordinaten $x_S = 2$, $y_S = 5$ ab.

14.6. Die Potenzfunktionen $y = x^n$

14.6.1. $y = x^n$ für ganzzahliges positives n

Alle Potenzfunktionen $y = x^n$ sind für $n \in N \setminus \{0\}$ für alle reellen Werte von x definiert:

$$D = R$$

Der Wertebereich der einzelnen Funktionen ist abhängig vom Exponenten n. Außerdem ist jede der genannten Funktionen im gesamten Definitionsbereich *stetig*.
Die Kurven der Potenzfunktionen $y = x^n$ werden **Parabeln n-ter Ordnung** genannt, wenn $n \in N \setminus \{0\}$.
Um die Eigenschaften der Funktionen $y = x^n$ genauer kennenzulernen, wollen wir zwei Fälle unterscheiden.

Fall a: n ist eine *gerade* Zahl: $n = 2m$, $m \in N \setminus \{0\}$.

Alle Funktionen $y = x^{2m}$ sind *gerade Funktionen*, denn es gilt stets

$$(-x)^{2m} = x^{2m}$$

Die Kurven $y = x^{2m}$ verlaufen demnach alle symmetrisch zur y-Achse.
Unabhängig vom Exponenten gilt für $x \in (-\infty; 0]$:

$$x_1 < x_2 \Rightarrow x_1^{2m} > x_2^{2m},$$

dagegen für $x \in [0; \infty)$:

$$x_1 < x_2 \Rightarrow x_1^{2m} < x_2^{2m}$$

Die Funktionen $y = x^{2m}$ sind demnach für negative x *monoton fallend*, dagegen für positive x *monoton steigend*.
Ferner haben alle Funktionen $y = x^{2m}$ drei Punkte gemeinsam: den Punkt $P_1(1; 1)$, den Punkt $P_2(-1; 1)$ sowie den Koordinatenursprung.
In Bild 69 sind eine Anzahl von Funktionen $y = x^{2m}$ dargestellt. Es ist zu erkennen, daß die Kurven für $x > 1$ um so steiler ansteigen, je größer der Exponent ist. Sie gehen um so flacher durch den Koordinatenursprung hindurch, je größer der Exponent ist.

Fall b: n ist eine ungerade Zahl: $n = 2m + 1$, $m \in N$.

Alle Funktionen $y = x^{2m+1}$ sind *ungerade Funktionen*, denn es gilt stets

$$(-x)^{2m+1} = -x^{2m+1}$$

Die Kurven $y = x^{2m+1}$ verlaufen demnach alle zentralsymmetrisch zum Koordinatenursprung.

Unabhängig vom Exponenten gilt für alle $x \in R$:

$$x_1 < x_2 \Rightarrow x_1^{2m+1} < x_2^{2m+1}$$

Das bedeutet, daß die Funktionen $y = x^{2m+1}$ im gesamten Definitionsbereich *monoton steigen*.

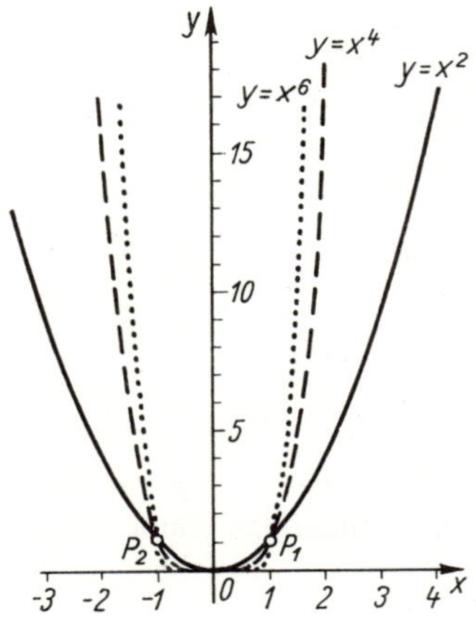

Bild 69

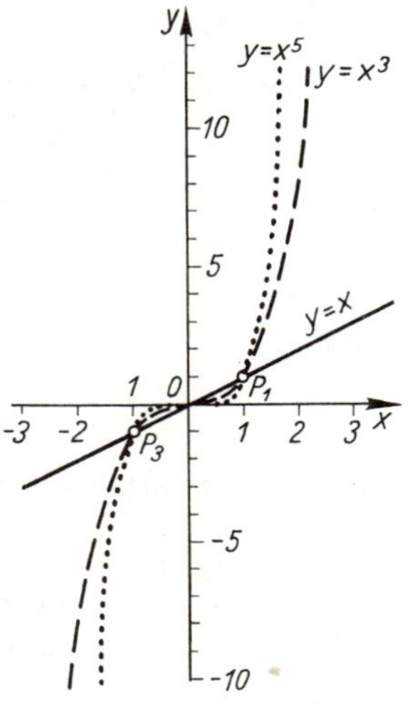

Bild 70

In Bild 70 sind einige Funktionen $y = x^{2m+1}$ dargestellt. Es ist zu erkennen, daß alle Kurven durch die drei Punkte $P_1(1; 1)$, den Koordinatenursprung und $P_3(-1; -1)$ hindurchgehen und daß bezüglich der Steilheit der Kurven das gleiche gilt, was bereits oben für die Kurven $y = x^{2m}$ festgestellt wurde.

Zusammenfassung:

$$y = x^n \quad \text{für} \quad n \in N \setminus \{0\}$$

Exponent	$n = 2m$	$n = 2m + 1$
Definitionsbereich	$x \in R$	$x \in R$
Wertebereich	$y \in [0; \infty)$	$y \in R$
Symmetrie	gerade Funktion	ungerade Funktion
Stetigkeit für	$x \in R$	$x \in R$
Monoton fallend für	$x \in (-\infty; 0]$	–
Monoton steigend für	$x \in [0; \infty)$	$x \in R$
Gemeinsame Punkte	$P_1(1; 1)$ $O(0; 0)$ $P_2(-1; 1)$	$P_1(1; 1)$ $O(0; 0)$ $P_3(-1; -1)$

Das Verhalten der Funktionen $y = x^n$ für $n \in N \setminus \{0\}$ in der Nähe des Koordinatenursprunges ist in Bild 71 vergrößert dargestellt worden.

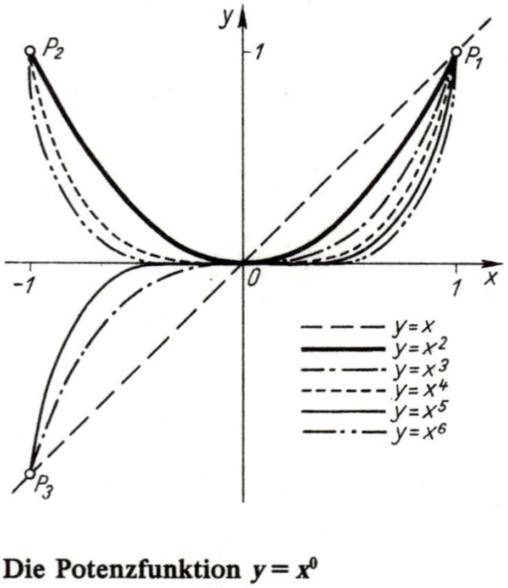

Bild 71

14.6.2. Die Potenzfunktion $y = x^0$

In 7.3.2. wurde die *Festlegung* getroffen, daß $a^0 = 1$ für *alle* $a \neq 0$ gelten soll. Für $a = 0$ ergibt die Potenz a^0 einen unbestimmten Ausdruck. Demzufolge ergibt sich für den Definitions- und den Wertebereich der Funktion $y = x^0$:

$$D = R \setminus \{0\}; \quad W = \{1\}$$

Die Funktion $y = x^0$ hat also für jeden von Null verschiedenen Wert x den Funktionswert

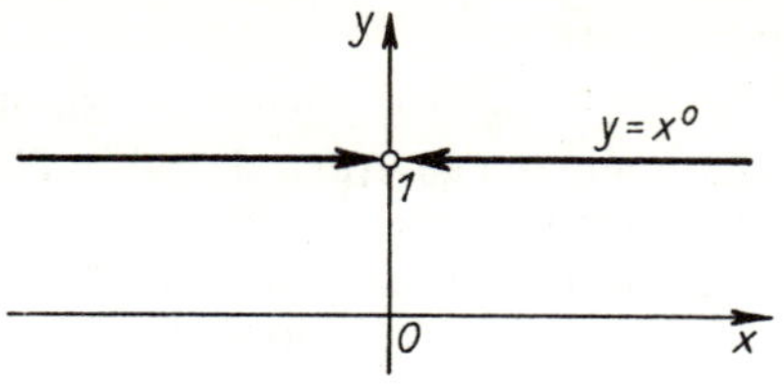

Bild 72

$y = 1$. Für $x = 0$ ist die Funktion *nicht erklärt.* Man sagt dazu, die Funktion $y = x^0$ hat an der Stelle $x = 0$ eine **Lücke.**

Das Bild der Funktion $y = x^0$ ist eine Parallele zur x-Achse im Abstand 1 (Bild 72), die im Punkte $P(0; 1)$ unterbrochen ist. Die Parallele nähert sich von beiden Seiten her unbegrenzt nahe an den Punkt $P(0; 1)$ an, das geordnete Paar $(0; 1)$ selbst gehört jedoch *nicht* mit zur Funktion, demzufolge gehört auch der Punkt $P(0; 1)$ *nicht* mit zur Kurve.

14.6.3. $y = x^n$ für ganzzahliges negatives n

Da die Division durch Null nicht erlaubt ist, sind alle Potenzfunktionen $y = x^n$ für $n \in G \wedge n < 0$ in folgendem Definitionsbereich definiert:

$$D = R \setminus \{0\}$$

Der Wertebereich der einzelnen Funktionen ist abhängig vom Exponenten n. Da die Funktionen für $x = 0$ nicht definiert sind, sind sie an dieser Stelle $x = 0$ *unstetig* (vgl. 14.3.2.). Innerhalb der beiden Teilbereiche $B_1 = (-\infty; 0)$ und $B_2 = (0; \infty)$ sind jedoch alle Funktionen stetig.

Die Kurven der Funktionen $y = x^n$ werden **Hyperbeln n-ter Ordnung** genannt, wenn $n \in G \wedge n < 0$.

Um die Eigenschaften der Hyperbeln n-ter Ordnung und damit der Potenzfunktionen $y = x^n$ für ganzzahliges negatives n genauer kennenzulernen, unterscheiden wir wiederum zwei Fälle.

Fall a: n ist eine gerade Zahl: $n = -2m$, $m \in N \setminus \{0\}$.

Alle Funktionen $y = x^{-2m}$ sind *gerade Funktionen.*

Im Intervall $(0; \infty)$ gilt unabhängig vom Exponenten

$$x_1 < x_2 \Rightarrow x_1^{-2m} > x_2^{-2m},$$

so daß die Funktion $y = x^{-2m}$ im genannten Intervall eine *monoton fallende Funktion* ist. Aus Symmetriegründen muß sie dann im Intervall $(-\infty; 0)$ monoton steigen.

Mit wachsenden Werten von x werden die zugeordneten y-Werte immer kleiner, so daß sich die Kurvenpunkte der x-Achse immer mehr nähern, ohne sie jedoch im Endlichen jemals zu erreichen. Man nennt daher die x-Achse eine **Asymptote** der Hyperbel.

Auch die y-Achse ist eine Asymptote der Hyperbeln $y = x^{-2m}$. Läßt man nämlich x immer mehr an den Wert Null herangehen, so wachsen die zugeordneten y-Werte immer mehr an. Damit nähern sich die Kurven immer mehr auch der y-Achse, ohne diese jemals zu erreichen.

Man nennt die Stelle $x = 0$ eine *Unendlichkeitsstelle* (oder hier speziell einen *Pol*) der Funktion $y = x^{-2m}$.

Alle Kurven $y = x^{-2m}$ gehen durch die beiden Punkte $P_1(1; 1)$ und $P_2(-1; 1)$ hindurch.

Fall b: n ist eine *ungerade* Zahl: $n = -(2m + 1),\ m \in N$.

In diesem Falle sind alle Funktionen $y = x^{-(2m+1)}$ *ungerade Funktionen.* Sie fallen in den beiden Intervallen $(-\infty; 0)$ und $(0; \infty)$ jeweils monoton ab. Auch sie haben die beiden Koordinatenachsen als *Asymptoten* sowie an der Stelle $x = 0$ einen *Pol.* Gemeinsame Punkte aller Kurven $y = x^{-(2m+1)}$ sind die beiden Punkte $P_1(1; 1)$ und $P_3(-1; -1)$.
In den Bildern 73 und 74 sind einige spezielle Kurven y^n für $n \in G \wedge n < 0$ dargestellt.

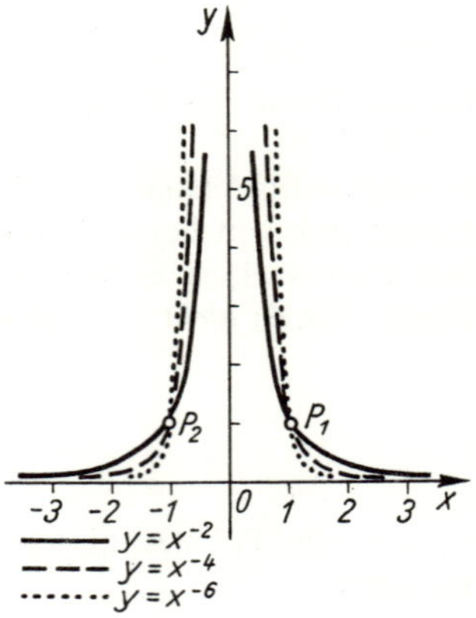

Bild 73

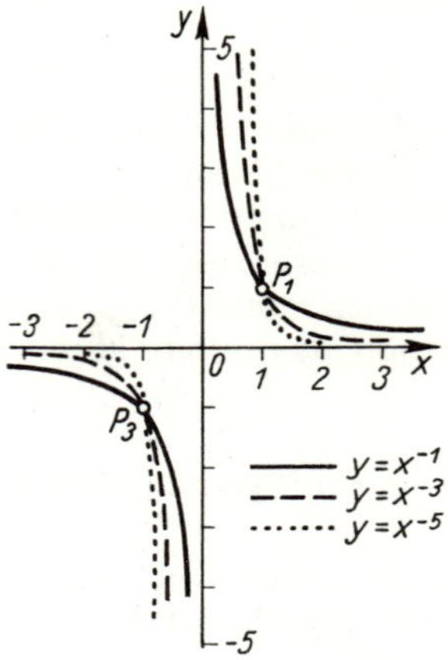

Bild 74

Zusammenfassung:

$$y = x^n \quad \text{für} \quad n \in G \wedge n < 0$$

Exponent	gerade	ungerade
Definitionsbereich	$x \in R \setminus \{0\}$	$x \in R \setminus \{0\}$
Wertebereich	$y \in (0; \infty)$	$y \in R \setminus \{0\}$
Symmetrie	gerade Funktion	ungerade Funktion
Stetigkeit	unstetig bei $x = 0$	unstetig bei $x = 0$
Monoton fallend für	$x \in (0; \infty)$	$x \in R \setminus \{0\}$
Monoton steigend für	$x \in (-\infty; 0)$	–
Gemeinsame Punkte	$P_1(1; 1)$ $P_2(-1; 1)$	$P_1(1; 1)$ $P_3(-1; -1)$
Asymptoten	x-Achse y-Achse	x-Achse y-Achse

14.6.4. $y = x^n$ für gebrochene Werte von n

Aus der Vielzahl der möglichen Funktionen $y = x^n$ für gebrochene Werte von n sollen hier nur diejenigen kurz behandelt werden, bei denen n ein positiver Stammbruch ist, also die sogenannten **Wurzelfunktionen**

$$y = x^{\frac{1}{m}} = \sqrt[m]{x} \quad (m \in N \wedge m > 1)$$

Der Definitionsbereich aller Wurzelfunktionen ist die Menge der positiven reellen Zahlen

$$D = [0;\ \infty),$$

denn der Wurzelbegriff ist für negative Radikanden nicht erklärt. Auch der Wertebereich ist

$$W = [0;\ \infty),$$

und alle Wurzelfunktionen sind im gesamten Definitionsbereich stetige und monoton steigende Funktionen.
In den beiden Bildern 75 und 76 sind jeweils die ersten beiden geraden bzw. ungeraden Wurzelfunktionen dargestellt. Dabei sind in das Bild 75 auch die Funktionen $y = -\sqrt{x}$ und $y = -\sqrt[4]{x}$ eingezeichnet worden. Die beiden Kurven $y = \sqrt{x}$ und $y = -\sqrt{x}$ gehen im Nullpunkt des Koordinatensystems ineinander über und bilden zusammen eine Parabel, die bei einer Drehung um 90° in die quadratische Normalparabel übergehen würde. Ähnliche Verhältnisse liegen auch bei $y = \sqrt[4]{x}$ und $y = -\sqrt[4]{x}$ vor.

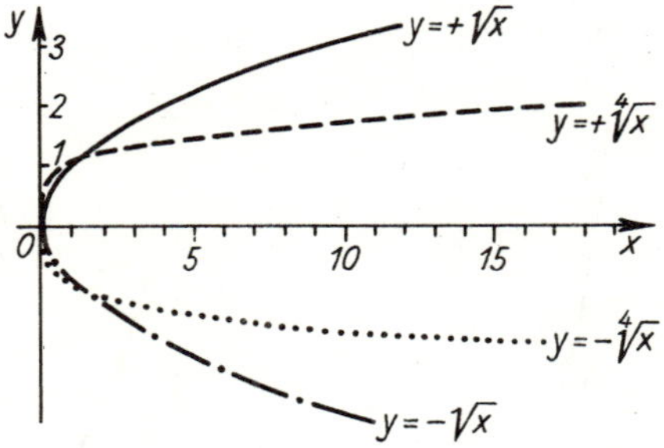

Bild 75

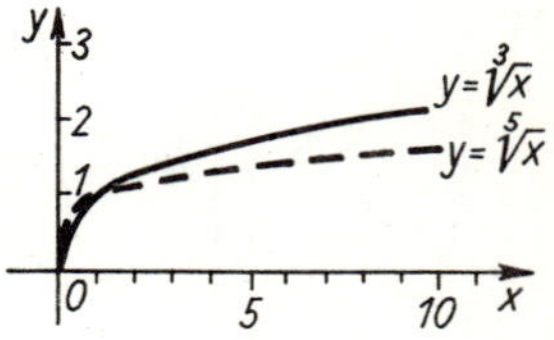

Bild 76

14.7. Die Exponentialfunktionen $y = a^x$ und $y = a^{-x}$

Funktionen, bei denen die unabhängige Variable x als Hochzahl einer konstanten Grundzahl auftritt, werden **Exponentialfunktionen** genannt. So sind beispielsweise

$$y = 2^x, \quad y = 10^x, \quad y = 2{,}718\,281\,828^x,$$
$$y = a^x \quad \text{und} \quad y = 3^{-x}$$

Exponentialfunktionen.
Ist $a \geqq 1$, so ist die Exponentialfunktion $y = a^x$ für alle reellen Werte von x erklärt. Der Definitionsbereich der Funktion $y = a^x$ ist demnach

$$D = R.$$

Für sehr große negative Werte von x wird, $a > 1$ vorausgesetzt, y sehr klein. Die Kurve $y = a^x$ nähert sich demzufolge immer mehr an die negative x-Achse an. Mit wachsendem x wird dann auch y immer größer; für $x = 0$ wird $y = a^0 = 1$, und schließlich werden mit weiter wachsendem x die y-Werte sehr schnell groß, so daß die Kurve für positive x-Werte steil ansteigt. Aus all dem folgt, daß die Funktion $y = a^x$ für $a > 1$ eine monoton steigende Funktion mit dem Wertebereich

$$W = (0;\ \infty)$$

ist (Bild 77).
Die Funktion $y = a^{-x}$ ist für $a > 1$ eine monoton fallende Funktion, die als Definitions- und Wertebereich ebenfalls

$$D = R \quad \text{und} \quad W = (0;\ \infty)$$

hat. Sie hat für sehr große negative Werte von x auch sehr große y-Werte; für $x = 0$ wird $y = 1$, und schließlich werden die y-Werte mit weiter wachsendem x immer kleiner.
Für die Kurve $y = a^{-x}$ bedeutet dies, daß sie steil von oben herabkommt, die y-Achse im Punkt $P(0;\ 1)$ schneidet und sich dann immer mehr der positiven x-Achse annähert (Bild 78).
Die beiden Kurven $y = a^x$ und $y = a^{-x}$ verlaufen symmetrisch zur y-Achse (Bild 79).

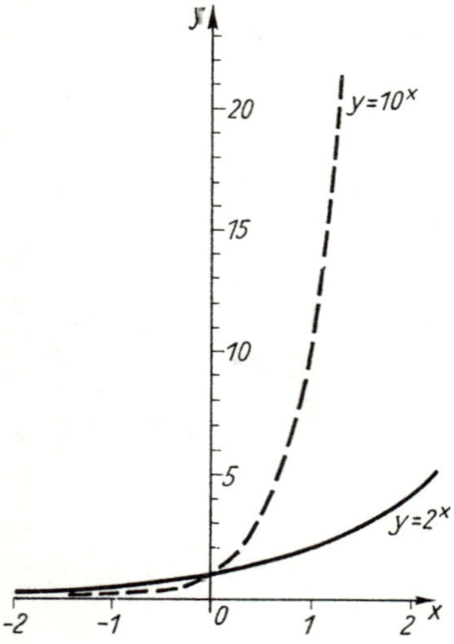

Bild 77

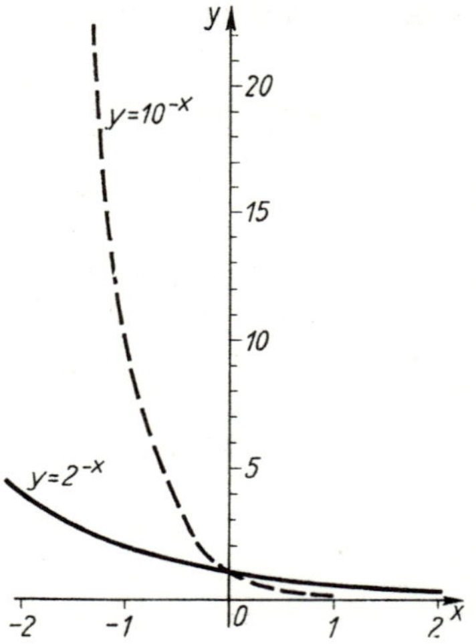

Bild 78

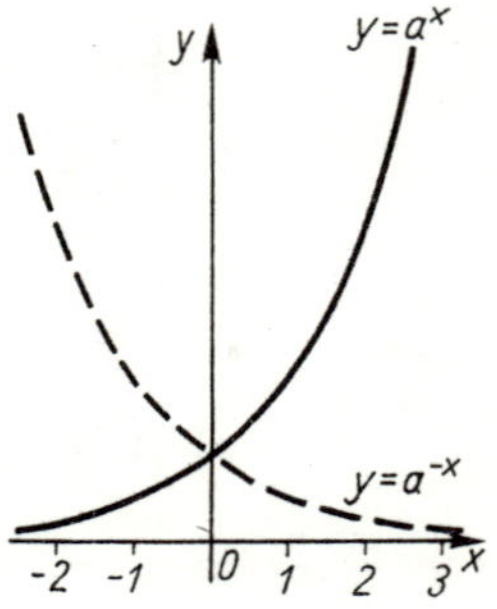

Bild 79

Für $a = 1$ erhält man als Bild der Funktion $y = a^x$ die Parallele zur x-Achse im Abstand $y = 1$.
Ist $0 < a < 1$, so läßt sich die zugehörige Exponentialfunktion auf einen der beiden bereits behandelten Fälle zurückführen, wenn man beachtet, daß

$$a^{-x} = \frac{1}{a^x} = \left(\frac{1}{a}\right)^x \quad \text{und} \quad a^x = \frac{1}{a^{-x}} = \left(\frac{1}{a}\right)^{-x}$$

ist.
Für negative Werte der Grundzahl a hat die Exponentialfunktion $y = a^x$ bzw. $y = a^{-x}$ keinen Sinn.

14.8. Die logarithmische Funktion

Die logarithmische Funktion

$$y = \log_a x$$

ist nur für $a > 0$ erklärt und hat den Definitionsbereich

$$D = (0;\ \infty).$$

Der Wertebereich ist

$$W = R.$$

Alle logarithmischen Funktionen sind im gesamten Definitionsbereich stetig. Für $a > 1$ handelt es sich um Funktionen, die im gesamten Definitionsbereich monoton ansteigen, im Falle $a < 1$ fallen sie im gesamten Definitionsbereich monoton ab. Jede Kurve $y = \log_a x$ geht unabhängig von der Basis a durch den Punkt $P(1;\ 0)$ auf der x-Achse hindurch.
In Bild 80 sind die beiden Funktionen $y = \lg x$ sowie $y = \log_2 x$ grafisch dargestellt.

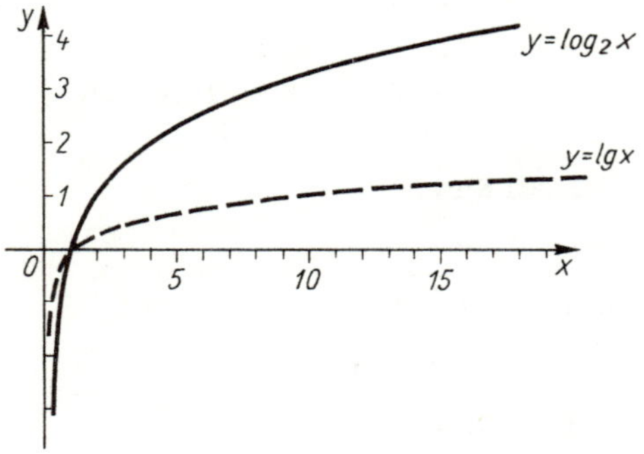

Bild 80

AUFGABEN

301. Untersuche, welche von den gegebenen Punkten auf den Kurven liegen, die durch nachstehende Funktionsgleichungen bestimmt sind:

a) $y = 3x + 2$ $\quad P_1(0;\ -2)$ $\quad P_2(-1;\ -1)$ $\quad P_3\left(-\frac{2}{3};\ 0\right)$

b) $3x - 4y + 7 = 0$ $\quad P_1\left(\frac{1}{2};\ \frac{17}{8}\right)$ $\quad P_2(-4;\ 3)$ $\quad P_3(-3{,}2;\ 4{,}6)$

c) $y = -\frac{2}{3}x + \frac{5}{4}$ $\quad P_1\left(\frac{4}{7};\ 5\right)$ $\quad P_2(-6;\ 5)$ $\quad P_3\left(\frac{26}{5};\ -\frac{133}{60}\right)$

d) $y = \frac{7}{4}x^2 + x - 3$ $\quad P_1(4{,}71;\ -2{,}36)$ $\quad P_2\left(\frac{2}{7};\ -2\frac{4}{7}\right)$ $\quad P_3(-14;\ -95)$

e) $4x^2 - 3y^2 = 16$ $\quad P_1(-2;\ 0)$ $\quad P_2\left(\frac{5}{2};\ \sqrt{3}\right)$ $\quad P_3\left(-\frac{1}{2}\sqrt{19};\ 1\right)$

302. Gesucht ist die grafische Darstellung folgender Geraden:

a) g_1: $y = 2x + 1$ $\quad$ b) g_2: $y = x - 3$ $\quad$ c) g_3: $y = -4x + 4$

d) g_4: $y = 3{,}5$ $\quad$ e) g_5: $y = -\frac{1}{3}x$ $\quad$ f) g_6: $y = \frac{3}{5}x + \frac{12}{5}$

g) g_7: $5y + 16 = 0$ h) g_8: $y = x$ i) g_9: $2x + 3y - 15 = 0$

k) g_{10}: $\frac{1}{4}x + \frac{1}{5}y - 1 = 0$

303. Berechne für die gegebenen Ordinaten die Abszissen der Punkte, die die folgenden Funktionsgleichungen erfüllen:

a)	$y = \frac{4}{5}x - \frac{2}{3}$	für	$y_1 = 4$	$y_2 = -1$	$y_3 = \frac{2}{15}$
b)	$y = -6x + 2$	für	$y_1 = 2$	$y_2 = 0$	$y_3 = -4$
c)	$7x - 9y - 3 = 0$	für	$y_1 = -\frac{2}{3}$	$y_2 = 5\frac{3}{4}$	$y_3 = 1\frac{2}{9}$
d)	$y = 4x^2 - 9$	für	$y_1 = -1$	$y_2 = 8{,}64$	$y_3 = 27$
e)	$y = 15x^2 + x - 6$	für	$y_1 = 0$	$y_2 = 73\frac{1}{3}$	$y_3 = -4$

304. In welchen Punkten schneiden die Kurven, die durch folgende Funktionen gegeben sind, die Koordinatenachsen?

a) $y = x - 2$
b) $y = 3x + 5$
c) $y = -\frac{2}{3}x - \frac{4}{7}$
d) $5x - 6y - 10 = 0$
e) $14x - 9y + 21 = 0$
f) $y = x^2 - 3x$
g) $y = -4x^2 - 6x + 4$
h) $6y = -36x^2 - 252x - 491$
i) $x^2 + y^2 = 6{,}76$
k) $4x^2 + 9y^2 = 100$

305. Berechne die Schnittpunkte der folgenden Kurven:

a)	$y = 4x + 3$	und	$y = \frac{3}{2}x - 2$
b)	$y = 0{,}8x - 2{,}3$	und	$2x + 30y - 35 = 0$
c)	$y = 5x - 8$	und	$y = -\frac{4}{3}x + 11$
d)	$y = \frac{3}{2}x - 3$	und	$y = -6x - 18$
e)	$x + y - 2 = 0$	und	$-\frac{2}{5}x + \frac{1}{5}y = 1$
f)	$y = -3x - 1$	und	$y = -7$
g)	$y = -3x^2 + 5$	und	$y = x^2 + 1$
h)	$y = \frac{10}{7}x^2 + 4$	und	$y = 2x^2 - 3$
i)	$y = -5x^2 - 20x - 23$	und	$y = \frac{3}{4}x^2 + 3x$
k)	$y = -\frac{7}{2}x^2 - 14x - 9$	und	$y = 3 + 2x + \frac{1}{2}x^2$

306. Löse grafisch

a) $\frac{4}{3}x + 2 = 0$

b) $-0{,}5x + 3{,}2 = 0$

c) $3x - 2y + 1 = 0$
$x + 3y - 18 = 0$

d) $4x + 2y = 1$
$3x - 6y = 7$

e) $3x - y - 4 = 0$
$x + 3y + 2 = 0$

f) $3x - 2y = 11$
$2x + 3y = 16$

g) $3x + 2y = 12$
$5x - 2y = 4$

h) $x + 2y = 3$
$-x + 6y = 3$

i) $3x - 2y - 2 = 0$
$x + 2y - 4 = 0$

k) $x + 2y = 4$
$2x + 4y + 5 = 0$

l) $x + y + 1 = 0$
$-2x + y = 6$

m) $y = 3x + 5$
$6x - 2y + 10 = 0$

n) $3x + 2y = 2$
$3x - 4y = -1$

o) $3x + y = 4$
$y + 3x - 2 = 0$

307. Bestimme α) Öffnungsrichtung, Öffnungsstärke und Lage des Scheitels der Parabeln
β) den Verlauf der Geraden
γ) die Schnittpunkte der Parabeln mit den Geraden

a) $y = x^2 - 2x + 3$ und $y = -x + 5$
b) $y = x^2 + 4x + 1$ und $y = x + 1$
c) $y = -x^2 + 6x - 1$ und $y = 3x - 5$
d) $y = -x^2 - 6x - 13$ und $x + 2y + 3 = 0$
e) $2x^2 + 4x - 7y - 19 = 0$ und $7y + 13 = 0$
f) $4x^2 + 20x - 3y + 25 = 0$ und $y = -2x - 5$
g) $y = 0{,}25x^2 + x + 3{,}25$ und $y = 2x - 2{,}25$
h) $x^2 - 9y - 36 = 0$ und $y = 0{,}3x - 5{,}2$
i) $y = -2x^2 + 16x - 35$ und $y = -x$
k) $4x^2 - 36x + 6y + 81 = 0$ und $20x + 6y - 115 = 0$

308. Bestimme Öffnungsrichtung, Öffnungsstärke und Lage des Scheitels der folgenden Parabeln und gib an, wo die y-Achse und wie oft die x-Achse geschnitten werden.

a) $y = -2x^2 - 4x$
b) $y = -\frac{3}{2}x^2 + 6x - 7$
c) $y = 0{,}3x^2 - 2{,}7$
d) $y = -3x^2 + 6x - 1$
e) $7y = 8x^2 + 16x - 6$
f) $y = -x^2 + 2x - 3$
g) $y = \frac{1}{3}x^2 - 2x$
h) $y = 4x^2 + 2x - 6$
i) $y = -x^2 - 1{,}6x + 2{,}12$
k) $-4y = x^2 - 6x + 8$

309. Löse grafisch (auf Millimeterpapier):

a) $x^2 + 0{,}3x - 1{,}3 = 0$
b) $x^2 - 1{,}5x - 4{,}5 = 0$
c) $x^2 - 4x + 13 = 0$
d) $x^2 - 3{,}4x = 0$
e) $x^2 + 0{,}3x - 7 = 0$
f) $y^2 - 1{,}4y + 0{,}49 = 0$
g) $x^2 + 2{,}8x + 2 = 0$
h) $4z^2 + 4z - 3 = 0$
i) $5x^2 + 18x + 16{,}2 = 0$
k) $5y^2 + 10y - 2{,}2 = 0$

310. a) Welche Kurvenform ergibt sich, wenn das OHMsche Gesetz $U = R \cdot I$ grafisch dargestellt wird:
α) U als Funktion von I bei konstantem R
β) U als Funktion von R bei konstantem I
γ) I als Funktion von R bei konstantem U
δ) I als Funktion von U bei konstantem R
ε) R als Funktion von I bei konstantem U
ζ) R als Funktion von U bei konstantem I?

b) In Abhängigkeit vom Radius r sind darzustellen:
α) der Umfang eines Kreises,
β) die Fläche eines Kreises,
γ) die Oberfläche einer Kugel,
δ) das Volumen einer Kugel.

Welche Kurven ergeben sich?

Planimetrie

15. Grundbegriffe der Geometrie

Die *Planimetrie* ist die Lehre von den Formen und Beziehungen *geometrischer Figuren* in der *Ebene.* Die *Stereometrie* ist die Lehre von den Formen und Beziehungen *geometrischer Körper* im *Raum.*

Entsprechend den Zahlen in der Arithmetik dienen in der Geometrie *Punkte, Geraden, Ebenen* und *Winkel* als Grundelemente.

Der **Punkt** ist das einfachste geometrische Gebilde. Ein Punkt hat *keine* Ausdehnung, er ist *dimensionslos.*

Punkte werden durch große lateinische Buchstaben bezeichnet.
Bei der zeichnerischen Darstellung ist es üblich, Punkte durch den Schnitt von zwei möglichst zueinander senkrecht verlaufenden Linien oder durch kleine Kreise zu kennzeichnen.
Eine *Linie* entsteht durch die Bewegung eines Punktes. Von besonderem Interesse ist dabei ein Sonderfall, der sich ergibt, wenn der Punkt seine Bewegungsrichtung *nicht ändert.* In diesem Fall beschreibt er eine *Gerade.*

Die **Gerade** ist die Spur eines Punktes, der sich mit konstanter Richtung bewegt. Sie hat *eine* Ausdehnung, die Längenausdehnung. Sie ist eine *eindimensionale Punktmenge.*

Der oben erwähnte Schnittpunkt zweier Linien (oder zweier Geraden) kann somit auch als *Durchschnitt zweier linearer Punktmengen* erklärt werden, z. B.

$$S = g_1 \cap g_2$$

Eine *einseitig* begrenzte Gerade heißt **Strahl.**
Eine zweiseitig begrenzte Gerade heißt **Strecke.**

Eine Strecke kann auch erklärt werden als die kürzeste Verbindung zweier Punkte. Als Längenmaß sind das **Meter** sowie dessen Bruchteile und Vielfache festgelegt (s. Anhang).
Geraden – gelegentlich auch Linien – werden durch kleine lateinische Buchstaben bezeichnet. Das gleiche gilt für Strecken. Außerdem ist es möglich, eine Strecke durch Angabe ihrer Endpunkte zu bezeichnen.
Zum Beispiel:

$$r = \text{Strecke } MP = \overline{MP} \quad \text{(Bild 81)}.$$

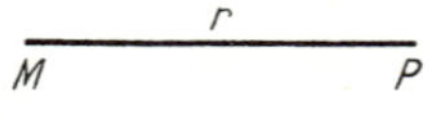

Bild 81

Bei Berechnungen dient der Buchstabe zugleich als Symbol für die Länge dieser Strecke.
Zum Beispiel:

$$r = 2{,}6 \text{ cm}$$

Es entspricht r dabei den allgemeinen Zahlensymbolen der Algebra.

Bewegt man eine Linie so, daß sie sich nicht in sich selbst verschiebt, erhält man als neues Gebilde eine *Fläche.* Verwendet man dazu eine Gerade, ergibt sich der besonders interessierende folgende Fall:

Verschiebt man eine Gerade, ohne sie zu drehen, längs einer anderen Geraden, so entsteht eine **Ebene.** Sie hat *zwei* Ausdehnungen, nämlich Länge und Breite. Sie ist eine *zweidimensionale Punktmenge.*

Ein bestimmtes Flächenstück wird durch Linien begrenzt. Als Maß für den Flächeninhalt sind die Fläche eines Quadrates von 1 m Seitenlänge sowie dessen Bruchteile und Vielfache festgelegt.
Bewegt man eine Fläche so, daß sie nicht in sich selbst verschoben wird, gelangt man in den **Raum.** Er hat drei Ausdehnungen, nämlich Länge, Breite und Höhe. Er ist eine *dreidimensionale Punktmenge.*
Ein bestimmter Körper wird durch Flächen begrenzt. Als Maßeinheit für seinen Rauminhalt, sein **Volumen,** sind das Volumen eines Würfels von 1 m Kantenlänge sowie dessen Bruchteile und Vielfache festgelegt.
Beim Schnitt zweier Geraden in der Ebene ist deren *Richtungsunterschied* von Interesse. So gelangt man zum Begriff des *Winkels.*

Der **Winkel** ist der Richtungsunterschied zweier Strahlen, der **Schenkel** des Winkels. Der gemeinsame Endpunkt beider Strahlen ist der **Scheitelpunkt** des Winkels.

Winkel werden durch kleine griechische Buchstaben bezeichnet unter Verwendung der Schenkel oder unter Zuhilfenahme dreier Punkte, von denen der mittlere der Scheitelpunkt ist, während die anderen beiden je auf einem Schenkel liegen.
Zum Beispiel:

$$\gamma = \sphericalangle ASB = \sphericalangle (a, b) = \text{Winkel } ASB \quad \text{(Bild 82)}$$

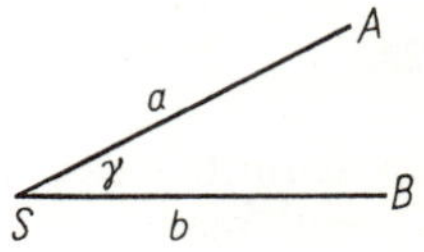

Bild 82

Als Winkelmaß werden **Grad** und dessen Bruchteile verwendet. Ein Grad ist der Richtungsunterschied zweier benachbarter Strahlen, wenn man den Kreis vom Mittelpunkt aus in 360 gleiche Teile zerlegt.
Über die Winkelmessung im Bogenmaß vgl. Abschnitt 26.

Nach der Größe der Winkel trifft man folgende Einteilung:

$0° < \alpha < 90°$	*Spitzer* Winkel,
$\alpha = 90° = 1^{\llcorner}$	*Rechter* Winkel,
$90° < \alpha < 180°$	*Stumpfer* Winkel,
$\alpha = 180° = 2^{\llcorner}$	*Gestreckter* Winkel und
$180° < \alpha$	*Überstumpfer* Winkel.

Das Zeichen für „rechtwinklig" ist $\perp$. Rechte Winkel kann man durch einen in den Winkel gesetzten Punkt kennzeichnen.
Folgende Arten von *Ergänzungswinkeln* treten gelegentlich auf:

Komplementwinkel ergänzen einander **zu 90°, Supplementwinkel** ergänzen einander zu 180°.

16. Lagebeziehungen zwischen Geraden und Winkeln

16.1. Parallele Geraden

Parallele Geraden sind solche, die im Endlichen überall gleichen (rechtwinklig zu messenden) Abstand haben.

Aus dieser Definition läßt sich ableiten, daß parallele Geraden einander *nicht* schneiden. Von parallelen Geraden sagt man manchmal, daß sie sich „im Unendlichen schneiden".

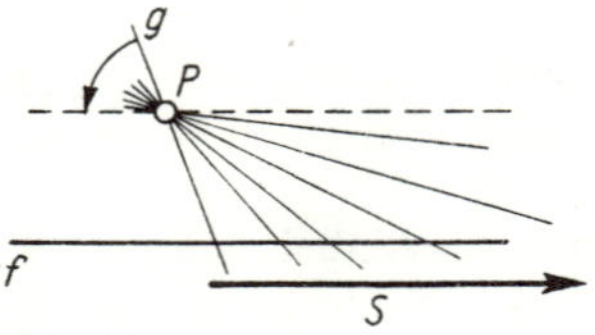

Bild 83

Bild 83 versucht, den Gedankengang zu veranschaulichen, der zu dieser Formulierung führt:

Die Gerade *f* liegt fest. Sie wird von der Geraden *g* in *S* geschnitten. Je weiter sich *g* um den Drehpunkt in die Grenzlage als Parallele dreht, desto weiter wandert der Schnittpunkt weg; im Grenzfall ist seine Entfernung vom Drehpunkt „unendlich groß" geworden.

Das Zeichen für parallel ist $\parallel$.

16.2. Schnitt zweier Geraden

Beim Schnitt zweier Geraden ergeben sich vier Winkel. Ein Paar *nicht benachbarter* Winkel nennt man dabei **Scheitelwinkel,** ein Paar *benachbarter* Winkel **Nebenwinkel.** In Bild 84 treten *zwei* Paare von Scheitelwinkeln auf, nämlich (α_1, α_2) und (β_1, β_2). Paare von Nebenwinkeln gibt es in diesem Falle *vier,* nämlich (α_1, β_1), (α_1, β_2), (α_2, β_1) und (α_2, β_2). Vernachlässigt man in Bild 84 den gemeinsamen Schenkel zweier Nebenwinkel, so erkennt man, daß die verbleibende Gerade einen gestreckten Winkel bildet.

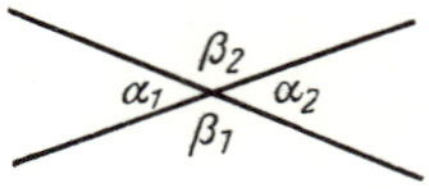

Bild 84

Somit ergibt sich für Nebenwinkel der Satz:

Zwei **Nebenwinkel** ergänzen sich stets zu 180°.

Und für Scheitelwinkel gilt der folgende Satz:

Scheitelwinkel sind stets gleich.

Das läßt sich an Hand von Bild 84 beweisen.

Es ist β_1 Supplementwinkel sowohl zu α_1 als auch zu α_2. Also gilt

$$\alpha_1 = \alpha_2$$

Entsprechend beweist man die Gleichheit von β_1 und β_2.
Während Nebenwinkel stets Supplementwinkel sind, sind Supplementwinkel nur dann Nebenwinkel, wenn sie einen Schenkel und den Scheitel gemeinsam haben.

16.3. Winkel an Parallelen

Zwei parallele Geraden sollen von einer dritten Geraden geschnitten werden. Verschiebt man eine der Parallelen bis zur Deckung mit der anderen, so sind **Stufenwinkel** solche, die sich decken, **gegenüberliegende Winkel** solche, die zu Nebenwinkeln auf ein und derselben Seite der schneidenden Geraden und **Wechselwinkel** solche, die zu Scheitelwinkeln werden.

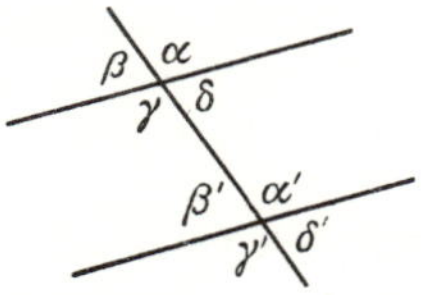

Bild 85

Nach Bild 85 sind Paare von

Stufenwinkeln	*gegenüberliegenden Winkeln*	*Wechselwinkeln*
α und α'	α und δ'	α und γ'
β und β'	β und γ'	β und δ'
γ und γ'	γ und β'	γ und α'
δ und δ'	δ und α'	δ und β'

Bisweilen spricht man auch von Stufen-, gegenüberliegenden und Wechselwinkeln an *nicht* parallelen Geraden. Dann müßte man die verschiedenen Winkelpaare mit Hilfe der letztgenannten Lagebeziehungen erklären.

Aus der oben genannten Parallelverschiebung ergeben sich unmittelbar folgende Gesetzmäßigkeiten:

Stufenwinkel an Parallelen sind gleich;
gegenüberliegende Winkel an Parallelen sind Supplementwinkel;
Wechselwinkel an Parallelen sind gleich.

Diese Aussagen lassen sich auch umkehren. Unter der Umkehrung eines Satzes versteht man in der Mathematik die Vertauschung von *Voraussetzung* und *Folgerung*. Das soll am Satz „Stufenwinkel an Parallelen sind gleich“ erläutert werden.

Ursprüngliche Form:

Voraussetzung		*Folgerung*
Wenn die geschnittenen Geraden parallel laufen A	⟶	dann sind die Stufenwinkel gleich B

Umkehrung:

Voraussetzung		*Folgerung*
Wenn die Stufenwinkel an geschnittenen Geraden gleich sind B	$\longrightarrow$	dann laufen diese Geraden parallel A

Zusammengefaßt kann man sagen, daß beide Aussagen gleichwertig (*äquivalent*) sind.

$$A \Leftrightarrow B$$

Infolge dieser Äquivalenz läßt sich der geometrische Sachverhalt nunmehr folgendermaßen formulieren:

Die geschnittenen Geraden laufen *dann und nur dann (genau dann)* parallel, wenn die Stufenwinkel gleich sind.

Nicht alle Aussagen sind umkehrbar, wie beispielsweise aus der Bemerkung am Ende von 16.2. hervorgeht.
Im folgenden werden die Umkehrungen von Sätzen, sofern sie gelten und von Bedeutung sind, mit genannt.
Auf der Umkehrung des Satzes von den Stufenwinkeln beruht beispielsweise die zeichnerische Konstruktion paralleler Geraden durch Verschiebung des Zeichendreiecks längs eines Lineals.
Sämtliche Betrachtungen aus 16.3. lassen sich auf eine ganze Schar paralleler Geraden ausdehnen.

17. Symmetrie

17.1. Axiale Symmetrie

Axiale Symmetrie ist eine vielfach anzutreffende Eigenschaft geometrischer Figuren. Wir begegnen ihr an Bauwerken, bei Ornamenten, im Grundriß von Gartenanlagen usw., besonders also dort, wo es auf eine ästhetische Wirkung ankommt. Das Typische dieser Figuren ist, daß sie aus zwei *spiegelgleichen* Teilen bestehen.
Folgende Gesetzmäßigkeit liegt der axialen Symmetrie zugrunde:

Zwei Punkte liegen **symmetrisch zu einer Geraden,** der **Symmetrieachse,** wenn sie von ihr *gleichen* Abstand haben und ihre Verbindungsgerade mit der Symmetrieachse einen *rechten Winkel* bildet.

Wird diese Bedingung zugleich von mehreren Punktepaaren erfüllt, so bilden diese Punktepaare eine axialsymmetrische Figur, deren eine Hälfte aus der anderen durch *Spiegelung* an der Symmetrieachse hervorgegangen sein könnte (Bild 86).

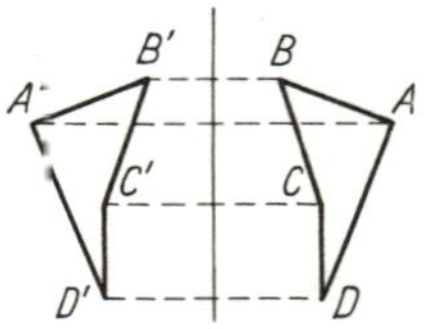

Bild 86

Dabei sind beide Hälften *entgegengesetzt orientiert.* Das bedeutet: Umläuft man beide Hälften im Uhrzeigersinn, ergeben sich die Punkte in einem Teil in *entgegengesetzter* Reihenfolge als im anderen Teil. In Bild 86 erhält man im linken Teil die Reihenfolge *A'B'C'D'*, im rechten Teil *DCBA*.
Symmetrie tritt aber nicht nur bezüglich der Lage *zweier* Figuren zu einer Achse auf; es kann auch eine *einzige* Figur in sich symmetrisch bezüglich einer Achse sein, bisweilen sogar auf verschiedenerlei Weise, wie aus den folgenden Beispielen hervorgeht (Bilder 87a bis f).

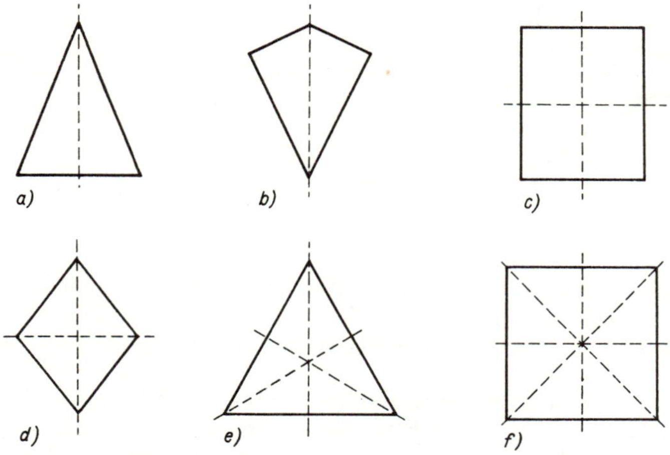

Bild 87

Eine Symmetrieachse haben das gleichschenklige Dreieck und das Drachenviereck.
Zwei Symmetrieachsen kommen im Rechteck und im Rhombus vor.
Drei Symmetrieachsen hat das gleichseitige Dreieck und
vier das Quadrat.
Der Kreis hat unendlich viele Symmetrieachsen, da er bezüglich *jedes* Durchmessers symmetrisch ist.
Die Symmetrieachse geht stets durch den Schwerpunkt einer Fläche. Besitzt eine Figur mehrere Symmetrieachsen, so schneiden sich diese im Schwerpunkt.

17.2. Zentrale Symmetrie

Nahezu ebenso häufig wie axiale Symmetrie trifft man zentrale Symmetrie an. Ihr liegt folgende Gesetzmäßigkeit zugrunde:

> Zwei Punkte liegen **zentralsymmetrisch** zu einem Punkt, dem **Symmetriezentrum,** wenn sie von ihm *gleichen* Abstand haben und wenn ihre Verbindungsgerade durch diesen Punkt hindurchgeht.

Wird diese Bedingung zugleich von mehreren Punktepaaren erfüllt, so entsteht eine zentralsymmetrische Figur, deren eine Hälfte aus der anderen durch *Drehung um 180°* um das Symmetriezentrum hervorgegangen sein könnte (Bild 88). Diesmal sind beide Hälften gleichsinnig orientiert, wie man an der Reihenfolge der Punkte in beiden Teilen der Figur von Bild 88 erkennt, wenn man jedes Teil im Uhrzeigersinn umläuft. Auch hier ist es, wie in der axialen Symmetrie, möglich, daß eine Figur zentralsymmetrisch *in sich selbst* ist. Es braucht nur gewährleistet zu sein, daß die Figur nach Drehung um 180° wieder mit sich selbst zur Deckung kommt. Von den oben erwähnten Figuren erfüllen Rechteck, Rhombus, Quadrat und Kreis diese Bedingung.

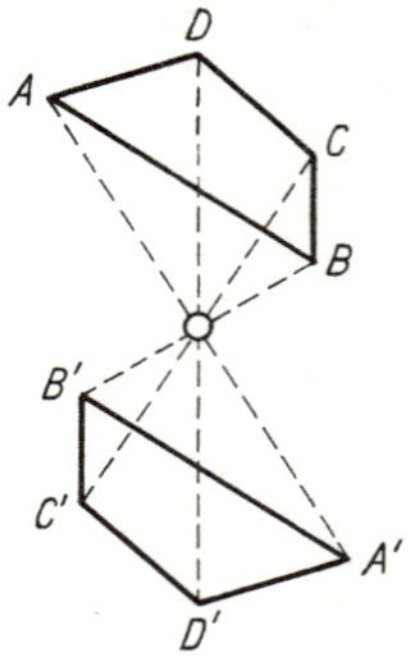

Bild 88

Auch das Parallelogramm würde diese Bedingung erfüllen, und zwar bezüglich seines Diagonalschnittpunktes als Symmetriezentrum.
Das Symmetriezentrum einer zentralsymmetrischen Figur liegt stets in deren Schwerpunkt.
Man bemerkt, daß z. B. auch das gleichseitige Dreieck durch Drehung wieder zur Dekkung mit sich selbst gebracht werden kann, sofern man es um 120° oder 240° dreht. Diesen Fall von Symmetrie bezeichnet man als **Drehsymmetrie** oder auch **Radialsymmetrie.** Die Zentralsymmetrie erscheint in diesem Zusammenhang als ein Spezialfall der Drehsymmetrie, und zwar für den Drehwinkel 180°.

17.3. Geometrische Grundkonstruktionen

Allen hier genannten Beispielen liegt *axiale* Symmetrie zugrunde. Alle Konstruktionen sind nur mit Zirkel und Lineal auszuführen.

BEISPIELE

1. *Die Strecke $\overline{AB}$ soll halbiert werden.*

   Erster Lösungsweg: Zwei Kreisbögen mit gleichem Radius um A und B schneiden einander in S_1 und S_2. Deren Verbindungsgerade schneidet $\overline{AB}$ im gesuchten Mittelpunkt M (Bild 89a).
   Zweiter Lösungsweg: Je zwei Kreisbögen mit verschiedenen Radien um A und B ergeben als Schnitte jeweils zweier Kreisbögen mit gleichem Radius S_1 und S_2. Deren Verbindungsgerade schneidet $\overline{AB}$ im gesuchten Punkt (Bild 89b).

2. *Auf der Strecke $\overline{AB}$ soll die Mittelsenkrechte errichtet werden.*
   Die Konstruktion erfolgt wie in Beispiel 1.

3. *Im Punkt P der Geraden g soll die Senkrechte errichtet werden.*

   Lösung: Ein beliebiger Kreisbogen um P schneidet g in A und B. Zwei Kreisbögen mit gleichem Radius um A und B schneiden einander in S. S mit P verbunden ergibt die gesuchte Senkrechte (Bild 90).

4. *Vom Punkt P soll auf die Gerade g das Lot gefällt werden.*

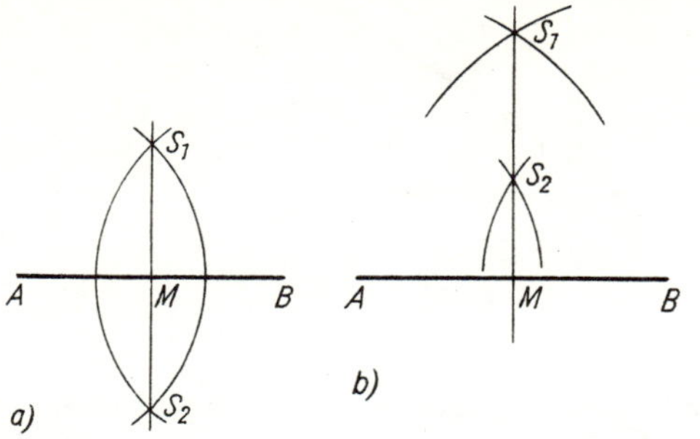

Bild 89

Lösung: Ein beliebiger Kreis um P schneidet g in A und B. Zwei Kreisbögen mit gleichem Radius um A und B schneiden einander in C. C mit P verbunden ergibt das gesuchte Lot (Bild 91).

5. *Ein Winkel soll halbiert werden.*

 Lösung: Ein beliebiger Kreisbogen um den Scheitel S schneidet beide Schenkel in A und B. Zwei Kreisbögen mit gleichem Radius um A und B schneiden einander in C. Die Verbindungsgerade SC ist die gesuchte Winkelhalbierende (Bild 92).

Anmerkung: Bei allen fünf Konstruktionen ist zu beachten, daß der Radius der Kreisbögen genügend groß gewählt wird, da sich sonst *„schleifende"* oder gar keine Schnitte ergeben. (Als schleifenden Schnitt bezeichnet man einen solchen, bei dem der Winkel zwischen den sich schneidenden Linien sehr spitz ist, so daß der Schnittpunkt nur ungenau zu bestimmen ist.)

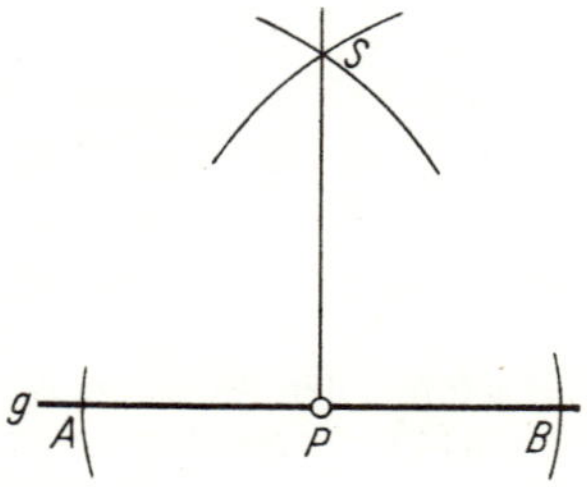

Bild 90

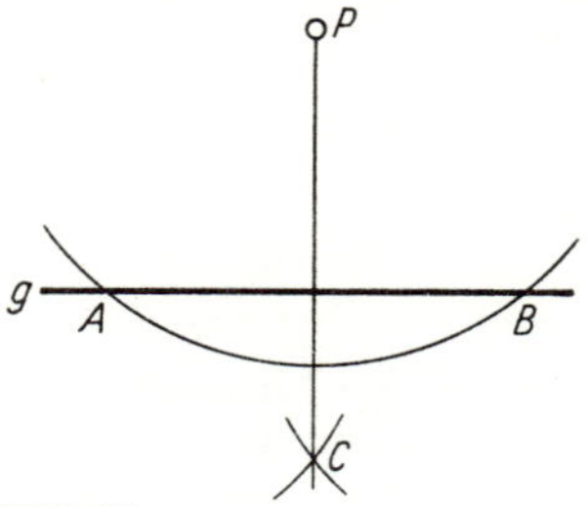

Bild 91

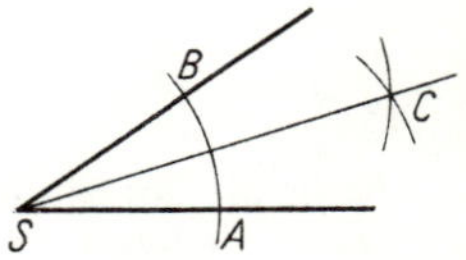

Bild 92

Der Vollständigkeit halber seien noch zwei Grundkonstruktionen erwähnt, die allerdings mit der Symmetrie in keinem Zusammenhang stehen:

BEISPIELE

6. *Zur Geraden g soll eine Parallele im Abstand d gezeichnet werden.*

 Lösung: An beliebiger Stelle von g errichtet man die Senkrechte. Auf ihr trägt man d ab und erhält P. Jetzt hat man durch P die Parallele zu g zu bestimmen. Durch Errichten eines zweiten Lotes von der Länge d ergibt sich P'. Die Verbindungsgerade PP' ist die gesuchte Parallele. Praktisch konstruiert man die Parallele durch P zu g mittels Parallelverschiebung des Zeichendreiecks.

7. *Im Punkt A der Geraden g soll ein gegebener Winkel α angetragen werden.*

 Lösung: Um den Scheitel S des Winkels α schlägt man einen beliebigen Kreisbogen. Er schneidet die Schenkel in P und T. $\overline{SP}$ wird auf g von A aus abgetragen, es ergibt sich Schnittpunkt B. Kreisbögen mit $\overline{SP}$ um A und mit $\overline{PT}$ um B ergeben C als Punkt des gesuchten Schenkels (Bild 93).

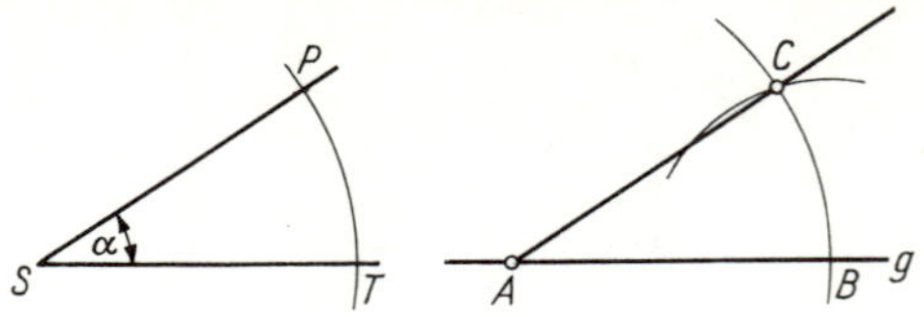

Bild 93

17.4. Punktmengen

In Abschnitt 15. waren Linien und Flächen als ein- bzw. zweidimensionale Punktmengen erklärt worden. Darauf soll hier noch näher eingegangen werden. Wenn Punktmengen mit bestimmten Eigenschaften vorgegeben sind, ergeben sich in der Ebene entweder Kurven oder Teilbereiche der Ebene. Ist ein solcher Teilbereich endlich, hat man es mit einem begrenzten Flächenstück zu tun.

BEISPIELE

1. Die Menge aller Punkte der Ebene, für deren Abstand d von einem festen Punkt M gilt

$$d = r = \text{konst.},$$

bildet einen Kreis um den Mittelpunkt M mit der Strecke r als Radius (Bild 94).

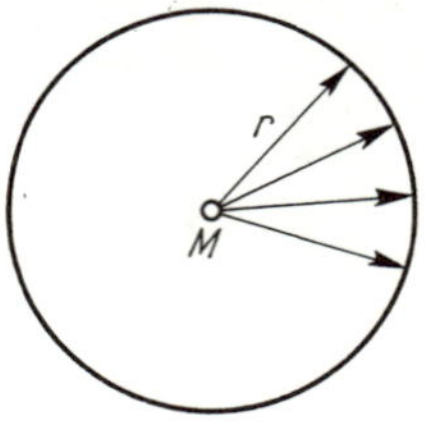

Bild 94

Hieße die Forderung $d < r$, würden alle Punkte im Inneren des Kreises (ohne den Rand) erfaßt. Die Forderung $d < r$ läßt sich auch so interpretieren, daß alle Punkte erfaßt werden sollen, deren Abstand kleiner ist als r.
Wollte man alle Punkte erfassen, deren Abstand *höchstens* r ist, müßte man fordern $d \leqq r$; jetzt gehört der Rand mit zur Punktmenge. Es sei aber darauf verwiesen, daß diese Unterscheidung für die Flächenberechnung belanglos ist, da der Rand als lineares Gebilde keinen Beitrag zum Flächeninhalt liefert.

2. Die Menge aller Punkte der Ebene, für deren Abstand a von einer festen Geraden g gilt

$$a = d = \text{konst.},$$

besteht aus zwei Parallelen im Abstand d (Bild 95).
Setzt man hier statt des Gleichheitszeichens das Zeichen $<$ oder $>$, erhält man das Innere oder das Äußere des von den beiden Parallelen gebildeten Streifens.

Aus der Symmetrieeigenschaft heraus lassen sich für die Mittelsenkrechte und für die Winkelhalbierende folgende Sätze formulieren:

> Die Menge aller Punkte der Ebene, von denen jeder gleich weit von zwei festen Punkten A und B entfernt liegt, ist die Mittelsenkrechte der Strecke $\overline{AB}$ (Bild 96).
> Die Menge aller Punkte der Ebene, von denen jeder den gleichen Abstand von zwei festen, sich schneidenden Geraden hat, sind die (aufeinander senkrecht stehenden) Winkelhalbierenden der beiden Paare von Scheitelwinkeln (Bild 97).

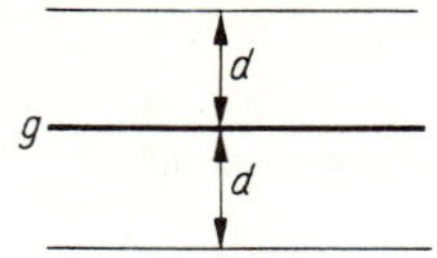

Bild 95

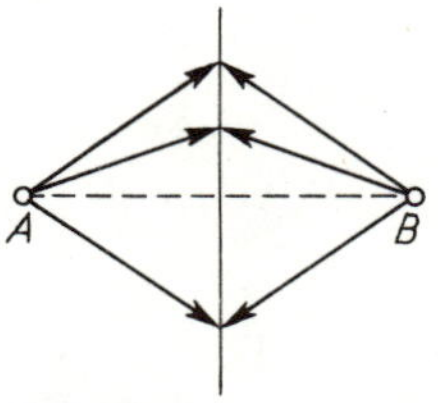

Bild 96

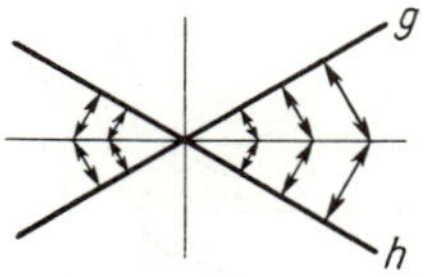

Bild 97

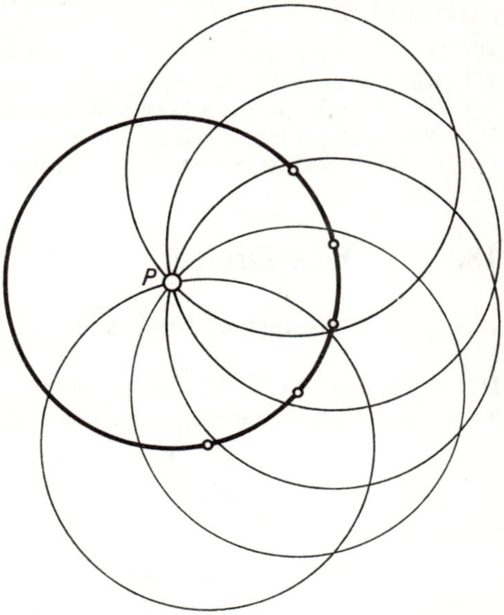

Bild 98

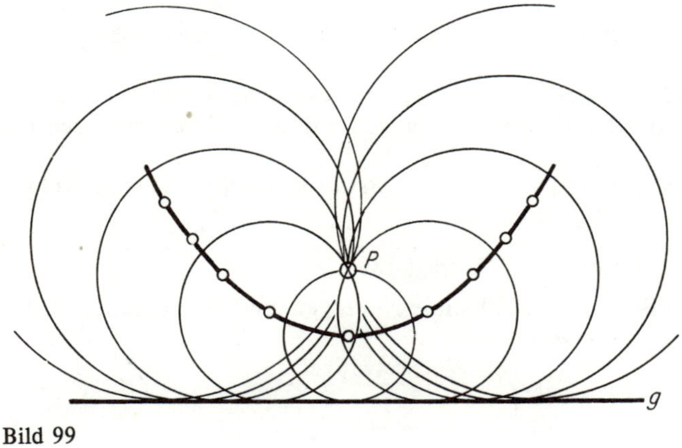

Bild 99

Auf ähnliche Weise lassen sich alle geometrisch und technisch interessanten Kurven, oft sogar auf verschiedene Weise, als Punktmengen erklären. Dazu noch zwei Beispiele:

BEISPIELE

3. Die Menge der Mittelpunkte aller Kreise mit dem Radius r, die durch den festen Punkt P gehen, ist der Kreis mit dem Radius r um P als Mittelpunkt (Bild 98).
4. Die Menge der Mittelpunkte aller Kreise, die durch den festen Punkt P gehen und die Gerade g berühren, ist eine Parabel (Bild 99).

AUFGABEN

311. Wieviel Symmetrieachsen hat ein regelmäßiges n-Eck?
312. Wann ist ein axialsymmetrisches Flächenstück auch zentralsymmetrisch?
313. Welche regelmäßigen n-Ecke sind zentralsymmetrisch?
314. Welche regelmäßigen n-Ecke sind drehsymmetrisch? Wieviel Symmetrielagen sind dabei möglich? Wie groß ist in jedem Fall der kleinste Drehwinkel?

18. Das Dreieck

18.1. Allgemeines Dreieck

Das *Dreieck* ist die einfachste geradlinig begrenzte Figur der Ebene. Es wird von drei Strecken, seinen *Seiten*, begrenzt. Folgende Bezeichnungen sind üblich: (Bild 100)

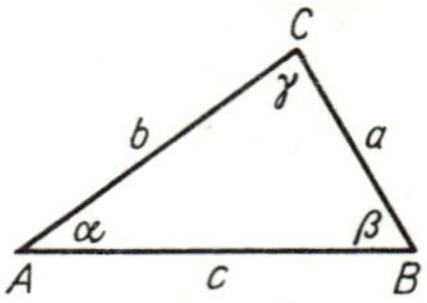

Bild 100

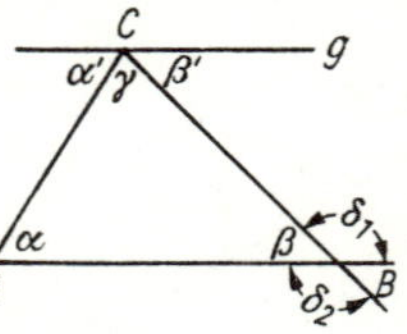

Bild 101

Der Seite $\begin{cases} a \\ b \\ c \end{cases}$ liegen der Winkel $\begin{cases} \alpha \\ \beta \\ \gamma \end{cases}$ und der Eckpunkt $\begin{cases} A \\ B \\ C \end{cases}$ gegenüber.

Dabei ist es üblich, mit der Bezeichnung der Eckpunkte links unten zu beginnen und in alphabetischer Reihenfolge im mathematisch positiven Sinne (entgegen dem Uhrzeigersinn) vorzugehen.

Strecken und Winkel bezeichnet man als *Bestimmungsstücke* des Dreiecks. Für die Winkelsumme gilt der wichtige Satz:

Die *Winkelsumme* im Dreieck beträgt 180°.

Zum Beweis ist in Bild 101 die Hilfslinie g gezogen, und zwar parallel zu $\overline{AB}$ durch C.

Es gilt $\alpha = \alpha'$ und
$\beta = \beta'$ als Wechselwinkel.

Da ferner $\alpha' + \gamma + \beta' = 180°$,
gilt auch $\alpha + \gamma + \beta = 180°$, w. z. b. w.[1])

Die Winkel des Dreiecks bezeichnet man gelegentlich genauer als *Innenwinkel*, insbesondere im Gegensatz zu den *Außenwinkeln*, die man erhält, wenn man die Dreieckseiten über die Eckpunkte hinaus verlängert. So findet man an jeder Ecke eines Dreiecks *einen* Innenwinkel und *zwei* Außenwinkel. Beispielsweise sind in Bild 101 in Punkt B δ_1 und δ_2 Außenwinkel. Beide sind aber als Scheitelwinkel gleich, so daß man vom *Außenwinkel* in irgendeinem Eckpunkt *schlechthin* sprechen darf, sofern nur die Größe und nicht die Lage des Winkels interessiert.

In Bild 101 erkennt man ferner, daß β und δ_1 Supplementwinkel sind.

Also ist $\beta + \delta_1 = 180°$.
Ferner gilt $\alpha + \beta + \gamma = 180°$.

[1]) w.z.b.w. ist die Abkürzung für „was zu beweisen war".

Durch Subtraktion beider Gleichungen erhält man

$\alpha + \gamma = \delta_1$ oder in Worten:

Jeder Außenwinkel am Dreieck ist gleich der Summe der nicht anliegenden Innenwinkel.

Für die Summe der Außenwinkel gilt:

Die Summe der Außenwinkel am Dreieck ist 360°.

Der Beweis ergibt sich aus folgender Überlegung:

Außenwinkel in A:	$\beta + \gamma$
Außenwinkel in B:	$\alpha + \gamma$
Außenwinkel in C:	$\alpha + \beta$
Summe der Außenwinkel:	$2(\alpha + \beta + \gamma) = 2 \cdot 180° = 360°$ w. z. b. w.

Um aus drei Strecken ein Dreieck bilden zu können, müssen zwei Seiten zusammen länger sein als die dritte. Dabei ist es gleichgültig, welche der drei Seiten die „dritte" ist, da ja der direkte Weg von einer Ecke zur anderen kürzer ist als der Umweg über die dritte. Dieser Sachverhalt kommt in den folgenden *Dreiecksungleichungen* zum Ausdruck, die alle drei zugleich an ein und demselben Dreieck gelten:

$$\boxed{a + b > c; \quad b + c > a; \quad c + a > b} \tag{97}$$

oder in Worten:

Die Summe zweier Seiten im Dreieck ist stets größer als die dritte.

Nach den Gesetzen über das Rechnen mit Ungleichungen kann man z. B. die erste Ungleichung folgendermaßen umformen:

$$c - b < a$$

Oder in Worten:

Die Differenz zweier Seiten im Dreieck ist stets kleiner als die dritte.

Schließlich soll noch eine Klassifizierung aller vorkommenden Dreiecke vorgenommen werden:
Nach dem *größten* im Dreieck vorkommenden Winkel unterscheidet man

spitzwinklige Dreiecke,
rechtwinklige Dreiecke und
stumpfwinklige Dreiecke.

Die beiden übrigen Winkel sind in jedem Fall spitze Winkel, wie sich unmittelbar aus der Winkelsumme ergibt.
Nach der Länge der Seite unterscheidet man

ungleichseitige Dreiecke	(alle Seiten sind verschieden lang),
gleichschenklige Dreiecke	(zwei Seiten sind gleich lang) und
gleichseitige Dreiecke	(alle Seiten sind gleich lang).

18.2. Spezielle Dreiecke

Im *rechtwinkligen Dreieck* bezeichnet man die Seiten entsprechend ihrer Lage zum rechten Winkel. Die Seiten, die den rechten Winkel einschließen, heißen **Katheten**. Die dem rechten Winkel gegenüberliegende Seite heißt **Hypotenuse**.

Klappt man ein rechtwinkliges Dreieck um eine seiner Katheten, erhält man als Gesamtfigur ein *gleichschenkliges Dreieck* mit der genannten Kathete als Symmetrieachse. Die zwei gleich langen Seiten dieses gleichschenkligen Dreiecks heißen dessen **Schenkel**. Die dritte Seite, die der **Spitze** gegenüberliegt, heißt **Basis (Grundlinie)**.

Aus der Deckungsgleichheit beider Teildreiecke in Bild 102 ergibt sich:

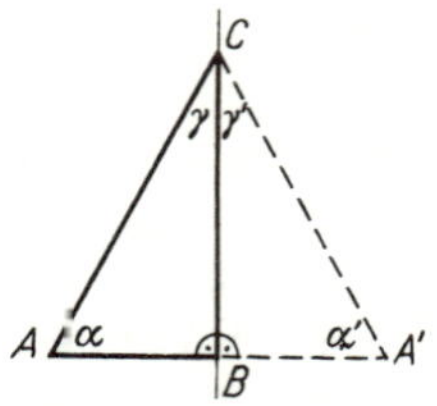

Bild 102

Die Winkel an der Basis des gleichschenkligen Dreiecks sind gleich. Die Mittelsenkrechte der Basis halbiert den Winkel an der Spitze des gleichschenkligen Dreiecks.

Ist die Länge der Schenkel gleich der der Basis, erhält man ein gleichseitiges Dreieck. Da man nunmehr jede Seite als Basis auffassen kann, sind alle Winkel paarweise gleich. Daraus folgt die Gleichheit *aller* Winkel, und aus dem Satz von der Winkelsumme folgt:

$$3\alpha = 180^\circ$$
$$\alpha = 60^\circ$$

Zusammenfassend ergibt sich somit:

Im *gleichseitigen Dreieck* sind alle Winkel gleich 60°.

18.3. Dreieckstransversalen und deren Schnittpunkte

Dreieckstransversalen sind irgendwelche Geraden, die ein Dreieck schneiden. Im engeren Sinne versteht man darunter

die **Seitenhalbierenden**, das sind Geraden, die den Mittelpunkt einer Seite mit dem gegenüberliegenden Eckpunkt verbinden, bezeichnet mit s_a, s_b und s_c;
die **Mittelsenkrechten** der drei Seiten, bezeichnet mit m_a, m_b und m_c;
die **Höhen**, das sind die Lote, die von den Eckpunkten auf die jeweils gegenüberliegenden Seiten bzw. deren Verlängerungen gefällt werden, bezeichnet mit h_a, h_b und h_c und
die **Winkelhalbierenden**, bezeichnet mit w_α, w_β und w_γ.

Die drei Transversalen jeder Gruppe schneiden sich in je *einem* Punkt, den sogenannten *merkwürdigen Punkten* des Dreiecks. Das Merkwürdige dieser Punkte besteht darin, daß sie sich als Schnittpunkte *dreier* Geraden ergeben, während ein Punkt im allgemeinen

durch den Schnitt *zweier* Geraden bestimmt ist. Bei der Konstruktion dieser Punkte ist es aber aus Gründen der Zeichenkontrolle vorteilhaft, alle drei Bestimmungsgeraden zu verwenden.
Im folgenden wird untersucht, welche geometrische Bedeutung den einzelnen merkwürdigen Punkten zukommt.

Die Seitenhalbierenden oder *Schwerelinien* des Dreiecks schneiden einander in einem Punkt, dem *Schwerpunkt des Dreiecks*. Sie teilen einander dabei im Verhältnis 1:2.

Ein Beweis dafür kann hier noch nicht gegeben werden, er folgt in 22.3., Beispiel 4. Die Bezeichnung Schwerelinie für die Seitenhalbierende kann man folgendermaßen begründen: Bild 103 deutet die Zerlegung eines Dreiecks in viele sehr schmale Streifen an. Deren Mittelpunkte kann man bei genügend feiner Unterteilung und demzufolge geringer Streifenbreite als deren Schwerpunkte auffassen. Die Menge aller dieser Mittelpunkte ist die Schwerelinie.

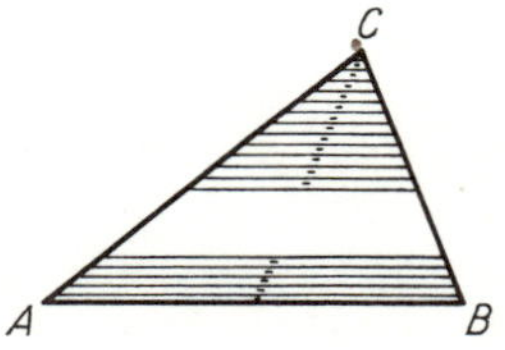

Bild 103

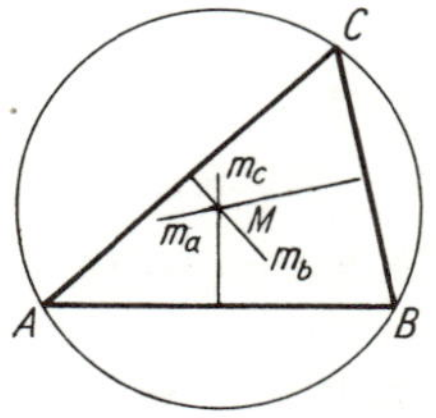

Bild 104

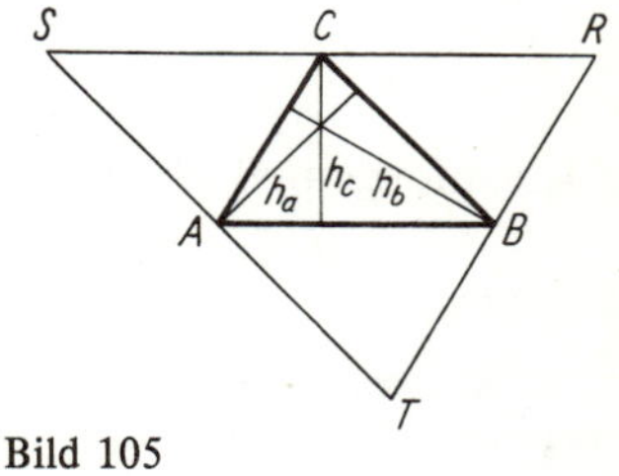

Bild 105

Die Mittelsenkrechten des Dreiecks schneiden einander in einem Punkt, dem *Mittelpunkt des Umkreises*. Das ist der Kreis, auf dem alle Eckpunkte des Dreiecks liegen.

Den Beweis veranschaulicht Bild 104. Dort sei M zunächst als Schnittpunkt von m_b und m_c entstanden. Infolge der Eigenschaft der Mittelsenkrechten gilt:

$$\overline{MA} = \overline{MB} \quad \text{und} \quad \overline{MB} = \overline{MC};$$

also $$\overline{MA} = \overline{MB} = \overline{MC}.$$

Demzufolge muß M auch auf m_a liegen. Außerdem gilt:

$$\overline{MA} = \overline{MB} = \overline{MC} = r \quad \text{Radius des Umkreises}$$

Die Höhen des Dreiecks schneiden einander in einem Punkt.

Zum Beweis wurden in Bild 105 drei Hilfslinien parallel zu den Dreieckseiten gezogen, und zwar

$$\overline{RS} \parallel \overline{AB}, \quad \overline{TR} \parallel \overline{AC} \quad \text{und} \quad \overline{ST} \parallel \overline{BC}$$

Jetzt gilt beispielsweise

$$\overline{CR} = \overline{AB} \quad \text{und} \quad \overline{SC} = \overline{AB}$$

als Gegenseiten im Parallelogramm (vgl. 19.2.).
Dadurch wird die Höhe h_c der Seite AB des inneren Dreiecks zur Mittelsenkrechten der Seite RS des äußeren Dreiecks. Entsprechend verfährt man mit h_a und h_b und führt den Schnitt der Höhen eines Dreiecks zurück auf den Schnitt der Mittelsenkrechten eines anderen Dreiecks. Damit ist der Satz bewiesen.
Der Höhenschnittpunkt hat keine weitere Bedeutung.

Die Winkelhalbierenden des Dreiecks schneiden einander in einem Punkt, dem *Mittelpunkt des Inkreises*. Das ist der Kreis, der alle drei Seiten des Dreiecks zwischen den Ecken berührt.

Den Beweis veranschaulicht Bild 106. Punkt M sei zunächst als Schnittpunkt von w_α und w_β entstanden. Infolge der Eigenschaft der Winkelhalbierenden gilt:

$$\overline{MR} = \overline{MS} \quad \text{und} \quad \overline{MS} = \overline{MT};$$

also $\overline{MR} = \overline{MS} = \overline{MT}$

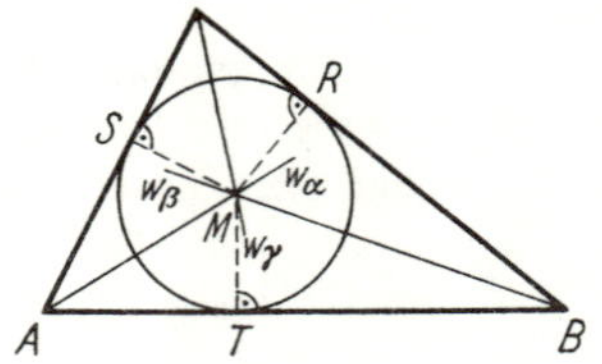

Bild 106

Demzufolge muß M auch auf w_γ liegen. Außerdem gilt:

$$\overline{MR} = \overline{MS} = \overline{MT} = \varrho \quad \text{Radius des Inkreises}$$

AUFGABE

315. Konstruiere die vier charakteristischen Punkte des Dreiecks an verschiedenen, insbesondere auch an rechtwinkligen und stumpfwinkligen Dreiecken.
Welche Punkte liegen stets innerhalb des Dreiecks?
Welche Punkte können auf dem Umfang des Dreiecks liegen?
Welche Punkte können außerhalb des Dreiecks liegen?
Was für Dreiecke müssen in den beiden letzten Fällen vorliegen?

19. Das Viereck

19.1. Allgemeines Viereck

Ein *Viereck* ist ein von vier Strecken, seinen *Seiten*, begrenztes Stück einer Ebene. Dabei sollen sich diese Seiten nicht kreuzen, da sonst ein sog. *verschränktes Viereck* entsteht. Derartige Vierecke aber werden hier nicht mit behandelt.

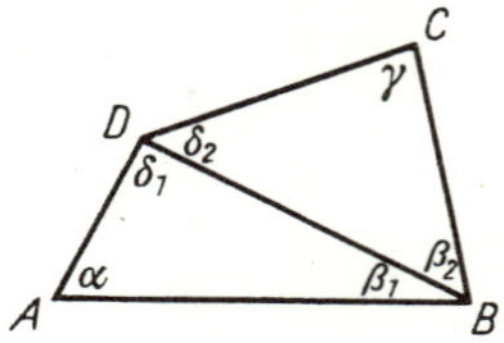

Bild 107

Verbindet man zwei nicht benachbarte Ecken durch eine Gerade, so stellt diese Gerade eine **Diagonale** des Vierecks dar. Mit Hilfe einer Diagonale ist es möglich, ein Viereck in zwei Dreiecke zu zerlegen. Dabei gilt (Bild 107):

$$\alpha + \beta_1 + \delta_1 = 180° \quad \text{und} \quad \gamma + \beta_2 + \delta_2 = 180°$$

Durch Addition beider Gleichungen erhält man, wenn man

$$\beta_1 + \beta_2 = \beta \quad \text{und} \quad \delta_1 + \delta_2 = \delta \quad \text{beachtet:}$$
$$\alpha + \beta + \gamma + \delta = 360°, \quad \text{oder in Worten:}$$

Die Winkelsumme im Viereck beträgt 360°.

Da es im Viereck zwei Paare nicht benachbarter Ecken gibt, existieren auch stets zwei verschiedene Diagonalen. Eine davon liegt außerhalb des Vierecks, wenn einer seiner Winkel größer als 180° ist. Wenigstens *eine* Diagonale aber liegt im Inneren, so daß die beim Nachweis der Winkelsumme verwendete Zerlegung in zwei Dreiecke stets möglich ist.

19.2. Spezielle Vierecke

Ein Viereck mit *einem* Paar paralleler Seiten heißt **Trapez**. Die Mittelparallele dieser Seiten heißt *Mittellinie* und der Abstand der parallelen Seiten *Höhe* des Trapezes.
An diesem allgemeinen Trapez treten keine weiteren Besonderheiten auf, wohl aber im *rechtwinkligen* Trapez:

Ein rechtwinkliges Trapez enthält stets *zwei* rechte Winkel.

In Bild 108 ist

$$\sphericalangle BAD + \sphericalangle CDA = 180° \quad \text{(gegenüberliegende Winkel an Parallelen).}$$

Aus $\sphericalangle BAD = 90°$ folgt: $\sphericalangle CDA = 90°$ w. z. b. w.

Durch Umklappung eines rechtwinkligen Trapezes um die Seite, der beide rechte Winkel anliegen, erhält man als Gesamtfigur ein *gleichschenkliges Trapez*. Aus der Symmetrie der dabei entstehenden Figur (Bild 109) ergibt sich:

Im gleichschenkligen Trapez sind beide Winkel an jeder der Parallelen gleich und beide Schenkel gleich lang.

Ein Viereck mit *zwei* Paaren paralleler Seiten heißt **Parallelogramm**. Die Abstände dieser parallelen Seiten heißen *Höhen* des Parallelogramms. An Bild 110 wird gezeigt, daß man ein Parallelogramm auch dadurch erhalten kann, daß man ein Dreieck um den Mittelpunkt Z einer seiner Seiten um 180° dreht.

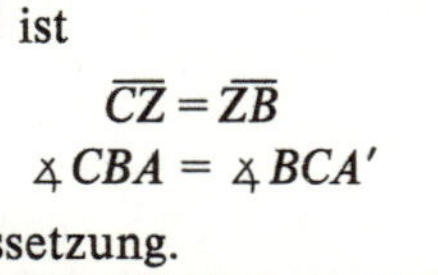

Bild 108

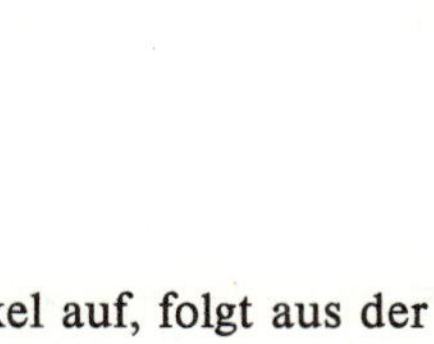

Bild 109

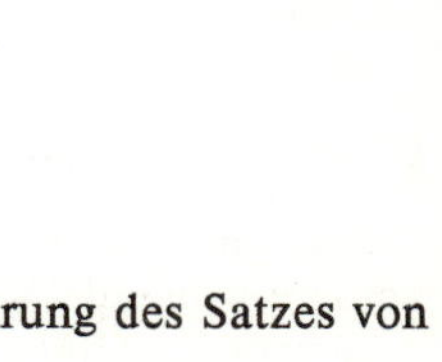

Bild 110

In Bild 110 ist

$$\overline{CZ} = \overline{ZB}$$

und $\sphericalangle CBA = \sphericalangle BCA'$

laut Voraussetzung.
Faßt man beide Winkel als Wechselwinkel auf, folgt aus der Umkehrung des Satzes von den Wechselwinkeln:

$$\overline{CA'} \parallel \overline{AB}$$

Analog beweist man die Parallelität von $\overline{CA}$ und $\overline{A'B}$.
In Umkehrung des Satzes von den Scheitelwinkeln gilt ferner

$$\sphericalangle AZC = \sphericalangle A'ZB,$$

so daß A, Z und A' auf einer Geraden liegen müssen.
Damit ist noch die zentrale Symmetrie des Parallelogramms bezüglich seines Diagonalschnittpunktes Z gezeigt.
Unmittelbar daraus ergeben sich folgende Sätze:

> Im Parallelogramm
> sind gegenüberliegende Winkel gleich,
> gegenüberliegende Seiten gleich lang, und
> die Diagonalen halbieren einander.

Alle diese Sätze lassen sich umkehren. Also gilt auch:

> Ein Viereck,
> dessen gegenüberliegende Winkel gleich sind oder
> dessen gegenüberliegende Seiten gleich lang sind oder
> dessen Diagonalen einander halbieren,
> ist ein Parallelogramm.

Sind im Parallelogramm *alle* Seiten gleich lang, gelangt man zu einem weiteren Sonderfall, dem **Rhombus**. Über die schon beim Parallelogramm formulierten Sätze hinaus gilt:

> Die Diagonalen des Rhombus stehen aufeinander senkrecht.

Der Beweis ergibt sich noch aus Bild 110. Dort müßte entsprechend der Definition des Rhombus gelten:

$$\overline{AB} = \overline{AC}$$

Damit wäre das Dreieck BAC gleichschenklig mit $\overline{BC}$ als Basis und $\overline{AZ}$ als Symmetrieachse. Daraus folgt aber

$$\sphericalangle AZB = 90°, \quad \text{w. z. b. w.}$$

Eine Umkehrung des letzten Satzes gilt *nicht*, da z. B. auch beim Drachenviereck (s. u.) die Diagonalen senkrecht aufeinander stehen.
Klappt man ein gleichschenkliges Dreieck um seine Basis, ergibt sich als Gesamtfigur ein Rhombus. Da schon das gleichschenklige Dreieck symmetrisch ist, muß der Rhombus doppelt symmetrisch sein:

> Beide Diagonalen des Rhombus sind Symmetrieachsen.

Oder in umgekehrter Formulierung:

> Ein Viereck, dessen Diagonalen Symmetrieachsen sind, ist ein Rhombus.

Die bisher behandelten speziellen Vierecke waren an Hand von Seitenbeziehungen definiert worden. Jetzt erfolgt eine Spezialisierung an Hand der Winkel:

> Ein Viereck mit vier gleichen Winkeln heißt **Rechteck**.

Demnach sind erst recht gegenüberliegende Winkel gleich, so daß jedes Rechteck gleichzeitig ein Parallelogramm ist und die dort genannten Sätze Gültigkeit behalten.
Aus dem Satz über die Winkelsumme im Viereck ergibt sich ferner:

> Jeder Winkel des Rechtecks beträgt 90°.

Verbindet man die Mitten gegenüberliegender Seiten miteinander, erhält man die beiden Mittelparallelen des Rechtecks, in Bild 111 mit *m* und *n* bezeichnet. Diese sind Symmetrieachsen des Rechtecks und stehen senkrecht aufeinander.
Aus der doppelten Symmetrie des Rechtecks ergibt sich weiter, daß beide Diagonalen gleich lang sind.

Ein Rechteck mit vier gleich langen Seiten heißt **Quadrat**.

Die folgende Definition würde das gleiche besagen:

Ein Rhombus mit vier gleichen Winkeln heißt Quadrat.

Alle Sätze, die für Rhombus und Rechteck gelten, behalten ihre Gültigkeit.
Das letzte spezielle Viereck ist das **Drachenviereck**. Das ist ein Viereck, in dem nur *eine* Diagonale Symmetrieachse ist.
Damit ergibt sich, daß die Diagonale, die nicht Symmetrieachse ist, durch die letztere halbiert wird und auf ihr senkrecht steht. Begrenzt wird das Drachenviereck durch zwei verschiedene Paare gleich langer Seiten (Bild 112).

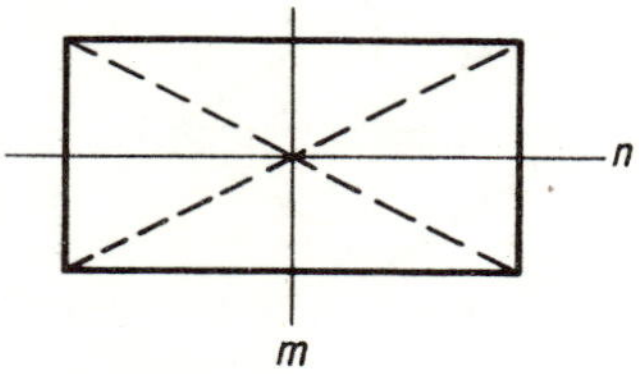

Bild 111

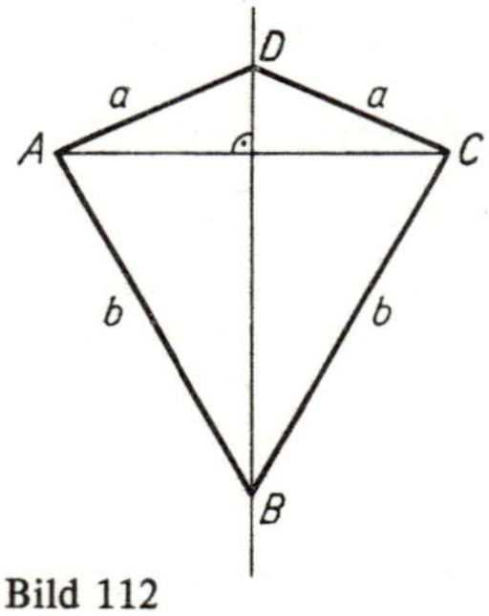

Bild 112

Für die Anwendung in der Vektorrechnung sind noch die beiden folgenden, für Parallelogramme geltenden Sätze bedeutungsvoll:

Wenn in einem Parallelogramm die Diagonalen gleich lang sind, stehen die Seiten senkrecht aufeinander.

Wenn in einem Parallelogramm die Diagonalen senkrecht aufeinander stehen, sind die Seiten gleich lang.

Der Beweis beider Sätze ergibt sich aus Symmetriebetrachtungen und bleibt dem Leser überlassen.
Von beiden Sätzen gelten auch die Umkehrungen.

Es folgt eine Zusammenstellung aller hier behandelten besonderen Vierecke einschließlich ihrer von Fall zu Fall hinzukommenden typischen Eigenschaften, gewissermaßen ihrer genetischen Folge.

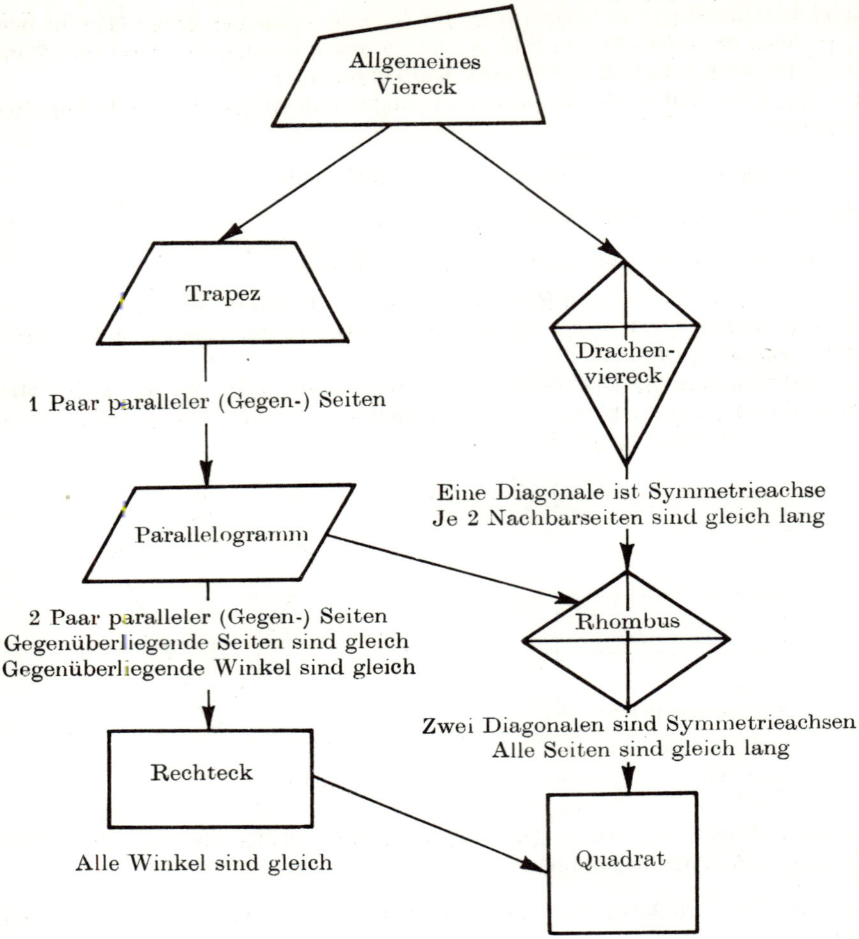

20. Das Vieleck

20.1. Unregelmäßiges Vieleck

Ein Vieleck mit n Ecken, ein **n-Eck**, ist ein von n Strecken, seinen Seiten, begrenztes Stück einer Ebene. Dabei ist n eine natürliche Zahl mit $n \geqq 3$.
Schneidet man von einem n-Eck mit einer Diagonale genau ein Dreieck ab, bleibt ein $(n-1)$-Eck übrig. Auf diese Weise lassen sich Dreiecke abschneiden, bis nur noch *ein* Dreieck übrig ist. Folgende Gesetzmäßigkeit tritt dabei auf:

1 Dreieck abgeschnitten – es bleibt ein $(n-1)$-Eck übrig
2 Dreiecke abgeschnitten – es bleibt ein $(n-2)$-Eck übrig
3 Dreiecke abgeschnitten – es bleibt ein $(n-3)$-Eck übrig
⋮
$n-3$ Dreiecke abgeschnitten – es bleibt ein Dreieck übrig.

Es liegen also schließlich $n - 2$ Dreiecke vor. Daraus ergibt sich für die Winkelsumme:

Die Winkelsumme im n-Eck beträgt $(n - 2) \cdot 180°$.

20.2. Regelmäßige Vielecke

Ein regelmäßiges n-Eck ist ein von n *gleichen* Strecken, seinen Seiten, begrenztes Stück einer Ebene. Dabei liegen alle Eckpunkte auf einem Kreis, dem Umkreis des regelmäßigen n-Ecks. Wiederum ist n eine natürliche Zahl mit $n \geqq 3$.
Verbindet man den Mittelpunkt des Umkreises mit allen Eckpunkten des regelmäßigen n-Ecks, so wird dieses in n gleichschenklige Dreiecke zerlegt, seine sogenannten *Bestimmungsdreiecke*. Deren Spitzen liegen im Mittelpunkt des Umkreises, ihre Schenkel sind gleich dessen Radius r und ihre Basen gleich der Seite s_n des regelmäßigen n-Ecks (Bild 113).

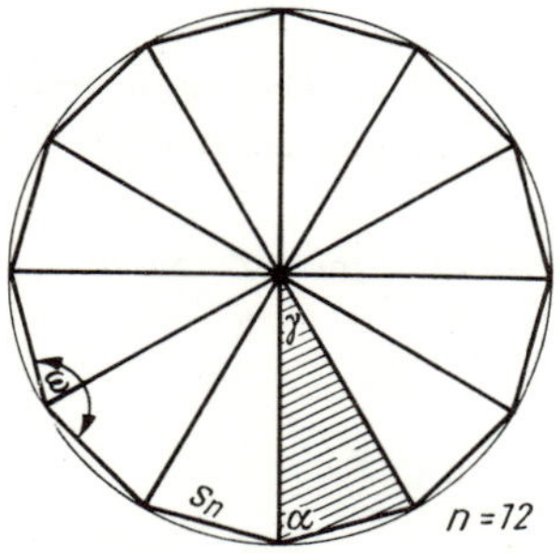

Bild 113

Aus dieser Zerlegung ergibt sich mit Hilfe des Satzes über die Winkelsumme im Dreieck:

Im Bestimmungsdreieck des regelmäßigen n-Ecks beträgt der Winkel an der Spitze $\gamma = \frac{1}{n} \cdot 360°$ und der Basiswinkel $\alpha = \left(1 - \frac{2}{n}\right) \cdot 90°$.

Jeder Winkel im regelmäßigen n-Eck beträgt $\omega = 2\alpha = \left(1 - \frac{2}{n}\right) \cdot 180°$.

Der Winkel ω hätte sich auch aus der Winkelsumme des n-Ecks berechnen lassen:

$$\omega = \frac{1}{n}(n - 2) \cdot 180° = \left(1 - \frac{2}{n}\right) \cdot 180°$$

21. Kongruenz

21.1. Kongruenz im allgemeinen

Zwei Figuren heißen **kongruent**, wenn sie vollständig zur Deckung gebracht werden können. Strecken oder Winkel, die dabei zur Deckung kommen, heißen **homologe Stücke**.
Das Zeichen $\cong$ bedeutet: „ist kongruent".

Die kongruente Abbildung ist die einfachste geometrische Verwandtschaft; sie läßt *Form* und *Größe*, genauer gesagt Winkel, Strecken und Flächeninhalt einer Figur unverändert. Insbesondere werden symmetrische Figuren durch die Symmetrieachse in zwei kongruente Teile zerlegt. Die entgegengesetzte Orientierung dieser Teile steht nicht im Widerspruch zur Definition der Kongruenz, da nichts darüber ausgesagt ist, ob die Deckung durch Drehung, Parallelverschiebung oder Umklappung zustande kommen soll.
Durch Umkehrung der Definition läßt sich folgender Satz formulieren:

Sind zwei Figuren kongruent, dann stimmen sie in allen homologen Stücken überein.

21.2. Kongruenz von Dreiecken

Für Dreiecke genügt zur Kongruenz bereits Übereinstimmung in *drei unabhängigen* Stükken, wie aus den folgenden Sätzen hervorgeht. Diese stellen also *Mindestforderungen* dar.
Ebenso bedeutungsvoll sind die Umkehrungen dieser Sätze. Das heißt, man stellt Übereinstimmung in drei unabhängigen Stücken fest und folgert daraus die Kongruenz der Dreiecke.

(Abhängige Stücke des Dreiecks sind beispielsweise seine drei Winkel, da aus zwei gegebenen der dritte mit Hilfe der Winkelsumme zu berechnen ist.)

Kongruenzsätze:

Dreiecke sind kongruent, wenn sie übereinstimmen in
drei Seiten oder
zwei Seiten und dem eingeschlossenen Winkel oder
a) einer Seite und zwei anliegenden Winkeln oder
b) einer Seite, einem anliegenden und einem gegenüberliegenden Winkel
oder zwei Seiten und dem der größeren Seite gegenüberliegenden Winkel.

Eine Bestätigung dieser Sätze ergibt sich aus der Eindeutigkeit der Dreieckskonstruktion, wenn man die oben genannten Stücke zugrunde legt. Das wird in den folgenden Beispielen gezeigt.

BEISPIELE

Der erste Kongruenzsatz wurde bereits bei der Lösung der 7. Grundkonstruktion in 17.3. angewendet. (Antragen eines Winkels an eine Gerade in einem Punkt.) Darauf wird in den folgenden Beispielen gelegentlich zurückgegriffen.

Aus den gegebenen Stücken ist ein Dreieck zu konstruieren.

1. *Gegeben sind die Seiten a, b und c.*

   Lösung: Um die Endpunkte einer Strecke, in Bild 114 der Strecke c, schlägt man Kreisbögen mit a und b als Radius. Deren Schnitt ist der dritte Eckpunkt des Dreiecks.
   Die Länge der Dreieckseiten darf nicht willkürlich gegeben werden. Ist die Summe zweier Seiten kleiner als die dritte, schneiden sich die erforderlichen Kreisbögen nicht, mit welcher Seite man auch die Konstruktion beginnen mag (Bild 115). So kann man sich zeichnerisch von der Gültigkeit der Dreiecksungleichung überzeugen. (Vgl. 18.1., Formel 97!)

2. *Gegeben die Seiten a und b und der Winkel γ.*

   Lösung: Auf den Schenkeln des Winkels γ trägt man vom Scheitelpunkt aus a und b ab. Die dadurch erhaltenen Punkte sind die fehlenden Eckpunkte des Dreiecks (Bild 116).

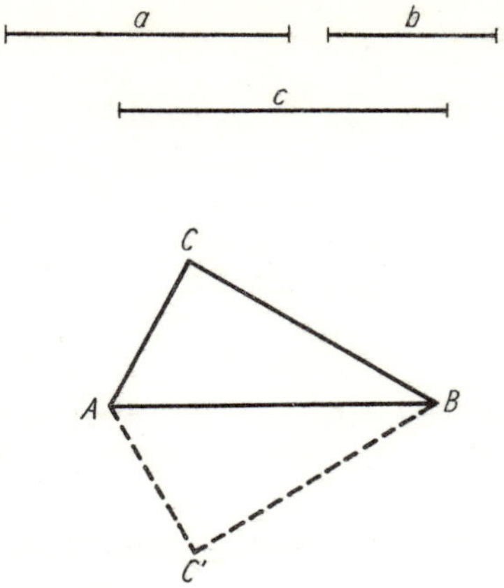

Bild 114

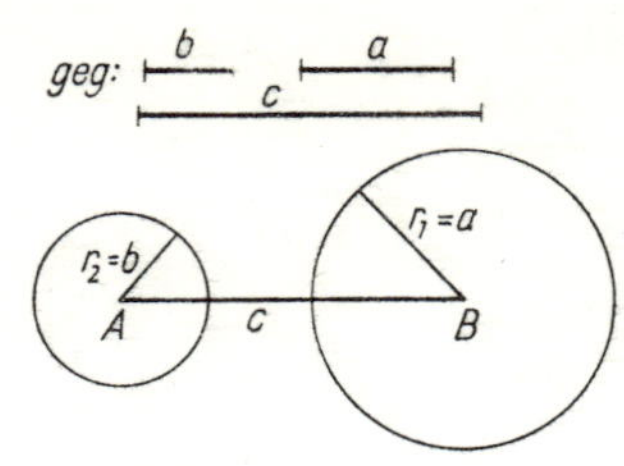

Bild 115

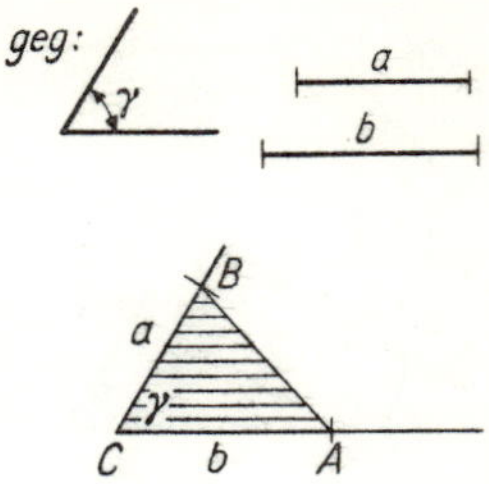

Bild 116

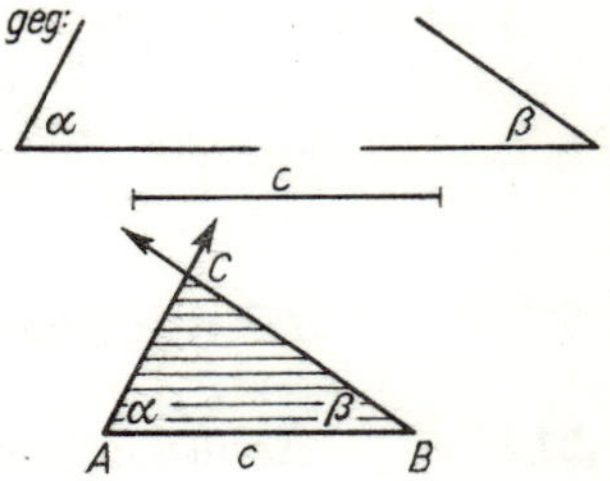

Bild 117

3. a) *Gegeben die Seite c und die Winkel α und β.*

Lösung: In den Endpunkten A und B der Strecke c trägt man die Winkel α und β an. Der Schnittpunkt ihrer freien Schenkel ist der dritte Eckpunkt des Dreiecks (Bild 117).

b) *Gegeben die Seite c und die Winkel β und γ.*

Lösung: Dieser Fall läßt sich auf den Fall 3a zurückführen, da sich der zweite der Seite c anliegende Winkel aus der Winkelsumme berechnen oder zeichnerisch ermitteln läßt. Für die ursprüngliche Aufgabenstellung jedoch ergibt sich folgende Lösung:
Im Endpunkt B der Strecke $c = \overline{AB}$ wird der Winkel β und in einem beliebigen Punkt seines freien Schenkels der Winkel γ angetragen. Die Parallele zum freien Schenkel des Winkels γ durch A vervollständigt das Dreieck (Bild 118).

4. *Gegeben die Seiten a und c und der Winkel α.*

Lösung: Die Konstruktion beginnt mit der dem gegebenen Winkel anliegenden Seite $c = \overline{AB}$. In A trägt man α an c an. Der Kreisbogen um B mit a schneidet den freien Schenkel von α in C, dem dritten Punkt des Dreiecks (Bild 119).

Dabei sind folgende Möglichkeiten zu unterscheiden (Bild 120):

a) $a > c$ — *Eindeutige Lösung,* da der freie Schenkel durch den Kreisbogen nur einmal geschnitten wird.

b) $a = c$ — Lösung *kann* noch *als eindeutig gelten*, da der zweite Schnittpunkt zwischen Kreisbogen und freiem Schenkel mit dem Scheitel des Winkels zusammenfällt und kein Dreieck hervorbringt.

c) $a < c$ — c_1) *Zwei Lösungen* infolge zweier Schnittpunkte zwischen Kreisbogen und freiem Schenkel.
c_2) *Doppellösung,* da der Kreisbogen den freien Schenkel berührt.
c_3) *Keine Lösung,* da der Kreisbogen den freien Schenkel meidet.

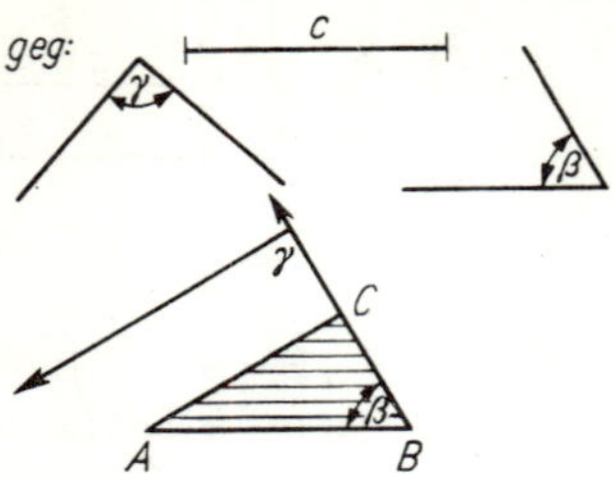

Bild 118

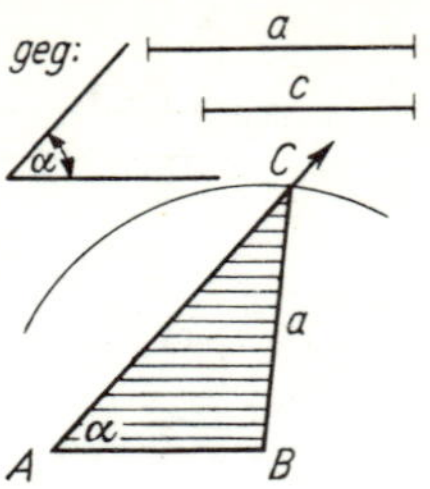

Bild 119

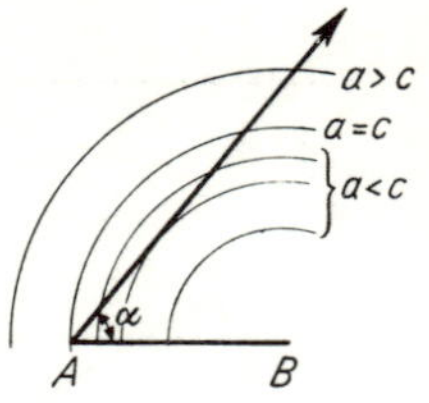

Bild 120

Eine genaue Festlegung, von welchen Voraussetzungen es abhängt, welcher der drei unter c) aufgeführten Fälle c_1), c_2) oder c_3) eintritt, ist nur mit Hilfsmitteln der Trigonometrie möglich, da hierbei auch die Größe des Winkels α eine Rolle spielt.

Die Fälle c_1) und c_2) rechtfertigen den Zusatz im vierten Kongruenzsatz: ... dem der größeren Seite gegenüberliegenden Winkel.

22. Ähnlichkeit

22.1. Ähnlichkeit im allgemeinen

Zwei Figuren sind **ähnlich**, wenn sie in entsprechenden Winkeln übereinstimmen und wenn entsprechende Seiten im gleichen Verhältnis stehen.
Das Zeichen ~ bedeutet: „ähnlich".

Das „gleiche Verhältnis entsprechender Seiten" kann auf zweierlei Art geschrieben werden:
Entweder

$$\frac{a_1}{a_2} = \frac{b_1}{b_2} = \frac{c_1}{c_2} = \dots$$

(den Wert dieses Quotienten bezeichnet man als *Ähnlichkeitsverhältnis*),

oder $\quad a_1 : b_1 : c_1 : \dots = a_2 : b_2 : c_2 : \dots,$

wenn man mit $a_1, b_1, c_1, \dots$ die Strecken der *einen* und mit $a_2, b_2, c_2, \dots$ die Strecken der *anderen* Figur bezeichnet. Die Gleichwertigkeit beider Schreibarten folgt aus den Gesetzen über die Auflösung fortlaufender Proportionen.
Die Ähnlichkeit ist eine *allgemeinere geometrische Verwandtschaft* als die Kongruenz. Bei einer ähnlichen Abbildung bleibt die *Gestalt* unverändert, aber *nicht die Größe* bzw. der *Flächeninhalt*. Ähnliche Figuren können durch Vergrößern oder Verkleinern auseinander hervorgegangen sein. Dabei gibt das oben erwähnte Ähnlichkeitsverhältnis den Maßstab an.
Figuren, die untereinander grundsätzlich ähnlich sind, sind alle Kreise, alle gleichseitigen Dreiecke, alle Quadrate, überhaupt alle regelmäßigen Vielecke mit gleicher Seitenzahl.

22.2. Ähnlichkeit von Dreiecken

Für die Ähnlichkeit von Dreiecken gelten Gesetze, die denen über Kongruenz völlig entsprechen. Auch sie stellen *Mindestforderungen* dar.

Ähnlichkeitssätze:

Dreiecke sind ähnlich, wenn sie übereinstimmen in
dem Verhältnis dreier Seiten oder
dem Verhältnis zweier Seiten und dem von ihnen eingeschlossenen Winkel
oder zwei Winkeln oder
dem Verhältnis zweier Seiten und dem der größeren Seite gegenüberliegenden Winkel.

Auch von diesen Sätzen gelten die Umkehrungen. Für den Nachweis der Ähnlichkeit zweier Dreiecke ist die Umkehrung des dritten Ähnlichkeitssatzes besonders wichtig. Sie lautet folgendermaßen:

Wenn zwei Dreiecke in zwei Winkeln übereinstimmen, sind sie ähnlich.

Beweis: Er ergibt sich aus dem Satz von der Winkelsumme im Dreieck und der in der Definition der Ähnlichkeit genannten Übereinstimmung zweier Figuren in entsprechenden Winkeln.

BEISPIELE

1. *Aus der Schattenlänge l eines Turmes soll dessen Höhe h bestimmt werden. Eine senkrecht danebenstehende Stange der Höhe h' wirft einen Schatten der Länge l'* (Bild 121).

Lösung: Aus der Ähnlichkeit beider Dreiecke folgt

$$\frac{h}{l} = \frac{h'}{l'} \quad \text{bzw.} \quad h = \frac{l \cdot h'}{l'}$$

2. *Die Papierformate der Reihe A sind so bemessen, daß jedes Format aus dem vorhergehenden durch Halbieren entsteht und diesem zugleich ähnlich ist. Man berechne das Verhältnis der langen zur kurzen Seite dieser Rechtecke!* (Vgl. 11.2.; Beispiel 2!)

Lösung: Die lange Seite sei a.

$$a : b = b : \frac{a}{2}$$

$$a^2 = 2b^2$$

$$a : b = \sqrt{2} : 1$$

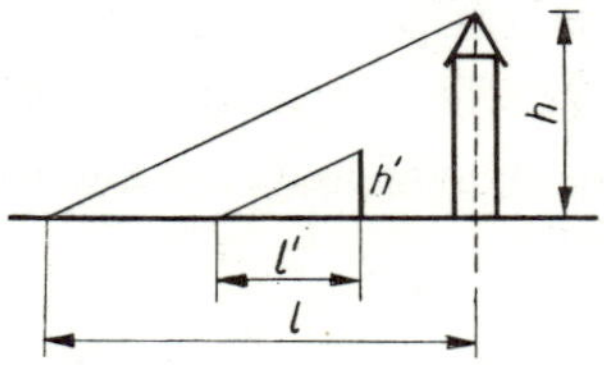

Bild 121

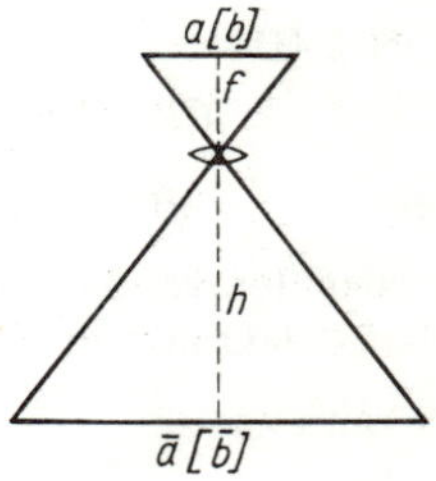

Bild 122

3. *Mit einer Kamera der Brennweite f wird aus der Höhe h ein Luftbild aufgenommen. Die Fotoplatte hat die Länge a und die Breite b. Wie lang sind die Seiten $\bar{a}$ und $\bar{b}$ des aufgenommenen Flächenstückes und wie groß ist der Abbildungsmaßstab?*
(Die Fotoplatte liegt parallel zur eben anzunehmenden Erdoberfläche.)

Lösung: Aus Bild 122 ergibt sich:

Maßstab: $a : \bar{a} = b : \bar{b} = f : h$

Maße des Flächenstückes:

$$\bar{a} = a\frac{h}{f} \qquad \bar{b} = b\frac{h}{f}$$

22.3. Strahlensätze

Für manche Anwendungen ist die Formulierung der Gesetze der Ähnlichkeit in Form der *Strahlensätze* zweckmäßiger. Die Strahlensätze erhält man aus der Ähnlichkeit von Dreiecken, die sich ergeben, wenn ein Strahlenbüschel von einer Schar paralleler Geraden geschnitten wird (Bild 123).

1. Strahlensatz:

Entsprechende Abschnitte auf den Strahlen stehen im gleichen Verhältnis.

So ist z. B. in Bild 123

$$\overline{SA} : \overline{SB} : \overline{SC} = \overline{SA_1} : \overline{SB_1} : \overline{SC_1} = \overline{SA_2} : \overline{SB_2} : \overline{SC_2}$$

und auch beispielsweise

$$\overline{SA_1} : \overline{SB_1} = \overline{A_1A_2} : \overline{B_1B_2}$$

2. Strahlensatz:

Entsprechende Abschnitte auf den Parallelen stehen im gleichen Verhältnis wie die zugehörigen, vom Scheitel aus zu messenden Abschnitte auf den Strahlen.

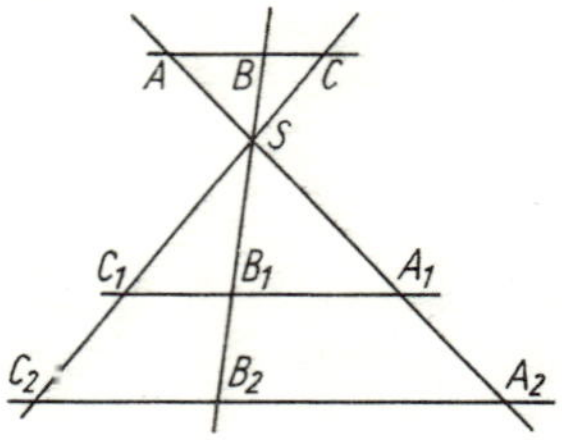

Bild 123

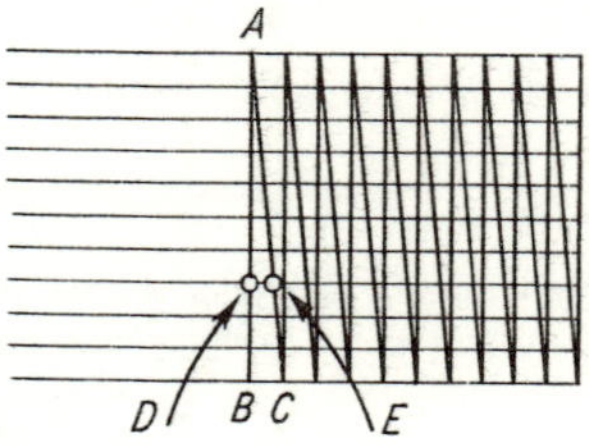

Bild 124

So ist z. B.

$$\overline{CB} : \overline{C_1B_1} : \overline{C_2B_2} = \overline{SC} : \overline{SC_1} : \overline{SC_2} = \overline{SB} : \overline{SB_1} : \overline{SB_2}$$

oder

$$\overline{AB} : \overline{A_1B_1} : \overline{A_2B_2} = \overline{SA} : \overline{SA_1} : \overline{SA_2} = \overline{SB} : \overline{SB_1} : \overline{SB_2}$$

Zu beachten ist, daß beim zweiten Strahlensatz die Abschnitte auf den Strahlen *stets vom Scheitelpunkt aus* zu rechnen sind!

3. Strahlensatz:

Entsprechende Abschnitte auf den Parallelen stehen im gleichen Verhältnis.

So ist $\overline{AB} : \overline{BC} = \overline{A_1B_1} : \overline{B_1C_1} = \overline{A_2B_2} : \overline{B_2C_2}$

Von den Umkehrungen dieser Sätze ist allenfalls die des ersten Strahlensatzes bedeutungsvoll. Dabei folgert man aus den gleichen Verhältnissen entsprechender Abschnitte die Parallelität innerhalb der Geradenschar.

BEISPIELE

1. *Der Transversalmaßstab gestattet, Bruchteile einer vorgegebenen Einheit, in Bild 124 Zehntel, abzulesen.*

Lösung: $\overline{AB}$ = 10 Einheiten
$\overline{BC}$ = 1 Einheit

Die Längen der parallelen Strecken zwischen den Strahlen AB und AC betragen von A aus begonnen der Reihe nach

$$\frac{1}{10}, \frac{2}{10}, \frac{3}{10}, \ldots, \frac{9}{10}, \frac{10}{10} \text{ der Einheit.}$$

Nach dem zweiten Strahlensatz gilt beispielsweise

$$\frac{\overline{BC}}{\overline{AB}} = \frac{\overline{DE}}{\overline{AD}} \text{ in Zahlen: } \frac{1}{10} = \frac{x}{7}, \text{ woraus sich}$$

$$x = \frac{7}{10} \text{ ergibt.}$$

2. *Grundkonstruktion: Eine Strecke $\overline{AB}$ ist in n gleiche Teile zu teilen!* (*In Bild 125 ist $n = 5$.*)

   Lösung: Vom Endpunkt A der Strecke $\overline{AB}$ aus zieht man einen beliebigen Strahl und trägt auf ihm von A aus n gleiche Teile ab. Der Endpunkt des letzten Teiles ist C. Parallelen zu $\overline{BC}$ durch die übrigen Teilungspunkte des Strahles ergeben auf $\overline{AB}$ die geforderte Teilung.

3. *Zu den Größen a, b und c ist die vierte Proportionale zu konstruieren.*

   Lösung: Die Konstruktion erfolgt nach dem ersten Strahlensatz. Auf den Schenkeln eines beliebigen Winkels werden vom Scheitelpunkt S aus die Strecken a, b und c nach Bild 126 abgetragen, daß sich deren Endpunkte A, B und C ergeben. Eine Parallele zu $\overline{AC}$ durch B ergibt X. $\overline{SX}$ stellt die gesuchte Größe dar.

   $$\overline{SA} : \overline{SB} = \overline{SC} : \overline{SX}$$

4. *Der Satz aus 18.3. soll bewiesen werden!* (*Die Seitenhalbierenden eines Dreiecks schneiden sich in einem Punkt und teilen einander dabei im Verhältnis 1:2.*)

Beweis: In Bild 127 halbieren die Punkte D, E und F die zugehörigen Dreieckseiten. Daraus folgt:

$$\overline{DE} \parallel \overline{AB} \quad \text{und} \quad \overline{DE} = \frac{1}{2}\overline{AB}; \quad \triangle ABS \sim \triangle EDS$$

$$\overline{AB} : \overline{ED} = 2:1 = \overline{BS} : \overline{DS} = \overline{AS} : \overline{ES}$$

Damit ist der Satz für $s_a = \overline{AE}$ und für $s_b = \overline{BD}$ bewiesen. Der Beweis für die Kombination s_a mit $s_c = \overline{CF}$ oder s_b mit s_c würde ganz analog verlaufen. Dann erst ist der Beweis vollständig erbracht.

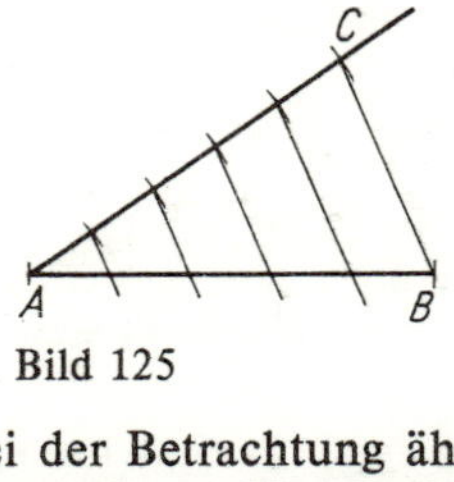

Bild 125

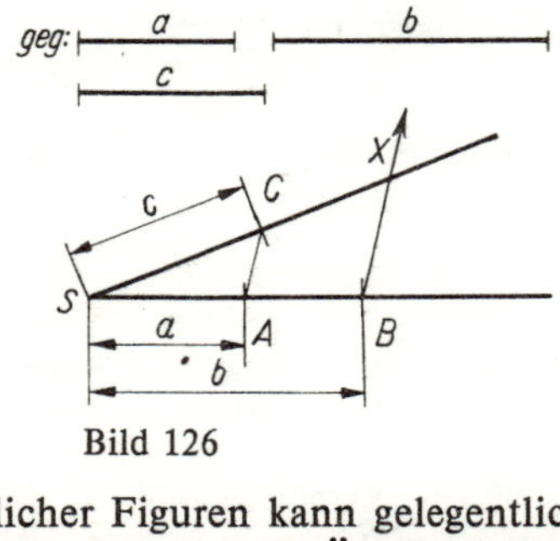

Bild 126

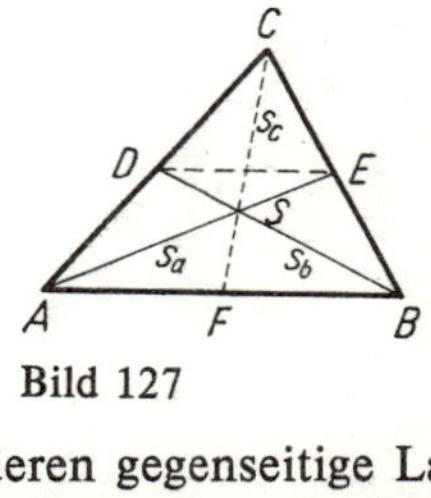

Bild 127

Bei der Betrachtung ähnlicher Figuren kann gelegentlich auch deren gegenseitige Lage interessieren. Von Bedeutung ist dabei die **Ähnlichkeitslage**. Hier fordert man *zusätzlich* zur Ähnlichkeit beider Figuren, daß *entsprechende* Strecken beider Figuren *parallel* liegen.

Es gilt der Satz:

> Die Verbindungsgeraden entsprechender Punkte zweier Figuren, die sich in Ähnlichkeitslage befinden, schneiden einander in einem Punkt, dem **Ähnlichkeitspunkt**.

Beweis: Die Verbindungsgeraden AA' und BB' in Bild 128 schneiden einander in S. Es gilt nach dem zweiten Strahlensatz

$$\overline{AB} : \overline{A'B'} = \overline{BS} : \overline{B'S}$$

und infolge der Ähnlichkeit der Dreiecke ABC und $A'B'C'$

$$\overline{AB} : \overline{A'B'} = \overline{BC} : \overline{B'C'}$$

Aus der Parallelität von $\overline{BC}$ und $\overline{B'C'}$, aus der Verhältnisgleichheit von $\overline{BC} : \overline{B'C'}$ und $\overline{BS} : \overline{B'S}$ und aus der Umkehrung des zweiten Strahlensatzes folgt, daß von S aus ein weiterer Strahl durch C und C' gelegt werden kann.

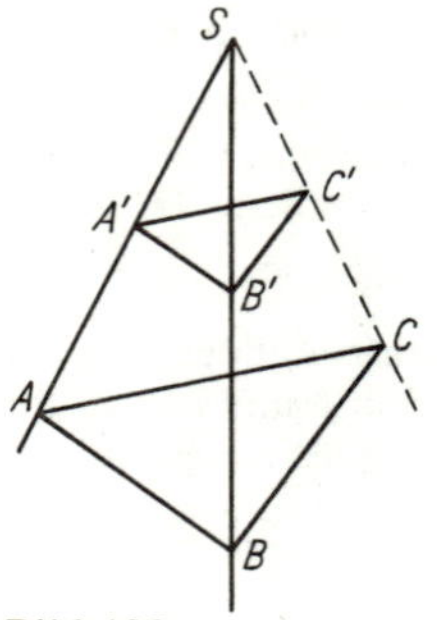

Bild 128

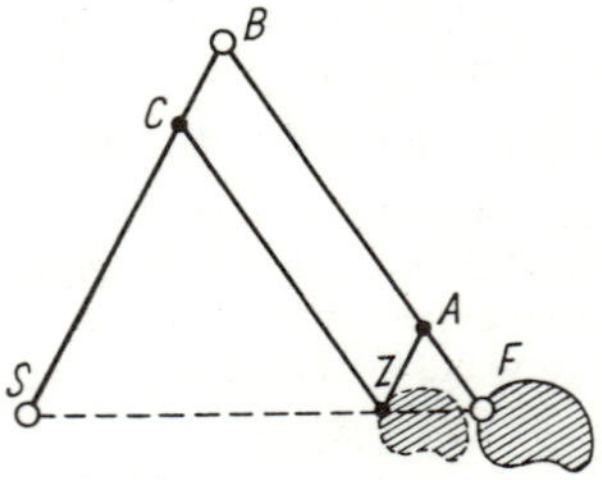

Bild 129

BEISPIEL

5. Bild 129 zeigt das Schema eines *Pantographen* oder *Storchschnabels*. Das Gerät besteht aus den vier starren Stäben $\overline{FB}$, $\overline{BS}$, $\overline{AZ}$ und $\overline{ZC}$, die gelenkig miteinander verbunden sind. Es dient zum Verkleinern oder Vergrößern von Zeichnungen. Bild und Original befinden sich dabei in Ähnlichkeitslage.
   $\overline{FB}$ und $\overline{BS}$ werden durch A bzw. C im gleichen Verhältnis geteilt, so daß gilt

   $$\frac{\overline{AB}}{\overline{FB}} = \frac{\overline{CS}}{\overline{BS}} = \frac{m}{n} \quad \left(\text{im Bild } \frac{4}{5}\right).$$

   Z ergänzt das Dreieck ABC zum Parallelogramm. Es ergibt sich:

   $\Delta SZC \sim \Delta ZFA \sim \Delta SFB$

   Demnach muß Z auf der Strecke $\overline{FS}$ liegen und sie so teilen, daß auch hier das gleiche Teilverhältnis gilt wie oben:

   $$\frac{\overline{ZS}}{\overline{FS}} = \frac{m}{n}$$

   Wirkungsweise: Punkt S (als Ähnlichkeitspunkt) bleibt fest. Fährt man mit F längs des Originales, beschreibt Z ein verkleinertes Bild, dessen Strecken sich zu denen des Originales wie $m : n = 4 : 5$ verhalten.
   Vertauscht man Z und F, so entsteht ein vergrößertes Bild.

AUFGABEN

316. Aus der Proportion $a : b = b : x$ ist x für $a = 55$ mm und $b = 32$ mm zeichnerisch zu ermitteln.

317. Die Steigung eines Schienenstranges ist auf einer Länge von 1,45 km mit 1 : 36 angegeben. Wieviel Meter höher liegt der Endpunkt dieser Strecke gegenüber ihrem Anfangspunkt? Nenne die Höhendifferenz h.

318. Der im Bild 130 dargestellte Taster dient zur Dickenmessung dünner Werkstücke. Wie lang muß sein Schenkel a gemacht werden, damit bei einer Meßschenkellänge von $b = 3$ cm die Strecke $h = 6$ cm wird? Die Entfernung der Meßspitzen soll dann $d = 6$ mm betragen.

319. Berechne die Strecken b und c des im Bild 131 dargestellten Dachbinders für $h = 3{,}5$ m und $a = 2{,}8$ m.

320. Die durch einen Fluß nicht direkt meßbare Strecke $\overline{AC}$ (Bild 132) ist zu ermitteln. Zu diesem Zweck wird das Dreieck AB_1C_1 mit den bekannten Seiten $\overline{AB_1} = 15$ m und $\overline{AC_1} = 9$ m abgesteckt und die Strecke $\overline{AB} = 148$ m gemessen.

Bild 130

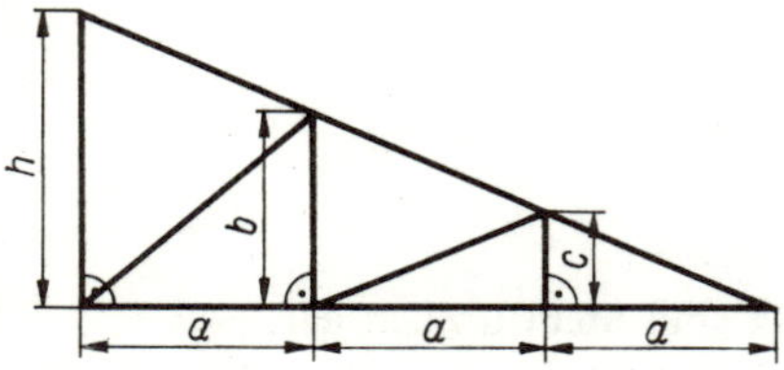

Bild 131

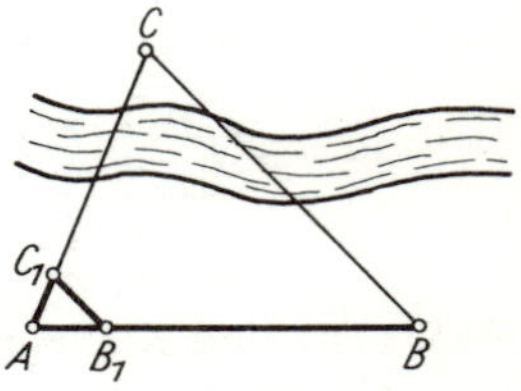

Bild 132

23. Sätze vom rechtwinkligen Dreieck

Im rechtwinkligen Dreieck decken sich zwei der drei möglichen Höhen mit den beiden Katheten. Als dritte verbleibt die Höhe, die auf die Hypotenuse bezogen ist. Diese ist gemeint, wenn von der „**Höhe** des rechtwinkligen Dreiecks" die Rede ist. Sie teilt die Hypotenuse in die beiden **Hypotenusenabschnitte**.

Kathetensatz: (I. Satz des EUKLID)[1])
Im rechtwinkligen Dreieck ist das Quadrat über einer Kathete flächengleich dem Rechteck, gebildet aus der Hypotenuse und dem der Kathete anliegenden Hypotenusenabschnitt.

Beweis: Aus der Ähnlichkeit der beiden Teildreiecke mit dem Gesamtdreieck in Bild 133 folgt

$$q : b = b : c \quad \text{und} \quad p : a = a : c,$$

$$\boxed{b^2 = cq} \qquad \boxed{a^2 = cp} \qquad \text{w. z. b. w.} \qquad (98)$$

Höhensatz: (II. Satz des EUKLID)
Im rechtwinkligen Dreieck ist das Quadrat über der Höhe flächengleich dem Rechteck, gebildet aus den beiden Hypotenusenabschnitten.

---

[1]) EUKLID (365 bis 300 v. u. Z.) griechischer Mathematiker

Beweis: In Bild 133 sind alle vorkommenden Dreiecke ähnlich, da sie in jeweils zwei Winkeln übereinstimmen.
Aus der Ähnlichkeit beider Teildreiecke folgt

$$h : p = q : h,$$

$$\boxed{h^2 = pq} \qquad \text{w. z. b. w.} \tag{99}$$

Satz des Pythagoras[1]): Im rechtwinkligen Dreieck ist das Quadrat über der Hypotenuse flächengleich der Summe der Quadrate über den Katheten.

Beweis: Durch Addition der beiden Gleichungen (98) erhält man

$$a^2 + b^2 = cp + cq,$$

$$a^2 + b^2 = c(p + q),$$

$$\boxed{a^2 + b^2 = c^2} \tag{100}$$

Höhensatz und Kathetensatz sind **nicht** umkehrbar.
Das soll am Höhensatz an Hand eines Gegenbeispiels gezeigt werden. Die Umkehrung des Satzes müßte lauten:
„Wenn in einem Dreieck das Quadrat über der Höhe flächengleich dem Rechteck aus den beiden Basisabschnitten ist, liegt ein rechtwinkliges Dreieck vor.“

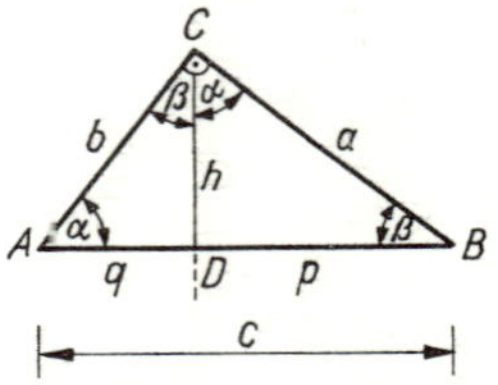

Bild 133

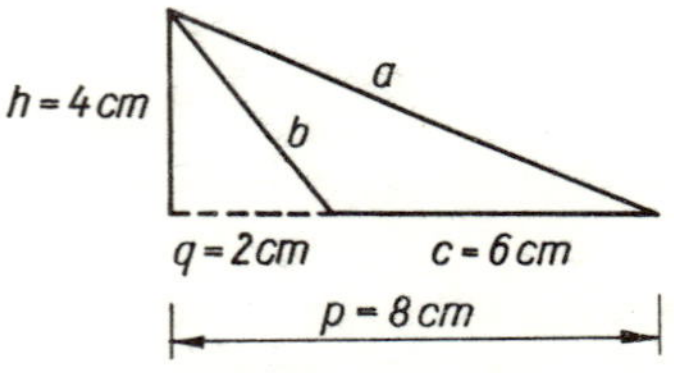

Bild 134

Diese Aussage ist jedoch falsch, wie man aus Bild 134 erkennt. Die angegebenen Maße befriedigen zwar die Gleichung

$$h^2 = pq,$$

das Dreieck jedoch ist offensichtlich stumpf, da der Höhenfußpunkt außerhalb der Basis liegt.
Der Satz von Pythagoras hingegen ist umkehrbar:

Ein Dreieck, bei dem die Summe der Quadrate über zwei Seiten gleich ist dem Quadrat über der dritten, ist rechtwinklig.

Der Beweis ist am bequemsten mit Hilfe des Cosinussatzes (Abschn. 28.2.) zu führen. Man muß aber beachten, daß zu dessen Herleitung nicht schon der Satz des Pythagoras verwendet wurde. In 28.3. ist das geschehen. Der Cosinussatz ließe sich aber auch auf anderem Wege (vektoriell) ableiten. Darauf wird hier aber nicht näher eingegangen.

Den Sachverhalt, der in der Umkehrung des Satzes von Pythagoras zum Ausdruck kommt, kann man ausnützen, um mit Hilfe einer Schnur einen rechten Winkel abzustek-

[1]) Pythagoras (um 500 v. u. Z.) griechischer Mathematiker

ken. Man braucht nur ein Dreieck zu bilden, dessen Seiten im Verhältnis *pythagoreischer Dreieckszahlen* stehen (z.B. 3 : 4 : 5). Tatsächlich war diese Methode zur Absteckung rechter Winkel schon *vor* PYTHAGORAS, und zwar im alten Ägypten, bekannt, wo man für Vermessungsarbeiten u. a. Knotenschnüre verwandte.

BEISPIELE

1. *Die Diagonale eines Rechteckes mit den Seiten a und b ist zu berechnen.*

Lösung: (Bild 135)

$$d^2 = a^2 + b^2$$

$$d = \sqrt{a^2 + b^2}$$

Ist a = b, so daß ein Quadrat vorliegt, ergibt sich:

$$d = \sqrt{2a^2} = a\sqrt{2}$$

2. *Die Höhe eines gleichseitigen Dreiecks mit der Seite a ist zu berechnen.*

Lösung: (Bild 136)

$$h^2 = a^2 - \left(\frac{a}{2}\right)^2 = \frac{3}{4}a^2$$

$$h = \frac{a}{2}\sqrt{3}$$

3. *Der Umfang des in Bild 137 dargestellten Drachenvierecks ist zu berechnen.*

Lösung: $U = 2s_1 + 2s_2$

$$s_1 = \sqrt{a^2 + b^2} \qquad s_2 = \sqrt{b^2 + c^2}$$

$$U = 2\left(\sqrt{a^2 + b^2} + \sqrt{b^2 + c^2}\right)$$

Zahlenbeispiel:

$$a = 6\,\text{m}, \qquad b = 8\,\text{m}, \qquad c = 15\,\text{m}$$

$$U = 2\left(\sqrt{36\,\text{m}^2 + 64\,\text{m}^2} + \sqrt{64\,\text{m}^2 + 225\,\text{m}^2}\right)$$

$$= 2(10\,\text{m} + 17\,\text{m}) = 54\,\text{m}$$

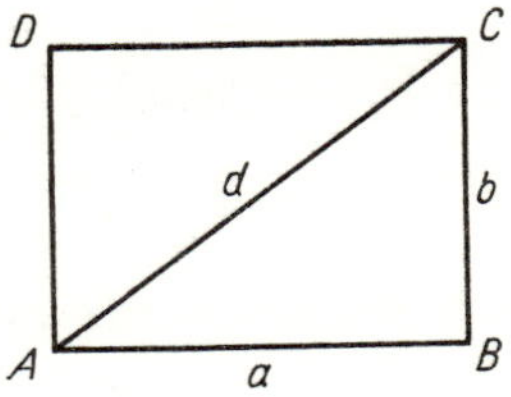

Bild 135

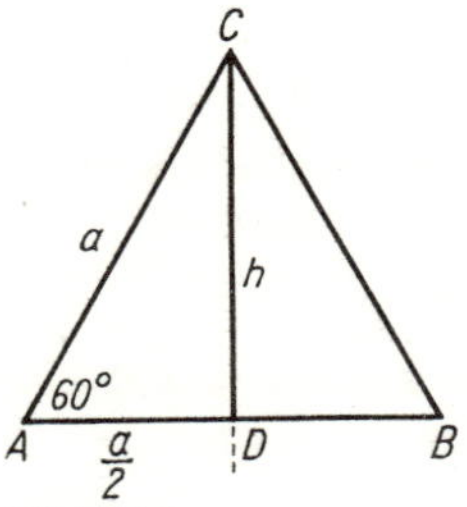

Bild 136

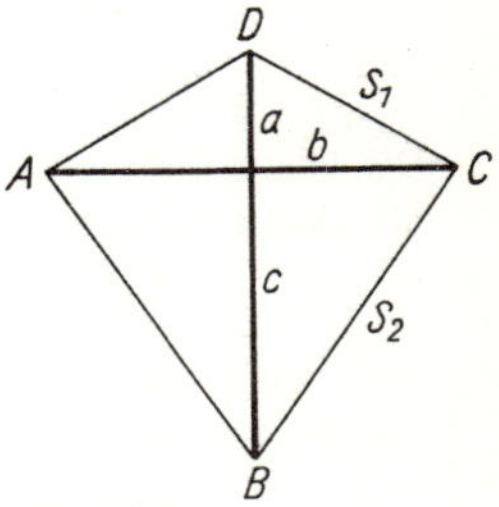

Bild 137

4. *Eine Leiter der Länge l wird in der Entfernung d von einer senkrechten Wand aufgestellt. In welcher Höhe berührt die Leiter die Wand? (Bild 138)*

Lösung: $h^2 = l^2 - d^2$

Ausdrücke dieser Art lassen sich nach der dritten binomischen Formel sehr zweckmäßig in Produktgestalt umformen, so daß sie sich bequem mit dem Taschenrechner berechnen lassen.

$$h^2 = (l + d)(l - d)$$

$$h = \sqrt{(l + d)(l - d)}$$

Zahlenbeispiel:

$$l = 6\,\text{m}, \qquad d = 1{,}3\,\text{m}$$

$$h = \sqrt{7{,}3\,\text{m} \cdot 4{,}7\,\text{m}} \approx \sqrt{34{,}3\,\text{m}^2} \approx 5{,}9\,\text{m}$$

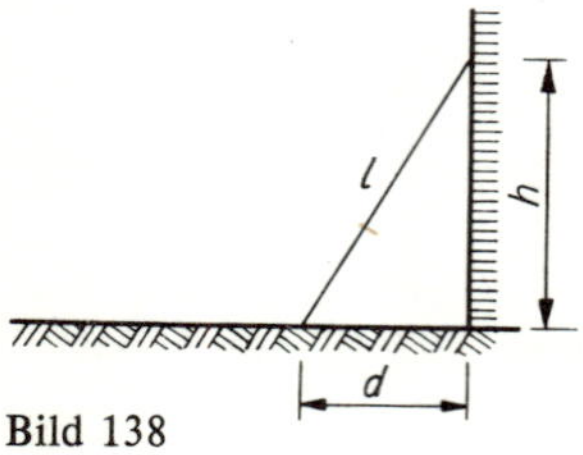

Bild 138

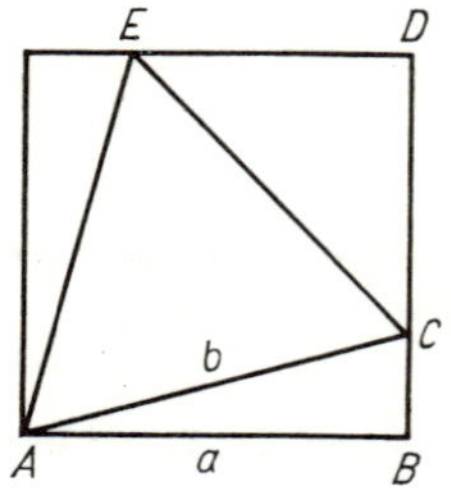

Bild 139

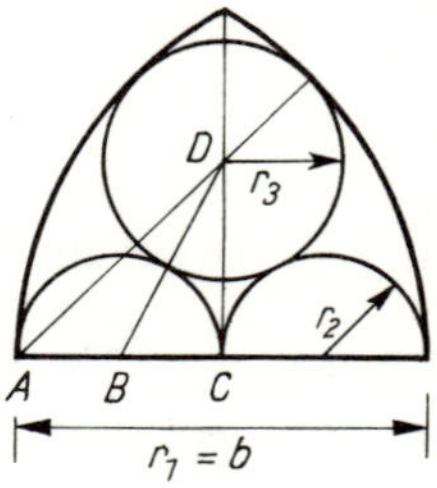

Bild 140

5. *Einem Quadrat mit der Seite a ist ein gleichseitiges Dreieck nach der in Bild 139 angegebenen Weise einbeschrieben. Man berechne die Seite b des Dreiecks in Abhängigkeit von a.*

Lösung: Im Dreieck CDE gilt mit $\overline{CD} = \overline{DE} = x$:

$$2x^2 = b^2 \qquad \text{bzw.} \qquad x = \frac{b}{2}\sqrt{2}$$

Im Dreieck ABC gilt:

$$a^2 + (a - x)^2 = b^2$$

und nach Ersetzen von x:

$$2a^2 - ab\sqrt{2} = \frac{1}{2}b^2$$

$$b^2 + 2\sqrt{2}\,ab - 4a^2 = 0$$

Die beiden Lösungen dieser quadratischen Gleichung in b lauten

$$b_1 = a\left(-\sqrt{2} + \sqrt{6}\right) \qquad \text{und} \qquad b_2 = a\left(-\sqrt{2} - \sqrt{6}\right)$$

Die zweite Lösung ist negativ und scheidet aus, da sie in diesem Zusammenhang (als Länge einer Strecke) gegenstandslos ist. Somit verbleibt als Ergebnis:

$$b = a\left(\sqrt{6} - \sqrt{2}\right) \approx 1{,}035a$$

6. *Man berechne die in dem gotischen Spitzbogen in Bild 140 vorkommenden Kreisradien in Abhängigkeit von der Basislänge b.*

Lösung: $r_1 = b$ und $r_2 = \frac{1}{4}b$

liest man sofort aus der Zeichnung ab.

Im Dreieck ACD gilt:

$$\overline{CD}^2 = \overline{AD}^2 - \overline{AC}^2$$

Im Dreieck BCD gilt:

$$\overline{CD}^2 = \overline{BD}^2 - \overline{BC}^2$$

Durch Gleichsetzen der rechten Seiten erhält man:

$$\overline{AD}^2 - \overline{AC}^2 = \overline{BD}^2 - \overline{BC}^2$$

$$(b - r_3)^2 - \left(\frac{b}{2}\right)^2 = \left(\frac{b}{4} + r_3\right)^2 - \left(\frac{b}{4}\right)^2$$

$$b^2 - 2br_3 - \frac{b^2}{4} = \frac{1}{2} br_3$$

$$r_3 = \frac{3}{10} b$$

AUFGABEN

321. Wie groß ist die eine Kathete a eines rechtwinkligen Dreiecks, wenn die andere Kathete b und die Hypotenuse c folgende Abmessungen haben:

a) $b = 11$ cm, $c = 12{,}4$ cm b) $b = 7{,}8$ cm, $c = 9{,}8$ cm

c) $b = 4{,}53$ dm, $c = 6{,}78$ dm d) $b = 46{,}3$ m, $c = 58{,}1$ m

e) $b = 0{,}832$ km, $c = 0{,}986$ km f) $b = 45{,}79$ mm, $c = 74{,}35$ mm

322. Wie groß ist die Hypotenuse c eines rechtwinkligen Dreiecks, wenn die beiden Katheten a und b folgende Abmessungen haben:

a) $a = 7{,}3$ cm, $b = 2{,}1$ cm b) $a = 85{,}3$ mm, $b = 112{,}2$ mm

c) $a = 0{,}85$ m, $b = 0{,}32$ m d) $a = 4{,}321$ km, $b = 7{,}845$ km

e) $a = 24{,}1$ dm, $b = 12{,}4$ dm f) $a = 0{,}85$ m, $b = 0{,}76$ m

323. Einem gleichschenklig-rechtwinkligen Dreieck (Bild 141) ist ein gleichseitiges Dreieck mit der Seite b einbeschrieben. Drücke b durch die Katheten a des rechtwinkligen Dreiecks aus.

324. Einem gleichschenklig-rechtwinkligen Dreieck mit den Katheten a (Bild 142) ist ein gleichseitiges Dreieck mit der Seite b einbeschrieben. Drücke b durch a aus.

325. Die Katheten eines rechtwinkligen Dreiecks stehen im Verhältnis $a : b = m : n = 3 : 4$. Wie groß sind seine Katheten a und b und sein Flächeninhalt A, wenn für die Hypotenuse $c = 8$ cm angegeben ist?

326. In welchem Verhältnis stehen die Katheten a und b eines rechtwinkligen Dreiecks, das einem gleichseitigen Dreieck flächengleich ist? Die Hypotenuse des rechtwinkligen Dreiecks sei $c = 8$ cm und die Seite des gleichseitigen Dreiecks $d = 6$ cm.

327. Von einem rechtwinkligen Dreieck sind die Hypotenusenabschnitte $q = 4$ cm und $p = 5$ cm bekannt. Berechne die Katheten a und b und den Flächeninhalt A.

328. Von einem rechtwinkligen Dreieck sind die Höhe $h = 5$ cm und der Hypotenusenabschnitt $q = 3$ cm gegeben. Wie groß sind die Seiten a, b und c des Dreiecks und sein Flächeninhalt A?

329. Wie groß sind der Inkreisradius r_i und der Ankreisradius r_a eines rechtwinkligen Dreiecks mit den Katheten $a = 6$ cm und $b = 8$ cm?

330. Berechne die Seite x des einem rechtwinkligen Dreieck einbeschriebenen Quadrates (Bild 143). Drücke x
a) durch die Katheten a und b,
b) durch die Hypotenusenabschnitte u und v aus.

331. Drücke r_2 in Bild 144 durch r_1 aus.

332. Drücke die Stücke h_1, h_2 und r_2 in Bild 145 durch r_1 aus.

333. Drücke r_2, r_3 und r_4 in Bild 146 durch r_1 aus.

334. Drücke r_2 und r_3 in Bild 147 durch r_1 aus.

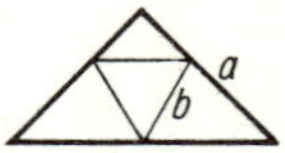

Bild 141

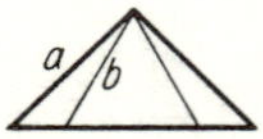

Bild 142

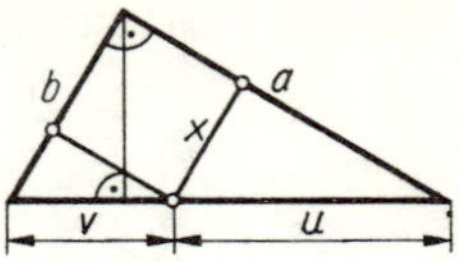

Bild 143

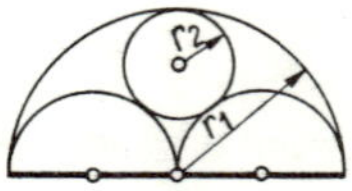

Bild 144

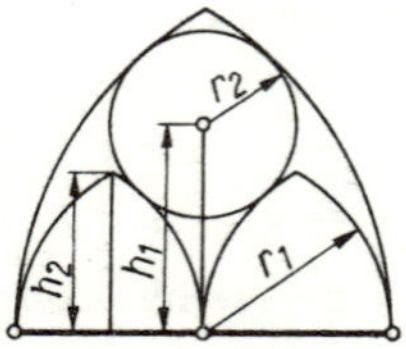

Bild 145

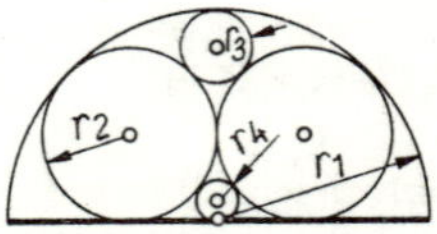

Bild 146

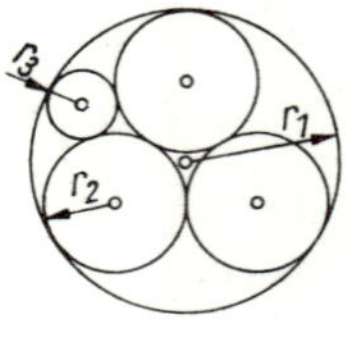

Bild 147

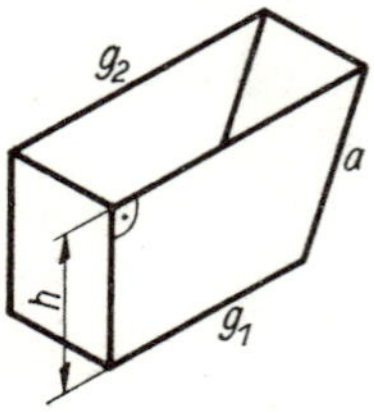

Bild 148

335. Von dem in Bild 148 dargestellten Gefäß ist die Höhe h zu bestimmen. Bekannt sind $g_1 = 6$ dm, $g_2 = 8$ dm und $a = 5$ dm.

336. Wie groß ist die Höhe h der in Bild 149 gezeigten Leiter, wenn die Entfernung zwischen ihren Fußpunkten $s = 1{,}5$ m und ihre Schenkellänge $l = 5$ m beträgt?

337. Berechne die Stücke b, c und d des in Bild 150 gezeigten Dachbinders aus den Stücken $a = 12$ m und $h = 4$ m.

338. Die Kräfte $F_1 = 53{,}4$ N und $F_2 = 38{,}1$ N haben einen gemeinsamen Angriffspunkt und schließen einen Rechten ein. Berechne ihre Resultierende F_R.

339. Berechne die Kantenlänge k einer Sechskantschraube mit der Schlüsselweite $s = 17$ mm.

340. Zum Schleifen eines Spiralbohrers von 20 mm Durchmesser soll eine Lehre nach Bild 151 angefertigt werden. Berechne h für die dort eingetragenen Maße.

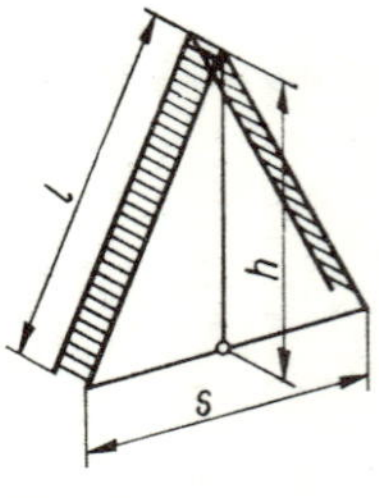

Bild 149

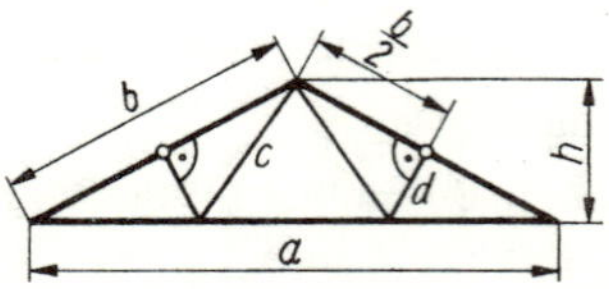

Bild 150

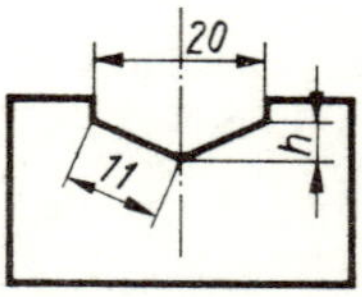

Bild 151

341. Ein Kasten mit einseitiger Schwerpunktlage hängt an einer gespreizten Kette (Bild 152). Welche Länge l hat die einen Rechten einschließende Kette, wenn die Kastenlänge (Hakenabstand) $b = 2{,}68$ m und der Schwerpunktabstand $a = 0{,}76$ m betragen?

342. Von dem in Bild 153 dargestellten Drehkran sind die Längen der Träger mit $a = 4{,}8$ m, $b = 4{,}1$ m, $g = 5{,}9$ m und $h = 2{,}4$ m gemessen worden. Berechne die Längen der Träger c, d, e, f, i.

343. Von dem in Bild 154 gezeigten Kegelradpaar sind der Radius $r_1 = 68$ mm und die Kegelerzeugende $\overline{MC} = 76$ mm bekannt. Berechne r_2 und die Radien e_1 und e_2 der Ergänzungskegel.

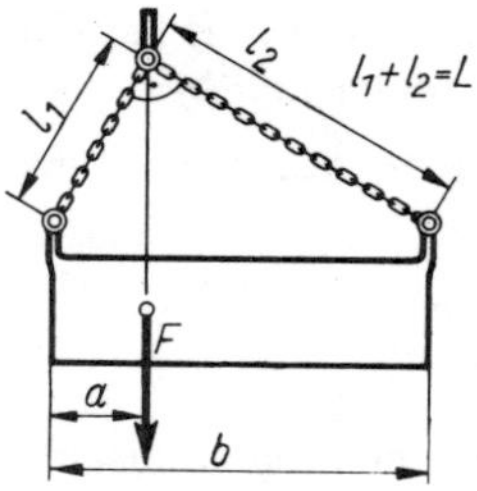

Bild 152

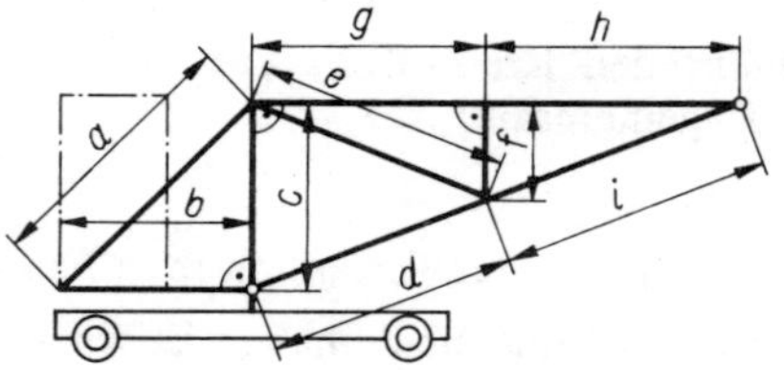

Bild 153

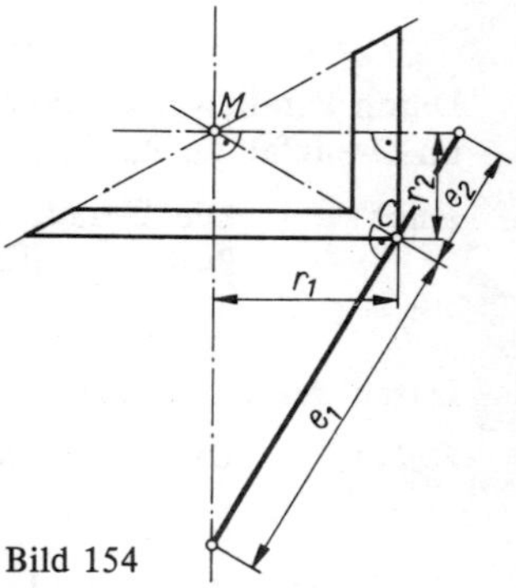

Bild 154

344. In einer Blechrinne, deren Querschnitt ein gleichschenklig-rechtwinkliges Dreieck von der Höhe $h = 64$ cm ist, fließt Wasser mit der Geschwindigkeit $v = 0{,}2$ m/s. Welche Wassermenge Q liefert die Rinne stündlich bei einem Wasserstand von $\frac{2}{3}\,h$?

345. Berechne den Anschnitt a des in Bild 155 dargestellten Scheibenfräsers nach den dort eingetragenen Maßen.

346. Berechne die Normalkräfte F_1, mit denen ein Keilriemen auf die Flanken der Rillen einer Keilriemenscheibe drückt (Bild 156).

347. Wie groß ist die Eindrucktiefe h einer Kugel, die nach Bild 157 den Eindruckkreis $d_1 = 132$ mm erzeugt und selbst den Durchmesser $d = 154$ mm hat?

348. Von einem schiefwinkligen Dreieck sind die Seiten a, b und c bekannt. Drücke die durch h_c auf c gebildeten Abschnitte q und p durch die gegebenen Stücke aus.

349. Drücke die Seite b eines schiefwinklig-spitzwinkligen Dreiecks durch die beiden anderen Seiten a und c und die Projektion q der Seite b auf die Seite c aus.

350. Ein Blech, dessen Abmessungen aus Bild 158 hervorgehen, soll beiderseits gestrichen werden. Berechne die Farbmenge m, wenn erfahrungsgemäß mit einem Verbrauch von $0{,}175$ kg/m² gerechnet wird.

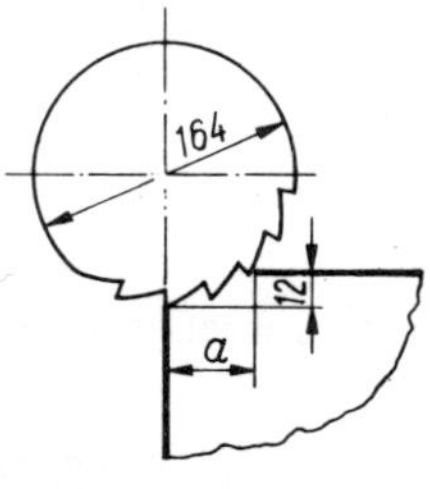

Bild 155

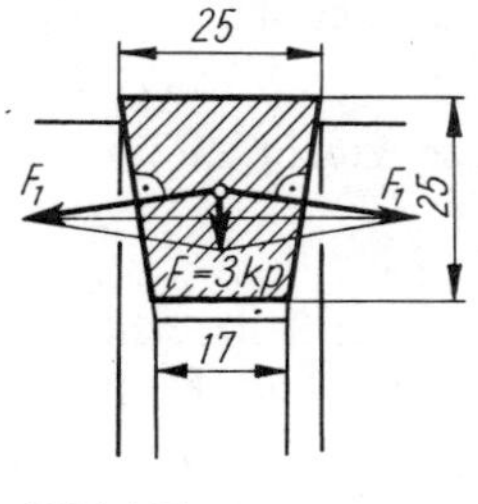

Bild 156

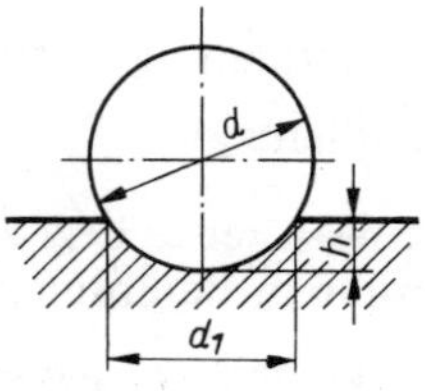

Bild 157

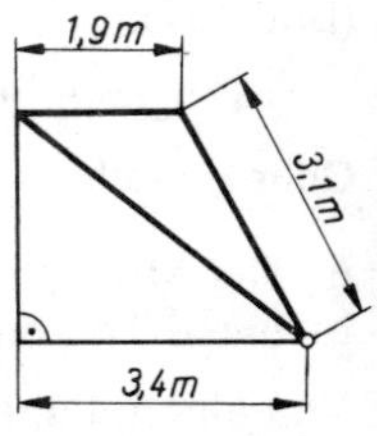

Bild 158

24. Strecken und Winkel am Kreis

24.1. Kreis und Gerade

Kreis und Gerade können *drei* verschiedene Lagen zueinander haben (Bild 159):

Fall a) Die Gerade *schneidet* den Kreis, Gerade und Kreis haben *zwei* Punkte, P_1 und P_2, gemeinsam:

$$K \cap g = \{P_1; P_2\}$$

Durch Parallelverschiebung der Geraden wandern P_1 und P_2 aufeinander zu, bis sie sich im Grenzfall zu Punkt P vereinigen. Diese Grenzlage der Geraden bildet Fall b).

Fall b) Die Gerade *berührt* den Kreis, Kreis und Gerade haben nur noch *einen* Punkt, nämlich P, gemeinsam:

$$K \cap g = \{P\}$$

Durch weitere Parallelverschiebung der Geraden erhält man Fall c).

Fall c) Die Gerade *meidet* den Kreis, beide haben *keinen* Punkt mehr gemeinsam:

$$K \cap g = \varnothing$$

Die dabei auftretenden Geraden und Strecken werden folgendermaßen bezeichnet:

Eine Gerade, die einen Kreis schneidet, heißt **Sekante.**
Eine Gerade, die durch den Mittelpunkt eines Kreises geht, heißt **Zentrale.**
Die Strecke auf einer Sekante, die durch die beiden Schnittpunkte mit dem Kreis begrenzt wird, heißt **Sehne.**
Eine Sehne durch den Mittelpunkt des Kreises heißt **Durchmesser** des Kreises.
Eine Gerade, die den Kreis berührt, heißt **Tangente.**
Die Strecke, die den Mittelpunkt eines Kreises mit dem Berührungspunkt einer Tangente verbindet, heißt deren **Berührungsradius.**

Die Endpunkte einer Sehne bilden zusammen mit dem Mittelpunkt des Kreises ein gleichschenkliges Dreieck, da

$$\overline{AM} = \overline{BM} = r \qquad \text{(Bild 160).}$$

Aus dessen Symmetrie folgt:

Der Mittelpunkt eines Kreises liegt stets auf der Mittelsenkrechten jeder beliebigen Sehne.

Verlängert man die Sehne zur Sekante und verschiebt diese nach außen bis in die Grenzlage als Tangente, deckt sich deren Berührungsradius mit der Symmetrieachse des oben erwähnten gleichschenkligen Dreiecks. Daraus ergibt sich der folgende Sachverhalt (Bild 161):

Tangente und Berührungsradius stehen senkrecht aufeinander.

Oder in anderer Formulierung:

Der Mittelpunkt eines Kreises liegt stets auf der Senkrechten, die man auf jeder beliebigen Tangente in ihrem Berührungspunkt errichten kann.

Von einem Punkt S außerhalb des Kreises kann man zwei Tangenten an den Kreis legen. Diese berühren den Kreis je in einem Punkt, T_1 und T_2. Die Entfernungen $\overline{ST_1}$ und $\overline{ST_2}$

nennt man die Länge der beiden Tangenten. Die beiden Dreiecke SMT_1 und SMT_2 in Bild 162 sind kongruent, da sie in $\overline{SM}$ übereinstimmen, und ferner gilt:

$$\overline{MT_1} = \overline{MT_2} = r \qquad \text{und} \qquad \delta_1 = \delta_2 = 90°$$

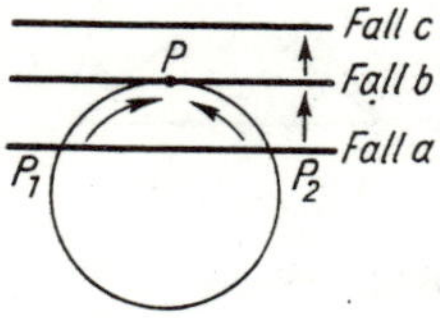

Bild 159

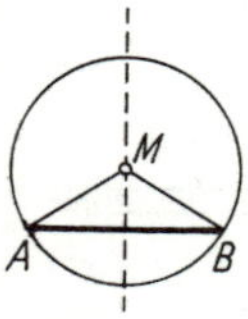

Bild 160

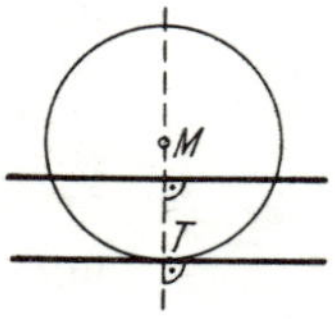

Bild 161

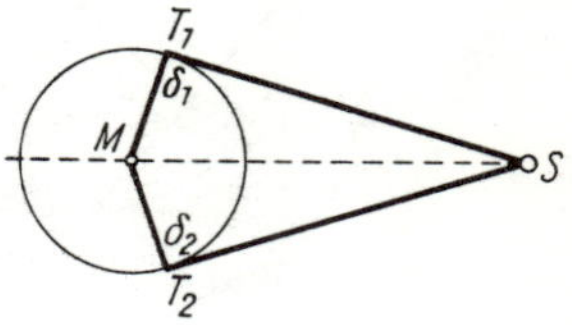

Bild 162

Aus dieser Kongruenz ergibt sich:

Die beiden von einem Punkt an einen Kreis gelegten Tangenten sind gleich lang. Der Kreismittelpunkt liegt auf einer der beiden Winkelhalbierenden der Tangenten.

BEISPIEL

Der Mittelpunkt eines Kreises soll rekonstruiert werden!

Lösung: (Bild 163). Man zeichne in den Kreis zwei verschiedene, nicht parallele Sehnen und errichte auf ihnen die Mittelsenkrechten. Deren Schnittpunkt ist der gesuchte Punkt. (Die Sehnen möchten zweckmäßig einen Winkel von etwa 90° bilden, damit sich ein günstiger Schnitt ergibt.)

Praktische Methode: In der Praxis bedient man sich zur Bestimmung des Mittelpunktes von Kreisscheiben und ähnlichem eines *Zentriergerätes* (Bild 164). Es besteht aus zwei Anlegekanten, die nicht unbedingt einen rechten Winkel zu bilden brauchen, und einer Schablone, die die Winkelhalbierende bildet. Längs dieser Kante reißt man zweimal an, wobei die Kreisscheibe verschieden eingelegt werden muß. Als Schnitt beider Geraden ergibt sich der gesuchte Punkt.

24.2. Winkel am Kreis

Verbindet man die Endpunkte A und B eines Kreisbogens mit dem Mittelpunkt M des zugehörigen Kreises, dann bilden $\overline{AM}$ und $\overline{BM}$ die Schenkel des zum Bogen $\widehat{AB}$ gehörigen **Zentriwinkels.**

Verbindet man die Punkte A und B mit einem beliebigen Punkt P auf dem Kreis, dann bilden $\overline{AP}$ und $\overline{BP}$ die Schenkel des zum Bogen $\widehat{AB}$ gehörigen **Peripheriewinkels.** Dabei ist aber darauf zu achten, daß P und M auf *ein und derselben* Seite der Sehne liegen.

Zwischen beiden genannten Winkeln besteht folgende Beziehung:

Der Zentriwinkel über einem Bogen ist doppelt so groß wie der Peripheriewinkel über dem gleichen Bogen.

Der Beweis ergibt sich aus Bild 165:

$\alpha_1 = \gamma_1$ und $\gamma_2 = \beta_1$ als Basiswinkel in gleichschenkligen Dreiecken;
$\varepsilon_1 = 2\gamma_1$ und $\varepsilon_2 = 2\gamma_2$ als Außenwinkel an Dreiecken.

Durch Addition der beiden letzten Gleichungen folgt

$$\varepsilon_1 + \varepsilon_2 = 2(\gamma_1 + \gamma_2) \qquad \text{w. z. b. w.}$$

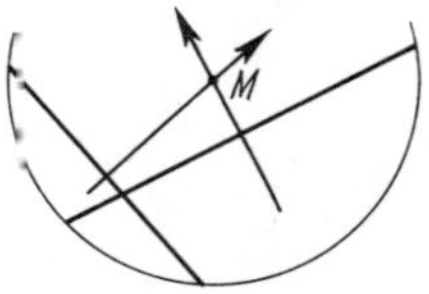

Bild 163

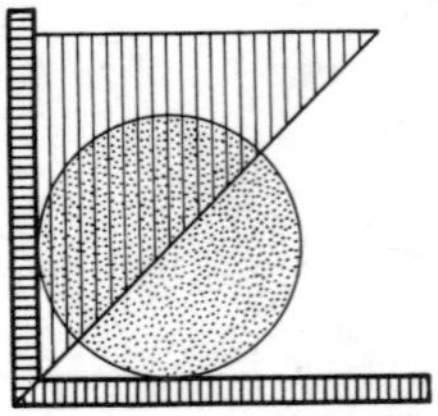

Bild 164

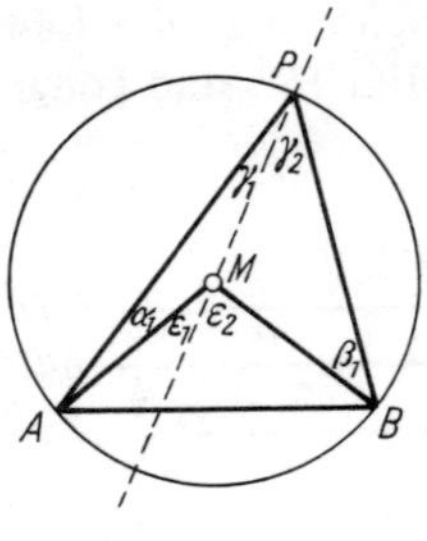

Bild 165

Es läßt sich zeigen, daß die Gültigkeit dieser letzten Beziehung unabhängig von der Lage des Punktes P auf dem Kreis ist. (Vgl. dazu Aufgabe 351!) Deshalb ändert sich der Peripheriewinkel bei Verschiebung von P längs des Kreises nicht. Daraus folgt:

Alle Peripheriewinkel über ein und derselben Sehne sind gleich.

Für die praktische Anwendung ist die Umkehrung dieses Satzes noch wichtiger:

Die Menge der Scheitelpunkte aller gleichen Winkel über einer Strecke ist der Kreisbogen, der die Strecke zur Sehne hat und den Winkel als Peripheriewinkel faßt (Bild 166).

BEISPIELE

1. *Man konstruiere den Kreisbogen, den sogenannten Ortskreis, der zu einer gegebenen Sehne AB gehört und den gegebenen Winkel φ als Peripheriewinkel enthält.*

   Lösung: Zur Sehne AB konstruiert man die Mittelsenkrechte. In einem beliebigen Punkt R trägt man φ an und zieht zu seinem freien Schenkel durch A eine Parallele. Deren Schnittpunkt M mit der Mittelsenkrechten ist der Mittelpunkt des gesuchten Kreises (Bild 167).

2. *Folgendes Problem bezeichnet man in der Vermessungstechnik als Rückwärtseinschneiden:* Von einem festzulegenden Punkt P wird der Winkel α gemessen, unter dem eine der Größe und der Lage nach auf der Karte bekannte Strecke $\overline{AB}$ erscheint. Da P jetzt überall auf dem Ortskreis liegen kann, ist der Punkt dadurch noch nicht bestimmt. Man muß also noch eine zweite, der Lage nach bekannte Strecke $\overline{BC}$ anvisieren (Blickwinkel β) und erhält den gesuchten Punkt als Schnittpunkt der beiden sich ergebenden Ortskreise (Bild 168).

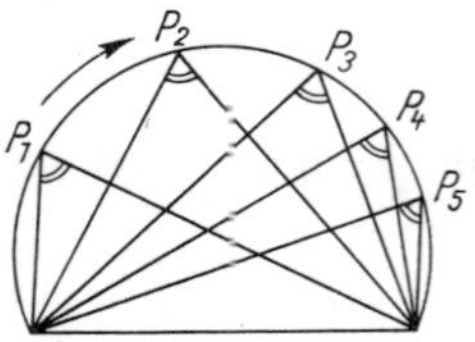

Bild 166

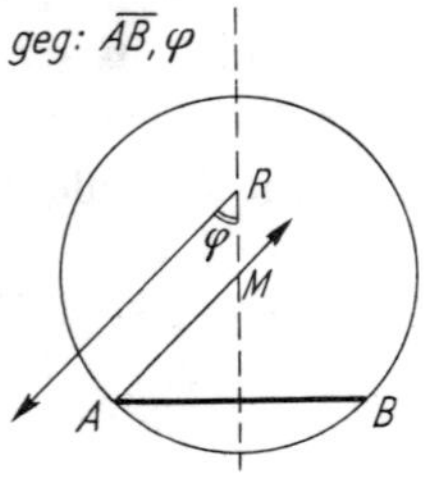

Bild 167

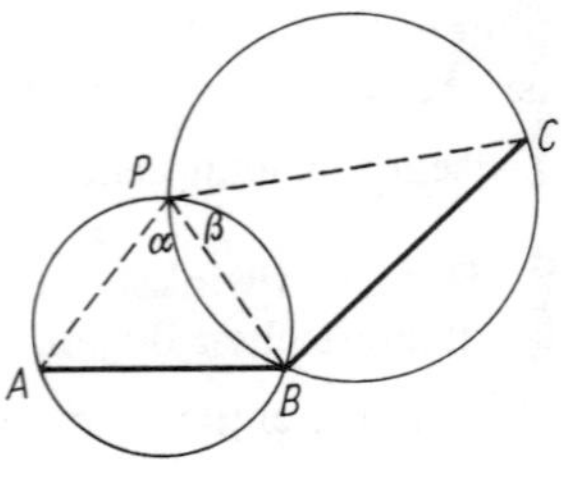

Bild 168

Das Verfahren versagt allerdings, wenn der dritte Punkt C bereits auf dem zuerst erhaltenen Ortskreis liegt, d. h., dann decken sich beide Ortskreise. Diesen Kreis, auf dem A, B, C und P liegen, nennt man *„gefährlichen Kreis“* (Bild 169).

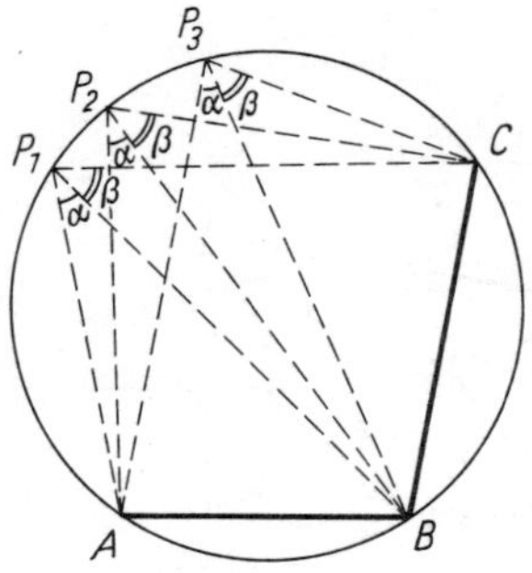

Bild 169

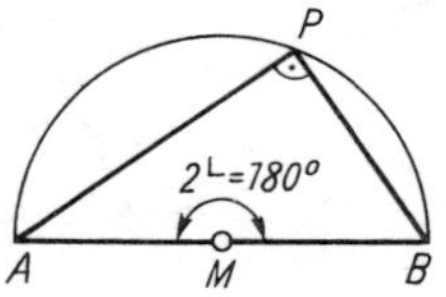

Bild 170

Im Halbkreis beträgt der Zentriwinkel 180° (Bild 170). Daher ist sein Peripheriewinkel ein rechter Winkel. Dieser wichtige Sachverhalt ist Inhalt des Satzes von THALES:

> **Satz des THALES[1]):**
> Der Peripheriewinkel im Halbkreis beträgt 90°.

BEISPIEL 3

Vom Punkt P außerhalb des Kreises sind die Tangenten an den Kreis zu legen.

Lösung: (Bild 171). Da Tangente und Berührungsradius senkrecht aufeinanderstehen, müssen beide Berührungspunkte T_1 und T_2 und die Punkte M und P auf dem THALES-Kreis liegen. Dessen Mittelpunkt N ist der Halbierungspunkt der Strecke $\overline{MP}$. Der THALES-Kreis durch M und P schneidet den gegebenen Kreis in T_1 und T_2. $\overline{PT_1}$ und $\overline{PT_2}$ sind die gesuchten Tangenten.

Das bloße „Dranlegen" der Tangenten ist aus zweierlei Gründen ungenau: Erstens erhält man die Berührungspunkte ungenau, so daß die Länge der Tangenten nicht sicher bestimmt werden kann. Zweitens konstruiert man eine Gerade exakt als Verbindung zweier Punkte oder mit Hilfe eines Punktes und vorgegebener Richtung.

24.3. Ähnlichkeit am Kreis

Sehnen- und Sekantensatz:

> Schneiden sich zwei Sehnen oder Sekanten eines Kreises, so ist das Produkt der Abschnitte auf der einen gleich dem Produkt der Abschnitte auf der anderen. Dabei sind sämtliche Abschnitte vom Schnittpunkt der Sehnen bzw. dem der Sekanten aus zu messen.

Beweis: In Bild 172 bzw. 173 gilt:
Da $\beta = \gamma$ als Peripheriewinkel über dem Bogen $\overset{\frown}{AD}$ und $\sphericalangle CSA = \sphericalangle BSD$, teils als Scheitelwinkel, ist $\triangle SAC \sim \triangle SDB$.
Daraus folgt

$$\overline{AS} : \overline{DS} = \overline{SC} : \overline{SB}$$

oder

$$\overline{AS} \cdot \overline{SB} = \overline{SC} \cdot \overline{DS} \qquad \text{w. z. b. w.}$$

---

[1]) THALES von Milet (um 624 bis 547 v. u. Z.); griechischer Mathematiker

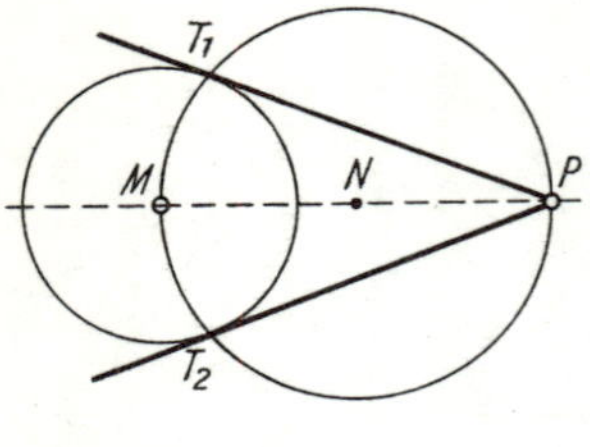

Bild 171

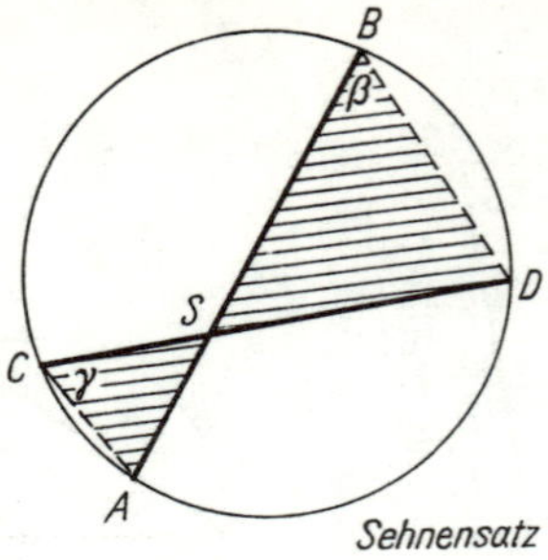

Bild 172

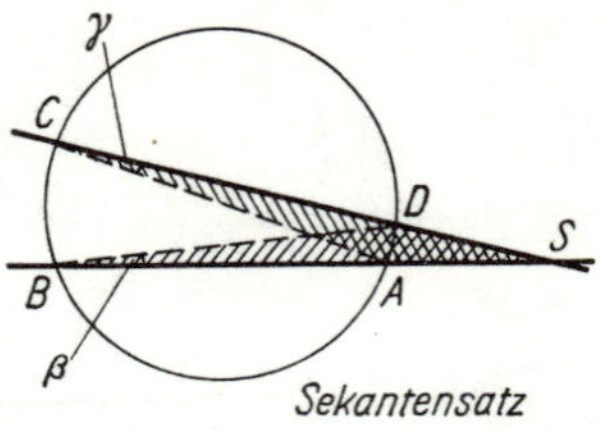

Bild 173

Sekanten-Tangenten-Satz:

Schneiden sich Sekante und Tangente an einem Kreis, so ist die Tangente mittlere Proportionale der beiden Sekantenabschnitte, die wiederum vom Schnittpunkt aus zu messen sind.

Beweis: Der Satz ist ein Sonderfall des Sekantensatzes, sofern man die Tangente als Sonderfall der Sekante betrachtet. Aus Bild 174 ergibt sich unmittelbar:

$$\overline{SA} : \overline{ST} = \overline{ST} : \overline{SB}$$

oder $\overline{ST}^2 = \overline{SA} \cdot \overline{SB}$ w. z. b. w.

BEISPIELE

1. *Man berechne die Sichtweite x von einem Punkt (Turm, Flugzeug oder Bergspitze), der in der Höhe h über der als Kugelfläche gedachten Erdoberfläche liegt (Bild 175).*

Lösung: Nach dem Sekanten-Tangenten-Satz ergibt sich sofort:

$$x^2 = h(2r + h)$$

oder $x = \sqrt{2rh + h^2}$

Da h gegenüber *r* sehr klein ist, kann man den Summanden h^2 vernachlässigen und erhält noch genügend genau:

$$x \approx \sqrt{2rh}$$

Beispiel:

$$r = 6\,367 \text{ km}, \qquad h = 400 \text{ m}$$

$$x \approx \sqrt{12\,734\,000 \text{ m} \cdot 400 \text{ m}} \approx 71\,370 \text{ m}$$

Die Sichtweite beträgt also etwa 70 km.

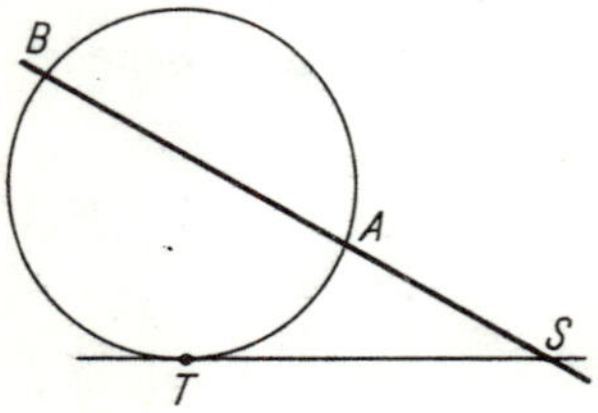

Bild 174

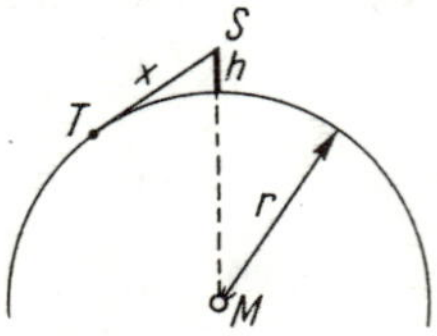

Bild 175

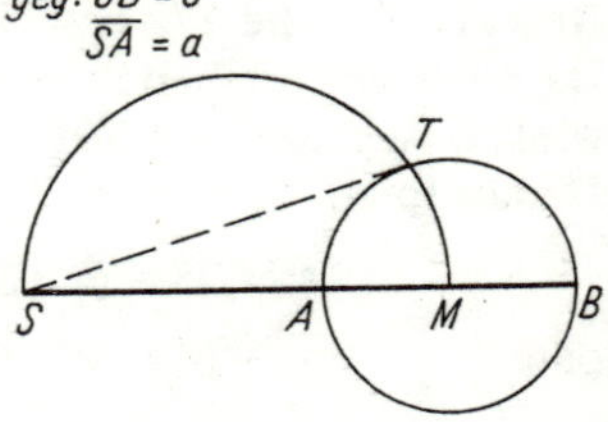

Bild 176

2. *Man bestimme zeichnerisch mit Hilfe des Sekanten-Tangenten-Satzes die mittlere Proportionale der Größen a und b.*

Lösung: (Bild 176) Auf der Strecke $\overline{SB} = b$ trägt man $\overline{SA} = a$ ab. Um M, den Halbierungspunkt von $\overline{AB}$, schlägt man den Kreis mit Radius $\frac{1}{2}\overline{AB}$. Der THALES-Kreis über $\overline{MS}$ schneidet letzteren in Punkt T. $\overline{ST}$ ist die gesuchte Größe.

3. *Man löse die Gleichung $b^2 = ax$ zeichnerisch.*

Lösung: Im Endpunkt T der Strecke $\overline{TS} = b$ errichtet man die Senkrechte und wählt darauf beliebig M. Ein Kreis um M mit $\overline{MT}$ und ein Kreis um S mit a schneiden sich in A bzw. A_1. (Damit überhaupt ein Schnitt zustande kommt, muß $\overline{MT}$ genügend groß gewählt werden!) Die Verbindungsgeraden SA bzw. SA_1 schneiden den Kreis um M in B bzw. B_1. $\overline{SB}$ und $\overline{SB_1}$ sind aus Symmetriegründen gleich und stellen die gesuchte Größe x dar (Bild 177).

Goldener Schnitt oder **Stetige Teilung:**

Eine Strecke heißt nach dem *Goldenen Schnitt* oder *stetig geteilt*, wenn ihr großer Abschnitt mittlere Proportionale der Gesamtstrecke und des kleinen Abschnittes ist.
Oder mit anderen Worten:
Die Gesamtstrecke verhält sich zum großen Abschnitt wie dieser zum kleinen.

BEISPIEL

4. *Die Strecke $\overline{ST}$ ist nach dem Goldenen Schnitt zu teilen.*

Lösung: Im Endpunkt T der Strecke $\overline{ST} = 2a$ wird die Senkrechte mit der Länge $TM = a$ errichtet. Um M schlägt man einen Kreis mit dem Radius a. Die Verbindungsgerade SM schneidet diesen Kreis in den Punkten A und B. Nach dem Sekanten-Tangenten-Satz gilt:

$$\overline{ST}^2 = \overline{SA} \cdot \overline{SB} \quad \text{und da} \quad \overline{ST} = \overline{AB} \quad \text{ist}$$

$$\overline{AB}^2 = \overline{SA}\,(\overline{AS} + \overline{AB}),$$

d.h., die Strecke $\overline{SB}$ wird durch A stetig geteilt. Überträgt man $\overline{SA}$ mittels Kreisbogens auf $\overline{ST}$, ergibt sich Punkt C. Die letzte Gleichung schreibt man nun zweckmäßig in der Gestalt:

$$\overline{ST}^2 = \overline{SC}\,(\overline{SC} + \overline{ST})$$

und erhält durch Umformung:

$$\overline{ST}^2 = \overline{SC}^2 + \overline{SC} \cdot \overline{ST}$$

$$\overline{SC}^2 = \overline{ST}\,(\overline{ST} - \overline{SC})$$

$$\overline{ST} : \overline{SC} = \overline{SC} : (\overline{ST} - \overline{SC}),$$

womit gezeigt ist, daß die Strecke $\overline{ST}$ durch C im Goldenen Schnitt geteilt ist (Bild 178).

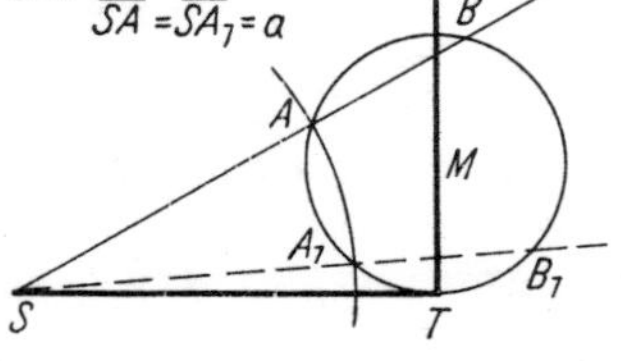

Bild 177

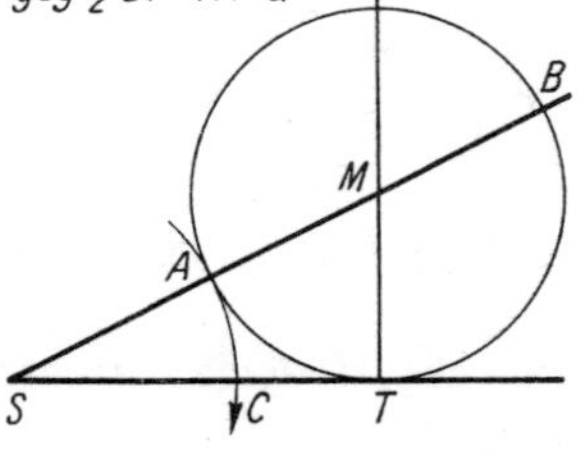

Bild 178

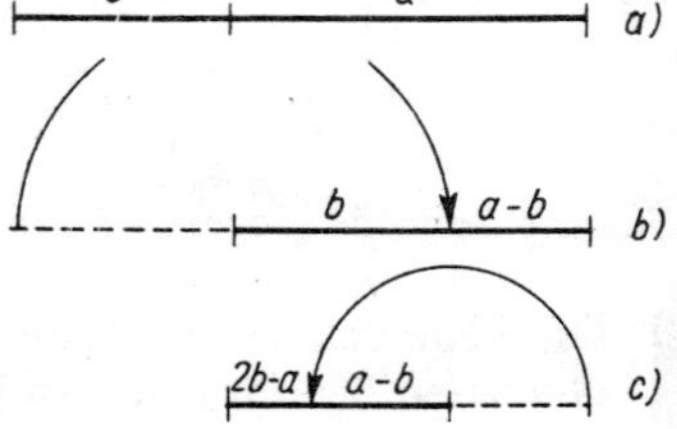

Bild 179

Der Begriff „stetige" Teilung erklärt sich aus folgendem Sachverhalt: Trägt man den kleineren Abschnitt b einer nach dem Goldenen Schnitt geteilten Strecke $(a + b)$ auf der größeren Strecke a ab, so wird diese wiederum nach dem Goldenen Schnitt geteilt. Dieses Verfahren läßt sich beliebig fortsetzen, wie im folgenden angedeutet ist:
Bild 179a. Diese Strecke sei nach dem Goldenen Schnitt geteilt.

Dann ergibt sich:

$$\frac{a+b}{a} = \frac{a}{b}$$

und als Bestimmungsgleichung des Goldenen Schnittes:

$$a^2 - ab - b^2 = 0$$

Bild 179b. Wenn diese Strecke wiederum nach dem Goldenen Schnitt geteilt sein soll, muß gelten:

$$\frac{a}{b} = \frac{b}{a-b}$$

Durch Umformung erhält man wiederum obige Bestimmungsgleichung, wodurch die Annahme bestätigt wird.
Bild 179c.

Annahme:

$$\frac{b}{a-b} = \frac{a-b}{2b-a}$$

$$2b^2 - ab = a^2 - 2ab + b^2$$

und $$a^2 - ab - b^2 = 0$$

gilt wieder usw.
Aus der genannten Bestimmungsgleichung ergibt sich bei Division durch b^2:

$$\left(\frac{a}{b}\right)^2 - \frac{a}{b} - 1 = 0$$

Löst man diese quadratische Gleichung, erhält man für das Teilungsverhältnis:

$$\left(\frac{a}{b}\right)_{1,2} = \frac{1}{2} \pm \frac{1}{2}\sqrt{5}$$

Da nur der positive Wert interessiert, erhält man für das Teilungsverhältnis:

$$\frac{a}{b} = \frac{1+\sqrt{5}}{2}$$

Für b ergibt sich:

$$b = \frac{2a}{1+\sqrt{5}} = \frac{a}{2}(\sqrt{5}-1) = 0{,}618a$$

Für die Seite des regelmäßigen Zehnecks ergibt sich eine interessante Konstruktion:

Die Seite des regelmäßigen Zehnecks ist gleich dem großen Abschnitt des nach dem Goldenen Schnitt geteilten Umkreisradius.

Beweis: Das Bestimmungsdreieck besitzt die in Bild 180 angegebenen Winkel. Trägt man die Winkelhalbierende eines Basiswinkels ein, ergibt sich ein neues Dreieck, das dem ursprünglichen ähnlich ist (Winkelvergleich). Außerdem gilt:

$$\overline{AB} = \overline{AD} = \overline{CD}$$

mit $\overline{AB}$ als Zehneckseite und $\overline{AC}$ als Umkreisradius. Aus der Ähnlichkeit der Dreiecke ABC und BDA folgt:

$$\overline{CB} : \overline{AB} = \overline{AB} : \overline{DB} \qquad \text{w. z. b. w.}$$

Die Seite des regelmäßigen Zehnecks läßt sich also nach dem Goldenen Schnitt aus dem Umkreisradius konstruieren (Bild 181). Durch Überspringen jeder zweiten Ecke entsteht ein regelmäßiges Fünfeck.

BEISPIEL

5. *Ein regelmäßiges Zehneck ist aus seiner Seite s zu konstruieren.*

Lösung: Man bestimmt mit Hilfe des Goldenen Schnittes aus der gegebenen Seite ST den Umkreisradius SB und erhält durch Abtragen der Strecke s als Sehne das Zehneck (Bild 182).

Zur Konstruktion des regelmäßigen Fünfecks sind folgende Vorbetrachtungen nötig: (Bild 183)

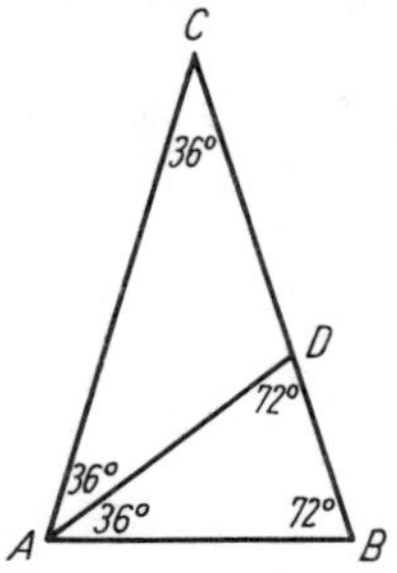

Bild 180

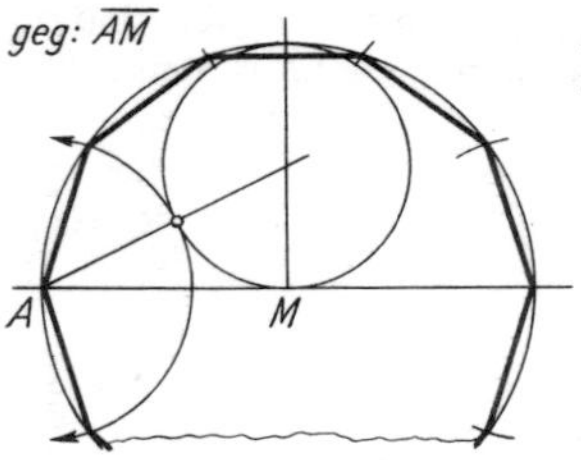

Bild 181

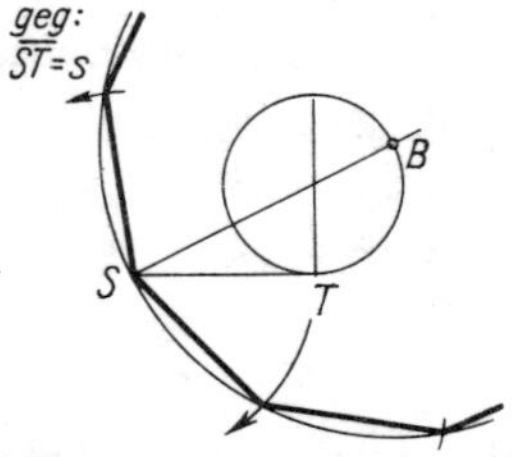

Bild 182

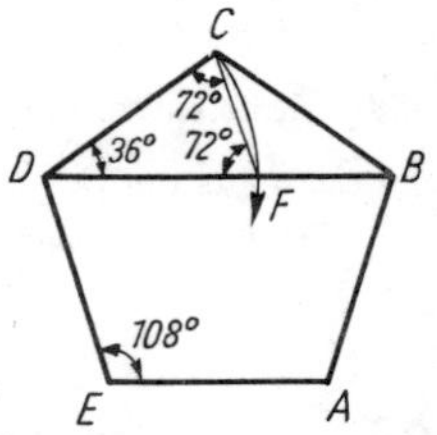

Bild 183

Alle Diagonalen sind gleich lang.
Die angegebenen Winkel lassen sich leicht nachrechnen.
Trägt man im Teildreieck BCD von D aus nach B die Seitenlänge s ab, wodurch Punkt F entsteht, erkennt man:

Die Seite des regelmäßigen Fünfecks ist gleich dem größeren Abschnitt der nach dem Goldenen Schnitt geteilten Diagonale.

Daraus läßt sich das regelmäßige Fünfeck konstruieren. (Vgl. Aufgabe 358!)

AUFGABEN

351. Beweise den Satz vom Peripherie- und Zentriwinkel für die in Bild 184 angegebenen Lagen des Punktes P.

352. Konstruiere einen Kreis, der durch zwei gegebene Punkte A und B geht und eine gegebene Gerade g berührt. ($\overline{AB}$ soll nicht parallel zu g verlaufen!)
Anleitung: Verlängere $\overline{AB}$ bis zum Schnitt mit g und konstruiere den Berührungspunkt durch Anwendung des Sekanten-Tangenten-Satzes!

353. Konstruiere den Punkt D mittels Rückwärtseinschneidens zeichnerisch, wenn die Koordinaten

der Punkte A, B und C bekannt sind und von D aus die Winkel ADB und BDC gemessen wurden (Bild 185).

a) $A(1;4)$ $B(6;1)$ $C(11;3)$ $\sphericalangle ADB = 54°$ $\sphericalangle BCD = 50°$
b) $A(2;4)$ $B(6;2)$ $C(11;7)$ $\sphericalangle ADB = 26{,}5°$ $\sphericalangle BDC = 45°$

354. Zeige an Hand des Bildes 186, daß der Höhensatz ein Sonderfall des Sehnensatzes ist.

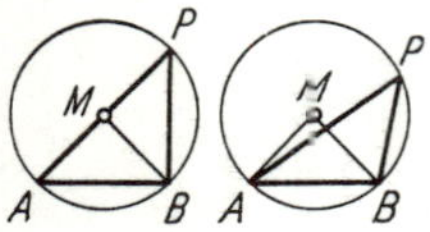

Bild 184

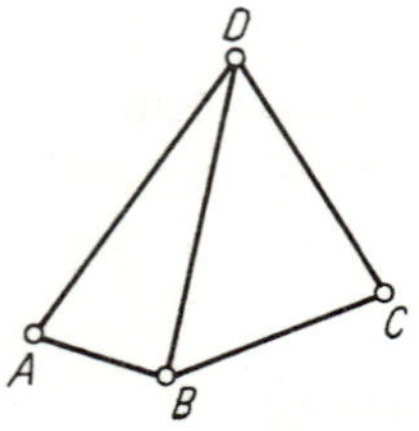

Bild 185

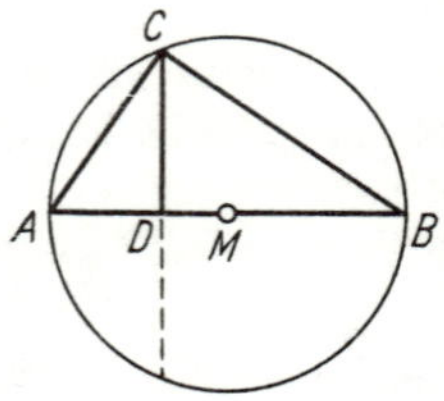

Bild 186

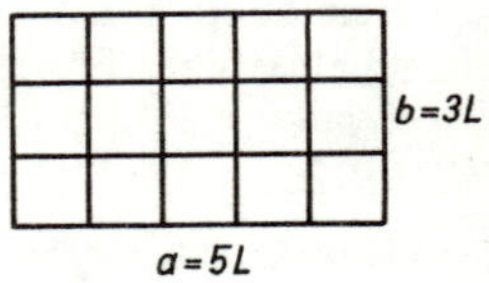

Bild 187

355. Eine Strecke von 15 cm ist stetig zu teilen. Nenne die gesuchten Teilstrecken a und b.

356. Die internationale Postkarte hat das Format 148 mm × 105 mm. Untersuche, ob diese Abmessungen aus einer stetigen Teilung hervorgegangen sind.

357. Der Umfang eines Bilderrahmens soll 126 cm betragen. Wie groß sind seine Höhe h und seine Breite b zu machen, wenn der halbe Umfang stetig geteilt werden soll?

358. Konstruiere ein regelmäßiges Fünfeck

a) aus der Seite $s = 6$ cm,
b) aus der Diagonale $d = 6$ cm.

25. Berechnung von Flächen und Umfängen

25.1. Verschiedene Vierecke

Es soll ein Rechteck betrachtet werden, dessen Seiten a und b ganzzahlige Vielfache der Längeneinheit L sind.[1]

$$a = m \cdot L \qquad \text{und} \qquad b = n \cdot L \qquad \text{(In Bild 187 ist } m = 5 \text{ und } n = 3)$$

Dann läßt sich das Rechteck in m Streifen zu je n Flächeneinheiten, also $m \cdot n$ Flächeneinheiten zerlegen. Dabei ist die Flächeneinheit gleich L^2, so daß man schreiben kann:

$$A = mn \cdot L^2 = mL \cdot nL = a \cdot b$$

Die *Fläche des Rechteckes* ist gleich dem Produkt zweier benachbarter Seiten.

$$\boxed{A = a \cdot b} \qquad (101)$$

Auf die Fallunterscheidungen, die nötig werden, wenn m und n keine natürlichen, sondern rationale oder gar reelle Zahlen sind, soll hier nicht näher eingegangen werden.

[1]) Falls es an dieser Stelle Schwierigkeiten beim Verständnis der Längeneinheit L geben sollte, kann man für L beispielsweise $L = 1$ cm einsetzen.

Der *Umfang* des Rechtecks ist zusammengesetzt aus

$$\boxed{U = 2a + 2b = 2(a + b)} \qquad (102)$$

Setzt man in den entsprechenden Formeln für das Rechteck $a = b$ ein, erhält man für das Quadrat:

Die *Fläche des Quadrates* ist gleich dem Quadrat einer Seite.

$$\boxed{A = a^2} \qquad (103)$$

Umfang des Quadrates:

$$\boxed{U = 4a} \qquad (104)$$

Das Parallelogramm *ABCD* in Bild 188 ist dem Rechteck *EFCD* flächengleich, da die Dreiecke *AED* und *BFC* kongruent sind.
Also gilt: $\overline{EF} \cdot \overline{ED} = \overline{AB} \cdot \overline{DE}$ oder ausführlich:

Die *Fläche des Parallelogramms* ist gleich dem Produkt aus einer Seite, Grundlinie genannt, und der zugehörigen Höhe.

$$\boxed{A = g \cdot h} \qquad (105)$$

Für das Trapez gilt:

Die *Fläche des Trapezes* ist gleich dem Produkt aus Mittellinie und Höhe.

$$\boxed{A = m \cdot h = \frac{a + c}{2} \cdot h} \qquad (106)$$

Der Beweis ergibt sich aus Bild 189. Dort gilt:

$$\overline{AH} = \overline{DH}, \quad \overline{BG} = \overline{CG}, \quad \text{und Hilfslinie} \quad \overline{EF} \parallel \overline{AD}.$$

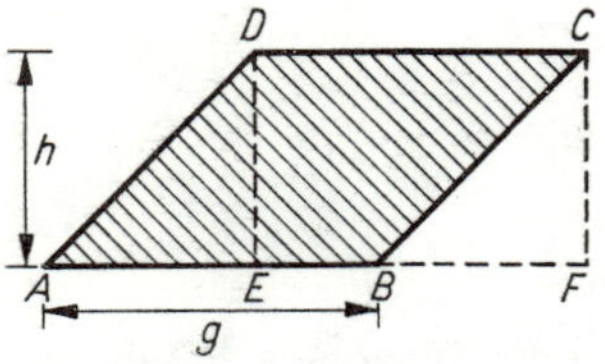

Bild 188

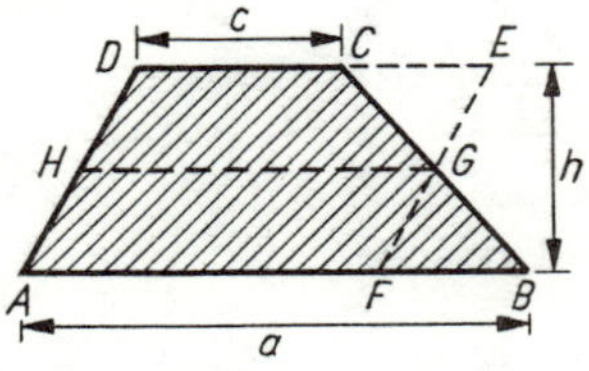

Bild 189

Daraus ergibt sich das Parallelogramm *AFED* mit

$$\overline{AF} = \overline{HG} = \overline{DE} = m$$

Aus der Gleichheit von

$\sphericalangle FBG = \sphericalangle ECG$ als Wechselwinkel

und $\sphericalangle FGB = \sphericalangle EGC$ als Scheitelwinkel

ergibt sich, daß

$$\triangle FBG \cong \triangle ECG$$

Daraus folgt die Flächengleichheit des Parallelogramms *AFED* und des Trapezes *ABCD*:

$$A = \overline{AF} \cdot h = m \cdot h$$

Mit $\overline{AB} = a$, $\overline{CD} = c$ und $\overline{FB} = \overline{CE} = x$ ergibt sich weiter:

$$m = \overline{AF} = a - x,$$

$$m = \overline{DE} = c + x,$$

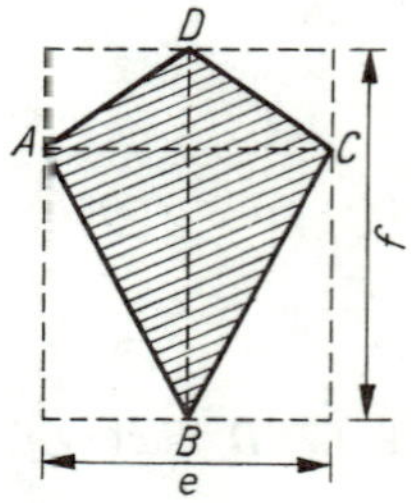

Bild 190

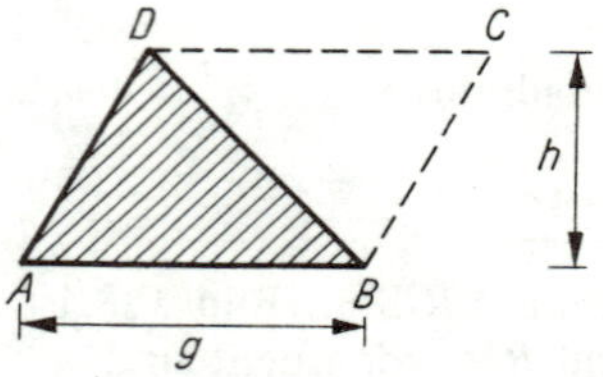

Bild 191

und durch Addition beider Gleichungen

$$2m = a + c \qquad \text{oder} \qquad m = \frac{a + c}{2},$$

womit der Satz vollständig bewiesen ist.

In Bild 190 ist ein Drachenviereck mit einem umbeschriebenen Rechteck dargestellt. Jedes seiner vier Teilrechtecke wird durch die Seiten des Drachenvierecks halbiert, so daß man erkennt, daß die Fläche des Drachenvierecks gleich der halben Rechtecksfläche ist. An diesem Sachverhalt ändert sich auch nichts, wenn man die Diagonale $\overline{AC}$ parallel verschiebt. Daher gilt der folgende Satz auch für den Spezialfall, den Rhombus:

Die *Fläche des Rhombus* und des *Drachenvierecks* ist gleich dem halben Produkt beider Diagonalen.

$$A = \frac{1}{2} ef \tag{107}$$

25.2. Dreiecke

In Bild 191 wird das Parallelogramm *ABCD* durch die Diagonale $\overline{BD}$ in zwei kongruente und damit flächengleiche Dreiecke zerlegt. Die Dreiecksfläche ist also gleich der halben Parallelogrammfläche:

Die *Fläche des Dreiecks* ist gleich dem halben Produkt aus einer Seite, Grundlinie genannt, und der zugehörigen Höhe.

$$A = \frac{1}{2} g \cdot h \tag{108}$$

Benutzt man statt des oben erwähnten Parallelogramms ein Rechteck, ergibt sich als dessen Hälfte ein rechtwinkliges Dreieck, und für dessen Flächeninhalt gilt:

Die *Fläche des rechtwinkligen Dreiecks* ist gleich dem halben Produkt beider Katheten.

$$A = \frac{1}{2} a \cdot b \tag{109}$$

Ersetzt man in (108) h durch die in Abschnitt 23., Beispiel 2 berechnete Höhe des gleichseitigen Dreiecks, ergibt sich für dessen Fläche:

Fläche des gleichseitigen Dreiecks:

$$A = \frac{a^2}{4} \sqrt{3} \tag{110}$$

Zur Berechnung der Fläche eines Dreiecks wäre es eigentlich am nächstliegenden, zu versuchen, die Fläche aus den drei Seiten zu berechnen. Eine solche Formel existiert tatsächlich. Sie ist jedoch sehr unhandlich, so daß sie nur selten angewandt wird.

HERONsche[1]) *Formel für die Dreiecksfläche*:

$$A = \sqrt{s(s-a)(s-b)(s-c)} \quad \text{mit} \quad s = \frac{1}{2}(a+b+c) = \frac{U}{2} \tag{111}$$

Zum Beweis wird Bild 192 betrachtet.
Aus dem linken Teildreieck erhält man:

$$q^2 = b^2 - h^2 \tag{I}$$

bzw. $$h^2 = b^2 - q^2 \qquad h = \sqrt{b^2 - q^2} = \sqrt{(b+q)(b-q)} \tag{II}$$

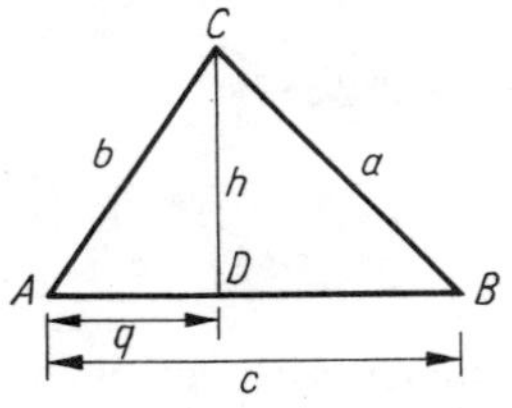

Bild 192

und aus dem rechten Teildreieck:

$$a^2 = h^2 + (c-q)^2$$
$$a^2 = h^2 + c^2 - 2cq + q^2$$

Gleichung (I) einsetzen:

$$a^2 = h^2 + c^2 - 2cq + b^2 - h^2$$

Für q erhält man daraus:

$$q = \frac{b^2 + c^2 - a^2}{2c}$$

[1]) HERON, um 100 u. Z.

Dieser Wert wird in Gleichung (II) eingesetzt:

$$h = \sqrt{\left(b + \frac{b^2 + c^2 - a^2}{2c}\right)\left(b - \frac{b^2 + c^2 - a^2}{2c}\right)}$$

$$h = \frac{1}{2c}\sqrt{(2bc + b^2 + c^2 - a^2)(2bc - b^2 - c^2 + a^2)}\,.$$

Umformung durch Anwendung der binomischen Formeln:

$$h = \frac{1}{2c}\sqrt{([b + c]^2 - a^2)(a^2 - [b - c]^2)}$$

$$h = \frac{1}{2c}\sqrt{(b + c + a)(b + c - a)(a - b + c)(a + b - c)}\,.$$

Aus $2s = a + b + c$ folgt: $2(s - a) = b + c - a$
$2(s - b) = a - b + c$
$2(s - c) = a + b - c$

Damit erhält man weiterhin:

$$h = \frac{2}{c}\sqrt{s(s - a)(s - b)(s - c)}$$

$$\frac{h \cdot c}{2} = A = \sqrt{s(s - a)(s - b)(s - c)} \qquad \text{w. z. b. w.}$$

BEISPIEL

Wie groß ist die Fläche eines Dreiecks mit den Seiten $a = 10$ cm, $b = 8$ cm *und* $c = 14$ cm?

Lösung: $s = 16$ cm
$s - a = 6$ cm
$s - b = 8$ cm
$s - c = 2$ cm
$A = \sqrt{16\text{ cm} \cdot 6\text{ cm} \cdot 8\text{ cm} \cdot 2\text{ cm}} = 16\sqrt{6}\text{ cm}^2 \approx 39{,}2\text{ cm}^2$

25.3. Unregelmäßige Vielecke

Eine allgemeine Formel läßt sich im Rahmen dieses Buches nicht angeben. Zeichnerisch kann man dieses Problem lösen

durch Zerlegung des Vielecks in Dreiecke (Bild 193)

oder

durch Zerlegung des Vielecks in Dreiecke und rechtwinklige Trapeze (Bild 194).

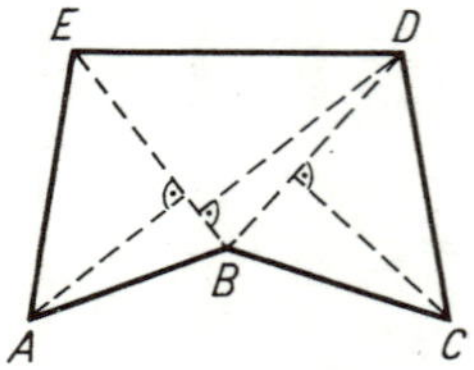

Bild 193

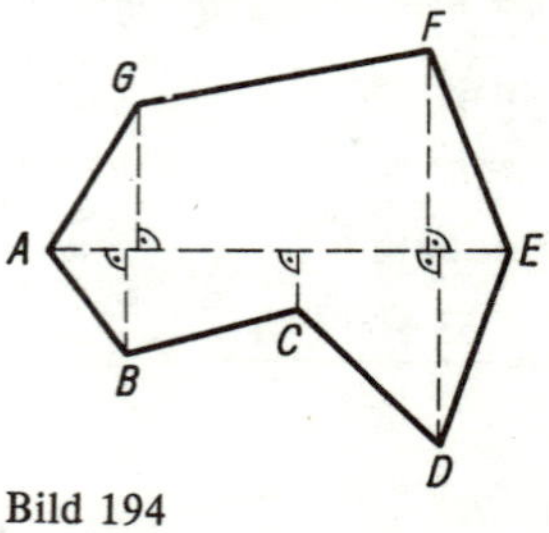

Bild 194

Die Maße der Teilflächen entnimmt man der Zeichnung. Dabei erweist sich das zweite Verfahren für Vielecke mit mehr als fünf Ecken als rationeller, da man weniger Messungen benötigt.

25.4. Regelmäßige Vielecke

Ein regelmäßiges Vieleck, dessen Seiten *Sehnen* eines Kreises, seines *Umkreises*, sind, heißt **Sehnenvieleck.**
Ein regelmäßiges Vieleck, dessen Seiten *Tangenten* eines Kreises, seines *Inkreises*, sind, heißt **Tangentenvieleck.**

Bild 195 zeigt ein Bestimmungsdreieck eines Sehnenvielecks. Dessen Fläche A_s ergibt sich aus der Fläche A_b des Bestimmungsdreiecks folgendermaßen:

$$A_b = \frac{1}{2} sh$$

$$\text{mit} \qquad h = \sqrt{r^2 - \left(\frac{s}{2}\right)^2} = \frac{1}{2}\sqrt{4r^2 - s^2}$$

$$A_s = nA_b = \frac{1}{4} ns\sqrt{4r^2 - s^2}$$

Die *Fläche des regelmäßigen Sehnenvielecks* ist

$$\boxed{A_s = \frac{n}{4} s\sqrt{4r^2 - s^2}} \qquad (112)$$

s Seitenlänge,
r Radius des Umkreises,
n Zahl der Ecken.

In Bild 196 ist ein Bestimmungsdreieck eines Tangentenvielecks dargestellt. In diesem Fall ergibt sich:

$$A_b = \frac{1}{2} s\varrho$$

$$A_t = nA_b = \frac{1}{2} sn\varrho$$

Die *Fläche des regelmäßigen Tangentenvielecks* ist

$$\boxed{A_t = \frac{1}{2} sn\varrho} \qquad (113)$$

s Seitenlänge,
ϱ Radius des Inkreises,
n Zahl der Ecken.

Die Formeln (112) und (113) sind *überbestimmt*, d.h., die Größen s, n und r bzw. s, n und ϱ dürfen nicht willkürlich gewählt werden, da sie *voneinander abhängig* sind.

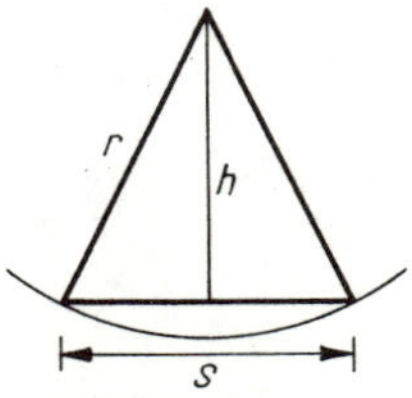

Bild 195

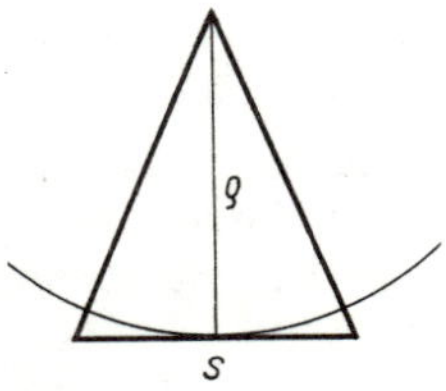

Bild 196

BEISPIELE

Man berechne Seitenlänge und Fläche regelmäßiger Achtecke in Abhängigkeit von Umkreis- bzw. Inkreisradius.

1. Lösung für das Sehnenachteck: (Bild 197)

$\overline{AC}^2 = 2r^2 \qquad \overline{AD} = \overline{DM} \quad$ da $\quad \sphericalangle DAM = \sphericalangle DMA = 45°$

$\overline{AC} = r\sqrt{2} \qquad \overline{AD} = \frac{1}{2}\overline{AC} = \frac{r}{2}\sqrt{2}$

$$\overline{AB}^2 = \overline{AD}^2 + (r - \overline{DM})^2$$

$$= \frac{r^2}{2} + \left(r - \frac{r}{2}\sqrt{2}\right)^2 = \frac{r^2}{2} + r^2 - r^2\sqrt{2} + \frac{r^2}{2} = r^2(2 - \sqrt{2})$$

$$\overline{AB} = s_8 = r\sqrt{2 - \sqrt{2}}$$

$$A_8 = 2r\sqrt{2 - \sqrt{2}}\,\sqrt{4r^2 - (2 - \sqrt{2})\,r^2} = 2r^2\sqrt{2 - \sqrt{2}}\,\sqrt{2 + \sqrt{2}}$$

$$A_8 = 2r^2\sqrt{2}$$

2. Lösung für das Tangentenachteck: (Bild 198)

$$\overline{AC}^2 = s^2 = 2\overline{AB}^2$$

$\overline{AB} = \frac{s}{2}\sqrt{2}, \qquad \overline{DB} = \varrho = \frac{s}{2} + \overline{AB}$

$$\overline{DB} = \varrho = \frac{s}{2} + \frac{s}{2}\sqrt{2}$$

ergibt $s_8 = \dfrac{2\varrho}{1 + \sqrt{2}}$ und nach Rationalmachen des Nenners $2\varrho(\sqrt{2} - 1)$

$$A_8 = 4 \cdot 2\varrho^2(\sqrt{2} - 1) = 8\varrho^2(\sqrt{2} - 1)$$

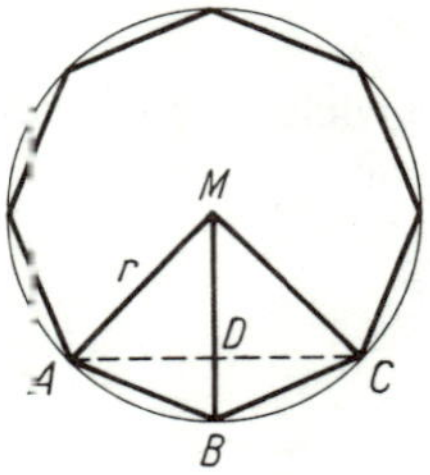

Bild 197

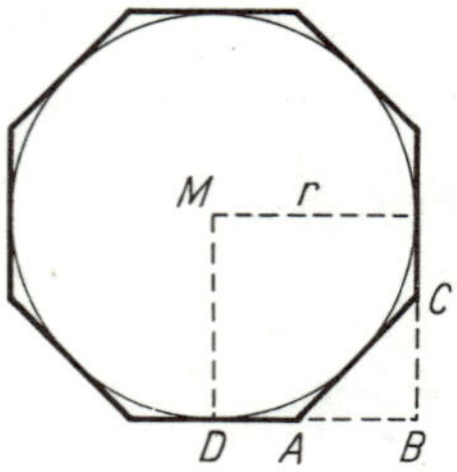

Bild 198

25.5. Kreis und Kreisteile

Legt man in einen Kreis ein regelmäßiges Sehnenvieleck und um den Kreis ein regelmäßiges Tangentenvieleck mit gleicher Eckenzahl, so erhält man folgende Beziehung für deren Umfänge:

$$U_s < U_{\text{Kreis}} < U_t$$

Durch Erhöhung der Eckenzahl nähern sich die Umfänge beider Vielecke immer mehr dem dazwischenliegenden Umfang des Kreises. Dieses Verfahren geht zurück auf ARCHIMEDES[1]). Durch zahlenmäßige Berechnung erhält man:

---

[1]) ARCHIMEDES (287 bis 212 v. u. Z.); einer der größten Mathematiker aller Zeiten; Begründer der wissenschaftlichen Mathematik

Der Umfang des Kreises beträgt

$$\boxed{U = 2\pi r}, \qquad \pi = 3{,}141\,59\ldots \tag{114}$$

Der Faktor π ist eine *irrationale Zahl*, läßt sich also nicht genau durch eine endliche oder periodische Dezimalzahl ausdrücken. Für die meisten Berechnungen genügt als Näherungswert $\pi \approx 3{,}14$. Bei manchen Rechnungen ist auch der Näherungsbruch $\pi \approx \frac{22}{7}$ sehr geeignet.

Die *Fläche des Kreises* ist

$$\boxed{A = \pi r^2} \tag{115}$$

Beweis: Bild 199 zeigt die Zerlegung des Kreises in Kreisausschnitte, die bei genügend feiner Unterteilung als Dreiecke mit $b_1, b_2, \ldots, b_n$ als Grundlinie und r als Höhe aufgefaßt werden können. Für deren Flächen $A_1, A_2, \ldots, A_n$ gilt:

$$A_1 = \frac{1}{2} b_1 r$$
$$A_2 = \frac{1}{2} b_2 r$$
$$\vdots$$
$$A_n = \frac{1}{2} b_n r.$$

Durch Addition ergibt sich:

$$A_1 + A_2 + \ldots + A_n = A_{\text{Kreis}}$$
$$= \frac{1}{2}(b_1 + b_2 + \ldots + b_n) = \frac{1}{2} U \cdot r = \pi r^2 \qquad \text{w. z. b. w.}$$

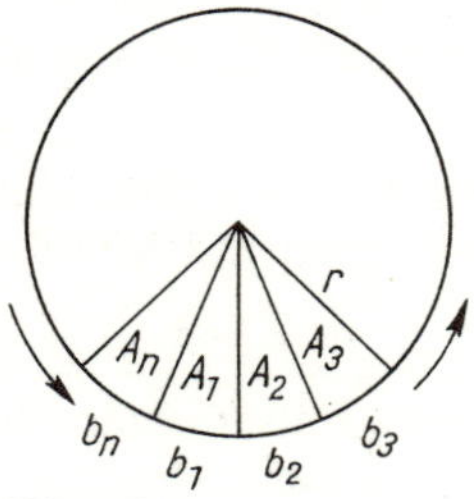

Bild 199

Folgende Teile des Kreises sind geometrisch von Interesse:
Ein **Kreisausschnitt (Kreissektor)** wird durch zwei Radien aus dem Kreis herausgeschnitten.
Ein **Kreisabschnitt (Kreissegment)** wird durch eine Sehne vom Kreis abgeschnitten. Bogenlänge und Mittelpunktswinkel φ sind proportional.
Daraus ergibt sich:

$$b : U = \varphi : 360°$$
$$b = U \frac{\varphi}{360°} = 2\pi r \frac{\varphi}{360°} = \pi r \frac{\varphi}{180°}$$

Die *Länge des Kreisbogens* beim Mittelpunktswinkel φ ist

$$b = \pi r \frac{\varphi}{180°} \qquad (116)$$

Desgleichen besteht die folgende Proportion, in der die Fläche des Kreisausschnittes mit A bezeichnet wird:

$$A : \text{Kreisfläche} = \text{Bogenlänge} : \text{Kreisumfang}$$

$$A : \pi r^2 = \pi r \frac{\varphi}{180°} : 2\pi r$$

Durch Auflösen nach A erhält man:

Die *Fläche des Kreisausschnittes* mit dem Bogen b bzw. dem Mittelpunktswinkel φ ist

$$A = \frac{1}{2} br = \pi r^2 \frac{\varphi}{360°} \qquad (117)$$

Als Differenz zwischen der Fläche des Kreisausschnittes und des dazugehörigen „Mittelpunktdreiecks" (Bild 200) erhält man die Fläche des Kreisabschnittes:

Die *Fläche des Kreisabschnittes* ist

$$A = \pi r^2 \frac{\varphi}{360°} - \frac{1}{2} s(r-h) = \frac{r}{2}(b-s) + \frac{1}{2} sh \qquad (118)$$

mit s Sehnenlänge und
h Pfeilhöhe = Höhe des Kreisabschnittes.

Auch diese Formel ist wiederum *überbestimmt*, da die Größen r, φ, b, h und s voneinander abhängig sind. Zur Bestimmung all dieser Größen benutzt man Tabellen, denen stets der *Einheitskreis*[1]) zugrunde gelegt ist. Dort kann man in Abhängigkeit von φ alle übrigen Werte ablesen.

Ein **Kreisring** ist ein Flächenstück, das von zwei konzentrischen Kreisen mit den Radien r_1 und r_2 eingeschlossen wird. Seine Fläche ergibt sich als Differenz zweier Kreisflächen:

$$A = \pi r_1^2 - \pi r_2^2 = \pi(r_1^2 - r_2^2)$$

Der Klammerausdruck ist für die Berechnung unbequem. Entsprechend der 3. binomischen Formel läßt er sich umformen, so daß man schreiben kann:

Die *Fläche des Kreisringes* mit den Radien r_1 und r_2 ist

$$A = \pi(r_1^2 - r_2^2) = \pi(r_1 + r_2)(r_1 - r_2) \qquad (119)$$

Der Kreisring läßt sich auch folgendermaßen, und zwar als Punktmenge erklären:
Der Kreisring ist die Menge aller Punkte, für deren Abstände a von einem festen Punkt M gilt:

$$r_1 > a > r_2$$

(Statt des Zeichens > könnte auch jedesmal ≧ stehen.)

---

[1]) Der Einheitskreis ist ein Kreis, dessen Radius die Länge der Einheit hat.

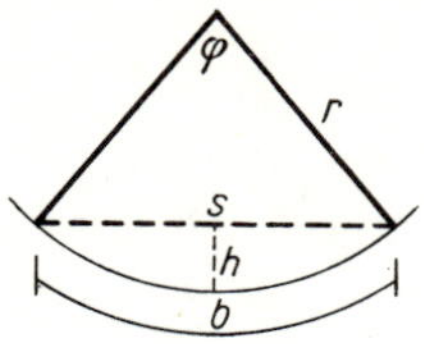

Bild 200

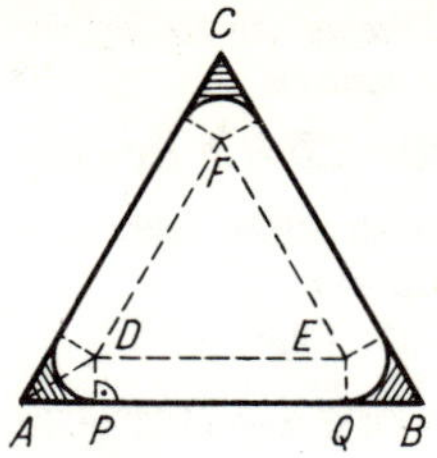

Bild 201

BEISPIELE

1. *Ein Stück Blech hat die Gestalt eines gleichseitigen Dreiecks mit der Seite a. Die Ecken werden durch Kreise mit dem Radius r abgerundet. Wieviel Prozent Verlust treten dadurch auf?*

Gegeben sind: $a = 10$ cm, $r = 1$ cm.

Lösung: In Bild 201 beträgt der Winkel PAD 30°. Daraus ergibt sich, daß das Dreieck APD die Hälfte eines gleichseitigen Dreiecks mit $\overline{PD} = r$ als halber Seite und $\overline{AP}$ als Höhe ist.
Daraus folgt:

$$\overline{AP} = \overline{PD}\sqrt{3} = r\sqrt{3}$$

Ferner gilt:

$$\overline{DE} = \overline{PQ} = a - 2\overline{AP} = a - 2r\sqrt{3}$$

Die Fläche A_B des verbleibenden Blechstückes setzt sich folgendermaßen zusammen:

$$\begin{aligned} A_B &= A_{DEF} + 3A_{PQED} + 3\cdot\frac{1}{3}A_{\text{Kreis}} \\ &= \frac{1}{4}\sqrt{3}\,\overline{DE}^2 + 3r\cdot\overline{DE} + \pi r^2 \\ &= \frac{1}{4}\sqrt{3}\,(a - 2r\sqrt{3})^2 + 3r(a - 2r\sqrt{3}) + \pi r^2 \end{aligned}$$

Mit den gegebenen Größen erhält man:

$$A_B = \left(\frac{1}{4}\sqrt{3}\,(10 - 2\sqrt{3})^2 + 3(10 - 2\sqrt{3}) + \pi\right)\text{cm}^2$$
$$A_B \approx 41{,}15\ \text{cm}^2$$

Die Fläche A_{ABC} des gesamten Dreiecks beträgt:

$$A_{ABC} = \frac{1}{4}\sqrt{3}\,a^2 = 25\sqrt{3}\ \text{cm}^2 \approx 43{,}30\ \text{cm}^2$$

Die Fläche A_A des Abfalles ergibt sich als Differenz zwischen der Fläche des gesamten Dreiecks und der des restlichen Bleches:

$$A_A = A_{ABC} - A_B$$

Der prozentuale Abfall, d. h. der Verlust V, ergibt sich folgendermaßen:

$$V = \frac{A_A}{A_{ABC}}\cdot 100\,\% = \left(\frac{A_{ABC} - A_B}{A_{ABC}}\right)\cdot 100\,\%$$
$$V = \left(1 - \frac{A_B}{A_{ABC}}\right)\cdot 100\,\% \approx \left(1 - \frac{41{,}15}{43{,}30}\right)\cdot 100\,\%$$
$$V \approx 5\,\%$$

2. *Man berechne die Länge des in Bild 202 dargestellten Korbbogens sowie die von ihm und der Strecke $\overline{AD}$ eingeschlossene Fläche. Der Korbbogen besteht aus drei Kreisbögen, deren Mittelpunkte nacheinander in*

B, M und C liegen und die an den Stellen, wo ein Kreisbogen in den anderen übergeht, also in G und E, gemeinsame Tangenten besitzen.

Gegeben sind: $\overline{AB} = \overline{BC} = \overline{CD} = a$, $\sphericalangle BMC = 90°$.

Lösung: Aus der Konstruktion folgt:

$$\overline{BG} = \overline{CE} = a.$$

Aus $\sphericalangle BMC = 90°$ folgt:

$$\sphericalangle ABG = \sphericalangle DCE = \frac{1}{2}(180° - 90°) = 45°$$

$$\widehat{AG} = \widehat{ED} = \frac{1}{4}\pi a$$

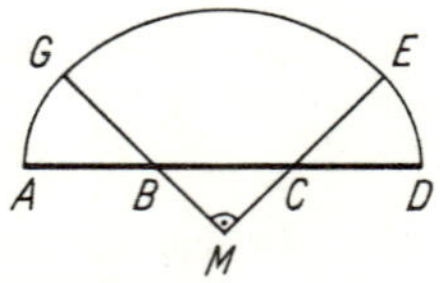

Bild 202

Aus dem rechtwinkligen Dreieck BMC ergibt sich:

$$\overline{MB}^2 = \frac{1}{2}\overline{BC}^2 = \frac{1}{2}a^2$$

und daraus

$$\overline{MB} = \frac{1}{2}a\sqrt{2}$$

Es ist $\overline{MG} = \overline{MB} + a = a\left(1 + \frac{1}{2}\sqrt{2}\right)$

$$\widehat{GE} = \frac{1}{2}\overline{MG}\pi = \frac{1}{2}\pi a\left(1 + \frac{1}{2}\sqrt{2}\right)$$

Länge b des Gesamtbogens:

$$b = \widehat{AG} + \widehat{GE} + \widehat{ED} = \frac{1}{2}\pi a\left(2 + \frac{1}{2}\sqrt{2}\right)$$

$$b \approx 4{,}24a$$

Die Fläche A setzt sich folgendermaßen zusammen:

$$\begin{aligned} A &= A_{ABG} + A_{ECD} + A_{MEG} - A_{BCM} \\ &= 2 \cdot \frac{1}{8}\pi a^2 + \frac{1}{4}\overline{MG}^2\pi - \frac{1}{2}\overline{MB}^2 \\ &= \frac{1}{4}\pi a^2 + \frac{1}{4}\pi a^2\left(1 + \frac{1}{2}\sqrt{2}\right)^2 - \frac{1}{4}a^2 \\ &= \frac{1}{4}\pi a^2\left(\frac{5}{2} + \sqrt{2}\right) - \frac{1}{4}a^2 \end{aligned}$$

und daraus

$$A \approx 2{,}82a^2$$

3. *Welche Fläche bedeckt das in Bild 203 dargestellte Bogendreieck? Die Eckpunkte des Dreiecks sind Mittelpunkte der Kreisbögen. Gegeben ist die Dreieckseite a.*

Lösung: Das Dreieck ABC ist gleichseitig. Daher gilt:

$$\sphericalangle BAC = 60°.$$

Die Fläche A_1 des schraffierten Kreisabschnittes beträgt

$$A_1 = \frac{1}{6}\pi a^2 - \frac{1}{4}a^2\sqrt{3} = a^2\left(\frac{1}{6}\pi - \frac{1}{4}\sqrt{3}\right)$$

Die Gesamtfläche A setzt sich folgendermaßen zusammen:

$$\begin{aligned} A &= 3A_1 + A_{\text{Dreieck } ABC} \\ &= 3a^2\left(\frac{1}{6}\pi - \frac{1}{4}\sqrt{3}\right) + \frac{1}{4}a^2\sqrt{3} \\ &= \frac{1}{2}a^2(\pi - \sqrt{3}) \\ A &\approx 0{,}71a^2 \end{aligned}$$

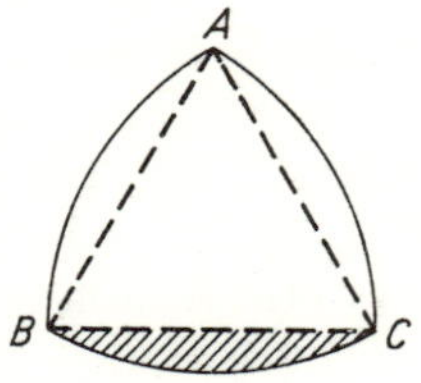

Bild 203

25.6. Umfang und Flächeninhalt ähnlicher Figuren

Zwei ähnliche Figuren sind (vgl. 22.1.) u.a. dadurch gekennzeichnet, daß alle Strecken a_1, b_1, c_1, ... der einen Figur in einem konstanten Verhältnis λ zu entsprechenden Strecken a_2, b_2, c_2, ... der anderen Figur stehen:

$$\boxed{a_1 : a_2 = b_1 : b_2 = c_1 : c_2 = \ldots = \lambda} \qquad (120)$$

Diesem Verhältnis genügen dann auch die Umfänge beider Figuren, da sie ebenfalls lineare Gebilde sind.

Anders ist es bei den Flächen. Jede Flächeninhaltsformel hat die Struktur eines Produktes zweier Strecken, etwa $a_1 \cdot b_1$, meist noch multipliziert mit einem konstanten Faktor K. Für die Flächeninhalte A_1 und A_2 zweier ähnlicher Figuren kann man dann schreiben:

$$A_1 = a_1 \cdot b_1 \cdot K \qquad A_2 = a_2 \cdot b_2 \cdot K$$

Aus (120) ergibt sich

$$a_2 = a_1 : \lambda \quad \text{und} \quad b_2 = b_1 : \lambda$$

Somit kann man schreiben:

$$A_2 = \frac{a_1 \cdot b_1}{\lambda^2} \cdot K = \frac{A_1}{\lambda^2},$$

und es ergibt sich die Proportion

$$\boxed{A_1 : A_2 = \lambda^2} \qquad (121)$$

Stehen die entsprechenden Strecken zweier ähnlicher Figuren zueinander im Verhältnis $\lambda : 1$, so gehorchen deren Umfänge dem gleichen Verhältnis, und ihre Flächen verhalten sich wie $\lambda^2 : 1$.

BEISPIEL

Eine Versorgungsleitung für Trinkwasser hat einen kreisförmigen Querschnitt mit dem Durchmesser d. Sie soll durch eine neue ersetzt werden, die den dreifachen Querschnitt hat. Man berechne deren Durchmesser $\bar{d}$!

Lösung: $\bar{A} : A = 3 : 1$

Daraus folgt:

$$\bar{d} : d = \sqrt{3} : 1$$

bzw. $$\bar{d} = d\sqrt{3}$$

AUFGABEN

359. Von einem rechtwinkligen Dreieck sind die Kathete $a = 3$ cm und die Hypotenuse $c = 6$ cm gegeben. Berechne den Flächeninhalt A.

360. Ein gleichschenklig-rechtwinkliges Dreieck mit den Schenkeln a soll einem gleichseitigen Dreieck mit der Seite b flächengleich sein. Drücke b durch a aus.

361. Ein rechtwinkliges Dreieck mit der Höhe $h = 3$ cm hat den Flächeninhalt $A = 12\ \text{cm}^2$. Berechne seine Seiten a, b und c.

362. Berechne den Flächeninhalt A eines schiefwinkligen Dreiecks aus den Seiten $a = 3$ cm, $b = 5$ cm und $c = 4$ cm.

363. Von einem schiefwinkligen Dreieck sind die Seiten $a = 5$ cm, $b = 3$ cm und der Flächeninhalt $A = 5\ \text{cm}^2$ gegeben. Berechne die Seite c.

364. In einem gleichschenkligen Dreieck ist die Höhe h gleich der Basis c. Welchen Flächeninhalt A hat dieses Dreieck, und wie groß sind seine Schenkel a? Drücke A und a durch c aus.

365. Von einem gleichschenkligen Dreieck sind die Höhe $h_c = 5$ cm und die Schenkel $a = 8$ cm gegeben. Berechne seinen Flächeninhalt A.

366. Von einem gleichschenkligen Dreieck sind der Flächeninhalt $A = 10\ \text{cm}^2$ und die Basis $c = 4$ cm bekannt. Wie groß sind die Schenkel a und die Höhe h_c?

367. Die Seiten eines gleichschenkligen Dreiecks stehen im Verhältnis $a : c = 2 : 1$. Sein Flächeninhalt sei $A = 6\ \text{cm}^2$. Berechne die Höhe h_c, die Schenkel a und die Basis c.

368. Wie groß ist der Inkreisradius r_1 eines gleichschenkligen Dreiecks, von dem der Flächeninhalt $A = 8\ \text{cm}^2$ und die Schenkel $a = 5$ cm gegeben sind?

369. Von einem gleichschenkligen Dreieck sind der Umfang $U = 16$ cm und die Höhe $h_c = 4$ cm bekannt. Wie groß sind seine Schenkel a und die Basis c? Berechne außerdem den Flächeninhalt A.

370. Drücke die Schenkel a eines gleichschenkligen Dreiecks und das Lot f vom Fußpunkt der Höhe h_c auf den Schenkel a durch $h_c = 5$ cm und $c = 4$ cm aus.

371. Ein gleichschenkliges Dreieck mit der Basis $c = 4$ cm und dem Umfang $U = 24$ cm soll in ein gleichschenklig-rechtwinkliges Dreieck mit gleichem Umfang verwandelt werden. In welchem Verhältnis $A_1 : A_2$ stehen die Flächeninhalte beider Dreiecke zueinander?

372. Drücke die Höhe h_c eines gleichschenkligen Dreiecks durch den Schenkel a und die Basis c aus.

373. In welchem Verhältnis $A_1 : A_2$ teilt die Seitenhalbierende s_a eines gleichschenkligen Dreiecks den Flächeninhalt?

374. Berechne die Seitenhalbierende s_a eines gleichschenkligen Dreiecks aus der Basis $c = 4{,}5$ cm und dem Schenkel $a = 8{,}3$ cm.

375. Berechne die Gurtlängen b und c des in Bild 204 dargestellten Dachbinders.

376. Berechne den Querschnitt A der in Bild 205 dargestellten Schiene.

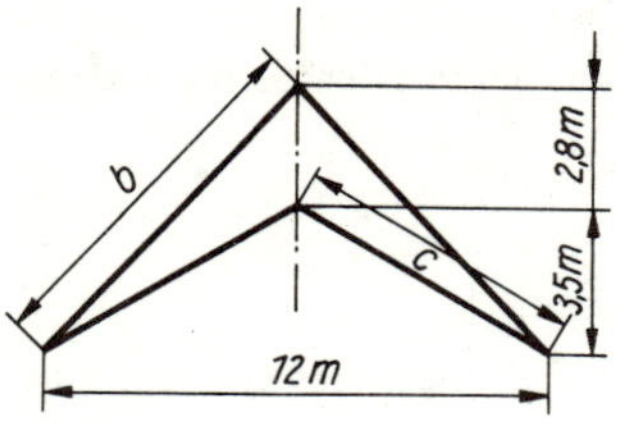

Bild 204

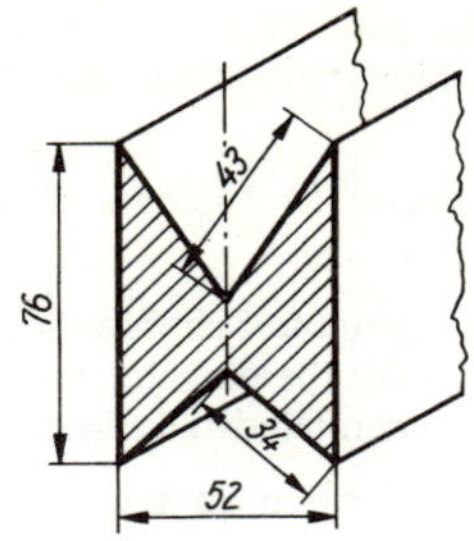

Bild 205

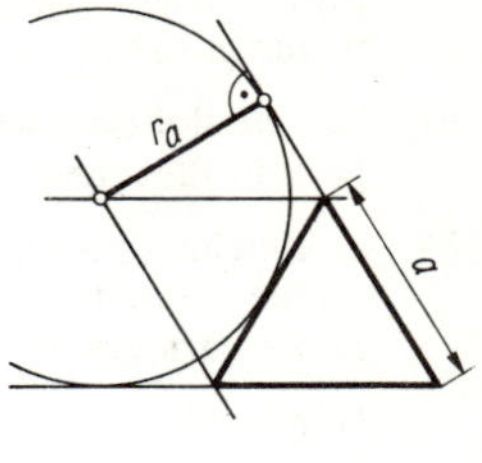

Bild 206

377. Von einem gleichseitigen Dreieck ist die Seite $a = 3$ cm gegeben. Berechne den Inkreisradius r_i und den Umkreisradius r_u.

378. Drücke den Ankreisradius r_a eines gleichseitigen Dreiecks durch die Dreieckseite a aus (Bild 206).

379. Die Seiten a und b zweier gleichseitiger Dreiecke verhalten sich wie $a : b = 2 : 3$. Berechne das Verhältnis $A_a : A_b$ ihrer Flächeninhalte.

380. Drücke den Flächeninhalt A und die Höhe h eines gleichseitigen Dreiecks mit der Seite a durch den Umfang U aus.

381. Der Querschnitt A einer Stahlschiene ist ein gleichseitiges Dreieck. Berechne A für den Umfang $U = 26{,}4$ cm.

382. Die Schlüsselweite einer Sechskantschraube beträgt $s = 21$ mm. Wie groß ist das Eckenmaß e des Schraubenkopfes?

383. Der Achsenabstand $a = 345$ mm zweier Zahnräder und ihre Teilkreisdurchmesser $d_{0_1} = d_{0_2} = 124$ mm sind bekannt. Wie groß muß der Teilkreisdurchmesser d_{0_3} eines dritten Rades gemacht werden, damit es mit den gegebenen kämmt und von diesen gleichen Achsenabstand a hat?

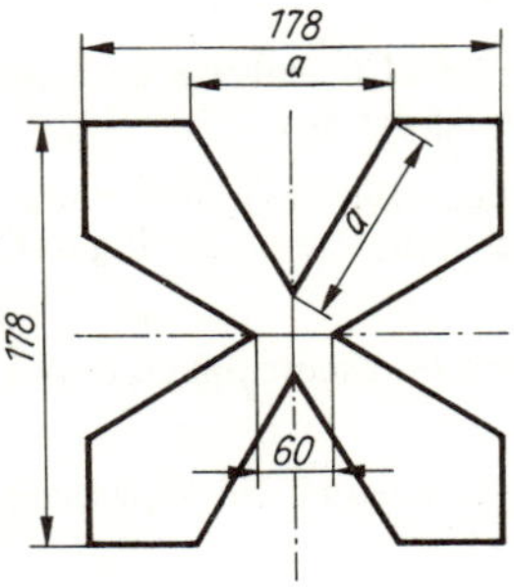

Bild 207

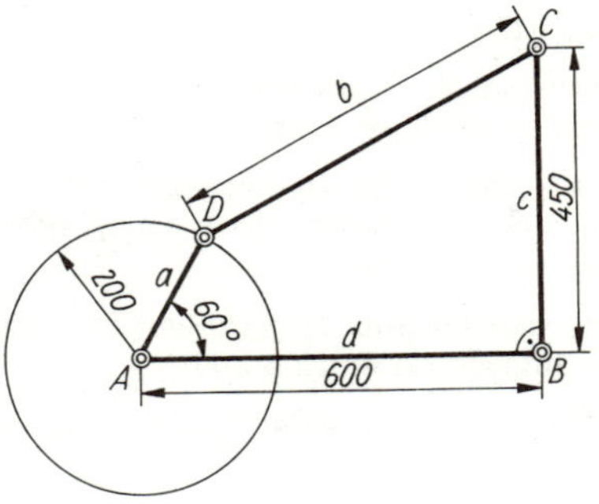

Bild 208

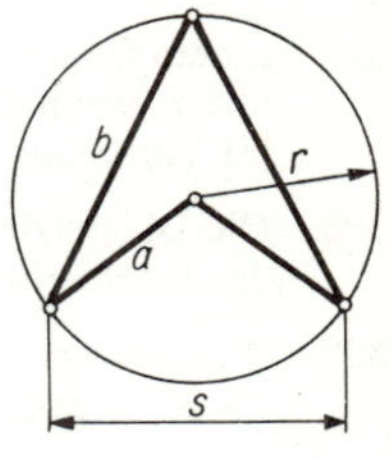

Bild 209

384. Eine Schraube mit metrischem Spitzgewinde hat $d_1 = 41{,}504$ mm Kerndurchmesser. Die Steigung ist nach Standard mit $h = 5$ mm vorgeschrieben. Wie groß ist der Nenndurchmesser d dieser Schraube? Beachte, daß die Gewindetiefe $t_1 = \frac{3}{4} t$ mit $t = \frac{h}{2} \sqrt{3}$ ist.

385. Ein Mast ist in der Höhe $h = 23{,}4$ m durch drei Seile verspannt, von denen jedes die Länge $l = 30$ m hat. Die Fußpunkte der Seile bilden die Endpunkte eines gleichseitigen Dreiecks. Welchen Abstand haben die Fußpunkte untereinander?

386. In die vier Seiten einer quadratischen Platte (Bild 207) sind Einschnitte eingearbeitet, die die Form gleichseitiger Dreiecke haben. Berechne deren Seite a unter Berücksichtigung der eingetragenen Maße.

387. In eine Bohrung vom Durchmesser $d = 14{,}2$ mm ist ein Dreikantstahl mit den Seiten a einzupassen. Berechne a.

388. a) Zeichne das in Bild 208 dargestellte Schubkurbelgetriebe.
b) Berechne die Koppellänge b für die eingetragenen Maße.
c) Konstruiere die beiden Totlagen (Endstellungen) der Schwinge c.

Hinweis: Unter den Totlagen der Schwinge versteht man die Stellungen des Getriebes, bei denen die Koppel b und die Kurbel a in eine Linie zusammenfallen.
d) Berechne den Gelenkpunktabstand DB für die im Bild dargestellte Kurbelstellung.
e) Berechne ebenso den Gelenkpunktabstand AC.

389. Wie groß ist der Flächeninhalt A des in Bild 209 dargestellten Vierecks, das einem Kreis vom Radius $r = 5$ cm einbeschrieben ist und dessen untere Eckpunkte den Abstand $s = 7$ cm haben? Wie groß sind außerdem die Seiten a und b?

390. Von einem Rechteck sind die Diagonale $d = 8$ cm und die Seite $a = 3$ cm bekannt. Berechne die andere Seite b und den Flächeninhalt A.

391. Wie groß sind die Diagonale d und die Seite b eines Rechtecks mit dem Flächeninhalt $A = 8\ \text{cm}^2$ und der Seite $a = 2$ cm?

392. Die Seiten eines Rechtecks sollen sich wie $b : c = 2 : 3$ verhalten. Außerdem soll das Rechteck einem Quadrat mit der Seite $a = 4$ cm flächengleich sein. Bestimme die Seiten b und c und die Diagonale d des Rechtecks.

393. Ein Rechteck mit den Seiten b und c ist einem Quadrat mit der Seite $a = 4$ cm flächengleich. Die Diagonale e des Rechtecks und die Diagonale d des Quadrates sollen im Verhältnis $d : e = 2 : 3$ stehen. Berechne die Seiten b und c des Rechtecks.

394. Von einem Rhomboid sind die Seiten $a = 4$ cm, $b = 8$ cm und der Flächeninhalt $A = 12\ \text{cm}^2$ bekannt. Wie groß sind seine Höhe h_a und die größere Diagonale d?

395. Wie groß ist die Seite a eines Quadrates, das einem Rechteck mit den Seiten $b = 5$ cm und $c = 3$ cm flächengleich ist?

396. Wie groß ist der Flächeninhalt A des schraffierten Quadrates in Bild 210, und wie groß ist außerdem die Diagonale d? Drücke A und d durch $a = 3$ cm und $b = 5$ cm aus.

397. Einem Quadrat ist ein Rechteck mit den Seiten b und c einbeschrieben (Bild 211). Berechne b und c, wenn die Seite des Quadrates $a = 8$ cm beträgt und die Flächeninhalte beider Figuren im Verhältnis $A_Q : A_R = 3 : 1$ stehen.

398. Die Diagonalen eines Rhombus sind $e = 4$ cm und $f = 6$ cm. Wie groß sind seine Seiten a und der Flächeninhalt A, ausgedrückt durch e und f?

399. Wie groß ist die Höhe h eines Rhombus, wenn seine Seiten $a = 8$ cm und die Diagonale $e = 3$ cm bekannt sind?

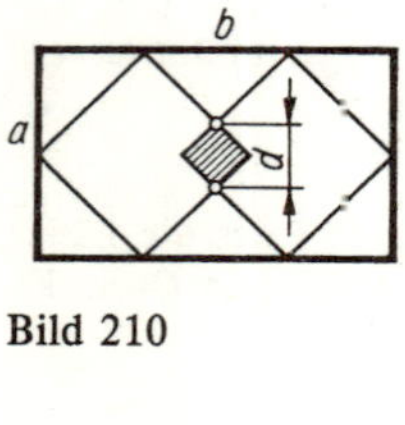

Bild 210

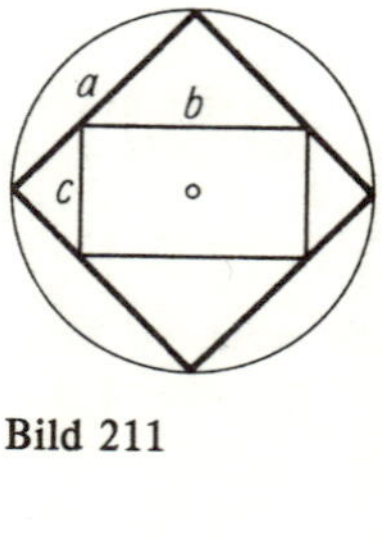

Bild 211

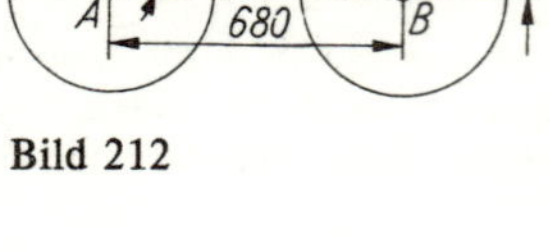

Bild 212

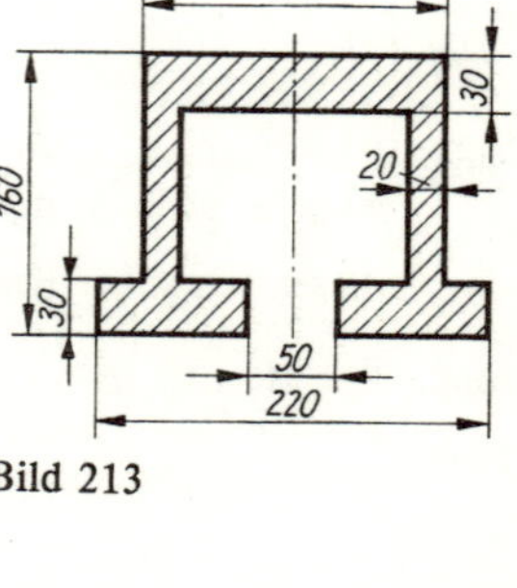

Bild 213

400. Drücke die Höhe h eines Rhombus durch den Flächeninhalt $A = 16\,\text{cm}^2$ und die Seite $a = 6$ cm aus.

401. Die Diagonalen eines rechteckigen Platzes sind 43 m lang und schließen die Winkel 60° bzw. 120° miteinander ein. Berechne die Seiten a und b des Platzes.

402. Von dem in Bild 212 gezeigten Gelenkparallelogramm sind der Abstand h zwischen Steg d und Koppel b sowie die beiden Gelenkpunktabstände AC und BD für die eingetragenen Maße zu berechnen.

403. Wie groß ist der Querschnitt A des in Bild 213 dargestellten Profils?

404. Berechne den Querschnitt A des Kastenträgers, dessen Abmessungen aus Bild 214 hervorgehen.

405. 30 Stück Bleche der aus Bild 215 erkennbaren Form sind einseitig zu verchromen. Welcher Preis T ergibt sich dafür, wenn je Quadratmeter 8,20 Mark gezahlt werden müssen?

406. Aus einem Baumstamm ist ein Balken mit rechteckigem Querschnitt herzustellen. Welchen Durchmesser d muß der Stamm mindestens haben, wenn für den Balkenquerschnitt $b = 5$ cm und $h = 12$ cm gefordert werden?

407. Berechne den Inkreisradius r_i eines Rhombus mit den Diagonalen $e = 52$ mm und $f = 88$ mm.

408. Wie groß ist die schraffierte Schnittfläche A der im Bild 216 dargestellten Riemenscheibe?

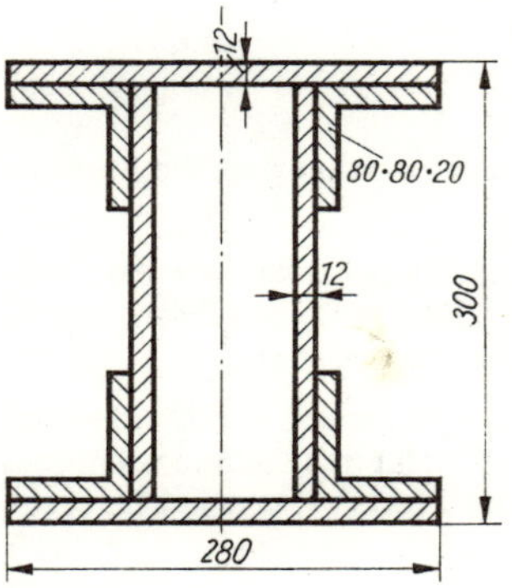

Bild 214

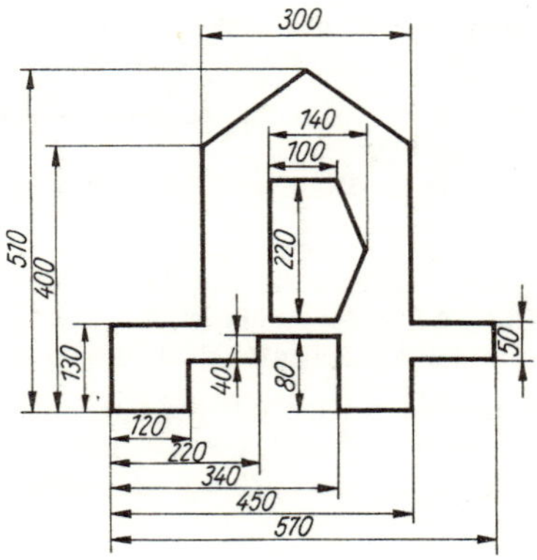

Bild 215

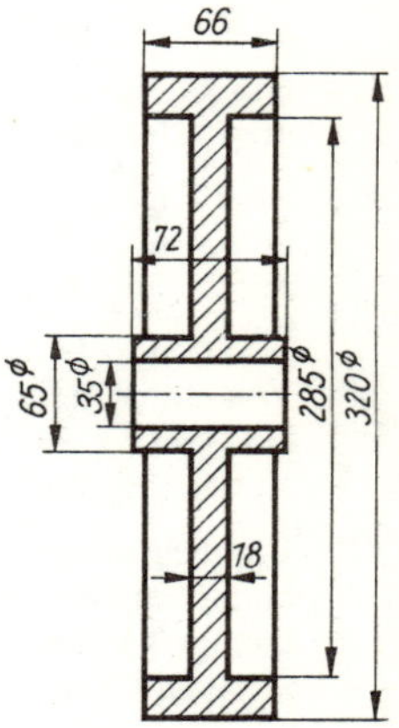

Bild 216

409. Die in Bild 217 gezeigte Stahlplatte ist mit 8 Bohrungen versehen, deren Mitten durch die Buchstaben A, B, ..., H bezeichnet sind. Zur Kontrolle sollen Lehren der neben der Platte erkennbaren Form hergestellt werden. Wie groß müßten die Stichmaße s zur Kontrolle der Abstände a) AD, b) AE, c) CE, d) AG, e) CH sein?

410. Aus einem dünnen Draht ist ein Rechteck zu biegen, dessen eine Seite 6 cm größer ist als die andere. Gib die Rechteckseiten a und b für eine Drahtlänge von 58 cm an.

411. Ein rechteckiger Platz von 6 000 m² Flächeninhalt soll umzäunt werden. Welche Holzmenge G wird dafür benötigt, wenn die Diagonale des Platzes 115 m mißt und für den laufenden Meter 0,25 m³ Holz gebraucht werden? Gib außerdem die Seiten a und b des Platzes an.

412. Die in Bild 218 dargestellten Meßblenden eines Photometers können in der durch die Pfeile gekennzeichneten Richtung verschoben werden, wodurch sich die Blendenöffnung verkleinert. Wie groß muß a gemacht werden, damit A

a) auf die Hälfte,
b) auf ein Drittel,
c) auf ein Viertel,
d) auf ein Sechstel

seiner angegebenen Größe verringert wird?

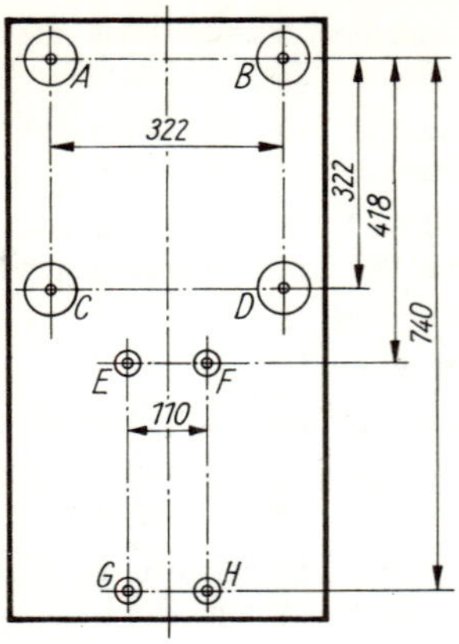

Bild 217

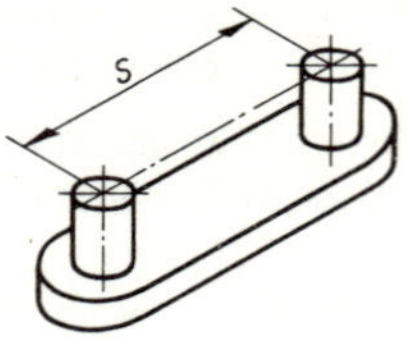

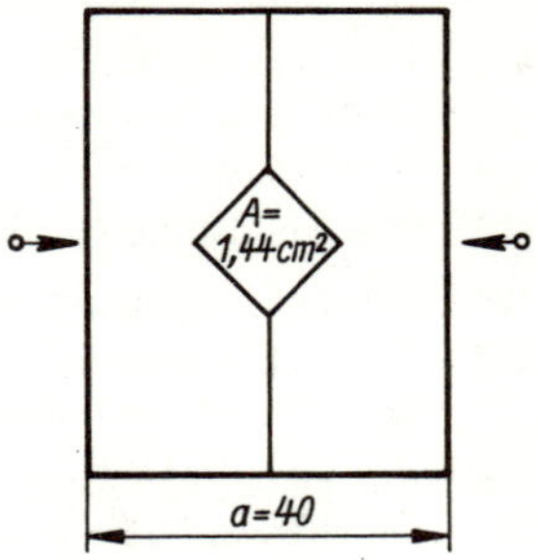

Bild 218

413. Von einem Rechteck sind die Seite $a = 44$ cm und der Flächeninhalt $A = 484\ \text{cm}^2$ bekannt. Ermittle die andere Seite b, die Diagonale d, die Länge l des Lotes von einem Eckpunkt auf die Diagonale und die beiden Abschnitte u und v, in die die Diagonale durch das Lot zerlegt wird.

414. Gib an, um welchen Betrag l_1 sich das in Bild 219 dargestellte Gelenksystem verlängert, wenn die Entfernung a der Punkte A und B auf ein Drittel verkürzt wird.

415. Zwei Kräfte $F_1 = 120$ N und $F_2 = 75$ N schließen den Winkel
a) $\alpha = 45°$, b) $\alpha = 60°$
miteinander ein. Konstruiere das Kräfteparallelogramm und ermittle zeichnerisch die Resultierende F_R.

416. Von einem gleichschenkligen Dreieck mit der Basis $c = 6$ cm und den Schenkeln $a = 8$ cm wird ein Streifen von 1 cm Breite parallel zu einem Schenkel abgeschnitten. Gib den Flächeninhalt A_1 des ursprünglichen und den Flächeninhalt A_2 des verkleinerten Dreiecks an.

417. Ein rechteckiger Bilderrahmen mit den äußeren Abmessungen $a = 64$ cm und $b = 92$ cm ist aus einfachen Holzleisten zusammengesetzt. Die Länge des unter 45° geführten Gehrungsschnittes beträgt 3,54 cm. Wie groß ist die innerhalb des Rahmens liegende Fläche A, und welche Breite d haben die Leisten?

418. Stelle eine Beziehung für die im Bild 220 eingetragenen Strecken a, b, c und d auf.

419. Von einer rechteckigen Platte mit der Breite $b = 16$ cm und der Höhe $h = 5$ cm sind an zwei aneinanderstoßenden Seiten Streifen gleicher Breite a abzuschneiden, so daß sich der Flächeninhalt der Platte um den dritten Teil verringert. Berechne a.

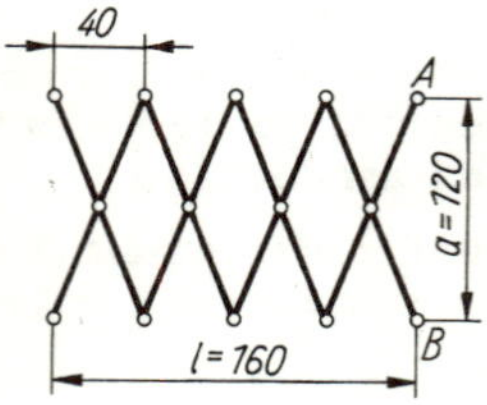

Bild 219

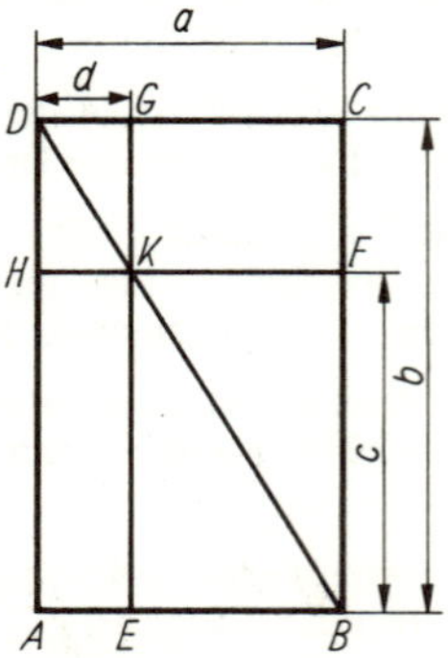

Bild 220

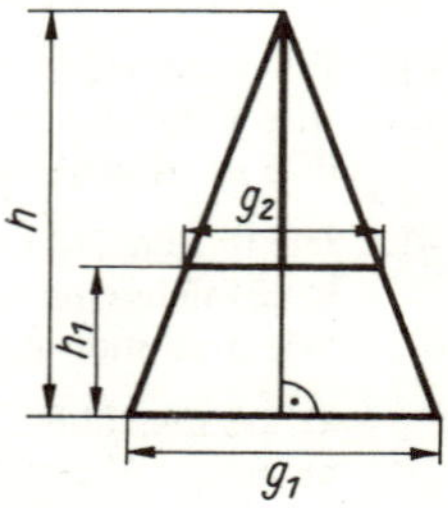

Bild 221

420. Aus einem quadratischen Blech mit der Seitenlänge $a = 6$ cm soll ein Rhombus ausgeschnitten werden, dessen eine Diagonale mit der des Bleches übereinstimmt und dessen andere Diagonale halb so lang ist wie diese. Berechne den Schnittverlust A und die Seite b des Rhombus.

421. Stelle eine Formel für den Flächeninhalt A eines gleichschenkligen Trapezes auf, in der die Diagonale d und die Höhe h als bekannte Stücke auftreten.

422. Wie groß ist die Höhe h_1 des gleichschenkligen Trapezes in Bild 221 zu machen, damit das über dem Trapez liegende gleichschenklige Dreieck diesem flächengleich ist? Wähle $h = 8$ cm für die Höhe des gleichschenkligen Dreiecks.

423. Wie lautet die für h_1 in Aufgabe 422 erhaltene Beziehung, wenn die Fläche des Trapezes zur darüberliegenden Dreiecksfläche im Verhältnis $A_T : A_D = n : m$ steht?

424. Wie groß ist der Flächeninhalt A des in Bild 222 schraffiert gezeichneten gleichschenkligen Trapezes, dessen Grundlinie die Seite eines gleichseitigen Dreiecks ist und dessen andere Grundlinie durch den Mittelpunkt des Dreiecksumkreises geht? Drücke A durch den Radius $r = 6$ cm des Umkreises aus.

425. Von einem rechtwinkligen Dreieck mit den Seiten a und b soll durch eine Parallele zu a ein Trapez abgetrennt werden (Bild 223), so daß dessen Fläche sich zum darüberliegenden Dreieck wie $A_T : A_D = 3 : 2$ verhält. Wie groß muß die Höhe h des Trapezes für diesen Fall gemacht werden? Wähle für $b = 8$ cm.

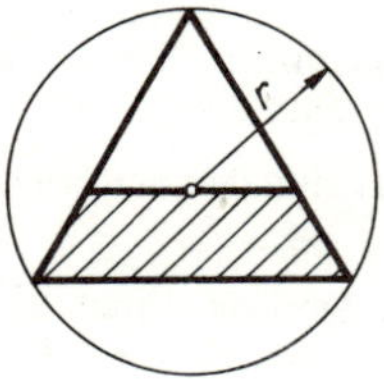

Bild 222

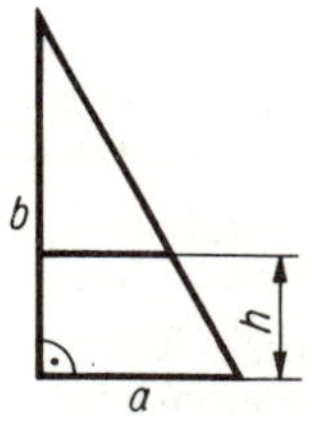

Bild 223

426. Von einem gleichschenkligen Trapez sind der Umfang U, der Flächeninhalt A und die Schenkel a bekannt. Drücke seine Höhe h und seine beiden Grundlinien g_1 und g_2 durch diese Größen aus.

427. Von einem gleichschenkligen Trapez sind die Mittellinie $m = 6$ cm, der Flächeninhalt $A = 12\ \text{cm}^2$ und die Schenkel $a = 3$ cm bekannt. Berechne die Grundlinien g_1 und g_2.

428. Wie groß sind die Höhe h, die Diagonale d und der Schenkel a eines gleichschenkligen Trapezes, wenn $g_1 = 4$ cm, $g_2 = 2$ cm und $A = 8\ \text{cm}^2$ bekannt sind?

429. Ein Trapez mit der Mittellinie $m = 6$ cm und der Höhe $h_T = 4$ cm soll einem gleichseitigen Dreieck mit der Seite a flächengleich sein. Wie groß ist a für diesen Fall zu machen, und in welchem Verhältnis stehen die Höhen h_T und h_D beider Figuren?

430. Ein Trapez habe einen senkrecht zu seinen Grundlinien stehenden Schenkel a und einen zu diesen geneigten Schenkel b. Berechne die Grundlinie g_1 $(g_2 < g_1)$ und die Seite b, wenn die Mittellinie $m = 4$ cm, die Grundlinie $g_1 = 3$ cm und die Höhe $h = 4$ cm gegeben sind.

431. Gib den Querschnitt A der in Bild 224 gezeigten Schwalbenschwanzführung an.

432. Das in Bild 225 dargestellte Blech wird aus vorgeschnittenen Stücken von 38 mm Breite und 46 mm Höhe hergestellt. Berechne den auftretenden Schnittverlust A für 100 Bleche.

433. Einem Kreis mit dem Radius $r = 12$ cm ist ein regelmäßiges Achteck einbeschrieben. Berechne die Seite s, den Flächeninhalt A und den Radius r_i des einbeschriebenen Kreises.

434. Einem Kreis ist ein regelmäßiges Dreieck mit der Seite $s = 4$ cm einbeschrieben. Wie groß ist die Seite s_6 des dem gleichen Kreis einbeschriebenen Sechsecks?

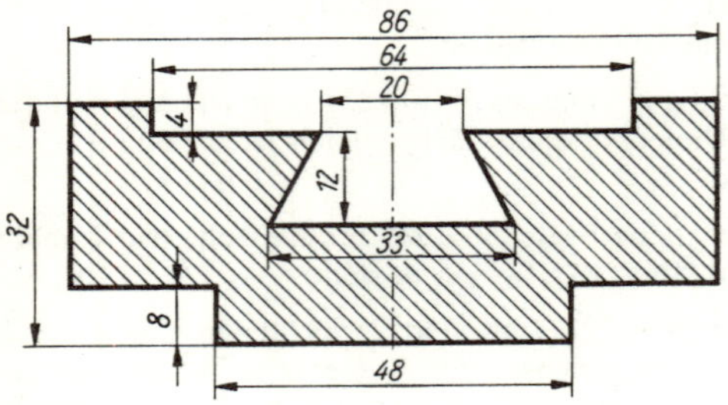

Bild 224

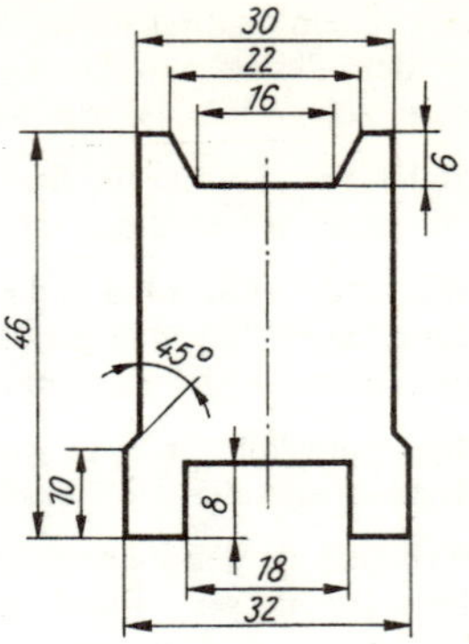

Bild 225

435. Ein Quadrat und ein regelmäßiges Sechseck sollen flächengleich sein. Wie groß ist für diesen Fall die Seite b des Sechsecks zu machen, wenn die Quadratseite $a = 10$ cm gegeben ist?

436. Drücke den Flächeninhalt A eines regelmäßigen
a) Fünfecks, b) Sechsecks, c) Achtecks, d) Zehnecks
durch den Umfang U aus.

437. Einem regelmäßigen Sechseck mit der Seite $a = 8$ cm ist ein Quadrat mit der Seite b einbeschrieben. Drücke b durch a aus und gib eine Konstruktion für b an (Bild 226).

438. Einem gleichseitigen Dreieck mit der Seite $a = 3$ cm ist ein Quadrat mit der Seite b einbeschrieben. Drücke b durch a aus (Bild 227).

439. Einem regelmäßigen Achteck mit der Seite a ist ein gleichschenkliges Dreieck einbeschrieben. Drücke die Stücke b, s, h und den Flächeninhalt A des Dreiecks durch $a = 6$ cm aus (Bild 228).

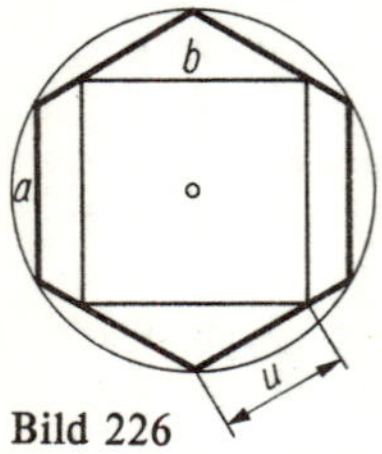

Bild 226

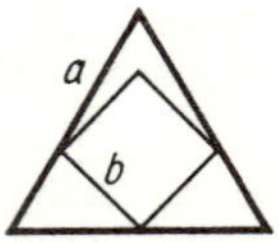

Bild 227

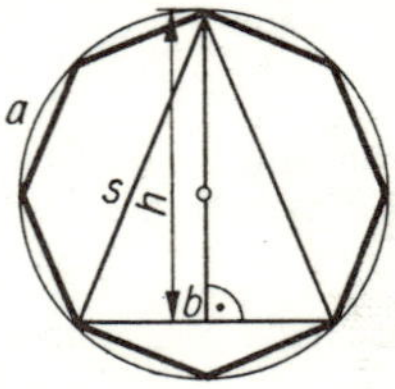

Bild 228

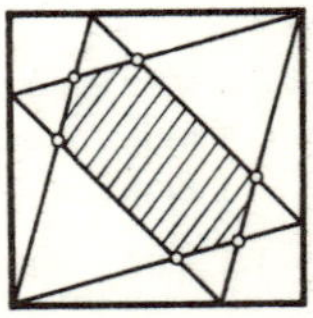

Bild 229

440. Ein regelmäßiges Sechseck und ein regelmäßiges Achteck sollen gleichen Umfang haben. Berechne die Achteckseite b und die Flächeninhalte A_6 und A_8 des Sechs- und Achtecks für diesen Fall. Die Sechseckseite sei $a = 2$ cm.

441. Einem Kreis mit dem Radius r sind ein regelmäßiges Fünf- und Zehneck einbeschrieben. Bestimme die Verhältnisse ihrer Flächeninhalte, Umfänge und Seiten.

442. Zwei nach Bild 229 in ein Quadrat einbeschriebene gleichseitige Dreiecke begrenzen das schraffiert gezeichnete unregelmäßige Sechseck. Drücke dessen Flächeninhalt A durch die Quadratseite $a = 5$ cm aus.

443. Von einem regelmäßigen Fünfeck ist der Umfang $U_5 = 15$ cm gegeben. Wie groß sind seine Seite s_5, sein Umkreisradius r_5 und sein Flächeninhalt A_5?

444. Die Grundfläche eines alten Brunnens, der die Form eines regelmäßigen Achtecks hat, beträgt 15,4 m^2. Wie groß ist seine Seite s?

445. Der Querschnitt einer Säule ist ein regelmäßiges Sechseck mit der Seite $s = 32$ cm. Sie ruht auf einem zylindrischen Sockel. Berechne dessen Durchmesser d für den Fall, daß er beiderseits um je 6 cm über die größte Diagonale des Säulenquerschnitts übersteht.

446. Der Boden eines aus Blech gefertigten Ziergefäßes bildet ein regelmäßiges Fünfeck mit dem Umfang $U = 20$ cm. Er soll durch einen solchen von der Form eines regelmäßigen Zehnecks mit gleichem Umfang ersetzt werden. Berechne den Umkreisradius r des neuen Bodens.

447. Einem Kreis vom Radius $r = 6$ cm ist ein Hexagramm (zwei entgegengesetzt parallele regelmäßige Dreiecke) einbeschrieben. Zeichne es und berechne seinen Flächeninhalt A.

448. Ein Abdeckblech hat die Form eines regelmäßigen Fünfecks mit der Seite $s = 3{,}2$ cm. Es ist zu groß und wird deshalb beschnitten. Die Schnitte werden allseits parallel zu den Seiten in 5 mm Abstand vom Rand geführt. Welchen Flächeninhalt A und welche Seite s_1 hat das bearbeitete Blech?

449. Der Querschnitt eines Dreikantstahles beträgt $A = 8\ \text{cm}^2$. Er soll durch einseitiges Abfräsen auf $5\ \text{cm}^2$ verringert werden. Welche Anstelltiefe a des Fräsers muß gewählt werden, wenn die Form des regelmäßigen Dreiecks erhalten bleiben soll?

450. Ein Pavillon besteht aus drei Etagen, deren Grundrisse regelmäßige Sechsecke bilden. Die Seite der untersten Etage ist $s = 3$ m. Wie groß sind die Seiten s_1 und s_2 der beiden nächsten Etagen, wenn jede von ihnen gleichmäßig um 0,5 m von der vorhergehenden zurücksteht?

451. Mit einem Faden von 45 m Länge soll ein regelmäßiges Zehneck abgesteckt werden. Wie groß wird dessen Flächeninhalt A?

452. Mit einem Draht von 15 cm Länge werden nacheinander ein regelmäßiges Dreieck, Viereck, Fünfeck und Sechseck gebildet. Berechne die Flächeninhalte dieser Figuren.

453. Das Seitenfenster einer Wartehalle bildet ein regelmäßiges Sechseck. Es ist aus Leisten von 5 cm Breite gezimmert. Sein äußerer Umfang beträgt 3 m. Welche Fläche A steht für den Lichteinfall zur Verfügung, wenn die Verkittung unberücksichtigt bleibt?

454. Ein quadratisches Blech mit 16 cm Seitenlänge wird an seinen Ecken so beschnitten, daß ein regelmäßiges Achteck entsteht. Wie groß ist dessen Fläche A?

455. 12 Stück Bleche von der Form eines regelmäßigen Sechsecks werden so bearbeitet, daß 12 regelmäßige Dreieckbleche mit größtmöglicher Seite entstehen. Berechne den Schnittverlust A, wenn die Sechseckseite 14,5 cm beträgt.

456. Die Irisblende einer Kamera besteht aus zehn Lamellen, so daß eine Blendenöffnung von der Form eines regelmäßigen Zehnecks entsteht. Bei der Blendenstellung 3,5 ist die Seite dieses Zehnecks 8 mm lang. Wie groß wird diese Seite s für die nächste Blendenstellung 4, bei der die Blendenöffnung bekanntlich um die Hälfte von der bei Stellung 3,5 reduziert wird?

457. Für Straßenleuchten sollen Steinsäulen hergestellt werden, deren Querschnitt ein regelmäßiges Zehneck ist. Wie groß muß eine Seite s dieses Zehnecks sein, wenn für den Abstand zweier paralleler Seiten 45 cm vorgeschrieben sind?

458. Eine Kachel von der Form eines regelmäßigen Achtecks hat einen Flächeninhalt $A = 250\ \text{cm}^2$. Berechne eine Seite s der Kachel.

459. Aus einem runden Stamm von 56 cm Durchmesser soll ein Balken hergestellt werden, dessen Querschnitt die Form eines regelmäßigen Sechsecks hat. Berechne den Umfang U des Querschnitts für den Fall, daß die Schnittverluste möglichst klein gehalten werden.

460. Die acht einzelnen Spiegel eines achteckigen Drehspiegels werden aus 3 mm dickem Glas geschnitten und so auf einer Walze montiert, daß sie ein regelmäßiges Achteck bilden. Berechne den Walzendurchmesser d. Berücksichtige, daß die Spiegelrückseiten die Walze berühren, zwischen den aneinanderstoßenden Spiegelkanten kein Zwischenraum bleibt und der Abstand von Kante zu Kante 3,5 cm beträgt.

461. Einem Kreis vom Radius $r = 8$ cm ist ein Sehnenviereck einbeschrieben. Berechne den Flächeninhalt A, den Umfang U und die Diagonale e des Vierecks für $n = r/2$ (Bild 230).

462. Der Flächeninhalt des Sehnenvierecks in Bild 230 sei $A = 36\ \text{cm}^2$. Wie groß ist sein Umkreisradius r, wenn seine Diagonalen senkrecht aufeinanderstehen und die Diagonale e die Diagonale f im Verhältnis $e : f = 4 : 3$ teilt?

463. Welchen Durchmesser d hat ein Kreis mit dem Flächeninhalt $A = 30\ \text{cm}^2$?

464. Drücke den Umfang U eines Kreises durch den Flächeninhalt $A = 8\ \text{cm}^2$ aus.

465. Um die Eckpunkte eines Quadrates mit der Seite a sind vier Kreise mit dem Radius $r = a/2$ geschlagen. Gib eine Formel für den Inhalt der schraffierten Fläche A an (Bild 231).

466. Einem Halbkreis mit dem Radius r ist ein Kreis einbeschrieben. Gib eine Formel für den Inhalt der schraffierten Fläche A an (Bild 232).

467. Von einem Kreis sind die Sehne $s = 4$ cm und die Höhe $h = 1$ cm des zu dieser Sehne gehörigen Bogens bekannt. Berechne den Radius r des Kreises.

468. Drücke die Sehne s eines Kreises durch die Höhe h des zur Sehne gehörigen Bogens und durch den Kreisumfang U aus.

469. Die Strecke $\overline{AB} = 2r_3$ ist durch den Teilpunkt T stetig geteilt. In welchem Verhältnis stehen die Flächen A_1, A_2 und A_3 der über den drei Strecken geschlagenen Kreise (Bild 233)?

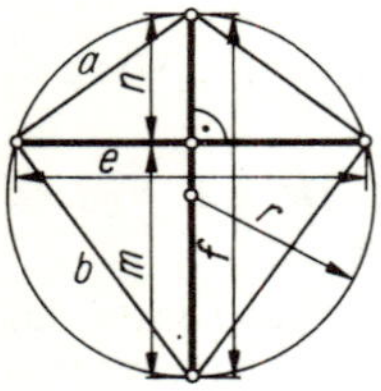

Bild 230

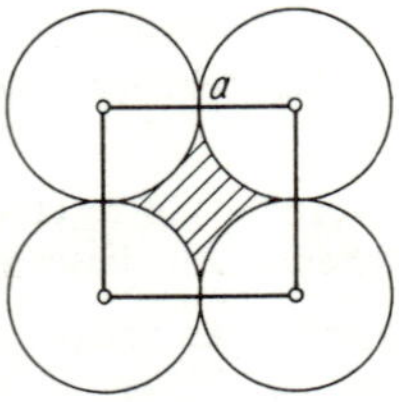

Bild 231

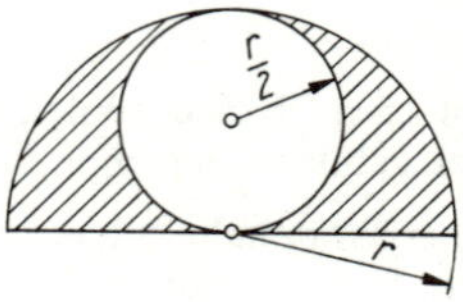

Bild 232

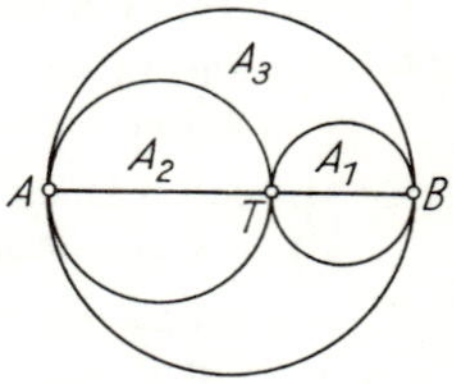

Bild 233

470. Von einem Kreisring sind der innere Radius $r_2 = 5$ cm und der Flächeninhalt $A = 12\ \text{cm}^2$ gegeben. Berechne den äußeren Radius r_1.

471. Zwei Kreise mit den Flächeninhalten A_1 und A_2 sollen einem Kreisring flächengleich sein. r_3 ist der größere, r_4 der kleinere Radius des Ringes. Drücke r_3 und r_4 durch A_1 und A_2 für folgende Fälle aus:
a) r_4 ist das arithmetische Mittel,
b) r_4 ist das geometrische Mittel,
c) r_4 ist das harmonische Mittel
der Radien r_1 und r_2 der gegebenen Kreise.

472. Die Summe der Radien eines Kreisringes sei $a = r_1 + r_2 = 20$ cm. Berechne r_1 und r_2, wenn außerdem der Flächeninhalt $A = 40\ \text{cm}^2$ des Ringes bekannt ist.

473. Stelle den Flächeninhalt A eines Kreisringes als Fläche eines Trapezes mit der Höhe $h = 2\pi \cdot (r_1 - r_2)$ dar.

474. Welche Beziehung besteht zwischen den Radien r_1 und r_2 eines Kreisringes, wenn die Fläche des Ringes dem inneren Kreis mit dem Radius r_2 flächengleich ist?

475. Die Höhe h eines gleichseitigen Dreiecks ist gleich dem inneren Radius r_2 eines Kreisringes. Die Seite a des Dreiecks ist gleich dem äußeren Radius r_1 des Ringes. In welchem Verhältnis steht für diesen Fall die Fläche A_1 des Ringes zur Fläche A_2 des inneren Kreises?

476. Ein Kupferdraht von $2\ \text{mm}^2$ Querschnitt soll durch einen Aluminiumdraht von dreifachem Querschnitt ersetzt werden. Welchen Durchmesser d muß der Aluminiumdraht erhalten?

477. Das prall mit Luft gefüllte Rad eines Autos muß 400 Umdrehungen ausführen, um einen Kilometer zurückzulegen. Welchen Durchmesser d hat es demzufolge?

478. Der Außendurchmesser eines Autoreifens beträgt 92 cm. Wieviel mehr Umdrehungen u muß dieser je Kilometer machen, wenn er nach dem Entweichen von Luft nur noch einen wirksamen Außendurchmesser von 88 cm hat?

479. Aus einem Blech von 35 cm Breite soll ein Rohr gebogen werden, dessen lichte Weite 10 cm beträgt. Berechne den für den Falz übrigbleibenden Rest a.

480. In einem Rohr sollen stündlich 500 m³ Wasser mit einer Geschwindigkeit von 0,11 m/s gefördert werden. Welchen Innendurchmesser d muß das Rohr haben?

481. Wie groß ist der Blechbedarf A für das in Bild 234 gezeigte Werkstück?

482. Gib die in einer Minute ausgeführten Umdrehungen n eines Rades von 78 cm Durchmesser an, wenn es sich mit einer Geschwindigkeit von 42 km/h fortbewegt.

483. Gib die Durchmesser d_1, d_2 und d_3 einer Stufenscheibe an, deren Drehzahl 50 min^{-1} beträgt und deren einzelne Stufen die Umfangsgeschwindigkeiten 100 m/min, 72 m/min und 60 m/min haben sollen.

484. Die Teilkreisumfänge zweier Stirnzahnräder mit Evolventenverzahnung sind $U_{01} = 328$ mm und $U_{02} = 142$ mm. Berechne den Achsenabstand a der Räder.

485. An der wirksamen Fläche des Tellers eines Sicherheitsventiles tritt bei einem Druck von 1,5 MPa eine Druckkraft von 1 560 N auf. Welchen Durchmesser d hat diese Fläche?

486. Berechne die Bruchfestigkeit σ_B eines Werkstoffes, von dem ein kreisrunder Stab mit 1,4 cm Durchmesser bei einer Belastung von 6 000 N zerreißt.

487. Um eine Scheibe vom Durchmesser d wird eine Schnur im gleichmäßigen Abstand b gelegt. Um welchen Betrag a ist die Schnur gegenüber dem Scheibenumfang länger zu machen?

488. Bild 235 zeigt den Querschnitt durch den Anodenzylinder einer Senderöhre, der eine Höhe von 65 mm hat. Berechne den Blechbedarf A unter Vernachlässigung der Blechdicke.

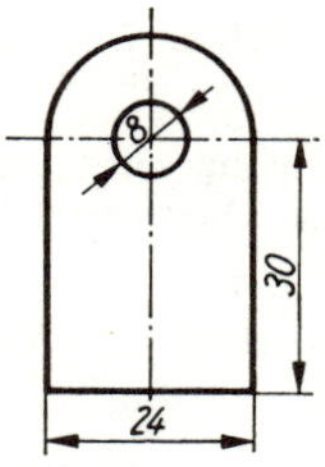

Bild 234

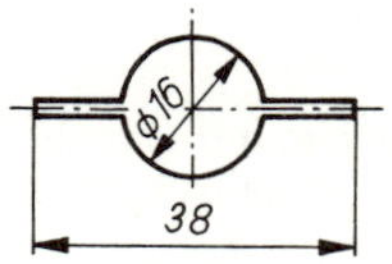

Bild 235

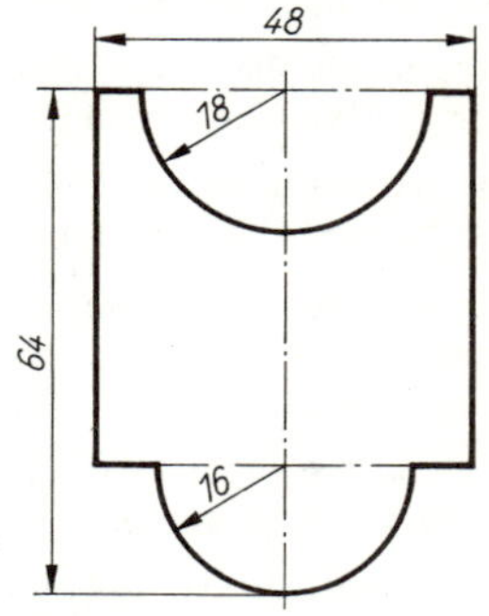

Bild 236

489. Welchen Durchmesser d muß ein Kupferdraht haben, der bei einer Länge von 40 m einen Widerstand von 24 Ω aufweisen soll? ($\varrho = 0{,}017\ \Omega\ \text{mm}^2/\text{m}$).

490. Eine rechteckige Schiene mit der Breite 15 mm und der Höhe 24 mm soll durch eine kreisrunde Stange von gleichem Querschnitt ersetzt werden. Welchen Durchmesser d muß diese haben?

491. Zwei kleine Kanalisationsrohre mit den lichten Weiten 24 cm und 38 cm sollen durch ein einziges Rohr mit gleichem Querschnitt ersetzt werden. Berechne dessen Durchmesser d.

492. An einem Wagen beträgt der Durchmesser der Vorderräder 32 cm und der der Hinterräder 38 cm. Berechne die Zahl n der Umdrehungen, die die Vorderräder mehr ausführen müssen, wenn der Wagen eine Strecke von 8,4 km zurücklegt.

493. Der Achsenabstand zweier Reibräder beträgt 47 cm. Berechne den Durchmesser d des einen Rades, wenn der Umfang des anderen 60 cm beträgt.

494. Von einer Welle mit dem Umfang $U = 21$ cm wird eine 0,5 cm dicke Schicht abgedreht. Um welchen Betrag A verringert sich der Querschnitt der Welle, und wie groß ist der neue Umfang U_1?

495. Berechne den entstehenden Schnittverlust A, wenn das in Bild 236 dargestellte Blech aus vorgeschnittenen Rechteckplatten von 48 mm Breite und 64 mm Höhe herausgearbeitet wird.

496. Berechne die Grundfläche A des in Bild 237 dargestellten Brückenpfeilers.

497. Gib den Querschnitt A des in Bild 238 gezeigten Profilstahles an.

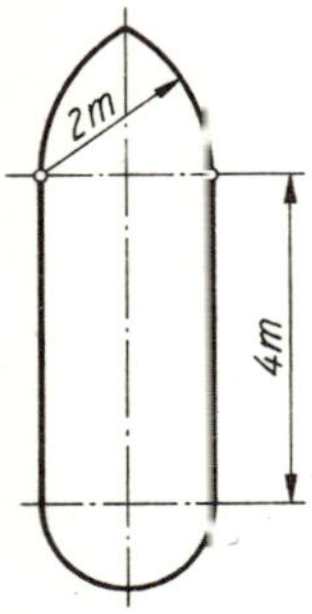

Bild 237

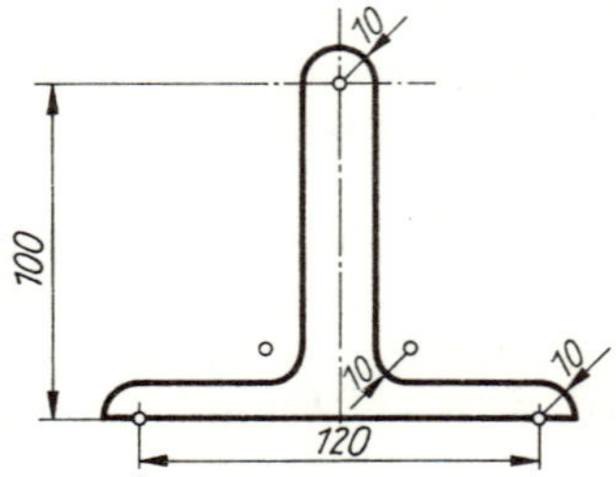

Bild 238

498. Die Teilkreisdurchmesser zweier Zahnräder mit Evolventenverzahnung betragen 7,2 cm und 9,6 cm. Ihr Achsenabstand wurde mit 13 cm gemessen. Welchen Teilkreisumfang U müßte ein Zwischenrad haben, das mit beiden Rädern im Eingriff steht und dessen Mittelpunkt auf der Geraden liegt, die durch die Mittelpunkte der gegebenen Räder bestimmt ist?

499. Eine Stahlwelle von 32 mm Durchmesser soll eine quadratische Aussparung erhalten, so daß sich der Wellenquerschnitt um die Hälfte verringert. Gib die Quadratseite a an.

500. Ein nahtlos gewalztes Rohr hat eine Wanddicke von 14 mm und einen lichten Durchmesser von 75 mm. Gib den Materialquerschnitt A an.

501. Ein Brunnen mit kreisringförmigem Querschnitt hat einen äußeren Umfang von 9,5 m und einen inneren Umfang von 7,2 m. Berechne die Wanddicke a und den Querschnitt A des Mauerwerkes.

502. Eine Bremstrommel von 42 cm Umfang wird mit Bremsbelag von 6 mm Dicke belegt. Welchen Umfang U und welchen Durchmesser d erhält dadurch die Trommel?

503. Eine Stahlwelle von 84 mm Durchmesser soll so ausgebohrt werden, daß der ursprüngliche Querschnitt auf die Hälfte reduziert wird. Berechne den Bohrungsdurchmesser d.

504. Über ein Vierkanteisen mit quadratischem Querschnitt und der Seitenlänge $a = 31$ mm soll eine zylindrische Hülse von 150 mm äußerem Umfang geschoben werden. Berechne die Wanddicke a der Hülse und gib ihre inneren und äußeren Durchmesser d_1 und d_2 an.

505. Ein Teleskopstativ ist aus drei ineinander verschiebbaren Rohren von 0,8 mm Wanddicke zusammengesetzt. Gib die Querschnitte A_1, A_2 und A_3 der Rohre an, wenn der Innendurchmesser des kleinsten Rohres $d_3 = 7$ mm mißt.

506. Aus einem Blechstreifen von 1,5 mm Länge und 3 cm Breite sollen Ringe von 24 mm Außendurchmesser und 12 mm Innendurchmesser ausgestanzt werden. Wie groß ist der Abfall A, wenn zwischen je zwei Ringen und vom Anfang und Ende des Streifens ein Abstand von 3 mm eingehalten werden muß?

507. Die Schleifringe eines Drehstromgenerators sollen eine Dicke von 4 mm und einen inneren Umfang von 118 mm haben. Berechne ihre Umfangsgeschwindigkeit v am äußeren Umfang bei einer Drehzahl von $n = 1\,500 \text{ min}^{-1}$.

508. Gib den Querschnitt A der in Bild 239 dargestellten Schelle an. Fasse die Laschen als Rechtecke auf.

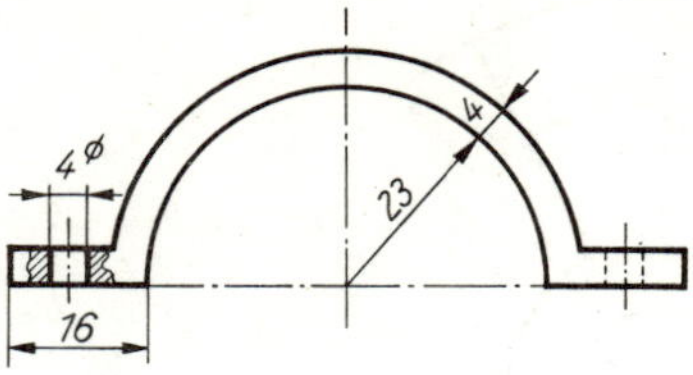

Bild 239

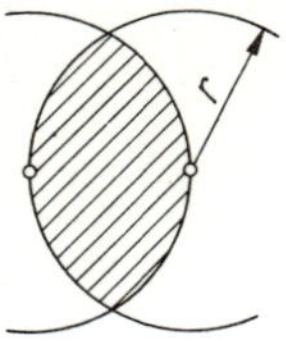

Bild 240

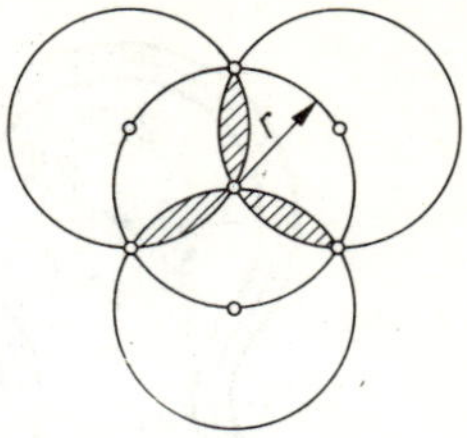

Bild 241

509. Von einem Kreis sind der Bogen $b = 6$ cm und der Radius $r = 4$ cm bekannt. Wie groß ist der zum Bogen gehörige Mittelpunktswinkel α, und wie groß ist der Flächeninhalt A des entsprechenden Sektors?

510. Wie groß ist der Flächeninhalt A der drei Segmente, die entstehen, wenn einem Kreis mit dem Radius $r = 8$ cm ein gleichseitiges Dreieck einbeschrieben wird?

511. Der Bogen b eines Sektors mit dem Radius $r = 4$ cm sei ebenfalls r. Wie groß sind der Flächeninhalt A des Sektors und der Radius r_1 eines Kreises, der dem Sektor flächengleich ist?

512. Wie groß ist das schraffiert gezeichnete Flächenstück A in Bild 240, wenn $r = 6$ cm gegeben ist?

513. Die Flächeninhalte eines Sektors und eines Segmentes, die beide zu dem gleichen Kreis gehören, sollen flächengleich sein. Wie groß ist der Bogen b_1 des Sektors für diesen Fall zu machen, wenn vom Segment der Bogen $b_2 = 5$ cm, die Bogenhöhe $h = 1$ cm und die Sehne $s = 4$ cm gegeben sind?

514. Wie groß ist die in Bild 241 schraffiert gezeichnete Fläche A, wenn $r = 6$ cm gegeben ist?

515. Welche Beziehung besteht zwischen dem Flächeninhalt A_1 der in Bild 242 schraffiert gezeichneten Fläche und dem Flächeninhalt A_2 des rechtwinkligen Dreiecks ABC?

516. Berechne den Flächeninhalt A der in Bild 243 schraffiert gezeichneten Fläche. Die Seite des Quadrates sei $a = 3$ cm.

517. Wie groß ist der Flächeninhalt A der in Bild 244 schraffiert gezeichneten Fläche, wenn die Seite $a = 8$ cm des gleichseitigen Dreiecks bekannt ist?

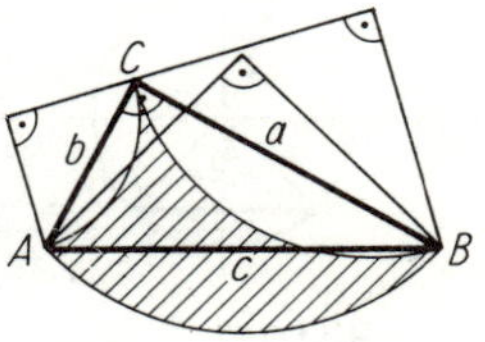

Bild 242

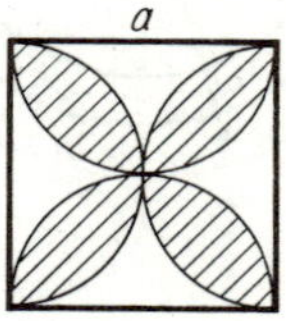

Bild 243

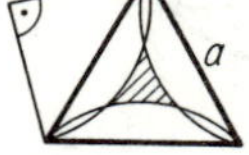

Bild 244

518. Berechne die gestreckte Länge l des in Bild 245 dargestellten Rohrbogenausgleichers.

519. Wie groß ist der Flächeninhalt A des in Bild 246 dargestellten Bleches?

520. Berechne den schraffierten Querschnitt A einer Welle, dessen Abmessungen aus Bild 247 hervorgehen.

521. Welchen Umfang U hat das in Bild 248 dargestellte Werkstück?

522. Bestimme den Durchflußquerschnitt A des in Bild 249 dargestellten Kanalisationsrohres.

523. Berechne das fehlende Maß s in Bild 250 und gib den Querschnitt A des Doppel-T-Ankers an.

524. Ergänze die Maße von α, b_1 und b_2 in Bild 251.

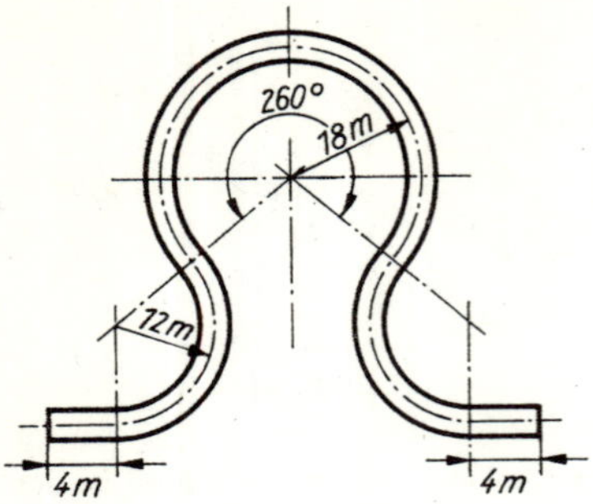

Bild 245

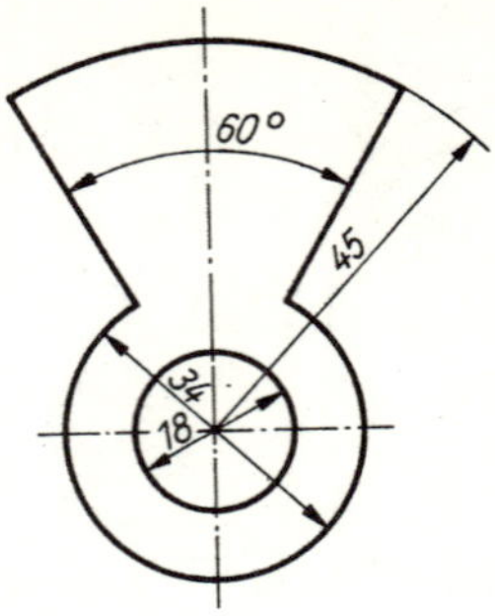

Bild 246

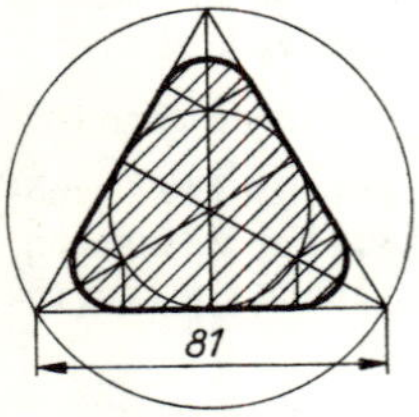

Bild 247

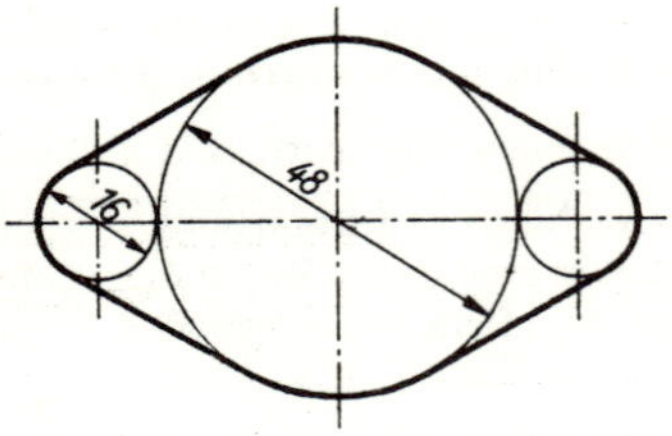

Bild 248

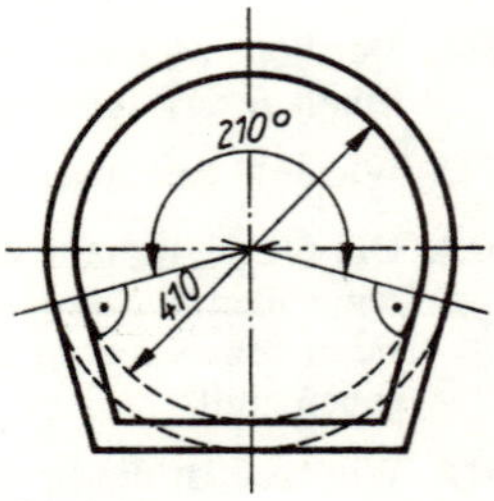

Bild 249

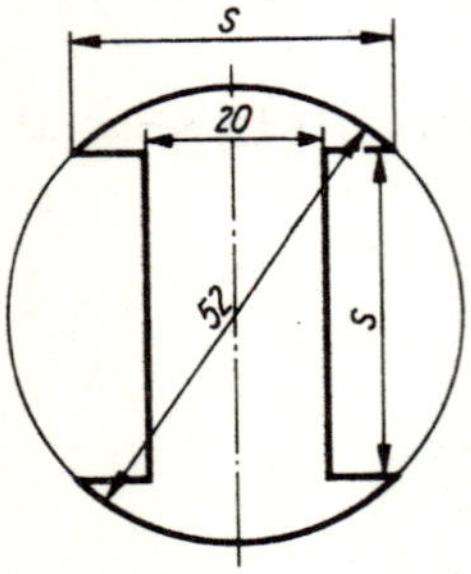

Bild 250

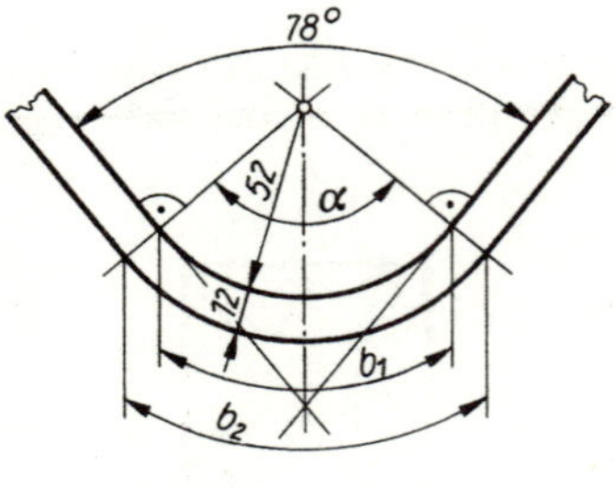

Bild 251

Bild 252

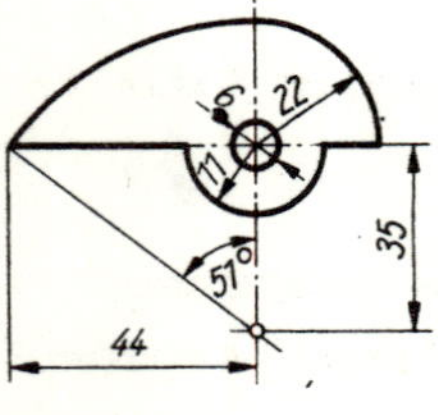

Bild 253

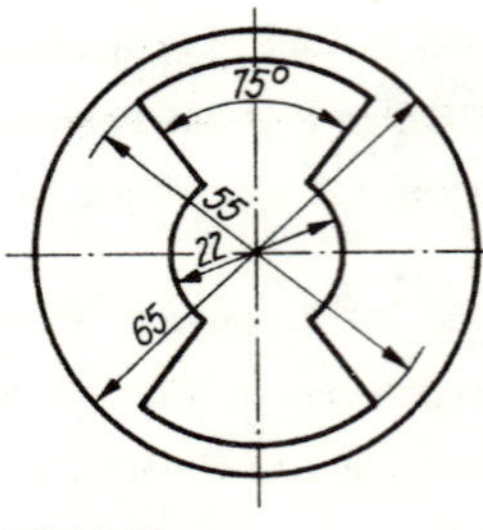

Bild 254

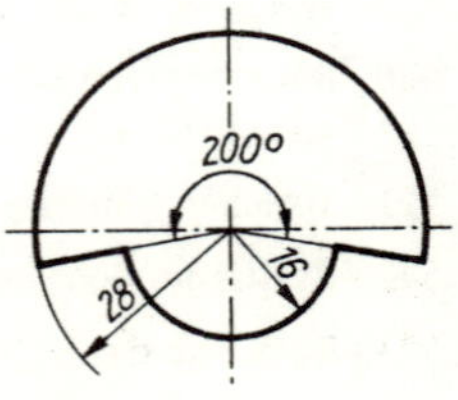

Bild 255

525. Wie groß ist der Schnitt A einer plankonvexen Linse, deren Abmessungen aus Bild 252 hervorgehen?

526. Berechne den Materialbedarf A der in Bild 253 dargestellten Kondensatorplatte.

527. In Bild 254 ist die Platte eines Schmetterlingskreises dargestellt, der in der Dezimeterwellentechnik zur Kapazitäts- und Induktivitätsänderung von Schwingkreisen benutzt wird. Berechne den Materialbedarf A für 80 solcher Platten.

528. Ermittle den Umfang U und den Blechbedarf A des in Bild 255 gezeigten Werkstückes.

529. Aus einem Blech von 24 mm Durchmesser soll ein gleichseitiges Dreieck herausgeschnitten werden, dessen Ecken auf dem Kreisumfang liegen. Berechne den Flächeninhalt A eines der drei entstehenden Segmente.

Goniometrie

26. Das Bogenmaß

Für viele Berechnungen, insbesondere im Rahmen der Differential- und Integralrechnung, ist das Gradmaß als Maß für den Winkel ungeeignet. Dort macht es sich erforderlich, ein Winkelmaß in Form einer unbenannten Zahl einzuführen. Diese Bedingung erfüllt das Bogenmaß:

Das **Bogenmaß** $\widehat{\alpha}$[1]) oder arc α[2]) ist das Verhältnis der Bogenlänge zum Radius am Kreisausschnitt mit dem Mittelpunktswinkel α.

$$\widehat{\alpha} = \text{arc}\,\alpha = \frac{b}{r} \qquad (122)$$

Tatsächlich ist das Bogenmaß als Quotient zweier Strecken, wie gefordert, *dimensionslos*. Außerdem erkennt man aus Bild 256, daß alle Kreisausschnitte mit gleichem Mittelpunktswinkel ähnlich sind, die Bogenlänge dem zugehörigen Mittelpunktswinkel proportional ist und das Bogenmaß auch unabhängig von dem jeweils betrachteten Kreisausschnitt ist.

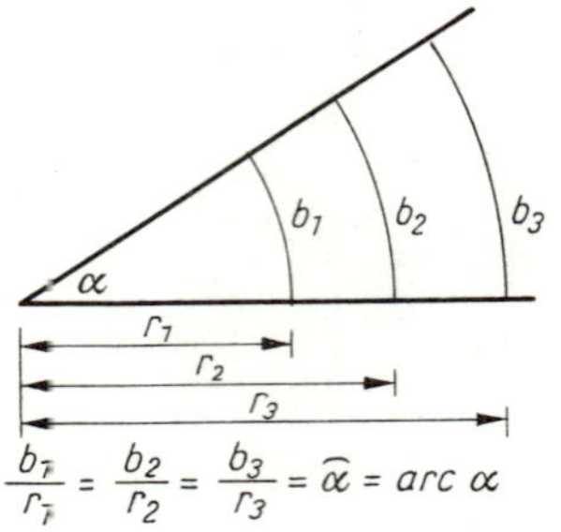

Bild 256

Setzt man in der Definitionsgleichung des Bogenmaßes (122) für die Bogenlänge $b = \frac{\pi r \alpha}{180°}$ ein, erhält man eine Berechnungsvorschrift für das Bogenmaß:

Berechnung des Bogenmaßes:

$$\widehat{\alpha} = \frac{\pi \cdot \alpha}{180°} = \alpha \cdot 0{,}0\,1745\ \text{Grad}^{-1} \qquad (123)$$

---

[1]) Lies: alpha Bogen

[2]) Lies: arcus alpha

Stellt man diese Gleichung nach α um, kann man das Bogenmaß in das Gradmaß umrechnen:

$$\boxed{\alpha = \widehat{\alpha}\frac{180^\circ}{\pi} = \widehat{\alpha}\cdot 57^\circ 17' 45''} \qquad (124)$$

Für einige ausgewählte Winkel ergeben sich folgende genauen bzw. auf vier Stellen gerundeten Werte:

Gradmaß	0°	30°	45°	60°	90°	180°	270°	360°
Bogenmaß	0	$\frac{\pi}{6}$	$\frac{\pi}{4}$	$\frac{\pi}{3}$	$\frac{\pi}{2}$	π	$\frac{3}{2}\pi$	2π
	0,0000	0,5236	0,7854	1,0472	1,5708	3,1416	4,7124	6,2832

BEISPIEL

Welcher Winkel hat das Bogenmaß 1? Oder anders formuliert: Bei welchem Winkel ist die Bogenlänge gleich dem Radius?

Lösung:

$$b = \pi r \frac{x}{180^\circ} = r$$

ergibt $\quad x = \frac{180^\circ}{\pi} = 57^\circ 17' 45''$

Der in diesem Beispiel auftretende Winkel, der auch schon in (124) vorkam, wird als Radiant bezeichnet.

▌ Der Winkel, dessen Bogenmaß gleich 1 ist, heißt **Radiant,** bezeichnet mit 1 rad.

Praktisch bestimmt man das Bogenmaß mit Hilfe der Tabelle für die Bogenlänge. Da ihr der Einheitskreis zugrunde liegt, ist dort die Maßzahl der Bogenlänge gleich dem Bogenmaß.

Jeder moderne Taschenrechner besitzt eine Umschalteinrichtung, mit der festgelegt werden kann, ob die zu verarbeitenden Winkel als Winkel im Gradmaß oder ob sie als Winkel im Bogenmaß verarbeitet werden sollen. Diese Umschalteinrichtung ist meist in Form eines Schiebeschalters mit den Bezeichnungen

RAD  DEG

ausgeführt, wobei die Schalterstellung DEG auf Winkel im Gradmaß, die Schalterstellung RAD auf Winkel im Bogenmaß hinweist.

Diese unterschiedlichen Winkelmaße sind vor allem in der höheren Mathematik von besonderer Bedeutung.

Einige Taschenrechnertypen besitzen auch Funktionstasten, mit deren Hilfe ein im Gradmaß gegebener Winkel unmittelbar in das zugehörige Bogenmaß sowie ein im Bogenmaß gegebener Winkel in das jeweilige Gradmaß umgerechnet werden kann. Ist eine derartige Umrechnungstaste jedoch nicht vorhanden, so bereitet die Umrechnung von einem Winkelmaß in das andere keinerlei Schwierigkeiten, wenn man sich an die grundlegende Proportion

$$\alpha : \widehat{\alpha} = 180^\circ : \pi$$

erinnert oder an die Umrechnungsformeln (123) bzw. (124).

27. Die Winkelfunktionen

27.1. Definition der Winkelfunktionen

Zur Definition der **Winkelfunktionen,** auch **goniometrische Funktionen** genannt, wird auf der Peripherie eines Kreises ein veränderlicher Punkt P betrachtet (Bild 257). Der Mittelpunkt M des Kreises liegt im Ursprung eines kartesischen Koordinatensystems. P hat die Koordinaten (u, v), r soll in diesem Fall nur die *Maßzahl* des Radius sein.
Der veränderliche Winkel x wird stets gegen die positive Richtung der Abszissenachse gemessen. Er ist *positiv* oder *negativ*, je nachdem, ob der drehbare Schenkel $\overline{MP}$ *links-* oder *rechtsherum* (*entgegengesetzt zum Uhrzeigersinn* oder *im Uhrzeigersinn*) gedreht wurde.

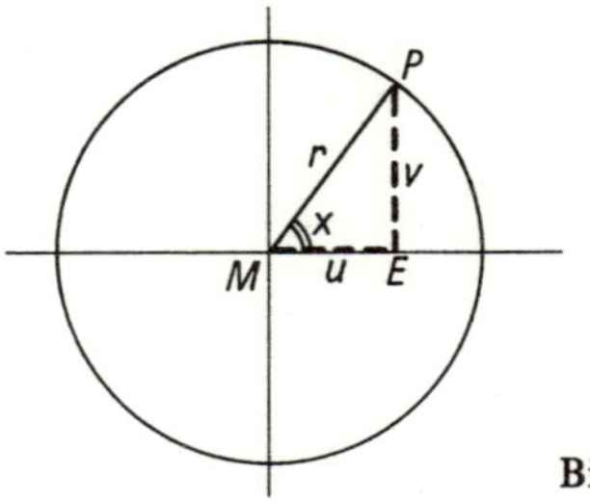

Bild 257

Folgendes ist festgelegt:

Der **Sinus** eines Winkels x, bezeichnet mit $\sin x$[1]), ist das Verhältnis der Ordinate eines veränderlichen Kreispunktes zur Maßzahl des Radius.

$$\boxed{\sin x = \frac{v}{r}} \qquad (125)$$

Der **Cosinus** eines Winkels x, bezeichnet mit $\cos x$[2]), ist das Verhältnis der Abszisse eines veränderlichen Kreispunktes zur Maßzahl des Radius.

$$\boxed{\cos x = \frac{u}{r}} \qquad (126)$$

Die beiden Gleichungen (125) und (126) unterliegen keinerlei Beschränkungen, da der Nenner der rechts stehenden Terme konstant und stets von Null verschieden ist. Beide Gleichungen führen bei *allen* Winkeln, also auch bei negativen, auf sinnvolle Werte.

Weiterhin ist festgelegt:

Der **Tangens** eines Winkels x, bezeichnet mit $\tan x$[3]), ist das Verhältnis der Ordinate eines veränderlichen Kreispunktes zu seiner Abszisse.

$$\boxed{\tan x = \frac{v}{u}} \qquad (127)$$

---

[1]) Lies: Sinus x; Plural: Sinus mit lang auszusprechendem u

[2]) Lies: Kosinus x; Plural: Cosinus mit lang auszusprechendem u

[3]) Lies: Tangens x; Plural: Tangens

Der **Cotangens** eines Winkels x, bezeichnet mit $\cot x$[1]), ist das Verhältnis der Abszisse eines veränderlichen Kreispunktes zu seiner Ordinate.

$$\boxed{\cot x = \frac{u}{v}} \qquad (128)$$

In den beiden Gleichungen (127) und (128) sind die Nenner der rechts stehenden Terme veränderlich und können insbesondere bei bestimmten Winkeln Null werden.

Das führt zu folgenden Einschränkungen:

$\tan x = \frac{v}{u}$; $u \neq 0$ bedeutet, daß $\tan x$ nicht erklärt ist für
90°, 270°, 450°, ... oder allgemein für
$(2n + 1) \cdot 90°$ (mit $n \in G$).

$\cot x = \frac{u}{v}$; $v \neq 0$ bedeutet, daß $\cot x$ nicht erklärt ist für
0°, 180°, 360°, ... oder allgemein für
$2n \cdot 90°$ (mit $n \in G$).

Die Berechtigung, die hier definierten Quotienten als *Winkelfunktionen* zu bezeichnen, ergibt sich daraus, daß *jedem* Winkel *eindeutig*, jedoch nicht eineindeutig, ein bestimmter Wert des Quotienten, der *Funktionswert*, zugeordnet wird.

27.2. Kurvenbilder der Winkelfunktionen

Zur zeichnerischen Darstellung der Winkelfunktionen muß man zunächst erreichen, daß der Nenner der in den Definitionsgleichungen auftretenden Brüche gleich 1 wird. Aus diesem Grunde geht man zum sogenannten *Einheitskreis* über, bei dem die Maßzahl des Radius gleich 1 gewählt wird. In diesem Falle stellen dann die Ordinate v bzw. die Abszisse u des Punktes P im Bild 257 unmittelbar die Funktionswerte $\sin x$ bzw. $\cos x$ dar. Dabei ist zu beachten, daß diese Funktionswerte positiv und negativ sein können, je nachdem, in welchem Quadranten der betrachtete Winkel liegt.
Bei der zeichnerischen Darstellung der trigonometrischen Funktionen wählt man die Zeicheneinheiten auf der x-Achse gewöhnlich so, daß dem Winkel 2π auch die Maßzahl $2\pi \approx 6{,}28$ auf der Abszissenachse zugeordnet wird.
Nun lassen sich, wie dies in Bild 258 angedeutet ist, die zu verschiedenen Winkeln x gehörenden Werte v als Ordinaten in das x,y-Koordinatensystem übertragen. Auf diese Weise entsteht die Kurve der Funktion $y = \sin x$, die auch *Sinuskurve* genannt wird.

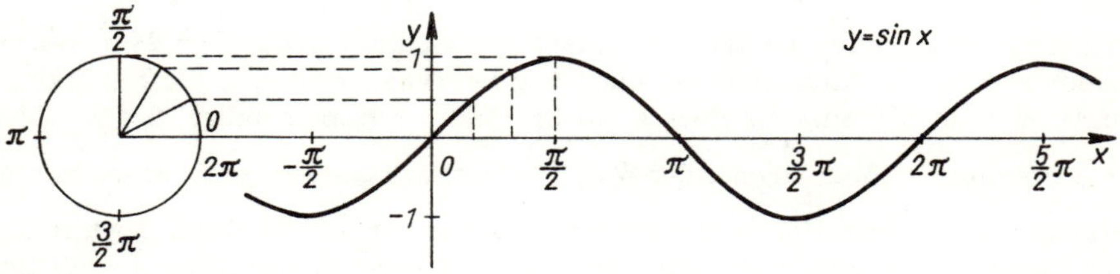

Bild 258

[1]) Lies: Kotangens x; Plural: Cotangens

In ähnlicher Weise ließe sich die *Cosinuskurve* zeichnen, indem man die zu verschiedenen Winkeln gehörenden Werte u als Ordinaten in das x, y-Koordinatensystem überträgt. Die Zeichnung vereinfacht sich jedoch sehr wesentlich, wenn man den Kreis vorher um $\frac{\pi}{2}$ im positiven Sinne dreht und dann entsprechend der Beschreibung für die Sinuskurve verfährt. Bild 259 zeigt die Kurve der Funktion $y = \cos x$, die sogenannte *Cosinuskurve*. Läßt man im Bild 257 den Punkt P mehrfach auf dem Kreise herumwandern, so ist zu erwarten, daß sich das anfängliche Verhalten sowohl der Sinus- als auch der Cosinusfunktion nach einem vollen Umlauf wiederholt. Das spiegelt sich auch in beiden Fällen im Kurvenverlauf wider. Man sagt, die beiden Funktionen $y = \sin x$ und $y = \cos x$ haben die **Periode 2π.**

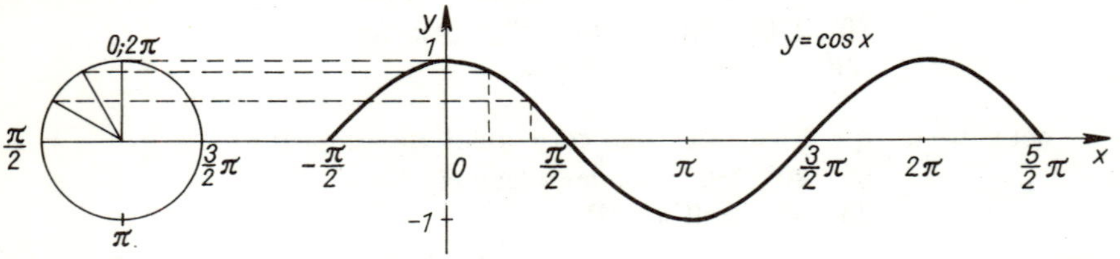

Bild 259

Der Definitionsbereich beider Funktionen ist unbegrenzt:

D: $x \in (-\infty; +\infty)$;

zum Wertevorrat gehören alle reellen Werte zwischen -1 und $+1$:

W: $y \in [-1; +1]$

Diejenige Teilmenge des Definitionsbereiches, die von 0 und 2π begrenzt wird, bezeichnet man als den Bereich der *Hauptwerte*.

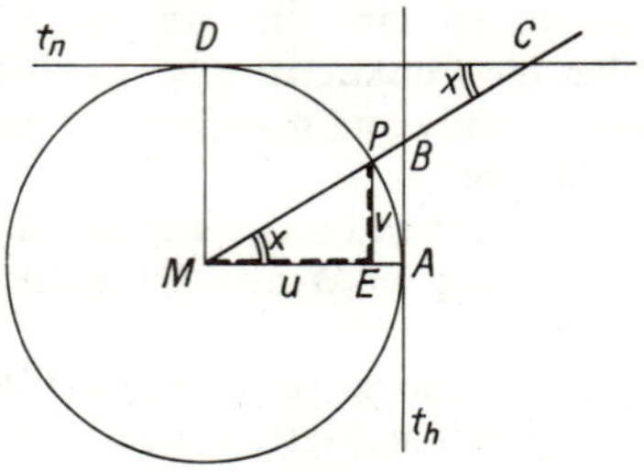

Bild 260

Zur Darstellung der Funktion $y = \tan x$ ist eine Vorbetrachtung nötig (Bild 260). Wenn man, ähnlich wie bei der Sinusfunktion, auch bei der Tangensfunktion die Funktionswerte unmittelbar am Einheitskreis ablesen möchte, dann ist es erforderlich, das Verhältnis $\frac{v}{u}$ so zu erweitern, daß im Nenner der Wert 1 erscheint. Dies wird geometrisch durch den Übergang vom Dreieck MEP zum Dreieck MAB erreicht. Die Maßzahl der Strecke $\overline{AB}$ *auf der Haupttangente* t_h ist dann gleich dem Funktionswert von $\tan x$, da $\overline{AM} = 1$ LE (LE Längeneinheit) ist. Der Strahl von M über P kommt nun nicht in allen Fällen mit der Haupttangente t_h zum Schnitt. Da das Verhältnis $\frac{v}{u}$ aber bei einer Winkeldifferenz von π

im II. und IV. Quadranten übereinstimmt (desgleichen auch im I. und III. Quadranten), kann man auch die rückwärtige Verlängerung des Strahles *MP* mit der Haupttangente zum Schnitt bringen. So erhält man das in Bild 261 dargestellte Bild der Funktion $y = \tan x$.

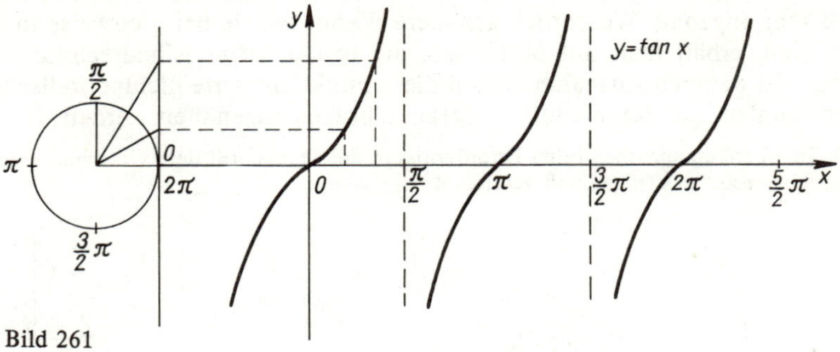

Bild 261

Der Definitionsbereich der Funktion $y = \tan x$ ist

$$D: \quad x \in (-\infty; +\infty) \setminus \left\{ \pm\frac{\pi}{2}; \pm\frac{3\pi}{2}; \pm\frac{5\pi}{2}; \ldots; \pm\frac{(2n+1)\pi}{2}; \ldots \right\}$$

Nähert man sich einer solchen Stelle, an der die Tangensfunktion nicht erklärt, also *unstetig* ist, so wird der Nenner des Verhältnisses $\frac{v}{u}$ immer kleiner. Der Wert der Tangensfunktion wird demnach dort sehr groß. Daraus folgt, daß der Wertebereich der Funktion $y = \tan x$ alle reellen Werte umfaßt:

$$W: \quad y \in (-\infty; +\infty)$$

Der Funktionswert von $y = \cot x$ wird durch die Maßzahl der Strecke $\overline{CD}$ auf der *Nebentangente* t_n des Einheitskreises dargestellt. Man erhält für $y = \cot x$ die in Bild 262 dargestellte Kurve.

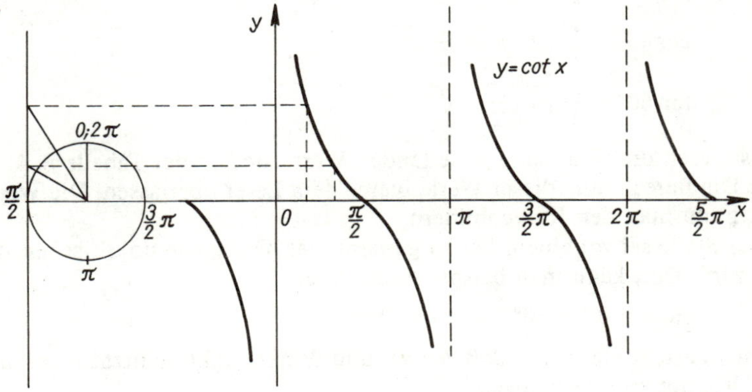

Bild 262

Für Definitions- und Wertebereich der Funktion $y = \cot x$ ergibt sich

$$D: \quad x \in (-\infty; +\infty) \setminus \{0; \pm\pi; \pm 2\pi; \ldots; \pm n\pi; \ldots\}$$
$$W: \quad y \in (-\infty; +\infty)$$

Die *Periode* bei der Tangens- und bei der Cotangensfunktion beträgt π.

27.3. Zahlenwerte der Winkelfunktionen

Die Funktionswerte der Winkelfunktionen könnte man auf die Weise ermitteln, wie dies bei der Zeichnung der Kurven geschehen ist. Die so erhaltenen Werte wären jedoch naturgemäß sehr ungenau. Wesentlich genauere Werte, wie sie beispielsweise in Tabellen enthalten sind, erhält man mit Methoden, die in der Infinitesimalrechnung bereitgestellt werden. Mit wenigen Ausnahmen sind diese Funktionswerte nichtperiodische unendliche Dezimalzahlen, die durch endliche Dezimalbrüche angenähert werden.

Da die Tabellen, entsprechend den Erfordernissen der Praxis, mit dem Gradmaß arbeiten, wird von hier an wieder auf das Bogenmaß verzichtet.

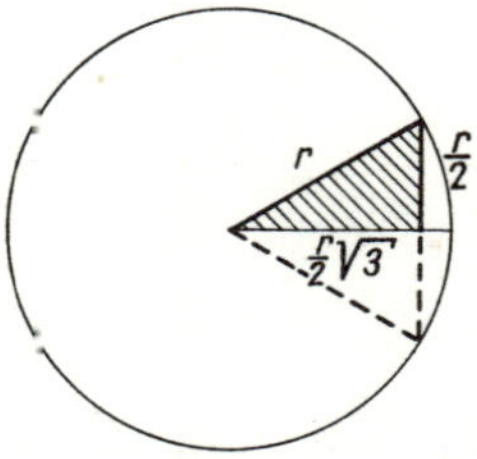

$\alpha = 30°$

Bild 263

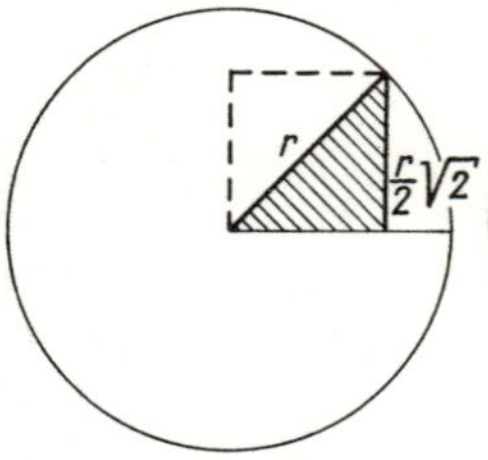

$\alpha = 45°$

Bild 264

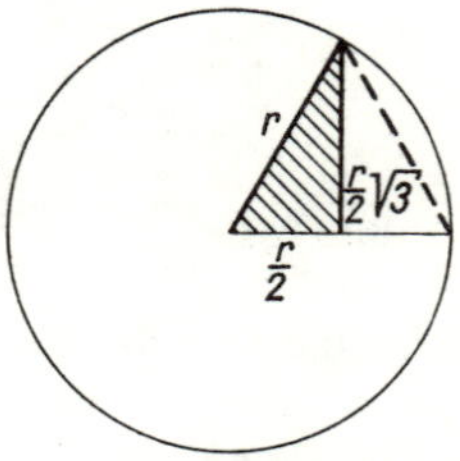

$\alpha = 60°$

Bild 265

Für einige besondere Winkel lassen sich die Zahlenwerte der vier Winkelfunktionen auf elementarem Wege berechnen, indem man die aus Bild 257 sich ergebenden Figuren zu gleichseitigen Dreiecken bzw. zum Quadrat ergänzt. So erhält man die Bilder 263 bis 265, in denen die Strecken eingetragen sind, die sich aus dem vorgegebenen Radius berechnen lassen. Beispielsweise erhält man aus diesen Bildern

$$\sin 30° = \frac{r}{2} : r = \frac{1}{2}$$

$$\cos 45° = \frac{r}{2}\sqrt{2} : r = \frac{1}{2}\sqrt{2}$$

$$\tan 60° = \frac{r}{2}\sqrt{3} : \frac{r}{2} = \sqrt{3}$$

Alle aus diesen drei Figuren abzuleitenden Werte sind in der Tabelle S. 411 zusammengestellt. Die Berechnung dieser Werte bleibe dem Leser überlassen. Die Werte für 0° und 90° entnimmt man den Kurvenbildern.

An dieser Stelle sei vor einem Fehler gewarnt, der häufig von unkritischen Anfängern begangen wird. Dort kann man beispielsweise lesen:

$$\sin \alpha = 0{,}5 = 30°$$

Der Fehler besteht hier darin, daß Winkel und Winkelfunktion nicht scharf unterschieden werden. Richtig muß es heißen:

$$\sin \alpha = 0{,}5$$

daraus folgt

$$\alpha = 30°$$

Für die Aufstellung von Tabellen der Winkelfunktionen ist es bedeutungsvoll, daß die Beträge *aller* Funktionswerte, deren eine jede Winkelfunktion fähig ist, bereits im I. Qua-

[1]

Funktion	α 0°	30°	45°	60°	90°
$\sin\alpha$	0	$\frac{1}{2}$	$\frac{1}{2}\sqrt{2}$	$\frac{1}{2}\sqrt{3}$	1
$\cos\alpha$	1	$\frac{1}{2}\sqrt{3}$	$\frac{1}{2}\sqrt{2}$	$\frac{1}{2}$	0
$\tan\alpha$	0	$\frac{1}{3}\sqrt{3}$	1	$\sqrt{3}$	$\pm\infty$
$\cot\alpha$	$\pm\infty$	$\sqrt{3}$	1	$\frac{1}{3}\sqrt{3}$	0

dranten vorkommen. Man wird in den Tabellen also nur Winkel von 0° bis 90° verzeichnet finden.
Eine weitere Vereinfachung ergibt sich aus dem folgenden Sachverhalt.
Betrachtet man das Kurvenbild der Sinus- oder Tangens-Funktion und das der zugehörigen Co-Funktion im ersten Quadranten, so stellt man fest, daß beide gleichen Verlauf haben, sofern man bei der Co-Funktion die Werte für α entgegengesetzt durchläuft. Bild 266 veranschaulicht diesen Sachverhalt für die Sinus- und Cosinus-Funktion. Man erkennt:

$$\boxed{\sin\alpha = \cos(90° - \alpha)} \qquad (129)$$

Der exakte Beweis dieser Tatsache wird in 28.1. gegeben, ebenso wie für die folgende entsprechende Beziehung zwischen der Tangens- und Cotangens-Funktion:

$$\boxed{\tan\alpha = \cot(90° - \alpha)} \qquad (130)$$

Beide Sätze lassen sich allgemein so ausdrücken:

Der Funktionswert einer Winkelfunktion ist gleich dem Funktionswert der zugehörigen Co-Funktion des Komplementwinkels.

Diese Tatsache wird ebenfalls bei der Einrichtung der Tabellen ausgenützt. Dabei ist es gleichgültig, ob es sich um die Tafel der *natürlichen Werte* oder um die der *Logarithmen* der Winkelfunktionen handelt. Der *Aufbau* ist bei beiden Tafeln gleich:
In der linken Spalte stehen, von oben nach unten zählend, die Winkel von 0° bis 45°, rechts davon die vier Funktionswerte. Die Spalten „D" enthalten die Tafeldifferenzen, die zur Interpolation gebraucht werden.
Wegen der Komplementbeziehung der Winkelfunktionen [Formeln (129) u. (130)] erübrigt es sich, die Funktionswerte der Winkel von 45° bis 90° gesondert aufzuführen.
Es gilt beispielsweise:

$$\sin 78°20' = \cos 11°40' = 0{,}979\,34$$

[1] Es lassen sich die Funktionswerte von noch weit mehr Winkeln auf algebraischem Wege berechnen. Vgl. dazu Abschnitt 29.

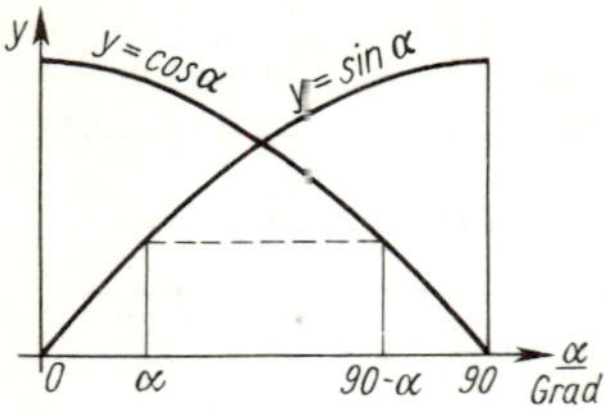

Bild 266

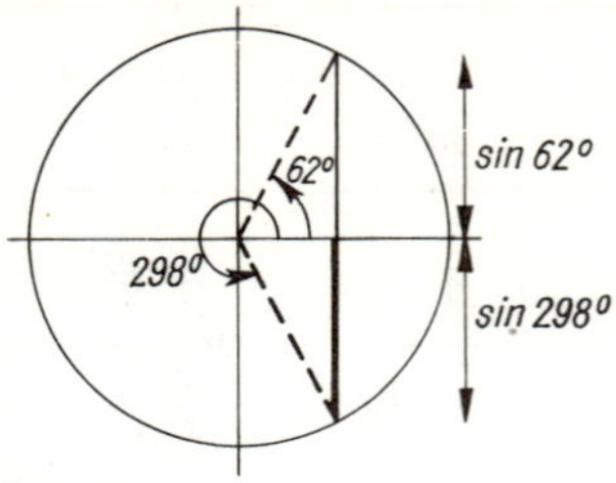

Bild 267

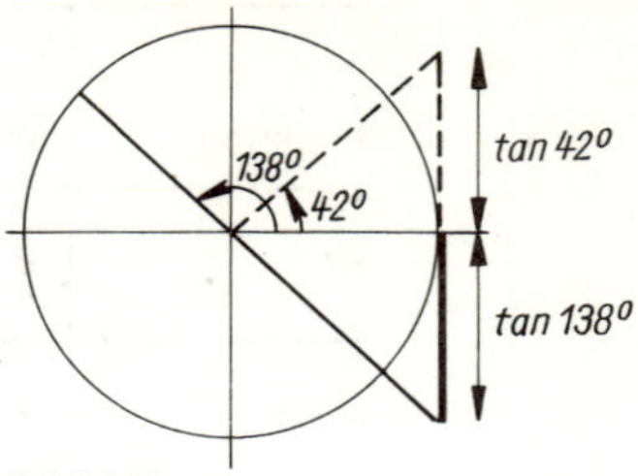

Bild 268

Um die dafür nötige Umrechnung zu sparen, sind die Winkel von 90° bis 45°, also die Komplementwinkel der Winkel von 0° bis 45°, in der rechten Spalte, von unten nach oben zählend, angegeben. Die zu ihnen gehörenden Funktionsbezeichnungen stehen in der untersten Zeile der Tabelle.

Schließlich muß noch geklärt werden, wie man die Funktionswerte von Winkeln bestimmt, die nicht im ersten Quadranten liegen.
Um derartige Funktionswerte auf solche im ersten Quadranten zurückzuführen, orientiert man sich zweckmäßig an einer Skizze, bei der Sinus- und Cosinusfunktion entsprechend Bild 267, bei der Tangens- und Cotangens-Funktion entsprechend Bild 268.

Zum Beispiel:

$$\sin 298° = \sin(270° + 28°)$$

Die negative Ordinate in Bild 267 zeigt, daß der Funktionswert negativ wird. Weiter folgt aus der Symmetrie am waagerechten Durchmesser des Kreises:

$$\sin(270° + 28°) = -\sin(90° - 28°) = -\sin 62° = -0{,}882\,9$$

Oder: $\tan 138° = \tan(90° + 48°)$

Aus Bild 268 ergibt sich weiter:

$$\tan(90° + 48°) = -\tan(90° - 48°) = -\tan 42° = -0{,}900\,4$$

In der folgenden Tabelle ist zusammengefaßt, wie man in *allen* Fällen vorgeht, in denen der Winkel zwischen 90° und 360° liegt.

	II. Quadrant $180° - \alpha$	III. Quadrant $180° + \alpha$	IV. Quadrant $360° - \alpha$	$0° < \alpha < 90°$
sin	$+\sin\alpha$	$-\sin\alpha$	$-\sin\alpha$	
cos	$-\cos\alpha$	$-\cos\alpha$	$+\cos\alpha$	
tan	$-\tan\alpha$	$+\tan\alpha$	$-\tan\alpha$	
cot	$-\cot\alpha$	$+\cot\alpha$	$-\cot\alpha$	

Aus Bild 257 erkennt man auch, was sich für die Funktionswerte negativer Winkel ergibt, wenn man den Strahl *MP* von der Nullage ausgehend rechtsherum dreht:

$$\sin(-\alpha) = -\sin\alpha \qquad \tan(-\alpha) = -\tan\alpha$$
$$\cos(-\alpha) = +\cos\alpha \qquad \cot(-\alpha) = -\cot\alpha \qquad (131)$$

In diesen Gleichungen kommt zum Ausdruck, daß die Cosinus-Funktion eine *gerade* Funktion ist. Die übrigen drei Winkelfunktionen sind *ungerade* Funktionen. (Vgl. dazu 14.3.3. und 14.3.4.)

Winkel über 360°, wie sie beispielsweise bei Drehbewegungen vorkommen, werden durch mehrmalige Subtraktion von 360° auf solche zwischen 0° und 360° reduziert. Die Berechtigung hierzu ergibt sich aus der Periodizität der Winkelfunktionen.

BEISPIELE

1. $\sin(-248°) = -\sin 248° = -\sin(180° + 68°) = +\sin 68° = 0{,}927\,18$
2. $\cos(-308°) = +\cos 308° = \cos(360° - 52°) = \cos 52° = 0{,}615\,66$
3. $\tan 426° = \tan(426° - 360°) = \tan 66° = 2{,}246\,04$
4. $\cot 3\,867° = \cot(3\,867° - 10 \cdot 360°) = \cot 267° = \cot(180° + 87°) = \cot 87° = 0{,}052\,41$

Die Periodizität der Winkelfunktionen ist auch dann zu berücksichtigen, wenn die Funktionswerte gegeben und die Winkel gesucht sind. Selbst innerhalb des Bereiches der Hauptwerte gehören zu *jedem* Funktionswert bei *jeder* Funktion *zwei* Winkel, wie man am anschaulichsten an den Kurvenbildern erkennt. Lediglich *eine* Ausnahme existiert:

$$\cos\alpha = -1 \qquad \text{ergibt} \qquad \alpha = 180°.$$

BEISPIELE

5. $\sin\alpha = -0{,}851\,12$; $\alpha = \{238°20' \pm n \cdot 360°;\ 301°40' \pm n \cdot 360°\}$ $n \in N$
6. $\cos\alpha = 0{,}983\,78$; $\alpha = \{10°20' \pm n \cdot 360°;\ 349°40' \pm n \cdot 360°\}$ in allen
7. $\tan\alpha = -2{,}160\,90$; $\alpha = \{114°50' \pm n \cdot 360°;\ 294°50' \pm n \cdot 360°\}$ vier Fällen
   oder wegen der Periode von π:
   $= \{114°50' \pm n \cdot 180°\}$
8. $\cot\alpha = 17{,}169\,34$; $\alpha = \{3°20' \pm n \cdot 360°;\ 183°20' \pm n \cdot 360°\}$
   oder
   $\alpha = \{3°20' \pm n \cdot 180°\}$

Zur Bestimmung der Werte der Winkelfunktionen sind auf den Taschenrechnern die Tasten [sin], [cos], [tan] und [cot] vorhanden. Es muß jedoch bei der Verwendung dieser Tasten beachtet werden, daß der Rechner vorher auf das zu verwendende Winkelmaß eingestellt worden sein muß und daß es sich bei diesen Tasten um Funktionstasten handelt, bei denen die Reihenfolge der Eingabe nicht dem in der Mathematik üblichen Sprachgebrauch folgt.

BEISPIELE

9. $\sin 217°$

   Einstellung des Winkelschalters auf DEG, dann Tastenfolge [2] [1] [7] [sin]. Man erhält $\sin 217° = -0{,}601\,815\,02$.

10. $\tan 1\,000°$

   Winkelschalter auf DEG, dann Tastenfolge [1] [0] [0] [0] [tan]. Es ergibt sich $\tan 1\,000° = -5{,}671\,282\,9$.

11. $\cos\dfrac{\pi}{12}$

   Hier ist der Winkel im Bogenmaß gegeben, daher Winkelschalter in Stellung RAD bringen.

Die Tastenfolge [π] [÷] [1] [2] [=] [cos] liefert dann den gewünschten Wert $\cos\frac{\pi}{12} = 0{,}965\,925\,83$.

Die Ermittlung von Winkeln zu den zugehörigen Winkelfunktionswerten erfolgt mit Hilfe der Tasten, die mit [arcsin], [arccos], [arctan] und [arccot] bezeichnet sind. (Auf einigen Rechnern finden sich hierfür auch die Bezeichnungen [$\sin^{-1}$], [$\cos^{-1}$] usw.)

BEISPIELE

12. $\sin x = 0.1$

Winkelschalter auf DEG, dann Tastenfolge [0] [.] [1] [arcsin]. Man erhält $x_1 = 5{,}739\,170\,4°$.
Der Rechner liefert natürlich nur diesen einen Winkel. Den zweiten möglichen Winkel innerhalb des Intervalls von 0° bis 360° muß man mit Hilfe der Vorzeichenregeln für die Winkelfunktionen selbst bestimmen. Im gegebenen Falle ist $x_2 = 174{,}260\,829\,6°$.

13. $\tan x = 10$

Winkelschalter auf DEG, dann Tastenfolge [1] [0] [arctan]. Man erhält $x_1 = 84{,}289\,407°$.
Aus den Vorzeichenregeln für Winkelfunktionen ergibt sich als zweiter Winkel $x_2 = 264{,}289\,407°$.

14. $\cos x = -0{,}25$; der zugehörige Winkel soll im Bogenmaß angegeben werden.

Winkelschalter auf RAD. Dann Tastenfolge [0] [.] [2] [5] [+/−] [arccos]. Man erhält $x = 1{,}823\,476\,6$.

27.4. Elementare Beziehungen zwischen den Winkelfunktionen

Wichtige Beziehungen der Winkelfunktionen untereinander ergeben sich aus Bild 257 sowie den Definitionen (125) bis (128).
Im rechtwinkligen Dreieck *MPE* des Bildes 257 gilt der Satz des PYTHAGORAS:

$$v^2 + u^2 = r^2$$

Division durch r^2 liefert

$$\left(\frac{v}{r}\right)^2 + \left(\frac{u}{r}\right)^2 = 1$$

Diese Gleichung läßt folgende Schreibweise zu:

$$\boxed{\sin^2\alpha + \cos^2\alpha = 1}\,^{1)} \qquad (132)$$

Diese Formel wird auch als „Trigonometrischer Pythagoras“ bezeichnet. Unmittelbar aus den Definitionen für $\tan\alpha$ und $\cot\alpha$ bzw. aus der Division beider Ausdrücke folgt

$$\boxed{\tan\alpha = \frac{1}{\cot\alpha}} \qquad (133)$$

[1]) Statt $\sin\alpha \cdot \sin\alpha = (\sin\alpha)^2$ schreibt man nach Vereinbarung $\sin^2\alpha$ (gelesen: sinus Quadrat α).

und $$\boxed{\frac{\sin\alpha}{\cos\alpha} = \tan\alpha} \qquad (134)$$

Die Gleichungen (132) bis (134) gestatten es, eine Winkelfunktion durch die andere auszudrücken. Löst man beispielsweise (132) nach $\sin\alpha$ auf, folgt

$$|\sin\alpha| = \sqrt{1-\cos^2\alpha} \qquad (\sin\alpha \text{ durch } \cos\alpha \text{ ausgedrückt}).$$

Setzt man diesen Wert in (134) ein, kann man $\tan\alpha$ durch $\cos\alpha$ ausdrücken:

$$|\tan\alpha| = \frac{\sqrt{1-\cos^2\alpha}}{|\cos\alpha|}$$

Löst man diese Formel nach $\cos\alpha$ auf, kann man $\cos\alpha$ durch $\tan\alpha$ ausdrücken usw. In der folgenden Zusammenstellung sind alle möglichen Fälle verzeichnet, deren Herleitung dem Leser überlassen bleibe. Dabei sind die Betragszeichen weggelassen worden, so daß die Beziehungen in dieser Form nur für spitze Winkel gelten. Für negative Winkel oder solche über 90° müßten dann zusätzliche Vorzeichenbetrachtungen angestellt werden.

gesucht	gegeben			
	$\sin\alpha$	$\cos\alpha$	$\tan\alpha$	$\cot\alpha$
$\sin\alpha$	$\sin\alpha$	$\sqrt{1-\cos^2\alpha}$	$\frac{\tan\alpha}{\sqrt{1+\tan^2\alpha}}$	$\frac{1}{\sqrt{1+\cot^2\alpha}}$
$\cos\alpha$	$\sqrt{1-\sin^2\alpha}$	$\cos\alpha$	$\frac{1}{\sqrt{1+\tan^2\alpha}}$	$\frac{\cot\alpha}{\sqrt{1+\cot^2\alpha}}$
$\tan\alpha$	$\frac{\sin\alpha}{\sqrt{1-\sin^2\alpha}}$	$\frac{\sqrt{1-\cos^2\alpha}}{\cos\alpha}$	$\tan\alpha$	$\frac{1}{\cot\alpha}$
$\cot\alpha$	$\frac{\sqrt{1-\sin^2\alpha}}{\sin\alpha}$	$\frac{\cos\alpha}{\sqrt{1-\cos^2\alpha}}$	$\frac{1}{\tan\alpha}$	$\cot\alpha$

BEISPIEL

Gegeben ist $\sin\alpha = \frac{1}{2}\sqrt{3}$, *gesucht ist* $\cot\alpha$. $(0° < \alpha < 90°)$

Lösung:

$$\cot\alpha = \frac{\sqrt{1-\frac{3}{4}}}{\frac{1}{2}\sqrt{3}} = \frac{\sqrt{\frac{1}{4}}}{\sqrt{\frac{3}{4}}} = \sqrt{\frac{1}{3}} = \frac{1}{3}\sqrt{3}$$

Zu diesem Ergebnis könnte man auch gelangen, wenn man in der Tabelle der sin-Werte den zu $\frac{1}{2}\sqrt{3} = 0{,}866$ gehörenden Winkel und dann dessen cot-Wert aufsucht. Legt man jedoch Wert auf ein genaues Ergebnis, ist dem oben beschriebenen Verfahren der Vorzug zu geben, da die Tabellenwerte infolge der Interpolation stets mit Rundungsungenauigkeiten behaftet sind.

28. Trigonometrie

28.1. Die Winkelfunktionen am rechtwinkligen Dreieck

Während in der *Goniometrie*[1]) die Winkelfunktionen für alle möglichen Winkel untersucht werden, beschränkt sich die *Trigonometrie*[2]) auf die Untersuchung von Dreiecken. Die dazu nötigen Betrachtungen beginnen zunächst mit der Untersuchung *rechtwinkliger* Dreiecke.
Dabei bezeichnet man eine Kathete als *Ankathete* oder *Gegenkathete*, je nachdem, ob sie dem betrachteten Winkel anliegt oder gegenüberliegt.
Wenn man das rechtwinklige Dreieck *MEP* aus Bild 257 ins Auge faßt, lassen sich die in 27.1. gegebenen Definitionen der Winkelfunktionen in folgender Weise auf ein rechtwinkliges Dreieck übertragen:
(Die Bezeichnungen der Seiten beziehen sich auf Bild 269.)

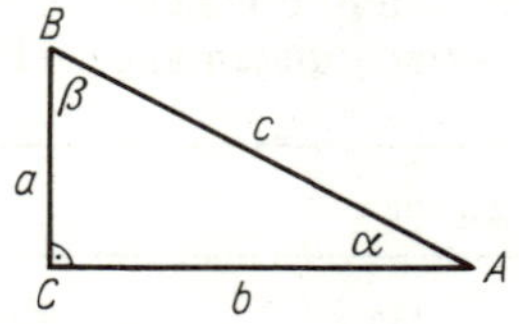

Bild 269

Der Sinus eines Winkels ist das Verhältnis der Gegenkathete zur Hypotenuse.

$$\sin\alpha = \frac{\text{Gegenkathete}}{\text{Hypotenuse}} = \frac{a}{c} \tag{135}$$

Der Cosinus eines Winkels ist das Verhältnis der Ankathete zur Hypotenuse.

$$\cos\alpha = \frac{\text{Ankathete}}{\text{Hypotenuse}} = \frac{b}{c} \tag{136}$$

Der Tangens eines Winkels ist das Verhältnis der Gegenkathete zur Ankathete.

$$\tan\alpha = \frac{\text{Gegenkathete}}{\text{Ankathete}} = \frac{a}{b} \tag{137}$$

Der Cotangens eines Winkels ist das Verhältnis der Ankathete zur Gegenkathete.

$$\cot\alpha = \frac{\text{Ankathete}}{\text{Gegenkathete}} = \frac{b}{a} \tag{138}$$

Dabei spielt die Größe des betrachteten Dreiecks keine Rolle, da alle rechtwinkligen Dreiecke, die den Winkel α enthalten, untereinander ähnlich sind. Beispielsweise gilt in Bild 270:

---

[1]) gonia (griech.) Ecke, Winkel; metrein (griech.) messen → Goniometrie – Winkelmessung

[2]) trigon (griech.) Dreieck → Trigonometrie – Dreiecksmessung

$$\frac{\overline{B_1C_1}}{\overline{AB_1}} = \frac{\overline{B_2C_2}}{\overline{AB_2}} = \frac{\overline{B_3C_3}}{\overline{AB_3}} = \sin\alpha.$$

An dieser Stelle soll auch die Formel (129) aus 27.3. bewiesen werden. In Bild 269 erkennt man:

$$\sin\alpha = \frac{a}{c} = \cos\beta = \cos(90° - \alpha),$$

$$\cos\alpha = \frac{b}{c} = \sin\beta = \sin(90° - \alpha),$$

$$\tan\alpha = \frac{a}{b} = \cot\beta = \cot(90° - \alpha),$$

$$\cot\alpha = \frac{b}{a} = \tan\beta = \tan(90° - \alpha).$$

Das sollte aber bewiesen werden.

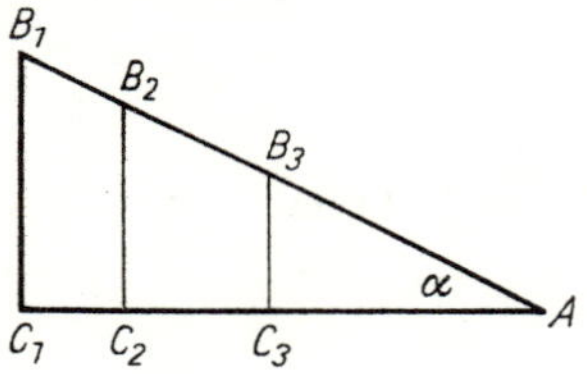

Bild 270

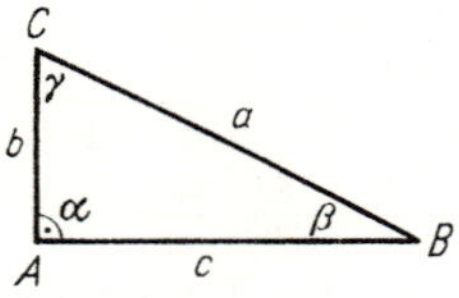

Bild 271

BEISPIELE

1. *Man bestimme die fehlenden Seiten und Winkel der durch folgende Stücke gegebenen Dreiecke:*
   $c = 10\ \text{cm}$, $\alpha = 90°$, $\beta = 25°40'$
   Lösung: (Bild 271)
   $\gamma = 90° - \beta = 64°20'$
   $\frac{b}{c} = \tan\beta$ ergibt $b = c \cdot \tan\beta = 10\ \text{cm} \cdot 0{,}480\,55$
   $b = 4{,}8\ \text{cm}$
   $\frac{c}{a} = \cos\beta$ ergibt $a = \frac{c}{\cos\beta} = \frac{10\ \text{cm}}{0{,}901\,33}$
   $a = 11{,}1\ \text{cm}$
2. $b = 5\ \text{cm}$, $c = 12\ \text{cm}$, $\alpha = 90°$
   Lösung: (Bild 271)
   $a = \sqrt{b^2 + c^2} = \sqrt{169\ \text{cm}^2} = 13\ \text{cm}$
   $\tan\beta = \frac{b}{c} = \frac{5\ \text{cm}}{12\ \text{cm}} = 0{,}416\,67$
   ergibt $\beta = 22°40'$
   $\gamma = 90° - \beta$, $\gamma = 67°20'$
3. $a = 24{,}32\ \text{cm}$, $\alpha = 90°$, $\gamma = 38°17'$
   Lösung: (Bild 271)
   $\beta = 90° - \gamma = 51°43'$
   $\frac{b}{a} = \cos\gamma$ $\frac{c}{a} = \cos\beta$
   $b = a\cos\gamma$ $c = a\cos\beta$

Zur Lösung mit dem Taschenrechner seien folgende Bemerkungen gemacht: Der Taschenrechner besitzt keine gesonderte Eingabe von Winkeln in Grad, Minuten und Sekunden. Ist ein Winkel mit dieser Unterteilung gegeben, so wird er mit Hilfe des Kommas wie eine Dezimalzahl eingetastet. Die Tastenfolge [5] [1] [.] [4] [3] [2] [5] würde also dem Winkel 51°43'25" entsprechen. Bevor man von einem solchen Winkel die Winkelfunktion berechnen kann, muß die [DEG]-Taste gedrückt werden, die die Minuten- und Sekundenanteile des Winkels in Dezimalanteile umwandelt: [5] [1] [.] [4] [3] [2,] [5] [DEG] liefert 51,723 611, so daß 51°43'25" = 51,723 611° ist. – Für diesen Winkel kann nun der Wert der jeweiligen Winkelfunktion bestimmt werden.

Die Tastenfolge bei der Benutzung eines Taschenrechners zur Lösung der gegebenen Aufgabe würde also wie folgt aussehen:

[5] [1] [,] [4] [3] [DEG] [cos] [×] [2] [4] [,] [3] [2] [=]

für die Berechnung von c sowie

[3] [8] [,] [1] [7] [DEG] [cos] [×] [2] [4] [,] [3] [2] [=]

für die Berechnung von b.

Man erhält $b = 19{,}09$ cm

$c = 15{,}07$ cm

4. $a = 19{,}23$ cm, $b = 8{,}09$ cm, $\alpha = 90°$

Lösung: (Bild 271)

$$c = \sqrt{a^2 - b^2} = \sqrt{(a+b)\cdot(a-b)} = \sqrt{27{,}32\text{ cm}\cdot 11{,}14\text{ cm}}$$

$$\sin\beta = \frac{b}{a} = \frac{8{,}09\text{ cm}}{19{,}23\text{ cm}} \qquad \gamma = 90° - \beta$$

Die Berechnung mit dem Taschenrechner liefert

$c = 17{,}45$ cm $\quad \beta = 24°53' \quad \gamma = 65°07'$

5. *Ein Mast wirft bei einem Sonnenstand von* $\alpha = 54°$ *einen Schatten der Länge* $l = 24{,}8$ m. *Wie hoch ist der Mast?*

Lösung: (Bild 272)

$$h = l\cdot\tan\alpha = 24{,}8\text{ m}\cdot\tan 54° \approx 24{,}8\text{ m}\cdot 1{,}38 \approx 34{,}1\text{ m}.$$

Die Höhe beträgt 34,1 m.

6. *Zwischen zwei Gebäuden, die* $d = 38{,}2$ m *entfernt stehen, wird ein Drahtseil von* $l = 39{,}8$ m *Länge gespannt. In der Mitte wird eine Lampe von* $G = 45$ N *Gewicht aufgehängt. Unter welchem Winkel* γ *stellen sich beide Seilstränge gegen die Horizontale ein, und wie groß ist in jedem der Seilstränge die Zugkraft* F*? (Das Gewicht des Seiles wird nicht berücksichtigt.)*

Lösung: (Bild 273)

$$\cos\gamma = \frac{\frac{d}{2}}{\frac{l}{2}} = \frac{d}{l} = \frac{38{,}2\text{ m}}{39{,}8\text{ m}} \qquad \frac{G}{2} : F = \sin\gamma \quad \text{ergibt}$$

$$F = \frac{G}{2\sin\gamma} = \frac{45\text{ N}}{2\cdot 0{,}280}$$

$\gamma = 16°18'$ $\qquad F = 80{,}2$ N

7. *Ein Körper mit dem Gewicht* $G = 78{,}5$ N *liegt auf einer schiefen Ebene, die gegen die Horizontale um den Winkel* $\alpha = 5°30'$ *geneigt ist. Wie groß sind Hangabtriebskraft* F_H *und Normalkraft* F_N*?*

Lösung: (Bild 274)

$$F_H = G\cdot\sin\alpha$$
$$F_N = G\cdot\cos\alpha$$

Hangabtriebskraft $F_H = 7{,}52$ N

Normalkraft $F_N = 78{,}14$ N

8. *Eine regelmäßige quadratische Pyramide hat die Grundkante $a = 15$ cm und die Höhe $h = 20$ cm. Unter welchem Winkel α sind die Seitenflächen, unter welchem Winkel β die Seitenkanten gegen die Grundfläche geneigt? Wie groß ist der Winkel γ an der Spitze eines der gleichschenkligen Dreiecke, die die Mantelfläche bilden?*

Lösung: (Bild 275)

$$\tan\alpha = \frac{h}{\frac{a}{2}} = \frac{2h}{a}$$

$$\tan\beta = \frac{h}{\frac{a}{2}\sqrt{2}} = \frac{h\sqrt{2}}{a}$$

$$H = \sqrt{h^2 + \frac{1}{4}a^2} = \frac{1}{2}\sqrt{4h^2 + a^2}$$

$$\tan\frac{\gamma}{2} = \frac{\frac{a}{2}}{H} = \frac{a}{\sqrt{4h^2 + a^2}}$$

$\alpha = 69°27'$
$\beta = 62°04'$
$\gamma = 38°42'$

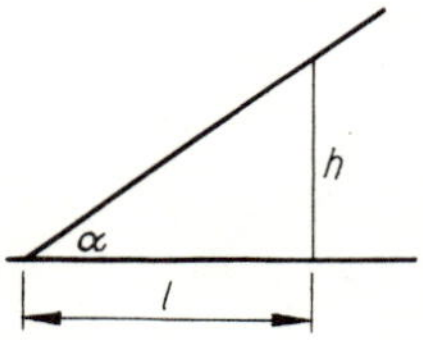

Bild 272

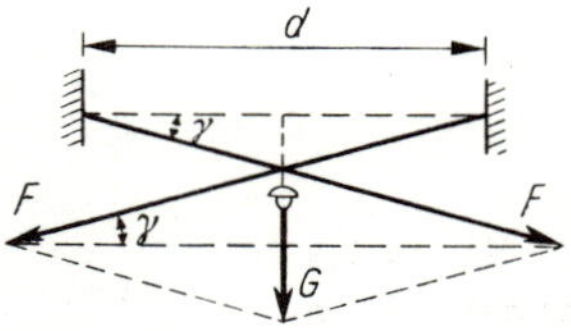

Bild 273

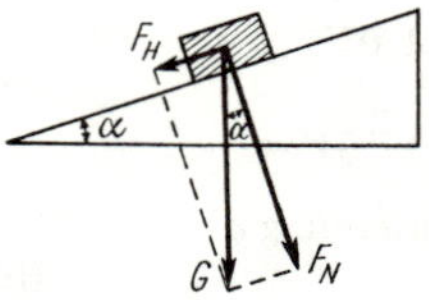

Bild 274

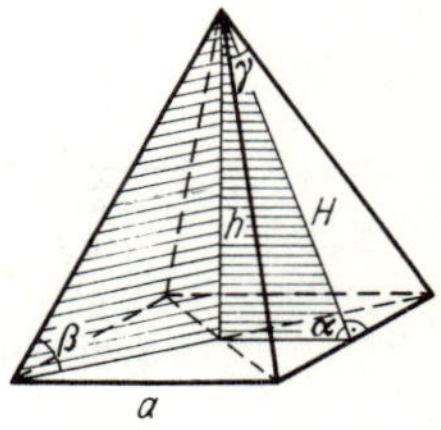

Bild 275

9. *Um zwei Riemenscheiben mit den Radien $R = 365$ mm und $r = 215$ mm und dem Achsenabstand $d = 1\,850$ mm ist ein Treibriemen gelegt. Wie lang ist er?*

Lösung: (Bild 276)
Umschlungenes Stück des großen Rades B
Umschlungenes Stück des kleinen Rades b
Tangentenlänge l

Gesamtlänge $L = 2l + B + b$

$$l = \sqrt{d^2 - (R - r)^2} = \sqrt{[d + (R - r)]\,[d - (R - r)]}$$

$$\tan\varphi = \frac{R - r}{l}$$

Umschlingungswinkel am großen Rad $\alpha = 180° + 2\varphi$
Umschlingungswinkel am kleinen Rad $\beta = 180° - 2\varphi$

$$B = \frac{R\pi\alpha}{180°}$$

$$b = \frac{r\pi\beta}{180°}$$

$l = 1\,844$ mm
$\varphi = 4°39' = 4{,}65°$
$\alpha = 189°18' = 189{,}30°$
$\beta = 170°42' = 170{,}70°$
$B = 1\,206$ mm
$b = 641$ mm
Gesamtlänge $L = 5\,535$ mm

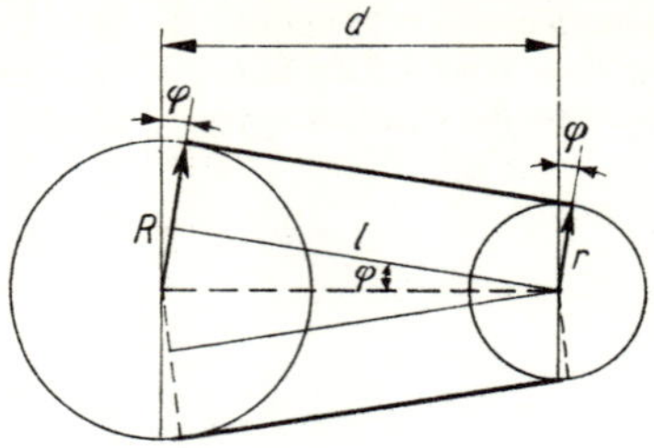

Bild 276

10. *Ein Ballon, Durchmesser $d = 2r = 4{,}2$ m, wird beobachtet. Sein scheinbarer oberer bzw. unterer Rand werden unter dem Winkel $\alpha = 18°34'$ bzw. $\beta = 16°28'$ anvisiert. Man berechne Schrägentfernung e und Höhe h des Ballons, bezogen auf seinen Mittelpunkt.*

Lösung: (Bild 277)

$$\frac{r}{e} = \sin\left(\frac{\alpha-\beta}{2}\right) \text{ ergibt: } e = \frac{r}{\sin\left(\frac{\alpha-\beta}{2}\right)}$$

$$\frac{h}{e} = \sin\left(\frac{\alpha+\beta}{2}\right) \text{ ergibt: } h = e \sin\left(\frac{\alpha+\beta}{2}\right)$$

$$\frac{\alpha-\beta}{2} = 1°03' = \delta$$

$$\frac{\alpha+\beta}{2} = 17°31' = \varepsilon$$

Schrägentfernung $e = 114{,}6$ m

Höhe $h = 34{,}5$ m

11. *Die Spitze eines Turmes erscheint vom Punkt A aus unter dem Winkel $\alpha = 22°50'$ und von B aus unter dem Winkel $\beta = 31°10'$. Der Fußpunkt F des Turmes liegt in der Verlängerung der Strecke $\overline{AB} = d = 38{,}35$ m. Wie hoch ist der Turm?*

Lösung: (Bild 278)

$$\frac{\overline{FB}}{h} = \cot\beta$$

$$\cot\alpha = \frac{\overline{AF}}{h} = \frac{\overline{AB}}{h} + \frac{\overline{BF}}{h} = \frac{d}{h} + \cot\beta$$

ergibt $$h = \frac{d}{\cot\alpha - \cot\beta}$$

$\cot\alpha = 2{,}375\,04\ +$

$\cot\beta = 1{,}653\,37\ -$

Nenner $= 0{,}721\,67$

Turmhöhe $h = 53{,}2$ m

12. *Man berechne Flächeninhalt A und Basislänge g eines gleichschenkligen Dreiecks, von dem bekannt sind*

a) *die Höhe h und der Winkel γ an der Spitze*
b) *die Schenkellänge s und der Winkel γ an der Spitze.*

Lösung: (Bild 279)

a) Es gilt: $A = \frac{1}{2} gh$ und $\frac{g}{2} : h = \tan\frac{\gamma}{2}$.

Durch Umstellen der zweiten Gleichung ergibt sich:

$$g = 2h \tan\frac{\gamma}{2}$$

Setzt man das in die erste Gleichung ein, erhält man:

$$A = h^2 \tan\frac{\gamma}{2}$$

b) Es gilt: $A = \frac{1}{2} s h_s$ und $\frac{h_s}{s} = \sin\gamma$ bzw. $h_s = s\sin\gamma$.

Ersetzt man h_s im ersten Ausdruck, ergibt sich

$$A = \frac{1}{2} s^2 \sin\gamma$$

Aus $\frac{g}{2} : s = \sin\frac{\gamma}{2}$

folgt schließlich noch

$$g = 2s\sin\frac{\gamma}{2}.$$

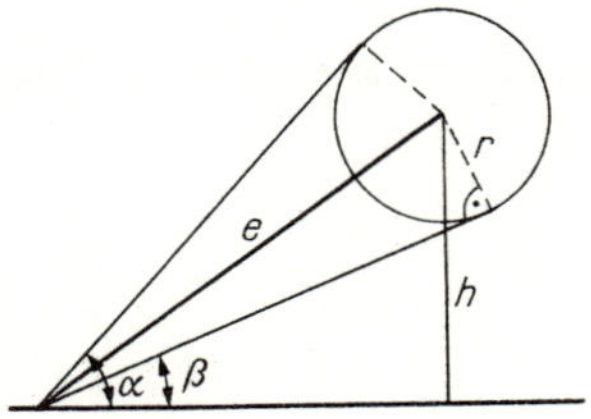

Bild 277

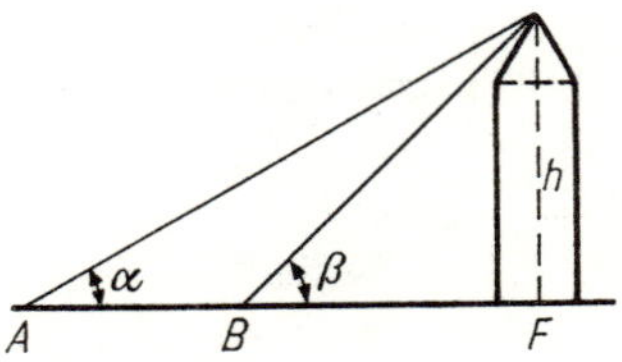

Bild 278

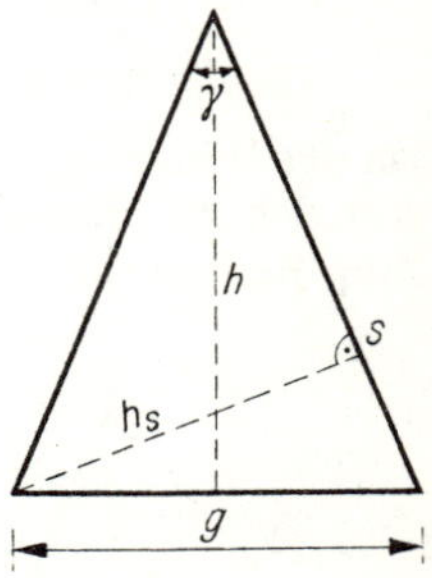

Bild 279

28.2. Sätze für beliebige Dreiecke

Mit den Mitteln der Trigonometrie kann man auch schiefwinklige Dreiecke berechnen, ohne diese in jedem Fall in rechtwinklige Dreiecke zerlegen zu müssen. Das ist lediglich zum Beweis der Gesetze erforderlich.

Sinussatz: Die Seiten eines Dreiecks verhalten sich wie die Sinus der gegenüberliegenden Winkel.

$$\boxed{a : b : c = \sin\alpha : \sin\beta : \sin\gamma} \qquad (139)$$

Oder in anderer Formulierung:

Das Verhältnis einer Seite zum Sinus des gegenüberliegenden Winkels ist innerhalb ein und desselben Dreiecks konstant und gleich dem Umkreisdurchmesser.

$$\boxed{\frac{a}{\sin\alpha} = \frac{b}{\sin\beta} = \frac{c}{\sin\gamma} = 2r} \qquad (140)$$

Beweis: Die Gleichwertigkeit beider Formulierungen ergibt sich aus den Rechengesetzen für fortlaufende Proportionen. In einem spitzwinkligen Dreieck (Bild 280) gilt für das linke Teildreieck

$$h_c = b \cdot \sin\alpha$$

und für das rechte Teildreieck

$$h_c = a \cdot \sin\beta$$

Die Elimination von h_c liefert

$$a \sin\beta = b \cdot \sin\alpha$$

bzw.
$$\frac{a}{\sin\alpha} = \frac{b}{\sin\beta}$$

Benutzt man die Seite a oder b als Basis, läßt sich der Beweis auf dem gleichen Wege unter Verwendung der Höhen h_a bzw. h_b vollenden, was dem Leser überlassen bleiben möge.

In einem stumpfwinkligen Dreieck (Dreieck ABC in Bild 281) gilt für das Dreieck ACD

$$h_c = b \cdot \sin\varphi$$

und für das Dreieck DBC

$$h_c = a \cdot \sin\beta$$

Da der Winkel φ aber Supplementwinkel zum Winkel α ist, gilt $\sin\varphi = \sin\alpha$, und es ergibt sich die gleiche Beziehung wie oben.
Zum Beweis der Formel (140) betrachten wir Bild 282.

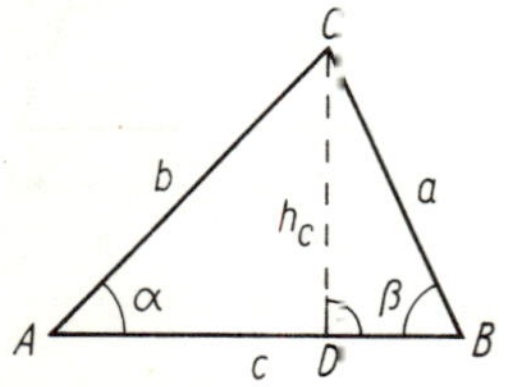

Bild 280

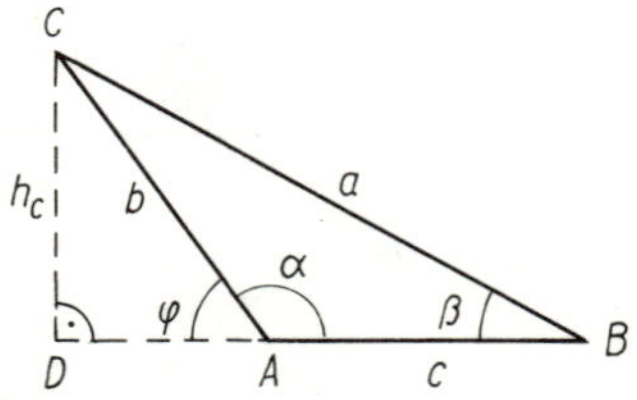

Bild 281

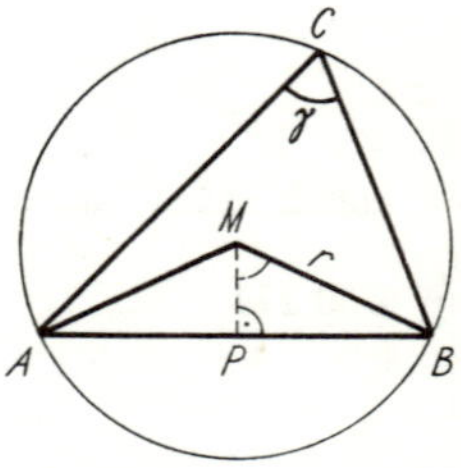

Bild 282

Der Winkel AMB beträgt 2γ als Zentriwinkel zum Peripheriewinkel γ bei C „über" der Sehne AB. Das Dreieck MBP hat in M den Winkel γ, da es gemäß der Konstruktion des Umkreismittelpunktes rechtwinklig in P und spiegelgleich dem Dreieck MPA ist.

Somit ergibt sich aus dem Dreieck MPB mit $\overline{PB} = \frac{c}{2}$

$$\frac{c}{2r} = \sin\gamma$$

Daraus folgt

$$\frac{c}{\sin\gamma} = 2\varrho, \qquad \text{w. z. b. w.}$$

Damit ist der Sinussatz vollständig bewiesen.

Eine sehr handliche Formel ergibt sich für die Dreiecksfläche:

> Die **Fläche eines Dreiecks** ist gleich dem halben Produkt zweier Seiten, multipliziert mit dem Sinus des von ihnen eingeschlossenen Winkels.
>
> $$\boxed{A = \frac{1}{2} ab \sin\gamma} \qquad (141)$$

Beweis: Zunächst für ein spitzwinkliges Dreieck (Bild 283). Ersetzt man in der Flächenformel für das Dreieck

$$A = \frac{1}{2} b h_b \qquad \text{die Höhe durch} \qquad h_b = a \sin \gamma,$$

so erhält man die obige Formel.
Im stumpfwinkligen Dreieck (Bild 284) verläuft der Beweis ebenso mit

$$h_b = a \sin \varphi = a \sin \gamma$$

In der hier bewiesenen Formel ist das Ergebnis von Beispiel 12b aus 28.1. als Sonderfall enthalten.

Die Formel für die Dreiecksfläche läßt sich leicht auf die zwei weiteren möglichen Fälle anwenden, wenn man beachtet, wie auch im Satz zum Ausdruck gebracht, daß man stets zwei Seiten und den von ihnen *eingeschlossenen* Winkel betrachtet:

$$A = \frac{1}{2} bc \sin \alpha, \qquad A = \frac{1}{2} ca \sin \beta$$

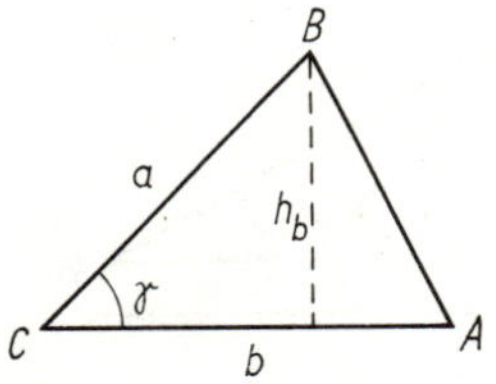

Bild 283

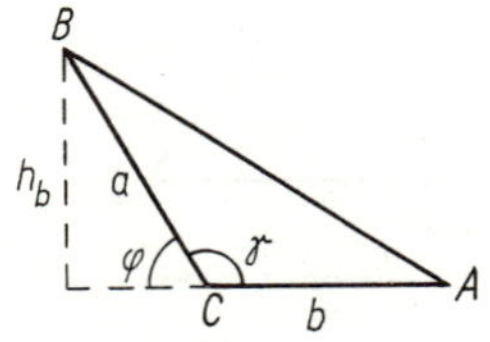

Bild 284

Für den Fall eines gleichschenkligen Dreiecks mit $b = a$ nimmt Gleichung (141) die einfache Form an:

$$\boxed{A = \frac{1}{2} \cdot a^2 \cdot \sin \gamma} \tag{142}$$

Cosinussatz: Das Quadrat einer Seite im Dreieck ist gleich der Summe der Quadrate der anderen Seiten, vermindert um deren doppeltes Produkt, das mit dem Cosinus des von ihnen eingeschlossenen Winkels zu multiplizieren ist.

$$\boxed{a^2 = b^2 + c^2 - 2bc \cos \alpha} \tag{143}$$

Beweis: Er wird zunächst für das spitzwinklige Dreieck geführt. In Bild 285 gilt für die beiden rechtwinkligen Teildreiecke:

$$h_c^2 = a^2 - (c - q)^2 \quad \text{und} \quad h_c^2 = b^2 - q^2$$

Elimination von h_c liefert:

$$a^2 = b^2 + c^2 - 2qc$$

Setzt man darin $q = b \cos \alpha$, so erhält man die zu beweisende Formel.
Für das stumpfwinklige Dreieck ergibt sich (Bild 286):

$$h_c^2 = a^2 - (c + q)^2 \quad \text{und} \quad h_c^2 = b^2 - q^2$$

bzw. $$a^2 = b^2 + c^2 + 2qc$$

In diesem Fall ergibt sich für q

$$q = b \cos \varphi = -b \cos \alpha,$$

da $\cos \varphi = \cos (180° - \alpha) = -\cos \alpha$

gilt.

Setzt man dies in die letzte Gleichung ein, ist der Cosinussatz vollständig bewiesen. Durch zyklische Vertauschung erhält man die übrigen Formulierungen des Cosinussatzes, die selbstverständlich wieder auf die übliche Bezeichnungsweise im Dreieck zugeschnitten sind.

$$b^2 = c^2 + a^2 - 2ca \cos \beta$$

und $$c^2 = a^2 + b^2 - 2ab \cos \gamma$$

Löst man (143) nach $\cos \alpha$ auf, so läßt sich der Winkel α daraus, im Gegensatz zum Sinussatz, *eindeutig* bestimmen, da die Cosinusfunktion im Intervall $0° \leqq \alpha \leqq 180°$ *umkehrbar eindeutig* ist.

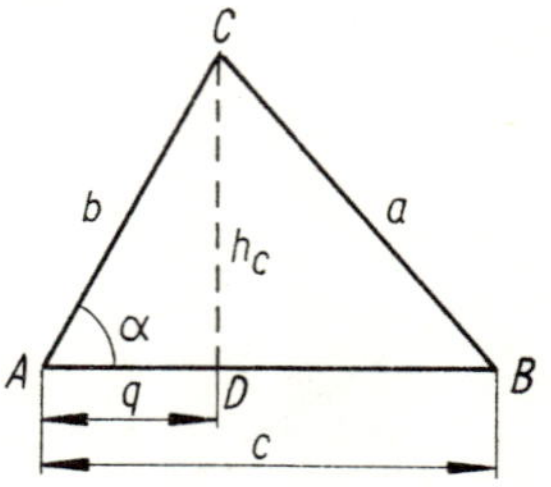

Bild 285

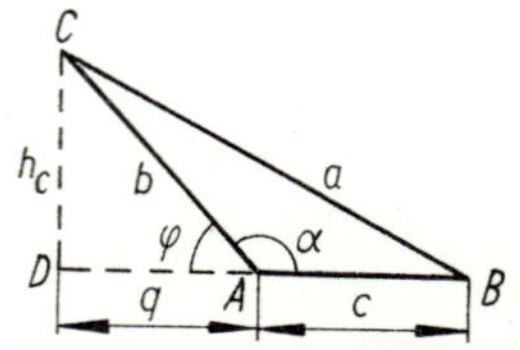

Bild 286

28.3. Spezielle Berechnungen an beliebigen Dreiecken

BEISPIELE

1. *Von den Endpunkten A und B einer Strecke* c = 183 m *erscheint ein dritter Punkt C unter den Winkeln* $\alpha = 34° 45'$ *und* $\beta = 76° 22'$. *Wie weit liegt der Punkt C von A und B entfernt?*

   Lösung: Der dritte Winkel ergibt sich aus der Winkelsumme mit $\gamma = 68° 53'$.

   Mit den Bezeichnungen $\overline{AC} = b$ und $\overline{BC} = a$ (Bild 287) ergibt sich aus dem Sinussatz

   $$b = \sin \beta \frac{c}{\sin \gamma}$$

   und $$a = \sin \alpha \frac{c}{\sin \gamma}$$

   Die Entfernungen betragen

   $$\overline{AC} = 190{,}6 \text{ m}$$
   $$\overline{BC} = 111{,}8 \text{ m}$$

   Dieses Problem bezeichnet man in der Vermessungstechnik als **Vorwärtseinschneiden.**

2. Wendet man den Sinussatz auf ein rechtwinkliges Dreieck an, indem man etwa $\gamma = 90°$ setzt (dann gilt: $\sin \gamma = 1$), so vereinfacht sich der Sinussatz zu der in 28.1. definierten Sinusfunktion für rechtwinklige Dreiecke (Bild 288).

   $$\frac{a}{\sin \alpha} = \frac{c}{1} \quad \text{ergibt} \quad \sin \alpha = \frac{a}{c}$$

   und $$\frac{b}{\sin \beta} = \frac{c}{1} \quad \text{ergibt} \quad \sin \beta = \frac{b}{c}$$

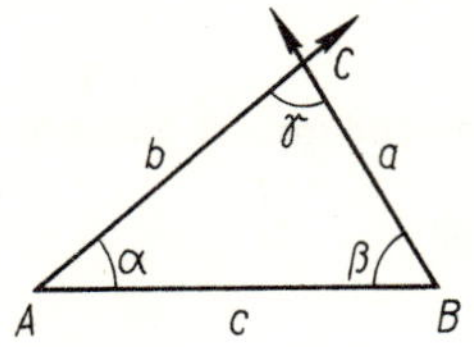

Bild 287

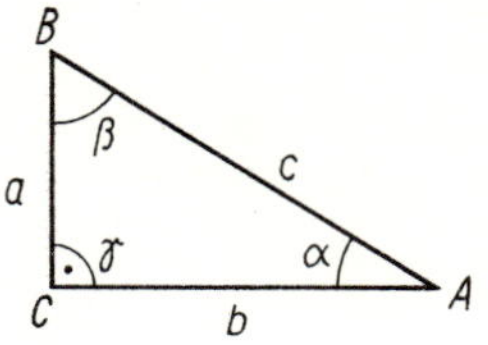

Bild 288

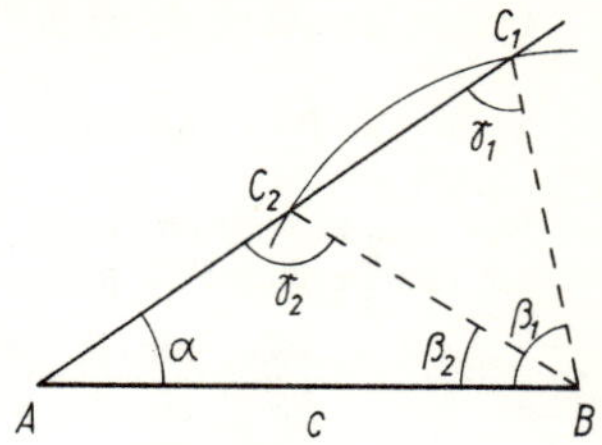

Bild 289

3. *Von einem Dreieck sind folgende Stücke bekannt:* (Bild 289)
$a = 6$ cm, $c = 13$ cm, $\alpha = 23°$. *Man berechne die fehlenden Stücke.*

Lösung: Zunächst läßt sich nur der Winkel γ berechnen.

$$\sin\gamma = \frac{c \cdot \sin\alpha}{a}$$

Zu diesem Wert von $\sin\gamma$ sind zwei Winkel möglich, nämlich

$$\gamma_1 = 57°\,50' \text{ und } \gamma_2 = 180° - \gamma_1 = 122°\,10'$$

Diese Doppeldeutigkeit war bereits in 21.2. Beispiel 4, Fall c_1 aufgetreten. Die dort angedeutete Unterscheidung der Fälle c_1 bis c_3 läßt sich nunmehr genauer formulieren: Für die rechte Seite der obigen Gleichung gibt es drei Möglichkeiten:

$$\frac{c \cdot \sin\alpha}{a} \begin{cases} < 1 & \text{zwei Lösungen mit zwei verschiedenen Winkeln } \gamma_1 \text{ und } \gamma_2. \\ = 1 & \text{Doppellösung, } \gamma = 90°. \\ > 1 & \text{keine Lösung, da } \sin\gamma \text{ nicht größer als 1 sein kann.} \end{cases}$$

Im hier vorliegenden Fall muß man mit beiden Winkeln weiterarbeiten und erhält zwei mögliche Dreiecke, nämlich ABC_1 und ABC_2.

$$\gamma_1 = 57°\,50' \qquad \gamma_2 = 122°\,10'$$
$$\beta_1 = 99°\,10' \qquad \beta_2 = 34°\,50'$$
$$b_1 = \frac{a \cdot \sin\beta_1}{\sin\alpha} \qquad b_2 = \frac{a \cdot \sin\beta_2}{\sin\alpha}$$

Die logarithmische Berechnung soll hier nicht im einzelnen durchgeführt werden. Man erhält:

$$b_1 = 15{,}2 \text{ cm} \quad \text{und} \quad b_2 = 8{,}8 \text{ cm}$$

4. *Von einem Beobachtungspunkt P, der* $h = 14{,}22$ m *über einer Wasserfläche liegt, erscheint eine Bergspitze B unter dem Erhebungswinkel* $\alpha = 12°\,34'$ *und ihr Spiegelbild S im Wasser unter dem Senkungswinkel* $\beta = 14°\,58'$. *Wie hoch liegt die Bergspitze über dem See?*

Lösung: (Bild 290). Zunächst ermittelt man den Winkel in B für das Dreieck SBP, er beträgt $\beta - \alpha = 2°\,24'$. Der Leser überlege, auf Grund welcher geometrischer und physikalischer Gesetze der Winkel β an den im Bild bezeichneten Stellen vorkommt!

Übertragung des Winkels β von P nach S: Wechselwinkel,
Übertragung des Winkels β in S: Reflexionsgesetz der Optik,
Übertragung des Winkels β von S nach B: Stufenwinkel,
Übertragung des Winkels α von P nach B: Stufenwinkel.

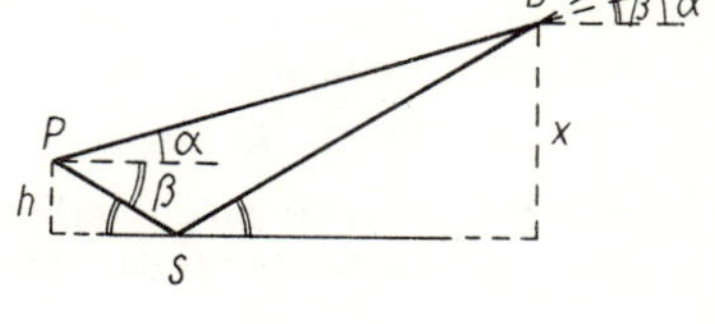

Bild 290

Infolge der Ähnlichkeit der beiden rechtwinkligen Dreiecke (Winkelvergleich!) ergibt sich:

$x:\overline{SB} = h:\overline{PS}$ und daraus $x = h\dfrac{\overline{SB}}{\overline{PS}}$

Das zuletzt vorkommende Streckenverhältnis läßt sich aber durch Anwendung des Sinussatzes auf das Dreieck *PSB* folgendermaßen ausdrücken:

$$\frac{\overline{SB}}{\overline{PS}} = \frac{\sin(\beta+\alpha)}{\sin(\beta-\alpha)}$$

Somit ergibt sich für die gesuchte Höhe x:

$$x = h\frac{\sin(\beta+\alpha)}{\sin(\beta-\alpha)}$$

Die Bergspitze liegt $x = 156{,}98$ m über dem See.

5. *Zwei Straßen treffen unter einem Winkel von $\varphi = 55°$ aufeinander. In diesem Winkel soll ein Gartengrundstück von 4 800 m² Fläche so abgegrenzt werden, daß eine Straßenfront $l = 80$ m lang ist. Wie lang wird die andere Straßenfront x?*

Lösung: $A = \dfrac{1}{2} lx \sin\varphi$

$$x = \frac{2A}{l\sin\varphi} = \frac{9\,600\text{ m}^2}{80\text{ m}\cdot\sin 55°} = \frac{120\text{ m}}{\sin 55°}$$

Die andere Straßenfront wird $x = 146{,}50$ m lang.

6. *Von einem Dreieck sind bekannt: $a = 14{,}6$ cm, $b = 23{,}8$ cm und $\gamma = 42°35'$. Wie lang ist die Seite c?*

Lösung: $c = \sqrt{a^2 + b^2 - 2ab\cos\gamma}$

Wie man sich selbst überzeugen möge, führt die folgende Tastenfolge mit dem Taschenrechner zum gewünschten Ergebnis (wobei das Symbol [a] beispielsweise andeuten soll, daß an dieser Stelle der Zahlenwert von a einzutasten ist):
Winkelschalter auf DEG!

[MC] [a] [×] [=] [M+] [b] [×] [=] [M+] [2] [×] [a]

[×] [b] [×] [γ] [DEG] [cos] [=] [M−] [MR] [√]

Seite $c = 16{,}37$ cm

Sollten jetzt weitere Winkel gesucht sein, könnte man mit dem Sinussatz weiterrechnen.

7. *Von einem Dreieck sind die drei Seiten $a = 5$ cm, $b = 6$ cm und $c = 10$ cm gegeben. Man berechne den Winkel γ.*

Lösung: $\cos\gamma = \dfrac{a^2 + b^2 - c^2}{2ab} = -\dfrac{39\text{ cm}^2}{60\text{ cm}^2} = -0{,}6500$

Zu dem positiven Zahlenwert würde ein Winkel von 49° 30′ gehören. Wegen des negativen Vorzeichens bildet man den Supplementwinkel [Vgl. Beweis von (143)]:

Winkel $\gamma = 130°30'$

8. *Aus dem Cosinussatz lassen sich zwei Sonderfälle ableiten: Setzt man in (143) $\alpha = 90°$, so ergibt sich der Satz des* Pythagoras, *da* $\cos 90° = 0$ *den letzten Summanden zum Verschwinden bringt:*

$$a^2 = b^2 + c^2$$

Wendet man (143) auf ein rechtwinkliges Dreieck an und wählt $\alpha = 90°$ (Bild 291), so erhält man die Cosinusfunktion für das rechtwinklige Dreieck gemäß (136).

Setzt man die pythagoreische Beziehung entsprechend Bild 291, nämlich

$$b^2 = c^2 + a^2$$

in Gleichung (143) ein, vereinfacht sich diese zu

$$2c^2 = 2bc\cos\alpha$$

Daraus folgt: $\cos\alpha = \frac{c}{b}$, w. z. b. w.

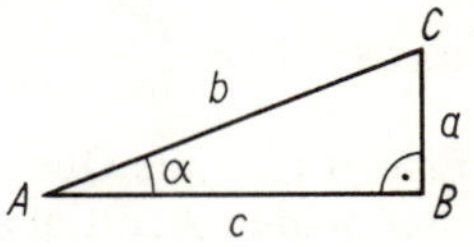

Bild 291

29. Additionstheoreme

Als Additionstheoreme bezeichnet man eine Gruppe von Formeln, in denen die Funktionen von Winkelsummen, z.B. $\sin(\alpha + \beta)$, durch Winkelfunktionen der *einzelnen Summanden* α und β ausgedrückt werden.
Der Anfänger begeht häufig den Fehler, z. B. den Term $\sin(\alpha + \beta)$ mit $\sin\alpha + \sin\beta$ gleichzusetzen. Vor diesem Fehler kann nicht eindringlich genug gewarnt werden! Das Funktionssymbol *sin* darf keinesfalls nach Art eines Faktors vor einer Klammer *„in diese hinein multipliziert"* werden!
An einem Beispiel soll gezeigt werden, daß die Terme

$$\sin(\alpha + \beta) \qquad \text{und} \qquad \sin\alpha + \sin\beta$$

nicht gleichwertig sind. Setzt man beispielsweise $\alpha = 30°$ und $\beta = 60°$, so erhält man

$$\sin(30° + 60°) \mid \sin 30° + \sin 60°$$
$$\sin 90° \quad \mid \frac{1}{2} + \frac{1}{2}\sqrt{3}$$
$$1 \quad \neq \frac{1}{2}\left(1 + \sqrt{3}\right),$$

womit gezeigt ist, daß die Terme $\sin(\alpha + \beta)$ und $\sin\alpha + \sin\beta$ nicht gleichwertig sind.

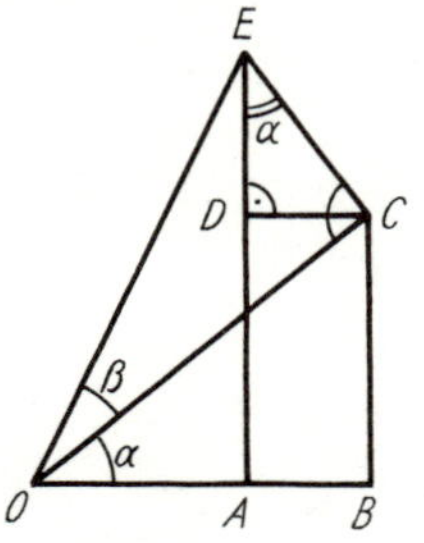

Bild 292

In Bild 292 findet man:

$$\sin(\alpha + \beta) = \frac{\overline{AE}}{\overline{OE}} = \frac{\overline{BC} + \overline{DE}}{\overline{OE}} = \frac{\overline{BC}}{\overline{OE}} + \frac{\overline{DE}}{\overline{OE}}$$

$$\cos(\alpha + \beta) = \frac{\overline{OA}}{\overline{OE}} = \frac{\overline{OB} - \overline{CD}}{\overline{OE}} = \frac{\overline{OB}}{\overline{OE}} - \frac{\overline{CD}}{\overline{OE}}$$

Erweiterung der Brüche mit $\overline{OC}$ bzw. $\overline{EC}$ gibt weiterhin:

$$\sin(\alpha+\beta)=\frac{\overline{BC}}{\overline{OC}}\cdot\frac{\overline{OC}}{\overline{OE}}+\frac{\overline{EC}}{\overline{OE}}\cdot\frac{\overline{DE}}{\overline{EC}} \qquad \cos(\alpha+\beta)=\frac{\overline{OB}}{\overline{OC}}\cdot\frac{\overline{OC}}{\overline{OE}}-\frac{\overline{CD}}{\overline{EC}}\cdot\frac{\overline{EC}}{\overline{OE}}.$$

Ersetzt man die Quotienten durch die zugehörigen Winkelfunktionen, erhält man die ersten beiden Additionstheoreme.

$$\sin(\alpha+\beta)=\sin\alpha\cos\beta+\cos\alpha\sin\beta \qquad (144)$$
$$\cos(\alpha+\beta)=\cos\alpha\cos\beta-\sin\alpha\sin\beta \qquad (145)$$

Dividiert man (144) durch (145) oder umgekehrt und dividiert Zähler und Nenner durch $\cos\alpha\cos\beta$ bzw. durch $\sin\alpha\sin\beta$, erhält man die Additionstheoreme für die Tangens- und Cotangensfunktion:

$$\tan(\alpha+\beta)=\frac{\tan\alpha+\tan\beta}{1-\tan\alpha\tan\beta} \qquad (146)$$
$$\cot(\alpha+\beta)=\frac{\cot\alpha\cot\beta-1}{\cot\alpha+\cot\beta} \qquad (147)$$

Führt man in (144) bis (147) statt des positiven Winkels β den negativen Winkel $-\beta$ ein, ergibt sich infolge der Beziehungen (131):

$$\sin(\alpha-\beta)=\sin\alpha\cos\beta-\cos\alpha\sin\beta \qquad (148)$$
$$\cos(\alpha-\beta)=\cos\alpha\cos\beta+\sin\alpha\sin\beta \qquad (149)$$
$$\tan(\alpha-\beta)=\frac{\tan\alpha-\tan\beta}{1+\tan\alpha\tan\beta} \qquad (150)$$
$$\cot(\alpha-\beta)=\frac{\cot\alpha\cot\beta+1}{\cot\beta-\cot\alpha} \qquad (151)$$

Schließlich erhält man aus (144) bis (147) Formeln für den doppelten Winkel, indem man $\alpha=\beta$ setzt.

$$\sin 2\alpha=2\sin\alpha\cos\alpha \qquad (152)$$
$$\cos 2\alpha=\cos^2\alpha-\sin^2\alpha \qquad (153)$$
$$\tan 2\alpha=\frac{2\tan\alpha}{1-\tan^2\alpha} \qquad (154)$$
$$\cot 2\alpha=\frac{\cot^2\alpha-1}{2\cot\alpha} \qquad (155)$$

Unter Verwendung des trigonometrischen Pythagoras (132) läßt sich (153) umformen:

$$\cos 2\alpha=2\cos^2\alpha-1=1-2\sin^2\alpha \qquad (156)$$

Obwohl sich die Ableitungen von (144) und (145) und damit die aller Formeln dieses Abschnittes auf *spitze* Winkel stützen, gelten *alle* für *beliebige* Winkel. Auf den Beweis wird verzichtet. Statt dessen folgen noch einige Beispiele:

BEISPIELE

1. Der Wert von $\cos 75°$ ist genau zu berechnen.

Lösung:
$$\cos 75° = \cos(30° + 45°)$$
$$= \cos 30° \cos 45° - \sin 30° \sin 45°$$
$$= \frac{1}{2}\sqrt{3} \cdot \frac{1}{2}\sqrt{2} - \frac{1}{2} \cdot \frac{1}{2}\sqrt{2}$$
$$= \frac{1}{4}\sqrt{2}\,(\sqrt{3} - 1)$$

In 27.3. wurden die Funktionswerte der Winkel 30°, 45° und 60° auf elementarem Wege berechnet. Unter Verwendung der Additionstheoreme beherrscht man nunmehr die Funktionswerte aller Vielfachen von 15°. (Für 15° selbst vgl. Aufgabe 565!) Bedenkt man ferner, daß man mit Hilfe der Seite des regelmäßigen Zehnecks die Funktionswerte von 18° bestimmen kann $\left[\text{beispielsweise ist } \sin 18° = \frac{1}{4}(\sqrt{5} - 1)\right]$, lassen sich unter erneuter Anwendung der Additionstheoreme die Funktionswerte für den Winkel $3° = 18° - 15°$ auf elementarem Wege berechnen. Für $\sin 3°$ erhält man auf diese Weise

$$\sin 3° = \frac{1}{16}\sqrt{2}\left[(\sqrt{5} - 1)(\sqrt{3} + 1) - (\sqrt{3} - 1)\sqrt{10 + 2\sqrt{5}}\right]$$

Nunmehr ließen sich auch die Funktionswerte aller Vielfachen von 3° bestimmen. Solche Berechnungen haben allerdings wenig praktische Bedeutung. Sie sind allenfalls als Übungen zu empfehlen.

2. $\sin 3x$ ist in Abhängigkeit von $\sin x$ darzustellen.

Lösung:
$$\sin 3x = \sin(x + 2x)$$
$$= \sin x \cos 2x + \cos x \sin 2x$$
$$= \sin x\,(\cos^2 x - \sin^2 x) + 2 \sin x \cos^2 x$$
$$= 3 \sin x \cos^2 x - \sin^3 x$$
$$= \sin x\,(3 \cos^2 x - \sin^2 x)$$
$$= \sin x\,[3(1 - \sin^2 x) - \sin^2 x]$$
$$= \sin x\,(3 - 4 \sin^2 x)$$
$$\sin 3x = 3 \sin x - 4 \sin^3 x$$

3. Auf einem Sockel der Höhe h steht ein Fahnenmast der Höhe l (Bild 293). Aus welcher horizontalen Entfernung x vom Fuß des Sockels erscheinen beide unter gleichem Blickwinkel α? Wie groß ist α?

Lösung: $\tan \alpha = \frac{h}{x}$ $\qquad$ $\tan 2\alpha = \frac{l + h}{x}$

Beide Beziehungen werden in (154) eingesetzt. Das ergibt:

$$\frac{l + h}{x} = \frac{2\frac{h}{x}}{1 - \frac{h^2}{x^2}}$$

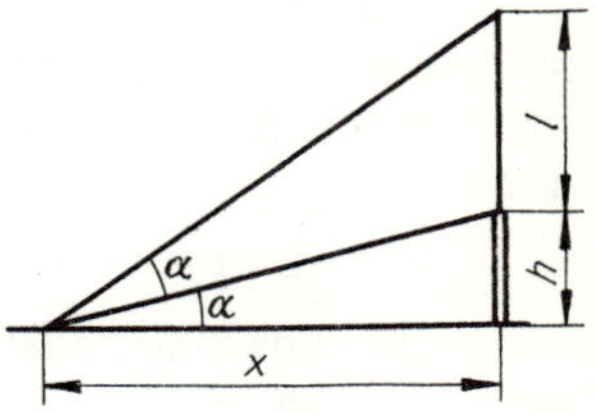

Bild 293

Die Auflösung dieser Gleichung nach x liefert:

$$x = h\sqrt{\frac{l + h}{l - h}}$$

An diesem Ergebnis erkennt man, daß das Problem nur dann lösbar ist, wenn der Mast höher als der Sockel ist ($l > h$), da der Radikand im Falle $l < h$ negativ würde und im Falle $l = h$ durch Null geteilt werden müßte.

Für den Tangens des Blickwinkels selbst ergibt sich:

$$\tan\alpha = \frac{h}{x} = \sqrt{\frac{l-h}{l+h}}$$

4. Unter welchem Winkel schneiden sich die beiden Geraden

$$y = x - 4 \quad \text{und} \quad y = 3x + 3?$$

Man erkennt:

$$m_1 = 1 \quad \text{und} \quad m_2 = 3$$

$$\tan\varphi = \frac{3-1}{1+3} = \frac{2}{4} = 0{,}5$$

Daraus ergibt sich der Schnittwinkel $\varphi = 26°\,34'$.

Besondere Anwendungsgebiete für die Additionstheoreme und die davon abgeleiteten Formeln sind die *Differentialgeometrie* und das Lösen *goniometrischer Gleichungen.* Zu letzterem Gebiet soll im folgenden Abschnitt eine kurze Einführung gegeben werden. Gleichung (150) wird besonders in der analytischen und Differentialgeometrie überall dort gebraucht, wo man es mit dem Schnittwinkel zweier Kurven zu tun hat. Der Schnittwinkel zweier Kurven wird dort als der Schnittwinkel ihrer Tangenten im Schnittpunkt erklärt.
Der Schnittwinkel φ zweier Geraden läßt sich nach Gleichung (150) aus den Anstiegswerten m_1 und m_2 der beiden Geraden folgendermaßen berechnen:

$$\tan\varphi = \frac{m_2 - m_1}{1 + m_2 m_1}$$

30. Goniometrische Gleichungen

Goniometrische Gleichungen sind Gleichungen, in denen die Variablen als Argumente von Winkelfunktionen vorkommen. Hier sollen aus der Fülle aller Möglichkeiten nur einige wichtige herausgegriffen und an ihnen die einfachsten Lösungsmethoden gezeigt werden.
Ziel der Auflösung einer goniometrischen Gleichung ist es, nach der die Variable enthaltenden Winkelfunktion aufzulösen, so daß am Ende ein Ausdruck beispielsweise der Form

$$\sin x = 0{,}374\,61 \quad \text{mit der Lösungsmenge}$$
$$L = \{22° \pm n \cdot 360°;\ 158° \pm n \cdot 360°\} \quad \text{vorliegt.}$$

In diesem Sinne waren schon die Beispiele 5 bis 8 aus 27.3. goniometrische Gleichungen. Oft liegt aber nicht von vornherein ein einziger Funktionstyp vor, wie im folgenden Beispiel:

$$\sin x = 1 + \cos x$$

In diesem Falle muß zunächst erreicht werden, daß nur noch *ein* Typ von Winkelfunktionen vorhanden ist.
Schließlich besteht noch die Möglichkeit, daß *verschiedene* Argumente vorliegen, wie im folgenden Beispiel:

$$\sin 2x = 2\sin x$$

Man wird in diesem letzten Falle zunächst zu erreichen suchen, daß in den Winkelfunktionen ein einheitliches Argument auftritt.

Ausgehend vom letzten Beispiel kann die Auflösung einer goniometrischen Gleichung in fünf Schritte aufgegliedert werden:

1. Schritt: Vereinheitlichung der Argumente
2. Schritt: Vereinheitlichung der Funktionstypen
3. Schritt: Auflösung nach der Winkelfunktion
4. Schritt: Bestimmung des zugehörigen Winkels
5. Schritt: Probe

Woraus sich die Notwendigkeit einer Probe ergibt, wird an entsprechender Stelle begründet.
Eine allgemeine Vorschrift, wie die *einzelnen Rechenschritte realisiert* werden, läßt sich nicht geben. Bei der Fülle der Möglichkeiten muß von Fall zu Fall entschieden werden, welcher Weg der zweckmäßigste ist. Dabei kann es sich auch ergeben, daß gar nicht alle oben erwähnten Schritte notwendig sind.

BEISPIELE

1. $\sin 2x = 2 \sin x$

Lösung: Vereinheitlichung der Argumente mit Hilfe des Additionstheorems (152) gibt

$\sin x \cos x = \sin x$ [1]

$\sin x (\cos x - 1) = 0$

Aufspaltung des Produktes ergibt:

$\sin x = 0 \quad \text{und} \quad \cos x - 1 = 0$

mit den Lösungsmengen

$L_1 = \{0°, 180°\} \quad \text{und} \quad L_2 = 0°$

Gesamtlösung:

$x = \{0°, 180°\}$ [2]

2. $\sin x = 1 + \cos x$

Mit Hilfe von (132) wird $\sin x$ durch $\cos x$ ausgedrückt:

$\sqrt{1 - \cos^2 x} = 1 + \cos x \mid \text{quadrieren}$

$1 - \cos^2 x = 1 + 2 \cos x + \cos^2 x$

Ordnen und Ausklammern ergeben:

$\cos x (\cos x + 1) = 0$

Durch Nullsetzen der beiden Faktoren erhält man zunächst die Lösungen 90°, 180° und 270°. Setzt man nacheinander diese drei Winkel in die Ausgangsgleichung ein, ergeben sich folgende Beziehungen:

$90°: \quad 1 = 1 - 0$

$180°: \quad 0 = 1 - 1$

$270°: \quad -1 \neq 1 + 0$

---

[1]) Man hüte sich davor, bedenkenlos durch $\sin x$ zu dividieren! Es könnte sein (und an dieser Stelle wäre es tatsächlich der Fall), daß man durch Null teilt. Das würde hier dazu führen, daß ein Teil der Lösungsmenge verlorengeht.

[2]) Bei der Angabe der Lösungen werden hier nur die Winkel aus dem Intervall $[0; 360°]$ angeführt. Man beachte jedoch zusätzlich die Periodizität der Winkelfunktionen!

Der dritte Winkel erfüllt offensichtlich nicht die Ausgangsgleichung. Demnach lautet die Lösungsmenge der gegebenen Gleichung

$$x = \{90°, 180°\}$$

Die Probe war in diesem Beispiel unbedingt notwendig, da im Laufe der Rechnung quadriert wurde. Dadurch erhöht sich bekanntlich der Grad einer Gleichung, die Zahl der Lösungen nimmt zu, und es können sich Lösungen einstellen, die zwar die quadrierte, aber nicht die Ausgangsgleichung erfüllen. Die Entscheidung über die Gültigkeit oder Ungültigkeit einer „Lösung" läßt sich aber nur mit Hilfe einer Probe treffen.

3. $$\sin x - 3\cos x = \frac{1}{2}$$

$\sin x$ wird mit Hilfe des trigonometrischen PYTHAGORAS durch $\sqrt{1-\cos^2 x}$ ersetzt.

$$\sqrt{1-\cos^2 x} = \frac{1}{2} + 3\cos x \mid \text{quadrieren}$$

$$1 - \cos^2 x = \frac{1}{4} + 3\cos x + 9\cos^2 x$$

Ordnet man diese Gleichung und dividiert durch 10, erhält man eine quadratische Gleichung mit der Variablen $\cos x$:

$$\cos^2 x + \frac{3}{10}\cos x - \frac{3}{40} = 0$$

$$\cos x = \{-0{,}462\,25\,;\ 0{,}162\,25\}$$

Dazu gehören folgende Winkel als vorläufige Lösungen:

$$L_1 = \{117°\,32'\,;\ 242°\,28'\,;\ 80°\,40'\,;\ 279°\,20'\}\,.$$

Da quadriert wurde, ist eine Probe erforderlich. Wie sich der Leser bitte selbst überzeugen möge, fallen dadurch der erste und der letzte Winkel heraus, und die endgültige Lösungsmenge lautet:

$$L = \{80°\,40'\,;\ 242°\,28'\}$$

Zum Schluß sei noch darauf verwiesen, daß vielfach schon eine Vorzeichenbetrachtung genügt, um unzulässige Lösungen zu erkennen.

AUFGABEN

530. Rechne folgende Winkel in Gradmaß bzw. Bogenmaß um:

a) 0,036 24 b) 0,271 10 c) 1,550 03 d) 2,943 25

e) 38° 24′ 30″ f) 42° 00′ 45″ g) 164° 35′ 18″ h) 115° 32′ 06″

531. Bestimme mittels Tabelle die fehlenden Stücke der folgenden, durch 2 Stücke bestimmten Kreisabschnitte:

(Längen in cm, Flächen in cm²)

Mittelpunkts-winkel	Bogen-länge	Pfeil-höhe	Sehnen-länge	Fläche	Radius
a)			14,22		8,00
b)		2,05			12,00
c)	2,96				1,50
d)				210,14	35,00
e) 42° 30′					2,50
f) 20° 00′			6,95		

Mittelpunkts-winkel	Bogen-länge	Pfeil-höhe	Sehnen-länge	Fläche	Radius
g) 14° 80′		0,12			
h) 70° 00′	13,44				
i) 45° 00′				35,71	

532. Bestimme die natürlichen Werte folgender Winkelfunktionen:

a) sin 14° 20′ b) cos 18° 33′ c) tan 33° 07′ d) cot 8° 25′

e) sin 83° 12′ f) cos 62° 28′ g) tan 50° 40′ h) cot 77° 43′

533. Desgl.:

a) sin 138° 30′ b) cos 166° 43′ c) tan 94° 10′ d) cot 123° 21′

e) sin 324° 10′ f) cos 199° 06′ g) tan 287° 45′ h) cot 210° 17′

534. Desgl.:

a) sin 14° 20′ 30″ b) cos 18° 33′ 42″ c) tan 33° 07′ 54″ d) cot 8° 25′ 43″

e) sin 83° 12′ 45″ f) cos 62° 28′ 05″ g) tan 50° 40′ 30″ h) cot 77° 43′ 55″

535. Desgl.:

a) sin 124° 33′ b) cos 98° 16′ c) tan 133° 07′ d) cot 175° 53′

e) sin 214° 37′ 15″ f) cos 300° 26′ 10″ g) tan 266° 57′ 05″ h) cot 195° 18′ 40″

536. Bestimme *alle* zu folgenden Funktionswerten gehörenden Winkel im Bereich $0° \leqq \alpha \leqq 360°$ (Hauptwerte):

a) $\sin\alpha = 0{,}112\,60$ b) $\cos\alpha = 0{,}900\,84$ c) $\tan\alpha = 0{,}648\,92$

d) $\cot\alpha = 2{,}609\,12$ e) $\sin\alpha = 0{,}882\,74$ f) $\cos\alpha = 0{,}426\,53$

g) $\tan\alpha = 1{,}554\,23$ h) $\cot\alpha = 0{,}875\,23$ i) $\sin\alpha = -0{,}484\,81$

k) $\cos\alpha = -0{,}087\,16$ l) $\tan\alpha = -2{,}112\,33$ m) $\cot\alpha = -1{,}590\,02$

537. Bestimme aus dem gegebenen die übrigen Funktionswerte:

a) $\sin\alpha = \frac{2}{5}$ b) $\cos\alpha = \frac{3}{5}$ c) $\tan\alpha = 2$ d) $\cot\alpha = \frac{5}{12}$

538. Berechne die fehlenden Stücke folgender rechtwinkliger Dreiecke. Alle Dreiecke sind so orientiert, daß c die Hypotenuse und damit $\gamma = 90°$ ist.

a) $a = 3$ cm, $b = 4{,}6$ cm b) $a = 11$ cm, $c = 61$ cm

c) $a = 10$ cm, $\beta = 34° 18'$ d) $c = 25{,}2$ cm, $\alpha = 72° 15' 36''$

539. Berechne Höhe, Fläche und Umfang eines gleichschenkligen Dreiecks mit der Basis b und dem Basiswinkel β.

$b = 18{,}2$ cm, $\beta = 34° 24'$

540. Berechne die Fläche eines Parallelogramms aus seinen beiden Seiten a und b und dem von ihnen eingeschlossenen Winkel φ.

$a = 14$ cm, $b = 36$ cm, $\varphi = 51° 42'$

541. Berechne die Länge der Diagonalen eines Rhombus, wenn seine Seite a und einer seiner Winkel φ gegeben sind.

$a = 64{,}3$ cm, $\varphi = 48° 06' 27''$

542. Von einer regelmäßigen sechsseitigen Pyramide sind die Grundkante a und die Höhe h bekannt. Berechne den Neigungswinkel α der Seitenflächen, den Neigungswinkel β der Seiten-

kanten gegenüber der Grundfläche sowie den Winkel γ an der Spitze eines der Dreiecke, die die Mantelfläche bilden.

$a = 14$ cm, $h = 24$ cm

543. Berechne am regelmäßigen Tetraeder die Neigungswinkel der Seitenfläche und der Seitenkante gegenüber der Grundfläche.

544. Von einem gleichschenkligen Dreieck sind die Höhe h und der Winkel α an der Spitze bekannt. Wie lang ist die Basis l?

a) $h = 28{,}36$ m, $\alpha = 15°24'$ b) $h = 27{,}63$ m, $\alpha = 14°24'$

545. Von einem Rhombus sind der Umfang U und eine Diagonale d bekannt. Berechne seine Winkel.

a) $U = 36$ cm, $d = 7{,}5$ cm b) $U = 32$ cm, $d = 6{,}5$ cm

546. Berechne den Ausdruck $z = \frac{1}{\cos\alpha}$ für

a) $\alpha = 15°17'20''$ und b) $\alpha = 12°15'40''$

547. Gegeben ist eine regelmäßige quadratische Pyramide, deren sämtliche Kanten die Länge a haben.
Berechne deren Höhe h, den Neigungswinkel α der Seitenflächen gegen die Grundfläche, den Neigungswinkel β der Seitenkanten gegen die Grundfläche und den Winkel φ, den zwei benachbarte Dreiecke der Mantelfläche miteinander einschließen.
Anleitung: Zur Berechnung von φ fälle man von zwei gegenüberliegenden Ecken der Grundfläche das Lot auf eine dazwischenliegende Seitenkante.

548. Ein Punkt P hat vom Mittelpunkt eines Kreises den Abstand d. Der Kreis hat den Durchmesser $2r$. Welchen Winkel schließen die von P an den Kreis gelegten Tangenten ein?

$d = 264$ mm, $2r = 367$ mm

549. Zwei Riemenscheiben mit den Durchmessern d_1 und d_2 haben den Achsabstand e. Sie sind durch einen gekreuzten Riementrieb miteinander verbunden. Wie lang muß der Treibriemen sein?

$d_1 = 425$ mm, $d_2 = 675$ mm, $e = 1\,200$ mm

550. Ein gerader Kreiskegel hat die Höhe h und den Grundkreisdurchmesser d. Berechne den Mittelpunktswinkel des Kreisausschnittes, der sich bei der Abwicklung des Kegelmantels ergibt.

$d = 18$ cm, $h = 55$ cm

551. Berechne das Verhältnis $\frac{\text{Grundkreisradius}}{\text{Höhe}}$ bei einem geraden Kreiskegel, dessen abgewickelter Mantel einen Halbkreis ergibt.

552. Ein Turm erscheint aus der Entfernung e unter dem Erhebungswinkel α. Berechne seine Höhe unter Berücksichtigung der Instrumentenhöhe h. (Bild 294)

$e = 314{,}5$ m, $\alpha = 7°30'$, $h = 1{,}45$ m

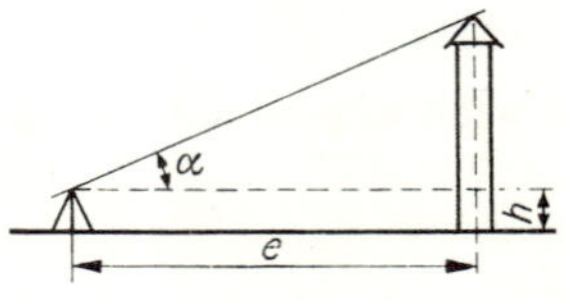

Bild 294

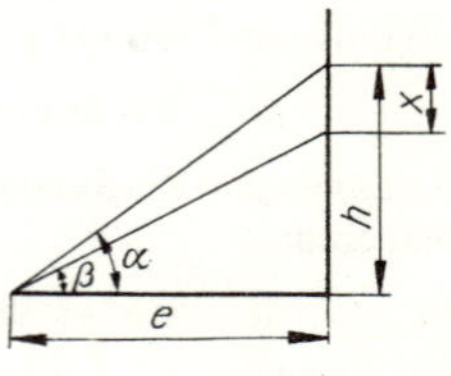

Bild 295

553. Der Mittelpunkt des Zifferblattes einer Turmuhr befindet sich in $h = 60$ m Höhe und erscheint von einem Punkt aus unter dem Erhebungswinkel $\alpha = 42°10'$, sein unterer Rand erscheint unter dem Erhebungswinkel $\beta = 41°10'$. Berechne den Durchmesser des Zifferblattes. (Bild 295)
Anleitung: Verwende als Zwischengröße die Entfernung e.

554. Berechne aus den im folgenden Schema gegebenen Stücken allgemeiner Dreiecke die gesuchten Größen:

$\frac{a}{\text{cm}}$	$\frac{b}{\text{cm}}$	$\frac{c}{\text{cm}}$	$\frac{A}{\text{cm}^2}$	α	β	γ
38,0	44,5				38° 15′	
		62,3		108°		34°
10		18	45			
14,5	30					50° 12′
29,2	45,4	57,6				
		6,50	18,40	72°		
20	40	30				
36		42		55°		

555. Drei Kreise mit den Durchmessern $d_1 = 10$ cm, $d_2 = 12$ cm und $d_3 = 14$ cm berühren einander. Welche Winkel bilden die drei Zentralen miteinander?

556. Berechne Betrag und Richtung einer Kraft F_R, die den Kräften F_1 und F_2 das Gleichgewicht hält, wobei F_1 und F_2 den Winkel φ einschließen.

a) $F_1 = 8$ N $\quad F_2 = 9$ N $\quad \varphi = 105°$

b) $F_1 = 6$ N $\quad F_2 = 7$ N $\quad \varphi = 115°$

c) $F_1 = 27{,}93$ N $\quad F_2 = 35{,}88$ N $\quad \varphi = 58°09'$

557. Welche Winkel müssen drei Kräfte F_1, F_2 und F_3 miteinander bilden, damit sie im Gleichgewicht sind?
Dabei soll gelten: $F_1 : F_2 : F_3 = 8 : 11 : 13$.

558. Von den Endpunkten A und B einer Strecke erscheint ein dritter Punkt C unter den Winkeln $\alpha = 45°$ und $\beta = 60°$. $\overline{AB} = 100$ m.
Berechne $\overline{AC}$ und $\overline{BC}$.

559. Von einem Viereck sind drei Seiten und beide Diagonalen bekannt. Berechne die vierte Seite (Bild 296).
$a = 5$ cm, $\quad b = 10$ cm, $\quad c = 6$ cm, $\quad s = 11$ cm, $\quad t = 10$ cm.
Anleitung: Man bestimme zunächst die Hilfswinkel α und β.

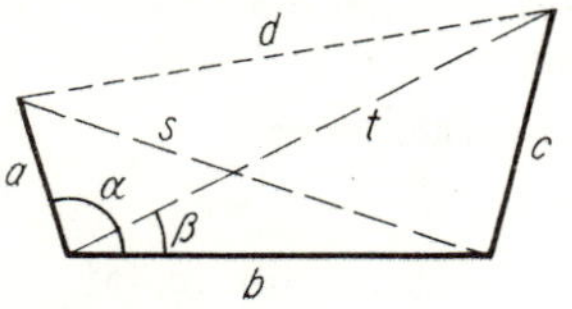

Bild 296

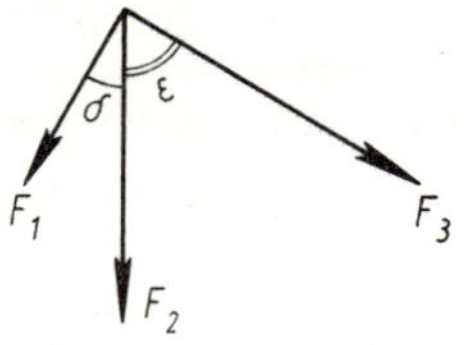

Bild 297

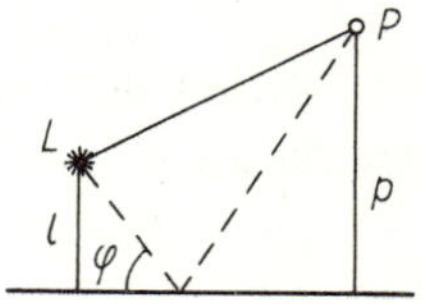

Bild 298

560. Eine Kraft von $F = 400$ N soll in zwei Teilkräfte F_1 und F_2 zerlegt werden, die mit der Richtung von F die Winkel $\alpha_1 = 45°$ und $\alpha_2 = 60°$ einschließen. Wie groß sind die Teilkräfte?

561. Berechne die resultierende Kraft der drei Kräfte F_1, F_2 und F_3. Welchen Winkel bildet diese mit F_1? (Bild 297)

$F_1 = 20$ N, $\quad F_2 = 40$ N, $\quad F_3 = 50$ N, $\quad \delta = 30°$, $\quad \varepsilon = 60°$.

Anleitung: Man fasse erst zwei Kräfte zu einer Resultierenden und dann diese mit der dritten Kraft zusammen!

562. Eine Lichtquelle L befindet sich $l = 2{,}85$ m vor einem Spiegel. Damit ein Lichtstrahl den Punkt P trifft, der $p = 12{,}20$ m vor dem Spiegel liegt, muß der Lichtstrahl unter einem Winkel von $\varphi = 34°$ auf den Spiegel treffen. Wie groß ist die direkte Entfernung LP? (Bild 298)

563. Zwischen zwei gleich hoch liegenden Punkten, deren Entfernung $e = 25$ m beträgt, wird ein Seil von $l = 30$ m Länge gespannt. In $\frac{1}{3}$ der Seillänge hängt eine Masse von 20 kg.
Unter welchen Winkeln gegen die Horizontale stellen sich beide Seilstränge ein und welche Kraft wirkt in jedem von ihnen? (Bild 299)

564. Von einem Punkt P, der 512,20 m über dem Meeresspiegel liegt, werden zwei Bergspitzen A und B anvisiert. Deren Horizontalentfernung beträgt $\overline{A'B'} = 3\,068{,}30$ m. A liegt 1 020,34 m hoch. Ferner wurden folgende Winkel gemessen (Bild 300):

Horizontalwinkel $\gamma = 58°45'$,
Erhebungswinkel $\alpha = \ \ 8°51'$,
Erhebungswinkel $\beta = 10°12'$.

Wie hoch ist der Berg B?

Anleitung: Man reduziere alle Höhen auf die Höhe des Punktes P. Mit Hilfe der Strecke $\overline{PA'}$ berechne man die Winkel des Horizontaldreiecks und über die Strecke $\overline{PB'}$ die Höhe x!

565. Von den Endpunkten A und B einer waagerecht liegenden Standlinie $AB = l = 108{,}20$ m wird gleichzeitig ein Ballon P angepeilt. Wie groß ist seine Horizontalentfernung von A bzw. von B und wie hoch befindet er sich über der Bezugsebene (Bild 301)?

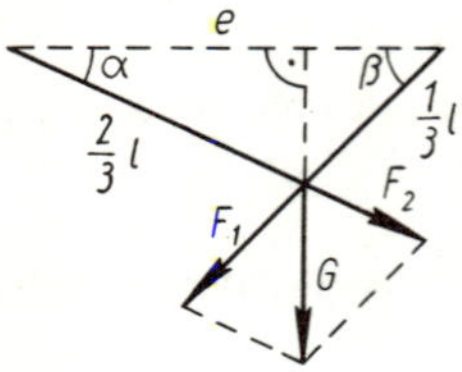

Bild 299

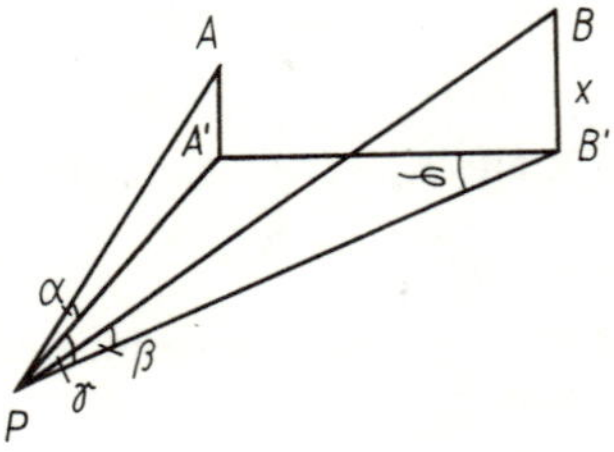

Bild 300

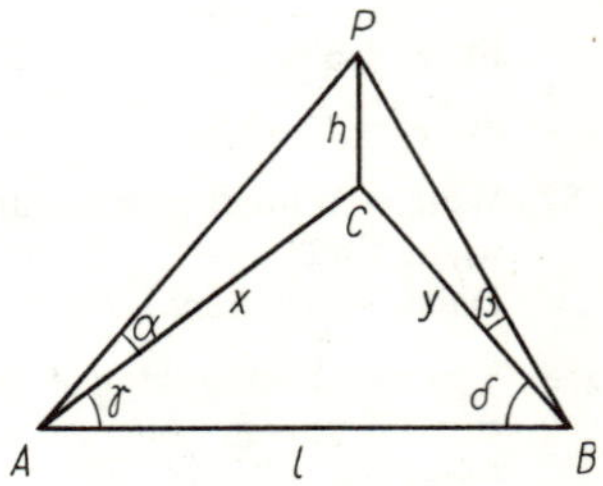

Bild 301

Horizontalwinkel: 85° 24' Erhebungswinkel: 24° 18'
Horizontalwinkel: 71° 37' Erhebungswinkel: 23° 17'

Anleitung: Die gesuchte Höhe $h = \overline{PC}$ ergibt sich, nachdem die Horizontalentfernungen $AC = x$ und $BC = y$ berechnet wurden, einmal aus dem Dreieck ACP und zum anderen aus dem Dreieck BCP. Als Ergebnis gibt man den Mittelwert beider an.

566. Berechne durch eine geeignete Zerlegung mit Hilfe der Additionstheoreme:

$(15° = 60° - 45°;\ 75° = 45° + 30°)$

a) $\sin 15°$ b) $\cos 15°$ c) $\tan 15°$ d) $\cot 15°$

e) $\sin 75°$ f) $\cos 75°$ g) $\tan 75°$ h) $\cot 75°$

567. Vereinfache den folgenden Term:

$$\sin x + \sin(x - 120°) + \sin(x - 240°)$$

568. Bestimme *alle* Lösungen der folgenden goniometrischen Gleichungen, die der Bedingung genügen $0° \leqq x \leqq 360°$:

a) $\cot x - \sin 2x = 0$ b) $\tan x - \sin 2x = 0$

c) $\cos x - \tan x = 0$

d) $\sin 2x + 3 \cos x = 0$

e) $5 \sin x + 3 \tan x = 0$

f) $\sin x - \cot x = 0$

g) $\sin (x - 30°) = \cos x$

h) $2 \sin x = \sqrt{2} \tan x$

i) $\sin x \cdot \tan x = \frac{1}{2} \sqrt{2}$

Stereometrie

31. Einteilung der Körper

31.1. Ebenflächner

Ein vollständig begrenztes Stück des Raumes heißt **mathematischer Körper.** Die gesamte äußere Begrenzungsfläche ist seine **Oberfläche.** Die Oberfläche schließt das **Volumen** des Körpers ein. Ebene Begrenzungsflächen bedingen **Ebenflächner** oder **Polyeder,** krumme oder teilweise krumme und ebene Begrenzungsflächen bedingen **Krummflächner.**
Die Begrenzungsflächen der Ebenflächner schneiden sich in den **Kanten.** Der Schnittpunkt von mindestens drei Kanten ergibt eine **Ecke.** Für die Zahl der Begrenzungsflächen f, die Kantenzahl k und die Eckenzahl e eines Ebenflächners ohne einspringende Ecken und Hohlräume gilt nach EULER[1]) die Beziehung

$$\boxed{e + f = k + 2} \qquad (157)$$

Die Standfläche des Ebenflächners wird allgemein als **Grundfläche** bezeichnet. Liegt ihr gegenüber eine weitere Fläche, so nennt man diese **Deckfläche.** Die restlichen Begrenzungsflächen bilden den **Mantel.** Werden die Deckfläche und der Mantel in die Ebene der Grundfläche gelegt, ohne daß der Zusammenhang zwischen den einzelnen Flächen verlorengeht, erhält man das **Netz** des Ebenflächners.
Die wichtigsten Ebenflächner lassen sich in drei Gruppen, die *Prismen*, die *Pyramiden* und *Pyramidenstümpfe* und die *Prismatoide*, einteilen.

Prismen haben zwei kongruente und zueinander parallele n-Ecke als Grund- und Deckfläche und n Parallelogramme als Seitenflächen.
Regelmäßige bzw. unregelmäßige n-Ecke als Grund- und Deckflächen ergeben *regelmäßige* bzw. *unregelmäßige Prismen.* Ist der Neigungswinkel zwischen den Seitenflächen und der Grundfläche ein Rechter, spricht man von *geraden Prismen*, andernfalls nennt man sie *schief.*
Wichtige Prismen sind der **Würfel** mit 6 *gleichen Quadraten* als Begrenzungsflächen und das **Rechtkant** mit 6 *Rechtecken* als Begrenzungsflächen, von denen je zwei einander gegenüberliegende, kongruent und parallel sind (Bild 302).

Pyramiden werden von einem n-Eck als Grundfläche und n Dreiecken als Seitenflächen begrenzt.
Grundfläche und Seitenflächen stoßen in n Grundkanten zusammen. Die Seitenflächen bilden n Seitenkanten, deren Schnittpunkt die **Pyramidenspitze** ist. Der Abstand der Spitze zur Grundfläche heißt **Höhe** der Pyramide.

---

[1]) LEONHARD EULER (1707 bis 1783)

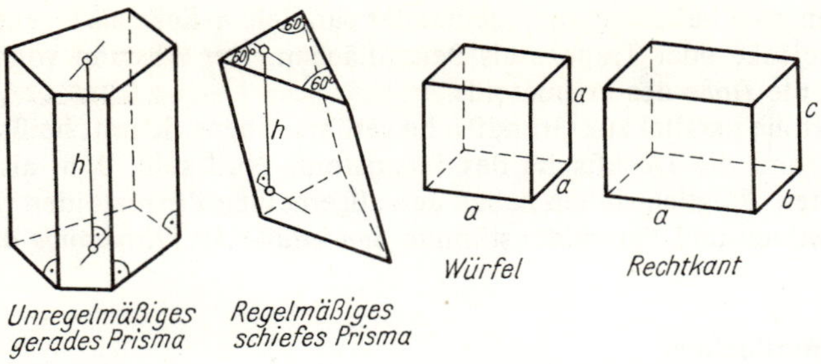

Bild 302

Regelmäßige bzw. unregelmäßige n-Ecke als Grundflächen ergeben ***regelmäßige*** bzw. ***unregelmäßige*** Pyramiden. Regelmäßige Pyramiden sind *gerade*, wenn die Spitze senkrecht über dem Mittelpunkt des Um- und Inkreises der Grundfläche steht, andernfalls heißen sie *schief* (Bild 303).

Pyramidenstümpfe haben zwei ähnliche und zueinander parallele n-Ecke als Grund- und Deckfläche und n Trapeze als Seitenflächen. Der Abstand von Grund- und Deckfläche ist die Höhe des Stumpfes.
Stümpfe entstehen durch den ebenen Schnitt einer Pyramide zwischen der Spitze und der Grundfläche, und zwar parallel zur Grundfläche. Die Spitze der dabei abgetrennten *Ergänzungspyramide* ist gleichzeitig Schnittpunkt der Verlängerungen der Seitenkanten des Stumpfes (Bild 304).

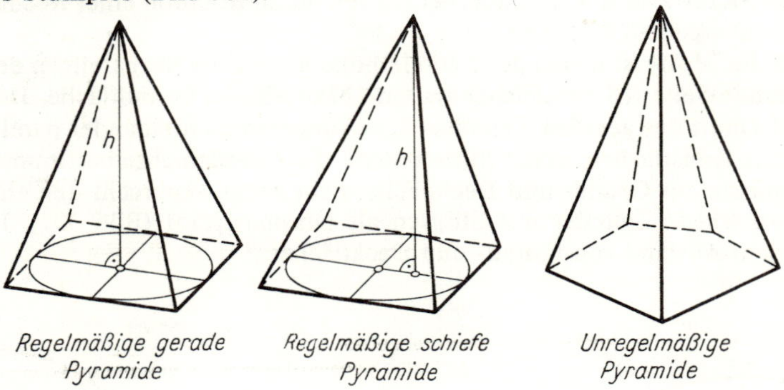

Bild 303

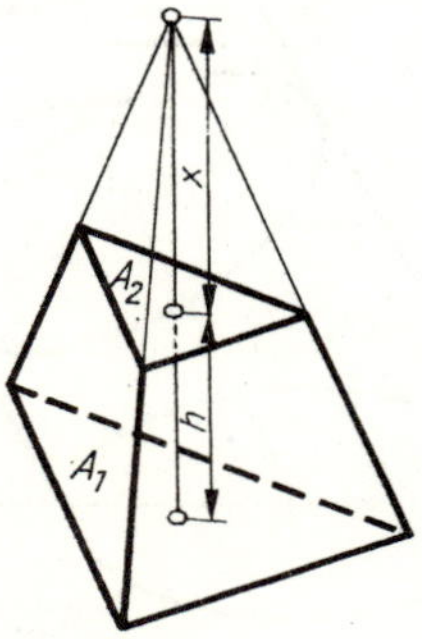

Bild 304

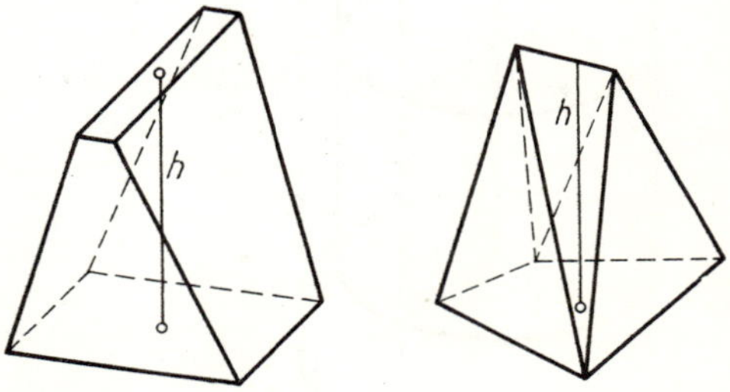

Bild 305

Prismatoide haben zwei beliebige und zueinander parallele n-Ecke als Grund- und Deckfläche und Dreiecke oder Trapeze als Seitenflächen. Der Abstand von Grund- und Deckfläche ist die *Höhe* des Prismatoids.
Der in halber Höhe parallel zur Grundfläche geführte ebene Schnitt heißt *Mittelschnitt*. Im Grenzfall kann die Deckfläche des Prismatoids Null sein, d. h. als Kante oder Spitze erscheinen. Folglich stellen neben den allgemeinen Prismatoiden (Bild 305) die Prismen, Pyramiden und Pyramidenstümpfe *Sonderfälle der Prismatoide* dar.

31.2. Krummflächner

Die bekanntesten Krummflächner sind der *Kreiszylinder*, der *Kreiskegel*, der *Kreiskegelstumpf* und die *Kugel*. Kreiszylinder, Kreiskegel und Kreiskegelstümpfe entstehen aus regelmäßigen Prismen, Pyramiden und Pyramidenstümpfen, wenn die Eckenzahl n der Grund- und Deckflächen dieser Ebenflächner unbeschränkt größer wird. Dabei gehen ihre n ebenen Seitenflächen in eine einzige gekrümmte Seitenfläche, den Mantel des Krummflächners, über. Aus den als n-Ecke auftretenden Grund- und Deckflächen werden Kreisflächen.
Die technisch wichtigsten Krummflächner sind **Rotationskörper.** Sie entstehen durch Rotation einer entsprechenden Fläche um eine **Achse.** Da diese Achsen immer senkrecht auf den Grund- und Deckflächen stehen, bezeichnet man sie als *gerade* Rotationskörper.

Volle gerade Kreiszylinder (Zylinder) entstehen durch Rotation einer Rechteckfläche um eine Rechteckseite (Bild 306).
Diese Seite M_1M_2 ist gleich der Zylinderhöhe h, und die ihr parallele, den Mantel beschreibende Seite AB ist gleichzeitig eine **Mantellinie.** Grundfläche, Deckfläche und Normalschnitt des geraden Zylinders sind kongruente, zueinander parallele und konzentrische Kreisflächen, deren Mittelpunkte die Zylinderachse bestimmen. Liegen die Mittelpunkte der Grund- und Deckfläche nicht genau senkrecht übereinander, so erhält man *schiefe* Zylinder mit Ellipsen als Normalschnitt (Bild 307). Ihre Höhe ist gleich dem Abstand von Grund- und Deckfläche.

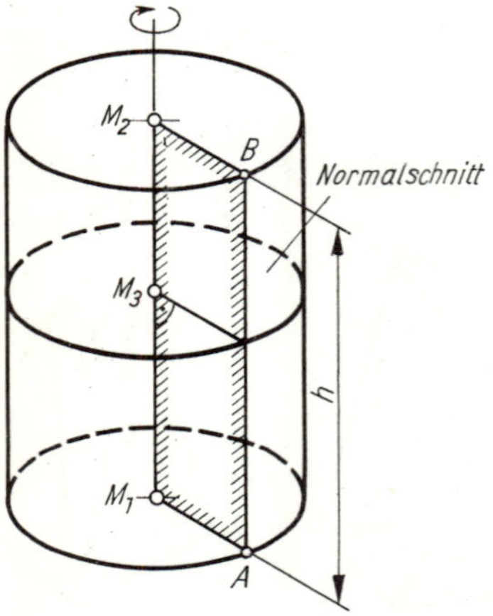

Bild 306

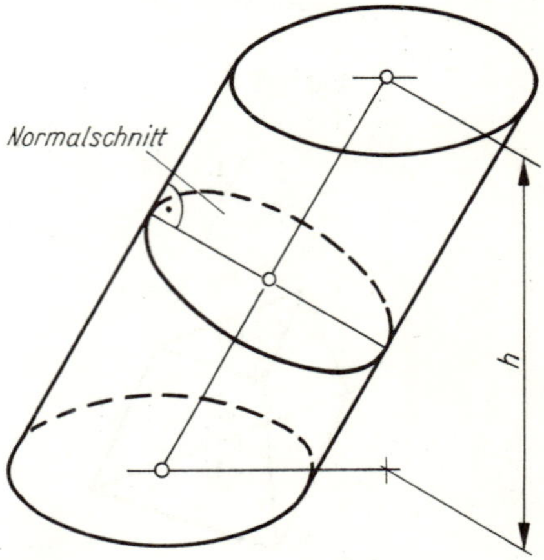

Bild 307

Gerade Hohlzylinder ergeben sich durch Rotation einer Rechteckfläche um eine außerhalb und parallel zu einer Rechteckseite liegende Achse (Bild 308).
Ihre Grund- und Deckflächen sind kongruente zueinander parallele und konzentrische Kreisringe, die beim *schiefen* Hohlzylinder nicht genau senkrecht übereinander liegen (Bild 309).

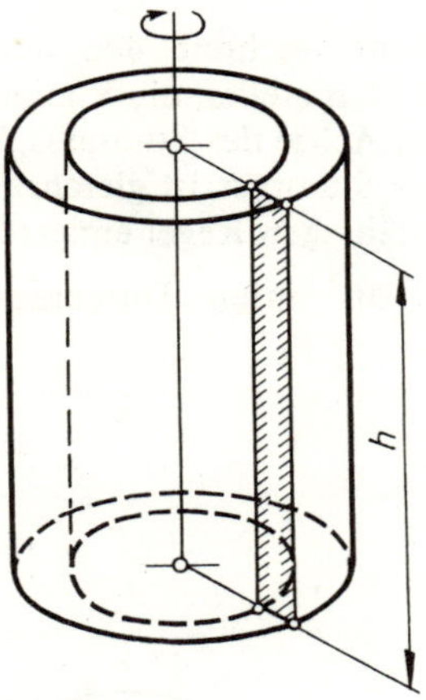

Bild 308

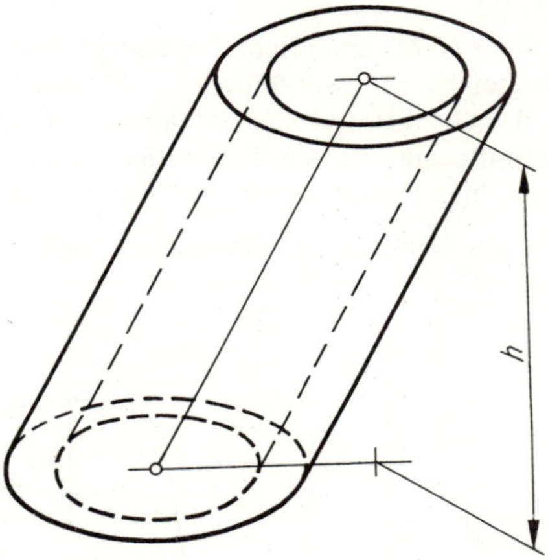

Bild 309

Schief geschnittene Zylinder entstehen aus geraden, wenn man diese durch schräg zur Achse geführte ebene Schnitte zerlegt (Bild 310). Die Schnittflächen sind Ellipsen. Durch die Achsenschnittpunkte der Ellipsen und senkrecht zu den Zylinderachsen gelegte ebene Schnitte trennen vom schief geschnittenen Zylinder **Zylinderhufe** ab (Bild 311).

Gerade Kreiskegel (Kegel) werden durch Rotation eines rechtwinkligen Dreiecks um eine seiner Katheten erzeugt (Bild 312). Die Länge *MS* dieser Kathete entspricht der Kegelhöhe *h*, die Länge *MA* der anderen Kathete dem Radius *r* der Grundfläche. Die Hypotenuse *SA* beschreibt den *Kegelmantel*, $\overline{SA}$ selbst ist eine Mantellinie. Alle Mantellinien schneiden sich in der *Kegelspitze S*, die senkrecht über dem Mittelpunkt *M* der

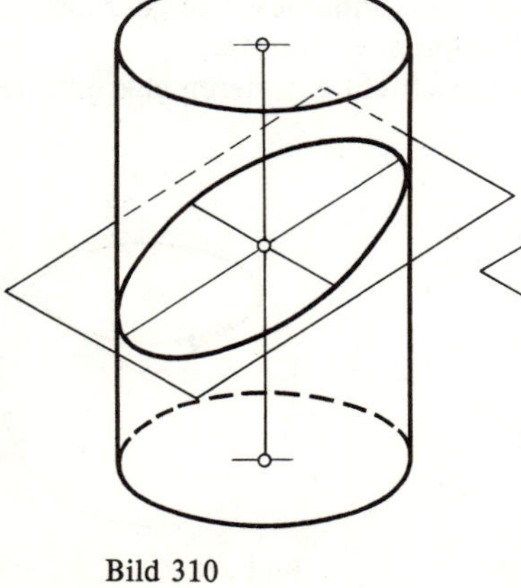

Bild 310

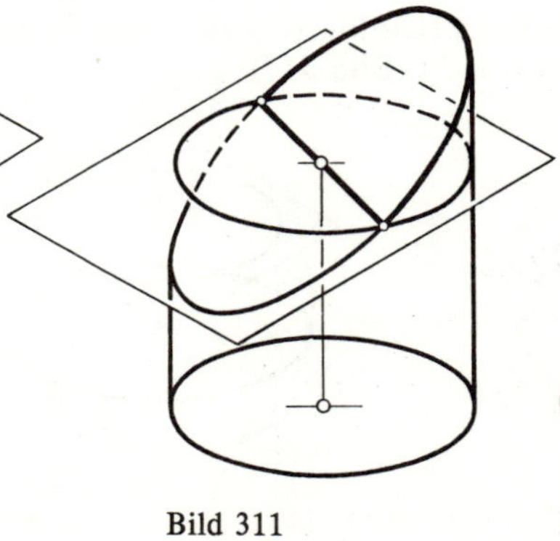

Bild 311

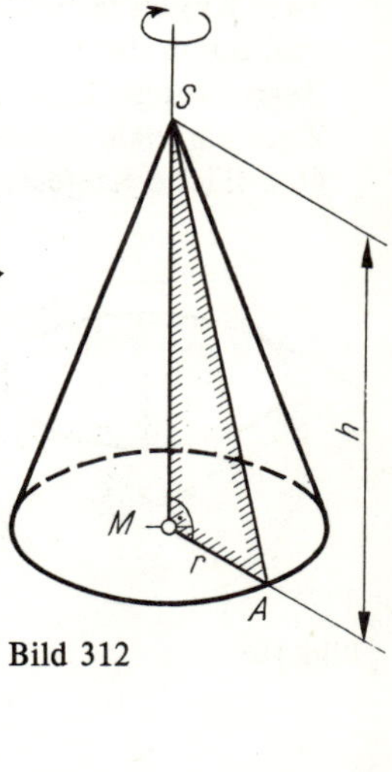

Bild 312

Grundfläche liegt. Durch M und S ist ferner die *Kegelachse* bestimmt. Bei *schiefen* Kegeln (Bild 313) liegt S nicht senkrecht über M. Der Abstand der Spitze S von der Grundfläche ist die Höhe des schiefen Kegels.

Gerade Kreiskegelstümpfe entstehen durch Rotation eines rechtwinkligen Trapezes um diejenige Trapezseite, die senkrecht auf den beiden Grundlinien des Trapezes steht (Bild 314).
Diese Seite M_1M_2 entspricht der *Stumpfhöhe* h. Die andere Seite beschreibt den Mantel und ist gleichzeitig Mantellinie. Die Grundlinien M_1A und M_2B stellen die Radien r_1 und r_2 der Grund- und Deckfläche dar. M_1 und M_2 legen die Achse des Stumpfes fest. Der Schnittpunkt der Verlängerungen aller Mantellinien des Stumpfes ist gleichzeitig die Spitze des Ergänzungskegels, der den Stumpf zum vollständigen Kegel ergänzt.

Kugeln entstehen durch Rotation einer Halbkreisfläche um ihren Durchmesser (Bild 315).

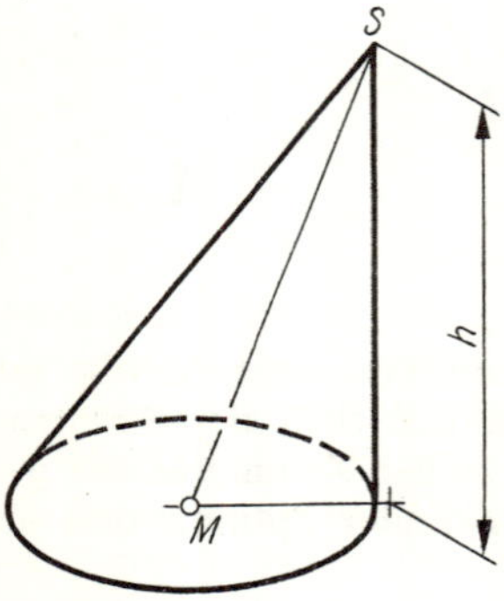

Bild 313

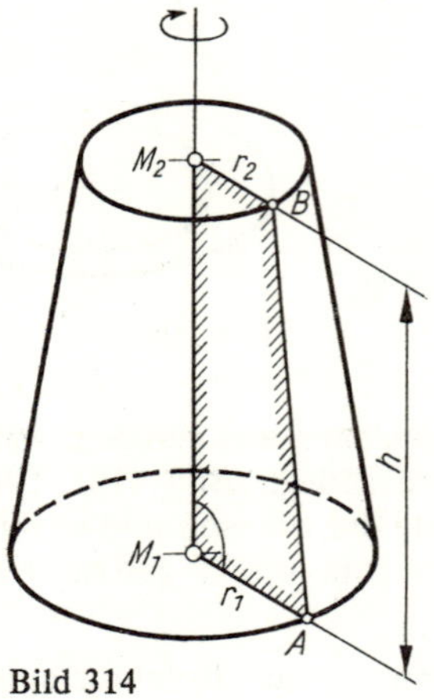

Bild 314

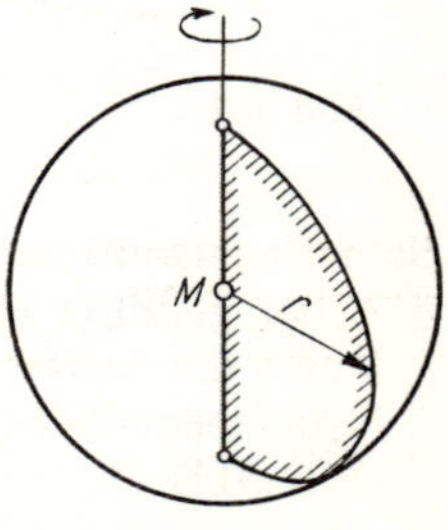

Bild 315

Der Abstand jedes Oberflächenpunktes vom Kugelmittelpunkt M ist gleich und heißt **Kugelradius** r. Durch ihren Radius ist die Kugel eindeutig bestimmt.
Ebene Schnitte durch die Kugel erzeugen Kreise als Schnittfiguren und zerlegen sie in zwei **Kugelsegmente** (Bild 316). Schnitte durch den Mittelpunkt erzeugen **Großkreise** und teilen die Kugel in zwei *Halbkugeln* als Sonderfall des Segmentes. Die gekrümmte Begrenzungsfläche des Segmentes nennt man **Kugelkappe** oder **Kalotte.**
Zwei parallele ebene Kugelschnitte schließen eine **Kugelschicht** ein, deren gekrümmte Oberfläche **Kugelzone** heißt (Bild 317).

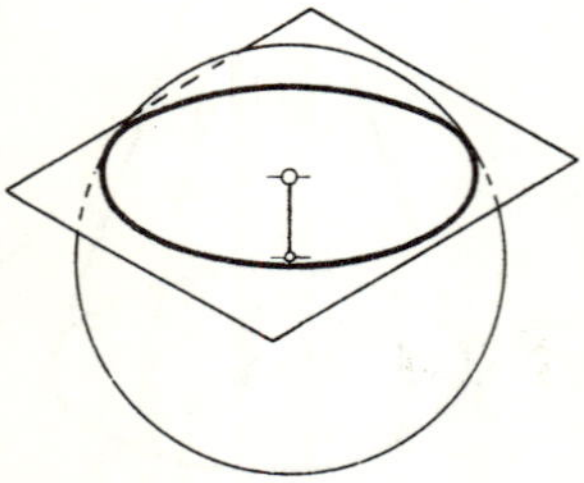
Bild 316

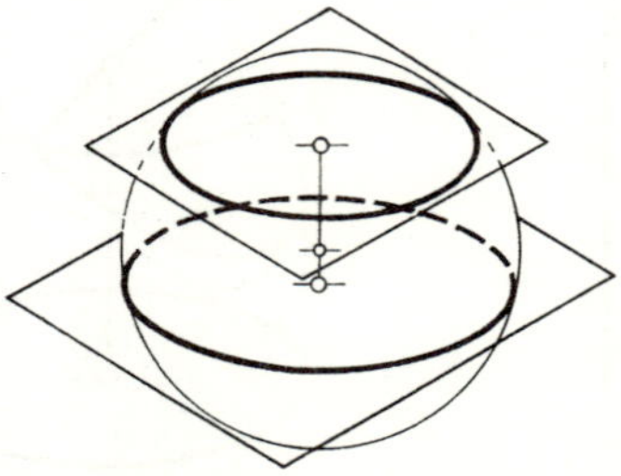
Bild 317

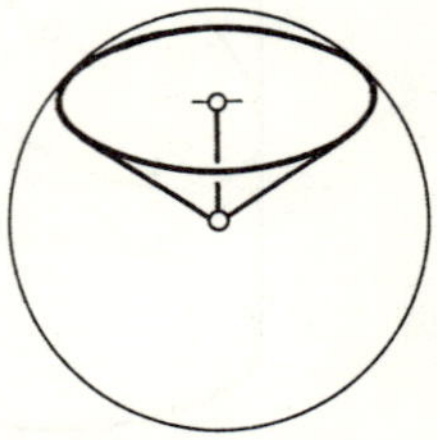
Bild 318

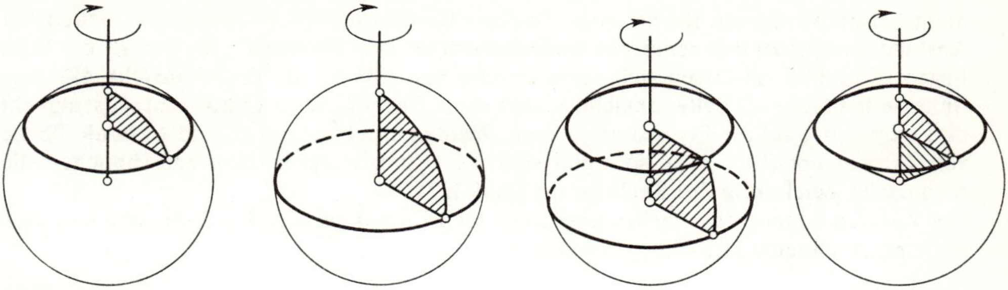

Bild 319

Verbindungsstrecken zwischen allen Punkten des Kalottengrundkreises und dem Kugelmittelpunkt hüllen mit der Kalotte den **Kugelsektor** ein (Bild 318).
Segment, Halbkugel, Schicht und Sektor lassen sich ebenfalls durch Rotation einer entsprechenden Fläche um eine Achse erzeugen (Bild 319).

32. Darstellung der Körper

32.1. Mehrtafelprojektion

Zur technisch richtigen Darstellung von Körpern wird die Methode der **Orthogonalprojektion** (Senkrechtprojektion) benutzt. Sie kann entweder als *Mehrtafelprojektion* oder als *axonometrische Projektion* (auf Achsen bezogene Projektion) ausgeführt werden.
Die Mehrtafelprojektion (vorzugsweise die Dreitafelprojektion) dient zur Herstellung von Werkzeichnungen, die in der Produktion zur Anfertigung von Werkstücken gebraucht werden. Das Lesen der Werkzeichnungen setzt Fachkenntnisse voraus, denn die nach der Methode der Mehrtafelprojektion erzeugten Bilder sind nicht sofort anschaulich. Deshalb wird im Standard außerdem die axonometrische Projektion zum Darstellen von Körpern erlaubt und definiert, nach der perspektivische und damit sofort anschauliche Zeichnungen von Körpern erhalten werden können.

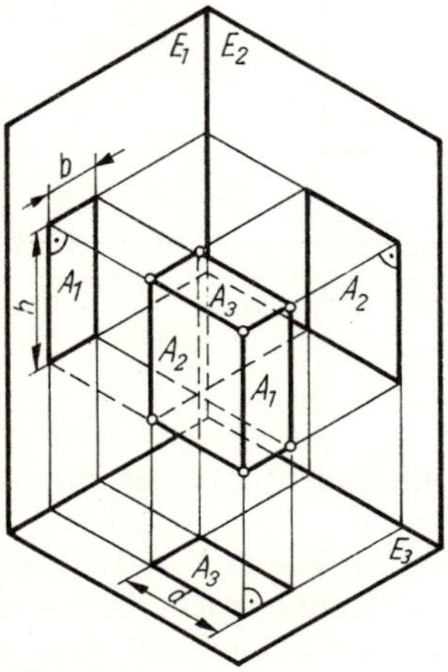

Bild 320

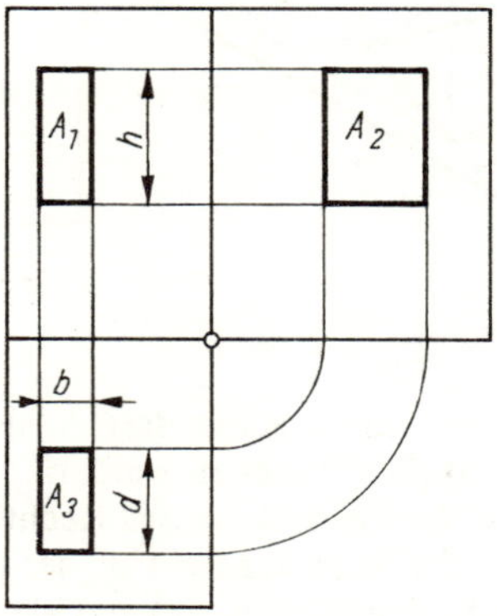

Bild 321

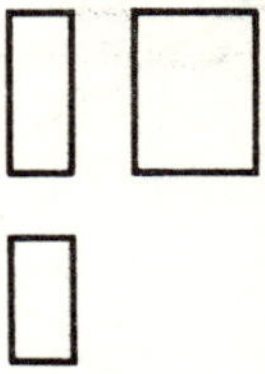

Bild 322

Steht beispielsweise ein Rechtkant so in einer Raumecke, daß entsprechende Seiten mit Abstand parallel zu den senkrecht aneinanderstoßenden Ebenen E_1, E_2 und E_3 der Ecke liegen (Bild 320), so lassen sich seine vordere Seitenfläche als **Vorderansicht** A_1, seine linke Seitenfläche als **Seitenansicht** A_2 und seine Deckfläche als **Draufsicht** A_3 senkrecht und unverkürzt auf die Ebenen projizieren. Werden anschließend E_2 und E_3 in die Ebene von E_1 geklappt (Bild 321), so ergibt sich die Orthogonalprojektion oder üblicher, die **technische Zeichnung** des Rechtkantes (Bild 322).
Der Zusammenhang der drei ein und demselben Körper gehörenden Ansichten ist durch die eingezeichneten Hilfslinien sofort klar:

Die linke Seitenfläche des Körpers erscheint rechts neben der Vorderansicht A_1 als Seitenansicht A_2 und hat mit ihr gleiche Höhe h.
Die Deckfläche steht senkrecht unter der Vorderansicht als Draufsicht A_3 und hat mit ihr gleiche Breite b.
Die Dicke d (Tiefe) des Körpers ist in der Seitenansicht und in der Draufsicht zu erkennen.

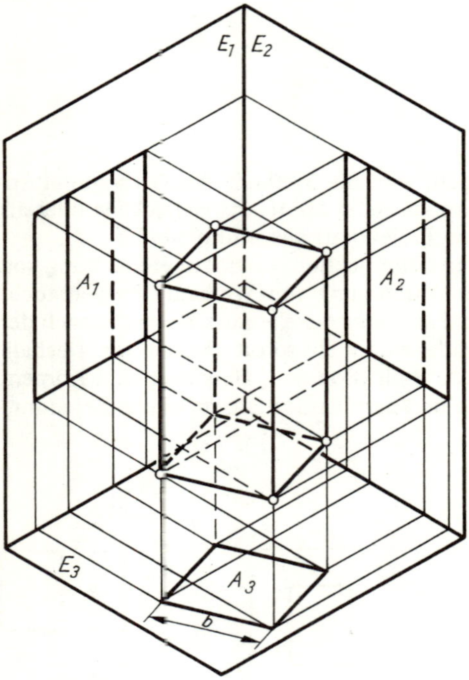

Bild 323

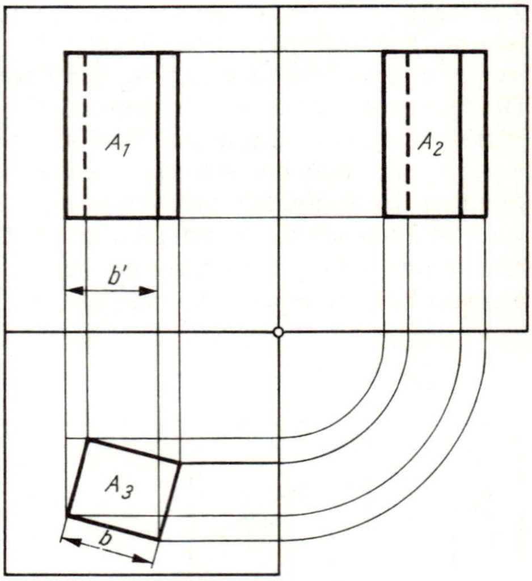

Bild 324

Folglich kann der Körper durch seine drei Ansichten sowohl eindeutig dargestellt als auch übersichtlich mit Maßen versehen werden.
Liegt beispielsweise nur die Deckfläche des Rechtkants parallel zur Ebene E_3 der Raumecke (Bild 323), so zeigt die Vorderansicht A_1 der technischen Zeichnung nicht die wahre Breite b des Körpers, d.h., b erscheint verkürzt als b' (Bild 324). In der Draufsicht A_3 ist b dagegen in wahrer Größe zu erkennen und kann dort richtig bemaßt werden.

32.2. Axonometrische Projektion

32.2.1. Isometrische Projektion

Die axonometrische Projektion oder Parallelperspektive verlangt mit Rücksicht auf möglichst leichte Ausführbarkeit und verständliche Bemaßung der Zeichnung, daß alle *parallelen Kanten* des darzustellenden Körpers *auch in der Zeichnung parallel* verlaufen. Sie läßt zwei Ausführungsformen zu. Der **isometrischen** [(griech.) gleiches Maß habend] **Projektion** bedient man sich, wenn *drei* Ansichten eines Körpers in einer Darstellung zugleich deutlich gezeigt werden sollen. Die **dimetrische** [(griech.) zweifaches Maß habend] **Projektion** betont dagegen nur *eine Ansicht*, wird also verwendet, wenn wichtige Einzelheiten *einer* Körperansicht hervorgehoben werden sollen. Der Nachteil jeder axonometrischen Projektion besteht in der Unmöglichkeit, bei komplizierten Körpern alle für die Herstellung des Körpers notwendigen Maße übersichtlich eintragen zu können, und in der Verzerrung von Winkeln und Strecken. Diese Nachteile werden bei der Orthogonalprojektion vermieden.

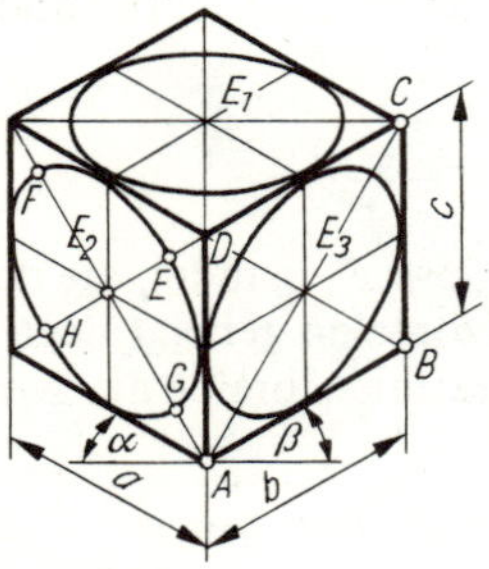

Bild 325

Die in isometrischer Projektion ausgeführte Zeichnung eines Würfels (Bild 325) läßt die wichtigsten Merkmale dieser Darstellungsmethode erkennen. Das *Kantenverhältnis* ist mit

$$a : b : c = 1 : 1 : 1$$

und das *Achsenverhältnis* der untereinander gleichen in die Würfelflächen einbeschriebenen Ellipsen, etwa für Ellipse E_2, mit

$$\overline{FG} : \overline{HE} = \sqrt{3} : 1$$

festgelegt. Folglich müssen die beiden Grundkanten a und b des Würfels mit der Horizontalen die Winkel

$$\alpha = \beta = 30°$$

einschließen, denn dann ist das Dreieck DAB gleichschenklig, und somit gilt

$$\overline{AC} : \overline{AD} = \overline{FG} : \overline{HE} = \sqrt{3} : 1$$

Ferner ist zu erkennen, daß die große Achse der Ellipse E_1 parallel, die der Ellipsen E_2 und E_3 unter 60° geneigt zur Horizontalen liegen.

Daraus ergeben sich für die praktische Anwendung der isometrischen Projektion nachstehende Schlußfolgerungen:

> Alle senkrecht aufeinanderstoßenden Kanten eines Körpers, die in den Richtungen der Würfelkanten verlaufen, werden unverkürzt gezeichnet. Kreise, die in horizontalen Ebenen liegen, werden durch Ellipsen dargestellt, deren große Achsen gleichfalls hori-

zontal liegen. Kreise, die in vertikalen Ebenen liegen, werden durch Ellipsen dargestellt, deren große Achsen unter 60° zur Horizontalen geneigt sind.

32.2.2. Dimetrische Projektion

Beim dimetrisch projizierten Würfel (Bild 326) betragen das *Kantenverhältnis*

$$a : b : c = 1 : 1 : \frac{1}{2}$$

und die *Achsenverhältnisse* der Flächenellipsen für E_1 und E_3

$$\overline{EF} : \overline{GH} = \overline{KL} : \overline{MN} = 1 : 3$$

und für E_2

$$\overline{AB} : \overline{CD} = 9 : 10\,.$$

Die Grundkanten a und b des Würfels schließen demnach mit der Horizontalen die Winkel

$$\alpha = 7°10' \qquad \text{und} \qquad \beta = 41°25'$$

ein, was hier nicht bewiesen werden soll.
Außerdem ist zu beachten, daß die große Achse der Ellipse E_1 parallel, die der Ellipse E_2 unter 48°35′ und die der Ellipse E_3 unter 83° zur Horizontalen geneigt liegt.
Für die praktische Anwendung der dimetrischen Projektion schreibt die Normung zwei *Vereinfachungen* vor:

Die Neigungswinkel der beiden Würfelgrundkanten werden mit $\alpha = 7°$ und $\beta = 42°$ festgelegt.
Das Achsenverhältnis der Ellipse E_2 beträgt $\overline{AB} : \overline{CD} = 1 : 1$, d.h., E_2 wird als Kreis dargestellt (Bild 327).

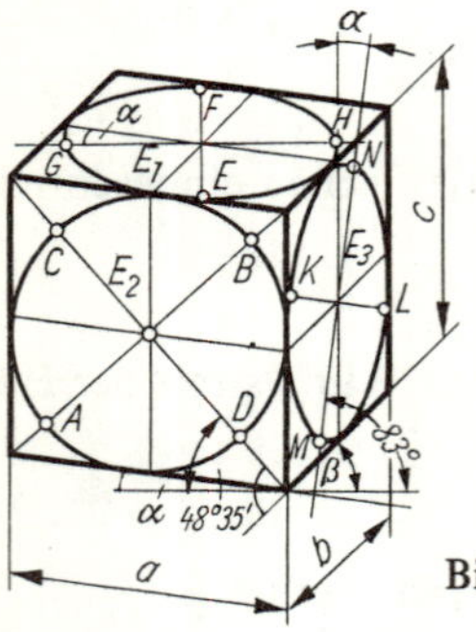

Bild 326

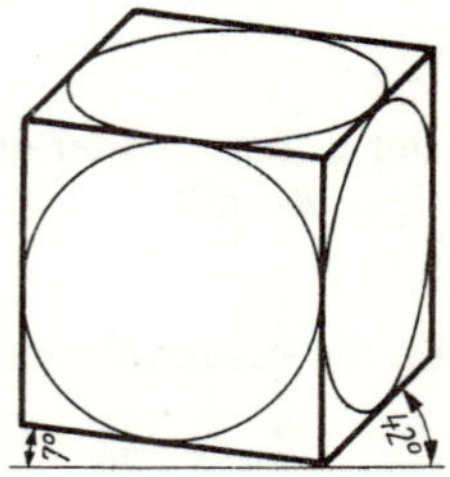

Bild 327

Beim Zeichnen sind folgende Gesichtspunkte zu berücksichtigen:

Alle senkrecht aufeinanderstoßenden Kanten, die in der Richtung der Würfelkanten a und c verlaufen, werden unverkürzt gezeichnet, solche, die in Richtung von b verlaufen, werden um die Hälfte verkürzt dargestellt. Kreise, die in horizontalen Ebenen liegen, erscheinen als Ellipsen mit horizontal liegenden großen Achsen. Kreise in den verkürzten vertikalen Seitenflächen werden zu Ellipsen, deren große Achsen unter 83° zur Horizontalen geneigt sind. Kreise in den unverkürzten vertikalen Vorderflächen bleiben Kreise.

33. Körperberechnung

33.1. Berechnungsgrundlagen

Die Hauptaufgabe der Stereometrie besteht in der *Berechnung der Oberfläche und des Volumens* der Körper. Dazu sind vergleichende Betrachtungen mit den üblichen Raum- und Flächeneinheiten durchzuführen.
Das *Maß für die Flächeneinheit* ist das *Einheitsquadrat* mit 1 m oder 1 dm oder 1 cm oder 1 mm Seitenlänge. Es gilt

$$1\ \mathrm{m}^2 = 10^2\ \mathrm{dm}^2 = 10^4\ \mathrm{cm}^2 = 10^6\ \mathrm{mm}^2$$

Das *Maß für die Raumeinheit* ist der *Einheitswürfel* mit 1 m oder 1 dm oder 1 cm oder 1 mm Kantenlänge. Es gilt

$$1\ \mathrm{m}^3 = 10^3\ \mathrm{dm}^3 = 10^6\ \mathrm{cm}^3 = 10^9\ \mathrm{mm}^3$$

Meist läßt die Form der zu berechnenden Körper das direkte Ausmessen mit diesen Einheitsgrößen nicht zu. Deshalb läuft die Lösung der Hauptaufgabe der Stereometrie darauf hinaus, durch geometrische Überlegungen Formeln zu finden, die für einen bestimmten Körper *allgemeingültige Aussagen* über sein Volumen und seine Oberfläche bei verschiedenen Abmessungen zulassen.
Die Formeln für die Körperoberflächen können mit den Mitteln der Planimetrie ohne weiteres abgeleitet werden. Die Formeln für die Körpervolumen werden in zwei Schritten ermittelt:

Erstens ermittelt man die Volumenformel für das gerade Prisma.
Zweitens untersucht man den Zusammenhang zwischen den Volumen grundflächen- und höhengleicher Körper beliebiger Form und leitet aus diesem Zusammenhang die Volumenformeln für die anderen Körper ab.

Der erste Schritt bildet den Inhalt der beiden nächsten Abschnitte.
Der zweite Schritt führt zum Satz des Cavalieri (Cavalieri, 1598 bis 1647, Mathematiker in Bologna, Schüler des Galilei), der in 33.2.3. behandelt wird.

33.2. Ebenflächner

33.2.1. Rechtkant und Würfel

Volumen des Rechtkantes:

$$\boxed{V = abc} \qquad (158)$$

a, b und c sind die Kanten des Rechtkantes.

Beweis: Die drei senkrecht in der Ecke A zusammenstoßenden Kanten a, b und c des Rechtkantes (Bild 328) sollen beispielsweise mit dem gemeinsamen Maß cm meßbar sein. Dann können längs der Kante $a = 5\ \mathrm{cm}$ $5 \cdot 1\ \mathrm{cm}^3$ gelegt werden. Die Grundfläche $a \cdot b = 15\ \mathrm{cm}^2$ bedecken $5 \cdot 3 \cdot 1\ \mathrm{cm}^3$, und das Volumen $a \cdot b \cdot c = 60\ \mathrm{cm}^3$ füllen $5 \cdot 3 \cdot 4 \cdot 1\ \mathrm{cm}^3$ restlos aus. Folglich ist das Volumen des Rechtkantes $V = 5 \cdot 3 \cdot 4 \cdot 1\ \mathrm{cm}^3$ oder allgemein und damit unabhängig vom gewählten gemeinsamen Maß

$$V = abc$$

Oberfläche des Rechtkantes:

$$\boxed{A_O = 2(ab + ac + bc)} \tag{159}$$

Beweis: Alle Seitenflächen sind Rechteckflächen, folglich gilt

$$A_O = 2ab + 2ac + 2bc$$

oder $$A_O = 2(ab + ac + bc)$$

Raumdiagonale des Rechtkantes:

$$\boxed{d = \sqrt{a^2 + b^2 + c^2}} \tag{160}$$

Beweis: Nach dem Satz des PYTHAGORAS (Bild 329) ergeben sich

$$d^2 = f^2 + c^2$$

und $$f^2 = a^2 + b^2.$$

Also ist $$d = \sqrt{a^2 + b^2 + c^2}$$

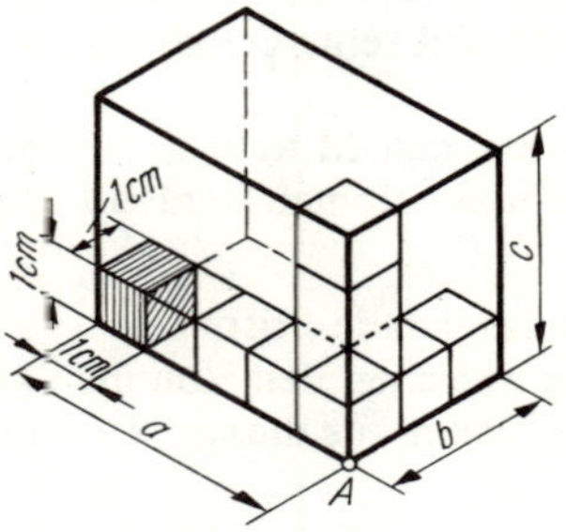

Bild 328

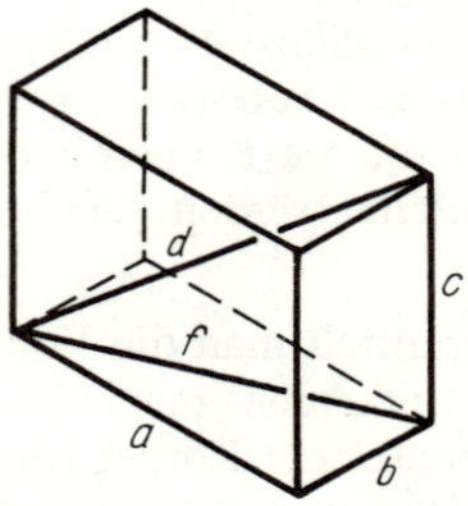

Bild 329

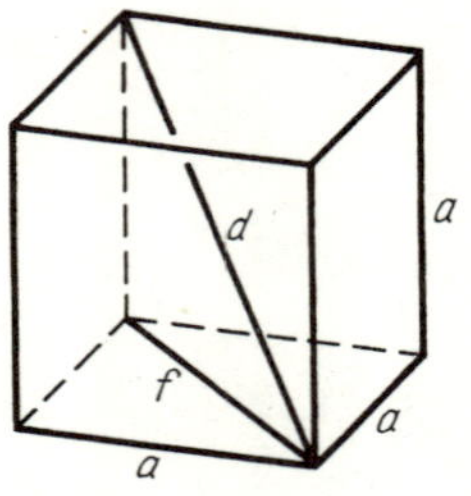

Bild 330

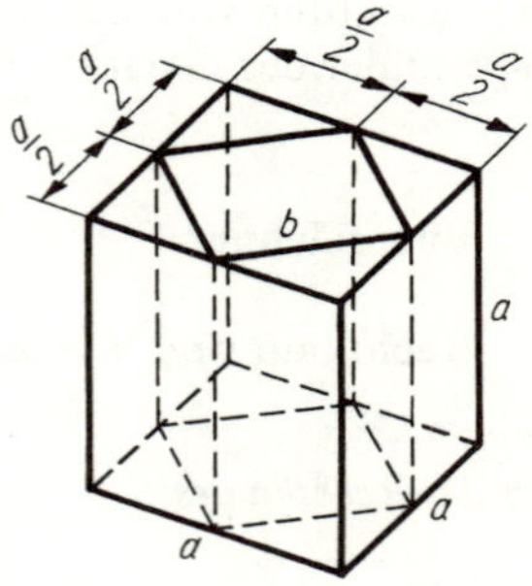

Bild 331

Für den Würfel als Sonderfall des Rechtkantes ist $a = b = c$ (Bild 330). Damit erhält man aus (158)

Volumen des Würfels:

$$\boxed{V = a^3}, \tag{161}$$

aus (159)

Oberfläche des Würfels:

$$\boxed{A_O = 6a^2} \qquad (162)$$

und aus (160)

Raumdiagonale des Würfels:

$$\boxed{d = a\sqrt{3}} \qquad (163)$$

BEISPIELE

1. *Berechne das Volumen V der vier prismatischen Restkörper, die entstehen, wenn aus einem Würfel ein Rechtkant derart herausgearbeitet wird, daß die Ecken des Rechtkantes mit den Mitten der Würfelkanten zusammenfallen* (Bild 331).

   Lösung: $V = V_W - V_R$
   Für V_W folgt:

   $$V_W = a^3.$$

   Für V_R folgt:

   $$V_R = ab^2 \qquad \text{oder mit} \qquad b^2 = \frac{a^2}{2}$$

   $$V_R = \frac{a^3}{2}$$

   Somit wird

   $$V = a^3 - \frac{a^3}{2}$$

   $$V = \frac{a^3}{2}$$

2. *Von einem Rechtkant sind die Raumdiagonale d und die Kanten a der quadratischen Seitenflächen bekannt* (Bild 332). *Drücke sein Volumen V durch d und a aus.*

   Lösung: $V = abc$ und mit $c = a$
   $V = a^2 b$
   Für b folgt $b^2 = f^2 - a^2$ und mit $f^2 = d^2 - a^2$
   $b^2 = d^2 - 2a^2$
   Somit wird $V = a^2\sqrt{d^2 - 2a^2}$

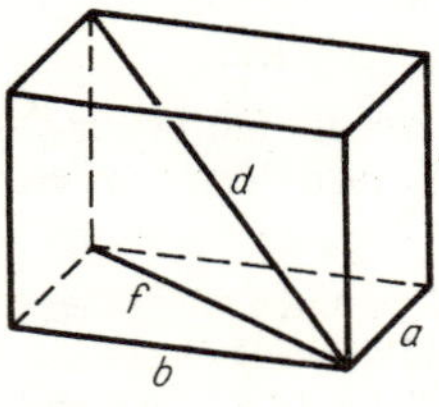

Bild 332

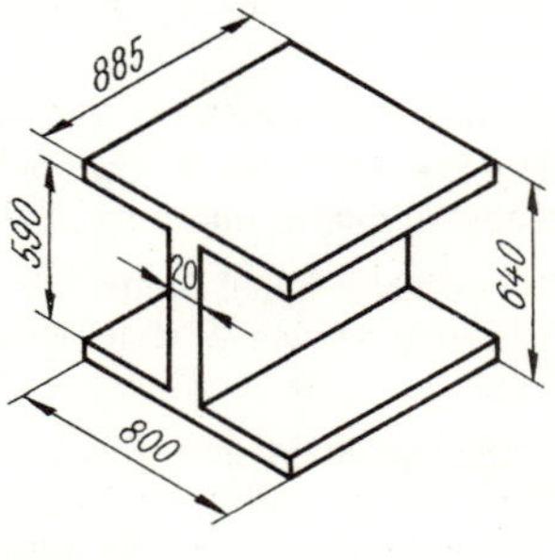

Bild 333

AUFGABEN

569. Wie lang ist die Kante k eines Stahlwürfels mit der Masse 655 g? ($\varrho = 7{,}85\ \mathrm{g/cm^3}$)

570. Berechne die Masse m eines aus Grauguß gefertigten Werkstückes mit $\varrho = 7{,}1\ \mathrm{g/cm^3}$ (Bild 333).

571. Aus einer Baugrube mit senkrecht aufeinanderstehenden Wänden und rechteckigem Grundriß von 4 m Breite und 8,5 m Länge sind bisher 96 m³ Erdreich ausgeschachtet worden. Berechne die augenblickliche Tiefe h_1 der Grube. Welches Volumen V ist noch auszuheben, damit die Grube ihre endgültige Tiefe $h = 4{,}3$ m erhält?

572. Das Mauerwerk eines Transformatorenhauses hat die Form eines Rechtkantes von 3,8 m Breite, 4,2 m Länge und 8 m Höhe einschließlich des Fundamentes von 80 cm Höhe. Für die Tür wird eine Aussparung von 1,3 m Breite und 2,1 m Höhe vorgesehen. Berechne das Volumen V des Mauerwerkes für eine Wanddicke von 25 cm.

573. Eine Stahlschiene mit rechteckigem Querschnitt ist 3,1 cm breit, 2,6 cm hoch und 1,28 m lang. Sie wird mit einer Motorsäge in 8 Einzelteile zerschnitten. Berechne deren Gesamtmasse m bei einer Sägeblattbreite von 1,8 mm. ($\varrho = 7{,}85\ \mathrm{g/cm^3}$)

574. Ein rechteckiger Blechkasten, dessen Boden eine Breite von 65 cm und eine Länge von 38 cm hat, schwimmt auf dem Wasser. Berechne seine Eintauchtiefe h bei einer Wasserverdrängung von 12 Litern.

575. Berechne das Volumen V und die Oberfläche A_O eines mehrfach ausgesparten Werkstückes (Bild 334).

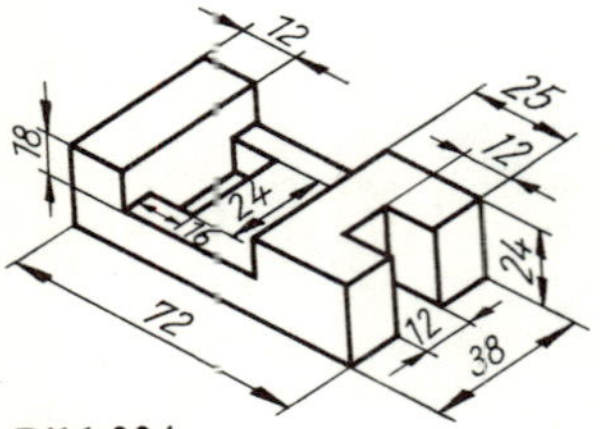

Bild 334

576. In ein würfelförmiges Gefäß, das innen die Kantenlänge 50 cm hat, werden 18 Liter Flüssigkeit gefüllt. Berechne den Flüssigkeitsstand h.

577. Zu Anschauungszwecken sollen drei Würfel mit der gleichen Masse $m = 100$ g aus Stahl ($\varrho = 7{,}85\ \mathrm{g/cm^3}$), Kupfer ($\varrho = 8{,}9\ \mathrm{g/cm^3}$) und Aluminium ($\varrho = 2{,}7\ \mathrm{g/cm^3}$) gefertigt werden. Berechne die Kantenlängen a_{St}, a_{Cu} und a_{Al}.

578. Ein quadratischer Holzbalken von 6 m Länge hat die Masse 38 kg. Berechne seine Breite b. ($\varrho = 0{,}65\ \mathrm{g/cm^3}$)

579. Ein 60 Liter fassendes Gefäß von der Form eines Würfels soll durch ein rechteckiges Gefäß ersetzt werden, dessen Boden 50 cm breit und 60 cm lang ist. Berechne seine Höhe h bei gleichem Fassungsvermögen und unter Vernachlässigung der Blechdicke.

580. Aus einem Festmeter sollen Bretter von rechteckigem Querschnitt mit 18 mm Dicke und 22 cm Breite geschnitten werden. Wieviel laufende Meter l erhält man daraus bei einem Schnittverlust von 15 %?

581. In eine rechteckige Stahlplatte von 12 cm Breite, 8 cm Länge und 5 cm Höhe wird eine Längsnut eingefräst, die die Form eines gleichschenklig-rechtwinkligen Dreiecks mit der Hypotenusenlänge 2,5 cm hat. Berechne die Masse m der fertigen Platte. ($\varrho = 7{,}85\ \mathrm{g/cm^3}$)

582. Drücke das Volumen V eines Würfels durch seine Oberfläche A_O aus.

583. Drücke die Oberfläche A_O und das Volumen V eines Würfels durch seine Raumdiagonale d aus.

584. Die Kanten eines Rechtkantes stehen im Verhältnis $a : b : c = x : y : z = 1 : 3 : 5$. Berechne Volumen V und Oberfläche A_O, wenn $a = 6$ cm gegeben ist.

585. Die Oberfläche eines Würfels mit der Kantenlänge $k = 5$ cm soll der eines Rechtkantes mit den Kanten $a = 5$ cm und $b = 2$ cm gleich sein. Berechne die dritte Kante c des Rechtkantes.

586. Aus einem Stück Rundstahl von 18 cm Länge und 7 cm Durchmesser soll ein größtmögliches Vierkant mit quadratischem Querschnitt herausgefräst werden. Berechne die Anstelltiefe a des Fräsers und das Volumen V des entstehenden Werkstückes.

587. Ein quadratischer Bleiriegel mit der Kantenlänge 36 cm und der Länge 62 cm soll in einen gleich langen Riegel mit rechteckigem Querschnitt umgegossen werden. Wie ist die Höhe h des neuen Riegels zu wählen, wenn eine Breite von 5,5 cm gefordert wird?

588. Eine rechteckige Stahlplatte von 28 mm Breite, 24 mm Höhe und 140 mm Länge soll in einen Quadratstahl gleicher Länge umgeschmiedet werden. Berechne die Quadratseite a ohne Berücksichtigung des Abbrandes.

589. Ein Rechtkant mit den Kanten a und b soll einem Würfel mit der Kante k volumengleich sein. Berechne die Kante c des Rechtkantes für $a = 2$ cm, $b = 3$ cm und $k = 6$.

590. Die dritte Kante c eines Rechtkantes soll die mittlere Proportionale zu den beiden anderen a und b sein. Wie groß ist das Volumen V des Rechtkantes, wenn $a = 4$ cm und $b = 9$ cm gegeben sind?

591. Eine quadratische Stahlschiene ($\varrho = 7{,}85$ g/cm^3) mit der Kantenlänge 14 mm und der Oberfläche 892 cm^2 soll künftig durch eine Aluminiumschiene ($\varrho = 2{,}7$ g/cm^3) mit doppeltem und quadratischem Querschnitt und gleicher Länge ersetzt werden. Welche Masseneinsparung m ergibt sich dadurch?

592. Welche lichte Höhe h muß ein Wasserbehälter mit quadratischem Boden haben, wenn er 3,6 m^3 fassen soll, die Außenkanten des Bodens 80 cm lang sind und zu seiner Herstellung Blech von 8 mm Dicke verwendet wird?

593. Ein rechteckiger Holzkasten hat außen eine Breite von 72 cm, eine Länge von 68 cm und eine Höhe von 86 cm. Die Wanddicke soll 26 mm betragen. Berechne den Holzbedarf V für 30 solcher allseits geschlossenen Kästen, wenn mit einem Schnittverlust von 12% gerechnet wird.

33.2.2. Gerades Prisma

Volumen des geraden Prismas:

$$\boxed{V = Ah} \qquad (164)$$

A ist die Grundfläche, h die Höhe des geraden Prismas.

Beweis: Jedes gerade Prisma mit einem rechtwinkligen Dreieck als Grundfläche kann durch ein zweites Prisma gleicher Form und gleicher Abmessungen zu einem Rechtkant

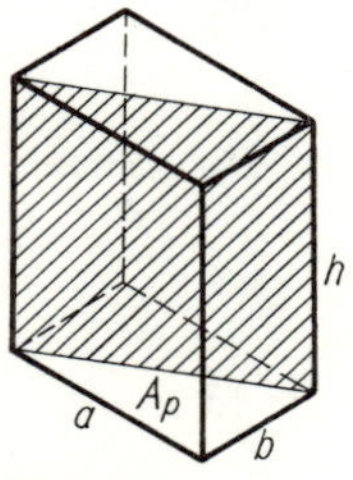

Bild 335

ergänzt werden (Bild 335). Sind V_R und V die Volumen vom Rechtkant und vom geraden Prisma und A_R und A ihre Grundflächen, dann gilt

$$V = \frac{V_R}{2} \tag{I}$$

Für V_R folgt nach (158)

$V_R = A_R h,$

und wegen $A_R = 2A$

auch $V_R = 2Ah$

und mit (I) $V = Ah$.

Diese Formel ist für jedes gerade Prisma mit beliebiger Grundfläche gültig. Zum Beweis zeigt man, daß sie auch für ein Prisma mit einem schiefwinkligen Dreieck als Grundfläche stimmt, denn jedes gerade Prisma mit einem beliebigen Vieleck als Grundfläche läßt sich in solche zerlegen und damit berechnen.
Ein gerades Prisma (Bild 336) wird durch einen Schnitt derart zerlegt, daß zwei Prismen mit rechtwinkligen Dreiecken als Grundflächen entstehen. Da beiden die Höhe h gemeinsam ist, gilt

$$V = V_1 + V_2 = A_1 h + A_2 h = (A_1 + A_2)\, h$$

oder mit $A_1 + A_2 = A$

wieder $V = Ah$

Oberfläche des geraden Prismas:

$$\boxed{A_O = 2A + A_M} \tag{165}$$

$2A$ ist die Summe der Grund- und Deckfläche, A_M die Mantelfläche des geraden Prismas.

BEISPIELE

1. *Bestimme die Höhe h eines regelmäßigen dreiseitigen geraden Prismas mit der Grundkante a und dem Volumen $V = a^3\sqrt{3}$.*

   Lösung: Mit

   $$A = \frac{a^2}{4}\sqrt{3}$$

   folgt aus $V = Ah$

   $$a^3\sqrt{3} = \frac{a^2}{4}\sqrt{3}\, h$$

   und hieraus $h = 4a$

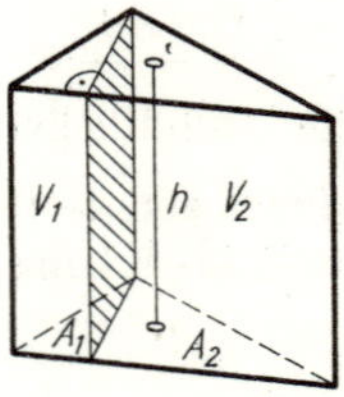

Bild 336

2. *Berechne das Volumen V und die Oberfläche A_O eines regelmäßigen sechsseitigen geraden Prismas mit der Grundkante a und der Höhe $h = 4a$.*

   Lösung:

   Mit $A = \frac{3}{2}a^2\sqrt{3}$

   folgt aus $V = Ah$

   Für $2A$ folgt $2A = 3a^2\sqrt{3}$

   Für A_M folgt $A_M = 6ah$

$V = \frac{3}{2}a^2\sqrt{3}\cdot 4a$ und mit $h = 4a$

$V = 6a^3\sqrt{3}$ ergibt sich $A_M = 24a^2$.

Damit wird $A_O = 3a^2(8 + \sqrt{3})$

AUFGABEN

594. Wieviel laufende Meter Holzleisten (Bild 337) ergeben einen Festmeter?

595. Ein Gußstück von 65 cm Länge hat quadratischen Querschnitt. Die Seite des Quadrates mißt 8 cm. Durch Bearbeitung der Längskanten erhält es regelmäßigen achteckigen Querschnitt. Welche Massenverringerung m ergibt sich dadurch? ($\varrho = 7{,}2\ \mathrm{g/cm^3}$)

596. Zur Herstellung von 100 Spachteln (Bild 338) wird Blech von 1,6 mm Dicke verwendet. Berechne ihre Masse m. ($\varrho = 7{,}85\ \mathrm{g/cm^3}$)

597. Der Querschnitt einer 1,5 m langen Schiene ist ein gleichschenkliges Trapez mit den Grundlinien 4 cm und 5 cm. Berechne die Höhe h der Schiene bei einem Volumen von 3,5 dm³.

598. Ein regelmäßiger sechseckiger Profilstahl ist 3 m lang. Die Kantenlänge des Sechsecks beträgt 2 cm. Berechne das Volumen V des Stahles.

599. Von einem regelmäßigen vierseitigen geraden Prisma sind das Volumen $V = 20\ \mathrm{cm^3}$ und die Höhe $h = 5$ cm bekannt. Berechne die Grundkante a.

600. Wie groß ist die Masse m der Schneide einer Balkenwaage, deren Profil ein gleichschenkliges Dreieck mit der Basis 6 mm und den Schenkeln 14 mm ist? Die Schneidenlänge beträgt 20 mm. ($\varrho = 7{,}85\ \mathrm{g/cm^3}$)

601. Berechne die Masse m des aus zwei Kronglasprismen Kr und einem Flintglasprisma Fl zusammengesetzten Geradsichtprismas (Bild 339). ($\varrho_{Kr} = 2{,}8\ \mathrm{g/cm^3}$, $\varrho_{Fl} = 3{,}5\ \mathrm{g/cm^3}$)

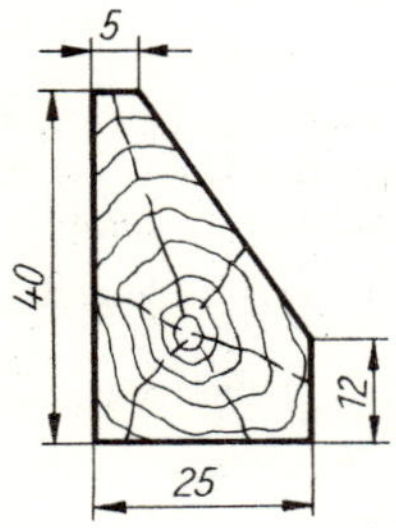

Bild 337

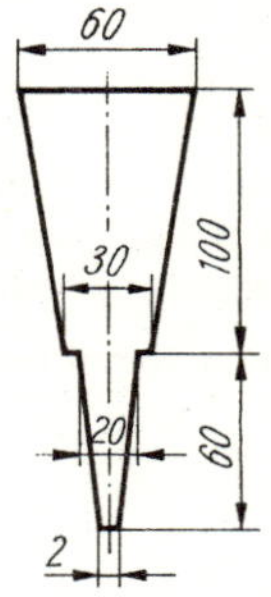

Bild 338

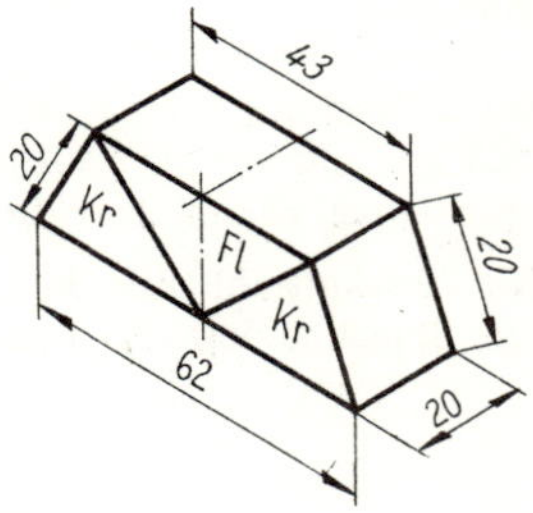

Bild 339

602. Berechne das Volumen V eines Profilstahles von 178 mm Länge (Bild 340).

603. Wie groß ist die Masse m von 50 Stück gußeisernen Roststäben, die rhombischen Querschnitt und eine Länge von je 32 cm haben? Die Diagonalen des Rhombus sind 14 mm und 22 mm lang. ($\varrho = 7{,}2\ \mathrm{g/cm^3}$)

604. Der Giebel eines Anbaues (Bild 341) soll mit 1,5 cm dickem Putz versehen werden. Der Mörtel wird aus Kalk und Sand im Verhältnis 1 : 4 gemischt. Berechne die Mindestmengen V_K und V_S für beide Materialien.

605. In eine Stahlplatte von 45 mm Breite, 250 mm Länge und 30 mm Höhe ist in der Längsrichtung eine schwalbenschwanzförmige Nut von 10 mm Tiefe eingefräst. Der Nutquerschnitt ist ein gleichschenkliges Trapez mit der kleineren Grundlinie 20 mm. Die beiden Trapezschenkel schließen mit der größeren Grundlinie einen Winkel von 60° ein. Berechne Volumen V und Oberfläche A_O der Platte.

606. Gib die Volumen V_1, V_2 und V_3 der Balken 1, 2 und 3 an (Bild 342). Nimm an, daß alle drei Balken eine Breite von 100 mm haben.

607. Aus 350 cm³ Plast soll ein regelmäßiges sechseckiges Formstück von 6 cm Höhe gepreßt werden. Berechne die Seite a des Sechsecks.

608. Wie groß ist die Höhe h eines regelmäßigen dreiseitigen geraden Prismas mit der Oberfläche $A_O = 20\ \text{cm}^2$ und der Grundkante $a = 2$ cm?

609. Ein Dreikantstahl hat als Querschnitt ein gleichseitiges Dreieck. Die Kantenlänge des Querschnittes beträgt 4 cm, das Volumen des Stahles 700 cm³. Durch Auswalzen soll die Seitenlänge des Querschnittes auf 2,8 cm verringert werden. Berechne die Längen l_1 und l_2 des Stahles vor und nach der Bearbeitung.

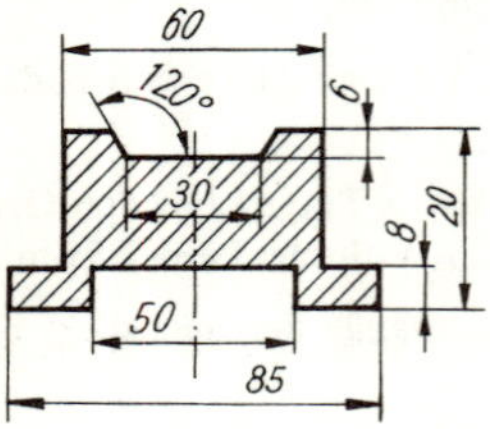

Bild 340

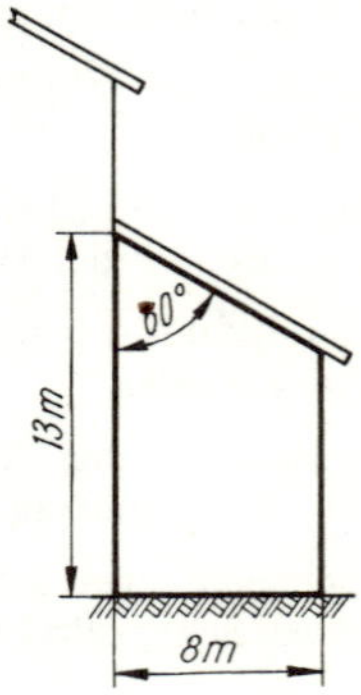

Bild 341

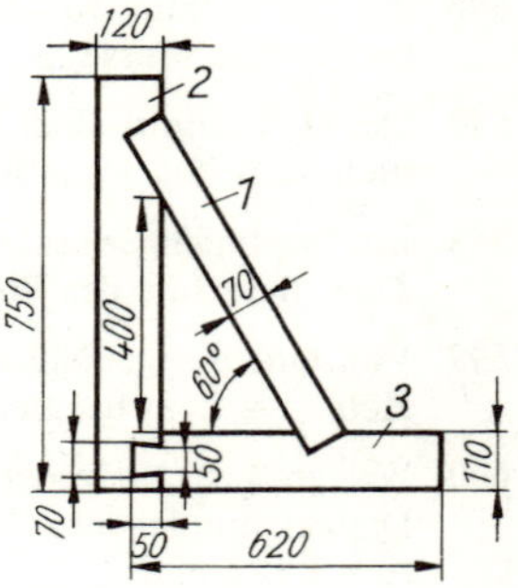

Bild 342

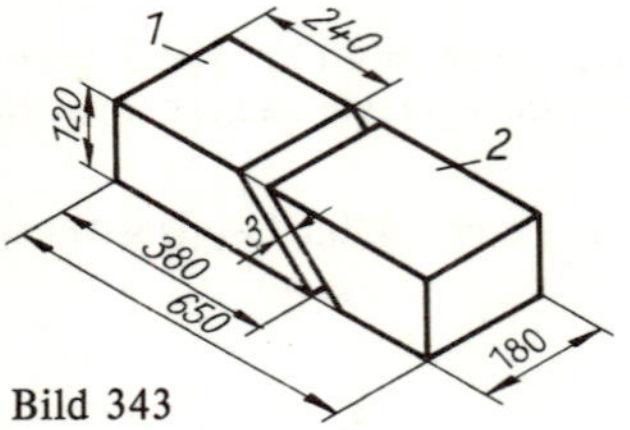

Bild 343

610. Der Querschnitt einer 1,2 m langen Schiene ist ein Parallelogramm, dessen große Seite 47 mm mißt und die mit der kleinen Seite einen Winkel von 60° einschließt. Die Länge der kleinen Seite beträgt 25 mm. Berechne die Masse m der aus Stahl gefertigten Schiene. ($\varrho = 7{,}85\ \text{g/cm}^3$)

611. Ein Vierkantstahl (Bild 343) soll durch einen 3 mm breiten Schnitt in zwei Teile zerlegt werden. Berechne deren Volumen V_1 und V_2.

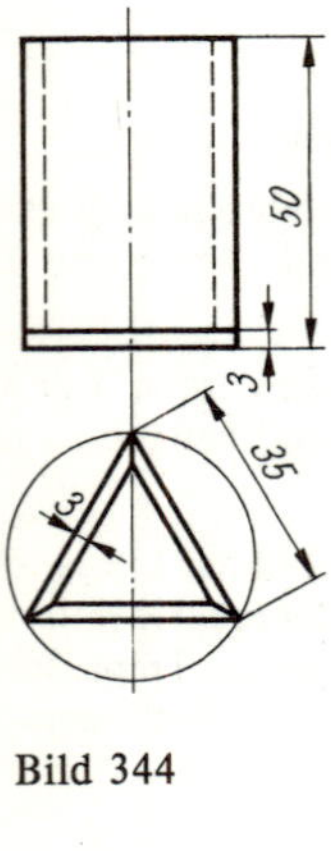

Bild 344

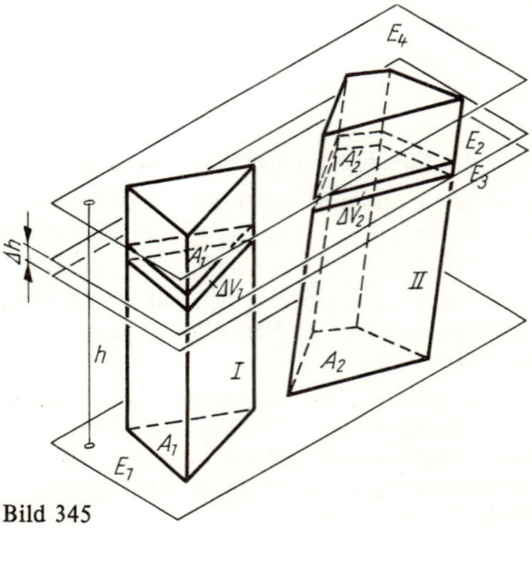

Bild 345

612. Für eine Gleisanlage muß ein Damm von 3,4 km Länge aufgeschüttet werden, dessen Querschnitt ein gleichschenkliges Trapez ist. Die Dammkrone soll 3,5 m breit werden und 4 m über der Dammsohle liegen. Die Böschungen schließen mit der Sohle den Böschungswinkel 30° ein. Berechne die Erdmenge V, die zum Aufschütten des Dammes bewegt werden muß.

613. Ein Färbebottich, dessen sich parallel gegenüberstehende Wände die Form eines gleichschenkligen Trapezes mit dem Abstand 2 m haben, ist mit 2 m^3 Wasser gefüllt. Der Boden des Bottiches ist 1,5 m und die Flüssigkeitsoberfläche zwischen den schrägen Wänden 1,75 m breit. Ermittle den Wasserstand h.

614. Berechne das Fassungsvermögen eines Flüssigkeitsprismas (Bild 344).

33.2.3. Satz des Cavalieri

Satz des Cavalieri:

Körper mit inhaltsgleichen Grundflächen und gleichen Höhen sind volumengleich, wenn alle in gleichen Höhen parallel zur Grundfläche geführten Schnitte inhaltsgleich sind.

Dieser Satz gilt für alle Körper. Er soll hier jedoch nur am Beispiel des geraden und schiefen Prismas bewiesen werden.
Die inhaltsgleichen Grundflächen A_1 und A_2 eines geraden und eines schiefen Prismas I und II mit der gemeinsamen Höhe h liegen in der Ebene E_1 (Bild 345). Die zu E_1 parallele Ebene E_2 schneidet beide Prismen in A_1' und A_2', die wiederum inhaltsgleich sind. Die von E_2 um Δh entfernte und zu ihr parallele Hilfsebene E_3 schließt zwischen sich und E_2 die dünnen Körperschichten ΔV_1 und ΔV_2 ein, für die um so genauer $\Delta V_1 = \Delta V_2$ gilt, je kleiner Δh gemacht wird.
Durch Einfügen weiterer solcher Hilfsebenen zwischen E_1 und E_2 können die von E_1 und E_2 und natürlich auch von E_1 und E_4 begrenzten Prismen in eine beliebige Anzahl volumengleicher Schichten zerlegt werden, so daß die Summe der Schichten des geraden Prismas I gleich der Summe der Schichten des schiefen Prismas II ist.
Da Prismen mit inhaltsgleichen Grundflächen durch beliebige zu ihren Grundflächen parallele Ebenen immer in inhaltsgleichen Flächen geschnitten werden, ist die Anwendbarkeit des Satzes von Cavalieri auf Prismen bewiesen. Man findet also:

Prismen mit gleichen Höhen und inhaltsgleichen Grundflächen sind volumengleich.

Demnach ist auch das Volumen des schiefen Prismas mit Formel (164)

$$V = Ah$$

zu berechnen.

AUFGABEN

615. In eine Mauer ist ein Rutschschacht eingearbeitet, der bei A und B quadratische Öffnungen hat (Bild 346).
   a) Berechne den Abstand b zwischen der Rutschfläche und der Schachtdecke.
   b) Wie groß ist die Mauerdicke d?
   c) Welches Volumen V umschließt der Schacht?

616. Drücke das Volumen V eines schiefen Prismas mit einem gleichseitigen Dreieck als Grundfläche durch a und m aus (Bild 347).

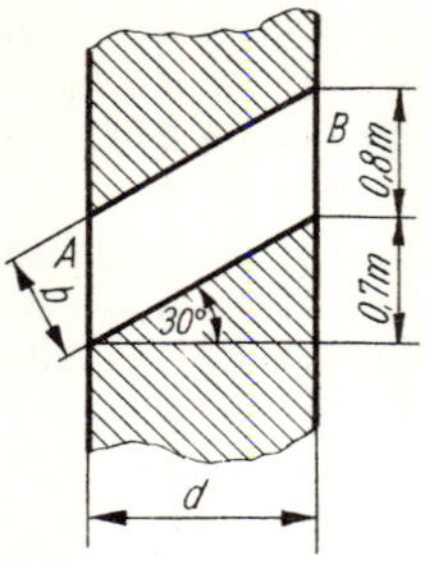

Bild 346

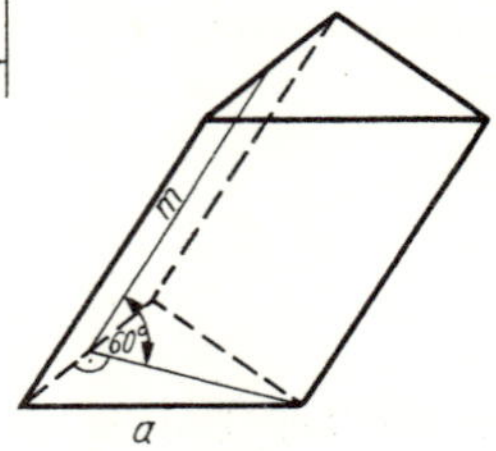

Bild 347

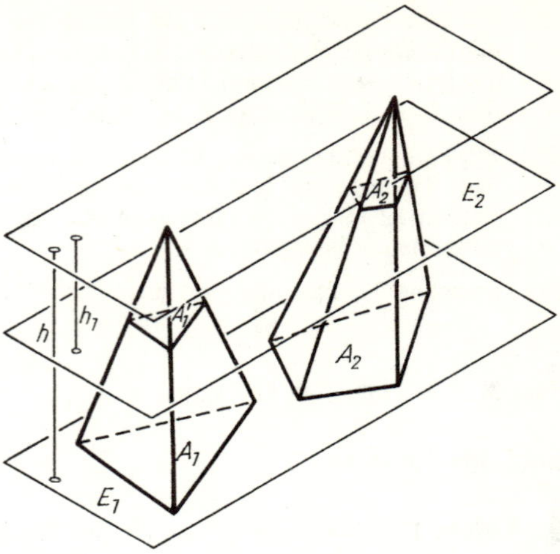

Bild 348

33.2.4. Pyramide

Volumen jeder beliebigen Pyramide:

$$\boxed{V = \frac{1}{3} A h} \tag{166}$$

A ist die Grundfläche, h die Höhe der Pyramide.

Beweis: Zwei Pyramiden mit der gemeinsamen Höhe h und den inhaltsgleichen Grundflächen A_1 und A_2 stehen auf der Ebene E_1 (Bild 348). Sie werden durch die zu E_1 parallele Ebene E_2 in den ebenfalls inhaltsgleichen Flächen A_1' und A_2' geschnitten. Auf Grund der Ähnlichkeit der Schnittflächen gilt

$$\frac{A_1}{A_1'} = \frac{h^2}{h_1^2} \quad \text{und} \quad \frac{A_2}{A_2'} = \frac{h^2}{h_1^2}$$

und wegen $A_1 = A_2$
auch $A_1' = A_2'$

Nach dem Satz des Cavalieri sind also beide Pyramiden und alle anderen, die mit ihnen inhaltsgleiche Grundflächen und gleiche Höhen haben, volumengleich. Somit ist das Pyramidenvolumen V von der Grundfläche A und der Höhe h abhängig. Zur Berechnung des Volumens zerlegt man ein unregelmäßiges dreiseitiges gerades Prisma mit zwei durch die Eckpunkte ABF und ADF bestimmten Schnittebenen in drei Pyramiden mit den Volumen V_1, V_2 und V_3 (Bild 349).
Die Pyramiden 2 und 3 stimmen in den Dreiecken ABC und GDF als Grundflächen und in den Kanten CF und AG als Höhen überein, folglich

$$V_2 = V_3$$

Die Pyramiden 1 und 2 stimmen in den Dreiecken ABD und AGD als Grundflächen überein. Außerdem haben sie in den vom Eckpunkt F auf diese Grundflächen gefällten Loten gleiche Höhen, folglich

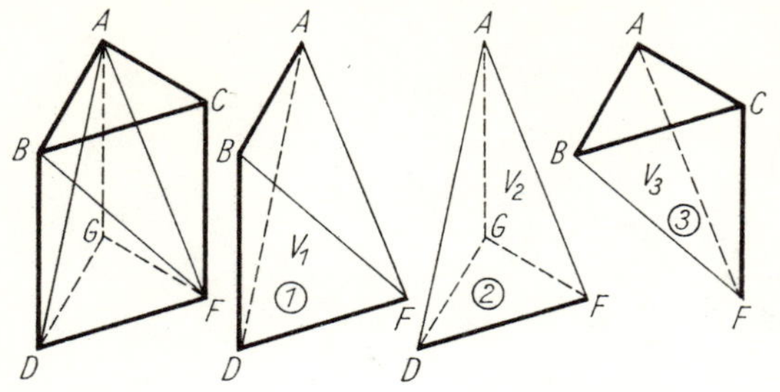

Bild 349

$$V_1 = V_2$$

und somit auch

$$V_1 = V_2 = V_3 = V$$

Mit dem Prismenvolumen V_{Pr} ergibt sich also

$$V_{Pr} = 3\,V$$

und wegen $V_{Pr} = Ah$

durch Gleichsetzen

$$V = \frac{1}{3} Ah$$

Diese Formel gilt für jede beliebige n-seitige Pyramide, denn diese ist nach dem Satz des CAVALIERI auch einer dreiseitigen Pyramide volumengleich, wenn sie nur mit ihr die Höhe und die Grundfläche gemeinsam hat.

Oberfläche jeder beliebigen Pyramide:

$$\boxed{A_O = A + A_M} \qquad (167)$$

A ist die Grundfläche, A_M die Mantelfläche der Pyramide.

BEISPIELE

1. *Volumen V, Oberfläche A_O, Kantenlänge k und Seitenflächenhöhe m einer regelmäßigen vierseitigen Pyramide mit der Grundkante a und der Höhe $h = 2a$ sind zu berechnen* (Bild 350).

Lösung: Mit

$$A = a^2 \qquad \text{und} \qquad h = 2a$$

folgt aus $V = \frac{1}{3} Ah$

$$V = \frac{2}{3} a^3$$

Mit $\overline{AB} = \frac{a}{2}$

erhält man aus dem schraffierten Dreieck BAS

$$m^2 = \left(\frac{a}{2}\right)^2 + (2a)^2$$

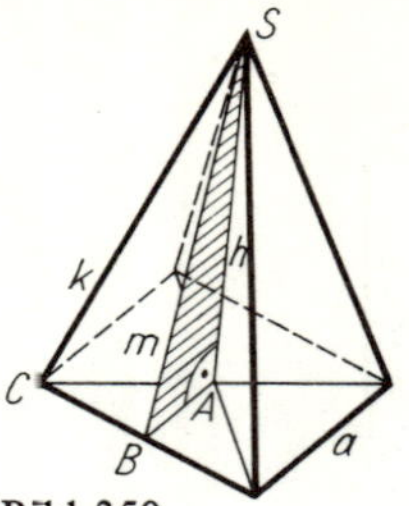

Bild 350

oder $m = \frac{a}{2}\sqrt{17}$

Aus Dreieck *SBC* ergibt sich

$$k^2 = m^2 + \left(\frac{a}{2}\right)^2 \qquad \text{oder} \qquad k = \frac{3}{2}a\sqrt{2}$$

Ist A_1 eine der vier kongruenten Seitenflächen, so folgt

mit $A_1 = \frac{a^2}{4}\sqrt{17}$

aus $A_O = A + A_M = A + 4A_1$

$$A_O = a^2 + 4\frac{a^2}{4}\sqrt{17}$$

oder $A_O = a^2(1 + \sqrt{17})$

2. *Gesucht sind die Höhe h und der Flächeninhalt A der Grundfläche ABC einer Pyramide, die entsteht, wenn durch die Eckpunkte A, B und C eines Würfels mit der Kantenlänge a ein Schnitt geführt wird* (Bild 351).
Berechne außerdem das Volumen V_R des Restkörpers.

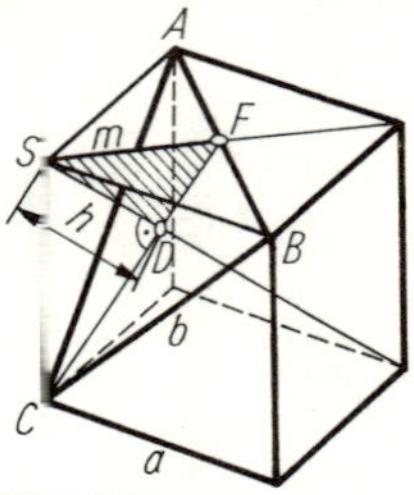

Bild 351

Lösung: Die Grundkante der Pyramide sind Diagonalen der Würfelseiten, folglich ist Dreieck *ABC* gleichseitig. Setzt man $\overline{AB} = \overline{BC} = \overline{CA} = b$, so ergibt sich

$$A = \frac{b^2}{4}\sqrt{3} \quad \text{und mit} \quad b^2 = 2a^2$$

$$A = \frac{a^2}{2}\sqrt{3}$$

Da ferner $\overline{DF} = \frac{1}{3}\frac{b}{2}\sqrt{3} = \frac{a}{6}\sqrt{6}$

und $m = \frac{b}{2} = \frac{a}{2}\sqrt{2}$,

wird $h^2 = m^2 - \overline{DF}^2 = \frac{a^2}{3}$

und $$h = \frac{a}{3}\sqrt{3}.$$

Mit $$h = \frac{a}{3}\sqrt{3}$$

wird das Volumen V_P der Pyramide

$$V_P = \frac{1}{3}Ah = \frac{1}{3}\frac{a^2}{2}\sqrt{3}\cdot\frac{a}{3}\sqrt{3} = \frac{a^3}{6}$$

und das Volumen des Restkörpers

$$V_R = V_W - V_P = a^3 - \frac{a^3}{6}$$

$$V_R = \frac{5}{6}a^3$$

Faßt man etwa die Seitenfläche ABS der Pyramide als Grundfläche und die Kante SC als Höhe auf, dann ergibt sich wegen

$$A_{ABS} = \frac{a^2}{2} \quad \text{und} \quad \overline{SC} = a$$

aus $$V = \frac{1}{3}Ah$$

sofort $$V_P = \frac{1}{3}A_{ABS}\cdot\overline{SC} = \frac{1}{3}\frac{a^2}{2}a = \frac{a^3}{6}$$

AUFGABEN

617. Aus einem Rechtkantstahl von 4 cm Breite, 12 cm Länge und 5 cm Höhe soll ein Werkstück von der Form einer regelmäßigen dreiseitigen Pyramide geschmiedet werden. Welche Höhe h bekommt diese, wenn sie eine Grundkante von 3 cm haben soll?

618. Ein Bleiwürfel von 5 cm Kantenlänge soll in eine regelmäßige vierseitige Pyramide von 8 cm Höhe umgegossen werden. Berechne deren Grundkante a.

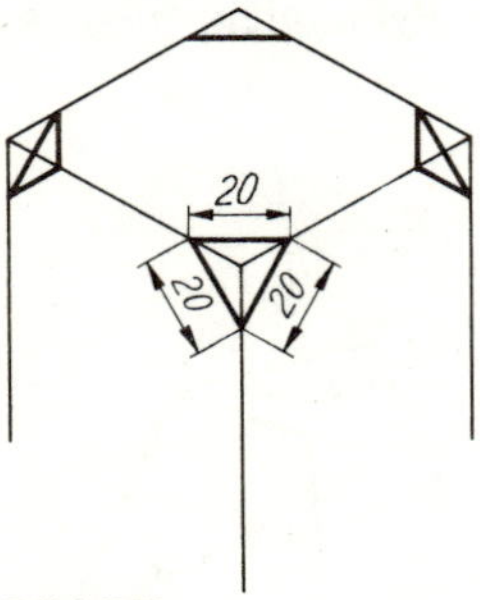

Bild 352

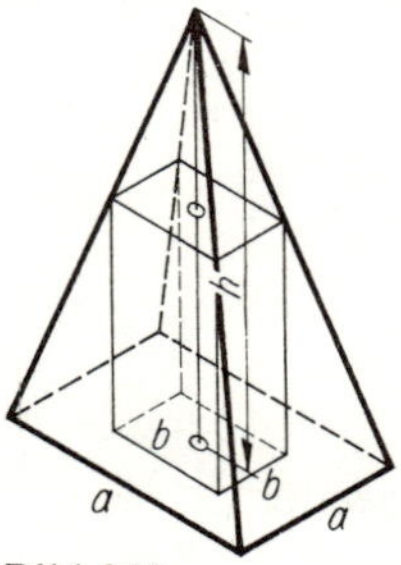

Bild 353

619. Aus drei dünnen Blechen, die die Form gleichschenkliger Dreiecke mit der Basis 4 cm und der Höhe 12 cm haben, ist eine regelmäßige Pyramide zusammenzusetzen. Berechne deren Höhe h.

620. Ein Vierkantstahl wird an einer Stirnseite abgeflacht (Bild 352). Berechne den Materialverlust V.

621. Aus einem Würfel mit 8 cm Kantenlänge soll eine Pyramide herausgearbeitet werden, deren Grundfläche mit der Grundfläche des Würfels übereinstimmt und deren Seitenflächen mit der Grundfläche je einen Winkel von 60° einschließen. Um welchen Betrag V verringert sich das Würfelvolumen?

622. Der Turm eines alten Gebäudes hat die Form einer regelmäßigen achtseitigen Pyramide mit der Höhe $h = 4$ m und der Grundkante $a = 0{,}8$ m. Er soll neu mit Dachpappe belegt werden. Berechne den Materialbedarf A bei einem Verschnitt von 15%.

623. Durch die zur Grundfläche parallele Ebene wird das Volumen einer Pyramide halbiert. Drücke die entstehende Schnittfläche A_2 durch die Pyramidengrundfläche A_1 aus.

624. In welchem Abstand x von der Spitze einer Pyramide muß eine zur Grundfläche parallele Ebene gelegt werden, damit das Volumen der über dem Schnitt liegenden Restpyramide zum Volumen der ganzen Pyramide im Verhältnis $m : n$ steht? Nenne die Pyramidenhöhe h.

625. Die Grundfläche einer Pyramide ist ein gleichschenkliges Trapez mit den Grundlinien $g_1 = 5$ cm und $g_2 = 3$ cm. Berechne ihr Volumen, wenn außerdem die Schenkel $g_2/2$ des Trapezes und die Höhe $h = g_1$ der Pyramide gegeben sind.

626. Eine Pyramide wird durch einen zur Grundfläche parallelen Schnitt derart geteilt, daß sich die Abschnitte der Höhe h, von der Spitze aus gerechnet, wie $m : n$ verhalten. In welchem Verhältnis steht dann das Volumen V_P der ganzen Pyramide zum Volumen V_R der über der Schnittfläche gelegenen Restpyramide?

627. Einer regelmäßigen vierseitigen Pyramide mit der Grundkante $a = 6$ cm und der Höhe $h = 10$ cm ist ein regelmäßiges vierseitiges Prisma mit der Grundkante b einbeschrieben (Bild 353). Drücke das Volumen V des Prismas durch a und h für den Fall aus, daß $a : b = 3 : 2$.

33.2.5. Pyramidenstumpf

Volumen jedes beliebigen Pyramidenstumpfes:

$$V = \frac{h}{3}\left(A_1 + \sqrt{A_1 A_2} + A_2\right) \qquad (168)$$

A_1 und A_2 sind die Grund- und Deckfläche, h die Höhe des Stumpfes.

Beweis: Für die Grundfläche A_1 und die Deckfläche A_2 des Pyramidenstumpfes (Bild 354) gelten

$$2A_1 = a_1 h_1$$
$$2A_2 = a_2 h_2$$

Durch Division ergibt sich

$$\frac{A_1}{A_2} = \frac{a_1 h_1}{a_2 h_2} \qquad (I)$$

Aus den Strahlensätzen folgt weiter

$$\frac{a_1}{a_2} = \frac{h_1}{h_2} = \frac{h + x}{x}$$

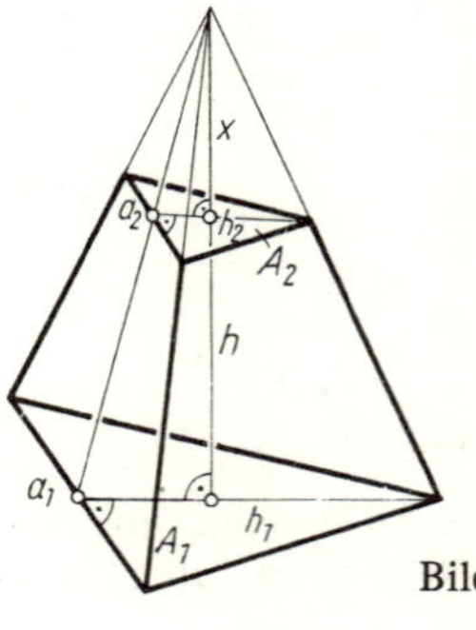

Bild 354

Damit erhält man aus (I) sofort

$$\frac{A_1}{A_2} = \frac{(h + x)^2}{x^2}$$

und hieraus als Höhe x der Ergänzungspyramide

$$x = \frac{h\sqrt{A_2}}{\sqrt{A_1} - \sqrt{A_2}} \qquad (II)$$

Das Volumen V des Stumpfes ist

$$V = \frac{1}{3} A_1 (x + h) - \frac{1}{3} A_2 x$$

und mit (II)

$$V = \frac{1}{3}\left(A_1 \frac{h\sqrt{A_2}}{\sqrt{A_1} - \sqrt{A_2}} + A_1 h - A_2 \frac{h\sqrt{A_2}}{\sqrt{A_1} - \sqrt{A_2}}\right)$$

oder $$V = \frac{h}{3}\left[A_1 + \sqrt{A_2}(\sqrt{A_1} + \sqrt{A_2})\right]$$

und schließlich

$$V = \frac{h}{3}(A_1 + \sqrt{A_1 A_2} + A_2)$$

Oberfläche jedes beliebigen Pyramidenstumpfes:

$$\boxed{A_O = A_1 + A_2 + A_M} \qquad (169)$$

A_1 und A_2 sind die Grund- und Deckfläche, A_M die Mantelfläche des Stumpfes.

BEISPIELE

1. *Berechne das Volumen V und die Oberfläche A_O eines geraden Pyramidenstumpfes, dessen Grundflächen zwei gleichseitige Dreiecke mit den Seiten a und b sind und dessen Seitenkanten mit k bezeichnet werden* (Bild 355).

Lösung: Aus dem rechtwinkligen Dreieck CDH folgt

$$h^2 = k^2 - \overline{DH}^2$$

und wegen

$$\overline{DH} = \overline{AD} - \overline{BC} = \frac{2}{3} \cdot \frac{a}{2}\sqrt{3} - \frac{2}{3} \cdot \frac{b}{2}\sqrt{3}$$

$$= \frac{1}{3}(a - b)\sqrt{3}$$

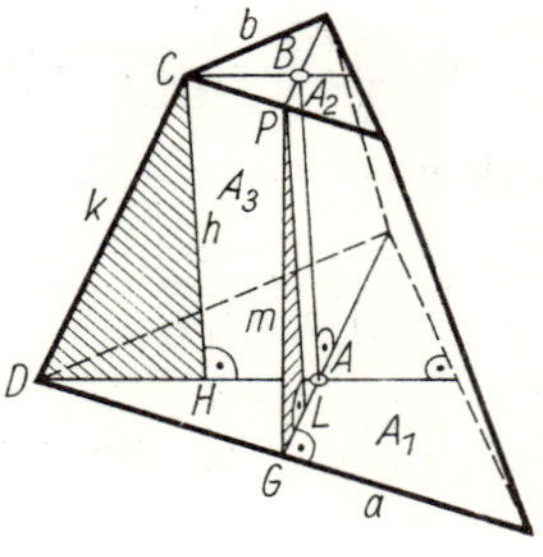

Bild 355

ergibt sich

$$h^2 = k^2 - \left(\frac{1}{3}(a - b)\sqrt{3}\right)^2$$

oder $$h = \sqrt{k^2 - \frac{1}{3}(a - b)^2}$$

Für das Volumen erhält man somit aus

$$V = \frac{h}{3}(A_1 + \sqrt{A_1 A_2} + A_2)$$

mit $$A_1 = \frac{a^2}{4}\sqrt{3}, \qquad A_2 = \frac{b^2}{4}\sqrt{3} \quad \text{und} \quad \sqrt{A_1 A_2} = \frac{ab}{4}\sqrt{3}$$

$$V = \frac{1}{3}\sqrt{k^2 - \frac{1}{3}(a - b)^2}\left(\frac{a^2}{4}\sqrt{3} + \frac{ab}{4}\sqrt{3} + \frac{b^2}{4}\sqrt{3}\right)$$

$$V = \frac{\sqrt{3}}{12}(a^2 + ab + b^2)\sqrt{k^2 - \frac{1}{3}(a - b)^2}$$

Für die Oberfläche A_O folgt

$$A_O = A_1 + A_2 + 3A_3$$

Die Seitenfläche A_3 ist ein gleichschenkliges Trapez mit der Höhe m. Für m erhält man

$$m^2 = h^2 + \overline{GL}^2$$

und wegen

$$\overline{GL} = \overline{AG} - \overline{BP} = \frac{1}{3} \cdot \frac{a}{2} \sqrt{3} - \frac{1}{3} \cdot \frac{b}{2} \sqrt{3}$$

$$= \frac{1}{6}(a - b) \sqrt{3}$$

auch $\quad m^2 = k^2 - \frac{1}{3}(a - b)^2 + \frac{1}{12}(a - b)^2$

und $\quad m = \frac{1}{2} \sqrt{4k^2 - (a - b)^2}$

Damit wird die Seitenfläche

$$A_3 = \frac{a + b}{2} m = \frac{a + b}{2} \, \frac{1}{2} \sqrt{4k^2 - (a - b)^2}$$

$$A_3 = \frac{a + b}{4} \sqrt{4k^2 - (a - b)^2}$$

und die Oberfläche

$$A_O = \frac{1}{4}\left[(a^2 + b^2) \sqrt{3} + 3(a + b) \sqrt{4k^2 - (a - b)^2}\right]$$

2. *Berechne die Raumdiagonale d eines regelmäßigen vierseitigen Pyramidenstumpfes, dessen Grundflächen $A_1 = a^2$ und $A_2 = \frac{a^2}{4}$ und dessen Volumen mit $V = a^3$ gegeben sind* (Bild 356).

Lösung: Aus

$$V = \frac{h}{3}\left(A_1 + \sqrt{A_1 A_2} + A_2\right)$$

ergibt sich für h

$$h = \frac{3V}{A_1 + \sqrt{A_1 A_2} + A_2}$$

und mit $\sqrt{A_1 A_2} = \frac{a^2}{2}$ und den gegebenen Werten

$$h = \frac{3a^3}{a^2 + \frac{a^2}{2} + \frac{a^2}{4}}$$

$$h = \frac{12}{7} a$$

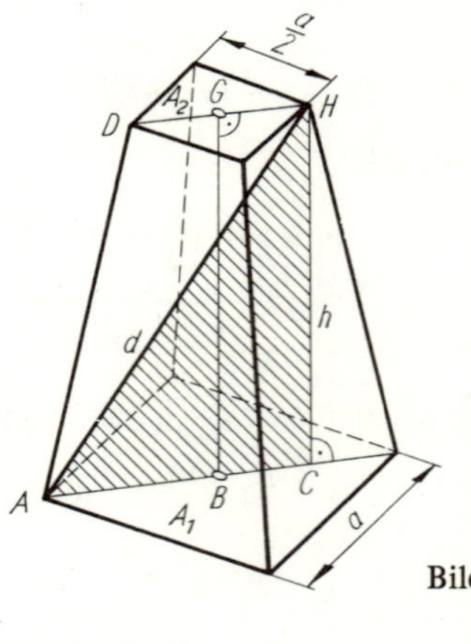

Bild 356

Aus dem rechtwinkligen Dreieck ACH folgt für die Raumdiagonale d

$$d^2 = h^2 + \overline{AC}^2$$

und mit $\overline{AC} = \overline{AB} + \overline{GH} = \frac{a}{2} \sqrt{2} + \frac{a}{4} \sqrt{2} = \frac{3}{4} a \sqrt{2}$

ergibt sich

$$d^2 = \left(\frac{12}{7}a\right)^2 + \left(\frac{3}{4}a\sqrt{2}\right)^2 = \frac{1593}{392}a^2$$

$$d = \frac{3}{28}a\sqrt{354}$$

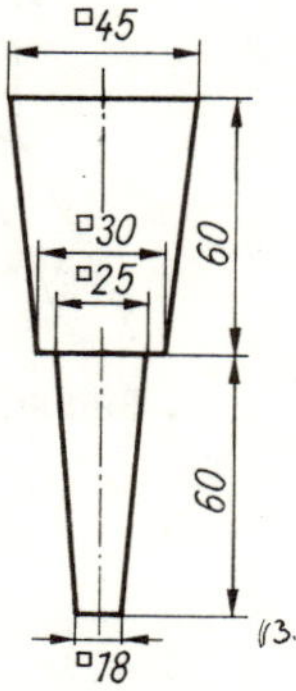

Bild 357

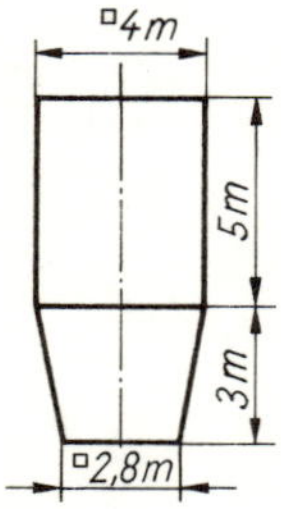

Bild 358

AUFGABEN

628. Berechne die Masse m des aus Stahl gefertigten Einsatzambosses (Bild 357). ($\varrho = 7{,}85\ \text{g/cm}^3$)

629. Berechne das Fassungsvermögen V und den Materialbedarf A eines aus Stahlblech hergestellten oben offenen Kohlenbunkers (Bild 358). Die Blechdicke bleibt unberücksichtigt.

630. Gib die Masse m der gußeisernen Platte (Bild 359) an. ($\varrho = 7{,}2\ \text{g/cm}^3$)

631. Aus $10\ \text{m}^3$ Beton werden drei Fundamente gegossen, die die Form regelmäßiger vierseitiger gerader Pyramidenstümpfe haben. Berechne die Höhe h eines dieser Fundamente, dessen Grundkante 0,8 m und dessen Deckkante 0,5 m mißt.

632. Ein Werkstück (Bild 360) soll an seinem verjüngten Ende so weit abgeschliffen werden, daß es die durch Strichlinien gekennzeichnete Form erhält. Berechne den entstehenden Materialverlust V.

633. Ein Auffülltrichter (Bild 361) soll außen gespritzt werden. Gib die dafür erforderliche Farbmasse m an, wenn erfahrungsgemäß 150 g Farbe je m^2 benötigt werden.

634. Bei Ausgrabungen wurde eine regelmäßige achtseitige Pyramide gefunden, deren Spitze jedoch abgeschlagen war. Berechne ihre ursprüngliche Höhe h, wenn für die Höhe des erhalten gebliebenen Stumpfes 1,2 m, für seine Grundkante 30 cm und für seine Deckkante 10 cm gemessen werden.

635. Ein Kunststoffpreßling hat die Form eines regelmäßigen sechsseitigen Pyramidenstumpfes mit der Grundkante $a = 4$ cm, der Deckkante $b = 3$ cm und der Höhe $h = 5$ cm. Er soll in einen gleich hohen Stumpf mit der Grundkante $a_1 = 5$ cm umgepreßt werden. Berechne dessen Deckkante b_1.

636. Von einem regelmäßigen vierseitigen geraden Pyramidenstumpf sind die Grundkante $a = 4$ cm und die Seitenkante $k = 6$ cm bekannt (Bild 362). Berechne die Höhe h, die Grundkante b und das Volumen V für $\overline{AP} = \frac{d}{5}$.

637. Ein regelmäßiger vierseitiger Pyramidenstumpf mit den Grundkanten $a = 4$ cm und $b = 3$ cm ist höhen- und volumengleich einer regelmäßigen vierseitigen Pyramide. Wie groß ist deren Grundkante c?

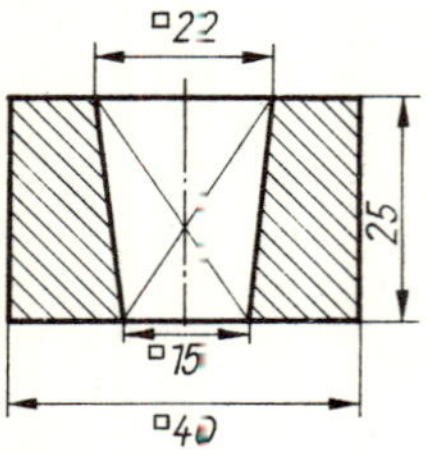

Bild 359

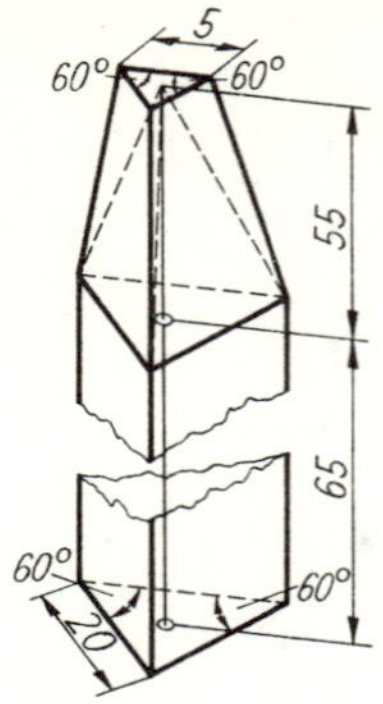

·Bild 360

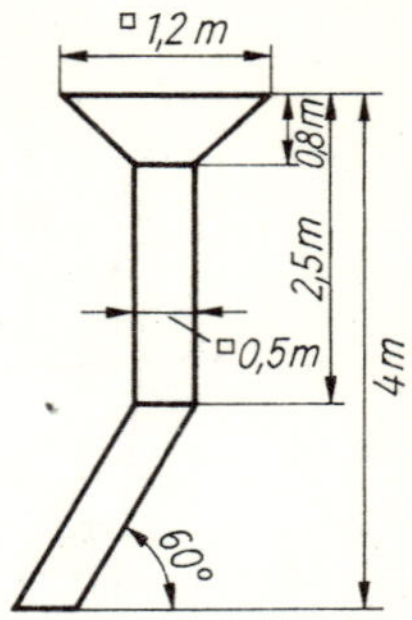

Bild 361

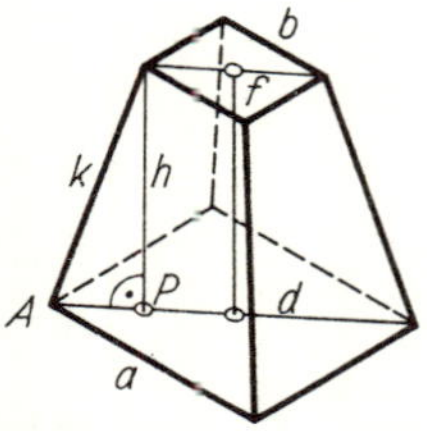

Bild 362

638. Aus dem Achsenschnitt eines regelmäßigen vierseitigen geraden Pyramidenstumpfes (Bild 363), der durch die Mitten einander gegenüberliegender Grundkanten geführt ist, ist das Volumen V zu berechnen. Der Radius der dem Stumpf einbeschriebenen Kugel ist $r = 10$ cm, und die obere Deckkante ist $b = r$ gemacht.

639. Drücke den Mittelschnitt A_m eines Pyramidenstumpfes (Bild 364) durch die Grundfläche A_1 und die Deckfläche A_2 aus.

640. Durch einen regelmäßigen vierseitigen Pyramidenstumpf ist ein achsenparalleler Schnitt durch zwei sich gegenüberliegende Seitenkanten geführt. Der Schnitt stellt ein gleichschenkliges Trapez mit den Grundlinien $g_1 = 4{,}8$ cm und $g_2 = 2{,}4$ cm dar. Die Schenkel sind $c = 6{,}5$ cm lang. Berechne das Volumen V und die Oberfläche A_O des Stumpfes.

641. Berechne die Schnittfläche A und die Volumen V_1 und V_2 des regelmäßigen dreiseitigen Pyramidenstumpfes (Bild 365). Setze für $a = 6{,}1$ cm, $b = 2{,}7$ cm und $h = 3{,}8$ cm.

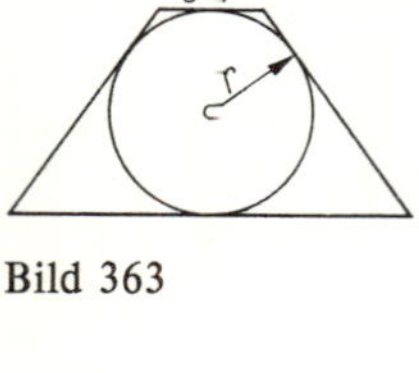

Bild 363

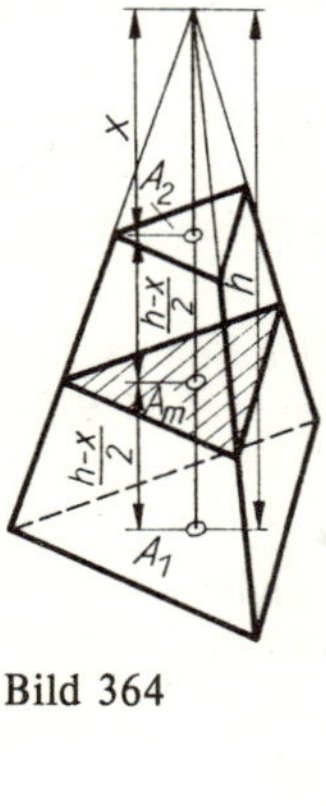

Bild 364

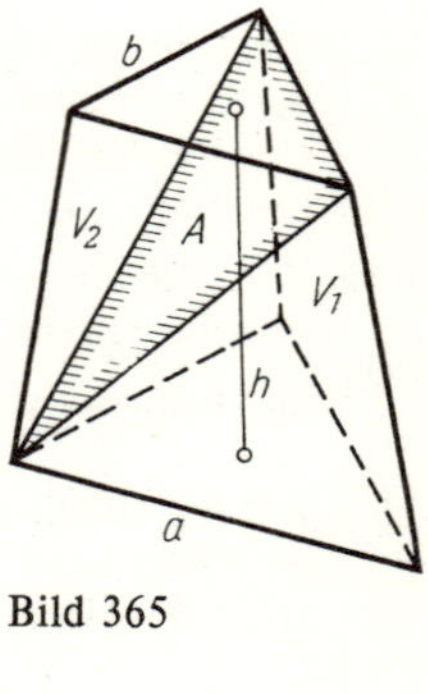

Bild 365

33.3. Krummflächner

33.3.1. Kreiszylinder

33.3.1.1. Gerader Voll- und Hohlzylinder

Volumen des geraden Vollzylinders:

$$\boxed{V = \pi r^2 h} \tag{170}$$

r ist der Radius der Grund- bzw. Deckfläche, h die Höhe des Zylinders.

Beweis: Aus der Volumenformel (164) für das Prisma

$$V = Ah$$

erhält man wegen

$$A = \pi r^2$$

sofort $$V = \pi r^2 h$$

Mantelfläche des geraden Vollzylinders:

$$\boxed{A_M = 2\pi rh} \tag{171}$$

Beweis: Der an der Mantellinie s aufgeschnittene und in die Ebene abgewickelte Zylindermantel ist eine Rechteckfläche mit den Seiten $s = h$ und $U = 2\pi r$ (Bild 366). Deshalb gilt $A_M = Us = 2\pi rh$.

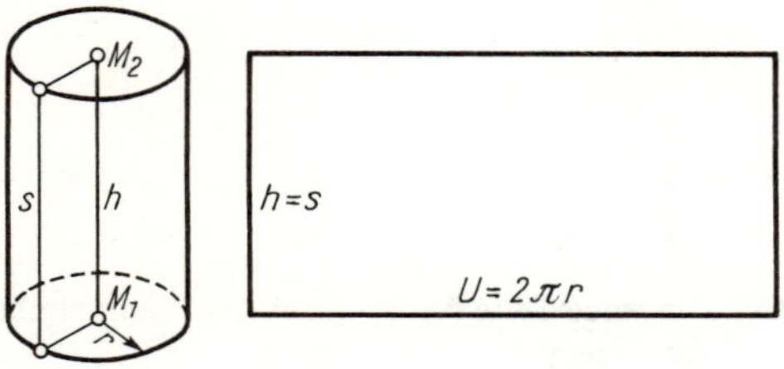

Bild 366

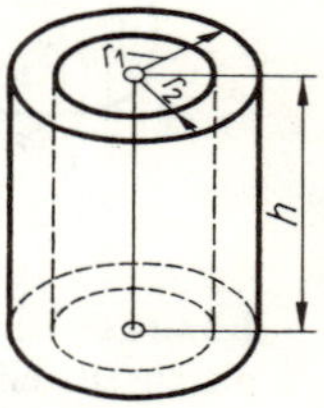

Bild 367

Oberfläche des geraden Vollzylinders:

$$\boxed{A_O = 2\pi r\,(r + h)} \tag{172}$$

Beweis: Mit der Grund- und Deckfläche $2A = 2\pi r^2$ und der Mantelfläche $A_M = 2\pi rh$ wird aus

$$A_O = 2A + A_M = 2\pi r^2 + 2\pi rh$$

oder $$A_O = 2\pi r\,(r + h)$$

erhalten.

Volumen des geraden Hohlzylinders:

$$\boxed{V = \pi h\,(r_1^2 - r_2^2)} \tag{173}$$

Beweis: Sind r_1 und r_2 die beiden Radien und ist h die Höhe des Hohlzylinders, so wird mit $r_1 > r_2$ (Bild 367)

$$V = \pi r_1^2 h - \pi r_2^2 h$$

oder $$V = \pi h\,(r_1^2 - r_2^2)$$

Entsprechend verfährt man bei der Ableitung der Formeln für die Mantelfläche und die Oberfläche.

Mantelfläche des geraden Hohlzylinders:

$$\boxed{A_M = 2\pi h\,(r_1 + r_2)} \qquad (174)$$

Oberfläche des geraden Hohlzylinders:

$$\boxed{A_O = 2\pi\left[(r_1^2 - r_2^2) + h\,(r_1 + r_2)\right] = 2\pi(r_1 + r_2)\,(r_1 - r_2 + h)} \qquad (175)$$

BEISPIELE

1. *Berechne die Schnittfläche A, die entsteht, wenn ein gerader Kreiszylinder durch eine Ebene derart geschnitten wird, daß diese einen willkürlich gewählten Radius der Grundfläche halbiert und senkrecht zu ihm und der Grundfläche steht* (Bild 368). *Gib außerdem die Volumen V_1 und V_2 der beiden Zylinderteile an. Rechne mit $h = 2r$.*

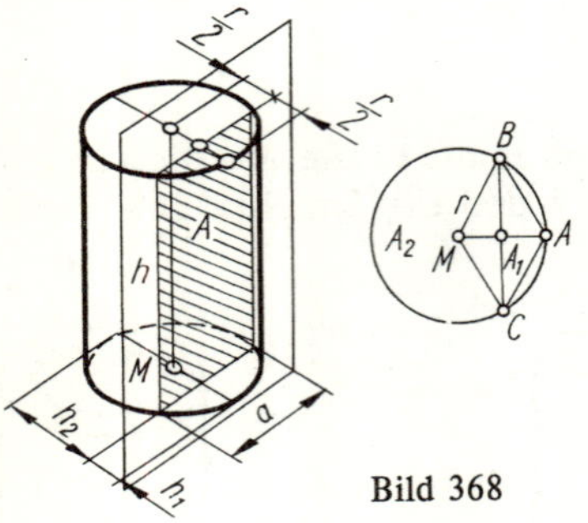

Bild 368

Lösung: Ist a die in der Grundfläche liegende Seite der Schnittfläche, dann ergibt sich aus dem gleichseitigen Dreieck ABM mit der Seitenlänge r:

$$\frac{a}{2} = \frac{r}{2}\sqrt{3} \qquad \text{und damit} \qquad a = r\sqrt{3}$$

Hieraus folgt die Schnittfläche zu

$$A = ah = r\sqrt{3}\cdot 2r$$

$$A = 2r^2\sqrt{3}$$

Der geführte Schnitt zerlegt die Grund- und Deckfläche in zwei Segmente mit den Höhen h_1 und h_2. Die Flächeninhalte und Bögen dieser Segmente seien A_1 und A_2 bzw. b_1 und b_2. Für A_1 gilt:

$$A_1 = \frac{1}{2}(b_1 r - sr + sh_1)$$

und wegen

$$s = a = r\sqrt{3}, \quad h_1 = \frac{r}{2} \qquad \text{und} \qquad b_1 = \frac{120°\pi r}{180°} = \frac{2}{3}\pi r$$

$$A_1 = \frac{r^2}{12}(4\pi - 3\sqrt{3}).$$

Damit ergibt sich das Volumen V_1 aus $V_1 = A_1 \cdot h$ zu

$$V_1 = \frac{r^3}{6}(4\pi - 3\sqrt{3})$$

Für A_2 gilt:

$$A_2 = \frac{1}{2}(b_2 r - sr + sh_2)$$

und wegen

$$s = r\sqrt{3}, \qquad h_2 = \frac{3}{2}r \qquad \text{und} \qquad b_2 = \frac{240° \pi r}{180°} = \frac{4}{3}\pi r$$

$$A_2 = \frac{r^2}{12}(8\pi + 3\sqrt{3})$$

Damit ergibt sich das Volumen V_2 aus $V_2 = A_2 h$ zu

$$V_2 = \frac{r^3}{6}(8\pi + 3\sqrt{3})$$

2. *Ein Zylinder mit der Höhe $h = r$ soll einem Hohlzylinder volumen- und höhengleich sein. Außerdem soll $r_1 > r_2$ sein und $r_2 = r$ für die Radien des Hohlzylinders gelten. Berechne r_1.*

Lösung: Für den Vollzylinder gilt:

$$V = \pi r^2 h \qquad \text{und mit} \qquad h = r$$

$$V = \pi r^3 \qquad \text{(I)}$$

Für den Hohlzylinder gilt:

$$V = \pi h (r_1^2 - r_2^2) \qquad \text{und mit} \qquad h = r \qquad \text{und} \qquad r_2 = r$$

$$V = \pi r (r_1^2 - r^2) \qquad \text{(II)}$$

Durch Gleichsetzen von (I) und (II) ergibt sich

$$\pi r^3 = \pi r (r_1^2 - r^2)$$

$$r_1^2 = 2r^2$$

und $$r_1 = r\sqrt{2}$$

AUFGABEN

642. Berechne die Masse m für 100 Stück aus Messing hergestellte Lagerbuchsen (Bild 369). ($\varrho = 8{,}5\ \text{g/cm}^3$)

643. Wie groß ist der Materialbedarf A für eine Schutzhaube (Bild 370)? Berechne außerdem den von ihr eingeschlossenen Raum V.

644. Wie groß ist der Materialbedarf V eines aus Beton gegossenen Kappengewölbes von 30 cm Dicke und 180 m Länge (Bild 371)?

645. Aus Sechskantstahl von 17 mm Schlüsselweite und 60 mm Länge soll ein Schraubenrohling mit 10 mm Nenndurchmesser herausgedreht werden. Der Schraubenkopf soll 8 mm hoch sein. Berechne den Materialabfall V.

646. Aus einem 20 cm breiten, 30 cm hohen und 1 m langen Stahlblock soll 30 mm dicker Rundstahl gewalzt werden. Wieviel laufende Meter ergeben sich unter der Annahme, daß keinerlei Abfall entsteht?

647. 180 kg Grauguß ($\varrho = 7{,}2\ \text{g/cm}^3$) werden im Schleudergußverfahren zu einem Rohr von 10 mm Wanddicke und 120 mm lichter Weite verarbeitet. Berechne die Rohrlänge l.

648. Wieviel laufende Meter l einer Abflußrinne (Bild 372) können aus 1 m³ Beton hergestellt werden?

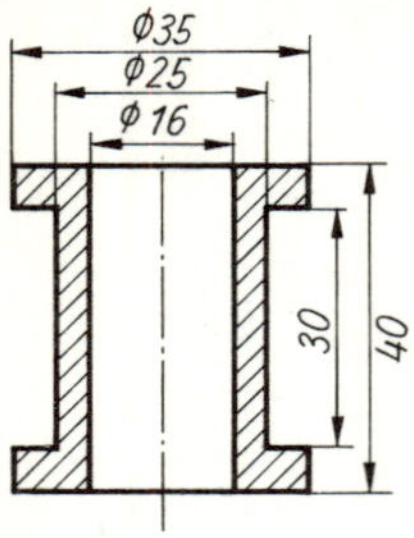

Bild 369

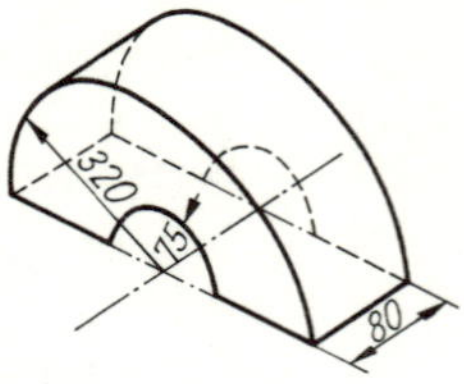

Bild 370

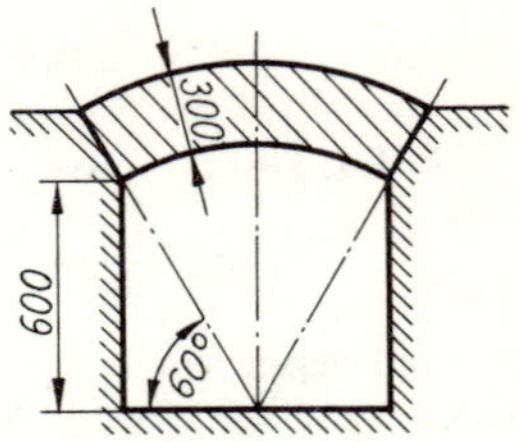

Bild 371

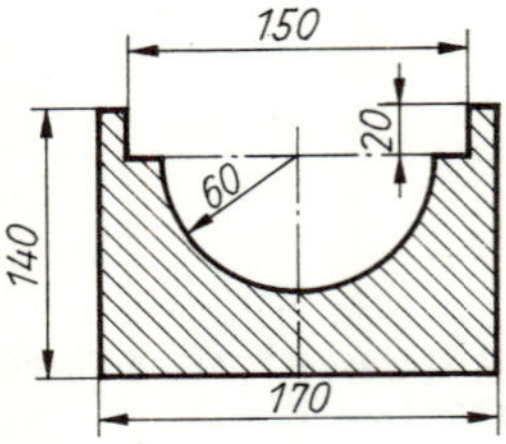

Bild 372

649. 20 cm^3 Wasser werden in ein zylindrisches Gefäß von 24 mm lichtem Durchmesser gegossen. Berechne den Wasserstand h.

650. Das Standgefäß einer MOHRschen Waage zur Bestimmung der Dichten von Flüssigkeiten hat 40 mm lichten Durchmesser. Wenn der Senkkörper vollständig eintaucht, hebt sich die Flüssigkeitsoberfläche um 3,5 mm. Berechne das Volumen V des Schwimmers.

651. Ein zylindrisches Standgefäß von 30 mm lichter Weite soll mit Teilstrichen für je 1 cm^3 Fassungsvermögen versehen werden. In welchen Abständen a voneinander müssen diese angebracht werden?

652. Zwei Bleiwalzen von 34 mm Durchmesser und 48 mm Höhe werden in einen Würfel umgeschmolzen. Gib dessen Kantenlänge a an.

653. Eine zylindrische Büchse faßt 1 dm^3 Flüssigkeit. Ihr Innendurchmesser d ist doppelt so groß wie ihre Höhe h. Berechne d und h.

654. Ein 8 m tiefer Brunnen wird aus einer 25 cm dicken ringförmigen Mauer hochgezogen. Berechne den Ziegelbedarf V für einen lichten Durchmesser von 1,2 m.

655. Aus einem 28 mm langen Rundstab von 8 mm Durchmesser wird durch fortgesetztes Ziehen ein Draht von 0,3 mm Durchmesser gewonnen. Gib dessen Länge l unter der Voraussetzung an, daß keine Materialverluste auftreten.

656. Eine 720 mm lange Achse aus Vierkantstahl mit quadratischem Querschnitt (Seitenlänge $a = 3$ cm) wird beiderseits abgedreht, so daß zylindrische Zapfen von 18 mm Durchmesser und 58 mm Länge entstehen. Berechne die Masse m von 100 Stück fertig bearbeiteten Achsen und den dabei auftretenden Materialverlust m_1.($\varrho = 7{,}85\ g/cm^3$)

657. Ein quadratisches Blech von 25 cm Seitenlänge und 4 mm Dicke wird nach entsprechender Abschrägung zweier gegenüberliegender Kanten so zu einem Hohlzylinder zusammengebogen und stumpf geschweißt, daß der Umfang 25 cm beträgt. Wie groß sind sein Außendurchmesser d_1, sein Innendurchmesser d_2 und der von ihm eingeschlossene Raum V?

658. Aus einer Aluminiumplatine von 35 mm Durchmesser und 15 mm Höhe soll durch Kaltspritzen (Fließpressen) ein Becher von 34 mm Innendurchmesser und 1 mm dickem Boden hergestellt werden. Berechne seine Gesamthöhe h.

659. Das Volumen eines Zylinders sei $V = 100\,\text{cm}^3$, seine Höhe $h = 5$ cm. Berechne seinen Durchmesser d.

660. Ein Zylinder hat einen quadratischen Achsenschnitt. Die Seiten der Schnittfläche sind $a = 4$ cm. Berechne sein Volumen V und seine Oberfläche A_O.

661. Drücke das Volumen V eines Zylinders durch seine Mantelfläche $A_M = 100\,\text{cm}^2$ und seine Höhe $h = 10$ cm aus. Berechne außerdem sein Volumen V.

662. Berechne das Volumen V und die Mantelfläche eines Zylinders für den Fall, daß $r : h = 3 : 5$ und der Radius des Grundkreises $r = 2$ cm gegeben sind.

663. Ein Zylinder mit dem Radius $r_1 = 5$ cm und der Höhe $h_1 = 8$ cm soll einem Zylinder volumengleich sein, von dem $r_2 : h_2 = 3 : 5$ bekannt sind. Berechne r_2 und h_2.

664. Das Volumen eines Hohlzylinders soll gleich dem Volumen des inneren Hohlraumes sein. In welchem Verhältnis stehen für diesen Fall die Radien r_1 und r_2 des Hohlzylinders?

665. Wie verhalten sich die Mäntel A_{M1} und A_{M2} von Hohlzylinder und innerem Hohlraum für den Fall der Aufgabe 664?

666. Von einem Hohlzylinder sind das Volumen $V = 20\,\text{cm}^3$, der Mantel $A_M = 40\,\text{cm}^2$ und die Höhe $h = 4$ cm bekannt. Berechne die beiden Radien r_1 und r_2.

667. Ein Vollzylinder soll einem Hohlzylinder volumen- und höhengleich sein. Wie groß ist der Radius r des Vollzylinders zu machen, wenn die Radien $r_1 = 3$ cm und $r_2 = 2$ cm des Hohlzylinders gegeben sind?

668. Die Radien eines Hohlzylinders stehen im Verhältnis $r_1 : r_2 = 4 : 3$. Berechne sein Volumen V und seinen Mantel A_M für $r_1 = 4$ cm und $h = 6$ cm.

669. Berechne die Masse m eines aus Grauguß gegossenen Hebels (Bild 373). ($\varrho = 7{,}2\,\text{g/cm}^3$)

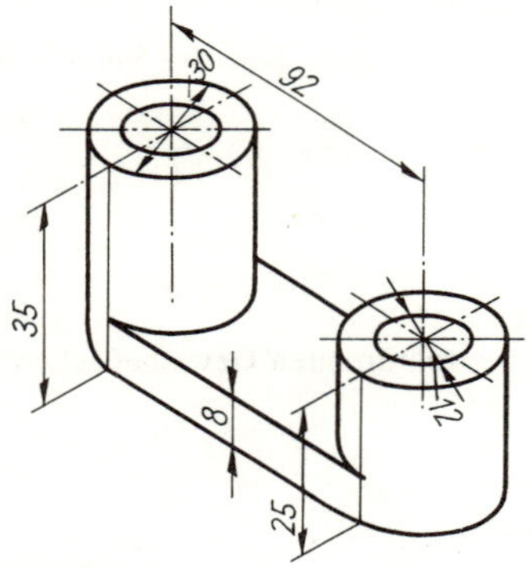

Bild 373

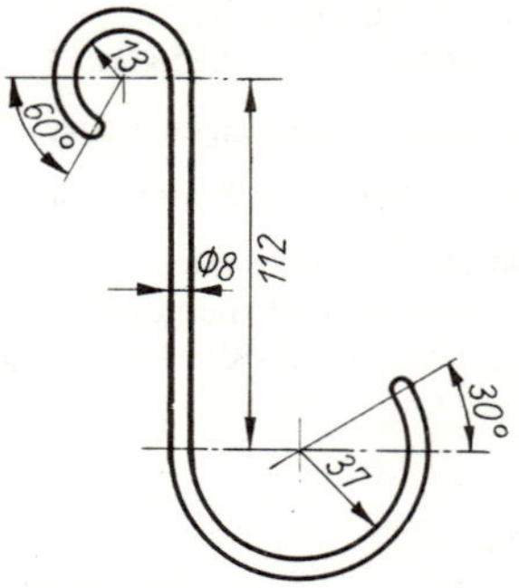

Bild 374

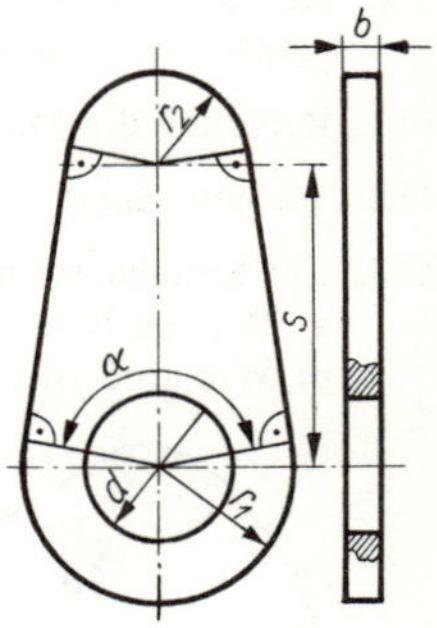

Bild 375

670. In einem Transformator sind 8,4 kg Kupferdraht von 3 mm Durchmesser verarbeitet worden. Berechne die Länge l des Drahtes. ($\varrho = 8{,}9\,\text{g/cm}^3$)

671. In einem Rundsockel von 60 cm Höhe sind 1,4 m³ Beton verarbeitet worden. Gib seinen Durchmesser d an.

672. Ein Bleiring von 15 mm Höhe, 38 mm Innen- und 62 mm Außendurchmesser soll bei gleichbleibender Höhe auf 45 mm Innendurchmesser ausgewalzt werden. Berechne den neuen Außendurchmesser d.

673. In einem einseitig durch einen Kolben abgeschlossenen Gefäß dehnt sich Gas bei konstantem Druck um 210 cm³ aus. Berechne den dadurch verursachten Kolbenhub h bei einem Durchmesser des Zylinderraumes von 75 mm.

674. Zwei durch Kolben abgeschlossene Zylinder sind durch eine Rohrleitung verbunden.

a) Um welchen Betrag h_1 hebt sich der große Kolben mit dem Durchmesser $d_1 = 26{,}0$ cm, wenn mit dem kleinen Kolben vom Durchmesser $d_2 = 4{,}2$ cm bei einem Hub $h_2 = 7{,}5$ cm Flüssigkeit in den großen Zylinder gedrückt wird?

b) Wieviel Hübe z müssen mit dem kleinen Kolben ausgeführt werden, damit sich der große Kolben um $h_3 = 64$ cm hebt?

675. Das größte Volumen, das von einem Kolben in einem Zylinder mit kreisförmigem Querschnitt eingeschlossen wird, beträgt $V_1 = 1{,}5\ \text{dm}^3$, das kleinste $V_2 = 0{,}11\ \text{dm}^3$. Berechne den Kolbenhub h für den Kolbendurchmesser $d = 65$ mm.

676. Berechne die Masse m eines Stahldrahthakens. (Bild 374) ($\varrho = 7{,}2\ \text{g/cm}^3$)

677. Stelle eine Formel für das Volumen V eines Nockens auf. (Bild 375)

678. Ein zylindrisches Führungsstück aus Stahl ($\varrho = 7{,}85\ \text{g/cm}^3$) hat die Länge $l = 150$ mm (Bild 376). Berechne seine Masse m für $d_1 = 80$ mm, $d_2 = 40$ mm und $a = 30$ mm.

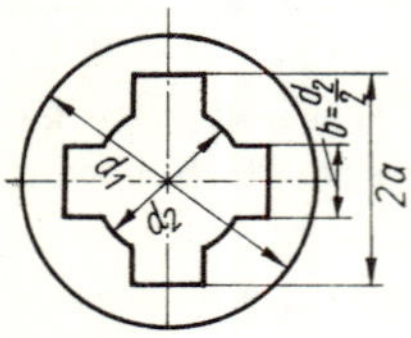

Bild 376

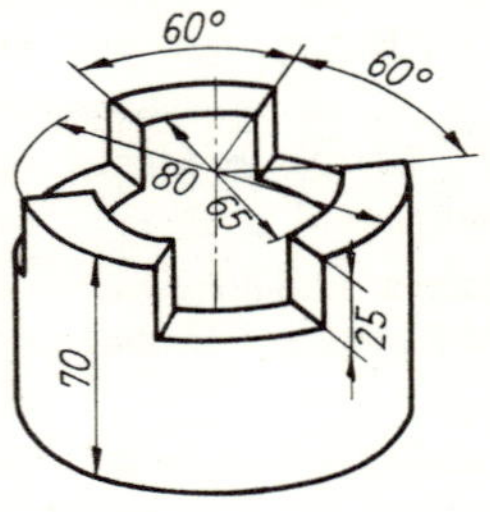

Bild 377

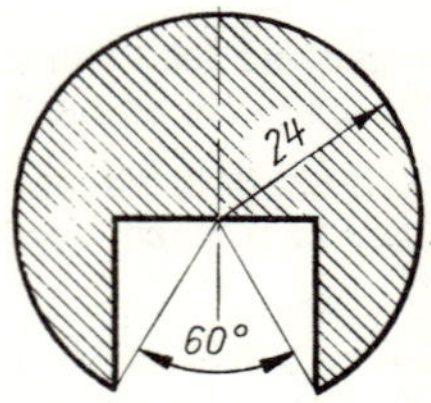

Bild 378

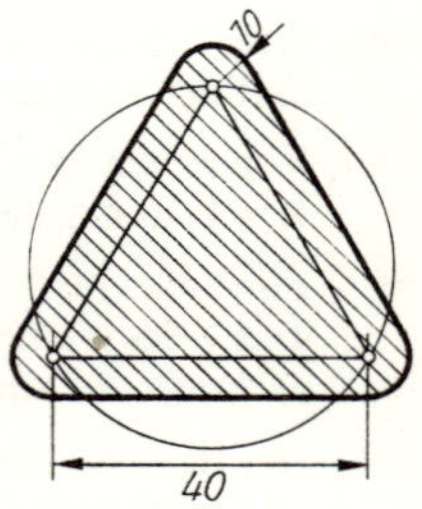

Bild 379

679. Berechne die Masse m eines Kupplungsteiles (Bild 377). ($\varrho = 7{,}2\ \text{g/cm}^3$)

680. Aus dem Normalschnitt durch einen Rundstab (Bild 378) von der Länge $l = 540$ mm ist die Masse des Stabes zu berechnen. ($\varrho = 7{,}85\ \text{g/cm}^3$)

681. Berechne die Masse m einer 80 cm langen Achse (Bild 379). ($\varrho = 7{,}85\ \text{g/cm}^3$)

682. Welche Masse m hat ein gußeiserner Reiter (Bild 380). ($\varrho = 7{,}2\ \text{g/cm}^3$)

683. Ein Kanalgewölbe (Bild 381) ist 45 m lang.
a) Welche Betonmenge V muß dafür hergestellt werden?
b) Wie groß ist der Holzbedarf A für die Verschalung der gekrümmten Gewölbeflächen?

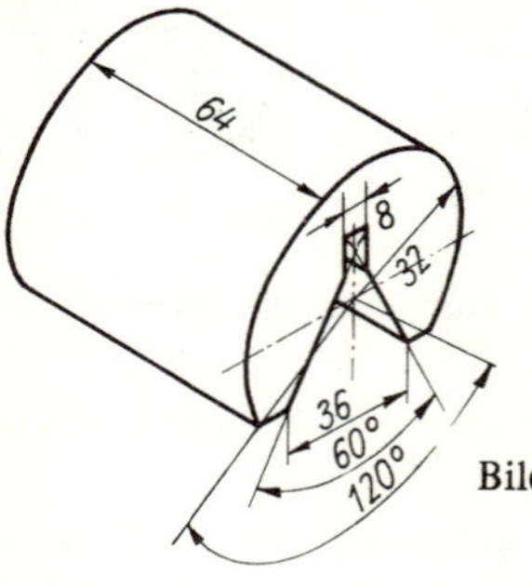

Bild 380

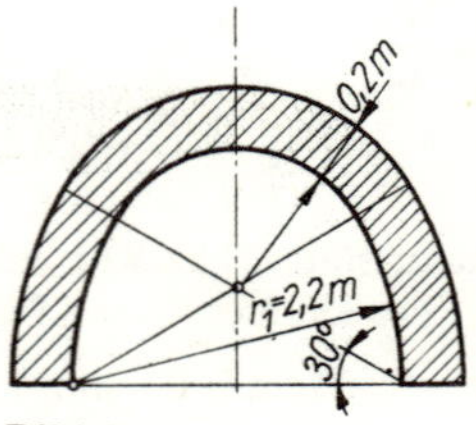

Bild 381

33.3.1.2. Schiefer Voll- und Hohlzylinder

Nach dem Satz des Cavalieri gelten für das Volumen des schiefen Voll- und Hohlzylinders die Formeln für das Volumen des geraden Voll- und Hohlzylinders.

Der Mantel und die Oberfläche des schiefen Voll- und Hohlzylinders lassen sich nicht durch einfache Formeln ausdrücken.

BEISPIELE

1. *Berechne das Volumen V eines schiefen Vollzylinders, dessen Grund- und Deckfläche so gegeneinander versetzt sind, daß ihre Projektionen einander gerade berühren* (Bild 382). *Die Mantellinie ist mit* $s = 4r$ *gegeben.*

   Lösung: Im rechtwinkligen Dreieck ABC ist h die Kathete und ergibt sich demzufolge aus

   $$h^2 = s^2 - (2r)^2 = (4r)^2 - (2r)^2 = 12r^2$$

   $$h = 2r\sqrt{3}$$

   Damit wird das gesuchte Volumen

   $$V = \pi r^2 h$$

   $$V = \pi r^2 2r\sqrt{3}$$

   $$V = 2\pi r^3 \sqrt{3}$$

2. *Ermittle den halben Durchmesser b der Schnittellipse E, die durch den Normalschnitt an einem schiefen Kreiszylinder entsteht* (Bild 382).

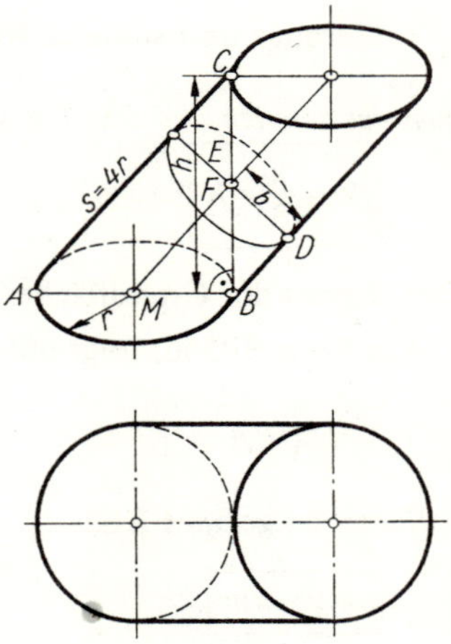

Bild 382

   Lösung: $\triangle ABC \sim \triangle FDB$

   somit $b : \frac{h}{2} = 2r : s$

   $$b = \frac{hr}{s}$$

   Setzt man für h und s die im Beispiel 1 angegebenen Werte ein, so folgt

   $$b = \frac{r}{2}\sqrt{3}$$

AUFGABEN

684. Berechne das Volumen V eines schiefen Zylinders, dessen Achse mit der Grundfläche den Winkel von 60° einschließt (Bild 383).

685. Drücke das Volumen V eines schiefen Zylinders durch die gegebenen Stücke aus (Bild 384).

686. Berechne das Volumen V eines schiefen Zylinders, dessen Normalschnitt mit der Grundfläche den Winkel 45° einschließt (Bild 385).

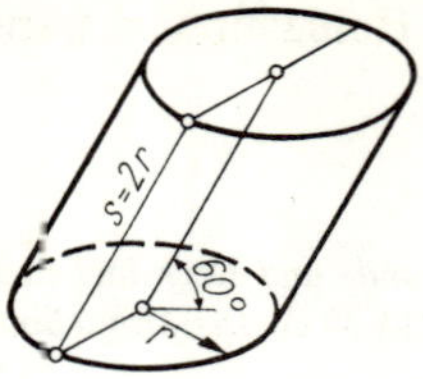

Bild 383

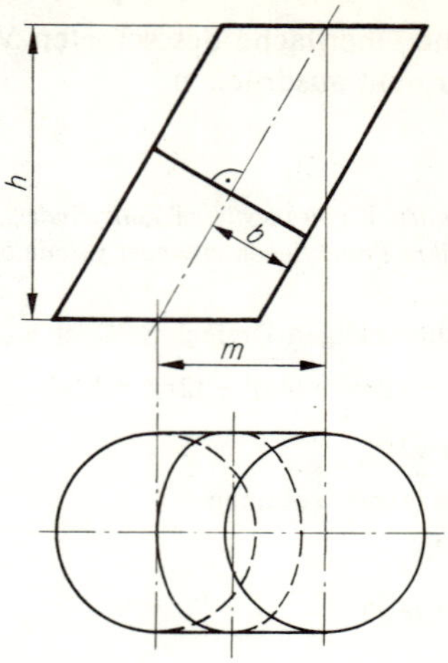

Bild 384

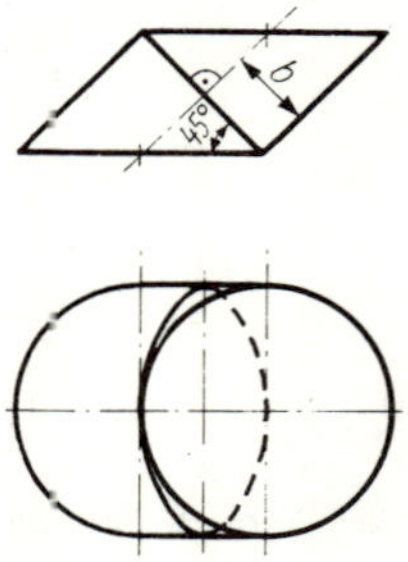

Bild 385

33.3.2. Gerader und schiefer Kegel

Volumen des geraden und schiefen Kegels:

$$V = \frac{\pi}{3} r^2 h \tag{176}$$

r ist der Radius der Grundfläche, h die Höhe des Kegels.

Beweis: Aus Formel (166) folgt mit $A = \pi r^2$ sofort

$$V = \frac{\pi}{3} r^2 h$$

Mantelfläche des geraden Kegels:

$$A_M = \pi r s$$

s ist die Mantellinie des Kegels.

Beweis: Der längs einer Mantellinie s aufgeschnittene und in die Ebene gelegte Mantel des Kegels ergibt einen Kreisausschnitt mit dem Radius $r_1 = s$ und dem Bogen $b = 2\pi r$ (Bild 386), dessen Fläche mit $A_M = \frac{b r_1}{2}$

$$A_M = \frac{2\pi r s}{2} = \pi r s \tag{177}$$

ist.

Oberfläche des geraden Kegels:

$$A_O = \pi r (r + s) \tag{178}$$

Beweis: Mit der Grundfläche $A = \pi r^2$ wird

$$A_O = A + A_M = \pi r^2 + \pi rs = \pi r(r+s)$$

erhalten.
Mantel und Oberfläche des schiefen Kegels lassen sich nicht durch einfache algebraische Formeln ausdrücken.

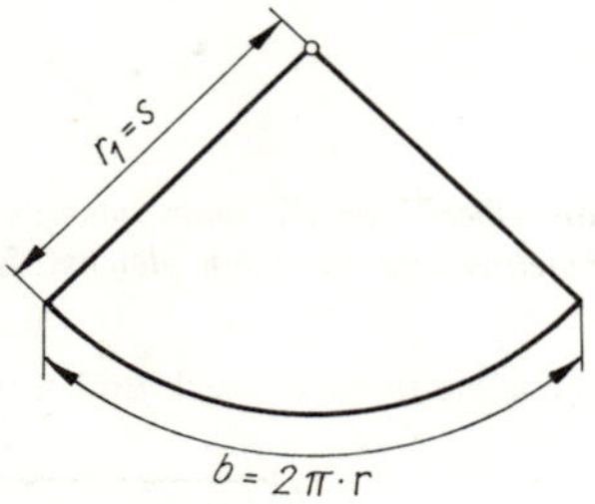

Bild 386

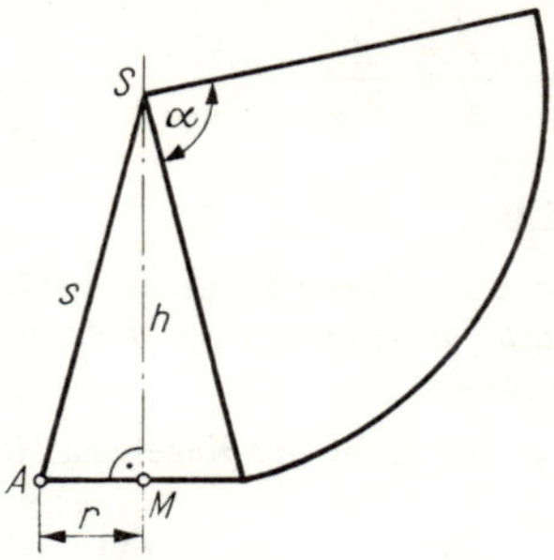

Bild 387

Höhe des geraden Kegels:

$$\boxed{h = \sqrt{s^2 - r^2}} \tag{179}$$

Beweis: Nach dem Satz des PYTHAGORAS ergibt sich aus dem rechtwinkligen Dreieck *AMS* (Bild 387) sofort
$h = \sqrt{s^2 - r^2}$.
Mit (179) nimmt (176) die Form

$$V = \frac{\pi}{3} r^2 \sqrt{s^2 - r^2}$$

an, und aus (177) und (178) werden wegen

$$s = \sqrt{h^2 + r^2}$$

$$A_M = \pi r \sqrt{h^2 + r^2}$$

und $$A_O = \pi r \left(r + \sqrt{h^2 + r^2}\right)$$

Ferner gilt

$$\frac{r}{s} = \frac{A}{A_M} = \frac{\alpha}{360^\circ},$$

worin α den Mantelöffnungswinkel darstellt (Bild 387).
Beweis: Nach (177) ist

$$A_M = \pi rs \qquad \text{der Kegelmantel.}$$

Die Fläche des Kreisausschnittes ist

$$A_M = \frac{\pi s^2 \alpha}{360^\circ}$$

Durch Gleichsetzen folgt

$$\frac{r}{s} = \frac{\alpha}{360^\circ}$$

Mit $A = \pi r^2$ als Grundfläche

und nach (177) mit

$A_M = \pi r s$ als Kegelmantel

folgt durch Division auch

$$\frac{r}{s} = \frac{A}{A_M}$$

BEISPIELE

1. *Berechne das Volumen V, die Mantelfläche A_M und die Oberfläche A_O eines geraden Kegels, dessen Grundfläche den Radius r hat und der von einer Symmetrieebene in einem gleichseitigen Dreieck geschnitten wird.*

Lösung: Die Höhe des Kegels ist Höhe in einem gleichseitigen Dreieck und mithin

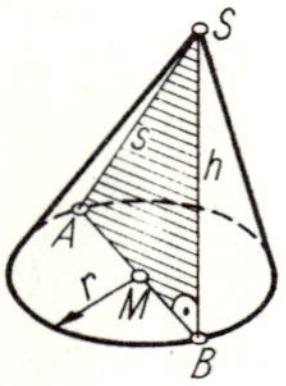

Bild 388

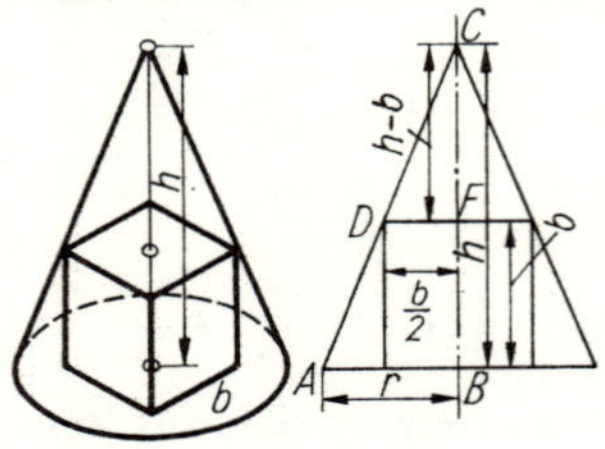

Bild 389

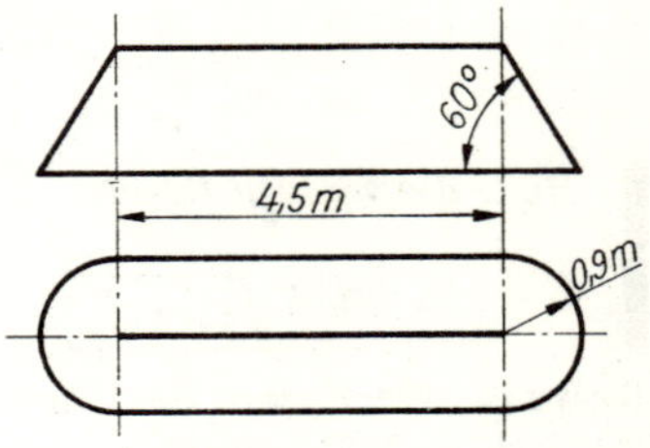

Bild 390

$$h = \frac{1}{2} \cdot 2r\sqrt{3} = r\sqrt{3}$$

Aus $V = \frac{\pi}{3} r^2 h$

folgt damit

$$V = \frac{\pi}{3} r^2 r\sqrt{3}$$

oder $V = \frac{\pi}{3} r^3 \sqrt{3}$

Mit $s = 2r$ folgt aus $A_M = \pi r s$

$$A_M = 2\pi r^2$$

Aus $A_O = \pi r (r + s)$

erhält man außerdem

$$A_O = \pi r (2r + r)$$

$$A_O = 3\pi r^2$$

2. *Wie groß ist das Volumen V eines schiefen Kegels, dessen Grundfläche den Radius r hat und der durch seine Symmetrieebene in einem rechtwinklig-gleichschenkligen Dreieck geschnitten wird* (Bild 388)?

Lösung: Wegen $h = 2r$ folgt aus $V = \frac{\pi}{3} r^2 h$

$$V = \frac{2}{3} \pi r^3$$

3. *Berechne das Volumen V des geraden Kegels, dem ein Würfel mit dem Volumen* $V_W = \frac{r^3}{27}$ *derart einbeschrieben ist, daß eine seiner Seitenflächen mit der Kegelgrundfläche und die vier dieser Seitenfläche gegenüberliegenden Ecken mit dem Mantel des Kegels zusammenfallen* (Bild 389). *Der Radius der Kegelgrundfläche sei r.*

Lösung: Aus der Ähnlichkeit der Dreiecke ABC und DFC folgt

$$r : \frac{b}{2}\sqrt{2} = h : (h - b)$$

und hieraus

$$h = \frac{2br}{2r - \sqrt{2}\,b}$$

Aus $$V = \frac{\pi}{3} r^2 h$$

folgt damit $$V = \frac{\pi}{3} r^2 \frac{2br}{2r - \sqrt{2}\,b} = \frac{2\pi r^3 b}{3(2r - \sqrt{2}\,b)}$$

und mit $$b = \sqrt[3]{V_W} = \sqrt[3]{\frac{r^3}{27}} = \frac{r}{3}$$

$$V = \pi \frac{6 + \sqrt{2}}{51} r^3$$

$$V = \frac{\pi}{51}(6 + \sqrt{2}) r^3$$

AUFGABEN

687. Eine kegelförmige Abraumhalde hat bei einem Böschungswinkel von 45° eine Höhe von 23 m erreicht. Gib die Abraummenge V an.

688. Berechne die Höhe h_1 eines Zylinders, der einem geraden Kegel mit der Höhe $h = 6$ cm volumen- und grundflächengleich ist.

689. Berechne die Oberfläche eines Daches (Bild 390). Die Grundfläche ist mit zu berücksichtigen.

690. Aus einem Holzzylinder, dessen Masse 290 g beträgt, soll der denkbar größte Kegel gedreht werden. Wie groß ist dessen Masse m?

691. Aus einem Zylinder, dessen Achsenschnitt ein Quadrat von 4,5 cm Seitenlänge ist, wird der größtmögliche Kegel gedreht. Berechne das Kegelvolumen V.

692. Aus einem halbkreisförmigen Blech von 16 cm Radius wird ein Kegel gebogen. Welches Volumen V schließt er ein?

693. Der Innenraum eines kegelförmigen Meßgerätes hat als Achsenschnitt ein gleichseitiges Dreieck mit 10 cm Seitenlänge. Im Inneren sollen drei Teilstriche angebracht werden, die eine Füllung von 30 cm³, 60 cm³ und 90 cm³ angeben. Gib die Abstände a, b und c dieser Marken, von der Kegelspitze aus gerechnet, an.

694. Die aus Blech gefertigte Haube eines Entlüftungsrohres hat die Form eines Kegels. Der Durchmesser des Grundkreises beträgt 35 cm, und die Höhe ist 12 cm. Wie groß ist der Blechbedarf A, und welchen Radius r muß das kreisförmige Blechstück haben, aus dem diese Haube geformt ist?

695. Aus einem dünnen, kreisförmigen Blech von 75 cm Durchmesser wird ein Sektor mit dem Mittelpunktswinkel 60° herausgeschnitten. Aus dem verbleibenden Blechstück wird ein Kegel gebogen. Gib dessen Höhe h, den Radius r der Grundfläche und das Volumen V an.

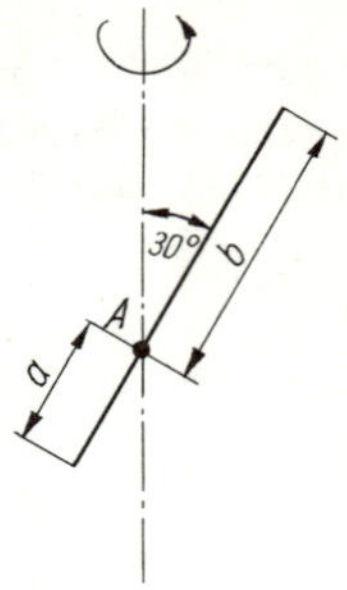

Bild 391

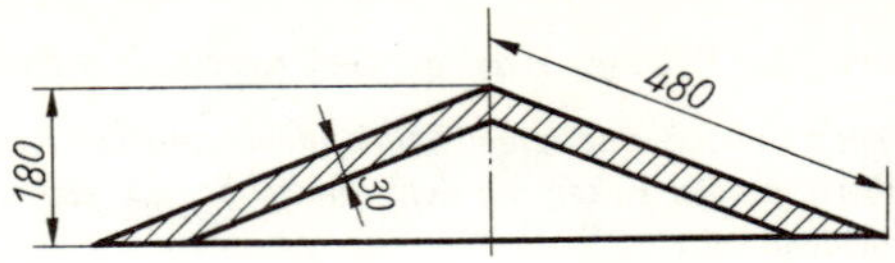

Bild 392

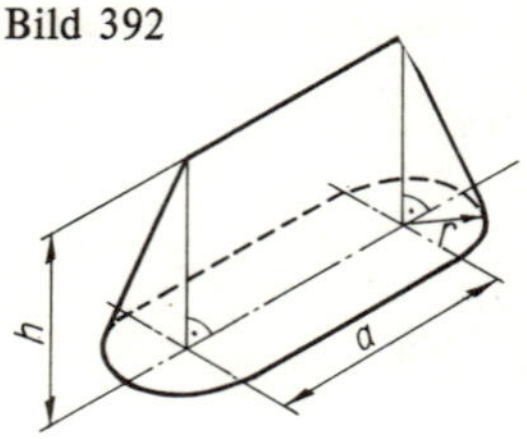

Bild 393

696. Welche Oberfläche A_O hat ein gerader Kegel, von dem die Mantelfläche $A_M = 20\,\text{cm}^2$ und die Mantellinie $s = 5$ cm bekannt sind? Berechne ferner sein Volumen V.

697. Das Volumen eines geraden Kegels wird durch eine zu seiner Grundfläche parallele Ebene halbiert. Drücke den Radius r_2 der Schnittfläche durch den Radius r_1 der Grundfläche aus.

698. Ein gerader Kegel mit dem Radius $r = 4{,}9$ cm seiner Grundfläche und der Höhe $h = 13{,}2$ cm wird so bearbeitet, daß eine regelmäßige vierseitige Pyramide gleicher Höhe und größtmöglicher Grundfläche entsteht. Welche Volumenverminderung V ergibt sich dadurch?

699. Der Achsenschnitt eines geraden Kegels ist ein gleichschenkliges Dreieck mit der Höhe $h = 3$ cm und der Schenkellänge $a = 5$ cm. Berechne das Volumen V und die Mantelfläche A_M des Kegels.

700. Ein Hohlzylinder mit den Radien $r_1 = 3$ cm und $r_2 = 1$ cm und der Höhe $h_1 = 5$ cm soll einem geraden Kegel volumengleich sein, dessen Radius r

a) das arithmetische Mittel,
b) das geometrische Mittel

der Radien des Hohlzylinders ist. Berechne die Höhen h des Kegels für beide Fälle.

701. Ein Stab, der in A an einer Achse befestigt ist (Bild 391), rotiert um diese Achse. Gib das Volumen V des dadurch entstehenden Doppelkegels für $a + b = 12$ cm und $a : b = b : (a + b)$ an.

702. Eine kegelförmige Abdeckung (Bild 392) soll aus Beton gegossen werden. Berechne ihre Masse m. ($\varrho = 2{,}2\,\text{g/cm}^3$)

703. Gib eine Formel für das Volumen des keilförmigen Körpers (Bild 393) an.

33.3.3. Kegelstumpf

Volumen des geraden und schiefen Kegelstumpfes:

$$V = \frac{\pi}{3} h \left(r_1^2 + r_1 r_2 + r_2^2\right) \tag{180}$$

r_1 und r_2 sind die Radien der Grund- und Deckfläche, h ist die Höhe des Stumpfes.

Beweis (Bild 394): Aus Formel (168) erhält man mit

$$A_1 = \pi r_1^2 \qquad \text{und} \qquad A_2 = \pi r_2^2$$

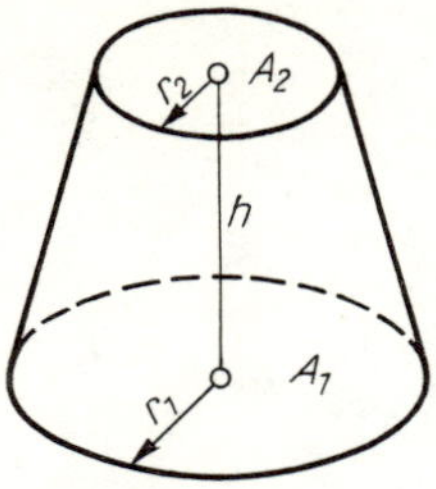

Bild 394

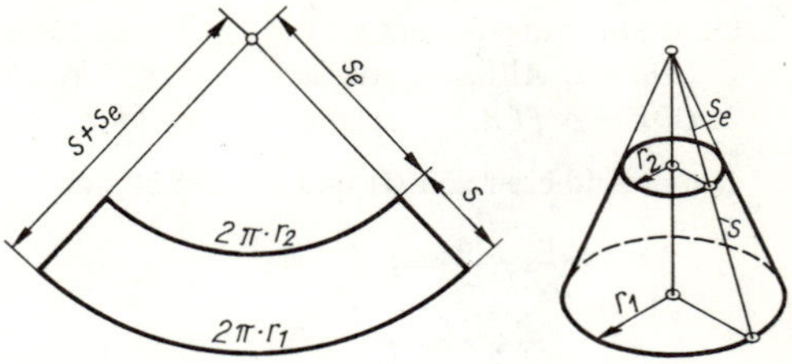

Bild 395

und $\sqrt{A_1 A_2} = \pi r_1 r_2$

direkt $V = \frac{\pi}{3} h\,(r^2{}_1 + r_1 r_2 + r_2^2)$

Mantelfläche des geraden Kegelstumpfes:

$$\boxed{A_M = \pi s\,(r_1 + r_2)} \qquad (181)$$

s ist die Mantellinie des Stumpfes.

Beweis: Der in die Ebene gelegte Mantel des Stumpfes (Bild 395) ist die Differenz zweier Kreisausschnitte. Deshalb gilt zunächst

$$A_M = \pi r_1 (s + s_e) - \pi r_2 s_e, \qquad \text{(I)}$$

und wegen

$$\frac{s_e}{s + s_e} = \frac{r_2}{r_1}$$

oder $s_e = \frac{s r_2}{r_1 - r_2}$

erhält man durch Einsetzen in (I) und Umformung

$$A_M = \pi s\,(r_1 + r_2)$$

Oberfläche des geraden Kegelstumpfes:

$$\boxed{A_O = \pi\left[r_1^2 + r_2^2 + s\,(r_1 + r_2)\right]} \qquad (182)$$

Beweis: Mit

$$A_1 = \pi r_1^2, \quad A_2 = \pi r_2^2 \quad \text{und} \quad A_M = \pi s\,(r_1 + r_2)$$

wird $A_O = A_1 + A_2 + A_M = \pi\left[r_1^2 + r_2^2 + s\,(r_1 + r_2)\right]$

erhalten.

Mantelfläche und Oberfläche des schiefen Kegelstumpfes lassen sich nicht durch einfache algebraische Formeln ausdrücken.

BEISPIELE

1. a) *Wie groß ist der Radius a des Durchdringungskreises zweier Kegel mit den Radien r_1 und r_2 und der gemeinsamen Höhe h* (Bild 396)?

   b) *Berechne das Volumen V von einem der beiden entstehenden Kegelstümpfe für $r_1 = r_2 = r$.*

Lösung:
zu a) Die Aufgabe läßt sich in der Ebene lösen (Bild 397):

$\triangle\, CDE \sim \triangle\, ABE$, folglich $a : r_1 = h_2 : (h_1 + h_2)$, (I)

$\triangle\, CDB \sim \triangle\, FEB$, folglich $a : r_2 = h_1 : (h_1 + h_2)$, (II)

Durch Addieren von (I) und (II) ergibt sich

$$\frac{a}{r_1} + \frac{a}{r_2} = 1$$

$$a\frac{r_1 + r_2}{r_1 r_2} = 1$$

$$a = \frac{r_1 r_2}{r_1 + r_2}$$

zu b) Für $r_1 = r_2 = r$ wird $a = \frac{r^2}{2r} = \frac{r}{2}$, und für die Höhe des Stumpfes gilt $h_1 = h_2 = \frac{h}{2}$.

Damit folgt aus

$$V = \frac{\pi}{3} h \left(r_1^2 + r_1 r_2 + r_2^2\right)$$

$$V = \frac{\pi}{3}\,\frac{h}{2}\left[r^2 + r\frac{r}{2} + \left(\frac{r}{2}\right)^2\right]$$

$$V = \frac{27}{4}\pi r^2 h$$

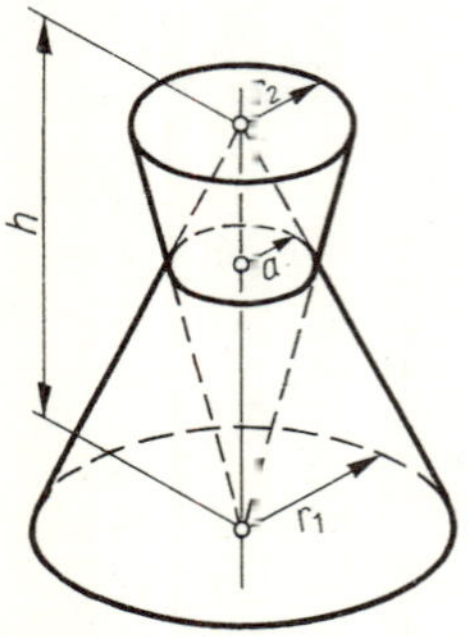

Bild 396

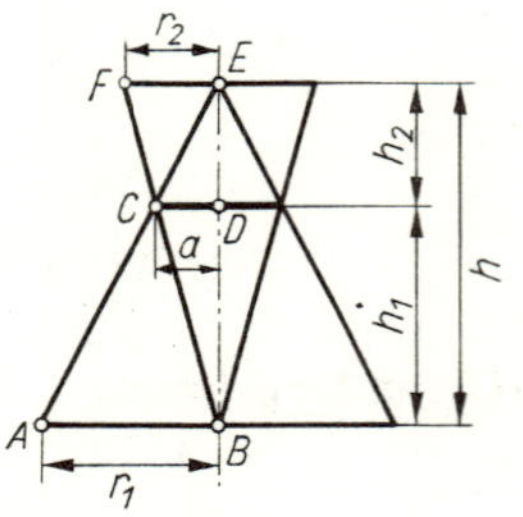

Bild 397

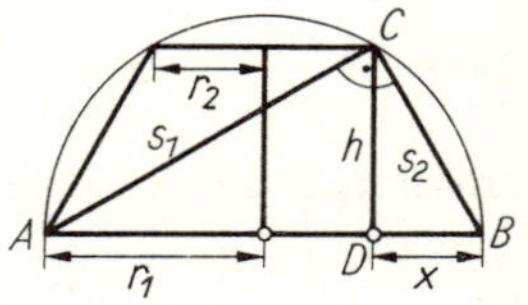

Bild 398

2. *Berechne die Radien* r_1 *und* r_2 *sowie die Höhe h eines geraden Kegelstumpfes, dem ein Kegel derart einbeschrieben ist, daß er mit dem Stumpf die größere Grundfläche gemeinsam hat und seine Spitze in der Kante der anderen Grundfläche liegt. Die beiden Mantellinien* s_1 *und* s_2 *sind bekannt und bilden bei C einen Rechten* (Bild 398).

Lösung: Aus dem rechtwinkligen Dreieck *ABC* folgt sofort

$$(2r_1)^2 = s_1^2 + s_2^2$$

und hieraus

$$r_1 = \frac{\sqrt{s_1^2 + s_2^2}}{2}$$

$\triangle\, ABC \sim \triangle\, CBD$, (I)

folglich $h : s_2 = s_1 : 2r_1$

und hieraus

$$h = \frac{s_1 s_2}{2r_1}$$

oder mit (I)

$$h = \frac{s_1 s_2}{\sqrt{s_1^2 + s_2^2}}$$

Außerdem ist

$$x : s_2 = s_2 : 2r_1$$

und somit

$$x = \frac{s_2^2}{2r_1} = \frac{s_2^2}{\sqrt{s_1^2 + s_2^2}}$$

Wegen $r_2 = r_1 - x$

folgt $$r_2 = \frac{s_1^2 - s_2^2}{2\sqrt{s_1^2 + s_2^2}}$$

AUFGABEN

704. Berechne das Volumen V des Aufnahmekegels für eine Drehmaschine (Bild 399).

705. Berechne den Blechbedarf für einen Krug (Bild 400). Nimm an, daß für die Nahtstellen insgesamt 5 % Zuschlag gebraucht werden.

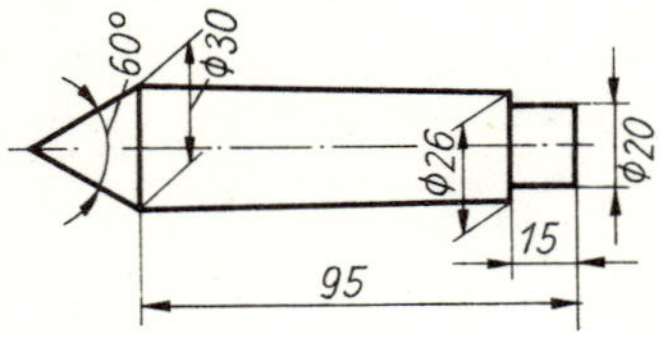

Bild 399

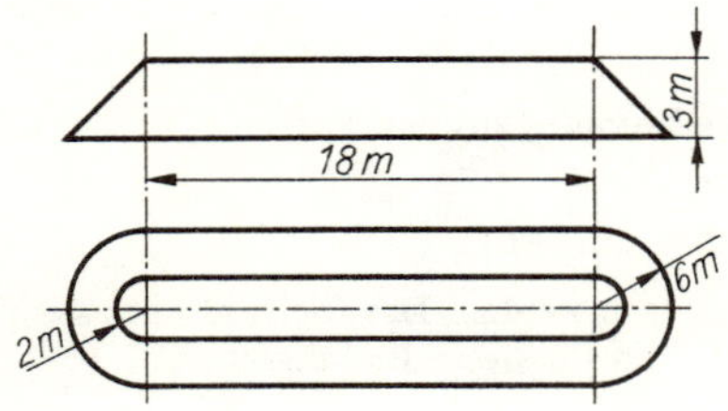

Bild 401

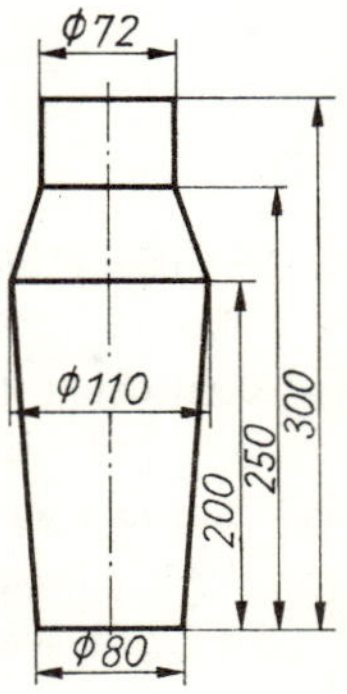

Bild 400

706. Ein zylindrischer Bolzen von 280 mm Länge und 40 mm Durchmesser soll beiderseits auf 80 mm Länge konisch abgedreht werden. Berechne den Materialabfall V bei einer vorgeschriebenen Neigung 1 : 10.

707. Wie groß ist das Volumen V eines Eimers, dessen großer Durchmesser und Höhe 28 cm und dessen kleiner Durchmesser 19 cm betragen?

708. In einem Park soll eine Erhebung aufgeschüttet werden (Bild 401). Berechne den erforderlichen Bedarf V an Erdreich.

709. Wie groß ist die Masse m von 100 Stück Aluminiumnieten (Bild 402)? ($\varrho = 2{,}7\ \mathrm{g/cm^3}$)

710. Bestimme den Blechbedarf A für einen Trichter (Bild 403). Berücksichtige für die Nahtstellen eine Materialzugabe von insgesamt 5 %.

711. Aus einem Bleikegel von 5,5 cm Höhe und 1,5 cm Radius der Grundfläche soll ein Kegelstumpf von gleicher Grundfläche gegossen werden, dessen Radius der Deckfläche 0,5 cm beträgt. Berechne die Höhe h des Stumpfes.

712. Aus Rundstahl von 25 mm Durchmesser soll ein Werkstück (Bild 404) geschmiedet werden. Berechne die Länge l des Rundstahles und nimm an, daß eine Längenzugabe von 3 % für den Abbrand erforderlich ist.

713. Gib das Fassungsvermögen V eines an einem Schornstein befestigten Wasserbehälters an (Bild 405).

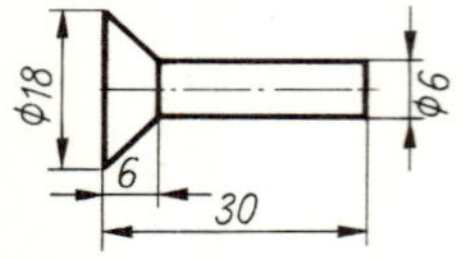

Bild 402

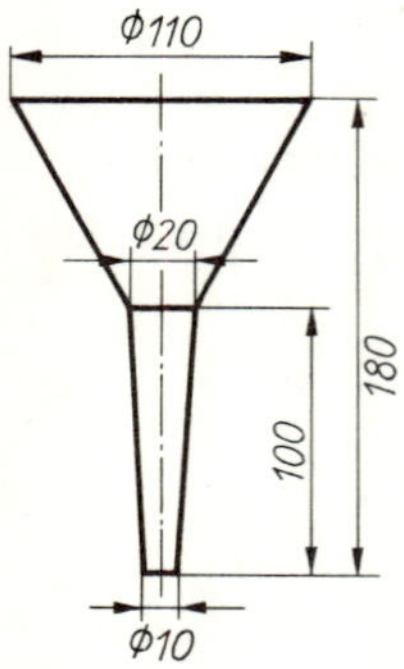

Bild 403

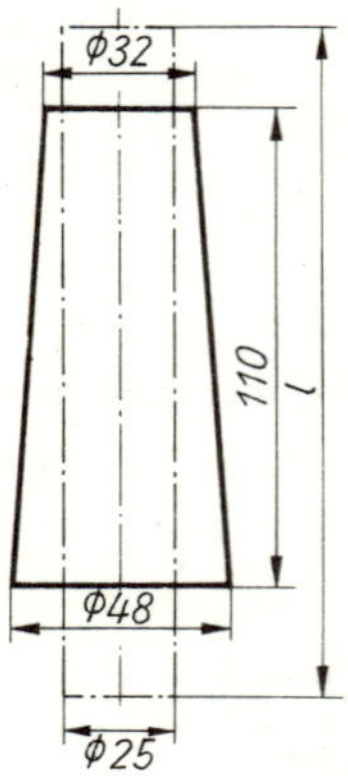

Bild 404

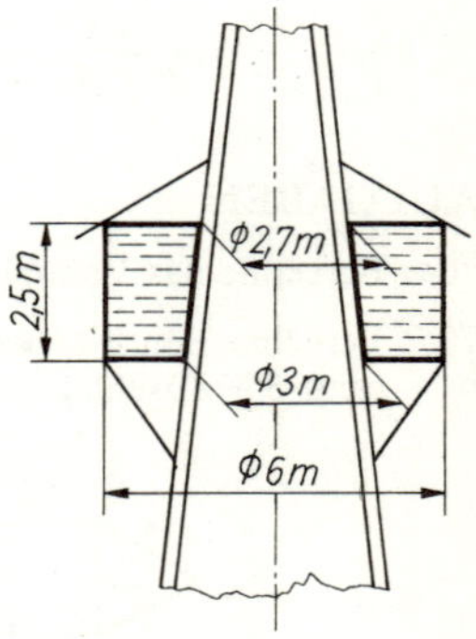

Bild 405

714. Bestimme das Volumen V eines Gefäßes (Bild 406) für $r_1 = 12$ cm, $r_2 = 21$ cm, $h = 25$ cm und $a = 29$ cm.

715. Berechne den Mittelschnitt A_m eines Kegelstumpfes aus den Radien r_1 und r_2 der Grund- und Deckfläche.

716. Berechne das Volumen V einer Lagerbüchse (Bild 407).

717. Eine Form (Bild 408) soll mit Blei ausgegossen werden. Das Blei soll nach dem Erstarren die Form bis zu 2/3 h füllen. Welcher Bedarf V an flüssigem Blei ergibt sich?
($\varrho_{\text{fest}} = 11{,}34$ g/cm^3, $\varrho_{\text{flüssig}} = 10{,}64$ g/cm^3)

718. Ein gerader Kegel wird durch eine zu seiner Grundfläche parallele Ebene so geschnitten, daß seine Höhe h, von der Spitze aus gerechnet, im Verhältnis $m : n$ geteilt wird. In welchem Verhältnis stehen dann die Radien r_1 und r_2 des Stumpfes und des Ergänzungskegels?

719. Das Kunstharz für den Preßling (Bild 409) muß einer Maschine in Form zylindrischer Tabletten von 50 mm Durchmesser vorgelegt werden. Welche Höhe h muß eine solche Tablette für einen Preßling haben?

720. Ein gerader Kegel und ein Zylinder durchdringen einander (Bild 410). Wie groß ist
a) x, wenn r_1, r_2 und h bekannt sind,
b) r_2, wenn x, r_1 und h bekannt sind,
c) x, wenn $r_1 : r_2$ und h bekannt sind,
d) x, wenn die schraffierte Kreisringfläche der Grundfläche des Zylinders gleich ist,

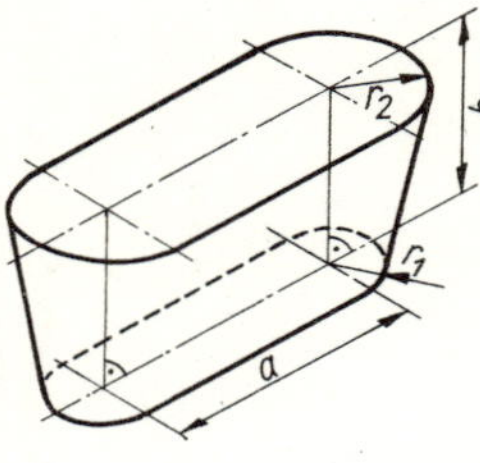

Bild 406

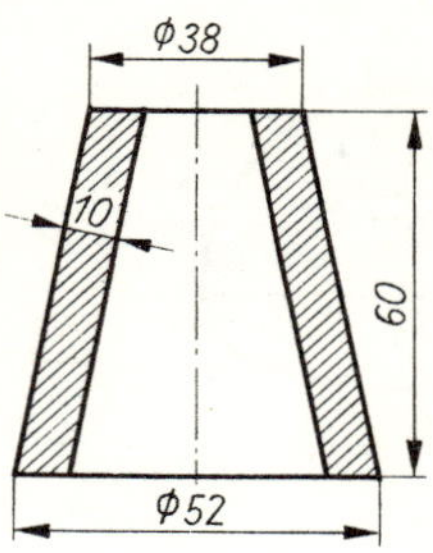

Bild 407

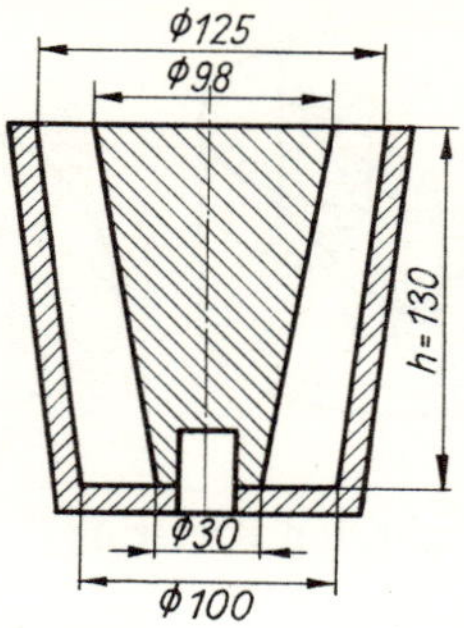

Bild 408

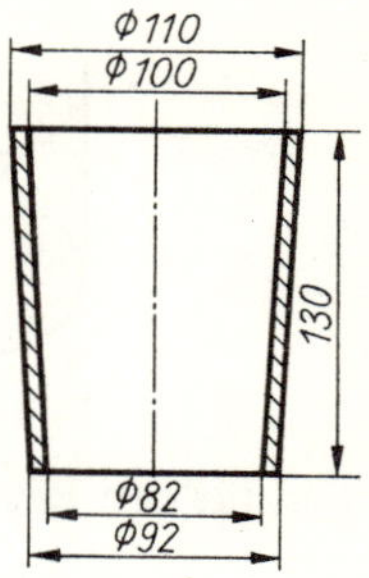

Bild 409

e) x, wenn der unter der Durchdringungsfläche liegende Zylinder dem darüberliegenden Kegel volumengleich ist,

f) x, wenn der über der Durchdringungsfläche liegende Kegel dem unter dieser Fläche liegenden Restkörper aus Kegelstumpf und Zylinder volumengleich ist?

721. Berechne die Masse m des Kupplungsteiles einer Reibungskupplung (Bild 411). ($\varrho = 7{,}2\ \mathrm{g/cm^3}$)

722. Berechne die Masse m einer konischen Büchse (Bild 412). ($\varrho = 8{,}3\ \mathrm{g/cm^3}$)

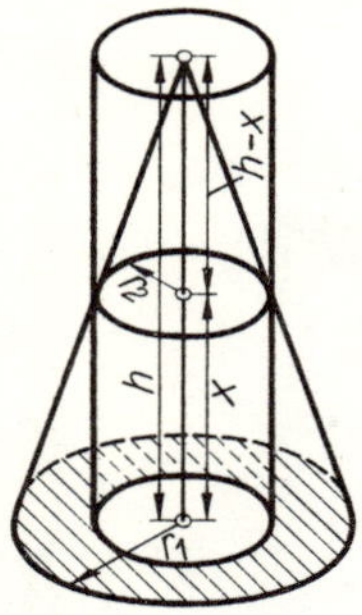

Bild 410

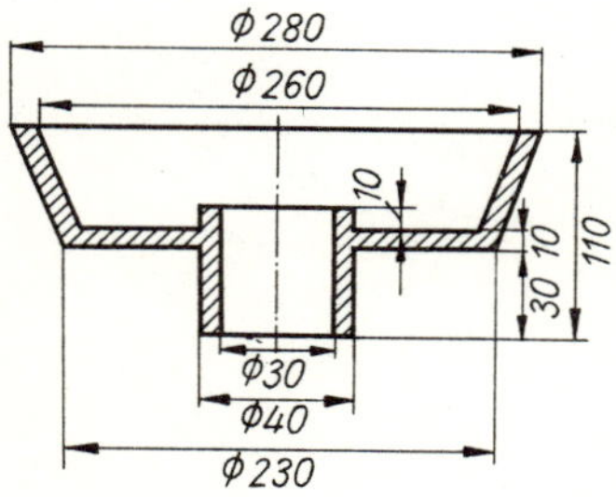

Bild 411

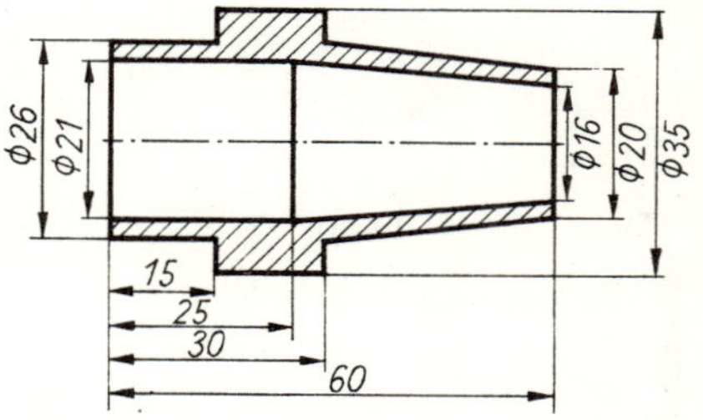

Bild 412

33.3.4. Kugel und Kugelteile

33.3.4.1. Volumenberechnung

Volumen der Kugel:

$$V = \frac{4}{3}\pi r^3 \tag{183}$$

r ist der Radius der Kugel.

Beweis: Wird aus einem Zylinder mit der Höhe r und dem Grundflächenradius r ein Kegel mit der Höhe r und dem Grundflächenradius r herausgeschnitten, so entsteht ein Restkörper, der einer Halbkugel mit dem Radius r volumengleich ist (Bild 413).
Ein in beliebiger Höhe x durch beide Körper parallel zu ihrer Grundfläche geführter Schnitt ergibt nämlich für die Halbkugel die Kreisfläche

$$A_K = \pi r_2^2 \tag{I}$$

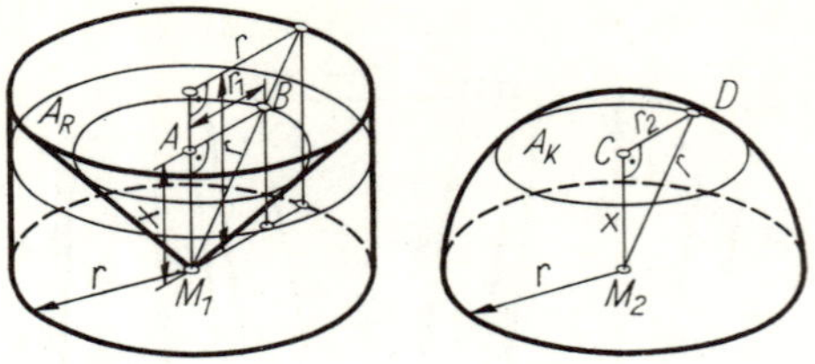

Bild 413

und für den Restkörper den Kreisring

$$A_R = \pi(r^2 - r_1^2) \qquad \text{(II)}$$

Da $\quad r_2^2 = r^2 - x^2 \quad$ (Dreieck M_2CD ist rechtwinklig)

und $\quad x = r_1, \quad$ (Dreieck M_1AB ist gleichschenklig)

erhält man $\quad r_2^2 = r^2 - r_1^2$

und durch Einsetzen in (I)

$$A_K = A_R$$

Somit gilt nach dem Satz des CAVALIERI

$$V_{\text{Halbkugel}} = V_{\text{Zylinder}} - V_{\text{Kegel}} = V_{\text{Restkörper}}$$

oder $\quad V_{\text{Halbkugel}} = \pi r^3 - \frac{\pi}{3} r^3 = \frac{2}{3}\pi r^3$

und $\quad V_{\text{Kugel}} = \frac{4}{3}\pi r^3$

Volumen der Kugelschicht:

$$\boxed{V = \frac{\pi}{6} h\,(3r_1^2 + 3r_2^2 + h^2)} \qquad (184)$$

r_1 und r_2 sind die Radien der Grund- und Deckfläche, h ist die Höhe der Schicht.

Beweis: Aus den Achsenschnitten der Halbkugel und des Restkörpers (Bild 414) erkennt man den Querschnitt der Schicht mit dem Volumen V und dem trapezförmigen Querschnitt des ihr entsprechenden Ringkörpers mit dem Volumen V_R.

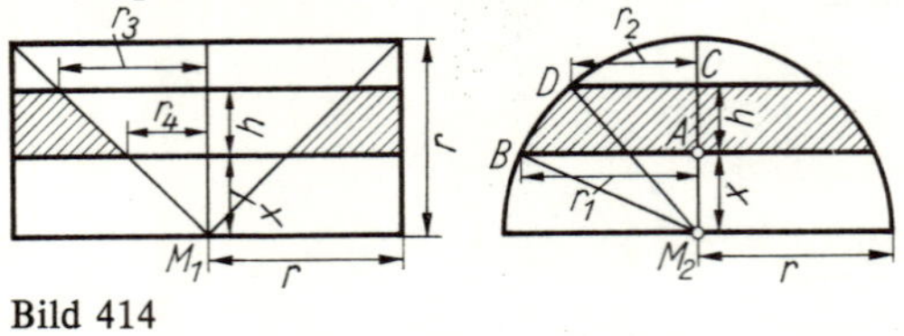

Bild 414

Beide Körper sind nach dem Satz des CAVALIERI volumengleich. Es gilt also

$$V = V_R,$$

denn da die in der beliebigen Höhe x geführten Schnitte flächengleich sind – wie eben bei der Herleitung des Kugelvolumens bewiesen wurde –, müssen auch die in der beiden Körpern gemeinsamen Höhe $x + h$ geführten Schnitte (Bild 414) flächengleich sein. V_R ergibt sich als Differenz eines Zylinders V_Z und eines Kegelstumpfes V_S mit der gemeinsamen Höhe h, dem Grundflächenradius r für den Zylinder und den Radien $r_3 = x + h$ und $r_4 = x$ für die Grund- und Deckfläche des Stumpfes. Es ist also

$$V = V_Z - V_S = V_R$$

$$V = \pi r^2 h - \frac{\pi}{3} h \left[(x+h)^2 + (x+h)x + x^2\right]$$

oder
$$V = \pi h \left(r^2 - x^2 - xh - \frac{1}{3} h^2\right) \qquad \text{(I)}$$

Aus den rechtwinkligen Dreiecken M_2AB und M_2CD des Halbkugelschnittes (Bild 414) erhält man zunächst

$$r_1^2 = r^2 - x^2$$

und
$$r_2^2 = r^2 - (x+h)^2$$

und daraus durch Addition und Umformung

$$r_1^2 + r_2^2 = r^2 - x^2 + r^2 - (x+h)^2$$

$$\frac{r_1^2 + r_2^2 + h^2}{2} = r^2 - x^2 - xh$$

$$\frac{3r_1^2 + 3r_2^2 + h^2}{6} = r^2 - x^2 - xh - \frac{1}{3} h^2 \qquad \text{(II)}$$

(I) und (II) ergeben schließlich

$$V = \frac{\pi}{6} h (3r_1^2 + 3r_2^2 + h^2)$$

Volumen des Kugelsegmentes:

$$\boxed{V = \frac{\pi}{6} h (3r_1^2 + h^2)} \qquad (185)$$

oder
$$\boxed{V = \frac{\pi}{3} h^2 (3r - h)} \qquad (186)$$

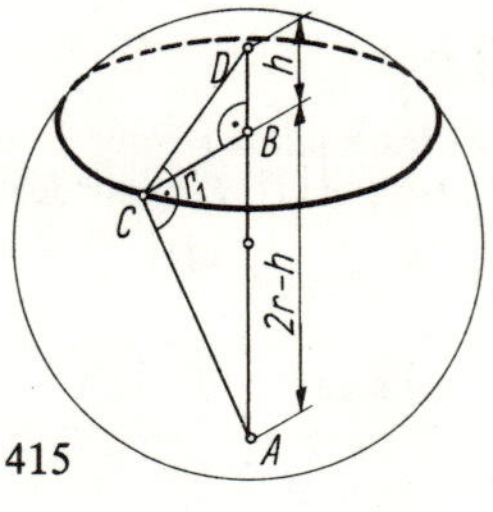

Bild 415

h ist die Höhe, r_1 der Grundflächenradius des Segmentes und r der Radius der dem Segment zugeordneten Kugel.

Beweis für (185): Für $r_2 = 0$ geht die Schicht in das Segment über, und damit folgt aus (184) sofort

$$V = \frac{\pi}{6} h (3r_1^2 + h^2)$$

Beweis für (186):

$$\triangle ABC \sim \triangle CBD \qquad \text{(Bild 415)}.$$

Deshalb ist

$$\frac{2r - h}{r_1} = \frac{r_1}{h}$$

oder $$r_1^2 = h(2r - h)$$

und in (185) eingesetzt

$$V = \frac{\pi}{3} h^2 (3r - h)$$

Volumen des Kugelsektors:

$$\boxed{V = \frac{2}{3} \pi r^2 h} \tag{187}$$

h ist die Höhe des zum Sektor gehörenden Segmentes, r der Radius der dem Sektor zugeordneten Kugel.

Beweis: Der Sektor setzt sich aus einem Segment mit der Höhe h und einem Kegel mit der Höhe $r - h$ zusammen, der mit dem Segment gleiche Grundfläche hat (Bild 416). Somit ist nach (185) und (186)

$$V = \frac{\pi}{6} h (3r_1^2 + h^2) + \frac{\pi}{3} r_1^2 (r - h)$$

und wieder mit

$$r_1^2 = h(2r - h)$$

$$V = \frac{\pi}{3} h^2 (3r - h) + \frac{\pi}{3} h (r - h)(2r - h)$$

oder $$V = \frac{2}{3} \pi r^2 h$$

BEISPIELE

1. *Einem Zylinder mit der Höhe* $2r$ *und dem Grundflächenradius* r *sind eine Kugel und ein Kegel einbeschrieben* (Bild 417). *Ermittle das Verhältnis* $V_{\text{Zylinder}} : V_{\text{Kugel}} : V_{\text{Kegel}}$.

   Lösung: $V_{\text{Zylinder}} = 2\pi r^3$

   $$V_{\text{Kugel}} = \frac{4}{3} \pi r^3$$

   $$V_{\text{Kegel}} = \frac{2}{3} \pi r^3$$

   $V_{\text{Zylinder}} : V_{\text{Kugel}} : V_{\text{Kegel}} = 3 : 2 : 1$[1])

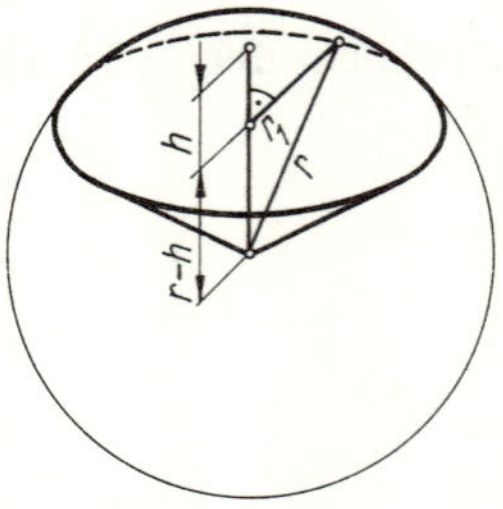

Bild 416

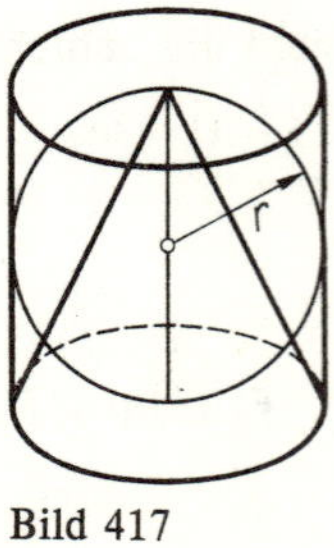

Bild 417

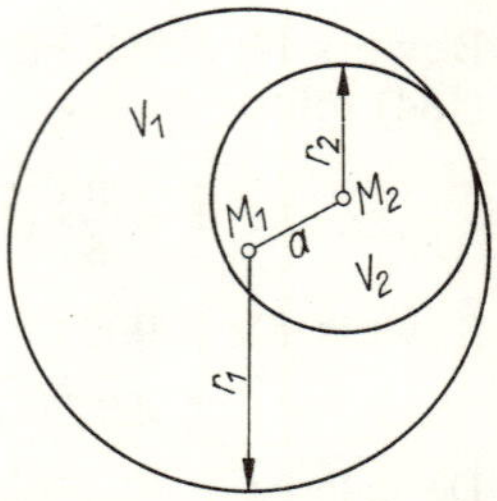

Bild 418

[1]) Diese Lösung wird Satz des ARCHIMEDES genannt.

2. *Berechne die Radien r_1 und r_2 zweier Kugeln, von denen die kleinere die größere innen berührt* (Bild 418). *Ihr Mittelpunktabstand sei a und ihre Volumendifferenz V.*

Lösung: Aus

$$V = V_1 - V_2 = \frac{4}{3}\pi(r_1^3 - r_2^3)$$

folgt $$r_1^3 - r_2^3 = (r_1 - r_2)(r_1^2 + r_1 r_2 + r_2^2) = \frac{3V}{4\pi}$$

und mit $$r_1 - r_2 = a \qquad \text{(I)}$$

$$r_1^2 + r_1 r_2 + r_2^2 = \frac{3V}{4\pi a} \qquad \text{(II)}$$

Aus (I) erhält man ferner durch Quadrieren

$$r_1^2 - 2r_1 r_2 + r_2^2 = a^2 \qquad \text{(III)}$$

und damit durch Subtraktion von (II) und (III)

$$3r_1 r_2 = \frac{3V}{4\pi a} - a^2 = \frac{3V - 4\pi a^3}{4\pi a}$$

oder $$4r_1 r_2 = \frac{3V - 4\pi a^3}{3\pi a} \qquad \text{(IV)}$$

Addiert man zu (III) beiderseits $4r_1r_2$, so folgt

$$r_1 + 2r_1 r_2 + r_2 = a^2 + 4r_1 r_2$$

$$(r_1 + r_2)^2 = a^2 + 4r_1 r_2$$

und $$r_1 + r_2 = \sqrt{a^2 + 4r_1 r_2} \qquad \text{(V)}$$

Aus (I) und (V) und unter Berücksichtigung von (IV) ergibt sich schließlich

$$r_1 = \frac{1}{2}\left(\sqrt{a^2 + 4r_1 r_2} + a\right)$$

$$r_1 = \frac{1}{2}\left(\sqrt{a^2 + \frac{3V - 4\pi a^3}{3\pi a}} + a\right)$$

$$r_2 = \frac{1}{2}\left(\sqrt{a^2 + 4r_1 r_2} - a\right)$$

$$r_2 = \frac{1}{2}\left(\sqrt{a^2 + \frac{3V - 4\pi a^3}{3\pi a}} - a\right)$$

3. *Wie groß ist das Volumen V* (Bild 419), *das einerseits von einem Zylinder mit der Höhe r und dem Radius r und andererseits von der der Zylinderhöhe entsprechenden Kugelschicht einer Kugel mit dem Radius r eingeschlossen wird? Die Kugel berühre den Zylinder in der Höhe r/2.*

Lösung: Das gesuchte Volumen ergibt sich aus

$$V = V_{\text{Zylinder}} - V_{\text{Schicht}}$$

Für V_Z folgt mit $h = r$ aus

$$V = \pi r^2 h$$
$$V_Z = \pi r^3$$

Für V_S folgt mit $r_1 = r_2 = \frac{r}{2}\sqrt{3}$ und $h = r$ (Dreieck *MBA* ist gleichseitig und r_1 seine Höhe) aus (184)

$$V_S = \frac{11}{12} \cdot \pi r^3$$

Damit ergibt sich das Volumen zu

$$V = \frac{\pi}{12} r^3$$

4. *Eine Kugel vom Radius r wird durch zwei parallele Schnitte in drei höhengleiche Körper, und zwar zwei Segmente und eine Schicht, zerlegt. Berechne $V_{Segment}$ und $V_{Schicht}$* (Bild 420).

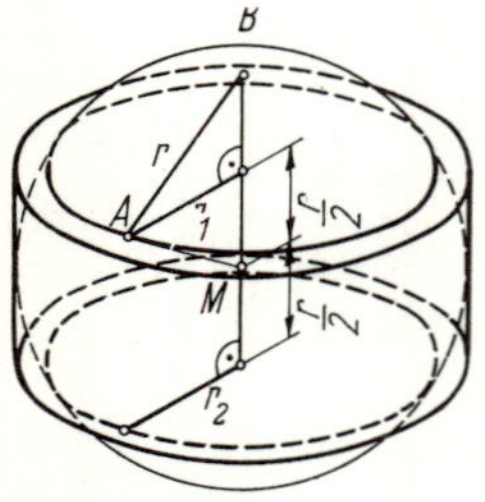

Bild 419

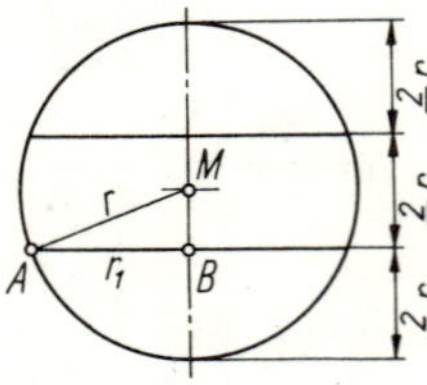

Bild 420

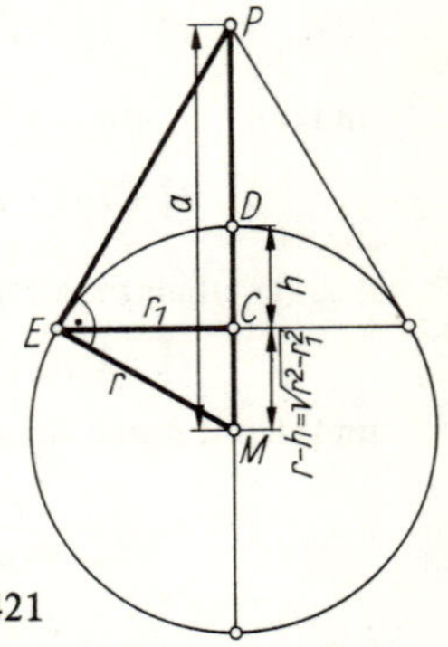

Bild 421

Lösung: Aus

$$V_{Segment} = \frac{\pi}{3} h^2 (3r - h) \quad \text{folgt} \quad \text{mit} \quad h = \frac{2}{3} r$$

$$V_{Segment} = \frac{28}{81} \pi r^3$$

Aus $\quad V_{Schicht} = \frac{\pi}{6} h (3r_1^2 + 3r_2^2 + h^2)$

folgt wegen

$$r_1^2 = r_2^2 = r^2 - \left(\frac{r}{3}\right)^2 \quad \text{(Dreieck } ABM \text{ ist rechtwinklig)}$$

$$r_1^2 = \frac{8}{9} r^2$$

und mit $\quad h = \frac{2}{3} r$

$$V_{Schicht} = \frac{\pi}{6} \cdot \frac{2}{3} r \left(6 \cdot \frac{8}{9} r^2 + \frac{4}{9} r^2\right)$$

$$V_{Schicht} = \frac{52}{81} \pi r^3$$

Aus $\quad V_{Kugel} = 2 V_{Segment} + V_{Schicht}$

$$V_{Kugel} = 2 \cdot \frac{28}{81} \pi r^3 + \frac{52}{81} \pi r^3 = \frac{4}{3} \pi r^3$$

ergibt sich die Richtigkeit der Rechnung.

5. *Ermittle den Radius r_1 des Berührkreises, das Volumen V_{Sg} des durch den Berührkreis bestimmten Segmentes mit der Höhe h und das Volumen V_{Sk} des entsprechenden Sektors, wenn von einem außerhalb der Kugel gelegenen Punkt P der Berührkegel an die Kugel gelegt wird* (Bild 421). *P sei vom Kugelmittelpunkt um den Betrag a entfernt. a und der Kugelradius r seien bekannt.*

Lösung: $\triangle\, EMC \sim \triangle\, PME$, folglich

$$r : \sqrt{r^2 - r_1^2} = a : r$$

und hieraus

$$r_1 = \frac{r}{a}\sqrt{a^2 - r^2}$$

Aus der gleichen Ähnlichkeit folgt

$$r:(r-h) = a:r$$

und hieraus

$$h = \frac{r(a-r)}{a}$$

Aus $\quad V = \frac{\pi}{3}h^2(3r - h)$

und mit dem für h errechneten Wert ergibt sich für das Volumen des Segmentes

$$V_{Sg} = \frac{\pi r^3}{3a^3}(2a^3 - 3a^2r + r^3)$$

Aus $\quad V = \frac{2}{3}\pi r^2 h$

folgt außerdem für das Volumen des Sektors

$$V_{Sk} = \frac{2\pi r^3}{3a}(a - r)$$

6. *Aus einer Kugel vom Radius r werden zwei einander symmetrisch gegenüberliegende gleich große Sektoren herausgenommen, so daß ein Restkörper mit der Höhe r entsteht* (Bild 422). *In welchem Verhältnis steht dessen Volumen V zum Volumen V_{Sch} der ihm entsprechenden Schicht?*

Lösung: Mit dem Kugelvolumen V_K und dem Volumen V_{Se} eines Sektors folgt aus

$$V = V_K - 2V_{Se} = \frac{4}{3}\pi r^3 - 2\cdot\frac{2}{3}\pi r^2 h$$

wegen $\quad h = \frac{r}{2}$

$$V = \frac{4}{3}\pi r^3 - \frac{2}{3}\pi r^3$$

$$V = \frac{2}{3}\pi r^3$$

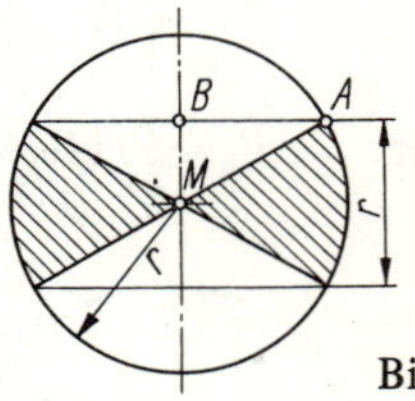

Bild 422

Für die Schicht folgt aus

$$V_{Sch} = \frac{\pi}{6}h(3r_1^2 + 3r_2^2 + h^2)$$

mit $\quad h = r \quad$ und wegen

$$r_1^2 = r^2 - \left(\frac{r}{2}\right)^2 \qquad \text{(Dreieck } ABM \text{ ist rechtwinklig)}$$

$$r_1^2 = \frac{3}{4}r^2$$

$$V_{Sch} = \frac{\pi}{6}r\left(\frac{9}{4}r^2 + \frac{9}{4}r^2 + r^2\right)$$

$$V_{Sch} = \frac{11}{12}\pi r^3.$$

Das gesuchte Verhältnis wird demnach

$$\frac{V}{V_{\text{Sch}}} = \frac{8}{11}$$

7. *In die quadratische Öffnung eines Bleches wird eine Kugel mit dem Radius r gelegt* (Bild 423), *so daß sie durch die Ebene des Bleches in zwei Segmente unterteilt wird. Drücke deren Volumen V_1 und V_2 durch die Seitenlänge a der Öffnung und durch den Kugelradius r aus.*

Lösung: Aus dem rechtwinkligen Dreieck *AMB* folgt mit $\overline{MB} = r - h_1$

$$(r - h_1)^2 = r^2 - \left(\frac{a}{2}\right)^2$$

und hieraus

$$h_1 = r - \frac{1}{2}\sqrt{4r^2 - a^2}$$

Damit ergibt sich aus

$$V = \frac{\pi}{3} h^2 (3r - h)$$

für $\quad V_1 = \frac{\pi}{3}\left(r - \frac{1}{2}\sqrt{4r^2 - a^2}\right)^2 \left(3r - r + \frac{1}{2}\sqrt{4r^2 - a^2}\right)$

oder $\quad V_1 = \frac{\pi}{24}\left(16r^3 - 8r^2\sqrt{4r^2 - a^2} - a^2\sqrt{4r^2 - a^2}\right)$

Mit $\quad h_2 = 2r - h_1$

oder $\quad h_2 = r + \frac{1}{2}\sqrt{4r^2 - a^2}$

erhält man aus

$$V = \frac{\pi}{3} h^2 (3r - h)$$

für $\quad V_2 = \frac{\pi}{3}\left(r + \frac{1}{2}\sqrt{4r^2 - a^2}\right)^2 \left(3r - r - \frac{1}{2}\sqrt{4r^2 - a^2}\right)$

oder $\quad V_2 = \frac{\pi}{24}\left(16r^3 + 8r^2\sqrt{4r^2 - a^2} + a^2\sqrt{4r^2 - a^2}\right)$

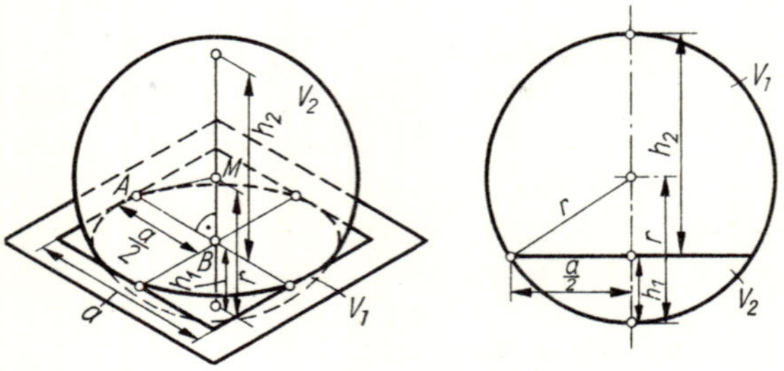

Bild 423

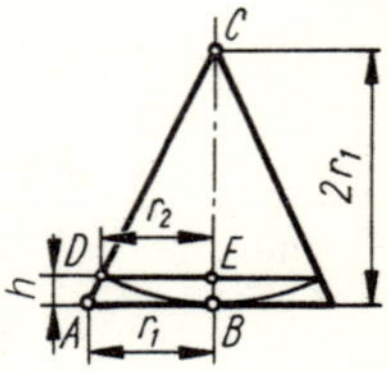

Bild 424

8. *Ein Kegel mit der Höhe $2r_1$ und dem Grundflächenradius r_1 wird durch Abdrehen seiner Grundfläche in den größtmöglichen Kugelsektor verwandelt. Drücke dessen Volumen V durch r_1 aus.*

Lösung: $\triangle ABC \sim \triangle DEC$ (Bild 424),

folglich $\quad r_1 : \overline{AC} = r_2 : 2r_1$

und hieraus wegen

$$\overline{AC} = \sqrt{r_1^2 + (2r_1)^2} = r_1\sqrt{5}$$

$$r_2 = \frac{2}{5} r_1 \sqrt{5}$$

Für h folgt

$$h = 2r_1 - \overline{EC}$$

und wegen

$$\overline{EC} = \sqrt{(2r_1)^2 - r_2^2}$$

$$\overline{EC} = \frac{4}{5} r_1 \sqrt{5}$$

ergibt sich

$$h = 2r_1 - \frac{4}{5} r_1 \sqrt{5}$$

oder $$h = 2r_1 \frac{5 - 2\sqrt{5}}{5}$$

Damit und mit $r = 2r_1$ erhält man aus $V = \frac{2}{3}\pi r^2 h$ das gesuchte Volumen zu

$$V = \frac{2}{3}\pi(2r_1)^2 \cdot 2r_1 \frac{5 - 2\sqrt{5}}{5}$$

oder $$V = \frac{16}{15}\pi r_1^3(5 - 2\sqrt{5})$$

33.3.4.2. Mantelberechnung

Oberfläche der Kugel:

$$\boxed{A_O = 4\pi r^2} \qquad (188)$$

Beweis: Man zerlegt die Kugel in eine Anzahl kleiner Körper, die näherungsweise als Pyramiden mit den Spitzen im Kugelmittelpunkt angesehen werden können. Im Grenzfall, also bei sehr großer Anzahl solcher Pyramiden, nähern sich ihre Höhen dem Kugelradius r und die Summe ihrer Grundflächen der Kugeloberfläche A_O unbegrenzt. Somit ergibt sich nach den Formeln (183) und (166)

$$V = \frac{4}{3}\pi r^3 = \frac{1}{3} A_O r$$

und hieraus sofort

$$A_O = 4\pi r^2$$

Fläche der Kugelkappe (Mantelfläche des Segmentes):

$$\boxed{A_M = 2\pi r h} \qquad (189)$$

h ist die Höhe der Kappe, r der Radius der ihr zugeordneten Kugel.

Beweis: Durch die Kappe wird ein Sektor bestimmt, den man sich wiederum in eine Anzahl kleiner Körper zerlegt denken kann, die näherungsweise Pyramiden mit den Spitzen im Kugelmittelpunkt ergeben. Auch hier werden im Grenzfall die Höhen dieser Pyramiden gleich dem Kugelradius r, und die Summe ihrer Grundflächen wird gleich der Kappenfläche A_M. Somit gilt nach Formel (187)

$$V = \frac{2}{3}\pi r^2 h = \frac{1}{3} A_M r$$

oder $$A_M = 2\pi rh$$

Fläche der Kugelzone (Mantelfläche der Kugelschicht):

$$\boxed{A_M = 2\pi rh} \qquad (190)$$

h ist die Höhe der Zone, r der Radius der ihr zugeordneten Kugel.

Beweis: Die Zone ist die Differenz zweier Kappen mit den Höhen $h + x$ und x (Bild 425). Aus (189) folgt deshalb

$$A_M = 2\pi r(h + x) - 2\pi rx$$

oder $$A_M = 2\pi rh$$

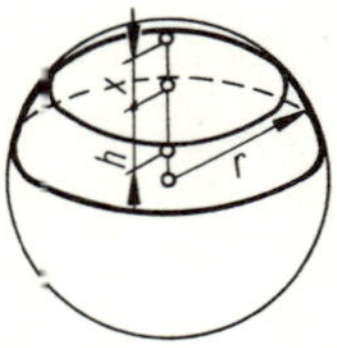

Bild 425

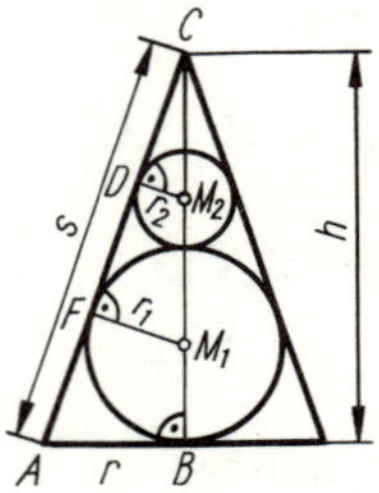

Bild 426

Mantelfläche (Oberfläche) *des Kugelsektors:*

$$\boxed{A_M = \pi r(r_1 + 2h)} \qquad (191)$$

h ist die Höhe der den Sektor begrenzenden Kappe, r_1 der Radius ihres Grundkreises und r der Radius der dem Sektor zugeordneten Kugel.

Beweis: $A_{M\,\text{Sektor}} = A_{M\,\text{Kegel}} + A_{M\,\text{Kappe}}$

Nach (177) gilt

$$A_{M\,\text{Kegel}} = \pi rs$$

und mit $r = r_1$ und $s = r$

auch $$A_{M\,\text{Kegel}} = \pi r_1 r$$

Nach (189) gilt

$$A_{M\,\text{Kappe}} = 2\pi rh$$

Damit wird

$$A_{M\,\text{Sektor}} = \pi r_1 r + 2\pi rh$$
$$= \pi r(r_1 + 2h)$$

BEISPIELE

1. *Bestimme das Verhältnis $A_{O1} : A_{O2}$ der Oberflächen zweier Kugeln, die einem Kegel mit der Mantellinie s und dem Grundflächenradius r einbeschrieben sind* (Bild 426).

Lösung: Mit $\overline{M_1C} = h - r_1$ und $\overline{M_2C} = h - (r_2 + 2r_1)$ folgt aus der Ähnlichkeit der Dreiecke ABC, M_1FC und M_2DC:

$$r_1 : (h - r_1) = r : s, \qquad \text{also} \qquad r_1 = \frac{rh}{s + r},$$

$$r_2 : (h - r_2 - 2r_1) = r : s, \qquad \text{also} \qquad r_2 = \frac{rh(s - r)}{(s + r)^2}$$

Damit ergeben sich die Oberflächen aus (188) zu

$$A_{O1} = \frac{4\pi r^2 h^2}{(s + r)^2}$$

und $$A_{O2} = \frac{4\pi r^2 h^2 (s - r)^2}{(s + r)^4}$$

Folglich $$\frac{A_{O1}}{A_{O2}} = \frac{(s + r)^2}{(s - r)^2}$$

2. *Ermittle das Volumen V und die Oberfläche A_O des Restkörpers, der entsteht, wenn eine Kugel mit dem Radius r von einem Zylinder mit dem Radius r_1 derart durchdrungen wird, daß die Zylinderachse durch den Kugelmittelpunkt geht* (Bild 427).

Lösung: Aus dem rechtwinkligen Dreieck AMB folgen

$$h_1 = \sqrt{r^2 - r_1^2}$$

und $$h_2 = r - h_1 = r - \sqrt{r^2 - r_1^2}$$

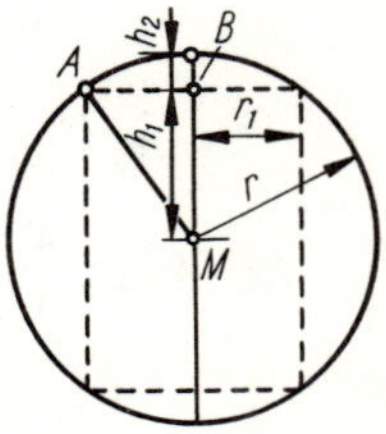

Bild 427

Zylindervolumen V_Z:

$$V_Z = \pi r_1^2 \cdot 2h_1$$

$$V_Z = 2\pi r_1^2 \sqrt{r^2 - r_1^2}$$

Volumen V_S der beiden zugeordneten Segmente:

$$2V_S = \frac{2}{3}\pi h_2^2 (3r - h_2)$$

$$2V_S = \frac{2}{3}\pi\left(2r^3 - 2r^2\sqrt{r^2 - r_1^2} - r_1^2\sqrt{r^2 - r_1^2}\right)$$

Volumen V_D des zylindrischen Durchdringungskörpers:

$$V_D = V_Z + 2V_S$$

$$V_D = \frac{4}{3}\pi\left(r^3 + r_1^2\sqrt{r^2 - r_1^2} - r^2\sqrt{r^2 - r_1^2}\right)$$

Volumen V des gesuchten Körpers:

$$V = V_{\text{Kugel}} - V_D$$

$$V = \frac{4}{3}\pi\left(r^2 - r_1^2\right)\sqrt{r^2 - r_1^2}$$

Mit der Schreibweise

$$V = \frac{4}{3}\pi\sqrt{(r^2 - r_1^2)^3} = \frac{4}{3}\pi h_1^3$$

ergibt sich die Deutung: Das Volumen des Restkörpers ist gleich dem Volumen einer Kugel mit dem Radius h_1.

Aus $A_O = 2\pi r \cdot 2h_1 + 2\pi r_1 \cdot 2h_1$

ergibt sich die Oberfläche des gesuchten Körpers zu

$$A_O = 4\pi (r + r_1) \sqrt{r^2 - r_1^2}$$

3. *Eine Kugel vom Radius r soll durch zwei parallele und zu ihrem Mittelpunkt symmetrisch gelegene Ebenen derart in zwei Segmente und eine Schicht zerlegt werden, daß sich*

$$A_{O\,\text{Segment}} = A_{O\,\text{Zone}} = \frac{1}{3} A_{O\,\text{Kugel}}$$

ergibt. Berechne h_S *und* h_Z *von Segment und Zone für diesen Fall.*

Lösung: Für die Grundfläche A beider Körper folgt wegen

$r_1^2 = r^2 - (r - h)^2$ (Bild 428)

oder $r_1^2 = 2rh - h^2$

$A = \pi r_1^2 = \pi (2rh - h^2)$

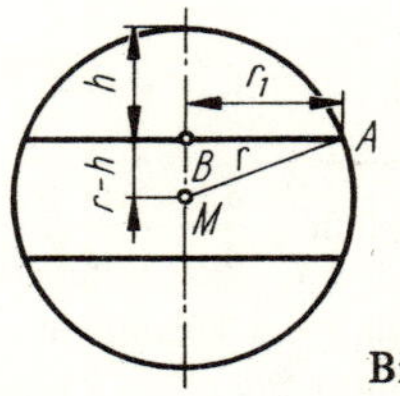

Bild 428

Damit ergibt sich für das Segment

$$A_{OS} = A_{MS} + A = 2\pi r h_S + \pi (2rh_S - h_S^2)$$

$$A_{OS} = 4\pi r h_S - \pi h_S^2$$

und somit nach Aufgabe

$$A_{OS} = \frac{1}{3} A_{OK}$$

$$4\pi r h_S - \pi h_S^2 = \frac{1}{3} \cdot 4\pi r^2$$

$$h_S^2 - 4rh_S + \frac{4}{3} r^2 = 0$$

$$h_S = 2r \pm \frac{2}{3} r \sqrt{6}$$

Hiervon ist nur $h_S = 2r - \frac{2}{3} r \sqrt{6}$

sinnvoll und somit das Ergebnis.

Für die Zone erhält man

$$A_{OZ} = A_{MZ} + 2A = 2\pi r h_Z + 2\pi (2rh_Z - h_Z^2)$$

oder $A_{OZ} = 6\pi r h_Z - 2\pi h_Z^2$

und hiermit nach Aufgabe

$$A_{OZ} = \frac{1}{3} A_{OK}$$

$$6\pi r h_Z - 2\pi h_Z^2 = \frac{1}{3} \cdot 4\pi r^2$$

$$h_Z^2 - 3rh_Z + \frac{2}{3} r^2 = 0$$

$$h_Z = \frac{3}{2} r \pm \frac{r}{6} \sqrt{57}$$

Hiervon ist nur

$$h_Z = \frac{3}{2}r - \frac{r}{6}\sqrt{57}$$

sinnvoll und mithin das Ergebnis.

4. *Wie groß ist die Fläche A_M der Kugelzone, die entsteht, wenn eine Halbkugel mit dem Radius r von einem Kegel mit der Höhe $h = 2r$ durchdrungen wird* (Bild 429)? *Grundfläche der Halbkugel und Grundfläche des Kegels fallen zusammen.*

Lösung: Im rechtwinkligen Dreieck *AFD* ist nach dem Höhensatz

$$x^2 = (r - r_1)(r + r_1) = r^2 - r_1^2 \qquad \text{(I)}$$

$\triangle ABD \sim \triangle AMC$, folglich

$$x : (r - r_1) = 2r : r$$
$$x = 2(r - r_1) \qquad \text{(II)}$$
$$x^2 = 4(r - r_1)^2$$

Durch Gleichsetzen von (I) und (II) ergibt sich

$$(r - r_1)(r + r_1) = 4(r - r_1)^2$$
$$r_1 = \frac{3}{5}r,$$

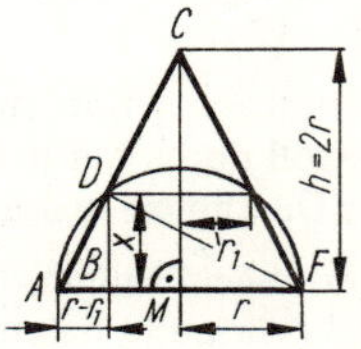

Bild 429

damit aus (I)

$$x^2 = r^2 - \left(\frac{3}{5}r\right)^2 = \frac{16}{25}r^2$$

$$x = \frac{4}{5}r$$

und aus $A_M = 2\pi rh$

$$A_M = 2\pi rx = 2\pi r\frac{4}{5}r$$

$$A_M = \frac{8}{5}\pi r^2$$

AUFGABEN

723. 10 Stück Bleikugeln von 3 cm Durchmesser werden zu einer Kugel zusammengeschmolzen. Berechne deren Durchmesser *d*.

724. Welchen Radius *r* hat eine Kugel vom Volumen $V = 1\,\text{m}^3$?

725. Welchen Radius *r* hat eine Kugel mit der Oberfläche $A_O = 1\,\text{m}^2$?

726. Ein zylinderförmiger Schwimmer von 88 cm Länge und 16 cm Durchmesser ist an seinen beiden Enden durch halbkugelförmige Böden abgeschlossen. Wie groß ist die Oberfläche A_O des Schwimmers, und welches Volumen *V* schließt er ein? Die Blechdicke bleibt unberücksichtigt.

727. 64 Stück Stahlkugeln von je 5 cm Durchmesser sollen gleichmäßig mit einer Schicht Chrom von 0,2 mm Dicke überzogen werden. Berechne die dafür erforderliche Chrommenge *m*. ($\varrho = 6{,}8\,\text{g/cm}^3$)

728. Die Oberfläche einer Kugel, deren Radius 8,4 cm beträgt, soll durch gleichmäßiges Abschleifen um den dritten Teil verringert werden. Gib den Durchmesser *d* der bearbeiteten Kugel an.

729. Eine aus 3 mm dickem Material geformte Hohlkugel soll ein Fassungsvermögen von 1 Liter haben. Welchen äußeren Durchmesser *d* muß sie erhalten?

730. Welchen Durchmesser d hat eine massive Messingkugel, deren Masse 1,6 kg beträgt? ($\varrho = 8{,}85\ \text{g/cm}^3$)

731. Für kleinere Ventile werden 100 Stück halbkugelförmige Dichtungskörper von 7 mm Radius benötigt, die auf der ebenen Fläche eine Aussenkung von 4 mm Durchmesser und 3 mm Tiefe haben. Berechne den Materialbedarf V.

732. Wie groß ist die Masse m einer Korkkugel von 1 m Durchmesser? ($\varrho = 0{,}24\ \text{g/cm}^3$)

733. Berechne die Massendifferenz m von 1 000 Stück Stahlkugeln, deren Durchmesser 1 mm beträgt, und einem Stahlwürfel mit der Kantenlänge 1 cm. ($\varrho = 7{,}85\ \text{g/cm}^3$)

734. Ein massiver kugelförmiger Körper taucht zur Hälfte in Wasser ein. Berechne die Dichte ϱ des Materials, aus dem der Körper gefertigt wurde.

735. Zur Herstellung eines kugelförmigen Ballons werden 12,5 m² Stoff verbraucht. Welchen Durchmesser d hat dieser Ballon, wenn man annimmt, daß in der angegebenen Stoffmenge 10 % Abfall und Verluste für die Nahtstellen enthalten sind?

736. Der kugelförmige Knauf eines Turmes hat einen Durchmesser von 30 cm und soll mit 10 g einer Goldlegierung überzogen werden. Ermittle die Dicke s des überall gleichmäßigen Überzuges. ($\varrho = 17\ \text{g/cm}^3$)

737. Ein zylindrischer Bottich, dessen lichter Durchmesser 0,9 m und dessen innere Höhe 1,2 m betragen, soll durch ein halbkugelförmiges Gefäß gleichen Volumens ersetzt werden. Gib dessen lichten Durchmesser d an.

738. In einer kugelförmigen Gummiblase von 0,4 mm Wanddicke ist 1 Liter Gas eingeschlossen. Durch Erwärmung dehnt es sich auf 1,8 Liter aus. Gib die neue Wanddicke s unter der Annahme an, daß sich die Blase überall gleichmäßig ausdehnt.

739. Eine Kugel mit dem Volumen $V = 2{,}4\ \text{dm}^3$ schrumpft gleichmäßig zusammen. Gib den neuen Durchmesser d für 10 % Schrumpfung des Volumens an.

740. Eine Kugel mit dem Radius r_1 und ein Zylinder, dessen quadratischer Achsenschnitt die Seitenlänge $a = 2r_2$ hat, haben die gleiche Oberfläche. In welchem Verhältnis stehen dann ihre Radien r_1 und r_2?

741. Eine massive Halbkugel von 34 cm Durchmesser soll halbkugelförmig so weit ausgedreht werden, daß sich ihre Masse um die Hälfte verringert. Berechne den Durchmesser d der Aussparung.

742. Von einer Hohlkugel sind das Volumen $V = 40\ \text{cm}^3$ und die Wanddicke $s = r_1 - r_2 = 1\ \text{cm}$ bekannt. Berechne die Radien r_1 und r_2.

743. In welchem Verhältnis stehen die Volumen V_1 und V_2 und die Oberflächen A_{O1} und A_{O2} zweier Kugeln, deren Radien, sich wie $r_1 : r_2 = 1 : 3$ verhalten?

744. Die Radien zweier Kugeln stehen im Verhältnis $r_1 : r_2 = 1 : 2$. Welches Volumen V und welche Oberfläche A_O hat eine dritte Kugel, deren Radius r das arithmetische Mittel der gegebenen Radien ist? Setze $r_2 = 4\ \text{cm}$.

745. In welchem Verhältnis stehen die Volumen dreier Kugeln, von denen die erste die Seitenflächen, die zweite die Seitenkanten eines Würfels mit der Seite $a = 3\ \text{cm}$ berührt, während die dritte die Eckpunkte des Würfels in ihrer Oberfläche faßt?

746. Die Radien einer Hohlkugel stehen im Verhältnis $r_1 : r_2 = m : n$.
a) In welchem Verhältnis steht das Volumen V_H der Hohlkugel zum Volumen V des inneren Hohlraumes?
b) Bestimme $r_1 : r_2$ für $V_H = V$.

747. Die Volumen V_1 und V_2 zweier sich berührender Kugeln stehen im Verhältnis $V_1 : V_2 = 4 : 3$. Der Abstand ihrer Mittelpunkte beträgt $a = 12\ \text{cm}$.
a) Welche Durchmesser d_1 und d_2 haben die Kugeln?
b) Wie groß sind ihre Volumen V_1 und V_2?

748. Acht Kugeln vom Radius r berühren sich gegenseitig und sind so angeordnet, daß ihre Mittelpunkte die Eckpunkte eines Würfels bilden.

a) Wie groß darf das Volumen V_1 jener sechs Kugeln sein, deren Mittelpunkte mit den Schnittpunkten der Flächendiagonalen des Würfels zusammenfallen?

b) Welches Volumen V_2 hat die Kugel, deren Mittelpunkt zugleich Schnittpunkt der Raumdiagonalen ist und die die großen Kugeln berührt?
Drücke V_1 und V_2 durch r aus und setze dann $r = 5{,}3$ cm.

749. Eine aus dünnem Blech gefertigte Halbkugel soll bei einem Radius von 22 cm aus einer Kappe und einer Zone zusammengesetzt werden. Welche Höhen h_1 und h_2 müssen Kappe und Zone haben, wenn für beide gleich viel Blech verbraucht werden soll?

750. Eine aus Stein hergestellte Halbkugel von 70 cm Durchmesser soll aus einer Schicht und einem Segment zusammengesetzt werden, die beide gleiche Höhe haben. Berechne die Volumen V_1 und V_2 der Schicht und des Segmentes.

751. Eine Holzkugel von 8 cm Durchmesser wird auf ein kegelförmig zugespitztes Rundholz geleimt. Deshalb muß es mit einer Aussparung versehen werden, die die Form eines Sektors mit dem Kegelöffnungswinkel 60° hat. Gib den Materialabfall V an.

752. Ein Bleideckel hat die Form eines Kugelsegmentes mit dem Radius $r = 16$ cm und der Höhe $h = 2$ cm. Er soll zu einem Segment mit der Höhe $h_1 = 4$ cm umgegossen werden. Berechne den Radius r_1 der dazu anzufertigenden Form.

753. Berechne die Masse m eines Kugelgelenkbolzens (Bild 430). ($\varrho = 7{,}85$ g/cm^3)

754. Eine Stahlkugel wird durch einen Körper in eine Bleiplatte eingedrückt und hinterläßt darin einen 0,40 cm tiefen und 4,50 cm^2 großen Eindruck. Berechne den Durchmesser d der Kugel.

755. Das gußeiserne kugelförmige Schiebegewicht einer Dezimalwaage gleitet auf einer Stange von 8 mm Durchmesser. Es ist deshalb mit einer zentrischen Bohrung von gleichem Durchmesser versehen. Berechne seine Masse m bei einem Durchmesser von 4 cm. ($\varrho = 7{,}2$ g/cm^3)

756. Berechne die tragende Fläche A der Kugelpfanne, die in die Stützplatte für ein Kugelgelenk eingearbeitet ist (Bild 431).

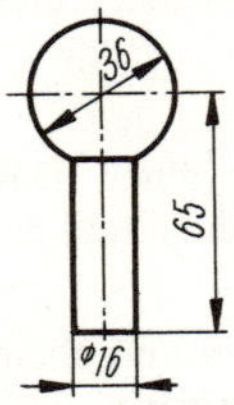

Bild 430

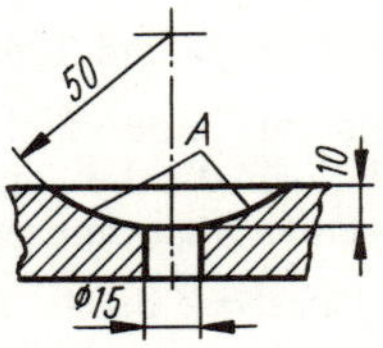

Bild 431

757. Eine steinerne Zierkugel von 80 cm Durchmesser ist so abgeflacht, daß die Auflagefläche einen Durchmesser von 25 cm hat. Berechne ihr Volumen V.

758. Wie groß ist die polierte (gekrümmte) Fläche A einer Bikonkavlinse, wenn die Krümmung beiderseits gleich ist (Bild 432).

759. Ermittle die Masse m einer Bikonvexlinse (Bild 433). ($\varrho = 3{,}1$ g/cm^3)

760. An einem zylinderförmigen Kessel von 3,80 m Länge und 1,50 m Außendurchmesser sind Böden angeschweißt, die die Form einer Kugelkappe haben und 25 cm hoch sind. Berechne die Oberfläche A_O des Kessels.

761. Berechne die Masse m von 50 Stück Stahlbolzen (Bild 434). ($\varrho = 7{,}85$ g/cm^3)

762. Von einer Kugelzone, deren großer Durchmesser gleich dem Durchmesser der dazugehörigen Kugel ist, sind die Höhe $h = 2$ cm und die Fläche $A_M = 30$ cm^2 bekannt. Wie groß ist das Volumen V der der Zone entsprechenden Schicht?

763. Von einer Kugelkappe sind die Kappenfläche $A_M = 25\ \text{cm}^2$ und deren Höhe $h = 2$ cm bekannt. Berechne das Volumen V der dazugehörigen Kugel.

764. Von einem Kugelsektor sind das Volumen $V = 20\ \text{cm}^3$ und die Fläche $A_M = 10\ \text{cm}^2$ der dazugehörigen Kappe bekannt. Wie groß sind die Höhe h der Kappe und der Radius r der Kugel?

765. Wie groß muß die Höhe h eines Kugelsektors sein, damit die dem Sektor zugehörige Kappe A_M flächengleich ist dem zum Sektor gehörigen Kegelmantel A_{M1}? Berechne h aus dem Kugelradius $r = 15$ cm.

766. Ein Kugelsektor soll der n-te Teil der ihm zugehörigen Kugel mit dem Radius $r = 5$ cm sein. Welche Höhe h muß er für $n = 4$ haben?

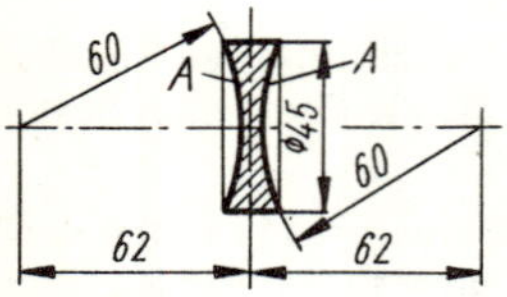

Bild 432

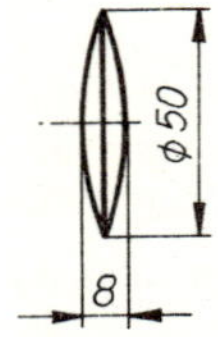

Bild 433

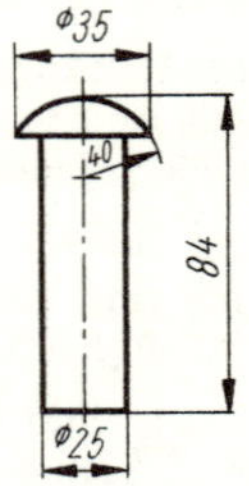

Bild 434

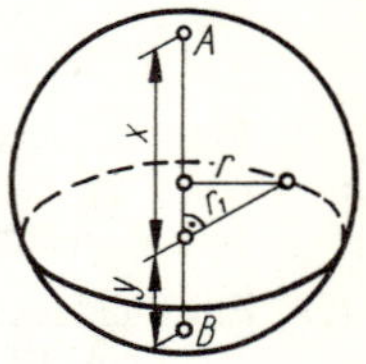

Bild 435

767. Wie groß ist ein Kugelsegment V, dessen dazugehörige Kappe $A_M = 40\ \text{cm}^2$ die Höhe $h = 1$ cm hat? Welchen Radius r hat ferner die zum Segment gehörige Kugel?

768. Der senkrecht zu einer Schnittfläche stehende Durchmesser $AB = 2r$ einer Kugel wird durch die Schnittfläche in die Stücke x und y geteilt (Bild 435). Wie groß sind die beiden durch die Schnittfläche bestimmten Kugelsegmente und ihre dazugehörigen Kappen, wenn $x : y = m : n$ gegeben ist?

769. Eine Halbkugel wird von einer zur Grundfläche parallelen Ebene geschnitten.
   a) Wie groß muß der Abstand x der Schnittfläche, von der Grundfläche aus gerechnet, sein, damit die Kugelkappe zur Kugelzone im Verhältnis $m : n$ steht. Drücke x durch den Radius r der Halbkugel aus.
   b) Wie groß muß x sein, damit Kappe und Zone gleich groß sind?

770. Der halbkugelförmige Zelluloidfuß eines Stehaufmännchens hat einen Durchmesser von 25 mm. Er soll mit einem Bleistück, das die Form eines entsprechenden und 8 mm hohen Kugelsegmentes hat, ausgelegt werden. Berechne den Materialbedarf V.

771. Der Innendurchmesser einer Kugelvase beträgt 16 cm. Innerer Boden und obere Öffnung sind gleich groß und haben einen Durchmesser von 9 cm. Gib das Fassungsvermögen V der Vase an.

772. Ein Windkessel besteht aus einem $l = 2{,}4$ m langen zylindrischen Rohr mit der lichten Weite $d = 80$ cm. Er ist beiderseits durch Kugelkappen abgeschlossen, deren gemeinsamer Mittelpunkt im Schwerpunkt des Rohres liegt. Gib das Fassungsvermögen V und die Oberfläche A_O des Kessels an.

773. Gib das Volumen V und die Oberfläche A_O eines Ziersteines (Bild 436) an. Berechne außerdem die Fläche A seines Achsenschnittes.

774. Eine Kochflasche (Bild 437) ist bis zur Höhe h mit Wasser von 4 °C gefüllt. Wie groß ist ihre Füllung V?

775. Welchen Raum V umschließt ein kugelförmiger Tank (Bild 438)? Zylinder- und Kegelansatz sind mitzurechnen, während die Blechdicke unberücksichtigt bleibt. Welche Oberfläche A_O hat außerdem der Tank?

776. Zwei Kugeln mit den Radien $r_1 = 27$ mm und $r_2 = 15$ mm werden an einer Stelle so weit plangeschliffen, daß sie eine gemeinsame Berührungsfläche vom Durchmesser $d = 23$ mm erhalten. Berechne die Volumen V_1 und V_2 der abgeschliffenen Segmente.

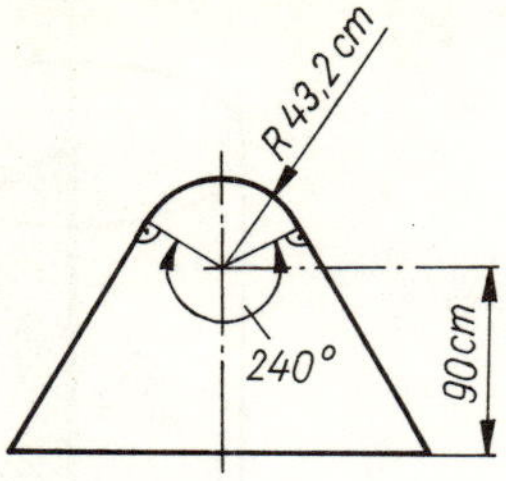

Bild 436

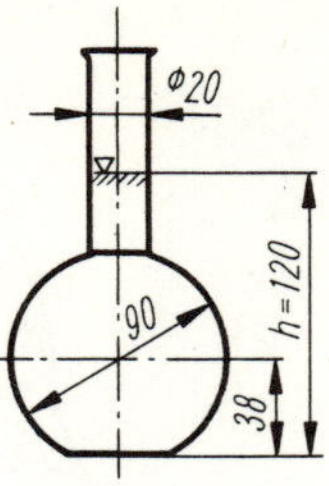

Bild 437

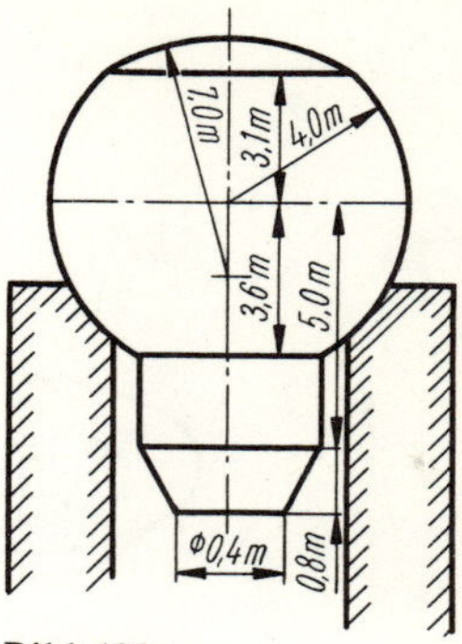

Bild 438

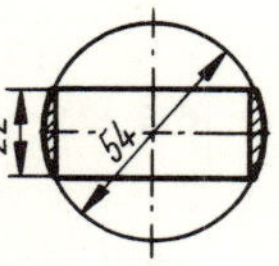

Bild 439

777. Berechne die Masse m eines aus Platin hergestellten Ringes (Bild 439). ($\varrho = 21{,}4\ \text{g/cm}^3$)

778. Berechne die Masse m eines gußeisernen Deckels (Bild 440). Setze $a = 21{,}0\ \text{cm}$, $b = 0{,}8\ \text{cm}$ und $\varrho = 7{,}2\ \text{g/cm}^3$.

779. Berechne das Volumen V des Restkörpers, der aus einer beiderseits konisch ausgedrehten Kugel erhalten wird (Bild 441).

780. Drücke das Volumen V des Restkörpers durch r aus, wenn eine Kugel zentrisch mit einer konischen Bohrung versehen wird (Bild 442).

781. Gib eine Formel für das Volumen V eines Kugelkeiles (Kugelzweieck) an (Bild 443). Drücke V durch r und α aus.

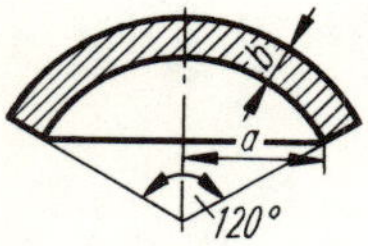

Bild 440

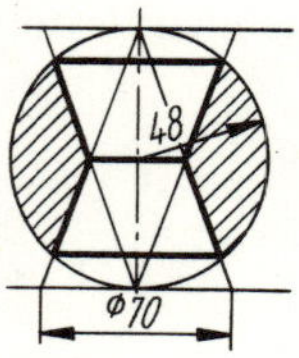

Bild 441

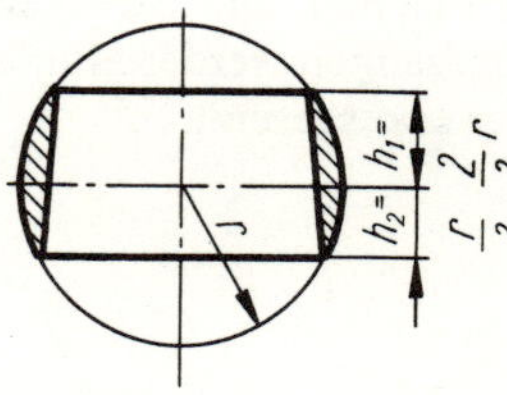

Bild 442

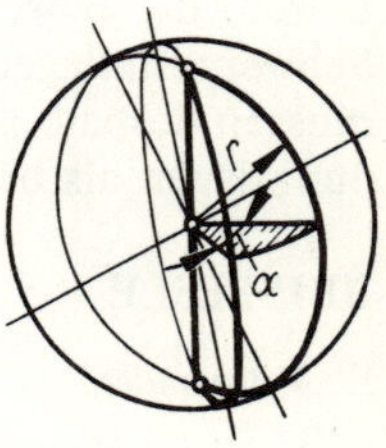

Bild 443

33.3.5. Guldinsche[1]) Regeln

Die Volumen und Mäntel beliebig geformter Rotationskörper lassen sich recht bequem nach den beiden **Guldinschen Regeln** berechnen. Insbesondere erhält man die Formeln für das Volumen und den Mantel vom geraden Voll- und Hohlzylinder, geraden Kegel, geraden Kegelstumpf und von der Kugel auf sehr einfache Weise, wie nachstehend gezeigt wird.

[1]) Paul Guldin (1577 bis 1643) belgischer Mathematiker

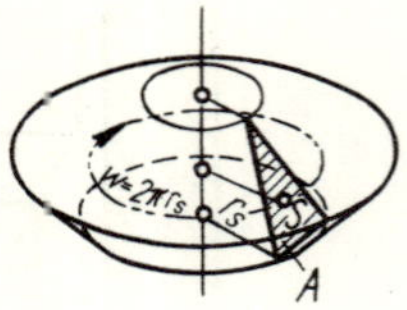

Bild 444

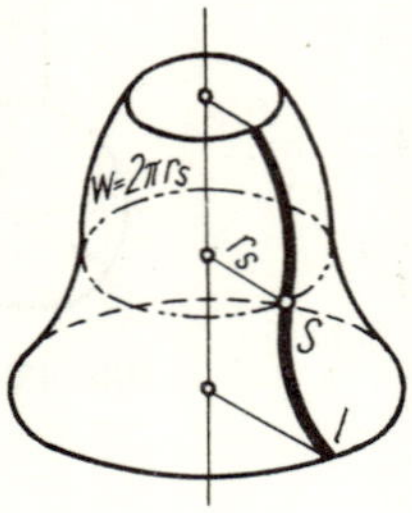

Bild 445

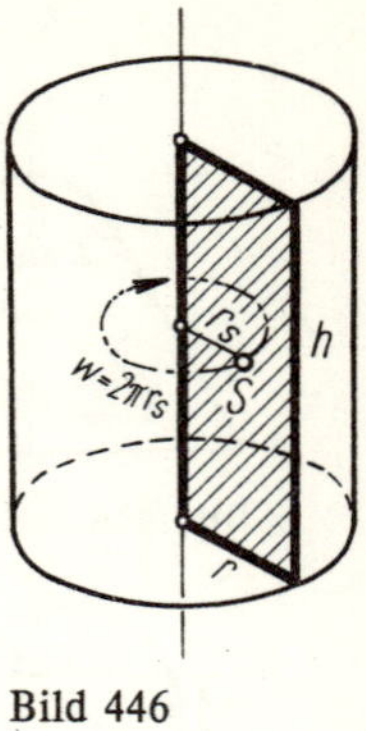

Bild 446

1. GULDINsche Regel
Das Volumen V eines Rotationskörpers ist gleich dem Produkt aus dem Inhalt A der den Körper erzeugenden Fläche und dem Weg $w = 2\pi r_S$, den ihr Schwerpunkt S bei einer Umdrehung um die Rotationsachse zurücklegt (Bild 444):

$$\boxed{V = Aw = A \cdot 2\pi r_S} \qquad (192)$$

2. GULDINsche Regel
Der Mantel A_M eines Rotationskörpers ist gleich dem Produkt aus der Länge l der den Körper erzeugenden Kurve und dem Weg $w = 2\pi r_S$, den ihr Schwerpunkt S bei einer Umdrehung um die Rotationsachse zurücklegt (Bild 445):

$$\boxed{A_M = lw = l \cdot 2\pi r_S} \qquad (193)$$

Sowohl der Beweis für die Richtigkeit der beiden Regeln als auch die Bestimmung der Schwerpunktlagen von Flächen und Strecken sind Aufgabe der Integralrechnung und müssen deshalb hier übergangen werden. Für die folgenden Beispiele werden die Schwerpunktlagen als bekannt vorausgesetzt.

BEISPIELE

1. *Vollzylinder*

Volumen (Bild 446):

Erzeugende Fläche: $A = rh$

Schwerpunktabstand von der Achse: $r_S = \frac{r}{2}$

Schwerpunktweg: $w = 2\pi \frac{r}{2} = \pi r$

Folglich: $V = Aw = rh \cdot \pi r$

$V = \pi r^2 h$

Mantel (Bild 447):

Erzeugende Strecke: $l = h$

Schwerpunktabstand von der Achse: $r_S = r$

Schwerpunktweg: $w = 2\pi r$

Folglich: $A_M = lw = h \cdot 2\pi r$

$A_M = 2\pi rh$

2. *Hohlzylinder*

Volumen (Bild 448):

Erzeugende Fläche: $A = (r_1 - r_2)h$

Schwerpunktabstand von der Achse: $r_S = \dfrac{r_1 + r_2}{2}$

Schwerpunktweg: $w = 2\pi \dfrac{r_1 + r_2}{2} = \pi(r_1 + r_2)$

Folglich: $V = Aw$

$V = (r_1 - r_2)h \cdot \pi(r_1 + r_2)$

$V = \pi h(r_1^2 - r_2^2)$

Mantel (Bild 449):

Erzeugende Strecken: $l_1 = h$

$l_2 = h$

Schwerpunktabstände von der Achse: $r_{S_1} = r_1$

$r_{S_2} = r_2$

Schwerpunktwege: $w_1 = 2\pi r_1$

$w_2 = 2\pi r_2$

Folglich: $A_M = l_1 w_1 + l_2 w_2 = h \cdot 2\pi r_1 + h \cdot 2\pi r_2$

$A_M = 2\pi h\,(r_1 + r_2)$

3. *Kegel*

Volumen (Bild 450):

Erzeugende Fläche: $A = \dfrac{rh}{2}$

Schwerpunktabstand von der Achse: $r_S = \dfrac{r}{3}$

Schwerpunktweg: $w = 2\pi \dfrac{r}{3}$

Folglich: $V = Aw = \dfrac{rh}{2} \cdot 2\pi \dfrac{r}{3}$

$V = \dfrac{\pi}{3} r^2 h$

Mantel (Bild 451):

Erzeugende Strecke: $l = s$

Schwerpunktabstand von der Achse: $r_S = \dfrac{r}{2}$

Schwerpunktweg: $w = 2\pi \dfrac{r}{2} = \pi r$

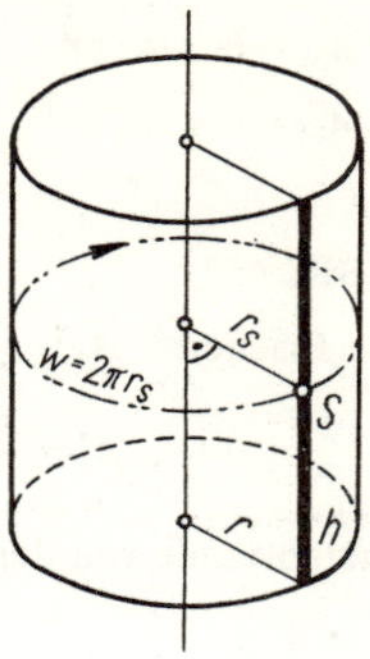

Bild 447

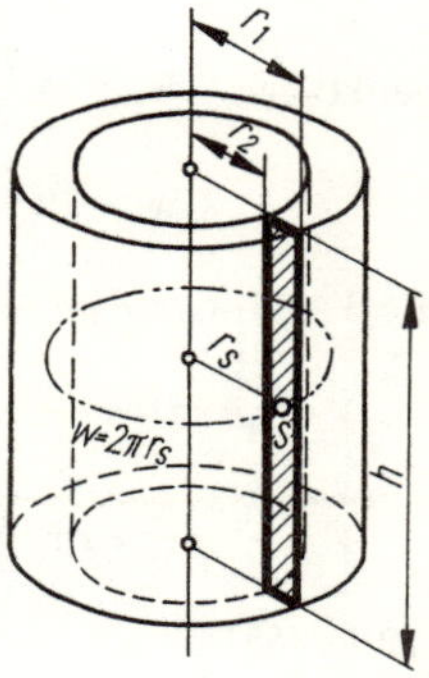

Bild 448

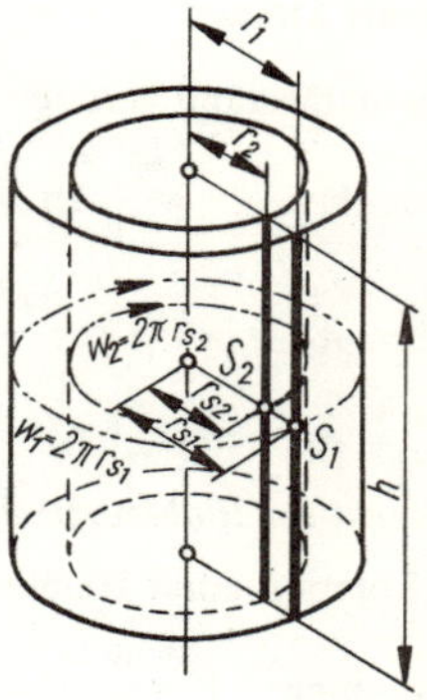

Bild 449

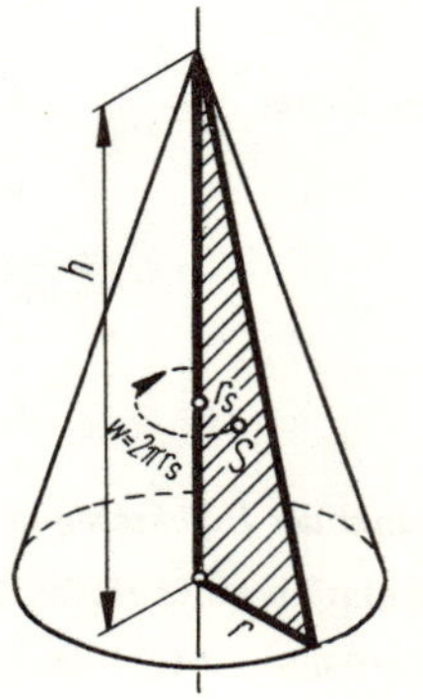

Bild 450

Folglich: $A_M = lw = s \cdot \pi r$

$$A_M = \pi r s$$

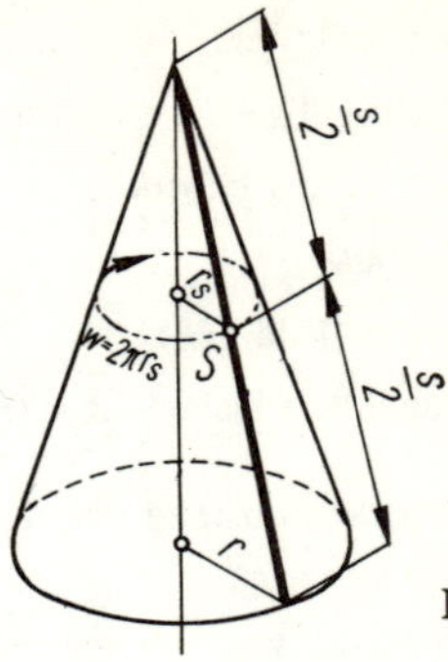

Bild 451

4. *Kegelstumpf*

Volumen (Bild 452):

Erzeugende Flächen: $A_1 = r_2 h$

$$A_2 = \frac{r_1 - r_2}{2} h$$

Schwerpunktabstände von der Achse: $r_{S_1} = \frac{r_2}{2}$

$$r_{S_2} = \frac{r_1 + 2r_2}{3}$$

Schwerpunktwege: $w_1 = 2\pi \frac{r_2}{2} = \pi r_2$

$$w_2 = 2\pi \frac{r_1 + 2r_2}{3}$$

Folglich: $V = A_1 w_1 + A_2 w_2$

$$V = r_2 h \cdot \pi r_2 + \frac{r_1 - r_2}{2} h \cdot 2\pi \frac{r_1 + 2r_2}{3}$$

$$V = \frac{\pi}{3} h (r_1^2 + r_1 r_2 + r_2^2)$$

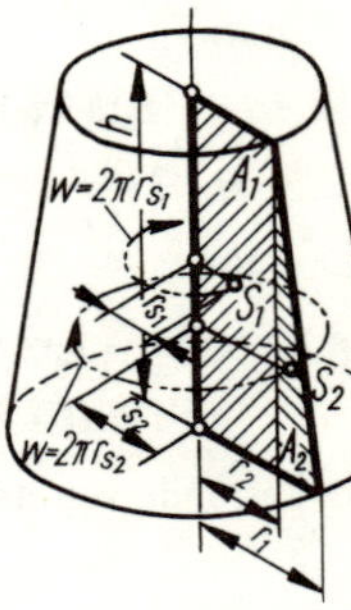

Bild 452

Mantel (Bild 453):

Erzeugende Strecke: $l = s$

Schwerpunktabstand von der Achse: $r_s = \frac{r_1 + r_2}{2}$

Schwerpunktweg: $w = 2\pi \frac{r_1 + r_2}{2}$

Folglich: $A_M = lw = s \cdot 2\pi \frac{r_1 + r_2}{2}$

$$A_M = \pi s (r_1 + r_2)$$

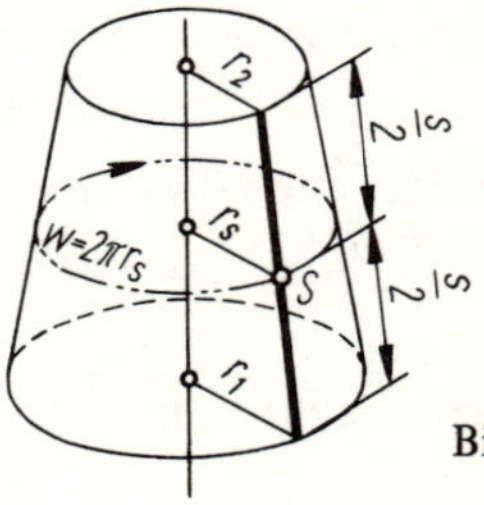

Bild 453

5. *Schwerpunkt der Halbkreisfläche*

Durch Rotation einer Halbkreisfläche entsteht eine Kugel (Bild 454).

Kugelvolumen: $V = \frac{4}{3} \pi r^3$

Halbkreisfläche: $A = \frac{\pi r^2}{2}$

$$V = A \cdot 2\pi \cdot r_S$$

$$\frac{4}{3} \pi r^3 = \frac{\pi r^2}{2} \cdot 2\pi r_S$$

$$r_S = \frac{4r}{3\pi}$$

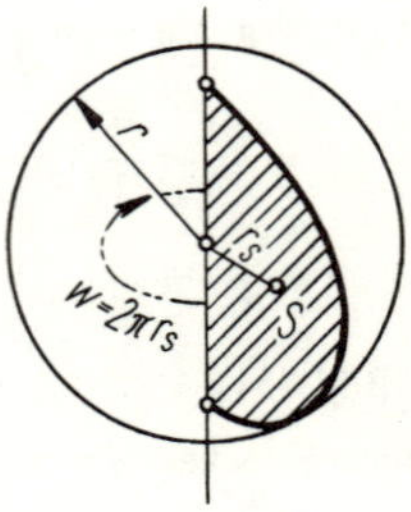

Bild 454

6. *Schwerpunkt der Halbkreislinie*

Durch Rotation einer Halbkreislinie entsteht die Oberfläche einer Kugel (Bild 455):

Kugeloberfläche: $A_M = 4\pi r^2$

Länge der Halbkreislinie: $l = \pi r$

$$A_M = l \cdot 2\pi r_S$$

$$4\pi r^2 = \pi r \cdot 2\pi r_S$$

$$r_S = \frac{2r}{\pi}$$

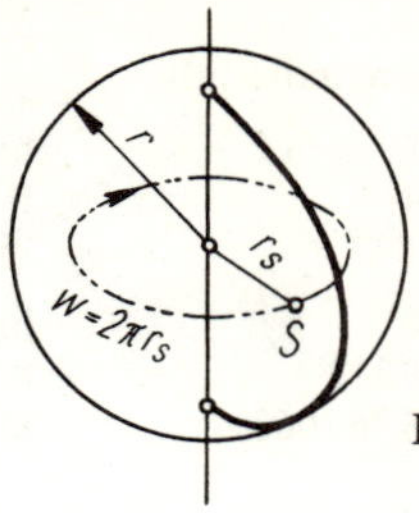

Bild 455

34. Schlußbemerkungen

Wer dieses Buch mit viel Energie und Fleiß, aber auch mit großer Ausdauer und Geduld durchgearbeitet hat, wird nun hoffen, daß aus ihm ein guter Mathematiker geworden ist.
Der Leser möge es den Autoren nachsehen, wenn sie die berechtigte Freude über den Erfolg, sich durch die vielen Beispiele und Aufgaben hindurchgearbeitet zu haben, ein wenig dämpfen müssen. Denn das, was in diesem Buche behandelt worden ist, gehört zu dem *Grundwissen, das beherrscht werden muß*, wenn man tiefer in die Geheimnisse der Mathematik eindringen will oder wenn man mathematische Gesetzmäßigkeiten zur Lösung technischer oder ökonomischer Probleme erfolgreich anwenden will.
Wer das hier vermittelte Grundwissen nicht sicher und souverän *beherrscht*, wird sehr schnell an die Grenzen seines Könnens stoßen, wenn er sich in seiner fachlichen oder beruflichen Tätigkeit intensiver mit der Mathematik beschäftigen muß.
Es soll daher abschließend noch einmal besonders hervorgehoben werden:

> Meisterschaft in der Anwendung der Mathematik wird nur der erreichen, der – wie im Sport – immer wieder die wichtigsten Grundübungen trainiert, bis er sie mit hoher Qualität beherrscht.

Möge dieses Buch dazu beitragen, daß der Leser *Freude und Begeisterung an der Beschäftigung mit mathematischen Problemen* empfindet und daß er die erworbenen Kenntnisse mit Erfolg anwenden kann.

Lösungen

1. a) L | b) L0 | c) LL | d) L00
   e) L0L | f) LL0 | g) LLL | h) L000
   i) L00L | k) L0L0 | l) L00LLL0L0 | m) L0 000 000
   n) LLLLL0L000 | o) LLLLL0L00 | p) LLLLL0L0 | q) LLLLL0L
   r) LL0L | s) LL0L0 | t) LL0L00 | u) LL0L000

2. a) 15 | b) 5 | c) 25 | d) 0,5
   e) 0,25 | f) 0,125 | g) 7,75 | h) 1,937 5
   i) 2,562 5 | k) 9,375 | l) 51,625 | m) 7,312 5
   n) 1 365 | o) 2 048 | p) 819

3. Alle acht Aufgaben sind richtig gelöst.

4. a) $2^2 \cdot 13 \cdot 17 \cdot 47$ | b) $3 \cdot 11^3 \cdot 29$ | c) $2 \cdot 3^4 \cdot 17 \cdot 23$ | d) $2^2 \cdot 5 \cdot 17^3$
   e) $2^4 \cdot 3^2 \cdot 7 \cdot 13 \cdot 53$ | f) $3^5 \cdot 199$ | g) $5^3 \cdot 19 \cdot 61$ | h) $2^3 \cdot 7 \cdot 997$
   i) $2 \cdot 3^2 \cdot 5 \cdot 7 \cdot 13 \cdot 17 \cdot 43$ | k) $11 \cdot 89 \cdot 463$

5. a) 3 b) 36 c) 126 d) 91
   e) 1 (teilerfremd)

6. a) 75 b) 44 c) 1 d) 2
   e) 94 f) 106 g) 143 h) 341
   i) 3 842 k) 5 109

7. a) 60 b) 420 c) 1 890 d) 320 494
   e) 39 312 f) 20 250 g) 11 554 543 h) 19 683
   i) 38 766 063 k) 31 104

8. a) $2\frac{1}{6}$ b) $6\frac{3}{4}$ c) $1\frac{13}{15}$ d) 4 e) $3\frac{4}{19}$ f) $2\frac{27}{35}$ g) $3\frac{16}{61}$ h) $7\frac{4}{123}$
   i) $5\frac{83}{84}$ k) $6\frac{1}{37}$ l) $1\frac{185}{317}$ m) $6\frac{39}{116}$ n) $8\frac{2}{9}$ o) $8\frac{92}{109}$ p) $2\frac{53}{467}$

9. a) $\frac{37}{11}$ b) $\frac{197}{15}$ c) $\frac{572}{21}$ d) $\frac{1\,573}{41}$ e) $\frac{7\,104}{95}$ f) $\frac{17}{3}$ g) $\frac{293}{23}$ h) $\frac{193}{8}$
   i) $\frac{1\,805}{43}$ k) $\frac{586}{7}$ l) $\frac{55}{8}$ m) $\frac{188}{11}$ n) $\frac{345}{16}$ o) $\frac{1\,638}{31}$ p) $\frac{199}{2}$

10. bis 14.

Erweiterung mit 2:

$\frac{2}{4}; \frac{10}{26}; \frac{28}{34}; \frac{46}{48}; \frac{62}{70}$

$\frac{6}{8}; \frac{8}{34}; \frac{22}{50}; \frac{34}{80}; \frac{88}{114}$

$\frac{4}{10}; \frac{12}{38}; \frac{30}{76}; \frac{24}{70}; \frac{102}{120}$

$\frac{12}{14}; \frac{16}{30}; \frac{34}{58}; \frac{84}{130}; \frac{144}{166}$

$\frac{4}{8}; \frac{14}{36}; \frac{36}{74}; \frac{40}{142}; \frac{186}{194}$

Erweiterung mit 3:

$\frac{3}{6}; \frac{15}{39}; \frac{42}{51}; \frac{69}{72}; \frac{93}{105}$

$\frac{9}{12}; \frac{12}{51}; \frac{33}{75}; \frac{51}{120}; \frac{132}{171}$

$\frac{6}{15}; \frac{18}{57}; \frac{45}{114}; \frac{36}{105}; \frac{153}{180}$

$\frac{18}{21}; \frac{24}{45}; \frac{51}{87}; \frac{126}{195}; \frac{216}{249}$

$\frac{6}{27}; \frac{21}{54}; \frac{54}{111}; \frac{60}{213}; \frac{279}{291}$

Erweiterung mit 5:

$\frac{5}{10}; \frac{25}{65}; \frac{70}{85}; \frac{115}{120}; \frac{155}{175}$

$\frac{15}{20}; \frac{20}{85}; \frac{55}{125}; \frac{85}{200}; \frac{220}{285}$

$\frac{10}{25}; \frac{30}{95}; \frac{75}{190}; \frac{60}{175}; \frac{255}{300}$

$\frac{30}{35}; \frac{40}{75}; \frac{85}{145}; \frac{210}{325}; \frac{360}{415}$

$\frac{10}{45}; \frac{35}{90}; \frac{90}{185}; \frac{100}{355}; \frac{465}{485}$

Erweiterung mit 7:

$\frac{7}{14}; \frac{35}{91}; \frac{98}{119}; \frac{161}{168}; \frac{217}{245}$

$\frac{21}{28}; \frac{28}{119}; \frac{77}{175}; \frac{119}{280}; \frac{308}{399}$

$\frac{14}{35}; \frac{42}{133}; \frac{105}{266}; \frac{84}{245}; \frac{357}{420}$

$\frac{42}{49}; \frac{56}{105}; \frac{119}{203}; \frac{294}{455}; \frac{504}{581}$

$\frac{14}{63}; \frac{49}{126}; \frac{126}{259}; \frac{140}{497}; \frac{651}{679}$

Erweiterung mit 11:

$\frac{11}{22}; \frac{55}{143}; \frac{154}{187}; \frac{253}{264}; \frac{341}{385}$

$\frac{33}{44}; \frac{44}{187}; \frac{121}{275}; \frac{187}{440}; \frac{484}{627}$

$\frac{22}{55}; \frac{66}{209}; \frac{165}{418}; \frac{132}{385}; \frac{561}{660}$

$\frac{66}{77}; \frac{88}{165}; \frac{187}{319}; \frac{462}{715}; \frac{792}{913}$

$\frac{22}{99}; \frac{77}{198}; \frac{198}{407}; \frac{220}{781}; \frac{1\,023}{1\,067}$

Erweiterung mit 17:

$\frac{17}{34}; \frac{85}{221}; \frac{238}{289}; \frac{391}{408}; \frac{527}{595}$

$\frac{51}{68}; \frac{68}{289}; \frac{187}{425}; \frac{289}{680}; \frac{748}{969}$

Erweiterung mit 48:

$\frac{48}{96}; \frac{240}{624}; \frac{672}{816}; \frac{1\,104}{1\,152}; \frac{1\,488}{1\,680}$

$\frac{144}{192}; \frac{192}{816}; \frac{528}{1\,200}; \frac{816}{1\,920}; \frac{2\,112}{2\,736}$

$\frac{34}{85}; \frac{102}{323}; \frac{255}{646}; \frac{204}{595}; \frac{867}{1020}$ $\frac{96}{240}; \frac{288}{912}; \frac{720}{1824}; \frac{576}{1680}; \frac{2448}{2880}$

$\frac{102}{119}; \frac{136}{255}; \frac{289}{493}; \frac{714}{1105}; \frac{1224}{1411}$ $\frac{288}{336}; \frac{384}{720}; \frac{816}{1392}; \frac{2016}{3120}; \frac{3456}{3984}$

$\frac{34}{153}; \frac{119}{306}; \frac{306}{629}; \frac{340}{1207}; \frac{1581}{1649}$ $\frac{96}{432}; \frac{336}{864}; \frac{864}{1776}; \frac{960}{3408}; \frac{4464}{4656}$

15. a) $\frac{1}{2}$ b) $\frac{15}{19}$ c) $\frac{5}{12}$ d) $\frac{37}{67}$ e) $\frac{1}{4}$ f) $\frac{3}{4}$ g) $\frac{8}{15}$ h) $\frac{8}{27}$ i) $\frac{5}{7}$ k) $\frac{103}{570}$
l) $\frac{6}{5}$ m) $\frac{4}{7}$ n) $\frac{5}{9}$ o) $\frac{3}{5}$ p) $\frac{2074}{8633}$ q) $\frac{2}{15}$ r) $\frac{3}{4}$ s) $\frac{7}{16}$ t) $\frac{23}{34}$ u) $\frac{3}{7}$

16. a) $\frac{34}{41}$ b) $\frac{1}{3}$ c) $\frac{79}{89}$ d) $\frac{1}{16}$ e) $\frac{4}{9}$ f) $\frac{8}{15}$ g) $\frac{57}{59}$ h) $\frac{713}{783}$ i) $\frac{1}{5}$ k) $\frac{13}{14}$
l) $\frac{21}{31}$ m) $\frac{24576}{178625}$ n) $\frac{4}{3}$ o) $\frac{15}{28}$ p) $\frac{26}{57}$ q) $\frac{39}{58}$ r) $\frac{5}{6}$ s) $\frac{1}{5}$ t) $\frac{11}{17}$ u) $\frac{4505}{7848}$

17. a) 240 b) 96 c) 720 d) 136 800 e) 1 260
f) 13 464 g) 4 347 h) 512 i) 2 790 k) 6 545

18. a) $\frac{1}{4}$ b) $\frac{41}{60}$ c) $\frac{37}{72}$ d) $\frac{11}{252}$ e) $\frac{7}{16}$
f) $1\frac{11}{24}$ g) $\frac{31}{208}$ h) $\frac{2556}{5005}$ i) $\frac{71}{162}$ k) $\frac{233}{2520}$

19. a) $139\frac{215}{234}$ b) $11\frac{17}{24}$ c) $\frac{7}{40}$ d) $113\frac{3}{10}$ e) $1961\frac{1}{4}$
f) $25\frac{1}{2}$ g) 0 h) $222\frac{10}{11}$ i) $2\frac{4}{5}$ k) $12\frac{3}{4}$

20. a) 9 b) 7 c) $5\frac{1}{2}$ d) $1\frac{3}{7}$ e) $8\frac{2}{3}$
f) $8\frac{2}{5}$ g) $79\frac{1}{2}$ h) $3\frac{3}{4}$ i) $\frac{3}{5}$ k) 78

21. a) $\frac{9}{16}$ b) $\frac{4}{5}$ c) $\frac{44}{63}$ d) 15 e) $\frac{22}{45}$
f) $\frac{13}{18}$ g) $\frac{49}{54}$ h) $1\frac{1}{2}$ i) $\frac{77}{100}$ k) $6\frac{2}{3}$

22. a) $21\frac{1}{7}$ b) 23 c) $78\frac{1}{3}$ d) $323\frac{3}{4}$ e) $1858\frac{1}{2}$
f) $36\frac{5}{6}$ g) 28 h) $6\frac{13}{27}$ i) 10 k) $1\frac{4189}{4608}$

23. a) $\frac{1}{24}$ b) $\frac{1}{12}$ c) $2\frac{2}{5}$ d) 8 e) $\frac{385}{5616}$
f) $9\frac{27}{92}$ g) $\frac{25}{27}$ h) $\frac{1}{2}$ i) $\frac{2}{3}$ k) 1

24.	a) $7\frac{2}{3}$	b) 8	c) $38\frac{1}{2}$	d) $1\frac{1}{3}$	e) 450
	f) $2\frac{11}{12}$	g) $13\frac{3}{4}$	h) 126	i) $705\frac{7}{15}$	k) 1
25.	a) $\frac{1}{8}$	b) $1\frac{2}{3}$	c) 2	d) $\frac{1}{2}$	e) 10
	f) 1	g) $3\frac{2}{3}$	h) $4\frac{1}{4}$	i) 13	k) $2\frac{5}{7}$
26.	a) $\frac{3}{10}$	b) $\frac{9}{40}$	c) $\frac{2}{27}$	d) $\frac{20}{817}$	e) $\frac{25}{711}$
	f) $\frac{71}{468}$	g) $\frac{30}{271}$	h) $\frac{5}{273}$	i) $\frac{49}{1783}$	k) $\frac{217}{1215}$
27.	a) $\frac{6}{5}$	b) $1\frac{5}{7}$	c) 6	d) $\frac{18}{73}$	e) 24
	f) $\frac{54}{263}$	g) $\frac{65}{842}$	h) $1\frac{106}{209}$	i) 24	k) $\frac{119}{42}$
28.	a) $\frac{2}{13}$	b) $\frac{2}{9}$	c) $\frac{4}{25}$	d) $\frac{7}{43}$	e) $\frac{3}{80}$
	f) $\frac{1}{18}$	g) $\frac{2}{213}$	h) $\frac{5}{73}$	i) $\frac{2}{297}$	k) $\frac{5}{1456}$
29.	a) $\frac{1}{2}$	b) $1\frac{1}{7}$	c) $\frac{3}{8}$	d) $\frac{11}{18}$	e) $\frac{3}{8}$
	f) $7\frac{5}{8}$	g) $26\frac{5}{14}$	h) $7\frac{3}{22}$	i) $\frac{9}{52}$	k) $\frac{8}{29}$
30.	a) 4	b) $2\frac{2}{3}$	c) $1\frac{4}{17}$	d) $\frac{7}{10}$	e) $1\frac{3}{7}$
	f) $\frac{3478}{5175}$	g) $\frac{32}{35}$	h) $2\frac{5}{11}$	i) 12	k) $\frac{1}{20}$
31.	a) 7	b) $5\frac{1}{5}$	c) $3\frac{7}{9}$	d) $\frac{9}{34}$	e) 10
	f) $17\frac{1}{2}$	g) $1\frac{13}{15}$	h) $4\frac{2}{7}$	i) $23\frac{1}{3}$	k) $11\frac{188}{219}$
32.	a) 3	b) $3\frac{1}{3}$	c) 4	d) $\frac{1}{5}$	e) $1\frac{13}{15}$
	f) $\frac{5}{39}$	g) $5\frac{25}{72}$	h) $\frac{10}{11}$	i) $3\frac{57}{80}$	k) $32\frac{17}{99}$
33.	a) $1\frac{2}{7}$	b) $\frac{49}{121}$	c) 10	d) $\frac{1}{10}$	e) $7\frac{13}{20}$
	f) $\frac{20}{27}$	g) $1\frac{4}{5}$	h) 63	i) $1\frac{313}{975}$	k) $2\frac{1}{60}$

34. a) $4\frac{2}{3}$ b) 45 c) $\frac{1}{40}$ d) $1\frac{3}{5}$ e) $\frac{4}{405}$
f) $39\frac{1}{5}$ g) $\frac{6}{475}$ h) $\frac{4}{91}$ i) $607\frac{1}{7}$ k) $\frac{1}{2\,190}$

35. a) $\frac{18}{19}$ b) $2\frac{1}{10}$ c) $1\frac{7}{8}$ d) $1\frac{1}{2}$ e) $\frac{5}{12}$
f) $7\frac{140}{141}$ g) $1\frac{107}{110}$ h) $7\frac{1}{2}$ i) $\frac{1}{12}$ k) 68

36. a) $\frac{219}{290}$ b) 3 c) $\frac{18}{59}$ d) $1\frac{1}{2}$ e) $1\frac{31}{50}$ f) $\frac{8}{21}$ g) $13\frac{4}{7}$ h) $3\frac{3}{4}$

37. a) $\frac{30}{43}$ b) $\frac{33}{109}$ c) $\frac{68}{157}$ d) $\frac{3}{11}$ e) $\frac{69}{181}$ f) $1\frac{6}{119}$

38. a) 0,3 b) 70,04 c) 0,001 2 d) 0,357 28
e) 0,000 102 f) 0,75 g) 0,913 483 h) 1,228
i) 0,987 654 321 k) 2,885 9

39. α) a) 891,038 22 b) 1,818 537 c) 170,94 d) 760,714 863
e) 712,331 87 f) 244,105 5 g) 2 070,811 99 h) 220,052 42
β) i) 1 284,014 k) 619,085 25 l) 1 m) 999,999 99
n) 2 167,714 16
γ) a) 187,559 78 b) 0,073 077 c) 0 d) 750,080 663
e) 584,243 91 f) 202,025 5 g) 72,659 99 h) 37
δ) i) 1 234,567 8 k) 598,917 97 l) 0,289 8 m) 782,655 19
n) 2

40. a) 300 kg b) 37,2 km c) 1,109 8 km^2

41. a) 473,9 b) 6 432 c) 83 040 d) 4,75 e) 0,101
f) 441,8 g) 4 025 300 h) 7,04 i) 7 720 k) 4,02

42. a) 286,4 b) 21 727,8 c) 3,14 d) 102,683 e) 0,063 72
f) 308,608 g) 366,48 h) 168 777 i) 11 030,892 k) 291,247

43. a) 24,448 b) 356,112 9 c) 49,16 d) 5,814
e) 559,865 4 f) 0,321 921 6 g) 282,679 23 h) 0,000 152 01
i) 13,024 84 k) 7,471 78

44. a) 8,8 b) 7,83 c) 27,623 d) 1,026 5
e) 0,872 f) 0,004 066 g) 0,747 8 h) 0,001 375
i) 4,703 k) 0,001 075 75

45. a) 14 b) 27 c) 713 d) 61 e) 34
f) 13 g) 4 632 h) 16 i) 7 k) 546,1

46. a) 2,7 b) 5,02 c) 0,46 d) 1,64 e) 0,71
f) 654,3 g) 432 h) 4 i) 52,5 k) 1 981,25

47. a) 0,75 b) 0,875 c) 0,4 d) 0,35 e) 0,52
f) 0,687 5 g) 0,578 125 h) 0,906 25 i) 0,568 k) 0,089 843 75

48. a) 1,187 5 b) 8,216 c) 13,737 5 d) 54,862 e) 39,351 562 5
f) 234,125 g) 5,295 36 h) 70,472 i) 4,998 046 875 k) 78,095 2

49. a) $0{,}\overline{4}$ b) $0{,}\overline{6}$ c) $0{,}\overline{09}$ d) $0{,}\overline{51}$ e) $0{,}\overline{72}$
f) $0{,}\overline{142\,857}$ g) $0{,}\overline{692\,307}$ h) $0{,}\overline{567}$ i) $0{,}\overline{261\,99}$ k) $0{,}\overline{062\,7}$

50.	a) $0{,}1\overline{6}$	b) $0{,}2\overline{7}$	c) $0{,}18\overline{54}$	d) $0{,}97\overline{2}$	e) $0{,}76\overline{9801}$
	f) $0{,}3\overline{85365}$	g) $0{,}3\overline{518}$	h) $0{,}28\overline{846153}$	i) $0{,}80\overline{2352941176470588}$	
	k) $0{,}525\overline{9900}$				
51.	a) $\frac{4}{25}$	b) $\frac{5}{8}$	c) $7\frac{41}{50}$	d) $\frac{147}{250}$	e) $\frac{262}{625}$
	f) $23\frac{19}{80}$	g) $\frac{1}{16}$	h) $\frac{3917}{6250}$	i) $115\frac{21}{32}$	k) $\frac{67}{128}$
52.	a) $\frac{8}{9}$	b) $\frac{3}{11}$	c) $\frac{1}{33}$	d) $\frac{59}{99}$	e) $\frac{91}{333}$
	f) $\frac{10}{11}$	g) $\frac{26}{111}$	h) $\frac{1}{27}$	i) $\frac{67}{303}$	k) $\frac{5437}{9999}$
53.	a) $\frac{17}{45}$	b) $\frac{7}{300}$	c) $\frac{2753}{4950}$	d) $\frac{13}{54}$	e) $\frac{13}{48}$
	f) $\frac{7813}{12375}$	g) $\frac{65}{74}$	h) $\frac{1001}{1025}$	i) $\frac{251}{808}$	k) $\frac{19}{26}$

54. a) 0,835 … bis 0,845 … b) 7,1266 … bis 7,1274 …
c) 113,0806 … bis 113,0814 … d) 63,95 … bis 64,05 …
e) 7163,286 … bis 7163,294 … f) 614,295 … bis 614,305 …
g) 0,50006 . . bis 0,50014 … h) 347,15 … bis 347,25 …
i) 0,0099995 … bis 0,0100005 … k) 0,95 … bis 1,05 …

55. a) 0,7503; 0,750; 0,75; 0,8 b) 0,0706; 0,071; 0,07; 0,1
c) 0,6463; 0,646; 0,65; 0,6 d) 0,2879; 0,288; 0,29; 0,3
e) 3,0087; 3,009; 3,01; 3,0 f) 17,9899; 17,990; 17,99; 18,0
g) 5,0950; 5,095; 5,09; 5,1 h) 9,8226; 9,823; 9,82; 9,8
i) 7,3000; 7,300; 7,30; 7,3 k) 3,4568; 3,457; 3,46; 3,5

56. a) 26460; 26500; 30000 b) 874480; 874500; 870000
c) 6900; 6900; 10000 d) 7402980; 7403000; 7400000
e) 86000; 86000; 90000

57.	a) ±5 cm	b) ±5 mN	c) ±0,5 g	d) ±0,005 s	e) ±0,05 V
	f) ±5 mm	g) ±5 mm	h) ±0,5 g	i) ±5 kg	k) ±50 Hz
58.	a) ±0	b) −0,043	c) ±0	d) ±0	e) ±0
	f) +0,0006	g) +271,594 (Folgerung?)		h) +0,0002	i) +9,051
	k) −0,0039				
59.	a) 2,106	b) 903,4	c) 253,2	d) 355,31	e) 16,52
	f) 0,4189	g) 1,879	h) 2,5625	i) 46,83	k) 31,495

60. a) 0,44 ± 0,005 b) 0,0707 ± 0,00005
c) 0,643644 ± 0,0000005 d) 0,75297530 ± 0,000000005
e) 0,6378 ± 0,00005 f) 0,1372323 ± 0,00000005
g) 0,899900 ± 0,0000005 h) 0,456 ± 0,0005
i) 0,715454 ± 0,0000005 k) 0,0329731732 ± 0,00000000005

61. a) 380689 b) 38,0689 c) 38068900
d) 0,380689 e) 0,0000380689

62. a) 51478848 b) 51,478848 c) 51478848000
d) 0,051478848 e) 0,000051478848

63. a) 24,2899 b) 7,6811 c) 2,42899 d) 0,242899

e) 768,11 f) 0,007 681 1 g) 242,899 h) 0,076 811
i) 76,811 k) 0,002 428 99

64. a) 8,879 0 b) 0,887 90 c) 41,213 d) 0,191 29
e) 4,121 3 f) 1,912 9 g) 0,041 213 h) 887,90
i) 19,129 k) 0,088 790

65. a) 1 322 500 b) 0,007 726 41 c) 4 173,16
d) 57 760 000 e) 0,097 969 f) 0,000 000 252 004
g) 24,304 9 h) 645 160 000 i) 0,000 000 004 489
k) 0,000 094 284 1

66. a) 175 616 000 000 b) 0,000 345 948 408
c) 656,234 909 d) 0,508 169 592
e) 43 614,208 f) 83 453 453 000
g) 0,000 000 778 688 h) 0,000 000 000 001 601 613
i) 246 491 883 000 000 k) 0,017 373 979

67. a) 2,956 35 b) 0,205 183 c) 0,076 811 d) 81,854
e) 0,519 62 f) 2,716 62 g) 670,82 h) 0,183 848
i) 301,164 k) 0,029

68. a) 0,412 13 b) 18,171 c) 0,811 3 d) 0,402 07
e) 0,063 907 f) 92,012 g) 30 h) 0,976 45
i) 0,158 74 k) 0,007 217 7

69. a) 0,390 625 b) 0,015 772 9 c) 20,920 5 d) 1,964 64
e) 1 210,65 f) 0,002 770 08 g) 0,000 194 553 h) 110,011
i) 0,056 179 8 k) 1,375 52

70. a) 7,043 b) 13,68 c) 0,082 35 d) 0,002 604 e) 210,59
f) 99,04 g) 2,329 h) 0,272 8 i) 30,23 k) 0,006 230

71. a) 65,3 b) 0,070 93 c) 1 740 d) 0,000 129 7 e) 9,875
f) 187,3 g) 0,000 062 7 h) 0,089 75 i) 6,353 k) 0,005 94

72. a) 4,02 b) 17,85 c) 0,776 3 d) 1,938 e) 9,770
f) 0,255 6 g) 39,98 h) 0,070 28 i) 20,64 k) 0,003 459

73. a) 42,3 b) 0,459 5 c) 0,000 096 84 d) 3 300 e) 0,000 183 1
f) 0,083 8 g) 559,2 h) 244 600 000 i) 0,000 348 9
k) 0,000 000 024 1

74. a) 6,76 b) 388,09 c) 0,394 384
d) 104 329 e) 0,000 214 622 5 f) 64,963 6
g) 0,170 569 h) 462,25 i) 9,869 604 4
k) 101,002 5

75. a) 46,656 b) 0,348 913 66 c) 2 060,503 6
d) 31,006 277 e) 0,000 841 232 38 f) 8,489 664
g) 0,030 371 328 h) 0,000 220 348 86
i) 1 018 108,2 k) 0,000 000 535 387 33

76. a) 7,348 462 9 b) 2,884 441 c) 0,912 140 34
d) 245,967 84 e) 0,114 017 54 f) 0,015 588 457
g) 63,718 29 h) 4,277 849 9 i) 0,082 522 724
k) 27,838 822

77. a) 3,779 763 2 b) 2,036 818 c) 0,914 975 79
d) 0,242 156 49 e) 8,857 849 f) 0,164 482 61
g) 935,990 17 h) 174,897 9 i) 0,930 247 76
k) 0,033 766 567

78. a) 0,308 641 98 b) 0,023 148 148 c) 1,369 863

d) 0,318 309 89	e) 0,009 746 588 7	f) 57,803 468
g) 0,234 403 62	h) 589,970 5	i) 1,519 561 8
k) 0,006 009 254 3		

79. a) 7,874 0	b) 0,892 84	c) 5 651,10
d) 0,091 734 505	e) 0,010 346 2	f) 115,182
g) 0,006 396 575	h) 0,032 205	i) 0,268 917 5
k) 5 878,88		

80. a) 1,962 963	b) 1,963 043 5	c) 47,058 824
d) 0,039 008 621	e) 7,862 254 2	f) 1 631,679 4
g) 0,007 852 422 9	h) 0,017 453 293	i) 0,012 046 414
k) 0,009 423 076 9		

81. a) 91,854 455	b) 0,116 628 33	c) 43,316 064
d) 83,336 435	e) 0,170 939 7	f) 204,896 51
g) 0,003 933 699 4	h) 11,070 285	i) 1,110 976 6
k) 35,530 982		

82. a) 0,964 232 67	b) 0,059 761 479	c) 36,204 364
d) 9,194 626 7	e) 0,000 301 846 33	f) 0,012 395 429
g) 64,857 341	h) 2,255 241 5	i) 0,002 372 030 6
k) 0,055 642 189		

83. a) $p \Leftrightarrow q$ b) $p \Rightarrow q$ c) $p \Rightarrow q$ d) $p \Rightarrow q$
e) $p \Leftrightarrow q$ f) $(p \wedge q) \Rightarrow r$ g) $(p \wedge q) \Rightarrow r$ h) $(p \vee q) \Rightarrow r$
i) $(p \wedge q) \Rightarrow r$ k) $(p \vee q) \Leftrightarrow r$

84. a) $M = \{3; 4; 5; 6; 7\}$ b) $Z = \{2; 4; 8; 16; 32; \ldots\}$
c) $B = \left\{1; \frac{1}{2}; \frac{1}{3}; \ldots; \frac{1}{10}\right\}$ d) $M = \{0; 20; 40; 60; \ldots\}$
e) $M = \{0; 4; 5; 8; 10; 12; 15; 16; 20; 24; 25; 28; 30; 32; \ldots\}$
f) $K = \{0; 1; 8; 27; 64; 125; \ldots\}$ g) $A = \{2; 5; 8; 11; 14; 17; \ldots\}$
h) $R = \left\{\frac{1}{2}; \frac{2}{3}; \frac{3}{4}; \frac{4}{5}; \frac{5}{6}; \frac{6}{7}; \ldots\right\}$ i) $L = \varnothing$
k) alle reellen Zahlen zwischen 5 und 6

85. a) $A \subset B$ b) $M_1 = M_2$ c) $Q \subset R$
d) keine Relation zwischen S und T e) $G = H$
f) keine Relation zwischen A und B g) $S \subset T$
h) $P \subset N$ i) $A = B$ k) $C = D$
l) keine Relation zwischen E und F
m) keine Relation zwischen G und H
Anmerkung: Die Elemente der Menge G sind die im Hause wohnenden Familien, während die Elemente von H die im Hause wohnenden Menschen sind. Die zu vergleichenden Elemente sind einander völlig wesensfremd; also kann weder $G = H$ noch $G \subset H$ bzw. $G \supset H$ gelten.
n) $B \subset C \subset A$

86. a) $P \cup Q = \{1; 2; 3; \ldots; 15\}$ b) $P \cap Q = \{5; 6; 7; 8; 9; 10\}$
c) $P \setminus Q = \{1; 2; 3; 4\}$ d) $Q \setminus P = \{11; 12; 13; 14; 15\}$

87. a) K_1 b) K_2 c) Kreisring d) $\varnothing$

88. a) K_1 bzw. K_2 (da $K_1 = K_2$) b) K_1 bzw. K_2 c) $\varnothing$ d) $\varnothing$

89. a) A b) A c) $\varnothing$ d) A
e) $\varnothing$ f) A g) $\varnothing$

90. $M = (M_1 \setminus M_2) \cup (M_2 \setminus M_1)$

91. a) $A \cup B = B$ b) $A \cap B = A$
c) $\emptyset$ d) keine Vereinfachung möglich

92. a) $M_1 \subseteqq M_2$ b) $M_1 \subseteqq M_2$ c) M_1 disjunkt zu M_2
d) $M_1 \subseteqq M_2$ e) M_1 disjunkt zu M_2 f) $M_1 = M_2 = \emptyset$

93. $g_1 \cap g_2$ ist der Schnittpunkt der beiden Geraden g_1 und g_2.

94. $E_1 \cap E_2$ ist die Schnittgerade der beiden Ebenen E_1 und E_2.
Im Falle $E_1 \parallel E_2$ ist $E_1 \cap E_2 = \emptyset$.

95. a) $A \cap (A \cup B) = A$ b) $A \cup (A \cap B) = A$

96. a) gerade, wenn n gerade; ungerade, wenn n ungerade
b) gerade, wenn n ungerade; ungerade, wenn n gerade
c) für alle n ungerade
d) gerade, wenn n ungerade; ungerade, wenn n gerade
e) stets gerade

97.

	α)	β)	γ)	δ)	ε)
a)	6	−42	125	96	$17\frac{17}{36}$
b)	−8	−52	41	−51	$7\frac{7}{18}$
c)	$\frac{2}{3}$	$-1\frac{1}{6}$	5	$2\frac{2}{3}$	$2\frac{3}{17}$
d)	$+5\frac{1}{3}$	$\frac{1}{2}$	$-11\frac{4}{5}$	$-21\frac{5}{6}$	$5\frac{25}{34}$
e)	$-2\frac{2}{3}$	$-8\frac{2}{3}$	$-8\frac{1}{5}$	$8\frac{1}{2}$	$2\frac{31}{51}$
f)	$-5\frac{1}{3}$	$-60\frac{2}{3}$	$-73\frac{4}{5}$	−85	$\frac{133}{204}$
g)	−4	$-7\frac{3}{7}$	$4\frac{5}{9}$	+5,1	$29\frac{5}{9}$
h)	$-11\frac{1}{2}$	$-53\frac{5}{7}$	$53\frac{4}{9}$	−27,9	$23\frac{8}{9}$
i)	−4	$-7\frac{3}{7}$	$4\frac{5}{9}$	5,1	$29\frac{5}{9}$
k)	99	−125	234	1 036	$102\frac{1}{12}$

98. a) $<$ b) $>$ c) $<$ d) $<$ e) $<$ f) $>$ g) $<$ h) $>$ i) $>$ k) $=$

99. a) +50 b) +20 c) +20 d) +50 e) −20
f) −50 g) −50 h) −20

100.

	α)	β)	γ)	δ)
a)	+13	+33	+60	+32
b)	− 1	−11	+32	0
c)	− 1	−11	+32	0
d)	+13	+33	+60	+32
e)	+ 1	+11	−32	0
f)	−13	−33	−60	−32
g)	−13	−33	−60	−32
h)	+ 1	+11	−32	0

101. a) -1 b) 2 c) 221 d) $54{,}5$ e) 0
f) $5\frac{5}{12}$ g) $78{,}8$ h) 0 i) 25 k) $-10\frac{11}{12}$

102. a) 2 und -2 b) 10 und 4 c) 3 und $-\frac{11}{3}$ d) Widerspruch! Aufgabe hat keine Lösung
e) 5 und $-\frac{11}{3}$ f) $\frac{3}{2}$ und $-\frac{1}{2}$ g) $+1$; -1
h) -5; $+8$ i) 6; 30 k) $0; 0; 12; -12$; $5; -5; 19; -19$

103. a) $8a + 7b - 6c$ b) $-2l - m + 36n$
c) $40x + 50y - 60z$ d) $2p + 6q + 12r + 7s - 17t$
e) $29v - 42w$ f) $-3{,}39a - 9{,}27b + 13{,}1c$
g) $\frac{2}{9}d - \frac{19}{30}e - \frac{1}{14}f - \frac{1}{3}$ h) $988{,}97x + 351{,}46y - 208{,}9z - 495{,}3$
i) $17\frac{1}{30}R_1 - 15R_3 + 1\frac{3}{4}R_4$ k) $30u - 55{,}88v + 14{,}985\,5w - 45{,}133$

104. a) $240a^2bc^2$ b) $90x^3y^2z^2$ c) $1\,260r^2s^2t^3$ d) $\frac{1}{16}u^2v^4w^2$ e) $17p^2q^2rs^2t$
f) $-36rstxyz$ g) $a^2b^2c^2$ h) $4xy$ i) 0 k) $-6\frac{7}{20}abst$

105. a) $-12x$ b) $-5a$ c) $8v$ d) -1 e) $-6y$
f) $\frac{a}{3b}$ g) $-\frac{7u}{9v}$ h) $-\frac{3}{7}$ i) $-4{,}6\frac{ab}{rs}$ k) $0{,}9\frac{yz}{x}$

106. a) $8x$ b) $-7u$ c) $-\frac{13}{c}$ d) $\frac{11x}{2y}$ e) $\frac{17}{13b}$
f) $-r$ g) $-\frac{1}{3}a$ h) $\frac{6b}{5a}$ i) $-0{,}11$ k) $-\frac{5a}{9x}$

107. a) $-11a^2b$ b) 0 c) xz d) $\frac{100}{t}$ e) $-\frac{11}{15}$

108. a) $3y - 3x$ b) $2r$ c) $2m - 2p$ d) $0{,}8r + s$
e) $u - w$ f) $11x - 4y + 9z$ g) $3\frac{3}{10}a - 1\frac{7}{20}b + \frac{1}{6}c$
h) $10u - v + w$ i) $6x - 7z$ k) $10a - 10b$

109. a) $29a + b - 38c + 21d$ b) $290m - 61n - 54p + 49q$
c) $35c + 33d - 88k - 53l$ d) $49\frac{1}{16}x^2yz - 144\frac{1}{36}xy^2z + 135\frac{27}{40}x^2y^2z$
e) $4ab$ f) $-34\frac{1}{2}$ g) $-4a^2 - 8b^2$ h) 0
i) $8{,}618y - 14{,}828x$ k) $-120{,}205a^2bc - 32{,}467a^3bc - 46{,}062a^2b^2c - 10{,}383a^2bc^2$

110. a) $x + (a - b)$ b) $u + (w - v)$ c) $\frac{q}{2} + \left(-\frac{2}{3}v + \frac{1}{4}s\right)$
d) $1 + a + (-b + c)$ e) $2x - 3y + (4z - 5)$

111. a) $x - (2y - 4z)$ b) $\frac{1}{4}e - \left(-\frac{2}{7}f + \frac{3}{8}g\right)$
c) $0{,}25q - 0{,}49r - (0{,}52s - 2{,}12t)$ d) $37{,}2a - 42{,}5b - (-41{,}6c + 0{,}62d)$
e) $\frac{3}{5}u - \frac{7}{9}v - \left(\frac{9}{11}w + \frac{5}{7}x\right)$

112. a) $a - (3b - 2c + 4d)$ b) $x + (0{,}1y - 4{,}2z + 6{,}3u)$

c) $3p - 6q - (2r + 4s - 5t)$ d) $\frac{1}{3}u - \frac{2}{5}v + \frac{4}{7}w - \left(\frac{5}{9}x + \frac{2}{3}y - \frac{1}{4}z\right)$

e) $0{,}3k - 3{,}2l - (4{,}5m + 2{,}7n + 1{,}6p)$

113. a) $15r - 6s + 3t$ b) $-4ax + 8ay + 24az$ c) $-\frac{1}{2}uv + \frac{3}{5}v^2 - \frac{3}{8}vw$

d) $-16{,}12a + 11{,}96b - 24{,}44c + 39{,}52d$ e) $cx^3 + ax^2 - 3bx$

f) $\frac{3u}{4v} + \frac{21pv}{20u} - \frac{u}{2}$ g) $-4y + 10z$ h) 0

i) $-5\frac{3}{5}a^5 + 3\frac{3}{5}a^4 - 2\frac{1}{5}a^3 + 1\frac{1}{5}a^2 - 6\frac{4}{5}a$ k) $72 - 65w$

114. a) $20x^3 - 15x^2$ b) $-63t^2 + 144t$ c) $4ghr + 3ghi$

d) $-10k^2l + 3kl^2$ e) $0{,}21ac + 1{,}02bc$

f) $-\frac{8}{7}avw + \frac{15}{14}buw - \frac{20}{49}cuv$

g) $15b^2 - 20b + 35$ h) $\frac{4}{5}xyz - 6xy$ i) $19\frac{8}{21}ab - 4\frac{8}{35}ac$

k) $\frac{8{,}37}{c^2} - \frac{2{,}48}{b^2}$

115. a) $8ab - 11ac + 8be$ b) $5xy$ c) $12\frac{3}{4}rs + rt$ d) 0

e) $-0{,}5912ab - 0{,}0091ac - 0{,}0423bc$ f) $\frac{1}{6}uv - \frac{2}{3}uw$ g) $-47mx + 25nx$

h) $\frac{2}{ax} - \frac{3}{10}$ i) 0 k) ab

116. a) $10x^2 + 19xy + 6y^2$ b) $15a^2 + ab - 28b^2$ c) $18m^2 - mn - 4n^2$

d) $63u^2 - 41uz + 6z^2$ e) $121v^2 - 81w^2$ f) $-117x^2 + 83xy + 154y^2$

g) $-\frac{3}{5}a^2 - 1\frac{181}{480}ab - \frac{3}{4}b^2$ h) $0{,}49u^2 - 0{,}42uv + 0{,}09v^2$

i) $6\frac{2}{3}am - 3\frac{5}{9}bm + 13\frac{1}{8}an - 7bn$ k) $a^2x + \frac{3}{2}aby - \frac{4}{3}abx - 2b^2y$

117. a) $x^2 - y^2 + z^2 - 2xz$ b) $2a^2 - 6b^2 - 12c^2 - ab - 2ac - 17bc$

c) $-117u^2 - 135v^2 + 108w^2 + 308uv + 84uw + 72vw$

d) $\frac{1}{4}p^2 - \frac{4}{9}q^2 - \frac{1}{16}r^2 + \frac{1}{3}qr$

e) $0{,}15k^2 - 0{,}42l^2 - 2{,}94m^2 + 0{,}17kl + 0{,}63km - 2{,}24lm$

f) $6x^3 + 13x^2 + 2x - 5$ g) $6u^3 - 5u^2 - 16u + 15$

h) $60x^3 - 89x^2y - 23xy^2 + 42y^3$ i) $120a^3 - 52a^2b - 52ab^2 + 24b^3$

k) $6kmp - 12lmp - 2knp + 4lnp + 9kmq - 18lmq - 3knq + 6lnq$

118. a) $-a^2 - b^2$ b) $105m^6 - 170m^5 + 115m^4 - 85m^3 - 20m^2$

c) $-2x^2y - 2xy^2$ d) $u^4 - 25u^3v + 25uv^3 - v^4$

e) $4k + 52$

119. a) $u^2 - 2uv + v^2$ b) $m^2 + 2m + 1$ c) $1 - x^2$

d) $1 - 2y + y^2$ e) $4a^2 - 4ab + b^2$ f) $x^2 + 6xy + 9y^2$

g) $9p^2 - 12pq + 4q^2$ h) $\frac{4}{9}m^2 + \frac{1}{3}mn + \frac{1}{16}n^2$

i) $9{,}61s^2 - 32{,}49t^2$ k) $0{,}49u^2 - 1{,}68uv + 1{,}44v^2$

120. a) 0 b) $-6ab$ c) $16x^4 - 9y^4$

d) $50x^2 + 18y^2$ e) $9x^4 + 19x^2 - 20x + 5$ f) $25 - 81a^6$

g) $-1{,}92m^2 - 7{,}84mn + 2{,}08n^2$ h) $\frac{32}{49}v^2 - \frac{8}{9}uv$

i) $54mn$ k) $l^2 + 44kl$

121. a) $x^2 + y^2 + z^2 + 2xy - 2xz - 2yz$
b) $u^2 + v^2 + w^2 - 2uv + 2uw - 2vw$
c) $4a^2 + 9b^2 + 16c^2 - 12ab - 16ac + 24bc$
d) $k^2 + l^2 + m^2 + n^2 + 2kl + 2km + 2kn + 2lm + 2ln + 2mn$
e) $4p^2 + \frac{1}{4}q^2 + \frac{9}{16}r^2 + s^2 - 2pq + 3pr - 4ps - \frac{3}{4}qr + qs - \frac{3}{2}rs$

122. a) nein b) $(a+7)^2$ c) nein d) $(b-1)^2$ e) $\left(z - \frac{4}{3}\right)^2$
f) nein g) $\left(u - \frac{9}{2}\right)^2$ h) nein i) $\left(w + \frac{1}{2}\right)^2$ k) $\left(t - \frac{3}{8}\right)^2$

123. a) $(x-4)^2$ b) $(y+6)^2$ c) $(z-5)^2$ d) $(a-9)^2$
e) $(2b+3)^2$ f) $\left(c - \frac{3}{7}\right)^2$ g) $(8-u)^2 = (u-8)^2$
h) $-(v-14)^2$ i) $\left(w - \frac{2}{3}\right)^2$ k) $-3(4t+5)^2$

124. a) Ergänzung $+9$ ergibt $(x+3)^2$
b) Ergänzung $\pm 22y$ ergibt $(y \pm 11)^2$
c) Ergänzung $+\frac{25}{49}$ ergibt $\left(z - \frac{5}{7}\right)^2$
d) Ergänzung $\pm 48a$ ergibt $(3a \pm 8)^2$
e) Ergänzung $+225$ ergibt $(4b - 15)^2$
f) Ergänzung $+\frac{1}{25}$ ergibt $\left(5c + \frac{1}{5}\right)^2$
g) Ergänzung $\pm 324u$ ergibt $81(2u \pm 1)^2$
h) Ergänzung $\pm 2\sqrt{7}\,v$ ergibt $(v \pm \sqrt{7})^2$
i) Ergänzung $+6\,400$ ergibt $(3w - 80)^2$
k) Ergänzung $+\frac{4}{9}$ ergibt $\left(\frac{4}{7}t - \frac{2}{3}\right)^2$

125. a) 1681 b) 7569 c) 1596 d) 3800 e) 159711
f) 1020100 g) 18000 h) 89984 i) 994009 k) 455000

126. a) $8x^3 + 27y^3 + 36x^2y + 54xy^2$ b) $8a^3 - 12a^2 + 6a - 1$
c) $-64u^3 - 240u^2v - 300uv^2 - 125v^3$
d) $-8 + 6y - \frac{3}{2}y^2 + \frac{1}{8}y^3$ e) $27a^3 - 8b^3$

127.

	α)	β)	γ)	δ)	ε)	ζ)
a)	64	81	4	25	400	400
b)	34	53	100	97	200	200,02
c)	4	25	196	169	0	0,04
d)	16	− 45	28	− 65	0	4
e)	512	729	8	125	8000	8000
f)	152	351	296	665	2000	2000,6
g)	8	−125	2744	−2197	0	0,008
h)	98	−335	728	− 793	0	60,002

128. a) $3x - 2y$ b) $5 - b + 8c$ c) $\frac{4}{3}w - \frac{2}{9}z + \frac{2}{3}wz$
d) $\frac{5m}{n} + \frac{2lp}{k} - \frac{1}{3q}$ e) $96x^4 - 27x^3y + 54x^2y^2 - 15xy^3 + 3y^4$
f) $4a + 3b - 7c$ g) $x - 2y + 3z - 4u$
h) $\frac{1}{3}rs - \frac{1}{4}rt - \frac{1}{5}ru + \frac{1}{6}st + \frac{1}{7}su - \frac{1}{8}tu$ i) $2{,}4lm - 3{,}4ln + 4{,}4mn$
k) $0{,}22x^2yz - 0{,}33xy^2z + 0{,}44xyz^2$

129. a) $2{,}7$ b) 7 c) $19u$ d) $54a^2b$ e) $a+b$
f) $3x+1$ g) $u-5$ h) $x+y$ i) $14m+13$ k) x^2-xy+y^2

130. a) $3x+2y$ b) $3a^2-7ab+5b^2$ c) $3x^2+2xy-y^2+\dfrac{y^3}{3x-2y}$
d) $6s^2+7s-3$ e) $2a^3-9ab^2-8b^3+\dfrac{9b^5-11ab^4}{a^2-2ab+b^2}$
f) $\frac{1}{2}a-\frac{1}{3}b$ g) $15a+24b$
h) $41u^3+31u^2v+41uv^2-11v^3+\dfrac{11v^5-32uv^4}{u^2-uv+v^2}$
i) $4x^2-3y$ k) $12p^4q^2-3p^3q^3-5p^2q^4+2pq^5$

131. a) $4x^2-7x+3$ b) a^2+ab+b^2 c) $2u-3v-4w$
d) x^2-xy+y^2 e) $11a+b-2x+\dfrac{x}{3a-7b+8x}$
f) $y^4-y^3+y^2-y+1$ g) $0{,}8a^4-0{,}3a^2+0{,}7$ h) $8l+3m-n$
i) $\frac{2}{3}x^2-\frac{3}{5}x+\frac{5}{6}$ k) $2a^2-3ab+4ac-5b^2-6bc+7c^3$

132. a) $(a-1)(b+c)$ b) $(3s-1)(5r+1)$
c) $p_0(1-\alpha t)$ d) $(ab+xy)(ab-xy)$
e) $(3x^2-5xz-2z^2)(3x-2y)$ f) $(10x^2-y^3)(10x^2+y^3)$
g) $(2p+5q+4r)(2p+5q-4r)$ h) $(3x-y+4u-1)(3x-y-4u+1)$
i) $(a-b)(7x+5y)$ k) $(2r^2-5s)(9r+7s)$

133. a) $x(x-3)$ b) $9abc(2a-3b)$ c) $2(5v-w)(u-3)$
d) $2y(y^2-3y+9)$ e) $5(3y-2z)(x-3)$ f) $(2a+4)(5bc-1)$
g) $(a-b)(b-c)(c+d)$ h) $(2x+3a+b)(2x-3a-b)$
i) $\frac{4}{81}l(m+3p)(2m-9n)$ k) $(2a+b)(2a-b)(7a+3b)$

134. a) $(a+1)(a-1)$ b) $(2b+3)(2b-3)$ c) $2r(r+\sqrt{2})(r-\sqrt{2})$
d) keine Faktorenzerlegung möglich e) $(1+3x\sqrt{2})(1-3x\sqrt{2})$
f) $c(c+1)^2$ g) $b(2-3b)^2=b(3b-2)^2$
h) $7x^2(3x+\sqrt{5})(3x-\sqrt{5})$ i) $z\left(\frac{2}{3}v-\frac{1}{2}w\right)^2$ k) $2ab(3s-t)^2(v-2w)$

135. a) $\dfrac{a-1}{a+1}$ b) $\dfrac{a}{5}$ c) $\dfrac{ab-b^2}{ac-c^2}$ d) $-\dfrac{3}{4}$ e) $-\dfrac{4}{9}$
f) $\dfrac{a+b}{a}$ g) $\dfrac{u-v}{u+v}$ h) m^2-n^2 i) $\dfrac{k}{k-1}$ k) -1

136. a) $\dfrac{4+7m}{4}$ b) $\dfrac{x+2y}{x-2y}$ c) $a+2$ d) $\dfrac{5(2a+3b)}{4(2a-3b)}$
e) läßt sich nicht kürzen f) $\dfrac{t+s}{t-s}$ g) $3a+1$
h) $\dfrac{1}{5t-2s}$ i) läßt sich nicht kürzen k) $4m-9n$

137. a) $\dfrac{a}{a^2}$ b) $\dfrac{b}{ab}$ c) nicht möglich d) $\dfrac{ab}{a^2b}$ e) $\dfrac{3}{3a}$ f) $\dfrac{x-2y}{ax-2ay}$

138. a) $\dfrac{-1}{y-x}$ b) $\dfrac{x-y}{x^2-2xy+y^2}$ c) $\dfrac{x+y}{x^2-y^2}$
d) nicht möglich e) $\dfrac{x^2+xy+y^2}{x^3-y^3}$ f) $\dfrac{a-1}{ax-x+y-ay}$

139. a) nicht möglich b) $\frac{m^2-m}{m^2+m}$ c) $\frac{m^2-1}{m^2+2m+1}$
d) $\frac{m^2-2m+1}{m^2-1}$ e) $\frac{m^3-2m^2+2m-1}{m^3+1}$ f) $\frac{m^2-4m+3}{m^2-2m-3}$

140. a) $\frac{3t-6s}{21t-12s}$ b) nicht möglich c) $\frac{7t^2-10st-8s^2}{49t^2-16s^2}$
d) $\frac{8s^2-18st+7t^2}{16s^2-56st+49t^2}$ e) $\frac{49t^3-70t^2s-40ts^2-32s^3}{343t^3-64s^3}$
f) $\frac{6as-3at-2bs+bt}{12as-21at-4bs+7bt}$

141. a) $-b$ b) $+a$ c) ab d) 4 e) $\frac{a}{3}$ f) $\frac{5}{6}x$
g) $\frac{5u+3v+20w}{12}$ h) $\frac{x+1}{72}$
i) $\frac{7a^2+6b^2-9c^2}{6abc}$ k) $\frac{20u^3-3u^2+62u+165}{360}$

142. a) 1 b) $\frac{25a^2-40ab-4b^2}{12}$ c) $\frac{7x-24y}{96}$
d) $\frac{75b^2+132ab-34a^2}{72}$ e) $\frac{34b-15a}{12}$
f) $\frac{261x^3-19x^2+112x-16}{216x^4}$ g) $\frac{11x-2}{60}$
h) $\frac{1}{b}$ i) 0 k) $\frac{a^2+b^2}{ab}$

143. a) $\frac{x+y+1}{x+y}$ b) $\frac{v}{u+v}$ c) $\frac{6a-15b+5c}{3(3b-c)}$ d) $\frac{y}{x-y}$
e) $\frac{n}{n-m}$ f) $\frac{14s}{5(10r+7s)}$ g) $\frac{a^2+b^2}{a^2-b^2}$ h) $\frac{2v}{u^2-v^2}$
i) $\frac{-ay}{x+y}$ k) $\frac{a^2-6a+10}{a-3}$

144. a) $\frac{-4ay}{3x(3x-2y)}$ b) $\frac{u^3+v^3}{uv(u-v)}$ c) $\frac{a+16}{3a(a-2)}$ d) $\frac{1}{2}$
e) $\frac{m^2+mn+n^2}{m+n}$ f) $\frac{x^3+4x^2+4x-1}{(x+1)(x+2)(x+3)}$
g) $\frac{2(6a^2-x^2)}{(x-a)(x-2a)(x-3a)}$ h) $\frac{2}{t-1}$
i) $\frac{20x^2+27y^2}{(2x-3y)^2(2x+3y)}$ k) $\frac{-250k^3+16k}{(5k-1)^2(5k+1)}$

145. a) 0 b) 0 c) $\frac{-12u^2}{(u^2-1)(u^2-4)}$ d) $-\frac{75a^2+28ab+6b^2}{(5a+b)(5a+2b)}$
e) $\frac{a-b}{x^2-y^2}$ f) $\frac{25a}{6a^2-6}$ g) $\frac{1}{(a+b)^2}$
h) $\frac{1}{q}$ i) $\frac{18-8x}{(x-1)(x-2)(x-3)}$ k) $\frac{1}{x^2-5x+6}$

146. a) $\frac{7a}{4b}$ b) $\frac{1}{4}uw^2$ c) $\frac{7}{3}ars$ d) $\frac{24zuv}{xy}$
e) $\frac{4a^2-b^2}{2ab}$ f) x^2+9y^2 g) $\frac{25x^2-16y^2}{20xy}$ h) $35x^2-36y^2+28z^2$
i) $\frac{6a^6-11a^4-14a^2+24}{a^3}$ k) $-\frac{5m^2+7}{5n}$

147. a) $\frac{8ax}{3cd}$ b) $-\frac{2v}{u}$ c) $\frac{3(1+b)}{4(1-b)}$ d) $\frac{6+15a-x-3ax}{5+15a+x+3ax}$

e) $\frac{15acv+16bcu-30uvw}{18cuv}$ f) $-\frac{1}{4}(x^2+xy+y^2)$

g) a h) $\frac{6+9x}{2+6x}$ i) $3a^2$ k) $\frac{a^2u(4a+5u)}{7u+v}$

148. a) $\frac{4+a^2}{4-a^2}$ b) $\frac{x-1}{x+1}$ c) $m-1$ d) $-4\frac{v}{u}$

e) $\frac{3-x}{3+x}$ f) $-\frac{1}{x}$ g) $\frac{3-10a}{3+10a}$ h) $\frac{a+x}{a-x}$

i) $r-s$ k) $\frac{8}{a}$

149. a) $\frac{a}{b}$ b) $u+1$ c) 1 d) 1 e) $\frac{2}{3}h$ f) $1-x-x^2$

g) $\frac{a^3}{a^3-4a+12}$ h) 8 i) $\frac{2x}{1+x+2x^2}$ k) $-a$

150. a) richtig b) falsch: $(-2)^7=-128$ c) falsch: $-125 \neq -243$
d) richtig e) falsch: $2\,187 \neq 343$ f) richtig
g) richtig h) falsch: $-64 \neq +81$ i) richtig k) richtig

151. a) $\frac{1}{81}$ b) 0,000 000 000 000 01 c) 0,000 000 16
d) 39,69 e) 39,69 f) 101
g) 245 h) 199 i) 289 k) $-a^{2k-5}$

152. a) falsch: $13 \neq 25$ b) richtig c) falsch: $27 \neq 9$
d) richtig e) richtig

153. a) 74 b) 144 c) 187 d) 121 e) 117
f) 9 g) 90 h) 0 i) -476 k) $-2\,744$

154. a) $5a^3$ b) $-15u^7$ c) $-16x^2-7y^2$

d) $1\frac{1}{2}uv^2-\frac{5}{22}u^2v$ e) $11\frac{5}{12}ay^3-4\frac{1}{3}by$ f) $x^8(2a-3b^2+7c^3-5d^4)$

g) keine Zusammenfassung möglich h) $u^2v^2\left(4\frac{8}{9}u-10\frac{3}{5}v\right)$

i) keine Zusammenfassung möglich k) $x^4(14x^3-9x^2-12x-5)$

155. a) x^{n+4} b) a^{n+1} c) u^{2n+3} d) b^{3n+2} e) p^{2m-1}
f) y^{2n+1} g) z h) m^{16} i) m^{9n+7} k) t^9

156. a) x^8y^8 b) $\frac{8}{21}a^{n+5}b^5x^{m+1}y^{n+3}$ c) $10x^{n+2m+5}$

d) $\frac{5}{8}m^{x+4}n^{y+3}t^{z+8}$ e) $4a^6b^{5m-5n+5}$ f) $600x^{12}(y-z)^{13}$

g) $(-a)^{n+11}$ h) $\frac{1}{4}x^{38}$ i) $21a^7-23a^6+21a^5-3a^4-3a^3+5a^2$

k) $15x^{2n}-9x^{3n+2}y^{n+2}+12x^{4n-1}y^{2n-1}-5x^{2n-4}y^{2n+3}+3x^{3n-2}y^{3n+5}-4x^{4n-5}y^{4n+2}$

157. a) $a^m \cdot a^n$ b) z. B.: $a^4 \cdot a^{24}$ oder $a^{19} \cdot a^9$ usw.
c) $b^{2x} \cdot b$ d) $c^a \cdot c^b$ e) $x^a \cdot x^{2b} \cdot x^{3c}$
f) $3^3 \cdot 3^2$ g) $12^2 \cdot 12^2$ h) $(a-b)\,(a-b)^n$
i) $3 \cdot x^m \cdot x^2$ k) $(-a)^{2n} \cdot (-a) = -a^{2n} \cdot a$

Anmerkung: Außer den hier angeführten Zerlegungen sind auch zahlreiche andere möglich.

158. a) $6{,}4 \cdot 10^7$ b) 32 c) 256 d) 1 e) 216
f) 625 g) 10^6 h) $-a^8$ i) $\frac{5}{3}$ k) 81

159. a) $\frac{4a}{9x}$ b) $30xy^3$ c) $\frac{4s^6}{9rt^3}$ d) $\frac{70u^4w^2}{39v^3}$ e) $\frac{17(m-n)n^2}{13lm^2}$
f) $\frac{57(a+b)}{119(c-d)}$ g) $\frac{5x^2z}{3y}$ h) $\frac{1}{28rst}$ i) $\frac{2a^3b}{3c^2}$ k) $13xyz$

160. a) $\frac{1}{2}by^2$ b) $\frac{8}{3}bc^2$ c) $\left(\frac{u}{x}\right)^{99} \cdot \left(\frac{v}{y}\right)^{72}$ d) $\left(\frac{x+y}{x+b}\right)^2 \cdot \frac{b-x}{x-y}$
e) $m^2 \cdot n^{x-2} \cdot (m+n)$ f) $\frac{10}{aby^3}$ g) $\frac{1+r^3-2r^6}{r^8}$ h) $\frac{81}{125}a^{2x+5}b^{n-1}$
i) $\frac{a^2+9}{(a-3)^9}$ k) $\frac{a+bx^2-dx^5+cx^{n-1}+ex^n-fx^{n+1}}{x^{n+1}}$

161. a) $\frac{a^3-1}{a^{m+1}}$ b) $\frac{z}{y^2}$ c) $\frac{54u^{19}}{245v^9 \cdot y^{49}}$ d) $\frac{1}{x^5}$
e) $\frac{1}{2r^5s^4t^2}$ f) $\frac{x^4}{(1-x)^6}$ g) $135ay$
h) $\frac{v^y}{u^{2x-y+z} \cdot w^x}$ i) $\frac{25}{243}b^{5n-1}c^{2n+3}$ k) $\frac{v^{94}}{y^{44}}$

162. a) $3a^2+4ab-7b^2$ b) $y^{2n}-y^nz^n+z^{2n}$ c) $a^{n+1}-a^{n-1}$
d) $x^5+x^4y+x^3y^2-x^2y^3-xy^4-y^5$ e) $p^{10}+p^5$

163. a) 64 b) 512 c) b^{20} d) x^{3n} e) $-y^{12}$
f) b^{12m} g) b^{12m} h) x^{2m+2} i) $-y^{4n^2-1}$ k) $z^{2a^2+3ab-2b^2}$

164. a) a^8b^{12} b) $x^{28}y^7$ c) $u^{3z}v^9$ d) $32m^{10}n^{15}$
e) $-27x^6y^{3n}z^{3m-3}$ f) $\frac{81a^{12}}{625b^{20}}$ g) $\frac{m^{40}n^{16}}{x^{56}y^{48}}$
h) v^8 i) $\frac{27b^2}{128a^{11}}$ k) xy^2

165. a) $\frac{1}{2^3}=\frac{1}{8}$ b) $\frac{1}{3^2}=\frac{1}{9}$ c) $\frac{1}{0{,}2^4}=625$ d) $2 \cdot \frac{1}{5^2}=\frac{2}{25}$
e) $5 \cdot \frac{1}{2^5}=\frac{5}{32}$ f) $\frac{1}{(-4)^3}=-\frac{1}{64}$ g) $-\frac{1}{4^3}=-\frac{1}{64}$
h) $\frac{1}{(-4)^4}=\frac{1}{256}$ i) $-\frac{1}{4^4}=-\frac{1}{256}$ k) $\frac{1}{0{,}1^1}=10$

166. a) 64 b) 81 c) $1\frac{3}{5}$ d) $\frac{5}{8}$ e) $-\frac{27}{343}$
f) $\frac{36}{2\,209}$ g) 1 h) $5\frac{23}{64}$ i) $\frac{1}{448}$ k) $\frac{x^m}{a^m}$

167. a) 3^{-1} b) a^{-3} c) $5 \cdot 7^{-1}$ oder $(1{,}4)^{-1}$ d) $c(ab)^{-1}$
e) $(a-b)^{-1}$ f) $(x+y)(x-y)^{-1}$ g) $3x^{-2}-2x^{-1}+1$
h) u^3v^{-5} i) $n^{-1}a^{-2}$ k) $mn^{-1}(y^3+2)(x^2-1)^{-1}$

168. a) 5^{-1} b) $\frac{1}{5^{-1}}$ c) $\frac{1}{m^{-4}}$ d) a^3b^{-2} oder $\frac{b^{-2}}{a^{-3}}$

e) $3 \cdot x^{-2}$ oder $\dfrac{x^{-2}}{3^{-1}}$ f) mn^{-x} oder $\dfrac{n^{-x}}{m^{-1}}$ g) $m^x n^{-x}$ oder $\dfrac{n^{-x}}{m^{-x}}$

h) $m^x n^{-1}$ oder $\dfrac{n^{-1}}{m^{-x}}$ i) $m^{-1}n^{-x}$ k) $m^{-x}n^{-x}$

169. a) $\dfrac{x^m}{x}$ b) $\dfrac{3a^{2m}}{a^5}$ c) $\dfrac{b^2}{b^m}$ d) $\dfrac{a^n}{a^2b^{2n}}$

e) $\dfrac{(bc)^3}{d^2}\cdot\left(\dfrac{d}{abc}\right)^x$ f) $\dfrac{(a-b)^m}{(a-b)^n}$ g) $\dfrac{1}{x^{3m}}+\dfrac{1}{x^{2m}}+\dfrac{x}{x^m}$

h) $\dfrac{2}{a^{4n}}+\dfrac{5a^2}{a^m}-\dfrac{3a^m}{a^n}$ i) $\dfrac{1}{(2a)^{4n}}+\dfrac{(5a)^m}{5a}-\dfrac{(3a)^n}{(3a)^m}$ k) $\dfrac{1}{x^2}+\dfrac{1}{y^2}$

170. a) $30a^2$ b) $\dfrac{3}{14}\cdot\dfrac{a^3}{b^2}$ c) $\dfrac{5x^2}{2yz^2}$ d) $\dfrac{3m^{2x}}{2m^2n^{x+3}}$ e) $\dfrac{9axy^3}{10b}$

f) $\dfrac{9a^2}{20mn^3}$ g) $\dfrac{bc^2}{xyz}$ h) $\dfrac{m^{3x}\cdot t^2}{m^4s^{3m}t^{3m}}$ i) $\dfrac{a^8}{x^{11}y}$ k) $v^2x^2y^4$

171. a) $\dfrac{1}{x^6}$ b) $\dfrac{1}{8x^6}$ c) $\dfrac{x^6}{25}$ d) 1 e) $\dfrac{b^{24}}{a^4}$

f) $\dfrac{1}{4\,096}$ g) 4 096 h) $-4\,096$ i) r^{12} k) $\left(\dfrac{x^3y^2}{z^4}\right)^{15}$

172. a) $30x^{-6}y^{-5}-10x^{-5}y^{-6}+35x^{-4}y^{-7}$ b) $\dfrac{3}{10}a^{-2}b^{n+3}-\dfrac{3}{8}a^n+\dfrac{1}{5}a^{1-2n}b^{3n+3}$

c) $3x^3+2x^2-x$ d) $\dfrac{2}{3}m^{-3}n^5-\dfrac{5}{4}m^{-2}n^4+\dfrac{7}{12}m^{-1}n^3-\dfrac{1}{6}n^2$

e) $\dfrac{1}{3}y^{3n-2}-\dfrac{1}{5}y+\dfrac{2}{5}y^{-3n-6}$

173. a) $x^7+7x^6y+21x^5y^2+35x^4y^3+35x^3y^4+21x^2y^5+7xy^6+y^7$

b) $x^8-8x^7+28x^6-56x^5+70x^4-56x^3+28x^2-8x+1$

c) $16a^4-16a^3+6a^2-a+\dfrac{1}{16}$

d) $243x^5-810x^4y+1\,080x^3y^2-720x^2y^3+240xy^4-32y^5$

e) $1-3b+\dfrac{15}{4}b^2-\dfrac{5}{2}b^3+\dfrac{15}{16}b^4-\dfrac{3}{16}b^5+\dfrac{1}{64}b^6$

174. a) $\dfrac{b+3a}{b-3a}$ b) $q^5(x^2-2pxy+p^2y^2)$ c) $54(2u-v)$

d) $\dfrac{a(x+y)^n}{b^{n-1}(x-y)^{n-1}}$ e) $\dfrac{a^mb^n}{c^{m+n}(u+v)^n(u-v)^m}$

175. a) 0 b) $2(a-x)^3$ oder $-2(x-a)^3$

c) $-(a-x)^{12}$ oder $-(x-a)^{12}$ d) $(x+a)^{10}$

e) $\dfrac{1}{(r-s)(u+v)}$ f) $a(x-y)^{2n}$ g) $36(p-q)^{2x}$

h) $6(a-b)^{2k}$ i) $1\,458(5a-9b)^6$ k) 0

176. a) $0 \leqq x < \infty$ b) $0 \leqq x < \infty$ c) $0 \leqq x < \infty$

d) $0 \leqq x < \infty$ e) $-\infty < x < \infty$ f) $0 \leqq x < \infty$

g) $-\infty < x \leqq 1$ h) $-\infty < x < \infty; -\infty < y < \infty$

i) $y \leqq x < \infty$ k) $-a \leqq x \leqq +a$

177. a) richtig b) Zahlenwert falsch c) richtig
d) richtig e) falsch (negativer Radikand!) f) falsch g) richtig
h) richtig i) negatives Vorzeichen falsch k) falsch (negativer Radikand!)

178. a) falsch b) falsch c) richtig d) falsch
e) richtig f) falsch g) Zahlenwert und Vorzeichen falsch
h) richtig i) falsch k) falsch

179. a) 8 b) gibt es nicht c) 4 d) 27 e) 2
f) $|uv|$ g) $a+b$ h) $5x^2$ i) $\sqrt{1-x^2}$ k) $(2ab^2)^2$

180. a) ab^3c^2 b) $|1-x|$ c) $u-8$ mit $u \geqq 8$ d) $2ab^2c^3 \cdot \sqrt[4]{c}$
e) $33(a-b)$ f) 3 g) -32 h) 0 i) 2

181. a) $5^{\frac{1}{3}}$ b) $2^{\frac{1}{2}}$ c) $7^{\frac{1}{4}}$ d) $a^{\frac{1}{5}}$ e) $x^{\frac{1}{9}}$
f) $b^{\frac{3}{4}}$ g) $x^{\frac{4}{7}}$ h) $x^{\frac{7}{4}}$ i) $(a+b)^{\frac{1}{2}}$ k) $(x^3-y^3)^{\frac{1}{3}}$

182. a) p^3 b) $u^{\frac{4}{3}}$ c) $(x+y)^{\frac{3}{4}}$ d) $m \cdot p^{\frac{2}{k}}$
e) $x^{\frac{n+1}{n-1}}$ f) $(m-3n)^3$ g) $(m^2+n^2)^{\frac{1}{4}}$
h) $6 \cdot 4^{\frac{1}{3}} \cdot a^{\frac{2}{3}} \cdot b \cdot c^{\frac{4}{3}}$ i) $p^{\frac{2}{5}} \cdot (q-r)^{\frac{4}{5}}$ k) $x^{\frac{5}{6}} y z^{\frac{4}{3}} u^2 v^{\frac{7}{3}} w^{\frac{5}{2}}$

183. a) $a^{-\frac{1}{2}}$ b) $x^{-\frac{1}{3}}$ c) $y^{-\frac{3}{4}}$ d) $(x-y)^{-\frac{1}{2}}$
e) $(1-x)^{-\frac{2}{3}}$ f) $a^{\frac{1}{2}} \cdot b^{-\frac{1}{2}}$ g) $x^{\frac{2}{5}} \cdot y^{-\frac{3}{5}}$
h) $a^m \cdot b^{-\frac{x}{n}}$ i) $u^{\frac{5}{4}} \cdot v^{-\frac{4}{5}}$ k) $3 \cdot x^{-\frac{1}{2}} \cdot y^{-\frac{2}{3}}$

184. a) $\sqrt[3]{4}$ b) $\sqrt[5]{x^2}$ c) $\dfrac{1}{\sqrt{a}}$ d) $\dfrac{b}{\sqrt[7]{c^2}}$
e) $\dfrac{1}{\sqrt[7]{bc^2}}$ f) $\dfrac{1}{\sqrt[3]{y^2}}$ g) $z^3 \cdot z^{\frac{1}{2}} = z^3 \cdot \sqrt{z}$
h) $\dfrac{1}{\sqrt[x]{m-n}}$ i) $\dfrac{1}{\sqrt{a}}$ k) $a \cdot b^2 \cdot b^{0,6} = ab^2 \cdot \sqrt[5]{b^3}$

185. a) $\sqrt[6]{a^5}$ b) $\dfrac{1}{\sqrt[7]{b^4}}$ c) $\sqrt[8]{c^{11}} = c \cdot \sqrt[8]{c^3}$
d) $\dfrac{1}{d^2 \cdot \sqrt[3]{d^2}}$ e) $\sqrt[25]{e^{16}}$ f) $x^2 \cdot \sqrt{x}$ g) $\dfrac{1}{y^2 \cdot \sqrt[10]{y}}$
h) $z \cdot \sqrt[5]{z^2}$ i) $\dfrac{1}{\sqrt[4]{u^3}}$ k) $\dfrac{1}{\sqrt[5]{v^{2u}}}$

186. a) 1,414 2... b) 8 c) 2 d) 0,7 e) 2
f) $\dfrac{1}{2}$ g) $\dfrac{1}{6}$ h) 42,25 i) 172,103 68 k) 0,420 189 749

187. a) $7 \cdot \sqrt{2}$ b) $-\frac{1}{4} \cdot \sqrt[4]{a}$ c) $1{,}1 \cdot \sqrt[5]{5b} + 6{,}2 \cdot \sqrt[5]{ab}$ d) $3 \cdot \sqrt[3]{2} - \sqrt{3}$
e) $\sqrt{5}$ f) keine Vereinfachung möglich g) keine Vereinfachung möglich
h) $\frac{17}{15}$ i) 6 k) $(1 + 2a - 4b + c) \cdot \sqrt[7]{x^2}$

188. a) 6 b) 12 c) $25 \cdot \sqrt{3}$ d) $3 \cdot \sqrt[3]{2}$ e) $7 \cdot \sqrt{10}$
f) $x \cdot \sqrt{2}$ g) $6ab \cdot \sqrt[3]{a^2}$ h) $12xy \cdot \sqrt{z}$ i) $24uvw \cdot \sqrt[4]{2v}$ k) $a \cdot \sqrt[7]{a^{2n}}$

189. a) $11 \cdot \sqrt{5}$ b) $37 \cdot \sqrt{2} - 56 \cdot \sqrt{5}$ c) 44 d) $42 + 13 \cdot \sqrt{6}$
e) $a - b$ f) $12 \cdot \sqrt{3} - 27 \cdot \sqrt{2} + 90$ g) $74 - 12 \cdot \sqrt{30}$
h) 1 i) $-2 \cdot \sqrt[3]{2}$ k) $55 \cdot \sqrt[3]{3} - 51 \cdot \sqrt{3}$

190. a) 16 b) 32 c) 3 d) $14 - \sqrt{6}$ e) $2b$
f) 4 g) $8 \cdot \sqrt{3}$ h) 1 i) $16 - 6 \cdot \sqrt[5]{2} - 4 \cdot \sqrt[5]{16}$ k) 283

191. a) $\sqrt{x^2 y}$ b) $\sqrt{48}$ c) $\sqrt[3]{27a^3 x}$ d) $\sqrt{x^2 y^2 z}$ e) $\sqrt[4]{16m^5}$
f) $\sqrt{x}$ g) $\sqrt[3]{\frac{40}{y^2}}$ h) $\sqrt{\sqrt{3} + \sqrt{2}}$ i) $\sqrt{5 \cdot \sqrt{11} - 4 \cdot \sqrt{2}}$ k) $\sqrt[3]{u^2 - v^2}$

192. a) 7 b) 4 c) $\sqrt{5}$ d) $2 \cdot \sqrt{6}$ e) 2
f) 2 g) $\frac{3}{4}$ h) x i) a^2 k) $\frac{1}{10} \cdot \sqrt{30}$

193. a) 30 b) $16 \cdot \sqrt{5}$ c) $\frac{15}{8} - \frac{45}{8} \cdot \sqrt{\frac{2}{3}} + 3 \cdot \sqrt{\frac{6}{5}}$ d) $\frac{9}{4} - \sqrt[3]{9}$
e) $|x| + |y|$ f) $b + \sqrt{b} + \sqrt{ab}$ g) $(a - b) \cdot \sqrt{a}$ h) $(xy - 1) \cdot \sqrt{y}$
i) $\frac{45x^2}{8y} \cdot \sqrt{\frac{2}{3}} - \frac{3 \cdot \sqrt{2}}{2y} + \frac{5x}{4} \cdot \sqrt{\frac{1}{3}}$ k) $\frac{15b^2}{4a^2} \cdot \sqrt[3]{\frac{2b^2}{5}} + \frac{5b^3}{2a^5} \cdot \sqrt[3]{\frac{6}{ab}} - \frac{6b}{a^3} \cdot \sqrt[3]{\frac{b^2}{5a}}$

194. a) $30a^2 b$ b) $\frac{2}{u}$ c) $\frac{1}{\sqrt{a - x}}$ d) a^3
e) $\sqrt{m} + \sqrt{n}$ f) $2 - \sqrt{a}$ g) $\sqrt[3]{6x} + \sqrt[3]{3y}$ h) $\sqrt[3]{a^2} - \sqrt[3]{ab} + \sqrt[3]{b^2}$
i) $\sqrt[3]{16m^2} + \sqrt[3]{28mn} + \sqrt[3]{49n^2}$ k) $3x\sqrt{x} - 2\sqrt{xy} + 5y\sqrt{y}$

195. a) $\frac{1}{3} \cdot \sqrt{7}$ b) $\sqrt{2}$ c) $\frac{5}{12} \cdot \sqrt{12}$ d) $\frac{1}{3}\sqrt{3}$ e) $\frac{1}{5}\sqrt{5}$
f) $\sqrt{15}$ g) $\frac{1}{6} \cdot \sqrt{6}$ h) $\frac{1}{5} \cdot \sqrt{15}$ i) $4 \cdot \sqrt{10}$ k) $\frac{1}{6} \cdot \sqrt{30}$

196. a) $\frac{1}{x} \cdot \sqrt{x}$ b) $\sqrt[4]{a}$ c) $3x \cdot \sqrt[7]{x^5}$ d) $4m^2 \cdot \sqrt[5]{m^3}$
e) $\frac{1}{y} \cdot \sqrt[n]{y^4}$ f) $2 \cdot \sqrt{2} + \sqrt{6}$ g) $4 \cdot \sqrt[3]{2} - 6 \cdot \sqrt[3]{10}$
h) $\frac{\sqrt[4]{27} - \sqrt[4]{54}}{3}$ i) $(2a - 5b) \cdot \sqrt{2a + 5b}$ k) $\frac{(7m - 3n) \cdot \sqrt{7m + 3n}}{7m + 3n}$

197. a) $2 - \sqrt{3}$ b) $\sqrt{7} + \sqrt{6}$ c) $3(2 \cdot \sqrt{3} + 3)$ d) $3(7 + 3 \cdot \sqrt{5})$

e) $2(\sqrt{8} - \sqrt{5})$ f) $2(\sqrt{10} + \sqrt{3})$ g) $4 + \sqrt{15}$ h) $\frac{1}{3} \cdot \sqrt{6}$

i) $\frac{1}{3} \cdot \sqrt{21}$ k) $5 + 2 \cdot \sqrt{6}$

198. a) $\frac{2}{75} \cdot \sqrt{15}$ b) $\frac{1}{7}(3 \cdot \sqrt{6} + 2 \cdot \sqrt{3} + 3 \cdot \sqrt{2} + 2)$ c) $\sqrt{x+y} + \sqrt{y}$

d) $\sqrt{2} - \sqrt{3} + \sqrt{5}$ e) $\frac{1}{2}(\sqrt{2} + \sqrt{6})$ f) $\sqrt{2} + \sqrt{3}$ g) $\frac{1}{11}(3 \cdot \sqrt{3} + \sqrt{5})$

h) $\frac{1}{2}(\sqrt{10} - \sqrt{14} + \sqrt{15} - \sqrt{21})$ i) $\sqrt{2} - \sqrt{3} + \sqrt{6} - 2$ k) $1 + \sqrt{2}$

199. a) 5 b) a c) $\sqrt[3]{b^2}$ d) y^2 e) $xy^2 \cdot \sqrt[4]{x^2 y}$

f) $\frac{1}{\sqrt[7]{m^2 n^3}}$ g) $ab \cdot \sqrt[3]{ac^2}$ h) $\frac{1}{x}$ i) $rst^2 \cdot \sqrt[4]{s}$ k) $\frac{1}{(abc)^2}$

200. a) 2 b) $\sqrt[3]{4}$ c) $\sqrt{2}$ d) $\sqrt[3]{3}$ e) $\sqrt[5]{8}$

f) $\sqrt{5}$ g) 3 h) $\sqrt{6}$ i) $\sqrt{3}$ k) $\sqrt[3]{5}$

201. a) 8 b) 1 024 c) 36 d) 1 000 e) 7

f) 5 g) 1,2 h) 0,000 1 i) $2 \cdot \sqrt{2}$ k) $27 \cdot \sqrt{3}$

202. a) $\sqrt[3]{a^2}$ b) $x \cdot \sqrt[3]{x}$ c) $a \cdot \sqrt{a}$ d) $y \cdot \sqrt{5xy}$

e) $m \cdot \sqrt{2mn}$ f) $p^k \cdot \sqrt[3]{q^n}$ g) $\sqrt[3]{v}$ h) u^5

i) $u^{k-1} v^{k+1}$ k) $a^2bcd \cdot \sqrt{2bz} \cdot \sqrt[3]{y^2 u} \cdot \sqrt[4]{cx^3 v} \cdot \sqrt[6]{e^5 w}$

203. a) $\sqrt[6]{u^3}$ b) $\sqrt[12]{v^8}$ c) $\sqrt[8]{x^6 y^2}$ d) $\sqrt[21]{a^{15} b^6 c^{18}}$

e) $\sqrt[20]{(a+b)^4}$ f) nicht möglich g) $\sqrt[18]{(a^2 b^3 - c)^3}$ h) $\sqrt[4]{(x-y)^2}$

i) nicht möglich k) $\sqrt[18]{(a^2 - b^2)^2}$

204. a) $\sqrt[b]{x^2}$ b) $\sqrt[3]{2}$ c) $\sqrt[3]{2}$ d) $\sqrt[3]{a}$ e) $\sqrt[5]{u - v}$

f) $\sqrt[3]{p^2 q}$ g) $\sqrt[9]{mn^3}$ h) $\sqrt[5]{a^2 bc^3}$ i) $\sqrt[6]{a}$ k) $z \cdot \sqrt[3]{xy^2}$

205. a) $\sqrt{3}$ b) 2 c) 6 d) $\sqrt[8]{\frac{a^3}{b^3}}$ e) $\sqrt[6]{\frac{x^4}{y^3}}$

f) 1 g) $m \cdot \sqrt[8]{m}$ h) $\frac{\sqrt[8]{a^5}}{a}$ i) u k) $\frac{1}{x}$

206. a) 2 b) $\sqrt[6]{200}$ c) $\sqrt[12]{648}$ d) $\sqrt[6]{\frac{2}{3}}$ e) $\sqrt[12]{\frac{4}{5}}$

f) $\sqrt[10]{8}$ g) $\sqrt[6]{\frac{27}{4}}$ h) $\sqrt{2}$ i) $\sqrt[30]{\frac{6^6}{5^5}}$ k) $\sqrt[28]{\frac{1000}{81}}$

207. a) $\sqrt[20]{x^{19}}$ b) $v \cdot \sqrt[30]{u^{25} v^{22}}$ c) $mn^3 \cdot \sqrt[12]{m^8 n^9}$ d) $\sqrt[12]{\frac{27}{2}}$

e) $3 \cdot \sqrt[4]{200} - 2 \cdot \sqrt[12]{2048} + \sqrt[4]{50}$ f) $\sqrt[6]{32} - \sqrt[6]{243} - \sqrt{6} + \sqrt[3]{6}$

g) $8 + 3 \cdot \sqrt[6]{32}$ h) $\sqrt[4]{72} + 2 \cdot \sqrt[12]{32} - 6$ i) 4 k) 1

l) $2 \cdot \sqrt{b}$ m) $100 \cdot (10 + \sqrt{99}) \approx 1\,995{,}0$

n) $\frac{x^2-2x+1}{4x}$ o) $\frac{1}{2}(1-\sqrt{3})$

208. a) $\log_2 16 = 4$ b) $\log_{\frac{1}{2}} \frac{1}{8} = 3$ c) $\log_{0,2} 25 = -2$ d) $\log_{-5} 25 = 2$

e) $\log_6 \frac{1}{36} = -2$ f) $\log_a x = -7$ g) $\log_8 512 = 3$ h) $\log_x 1 = 0$

i) $\log_{0,01} 10^{-8} = 4$ k) $\log_{-3}(-y) = -x$

209. e) und f) sind falsch; alle anderen richtig.
Richtig wäre: e) $\log_{0,2} 5 = -1$; f) $\log_{0,5} 8 = -3$

210. a) $\log_{64} 8 = \frac{1}{2}$ b) $\log_{243} 3 = \frac{1}{5}$ c) $\log_{0,001} 0,1 = \frac{1}{3}$ d) $\log_{390\,625} 5 = \frac{1}{8}$

e) $\log_k q = \frac{1}{p}$ f) $\log_{a^2} b = \frac{1}{3}$ g) $\log_{\frac{1}{x}} y = \frac{1}{4}$ h) $\log_{p^q} r = \frac{1}{n}$

i) $\log_{\frac{1}{m}} n = \frac{1}{k}$ k) $\log_{\frac{1}{s^s}} t = \frac{1}{r}$

211. a) 4 b) 6 c) −4 d) 2 e) 4
f) 1 g) −1 h) −2 i) −1 k) $-n$

212. a) $\frac{1}{2}$ b) $\frac{1}{4}$ c) $-\frac{1}{6}$ d) $-\frac{1}{2}$ e) 0 f) −3

g) gibt es nicht h) $\frac{1}{3}$ i) $\frac{1}{2}$ k) −3

213. a) 32 b) 46 656 c) 4 d) 5 e) 2

f) $\frac{1}{9}$ g) 1 024 h) 3 i) 10 k) a

214. a) 9 b) 0,008 1 c) $\frac{1}{7}$ d) 13 e) a

f) 3 g) $\frac{1}{n}$ h) 16 i) 3 k) −2

215. a) −4 b) 2 c) 4 d) $-\frac{m}{n}$ e) $\frac{1}{3}$

f) $\frac{1}{4}$ g) 3 h) $-n$ i) jede beliebige Zahl $\neq 0$ k) −4

216. a) 4 b) 6 c) 1 d) −1 e) −5

f) $\frac{1}{2}$ g) −2 h) existiert nicht i) 10 k) $\frac{1}{3}$

217. a) 0 b) −0,5 c) −1 d) −1,4 e) −4
f) 3 g) −5 h) −8 i) 1 k) 0,5

218. a) $2 \cdot \log_a x + \frac{1}{2} \cdot \log_a y - 3 \cdot \log_a z - \frac{1}{4} \cdot \log_a u$

b) $\log_m 3 + 2 \cdot \log_m u - \log_m 4 - \frac{1}{2} \cdot \log_m v$

c) $\frac{1}{2}\left(\log_p 4 + 3 \cdot \log_p a + \frac{1}{2} - 5 \cdot \log_p b - 7 \cdot \log_p q\right)$

d) $\log_{10}(x+y) + \log_{10}(x-y) - \log_{10}(x^2+y^2)$

e) keine weitere Vereinfachung möglich

f) $\log_x 5 - 2 - 3 \cdot \log_x y$

g) $\log_y a + \frac{1}{2} \cdot \log_y b - 2 \cdot \log_y c$

h) $\log_r x + \frac{1}{8} \log_r (x+y)$

i) $5 \cdot (\log_5 3 + \log_5 a)$

k) $-\frac{5}{4} \cdot \log_y x - \frac{3}{4}$

219. a) $\log_k \frac{ab}{cd}$ b) $\log_a \frac{x^2 y^3}{u \cdot v^4}$ c) $\log_x (\sqrt{u} \cdot \sqrt[3]{v})$ d) $\log_x \sqrt{u \cdot \sqrt[3]{v}}$

e) $\log_m \frac{\sqrt[3]{ac^2}}{\sqrt[4]{bd^3}}$ f) $\log_a \frac{q^p}{p^q}$ g) $\log_s \frac{1}{x^k \cdot \sqrt[k]{y}}$ h) $\log_r (a^n b^{n-1} c^{n-2})$

i) $\log_z \frac{\sqrt[q]{r^p}}{\sqrt[p]{s^q}}$ k) $\log_d \frac{\sqrt[a]{c^b} \cdot \sqrt[c]{a^b}}{\sqrt{b^c} \cdot d^3}$

220. a) 2,605 95 b) 5,605 95 c) 0,605 95 − 1 d) 3,605 95
e) 0,605 95 − 3 f) 1,605 95 g) 0,211 90 − 3 h) 2,302 98
i) 0,817 85 − 11 k) 0,201 98

221. a) 1 b) −6 c) 0 d) 4 e) 2
f) −3 g) −2 h) 7 i) 0 k) −4

222. a) 5 b) 1 c) 18 d) 3
e) 1. Stelle nach dem Komma f) 3. Stelle nach dem Komma
g) 2 h) $n+1$ i) 2. Stelle nach dem Komma
k) k-te Stelle nach dem Komma

223. a) 1,778 51 b) 5,976 35 c) 8,080 63 d) 2,860 70
e) 3,970 03 f) 0,890 20 g) 4,660 11 h) 1,000 43
i) 0,350 05 − 1 k) 0,762 23 − 3

224. a) 0,091 32 − 3 b) 0,370 14 − 8 c) 0,999 96 − 1 d) 0,920 07 − 3
e) 0,659 92 − 5 f) 1,361 73 g) 0,079 18 h) 0,698 97 − 3
i) 0,845 66 − 2 k) 0,660 77 − 24

225. a) 3,291 37 b) 0,390 23 − 1 c) 4,959 99 d) 5,866 52
e) 0,602 06 − 6 f) 0,939 52 − 8 g) 1,235 02 h) 2,361 35
i) 0,920 07 k) 0,970 02 − 2

226. a) 81 820 b) 4,175 c) 329,2 d) 0,000 999 5
e) 0,000 000 812 0 f) $4{,}571 \cdot 10^{12}$ g) 0,000 010 010 h) 0,398 7
i) 8 337 k) 0,048 79

227. a) 0,002 796 b) 65,10 c) $5{,}306 \cdot 10^{-10}$ d) $3{,}924 \cdot 10^{-8}$
e) 10^{18} f) $1{,}024 \cdot 10^{-8}$ g) 0,015 85 h) 59 950 000
i) 0,999 8 k) 183,1

228. a) 8,358 b) 0,021 53 c) 0,000 921 7 d) 494 300
e) 5 759 f) 0,000 000 359 4 g) 87,06 h) 0,000 031 08
i) $1{,}025 \cdot 10^{-10}$ k) 0,999 1

229. a) 4,132 71 b) 2,812 05 c) 6,988 85 d) 4,860 62
e) 5,910 13 f) 1,778 16 g) 5,930 02 h) 0,602 57
i) 7,789 99 k) 1,860 03

230. a) 0,517 12 − 3 b) 0,861 23 − 2 c) 0,420 02 − 6 d) 0,079 40 − 1
e) 2,930 99 f) 2,799 35 g) 0,762 88 − 1 h) 4,110 05
i) 0,873 04 − 6 k) 0,200 00 − 6

231. a) 6 512,6 b) 866 560 c) 93,324 d) 3,162 3

e) 562,34 f) 0,008 130 2 g) 63 423 h) 6,166 6
i) 0,023 041 k) 1,412 5

232. a) 1,258 9 b) 29 956 c) 4,641 6 d) 51,994
e) 6 599,3 f) 0,000 102 33 g) 0,000 379 95 h) 1,778 3
i) 0,999 97 oder 0,999 98 k) 0,002 154 4

233. a) 35,4 b) 3,696 c) 2,356 60 d) 0,2913 e) −0,073 7
f) 5,665 g) 169 h) nicht lösbar i) 107,4 k) 0,25

234. a) 8,843 b) 1,336 82 c) 81 d) −3,772 45 e) 955
f) 0,013 4 g) nicht lösbar h) 0,813 2 i) 3,636 36 k) 6,2

235. a) 0,006 607 b) 53,29 c) 0,555 56 d) 0,267 8
e) 12,274 59 f) 32 g) 0,077 77 h) −36,767 64
i) 0,2 k) 43,43

236. a) 5 908,082 3 b) 0,000 380 420 23 c) 0,135 498 7
d) 177,871 06 e) 6 319,444 8 f) 24 351,499
g) 0,002 725 128 8 h) 0,031 375 199

237. a) 1,332 322 2 b) 0,000 020 187 833 c) 66 562,325
d) 8,065 630 4 e) 0,001 863 221 f) 121,506 68
g) 1,100 496 7 h) 261,896 27 i) 67,514 655
k) 0,000 568 253 75

238. a) $5{,}760\,19 \cdot 10^{-11}$ b) 9,770 041 c) 0,096 655 4
d) 2,718 146 e) 19 773,873 f) 306 789,97
g) 0,000 220 466 6 h) 2 329,426 1 i) 0,007 831 456 3
k) $3{,}841\,822\,6 \cdot 10^{-5}$

239. a) 5,712 662 9 b) 6,651 844 4 c) 1,059 463 1
d) 1,526 346 5 e) 0,028 740 216 f) 0,021 343 555
g) 0,069 674 62 h) 0,000 444 323 08 i) 0,794 328 3
k) 0,281 726 91

240. a) 59,921 969 4 b) 6 253,557 7 c) 2,325 525
d) 1,781 638 e) 0,053 908 11 f) 0,232 809 26
g) 39,796 203 h) 0,007 256 710 8 i) 402,004 1
k) 0,042 133 89

241. a) 0,742 795 b) 74,965 78 c) 2,736 692
d) 0,426 251 6 e) $3{,}140\,212 \cdot 10^{-8}$ f) 22,491 75
g) 0,648 774 7 h) 0,725 390 6

242. a) 0,036 347 834 b) 1,328 322 2 c) 3,599 085
d) 0,566 058 68 e) 6,930 143

243. a) 1,344 622 8 b) 0,787 371 24 c) 0,000 922 279 64
d) 8,106 094 5 e) 1,945 649 9

244. a) 4 b) 25 c) −18 d) $-\frac{1}{3}$
e) 3 f) 13 g) 132 h) $\frac{c-b}{a+d}$
i) 0 k) 4

245. a) 2 b) 5 c) $\frac{4}{11}$ d) $25a$ e) 9
f) $-b$ g) $\frac{a+c}{b}$ h) $-4\frac{2}{3}$ i) Widerspruch: keine Lösung! k) 5

246. a) 12 b) $\frac{1}{3}$ c) $5a - 6b$ d) $-\frac{ab}{a+b}$ e) 1

f) 0 g) $3(u - 2v)$ h) 4 i) 1,2 k) $2a$

247. a) 7 b) $-5\frac{1}{2}$ c) $\frac{1}{3}$ d) 2 e) 1 f) 1

g) $\frac{1}{2}$ h) 2,5 i) $\frac{ab}{a+b}$ k) $\frac{a-b}{a+b}$

248. a) 2 b) 0 c) 2 d) 6 e) 0

f) 5 g) $a^2 - b^2$ h) $-\frac{8}{9}$ i) 5 k) 2

249. a) $q = \frac{m}{p} - 1$ b) $\alpha = \frac{l_t - l_0}{l_0 t}$ c) $t_2 = t_1 - \frac{Q}{mc}$ d) $n = \frac{g - a + d}{d}$

e) $t = \frac{s}{g} + \frac{1}{2}$ f) $m = \frac{a-b}{a+b}$ g) $f = \frac{ar}{r_1 - r}$

h) $y = \frac{y_2 - y_1}{x_2 - x_1}(x - x_1) + y_1$ i) $r = \frac{p^2 + s^2}{2p}$ k) $a = c - \frac{d}{b}$

250. a) 169 b) $1\frac{13}{36}$ c) 0 d) $-\frac{61}{384}$ (Scheinlösung, da $\sqrt[3]{6x-1} \geqq 0$ sein muß.)

e) $a^3 + 6a^2 + 12a + 10$ f) 11 (Scheinlösung! Vgl. Bemerkung zu 250. d!) g) 7

h) -12 i) 5 k) Die Gleichung ist für alle $x \geqq -\frac{7}{2}$ erfüllt.

251. a) 6 b) 17 c) 9 d) 19 e) 19
f) 4 g) 14 h) 34 i) 5 k) 7

252. a) 15,1 b) $36\frac{1}{2}$ c) $1\frac{5}{54}$ d) 67,25 e) $\frac{3}{32}$

253. a) -3 b) $\frac{1}{2}$ c) 28,7 d) 13 e) 1 f) 5065

254. a) 19 Mitglieder, 500 h b) 18 l c) 30 Ω d) 1,59 kg Cu und 0,41 kg Zn

e) $4\frac{1}{5}$ Tage f) $\frac{15}{44}$ A = 0,341 A g) 2 h 42 min

h) 126 km · h^{-1} i) 43,5 km · h^{-1}

k) 1,293 l 78prozentigen C_2H_5OH und 3,707 l 20prozentigen C_2H_5OH

255. a) $x < \frac{3}{4}$ b) $x > 3$ c) $x > \frac{7}{5}$ d) $x < -2$ e) $x > 0$

f) $x < 27$ g) $x < 20$ h) $x < 1\frac{2}{5}$

256. a) $x < 3$ b) $x > 2$ c) $x < -3$ d) $x \geqq -\frac{2}{7}$ e) $x < \frac{93}{140}$

f) $x - > \frac{5}{8}$ g) $x \leqq 2$

257. a) $x > 2$ b) $-1 < x < +1$ und $x > 3$

c) $x < \frac{a}{1-2a}$, wenn $a < \frac{1}{2}$

x ist beliebig, wenn $a = \frac{1}{2}$

$x > \frac{a}{1-2a}$, wenn $a > \frac{1}{2}$

d) $x < 1$ und $2 < x < 3$

e) $x \leqq -2{,}5$

f) $x \geqq \frac{2ab}{a+b}$

g) $x > 1$, wenn $a > b$

keine Lösung, wenn $a = b$

$0 < x < 1$, wenn $a < b$

h) $x < 0$ und $x \geqq \frac{1}{2}$

i) $x > \frac{1}{2}$

k) $x \leqq -5{,}5$ und $x \geqq \frac{1}{2}$

258. a) 2:3 b) 3:2 c) 4:1 d) 12:5 e) 22:23
f) 5:6 g) 3:2 h) 7:8 i) 9:11 k) 8:9

259. a) $2:6 = 3:9$
$9:6 = 3:2$
$2:3 = 6:9$
$9:3 = 6:2$
$6:2 = 9:3$
$3:2 = 9:6$
$6:9 = 2:3$
$3:9 = 2:6$

f) $a:x = y:b$
$b:x = y:a$
$a:y = x:b$
$b:y = x:a$
$x:a = b:y$
$y:a = b:x$
$x:b = a:y$
$y:b = a:x$

i) $I_1:I_2 = R_2:R_1$
$R_1:I_2 = R_2:I_1$
$I_1:R_2 = I_2:R_1$
$R_1:R_2 = I_2:I_1$
$I_2:I_1 = R_1:R_2$
$R_2:I_1 = R_1:I_2$
$I_2:R_1 = I_1:R_2$
$R_2:R_1 = I_1:I_2$

Die übrigen Aufgaben sind entsprechend zu lösen.

260. a) 2:3 b) 7:4 c) 2:5 d) 11:9 e) 9:11
f) 3:8 g) 100:19 h) 16:21 i) 7:1 k) 1:1000

261. a) richtig b) falsch c) richtig d) richtig e) falsch
f) falsch g) falsch h) richtig i) falsch k) richtig

262. a) 24 b) 28 c) 12,6 d) 42
e) $32(d/b) = 32\frac{d}{b}$ f) $\frac{3}{5}a^3b$ g) $\frac{1}{4u^2v}$ h) $\frac{1}{2}mn$
i) 7 k) $\frac{5b^2}{6a}$

263. a) $17\frac{1}{7}$ b) 25 c) 45 d) 3,25 e) 8
f) 8 g) 3 h) 6 i) 4 k) 10,5

264. a) 25 % b) 11 % c) 9 % d) 4 % e) 8 %
f) 2,4 % g) 0,08 % h) 1,12 % i) 6,45 % k) 2,89 %

265. a) 65,5 %; 20,7 %; 13,8 % b) 9,8 %; 16,7 % c) 17,42 %
d) 20,64 % e) 6,12 % f) 27,3 %; 72,7 % g) 18,75 %

266. a) 359,34 Mark b) 1 776,32 kg c) 3 933 t d) 2 633,868 ha
e) 98,736 m f) 86 Stück g) 79,34 Mark h) 137,28 l
i) 468 kW k) 1 580 130

267. a) 0 – 23 : 5; 24 – 32 : 4; 33 – 44 : 3; 45 – 55 : 2; 56 – 60 : 1
b) 1 956,61 ha; 1 165,64 ha; 790,97 ha; 249,78 ha c) 2 760 t

268. a) 731 Stück b) 826,– Mark c) 463 m d) 2,5 t
e) 767 ha f) 80,– Mark g) 120 MW h) 87 g
i) 72 300 E. k) 56,2 hl

269. a) 34 357,50 Mark b) 1 074,42 Mark c) 1,79 Mark d) 1 156,03 Mark
e) 3 245,53 Mark f) 2,– Mark g) 2,– Mark h) 0,80 Mark
i) 1 310,20 Mark k) 4,20 Mark

270. a) 3; 5 b) −4; −2 c) 6; 5 d) 2; $\frac{9}{4}$
e) 11; 13 f) −3; 4 g) $\frac{5}{2}$; 1 h) 6; 10
i) 3; 8

271. a) 1; $a+b$ b) 6,816; 5,204 c) 4; 1 d) $-\frac{2}{3}$; 0
e) 3; 2 f) 2; 5 g) 13; 5 h) 2; 4
i) 18; 24

272. a) 3; 2 b) keine eindeutige Lösung (abhängig) c) 17; 1
d) 0,31; 0,13 e) 4; 1 f) 6; 3 g) −2; 7
h) 8; 9 i) keine Lösung (Widerspruch)

273. a) 3; 2 b) 6; 4 c) 1; 1 d) 9; 10
e) 1; 1 f) $\frac{a}{b}$; $\frac{b}{a}$ g) $\frac{2}{5}(a^2+b^2)$; $\frac{1}{5}(a^2+5ab+b^2)$
h) $\frac{a+b}{a-b}$; $\frac{a-b}{a+b}$

274. a) 7; 2 b) $a(a+b)$; $b(a-b)$ c) 12; 5
d) 11; 8 e) 9; 5 f) $2a+b$; $2a-b$
g) $\frac{a+1}{ab-1}$; $\frac{b+1}{ab-1}$

275. a) 3; 5; 9 b) 4; 7; 2 c) 8; 4; 1 d) 8; 4; −2
e) 10; 20; 30 f) 12; 20; 30 g) 30; 12; 70 h) 5; 3; 1

276. a) 0; 1; 1 b) $\frac{a+b}{a}$; $\frac{a-b}{b}$; $\frac{a^2-b^2}{ab}$ c) 4; 3; −6
d) $\frac{2}{a+b-c}$; $\frac{2}{c+a-b}$; $\frac{2}{b+c-a}$ e) 1; 2; 3 f) 4; 2; 1
g) $(a+b)^2$; $(a-b)^2$; a^2-b^2 h) $\frac{1}{7}$; $\frac{1}{8}$; 1

277. a) 3; 4; 1; 0 b) 1; 2; 3; 4 c) 6; 5; 4; 3; −3
d) $2a$; $3a-b$; $a-b$; $2b$; $3b-a$ e) 5; 4; 3; 2; 1 f) 5; 7; 3; 2; 10; 4
g) 13; 10; 8; 7; 7 h) 30; 20; 10; 0 i) 6; 5; 4; 3; 2; 1

278. a) 361; 157 b) 51; 187 c) 22; 35 d) $\frac{15}{17}$

279. a) 8 cm; 1 cm b) $m_1 = 20$ kg; $m_2 = 30$ kg
c) keine eindeutige Lösung (2. Gl. von der 1. Gl. abhängig!)

280. a) 44; 12 b) $30\,m^3/min$; $20\,m^3/min$ c) 1,2 V; 1,6 Ω
d) 18 V; 6 Ω

281. a) 108; 111 b) 50 cm; 41 cm c) 16 cm; 24 cm; 47 cm

282. a) 17; 26; 101 b) 21 cm; 19 cm c) 20 Tage; 30 Tage
d) 1. Mischung: $7\,cm^3$ der ersten Sorte und $28\,cm^3$ der zweiten;
2. Mischung: $14\,cm^3$ der ersten Sorte und $20\,cm^3$ der zweiten.

283. a) Keine Lösung, da Widerspruch.
b) kalt: 16 l/min; warm: 14 l/min; beide 4 min c) 200 l; 150 l; 290 l

284. a) $\pm 29{,}6$ b) $\pm\frac{4}{3}$ c) ± 1 d) ± 0 e) keine Lösung
f) $\pm\frac{8}{7}$ g) ± 0 h) $+17$; (-17 ist Scheinlösung!)

285. a) ± 1 b) ± 13 c) $+5$; (-5 ist Scheinlösung!)
d) $+5$; (-5 Scheinlösung) e) 0 f) $\pm a$ g) ± 2
h) 7; -1 i) $a+b$; $a-b$

286. a) $0;\ -\frac{3}{7}$ b) $0;\ \frac{v}{u}$ c) $0;\ \frac{13}{8}$ d) 0; 6 e) $0;\ b$
f) $0;\ \frac{5}{21}$ g) $0;\ -\frac{b^2}{a^2}$ h) $0;\ -2p$

287. a) $(x-2)^2$ b) $\left(x+\frac{1}{7}\right)^2$ c) $\left(a-\frac{2}{3}\right)^2$ d) $(m-0{,}3)^2$ e) $\left(x+\frac{15}{2}\right)$
f) $\left(b-\frac{5}{2}c\right)^2$ g) $(pq-4r)^2$ h) $(2x+3)^2$ i) $(c+3{,}35\,d)^2$ k) $(3a-4b)^2$

288. a) 5; -11 b) -3; 7 c) 3,2; 0,4 d) $-0{,}9$; $-0{,}9$ e) $\frac{2}{3};\ \frac{8}{15}$
f) $\frac{7}{3};\ -\frac{2}{3}$ g) $+\frac{1}{2};\ +\frac{13}{15}$ h) 1,7; $-1{,}5$

289. a) 5; 1 b) 2; -7 c) -5; 1 d) 1; -1 e) 5; -1

290. a) $9;\ \frac{1}{2}$ b) $-4\frac{1}{4};\ -3\frac{1}{4}$ c) 4,6; -22 d) $1\frac{7}{8};\ -2\frac{1}{3}$ e) $-2{,}7$; $-4{,}1$
f) $5;\ 1\frac{1}{16}$ g) $3b;\ -\frac{5}{2}c$ h) $\frac{3}{4};\ -\frac{2}{3}$ i) $5a;\ \frac{2a}{5}$ k) $4;\ 4\frac{16}{17}$

291. a) $5\pm\sqrt{5}$ b) $3\pm\frac{1}{2}\sqrt{3}$ c) $3b;\ \frac{b}{3}$ d) $\frac{5}{2}\pm\frac{1}{2}\sqrt{33}$ e) $9{,}2\pm\sqrt{7{,}64}$
f) $-\frac{9}{2}\pm\frac{1}{2}\sqrt{5}$ g) $\sqrt{5};\ -\sqrt{3}$ h) $-1;\ \frac{3}{4}\sqrt{5}$

292. a) 2; 9 b) 3; 3 c) $8;\ \frac{31}{5}$ d) $b+a;\ b-a$
e) $3a+b;\ a+3b$ f) $10;\ \frac{46}{21}$ g) $\sqrt{a};\ -a$

293. a) $2;\ \frac{45}{38}$ b) 6 (1 ist Scheinlösung) c) 0; -8 d) $\frac{4}{3};\ \frac{2}{5}$
e) $3;\ -\frac{1}{5}$ f) $11;\ -\frac{3}{2}$ g) $14a;\ -4a$ h) $\pm 2a\sqrt{3}$
i) $-3{,}1\pm\sqrt{11{,}21}$

294. a) $8;\ 2\frac{2}{7}$ b) $-1;\ 2\frac{8}{15}$ c) 3 d) $10;\ 5\frac{1}{5}$

e) $3a;\ -2a$ f) $\frac{a+b}{a-b};\ 1$ g) $\frac{a+b}{a-b};\ \frac{a-b}{a+b}$ h) $\frac{a-c}{c-d};\ 1$

295. a) $x=0;\ x_2=6$ b) $x_1=8;\ x_2=16$ c) $x_1=4;\ \left(x_2=-\frac{44}{25}\right)$

d) $x_1=8;\ (x_2=-1)$ e) $x_1=5;\ (x_2=14)$ f) $x_1=-\frac{7}{4};\ x_2=\frac{1}{4}$

g) $(x_1=3);\ x_2=17$ h) $x_1=3;\ x_2=-\frac{3}{7}$ i) $x_1=3;\ \left(x_2=-\frac{7}{47}\right)$

k) $x_1=7a;\ x_2=-a$

296. a) $-3;\ 7$ b) $-1;\ 8$ c) $3;\ 3$ d) $8;\ -9$ e) $-2;\ -7$
f) $7;\ -16$ g) $-1;\ -1$ h) $16;\ 18$ i) $-4;\ -6$ k) $a;\ -b$

297. a) richtig b) richtig c) falsch d) richtig e) falsch
f) richtig g) falsch h) falsch

298. a) $x^2-7x+10=0$ b) $x^2-4x-21=0$
c) $x^2+25x+154=0$ d) $x^2+126x-387=0$
e) $18x^2-63x-65=0$ f) $x^2-14x+47=0$
g) $x^2+6{,}4x-5{,}76=0$ h) $3x^2-5ax-2a^2=0$

299. a) $(x-3)(x-8)$ b) $2(x-5)(x+7)$
c) $(x-3)(x+4)$ d) $(3x+8)(2x-5)$
e) $(\sqrt{2x}+6)(x-5\sqrt{2})$ f) $(x-15)(25x-3)$
g) $(x-a)(bx+1)$ h) $(3x-2y)(5x+9y)$
i) $(x-a+2b)(x+2a-b)$ k) $(10x-15u+8\sqrt{3v})(12x+8u-9\sqrt{3v})$

300. a) $-2<x<+2$ b) $-\frac{5}{3}<x<+\frac{5}{3}$
c) Ungl. hat für kein x Gültigkeit! d) $2<x<5$ e) $-7<x<-3$
f) $-1<x<+12$ g) $x<1$ und $x>7$ h) $x<-1$ und $x>+1$
i) $x<-10$ und $x>-3$ k) Ungl. hat für kein x Gültigkeit!

301. a) P_2 und P_3 liegen auf der Geraden, P_1 nicht.
b) P_1 liegt auf der Geraden, P_2 und P_3 nicht.
c) P_3 liegt auf der Geraden, P_1 und P_2 nicht.
d) P_2 liegt auf der Kurve, P_1 und P_3 nicht.
e) Alle drei Punkte liegen auf der Kurve.

302.

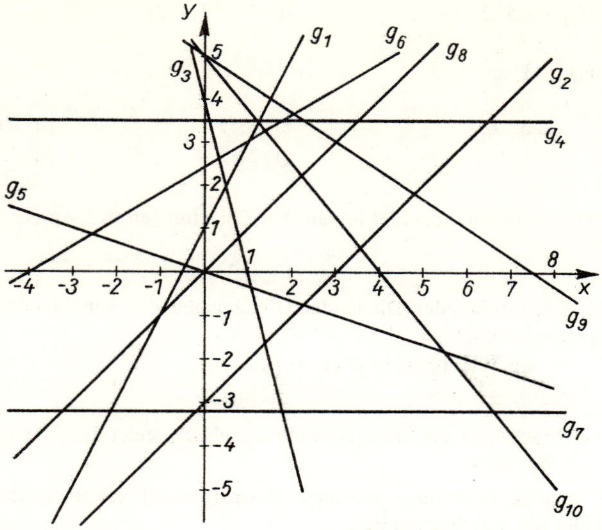

Bild 456

303. a) $x_1 = 5\frac{5}{6}$; $x_2 = -\frac{5}{12}$; $x_3 = 1$

b) $x_1 = 0$; $x_2 = \frac{1}{3}$; $x_3 = 1$

c) $x_1 = -\frac{3}{7}$; $x_2 = 7\frac{23}{28}$; $x_3 = 2$

d) $x_{11} = +\sqrt{2}$; $x_{21} = 2{,}1$; $x_{31} = 3$

$x_{12} = -\sqrt{2}$; $x_{22} = -2{,}1$; $x_{32} = -3$

e) $x_{11} = \frac{3}{5}$; $x_{21} = 2\frac{4}{15}$; $x_{31} = \frac{1}{3}$

$x_{12} = -\frac{2}{3}$; $x_{22} = -2\frac{1}{3}$; $x_{32} = -\frac{2}{5}$

304. a) $P_1(0; -2)$; $P_2(2; 0)$ b) $P_1(0; 5)$; $P_2\left(-\frac{5}{3}; 0\right)$

c) $P_1\left(0; -\frac{4}{7}\right)$; $P_2\left(-\frac{6}{7}; 0\right)$ d) $P_1\left(0; -\frac{5}{3}\right)$; $P_2(2; 0)$

e) $P_1\left(0; \frac{7}{3}\right)$; $P_2\left(-\frac{3}{2}; 0\right)$ f) $P_1(0; 0)$; $P_2(3; 0)$

g) $P_1(0; 4)$; $P_2\left(\frac{1}{2}; 0\right)$; $P_3(-2; 0)$ h) $P_1\left(0; -\frac{491}{6}\right)$ x-Achse wird nicht geschnitten!

i) $P_1(0; 2{,}6)$; $P_2(0; -2{,}6)$; $P_3(+2{,}6; 0)$; $P_4(-2{,}6; 0)$ (Kreis)

k) $P_1\left(0; +3\frac{1}{3}\right)$; $P_2\left(0; -3\frac{1}{3}\right)$; $P_3(+5; 0)$; $P_4(-5; 0)$ (Ellipse)

305. a) $P_s(-2; -5)$ b) $P_s(4; 0{,}9)$ c) $P_s(3; 7)$ d) $P_s(-2; -6)$

e) $P_s(-1; +3)$ f) $P_s(2; -7)$ g) $P_{s1}(1; 2)$; $P_{s2}(-1; 2)$

h) $P_{s1}(3{,}5; 21{,}5)$; $P_{s2}(-3{,}5; 21{,}5)$ i) $P_s(-2; -3)$

k) $P_{s1}\left(-1; \frac{3}{2}\right)$; $P_{s2}\left(-3; \frac{3}{2}\right)$

306. a) $-3/2$ b) 6,4 c) 3; 5 d) 0,67; $-0{,}83$
e) 1; -1 f) 5; 2 g) 2; 3 h) 1,5; 0,75
i) 1,5; 1,25
k) Kein Schnitt, da die Geraden parallel laufen! Die Gleichungen widersprechen sich; es gibt keine Lösung!
l) $-2{,}33$; 1,33.
m) Beide Geraden liegen aufeinander. Die beiden Gleichungen sind voneinander abhängig. Es gibt keine eindeutige Lösung!
n) 0,33; 0,5 o) Widerspruch! (Vgl. Aufgabe k!)

307. α)
a) $S(1; 2)$; P ist eine nach oben geöffnete Normalparabel, schneidet die y-Achse bei $y_0 = +3$, schneidet die x-Achse nicht.
b) $S(-2; -3)$; P ist eine nach oben geöffnete Normalparabel, schneidet die y-Achse bei $y_0 = +1$, schneidet die x-Achse zweimal.
c) $S(3; 8)$; P ist eine nach unten geöffnete Normalparabel, schneidet die y-Achse bei $y_0 = -1$, schneidet die x-Achse zweimal.
d) $S(-3; -4)$; P ist eine nach unten geöffnete Normalparabel, schneidet die y-Achse bei $y_0 = -13$, schneidet die x-Achse nicht.
e) $S(-1; -3)$; P ist nach oben geöffnet, gestaucht, schneidet die y-Achse bei $y_0 = -\frac{19}{7}$, schneidet die x-Achse zweimal.
f) $S\left(-\frac{5}{2}; 0\right)$; P ist nach oben geöffnet, gestreckt, schneidet die y-Achse bei $y_0 = 8\frac{1}{3}$, berührt die x-Achse bei $x_N = -\frac{5}{2}$.
g) $S(-2; 2{,}25)$; P ist nach oben geöffnet, gestaucht, schneidet die y-Achse bei $y_0 = 3{,}25$, schneidet die x-Achse nicht.
h) $S(0; -4)$; P ist nach oben geöffnet, gestaucht, schneidet die y-Achse bei $y_0 = -4$, schneidet die x-Achse zweimal.
i) $S(4; -3)$; P ist nach unten geöffnet, gestreckt, schneidet die y-Achse bei $y_0 = -35$, schneidet die x-Achse nicht.
k) $S(4{,}5; 0)$; P ist nach unten geöffnet, gestaucht, schneidet die y-Achse bei $y_0 = -13{,}5$, berührt die x-Achse bei $x_N = +4{,}5$.

307. β)

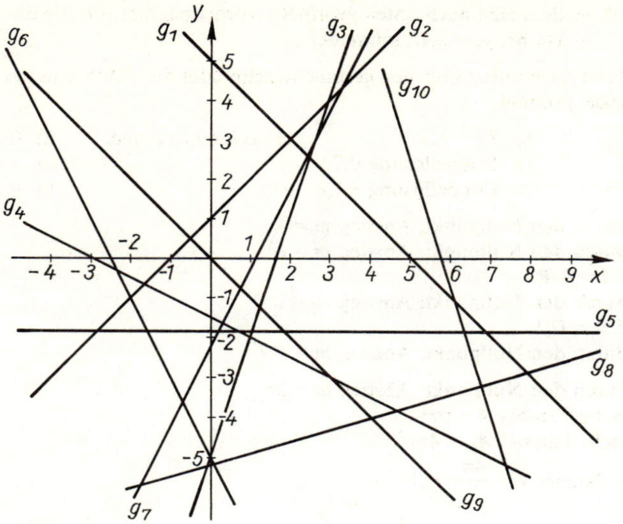

Bild 457

307. γ)

a) $P_1(-1; 6)$; $P_2(2; 3)$

b) $P_1(0; 1)$; $P_2(-3; -2)$

c) $P_1(4; 7)$; $P_2(-1; -8)$

d) keine Schnittpunkte!

e) $P_1\left(1; -\frac{13}{7}\right)$; $P_2\left(-3; \frac{13}{7}\right)$

f) $P_1\left(-\frac{5}{2}; 0\right)$; $P_2(-4; 3)$

g) $P_{1,2}(2; 6{,}25)$

h) keine Schnittpunkte!

i) $P_1(3{,}5; -3{,}5)$; $P_2(5; -5)$

k) $P_{1,2}\left(7; \frac{25}{6}\right)$

308. a) $S(-1; 2)$, Parabel ist nach unten geöffnet, gestreckt, schneidet die y-Achse bei $y_0 = 0$, schneidet die x-Achse zweimal.

b) $S(2; -1)$, P. ist nach unten geöffnet, gestreckt, schneidet die y-Achse bei $y_0 = -7$, schneidet die x-Achse nicht.

c) $S(0; -2{,}7)$, P. ist nach oben geöffnet, gestaucht, schneidet die y-Achse bei $y_0 = -2{,}7$, schneidet die x-Achse zweimal.

d) $S(1; 2)$, P. ist nach unten geöffnet, gestreckt, schneidet die y-Achse bei $y_0 = -1$, schneidet die x-Achse zweimal.

e) $S(-1; -2)$, P. ist nach oben geöffnet, gestreckt, schneidet die y-Achse bei $y_0 = -6/7$, schneidet die x-Achse zweimal.

f) $S(1; -2)$, P. ist eine nach unten geöffnete Normalparabel, sie schneidet die y-Achse bei $y_0 = -3$, die x-Achse wird nicht geschnitten.

g) $S(3; -3)$, P. ist nach oben geöffnet, gestaucht, schneidet die y-Achse bei $y_0 = 0$, schneidet die x-Achse zweimal.

h) $S(-0{,}25; -6{,}25)$, P. ist eine nach oben geöffnete, gestreckte Parabel. Sie schneidet die x-Achse zweimal, die y-Achse wird bei $y_0 = -6$ geschnitten.

i) $S(-0{,}8; 2{,}76)$; es liegt eine nach unten geöffnete Normalparabel vor, die die x-Achse zweimal und die y-Achse bei $y_0 = 2{,}12$ schneidet.

k) $S(3; 0{,}25)$, P. ist nach unten geöffnet, gestaucht, schneidet die y-Achse bei $y_0 = -2$, schneidet die x-Achse zweimal.

309. a) 1; −1,3 b) 3; −1,5 c) keine Lösungen d) 0; 3,4
e) 2,5; −2,8 f) Doppellösung 0,7 g) keine Lösungen
h) 0,5; −1,5 i) Doppellösung −1,8 k) 0,2; −2,2

310. a) α) Gerade durch den Nullpunkt; Anstieg $m = R$
β) Gerade durch den Nullpunkt; Anstieg $m = I$
γ) Hyperbel $I = U/R$
δ) Gerade durch den Nullpunkt; Anstieg $m = 1/R$
ε) Hyperbel $R = U/I$
ζ) Gerade durch den Nullpunkt; Anstieg $m = 1/I$

b) α) Gerade durch den Nullpunkt; Anstieg $m = 2\pi$
β) Quadratische Parabel $A = \pi r^2$
γ) Quadratische Parabel $A_O = 4\pi r^2$
δ) Kubische Parabel $V = \frac{4\pi}{3} \cdot r^3$

311. In jedem Falle n Symmetrieachsen.
n gerade: $\frac{n}{2}$ S.-Achsen durch je zwei gegenüberliegende Ecken und $\frac{n}{2}$ durch die Mitten gegenüberliegender Seiten.
n ungerade: n S.-Achsen; jede verbindet eine Ecke mit der Mitte der gegenüberliegenden Seite.

312. Wenn es zwei zueinander senkrechte Symmetrieachsen hat.

313. Die mit einer geraden Anzahl von Ecken.

314. Alle; zusammen mit der Ausgangslage sind n Symmetrielagen möglich.
(Werden Umklappungen zugelassen, sind es doppelt so viel.)
Kleinster Drehwinkel ist $\frac{360°}{n}$.

315. Schwerpunkt und Mittelpunkt des Inkreises liegen stets innerhalb des Dreiecks.
Höhenschnittpunkt und Mittelpunkt des Umkreises liegen auf dem Umfang des Dreiecks oder außerhalb des Dreiecks, je nachdem, ob dieses rechtwinklig oder stumpfwinklig ist.

316. Die Konstruktion ergibt $x \approx 18{,}5$ mm

317. $h = 40{,}3$ m

318. $a = h \cdot \frac{b}{d} = 30$ cm

319. $b = \frac{2}{3} h = 2{,}33$ m; $c = \frac{h}{3} = 1{,}17$ m

320. $\overline{AC} = \overline{AC_1} \cdot \frac{\overline{AB}}{\overline{AB_1}} = 88{,}9$ m

321. a) $a = 5{,}7$ cm b) $a = 6$ cm c) $a = 5{,}05$ dm
d) $a = 35{,}09$ m e) $a = 0{,}529$ km f) $a = 58{,}6$ mm

322. a) $c = 7{,}6$ cm b) $c = 140{,}9$ mm c) $c = 0{,}91$ m
d) $c = 8{,}956$ km e) $c = 21{,}7$ dm f) $c = 1{,}1$ m

323. $b = \frac{a}{2} \cdot \sqrt{2}\,(\sqrt{3} - 1)$

324. $b = \frac{a}{3} \cdot \sqrt{6}$

325. $A = \frac{c^2}{2} \cdot \frac{mn}{m^2 + n^2} = 15{,}36\ \text{cm}^2$; $\quad a = \frac{mc}{\sqrt{m^2 + n^2}} = 4{,}8\ \text{cm}$; $\quad b = \frac{nc}{\sqrt{m^2 + n^2}} = 6{,}4\ \text{cm}$

326. $\frac{a}{b} = \frac{\sqrt{c^2 + \sqrt{c^4 - 3d^4}}}{\sqrt{c^2 - \sqrt{c^4 - 3d^4}}} \approx \frac{89}{70}$

327. $a = \sqrt{p(p+q)} = 6{,}7\ \text{cm}$; $\quad b = \sqrt{q(p+q)} = 6\ \text{cm}$; $\quad A = \frac{p+q}{2}\sqrt{pq} = 20{,}1\ \text{cm}^2$

328. $c = \frac{q^2 + h^2}{2} = 11{,}3\ \text{cm}$; $\quad a = \frac{h}{q}\sqrt{q^2 + h^2} = 9{,}7\ \text{cm}$;

$b = \sqrt{q^2 + h^2} = 5{,}8\ \text{cm}$; $\quad A = \frac{h}{2q}(q^2 + h^2) = 28{,}3\ \text{cm}^2$

329. $r_i = \frac{ab}{a + b + \sqrt{a^2 + b^2}} = 2\ \text{cm}$; $\quad r_a = \frac{ab}{-a + b + \sqrt{a^2 + b^2}} = 4\ \text{cm}$

330. a) $x = \frac{ab}{a+b}$ $\qquad$ b) $x = \frac{uv}{\sqrt{u^2 + v^2}}$

331. $r_2 = \frac{1}{3} r_1$

332. $r_2 = \frac{1}{2} r_1$; $\quad h_1 = \frac{1}{2} r_1 \sqrt{5}$; $\quad h_2 = \frac{1}{2} r_1 \sqrt{3}$

333. $r_2 = r_1(\sqrt{2} - 1)$; $\quad r_3 = r_1(3 - 2\sqrt{2})$; $\quad r_4 = \frac{1}{4} r_1(\sqrt{2} - 1)$

334. $r_2 = r_1(2\sqrt{3} - 3)$; $\quad r_3 = \frac{1}{11} r_1(2\sqrt{3} - 1)$

335. $h = \sqrt{a^2 - (g_2 - g_1)^2} = 4{,}58\ \text{dm}$

336. $h = \frac{1}{2}\sqrt{4l^2 - s^2} = 4{,}94\ \text{m}$

337. $b = \frac{1}{2}\sqrt{a^2 + 4h^2} = 7{,}2\ \text{m}$; $\quad d = \frac{h}{2a}\sqrt{a^2 + 4h^2} = 2{,}4\ \text{m}$; $\quad c = \frac{a^2 + 4h^2}{4a} = 4{,}3\ \text{m}$

338. $F_R = \sqrt{F_1^2 + F_2^2} = 6{,}56\ \text{N}$

339. $k = \frac{1}{3} w \sqrt{3} = 9{,}81\ \text{mm}$

340. $h = 4{,}58\ \text{mm}$

341. $l = \sqrt{ab} + \sqrt{b(b-a)} = 3{,}7\ \text{m}$

342. $c = \sqrt{a^2 - b^2} = 2{,}5\ \text{m}$; $\quad f = \frac{hc}{g+h} = 0{,}7\ \text{m}$; $\quad e = \sqrt{g^2 + f^2} = 5{,}9\ \text{m}$

$i = \sqrt{h^2 + f^2} = 2{,}5\ \text{m}$; $\quad d = i \cdot \frac{g}{h} = 6{,}1\ \text{m}$

343. $r_2 = \sqrt{\overline{MC}^2 - r_1^2} = 33{,}9\ \text{mm}$; $\quad e_2 = \overline{MC} \cdot \frac{r_2}{r_1} = 37{,}9\ \text{mm}$; $\quad e_1 = \frac{\overline{MC}}{e_2} = 152{,}3\ \text{mm}$

344. $Q = A \cdot v \cdot t = 131{,}07\ \text{m}^3/\text{h}$

345. $a = 42{,}7\ \text{mm}$

346. $F_1 = 9{,}5\ \text{N}$

347. $h = 37{,}35\ \text{mm}$

348. $q = \frac{-a^2 + b^2 + c^2}{2c}$; $\quad p = \frac{a^2 - b^2 + c^2}{2c}$

349. $b = \sqrt{a^2 - c^2 + 2cq}$

350. $m = 0{,}900\ \text{kg}$

351. Die Beweisführung läßt sich unter Verwendung der gleichen Bezeichnungen übertragen. Im Fall a) ergeben sich $\alpha_1 = \varepsilon_1 = \gamma_1 = 0°$. Im Fall b) bildet man zuletzt die Differenz beider Gleichungen.

352. Die Konstruktion entspricht zunächst der aus Beispiel 3 in 24.3., wobei S der Schnittpunkt der Verlängerung von $\overline{AB}$ mit g ist. $\overline{ST}$, von S aus auf g übertragen, gibt den Berührungspunkt C des Kreises mit g. Der Umkreis des Dreiecks ABC ist der gesuchte Kreis.

353. Zur Kontrolle werden die Koordinaten von D angegeben:
a) $D(6{,}5; 7{,}3)$
b) Die drei Punkte liegen auf dem „gefährlichen Kreis". Für seinen Mittelpunkt ergibt sich $M(6; 5)$.

354. $\overline{CD}^2 = \overline{AD} \cdot \overline{DB}$.

355. Die Konstruktion ergibt $a \approx 9{,}3$ cm; $b \approx 5{,}7$ cm.

356. Die Nachprüfung ergibt, daß die Seiten nicht aus einer stetigen Teilung hervorgegangen sind.

357. $h = 24{,}1$ cm; $b = 38{,}9$ cm.

358. Konstruktion entsprechend der des Goldenen Schnittes in 24.3. Zur Kontrolle seien folgende Maße gegeben:
a) Diagonale $d \approx 9{,}7$ cm
b) Seite $s \approx 3{,}7$ cm

359. $A = \dfrac{a \cdot \sqrt{c^2 - a^2}}{2} = 7{,}79\ \text{cm}^2$

360. $b = a \cdot \sqrt{\dfrac{2}{3}} \cdot \sqrt[4]{3}$

361. $c = \dfrac{2A}{h} = 8$ cm $\quad b = \dfrac{2Ah}{\sqrt{2A^2 - 2A \cdot \sqrt{A^2 - h^4}}} \quad a = \dfrac{1}{h} \cdot \sqrt{2A^2 - 2A \cdot \sqrt{A^2 - h^4}}$

362. $A = \sqrt{s(s-a)(s-b)(s-c)} = 6\ \text{cm}^2$

363. $c_1 = \sqrt{a^2 + b^2 + 2\sqrt{a^2b^2 - 4A^2}} = 7{,}5$ cm; $\quad c_2 = \sqrt{a^2 + b^2 - 2\sqrt{a^2b^2 - 4A^2}} = 3{,}4$ cm

364. $A = \dfrac{c^2}{2}$; $\quad a = \dfrac{c}{2} \cdot \sqrt{5}$

365. $A = h_c \cdot \sqrt{a^2 - h_c^2} = 31{,}2\ \text{cm}^2$

366. $h_c = \dfrac{2A}{c} = 5$ cm; $\quad a = \dfrac{1}{2c}\sqrt{16A^2 + c^4} = 5{,}39$ cm

367. $h_c = \dfrac{2A}{\sqrt{\dfrac{4n \cdot A}{\sqrt{4m^2 - n^2}}}} = 4{,}84$ cm; $\quad c = \sqrt{\dfrac{4n \cdot A}{\sqrt{4m^2 - n^2}}} = 2{,}48$ cm;

$a = m\sqrt{\dfrac{4A}{n\sqrt{4m^2 - n^2}}} = 4{,}96$ cm

368. $r_{i1} = \dfrac{2A}{2a + \sqrt{2a^2 - 2\sqrt{a^4 - 4A^2}}} = 1{,}2$ cm; $\quad r_{i2} = \dfrac{2A}{2a + \sqrt{2a^2 + 2\sqrt{a^4 - 4A^2}}} = 0{,}8$ cm

369. $c = \dfrac{U^2 - 4h^2}{2U} = 6$ cm; $\quad a = \dfrac{U^2 + 4h^2}{4U} = 5$ cm; $\quad A = \dfrac{h}{4U}(U^2 - 4h^2) = 12\ \text{cm}^2$

370. $a = \dfrac{1}{2}\sqrt{4h_c^2 + c^2} = 5{,}4$ cm; $\quad f = \dfrac{ch_c}{\sqrt{4h_c^2 + c^2}} = 1{,}9$ cm

371. $\dfrac{A_1}{A_2} \approx \dfrac{4}{5}$

372. $h_c = \dfrac{1}{2}\sqrt{4a^2 - c^2}$

373. $\dfrac{A_1}{A_2} = 1$

374. $s_a = \dfrac{1}{2}\sqrt{a^2 + 2c^2} = 5{,}25$ cm

375. $c = 6{,}9$ m; $\quad b = 8{,}7$ m

376. $A = 2\,493{,}4\ \text{mm}^2$

377. $r_i = \dfrac{a}{6}\sqrt{3} = 0{,}87$ cm; $\quad r_u = \dfrac{a}{3}\sqrt{3} = 1{,}73$ cm

378. $r_a = \frac{a}{2}\sqrt{3}$ 379. $\frac{A_a}{A_b} = \frac{m^2}{n^2} = \frac{4}{9}$ 380. $A = \frac{U^2}{36}\sqrt{3}$; $h = \frac{U}{6}\sqrt{3}$

381. $A = \frac{U^2}{36}\sqrt{3} = 33{,}5\ \text{cm}^2$ 382. $e = \frac{2}{3}w\sqrt{3} = 24{,}25\ \text{mm}$

383. $d_{03} = 2a - d_{01} = 566\ \text{mm}$ 384. $d = d_1 + 2\cdot\frac{3}{4}t = d_1 + 2\cdot\frac{3}{4}\cdot\frac{h}{2}\sqrt{3} = 48\ \text{mm}$

385. $a = \sqrt{3(l^2 - h^2)} = 32{,}5\ \text{m}$ 386. $a = 68{,}1\ \text{mm}$ 387. $a = \frac{d}{2}\sqrt{3} = 12{,}3\ \text{mm}$

388. b) $b = 571\ \text{mm}$ d) $\overline{DB} = 529\ \text{mm}$ e) $\overline{AC} = 750\ \text{mm}$

389. $A = \frac{sr}{2} = 17{,}5\ \text{cm}^2$; $a = r = 5\ \text{cm}$; $b = \sqrt{r\left(2r + \sqrt{4r^2 - s^2}\right)} = 9{,}3\ \text{cm}$

390. $b = \sqrt{d^2 - a^2} = 7{,}4\ \text{cm}$; $A = a\sqrt{d^2 - a^2} = 22{,}25\ \text{cm}^2$

391. $b = \frac{A}{a} = 4\ \text{cm}$; $d = \frac{1}{a}\sqrt{a^4 + A^2} = 4{,}47\ \text{cm}$

392. $b = a\sqrt{\frac{m}{n}} = 3{,}26\ \text{cm}$; $c = a\sqrt{\frac{n}{m}} = 4{,}88\ \text{cm}$; $d = a\sqrt{\frac{m^2 + n^2}{mn}} = 5{,}89\ \text{cm}$

393. $b = \frac{a}{m}\sqrt{n^2 + \sqrt{n^4 - m^4}} = 8{,}26\ \text{cm}$; $c = \frac{a}{m}\sqrt{n^2 - \sqrt{n^4 - m^4}} = 1{,}94\ \text{cm}$

394. $h = \frac{A}{a} = 3\ \text{cm}$; $d = \sqrt{a^2 + b^2 + 2\sqrt{a^2b^2 - A^2}} = 11{,}8\ \text{cm}$

395. $a = \sqrt{bc} = 3{,}87\ \text{cm}$ 396. $A = \frac{1}{2}(2a - b)^2 = 0{,}5\ \text{cm}^2$; $d = 2a - b = 1\ \text{cm}$

397. $b = \frac{a\sqrt{2}}{2} + a\sqrt{\frac{m - 2n}{2m}} = 8{,}9\ \text{cm}$; $c = \frac{a\sqrt{2}}{2} - a\sqrt{\frac{m - 2n}{2m}} = 2{,}4\ \text{cm}$

398. $a = \frac{1}{2}\sqrt{e^2 + f^2} = 3{,}6\ \text{cm}$; $A = \frac{ef}{2} = 12\ \text{cm}^2$

399. $h = \frac{e}{2a}\sqrt{4a^2 - e^2} = 2{,}95\ \text{cm}$ 400. $h = \frac{A}{a} = 2{,}67\ \text{cm}$

401. $a = 21{,}5\ \text{m}$; $b = 37{,}2\ \text{m}$

402. $h = \frac{a}{2}\sqrt{2} = 156\ \text{mm}$; $\overline{AC} = 850\ \text{mm}$; $\overline{BD} = 547\ \text{mm}$

403. $A = 142\ \text{cm}^2$ 404. $A = 245{,}44\ \text{cm}^2$

405. $T = 32{,}01$ Mark 406. $d = \sqrt{b^2 + h^2} = 13\ \text{cm}$

407. $r_i = \frac{ef}{2\sqrt{e^2 + f^2}} = 22{,}43\ \text{mm}$ 408. $A = 84{,}30\ \text{cm}^2$

409. a) $\overline{AD} = 455{,}3\ \text{mm}$ b) $\overline{AE} = 431{,}2\ \text{mm}$ c) $\overline{CE} = 143\ \text{mm}$
d) $\overline{AG} = 747{,}5\ \text{mm}$ e) $\overline{CH} = 470{,}5\ \text{mm}$

410. $a = 11{,}5\ \text{cm}$; $b = 17{,}5\ \text{cm}$

411. $G = 79{,}4\ \text{m}^3$; $a = 96{,}9\ \text{m}$; $b = 61{,}9\ \text{m}$

412. a) $a = 35{,}03\ \text{mm}$ b) $a = 32{,}82\ \text{mm}$ c) $a = 31{,}52\ \text{mm}$ d) $a = 29{,}96\text{mm}$

413. $b = \frac{A}{a} = 11\ \text{cm}$; $d = \frac{1}{a}\sqrt{a^4 + A^2} = 45{,}3\ \text{cm}$; $u = \frac{b^2}{\sqrt{a^2 + b^2}} = 2{,}7\ \text{cm}$;

$v = \dfrac{a^2}{\sqrt{a^2 + b^2}} = 42{,}7\ \text{cm};\ l = \sqrt{uv} = 10{,}6\ \text{cm}$

414. $l_1 = 3l - l = 320\ \text{mm}$

415. a) $F_R \approx 180\ \text{N}$ b) $F_R \approx 170\ \text{N}$

416. $A_1 = 22{,}2\ \text{cm}^2$; $A_2 = \dfrac{4a^2(c^2 + b^2) - c^4 - 4abc\sqrt{4a^2 - c^2}}{4c\sqrt{4a^2 - c^2}} = 14{,}9\ \text{cm}^2$

417. $A = 5\,133\ \text{cm}^2$; $d = 2{,}5\ \text{cm}$

418. Wegen $A_{AEKH} = A_{KFCG}$ gilt $c \cdot d = (a - d)(b - c)$.

419. $a = \dfrac{b + h}{2} - \dfrac{1}{6}\sqrt{9(b + h)^2 - 12bh} = 1{,}36\ \text{cm}$

420. $A = \dfrac{a^2}{2} = 18\ \text{cm}^2$; $b = \dfrac{a}{4}\sqrt{10} = 4{,}7\ \text{cm}$

421. $A = h\sqrt{d^2 - h^2}$

422. $h_1 = h - \dfrac{h}{2}\sqrt{2} = 2{,}34\ \text{cm}$

423. $h_1 = h - h\sqrt{\dfrac{m}{m + n}}$

424. $A = \dfrac{5}{12} r^2\sqrt{3} = 26\ \text{cm}^2$

425. $h = b - b\sqrt{\dfrac{n}{m + n}} = 2{,}94\ \text{cm}$

426. $h = \dfrac{2A}{U - 2a}$; $g_1 = \dfrac{U - 2a}{2} + \sqrt{a^2 - \dfrac{A^2}{(U - 2a)^2}}$; $g_2 = \dfrac{U - 2a}{2} - \sqrt{a^2 - \dfrac{A^2}{(U - 2a)^2}}$

427. $g_1 = \dfrac{1}{2m}\left(2m^2 + \sqrt{m^2a^2 - A^2}\right) = 7{,}12\ \text{cm}$; $h = \dfrac{A}{m} = 2\ \text{cm}$;

$g_2 = \dfrac{1}{2m}\left(2m^2 - \sqrt{m^2a^2 - A^2}\right) = 4{,}88\ \text{cm}$

428. $d = \dfrac{1}{2(g_1 + g_2)}\sqrt{16A^2 + (g_1 + g_2)^4} = 4\ \text{cm}$; $h = \dfrac{2A}{g_1 + g_2} = 2{,}7\ \text{cm}$;

$a = \dfrac{1}{2(g_1 + g_2)}\sqrt{16A^2 + (g_1^2 - g_2^2)^2} = 2{,}8\ \text{cm}$

429. $a = 2\sqrt{\dfrac{mh_T}{3}\sqrt{3}} = 7{,}4\ \text{cm}$; $\dfrac{h_T}{h_D} \approx \dfrac{5}{8}$

430. $g_1 = 2m - g_2 = 5\ \text{cm}$; $b = \sqrt{h^2 + 4(m - g_2)^2} = 4{,}47\ \text{cm}$

431. $A = 18{,}74\ \text{cm}^2$

432. $A = 329\ \text{cm}^2$

433. $s = 9{,}2\ \text{cm}$; $A = 407{,}23\ \text{cm}^2$; $r_i = 11{,}1\ \text{cm}$

434. $s_6 = 2{,}31\ \text{cm}$

435. $b = \dfrac{a}{3}\sqrt{2\sqrt{3}} = 6{,}2\ \text{cm}$

436. a) $A_5 = \dfrac{U_5^2}{100}\sqrt{5(5 + 2\sqrt{5})}$ b) $A_6 = \dfrac{U_6^2}{24}\sqrt{3}$

c) $A_8 = \dfrac{U_8^2}{32}(\sqrt{2} + 1)$ d) $A_{10} = \dfrac{U_{10}^2}{40}\sqrt{5 + 2\sqrt{5}}$

437. $b = a(3 - \sqrt{3}) = 10{,}14\ \text{cm}$

438. $b = \dfrac{a}{4}(3\sqrt{2} - \sqrt{6}) = 1{,}34\ \text{cm}$

439. $b = a\sqrt{2 + \sqrt{2}} = 11{,}1\ \text{cm}$; $s = a\sqrt{3 + 2\sqrt{2}} = 14{,}5\ \text{cm}$

$h = \dfrac{a}{2}\sqrt{10 + 7\sqrt{2}} = 13{,}4\ \text{cm}$; $A = \dfrac{a^2}{4}\sqrt{2(17 + 12\sqrt{2})} = 74{,}21\ \text{cm}^2$

440. $b = \frac{3}{4}a = 1{,}5$ cm; $A_6 = \frac{3}{2}a^2\sqrt{3} = 10{,}39$ cm²;

$A_8 = \frac{9}{8}a^2(\sqrt{2}+1) = 10{,}86$ cm²

441. $\frac{A_5}{A_{10}} = \frac{\sqrt{6+2\sqrt{5}}}{4}$; $\frac{U_5}{U_{10}} = \frac{\sqrt{10+2\sqrt{5}}}{4}$; $\frac{s_5}{s_{10}} = \frac{\sqrt{10+2\sqrt{5}}}{2}$

442. $A = a^2\left(4\sqrt{2(2-\sqrt{3})} + 6 - 5\sqrt{3}\right) = 6{,}7$ cm²

443. $s_5 = \frac{U_5}{5} = 3$ cm; $r = \frac{U_5}{50}\sqrt{10(5+\sqrt{5})} = 2{,}6$ cm;

$A_5 = \frac{U_5^2}{100}\sqrt{5(5+2\sqrt{5})} = 15{,}48$ cm²

444. $s = 1{,}78$ m

445. $d = 76$ cm

446. $r_u = 3{,}24$ cm

447. $A = r^2\sqrt{3} = 62{,}35$ cm²

448. $A = 10{,}45$ cm²; $s_1 = 2{,}47$ cm

449. $a = 0{,}7$ cm

450. $s_1 = 2{,}42$ m; $s_2 = 1{,}84$ m

451. $A = 155{,}7$ cm²

452. $A_3 = 10{,}83$ cm²; $A_4 = 14{,}1$ cm²; $A_5 = 15{,}5$ cm²; $A_6 = 16{,}2$ cm²

453. $A = 0{,}51$ m²

454. $A = 212{,}1$ cm²

455. $A = 3\,277{,}4$ cm²

456. $s = 5{,}7$ mm

457. $s = 14{,}62$ cm

458. $s = 7{,}2$ cm

459. $U = 6r = 168$ cm

460. $d = 7{,}85$ cm

461. $e = r\sqrt{3} = 13{,}86$ cm; $U = 2r(1+\sqrt{3}) = 43{,}71$ cm; $A = r^2\sqrt{3} = 110{,}85$ cm²

462. $r = \frac{1}{2}\sqrt{\frac{7}{6}A\sqrt{3}} = 4{,}26$ cm; $a = \frac{1}{2}\sqrt{2A\sqrt{3}} = 5{,}58$ cm; $b = \sqrt{\frac{2}{3}A\sqrt{3}} = 6{,}44$ cm

463. $d = 2\sqrt{\frac{A}{\pi}} = 6{,}18$ cm

464. $U = 2\sqrt{A\pi} = 10$ cm

465. $A = \frac{a^2}{4}(4-\pi)$

466. $A = \frac{r^2\pi}{4}$

467. $r = \frac{s^2+4h^2}{8h} = 2{,}5$ cm

468. $s = 2\sqrt{h\left(\frac{U}{\pi} - h\right)}$

469. $A_1 : A_2 : A_3 = (7-3\sqrt{5}) : (3-\sqrt{5}) : 2$

470. $r_1 = \sqrt{\frac{A}{\pi} + r_2^2} = 5{,}37$ cm

471. a) $r_3 = \frac{1}{2}\sqrt{\frac{5A_1 + 5A_2 + 2\sqrt{A_1A_2}}{\pi}}$; $r_4 = \frac{\sqrt{A_1} + \sqrt{A_2}}{2\sqrt{\pi}}$

b) $r_3 = \sqrt{\frac{A_1 + \sqrt{A_1A_2} + A_2}{\pi}}$; $r_4 = \frac{\sqrt[4]{A_1A_2}}{\sqrt{\pi}}$

c) $r_3 = \frac{1}{\sqrt{A_1} + \sqrt{A_2}}\sqrt{\frac{(A_1+A_2)^2 + 4A_1A_2 + 2(A_1+A_2)\sqrt{A_1A_2}}{\pi}}$; $r_4 = \frac{2\sqrt{A_1A_2}}{\sqrt{\pi}\left(\sqrt{A_1} + \sqrt{A_2}\right)}$

472. $r_1 = \frac{a^2\pi + A}{2a\pi} = 10{,}32$ cm; $r_2 = \frac{a^2\pi - A}{2a\pi} = 9{,}68$ cm

473. $A = \frac{r_1 + r_2}{2} \cdot h$, worin $h = 2\pi(r_1 - r_2)$ 474. $r_1 = r_2\sqrt{2}$ 475. $\frac{A_1}{A_2} = \frac{1}{3}$

476. $d = 2{,}8$ mm 477. $d = 0{,}80$ m

478. $n = 15{,}9$ Umdrehungen 479. $a = 3{,}6$ cm

480. $d = 1{,}27$ m 481. $A = 8{,}96\ \text{cm}^2$

482. $n = 285{,}7 \frac{1}{\text{min}}$ 483. $d_1 = 0{,}64$ m; $d_2 = 0{,}46$ m; $d_3 = 0{,}38$ m

484. $a = 74{,}7$ mm 485. $d = 3{,}6$ cm

486. $a_B = 3\,898\ \text{N/cm}^2 = 38{,}98$ MPa 487. $a = 2\pi b$

488. $A = 61{,}26\ \text{cm}^2$ 489. $d = 0{,}2$ mm

490. $d = 21{,}4$ mm 491. $d = 44{,}9$ cm

492. $n = 1\,321$ Umdrehungen 493. $d = 74{,}9$ cm

494. $A = 10{,}5\ \text{cm}^2$; $U_1 = 17{,}86$ cm 495. $A = 8{,}75\ \text{cm}^2$

496. $A = 12{,}03\ \text{m}^2$ 497. $A = 33{,}57\ \text{cm}^2$

498. $U = 14{,}44$ cm 499. $a = 20{,}1$ mm

500. $A = 39{,}14\ \text{cm}^2$ 501. $a = 0{,}37$ m; $A = 3{,}06\ \text{m}^2$

502. $U = 45{,}77$ cm; $d = 14{,}57$ cm 503. $d = 59{,}4$ mm

504. $d_1 = 43{,}8$ mm; $d_2 = 47{,}7$ mm; $a = 1{,}9$ mm

505. $A_1 = 27{,}63\ \text{mm}^2$; $A_2 = 23{,}61\ \text{mm}^2$; $A_3 = 19{,}59\ \text{mm}^2$

506. $A = 263{,}4\ \text{cm}^2$ 507. $v = 214{,}7$ m/min 508. $A = 3{,}78\ \text{cm}^2$

509. $\alpha = \frac{180° \cdot b}{\pi r} = 85°58'$; $A = \frac{br}{2} = 12\ \text{cm}^2$ 510. $A = \frac{r^2}{4}(4\pi - 3\sqrt{3}) = 117{,}82\ \text{cm}^2$

511. $A = \frac{r^2}{2} = 8\ \text{cm}^2$; $r_1 = \frac{r}{\sqrt{2\pi}} = 1{,}6$ cm 512. $A = \frac{r^2}{6}(4\pi - 3\sqrt{3}) = 44{,}2\ \text{cm}^2$

513. $b_1 = b_2 - s\frac{s^2 - 4h^2}{s^2 + 4h^2} = 2{,}6$ cm; $r = \frac{s^2 + 4h^2}{8h} = 2{,}5$ cm

514. $A = \frac{r^2}{2}(2\pi - 3\sqrt{3}) = 19{,}55\ \text{cm}^2$ 515. $A_1 = A_2$

516. $A = \frac{a^2}{2}(\pi - 2) = 5{,}13\ \text{cm}^2$ 517. $A = \frac{a^2}{8}(2\sqrt{3} - \pi) = 2{,}58\ \text{cm}^2$

518. $l = 144{,}11$ m 519. $A = 15{,}62\ \text{cm}^2$

520. $A = 25{,}59\ \text{cm}^2$ 521. $U = 194{,}61$ mm

522. $A = 1\,414{,}9\ \text{cm}^2$ 523. $s = 36{,}76$ mm; $A = 11{,}21\ \text{cm}^2$

524. $\alpha = 102°$; $b_1 = 92{,}56$ mm; $b_2 = 113{,}9$ mm

525. $A = 40{,}2\ \text{mm}^2$ 526. $A = 12{,}18\ \text{cm}^2$

527. $A = 1\,688\ \text{cm}^2$ 528. $U = 166{,}4$ mm; $A = 17{,}25\ \text{cm}^2$

529. $A = 0{,}883\ \text{cm}^2$

530. a) 2°04′36″ b) 15°31′57″ c) 88°48′38″ d) 168°38′11″
e) 0,670 36 f) 0,733 26 g) 2,872 61 h) 2,016 47

531.

	Mittelpunkts-winkel	Bogen-länge	Pfeilhöhe	Sehnen-länge	Fläche	Radius
a)	125°30′	17,52	4,34		44,04	
b)	68°	14,24		13,42	18,69	
c)	113°		0,67	2,50	1,18	
d)	75°	45,82	7,23	42,61		
e)		1,86	0,17	1,81	0,21	
f)		6,98	0,30		1,41	20,00
g)		3,67		3,66	0,28	14,50
h)			1,98	12,62	17,06	11,00
i)		23,72	2,30	23,12		30,20

	532.	533.	534.	535.
a)	0,247 562 72	0,662 620 05	0,247 703 63	0,823 631 60
b)	0,948 046 40	− 0,973 245 73	0,947 981 60	− 0,143 780 48
c)	0,652 306 36	−13,726 72	0,562 679 62	− 1,068 000 7
d)	6,759 382 9	− 0,658 127 16	6,748 665 7	−13,894 034
e)	0,992 965 51	− 0,585 429 53	0,992 991 32	− 0,568 142 96
f)	0,462 264 59	− 0,944 948 91	0,462 243 09	0,506 772 50
g)	1,220 312 1	− 3,123 999 1	1,220 674 2	18,776 266
h)	0,217 730 57	1,712 438 5	0,217 451 30	3,652 605 1

536. a) 6°28′; 173°32′ b) 25°44′; 334°16′
c) 32°59′; 212°59′ d) 20°58′; 200°58′
e) 61°58′; 118°02′ f) 64°45′; 295°15′
g) 57°15′; 237°15′ h) 48°48′; 228°48′
i) 209°00′; 331°00′ k) 95°00′; 265°00′
l) 115°20′; 295°20′ m) 147°50′; 327°50′

537. a) $\cos\alpha = \frac{1}{5}\sqrt{21}$; $\tan\alpha = \frac{2}{21}\sqrt{21}$; $\cot\alpha = \frac{1}{2}\sqrt{21}$

b) $\sin\alpha = \frac{4}{5}$; $\tan\alpha = \frac{4}{3}$; $\cot\alpha = \frac{3}{4}$

c) $\sin\alpha = \frac{2}{5}\sqrt{5}$; $\cos\alpha = \frac{1}{5}\sqrt{5}$; $\cot\alpha = \frac{1}{2}$

d) $\sin\alpha = \frac{12}{13}$; $\cos\alpha = \frac{5}{13}$; $\tan\alpha = \frac{12}{5}$

538. a) $c = 5{,}49$ cm $\alpha = 33°06'40''$ $\beta = 56°53'20''$
b) $b = 60$ cm $\alpha = 10°23'14''$ $\beta = 79°36'46''$
c) $b = 6{,}82$ cm $c = 12{,}11$ cm $\alpha = 55°42'00''$
d) $a = 24{,}00$ cm $b = 7{,}68$ cm $\beta = 17°44'24''$

539. $h = 6{,}23$ cm; $A = 56{,}70$ cm²; $U = 40{,}26$ cm

540. $A = a \cdot b \cdot \sin\varphi = 395{,}5$ cm²

541. $d_1 = 2a\sin\frac{\varphi}{2} = 52{,}41$ cm; $d_2 = 2a\cos\frac{\varphi}{2} = 117{,}43$ cm

542. $\tan\alpha = h : \frac{a}{2}\sqrt{3}$, $\alpha = 63°12'$; $\tan\beta = h : a$, $\beta = 59°45'$;

$\sin\frac{\gamma}{2} = \frac{a}{2} : m$, $\gamma = 29°11'$, $m = \sqrt{h^2 + a^2}$

543. Neigungswinkel der Seitenfläche sei α, Neigungswinkel der Seitenkante sei β.

$\cos\alpha = \frac{a}{6}\sqrt{3} : \frac{a}{2}\sqrt{3} = \frac{1}{3}$, $\quad \alpha = 70°32'$;

$\cos\beta = \frac{a}{3}\sqrt{3} : a = \frac{1}{3}\sqrt{3}$, $\quad \beta = 54°44'$

544. a) $l = 7{,}66$ m $\quad$ b) $l = 6{,}98$ m

545. a) 130°46′ und 49°14′ $\quad$ b) 132°04′ und 47°56′

546. a) 1,0367 $\quad$ b) 1,0233

547. $h = \frac{a}{2}\sqrt{2}$; $\tan\alpha = \sqrt{2}$ ergibt $\alpha = 54°40'$; $\beta = 45°$;

$\cos\varphi = -\frac{1}{3}$ gibt $\varphi = 109°20'$ (mit Cosinussatz).

Eine andere Überlegung ergibt unmittelbar $\varphi = 2\alpha$, wenn man sich die einfache Pyramide zum vollständigen Oktaeder ergänzt denkt.

548. $\sin\frac{\varphi}{2} = \frac{r}{d}$, $\quad \varphi = 88°04'$

549. Tangentenlänge $t = \sqrt{e^2 - \frac{1}{4}(d_1 + d_2)^2} = 1\,066{,}5$ mm

Umschlingungswinkel $\varphi = 360° - 2\alpha$; $\cos\alpha = \frac{r_1 + r_2}{e}$, $\quad \alpha = 62{,}72°$

Umschlingungsbogen $b_{1,2} = d_{1,2}\pi\frac{\varphi}{360°}$; $\quad b_1 = 870$ mm, $\quad b_2 = 1\,381$ mm

Gesamtlänge $l = 2t + b_1 + b_2 = 4\,384$ mm

550. Mantellinie $m = \sqrt{r^2 + h^2}$; $\quad$ Mittelpunktswinkel $\alpha = \frac{d}{m}180° = 58°08'$

551. Formel siehe voriges Beispiel!

$\alpha = 180°$ ergibt $d = m$, $\quad 2r = \sqrt{r^2 + h^2}$, $\quad r : h = 1 : \sqrt{3}$

552. $x = 42{,}85$ m

553. $h : e = \tan\alpha$, $\quad (h - x) : e = \tan\beta$, $\quad e = h\cot\alpha = (h - x)\cot\beta$,

Durchmesser $d = 2x = 2h\left(1 - \frac{\cot\alpha}{\cot\beta}\right) = 4{,}15$ m

554.

$\frac{a}{\text{cm}}$	$\frac{b}{\text{cm}}$	$\frac{c}{\text{cm}}$	$\frac{A}{\text{cm}^2}$	α	β	γ
		67,6	795,3	31°55′		109°50′
106,0	68,6		2032,0		38°	
	10,6			28°10′	30°	121°50′
		23,5	167,1	28°20′	101°28′	
			655,1	30°04′	51°10′	98°46′
7,33	5,95				50°31′	57°29′
			290,43	28°57′	104°31′	46°32′
	13,50		232,15		17°53′	107°07′
	34,69		596,68		52°07′	72°53′

Das letzte Dreieck ist nicht eindeutig bestimmt. Vergleiche dazu Beispiel 4 in 21.2.

555. Den Mittelpunkt-Abständen

$a = 11$ cm, $\quad b = 12$ cm und $\quad c = 13$ cm liegen die Winkel

$\alpha = 52°$, $\quad \beta = 59°20'$ und $\quad \gamma = 68°40'$ gegenüber.

556. a) $F_R = 10{,}4$ N $\quad \measuredangle(F_R F_1) = 56°51'$

b) $F_R = 7{,}0$ N $\sphericalangle(F_R F_1) = 64°24'$
c) $F_R = 55{,}89$ N $\sphericalangle(F_R F_1) = 33°01'$

557. $\sphericalangle(F_1F_2) = 95°13'$; $\sphericalangle(F_2F_3) = 142°12'$; $\sphericalangle(F_3F_1) = 122°35'$

558. $\overline{AC} = 73{,}2$ m und $\overline{BC} = 89{,}6$ m

559. $\alpha = 87°40'$, $\beta = 34°55'$, $d = 8{,}03$ cm

560. $F_1 = 358{,}6$ N und $F_2 = 292{,}8$ N

561. Resultierende Kraft: 88,8 N
Winkel gegen F_1: 52°

562. $\overline{LP} = 24{,}19$ m

563. $F_1 \approx 195$ N; $F_2 \approx 137$ N

$\alpha = 22°20'$; $\beta = 49°30'$

564. Als Zwischenkontrolle: $\varphi = 65°24'$, $x = \overline{BB'} = 534{,}43$ m,
Höhe des Berges: 1 046,63 m

565. $x = 262{,}96$ m und $y = 276{,}22$ m
$h_{(\text{über } x)} = 118{,}73$ m, $h_{(\text{über } y)} = 118{,}86$ m, $h_{(\text{im Mittel})} = 118{,}80$ m

566. $\sin 15° = \cos 75° = \frac{1}{4}\sqrt{2}\,(\sqrt{3}-1)$; $\cos 15° = \sin 75° = \frac{1}{4}\sqrt{2}\,(\sqrt{3}+1)$
$\tan 15° = \cot 75° = 2 - \sqrt{3}$; $\cot 15° = \tan 75° = 2 + \sqrt{3}$

567. Die Vereinfachung mit Hilfe der Additionstheoreme ergibt *Null*.

568. a) $L = \{45°, 90°, 135°, 225°, 270°, 315°\}$
b) $L = \{0°, 45°, 135°, 180°, 225°, 315°, 360°\}$
c) $L = \{38°10', 141°50'\}$ d) $L = \{90°, 270°\}$
e) $L = \{0°, 126°52', 180°, 233°, 08', 360°\}$ f) $L = \{51°50', 308°10'\}$
g) $L = \{60°, 240°\}$ h) $L = \{0°, 45°, 180°, 315°, 360°\}$ i) $L = \{45°, 315°\}$

569. $k = 4{,}37$ cm
570. $m = 32{,}55$ kg
571. $h_1 = 2{,}8$ m; $V = 50{,}2$ m³
572. $V = 39{,}09$ m³
573. $m = 8{,}019$ kg
574. $h = 4{,}85$ cm
575. $V = 35{,}964$ cm³; $A_O = 108{,}60$ cm²
576. $h = 7{,}2$ cm
577. $a_{St} = 2{,}33$ cm; $a_{Cu} = 2{,}24$ cm; $a_{Al} = 3{,}33$ cm
578. $b = 9{,}87$ cm
579. $h = 20$ cm
580. $l = 214{,}6$ m
581. $m = 3{,}67$ kg
582. $V = \sqrt{\left(\frac{A_O}{6}\right)^3}$
583. $A_O = 2d^2$; $V = \frac{d^3}{9}\sqrt{3}$

584. $V = a^3\frac{yz}{x^2} = 15a^3 = 3\,240$ cm³; $A_O = \frac{2a^2}{x}(y + yz + z) = 46a^2 = 1\,656$ cm²
$b = a\frac{y}{x} = 3a = 18$ cm; $c = a\frac{z}{x} = 5a = 30$ cm

585. $c = \frac{3k^2 - ab}{a + b} = 9{,}3$ cm
586. $a = 1{,}02$ cm; $V = 441$ cm³
587. $h = 235{,}6$ cm
588. $a = 25{,}9$ mm
589. $c = \frac{k^3}{ab} = 36$ cm
590. $V = ab\sqrt{ab} = 216$ cm³
591. $m = 0{,}762$ kg
592. $h = 5{,}85$ m
593. $V = 2{,}799$ m³
594. $l = 1\,388{,}8$ m
595. $m = 5{,}138$ kg
596. $m = 6{,}48$ kg
597. $h = 5{,}19$ cm
598. $V = 3\,117{,}6$ cm³
599. $a = \sqrt{\frac{V}{h}} = 2$ cm
600. $m = 6{,}45$ g
601. $m = 57$ g
602. $V = 142{,}2$ cm³
603. $m = 17{,}740$ kg

604. $V_K = 0{,}26\ m^3$; $V_S = 1{,}03\ m^3$

605. $V = 273{,}065\ cm^3$; $A_O = 483{,}46\ cm^2$

606. $V_1 = 4\,365{,}3\ cm^3$; $V_2 = 8\,275{,}8\ cm^3$; $V_3 = 6\,428{,}6\ cm^3$

607. $a = 4{,}7\ cm$

608. $h = \dfrac{2 \cdot A_O - a^2\sqrt{3}}{6a} = 2{,}76\ cm$

609. $l_1 = 101\ cm$; $l_2 = 206{,}2\ cm$

610. $m = 9{,}585\ kg$

611. $V_1 = 6\,696\ cm^3$; $V_2 = 7\,245\ cm^3$

612. $V = 141\,900\ m^3$

613. $h = 0{,}62\ m$

614. $V = 12{,}3\ cm^3$

615. a) $b = 0{,}69\ m$ b) $d = 1{,}21\ m$ c) $V = 0{,}776\ m^3$

616. $V = \dfrac{3}{8} \cdot a^2 \cdot m$

617. $h = 184{,}7\ cm$

618. $a = 6{,}84\ cm$

619. $h = 11{,}9\ cm$

620. $V = 1{,}887\ cm^3$

621. $V = 364{,}18\ cm^3$

622. $A = 15{,}14\ m^2$

623. $A_2 = \dfrac{A_1}{\sqrt[3]{4}} = \dfrac{A_1}{2} \cdot \sqrt[3]{2}$

624. $x = h\sqrt[3]{\dfrac{m}{n}}$

625. $V = \dfrac{g_1}{12}(g_1 + g_2)\sqrt{g_1(2g_2 - g_1)} = 7{,}46\ cm^3$

626. $\dfrac{V_P}{V_R} = \left(\dfrac{m+n}{m}\right)^3$

627. $V = a^2 h \dfrac{n^2}{m^3}(m - n) = 53{,}33\ cm^3$

628. $m = 0{,}891\ kg$

629. $V = 115{,}04\ m^3$; $A = 129{,}44\ m^2$

630. $m = 0{,}226\ kg$

631. $h = 7{,}752\ m$

632. $V = 0{,}99\ cm^3$

633. $m = 1{,}44\ kg$

634. $h = 180\ cm$

635. $b = 1{,}77\ cm$

636. $h = \dfrac{1}{5}\sqrt{25k^2 - 2a^2} = 5{,}89\ cm$; $V = \dfrac{49}{375}a^2\sqrt{25k^2 - 2a^2} = 61{,}57\ cm^3$; $b = \dfrac{3}{5}a = 2{,}4\ cm$

637. $c = \sqrt{a^2 + ab + b^2} = 6{,}1\ cm$

638. $V = 14r^3 = 14\,000\ cm^3$

639. $A_m = \dfrac{1}{4}\left(A_1 + 2\sqrt{A_1 A_2} + A_2\right)$

640. $V = \dfrac{1}{6}\sqrt{4c^2 - (g_1 - g_2)^2}\,(g_1^2 + g_1 g_2 + g_2^2) = 43{,}0\ cm^3$;

$A_O = \dfrac{1}{2}(g_1^2 + g_2^2) + (g_1 + g_2)\dfrac{\sqrt{2}}{4}\sqrt{16c^2 - 2(g_1 - g_2)^2} = 79{,}2\ cm^2$

641. $A = 24{,}2\ cm^2$; $V_1 = 20{,}3\ cm^3$; $V_2 = 4{,}2\ cm^3$

642. $m = 13{,}86\ kg$

643. $V = 24{,}31\ dm^3$; $A = 0{,}384\ m^2$

644. $V = 47{,}65\ m^3$

645. $V = 8{,}92\ cm^3$

646. $l = 84{,}9\ m$

647. $l = 612\ m$

648. $l = 66{,}03\ m$

649. $h = 4{,}42\ cm$

650. $V = 4{,}4\ cm^3$

651. $a = 1{,}4\ mm$

652. $a = 4{,}43\ cm$

653. $h = 6{,}83\ cm$; $d = 13{,}66\ cm$

654. $V = 9{,}11\ m^3$

655. $l = 19{,}91\ m$

656. $m = 449{,}89\ kg$; $m_1 = 58{,}79\ kg$

657. $d_1 = 7{,}96\ cm$; $d_2 = 7{,}16\ cm$; $V = 1\,006\ cm^3$

658. $h = 24{,}95\ cm$

659. $d = 2\sqrt{\dfrac{V}{\pi h}} = 5{,}05\ cm$

660. $V = \frac{\pi}{4}a^3 = 50{,}25\ \text{cm}^3$; $A_O = \frac{3}{2}\pi a^2 = 75{,}38\ \text{cm}^2$

661. $V = \frac{A_M^2}{4\pi h} = 79{,}58\ \text{cm}^3$

662. $V = \pi r^3 \cdot \frac{n}{m} = 41{,}88\ \text{cm}^3$; $A_M = 2\pi r^2 \cdot \frac{n}{m} = 41{,}88\ \text{cm}^2$

663. $r_2 = \sqrt[3]{r_1^2 h_1 \frac{m}{n}} = 4{,}93\ \text{cm}$; $h_2 = \sqrt[3]{r_1^2 h_1 \left(\frac{n}{m}\right)^2} = 8{,}23\ \text{cm}$

664. $\frac{r_1}{r_2} = \frac{\sqrt{2}}{1}$

665. $\frac{A_{M1}}{A_{M2}} = \frac{\sqrt{2}+1}{1}$

666. $r_1 = \frac{1}{2}\left(\frac{A_M}{2\pi h} + \frac{2V}{A_M}\right) = 1{,}28\ \text{cm}$; $r_2 = \frac{1}{2}\left(\frac{A_M}{2\pi h} - \frac{2V}{A_M}\right) = 0{,}28\ \text{cm}$

667. $r = \sqrt{r_1^2 - r_2^2} = 2{,}24\ \text{cm}$

668. $V = \pi r_1^2 h \frac{m^2 - n^2}{m^2} = 131{,}92\ \text{cm}^3$; $A_M = 2\pi r_1 h \frac{m+n}{m} = 263{,}84\ \text{cm}^2$

669. $m = 0{,}375\ \text{kg}$

670. $l = 133{,}52\ \text{m}$

671. $d = 2{,}971\ \text{m}$

672. $d = 66{,}5\ \text{mm}$

673. $h = 4{,}75\ \text{cm}$

674. a) $h_1 = 0{,}19\ \text{cm}$ b) $z = 333{,}3$

675. $h = 42{,}2\ \text{cm}$

676. $m = 127{,}28\ \text{g}$

677. $V = b(2{,}528 r_1^2 + 1{,}047 r_2^2 + 0{,}576 r_2 s - 0{,}216 r_1 s - 0{,}78 d^2)$

678. $m = 4{,}18\ \text{kg}$

679. $m = 360\ \text{g}$

680. $m = 5{,}333\ \text{kg}$

681. $m = 13{,}86\ \text{kg}$

682. $m = 895{,}32\ \text{g}$

683. a) $V = 40{,}41\ \text{m}^3$ b) $A = 160{,}52\ \text{m}^2$

684. $V = \pi r^3 \sqrt{3}$

685. $V = \pi \frac{b^2}{h}(h^2 + m^2)$

686. $V = 2\pi b^3 \sqrt{2}$

687. $V = 12\,741\ \text{m}^3$

688. $h_1 = \frac{h}{3} = 2\ \text{cm}$

689. $A_O = 31{,}9\ \text{m}^2$

690. $m = 0{,}967\ \text{kg}$

691. $V = 23{,}86\ \text{cm}^3$

692. $V = 852{,}47\ \text{cm}^3$

693. $a = 5{,}10\ \text{cm}$; $b = 6{,}42\ \text{cm}$; $c = 7{,}35\ \text{cm}$

694. $A = 1\,166{,}04\ \text{cm}^2$; $r = 21{,}2\ \text{cm}$

695. $r = 31{,}25\ \text{cm}$; $h = 20{,}7\ \text{cm}$; $V = 21{,}16\ \text{dm}^3$

696. $A_O = A_M + \frac{A_M^2}{\pi s^2} = 25{,}1\ \text{cm}^2$; $V = \frac{A_M^2}{3\pi^2 s^3}\sqrt{\pi^2 s^4 - A_M^2} = 8{,}21\ \text{cm}^3$

697. $r_2 = \frac{r_1}{\sqrt[6]{4}} = \frac{r_1}{2}\sqrt[3]{4}$

698. $V = 120{,}43\ \text{cm}^3$

699. $V = \frac{\pi h}{3}(a^2 - h^2) = 50{,}25\ \text{cm}^3$; $A_M = \pi a \sqrt{a^2 - h^2} = 62{,}82\ \text{cm}^2$

700. a) $h = 12 h_1 \frac{r_1 - r_2}{r_1 + r_2} = 30\ \text{cm}$ b) $h = 3 h_1 \frac{r_1^2 - r_2^2}{r_1 r_2} = 40\ \text{cm}$

701. $V = \frac{\pi}{24}\sqrt{3}(a^3 + b^3) = 72{,}44\ \text{cm}^3$

702. $m = 36{,}83\ \text{kg}$

703. $V = \frac{rh}{3}(\pi r + 3a)$; $A_O = (\pi r + 2a)\left(r + \sqrt{r^2 + h^2}\right)$

704. $V = 60{,}17\ \text{cm}^3$ 705. $A = 960{,}27\ \text{cm}^2$ 706. $V = 69{,}83\ \text{cm}^3$

707. $V = 12{,}28\ \text{dm}^3$ 708. $V = 595{,}3\ \text{m}^3$ 709. $m = 0{,}382\ \text{kg}$

710. $A = 246{,}7\ \text{cm}^2$ 711. $h = 3{,}8\ \text{cm}$ 712. $l = 28{,}5\ \text{cm}$

713. $V = 54{,}69\ \text{m}^3$ 714. $V = 45{,}83\ \text{l}$ 715. $A_\text{m} = \frac{\pi}{4}(r_1^2 + 2r_1r_2 + r_2^2)$

716. $V = 66{,}38\ \text{cm}^3$ 717. $V = 644{,}29\ \text{cm}^3$ 718. $\frac{r_1}{r_2} = \frac{m+n}{m}$

719. $h = 9{,}984\ \text{cm} \approx 10{,}0\ \text{cm}$

720. a) $x = \frac{h(r_1 - r_2)}{r_1}$ b) $r_2 = r_1\frac{h-x}{h}$ c) $x = h\frac{m-n}{m}$

d) $x = \frac{h}{2}(2 - \sqrt{2})$ e) $x = \frac{h}{4}$ f) $x = \frac{hr_2^2}{r_1^2 + r_1r_2 - r_2^2}$

721. $m = 4{,}605\ \text{kg}$ 722. $m = 0{,}14\ \text{kg}$ 723. $d = 6{,}46\ \text{cm}$

724. $r = \sqrt[3]{\frac{3V}{4\pi}} = 0{,}62\ \text{m}$ 725. $r = \frac{1}{2}\frac{A_\text{O}}{\pi} = 0{,}28\ \text{m}$

726. $A_\text{O} = 4\,422{,}5\ \text{cm}^2$; $V = 16\,617{,}98\ \text{m}^3$ 727. $m = 0{,}689\ \text{kg}$

728. $d = 13{,}72\ \text{cm}$ 729. $d = 13\ \text{cm}$ 730. $d = 7{,}01\ \text{cm}$

731. $V = 68\ \text{cm}^3$ 732. $m = 125{,}64\ \text{kg}$ 733. $m = 3{,}74\ \text{g}$

734. $\varrho = 0{,}491\ \text{g/cm}^3$ 735. $d = 1{,}90\ \text{m}$ 736. $s \approx 0{,}002\ \text{mm}$

737. $d = 1{,}43\ \text{m}$ 738. $s \approx 0{,}3\ \text{mm}$ 739. $d = 16{,}04\ \text{cm}$

740. $\frac{r_1}{r_2} = \frac{\sqrt{6}}{2}$ 741. $d = 26{,}98\ \text{cm}$

742. $r_1 = \sqrt{\frac{3V - \pi s^3}{12\pi s}} + \frac{s}{2} = 2{,}26\ \text{cm}$; $r_2 = \sqrt{\frac{3V - \pi s^3}{12\pi s}} - \frac{s}{2} = 1{,}26\ \text{cm}$

743. $\frac{V_1}{V_2} = \left(\frac{m}{n}\right)^3 = \frac{1}{27}$; $\frac{A_{\text{O}1}}{A_{\text{O}2}} = \left(\frac{m}{n}\right)^2 = \frac{1}{9}$

744. $V = \frac{\pi r_2^3}{6}\left(\frac{m+n}{n}\right)^3 = 113{,}1\ \text{cm}^3$; $A_\text{O} = \pi r_2^2\left(\frac{m+n}{n}\right)^2 = 113{,}1\ \text{cm}^2$

745. $V_1 : V_2 : V_3 = 1 : 2\sqrt{2} : 3\sqrt{3}$ 746. a) $\frac{V_H}{V} = \frac{m^3 - n^3}{n^3}$ b) $\frac{r_1}{r_2} = \frac{\sqrt[3]{2}}{1}$

747. a) $d_1 = 12{,}56\ \text{cm}$; $d_2 = 11{,}44\ \text{cm}$ b) $V_1 = 1{,}03\ \text{dm}^3$; $V_2 = 0{,}77\ \text{dm}^3$

748. a) $V_1 = 8\pi r^3(\sqrt{2} - 1)^3 = 265{,}53\ \text{cm}^3$ b) $V_2 = \frac{4}{3}\pi r^3(\sqrt{3} - 1)^3 = 243{,}1\ \text{cm}^3$

749. $h_1 = h_2 = 11\ \text{cm}$ 750. $V_1 = 61{,}72\ \text{dm}^3$; $V_2 = 28{,}06\ \text{dm}^3$

751. $V = 17{,}95\ \text{cm}^3$ 752. $r_1 = 5{,}17\ \text{cm}$ 753. $m = 0{,}268\ \text{kg}$

754. $d = 3{,}58\ \text{cm}$ 755. $m = 0{,}227\ \text{kg}$ 756. $A = 31{,}4\ \text{cm}^2$

757. $V = 267{,}59\ \text{dm}^3$ 758. $A = 33{,}06\ \text{cm}^2$ 759. $m = 24{,}55\ \text{g}$

760. $A_\text{O} = 19{,}86\ \text{m}^2$ 761. $m = 17{,}395\ \text{kg}$ 762. $V = \frac{3A_\text{M}^2 - 4\pi^2 h^4}{12\pi h} = 27{,}4\ \text{cm}^3$

763. $V = \frac{A^3}{6\pi^2 h^3} = 32{,}98\ \text{cm}^3$

764. $r = \frac{3V}{A_M} = 6\ \text{cm};\ h = \frac{A_M^2}{6\pi V} = 0{,}27\ \text{cm}$

765. $h = \frac{2}{5} r = 6\ \text{cm}$

766. $h = \frac{2r}{n} = 2{,}5\ \text{cm}$

767. $V = \frac{h}{6}(3A_M - 2\pi h^2) = 18{,}95\ \text{cm}^3;\ r = \frac{A_M}{2\pi h} = 6{,}36\ \text{cm}$

768. $V_1 = \frac{4}{3}\pi r^3 \frac{m^2(3n+m)}{(m+n)^3};\ V_2 = \frac{4}{3}\pi r^3 \frac{n^2(3m+n)}{(m+n)^3};$

$A_{M1} = 4\pi r^2 \frac{m}{m+n};\ A_{M2} = 4\pi r^2 \frac{n}{m+n}$

769. a) $x = r\frac{n}{m+n}$ b) $x = \frac{r}{2}$

770. $V = 1{,}97\ \text{cm}^3$

771. $V = 2\,052{,}18\ \text{cm}^3$

772. $V = 1{,}23\ \text{m}^3;\ A_O = 6{,}56\ \text{m}^2$

773. $V = 1{,}521\ \text{m}^3;\ A_O = 7{,}957\ \text{m}^2;\ A = 1{,}709\ \text{m}^2$

774. $V = 384{,}06\ \text{cm}^3$

775. $V = 278{,}02\ \text{m}^3;\ A_O = 208{,}81\ \text{m}^2$

776. $V_1 = 552\ \text{mm}^3;\ V_2 = 1\,433\ \text{mm}^3$

777. $m = 112{,}79\ \text{g}$

778. $m = 11\ \text{kg}$

779. $V = 126{,}9\ \text{cm}^3$

780. $V = 0{,}86\ r^3$

781. $V = \frac{2}{3} r^3 \operatorname{arc} \alpha$

Anhang

Mathematische Zeichen

Nr.	Zeichen	Sprechweise	Erläuterungen

1. Ordnungszeichen

Nr.	Zeichen	Sprechweise	Erläuterungen
1.1.	1.	erstens	
1.2.	( )		Benummerung von Formeln
1.3.	,	Komma	Dezimalzeichen. Zum Trennen von Gruppen bei größeren Zahlen sind weder Komma noch Punkt, sondern Zwischenräume zu verwenden.
1.4.	…	und so weiter bis	Drei Punkte in gleicher Höhe wie die Zeichen 3.1. und 3.2. oder auf der Zeile. Die Grenzen gelten als eingeschlossen. Beispiele: $k = 1, 2, \ldots, n$ $p = 1 \cdot 2 \cdot \cdots \cdot n$
		und so weiter unbegrenzt	wenn auf … kein Zeichen folgt Beispiele: $n = 1, 2, \ldots$ $\sqrt{2} = 1{,}414\,21\ldots$ $\frac{1}{2} + \frac{1}{4} + \frac{1}{8} + \cdots$
1.5.	$a_1, a_2, \ldots, a_n$	*a* eins, *a* zwei, …, *a n*	Unterscheidung durch Indizes
1.6.	$a', a'', \ldots, a^{(n)}$	*a* Strich, *a* zwei Strich, …, *a n* Strich	Unterscheidung durch hochgestellte Striche

2. Gleichheit und Ungleichheit

Nr.	Zeichen	Sprechweise	Erläuterungen
2.1.	$=$	gleich	
2.2.	$\equiv$	identisch gleich	Zum Beispiel bedeutet $f(x) \equiv 0$, daß die Funktion $f(x)$ an jeder Stelle den Wert Null hat.
2.3.	$\neq$	nicht gleich, ungleich	
2.4.	$\not\equiv$	nicht identisch gleich	
2.5.	$\sim$	proportional	Beispiel: $l \sim r$ Der Umfang l eines Kreises ist proportional dem Radius r des Kreises.
2.6.	$\approx$	angenähert, nahezu gleich, (rund, etwa)	Beispiel: $\pi \approx 3{,}14$
2.7.	$\triangleq$	entspricht	Beispiel: 1 cm $\triangleq$ 5 m/s bedeutet: 1 cm (z. B. einer Zeichnung) entspricht 5 m/s.
2.8.	$<$	kleiner als	

Mathematische Zeichen (Fortsetzung)

Nr.	Zeichen	Sprechweise	Erläuterungen
2.9.	$>$	größer als	
2.10.	$\leqq$	kleiner oder gleich, höchstens gleich	
2.11.	$\geqq$	größer oder gleich, mindestens gleich	
2.12.	$\ll$	klein gegen	von anderer Größenordnung
2.13.	$\gg$	groß gegen	von anderer Größenordnung

3. Elementare Rechenoperationen

3.1.	$+$	plus	
3.2.	$-$	minus	
3.3.	$\cdot$ $\times$	mal	Der Punkt steht in gleicher Höhe wie die Zeichen 3.1. und 3.2. Das Multiplikationszeichen darf beim Rechnen mit Buchstaben weggelassen werden.
3.4.	— / :	durch, geteilt durch, zu	In Formeln ist im allgemeinen für die Division der waagerechte Strich zu benutzen; die Zeichen / und : nur zur Platzersparnis. Bei dem Zeichen / wird auch die Sprechweise „je" benutzt, z. B. 5 m/s wird „5 Meter je Sekunde" gesprochen.
3.5.	%	Prozent, vom Hundert	$1\% = 10^{-2}$
3.6.	$^0/_{00}$	Promille, vom Tausend	$1\,^0/_{00} = 10^{-3}$
3.7.	( ) [ ] { } ⟨ ⟩	Runde, eckige, geschweifte, spitze Klammer auf und zu	

4. Geometrische Zeichen

4.1.	$\parallel$	parallel	
4.2.	$\nparallel$	nicht parallel	
4.3.	$\upuparrows$	gleichsinnig parallel	
4.4.	$\uparrow\downarrow$	gegensinnig parallel	
4.5.	$\perp$	rechtwinklig zu, senkrecht auf	
4.6.	$\triangle$	Dreieck	
4.7.	$\cong$	kongruent	
4.8.	$\sim$	ähnlich	
4.9.	$\sphericalangle$	Winkel	$\sphericalangle ABC$ = Winkel zwischen $\overline{BA}$ und $\overline{BC}$
4.10.	$\overline{AB}$	Strecke AB	
4.11.	$\widehat{AB}$	Bogen AB	

Formelzeichen und Einheiten

Zeichen	Bedeutung
Raum und Zeit	
$\alpha, \beta, \gamma \ldots$	Winkel
ω, Ω	Raumwinkel
l	Länge
b	Breite
h	Höhe
r	Radius, Halbmesser, Fahrstrahl
d	Durchmesser
A, S	Fläche
A, S, q	Querschnitt, Querschnittsfläche
V	Volumen, Raum
t	Zeit, Dauer
v	Geschwindigkeit
a	Beschleunigung
g	Fallbeschleunigung
Mechanik	
m	Masse
ϱ, d	Dichte
F	Kraft
G, F	Gewichtskraft
M	Moment

	Name der Einheit	Kurzzeichen	Definition der Einheit
1. Länge	Meter	m	Das Meter ist die Länge der Strecke, die Licht im Vakuum während der Dauer von $1/299\,792\,458$ Sekunden durchläuft.
2. Fläche	Quadratmeter	m^2	Das Quadratmeter ist die Fläche eines Quadrates von der Seitenlänge 1 m.
	Hektar	ha	$1\ ha = 1 \cdot 10^4\ m^2$
3. Volumen	Kubikmeter	m^3	Das Kubikmeter ist das Volumen eines Würfels von der Kantenlänge 1 m.
	Liter	l, L	$1\ l = 1 \cdot 10^{-3}\ m^3$
4. Ebener Winkel	Radiant	rad	Der Radiant ist der ebene Winkel, der von zwei vom Mittelpunkt eines Kreises vom Radius 1 m ausgehenden Strahlen gebildet wird, die auf dem Umfang dieses Kreises einen Bogen der Länge 1 m einschließen.
	Grad	°	$1° = \frac{\pi}{180}\ rad = 1{,}745\,329 \cdot 10^{-2}\ rad$
	Minute	′	$1' = \frac{\pi}{10\,800}\ rad = 2{,}908\,882 \cdot 10^{-4}\ rad$
	Sekunde	″	$1'' = \frac{\pi}{648\,000}\ rad = 4{,}848\,137 \cdot 10^{-6}\ rad$
	Gon	gon	$1\ gon = \frac{\pi}{2 \cdot 10^2}\ rad = 1{,}570\,796 \cdot 10^{-2}\ rad$

Vorsätze zur Bildung von dezimalen Vielfachen und Teilen von Einheiten sind:

Vorsatz	Kurzzeichen	Faktor, mit dem die Einheit multipliziert wird
Exa	E	10^{18}
Peta	P	10^{15}
Tera	T	10^{12}
Giga	G	10^9
Mega	M	10^6
Kilo	k	10^3
Hekto	h	10^2
Deka	da	10
Dezi	d	10^{-1}
Zenti	c	10^{-2}
Milli	m	10^{-3}
Mikro	µ	10^{-6}
Nano	n	10^{-9}
Piko	p	10^{-12}
Femto	f	10^{-15}
Atto	a	10^{-18}

Das griechische Alphabet

A	α	Alpha	I	ι	Iota	P	ϱ	Rho
B	β	Beta	K	$\varkappa$	Kappa	Σ	σ	Sigma
Γ	γ	Gamma	Λ	λ	Lambda	T	τ	Tau
Δ	δ	Delta	M	μ	My	Y	υ	Ypsilon
E	ε	Epsilon	N	ν	Ny	Φ	φ	Phi
Z	ζ	Zeta	Ξ	ξ	Xi	X	χ	Chi
H	η	Eta	O	o	Omikron	Ψ	ψ	Psi
Θ	ϑ	Theta	Π	π	Pi	Ω	ω	Omega

Zusammenstellung der im Buch verwendeten Abkürzungen und Symbole aus der Mengenlehre und der Logik

Abkürzung, Symbol	Bedeutung
$x \in M$	x ist Element der Menge M
$x \notin M$	x ist nicht Element der Menge M
$A \subset B$	A ist Untermenge (Teilmenge) von B
$B \supset A$	B ist Obermenge von A
$A \cup B$	Vereinigungsmenge von A und B
$A \cap B$	Durchschnittsmenge von A und B
$A \setminus B$	Differenzmenge von A und B
N	Menge der natürlichen Zahlen
G	Menge der ganzen Zahlen
K	Menge der rationalen Zahlen
R	Menge der reellen Zahlen
$\{x \mid x < 5 \wedge x \in N\}$	Menge, bestehend aus Elementen x, die die Eigenschaft haben, daß $x < 5$ und $x \in N$ ist. Anmerkung: Der senkrechte Strich, der hier in der Bedeutung „mit der Eigenschaft" verwendet wird, tritt auch bei anderen Zusammenhängen auf, z.B. bei $a \mid b$ (a ist Teiler von b) oder $\lvert a \rvert$ (Betrag von a)
$\{x_1; x_2; x_3; \ldots; x_n\}$	Menge, bestehend aus den Elementen $x_1, x_2, \ldots, x_n$.
$\emptyset$	leere Menge
$\{\ \}$	leere Menge
$\{0\}$	Menge, die nur das Element 0 enthält. (Sie ist keine leere Menge!)
$\{a; b\}$	Menge, die die beiden Elemente a und b enthält
$(a; b)$	beiderseits offenes Intervall von a bis b
$(a; b]$	links offenes, rechts abgeschlossenes Intervall von a bis b
$[a; b)$	links abgeschlossenes, rechts offenes Intervall von a bis b
$[a; b]$	beiderseits abgeschlossenes Intervall von a bis b
$\wedge$	und (Konjunktion)
$\vee$	oder (Disjunktion)
$\Rightarrow$	wenn ..., dann ... (Implikation)
$\Leftrightarrow$	genau wenn ..., dann ... (Äquivalenz)

Namen- und Sachwortverzeichnis